# Explosions- und Verbrennungs-vorgänge in Gasen

Von

Dr. sc. nat. Wilhelm Jost
Professor am Physikalisch-Chemischen Institut
der Universität Leipzig

Mit 277 Abbildungen im Text

Berlin
Verlag von Julius Springer
1939

ISBN 978-3-642-50342-9 ISBN 978-3-642-50651-2 (eBook)
DOI 10.1007/978-3-642-50651-2



Softcover reprint of the hardcover 1st 1939

# Vorwort.

Ziel bei der Abfassung des vorliegendes Buches war es, die experimentellen und theoretischen Grundtatsachen der Explosions- und Verbrennungsvorgänge in Gasen in solcher Vollständigkeit im Zusammenhang darzustellen, daß das Buch, außer eine Einführung in das Gebiet zu vermitteln, auch dem in irgendwelchen Teilgebieten Arbeitenden von praktischem Nutzen sein kann.

Als mit der Arbeit begonnen wurde, lag in deutscher Sprache nur die ausgezeichnete Monographie von LINDNER aus dem Jahr 1931 vor, die zwar das gleiche Gebiet behandelt, aber lediglich einen kurzen Überblick geben wollte. Daneben existieren die englischen Bücher von BONE, die aber heute veraltet sind, wenn sie auch zur Orientierung über die älteren, hauptsächlich englischen Arbeiten, ihren Wert behalten. Als das Manuskript nahezu abgeschlossen war, erschienen einerseits eine englische Monographie von LEWIS und VON ELBE, andererseits eine Artikelserie über Verbrennung im IV. Band des Handbuches „The Science of Petroleum". Abgesehen davon, daß damit immer noch kein deutschsprachiges Buch existierte, glaubt der Verfasser, daß auch wegen seiner besonderen Zielsetzung das vorliegende Werk neben jenen seine Berechtigung hat. Dabei erkennt er gern an, daß er aus diesen Darstellungen noch manche Anregung gewonnen hat. Zum Teil wurden solche Gebiete, die nur einen geringen Leserkreis interessieren und die in dem LEWIS-V. ELBEschen Buch ausführlich behandelt sind, bewußt kurz gehalten.

Im ganzen war es das Bestreben, neben den theoretischen Grundlagen die unmittelbaren Experimente in solcher Form und Vollständigkeit zu schildern, daß der Leser sich ein sachliches Urteil bilden kann, unabhängig von den speziellen theoretischen Ansichten des Verfassers. Für die Darstellung hatte das zur Folge, daß nur in den Kapiteln, die einigermaßen abgeschlossene Gebiete behandeln, eine scharfe systematische Gliederung eingehalten werden konnte. An anderen Stellen, z. B. bei der Kohlenwasserstoffverbrennung, wurde jedoch lieber eine etwas schwerfälligere Darstellung in Kauf genommen, damit die Experimente der einzelnen Autoren im Zusammenhang für sich behandelt werden konnten, ohne daß wegen der Beschreibung in Verbindung mit speziellen theoretischen Vorstellungen einzelne Beobachtungen zu sehr hervorgehoben und dafür andere in den Hintergrund gerückt würden.

Es zeigt sich auf diesem Gebiete immer wieder, daß sich für manche vorgeschlagene Deutungen in der Literatur Beobachtungen finden lassen, die diese Deutungen nahezu beweisen oder aber sie auszuschließen gestatten. Es wurde daher versucht, zwar nicht absolute Vollständigkeit in dem verarbeiteten Material zu erreichen, aber doch, soweit angängig, Vollständigkeit in der Beschreibung qualitativ verschiedener Beobachtungen. Wegen der vielen Faktoren, welche für Verbrennungsreaktionen ins Spiel kommen, liegen öfters Beobachtungen verschiedener Autoren vor, die sich gegenseitig auszuschließen scheinen, ohne daß notwendigerweise eine der Beobachtungen falsch sein müßte. Versucht man derartige Beobachtungen in ein fertiges theoretisches Schema einzuordnen, so läuft man immer Gefahr, wertvolle Experimente nicht gebührend zu berücksichtigen.

Vollständigkeit in der erfaßten Literatur anzustreben, hätte den Umfang des Buches zu sehr belastet; der Verfasser begnügte sich daher, die neueren Arbeiten einigermaßen vollständig heranzuziehen, nichtberücksichtigte ältere Arbeiten dürfte der Leser mittels der am Schluß des Buches zitierten zusammenfassenden Darstellungen des Gebietes auffinden können.

Wurde auch bewußt angestrebt, die bekanntgewordenen Beobachtungstatsachen möglichst unmittelbar als solche wiederzugeben, so ist der Verfasser trotzdem der Ansicht, daß für eine Beherrschung des vorhandenen Materials und noch mehr für die Weiterentwicklung eine theoretische Durchdringung gleicherweise notwendig ist. Daher fand auch in weitestem Umfange die Theorie der verschiedenen Vorgänge Berücksichtigung. Ihr gegenüber wurde nirgends ein rein referierender Standpunkt eingenommen; vielmehr wurden weitgehend die Grenzen und Schwächen vorhandener Entwicklungen aufgezeigt, zum Teil auch Ansätze für eine Weiterentwicklung gebracht. In Anbetracht des umfangreichen zu verarbeitenden Materials wird es dabei unvermeidlich sein, daß gelegentlich einmal auch wichtige Angaben übersehen wurden.

Das Gebiet der Verbrennungen und Explosionen darf in gleicher Weise das Interesse des Ingenieurs, des Chemikers, des Physikers und des Physikochemikers beanspruchen. In der Darstellung wurde daher versucht, an allen wichtigen Stellen nur so viel Vorkenntnisse vorauszusetzen, als sie den verschiedenen Lesergruppen gemeinsam sind. Darum sind verschiedentlich elementare Überlegungen zu den Grundlagen, z. B. zur Reaktions-Kinetik, eingefügt. Natürlich läßt es sich so nicht vermeiden, daß manche Teile der einen Lesergruppe trivial, der anderen vielleicht etwas schwierig erscheinen mögen. Das Ziel war dabei, eine solche Darstellung zu finden, daß das Buch für sich, ohne Heranziehung weiterer, zum Teil schwer zugänglicher Literatur, lesbar sei, und daß es gleichzeitig genügend sachliche Information gibt.

Es wird nicht vorausgesetzt, daß der Leser das ganze Buch oder auch nur die einzelnen Kapitel unbedingt im Zusammenhang liest; vielmehr wurde angenommen, daß wesentliche Teile, die sich mit spezieller

Theorie oder experimentellen Einzelheiten befassen (und die zum Teil durch Kleindruck gekennzeichnet sind), bei einer ersten Lektüre überschlagen werden, und daß der Inhalt anderer Kapitel nur in dem Maße herangezogen wird, wie es im Einzelfall für das Verständnis notwendig ist. Durch zahlreiche Verweisungen innerhalb des Buches sowie ein möglichst vollständiges Sachverzeichnis sollte dabei die Orientierung erleichtert werden.

Für die Reihenfolge der einzelnen Kapitel war unter anderem bestimmend, daß alle Dinge, welche ein näheres Eingehen auf die Reaktions-Kinetik erfordern, auf die zweite Hälfte des Buches verschoben wurden; denn dieses Gebiet dürfte den meisten Lesern am wenigsten vertraut sein.

Außer Betracht bleiben mußten alle wesentlich heterogenen Vorgänge (wie z. B. Kohlenstaubverbrennung) sowie die präparativ-chemische Seite der Erscheinungen; auch zur Orientierung auf diesen Gebieten dürften die Angaben am Schluß des Buches behilflich sein.

Der Verfasser erhielt von vielen Kollegen und Freunden Anregung und Kritik während der Abfassung des Buches. Den Anhang zum I. Kapitel hat Herr Dr. v. Müffling verfaßt, Herr Dr. Rögener hat das Inhaltsverzeichnis besorgt, beide Herren sowie Herr Dipl.-Ing. Teichmann haben außerdem die Korrekturen mitgelesen. Ihnen allen, sowie der Verlagsbuchhandlung für ihr Eingehen auf die Wünsche des Autors ist der Verfasser zu Dank verpflichtet.

Leipzig, im Juni 1939.

**W. Jost.**

# Inhaltsverzeichnis.

# Einleitung.

Unter *Verbrennung im engeren Sinne* pflegt man die rapide Reaktion oxydierbarer Stoffe mit Sauerstoff unter Wärmeentwicklung und meist unter Flammenerscheinung zu verstehen. Dabei können die oxydierbaren Stoffe fest, flüssig oder gasförmig vorliegen. Am wichtigsten sind die Verbrennungsprozesse in der Gasphase[1]; ob es überhaupt Verbrennungsvorgänge in diesem engeren Sinne mit flüssigen Brennstoffen gibt, scheint fraglich; bei Prozessen, an welchen flüssige Brennstoffe beteiligt sind, wie im Dieselmotor, ist anzunehmen, daß weitgehend eine Verdampfung der Verbrennung vorausgeht (das gleiche gilt natürlich für jede Dochtlampe). Liegt von Anfang an ein fertiges Gemisch aus brennbarem Gas + Sauerstoff oder Luft vor, so kann die Oxydationsreaktion zu einer Explosion führen, muß es aber nicht. Die Verbrennungsvorgänge vorgemischter Gase unterscheiden sich in nichts von anderen stark exotherm verlaufenden Gasreaktionen, wie z. B. der Reaktion von $Cl_2 + H_2$ u. a. Bei den Verbrennungsvorgängen im engeren Sinne, soweit man es mit vorgemischten Gasen zu tun hat, handelt es sich immer um *Explosionsvorgänge*; die Verbrennung beispielsweise im Bunsenbrenner ist eine stationäre Explosion.

An solchen Explosionsvorgängen werden uns im wesentlichen zwei Gruppen von Erscheinungen interessieren, nämlich:

A. Was mit der Vorgeschichte und der Entstehung einer Explosion zusammenhängt (z. B. Explosionsgrenzen, Zündvorgang bei Selbst- und Fremdzündung u. a.).

B. Was mit den Phänomenen der fertig ausgebildeten Explosion zu tun hat (z. B. die Geschwindigkeit ihrer Fortpflanzung).

Selbstzündungsvorgänge sind alle Erscheinungen, die darauf beruhen, daß in einem bis zum Beginn eines überhaupt merkbaren Umsatzes erwärmten explosiven Gemisch, als Folge dieses primären geringen Umsatzes die Reaktionsgeschwindigkeit schließlich über alle Grenzen ansteigt.

Die Betrachtung der Selbstzündungsvorgänge führt automatisch dazu, daß man die Reaktion vor der eigentlichen Explosion studiert. Wenn man die Verbrennungsvorgänge im engeren Sinne erforschen will, so wird man also mit Notwendigkeit dazu geführt, als Verbrennungsvorgänge im weiteren Sinne auch alle nicht rapide verlaufenden, nicht (oder nicht immer) mit Flammenerscheinung verbundenen langsamen

[1] Daneben natürlich auch die Oxydation fester Stoffe, wie z. B. der Kohle, die aber hier von unseren Betrachtungen ausgeschlossen bleiben soll.

Reaktionen der gleichen Stoffe oder Stoffgemische mit in den Kreis der Betrachtungen zu ziehen.

An der ausgebildeten explosiven Reaktion wird uns bruttomäßig interessieren: Welche Reaktionsprodukte treten auf? Welche Temperaturen werden erreicht, welche Wärme wird frei? Welche Strahlung wird ausgesandt? Die auftretenden Reaktionsprodukte sind nicht einfach durch die üblichen Bruttoreaktionsformeln gegeben wegen des Einflusses der Dissoziation bei den erreichten hohen Temperaturen. Über diese bruttomäßigen Feststellungen hinaus interessiert uns der Mechanismus des Fortschreitens einer Explosion, insbesondere die Geschwindigkeit, mit der sich die an einer Stelle eingeleitete Explosion nach dem unverbrannten Gemisch hin fortpflanzt. Wird das unverbrannte Gas dabei in Ruhe gehalten, so hat man es mit der sog. Zündgeschwindigkeit oder normalen Verbrennungsgeschwindigkeit zu tun. Die tatsächliche Verbrennungsgeschwindigkeit kann durch das Mitwirken von Strömungen unter Umständen erheblich größer sein als die normale Verbrennungsgeschwindigkeit. Wenn die Fortpflanzungsgeschwindigkeit einer Verbrennung sehr groß wird, so können Stoßwellen auftreten; im Grenzfall erhält man die sog. Detonation, eine Koppelung von Stoßwelle und chemischer Reaktion.

Alles Vorangehende bezog sich auf die Verbrennung vorgemischter Gase. Bei nicht oder nicht genügend vorgemischten Gasen kommt als weiterer geschwindigkeitsbestimmender Vorgang die Mischungsgeschwindigkeit hinzu, wie im Außenkegel der Bunsenflamme, in der leuchtenden Flamme, der Kerzenflamme und in technischen Feuerungen nicht vorgemischter Gase (Mischung durch Diffusion und auch Mischung durch turbulente Strömung, wie im Siemens-Martin-Ofen).

Das wichtigste Anwendungsgebiet der Verbrennungsvorgänge sind die Motoren mit innerer Verbrennung, und zwar interessieren dabei nicht nur die mit der Fremdzündung (Funkenzündung) und Flammenausbreitung zusammenhängenden Vorgänge, sondern mindestens ebensosehr die in heißen Brennstoff-Luftmischungen zunächst langsam ablaufenden Reaktionen; diese sind nämlich für den Zündvorgang im Dieselmotor wie für den Klopfvorgang im Otto-Motor von Bedeutung. Aus diesem Grunde haben wir auch dem Oxydationsmechanismus der Kohlenwasserstoffe eine eingehende Behandlung gewidmet.

Erstes Kapitel.

# Einleitung von Explosionen (Selbstzündung) als Wärmephänomen.

## 1. Vorbemerkung.

Die spontane Entwicklung von Explosionen, also die Selbstzündung, ist vielfach ein komplizierter, zusammengesetzter Prozeß. Jedoch werden wir in diesem Kapitel die dazu führenden Vorgänge von dem einfachsten und dafür natürlich etwas einseitigen Standpunkt aus behandeln. Wir setzen eine exotherme, also wärmeliefernde Reaktion voraus (endotherme Reaktionen können nie eine Explosion verursachen) und fassen hauptsächlich die Erhitzung des Reaktionsgemisches durch die freiwerdende Reaktionswärme ins Auge; dabei schließen wir solche Reaktionen aus, bei denen auch bei konstant gehaltener Temperatur die Reaktionsgeschwindigkeit mit der Zeit stark anwachsen kann (vgl. Kap. VIII). Da bei fast allen Reaktionen mit steigender Temperatur die Geschwindigkeit der Umsetzung zunimmt, so kann es jedenfalls vorkommen, daß infolge der durch die anfangs langsame Reaktion freiwerdenden Wärme die Temperatur und damit auch die Reaktionsgeschwindigkeit immer mehr wachsen und schließlich Explosion einsetzt. Dieser Vorgang der Entstehung einer Explosion ist nur als ein Grenzfall anzusehen, aber er ist ein sehr wichtiger und gleichzeitig der einfachste Grenzfall; deshalb ist eine eingehendere Betrachtung gerechtfertigt. Zudem läßt sich dieser Grenzfall verstehen ohne näheres Eingehen auf die Feinheiten des Reaktionsablaufs, weshalb er hier an erster Stelle besprochen werden soll.

Man pflegt allgemein die niedrigste Temperatur, bei der unter sonst vorgegebenen Bedingungen bei einem Stoff oder einer Stoffmischung Explosion einsetzt, als „Entzündungstemperatur" zu bezeichnen. Schon aus dem hier Gesagten geht hervor, daß diese Temperatur keine Stoffkonstante[1] sein kann; die Einführung dieser Größe ist aber von vielfachem praktischem Nutzen, z. B. für die Beurteilung der Explosionsgefahr bei vorgegebenen Gemischen, natürlich immer nur solange man sich der Einschränkungen, unter denen diese Größe gilt, bewußt bleibt.

Wenn auch die quantitative mathematische Behandlung der Wärmeexplosion erst jüngeren Datums ist, so ist das Grundsätzliche doch schon

[1] Vgl. insbesondere das Zahlenmaterial im Anhang zu diesem Kapitel.

lange bekannt. Man verdankt es hauptsächlich VAN'T HOFF[1], dessen Definitionen auch heute noch im wesentlichen übernommen werden können:

„Unter ‚Entzündungen' verstehen wir nicht nur die Verbrennungserscheinungen, sondern jede vollständige Umwandlung, welche sich infolge einer lokalen Temperaturerhöhung bis zur sog. Entzündungstemperatur vollzieht.

Bei jeder Erscheinung dieser Art sind folgende Bedingungen erfüllt:

1. Die Umwandlung, welche die Entzündung erzeugt, ist von einer Wärmeentwicklung begleitet.

2. Diese Umwandlung verläuft schon mehr oder weniger schnell unterhalb der Entzündungstemperatur.

3. Diese Umwandlung wird durch Erhöhung der Temperatur beschleunigt."

„Die Entzündungstemperatur ist diejenige Temperatur, bei welcher der anfängliche Wärmeverlust (infolge von Leitung usw.) der Wärme gleich ist, welche die Umwandlung gleichzeitig liefert."

Natürlich fallen die später (Kap. VIII) zu behandelnden Explosionen durch Kettenverzweigung nicht mehr in den Rahmen dieser Definitionen. Wir werden an gleicher Stelle eine allgemeine Definition des Begriffs Explosion nachholen.

## 2. Selbstzündung (Wärmeexplosion).

Wir wollen uns, wie zum Teil schon erwähnt, von vornherein folgende Beschränkungen auferlegen: wir betrachten ein in einen Behälter eingeschlossenes explosives Gasgemisch, in welchem eine homogene Gasreaktion ablaufen soll. Die Gefäßwand soll nur insofern eine Rolle spielen, als durch sie einerseits die Anfangstemperatur des Gemisches festgelegt wird, andererseits an sie Wärme abgegeben wird, wenn infolge der Reaktion die Temperatur der Gasmasse über die der Gefäßwand ansteigt[2]. Außer Betracht bleiben alle feineren Überlegungen, die einerseits durch Mitwirkung der Wand auf den Reaktionsablauf andererseits durch die Natur der Umsetzung als *Kettenreaktion* ins Spiel kommen; damit sind aber Kettenreaktionen von den Überlegungen in diesem Kapitel keinesfalls ausgeschlossen.

Wir betrachten also folgenden Vorgang: gegeben ein Reaktionsgefäß vom Volumen $V$, das sich auf einer Versuchstemperatur $T_0$ befindet;

[1] VAN'T HOFF, J. H.: Studien zur Thermodynamik [nach Etudes de Dynamique chimique (1884) bearbeitet von E. COHEN] 1896, insbesondere S. 141 und 145.

[2] Es wird insbesondere angenommen, daß die Wärmeabfuhr von der Gefäßwand nach außen so schnell erfolgt, daß deren Temperatur als konstant betrachtet werden darf.

die Reaktionsgeschwindigkeit, etwa bezogen auf die in der Volumeneinheit gebildete Molzahl $n$ des Endproduktes sei:

$$\frac{dn}{dt} = f(p)\,\mathrm{exp.}\,(-E/RT), \tag{1}$$

wobei im Falle einer Reaktion II. Ordnung, bei welcher die Konzentrationen beider Komponenten proportional dem Gesamtdruck $p$ sind, speziell gilt:

$$f(p) \cong \beta\, p^2. \tag{2}$$

Ist die freiwerdende Reaktionswärme pro Mol Umsatz $Q$ — wir müssen ja voraussetzen, daß wir es mit einer exothermen Reaktion zu tun haben —, so wird in der Zeiteinheit im Reaktionsvolumen $V$ die Wärmemenge frei:

$$\frac{dq_1}{dt} = Q\,\frac{dn}{dt}\,V = Q \cdot V \cdot f(p)\,\mathrm{exp.}\,(-E/RT). \tag{3}$$

Die freiwerdende Wärme wird zum Teil zum Erhitzen des Gasgemisches verwandt, zum Teil an die auf konstanter Temperatur gehaltene Gefäßwand abgegeben. Und zwar ist es vernünftig, die an die Wand abgegebene Wärmemenge näherungsweise proportional zu setzen dem Überschuß der Gastemperatur $T$ über die Wandtemperatur $T_0$, also für die in der Zeiteinheit abgegebene Wärmemenge zu schreiben:

$$\frac{dq_2}{dt} = A\,(T - T_0). \tag{4}$$

Dazu muß bemerkt werden:

1. $A$ wird abhängen sowohl von der Form als auch von den Dimensionen des Gefäßes, es wird u. a. der Oberfläche ungefähr proportional sein, außerdem hängt es aber auch von der Wärmeleitfähigkeit des Gasgemisches und damit indirekt von der Temperatur ab. Von der letzteren Abhängigkeit wird im folgenden in Anbetracht des Näherungscharakters der Rechnungen abgesehen; bei der Beurteilung der Genauigkeit der erhaltenen Ausdrücke ist dies natürlich zu beachten.

2. Das Gasgemisch wird natürlich keine streng konstante Temperatur $T$ annehmen, sondern es wird vom Inneren zum Rande ein Temperaturgefälle herrschen; unter der in (4) eingesetzten Temperatur $T$ ist also ein passend gebildeter Mittelwert aus der räumlich variablen Temperatur der Gasmischung zu verstehen.

Unter diesen Annahmen wollen wir nun untersuchen, wann eine Explosion eintritt. Qualitativ ist dies seit VAN'T HOFF[1] bekannt. Tragen wir in der Zeiteinheit produzierte Wärme ($dq_1/dt$) gegen die Temperatur auf (Abb. 1), so wird sich der gezeichnete Verlauf ergeben, gemäß (3); eine Erwärmung des Gasgemisches kann nur so lange eintreten, als die produzierte Wärme über der abgegebenen liegt; ist letztere ($dq_2/dt$) gemäß (4) gegeben durch die in Abb. 1 eingezeichnete Gerade, so würde sich das Gemisch nur bis zur Temperatur $T_1$ erwärmen können; oberhalb

[1] VAN'T HOFF, J. H.: Etudes de Dynamique chimique (1884).

dieser Temperatur würde die abgegebene Wärme die produzierte überwiegen. Wäre aber, durch andere Wahl der Versuchsbedingungen, z. B. Verwendung eines größeren Reaktionsgefäßes, die pro Zeiteinheit abgegebene Wärme durch die gestrichelte Gerade gegeben, so würde ständig mehr Wärme erzeugt als abgegeben werden, die Temperatur im Reaktionsgefäß müßte über alle Grenzen wachsen[1] und damit Explosion erfolgen.

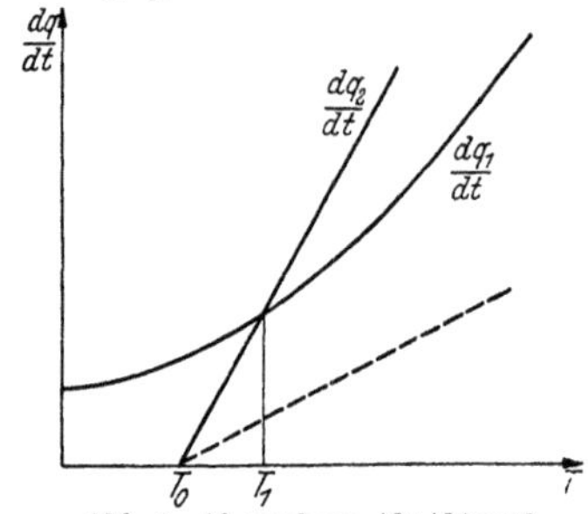

Abb. 1. Abgegebene ($dq_2/dt$) und produzierte ($dq_1/dt$) Wärme bei exothermer Reaktion.

Wir wollen uns für das folgende an die Behandlung durch SEMENOFF[2] anschließen, der als erster im Anschluß an die durch Abb. 1 gegebenen Verhältnisse die Bedingungen für das Auftreten einer Explosion quantitativ formuliert hat[3]. Wir stellen in Abb. 2 die Vorgänge nochmals graphisch dar; bei festgehaltener Gefäßtemperatur $T_0$ und festgehaltener Gemischzusammensetzung wird die abgeführte Wärme durch die Gerade I dargestellt, und zwar auch dann noch, wenn der Druck im Reaktionsgefäß variiert (bis auf durch wechselnde Konvektion bedingte Korrekturen), da die Wärmeleitfähigkeit eines Gases vom Druck unabhängig ist, außer bei sehr kleinen Drucken, wie sie für uns hier doch nicht in Frage kommen. Ändert man die Gemischzusammensetzung, so wird sich auch die Richtung der Geraden ändern, was hier nicht besonders berücksichtigt werden soll, worauf aber bei Anwendungen gelegentlich zu achten ist.

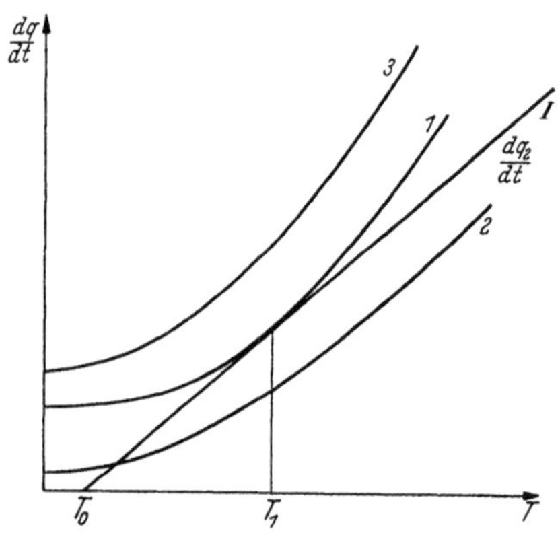

Abb. 2. Behandlung der Wärmeexplosion nach SEMENOFF. Produzierte Wärme (1, 2, 3) und abgegebene Wärme. I.

Für die produzierte Wärme sind in Abb. 2 drei verschiedene Kurven eingezeichnet, die zu gleicher Zusammensetzung, aber verschiedenen Drucken gehören; im Gegensatz zur abgeführten Wärme erhält man für die freigemachte Wärme um so höhere Werte, je höher der Druck ist, wobei das genauere Gesetz,

[1] Solange man von der Abnahme der Konzentrationen der Ausgangsprodukte als Folge des Umsatzes absieht, welche die Reaktionsgeschwindigkeit schließlich wieder abnehmen läßt.

[2] SEMENOFF, N.: Z. Phys. Bd. 48 (1928) S. 571; vgl. auch Chemical Kinetics and Chain Reaktions, Oxford 1935.

[3] Eine entsprechende Abbildung wurde bereits von TAFFANEL und LE FLOCHE [C. R. Bd. 156, S. 1544; Bd. 157 (1913) S. 496, 714] diskutiert.

nach dem die Wärmelieferung vom Druck abhängt, durch die Gleichung der Reaktionsgeschwindigkeit gegeben ist. Unter unseren speziellen Voraussetzungen (1), (2) und (3) wäre $dq_1/dt$ proportional mit $p^2$.

Man sieht nun aus Abb. 2, daß unter den Bedingungen der Kurve 2 keine Explosion eintreten kann, sondern sich lediglich eine gegen die Außentemperatur $T_0$ ein wenig erhöhte Gastemperatur einstellen würde. Bei Kurve 3 würde unbedingt Selbstzündung sich ergeben müssen, da stets mehr Wärme geliefert als abgegeben würde, während Kurve 1 gerade den Grenzfall darstellt, in welchem sich Kurve und Gerade berühren, und wo im Berührungspunkt bei $T_1$ labiles Gleichgewicht zwischen Wärmeproduktion und Abgabe bestehen würde; durch eine geringe Energiezufuhr von außen muß der labile Zustand in die Explosion umschlagen. Die mathematische Diskussion muß uns das Gesetz für die kritische Explosionsgrenze liefern; dabei verstehen wir unter kritischer Explosionsgrenze entweder die Temperatur, oberhalb deren bei konstantem Druck Selbstzündung einsetzt (Entzündungstemperatur) oder den Druck, oberhalb dessen bei konstanter Temperatur Explosion erfolgt.

Kurve 1 ist offenbar dadurch ausgezeichnet, daß für $T = T_1$ sowohl $dq_1/dt = dq_2/dt$ ist, als auch deren Ableitungen nach der Temperatur einander gleich sind. D. h. es gilt:

$$\left(\frac{dq_1}{dt}\right)_{T=T_1} = \left(\frac{dq_2}{dt}\right)_{T=T_1} \tag{5}$$

und

$$\left(\frac{\partial}{\partial T}\frac{dq_1}{dt}\right)_{T=T_1} = \left(\frac{\partial}{\partial T}\frac{dq_2}{dt}\right)_{T=T_1}. \tag{6}$$

Setzen wir für $dq_1/dt$ und $dq_2/dt$ die Werte aus (3) und (4) ein, so erhalten wir:

$$Q\,V f\,\exp.(-E/R\,T_1) = A\,(T_1 - T_0) \tag{5a}$$

$$\frac{E}{R\,T_1^2}\,Q\,V f\,\exp.(-E/R\,T_1) = A. \tag{5b}$$

Daraus durch Division:

$$\frac{R\,T_1^2}{E} = T_1 - T_0 \tag{7}$$

und durch Einsetzen in (5a):

$$Q\,V f\,\exp.(-E/R\,T_1) = A\,\frac{R\,T_1^2}{E}. \tag{8}$$

Aus (7) ergibt sich die Temperaturerhöhung $T_1 - T_0$ des Gases unter den kritischen Bedingungen; um einen Überblick zu gewinnen, setzen wir angenäherte Zahlenwerte ein, wie sie größenordnungsmäßig wirklichen Verhältnissen bei Oxydationsreaktionen entsprechen: $T_0 \simeq 500$ bis 1000° abs.; $E \simeq 50000$ cal; $R = 2$ cal/Grad.

Zunächst ergibt (7):

$$T_1 = \frac{E}{2R} \pm \sqrt{-\frac{T_0 E}{R} + \frac{E^2}{4R^2}}. \tag{9}$$

Da die Lösung keine sinnlos hohe Temperatur ergeben darf, wie es bei der Wahl des oberen Vorzeichens und Einsetzen der obigen Zahlenwerte der Fall wäre, so muß offenbar sein;

$$T_1 = \frac{E}{2R} - \sqrt{-\frac{T_0 E}{R} + \frac{E^2}{4R^2}}. \tag{10}$$

Setzen wir voraus, daß $T_0$ klein ist gegen $E/R$, wie es den angeführten Zahlenwerten entspricht, so erhalten wir durch Entwicklung bis zu Gliedern zweiter Ordnung in $R/E$:

$$\left\{\begin{aligned} T_1 &= \frac{E}{2R} - \frac{E}{2R}\sqrt{1 - \frac{T_0 4R}{E}} \\ &\cong \frac{E}{2R} - \frac{E}{2R}\left[1 - \frac{2RT_0}{E} - \frac{2R^2T_0^2}{E^2}\right] = T_0 + \frac{T_0^2 R}{E}, \end{aligned}\right. \tag{11}$$

oder

$$T_1 - T_0 \cong \frac{RT_0^2}{E}, \tag{12}$$

was sich auch unmittelbar aus (7) durch Ersetzen von $T_1$ durch $T_0$ auf der linken Seite ergeben würde.

Geht man damit in (5a) ein, so wird zunächst:

$$Q \cdot V \cdot f \exp.\left(-E\Big/\left\{RT_0\left(1 + \frac{RT_0}{E}\right)\right\}\right) = A\frac{RT_0^2}{E}, \tag{13}$$

da (vgl. S. 7) $RT_0/E \ll 1$, so wird angenähert

$$\frac{1}{1 + \frac{RT_0}{E}} \cong 1 - \frac{RT_0}{E}$$

und damit

$$Q\,Vf \exp.\left(-\frac{E}{RT_0}\left(1 - \frac{RT_0}{E}\right)\right) = e\,Q\,Vf\exp.\left(-\frac{E}{RT_0}\right) = A\frac{RT_0^2}{E}. \tag{14}$$

Logarithmieren liefert:

$$\ln e\,Q\,Vf - \frac{E}{RT_0} = \ln\frac{AR}{E} + 2\ln T_0. \tag{15}$$

Wir spezialisieren nun, indem wir nach (2) einführen: $f = \beta p^2$, also eine bimolekulare Reaktion annehmen; damit wird:

$$\ln e\,Q\,V\beta + 2\ln p - \frac{E}{RT_0} = \ln\frac{AR}{E} + 2\ln T_0 \tag{16}$$

oder

$$\ln\left(\frac{p_{kr}}{T_0}\right) = \frac{E}{2RT_0} - \frac{1}{2}\ln\frac{e\,Q\,V\beta E}{A \cdot R} = \frac{E}{2RT_0} + \text{const.} \tag{17}$$

(17) ist die von SEMENOFF abgeleitete Bedingung für das Eintreten der Wärmeexplosion[1]; sie stellt eine Beziehung zwischen dem kritischen Explosionsdruck $p_{kr}$, der Gefäßtemperatur $T_0$ und der Aktivierungswärme der Reaktion, $E$, dar. Je größer der Druck, bei desto niedrigerer Temperatur explodiert (d. h. zündet) das Gemisch.

[1] Ohne die obigen Spezialisierungen vgl. S. 14ff.

Es ist darauf hinzuweisen, daß die oben erwähnten Voraussetzungen zur Ableitung dieser Formel notwendig waren, insbesondere, daß die Spezialisierung auf eine Reaktion zweiter Ordnung, $f \sim p^2$, benutzt ist; für Reaktionen anderer Ordnung wäre die Gleichung sinngemäß zu modifizieren (vgl. S. 17). Sind diese Voraussetzungen erfüllt und hat man die kritischen Explosionsdrucke in Abhängigkeit von der Temperatur bestimmt, so muß also $\log p_{\mathrm{kr}}/T_0$ gegen $1/T_0$ aufgetragen eine gerade Linie ergeben, und aus der Neigung dieser Geraden muß man die Aktivierungswärme der Reaktion, $E$, bestimmen können.

Wir werden später sehen, daß die Wärmeexplosion nicht der einzige Weg ist, auf dem sich eine Explosion entwickeln kann, und daß sich für den anderen Grenzfall, die Explosion durch Kettenverzweigung, eine formal ähnliche Beziehung wie (17) ableiten läßt. Man darf also aus der Form der beobachteten Beziehungen nach (17) noch nicht schließen, daß es sich um eine Wärmeexplosion handeln müsse, sondern man muß immer eine eingehendere Untersuchung der Verhältnisse anschließen.

Daß die Wärmeexplosion nicht der einzig mögliche Mechanismus ist, können wir an dieser Stelle so klarmachen: Sämtlichen bisherigen Überlegungen lag die unausgesprochene Voraussetzung zugrunde, daß alle während der Umsetzung freiwerdende Energie als Wärme erhalten wird; „als Wärme frei werden", soll heißen, die Energie verteilt sich über alle Freiheitsgrade des Systems so, wie es jeweils dem Temperaturgleichgewicht entspricht. Diese zunächst vielleicht selbstverständlich klingende Voraussetzung braucht nicht notwendig erfüllt zu sein. Die Einstellung des Temperaturgleichgewichts in dem Gas ist ein Vorgang, der eine bestimmte, wenn auch vielleicht nur sehr kurze Zeit erfordert[1]. Sollte aber die bei der Reaktion freiwerdende Energie zunächst als Anregungsenergie einzelner Teilchen von relativ großer Lebensdauer auftreten, evtl. in Form freier Atome oder Radikale, die ihrerseits die Reaktion beschleunigt weiterführen können, ohne daß das Gas als Ganzes seine Temperatur nennenswert steigert, so entfallen alle obigen Überlegungen; gerade mit solchen Fällen werden wir uns später — Kap. VIII — ausführlich zu befassen haben.

Als ausreichende Prüfung für das Vorliegen einer reinen Wärmeexplosion darf es gelten, wenn man den Mechanismus der nicht explosiven Reaktionen und deren Temperaturkoeffizienten bestimmt hat und wenn dieser Temperaturkoeffizient (im Falle einer bimolekularen Reaktion) mit dem aus (17) ermittelten Wert übereinstimmt. Ist insbesondere gefunden worden, daß keine Kettenreaktion vorliegt, so darf man sicher sein, es mit einer reinen Wärmeexplosion zu tun zu haben. Wärmeexplosion kann aber auch bei Kettenreaktionen eintreten. Man wird

[1] Vgl. L. Bergmann: Der Ultraschall. Berlin 1937.

in solchen Fällen gut tun, sich durch unmittelbare Messung des Temperaturanstiegs vor der Explosion zu vergewissern, daß Temperaturerhöhung und nicht Kettenverzweigung Ursache der Explosion war.

Die Fälle sicher untersuchter Wärmeexplosionen sind relativ selten, obwohl anzunehmen ist, daß es, wenigstens unter gewissen Bedingungen, diesen Vorgang recht häufig gibt.

Eine direkte Prüfung auf das Vorliegen einer Wärmeexplosion durch unmittelbare Temperaturmessung im Reaktionsgemisch ist bisher nur in wenigen Fällen gelungen, z. B. bei der Untersuchung des Zerfalls von Azomethan (ALLEN und RICE[1]), sowie beim Zerfall von Äthylazid (CAMPBELL und RICE[2]); in diesen Beispielen scheint auch der Natur der Umsetzung nach ein Kettenmechanismus weniger wahrscheinlich.

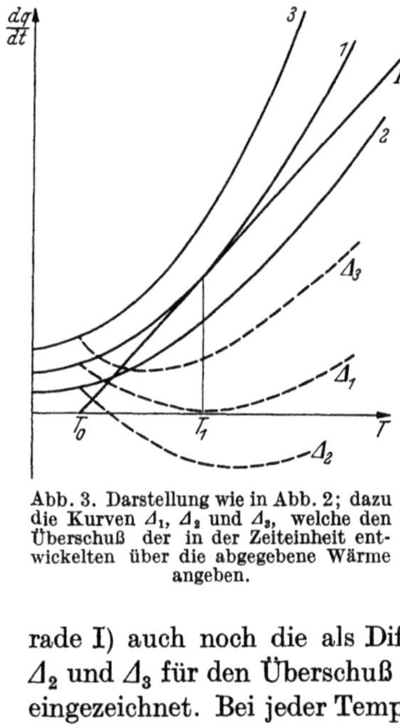


Abb. 3. Darstellung wie in Abb. 2; dazu die Kurven $\Delta_1$, $\Delta_2$ und $\Delta_3$, welche den Überschuß der in der Zeiteinheit entwickelten über die abgegebene Wärme angeben.

RICE und Mitarbeiter haben auch die zeitliche Entwicklung einer Wärmeexplosion näher analysiert und die Resultate mit den in den Experimenten gefundenen Induktionszeiten verglichen (bzw. haben umgekehrt daraus Reaktionswärmen berechnet). Aus der Darstellung in Abb. 2, die wir etwas modifiziert in Abb. 3 nochmals bringen, ersieht man folgendes: in Abb. 3 sind außer den Kurven für produzierte Wärme (1, 2, 3) und abgegebene Wärme (Gerade I) auch noch die als Differenzen sich ergebenden Kurven $\Delta_1$ bzw. $\Delta_2$ und $\Delta_3$ für den Überschuß der gelieferten über die abgegebene Wärme eingezeichnet. Bei jeder Temperatur wird die Erhitzungsgeschwindigkeit des Gemisches dieser Differenz proportional sein. Im Falle 1 würde also die Temperatur nur bis $T_1$ steigen, dann stationär bleiben; sofern sie jedoch durch eine kleine Störung über $T_1$ hinaus gerät, wird sie dann von selbst unbegrenzt weiter ansteigen[3] (wenigstens solange man den Verbrauch der Ausgangssubstanzen vernachlässigt).

Im Falle 3 wird $T$ niemals stationär werden, da $\Delta$ immer endlich und positiv bleibt. Da aber auch $\Delta_3$ ein Minimum durchläuft, so wird auch im Falle 3 die Geschwindigkeit des Temperaturanstiegs ein Minimum

[1] ALLEN, A. O. u. O. K. RICE: J. Amer. chem. Soc. Bd. 57 (1935) S. 310.

[2] CAMPBELL, H. C. u. O. K. RICE: J. Amer. chem. Soc. Bd. 57 (1935) S. 1044.

[3] Wie wir weiter unten sehen werden, müßte im Falle 1 die Temperatur sogar wieder fallen, da ja mit zunehmendem Umsatz bei konstanter Temperatur die Reaktionsgeschwindigkeit abnehmen muß, wovon wir bisher, weil es sich immer nur um eine kurze Anfangsperiode handelte, abgesehen hatten.

durchlaufen, oder, wenn Temperatur gegen Zeit aufgetragen wird, so wird die entsprechende Kurve einen Wendepunkt aufweisen. Die Änderung der Temperatur mit der Zeit ist nun in Abb. 4 für die Fälle 1, 2 und 3 graphisch wiedergegeben. Dabei ist der schließliche Abfall der Reaktionsgeschwindigkeit als Folge des Verbrauchs der Ausgangssubstanzen mit in Rechnung gesetzt. Auch im Falle 3 müßte die Kurve schließlich durch ein Maximum gehen, da ja mit zunehmendem Umsatz auch hier die Reaktionsgeschwindigkeit am Ende wieder abnehmen wird.

Das, was in Abb. 4 qualitativ dargestellt ist, bildet den Inhalt einer Untersuchung von Rice, Allen und Campbell[1]. Mit unseren früheren Bezeichnungen [Gl. (3) und (4)] wird der Überschuß der in der Zeiteinheit freiwerdenden über die abgeführte Wärme:

$$\frac{dq}{dt} = \frac{dq_1}{dt} - \frac{dq_2}{dt} = Q V f \exp\cdot(-E/RT) - A(T - T_0). \tag{18}$$

Damit die Gleichung über das allererste Stadium hinaus gültig bleibt, ist der Veränderlichkeit der Konzentrationen Rechnung zu tragen, wofür wir an dieser Stelle mit Rice einen, einer monomolekularen Reaktion entsprechenden Exponentialansatz[2] einführen:

$$f \sim n = n_0 e^{-kt}, \tag{19}$$

wobei, was die Integration sehr erschwert, das darin auftretende $k$ wiederum gemäß (1) exponentiell von der Temperatur abhängt. Damit wird (18), wenn man noch durch $n_0 V \bar{c}_v$, die gesamte mittlere Wärmekapazität[3] des Gemisches dividiert, um von Wärmemenge zu Temperaturänderung überzugehen:

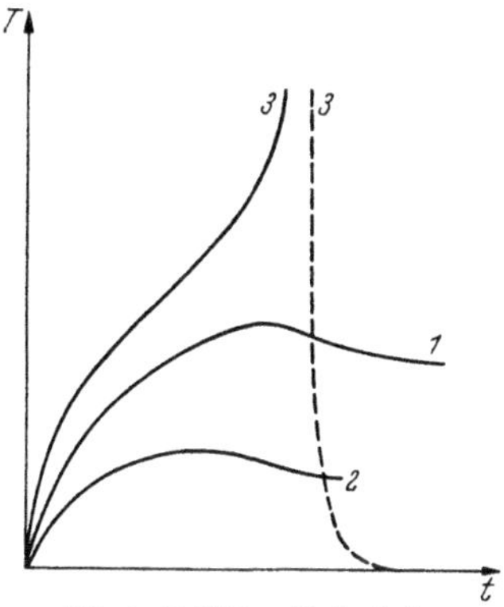


Abb. 4. Zeitlicher Verlauf der Temperatur, für die in Abb. 3 angegebenen Fälle 1, 2, 3.

$$\frac{\frac{dq}{dt}}{n_0 V c_v} = \frac{dT}{dt} = \frac{Q}{c_v} \exp.(-E/RT)\, e^{-kt} - \frac{A}{n_0 V c_v}(T - T_0). \tag{20}$$

Dies ist die Differentialgleichung, von der Rice und Mitarbeiter ausgehen. Sie läßt sich nur numerisch in recht mühsamer Weise integrieren, was Rice und Mitarbeiter für eine Anzahl von Parameterwerten durchgeführt haben; qualitativ erhält man dann eine Kurvenschar wie in Abb. 4; auf Einzelheiten können wir aus Raummangel hier nicht eingehen. Die gleichen Autoren geben dann noch Näherungsmethoden zur Behandlung

[1] Rice, O. K., A. O. Allen u. H. C. Campbell: J. Amer. chem. Soc. Bd. 57 (1935) S. 2212.

[2] Da die Versuche von Rice eine exotherme, zur Explosion führende monomolekulare Reaktion zum Gegenstand haben, so ist dieser Ansatz gerechtfertigt.

[3] $\bar{c}_v$ ist die mittlere spezifische Wärme pro Mol des Reaktionsgemisches.

des' Problems an, auf die wir hier ebenfalls nicht weiter eingehen können. Zu erwähnen ist nur, daß sie erlauben, die Reaktionswärme aus den einzelnen Explosionsversuchen zu bestimmen (nicht etwa aus dem auftretenden Maximaldruck) und daß die innere Übereinstimmung der aus einer Reihe von Versuchen ermittelten Werte dann wieder Schlüsse auf die bezüglich des Vorliegens einer Wärmeexplosion gemachten Voraussetzungen zulassen. Im Falle der Reaktionen von Azomethan und Äthylazid sprechen auch diese Feststellungen für das Vorliegen einer Wärmeexplosion.

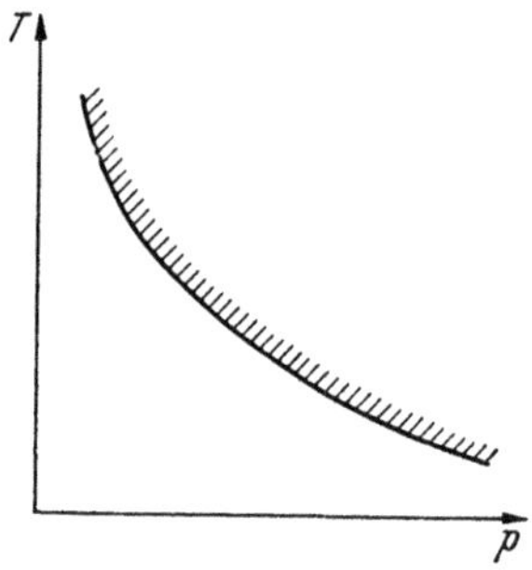


Abb. 5. Explosionsgrenze bei Wärmeexplosion (auf der schraffierten Seite Explosion).

Wir werden unten noch kurz auf die allgemeinere Behandlung der Gleichungen für die Wärmeexplosion eingehen, wollen hier aber zunächst einige weitere Bemerkungen einfügen.

Die in Gl. (17) für die kritische Explosionsgrenze abgeleitete Beziehung gibt qualitativ das Bild der Abb. 5. Das schraffierte Gebiet der Abb. 5 rechts der durch (17) gegebenen Kurve entspricht dem Bereich, in welchem Explosion einsetzt (das gilt auch noch qualitativ,

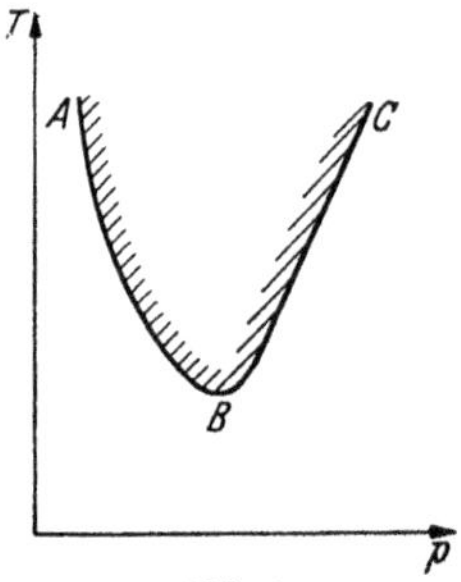


Abb. 6.

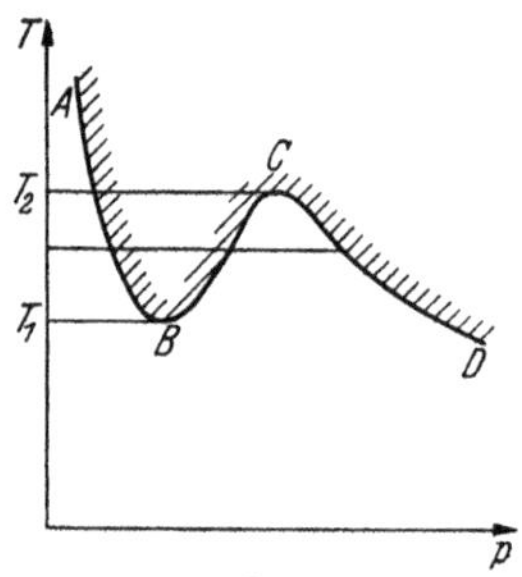


Abb. 7.

Abb. 6 und 7. Beobachtete Explosionsgrenzen, die nicht als Wärmeexplosion gedeutet werden können.

wenn man nicht die Spezialisierung auf Reaktion zweiter Ordnung einführt, wie sie in (17) enthalten ist, sofern nur die Ordnung der Reaktion $> 0$ ist). Nun ist es zwar eine allgemeine Beobachtung, daß eine solche kritische Druckgrenze existiert, man findet aber sehr häufig auch einen Verlauf, wie er durch Abb. 6 bzw. 7 gegeben ist. In Abb. 6 könnte höchstens der Kurvenzweig $AB$ einer Wärmeexplosion entsprechen, während das Aussetzen der Explosion oberhalb eines gewissen Druckes, Kurve $BC$, vom Standpunkt der Wärmetheorie aus ohne zusätzliche Annahmen, etwa über spezifische Wandeinflüsse, völlig unverständlich bleiben muß. Bei Abb. 7 könnte man annehmen, daß der Kurvenzweig $CD$ einer Wärmeexplosion entspräche, während die zwischen

$T_1$ und $T_2$ auftretenden zwei weiteren Druckgrenzen (Äste $AB$ und $BC$) wiederum so nicht zu verstehen wären. Die hierzu notwendigen ergänzenden Betrachtungen werden wir in Kap. VIII bringen.

Bezüglich der Bezeichnungen ist folgendes im Auge zu behalten: Der Begriff Explosionsgrenze wird in der Literatur durchweg in doppelter Bedeutung verwandt, einmal — worauf sich unsere bisherigen Überlegungen bezogen — als die Druckgrenze, unterhalb oder oberhalb deren in einem Gemisch gegebener Zusammensetzung bei einer bestimmten Temperatur von selbst Explosion gerade nicht mehr eintritt; andererseits aber als Grenzen der Zusammensetzung, außerhalb deren sich, bei Fremdzündung, in einem Gemisch von gegebenem Druck (meist Atmosphärendruck) und gegebener Temperatur (meist Zimmertemperatur) eine Explosion nicht mehr fortpflanzen kann. Redet man einfach von oberer bzw. unterer Explosionsgrenze, so versteht man darunter, besonders in der technischen Literatur, die Grenzen der Gemischzusammensetzung für Fremdzündung; es würde sich vielleicht empfehlen, beide Begriffe dadurch zu unterscheiden, daß man von kritischen Druckgrenzen für die spontane Explosion bzw. kritischen Zusammensetzungs-(Gemisch-)grenzen für die Fremdzündung bzw. von Zündgrenzen spricht. Die kritische Gemischgrenze wird im allgemeinen natürlich auch noch von Temperatur und Druck abhängen; höhere Temperatur bzw. höherer Druck werden im allgemeinen, aber nicht immer, Explosion befördern, also das kritische Gebiet erweitern.

Soweit diese Verhältnisse überhaupt rein auf dem Boden der Wärmetheorie zu deuten sind, sieht man schon aus dem vorangehenden, daß alle solche Größen von der angewandten Methode abhängen werden (überall hängt z. B. die Wärmeableitung von den Gefäßdimensionen ab), daß sie also nicht lediglich für den Brennstoff charakteristische Konstanten sein können. Hinzu kommt noch, daß es sich bei der Bestimmung der kritischen Gemischgrenzen mittels Fremdzündung (Zündung durch Funken, Flamme u. dgl.) nicht allein um das Problem handelt, ob in dem betreffenden Gemisch überhaupt eine Explosion entstehen kann, sondern weiterhin noch darum, ob eine an einer Stelle eingeleitete Explosion nach dem unverbrannten Gemisch hin sich fortpflanzt; es werden also praktisch immer Fragen der Flammenfortpflanzung ganz wesentlich mit ins Spiel kommen, wie sie in Kap. III ausführlicher behandelt sind.

Wenn es auch zwecklos ist, nach den unabhängig von äußeren Bedingungen den einzelnen Brennstoff charakterisierenden Entzündungstemperaturen und Explosionsgrenzen zu suchen, so besteht andererseits ein großes technisches Interesse, für praktisch vorkommende Verhältnisse, Zündfähigkeit von Gasgemischen festzulegen, ob nun gerade die Zündung von Wichtigkeit ist — wie im Falle des Gas- und Benzinmotors, der Gasbrenner usw. — oder im Gegenteil deren Vermeidung, wie bei schlagenden Wettern, bei Lösungsmitteldämpfen in Luft usw. Es hat daher praktischen Sinn, sofern man die äußeren Bedingungen eindeutig festgelegt hat, für diese speziellen Verhältnisse nun die obigen Größen zu definieren und zu bestimmen. Eine Übersicht über experimentelle Methoden zur Bestimmung von Entzündungstemperaturen und damit erhaltene Ergebnisse folgt am Ende dieses Kapitels.

Wenn auch, wie erwähnt, keinesfalls jede Explosion durch Temperatursteigerung verursacht ist, so muß sie doch, auch wenn sie anfangs als Kettenexplosion isotherm sich zu entwickeln begonnen hatte, schließlich in den Typus der oben beschriebenen Wärmeexplosionen umschlagen, sobald nämlich die Reaktionsgeschwindigkeit und damit die Wärmeproduktion einen gewissen Grenzwert überschritten haben. Wir werden später (Kap. VIII) dies gerade bei der Definition der Explosionen heranziehen müssen.

Für die Unterdrückung von Explosionen können wir folgende praktische Schlüsse ziehen: Nach der Wärmetheorie muß ein Zusatz indifferenter Gase, die die Wärmekapazität erhöhen, den Temperaturanstieg und damit das Anwachsen der Reaktionsgeschwindigkeit verringern (z. B. von Kohlensäure mit hoher spezifischer Wärme!); ferner kann Zusatz von Gasen hoher Wärmeleitfähigkeit (Helium) die Wärmeabfuhr vergrößern und damit die Neigung zu Selbstzündung verringern.

Die obigen Bedingungen für Wärmeexplosion ließen sich auch auf den Fall heterogener Mischungen übertragen, z. B. auf Kohlenstaub in Luft oder die Vorgänge im Dieselmotor, d. h. Brennstoffnebel in Luft. Komplizierter würde dabei nur die Funktion, die die Abhängigkeit der Reaktionsgeschwindigkeit von Druck, Konzentration und Temperatur angibt; denn dabei würde z. B. im Falle des Kohlenstaubes die Phasengrenzreaktion mit eingehen, während bei der Dieselverbrennung die wärmeliefernde Reaktion zwar wesentlich in der Gasphase abliefe, daneben aber der Verdampfungsvorgang der Tröpfchen als wärmeverbrauchende und mit geschwindigkeitsbestimmende Umsetzung zu berücksichtigen wäre (vgl. Kap. XIII).

## 3. Genauere Diskussion der Explosionsgleichungen.

Im folgenden wollen wir, im Anschluß an Todes[1], eine Anzahl von Spezialfällen der Wärmeexplosion behandeln. Die Rechnungen werden zwar von Todes im allgemeinen nur näherungsweise durchgeführt (anders ist eine Auswertung in allgemeiner, geschlossener Form nicht möglich); da sich die Gleichungen aber leicht verallgemeinern lassen und man sie im Einzelfall mittels numerischer Methoden auch genauer integrieren kann, dürften sie als Ausgangspunkt auch für strengere Rechnungen in praktisch wichtigen Fällen von Nutzen sein.

---

[1] Todes, O. M.: Acta Physicochimica URSS. Bd. 5 (1936) S. 785; vgl. dazu auch: A. Appin, J. Chariton u. O. Todes: Acta Physicochimica URSS. Bd. 5 (1936) S. 655.

Wir gehen aus von unserer Gl. (18):

$$(18)\qquad c_v V n_0 \frac{dT}{dt} = \frac{dq}{dt} = Q \cdot V \cdot f \exp.(-E/RT) - A\,(T - T_0),$$

die wir insofern umschreiben wollen, als wir für die Reaktionsgeschwindigkeit ($f \exp(-E/RT)$) einen allgemeineren Ausdruck[1]

$$(21)\qquad -\frac{dn}{dt} = k \cdot n_0 F\left(\frac{n}{n_0}\right) \exp(-E/RT)$$

einführen, wo $F(n/n_0)$ eine beliebige Funktion des prozentualen Umsatzes ist, die speziell für Reaktionen erster, zweiter usw. Ordnung in $n/n_0$, $(n/n_0)^2$ usw. übergeht. $k$ ist dabei noch nicht die eigentliche Geschwindigkeitskonstante, sondern $k = k' n_0^{\nu-1}$, wenn $\nu$ die Ordnung der Reaktion ist; $k$ ist also nur während eines Versuchs konstant (allgemeiner wären die Konzentrationen der verschiedenen Reaktionspartner einzuführen).

Wir führen mit Todes die dimensionslosen Variablen ein:

$$(22)\qquad \xi = \frac{n}{n_0}; \quad \Theta = \frac{T}{T_0}; \quad \tau = k t,$$

und die dimensionslosen Konstanten:

$$(23)\qquad \alpha = \frac{E}{R T_0}; \quad \lambda = \frac{Q}{c_v T_0}; \quad \mu = \frac{A}{c_v n_0 V k} = \frac{1}{\tau_c}; \quad e^{-\alpha} = (v_0 =) \frac{1}{\tau_r}.$$

$\lambda$ ist der „relative Wärmeeffekt" also die maximale Temperaturerhöhung, bezogen auf die absolute Ausgangstemperatur ($= (T_m - T_0)/T_0$), wo $T_m$ die bei adiabatischer Verbrennung unter der Annahme konstanter Wärmekapazität erreichte Maximaltemperatur ist ($\lambda$ liegt normalerweise zwischen 1 und etwas über 10); $\tau_c$ ist die reduzierte (dimensionslose) thermische Relaxationszeit (d. h. die reduzierte Zeit, in welcher die Temperaturdifferenz $T - T_0$ auf $1/e$ ihres Betrages durch Leitung absinken würde), $\tau_r$ entsprechend die „Reaktionszeit".

Man erhält mit den Abkürzungen (22) und (23) für die reduzierte Reaktionsgeschwindigkeit:

$$(24)\qquad -\frac{d\xi}{d\tau} = F(\xi)\, e^{-\frac{\alpha}{\Theta}}$$

und für die reduzierte Erhitzungsgeschwindigkeit:

$$(25)\qquad \frac{d\Theta}{d\tau} = \lambda F(\xi)\, e^{-\frac{\alpha}{\Theta}} - \mu(\Theta - 1).$$

(25) entspricht also der Gl. (20) von Rice und Mitarbeitern. Für die Bedingungen der Arbeit dieser Autoren liefert die Todessche Untersuchung nichts Neues, im Gegenteil, Todes gibt keine Lösungen von solcher Allgemeinheit an, wie sie den Riceschen numerischen Integrationen äquivalent wären. Die Bedeutung der Todesschen Untersuchung liegt vielmehr darin, daß sie für eine Reihe von zum Teil auch technisch interessanten Spezialfällen den Verlauf der Umsetzung ermittelt, worauf jetzt eingegangen werden soll.

### a) Reaktionen „Nullter Ordnung".

Die Annahme einer Reaktion nullter Ordnung, d. h. konzentrationsunabhängiger Reaktionsgeschwindigkeit, ist dann gerechtfertigt, wenn sich die Explosion innerhalb so kurzer Zeit entwickelt, daß während dem die Anfangskonzentrationen

[1] $n$ bezeichnet hier die Konz. der Ausgangsprodukte.

noch nicht merklich abgenommen haben. Hierfür vereinfachen sich die Gl. (24) und (25) zu:

(26a) $$-\frac{d\xi}{d\tau} = e^{-\frac{\alpha}{\Theta}},$$

(26b) $$\frac{d\Theta}{d\tau} = \lambda e^{-\frac{\alpha}{\Theta}} - \mu(\Theta - 1).$$

Bei variablem Druck bleiben $\alpha$ und $\lambda$ ungeändert, während die „relative Wärmeabgabe“ $\mu$ [welche nach (23) proportional $1/(n_0 k)$ ist] mit steigendem Druck abnimmt.

Es handelt sich um die früher besprochenen Fälle (Abb. 1 und 2), in welchen je nach dem Werte von $\mu$ die Wärmeproduktion dauernd über der Abgabe liegt oder bei einer geringen Temperaturerhöhung Gleichgewicht erreicht wird.

Die früher schon formulierten Explosionsbedingungen werden in der jetzigen Schreibweise:

(27) $$\lambda e^{-\frac{\alpha}{\Theta_k}} = \mu(\Theta_k - 1); \quad \frac{d}{d\Theta}\left(\lambda e^{-\frac{\alpha}{\Theta}}\right)_k = \frac{d}{d\Theta}[\mu(\Theta - 1)]_k.$$

Für die kritische Explosionstemperatur $\Theta_k$ [1] erhalten wir daraus wieder die (12) entsprechende quadratische Gleichung:

(28) $$\Theta_k^2 - \alpha(\Theta_k - 1) = 0;$$

daraus

(29) $$\Theta_k = \frac{\alpha}{2} - \sqrt{\frac{\alpha^2}{4} - \alpha} \cong 1 + \frac{1}{\alpha} + \frac{2}{\alpha^2} \cdots,$$

und damit wird die erste Gleichung (27):

(30) $$\mu_k = \frac{\lambda e^{-\frac{\alpha}{\Theta_k}}}{\Theta_k - 1} \cong \lambda\,\alpha\, e^{-\alpha}\left(1 - \frac{1}{\alpha} \cdots\right).$$

Die verallgemeinerte Semenoffsche Explosionsbedingung erhalten wir daraus, wenn wir mit (23) setzen[2]:

(31) $$A \sim \frac{\text{Gefäßoberfläche}}{\text{Gefäßdurchmesser}} \sim \text{Gefäßdurchmesser} = d$$

und

(32) $$n_0 k \cong \left(\frac{p_0}{T_0}\right)^{\nu} \cdot f(\gamma)\,^3,$$

da die Geschwindigkeit bei einer Reaktion $\nu$-ter Ordnung der $\nu$-ten Potenz der Konzentration proportional ist, die ihrerseits wieder proportional mit $p/T$, während $f(\gamma)$ eine Funktion der relativen Gaszusammensetzung ist. Die Annahme (32) widerspricht nicht der oben eingeführten Voraussetzung einer Reaktion nullter Ordnung; denn dies besagt nur, daß der Ausdruck (32) bei der betrachteten Reaktion

---

[1] Das $\Theta_k$ entspricht nicht dem $T_0$ von früher, sondern dem $T_1$ von S. 7.

[2] Die an die Wand abgeführte Wärmemenge wird deren Größe proportional sein und dem Temperaturgefälle; letzteres wird etwa umgekehrt proportional zu $d$ sein. Todes macht einen anderen Ansatz, der aber nicht richtig ist.

[3] Die Temperaturabhängigkeit ist nicht exakt, da diejenige der Stoßzahl unberücksichtigt geblieben ist.

konstant gehalten wird. Bedenklicher ist die Annahme (31), die wohl nur roh erfüllt sein kann. Damit erhält man aus (30):

$$(33) \qquad \mu_k \sim \frac{T_0^\nu}{d^2 p_k^\nu f(\gamma)} \text{ proportional } \frac{1}{T_0^2} e^{-\frac{E}{R T_0}},$$

und durch Logarithmieren:

$$(34) \qquad \ln \frac{p_k}{T_0} = \frac{1}{\nu} \frac{E}{R T_0} + \frac{2}{\nu} \ln T_0 + \text{const}.$$

Daneben folgt aus (33) für konstantes $T_0$ und $f(\gamma)$ als Bedingung für die Abhängigkeit des kritischen Druckes vom Gefäßdurchmesser:

$$(35) \qquad p_k^\nu \cdot d^2 = \text{const},$$

eine Beziehung, die nur Näherungscharakter trägt und die formal ähnlich auch bei Kettenexplosionen erhalten werden kann.

## b) Fast isotherme Reaktion.

Wenn die relative Wärmeableitung groß ist gegen die kritische, zur Explosion führende Ableitung, also wenn:

$$(36) \qquad \mu \gg \mu_k = \alpha \lambda e^{-\alpha}$$

ist, lassen sich die Gl. (26) näherungsweise integrieren, weil dann auch $\Theta - 1$ eine kleine Größe sein muß und man durch Entwickeln der Exponentialfunktion nach Potenzen von $(\Theta - 1)$ aus (26b) erhält:

$$(37) \qquad \frac{d\Theta}{d\tau} = \lambda e^{-\alpha} - [\mu - \alpha \lambda e^{-\alpha}] (\Theta - 1),$$

was integriert ergibt (wieder unter der Annahme einer Reaktion nullter Ordnung, d. h. von $\tau$ unabhängiger Koeffizienten, also für geringen Umsatz):

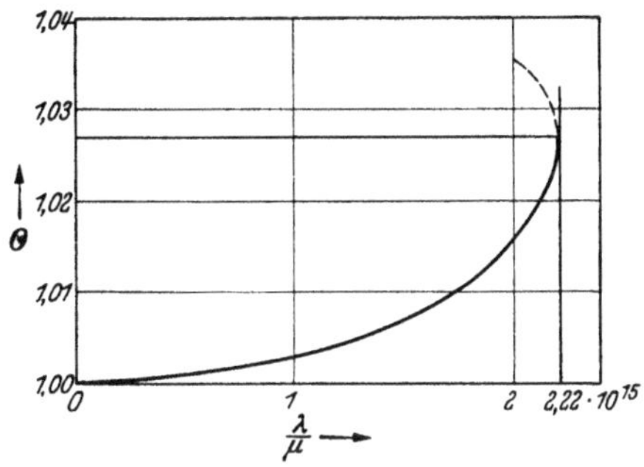


Abb. 8. Reduzierte Maximaltemperatur $\Theta$ bei fast isothermer Reaktion, für $\alpha = 40$. (Nach TODES.)

$$(38) \qquad \Theta = 1 + \frac{\lambda e^{-\alpha}}{\mu - \alpha \lambda e^{-\alpha}} \left\{ 1 - e^{-[\mu - \alpha \lambda e^{-\alpha}]\tau} \right\}.$$

$\Theta$ strebt also asymptotisch dem Maximalwert zu (wobei wir benutzen, daß $\alpha$ im allgemeinen groß gegen 1 ist):

$$(39) \qquad \Theta_s \cong 1 + \frac{\lambda e^{-\alpha}}{\mu} \quad \left(\text{genauer} = 1 + \frac{\lambda e^{-\alpha}}{\mu - \alpha \lambda e^{-\alpha}}\right).$$

Genau folgt $\Theta_s$ aus der von (26b) abgeleiteten Maximumsbedingung:

$$(40) \qquad \frac{d\Theta}{d\tau} = 0 = \lambda e^{-\frac{\alpha}{\Theta_s}} - \mu (\Theta_s - 1).$$

Für gegebenes $\alpha$ sind die Maximaltemperaturen $\Theta_s$ in Abhängigkeit von $\lambda/\mu$ durch eine Kurve wie in Abb. 8 gegeben. Für $\lambda/\mu$ Werte oberhalb von $\lambda/\mu_k$ gibt es keine stationäre Temperatur $\Theta_s$ mehr, was ja auch durch unsere früheren Überlegungen gefordert wird. Es ist nun bemerkenswert, daß in dem angeführten Beispiel die höchstmögliche stationäre Temperatur nur um 2,7% über der Ausgangstemperatur liegt (d. i. auch die Größenordnung der von RICE und Mitarbeitern gemessenen Temperaturerhöhungen). Dies zeigt wiederum, daß das allererste Anfangsstadium entscheidend für die Entwicklung der Explosion ist.

### c) Adiabatische und fastadiabatische Explosion; Induktionsperiode.

Im adiabatischen Fall ist die relative Wärmeableitung, $\mu$, in Gl. (26b) zu vernachlässigen und man erhält:

$$\frac{d\Theta}{d\tau} = \lambda e^{-\frac{\alpha}{\Theta}}. \tag{41}$$

Als Lösung findet man:

$$\lambda\tau = \{\alpha Ei(\alpha) - e^{\alpha}\} - \left\{\alpha Ei\left(\frac{\alpha}{\Theta}\right) - \Theta e^{\alpha/\Theta}\right\}, \tag{42}$$

worin $Ei$ das Exponentialintegral[1]

$$Ei(x) = \int_{\infty}^{-x} \frac{e^{-u}\,du}{u} \tag{43}$$

ist. Für $|x| > 17$ gilt die asymptotische Entwicklung:

$$Ei(x) \cong \frac{e^x}{x}\left\{1 + \frac{1!}{x} + \frac{2!}{x^2} + \frac{3!}{x^3} + \cdots\right\}, \tag{44}$$

die erkennen läßt, daß bei den meist in Frage kommenden Werten von $\alpha (> 20)$ größenordnungsmäßig $\tau\lambda$ durch das erste Glied in (42) gegeben ist $\left(\text{das zweite beträgt etwa } 1/e \text{ des ersten, falls } \Theta \simeq 1 + \frac{1}{\alpha}\right)$. Eine Zunahme der Temperatur $\Theta$ auf etwa $\sim 1 + \frac{1}{\alpha}$ ergibt sich also in einer Induktionsperiode der Größenordnung:

$$\tau_i \cong \frac{1}{\lambda}\{\alpha Ei(\alpha) - e^{\alpha}\} \cong \frac{e^{\alpha}}{\alpha\lambda}\left(1 + \frac{2!}{\alpha} + \cdots\right). \tag{45}$$

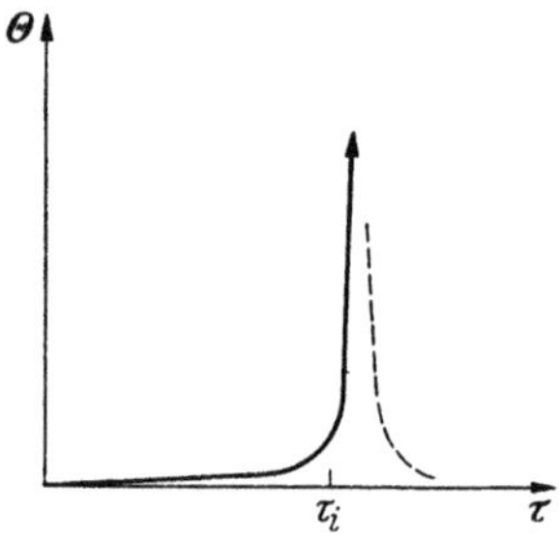


Abb. 9. Zeitlicher Temperaturverlauf (reduzierte Größen) bei adiabatischer Explosion; „Induktionszeit“ $\tau_i$. (Nach TODES.)

Unter Benutzung von (22) und (23) wird die Induktionszeit $t_i$:

$$t_i = \frac{e^{\frac{E}{RT_0}} \cdot RT_0^2 c_v}{kE \cdot Q}.$$

Die restliche Temperaturzunahme erfolgt dann in einer außerordentlich kurzen Zeit (Abb. 9).

Beim Betrachten des Kurvenverlaufs von Abb. 9 hat man zu bedenken, daß im Gegensatz zu der früheren Behandlung nach RICE hier sowohl von der Wärmeableitung wie von dem durch Abnahme der Konzentrationen herrührenden Rückgang der Reaktionsgeschwindigkeit abgesehen ist; die Vernachlässigung der Wärmeableitung bedingt das Wegfallen des Wendepunktes in der Erhitzungskurve.

TODES verbessert die Rechnung noch etwas durch Berücksichtigung geringer Wärmeableitung und stellt auch in diesem Fall eine angenäherte Beziehung für die Induktionsperiode auf. Als maximale Induktionsperiode erhält er das 1,7fache der Induktionsperiode im adiabatischen Fall. (Dieser Extrapolation kommt wahrscheinlich keine große Bedeutung zu.) Bemerkenswert ist wieder, daß man für den Umsatz während der Induktionszeit nur in der Größenordnung von 1% des Gesamtumsatzes erhält.

[1] Tabelliert z. B. bei JAHNKE-EMDE: Funktionentafeln.

### d) Erzwungene Entzündung.

Unter erzwungener Entzündung versteht TODES die Zündung durch Erzeugung von Anfangszentren der Reaktion auf anderem als auf thermischem Wege, z. B. durch Belichten. In Fällen, in denen dies möglich ist, wird man es normalerweise mit Kettenreaktionen zu tun haben; trotzdem ist der von TODES behandelte Fall ein anderer, als er bei der sog. Kettenexplosion vorliegt, bei welcher die Verzweigung der Ketten, ohne Temperaturerhöhung und unabhängig von der Ausgangskonzentration der aktiven Zentren zur Explosion führt. Hier jedoch kann es sich zwar um eine Kettenreaktion handeln, aber die von der Ausgangskonzentration der aktiven Zentren abhängige Wärmeproduktion verursacht die Explosion. Wegen Einzelheiten der Rechnung, die übrigens verbesserungsbedürftig erscheint, sei auf TODES verwiesen.

Soweit man es bei der Funkenzündung nicht mit Kettenexplosionen zu tun hat, dürften innerhalb des Funkens die Verhältnisse des oberen Falles vorliegen; darauf gehen wir später ein.

### e) Entzündung durch adiabatische Kompression.

Der Fall der Entzündung durch adiabatische Kompression unterscheidet sich von dem der Zündung durch Erhitzen des Gases im geschlossenen Gefäß dadurch, daß bei der adiabatischen Kompression das Gas eine nennenswerte Reaktionsgeschwindigkeit meist erst erreicht bei Temperaturen, die wesentlich über denen der Wand liegen, da ja die Wand im Gegensatz zum anderen Falle nicht mit erhitzt wird. Infolgedessen wird man immer eine relativ viel stärkere Wärmeableitung von dem Gas zur Wand haben als bei Erhitzen des ganzen Gefäßes; während bei Erhitzen des Gefäßes auf nicht zur Explosion ausreichende Temperaturen die Gastemperatur immer ein wenig ansteigen muß, bis sie stationär wird, kann bei nicht zur Explosion führender adiabatischer Verdichtung die Temperatur fallen, auf einen allerdings immer noch über der Wandtemperatur liegenden stationären Wert. Wärmeproduktion ($d\,q_1/d\,t$) und Wärmeableitung ($dq_2/dt$) werden durch zwei Kurven gegeben sein, wie in Abb. 10 (mit derselben Annäherung wie früher); nur bei sehr geringer Kompression auf Temperaturen unter $T_s$, wird die Reaktionstemperatur infolge Selbsterwärmung des Gemisches auf den stationären Endwert $T_s$ ansteigen. Bei Kompressionstemperaturen zwischen $T_s$ und $T_a$ überwiegt die Wärmeableitung, die Gemischtemperatur wird auf den stationären Endwert $T_s$ abfallen. Erst bei Kompressionsendtemperaturen über $T_a$ wird eine Explosion erfolgen.

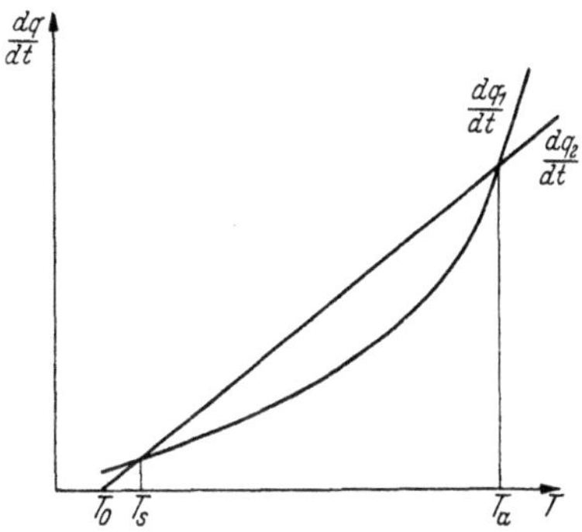


Abb. 10. Zündung durch adiabatische Kompression; Wärmeproduktion und Abfuhr analog zu Abb. 1 und 2. (Nach TODES.)

TODES behandelt diesen Fall in gleicher Weise wie die übrigen und findet eine Beziehung zwischen Kompressionsendtemperatur $T_a$, Gefäßtemperatur $T_0$ und Druck $p$, die Gl. (17) bzw. (34) äquivalent ist, nämlich:

$$\ln \frac{p}{T_a} = \frac{1}{\nu} \frac{E}{R T_a} + \frac{1}{\nu} \ln (T_a - T_0) + \text{const.} \tag{46}$$

Wieweit die zur Ableitung notwendigen Voraussetzungen erfüllt sind, wäre im Einzelfall zu prüfen. Analog wie im vorangehenden Abschnitt kann man eine

Induktionsperiode $\tau_i$ abschätzen zu der Kompressionsendtemperatur $T_e > T_a$:

$$(47) \qquad \tau_i \sim \frac{T_e^{\nu+1}}{p^{\nu-1} \cdot f(\gamma)} e^{E/R T_e}.$$

Die Beziehung erlaubt es, unter Umständen aus beobachteten Induktionsperioden bei verschiedenen Temperaturen die Aktivierungswärme der Reaktion zu bestimmen.

Bei allen Versuchen mit adiabatischer Kompression hat man daran zu denken, daß außer durch Temperaturänderung hier auch gleichzeitig noch durch die Druckerhöhung eine Variation der Reaktionsgeschwindigkeiten hervorgerufen wird.

Wichtig sind diese Vorgänge einerseits, weil man eine größere Zahl sog. „Entzündungstemperaturen" durch adiabatische Kompression bestimmt hat, andererseits aber, weil der Zustand des unverbrannten Gasgemisches im Verbrennungsmotor durch die obigen Angaben beschrieben wird. Eine Verbesserung der Rechnungen wäre im Einzelfall durch numerische Integration möglich.

## 4. Beispiele von Wärmeexplosionen.

Von der großen Zahl bekannter Reaktionen lassen sich bisher nur wenige sicher als Wärmeexplosionen auffassen, sofern sie zur Zündung führen. Dazu gehören wahrscheinlich die schon erwähnten Beispiele des Zerfalls von Azomethan und Äthylazid (S. 10). Nach SAGULIN[1] sollte der Zerfall von Chlormonoxyd, $Cl_2O$, zu einer Wärmeexplosion führen. Er findet hier als empirische Beziehung für den kritischen Explosionsdruck:

$$\log \frac{p_k}{T_k} = \frac{A}{T_k} + B$$

mit $A = 2500$. Nach HINSHELWOOD[2] verläuft die Zersetzungsreaktion von $Cl_2O$ homogen und nach der zweiten Ordnung, entsprechend einem Geschwindigkeitsausdruck:

$$v = k\, p^2\, e^{-21000/R\,T},$$

was auf $A = 2300$ führen würde.

Das ist aber nicht in Übereinstimmung zu bringen mit dem sehr viel komplizierteren Verhalten, das diese Reaktion nach SCHUMACHER[3] aufweist.

FARKAS[4] hat die zur Explosion führende Reaktion von Schwefelwasserstoff mit Sauerstoff näher untersucht und gefunden, daß zwar sicher eine Kettenreaktion vorliegt, daß der Zustand der Wand starken Einfluß auf Reaktionsgeschwindigkeit und Einsetzen der Explosion hat, daß dieser aber eine merkliche Temperaturerhöhung vorausgeht

---

[1] SAGULIN, A. B.: Z. phys. Chem. Abt. B Bd. 1 (1928) S. 275.

[2] HINSHELWOOD, C. N.: J. chem. Soc. 1923, S. 2730.

[3] Vgl. die Darstellung bei H. J. SCHUMACHER: Chemische Gasreaktionen. Dresden 1938.

[4] FARKAS, L.: Z. Elektrochem. Bd. 37 (1931) S. 670; vgl. ferner: H. W. THOMPSON: J. phys. Chem. Bd. 35 (1931) S. 3639; H. A. TAYLOR u. E. M. LIVINGSTONE: J. phys. Chem. Bd. 35 (1931) S. 2676; Bd. 36 (1932) S. 1051; THOMPSON, H. W. u. N. ST. KELLAND: J. chem. Soc. 1931, S. 1809; H. W. THOMPSON: Nature, Lond. Bd. 127 (1931) S. 629; ferner N. SEMENOFF: Chain Reactions. Oxford 1935.

(welche bestimmt wurde unter Verwendung eines im Reaktionsgefäß ausgespannten Wollastondrahtes als Widerstandsthermometer). Es wurde z. B. beobachtet, daß bei 300 mm Druck und einer Anfangstemperatur von 250° C nach 14,8 s Explosion einsetzte; während dieser Zeit war die Temperatur auf 342° C angestiegen; das bedeutet einen außerordentlich starken Anstieg in der Induktionsperiode[1]. Nach FARKAS läßt sich zwar die kritische Explosionsgrenze durch eine Exponentialbeziehung darstellen; die Aktivierungswärme schwankt aber mit dem Zustand der Wand, was bei reiner Wärmeexplosion nicht der Fall sein dürfte. Offenbar hat man es hier mit einem Vorgang zu tun, bei welchem neben der Kettenverzweigung die Wärmelieferung für das Einsetzen der Explosion wesentlich ist. Sehr eigentümlich ist es, daß bei der Explosion nicht immer gleich vollständiger Umsatz erreicht wird, sondern eine Reihe von Teilexplosionen, bis zu fünf, aufeinander folgen können.

APPIN, CHARITON und TODES[2] haben die thermische Zersetzung und die Explosion von Methylnitrit untersucht. Zwischen 210 und 240° C und bei Drucken von 5 bis 15 mm Hg verläuft der Zerfall homogen und nach der ersten Ordnung mit einer Geschwindigkeitskonstanten:

$$k = 2{,}5 \cdot 10^{14} \exp(-39\,500/RT).$$

Bei höheren Temperaturen und Drucken erfolgt der Zerfall explosiv. Für die Zersetzung in einem zylindrischen Glasgefäß von 3,4 cm innerem Durchmesser und 130 cm³ Volumen wurden folgende Explosionsdruckgrenzen gefunden:

| | | | | | | | | | | |
|---|---|---|---|---|---|---|---|---|---|---|
| Temp. °C . . . . | 324 | 311 | 294 | 280 | 273 | 261 | 256 | 249,5 | 248 | 246,5 |
| $p_k$ mm Hg . . . | 4,2 | 5,5 | 8,5 | 13 | 17 | 34 | 46 | 87 | 107 | 163 |

Die kritischen Explosionsdrucke nehmen zwar stark und monoton mit steigender Temperatur ab; doch ist die Abhängigkeit nicht durch eine einfache Beziehung zwischen $\log(p_k/T_k^n)$ und $1/T_k$ darzustellen. Nach den Verfassern dürfte dies daher rühren, daß bei höheren Temperaturen die Induktionsperioden für die Zündung etwa ebenso lang oder kürzer sind als die Zeit, die das Gas zum Einströmen in das Reaktionsgefäß braucht; dadurch würde der erste Teil des Gemisches bereits abreagiert sein, ehe der Rest eingeströmt ist, und die Zündung im ganzen beeinträchtigt werden. Ob diese Deutung wirklich zutrifft, wäre durch besondere Versuche zu prüfen.

---

[1] Bei einer Wärmeexplosion sollte der Anstieg etwa $RT^2/E$ betragen, wofür der obige Anstieg etwas hoch erscheint. Es muß daher der Verdacht aufkommen, daß, wie auch in anderen Fällen [bei der Äthanoxydation in Gegenwart von Methylnitrit, G. A. GIMMELMANN u. M. B. NEUMANN: Acta Physicochimica USSR. Bd. 7 (1937) S. 221] eine katalytische Reaktion an der Drahtoberfläche abläuft.

[2] APPIN, A., J. CHARITON u. O. TODES: Acta Physico chimica URSS. Bd. 5 (1936) S. 654.

Die gleiche Reaktion ist unterhalb 240° von STEACIE und Mitarbeitern genauer untersucht worden (vgl. SCHUMACHER, Gasreaktionen) und verläuft nach einem Kettenschema, was, wie schon gesagt, das Vorliegen einer Wärmeexplosion nicht notwendig auszuschließen braucht.

Aus der beobachteten Temperaturabhängigkeit der Induktionszeiten berechnet man eine Aktivierungsenergie von rund 35 kcal, in hinreichender Übereinstimmung mit dem für die Reaktionsgeschwindigkeit gefundenen Wert. Aus sämtlichen Beobachtungen glauben die Verfasser auf das Vorliegen einer Wärmeexplosion schließen zu können.

Nach GIMMELMAN und NEUMANN[1] (vgl. Kap. XI) soll die Äthanverbrennung in Gegenwart von Methylnitrit ein Prozeß sein, der aus Ketten- und Wärmevorgang zusammengesetzt ist. Die Methanverbrennung, die nach SACHSSE als Wärmeexplosion gedeutet werden kann, ist in Kap. XI behandelt.

Wahrscheinlich ist der Vorgang der Wärmeexplosion häufiger verwirklicht in den Fällen, in welchen bei höheren Drucken Selbstzündung mit kurzer Induktionszeit einsetzt; wegen der experimentellen Schwierigkeiten sind gerade diese Vorgänge bisher weniger untersucht.

## 5. Zündung durch erhitzte Oberflächen.

Bisher hatten wir uns mit dem Vorgang befaßt, daß eine größere Gasmasse als Ganzes, sei es durch Erwärmen des Gefäßes, sei es durch adiabatische Kompression, erhitzt wurde. Wir wollen jetzt den Fall ins Auge fassen, daß eine größere, kalte oder mäßig warme Gasmenge nur an einer Stelle mit einer heißen Oberfläche in Berührung gebracht wird, ein Vorgang, der der Zündung offenbar weniger günstig ist als die früher besprochenen.

Bei Zündung durch erhitzte Oberflächen (z. B. glühende Drähte) werden im allgemeinen katalytische Einflüsse stark mitspielen können; je nachdem die betreffende Oberfläche besonders stark Reaktionsketten einleitet oder abbricht, wird sie bei besonders tiefen Temperaturen oder erst bei sehr hohen anfangen wirksam zu sein.

Wir sehen hier wieder zunächst von diesen Einflüssen völlig ab und untersuchen die Zündung, soweit sie ausschließlich durch thermische Effekte erklärbar ist. Wir können, wie später (S. 48ff.) bei der Funkenzündung, eine rohe Überschlagsbetrachtung anstellen durch Vergleich mit den entsprechenden Verhältnissen bei der Wärmeexplosion im geheizten Gefäß. Wir wollen speziell ein zylindrisches Gefäß der Länge $d$ ins Auge fassen (Abb. 11), dessen linke Grundfläche auf die Temperatur $T$ erhitzt sei, während sich die rechte auf Zimmertemperatur $T_0$ befinde; dabei soll von einem Wärmedurchgang durch den Zylindermantel abgesehen werden. Ohne Reaktion hätten wir im stationären

[1] GIMMELMAN, G. A. u. M. B. NEUMANN: Acta Physicochimica Bd. 7 (1937) S. 221.

Zustand ein lineares Temperaturgefälle von $T_1$ nach $T_0$, mit einem Wärmestrom proportional: $\sim (T_1 - T_0)/d$. Hätten wir andererseits Reaktion in einem allseitig erhitzten Gefäß mit einem Wandabstand von $2\,d$ (Abb. 12), so wäre die maximale stationäre Temperatur $T_0 + \Delta\,T$, die sich vor einer Explosion einstellen kann, nur einige Prozent höher als die Wandtemperatur $T_0$ (vgl. S. 17). Der Wärmestrom nach einer Seite wäre etwa $\sim \Delta\,T/d$, d. h. nur einige Prozent des im Falle der Abb. 11 auftretenden Stroms. Soll also im Bild der Abb. 11 die Reaktionsgeschwindigkeit über alle Grenzen wachsen, so wird, der höheren Wärmeverluste wegen, diese Reaktionsgeschwindigkeit in der Nähe der heißen Wand wahrscheinlich um etwa das 10- bis 100-fache höher sein müssen als bei der Temperatur $T_0 + \Delta\,T$ der Abb. 12. Das hieße aber, die heiße Oberfläche müßte beträchtlich wärmer sein als die Wände eines geschlossenen Gefäßes, wenn das gleiche Gemisch gezündet werden soll. Wären, was meistens der Fall sein wird, die Wärmeableitungsverhältnisse ungünstiger als in Abb. 11 (bei kleiner zündender Oberfläche in einer größeren Gasmasse), so muß man die Temperatur entsprechend weiter steigern, um die vermehrten Wärmeverluste zu kompensieren. Jedenfalls lehrt also die Wärmetheorie verstehen, daß man unter Umständen heiße Oberflächen in ein Gasgemisch bringen kann, deren Temperaturen ganz wesentlich über der anderweitig bestimmten „Entzündungstemperatur" liegen, ohne daß allgemeine Zündung einsetzt.

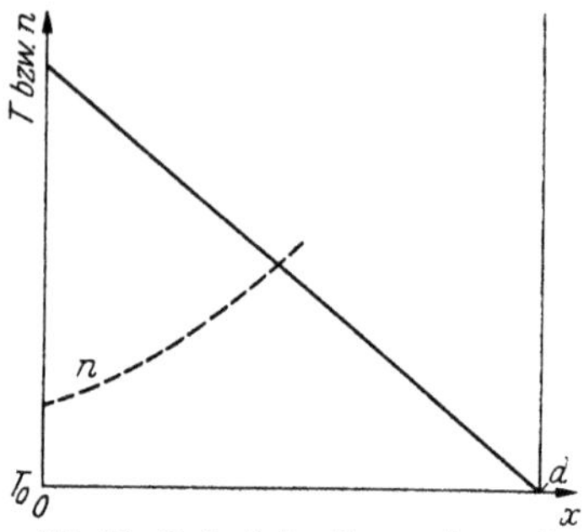


Abb. 11. Verlauf der Temperatur und der Konzentration der Ausgangsstoffe, $n$, bei Reaktion in einem einseitig, bei $x = 0$, erhitzten Gefäß der Länge $d$, qualitativ.

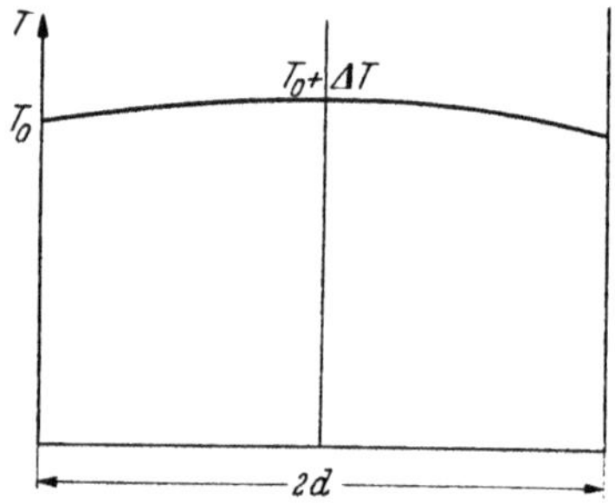


Abb. 12. Verlauf der Temperatur bei Reaktion in einem allseitig erhitzten Gefäß der Länge $2\,d$, qualitativ.

Wie in den noch zu behandelnden Beispielen der Fremdzündung ist es auch für die Zündung durch heiße Oberflächen nicht schwer, eine allgemeine Differentialgleichung aufzustellen, solange man auf dem Boden einer reinen Wärmetheorie bleibt. Beschränken wir uns auf das (leicht zu verallgemeinernde) lineare Problem der Abb. 11, so ergibt sich für die zeitliche Temperaturänderung:

$$\frac{\partial T}{\partial t} = \varkappa \frac{\partial^2 T}{\partial x^2} + n\,\varrho\,\frac{Q}{c}\exp(-E/R\,T), \tag{48}$$

worin das erste Glied rechts die Abkühlung durch Leitung, das zweite

die Erhitzung durch chemische Reaktion wiedergibt[1]; dabei haben wir der Einfachheit halber die Reaktion als erster Ordnung angenommen und deshalb $n$, die momentane Molzahl des Ausgangsstoffes in der Volumeneinheit als Faktor geschrieben. $\varrho$ stellt also den Geschwindigkeitskoeffizienten dar. Eine Integration dieser Gleichung bietet dieselben Schwierigkeiten wie im Falle der Funkenzündung (vgl. Kap. II u. X) und wäre im Einzelfalle nur numerisch durchführbar.

Ebenso wie bei der Funkenzündung müßte auch hier für eine exakte Behandlung der Einfluß der Diffusion mitberücksichtigt werden. In der Nähe der heißen Platte (Abb. 11) wird die Reaktion am lebhaftesten sein; es wird infolgedessen ein Konzentrationsgefälle für die Ausgangsprodukte sich einstellen (gestrichelte Linie der Abb. 11) und ein dem Wärmestrom entgegengerichteter Diffusionsstrom wird in die Zone lebhaftester Reaktion immer neues Ausgangsmaterial heranführen (umgekehrt werden natürlich die Reaktionsprodukte aus dieser Zone durch Diffusion ständig abgeführt werden). Für die Konzentration, die sich durch Diffusion (Diffusionskoeffizient $D$) und chemische Reaktion ändert, ergäbe sich darum eine zu (48) analoge Gleichung:

$$\frac{\partial n}{\partial t} = D \frac{\partial^2 n}{\partial x^2} - n\,\varrho \exp(-E/RT). \tag{49}$$

Man hätte nun das System simultaner, partieller Differentialgleichungen (48) und (49) zu lösen (entsprechende Gleichungen wären auch bei der Funkenzündung anzusetzen, vgl. Kap. II, S. 48).

Wir wollen hier nur noch eine Beziehung ableiten, die für den quasistationären Fall gilt, d. h. solange keine Explosion einsetzt und die gesamte Konzentrationsänderung klein bleibt[2]. Es muß ja dann sein

$$0 \cong \frac{\partial T}{\partial t} = \varkappa \frac{\partial^2 T}{\partial x^2} + n\,\varrho\,\frac{Q}{c} \exp(-E/RT), \tag{48a}$$

$$0 \cong \frac{\partial n}{\partial t} = D \frac{\partial^2 n}{\partial x^2} - n\,\varrho \exp(-E/RT). \tag{49a}$$

Es folgt daraus:

$$\varkappa \frac{\partial^2 T}{\partial x^2} = -n\,\varrho\,\frac{Q}{c} \exp(-E/RT) = -\frac{Q}{c} D \frac{\partial^2 n}{\partial x^2}, \tag{50}$$

---

[1] In dieser Gleichung wäre $\frac{\partial T}{\partial t} = \varkappa \frac{\partial^2 T}{\partial x^2}$ die allgemeine Wärmeleitungsgleichung für den eindimensionalen Fall (vgl. etwa Frank-Mises: Differential- und Integralgleichungen der Physik. Braunschweig: F. Vieweg & Sohn 1930/35); dabei bedeutet $\varkappa$ die „Temperaturleitfähigkeit", $\varkappa = \frac{\lambda}{\bar{c}\,\sigma}$, wenn $\lambda$ die Wärmeleitfähigkeit, $\bar{c}$ die mittlere spezifische Wärme pro Masseneinheit und $\sigma$ die Dichte bedeutet, wobei der Einfachheit halber $\varkappa$ als konstant angenommen ist. Das zweite Glied in (48) erfaßt die Temperaturerhöhung durch chemische Reaktion. Die entsprechenden Beziehungen werden unten, S. 116, ausführlicher diskutiert.

[2] In Strenge könnte man Stationarität nur dann erreichen, wenn man bei $x = d$ die Reaktionsprodukte ständig durch eine halbdurchlässige Wand abführt und gleichzeitig das verbrauchte Frischgas ersetzt.

(50a)
$$\frac{\partial^2 T}{\partial x^2} = -\frac{QD}{\varkappa c}\frac{\partial^2 n}{\partial x^2}$$

oder mit $\zeta = \frac{QD}{\varkappa c} n$

(51)
$$\frac{\partial^2 T}{\partial x^2} = -\frac{\partial^2 \zeta}{\partial x^2};$$

und integriert

(52)
$$T = -\zeta + \beta x + \gamma.$$

Temperatur- und Konzentrationsverlauf sehen da etwa aus wie in Abb. 13, falls für $x = d$, $T = T_0$ und für $x = 0$, $n = 0$ angenommen wurde: die Krümmung der Kurven muß so sein wie in Abb. 13, $\partial^2 T/\partial x^2$ muß negativ, $\partial^2 n/\partial x^2$ positiv sein. An sich könnte letzteres nicht im ganzen Gebiet gelten; wir setzen daher etwa voraus, daß am rechten Systemende die durch Reaktion verbrauchte Substanz ständig durch eine halbdurchlässige Wand nachgeliefert werde, und daß entsprechend die Reaktionsprodukte abgeführt werden.

Es scheint, daß eine Temperaturverteilung gemäß der gestrichelten Kurve in Abb. 13 nicht mehr zu einem quasistationären Zustand gehören kann, weil dazu keine sinngemäße Konzentrationskurve mehr möglich ist. Das gilt allerdings nur mit der Annäherung, mit der wir die Betrachtungen in diesem Abschnitt überhaupt durchführen.

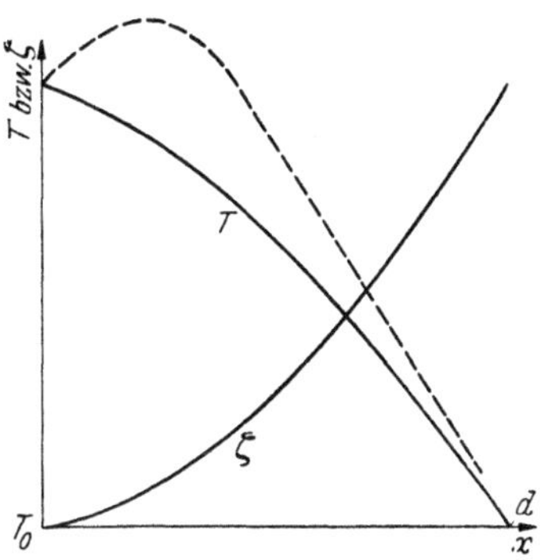


Abb. 13. Verlauf von Temperatur und reduzierter Konzentration $\zeta$ im quasistationären Zustand; Bedingungen wie bei Abb. 11, mit den speziellen Ansätzen des Textes.

Man erkennt qualitativ noch etwas aus Abb. 13, was nicht ohne Bedeutung ist: daß Einbringen einer erhitzten Oberfläche nicht notwendig zur Zündung führen muß, rührt zum Teil daher, daß gerade in der heißesten Zone die Konzentration der Ausgangsstoffe verarmt und dadurch die Reaktionsgeschwindigkeit begrenzt bleibt.

Es sei in diesem Zusammenhang noch eine Beobachtung Davys diskutiert: flammenlos brennende Holzkohle kann schlagende Wetter nicht entzünden. Stellen wir uns in der Abb. 13 die linke Wand aus brennender Holzkohle der Temperatur $T$ vor. Was sich dadurch gegen das frühere ändert, ist, daß diese Wand nicht nur eine Wärmequelle, sondern außerdem noch eine Quelle für Kohlensäure (und evtl. Kohlenoxyd) sowie eine Senke für Sauerstoff ist. Wir hätten also für diese Stoffe noch Diffusionsgleichungen aufzustellen wie für das reagierende Methan. Man sieht aber ohnedies schon: in der Nähe der „Wand" müssen der Kohlensäureüberschuß (hohe Wärmekapazität(!), Verdünnungswirkung) und der Sauerstoffmangel die Verbrennung ungünstig beeinflussen, wie es auch die Erfahrung zeigt.

Für eine halbquantitative Behandlung dieses Problems wäre es evtl. zweckmäßig, so wie man es bei Auflösungsvorgängen zu tun pflegt, Diffusion (und evtl. Wärmeleitung) nur in einer an die Wand angrenzenden

Schicht zu berücksichtigen, im übrigen aber vollständige Durchmischung anzunehmen.

Die wesentlichste qualitative Folgerung aus dem Vorangehenden wird allgemein von der Erfahrung bestätigt: daß nämlich eine erhitzte Oberfläche, die in ein Gasgemisch gebracht dieses zünden soll, eine höhere Temperatur haben muß, als sie ein das Gas einschließender Behälter haben müßte, wenn Selbstzündung erfolgen sollte, und zwar muß die Temperatur der erhitzten Oberfläche (des in das Gas gebrachten heißen Körpers) um so höher sein, je kleiner diese ist. Liegen etwa (vgl. S. 44) die unter üblichen Bedingungen für Methanluftmischungen bestimmten Zündtemperaturen in der Gegend von etwa 700° C, so muß man Nickelstäbe von einigen Millimeter bis einigen Zentimeter Durchmesser auf mindestens etwa 1000° C erhitzen, wenn sie in ein größeres Methan-Luftgemisch verbracht dieses zünden sollen.

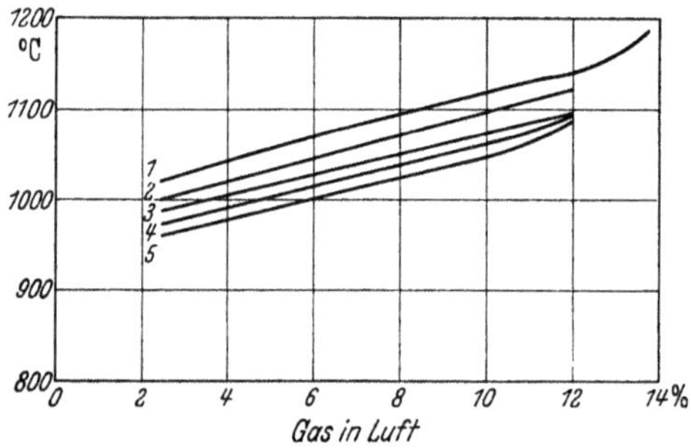


Abb. 14. Zündung von Erdgas-Luftmischungen durch Nickelstäbe (Zusammensetzung des Naturgases: 93,2% $CH_4$, 3,3% $C_2H_6$, 1,5% $C_3H_8$, 0,5% $C_4H_{10}$ usw., 1,5% $N_2$).

Kurve 1, 2, 3, 4, 5 — Breite des Metallstreifens 1/4, 1/2, 3/4, 1, 1 1/2 Zoll

Dicke des Streifens 0,102 cm, Länge 4,25 Zoll. (Nach COWARD und GUEST[1].)

Bei der Zündung von Gasgemischen durch erhitzte Metallstäbe und -drähte ergeben sich eine Reihe zunächst überraschender Tatsachen, so daß wir bei diesen Erscheinungen kurz verweilen müssen. Zunächst beobachtet man[1], was nicht verwunderlich ist, daß der zündende Metallstreifen um so heißer sein muß, je dünner er ist, vgl. Abb. 14 (nach COWARD und GUEST).

Außerordentlich auffallend ist nun aber der Vergleich zwischen verschiedenen Metallen. Nimmt man das katalytisch besonders aktive Platin, das also an seiner Oberfläche die Reaktion ganz besonders beschleunigt, so tritt nunmehr nicht etwa bereits bei tieferen Temperaturen Zündung ein, sondern im Gegenteil, man muß das Metall wesentlich stärker erhitzen, bei den reaktionsfähigeren Gas-Luftmischungen mittlerer Zusammensetzung sogar am meisten, um etwa 350° höher als entsprechende Nickelstreifen (vgl. hierzu Abb. 15).

Zunächst sei darauf hingewiesen, was auch bereits COWARD und GUEST bemerken, daß dieser Befund nicht im Widerspruch steht zu der bekannten Tatsache, daß man Knallgas mit Platinasbest, Platinschwamm oder sehr dünnen Platindrähten zur Zündung bringen kann. Denn in diesem Fall ist Masse und Wärmekapazität des festen Stoffes so gering,

[1] COWARD, H. F. u. P. G. GUEST: J. Amer. chem. Soc. Bd. 49 (1927) S. 2479.

daß er sich infolge der katalytischen Umsetzung bis zur Rot- oder Weißglut erhitzt, ehe Zündung eintritt. Bei den Metallstreifen ist die Wärmekapazität aber sehr groß, so daß diese sich wohl nicht nur nicht merklich erhitzen, sondern durch Wärmeableitung auch das Gas in ihrer Umgebung hindern, infolge der Reaktionswärme merklich heißer zu werden als das Metall. Nur durch Berücksichtigung der großen Wärmekapazität des Metalls wird die ungünstige Zündwirkung katalytisch aktiver Metalle verständlich. Wie wir oben (Abb. 13, S. 25) gesehen hatten, wird sich, solange noch nicht der Zündpunkt erreicht ist, ein Konzentrations- und Temperaturgefälle ausbilden, derart, daß an der Metalloberfläche das Frischgas mehr oder weniger vollständig verbraucht ist, und daß von ihr ständig die Reaktionsprodukte wegdiffundieren, während neues Frischgas hinzudiffundiert. Ohne die Wärmeabfuhr aus dem reagierenden, heißeren Gas an das Metall wäre die, an sich richtige, Erklärung des Phänomens durch MASON und WHEELER[1] nicht zu verstehen: „Die Mischung, die die erhitzte Oberfläche unmittelbar umgibt, kann so schnell verbraucht werden, daß sie nicht imstande ist, eine Flamme fortzupflanzen, während die Reaktion nur an oder in der Nähe der erhitzten Oberfläche statthat, selbst wenn die Temperatur dort weit über die wahre Entzündungstemperatur des Gases steigt."

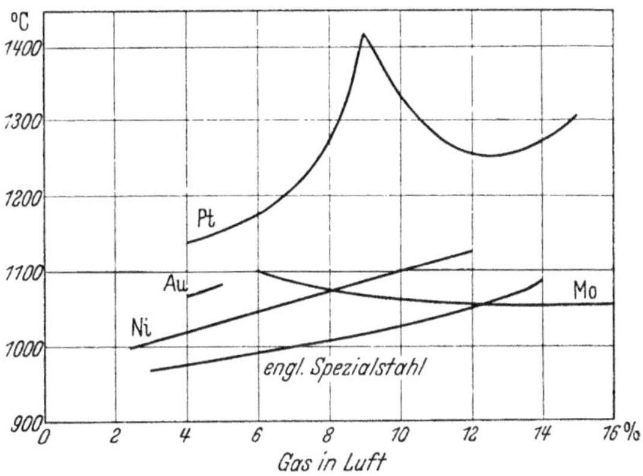


Abb. 15. Zündung von Erdgas-Luftmischungen durch verschiedene Metalloberflächen. (Nach COWARD und GUEST, zitiert S. 26.)

Stellt man sich etwa vor, das Volumen des Metallstückes wäre ersetzt durch ein solches des explosiven Gasgemisches, das auf die gleiche Temperatur wie sonst das Metall erhitzt ist, so könnte Steigerung der Reaktionsfähigkeit an der Grenze dieses Volumens die Zündwilligkeit nur befördern. Das gleiche würde gelten beim Übergang von einem katalytisch wenig aktiven zu einem hochaktiven Metall, solange man die Wärmeaufnahme des Metalls außer Betracht läßt. Qualitativ wird sich, etwa in der Umgebung eines erhitzten Platinstückes und eines auf gleiche Temperatur geheizten Nickelstückes, wohl ungefähr das folgende ergeben. Wir tragen als Funktion des Abstandes von der Metalloberfläche die Konzentration des Frischgases und die Temperatur auf.

[1] MASON, W. u. R. V. WHEELER: J. chem. Soc. Bd. 121 (1922) S. 2079; Bd. 125 (1924) S. 1869.

Im Fall des Nickels sei diese Verteilung etwa durch Abb. 16 gegeben. Dabei fallen die Konzentrationen der Bestandteile des Frischgases nach dem Metall hin ab (die der Reaktionsprodukte verlaufen umgekehrt); die Temperatur fällt in größerem Abstand von der Metalloberfläche nach außen hin jedenfalls ab; in einem gewissen Abstand *d* von der Oberfläche könnte aber die Temperatur auch ein Maximum durchlaufen; falls hier der Wärmeverlust durch Leitung gering ist (schwache Krümmung der Temperaturkurve im Maximum), so kann, falls umgekehrt die Reaktionsgeschwindigkeit an der Stelle des Temperaturmaximums groß ist (nicht zu niedrige Frischgaskonzentration

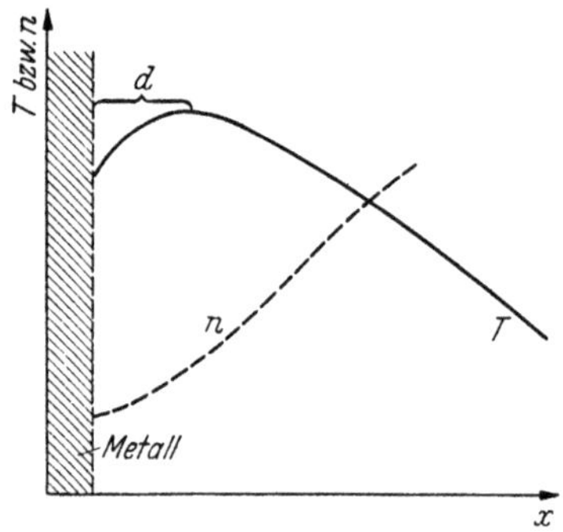


Abb. 16.

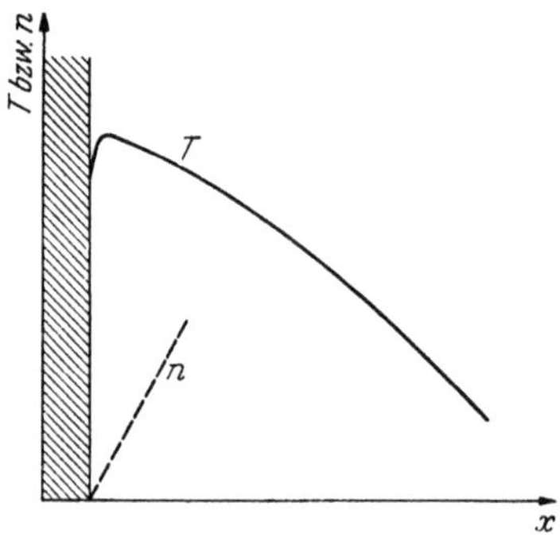


Abb. 17.

Abb. 16 und 17. Temperatur- und Konzentrationsverlauf in der Nähe eines katalytisch wenig (links) bzw. hochaktiven (rechts) Metalls.

an dieser Stelle), die Temperatur unter Umständen ständig weiter steigen und Entzündung eintreten.

Im Falle des Platins hätte man sich die entsprechenden Kurven dann vielleicht folgendermaßen vorzustellen (Abb. 17). In unmittelbarer Nähe der Platinoberfläche hat man sehr lebhafte Reaktion; sofern die Reaktion nicht streng auf die Oberfläche beschränkt ist, hat man in unmittelbarer Nähe einen Temperaturanstieg im Gas mit verhältnismäßig steilem Maximum (das aber unter Umständen absolut niedriger ist als beim Nickel), starker Krümmung der Temperaturkurve und damit starkem Wärmeverlust im Maximum, hauptsächlich nach der Seite stärkeren Temperaturgefälles hin, d. h. nach der Metalloberfläche; deshalb kann die Wärmeabfuhr der Wärmeproduktion durch chemische Reaktion (gegeben wahrscheinlich durch die Geschwindigkeit, mit der Frischgas nachdiffundieren kann) das Gleichgewicht halten, und es tritt keine Zündung ein. Wie ebenfalls von Coward und Guest gezeigt, verursacht Durchwirbelung des Gases Zündung schon bei niedrigerer Temperatur des Metalls, weil offenbar schneller Frischgas an das Metall herangebracht wird und dadurch der Umsatz erhöht wird, obgleich ja damit auch die Wärmeverluste größer werden.

Zu einer quantitativen Behandlung auch dieser Erscheinungen der Zündung an heißen Oberflächen sollten die oben aufgestellten Differentialgleichungen genügen; nur wäre auch hier wieder zur Integration eine ausreichende Kenntnis aller Reaktionsgeschwindigkeitsgrößen notwendig, und auch dann müßte die Integration numerisch durchgeführt werden.

Von COWARD und GUEST wurde auch unmittelbar experimentell bestimmt, wieviel Gas vor der Zündung verbrannt war, in Berührung mit Platin und in Berührung mit Nickel. Die verbrannte Menge, etwa gemessen durch das gebildete $CO_2$, war unter gleichen Verhältnissen bei Platin etwa 20mal größer als bei Nickel. Wenn trotzdem beim Platin keine zur Zündung führende Temperaturerhöhung im Gase erfolgt, so dürfte das weitgehend daran liegen, daß der Umsatz so viel näher der Platinoberfläche stattfindet, daß dadurch das Temperaturgefälle nach dieser hin und die Wärmeabgabe an diese so viel größer sind, die Gastemperatur also trotzdem niederer gehalten wird.

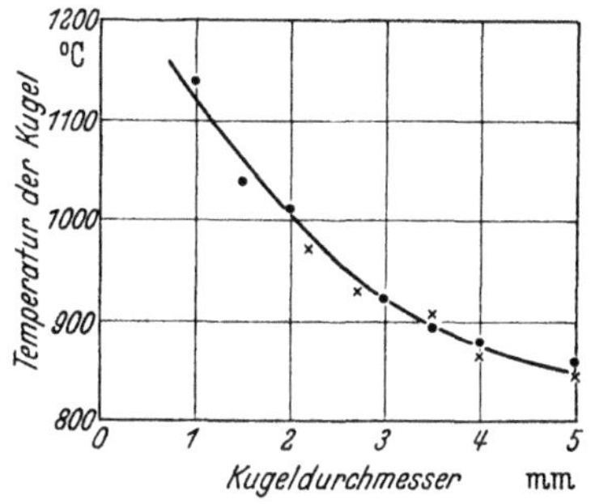

Abb. 18. Zündung einer 10%igen Leuchtgas-Luftmischung durch eingeworfene heiße Kugeln; • Pt-Kugel, × Quarzkugel. Zur Zündung nötige Mindesttemperatur in Abhängigkeit vom Kugeldurchmesser. (Nach SILVER[1].)

Derartige Versuche lassen verstehen, wie es möglich ist, einen Ottomotor unter extremen Bedingungen im Betrieb zu halten, unter welchen die Auslaßventile rotglühend werden. Nur weil die Verhältnisse für die Zündung an einer heißen Oberfläche so ungünstig liegen, kann ein solcher Motor überhaupt ohne Frühzündungen arbeiten.

SILVER[1] untersuchte die Entzündung explosiver Mischungen durch „hineingeschossene" heiße Kugeln. Eine Platinkugel von 4 mm Durchmesser, die auf 1200° C erhitzt war, vermochte eine 10%ige Methan-Luftmischung noch nicht zu zünden. Es wurden darum systematische Versuche mit leichter zündenden Leuchtgas-Luftgemischen ausgeführt; dabei wurde auch noch speziell nachgeprüft, ob die Temperatur der benutzten Kugeln auf dem Wege vom Ofen bis zum Eintritt in das explosive Gemisch nicht merklich abgefallen war. Es wurde beobachtet, daß die Zündtemperaturen überhaupt ziemlich hoch lagen, bei 10% Leuchtgas in Luft zwischen 855 und 1140°, und daß sie weiter um so höher lagen, je kleiner die benutzte Kugel war; die beiden angeführten Grenzwerte entsprechen Kugeldurchmessern von 0,50 und 0,11 cm. Über die Dauer der Erhitzung des Gasgemisches in der Nachbarschaft der Kugel gewinnt man einen Anhalt aus der Angabe, daß die Kugeln mit einer Geschwindigkeit von etwa 4 m/s eingeschossen wurden.

[1] SILVER, R. S.: Phil. Mag. (7) Bd. 23 (1937) S. 633.

Unter den angewandten Versuchsbedingungen hat offenbar das Material der verwandten Kugeln nur geringfügigen Einfluß; denn Versuche mit Quarzkugeln ergaben praktisch die gleichen Zündtemperaturen wie die vorangegangenen mit Platinkugeln (Abb. 18). Die schnell bewegte Kugel wirkt offenbar nur durch Wärmeübertragung auf das durchstrichene Gasgebiet und die chemische Reaktion setzt erst in nennenswertem Umfange nach Passieren der Kugel ein.

Für Methan konnten wegen der Höhe der Zündtemperaturen keine Messungen ausgeführt werden; es ergab sich nur, daß anscheinend eine 8%ige Methanluftmischung durch eine Platinkugel von 6,5 mm Durchmesser bei etwa 1200° C gezündet wird.

Dagegen konnten an dem hier leichter zündenden Pentan Messungen ausgeführt werden. Es ergaben sich folgende Zündtemperaturen:

Zündung von 3% Pentan in Luft durch Platinkugeln, nach SILVER.

| | | | | | | |
|---|---|---|---|---|---|---|
| Kugeldurchmesser cm . . | 0,109 | 0,197 | 0,303 | 0,398 | 0,500 | 0,550 |
| Zündpunkt °C . . . . . . | 1370 | 1240 | 1155 | 1065 | 1040 | 1005 |

Wiederum ergaben sich mit Quarzkugeln praktisch dieselben Zündtemperaturen, ähnlich bei Wasserstoff, wenn auch nicht ganz so gut.

Auffallend ist, daß die so für Wasserstoff-Luftmischungen gefundenen Zündtemperaturen niedriger liegen als für Pentan, während man nach den meisten anderen Methoden für Pentan viel niedrigere Zündtemperaturen findet. Es wurde gemessen:

Zündung von 20% Wasserstoff in Luft durch Platinkugeln, nach SILVER.

| | | | | | |
|---|---|---|---|---|---|
| Kugeldurchmesser cm . . | 0,197 | 0,240 | 0,303 | 0,500 | 0,550 |
| Zündpunkt °C . . . . . . | 930 | 880 | 840 | 810 | 795 |

SILVER versucht eine sehr vereinfachte theoretische Behandlung der Ergebnisse, über deren begrenzte Gültigkeit er vollkommen im klaren ist, und die im wesentlichen auf eine Übertragung der SEMENOFFschen Wärmetheorie der Explosion herauskommt. Er geht von der Zündgleichung aus (wie wir sie entsprechend an früherer Stelle abgeleitet haben):

$$\frac{\partial T}{\partial t} = \varkappa \left\{ \frac{\partial^2 T}{\partial r^2} + \frac{2}{r} \frac{\partial T}{\partial r} \right\} + \alpha e^{-B/T},$$

worin die beiden ersten Terme rechts die Abkühlung durch Leitung im kugelsymmetrischen Fall, der letzte die Erhitzung durch die Reaktionswärme angeben. Da eine direkte Integration nicht möglich ist, versucht SILVER folgende Näherung, die den SEMENOFFschen Gedankengängen nachgebildet, aber noch weniger streng als diese ist. Er macht folgende Annahmen: die Gasschicht in unmittelbarer Nachbarschaft der Oberfläche wird momentan auf deren Temperatur $T_1$ erwärmt. Die Wärmeabgabe nach außen (Außentemperatur $T_0$) pro Flächeneinheit wird gesetzt gleich $A(T_1 - T_0)$; dieser Gradient wird als Konstant innerhalb der dünnen erhitzten Schicht an der Oberfläche angenommen (Abb. 19). Der Wärmeverlust einer der Kugeloberfläche anliegenden Schicht der Dicke $dr$ wird zu ($a$ Kugelradius)

$$\sim 8 \pi a A (T_1 - T_0)\, dr$$

gefunden; die Wärmeproduktion in dieser Schicht ist

$$\sim 4\pi a^2\, dr\, \alpha\, e^{-B/T_1}.$$

Gleichsetzung beider Ausdrücke soll die Zündbedingung ergeben

$$8\pi a A (T_1 - T_0)\, dr = 4\pi a^2\, dr\, \alpha\, e^{-B/T_1}$$

oder

$$a = \frac{2A}{\alpha}(T_1 - T_0)\, e^{+B/T_1}.$$

Diese Bedingung prüft Silver durch Auftragen von $\log \frac{T_1 - T_0}{a}$ gegen $1/T_1$ und findet sie in den drei von ihm untersuchten Fällen recht gut

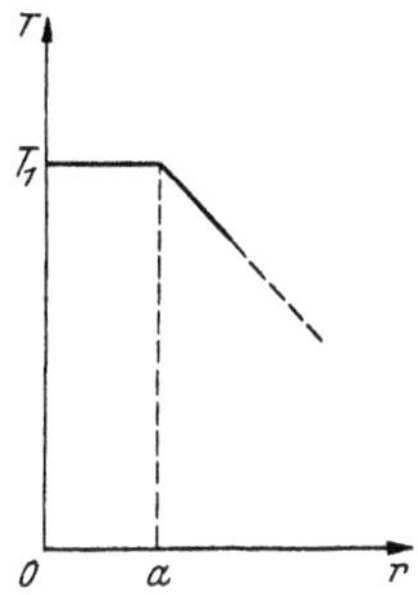


Abb. 19. Temperaturverlauf in der Umgebung einer erhitzten Kugel. (Nach Silver, zitiert S. 29.)

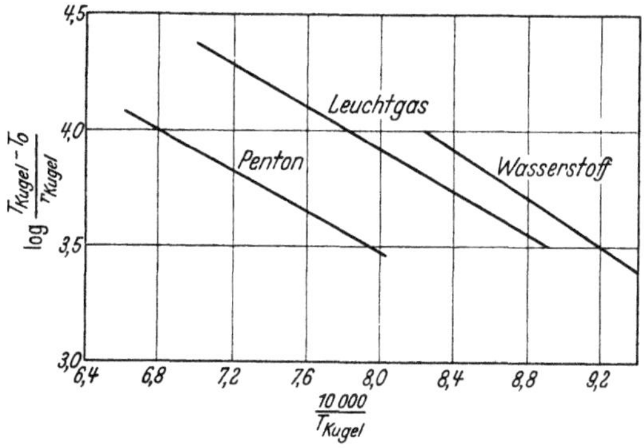


Abb. 20. Prüfung der von Silver abgeleiteten Beziehung an der Erfahrung (vgl. Text). (Nach Silver, zitiert S. 29.)

bestätigt (Abb. 20). Die daraus erhaltenen „Aktivierungsenergien" ($B \cdot R$) liegen für alle drei untersuchten Stoffe nahe beisammen; er findet:

„Aktivierungsenergien" nach Silver.

| | |
|---|---|
| Pentanoxydation . . . . | 20520 cal |
| Leuchtgasoxydation . . . | 21150 cal |
| Wasserstoffoxydation . . . | 22560 cal |

Dazu ist nun folgendes zu bemerken; eine geradlinige Beziehung zwischen $\log 1/a$ und $1/T_1$ muß man für jedes Zündgesetz annähernd erhalten, in dem irgendeine Potenz von $a$ und eine Exponentialfunktion von $1/T$ vorkommen. Auch Landau[1] erhält eine solche Beziehung (mit einer höheren Potenz von $a$, vgl. Kap. X) und findet sie an Silvers Befunden bestätigt, obwohl auch gegen Landaus Behandlung vom Standpunkt der Epxlosionen durch Kettenverzweigung aus erhebliche Einwände geltend gemacht werden müssen.

Bei einer rationelleren Durchführung der Wärmetheorie dieses Vorgangs dürfte man wahrscheinlich die Wärmeableitung wie in ähnlichen Fällen als Funktion eines Parameters $a^2/kt$ erwarten und darum wohl eher $a^2$ statt $a$ in der Silverschen Beziehung; das würde dann zur Folge

[1] Landau: Chem. Rev. Bd. 21 (1937) S. 245.

haben, daß die von SILVER gefundenen Aktivierungswärmen zu verdoppeln wären, was diese in bessere Übereinstimmung mit sonst beobachteten Größenordnungen brächte.

Hier ist zu betonen (ebenso wie bei der Funkenzündung, vgl. Kap. II), daß die notwendige Berücksichtigung von Diffusionsphänomenen nicht unbedingt die Form der erhaltenen Beziehungen zerstören muß; denn die Diffusionsgesetze sind ja formal die gleichen wie die der Wärmeleitung.

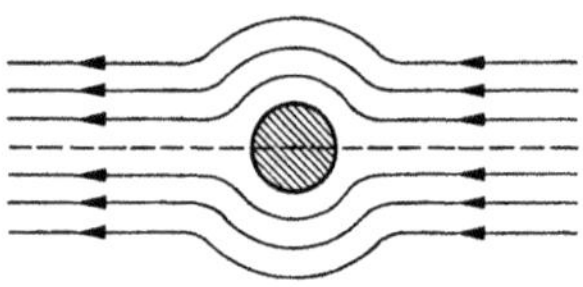

Abb. 21.

Stellen wir uns (Abb. 21) die heiße Kugel ruhend und das Gas an ihr vorbeiströmend vor, so erreicht die Temperatur des erhitzten Gases unmittelbar hinter der Kugel ihr Maximum. Man wird vielleicht angenähert annehmen dürfen, daß von der Kugel eine Gasströmung von Zylinderform ausgeht, deren Durchmesser dem Kugeldurchmesser etwa proportional ist (das würde heißen, die erhitzte Gasmenge ist dem Quadrat des Kugeldurchmessers proportional, dem ja auch die wärmeübertragende Kugelfläche proportional ist); man hätte dann ein ebenes, radialsymmetrisches Wärmeleitungsproblem und die Verhältnisse wären sehr ähnlich denen, die wir der vereinfachten Wärmetheorie der Funkenzündung zugrunde legen. Natürlich kommen dann Konvektion und turbulente Strömung als störende Faktoren noch hinzu, aber qualitativ dürfte sich dadurch wenig ändern.

Anhang zum ersten Kapitel.

## Allgemeine Diskussion des experimentellen Materials über Zündtemperaturen[1].

Wie oben ganz allgemein gezeigt wurde, hängt das Eintreten der Entzündung eines explosiblen Gemisches nicht nur von der Temperatur ab, auf die das Gemisch erwärmt wird, sondern noch von einer Reihe anderer Faktoren, die einmal mit den chemischen Vorgängen, die im Gemisch ablaufen, zusammenhängen und zweitens von Apparaturkonstanten und physikalischen Eigenschaften des Gasgemisches (wie z. B. Wärmeleitfähigkeit, spezifische Wärme) abhängig sind. Es ist daher ohne weiteres einleuchtend, daß es für einen bestimmten Stoff keine einheitlich zu bestimmende konstante Zündtemperatur geben kann, die so definiert ist, daß oberhalb dieser kritischen Temperatur das explosible Gemisch sich entzündet, unterhalb dagegen gar nicht oder nur langsam abreagiert. Wie man aus dem vorliegenden experimentellen Material über Zündtemperaturen sieht, zeigen die nach verschiedenen Methoden bestimmten Zündtemperaturen auch bei identischen Gemischen beträchtliche Schwankungen und auch bei Benutzung derselben Methode muß der Zündpunkt noch von den Abmessungen und dem Material der benutzten Apparatur abhängig sein. Das Kriterium für das Eintreten einer Wärmeexplosion ist ja, daß durch die chemische Reaktion stets mehr Wärme freigemacht werden soll, als abgeleitet werden kann. Die Geschwindigkeit, mit der die hierdurch hervor-

[1] Von L. v. MÜFFLING.

gerufene Erwärmung der Gase über die Ausgangstemperatur erfolgt, als Differenz von Wärmeproduktion und Wärmeabgabe, nimmt zunächst infolge der Gestalt der Kurven für Wärmeerzeugung und -ableitung bis zu einem Minimalwert ab; nimmt sie nach Erreichung dieses Punktes wieder zu, so geht die Reaktion in Explosion über und man nennt die Zeit, die bis zur Erreichung dieses Minimums verstreicht, die Induktionsperiode. Während dieser Induktionsperiode, die natürlich sehr klein sein kann, muß ein bestimmter Bruchteil des reaktionsfähigen Gemisches umgesetzt sein, denn erst durch die hierbei entstehende Reaktionswärme wird ja die Explosion ausgelöst. Mit abnehmender Ausgangstemperatur nimmt bei sonst konstanten Bedingungen die Zeit, bis das Minimum der Erwärmungsgeschwindigkeit durchlaufen wird, zu und kann unter Umständen verhältnismäßig groß werden (Größenordnung 10 s). Schon hieraus sieht man, daß man umgekehrt ganz abgesehen von allen übrigen Einflüssen bei Herabsetzung der Induktionsperiode höhere Zündtemperaturen erhalten muß. Läßt man z. B. ein explosives Gemisch zur Bestimmung seiner Zündtemperatur durch einen auf bestimmte Temperatur geheizten Ofen strömen, so wird je nach der Strömungsgeschwindigkeit das Gemisch sich verschieden lange auf der Höchsttemperatur befinden und die Entzündung findet statt, wenn diese Zeit länger als die Induktionsperiode bei dieser Temperatur ist; andernfalls kann die Entzündung erst bei einer höheren Ofentemperatur erfolgen, bei der eine kürzere, der Aufenthaltsdauer höchstens gleiche Induktionszeit erforderlich ist. Man kann also z. B. auch von vornherein nicht erwarten, daß man bei dieser Bestimmungsmethode die gleichen Werte der Zündtemperaturen erhält, wie wenn man das Gemisch in ein geschlossenes Gefäß bringt und beliebig lange sich selbst überläßt. Die wichtigsten experimentellen Methoden, mit Hilfe deren Zündtemperaturen bestimmt wurden, sind in folgender Zusammenstellung wiedergegeben:

1. Das explosible Gemisch strömt durch ein Verbrennungsrohr von bekannter Maximaltemperatur.

2. Das Gemisch wird in ein Gefäß von bekannter Temperatur eingelassen.

3. Das Gemisch wird adiabatisch komprimiert, die Temperatur aus dem Verhältnis von Anfangs- und Endvolumen oder -druck berechnet.

4. Die Einzelgase werden in konzentrischen Rohren getrennt erhitzt und bei bekannter Temperatur gemischt.

4a. Die Gase werden einzeln bis dicht unter die Maximaltemperatur erhitzt, sehr schnell gemischt und das Gemisch dann sofort auf die Maximaltemperatur gebracht.

5. Ein Tropfen einer brennbaren Flüssigkeit oder ein Strom brennbaren Gases wird in einen Luft oder Sauerstoff enthaltenden Raum bekannter Temperatur eingeführt.

5a. Ein Strom brennbaren Gases und ein Luft- oder Sauerstoffstrom werden getrennt auf bekannte Temperatur erhitzt und dann gekreuzt.

6. Das Gemisch wird in einer Seifenblase durch einen Platindraht bekannter Temperatur zur Entzündung gebracht.

7. Das Gemisch wird durch Hineinschleudern von auf bekannte Temperatur erhitzten Körpern entzündet.

8. Das Gemisch wird durch Hineinhalten von auf bekannte Temperatur erhitzten Metallstäben gezündet.

Zu Methode 1 ist zu bemerken, daß man hier keine einheitlich definierte Temperatur des Gemisches hat; das Gemisch wird sich innerhalb einer bestimmten Zeit von der Außentemperatur auf die Maximaltemperatur erwärmen; dabei tritt schon vor Erreichung der Maximaltemperatur Reaktion ein und das Gemisch wird bei Erreichung der Maximaltemperatur eine andere Zusammensetzung haben als zu Anfang. Andererseits kann man nicht ermitteln, wie lange sich das Gemisch auf der Maximaltemperatur befindet und ob diese mit der gemessenen Ofentemperatur exakt übereinstimmt. Diese beiden letzten Umstände werden dann besonders fraglich, wenn man zur Vermeidung einer beträchtlichen Vorreaktion hohe Strömungsgeschwindigkeiten anwendet.

Bei Methode 2 fallen diese mit der Strömungsgeschwindigkeit zusammenhängenden Störungen fort, natürlich muß sich auch hier das Gemisch erst von der Außentemperatur auf die Gefäßtemperatur erwärmen, wobei bereits Reaktion statthat; dann befindet sich das Gemisch aber beliebig lange Zeit auf einer einheitlich definierten Temperatur und man beobachtet Entzündung auch noch, wenn die Induktionsperiode verhältnismäßig lang ist. Man kann annehmen, daß man auf diese Weise einen Minimalwert für die Entzündungstemperatur des betreffenden Gemisches unter den gewählten Bedingungen (Drucke usw.) erhält; natürlich sind auch diese Werte nur relativ zu bewerten, denn immer ist die apparative Anordnung (wie Größe, Gestalt, Material des Reaktionsgefäßes) für die Ableitung der Reaktionswärme ausschlaggebend (von den speziellen Wandeinflüssen bei Kettenreaktionen wollen wir hier zunächst absehen) und damit auf die Entzündungstemperatur von beträchtlichem Einfluß. Z. B. wird man in engen Gefäßen höhere Zündtemperaturen beobachten, als in weiten, ganz gleich um welche Reaktion es sich handelt. Jedenfalls wird immer, wenn ein Vergleich der verschiedenen, von verschiedenen Autoren erhaltenen Werte ermöglicht werden soll, eine genaue Angabe der apparativen Einzelheiten nötig sein.

Die dritte der oben angeführten Methoden hat den Vorteil, daß man hier ein Gemisch bekannter Zusammensetzung in einer verschwindend kleinen Zeit gleichmäßig auf die Endtemperatur (natürlich unter Berücksichtigung der Ableitung in der Nähe der kalten Wände) erhitzt und eine Vorreaktion so gut wie ausgeschlossen ist. Im Vergleich mit der vorhergehenden Methode besteht allerdings der Unterschied, daß die Gefäßwände praktisch die Ausgangstemperatur vor der Kompression behalten und man eine vergleichsweise sehr starke Wärmeableitung hat, wobei sich die Gefäßdimensionen sehr stark auswirken werden. Die Geschwindigkeit der Wärmeproduktion muß also gleich von Anfang an sehr viel größer sein als bei Methode 2, d. h. die beobachteten Zündtemperaturen müssen höher liegen als sie dort beobachtet waren. Allerdings ist ein direkter Vergleich mit den nach Methode 2 erhaltenen Werten meist deshalb nicht möglich, weil das Gemisch im allgemeinen wesentlich höheren Druck hat, wobei erstens in den meisten Fällen die Reaktion beschleunigt und zweitens die pro Volumeneinheit erzeugte Wärmemenge entsprechend vergrößert wird; durch diese beiden Effekte kann der Einfluß der größeren Wärmeableitung je nach den Versuchsbedingungen zu einem gewissen Teil kompensiert oder überkompensiert werden. Die Methode hat den Nachteil, daß man die Kompressionsendtemperatur nicht messen kann, sondern aus Kompressionsverhältnis oder Kompressionsdruck berechnet, wobei natürlich durch das nichtideale Verhalten der Gase und Wärmeableitung während der Kompression nur schlecht zu erfassende Korrekturen nötig sind, so daß die Bestimmung der Temperatur nur angenähert richtig sein wird.

Zu Methode 4 ist zu bemerken, daß hierbei die Vorreaktion bei undefinierter Temperatur ausgeschlossen ist; allerdings ist bei dieser Methode die Entzündung weitgehend vom Vorgang der Mischung abhängig. Ausgehend von den beiden reinen Gemischpartnern sind im Reaktionsraum alle Mischungsverhältnisse gleichzeitig vorhanden und Entzündung wird an der Stelle hierfür günstigster Gemischzusammensetzung eintreten; zwar findet man hier gut übereinstimmende Werte, doch sind z. B. reaktionskinetische Rückschlüsse wegen der undefinierten Gemischzusammensetzung wohl kaum möglich.

Methode 4a ist ein Mittelweg zwischen Methode 1 und 4. Will man eine möglichst vollständige Durchmischung zur Erzielung eines möglichst einheitlichen Gemisches erreichen, so ist Vorreaktion bei der Mischtemperatur und beim Weitererwärmen auf die Maximaltemperatur nicht auszuschließen, besonders da die Reaktion ja in der Nähe des Zündpunktes mit hoher Geschwindigkeit verläuft. Erhöht man die Strömungsgeschwindigkeit zur Herabsetzung der Vorreaktion, so beeinträchtigt das die Durchmischung ganz abgesehen von den sonstigen bei Methode 1 besprochenen bei Strömungsversuchen zu erwartenden Effekten.

Für Methode 5 gelten dieselben Überlegungen wie für Methode 4; bei Verwendung flüssiger Brennstoffe muß hier auch noch der Verdampfung Rechnung getragen werden, wodurch auch noch die Einheitlichkeit der Temperatur gestört wird.

Sämtliche bisher besprochenen Methoden hatten das gemeinsame Merkmal, daß bei ihrer Anwendung das gesamte Gemisch auf die fragliche Temperatur erhitzt wird. Im Unterschied hierzu wird bei den nun folgenden Methoden nur ein geringer Teil der Gasmasse auf die gewünschte Temperatur bzw. zur Entzündung gebracht, während der übrige Teil kalt bleibt und nach eingetretener Entzündung an der heißen Stelle die Reaktion in Form einer Flamme durch das Gemisch verbreitet wird. Entscheidend bei dieser Art von Zündung ist nun nicht nur die Temperatur des zündenden Körpers (etwa im Falle der Methode 6 ein Platindraht), sondern auch die gesamte zugeführte Energiemenge (z. B. bei Methode 7 Versuche von Silver über den Einfluß der Größe der erhitzten Körper auf die Zündtemperatur, vgl. S. 29). Bei dem Einbringen eines heißen Körpers an einer Stelle der Gasmasse kommt es ferner zur Ausbildung eines starken Konvektionsstromes, der die erhitzten Teile des Gemisches von der heißen Stelle weg und kalte zuführt; die einzelnen Gasmengen werden also nur für sehr kurze Zeit, wenn überhaupt exakt, die Temperatur des heißen Körpers annehmen und müssen während dieser Zeit die Induktionsperiode durchlaufen, wenn es zur Zündung kommen soll. Man kann also annehmen, daß die auf diese Weise bestimmten Zündtemperaturen erheblich höher liegen werden als die nach den oben beschriebenen Methoden erhaltenen. Diese Überlegungen gelten ganz allgemein für die letzten drei der angeführten Methoden. Im einzelnen ist noch zu bemerken, daß bei Verwendung von Metallen, wie z. B. Platin, die unter Umständen katalytischen Einfluß auf die Reaktion haben können, die Zündtemperatur gegenüber nicht katalytisch wirkenden Körpern erheblich geändert werden kann [s. z. B. Coward und Guest *(16)*]. Bei Versuchen nach Methode 7, bei der ein kugelförmiger Körper aus Metall oder Quarz durch das Gemisch hindurchgeschleudert wird, hat man mit einer besonders kurzen Induktionsperiode zu rechnen; die nach dieser Methode bestimmten Entzündungstemperaturen liegen dementsprechend hoch; wie groß der Einfluß der zugeführten Gesamtenergie ist, sieht man an der Abhängigkeit der Zündtemperatur von der Größe der Kugeln. Außerdem ist bei dieser Methode zu berücksichtigen, daß die Temperatur der Kugel beim Eintritt in das Gasgemisch nicht direkt gemessen, sondern nur angenähert berechnet werden kann. Auch im Falle der Zündung durch einen heißen Metalldraht ist die Temperaturbestimmung nur innerhalb einer verhältnismäßig weiten Fehlergrenze möglich.

Um zu zeigen, wie weit die nach verschiedenen Methoden und unter wechselnden Versuchsbedingungen bestimmten Entzündungstemperaturen auseinandergehen können, stellen wir hier die Befunde verschiedener Autoren beim Wasserstoff-Luftgemisch zusammen (Tabelle 1).

Wie man sieht, liegen die Werte maximal um über 500° auseinander, was die Angabe rechtfertigt, daß die Versuchsbedingungen von ausschlaggebender Bedeutung sind.

Über die Änderung der Zündtemperatur mit Änderung der Wasserstoffkonzentration gibt es zuverlässige Angaben von Prettre (s. Abb. 22, Kurve I) nach Methode 2 und Bloch (s. Abb. 23) nach Methode 4a. Wie man sieht, ist sogar die Gestalt dieser Kurven von der Versuchsmethode abhängig.

Tabelle 1.

| Methode Nr. | Autor | Gemisch-zusammen-setzung % $H_2$ | Z.-T. ° | Sonstige Angaben |
|---|---|---|---|---|
| 1 | EMICH *(1)* | 28,5 | 609 | |
| 2 | MALLARD und LE CHATELIER *(2)* | 28,5 | 550 | |
| 2 | TAFFANEL und LE FLOCH *(3)* | 28,5 | 590 | Gefäß mit 350 $cm^3$ Volumen |
| 2 | TAFFANEL und LE FLOCH *(3)* | 28,5 | 625 | Gefäß mit 9 $cm^3$ Volumen |
| 2 | PRETTRE *(4)* | 29,7 | 467 | Gefäße von 24 und 100 $cm^3$ Volumen |
| 3 | DIXON und CROFTS *(5)* | 28,5 | 571 | |
| 3 | TIZARD *(6)* | | 410 | |
| 4 | HOLM *(7)* | | 470 | |
| 4 | DIXON *(17)* | | 630 | 0,5 s Induktionszeit |
| 4 | DIXON *(17)* | | 572 | 15 s Induktionszeit |
| 4a | BLOCH *(8)* | 30 | 608 | trockenes Gemisch |
| 4a | BLOCH *(8)* | 30 | 613 | feuchtes Gemisch |
| 5 | MOORE *(9)* | | | |
| 5a | GOLDMANN *(10)* | | 580—590 | |
| 6 | McDAVID *(11)* | 29 | 700 | |
| 6 | WITHE und PRICE *(12)* | 27 | 715—860 | |
| 7 | SILVER *(13)* | 20 | 930 | Kugeldurchmesser 0,2 cm |
| | | | 800 | Kugeldurchmesser 0,5 cm |
| 8 | COWARD und WHEELER *(15)* | | | |

DIXON findet nach Methode 4 sehr merkliche Induktionsperioden für die Entzündung von $H_2$-Luftgemischen, die sich mit der Temperatur ändern (s. Abb. 24). Gerade bei dieser Methode kann man aber sicher annehmen, daß der Zündverzug nicht in erster Linie von der chemischen Reaktion, sondern weitgehend von Mischungsvorgängen herrührt. Andere Autoren haben in sehr sorgfältigen Untersuchungen nach anderen Methoden [besonders PRETTRE *(4)*] gerade bei $H_2$-Gemischen keine nennenswerten Induktionszeiten finden können.

Mischt man Wasserstoff statt mit Luft mit reinem $O_2$, so ändert sich unter sonst gleichen Versuchsbedingungen die Entzündungstemperatur verhältnismäßig wenig. Z. B. fanden:

| | | |
|---|---|---|
| MALLARD und LE CHATELIER *(2)* | Methode 2 | 70% $H_2$ 555° |
| FALK *(18)* . . . . . . . . . . . | „ 3 | 70% $H_2$ 550° |
| DIXON und CROFTS *(19)* . . . | „ 3 | 70% $H_2$ 533° |
| CASSEL *(20)* . . . . . . . . . . | „ 3 | 70% $H_2$ 522° |
| DIXON *(17)* . . . . . . . . . . | „ 4 | 625° 0,5 s Zündverzug<br>575° 10 s Zündverzug |
| GOLDMANN *(10)* . . . . . . . | „ 5a | 580—590 |

Eingehende Untersuchungen über den Einfluß der Gemischzusammensetzung auf die Zündtemperatur sind von DIXON und CROFTS *(19)* nach Methode 3 (adiabatische Kompression) durchgeführt; ihr Ergebnis ist, daß mit abnehmender $H_2$-Konzentration die Entzündungstemperatur sinkt, bis schließlich die Explosionsgrenze unter den betrachteten Versuchsbedingungen unterschritten wird. Die Versuchsergebnisse von DIXON und CROFTS sind aus Abb. 25 ersichtlich. Zu den Daten von FALK ist zu bemerken, daß sie deshalb zu hoch sein müssen, weil FALK den Stempel in seinem Kompressionszylinder ungehindert fallen ließ und den Augenblick als kritisch für das Eintreten der Entzündung annahm, in dem der Stempel mitsamt dem ihn beschleunigenden Gewicht zurückgeschleudert wurde; die Entzündungstemperatur ergab sich dann aus dem Kompressionsverhältnis beim tiefsten Punkte des Kolbens. Nun zeigten aber schon die Versuche von DIXON, BRADSHAW und CAMPBELL *(21)* und später namentlich von TIZARD und PYE *(22)*, daß auch bei adiabatischer Kompression die Entzündung bei der kritischen Temperatur keineswegs momentan einsetzt; die Induktionszeiten sind in dem betrachteten Beispiel zwar recht klein (einige hundertstel Sekunden), aber immerhin noch groß genug, daß, namentlich bei hoher Stempelgeschwindigkeit, die weitergehende Kompression die Temperatur um mehrere 100° über die zur Entzündung erforderliche Mindesttemperatur erhöht, ohne daß vorher eine Flamme *(21)* oder Druckanstieg *(22)* auftritt.

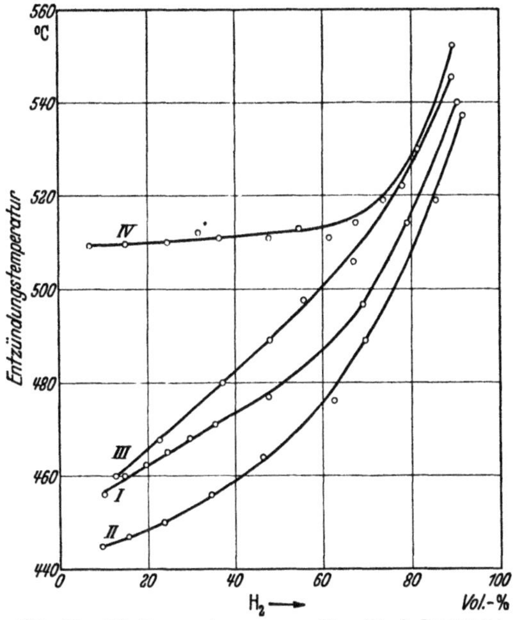


Abb. 22. Zündtemperaturen von $H_2$. (Nach PRETTRE.)
Kurve I: $H_2$ in Luft.
Kurve II: $H_2$ in $O_2 + N_2$-Gemisch ($O_2 : N_2 = 1 : 1$).
Kurve III: $H_2$ in $O_2$ + Ar-Gemisch ($O_2$ : Ar = 0,21 : 0,79).
Kurve IV: $H_2$ in $O_2 + CO_2$-Gemisch ($O_2 : CO_2 = 0,21 : 0,79$).

DIXON *(17)* führte ferner noch Untersuchungen nach Methode 4 über die Induktionsperiode und den Einfluß des Druckes auf die Entzündungstemperatur von $H_2$-$O_2$-Gemischen aus. Daß gerade bei dieser Methode die gefundenen Induktionszeiten nicht notwendig mit chemischen Vorgängen zusammenzuhängen brauchen, wurde oben schon erwähnt. Im Hinblick auf die Druckabhängigkeit der Entzündungstemperatur ergaben die Versuche, daß ausgehend etwa von Atmosphärendruck mit abnehmendem Druck die gefundenen Zündtemperaturen bei einer Induktionszeit von 0,5 s (die DIXON als Standard wählte) abnehmen, bis schließlich unterhalb 75 mm Hg keine Entzündung mehr auftrat.

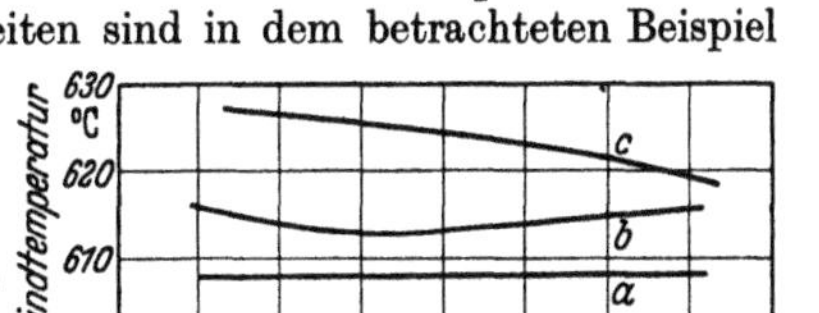


Abb. 23. Zündtemperaturen von $H_2$. [Nach BLOCH *(8)*.]
*a*: $H_2$ in Luft (trocken);
*b*: $H_2$ in Luft (feucht, 2,3% $H_2O$-Gehalt);
*c*: $H_2$ in $O_2 + CO_2$-Gemisch ($O_2 : CO_2 = 0,21 : 0,79$).

Die hier gefundenen Unterschiede zwischen den Zündtemperaturen von $H_2$ in $O_2$ und Luft sind vernachlässigbar klein. Rückschlüsse auf den Verlauf der

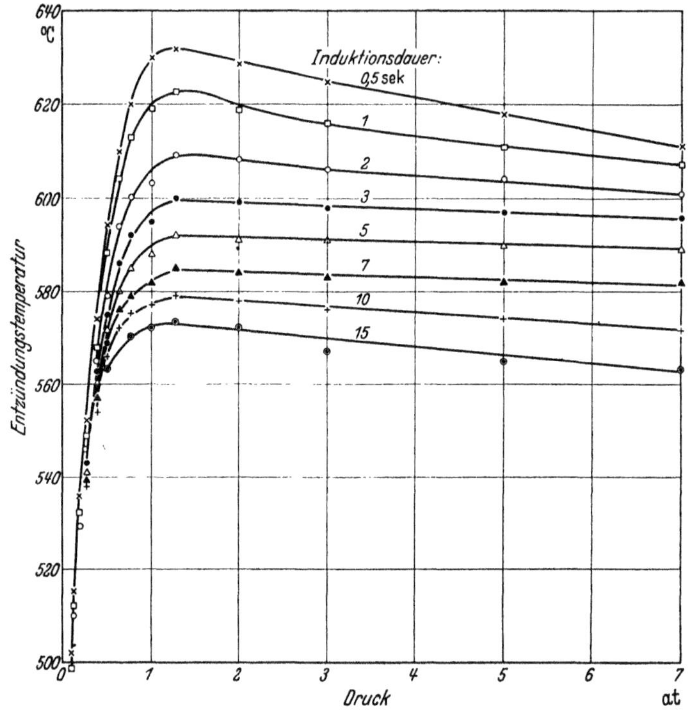


Abb. 24. Zündtemperaturen von $H_2$ in Luft trocken bei verschiedenen Drucken. [Nach COWARD *(17)*.]

Tabelle 2. Entzündungstemperatur von $H_2$, 0,5 s Induktionszeit nach DIXON *(17)*.

| p (mm Hg) | Entzündungstemperatur $H_2$ in $O_2$ ° | Entzündungstemperatur $H_2$ in Luft (zum Vergleich) ° |
|---|---|---|
| 75 | 500 | 502 |
| 100 | 512 | 515 |
| 150 | 533 | 536 |
| 200 | 550 | 553 |
| 250 | 563 | — |
| 400 | 591 | 594 |
| 550 | 611 | — |
| 760 | 625 | 630 |
| 1000 | 627 | — |
| 2260 | 618 | — |

Reaktion auf Grund dieser Messungen sind dadurch nicht möglich, daß man in keinem Punkte die Zusammensetzung des Gemisches kennt. Nach anderen Methoden wurden etwas größere Unterschiede in den Zündtemperaturen von $H_2$-$O_2$- und $H_2$-Luftgemischen gefunden[1].

Über die Beeinflussung der Zündtemperaturen von $H_2$-$O_2$-Gemischen durch Verdünnen mit indifferenten Gasen wie $N_2$, $CO_2$, Ar sind eine Reihe

[1] Weitere Daten über die Entzündungstemperaturen von $H_2$-$O_2$-Gemischen s. etwa MITSCHERLICH *(23)*, FREYER und MEYER *(24)*, GAUTIER und HÉLIER *(25)*, HÉLIER *(26)*, sämtlich nach Methode 1; MEYER, KRAUSE und ASKENASY *(27)*, EMICH *(1)*, MEYER und MÜNCH *(28)* nach Methode 2, FIESEL *(29)* (Methode 4), WARTENBERG und KANNENBERG *(30)* (Methode 5a).

von Untersuchungen bekannt. Zusatz von $N_2$ läßt je nach der angewandten Versuchsmethode die Werte ziemlich unverändert oder verschiebt sie etwas nach oben. Z. B. findet DIXON *(17)* nach Methode 4 keine merkliche Veränderung der Zündtemperatur beim Übergang von $H_2$-$O_2$- zu $H_2$-Luftgemischen.

DIXON und CROFTS *(19)* finden nach Methode 3 ein dauerndes Steigen der Entzündungstemperatur mit wachsendem $N_2$-Zusatz, das sich gut durch folgende Gesetzmäßigkeit widergeben läßt: Ein Gemisch $2\,H_2 + O_2 + x\,N_2$ zündet bei $526 + 11\,x$° C (s. Abb. 25). Dagegen zeigen Versuche von PRETTRE nach Methode 2 keine derartige Beeinflussung; in diesen Versuchen zündet ein Gemisch

$2\,H_2 + O_2 + 4\,N_2$ ($H_2$ in Luft stöchiometrisch, 28,6% $H_2$) bei 467°,

ein Gemisch:

$2\,H_2 + O_2 + N_2$ ($H_2$ in $O_2 + N_2$[1 : 1] stöchiometrisch, 50% $H_2$) bei 466°

(s. Abb. 22, Kurven I und II).

Auch nach GOLDMANN *(10)* (Methode 5a) ändert Verdünnen mit $N_2$ nichts an der Entzündungstemperatur des $H_2$-$O_2$-Gemisches. Ebenso gaben die Versuche von MALLARD und LE CHATELIER gleiche Zündtemperaturen für stöchiometrische $H_2$-$O_2$- und $H_2$-Luftgemische.

Setzt man statt $N_2$ Argon zu [PRETTRE *(4)*], so wird die Entzündungstemperatur ebenfalls nur unwesentlich beeinflußt; so zündete z. B. ein Gemisch der Zusammensetzung $H_2 + O_2 + 4\,Ar$ bei 473° (s. Abb. 22, Kurve III). Ersetzt man dagegen den Luftstickstoff durch $CO_2$, so wird die Zündtemperatur merklich erhöht. Nach PRETTRE zündet ein Gemisch $2\,H_2 + O_2 + 4\,CO_2$ bei 510° (s. Abb. 22, Kurve IV). Anscheinend verhält sich aber das $CO_2$ nicht wie ein indifferentes Gas, sondern nimmt auf irgendeine Weise an der Reaktion teil; PRETTRE teilt mit, daß sich an den Gefäßwänden Kohle niederschlug; offenbar wird $CO_2$ in der Flamme vielleicht durch H-Atome reduziert. Außerdem hat die Flamme ein verändertes Aussehen und andere Farbe.

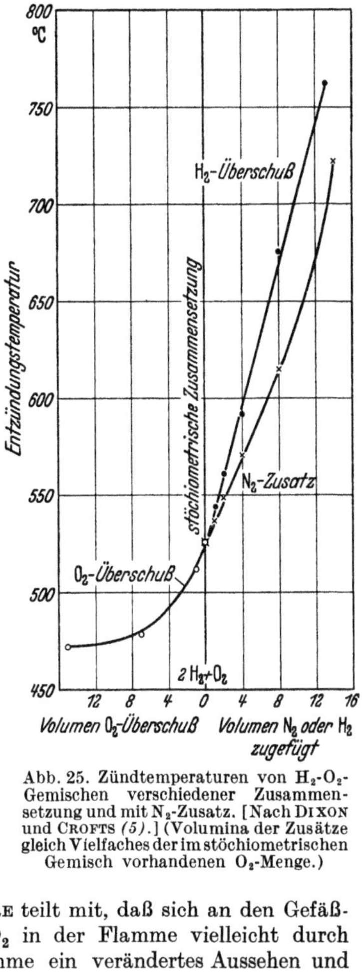


Abb. 25. Zündtemperaturen von $H_2$-$O_2$-Gemischen verschiedener Zusammensetzung und mit $N_2$-Zusatz. [Nach DIXON und CROFTS *(5)*.] (Volumina der Zusätze gleich Vielfaches der im stöchiometrischen Gemisch vorhandenen $O_2$-Menge.)

Auch andere Autoren beschreiben eine Erhöhung der Entzündungstemperatur von $H_2$-$O_2$-Gemischen bei $CO_2$-Zusatz. Z. B. findet GOLDMANN *(10)* unter diesen Bedingungen Entzündungstemperaturen von 590 bis 660°, BLOCH *(8)* für das theoretische Gemisch $2\,H_2 + O_2 + 4\,CO_2$ 625°.

## Kohlenoxyd.

### Zündtemperaturen von CO-Luftgemischen.

Ältere Messungen von MALLARD und LE CHATELIER *(2)* ergaben für Gemische mit 30% CO 650°; TAFFANEL und LE FLOCH *(3)* fanden nach Methode 2 für Gemische mit 20 bis 65% CO-Gehalt unabhängig von der Zusammensetzung 610°

in einem Gefäß von 350 $cm^3$ Volumen, 700° in einem Gefäß von 9 $cm^3$ Vol. Nach derselben Methode gibt es eingehende neuere Untersuchungen nach Methode 2

Tabelle 3.
(CO-Luftgemisch 32,4 % CO.)

| $t°$ C | Induktionszeit s | $t°$ C | Induktionszeit s |
|---|---|---|---|
| 655 | ∞ | 667 | 1 |
| 658 | 4 | 675 | 0,5 |
| 660 | 2 | 680 | sehr klein |

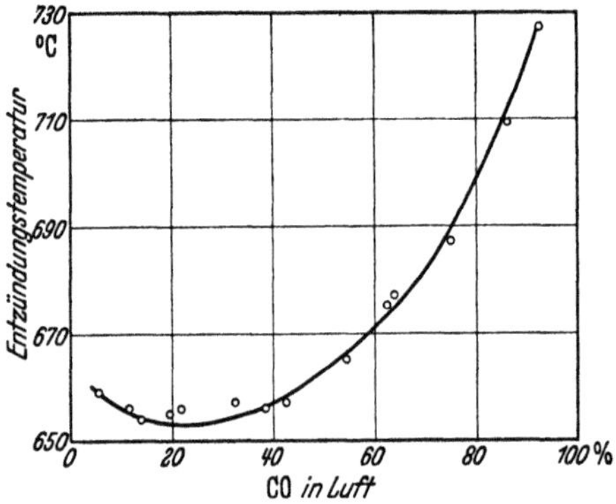


Abb. 26. Zündtemperaturen von CO in Luft. [Nach PRETTRE (4).]

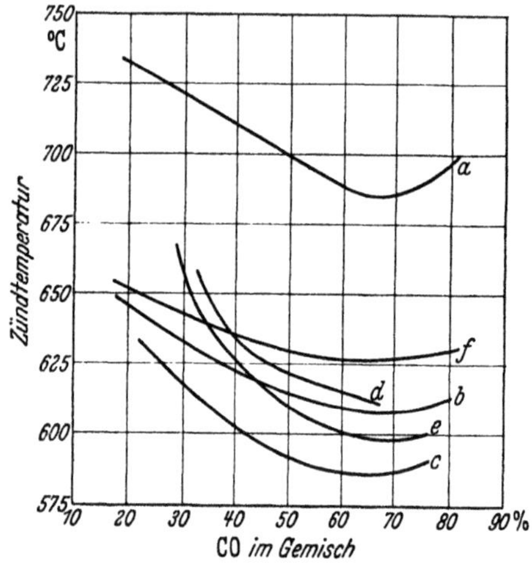


Abb. 27. Zündtemperaturen verschiedener CO-Gemische. [Nach BLOCH (8).]
*a*: CO in Luft (trocken) (CO rein);
*b*: CO in Luft (trocken) (CO aus Stahlflasche, 1,5% $H_2$-Gehalt);
*c*: CO in $O_2$;
*d*: CO in $O_2$ + $CO_2$-Gemisch ($O_2 : CO_2 = 0{,}21 : 0{,}79$);
*e*: CO in $O_2$ + $CO_2$-Gemisch ($O_2 : CO_2 = 1:1$);
*f*: CO in Luft (feucht) (CO rein).

von PRETTRE (4). Das absolut trockene Gemisch zündet bei Temperaturen von 654 bis 730° je nach Zusammensetzung (s. Abb. 26). Bei CO-Gemischen findet

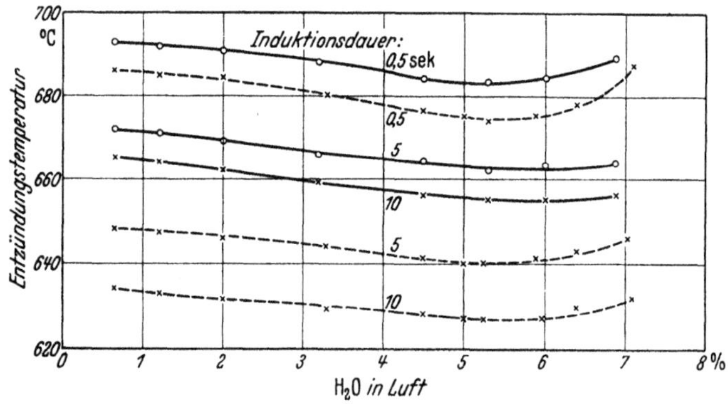


Abb. 28. Zündtemperaturen von CO in Luft mit steigendem $H_2O$-Gehalt. [Nach COWARD (17).]
—o— 760 mm Gesamtdruck; - - - × - - - 400 mm Gesamtdruck.

auch PRETTRE merkliche Induktionszeiten, deren Länge mit steigender Temperatur abnimmt; s. z. B. Tabelle 3.

BLOCH (8) findet nach Methode 4a für das Gemisch mit 30% CO 720° (s. Abb. 27, Kurve a). MCDAVID nach Methode 6 findet 931°.

Mischt man reines CO statt mit Luft mit $O_2$, so werden keine wesentlich verschiedenen Entzündungstemperaturen beobachtet. Folgende Versuchsdaten liegen z. B. vor.

| | | |
|---|---|---|
| MALLARD und LE CHATELIER (Methode 2) | 15% CO | 630—650° |
| | 30% CO | 650—680° |
| | 70% CO | 645—650° |
| DIXON und COWARD *(32)* (Methode 4) | | 637—658° |
| GOLDMANN *(10)* (Methode 5a) | | 640° |
| BLOCH *(8)* (Methode 4a) 70% CO | | 589° (s. Abb. 27). |

Bei dem letzten Wert rührt die starke Abweichung von der Zündtemperatur des theoretischen CO-Luftgemisches daher, daß das verwandte CO verschiedenen Reinheitsgrad aufwies. Die Zündtemperaturen von CO-Gemischen hängen nämlich sehr empfindlich von der Reinheit des Gases ab; geringe Zusätze von $H_2$, $H_2O$-Dampf oder ähnlichen Wasserstoffverbindungen erniedrigen die Zündtemperatur gegenüber reinen Gemischen beträchtlich. Daß scharf getrocknete $CO$-$O_2$-Gemische wesentlich schwieriger zur Entzündung zu bringen sind als solche mit einem geringen Feuchtigkeitsgehalt, beobachtete schon DIXON *(31)*. Die Gründe dafür sind in dem Mechanismus der CO-Oxydation zu suchen (s. Kap. IX). Eingehende Untersuchungen über die Erniedrigung der Zündtemperatur von CO-Luftgemischen mit zunehmendem $H_2O$-Gehalt wurden z. B. von PRETTRE, DIXON und BLOCH angestellt. Die Ergebnisse von PRETTRE *(4)* (nach Methode 2) gibt Tabelle 4 wieder:

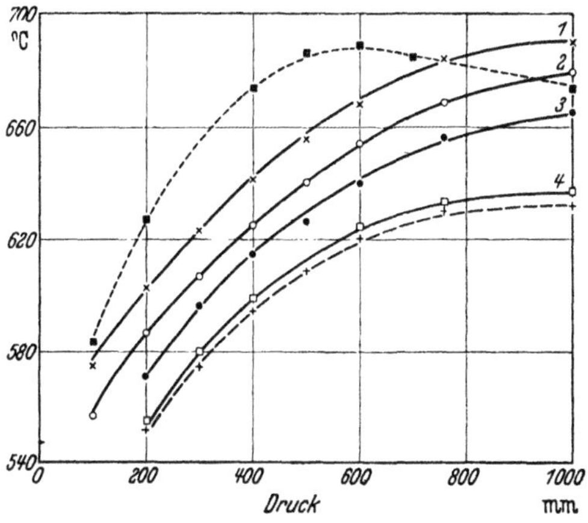


Abb. 29. Zündtemperaturen von CO mit verschiedenem $H_2$-Gehalt in Luft. [Nach COWARD *(17)*.]
1: CO mit 1% $H_2$ in Luft (trocken);
2: CO mit 2% $H_2$ in Luft (trocken);
3: CO mit 5% $H_2$ in Luft (trocken);
4: CO mit 25% $H_2$ in Luft (trocken).
..... CO + 5,3% $H_2O$ in Luft (trocken);
——— $H_2$ in Luft (trocken).

Tabelle 4.

| | % $H_2O$ im Gemisch | | | | | |
|---|---|---|---|---|---|---|
| | 0 | 1,50 | 2,25 | 3,20 | 4,15 | 5,60 |
| Gemisch mit 23,55% CO . . . . . . | 656 | 648 | 639 | 630 | 632 | 633 |
| Gemisch mit 61,90% CO . . . . . . | 672 | 652 | 640 | 641 | 641 | 642 |

Die Ergebnisse von DIXON s. Abb. 28 (Methode 4). Die Ergebnisse von BLOCH s. Abb. 27 (Methode 4a; feucht = 2,3% $H_2O$ im Gemisch).

Geringer $H_2$-Zusatz hat auf die Entzündungstemperaturen von CO-Luftgemischen einen noch stärkeren Einfluß als ein entsprechender Zusatz von $H_2O$. PRETTRE teilt mit, daß ein Zusatz von 0,5 bis 0,7% $H_2$ zu einem CO-Luftgemisch genügt, um die Entzündungstemperatur um mehr als 50° zu erniedrigen. Ähnliche

Ergebnisse erhält Dixon (s. Abb. 29); bei einem Gehalt von 25% $H_2$ (bezogen auf CO) ist die Kurve fast mit der für die Zündung von $H_2$-Luftgemischen identisch.

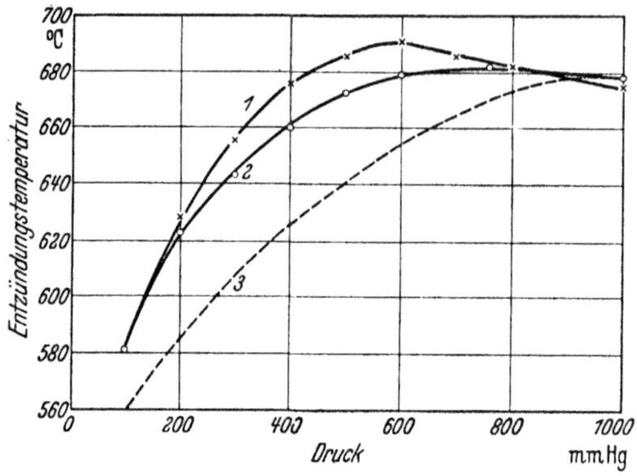


Abb. 30. Zündtemperaturen von CO ohne und mit $H_2$ in feuchter und trockener Luft. [Nach Coward (17).]
1 : CO in Luft mit 5,3% $H_2O$;
2 : CO mit 2% $H_2$ in Luft mit 5,3% $H_2O$;
3 : CO mit 2% $H_2$ in Luft (trocken).

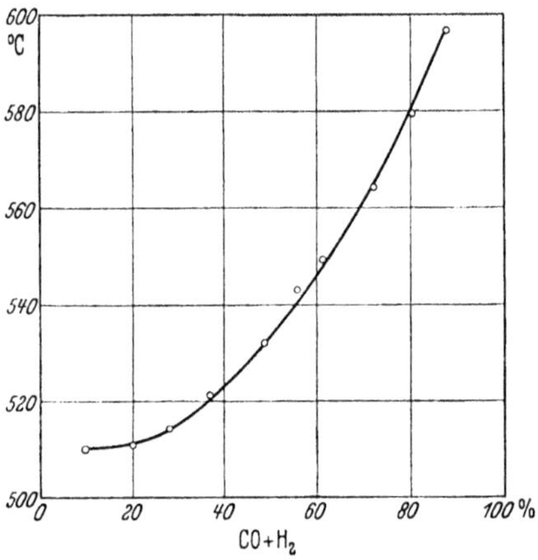


Abb. 31. Zündtemperaturen von CO + $H_2$-Gemisch (CO : $H_2$ = 1 : 1) in Luft. [Nach Prettre (4).]

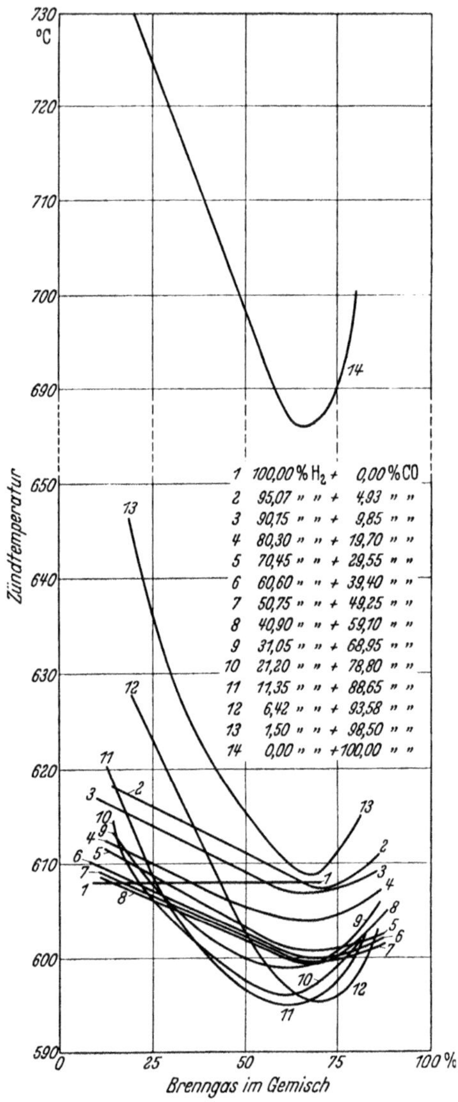


Abb. 32. Zündtemperaturen verschiedener CO + $H_2$-Gemische in Luft, trocken. [Nach Bloch (8).]

Abb. 32.

Blochs Ergebnisse über den Einfluß geringen $H_2$-Zusatzes (CO „aus Stahlflasche" ist mit 1,5% $H_2$ verunreinigt) (s. Abb. 27).

Interessant ist der Befund von Dixon, daß Zusatz von Wasserdampf zu CO-Luftgemischen, die schon eine geringe $H_2$-Menge enthalten, die Zündtemperatur wieder heraufsetzt, die Einflüsse sich also nicht summieren (s. Abb. 30). Den Einfluß größerer Zusätze an Wasserstoff untersuchten z. B. Prettre (4) (CO : $H_2$

$= 1:1$ in verschiedenen Mischungen mit Luft) (s. Abb. 31) (Methode 2) und BLOCH *(8)* (nach Methode 4a, s. Abb. 32).

Verdünnen von $CO \cdot O_2$-Gemischen mit anderen Inertgasen als Stickstoff führt auch hier teilweise zur Erhöhung der Entzündungstemperatur; z. B. findet BLOCH *(8)* (Abb. 27), daß $CO_2$-Zusatz die Zündtemperatur mehr als ein entsprechender $N_2$-Zusatz erhöht. Die gleiche Angabe findet sich bereits bei MALLARD und LE CHATELIER *(2)*; ein Gemisch der Zusammensetzung: 35% CO + 15% $O_2$ + 50% $CO_2$ zündete erst bei 695 bis 715°.

Nachdem wir an den beiden Beispielen des $H_2$ und CO ausführlich gezeigt haben, welchen Einflüssen die Entzündungstemperaturen unterliegen können,

Tabelle 5.

| Verbindung | % im Gemisch mit Luft | Bestimmungsmethode | Zündtemperatur Grad |
|---|---|---|---|
| *Paraffinkohlenwasserstoffe* | | | |
| Methan . . . | 2 | 2 | 850 |
| ,, . . . | 4 | 2 | 810 |
| ,, . . . | 8 | 2 | 800 |
| Äthan . . . . | 1,9 | 2 | 594 |
| ,, . . . . | 8,15 | 2 | 540 |
| Propan . . . | 1,25 | 2 | 588 |
| ,, . . . . | 4,90 | 2 | 525 |
| Butan . . . . | 1,25 | 2 | 569 |
| ,, . . . . | 3,65 | 2 | 515 |
| ,, . . . . | 7,65 | 2 | 489 |
| Pentan . . . . | 1,5 | 2 | 548 |
| ,, . . . . | 2,75 | 2 | 520 |
| ,, . . . . | 7,65 | 2 | 476 |
| Hexan . . . . | 2 | 4a | 625 |
| ,, . . . . | 4 | 4a | 592 |
| ,, . . . . | 7 | 4a | 630 |
| ,, . . . . | 6,7 | 3 | 300 bis 306 |
| Heptan . . . | 4 | 4a | 580 |
| ,, . . . | 5 | 3 | 280 |
| ,, . . . | 6,7 | 3 | 285 |
| Octan . . . . | 6,7 | 3 | 275 |
| *Ungesättigte* | | | |
| Äthylen . . . | 6 | 4a | 600 |
| ,, . . . | 10 | 4a | 575 |
| ,, . . . | 25 | 4a | 540 |
| Azetylen . . . | 10 | 2 | 500 |
| ,, . . . | 20 | 2 | 400 |
| ,, . . . | 45–55 | 2 | 335 |
| Azetylen mit $O_2$ | 30 | 1 | 386 |
| Azetylen mit $O_2$ | 80 | 1 | 352 |
| *Zyklische Verbindungen* | | | |
| Benzol . . . . | 2 | 2 | 770 |
| ,, . . . . | 4 | 2 | 725 |
| ,, . . . . | 6 | 2 | 720 |
| Cyclohexan . . | 1,5 | 4a | 642 |
| ,, . . | 6 | 4a | 545 |
| Toluol . . . . | 2 | 4a | 660 |
| *Andere Verbindungen* | | | |
| Diäthyläther . | 2 | 2 | 218 |
| ,, . | 5 | 2 | 205 |
| ,, . | 8 | 2 | 202 |
| ,, . | 17 | 2 | 204 |
| ,, . | 6,6 | 3 | 227 |
| Aceton . . . . | 3,5 | 2 | 579 |
| ,, . . . . | 9,9 | 2 | 561 |
| Äthanol . . . | 3 | 2 | 525 |
| ,, . . . | 5 | 2 | 500 |
| ,, . . . | 7 | 2 | 482 |
| Schwefelkohlenstoff . | 0,5 | 2 | 81 |
| ,, . | 2 | 2 | 120 |
| ,, . | 4,5 | 2 | 148 |
| ,, . | 8 | 2 | 198 |
| ,, . | 15 | 2 | 269 |
| ,, . | 25 | 2 | 316 |
| ,, . | 30 | 2 | 323 |
| ,, . | 12,5 | 3 | 253 |
| Schwefelwasserstoff . | 1 | 2 | 373 |
| ,, . | 3 | 2 | 335 |
| ,, . | 8 | 2 | 304 |
| ,, . | 12 | 2 | 290 |
| ,, . | 19,9 | 2 | 315 |
| ,, . | 27 | 2 | 341 |
| ,, . | 40 | 2 | 400 |
| ,, . | 60 | 2 | 487 |
| Leichtbenzin . | 2 | 2 | 565 |
| ,, . | 4 | 2 | 545 |
| ,, . | 6 | 2 | 535 |

bringen wir in Tabellen 5—8 eine Zusammenstellung von „Zündtemperaturen" einiger wichtiger Stoffe im Gemisch mit Luft bei Atmosphärendruck (sofern nicht anders angegeben, nach LANDOLT-BÖRNSTEIN).

Tabelle 6. Niedrigste gemessene Zündtemperaturen einiger wichtiger Gase im Gemisch mit Luft bei Atmosphärendruck.

| | | | |
|---|---|---|---|
| Wasserstoff | 530° | Äthylen | 540° |
| Kohlenoxyd | 610° | Propylen | 455° |
| Methan | 645° | Buten | 445° |
| Äthan | 530° | Azetylen | 335° |
| Propan | 510° | Schwefelwasserstoff | 290° |
| Butan | 490° | Leuchtgas | 560° |

Tabelle 7. Einfluß von Antiklopfmitteln auf die Zündtemperatur von Kohlenwasserstoffen.

| | | |
|---|---|---|
| n-Hexan, Methode 2 | ohne Zusatz — | 338° |
| „ „ 2 | mit 0,1% $Fe(CO)_5$ | 410° |
| „ „ 2 | mit 1% $Fe(CO)_5$ | 456° |
| „ „ 2 | mit 1% $Pb(C_2H_5)_4$ | 487° |

Tabelle 8. Erhöhung der Zündtemperatur verschiedener Kohlenwasserstoffe durch Zugabe von 0,25 Vol.-% $Pb(C_2H_5)_4$. (Bestimmung nach Methode 2.)

| | Ohne Zusatz | Mit Zusatz |
|---|---|---|
| Pentan | 515 | 590 |
| i-Hexan | 525 | 571 |
| Heptan | 430 | 513 |

## Literatur.


1. EMICH: Mh. Chem. Bd. 21 (1900) S. 1061.
2. MALLARD u. LE CHATELIER: C. R. Acad. Sci., Paris Bd. 91 (1880) S. 825. — Recherches expérimentelles et théoretiques sur la combustion des mélanges gazeuses explosifs. Paris 1883.
3. TAFFANEL u. LE FLOCH: C. R. Acad. Sci., Paris Bd. 156 (1913) S. 1544; Bd. 157 (1913) S. 469, 595, 714.
4. PRETTRE: Ann. Office nat. des combust. liquides Bd. 6 (1931), S. 7, 269, 533.
5. DIXON u. CROFTS: J. chem. Soc. Bd. 105 (1914) S. 2036.
6. TIZARD: Proc. of NW. Coast. Inst. Engng. Bd. 3 (1921) S. 381.
7. HOLM: Z. angew. Chem. Bd. 26 (1913) S. 273.
8. BLOCH: Diss. Karlsruhe 1934.
9. MOORE: Chem. & Ind. Bd. 36 (1917) S. 109. — Autom. Engr. Bd. 10 (1920) S. 199.
10. GOLDMANN: Z. phys. Chem. Abt. B Bd. 5 (1929) S. 316.
11. MCDAVID: J. chem. Soc. Bd. 111 (1917) S. 1003.
12. WHITE u. PRICE: J. chem. Soc. Bd. 115 (1919) S. 1248.
13. SILVER: Phil. Mag. Bd. 23 (1937) S. 633.
14. DAVY: Ann. Phys. Chem. (II) Bd. 1 (1816) S. 136; Bd. 4 (1817) S. 260, 337.
15. COWARD u. WHEELER: Safety in Mines Res. Board Paper Nr. 53.
16. COWARD u. GUEST: J. Amer. chem. Soc. Bd. 49 (1927) S. 2479.
17. COWARD (Versuche von DIXON): J. chem. Soc. 1934 (II), S. 1382.

18. FALK: Ann. Phys., Lpz. (IV) Bd. 24 (1907) S. 450. — J. Amer. chem. Soc. Bd. 28 (1906) S. 1517; Bd. 29 (1907) S. 1536.
19. Siehe 5.
20. CASSEL: Ann. Phys., Lpz. Bd. 51 (1916) S. 685.
21. DIXON, BRADSHAW u. CAMPBELL: J. chem. Soc. Bd. 105 (1914) S. 2027.
22. TIZARD u. PYE: Phil. Mag. (VI) Bd. 44 (1922) S. 79; (VII) Bd. 1 (1926) S. 1094.
23. MITSCHERLICH: Ber. dtsch. chem. Ges. Bd. 26 (1893) S. 160, 399.
24. FREYER u. MEYER: Ber. dtsch. chem. Ges. Bd. 25 (1892) S. 622.
25. GAUTIER u. HÉLIER: C. R. Acad. Sci., Paris Bd. 122 (1896) S. 566.
26. HÉLIER: Ann. Chim. et Phys. Bd. 10 (1897) S. 521.
27. KRAUSE u. MEYER: Liebigs Ann. chem. 1891, S. 85. — ASKENASY u. MEYER: Liebigs Ann. chem. 1892, S. 49. — MEYER: Ber. dtsch. chem. Ges. Bd. 26 (1893) S. 428.
28. MEYER u. MÜNCH: Ber. dtsch. chem. Ges. Bd. 26 (1893) S. 2421.
29. FIESEL: Z. phys. Chem. Bd. 97 (1921) S. 158.
30. WARTENBERG, v. u. KANNENBERG: Z. phys. Chem. Bd. 105 (1923) S. 205.
31. DIXON: Brit. Ass. Rep. 1880, S. 503. — Phil. Trans. roy. Soc., Lond. Bd. 175 A (1884) S. 617.
32. DIXON u. COWARD: J. chem. Soc. Bd. 95 (1909) S. 514.

Zweites Kapitel.

# Funkenzündung I
## (Wärmetheorie der Funkenzündung).

### 1. Grundtatsachen und Problemstellung.

Läßt man durch ein explosives Gasgemisch einen Funken hindurchschlagen, so kann dieser allgemeine Entzündung einleiten; in diesem Falle schreitet die Umsetzung in einer vom Funken ausgehenden Flamme fort. Ob ein Funke zündet oder nicht, hängt bei gegebenem Gasgemisch von der Intensität des Funkens ab, daneben aber noch von Feinheiten der Funkenentladung, z. B. von dem zeitlichen Strom- und Spannungsverlauf in dieser, von dem Elektrodenabstand und von anderen Einflüssen. Im allgemeinen wird es sich bei der Funkenzündung ebenso wie bei den meisten spontanen Explosionen nicht um einen rein thermischen Vorgang handeln, sondern es spielen fast immer Kettenreaktionen, evtl. mit Kettenverzweigung eine Rolle, daneben unter Umständen auch elektrische Vorgänge[1]. Es ist aber auch hier zweckmäßig, aus der Vielheit der Erscheinungen zunächst alle diejenigen herauszugreifen, die sich im Grenzfall durch reine Wärmevorgänge deuten lassen. Es ist

[1] EMÉLEUS, K. G., R. W. LUNT u. C. A. MEEK: Proc. roy. Soc., Lond. A Bd. 156 (1936) S. 394. — EMÉLEUS, K. G. u. R. W. LUNT: Trans. Faraday Soc. Bd. 32 (1936) S. 1504. — LUNT, R. W.: Trans. Faraday Soc. Bd. 32 (1932) S. 1691. — LUNT, R. W., C. A. MEEK u. E. C. W. SMITH: Proc. roy. Soc., Lond. A Bd. 158 (1937) S. 729. — LUNT, R. W. u. C. A. MEEK: Proc. roy. Soc., Lond. A Bd. 157 (1936) S. 146.

weiter zu bedenken, daß bei der Einführung von Kettenreaktionen Diffusionsvorgänge ins Spiel kommen, die den gleichen formalen Gesetzen gehorchen, wie die hier behandelten Wärmeleitungserscheinungen; die auf der Grundlage einer reinen Wärmetheorie abgeleiteten formalen Beziehungen werden daher im allgemeineren Fall nicht notwendig ihre Gültigkeit verlieren müssen. Da zudem die Wärmewirkung wohl bei jedem Funken eine Rolle spielt, so ist die Behandlung dieses Grenzfalles jedenfalls sinnvoll.

Es soll uns also in diesem Kapitel an einem Funken nur interessieren, wieviel thermische Energie durch ihn geliefert worden ist, wobei es wesentlich sein kann, wie diese Energielieferung räumlich und zeitlich sich verteilt. Dann haben wir das folgende Problem: In einem Volumenelement gegebener Größe ist während einer gegebenen Zeit eine bestimmte Wärmemenge produziert worden; wir fragen:

1. Wann entwickelt sich in diesem Volumelement eine rapide Verbrennung ?, und

2. Wie breitet sich die Verbrennung von diesem Element her weiter aus, bzw. wann breitet sie sich überhaupt aus, d. h. führt zu allgemeiner Zündung ?

Offenbar muß, wenn das ganze Gas gezündet werden soll, notwendigerweise das Funkenvolumen explodieren; aber es ist durchaus nicht gesagt, daß diese Bedingung auch hinreichend ist. Man könnte sich jedenfalls den Fall vorstellen, daß zwar ein sehr kleines Volumen explodiert, daß aber die Wärme daraus durch Leitung schneller dissipiert, als die Nachbarschichten der Explosion folgen können. Tatsächlich gibt es eine Reihe von Versuchen, die dies unmittelbar belegen (vgl. z. B. die weiter unten besprochenen Versuche von Coward und Meiter, sowie von Holm, S. 55ff.).

In der Literatur existiert bisher noch keine voll befriedigende theoretische Behandlung der Funkenzündung. Stellt man willkürlich die Bedingung, daß durch den Funken ein bestimmtes Mindestvolumen auf eine „Entzündungstemperatur" erhitzt werden solle, so kann man leicht angeben, welche Energiemengen durch punktförmige oder vorgegebene räumliche momentane oder über eine gewisse Zeit wirksame Quellen zugeführt werden müssen; man kommt so zu qualitativ ganz vernünftigen Resultaten (vgl. z. B. Coward und Meiter, S. 98).

Im Anschluß an unsere Betrachtungen über die Wärmeexplosion und die Zündung durch erhitzte Oberflächen könnte man zunächst die folgende überschlagsmäßige Überlegung anstellen.

Man faßt das Funkenvolumen, in dem eine Wärmeexplosion stattfindet, als solches für sich ins Auge, wobei die Reaktionswärme durch die gedachte Begrenzung an das umgebende kalte Gas abgeführt werden kann. Da die Wärmeableitung unter sonst gleichen Umständen dem

Temperaturgefälle direkt und dieses dem Gefäßradius annähernd umgekehrt proportional ist, so wird bei einem Funkenvolumen von etwa $10^{-2}$ cm Radius die Wärmeabfuhr etwa tausendfach größer sein als in einem Reaktionsgefäß von 10 cm Radius; also müßte zur Zündung die Wärmeproduktion, d. i. die Reaktionsgeschwindigkeit wahrscheinlich auch um etwa drei Zehnerpotenzen vergrößert sein. Nehmen wir an, die normale „Entzündungstemperatur" habe 600° C betragen und die „Aktivierungswärme" der Reaktion sei ungefähr 35 kcal; zu einer Steigerung der Reaktionsgeschwindigkeit um drei Zehnerpotenzen wäre also eine Temperatursteigerung um rund 450° (auf etwa 1320° abs.) notwendig. Je kleiner das „Funkenvolumen", desto höher die notwendige Temperatur. Das ist genau das gleiche, wie wir es z. B. bei der Zündung durch eingeworfene heiße Kugeln gesehen hatten (vgl. S. 29 ff.).

Natürlich ist das nur eine sehr grobe Näherungsbetrachtung, die, nicht nur wegen der fehlenden Berücksichtigung von Reaktionen mit Kettenverzweigung, nicht ausreichend ist: sie läßt zwar bereits erkennen, daß zur Zündung im Funken viel höhere Energien pro Volumeneinheit notwendig sind als in großen Räumen, sie läßt aber die Frage ganz außer Betracht, wie und ob sich die Explosion aus dem kleinen Volumen weiter ausbreitet. Exakt kann man diese Frage erst behandeln, wenn man die Theorie der Flammenfortpflanzung beherrscht, worauf wir später noch zurückkommen. Bis zu einem gewissen Grad sind die notwendigen Überlegungen allerdings schon implizit in der obigen Betrachtung mitenthalten. Wenn nämlich das Funkenvolumen bei gleichzeitiger Wärmeableitung explodiert, so bedeutet das, daß auch die Umgebung des Funkens durch Leitung fortschreitend erwärmt wird. Man sieht aber an diesem Punkt: für die Ausbreitung der Verbrennung kommt nicht nur die primäre Entstehung der Explosion im Innern des Funkens, sondern auch die Wärmenachlieferung durch die fortschreitende explosive Verbrennung ins Spiel, deren Geschwindigkeit mit zunehmendem Umsatz ja wieder zurückgehen muß.

Die quantitative Behandlung der Vorgänge wird noch durch folgende Erscheinung kompliziert: Nehmen wir an, vom Einsetzen des Funkens bis zur vollen Entwicklung der explosiven Verbrennung in ihm (der „Funkendurchmesser" sei etwa $2 \cdot 10^{-2}$ cm) sei die recht kurze Zeit von ungefähr $10^{-4}$ s verstrichen. Während dieser kurzen Zeit haben Gasmoleküle aus den an den Funken angrenzenden Gebieten Verschiebungen erfahren, deren Quadrat im Mittel gegeben ist durch:

$$\overline{\Delta x^2} = 2\,Dt, \tag{1}$$

wenn $t$ die Zeit und $D$ der Diffusionskoeffizient ist, etwa von der Größenordnung 1 cm² s⁻¹. Für $\sqrt{\overline{\Delta x^2}}$ erhält man mit $t = 10^{-4}$ s etwa $10^{-2}$ cm. D. h. während der für die Entwicklung der Explosion als notwendig angenommenen Zeit von $10^{-4}$ s sind beträchtliche Mengen von Frischgas in den Funken hineindiffundiert (und entsprechende Mengen verbrennenden und verbrannten Gases aus dem Funken herausdiffundiert); eine exakte Behandlung der Funkenzündung wäre demnach ohne Berücksichtigung der Diffusion nicht möglich. Man hätte dann anzusetzen: 1. Eine Differentialgleichung für die Temperaturänderung durch Leitung und Reaktion, 2. eine Differentialgleichung für die Konzentrationsänderungen durch Diffusion und Reaktion und 3. wäre in beiden zu berücksichtigen die Gleichung für die chemische Umsetzung an jeder Stelle, die durch die aus 1. und 2. folgenden Temperatur- und Konzentrationsänderungen mit beeinflußt würde. Das Problem ist so kompliziert, daß an eine exakte Behandlung von vornherein nicht zu denken ist. Wir wollen daher primär immer die Diffusion aus dem Spiel lassen und durch sie verursachte Effekte höchstens als nachträgliche Korrekturen einfügen.

## 2. Ansätze für eine vereinfachte quantitative Behandlung.

Mit den obigen Vernachlässigungen würde man für die Aufstellung der Differentialgleichungen für die Funkenzündung folgendermaßen vorgehen. Die zeitliche Änderung der Temperatur in der Umgebung des Funkens ist einmal gegeben durch die Wärmeleitung, ferner durch die infolge der Umsetzung produzierte Wärme. Die gewöhnliche Wärmeleitungsgleichung lautet[1]

$$c\sigma\frac{\partial T}{\partial t} = \operatorname{div}(k \operatorname{grad} T), \tag{2}$$

worin $c$ die spezifische Wärme (pro Masseneinheit [!], nicht pro Mol), $\sigma$ die Dichte, $T$ die Temperatur, $t$ die Zeit und $k$ die Wärmeleitfähigkeit bedeuten. Für konstantes $k$, womit wir im folgenden rechnen wollen (was aber wegen der auftretenden großen Temperaturdifferenzen nur eine schlechte Annäherung an die Wirklichkeit ist), vereinfacht sich dieses zu:

$$c\sigma\frac{\partial T}{\partial t} = k\Delta T = k\left\{\frac{\partial^2 T}{\partial x^2} + \frac{\partial^2 T}{\partial y^2} + \frac{\partial^2 T}{\partial z^2}\right\}, \tag{3}$$

wenn wir auf ein rechtwinkliges Koordinatensystem beziehen.

Falls $-dn/dt = f(n)\exp(-E/RT)$ die Reaktionsgeschwindigkeit, $Q$ die auf entsprechenden Umsatz bezogene Wärmetönung ist, so gilt die der bereits im vorigen Kapitel (S. 11) aufgestellten analoge Erhitzungsgleichung:

$$\bar{c}\frac{\partial T}{\partial t} = Q f(n)\exp(-E/RT). \tag{4}$$

Darin ist $\bar{c}$ die mittlere Wärmekapazität, die auf die gleiche Mengeneinheit bezogen ist wie die Reaktionswärme $Q$; bezüglich der Konstanz

[1] Vgl. die Lehrbücher der theoretischen Physik oder FRANK-MISES: Die Differential- und Integralgleichungen der Physik. Braunschweig 1930/35 (vgl. auch unten, S. 116).

von $\bar{c}$ gilt ähnliches wie für $k$. Analog wie im vorigen Kapitel führen wir den Quotienten $Q/\bar{c} = T_m - T_0 = \Theta_m$ ein, die maximale Temperaturerhöhung, die durch den Umsatz möglich ist, und schreiben statt (4):

$$(5) \qquad \frac{\partial T}{\partial t} = \Theta_m f(n) \exp(-E/RT).$$

$f(n)$, der Konzentrationsfaktor der Reaktionsgeschwindigkeit wird, unabhängig von genaueren Annahmen über diese, bewirken müssen, daß bei vollständigem (d. h. bis zum Gleichgewicht führendem) Umsatz die Geschwindigkeit 0 wird; als einfachsten dem entsprechenden Ansatz kann man wählen:

$$(6) \qquad f(n) \cong A(T_m - T) = A\{\Theta_m - (T - T_0)\};$$

denn bei vollständigem Umsatz ist $T = T_m$ und damit $f(n) = 0$. Bestimmt man $A$ so, daß für $t = 0$ die richtige Reaktionsgeschwindigkeit resultiert, so haben wir jedenfalls einen bequemen Ansatz, der an beiden Grenzen die Erhitzungsgeschwindigkeit korrekt angibt. Allerdings ist zu bedenken, daß (5) und (6) nur gelten können, so lange keine Wärmezu- oder -abfuhr durch Leitung stattfindet, da ja dann die Maximaltemperatur nicht mehr durch $T_m - T_0 = Q/\bar{c}$ gegeben ist. Würde man andererseits die Diffusion berücksichtigen, so würde sie immer neues Frischgas in die Funkenzone befördern, also die zeitliche Konzentrationsänderung verkleinern. Wir wollen für (5) schreiben:

$$(7) \qquad \frac{\partial T}{\partial t} = \mu \exp(-E/RT),$$

wobei wir uns vorbehalten, für $\mu$ gemäß dem vorangehenden einen passenden mittleren Wert einzusetzen.

Schreiben wir die Wärmeleitungsgleichung[1] (3):

$$(8) \qquad \frac{\partial T}{\partial t} = \varkappa \Delta T,$$

mit $\varkappa$, der Temperaturleitfähigkeit, gegeben durch:

$$(9) \qquad \varkappa = \frac{k}{c\sigma},$$

so wird die resultierende Erhitzungsgleichung:

$$(10) \qquad \frac{\partial T}{\partial t} = \varkappa \Delta T + \mu \exp(-E/RT).$$

Wir müssen nun eine passende Anfangstemperaturverteilung im Funken vorgeben und dann untersuchen, wie nach (10) diese Temperatur sich ändert. Nur wenn im Funken und seiner Umgebung die Temperatur dauernd ansteigt, wird sich eine Entzündung fortpflanzen.

Um einen Überblick über die Verhältnisse zu gewinnen, betrachten wir den eindimensionalen Fall, mit Wärmeleitung nur in Richtung der $x$-Achse, wo wir uns also etwa den Funken als flache Scheibe im

[1] $\Delta T$ bedeutet hier den LAPLACEschen Differentialausdruck (3).

Nullpunkt eines Koordinatensystems senkrecht zur $x$-Achse und zu einem in der $x$-Richtung ausgedehnten wärmeundurchlässigen Rohr vorzustellen haben. Gl. (10) wird dann:

$$\frac{\partial T}{\partial t} = \varkappa \frac{\partial^2 T}{\partial x^2} + \mu \exp(-E/RT). \tag{11}$$

$\varkappa$, die Temperaturleitfähigkeit, ist für Luft bei 500° C (was wir als mittlere Temperatur annehmen wollen) rund 1 $\mathrm{cm^2\,s^{-1}}$. Für die Reaktionsgeschwindigkeit nehmen wir an $\sim 3 \cdot 10^9 \exp(-40000/RT)$ (das entspricht etwa der Reaktionsgeschwindigkeit von Jod mit Wasserstoff bei Atmosphärendruck), als erreichte Maximaltemperatur etwa 3000° an; die Ausgangstemperatur sei 0° C. Es wird dann:

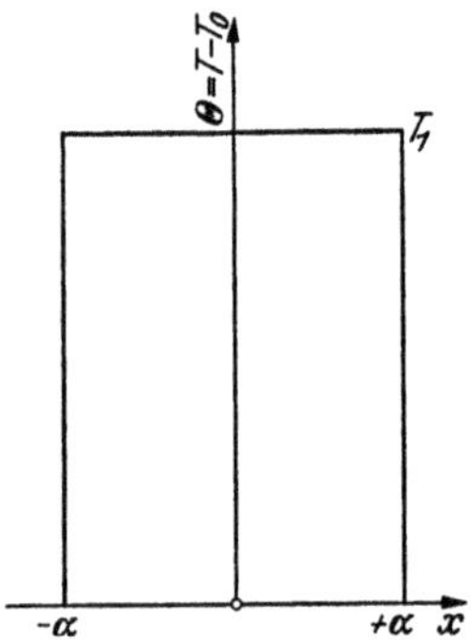


Abb. 33. Temperaturverteilung für $t=0$, vgl. Text.

$$\mu \cong 3000 \cdot 3 \cdot 10^9 \cong 10^{13}. \tag{12}$$

Somit:

$$\frac{\partial T}{\partial t} \cong \frac{\partial^2 T}{\partial x^2} + 10^{+13} \cdot 10^{-8750/T}. \tag{13}$$

Da der Funke zu seinem Aufbau eine gewisse Zeit erfordert, während der andererseits auch schon ein bestimmter Umsatz stattgefunden haben kann, ist es zweckmäßig, eine Temperaturverteilung nicht für $t=0$, sondern für einen Zeitpunkt, wie er etwa der Aufbauzeit der Entladung entspricht, vorzugeben; dafür wollen wir zunächst annehmen: $t_0 = 10^{-4}\,\mathrm{s}$[1]. Als Temperaturverteilung geben wir eine solche vor, die Lösung der Wärmeleitungsgleichung *ohne* Reaktionserhitzung, also der Gleichung ist[2]:

$$\frac{\partial T}{\partial t} = \varkappa \frac{\partial^2 T}{\partial x^2} = 1 \cdot \frac{\partial^2 T}{\partial x^2}.$$

Und zwar wählen wir eine solche Lösung, der eine Anfangsverteilung für $t=0$ wie in Abb. 33 entspricht: für $t=0$ und $|x| > \alpha$ sei $\Theta = (T - T_0) = 0$; für $-\alpha \leqq x \leqq +\alpha$ sei $\Theta = (T - T_0) = T_1$. Eine dieser Anfangsbedingung genügende Lösung von (13) ist[3]:

$$\Theta = \frac{T_1}{2}\left\{\psi\left(\frac{\alpha - x}{2a\sqrt{t}}\right) + \psi\left(\frac{\alpha + x}{2a\sqrt{t}}\right)\right\}, \tag{14}$$

worin $a$, die Wurzel aus der Temperaturleitfähigkeit, $a = \sqrt{\varkappa}$, in unserem Falle $= 1$ zu setzen ist, also:

$$\Theta = \frac{T_1}{2}\left\{\psi\left(\frac{\alpha - x}{2\sqrt{t}}\right) + \psi\left(\frac{\alpha + x}{2\sqrt{t}}\right)\right\}. \tag{15}$$

$\psi(\xi)$ bedeutet das Fehlerintegral:

$$\psi(\xi) = \frac{2}{\sqrt{\pi}} \int_0^{\xi} e^{-\eta^2}\, d\eta, \tag{16}$$

---

[1] Da uns die Wahl des Nullpunkts für die Zeitrechnung freisteht, so bedeutet dies keine Willkür.

[2] Wieder mit dem speziellen Wert $\varkappa \cong 1\,\mathrm{cm^2\,s^{-1}}$.

[3] Vgl. etwa FRANK-MISES, zitiert S. 48.

das man z. B. bei JAHNKE-EMDE[1] tabelliert findet. Mit $T_1 = 1000°$ C, $\alpha =$ bzw. 1, 2, 3, $4 \cdot 10^{-2}$ cm erhalten wir z. B. die Kurven der Abb. 34, und zwar beziehen sich die Kurven I, II, III, IV auf $\alpha = 10^{-2}$, $2 \cdot 10^{-2}$, $3 \cdot 10^{-2}$ und $4 \cdot 10^{-2}$ cm. Die Maximaltemperaturen $\Theta$ für $x = 0$ sind bzw.: 520,5; 842,7; 966,1 und 995,3° C für $t = 10^{-4}$ s. Nach weiteren $10^{-5}$ s (also für $t = 1{,}1 \cdot 10^{-4}$ s) wären diese Temperaturen gefallen auf: 499,2; 822,5; 956,9 und 992,9°, solange man nur die Wärmeleitung berücksichtigt. Es ergäbe sich also für

$$\left(\frac{\partial T}{\partial t}\right)_{\text{Ltg.}} \cong \left(\frac{\Delta T}{\Delta t}\right)_{\text{Ltg.}}$$

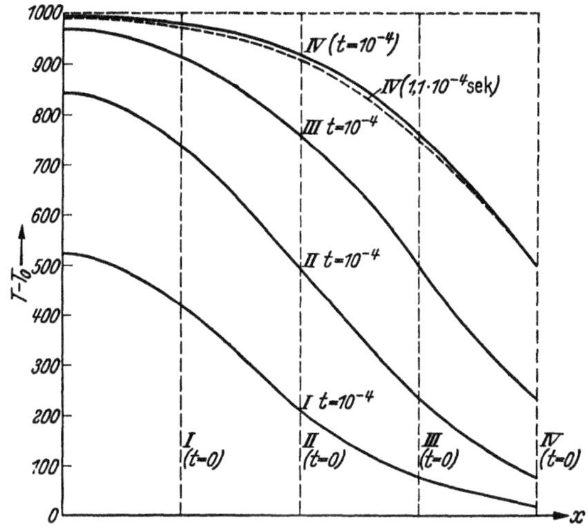


Abb. 34. Temperaturverteilung für $t = 10^{-4}$ s bei verschiedenen Anfangsverteilungen (vgl. Text).

am Nullpunkt des Koordinatensystems (d. h. im Zentrum des Funkens): Temperaturänderung durch Leitung $(\Delta T)_{\text{Ltg.}}$ während $10^{-5}$ s sowie $\left(\frac{\Delta T}{\Delta t}\right)_{\text{Ltg.}} \cong \left(\frac{\partial T}{\partial t}\right)_{\text{Ltg.}}$ bei $x = 0$ für das Beispiel des Textes in den Fällen:

| | I | II | III | IV |
|---|---|---|---|---|
| $(\Delta T)_{\text{Ltg.}}$ (°C) . . . . . . | $-21{,}3$ | $-20{,}2$ | $-9{,}2$ | $-2{,}4$ |
| $(\partial T/\partial t)_{\text{Ltg.}}$ (Grad/s) . . . . | $-2{,}13$ | $-2{,}02$ | $-0{,}92$ | $-0{,}24 \cdot 10^6$ |

Weiter stellen wir die mit dem obigen Reaktionsgeschwindigkeitsansatz berechneten Temperaturerhöhungen infolge der Reaktionswärme zusammen:

Temperatursteigerungen durch chemische Reaktion $(\Delta T/\Delta t)_{\text{reakt.}} \cong (\partial T/\partial t)_{\text{reakt.}}$ in den obigen Fällen:

| | I | II | III | IV |
|---|---|---|---|---|
| $\Theta$ °C. . . . . . . . . . . | 520,5 | 842,7 | 966,1 | 995,3 |
| $(\partial T/\partial t)_{\text{reakt.}}$ (Grad/s) . . . | $+ 10^2$ | $+ 1{,}4 \cdot 10^5$ | $+ 0{,}85 \cdot 10^6$ | $+ 1{,}25 \cdot 10^6$ |

Man sieht daraus, daß erst im Falle IV die Erhitzung durch chemische Reaktion die Abkühlung durch Leitung bei $x = 0$ überwiegt; in den Fällen I bis III (Funkenhalbmesser $\leqq 3 \cdot 10^{-2}$ cm) findet also bestimmt keine Zündung statt. Zur Entscheidung der Frage, ob im Fall IV Zündung stattfindet, ist eine genauere Untersuchung notwendig; wir

[1] JAHNKE-EMDE: Funktionentafeln.

stellen zu dem Zwecke die Temperaturwerte von IV für $t = 10^{-4}$ und $1{,}1 \cdot 10^{-4}$ s für verschiedene Abstände vom Funkenzentrum zusammen:

Temperaturen im Falle IV für $t = 10^{-4}$ s.

| | | | | | |
|---|---|---|---|---|---|
| $x =$ | 0 | $10^{-2}$ | $2 \cdot 10^{-2}$ | $3 \cdot 10^{-2}$ | $4 \cdot 10^{-2}$ cm |
| $\Theta =$ | 995,3 | 982,8 | 921,4 | 760,3 | 500,0 °C |

die entsprechenden Temperaturen für $t = 1{,}1 \cdot 10^{-4}$ s

| | | | | | |
|---|---|---|---|---|---|
| $\Theta =$ | 993,1 | 978,1 | 911,4 | 749,6 | 500,0° C |
| $(\Delta\Theta)_{\text{Ltg.}} =$ | — 2,2 | — 4,7 | — 10,0 | — 10,7 | 0° C |
| $(\Delta\Theta)_{\text{reakt.}} =$ | + 12,5 | + 10,7 | + 4 | + 0,3 | —° C |

Man macht sich zunächst folgendes klar: Wenn für $x = 0$ im ersten Moment Wärmeproduktion und Wärmeableitung einander die Waage halten, so reicht das (im Gegensatz zu den Bedingungen bei der Wärmeexplosion, Kap. I, S. 7) noch keineswegs zur Erhaltung eines stationären Zustandes aus. Ist, Abb. 35, die Anfangsverteilung (für $t = 10^{-4}$ s) durch Kurve 1 gegeben, so wäre nach der kurzen Zeit $\Delta t$ ohne Reaktion etwa die Kurve 2 erreicht; ist nun für $x = 0$ die Wärmeproduktion zur Kompensation der Ableitung gerade groß genug, so wird sie das für $x \lesseqgtr 0$ keineswegs zu sein brauchen; unter Mitwirkung der Reaktion könnte sich also z. B. die gestrichelte Kurve in Abb. 35 ergeben; d. h. für $x = 0$ ist zwar zunächst die Temperatur konstant geblieben, die Krümmung der Temperaturverteilungskurve und damit $\partial^2 T/\partial x^2$ und die Wärmeableitung haben aber zugenommen, so daß im folgenden Zeitelement die Temperatur sinken würde. Ganz bestimmt zur Zündung führen würden Verhältnisse, wie sie in Abb. 36 gezeichnet sind: die Kurven 1 und 2 sollen das gleiche darstellen wie in Abb. 35. Es sei aber jetzt die Erhitzung so weit getrieben, daß bis zur Stelle $x = x_0$ die Reaktionswärme die Ableitung überwiegt; man erhielte dann die gestrichelte Kurve. Wie durch die Schraffierung angedeutet, ist nunmehr für alle Werte von $x$ die Temperatur gestiegen und würde dies auch weiter tun (immer unter Vernachlässigung der Konzentrationsabnahme infolge der Reaktion).

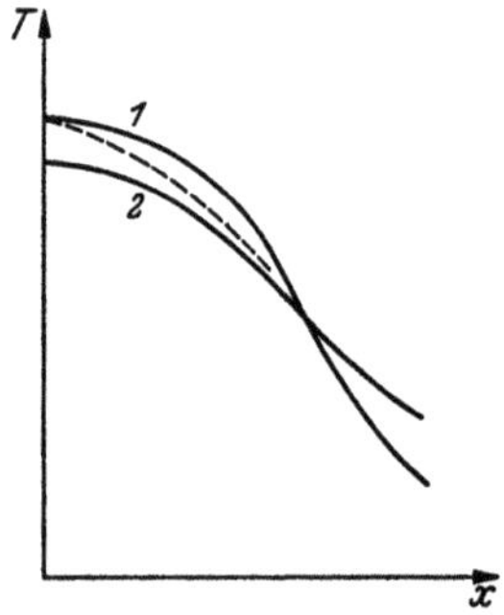

Abb. 35.

Wahrscheinlich sind aber die Bedingungen, wie sie Abb. 36 ausdrückt, schon mehr als ausreichend; denn man könnte sich einen Fall wie in Abb. 37 vorstellen, wo zwar für ein gewisses Gebiet von $x < x_0$ die Temperatur zunächst fällt, wo aber die integrierte Wärmeproduktion von $x = 0$ bis $x = x_0$ die aus dem gleichen Gebiet abgeführte Wärme überwiegt, und wo durch die in der Umgebung von $x = 0$ zunehmende Wärmeproduktion auch in das Gebiet mit anfänglich überwiegender

Ableitung soviel Wärme nachgeliefert wird, daß schließlich überall die Temperatur steigt (Kurven 3 und 4). Der in Abb. 34 gezeichnete und in den weiteren Tabellen erläuterte Fall IV steht nun etwa gerade zwischen den durch Abb. 36 und 37 gekennzeichneten Beispielen. Es ist darum anzunehmen, daß er der kritischen Zündgrenze ziemlich nahe kommt; zu einer exakteren Entscheidung müßte man durch weitere numerische Rechnung die zeitliche und räumliche Temperaturentwicklung verfolgen.

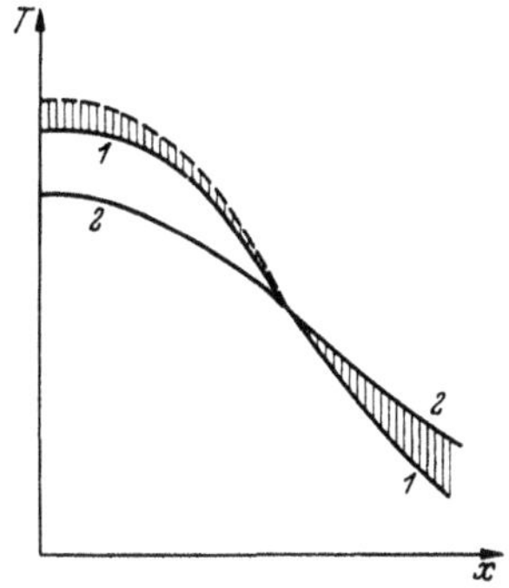

Abb. 36.

Bezeichnet man oben die Halbwertsbreite der Temperaturkurve bei $t = 10^{-4}$ s als „Funkendurchmesser", so wäre unter den obigen Annahmen ein Funkendurchmesser von etwa 0,8 mm zur Zündung notwendig.

Gingen wir jetzt vom eindimensionalen zum dreidimensionalen Wärmestrom über, wie es den tatsächlichen Verhältnissen entspricht, so würden die Bedingungen für die Zündung natürlich etwas ungünstiger; an Stelle der Wärmeleitungsgleichung:

$$\frac{\partial T}{\partial t} = \varkappa \frac{\partial^2 T}{\partial x^2}$$

träte bei Kugelsymmetrie im dreidimensionalen Fall:

$$\frac{\partial T}{\partial t} = \varkappa \left\{ \frac{\partial^2 T}{\partial r^2} + \frac{2}{r} \frac{\partial T}{\partial r} \right\}, \tag{17}$$

wenn $r$ der Abstand vom Kugelmittelpunkt ist.

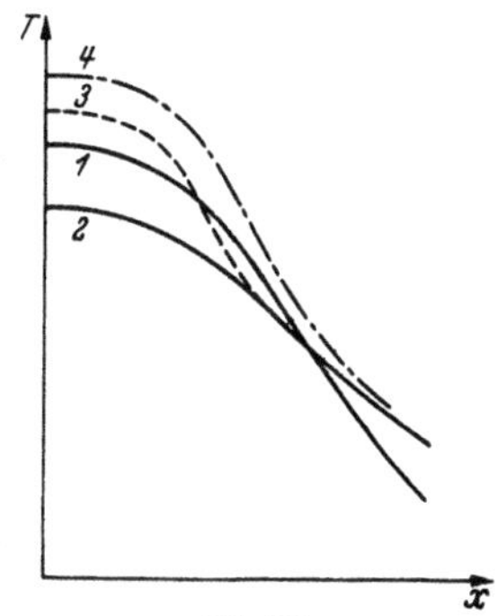

Abb. 37.

Da $\partial T/\partial r$ negativ ist, so bedeutet das zweite Glied zusätzliche Wärmeableitung; macht z. B. das erste Glied $\partial^2 T/\partial r^2$, wie es ähnlich bei den obigen Beispielen der Fall ist, eine Abkühlungsgeschwindigkeit aus von:

$$\left(\frac{\partial T}{\partial t}\right)_{\text{I}} \cong -10^6 \text{ Grad/s},$$

so gibt bei $r = 10^{-2}$ cm und einem Temperaturgefälle von $\sim 100°$ pro $10^{-2}$ cm, wie es auch bei den obigen Beispielen vorkommt, das zweite Glied nochmals einen Beitrag von:

$$\left(\frac{\partial T}{\partial t}\right)_{\text{II}} \cong -2 \cdot 10^6 \text{ Grad/s},$$

d. h. die gesamte Ableitung kann zwar auf ein Mehrfaches vergrößert werden, an der Größenordnung und dem qualitativen Bild ändert sich aber nichts. Entsprechend wird man entweder ein vorgegebenes Volumen höher erhitzen oder ein größeres Volumen auf eine vorgegebene Temperatur bringen müssen, wenn Zündung eintreten soll. Da auch für den dreidimensionalen Fall Lösungen der Wärmeleitungsgleichungen vorliegen (vgl. FRANK-MISES, zitiert S. 48), so lassen sich die oben für den eindimensionalen Fall gebrachten numerischen Rechnungen auch auf den dreidimensionalen Fall übertragen.

Nehmen wir an, was ungefähr zutreffend sein dürfte, der Funkendurchmesser ergäbe sich etwa doppelt so groß wie oben, d. h. zu 1,5 mm, so wäre die im Funken zugeführte Energie $\sim 10^{-3}$ cal. Das ist tatsächlich ein Betrag, wie er praktisch in Frage kommt, und wie er von TAYLOR-JONES, MORGAN und WHEELER[1] in Rechnungen für die Wärmeausbreitung von auf verschiedene Weise in einem Funken zugeführter Energie angenommen worden ist[2].

## 3. Besprechung von Versuchen über die Funkenzündung, vom Standpunkt der Wärmetheorie aus.

Die Zündung durch Funken läßt sich zwar, wie wir immer wieder betonten, nicht als ausschließlich thermisches Phänomen verstehen. Es wird aber nützlich sein, eine Anzahl von Experimenten kennenzulernen und den Versuch ihrer Deutung auf Grund der Wärmetheorie (im Grenzfalle) zu besprechen. Die Experimente und Theorien, die sich mit dem nicht thermischen Teil des Vorganges befassen, sollen später (Kap. X) behandelt werden. Es scheint[3], daß man, solange man auf eine Einsicht in die während der Entladung im Funken ablaufenden Vorgänge verzichtet und sich nur dafür interessiert, ob allgemeine Zündung erfolgt oder nicht, die von TAYLOR-JONES, MORGAN und WHEELER[1] stammende Formulierung übernehmen darf: die allgemeine Entzündung einer Mischung hängt davon ab, welches Gasvolumen durch den Funken primär zur Zündung gekommen ist; daß aber die auf die gleichen Autoren zurückgehende Aussage nicht haltbar ist: es käme nur darauf an, welches Gasvolumen durch die *Wärmewirkung* des Funkens auf Entzündungstemperatur erhitzt worden wäre (vgl. Kap. X). Daß dies keine sinnvolle Formulierung ist, geht u. a. schon daraus hervor, daß nach unseren obigen Überlegungen es keine universale Zündtemperatur für ein kleines Teilvolumen eines Gases geben kann. Schon vom rein thermischen Gesichtspunkt aus ist zu erwarten — was auch alle Versuche bestätigen —, daß es nicht nur auf die gesamte, durch einen Funken zugeführte Energie ankommt, sondern weiter noch darauf, wie diese Energie zugeführt wird, ob durch eine sehr kurzzeitige Kondensatorentladung, oder durch eine länger dauernde oszillierende

---

[1] TAYLOR-JONES, E., J. D. MORGAN u. R. V. WHEELER: Phil. Mag. (6) Bd. 43 (1922) S. 359.

[2] MORGAN (vgl. S. 58) brauchte zur Zündung von Methan-Luftgemischen mit 8,8% Methan einen Funken mit $0,9 \cdot 10^{-3}$ cal.

[3] Vgl. hierzu das Sammelreferat des Verfassers: Z. Elektrochem. Bd. 41 (1935) S. 183; insbesondere S. 185ff. und die dort angeführten Arbeiten.

Entladung in einem System mit Selbstinduktion, und in diesem Falle wieder auf die Frequenz des Funkens. TAYLOR-JONES, MORGAN und WHEELER[1, 2] haben (unter der nicht vertretbaren Einführung einer Entzündungstemperatur) versucht, zu quantitativen Formulierungen zu gelangen; benutzt man die an sich bekannten Integrale der Wärmeleitungsgleichungen[3] für den Fall, daß entweder in einem Punkt oder ausgedehnt über ein kleines Kugelvolumen Wärme zugeführt wird, und daß weiterhin die Wärme entweder momentan oder über eine gewisse endliche Zeit verteilt zugeführt wird, so sieht man, daß ein vorgegebenes Mindestvolumen mit der kleinsten Energiemenge auf „Entzündungstemperatur" gebracht werden kann, wenn die Wärmezufuhr momentan erfolgt. Wir werden aber später sehen (vgl. Kap. X), daß die kurzzeitigsten Entladungen nicht unter allen Umständen die zündkräftigsten sind.

Wenn es nun auch bereits von der rein thermischen Vorstellung her einzusehen ist, daß es nicht nur auf die Brutto-Energie-Zufuhr ankommt, so sind die tatsächlich beobachteten Einzelheiten doch nur verständlich, wenn man die Feinheiten der Entladung, die Anregungs-, Dissoziations- und Ionisationsvorgänge der Gasmolekeln betrachtet, was erst bei Besprechung der Kettenreaktionen geschehen soll. Will man den Gesamtvorgang, von der Entstehung der Explosion im Funkenvolumen bis zur vollentwickelten Flamme verstehen, so gehört dazu auch noch, wie bereits betont, die Kenntnis der die Flammenfortpflanzung beherrschenden Vorgänge. Hat die Explosion in einem sehr kleinen Teilvolumen eingesetzt, so pflanzt sie sich zunächst nicht mit der normalen Verbrennungsgeschwindigkeit, sondern sehr viel langsamer fort; man spricht von Zündverzug. Darauf soll im nächsten Kapitel eingegangen werden.

COWARD und MEITER[4] haben eine sorgfältige Untersuchung der Zündung von Methan-Luftmischungen durch Funken ausgeführt und sie vom thermischen Standpunkt aus diskutiert; sie haben dabei sowohl bestimmt, wann Zündung eintritt, als auch untersucht, welche chemische Wirkungen von zur Zündung noch nicht hinreichenden Funken ausgelöst werden. Methan wurde natürlich deshalb als Untersuchungsobjekt ausgewählt, weil seine Zündung durch ungewollte Funken in schlagwetterbedrohten Bergwerken besonders gefährlich ist. COWARD und MEITER verwandten ein Reaktionsgefäß mit Platinelektroden (entweder in festem oder durch eine Schraube variierbarem Abstand); es war möglich, den Druck, bzw. Druckänderungen im Reaktionsgefäß zu messen. Außerdem konnten Gasanalysen ausgeführt werden. Funken wurden entweder durch die Entladung eines Kondensators (von bis zu

[1] TAYLOR-JONES, E., J. D. MORGAN u. R. V. WHEELER: Phil. Mag. (6) B. 43 (1922) S. 359.
[2] TAYLOR-JONES, A.: Phil. Mag. (7) Bd. 6 (1928) S. 1090.
[3] Vgl. FRANK-MISES, zitiert S. 48.
[4] COWARD, H. F. u. E. G. MEITER: J. Amer. chem. Soc. Bd. 49 (1927) S. 396.

0,0006 $\mu$F Kapazität) oder durch ein Induktorium erzeugt. Von allen Methan-Luftmischungen zünden solche mit 8 bis 9% Methan durch Funken am leichtesten. Bei der speziellen Versuchsanordnung mit Platinelektroden in 0,52 mm Abstand genügte ein Primärstrom von 1,45 A im Induktorium zur Zündung; bei 1,40 A Primärstrom war es möglich, Tausende von Funken durch das Gemisch schlagen zu lassen, ohne daß eine Zündung erfolgte. Aus der Analyse am Schluß der Versuchsreihe ergab sich, daß pro Funken ein Methanverbrauch stattgefunden hatte, der der vollständigen Reaktion eines Volumes von 0,59 mm$^3$ entspricht; also ein keinesfalls sehr kleines Volumen der Mischung kann durch einen Funken zur Verbrennung gebracht werden, noch ohne daß allgemeine Zündung einsetzt.

In einer anderen Versuchsreihe lag bei gleichem Elektrodenabstand die (primäre) Mindeststromstärke für Zündung bei 1,3 A; bei 1,25 A wurde im Durchschnitt pro Funken ein Volumen von 0,53 und 0,52 mm$^3$ (im Wiederholungsversuch) umgesetzt. Vergrößerte man den Elektrodenabstand auf 1,0 mm, so fiel der nötige Zündstrom auf 0,90 A; bei 0,85 A war die durchschnittlich umgesetzte Gasmenge 0,45 bzw. 0,41 mm$^3$. Dem wesentlichen Abfall des notwendigen primären Zündstroms entspricht daher ein viel geringerer Rückgang des je Funken umgesetzten Gasvolumens. Die Ergebnisse lassen sich zwanglos verstehen, wenn man die geringere Kühlwirkung der Elektroden bei größerem Abstand in Rechnung zieht.

Interessant sind auch die Versuche mit Mischungen verschiedenen Methangehalts, bei konstant gehaltenem Elektrodenabstand von 0,52 mm. In Tabelle 9 bringen wir eine Auswahl aus den Versuchsdaten von Coward und Meiter.

Tabelle 9. Zündversuche an Methan-Luftmischungen nach Coward und Meiter.

| | | | |
|---|---|---|---|
| % Methan in der Mischung | 6,22 | 8,49 | 11,18 |
| Zur Zündung nötiger Primärstrom (A) | 2,40 | 1,45 | 2,80 |
| Stromstärke bei dem folgenden Versuch (ohne Zündung) | 2,35 | 1,40 | 2,75 |
| Volumen der pro Funke verbrannten Mischung (mm$^3$) | 1,40 | 0,59 | 1,01 |

Daraus geht auch die immer wieder beobachtete Tatsache hervor, daß man zur Zündung um so höhere Energie aufwenden muß, je weiter man sich von dem optimalen Gemisch entfernt. Das Gasvolumen, welches verbrennen kann, ehe Zündung einsetzt, steigt also, ebenso wie der nötige Zündstrom, bei den weniger zündwilligen Gemischen stark an. Diese Gemische sind aber gleichzeitig diejenigen, die auch kleinere Flammengeschwindigkeiten aufweisen. Darum sind die Resultate auch interessant im Hinblick auf den Übergang der Explosion im kleinen Teilvolumen zur vollentwickelten Flamme, vgl. folgendes Kapitel.

In Abb. 38 stellen wir nach WHEELER die Mindestzündstromstärken (primär) für eine Anzahl Kohlenwasserstoff-Luftmischungen zusammen, die sehr systematisch nach den Zündgrenzen hin ansteigen.

Aufschlußreich sind dann auch noch Versuche über den Umsatz durch Funken gleicher Stärke in Mischungen verschiedenen Methangehalts, einschließlich solcher, in denen eine Flamme sich nicht fortzupflanzen vermag (die zündfähigen Gemische von Methan mit Luft liegen etwa in dem Bereich von 5 bis 13% Methan). In der fraglichen Versuchsreihe wurde bei gleicher Anordnung wie oben (0,52 mm Elektrodenabstand) ein Primärstrom von 1,50 A angewandt, mit Ausnahme des Versuchs mit 8,49% Methan, wo der Primärstrom auf 1,40 A reduziert werden mußte, weil sonst Zündung eingetreten wäre; die Ergebnisse sind in der folgenden Tabelle 10 angeführt.

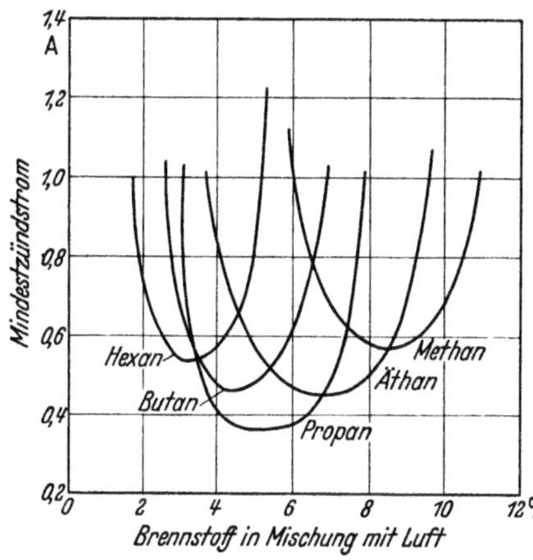


Abb. 38. Mindestzündstromstärken (im Primärkreis) für verschiedene Kohlenwasserstoff-Luftgemische, nach WHEELER. (Nach BONE-TOWNEND: Flame and Combustion.)

Wenn auch die Versuche keine ausgesprochene Regelmäßigkeit zeigen (bei 11,18 % Methan dürfte vielleicht ein Versuchsfehler vorliegen), so ist doch zu erkennen, daß zwischen den explosionsfähigen und den nicht explosionsfähigen Gemischen keinerlei charakteristischer Unterschied hervortritt. Der Vorgang innerhalb des eigentlichen Funkens ist also in beiden Fällen nicht sehr verschieden, nur kann sich im einen Fall die gewaltsam hervorgerufene Umsetzung nach außen ausbreiten, im anderen Fall nicht.

Die angewandten Funken bestanden, wie direkte photographische Aufnahmen auf einer rotierenden Trommel zeigten (außer bei Stromstärken von nur 0,5 A), aus einer größeren Zahl von Schwingungen,

Tabelle 10. Umsatz bei Funkendurchgang durch Methan-Luftgemische verschiedener Zusammensetzung (einschließlich solcher, die außerhalb der Zündgrenzen liegen); Elektrodenabstand 0,52 mm; Primärstrom 1,5 A. (Nach COWARD und MEITER.)

| % Methan in der Mischung | 3,12 | 6,22 | 8,49 | 11,18 | 16,47 | 51,6 | 100 |
|---|---|---|---|---|---|---|---|
| Umgesetztes Volumen pro Funke ($mm^3$) . . . . | 0,55 | 0,77 | 0,59[1] | 0,22 | 0,43 | 0,37 | 0,14 |
| Methan verbraucht pro Funke ($mm^3$) . . . . . | 0,017 | 0,048 | 0,050 | 0,025 | 0,072 | 0,19 | 0,14 |

[1] Stromstärke 1,40 A (s. Text).

die Gesamtdauer betrug einige tausendstel s; z. B. bei 1,50 A 35 bis 40 Schwingungen während 0,0023 s; bei 2,75 A eine nicht mehr zählbare Anzahl von Schwingungen, Dauer 0,0081 s.

Wurde statt des Funkens eines Induktoriums ein Kondensatorfunke verwandt — Dauer unter 0,00003 s — mit einer solchen Spannung, daß gerade keine Zündung erfolgte, so wurde pro Funken ein Volumen von etwa 0,90 mm³ einer 8,47%igen Methan-Luftmischung verbraucht, merklich mehr (gegen 0,5 mm³) als bei Induktorfunken, aber von gleicher Größenordnung.

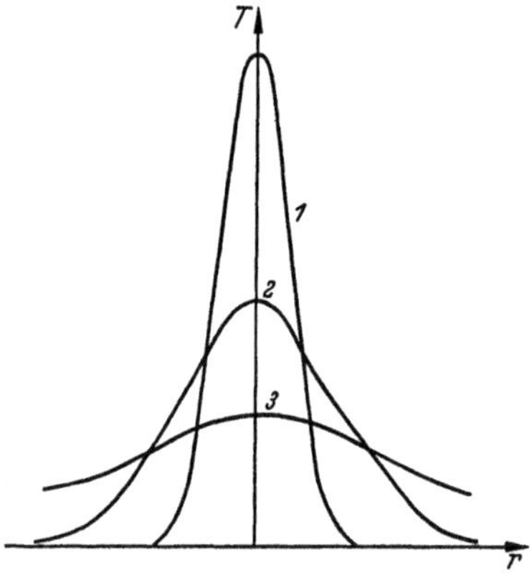

Abb. 39. Temperaturverteilung in der Umgebung einer momentanen, punktförmigen Wärmequelle für verschiedene Zeiten.

COWARD und MEITER vergleichen ihre Resultate mit solchen von MORGAN[1] auf der Basis einer vereinfachten Wärmetheorie. Von einer punktförmigen, momentanen Wärmequelle, die die Wärmemenge $Q$ liefert, breitet sich die Wärme derart aus, daß die Temperaturverteilung[2] durch Glockenkurven gegeben ist

$$T - T_0 = \frac{Q\,e^{-r^2/4\varkappa t}}{8\,\bar{c}\,(\pi\varkappa t)^{3/2}},$$

worin $T$ die Temperatur, $T_0$ die Temperatur der Umgebung, $\bar{c}$ die mittlere Wärmekapazität des Gases pro cm³, $\varkappa$ die Temperaturleitfähigkeit, $t$ die Zeit und $r$ den Abstand von der punktförmigen Wärmequelle bezeichnen (vgl. Abb. 39).

Faßt man einen bestimmten Punkt ins Auge, mit $r > 0$, so steigt seine Temperatur erst an, dann fällt sie wieder; die Maximaltemperatur, die er erreicht, ist um so niedriger, je weiter er von der Wärmequelle entfernt ist. Man kann nun mit den obigen Gleichungen leicht ausrechnen, welches Volumen auf eine bzw. über eine gewisse gegebene Temperatur erhitzt worden ist, und innerhalb welcher Zeit. In den Versuchen von MORGAN hatte bei einer Funkenstrecke von 1,0 mm ein Kondensatorfunken, der zur Zündung einer 8,8%igen Methan-Luftmischung gerade ausreichte, eine Energie von 0,0009 cal. Für diese Energie und punktförmige Quelle errechnen COWARD und MEITER die folgenden Volumina, die in einer bestimmten Zeit auf eine bestimmte Temperatur erhitzt werden (s. Tabelle 11).:

Mit diesen Volumina sollte vergleichbar sein das Volumen von 0,9 mm³, daß in COWARD und MEITERs Versuchen umgesetzt wurde bei Kondensatorentladungen, die zur Zündung gerade noch nicht ausreichten.

[1] MORGAN, J. D.: Phil. Mag. Bd. 45 (1923) S. 968.
[2] Vgl. etwa FRANK-MISES, zitiert S. 48.

Für Methan werden Zündtemperaturen von etwa 700° C angegeben. COWARD und MEITER weisen aber mit Recht darauf hin, daß bei diesen Temperaturen Induktionszeiten von einigen Sekunden bis zur Zündung verstreichen. Bei 800° ist die Induktionszeit weniger als 1 s, und es ist nicht ungerechtfertigt, eine solche Zündtemperatur einzusetzen, bei der die Induktionszeit von der gleichen Größenordnung wird, wie die in Tabelle 11 erscheinenden Zeiten; das dürfte bei einer Temperatur der Fall sein, die um einige 100° über der niedersten Zündtemperatur liegt. Dann kommt man jedenfalls zu dem Ergebnis, daß das in einem Funken verbrannte Gasvolumen (in COWARD und MEITERs Versuchen) von der gleichen Größenordnung ist, wie das durch einen Funken (in MORGANs Versuchen) auf eine zu hinreichend kurzen Induktionszeiten gehörige Zündtemperatur erhitzte Volumen.

Tabelle 11. Gasvolumina, die bei momentaner Zufuhr von 0,0009 cal in einem Punkt eine bestimmte Temperatur innerhalb der Zeit $t$ erreichen. (Nach COWARD und MEITER.)

| Temperatur °C | Volumen mm³ | Zeit $t$ s |
|---|---|---|
| 700 | 1,24 | $3{,}4 \cdot 10^{-3}$ |
| 1000 | 0,87 | $2{,}7 \cdot 10^{-3}$ |
| 1200 | 0,72 | $2{,}4 \cdot 10^{-3}$ |
| 1500 | 0,58 | $2{,}0 \cdot 10^{-3}$ |

Wenn diese Überlegungen auch zeigen, daß man auf der Basis einer vereinfachten thermischen Theorie schon zu recht schönen Ergebnissen kommen kann, so werden wir doch sehen (besonders aus den Versuchen von FINCH und Mitarbeitern, vgl. Kap. X, daß mit diesen Anschauungen allein nicht durchzukommen ist. Es soll aber hier betont werden, daß bei einer nicht rein thermischen Theorie jedenfalls die Diffusion, evtl. besonders die von freien Atomen und Radikalen, ins Spiel kommt; da diese den gleichen Gesetzen gehorcht wie die Wärmeleitung, so ist es durchaus denkbar, daß Beziehungen einer rein thermischen Theorie erhalten bleiben können. Bei Anwendung mit der gebotenen Vorsicht ist es sehr wohl möglich, daß trotz aller dieser Einschränkungen das Bild der Wärmetheorie gelegentlich gute Dienste leistet.

Drittes Kapitel.

# Fortpflanzung von Explosionen.

## 1. Allgemeines.

Wir interessieren uns hier dafür, auf welche Weise eine Explosion sich fortpflanzt, wenn sie in einem explosionsfähigen Gemisch an einer Stelle eingeleitet worden ist, z. B. durch einen elektrischen Funken, durch eine heiße Oberfläche, durch Heranbringen einer Flamme oder dergleichen. Es ist allgemein bekannt, daß man so ein größeres Gasvolumen von einer Stelle aus zur Explosion bringen kann. Wir wollen in erster Linie wissen, mit welcher Geschwindigkeit die Explosion fortschreitet; dabei werden wir zunächst erkennen, daß immer zwei geschwindigkeitsbestimmende Faktoren zusammenwirken: ein mehr zufälliger, von den jeweiligen äußeren Bedingungen stark abhängender Faktor der Gasströmung und eine für das betreffende explosive Gemisch charakteristische Größe, die für die Geschwindigkeit der Flammenfortpflanzung übrigbleibt, wenn man alle Strömungseinflüsse ausgeschaltet denkt, die „normale Verbrennungsgeschwindigkeit". Diese letztere Größe ist vom physikalisch-chemischen Standpunkt aus die interessantere; man wird daher bestrebt sein, sie aus den komplizierteren Beobachtungsresultaten herauszuschälen und mit den Größen der Reaktionsgeschwindigkeit, Wärmeleitfähigkeit usw. in Beziehung zu setzen. Die Größe der normalen Verbrennungsgeschwindigkeit ist auch dafür bestimmend, wann ein Gasbrenner, der mit dem entsprechenden explosiven Gemisch gespeist wird (z. B. Bunsenbrenner mit Leuchtgas-Luftgemisch), zurückschlägt; ihre Kenntnis ist daher für alle technischen Zwecke, bei denen Brenner mit vorgemischten Gasen benutzt werden, von Wichtigkeit. Die beste Methode zur Bestimmung der Verbrennungsgeschwindigkeit macht unmittelbar vom Bunsenbrenner Gebrauch (vgl. S. 83).

Wenn auch die Geschwindigkeit, mit der sich Flammen in den verschiedensten Gefäßen (offenen und geschlossenen Rohren, Bomben usw.) fortpflanzen, infolge Hinzukommens der Strömungseinflüsse ein viel komplizierteres Verhalten zeigt als die normale Verbrennungsgeschwindigkeit, so ist doch zu bedenken, daß gerade bei technischen Anwendungen vielfach eine fortschreitende Explosion vorliegt, wie z. B. im Verbrennungsmotor, im Gegensatz zu der stationären Explosion im Bunsenbrenner, und daß daher das Studium fortschreitender Flammen mindestens ebensoviel technisches Interesse beanspruchen darf wie das stationärer Flammen. Bei der Explosion schlagender Wetter und bei allen sonstigen Explosionen in entsprechend gefährdeten Betrieben hat man es stets mit von einer Stelle aus sich fortpflanzenden Flammen zu tun; beim Studium dieser Vorgänge mit dem Ziel der Explosionsverhütung muß man sich unbedingt mit fortschreitenden Flammen befassen. Es wird sich daher von selbst ergeben, daß wir zunächst untersuchen, wie man die einfachere Größe der normalen Verbrennungsgeschwindigkeit ermittelt, und daß wir uns mit den entsprechenden Methoden eingehender befassen. Darüber hinaus gehen wir aber auch auf die Verhältnisse bei fortschreitenden Flammen, die Verfahren zur Messung ihrer Geschwindigkeit und die damit zusammenhängenden Gesetzmäßigkeiten ein.

Unter Flamme pflegt man eine, meist in einer *dünnen* Schicht erfolgende, mit Leuchterscheinung verbundene rapide chemische Umsetzung zu verstehen, insbesondere eine Verbrennung[1, 2]. Man überlegt sich,

[1] Die Leuchterscheinung ist dabei nicht das Wesentliche, sie ist aber praktisch fast immer vorhanden.

[2] Vgl. O. C. de C. Ellis u. W. A. Kirkby: Flame. London: Methuen 1936.

daß dabei zweckmäßigerweise zwei Arten von Flammen unterschieden werden: für den einen Typus ist die alte Kerzenflamme ein Beispiel; von dem Docht geht Brennstoffdampf aus, dieser kann in der Umgebung des Dochtes nur in dem Maße verbrennen, wie Luft-Sauerstoff sich mit ihm mischt, sei es durch Diffusion, sei es durch turbulente Mischung. Für diesen Typus von Flammen ist es also charakteristisch, daß der Verbrennungsvorgang und der Mischungsvorgang miteinander gekoppelt sind, daß sogar der Mischungsvorgang evtl. zeitbestimmend ist; man spricht hier von Diffusionsflammen, obwohl bei großen technischen Feuerungen mit nicht vorgemischten Gasen die turbulente Mischung und nicht die Diffusion ausschlaggebend werden kann. Dieser Flammentypus wird später in Kap. VI behandelt. Unter ihn fällt z. B. auch die Verbrennung im Außenmantel eines gewöhnlichen Bunsenbrenners.

Demgegenüber handelt es sich bei Flammen vorgemischter Gase um etwas anderes; hier hat man von vornherein ein explosives Gemisch; die Flamme ist die leuchtende Zone, der Einfachheit halber zunächst Fläche genannt, in der Frischgas und verbranntes Gemisch aneinander stoßen, und die sich gegen das Frischgas hin vorschiebt. Daß die Flamme leuchtet, ist im Grunde nur eine nebensächliche Erscheinung; tatsächlich leuchten aber wohl alle Flammen in explosiven Gemischen. Ein Teil der Leuchterscheinung rührt aber nicht aus der Brennzone selbst her, sondern aus den noch nachleuchtenden verbrannten Gasen hinter der Brennfläche. Bei vorgemischten explosiven Gasen ist also die Flamme identisch mit der Explosionszone.

Zur Beobachtung und Messung der Flammengeschwindigkeit macht man fast immer von den Leuchterscheinungen Gebrauch; es gibt aber auch davon unabhängige Methoden. Z. B. kann man aus der Geschwindigkeit des Druckanstiegs in Bomben auf die Flammengeschwindigkeit schließen (vgl. S. 143); man kann aber auch auf die Ionisation der Flammengase Methoden zur Messung der Geschwindigkeit aufbauen. Man bringt z. B. in passenden Abständen Elektrodenpaare als elektrische Sonden an, in denen ein Strom jeweils nur dann fließt, wenn das dazwischenliegende Gas von der Flamme erreicht und dadurch ionisiert ist; registriert man die Zeitpunkte, zu denen ein Stromschluß an den verschiedenen Sonden eintritt, so läßt sich daraus die Geschwindigkeit der Flammenfortpflanzung errechnen. Die Methode hat den Vorteil, daß sie auch noch in schwer zugänglichen Verbrennungsräumen, z. B. im Innern eines im Betrieb befindlichen Motors angewandt werden kann[1].

Es sei hier schon bemerkt, daß für die normale Verbrennungsgeschwindigkeit im allgemeinen Werte zwischen einigen Dezimetern bis zu einigen Metern pro Sekunde gefunden werden; Flammengeschwindigkeiten können von ähnlicher Größenordnung sein, können aber auch

[1] Vgl. z. B. K. Schnauffer: Z. VDI Bd. 75 (1931) S. 455.

Werte von bis zu Hunderten von m/s annehmen. Schließlich können im Extremfall die Flammen übergehen in eine „Detonation", d. i. eine besonders rapide verlaufende Verbrennung mit Geschwindigkeiten von 1 bis 4 km/s. Das Charakteristikum einer Detonation ist, daß eine Stoßwelle (vgl. S. 158 ff.), welche mit großer, über der des Schalls liegender Geschwindigkeit sich fortpflanzt, mit der Zone des chemischen Umsatzes gekoppelt ist. Die Detonation ist im Grunde ein einfacherer Vorgang als die gewöhnliche Verbrennung; ihre Geschwindigkeit ist von äußeren Störungen weitgehend unabhängig, schon deshalb, weil die Detonationsgeschwindigkeit viel größer ist als die Geschwindigkeit aller als Störungen in Frage kommender Vorgänge; sie ist aus den allgemeinen Gleichungen der Hydrodynamik und Thermodynamik berechenbar, ohne daß zu ihrer Ableitung reaktionskinetische Daten nötig wären. Diese Vorgänge werden in Kap. V gesondert behandelt.

Es ist dann weiter von Interesse, einen Einblick zu bekommen in den Mechanismus, der der Flammenfortpflanzung zugrunde liegt. Wir werden sehen, daß die normale Verbrennungsgeschwindigkeit zustande kommt durch das Zusammenwirken von Wärmeleitung (Übertragung von Wärmeenergie aus den verbrannten Gasen auf das Frischgas), Diffusion, und zwar Diffusion von Frischgasmolekülen in die heiße Brennzone hinein und unter Umständen Diffusion aktiver Teilchen aus der Brennzone in das Frischgas, ferner natürlich der chemischen Reaktion, von deren Geschwindigkeit die Flammengeschwindigkeit erheblich abhängt. Durch die Kenntnis des Mechanismus wird es möglich, zu übersehen, wie weit sich die normale Verbrennungsgeschwindigkeit durch Zusätze vergrößern oder verkleinern läßt.

Unmittelbar mit der Größe der Verbrennungsgeschwindigkeit hängt auch die Lage der Zündgrenzen zusammen. Denn ein Gemisch, das keine endliche Geschwindigkeit der Flammenfortpflanzung mehr zeigt, kann offenbar auch nicht mehr zünden. Die Zündgrenze wird hier verstanden als Funktion der Gemischzusammensetzung (und evtl. der Temperatur und des Druckes); es sind also diejenigen Grenzen in der Zusammensetzung, unterhalb und oberhalb deren durch äußere Eingriffe keine von selbst fortschreitende Explosion mehr hervorgerufen werden kann. Die Lage dieser Grenzen ist im allgemeinen von der experimentellen Anordnung und der Zündquelle (Funken u. ä.) nicht unabhängig. Die Grenze, jenseits deren aus Brennstoffmangel keine Zündung mehr zu erzielen ist, bezeichnet man als untere Explosionsgrenze, die Grenze auf der Seite des Brennstoffüberschusses als obere Explosionsgrenze (z. B. liegen für Wasserstoff in Luft unter üblichen Bedingungen die untere Explosionsgrenze bei etwa 5 bis 9, die obere bei etwa 70% Wasserstoff). Die Explosionsgrenzen in diesem Sinne, als Grenzen der Zusammensetzung, außerhalb deren durch Fremdzündung keine Explosion mehr hervorgerufen werden kann, sind zu unterscheiden von den Druckgrenzen für Selbstzündung (vgl. Kap. I, S. 13). Zur Ausschließung von Mißverständnissen wollen wir bei Fremdzündung immer von Zündgrenzen, bei Selbstzündung von Explosionsgrenzen sprechen.

## 2. Die normale Verbrennungsgeschwindigkeit.

Eine in einem hinreichend großen Teilgebiet[1] eines explosiven Gemisches eingeleitete Explosion pflanzt sich in das unverbrannte Gemisch mit einer bestimmten Geschwindigkeit fort; man hat zu unterscheiden zwischen der Bruttogeschwindigkeit, mit der die Entzündung eines in einem Rohr oder dergleichen befindlichen Gases relativ zu diesem fortschreitet, und der normalen Verbrennungsgeschwindigkeit, also der Geschwindigkeit, mit der sich die Grenzfläche zwischen verbranntem und unverbranntem Gas bewegt, bezogen auf das unverbrannte in Ruhe befindliche Gas in unmittelbarer Nähe der Brennfläche. Wird eine Gasmasse in ihrem Innern gezündet, so gibt die Expansion des verbrennenden Gases bereits eine recht erhebliche, zusätzliche Verschiebung der Brennfläche.

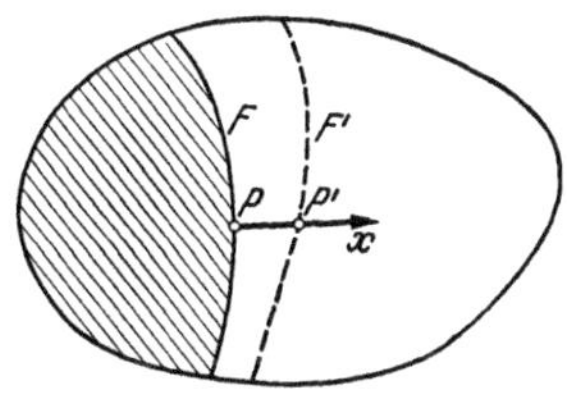


Abb. 40. Definition der „normalen Verbrennungsgeschwindigkeit", vgl. Text.

Zur Terminologie ist vielleicht zu bemerken, daß in der technischen Literatur die Geschwindigkeit des Fortschreitens der Explosion gegen das unverbrannte Gemisch meist als „Zündgeschwindigkeit" bezeichnet wird[2]; es scheint aber sinngemäßer, diese Bezeichnung für das Fortschreiten der Entzündung auf der Oberfläche fester Brenn- und Explosivstoffe anzuwenden[3]; wir werden daher statt Zündgeschwindigkeit die Bezeichnung normale Verbrennungsgeschwindigkeit oder auch kurz „Brenngeschwindigkeit" verwenden. Mißverständnisse können hierdurch nicht aufkommen.

Es entsteht nun die Frage, wie läßt sich die Verschiebung der Brennfläche relativ zum unverbrannten Gas unmittelbar beobachten, bzw. wie kann man diese Größe indirekt messen.

Um den Begriff der normalen Verbrennungsgeschwindigkeit nochmals zu fixieren, betrachten wir die Darstellung der Abb. 40. Darin bedeute der schraffierte Teil das zur Zeit $t$ bereits verbrannte Gemisch, das

[1] Wie aus dem in Kap. II, S. 48 ff. über die Funkenzündung Gesagten hervorgeht, braucht sich eine in einem sehr kleinen Teilgebiet eingeleitete Explosion nicht immer fortzupflanzen.

[2] Der Begriff Zündgeschwindigkeit gibt auch insofern zu Mißverständnissen Anlaß, als man denken könnte, die eigentliche Verbrennung folgte in einigem Abstand der Zündung nach.

[3] Vgl. etwa H. Mache: Die Physik der Verbrennungserscheinungen. Leipzig 1918.

durch die im Schnitt gezeichnete Brennfläche $F$[1] von dem rechts befindlichen Frischgas getrennt sei. In einem beim Punkte $P$ an die Brennfläche angrenzenden Volumenelement des Frischgases denken wir uns ein im Frischgas ruhendes Koordinatensystem, dessen $x$-Achse etwa mit der Normalen zur Brennfläche in $P$ zusammenfalle. Schneidet die Brennfläche $F'$ in einem Zeitpunkt $t + \Delta t$ diese Normale in $P'$ so ist

$$v_n = \lim \frac{PP'}{\Delta t} = \frac{dx}{dt} \tag{1}$$

die normale Verbrennungsgeschwindigkeit. Bei willkürlicher Versuchsanordnung wird es im allgemeinen an einem mit dem Frischgas vor der Brennfläche verbundenen Bezugssystem fehlen und infolgedessen nicht ohne weiteres möglich sein, $v_n$ zu bestimmen.

Wäre es möglich, der Brennfläche exakt die Gestalt einer Ebene zu verleihen, so könnte man sich die normale Verbrennungsgeschwindigkeit in folgender Weise bestimmt denken (Abb. 41). Die Brennfläche $F$ stehe senkrecht zur Achse eines zylindrischen Rohres; man lasse von rechts das Frischgas mit gleichförmiger Geschwindigkeit zuströmen, die so einreguliert wird, daß die Brennfläche stationär bleibt. Dann ist die Strömungsgeschwindigkeit des Frischgases gerade gleich der normalen Verbrennungsgeschwindigkeit $v_n$. Dies ist die Methode, wie sie im Prinzip BUNSEN[2] zur Bestimmung dieser Größe angegeben hat. Ganz abgesehen vom Einfluß der Rohrwand, der einwandfreie Verhältnisse in der Brennzone unmöglich macht, worauf man meistens hinzuweisen pflegt, ist es schon aus allgemein hydrodynamischen Gründen nicht möglich, solche Strömungsverhältnisse zu verwirklichen, bei denen die Brennfläche exakt eben ist (vgl. S. 92). Als quantitative Methode zur Bestimmung von $v_n$ ist dieses Verfahren daher ungeeignet; trotzdem hat die auf solchem Wege erhaltene Geschwindigkeit eine gewisse praktische Bedeutung. Für gegebenen Rohrdurchmesser (das so bestimmte $v$ wird vom Rohrdurchmesser im allgemeinen nicht unabhängig sein) ist das hier ermittelte $v$ ja gerade die Geschwindigkeit, unter die die Gasströmung nicht heruntergehen darf, wenn der Brenner nicht zurückschlagen soll. In entsprechender Form wurde die Methode auch von BUNSEN angegeben.

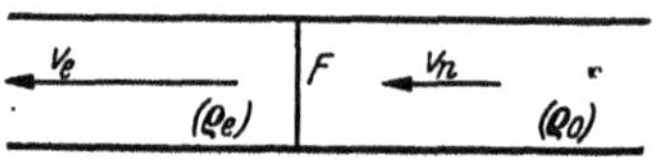


Abb. 41. Strömungsgeschwindigkeit $v_n$ des Frischgases (= normaler Verbrennungsgeschwindigkeit) und $v_e$ der Endgase in einem zylindrischen Rohr, bei stationärer, ebener Brennfläche $F$ (experimentell nicht realisierbar).

[1] „Brennfläche" ist zunächst natürlich nur eine Fiktion; wie wir später sehen werden, findet ein kontinuierlicher Übergang vom Frischgas zum Verbrannten statt. Der Übergang vollzieht sich aber in einer so dünnen Schicht, daß für viele Betrachtungen, wie z. B. die obige, die Einführung des Begriffs der Brennfläche, in der sich Dichte, Zusammensetzung und Temperatur unstetig ändern, völlig gerechtfertigt und sehr bequem ist.

[2] BUNSEN, R.: Poggendorffs Ann. Bd. 131 (1866) S. 161.

Wir machen uns an Hand der Abb. 41 noch eine weitere Beziehung klar: das von rechts mit der Geschwindigkeit $v_n$ zuströmende Frischgas habe die Dichte $\varrho_0$ und die Temperatur $T_0$ (abs.); die verbrannten Gase mögen die Temperatur $T_e$ und die Dichte $\varrho_e$ haben, sowie mit der Geschwindigkeit $v_e$ abströmen. Wegen der hydrodynamischen Kontinuitätsbedingung (im stationären Zustand muß durch jeden Querschnitt des Rohres in der Zeiteinheit die gleiche Gasmasse strömen) gilt:

$$(2) \qquad v_n \varrho_0 = v_e \varrho_e; \quad v_e = v_n \frac{\varrho_0}{\varrho_e},$$

und falls die Reaktion ohne Änderung der Molzahl vor sich geht:

$$\varrho_0/\varrho_e = T_e/T_0.$$

Da die Dichte der heißen Verbrennungsgase wesentlich kleiner ist als die des kalten Frischgases, so wird $v_e$ im allgemeinen um ein Mehrfaches größer sein als $v_0$; d. h. die Brennfläche ist eine Fläche, in der sich nicht nur Gasdichte, Zusammensetzung und Temperatur, sondern auch die Gasgeschwindigkeit unstetig ändern[1]. Steigt etwa infolge der Reaktion die Temperatur von 300 auf 2400° abs. an, so würde — falls die Änderung der Molzahl bei der Umsetzung vernachlässigt werden kann — $v_e$ das Achtfache von $v_0$ betragen. Relativ zum Frischgas bewegen sich die Abgase mit der Geschwindigkeit (Abb. 42):

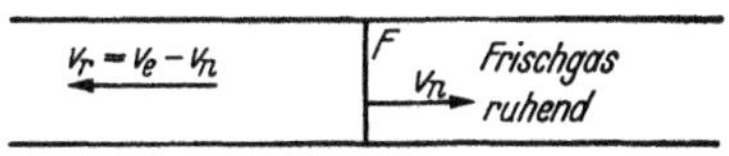

Abb. 42. Idealfall: Fortschreiten einer ebenen Brennfläche $F$ mit der Geschwindigkeit $v_n$ gegen das ruhende Frischgas.

$$(3) \qquad v_r = v_e - v_n = v_n \left( \frac{\varrho_0}{\varrho_e} - 1 \right).$$

Geometrisch liegen die Verhältnisse noch am einfachsten, wenn man ein größeres, in einem kugelförmigen Gefäß eingeschlossenes Volumen in der Mitte zündet. Da im Falle eines festen Gefäßes aber der Druck ansteigen muß und das Fortschreiten der Explosion infolge der Kompression des Frischgases durch die Verbrennungsgase kompliziert wird (vgl. S. 136ff.), so wollen wir uns hier nur mit dem einfachsten Fall befassen, einer „Bombe konstanten Druckes" aber variablen Volumens, die man experimentell verwirklichen kann, und tatsächlich auch zu Meßzwecken verwirklicht hat[2], indem man das explosive Gemisch in eine Seifenblase einschließt (Abb. 43), die durch einen Funken in ihrer Mitte gezündet wird. Das Fortschreiten der Flamme wird am einfachsten photographisch (Abb. 44a) mittels rotierender Trommel registriert[3], wobei

[1] Damit auch der Druck (!), vgl. S. 79, allerdings bei gewöhnlichen Flammen nur um sehr kleine Beträge.

[2] Stevens, F. W.: Nat. Advisory Comm. Aeronaut. Rep. Bd. 305 (1929); Bd. 372 (1930).

[3] Wie es für Flammen in Rohren zuerst Mallard und Le Chatelier taten vgl. S. 90.

eine Schlitzblende nur das Äquatorgebiet der Seifenblase zur Abbildung kommen läßt; dabei ergibt sich das in Abb. 44 b gezeichnete Flammenbild; bei 0 ist gezündet worden, die Flamme hat sich von der Zündstelle aus nach beiden Seiten ausgebreitet; da der Film gleichzeitig mit bekannter Geschwindigkeit nach oben bewegt worden ist, ergibt sich das Bild der Abb. 44 b; aus der Neigung der Geraden $OM$ bzw. $ON$ bei bekanntem Abbildungsmaßstab wird die Flammengeschwindigkeit ermittelt. Dies ist aber erst die wahre Flammengeschwindigkeit; um daraus die normale Verbrennungsgeschwindigkeit zu erhalten, muß man (2) anwenden:

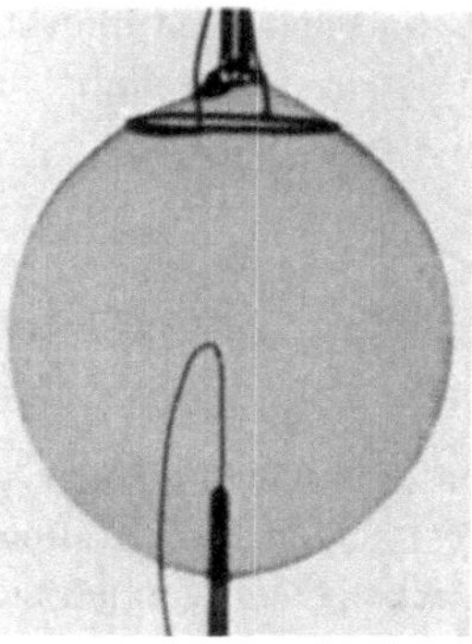

Abb. 43. Seifenblase zur Bestimmung der normalen Verbrennungsgeschwindigkeit. [Nach FIOCK u. MARVIN: Chem. Rev. Bd. 21 (1937).]

$$v_n = v_e \frac{\varrho_e}{\varrho_0};$$

$\varrho_e$ und $\varrho_0$ verhalten sich umgekehrt wie die entsprechenden Volumina und diese wie die dritten Potenzen der Kugelradien:

$$(4) \qquad \varrho_e/\varrho_0 = r_0^3/r_e^3;$$

$r_0$, der Radius der ursprünglichen Seifenblase, kann direkt gemessen werden; $r_e$ ergibt sich aus Abb. 44b bei bekanntem Abbildungsmaßstab, da die Strecke $MN$ dem Bild des Kugeldurchmessers entspricht. Die Bestimmung von $v_n$ ist also unmittelbar möglich.

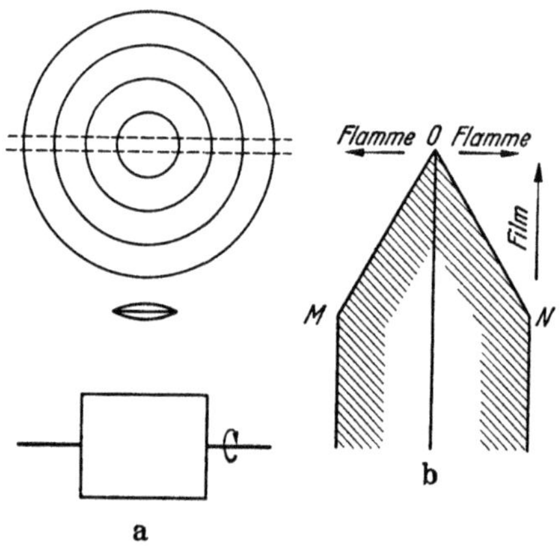


Abb. 44. Registrierung der Flammenausbreitung in einer Seifenblase auf einer rotierenden Trommel.

Diese Methode ist praktisch bisher erst in wenigen Fällen angewandt worden, dürfte aber recht zuverlässig und empfehlenswert sein und nur wenig von unkontrollierbaren Fehlerquellen abhängen (Resultate vgl. S. 68).

Statt der photographischen Registrierung nach Abb. 44 kann man, wenn eine lichtstarke Kamera mit entsprechendem Verschluß zur Verfügung steht, auch in kurzen Zeitabständen eine Reihe von Momentaufnahmen der Flamme machen, die dann ein Bild wie Abb. 45 geben, daß sich ebenfalls zur Bestimmung der Flammengeschwindigkeit eignet.

Die Seifenblasenmethode von STEVENS[1] ist eingehend besprochen worden von FIOCK und MARVIN[2]. STEVENS hatte für die normale Verbrennungsgeschwindigkeit von $CO$-$O_2$-Mischungen ursprünglich Werte erhalten, die sehr genau wiedergegeben werden konnten durch den Massenwirkungsansatz[3]:

$$(5) \qquad v_n = k\,[CO]^2\,[O_2],$$

eine Beziehung, die deshalb theoretisch kaum zu verstehen war, weil selbst in dem Falle, daß eine durch den einfachen Ausdruck (5) gegebene Reaktionsgeschwindigkeit bestimmend für $v_n$ wäre, die maßgebenden Temperaturen und damit $k$ bei verschiedenen Zusammensetzungen verschieden sein müßten. Tatsächlich wird durch neuere Beobachtungen (FIOCK und MARVIN[2]) der Ausdruck (5) nicht bestätigt. Da die Gase aus der Seifenblase immer Wasserdampf aufnehmen, so ist einwandfreies Arbeiten nur möglich, wenn man von vornherein einen definierten $H_2O$-Dampfdruck vorgibt; FIOCK und MARVIN arbeiteten daher in allen Versuchen mit einem Wasserdampfgehalt der Gase von 2,69% (über die Beeinflussung der Verbrennungsgeschwindigkeit des Kohlenoxyds durch Wasserdampf vgl. S. 119). Die erhaltenen Werte, für 25° C, sind in Abb. 46 dargestellt; darin ist eingetragen die unmittelbar gemessene Flammengeschwindigkeit $v_e$, das Expansionsverhältnis $E\,(=r_e^3/r_0^3)$ und die aus beiden ermittelte normale Verbrennungsgeschwindigkeit $v_n = v_e/E$. Die normale Verbrennungsgeschwindigkeit weist, wie in den meisten Fällen (vgl. S. 72), ihr Maximum nicht bei dem stöchiometrischen Gemisch auf, sondern bei einem geringen Brennstoffüberschuß. Es ergeben sich systematische Abweichungen zwischen

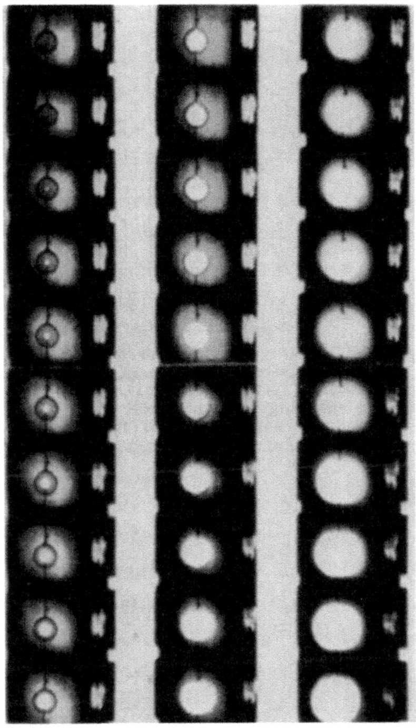

Abb. 45. Aufnahmen einer explodierenden Seifenblase (1610 Bilder/s). (Nach FIOCK u. MARVIN.)

[1] STEVENS, F. W.: N.A.C.A. Techn. Rep. Nr. 176 (1923); ferner Nr. 280, 305, 337 u. 372. — J. Amer. chem. Soc. Bd. 48 (1926) S. 1896; Bd. 50 (1928) S. 3244. — Industr. Engng. Chem. Bd. 20 (1928) S. 1018. — Sci. Monthly Bd. 32 (1928) S. 556.

[2] FIOCK, E. F. u. C. F. MARVIN: Chem. Rev. Bd. 21 (1937) S. 367.

[3] Vgl. hierzu Kap. VIII.

$v_n$ und dem Ausdruck $k\,[CO]^2\,[O_2]$; aber immerhin ist der obige Ausdruck über ein gewisses Gebiet eine leidlich gute Näherung.

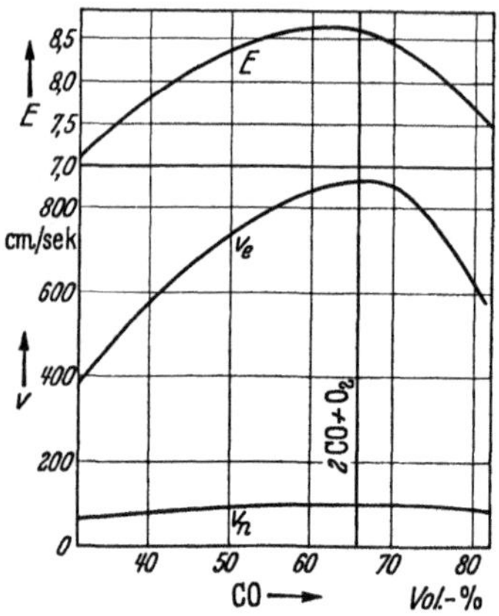


Abb. 46. Meßresultate nach der Seifenblasenmethode von FIOCK u. MARVIN (zitiert S. 67) an Kohlenoxyd-Sauerstoff-Gemischen. Flammengeschwindigkeit $v_e$, Expansionsverhältnis $E$ und normale Verbrennungsgeschwindigkeit $v_n$.

Nach der gleichen Methode wurde auch die Flammengeschwindigkeit in $CO$-$O_2$-Mischungen mit verschiedenem Zusatz von Inertgas (He und A) untersucht. Theoretisch ist unabhängig von speziellen Vorstellungen eine Erniedrigung der Flammengeschwindigkeit durch Fremdgaszusatz zu erwarten (vgl. S. 110; nicht so jedoch bei der Detonation, vgl. Kap. V). Die Versuche bestätigen dies; dabei setzt A die Flammengeschwindigkeit stärker herab als Helium. Auf die evtl. möglichen Fehlerquellen bei dieser Methode kommen wir unten zurück.

Dafür, daß die Flammenausbreitung in der „constant Pressure Bomb" wirklich auf konzentrischen Kugeln vor sich geht, kann die obige Aufnahme (45) von FIOCK und MARVIN als Beleg dienen; ähnliche Aufnahmen liegen auch von KHITRIN[1] vor.

Abb. 47. Schema des Bunsenbrenners; Innen-„kegel" = Zone stationärer Explosion (die Brennzone sitzt nicht auf dem Brennerrand auf).

Die oben erwähnte BUNSENsche Methode ist zwar zu quantitativen Bestimmungen nicht geeignet, man kann aber wie BUNSEN von der Problemstellung ausgehen: es soll die normale Verbrennungsgeschwindigkeit bestimmt werden, indem man durch Gegenströmen des Frischgasgemisches die Brennfläche stationär macht, wobei nun aber nicht von vornherein über die Form der Brennfläche verfügt werden darf. Man wird dann ziemlich zwangsläufig dazu geführt, die Verhältnisse beim Bunsenbrenner zu betrachten. Man hat dort folgendes, wenn wir uns an Hand der Abb. 47 die an sich bekannten Verhältnisse klarmachen: das von unten zuströmende Frischgasgemisch verbrennt im Innenkegel[2] des Brenners, der je nach der Gemischzusammensetzung bläulich oder grünlich leuchtet, und zwar wird nach den Arbeiten HABERs[3] bei der Umsetzung im Innenkegel das Gemisch so weit verbrannt

[1] KHITRIN, L.: Techn. Physics USSR. Bd. 3 (1936) S. 1028.

[2] Wir benutzen hier und im folgenden die übliche Bezeichnung „Kegel", obwohl es sich in Wirklichkeit nicht um einen Kegel, sondern um eine allgemeinere Rotationsfläche handelt.

[3] HABER, F. u. F. RICHARDT: Z. anorg. Chem., Bd. 38 (1903) S. 1.

zu CO, $CO_2$ und $H_2O$, daß diese Stoffe in Konzentrationen auftreten, die dem bei der erreichten Temperatur eingestellten Wassergasgleichgewichte entsprechen. Dieses Wassergas, das als solches nicht weiter reagieren könnte, mischt sich im Außenkegel des Brenners durch Diffusion und teilweise vielleicht auch Wirbelung und turbulente Mischung mit Frischluft und reagiert dabei unter weiterem schwachen Leuchten zu $CO_2$ und $H_2O$.

Jedenfalls ist die Mantelfläche des Innenkonus zu verstehen als stationäre, aber nicht ebene Brennfläche des Frischgases, d. h. als Zone einer stationären Explosion. Eine nähere Analyse der Verhältnisse, die Form und Größe des Innenkonus mit Strömungsgeschwindigkeit des Frischgases und normaler Verbrennungsgeschwindigkeit verknüpft, geht zurück auf GOUY[1], dessen Überlegungen von MICHELSON[2] fortgeführt wurden. Die zuverlässigste Diskussion der Erscheinungen, unter Berücksichtigung der bis 1917 vorliegenden Untersuchungen, findet sich bei MACHE[3].

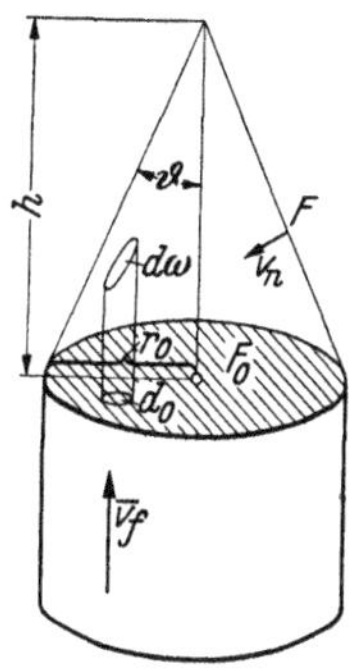


Abb. 48. Zur Theorie des Bunsenbrenners.

Macht man mit GOUY die Voraussetzung einer konstanten normalen Verbrennungsgeschwindigkeit (eine Annahme, die für unmittelbare Nähe der Wand wegen der Wärmeableitung, sowie in Gebieten starker Krümmung der Brennfläche [Kegelspitze beim Bunsenbrenner] nicht mehr erfüllt sein wird), so überlegt man folgendes (Abb. 48). Bezeichnet man den Querschnitt der Brennermündung mit $F_0$, die mittlere Strömungsgeschwindigkeit des Frischgases mit $\bar{v}_f$, so muß jedenfalls $v_n \leqq \bar{v}_f$ sein, damit der Brenner nicht zurückschlägt. Andererseits muß in der Brennfläche, deren Größe $F$ sei, das gesamte in der Zeiteinheit zuströmende Frischgas, nämlich $F_0 \cdot \bar{v}_f$ durch Verbrennung umgesetzt werden; die in der Zeiteinheit umgesetzte Menge ist gleich Brennfläche mal normaler Verbrennungsgeschwindigkeit, also muß gelten:

$$(6) \qquad F_0 \cdot \bar{v}_f = F \cdot v_n; \qquad v_n = \bar{v}_f \cdot F_0/F.$$

Nimmt man die Brennfläche als Kegel mit dem halben Öffnungswinkel $\vartheta$ an und ist $r_0$ der Radius der Brennermündung, so wird:

$$F_0 = \pi r_0^2; \qquad F = \pi r_0^2/\sin\vartheta$$

und daher:

$$(7) \qquad v_n = \bar{v}_f \cdot \sin\vartheta.$$

Auf diese einfache Überlegung gehen alle folgenden Resultate zurück; dabei ist es nicht nötig, die nicht strenge Annahme kegelförmiger

[1] GOUY: Ann. Chim. Phys. Bd. 18 (1879) S. 27.

[2] MICHELSON: Wiedemanns Ann. Bd. 37 (1889) S. 1; weitere Zitate vgl. MACHE, in Fußnote 3.

[3] MACHE, H.: Physik der Verbrennungserscheinungen. Leipzig 1918.

Brennfläche einzuführen, sondern man kann auf Gl. (6) zurückgreifen, die vollkommen exakt ist, sofern man nur voraussetzen darf, daß eine konstante normale Verbrennungsgeschwindigkeit existiert.

Wir überlegen uns nun die Beziehungen an der Brennfläche im einzelnen. Durch das Element $do$ senkrecht zur Strömungsrichtung des Frischgases $v_f$ strömt in der Zeiteinheit die Gasmenge (Abb. 48, 49)

$$do \cdot v_f .$$

$F$ sei wieder die im Schnitt gezeichnete Brennfläche; die Stromröhre mit dem Querschnitt $do$ schneidet aus dieser Fläche ein Element

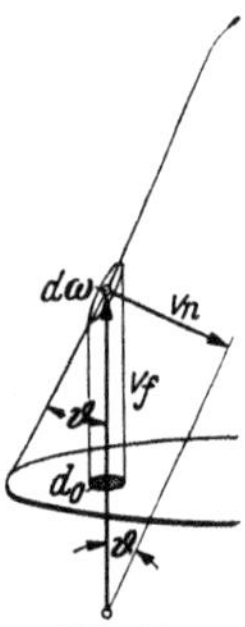

Abb. 49.

$$d\omega = do/\sin\vartheta$$

heraus; da die Verbrennung normal zu diesem Element erfolgen soll, so ist die in der Zeiteinheit verbrannte Menge:

$$d\omega \cdot v_n = do \cdot v_n/\sin\vartheta ;$$

da die umgesetzte Menge gleich der zuströmenden sein muß, nämlich $do \cdot v_f$, so folgt:

$$do \cdot v_n/\sin\vartheta = do \cdot v_f \tag{8}$$

oder

$$v_n = v_f \cdot \sin\vartheta . \tag{9}$$

Wäre die Strömungsgeschwindigkeit über den ganzen Rohrquerschnitt konstant und parallel der Rohrachse, gleich $\bar{v}_f$, so gälte die obige Betrachtung für jede Stelle, und, sofern man noch verlangt, daß die Brennfläche auf dem Brennerrand aufsitzt, erhielte man für diese einen geraden Kreiskegel (Abb. 48), und damit in Strenge die Beziehung der Gl. (7). Je größer die Frischgasgeschwindigkeit ist, desto spitzer wird der Kegel, je größer die Verbrennungsgeschwindigkeit, desto stumpfer muß er sein.

Ist $\bar{v}_f$ gemessen, und beobachtet man den Winkel (oder was damit äquivalent ist, die Kegelhöhe $h$ bei bekanntem Brennerradius [Abb. 48]), so läßt sich mit (7) ohne weiteres $v_n$ berechnen. Diese Methode ist zuerst von Michelson verwandt worden, dann besonders in Arbeiten aus dem Karlsruher Gasinstitut von Bunte, Ubbelohde und Mitarbeitern ausgebaut worden. Abgesehen von sonstigen Vorzügen der Methode, leuchtet es ein, daß sie besonders geeignet sein wird für alle Bestimmungen, die im Hinblick auf die Benutzung des Gases in Brennern ausgeführt werden.

Wir bringen zunächst einige mit dieser Methode erhaltene Resultate und tragen dann noch einige Bemerkungen grundsätzlicher Art nach. Einen Überblick über einige der damit erhaltenen Verbrennungsgeschwindigkeiten von Brennstoffgemischen mit Luft geben wir in der folgenden Abb. 50[1,2]. Die kleinsten meßbaren normalen Verbrennungsgeschwindigkeiten (in der Nähe der Zündgrenzen) betragen etwa 20 cm/s, der maximale Wert für Wasserstoff in Luft liegt bei etwa 267 cm/s; die maximale Geschwindigkeit von Wasserstoff-Sauerstoffgemischen beträgt etwa 9 m/s. Eine systematische Besprechung der erhaltenen Geschwindigkeiten und ihrer Beeinflussung durch äußere

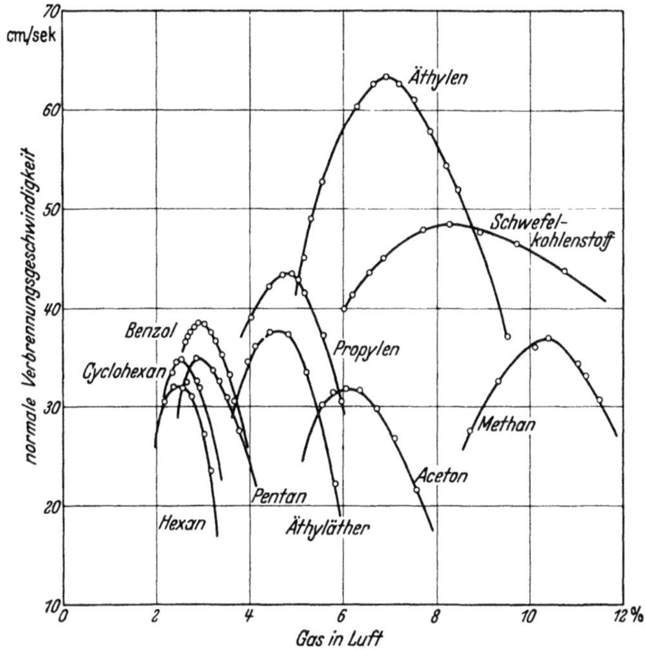


Abb. 50. Normale Verbrennungsgeschwindigkeit verschiedener Stoffe in Mischung mit Luft. (Nach HARTMANN: Diss. Karlsruhe 1931.)

Faktoren wie Temperatur und Druck sowie der Abhängigkeit von Gemischzusammensetzung und von Zusätzen werden wir später (S. 87, 88, 119) im Zusammenhang nachholen. Da die dynamische Methode von GOUY ebenso wie die STEVENSche Seifenblasenmethode die Messung der

[1] Vgl. hierzu L. UBBELOHDE u. O. DOMMER: Gas- u. Wasserfach Bd. 57 (1914) S. 733, 757, 781, 805. — UBBELOHDE, L. u. E. KOELLIKER: Gas- u. Wasserfach Bd. 59 (1916) S. 49. — BUNTE, K. u. W. LITTERSCHEIDT: Gas- u. Wasserfach Bd. 73 (1930) S. 837, 871, 890. — BRÜCKNER, H. u. G. JAHN: Gas- u. Wasserfach Bd. 74 (1931) S. 1012. — BUNTE, K.: Gas- u. Wasserfach Bd. 75 (1932) S. 213. — PASSAUER: Gas- u. Wasserfach Bd. 73 (1930) S. 313, 343, 369, 392. — JAHN, G. u. G. MÜLLER: Gas- u. Wasserfach Bd. 76 (1933) S. 756. — BUNTE, K. u. G. JAHN: Gas- u. Wasserfach Bd. 76 (1933) S. 89. — UBBELOHDE, L. u. M. HOFSÄSS: Gas- u. Wasserfach Bd. 56 (1913) S. 1225. — UBBELOHDE, L. u. R. ANWANDTER: Gas- u. Wasserfach Bd. 60 (1917) S. 225.

[2] Vgl. auch die Karlsruher Dissertationen von E. HARTMANN 1931 (der die obige Abbildung entnommen ist), sowie G. JAHN 1934.

ungestörten normalen Verbrennungsgeschwindigkeit zum Ziel haben, so sollten die nach beiden Methoden erhaltenen Zahlenwerte übereinstimmen; leider liegt bisher noch wenig unmittelbar vergleichbares Material vor, welches jedenfalls nicht auf systematische Abweichungen zwischen nach den beiden Methoden ermittelten Werten schließen läßt. Das oben angeführte Beispiel $CO\text{-}O_2$ ist wegen der hier vorliegenden starken Abhängigkeit der normalen Verbrennungsgeschwindigkeit von der Wasserdampfkonzentration zum Vergleich nicht besonders gut geeignet. Als Anhalt mag dienen, daß von JAHN[1] nach der dynamischen Methode für Kohlenoxyd, das 1,5% $H_2$ und 1,35% $H_2O$ enthielt, im Gemisch mit Sauerstoff (der mit 1,5% $N_2$ verunreinigt war) eine maximale Brenngeschwindigkeit von 107 cm/s gefunden wurde, was befriedigend mit dem von FIOCK und MARVIN (zitiert S. 67) angegebenen Wert von etwa 100 cm/s für $CO$-$O_2$-Gemische mit 2,65% $H_2O$ übereinstimmt. Das Gemisch maximaler Brenngeschwindigkeit hat in JAHNs Versuchen einen Gehalt von 77,5% CO, liegt also ebenfalls von dem stöchiometrischen Gemisch nach der brennstoffreicheren Seite verschoben.

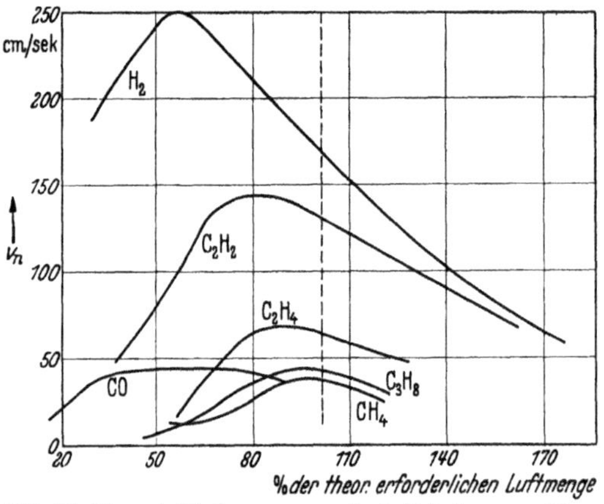


Abb. 51. Normale Verbrennungsgeschwindigkeiten verschiedener Stoffe in Mischung mit Luft. [Nach F. A. SMITH: Chem. Rev. Bd. 21 (1937).]

Einen besseren Überblick über die normalen Verbrennungsgeschwindigkeiten in Abhängigkeit von der Brennstoffkonzentration erhält man, wenn man nicht wie üblich den Prozentgehalt an Brennstoff aufträgt, sondern den Gehalt an Primärluft (oder Sauerstoff) in Prozenten des zur vollständigen Verbrennung erforderlichen als Abszisse wählt (Abb. 51); die Darstellung entspricht der bei der motorischen Verbrennung üblicherweise gewählten mit der Luftüberschußzahl $\lambda$. Wir geben in dieser Darstellung einige Resultate von SMITH[2] wieder; die Abb. 51 läßt besonders deutlich erkennen, daß die Gemische maximaler Verbrennungsgeschwindigkeit immer auf der Seite des Brennstoffüberschusses liegen.

## 3. Genauere Theorie der Bunsenflamme.

In den Betrachtungen, die der Ableitung der Beziehungen am Bunsenbrenner zugrunde lagen, sind zwei Voraussetzungen enthalten, die offenbar in Strenge beide nicht erfüllt sein können, nämlich:

[1] Vgl. auch die Karlsruher Dissertationen von E. HARTMANN 1931 (der die Abb. 50 entnommen ist), sowie G. JAHN 1934.

[2] SMITH, F. A.: Chem. Rev. Bd. 21 (1937) S. 389.

1. daß die Strömung über den ganzen Querschnitt konstant sei,

2. daß sich die Strömung in den freien Gasraum hinein in genau der gleichen Weise fortsetze wie im Brennerrohr, insbesondere auch unbeeinflußt von der Rückwirkung der Flamme.

Offenbar liegt kein Grund vor, diese beiden Voraussetzungen als selbstverständlich hinzunehmen, sondern eine konsequente und strenge Ableitung würde erfordern, daß man das hydrodynamische Problem der freibrennenden Flamme ganz allgemein behandelte, wobei sich Aussagen über die Strömungsverhältnisse und die Form der Brennfläche erst als Lösung ergeben würden. Das Problem ist aber in dieser Form bisher wohl kaum gestellt und auf jeden Fall nicht gelöst worden.

Wir müssen uns darum begnügen, auf die bestehende Schwierigkeit hinzuweisen und die Verhältnisse so gut zu diskutieren, als es auf Grund der bisher vorliegenden experimentellen und theoretischen Arbeiten möglich ist.

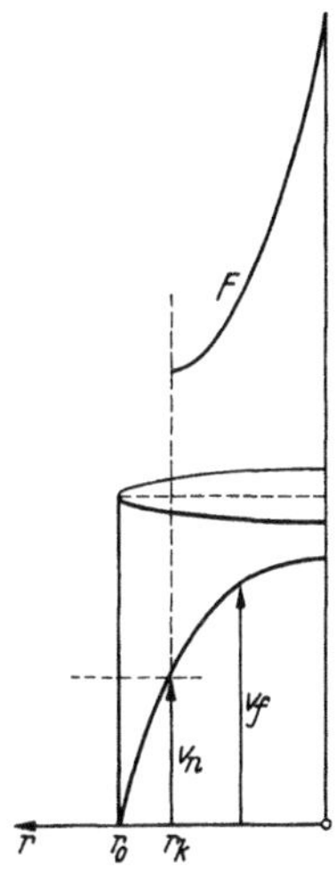


Abb. 52. Strömungsgeschwindigkeit des Frischgases, $v_f$, bei laminarer Strömung, und dafür abgeleitete Form der Brennfläche, $F$.

Soviel ist zunächst klar, daß die Voraussetzung konstanter Strömungsgeschwindigkeit über den ganzen Querschnitt nie erfüllt sein wird infolge der inneren Reibung, und wir können, wie das in der Literatur meist ohne weitere Diskussion getan worden ist, für die Strömung im Rohr die Geschwindigkeitsverteilung bei laminarer Strömung ansetzen und dafür die Form des Brennkegels ableiten, wobei nun aber immer noch von der Voraussetzung 2. Gebrauch gemacht wird. Es ist auf jeden Fall nützlich, sich klarzumachen, was sich dann für eine Form der Brennfläche ergibt.

Hat man laminare Strömung mit Haften des Gases an der Wand (wofür im allgemeinen die Beobachtungen sprechen und was auch bei der Ableitung des Poiseuilleschen Gesetzes vorausgesetzt wird), so ergibt sich über den Querschnitt eine parabolische Geschwindigkeitsverteilung mit dem Wert 0 an der Wand (Abb. 52). In diesem Falle gehört natürlich zu jedem Wert von $r$ eine andere Neigung der Brennfläche gegen die Achse, die offenbar in der Achse selbst ein Minimum annehmen muß; man erhält daher, wie man ohne Rechnung einsieht, qualitativ für die Brennfläche einen Achsenschnitt $F$, wie in Abb. 52 eingezeichnet. Schwierigkeiten ergeben sich dabei für $r = 0$ (Achse) und für $r = r_0$ (Brennerrand); für $r = 0$ müßte die Brennfläche eine scharfe Spitze haben, was an sich allen Erwartungen zuwider laufen würde, außerdem auch durch die Beobachtungen unmittelbar widerlegt wird; diese Schwierigkeit ist am leichtesten zu beheben (vgl. S. 75). Von grundsätzlicher Bedeutung ist aber, was am Rande eintritt; da die

Geschwindigkeit des Frischgases $v_f$ für $r = r_0$ nach 0 geht, so muß es einen Wert $r_k < r_0$ geben, für den gerade $(v_f)_{r=r_k} = v_n$ ist; für diesen Wert $r_k$ müßte die Brennfläche senkrecht zur Achse stehen und für $r > r_k$ gäbe es überhaupt keine stationäre Brennfläche mehr (Abb. 52). In unmittelbarer Nähe des Randes trifft diese Überlegung allerdings nicht mehr zu, weil, wie wir unten sehen werden, infolge der Wärmeleitung hier auch die normale Verbrennungsgeschwindigkeit gegen 0 gehen wird[1]. Immerhin bleibt, will man die durch Abb. 52 gekennzeichnete Schwierigkeit überwinden, nichts übrig, als die Annahmen über den Strömungszustand zu revidieren.

Man kann — was aber nicht den üblicherweise für die Strömung gemachten Voraussetzungen entspricht — eine endliche äußere Reibung des Gases an der Brennerwand einführen, wodurch sich an dieser auch eine endliche Gasgeschwindigkeit ergibt und allen Schwierigkeiten aus dem Wege gegangen ist. Obgleich wir der Ansicht sind, daß diese Annahme nicht der Wirklichkeit entspricht, wollen wir im folgenden andeuten, wie auf diese Weise MICHELSON in einer bei MACHE reproduzierten Rechnung die Form der Brennfläche berechnet hat, weil es uns scheint, daß dies immerhin der einfachste Ansatz ist, der ein quantitatives Bild ermöglicht.

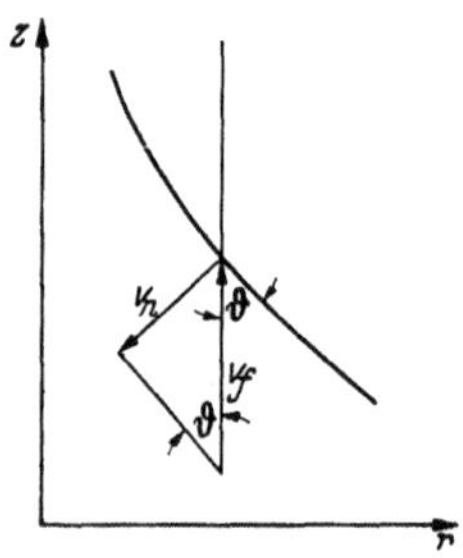

Abb. 53.

Lassen wir die $z$-Achse eines Koordinatensystems mit der Brennerachse zusammenfallen und tragen senkrecht dazu die $r$-Achse auf, so erhält man mit den früheren Bezeichnungen folgende Differentialgleichung für die Brennfläche (Abb. 53)

$$\frac{dz}{dr} = \operatorname{ctg} \vartheta = \pm \frac{\sqrt{v_f^2 - v_n^2}}{v_n}. \tag{10}$$

Darin wird wieder $v_n$ als konstant angesehen, während für $v_f$ die bei laminarer Strömung mit endlicher äußerer Reibung (d. h.: Gleitung an der Rohrwand) sich ergebende Funktion von $r$ einzusetzen ist; man erhält:

$$v_f(r) = \frac{\text{const.}}{\eta}\left(r_0^2 - r^2 + \frac{2\eta}{\lambda} r\right), \tag{11}$$

worin wieder $r_0$ den Brennerradius, $\eta$ innere und $\lambda$ äußere Reibung bedeuten. Setzt man (11) in (10) ein, so wird man schließlich auf elliptische Integrale geführt, deren Auswertung (bei gegebenen Zahlenwerten der Konstanten) mittels bekannter Tabellen einfach ist. Wir verweisen dafür auf MACHE und bringen nur eine spezielle Lösung in graphischer Darstellung (Abb. 54). (Nach MACHE.)

[1] Zur Diskussion der Form der Brennfläche vgl. insbesondere auch die Arbeiten von L. UBBELOHDE, zitiert S. 71.

Daran fällt erstens folgendes auf: Es ergeben sich zwei Lösungen, eine Rotationsfläche mit der Spitze bei $C$ und eine dazu spiegelbildlich gelegene, mit der Spitze bei $D$; zweitens ist bemerkenswert die scharfe Spitze der Brennfläche. Es wäre nun zu zeigen, warum von den beiden Flächen nur die eine, mit der Spitze bei $C$, beobachtet wird. Dazu ist auch nötig zu zeigen, daß diese Fläche wirklich stabil ist, d. h. daß sie in ihre ursprüngliche Lage wieder zurückkehrt, wenn sie durch kleine Störungen daraus entfernt worden ist. Das ist nun, was ebenfalls von MACHE gezeigt wurde, nur möglich, wenn man eine Zusatzannahme über den Rand einführt (das Verhalten am Brennerrand wird uns weiterhin noch beschäftigen). Nimmt man an, der Brenner würde dauernd am Rand gezündet, dann sieht man, daß nur der obere Kegel, wie man ihn normalerweise beobachtet, stabil ist. Denn nehmen wir an, wir hätten den unteren Kegel und würden durch einen äußeren Eingriff die Spitze von $D$ nach $D'$ verlegen; dann wäre die Strömungsgeschwindigkeit des Gases die gleiche, der gesamte Umsatz aber als Folge der verkleinerten Brennfläche verringert und die Flamme müßte infolgedessen aus dem Rohre herausgeblasen werden. Wäre umgekehrt die Spitze von $D$ nach $D''$ verlegt, so würde die Brenngeschwindigkeit über die Strömungskomponente normal zur Brennfläche überwiegen, der Brenner würde zurückschlagen. Jedenfalls wäre also der untere Kegel instabil. Daß der obere Kegel gegen entsprechende Änderungen stabil ist, sieht man ohne weiteres, wenn man seine Spitze nach $C'$ bzw. $C''$ verschoben denkt; hier sorgt nämlich die Änderung der Größe der Brennfläche gerade dafür, daß diese wieder in ihre ursprüngliche Lage zurückkehrt.

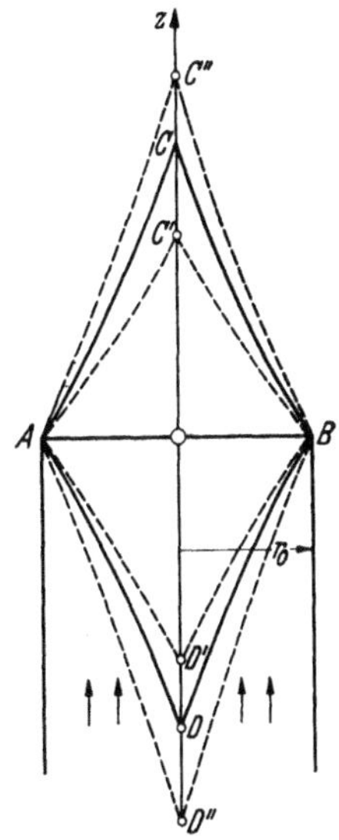


Abb. 54. Berechnete Brennfläche, $ACB$ bzw. $ADB$. [Nach MACHE (zitiert S. 69).]

Daß dies aber wesentlich von der Annahme über den Rand abhängt, erkennt man, wenn man die Zündstelle statt auf dem Rand im Punkte $D$ annimmt; dann ist nämlich dieser Punkt als Spitze der Brennfläche festgelegt; durch äußere Eingriffe könnte nur die Lage des Randes verändert werden (Abb. 55), nämlich etwa nach $A'B'$ oder $A''B''$. Analog wie oben erkennt man, daß die Brennfläche wieder in ihre ursprüngliche Lage zurückstreben wird, daß also mit Zündung bei $D$ der untere Kegel stabil wird.

Um zu zeigen, daß keine scharfe Spitze, sondern eine abgerundete Kuppe am oberen Ende sich ausbildet, muß man von theoretischen Vorstellungen über die Flammenfortpflanzung Gebrauch machen. Wir verweisen deshalb auf die später folgende Behandlung (S. 125), von der wir nur soviel vorweg nehmen. Man hat versucht — von demselben

Standpunkt aus, von dem wir in den vorangehenden Kapiteln die zur Zündung führenden Vorgänge betrachtet haben — die Flammenfortpflanzung als rein thermisches Phänomen zu beschreiben; von den verbrannten und verbrennenden Gasen aus wird durch Wärmeleitung das Frischgas so weit erhitzt, daß darin durch spontane Reaktion die Temperatur von selber weiter ansteigt usw. Für die normale Verbrennungsgeschwindigkeit maßgebend sind danach Wärmeleitvermögen und Reaktionsgeschwindigkeit in Abhängigkeit von der Temperatur. Unvollkommen ist diese Theorie aus denselben Gründen, wie sie im ersten Kapitel besprochen sind: die Reaktionsgeschwindigkeit wird keine reine Temperaturfunktion sein, sondern vielfach von Kettenverzweigung abhängen; da freie Radikale oder sonstige aktive Zentren die Kette fortführen können, so wird die Reaktion ins Unverbrannte nicht allein durch Wärmeleitung, sondern auch — in Sonderfällen vielleicht sogar überwiegend — durch Diffusion aktiver Teilchen vorgetragen werden können. Da die formalen Gesetze der Diffusion aber mit denen der Wärmeleitung übereinstimmen, so würden durch Hinzunahme der Diffusion die Resultate, auf die es uns hier ankommt, formal ungeändert bleiben.

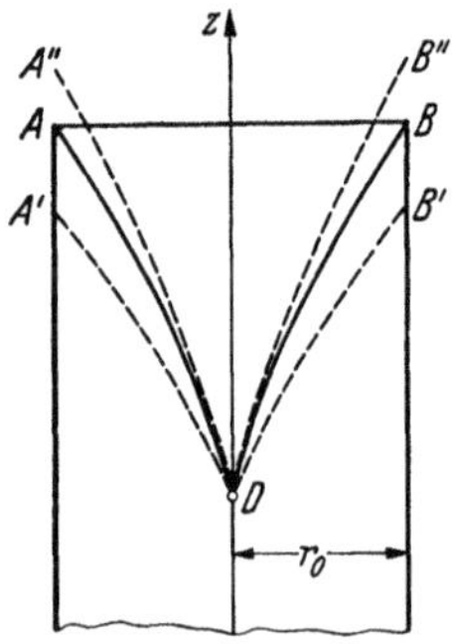

Abb. 55.

Wird die Verbrennung durch Wärmeleitung fortgepflanzt, so wird jedenfalls die normale Verbrennungsgeschwindigkeit mit dem Wärmestrom wachsen, allerdings vielleicht nicht linear damit, da die Reaktionsgeschwindigkeit eine Exponentialfunktion der Temperatur ist, sondern voraussichtlich stärker. Hat die Verbrennungsfläche die Gestalt einer Ebene (richtiger: ist der Krümmungsradius der Fläche sehr groß gegenüber der „Dicke der Brennzone"; Abschätzung s. S. 107), so ist die Erwärmung vor der Brennfläche gegeben durch:

$$\frac{\partial T}{\partial t} = \varkappa \frac{\partial^2 T}{\partial r^2}, \tag{12}$$

wenn die $r$-Achse in die Richtung der Normalen der Brennebene fällt, und $\varkappa$ die Temperaturleitfähigkeit bedeutet. Ist die Brennfläche aber keine Ebene mehr, so gilt für die Erwärmung, falls wir nur die beiden Grenzfälle einer zylindrischen, bzw. kugelförmigen Brennfläche betrachten — wobei sich das Frischgas im Innern der Fläche befinden soll —, die sich beide in Abhängigkeit von nur einer Variablen, dem Radius $r$, darstellen lassen:

$$\frac{\partial T}{\partial t} = \varkappa \left( \frac{\partial^2 T}{\partial r^2} + \frac{1}{r} \frac{\partial T}{\partial r} \right) \qquad \text{(Zylinder)} \tag{13}$$

bzw.

$$\frac{\partial T}{\partial t} = \varkappa \left( \frac{\partial^2 T}{\partial r^2} + \frac{2}{r} \frac{\partial T}{\partial r} \right) \qquad \text{(Kugel).} \tag{14}$$

Nach den Rechnungen von MACHE und MICHELSON (vgl. S. 106) wird $\partial T/\partial r$ von der Größenordnung 50000°/cm, $\partial^2 T/\partial r^2$ kann man abschätzen zu im Mittel etwa 2500000°/cm². Man sieht, daß neben diesem, im ebenen Fall allein maßgebenden Glied (12), das zweite Glied in (13) bzw. (14) merklich wird bei kleinen Werten von $r$, d. h. kleinen Krümmungsradien der Brennfläche. Mit den oben abgeschätzten Beträgen von $\partial T/\partial r$ und $\partial^2 T/\partial r^2$ sieht man, daß bereits für $r = 1$ mm das zweite Glied in (13) bzw. (14) keineswegs mehr neben dem ersten vernachlässigbar ist; d. h. aber, die Erwärmung des Frischgases ist bei stärker gekrümmter Brennfläche wesentlich erhöht. Diese Feststellung reicht aus, qualitativ das Verhalten an der Flammenspitze zu deuten; infolge der gesteigerten Wärmezufuhr ist die normale Verbrennungsgeschwindigkeit soweit erhöht, daß hier die Brennfläche auch normal zur Strömungsrichtung stationär bleiben kann. Eine quantitative Behandlung würde eine exakte Theorie der Verbrennungsgeschwindigkeit voraussetzen, über die wir bisher noch nicht verfügen.

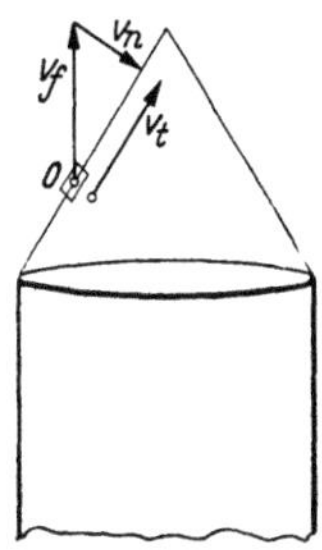

Abb. 56. Tangentiale Verschiebung, $v_t$, eines Elementes der Brennfläche. (Nach MACHE.)

Viel schwerer sind die Verhältnisse am Rand zu verstehen. Wir hatten bereits S. 73/74 darauf hingewiesen, daß bei laminarer Strömung und unendlicher äußerer Reibung — wie man es zur Ableitung des POISEUILLEschen Gesetzes voraussetzt — in Randnähe die Strömungsgeschwindigkeit immer kleiner sein muß als die normale Verbrennungsgeschwindigkeit, und daß infolgedessen die Flamme dort zurückschlagen würde. MACHE hat darum mit endlicher äußerer Reibung gerechnet, um dieser Schwierigkeit aus dem Wege zu gehen.

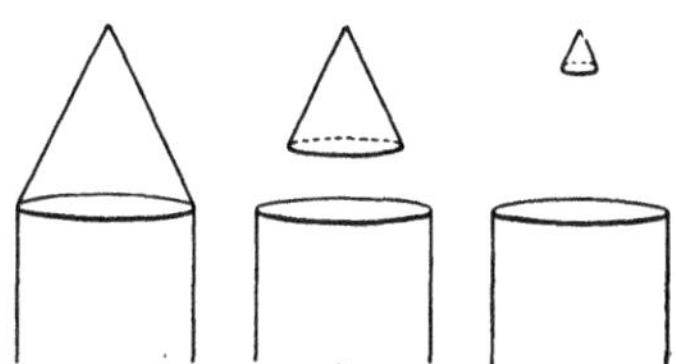

Abb. 57. Verlöschen des Brennkegels vom Rande her. [Nach MACHE (vgl. Text).]

Diese Schwierigkeit ist aber nicht die einzige, die den Rand betrifft. Es ist wiederum MACHE, dem man eine Diskussion der entsprechenden Verhältnisse verdankt. Er verfolgt, was mit einem Element der Brennzone geschieht (Abb. 56). Das Element bei 0 würde sich infolge der Strömung des Frischgases mit der Geschwindigkeit $v_f$ nach oben bewegen; die normale Verbrennungsgeschwindigkeit $v_n = v_f \cdot \sin\vartheta$ sorgt zwar dafür, daß sich das Element nicht aus der Brennfläche entfernen kann, hindert es aber nicht daran, sich innerhalb der Brennfläche zu verschieben, und zwar mit der Geschwindigkeit (Abb. 56 u. 53), $v_t = v_f \cdot \cos\vartheta = v_n \cdot \operatorname{ctg}\vartheta$. Das hätte zur Folge, wie in Abb. 57 nach MACHE dargestellt, daß ein Brennflächenelement am Rande sich innerhalb der Brennfläche nach der Kegelspitze bewegen würde, daß also der Kegel vom Rande aus erlöschen würde. Solange man überhaupt daran festhält, daß die

Brennfläche gegen die Strömungsrichtung geneigt steht, kann man ohne besondere Zusatzannahmen dieser Schwierigkeit nicht Herr werden. MACHE weist darauf hin, daß die Flamme am Kegelrand ständig neu gezündet werden muß, wenn sie nicht erlöschen soll, und macht als „Zündflamme“ die Mischungsschicht zwischen Gas und Luft verantwortlich. UBBELOHDE und KOELLIKER[1] weisen darauf hin, daß diese Erklärung nicht zutreffen dürfte, da ein Brennkegel auch stationär sein kann, wenn Frischluftzutritt unmöglich gemacht ist, also auch keine Mischungsschicht bestehen kann (nämlich bei Verwendung eines Flammenspaltrohres vgl. S. 84).

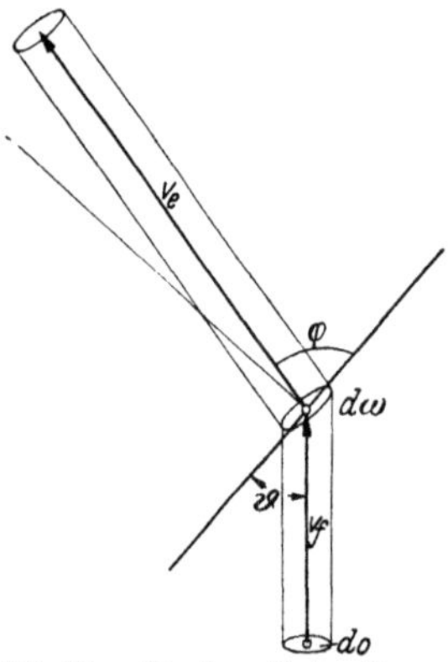


Abb. 58. „Brechung“ der Gasströmung in der Brennfläche. (Nach MACHE.)

Uns scheint, daß ohne genauere Berücksichtigung der Strömungsverhältnisse die Frage nicht geklärt werden kann. Wir besprechen darum zunächst die über die Strömung im Bunsenbrenner bekanntgewordenen Tatsachen.

Halten wir an der Auffassung fest, daß das unverbrannte Gas sich axial bewegt und die Brennfläche schräg zur Bewegungsrichtung liegt ($\measuredangle\, \vartheta$, Abb. 58), so ändert sich in der Brennfläche auch die Strömungsrichtung unstetig, und zwar gilt mit den früheren Bezeichnungen. ($\varrho_0$ und $\varrho_e$ seien die Dichten, $v_f$ und $v_e$ die Geschwindigkeiten von Frischgas und Endgas):

$$\varrho_0 \cdot v_f \cdot d\omega \cdot \sin\vartheta = \varrho_e\, v_e\, d\omega \cdot \sin\varphi, \tag{15}$$

wegen der Kontinuität der Gasströmung; also

$$\frac{\varrho_0\, v_f}{\varrho_e\, v_e} = \frac{\sin\varphi}{\sin\vartheta}\,; \tag{16}$$

soll die Tangentialkomponente der Strömung ungeändert bleiben (sofern durch die Verbrennung nur eine Beschleunigung normal zur Brennfläche verursacht wird), so gilt:

$$v_f \cdot \cos\vartheta = v_e \cos\varphi; \quad \frac{v_f}{v_e} = \frac{\cos\varphi}{\cos\vartheta}, \tag{17}$$

und damit

$$\frac{\varrho_0}{\varrho_e} = \frac{\operatorname{tg}\varphi}{\operatorname{tg}\vartheta}\,. \tag{18}$$

Damit wird $\varphi$ aus bekannten Daten berechenbar.

Unmittelbare experimentelle Belege für diese Art der Strömung liegen nicht vor. Wohl kann man, durch Einführung von Lykopodiumsamen in das Frischgas, der nach Durchsetzen der Brennfläche aufleuchtet, die Strömung der verbrannten Gase sichtbar machen (MACHE, zitiert S. 69); es dürfte aber schwer sein, mit Sicherheit zu entscheiden,

[1] UBBELOHDE u. KOELLIKER: Gas- u. Wasserfach Bd. 59 (1916) S. 54.

ob der Winkel $\varphi$ 90° beträgt, oder, wie es Abb. 58 und Gl. (18) verlangen, um einen endlichen, aber nicht sehr großen Betrag unter einem Rechten bleibt. Auf jeden Fall fehlen Beobachtungen über die Strömung des Frischgases.

Zu der sprunghaften Geschwindigkeitssteigerung in der Brennfläche muß auch ein entsprechender Drucksprung in dieser gehören (das folgt ganz allgemein aus hydrodynamischen Überlegungen, wie sie unten, Kap. V, bei der Behandlung der Detonation durchgeführt werden; die dort abgeleitete „Hugoniot"-Kurve läßt in ihrem, der gewöhnlichen Verbrennung zuzuordnenden Aste erkennen, daß der Volumvergrößerung beim Übergang Frischgas-Verbranntes eine gewisse (kleine) Druckabnahme entsprechen muß); die Verhältnisse beim Bunsenbrenner werden von MACHE[1] genauer diskutiert. Er teilt z. B. folgenden Versuch mit: ein Leuchtgas-Luftgemisch von 25% Gasgehalt (mit $v_n = 34{,}2$ cm/s) strömte mit einer Geschwindigkeit von 425 cm/s durch ein Rohr von 1 cm lichter Weite; vor der Zündung betrug der Überdruck gegen die Atmosphäre 0,076, nach der Zündung 0,149 mm Wassersäule; die Druckdifferenz von 0,073 mm $H_2O$ ist also nötig, um in der Brennfläche das Gas auf seine Endgeschwindigkeit zu beschleunigen, oder, was auf dasselbe herauskommt: bei der durch die Volumenausdehnung verursachten Beschleunigung üben die Gase einen Rückstoß auf das Frischgas aus, in welchem der Druck infolgedessen um 0,073 mm Wassersäule ansteigt.

Für die meist implizite oder explizite gemachte Voraussetzung, daß die Gasbewegung in der freien Atmosphäre die gleiche sei wie im Rohr des Bunsenbrenners, führt MACHE[1] eine nach der Schlierenmethode erhaltene Aufnahme an, die einen aus dem Bunsenbrenner austretenden (nicht gezündeten) Gasstrahl auf eine Länge von einigen Dezimetern bei einer Gasgeschwindigkeit von etwa 3 m/s erkennen läßt. Man rechnet nun leicht aus, daß auf dem Wege des Gasstrahls bereits eine beträchtliche Mischung durch Diffusion stattgefunden haben muß; in 30 cm Abstand von der Brennermündung, d. h. nach $10^{-1}$ s Berührung mit der Luft, ergibt sich als mittleres Verschiebungsquadrat:

$$\overline{\Delta x^2} = 2\,Dt \cong 5 \cdot 10^{-2}\ \text{cm}^2, \tag{19}$$

wenn man für den Diffusionskoeffizienten etwa 0,2 bis 0,3 cm²/s annimmt und $t = 10^{-1}$ s setzt, oder

$$\sqrt{\overline{\Delta x^2}} \cong 2{,}2 \cdot 10^{-1}\ \text{cm}. \tag{20}$$

D. h. auf über 2 mm von der Grenzfläche aus ist weitgehend Mischung eingetreten; man wird daher annehmen, daß die in MACHEs Aufnahme sichtbare verhältnismäßig scharfe Strahlbegrenzung nicht als die Grenze eines eigentlichen Gasstrahles aufzufassen ist, sondern als Stelle steilsten

[1] MACHE, H.: Physik der Verbrennungserscheinungen, S. 44ff. Leipzig 1918.

Konzentrationsabfalls ($r'$) in der glockenförmigen Verteilungskurve der Konzentration in einem Schnitt senkrecht zur Strahlrichtung (Abb. 59). Sofern turbulente Strömung herrscht, kann die Durchmischung nur noch größer sein.

Als weiterer Beleg dafür, daß ein zusammenhaltender Gasstrahl austritt, wird angeführt, daß, wenn man in einigem Abstand über der Mündung eines Bunsenbrenners einen Drahtring anbringt und das Gas darüber zündet, der Brennkonus sich über diesem Ring gerade so ausbildet wie unmittelbar auf dem Brennerrohr. Es bliebe aber zu zeigen, daß der Brennkegel auf dem Drahte auch quantitativ mit dem auf dem Brennerrohr gezündeten übereinstimmt; andernfalls böte die Untersuchung der mit dem Abstand des Ringes über dem Brenner variierenden Konusgestalt sowie der umgesetzten Gasmenge eine Methode dar, zu Aussagen über das wirkliche Strömungsbild zu gelangen.

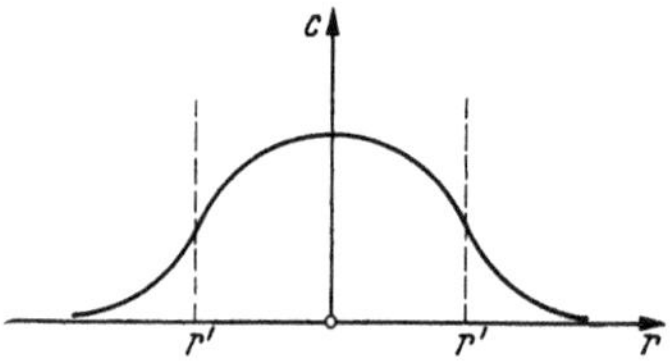


Abb. 59. Brenngaskonzentration $c$ als Funktion des Achsenabstandes $r$ in einem Schnitt senkrecht zur Rohrachse oberhalb der Brennermündung.

Die Ausströmung aus einem Rohr unter den Bedingungen, wie sie beim Bunsenbrenner vorliegen, scheint theoretisch und experimentell kaum näher untersucht zu sein: es handelt sich hier um die Strömung eines Gases mit Reibung, wobei das Gas als praktisch inkompressibel behandelt werden darf[1]; was den Strömungszustand des Gases im Brennerrohr anbelangt, so kann man es offenbar sowohl mit laminarer als auch mit turbulenter Strömung zu tun haben. Als Kriterium dafür gilt bekanntlich die REYNOLDSsche Zahl:

(21) $$R_e = v \cdot l/\nu,$$

worin $v$ Strömungsgeschwindigkeit, $l$ im Falle eines Rohres dessen Durchmesser und $\nu$, die kinematische Zähigkeit; $\nu$ ist gegeben durch

(22) $$\nu = \eta/\varrho,$$

darin ist $\eta$ die Zähigkeit, $\varrho$ die Dichte. Für Luft von Zimmertemperatur beträgt $\nu$ etwa $0{,}14\ \mathrm{cm}^2 \cdot \mathrm{s}^{-1}$. Der kritische Wert der REYNOLDSschen Zahl, unterhalb dessen laminare Strömung stabil ist, liegt etwa bei 2000. Man erkennt nun, daß man bei einer Strömungsgeschwindigkeit von 1 m/s und einem Rohrdurchmesser von 0,5 cm sicher noch im Gebiet laminarer Strömung sich befinden wird; es wird dann ja:

(23) $$R_e = 100 \cdot 0{,}5/0{,}14 = 360.$$

Sind die Werte der Geschwindigkeit und des Rohrdurchmessers die dreifachen der oben angegebenen, was noch durchaus möglichen Verhältnissen entspricht, so ist der Wert der REYNOLDSschen Zahl bereits

[1] Die bei der Ausströmung auftretenden Druckdifferenzen sind so klein, daß die dadurch bedingten Volumänderungen vernachlässigt werden dürfen.

3200 und man wird sich ziemlich sicher im Gebiet der Turbulenz befinden. Beim gewöhnlichen Bunsenbrenner (Teclubrenner) ist außerdem der Weg von der Gasaustrittsdüse und Luftansaugstelle zur Mündung so kurz (etwa 10 cm), daß, auch wenn der Wert der REYNOLDSschen Zahl unterhalb des kritischen liegt, damit gerechnet werden muß, daß auf der kurzen Anlaufstrecke die Strömung sich sicher nicht hinreichend beruhigt hat, sondern noch turbulent ist. Es scheint demnach, daß man wohl bei Versuchen am Bunsenbrenner, bei welchen man zu der Beobachtung einen ruhig und gleichmäßig brennenden Konus durch Verwendung eines hinreichend langen und nicht zu weiten Rohres erzielt hat, laminare Strömung haben kann, während bei laboratoriumsmäßigen oder technischen Brennern mittleren und großen Durchmessers auch mit turbulenter Strömung zu rechnen ist. Allgemein gültige, einfache Beziehungen sind also von Anfang an nicht zu erwarten. Ferner ist zu bedenken, daß, selbst wenn die Strömung im Rohre laminar ist, der Zustand in der Nähe des offenen Endes schon wesentlich von dem im Innern des Rohres abweichen wird, und daß das aus dem Rohr austretende Gas nicht mehr die gleiche Geschwindigkeitsverteilung und Richtung haben wird wie im Innern eines längeren Rohres.

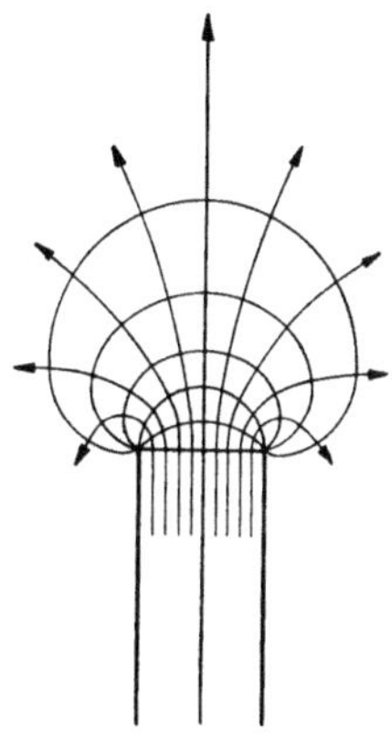

Abb. 60.

Hätte man eine reibungsfreie Strömung derart, daß sich Niveauflächen konstanter Strömungsgeschwindigkeit wie in Abb. 60 ausbildeten, so wäre das ganze Problem äußerst einfach: man brauchte nur die Niveauflächen auszusuchen, in welcher die Strömungsgeschwindigkeit $v_f$ gleich $v_n$ wäre; dort würde sich die Brennzone stationär einstellen. Eine derartige Lösung der Aufgabe ist aber bei der vorliegenden Strömung mit Reibung grundsätzlich ausgeschlossen; denn da hier immer ein Geschwindigkeitsgefälle senkrecht zur Strömungsrichtung vorhanden ist, kann man niemals eine Fläche herausgreifen, in der überall die Strömungsgeschwindigkeit gleich $v_n$ ist und außerdem ihrer Richtung nach in die Normale zu dieser Fläche fällt. Aus diesem Grunde ist auch ein Versuch PREDVODITELEVs[1], die Form des Bunsenbrenners dadurch zu deuten, daß die Brennfläche eine Fläche ausgezeichneter Geschwindigkeit der Gasströmung sei, nicht befriedigend. Er hatte gefunden, daß sich in Gasen, die aus weiten Öffnungen ausströmen (100 mm und darüber), eine Geschwindigkeitsverteilung im freien Raum ausbildet, die angenähert durch Glockenkurven gegeben ist:

$$v(z, r) \simeq \frac{K}{z} e^{-\beta r^2},$$

[1] PREDVODITELEV, A.: Techn. Physics USSR. Bd. 2 (1935) S. 364.

worin $z$ in Richtung der Rohrachse gemessen ist, mit dem Nullpunkt in der Rohrmündung, und $r$ den Abstand senkrecht von der Achse bedeutet. Man überzeugt sich aber, daß dieses System von Glockenflächen nicht als Niveauflächen einer Potentialströmung aufgefaßt werden kann, was ja auch den physikalischen Voraussetzungen der betrachteten Strömung widerspräche; wenn aber andererseits die Strömungsrichtung nicht senkrecht auf diesen Flächen steht, so müssen zur Bestimmung der stationären Lage der Brennfläche wieder genau dieselben Überlegungen herangezogen werden wie oben. Bedenklich ist es überhaupt, die Resultate, die an einem weiten Rohr mit wahrscheinlich turbulenter Strömung erhalten worden sind, einfach auf die engen Rohre des Bunsenbrenners zu übertragen, bei denen man zumindest bei solchen Versuchen, wie sie zur Messung von Verbrennungsgeschwindigkeiten ausgeführt werden, laminare Strömung vorliegen hat.

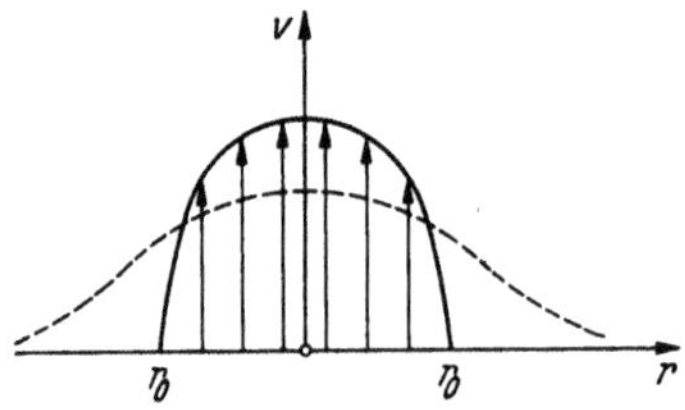


Abb. 61. Strömungszustand beim Austritt des Gases aus der Brennermündung in die Atmosphäre; —— Geschwindigkeitsverteilung im Brennerrohr (Radius $r_0$); - - - Geschwindigkeitsverteilung oberhalb der Brennermündung.

Richtig an der Überlegung ist aber, daß man zunächst einmal den Strömungszustand in der freien Atmosphäre außerhalb des Brenners kennen muß, ehe man an eine strenge Ableitung der Form der Brennfläche gehen kann. SMITH[1] teilt in diesem Zusammenhang vorläufige Ergebnisse mit, die folgendermaßen gewonnen wurden: Einem aus dem Brenner ausströmenden Luftstrom waren leichte Aluminiumpartikelchen zugemischt worden, aus deren Bahn man die Strömung und bei geeigneter photographischer Registrierung auch die Strömungsgeschwindigkeit ermitteln kann. Die Messung ergab, daß in einem aus einem Rohr austretenden Gasstrahl eine Geschwindigkeitsabnahme in der Rohrmitte stattfand (bei Abständen von 1 bis 2,5 Brennerdurchmessern nahm die Geschwindigkeit in Achsennähe um etwa 3,4 cm/s auf 1 cm Weg ab), während am Rande eine ziemlich starke Geschwindigkeitszunahme zu erkennen war, wie das ja auch zu erwarten ist; dabei blieb die Strömungsrichtung im wesentlichen parallel der Rohrachse. Der Effekt der inneren Reibung ist also ungefähr so darzustellen (Abb. 61); die ausgezogene Kurve stelle die Impulsverteilung in der Brennermündung dar; mit dem Fortschreiten des Strahles findet dann eine „Diffusion" des Impulses nach den Seiten statt, so daß in einigem Abstand über dem Brenner die Impulsverteilung durch die gestrichelte Kurve dargestellt wird, mit gleichbleibender Strömungsrichtung; die Verbreiterung der bewegten Gasmassen kommt lediglich durch Mitnahme der äußeren Luft zustande.

[1] SMITH, F. A.: Chem. Rev. Bd. 21 (1937) S. 389.

## 4. Zur Methodik der Bestimmung der normalen Verbrennungsgeschwindigkeit nach Gouy-Michelson.

In den Untersuchungen aus dem Karlsruher Gasinstitut hat man den bei der Brennermethode auftretenden Fehlermöglichkeiten und deren Beseitigung besondere Aufmerksamkeit geschenkt. Am bequemsten ist es, einfach die Konushöhe *h* zu messen, zusammen mit der Strömungsgeschwindigkeit des Frischgases; dann kann man bei bekanntem Brennerradius unter der Voraussetzung einer exakten Kegelfläche deren Größe ermitteln und daraus die normale Verbrennungsgeschwindigkeit als Quotient Strömungsvolumen in der Zeiteinheit durch Brennfläche. In vielen Fällen ist diese Methode ausreichend, da die Abweichungen der tatsächlichen Brennfläche von der strengen Kegelform so sind, daß sie sich in bezug auf die Gesamtfläche teilweise kompensieren (Abb. 62a). Es können im Extremfall aber auch Brennflächen der Form Abb. 62b auftreten[1]; in solchen Fällen darf man nicht einfach die Höhe messen, sondern man muß die Flamme photographieren und auf geeignetem numerischen oder graphischen Wege die Größe der Rotationsfläche auswerten; tut man das nicht, so kann man Fehler bis zu etwa 50% begehen.

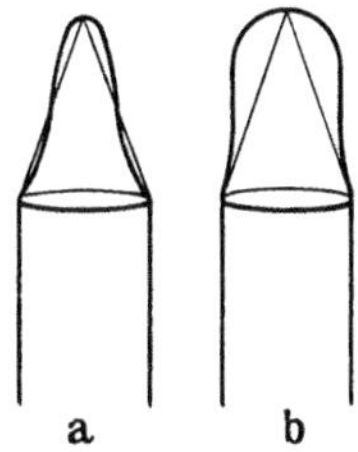


Abb. 62. Formen des Brenn„kegels". (Nach Ubbelohde und Koelliker.)

Ein anderer Fehler, den man bei Messungen mit der Konusmethode hereinbringen kann, ist der folgende. Die Zündgrenzen von Gasgemischen sind ja dadurch definiert, daß an ihnen eine Flamme sich gerade nicht mehr fortpflanzen kann. Ubbelohde und Hofsäss (zitiert S. 71) hatten nun gefunden, daß wohl an der unteren Zündgrenze $v_n$ dem Werte *O* zustrebt, keineswegs aber an der oberen Grenze (Abb. 63, in welcher schematisch die normale Verbrennungsgeschwindigkeit gegen Brennstoffgehalt in Luft aufgetragen ist; $Z_u$ und $Z_0$ sind untere und obere Zündgrenze); läßt man nun aber die Flamme nicht frei brennen, sondern in einem Flammenspaltrohr[2] (Abb. 64), so stimmen bei niederen Brennstoff-

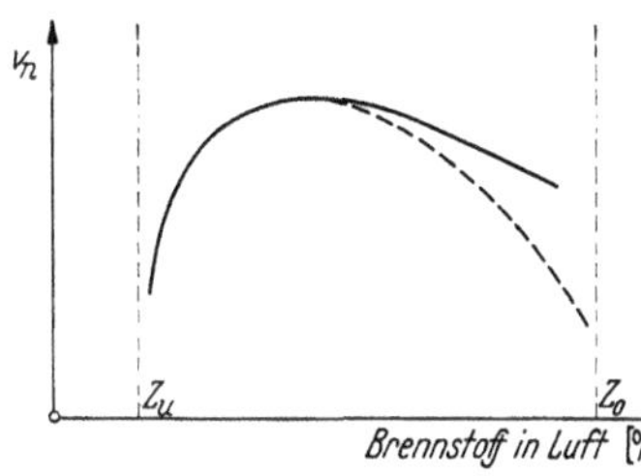


Abb. 63. Normale Verbrennungsgeschwindigkeit als Funktion der Gaszusammensetzung ($Z_u$ und $Z_o$ untere und obere Zündgrenze). (Nach Ubbelohde und Hofsäss.) - - - Messungen mit Flammenspaltrohr.

[1] Vgl. L. Ubbelohde u. E. Koelliker: Zitiert S. 78.

[2] Dieses wurde zuerst von N. Teclu [J. prakt. Chem. Bd. 44 (1891) S. 246] und dann von A. Smithells und H. Ingle [Trans. chem. Soc. Bd. 61 (1892) S. 216] angewandt. Später benutzte F. Haber das Flammenspaltrohr zu seinen Untersuchungen über die Zusammensetzung des „Zwischengases". Die Versuche mit dem Flammenspaltrohr sind der erste Beweis dafür, daß sich die Verbrennung im Innenkegel des Bunsenbrenners tatsächlich in einer sehr dünnen Schicht vollzieht.

konzentrationen die mit und ohne Spaltrohr erhaltenen Werte überein; bei höheren Brennstoffkonzentrationen werden aber mit dem Spaltrohr niedrigere Verbrennungsgeschwindigkeiten gefunden als ohne Spaltrohr. Der Grund dafür ist leicht einzusehen: am Brennerrand tritt durch Diffusion und evtl. turbulente Mischung immer eine Verunreinigung des Brenngemisches durch die umgebende Atmosphäre ein; ist die Umgebung Luft und ist die Brennstoffkonzentration so hoch, daß man sich bereits jenseits des Geschwindigkeitsmaximums befindet, so wird durch Luftbeimischung die Brenngeschwindigkeit erhöht; im Spaltrohr kann dies nicht eintreten, da keine Frischluft vorhanden ist[1].

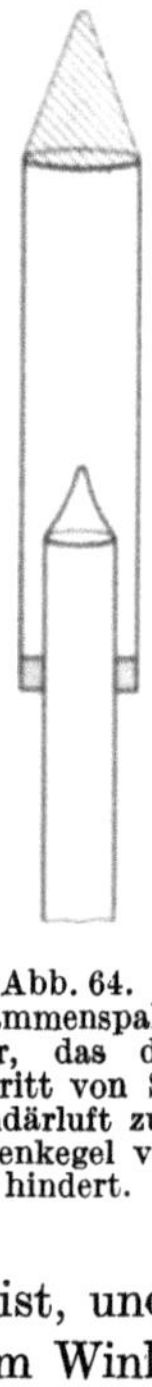

Abb. 64. Flammenspaltrohr, das den Zutritt von Sekundärluft zum Innenkegel verhindert.

In letzter Zeit ist eine eingehende Untersuchung der Brennermethode von SMITH und PICKERING[2] veröffentlicht worden, in welcher aber offenbar gerade diesem Punkte keine besondere Beachtung geschenkt worden ist. In der ursprünglichen Arbeit von SMITH und PICKERING war vorausgesetzt, daß die Geschwindigkeit in dem austretenden Gas die gleiche ist, wie in dem Brennerrohr bei laminarer Strömung. Wäre die Brennfläche ein gerader Kegel (bei über den Querschnitt konstanter Strömungsgeschwindigkeit), so würde (vgl. S. 69) Messung des halben Öffnungswinkels $\vartheta$ geeignet sein zur Bestimmung von $v_n$. Ist die Geschwindigkeit aber parabolisch über den Querschnitt verteilt wie bei laminarer Strömung, so hat die Brennfläche eine andere Form und auch eine andere mittlere Neigung; es gibt jedoch eine Stelle, im Abstand $\frac{\sqrt{2}}{2} \cdot r_0 \cong 0{,}7\, r_0$ von der Rohrachse, wo $v_f(r)$ gerade gleich $\bar{v}_f$ ist, und wo infolgedessen das Element der Brennfläche gerade unter dem Winkle $\vartheta$ gegen die Strömungsrichtung geneigt ist (Abb. 65). Die Methode von SMITH und PICKERING beruht nun darauf, gerade an dieser Stelle den Neigungswinkel zu bestimmen und daraus $v_n$ zu berechnen. Offensichtlich fehlt der Methode die sichere theoretische Grundlage (die SMITH zu beschaffen in seiner zweiten Arbeit inzwischen begonnen hat), da ja die Geschwindigkeitsverteilung außerhalb des Brenners eine andere ist als im Brennerrohr. Aber aus den mitgeteilten Versuchen von SMITH (und aus den Überlegungen über die „Diffusion" des Impulses, S. 82, Abb. 61) geht hervor, daß außerhalb des Brenners in der Rohrmitte die Geschwindigkeit abnimmt, am Rande zunimmt; dazwischen muß es also ein Gebiet geben, wo sie annähernd konstant geblieben ist. Falls SMITH und PICKERING zufällig in diesem Gebiet gemessen haben sollten,

[1] Auch die Messung im Spaltrohr ist nicht völlig einwandfrei, weil nunmehr statt Luft zudiffundierende Verbrennungsgase $v_n$ herabsetzen werden.

[2] SMITH, F. A. u. S. F. PICKERING: J. Res. Nat. Bur. Stand. Bd. 17 (1936) S. 7.

so könnten die erhaltenen Resultate natürlich unter Umständen trotzdem exakt sein. Sofern sich die Methode weiterhin bewähren sollte, wäre sie mehr als heuristisches Verfahren zur Bestimmung von $v_n$ zu werten, nicht aber als theoretisch fundiert; SMITH sieht in seiner späteren Arbeit den Sachverhalt auch eher von dieser Seite aus.

Ein weiterer Faktor, der grundsätzlich die Brennermethode beeinflussen kann, ist das Verhalten an der Spitze und an dem Rand; an der Spitze kann (vgl. S. 77) die Brenngeschwindigkeit größer als normal sein, in der Nähe der Brennermündung ist sie durch die Kühlwirkung des Brenners sicher kleiner, in unmittelbarer Nähe des Rohres sogar Null. Man wird daher im ganzen eine mittlere Brenngeschwindigkeit messen, falls man diese aus pro Sekunde durchströmenden Gasvolumen und Brennfläche errechnet; die mittlere Geschwindigkeit braucht nicht mit der normalen Verbrennungsgeschwindigkeit identisch zu sein, wahrscheinlich ist sie etwas kleiner als diese. Dabei ist von vornherein klar, daß evtl. vorhandene Störungen um so geringeren Einfluß haben, je größer der Brennerdurchmesser ist; denn die Brennfläche nimmt mit dem Quadrat des Brennerdurchmessers zu, der dem Rand anliegende Ring gestörter Verbrennungsgeschwindigkeit aber nur mit der ersten Potenz des Radius. Benutzt man zur Messung von $v_n$ die Winkelmessung nach SMITH und PICKERING, so arbeitet man in einem gewissen Abstand vom Rande und es ist möglich, daß die Störung durch Abkühlung sowie die infolge Eindiffundierens von Sekundärluft hier kleiner ist, als wenn man die gesamte Brennfläche, also einschließlich der Randpartien berücksichtigt. Wir bringen in der folgenden Tabelle 12 nach SMITH Resultate, die mit drei verschiedenen Gas-Luftmischungen (luftarm, Luftüberschuß und Gemisch maximaler Brenngeschwindigkeit) erhalten sind, und zwar mit vier verschiedenen Brennerdurchmessern, wobei in jedem einzelnen Falle noch $v_n$ sowohl aus dem Winkel bei $r = 0{,}7\, r_0$ als auch aus der Größe der gesamten Brennfläche berechnet ist.

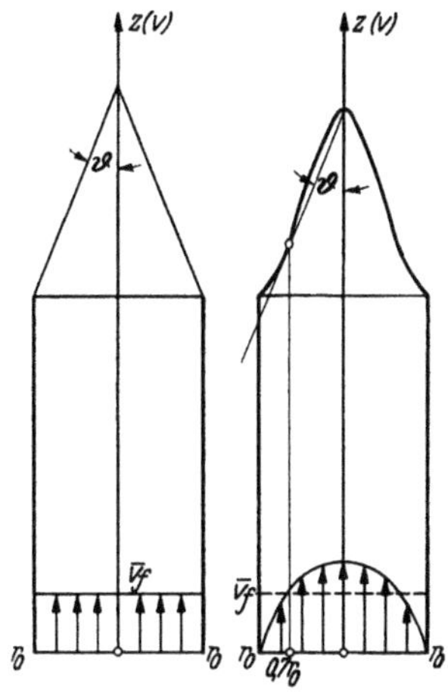


Abb. 65. Bei $r = 0{,}7\, r_0$ (rechts) hat die Brennfläche die gleiche Neigung $\vartheta$ wie ein Kegel bei über den Rohrquerschnitt konstanter Strömung. (Nach SMITH und PICKERING.)

Man sieht: es ergeben sich starke Diskrepanzen zwischen den nach GOUY (aus der gesamten Fläche) und den nach SMITH-PICKERING berechneten Werten von $v_n$; diese Diskrepanzen nehmen allerdings in jedem Fall mit zunehmendem Brennerradius ab. Dabei ist in Reihe A die Änderung von $v_n$ mit dem Brennerradius geringer für den nach GOUY berechneten Wert als für den nach SMITH-PICKERING; in den beiden folgenden Reihen ist es umgekehrt. Ferner nimmt in der Reihe A die

Brenngeschwindigkeit mit wachsendem Brennerradius ab, in den beiden folgenden Reihen zu. Diese Ergebnisse lassen sich auf Grund der bereits von UBBELOHDE erkannten Einflüsse wohl verstehen. Bei Luftmangel ist der wesentlichste Störfaktor die Eindiffusion von Sekundärluft, die die Brenngeschwindigkeit erheblich heraufsetzt. Da nach GOUY die gesamte Brennfläche, nach SMITH-PICKERING nur eine im äußeren Drittel gelegene Stelle benutzt wird, so trägt in diesem Fall der gestörte Teil stärker zum Gesamtresultat bei als in jenem. In Fall B und C könnte ebenfalls ein Einfluß hinzudiffundierender Luft mit enthalten sein, der aber nur eine Verringerung der Brenngeschwindigkeit bewirken kann; daneben wird hier bei der Berechnung nach GOUY die kühlende Wirkung des Brennerrandes ins Gewicht fallen; dieser letztere Faktor braucht sich, wie schon besprochen, nach SMITH-PICKERING nicht unbedingt bemerkbar zu machen. Daneben können in den Werten nach SMITH-PICKERING noch systematische Fehler wegen der unbegründeten Annahme über den Strömungszustand enthalten sein. Allerdings gibt SMITH an, daß die so berechneten Zahlen mit den Resultaten von STEVENS übereinstimmen. Das spricht für ihre Zuverlässigkeit, ist aber nicht absolut beweisend, da es denkbar wäre, daß die STEVENSsche Methode wegen einer gewissen Welligkeit der Brennfläche zu große Werte lieferte. Für die Bestimmung von $v_n$ wäre hieraus und aus den älteren UBBELOHDEschen Arbeiten zu folgern: man darf nicht mit zu kleinem Brennerdurchmesser arbeiten und man muß ferner evtl. ein Flammenspaltrohr benutzen, besonders bei fetten Gemischen. Für die praktische Verwendung können aber unter Umständen die effektiven Brenngeschwindigkeiten kleiner Brenner von Bedeutung sein; dann sind gerade die obigen Beobachtungen von Wichtigkeit. Es ist von Interesse, sich die auftretenden Formen der Brennfläche zu vergegenwärtigen[1] (Abb. 66 und

Tabelle 12. Normale Verbrennungsgeschwindigkeit für drei verschiedene Gas-Luftmischungen und verschiedene Brennerradien; berechnet aus der Neigung der Brennfläche bei $r = 0{,}7\, r_0$ und aus der gesamten Brennfläche. (Nach SMITH.)

| Brennerdurchmesser mm | Normale Verbrennungsgeschwindigkeit cm/s | |
|---|---|---|
| | Aus der Neigung bei $0{,}7\, r_0$ (Nach SMITH und PICKERING) | Aus Strömungsvolumen pro s: Flammenfläche (GOUY) |
| *Reihe A.* Luftmangel. | | |
| 2,75 | 27,9 | 18,5 |
| 4,45 | 24,2 | 16,8 |
| 6,50 | 17,4 | 15,1 |
| 9,60 | 14,4 | 13,8 |
| *Reihe B.* Gemisch maximaler Verbrennungsgeschwindigkeit. | | |
| 2,75 | 47,2 | 29,0 |
| 4,45 | 53,5 | 38,0 |
| 6,50 | 53,4 | 43,8 |
| 9,60 | 53,6 | 47,7 |
| *Reihe C.* Luftüberschuß. | | |
| 2,75 | 45,8 | 30,7 |
| 4,45 | 48,2 | 35,9 |
| 6,50 | 48,7 | 41,3 |
| 9,60 | 48,1 | 43,6 |

[1] Vgl. auch UBBELOHDE u. DOMMER, sowie UBBELOHDE u. KOELLIKER: Zitiert S. 71.

67). Abb. 66 zeigt für die drei Reihen A, B, C unmittelbar die Photographien der Brennflächen, wobei in jeder Reihe Temperatur, Druck, Zusammensetzung und Strömungsgeschwindigkeit konstant gehalten wurden. Abb. 67 ist zu einem Vergleich besser geeignet; hier sind alle Brennflächen soweit vergrößert, daß die Brennerdurchmesser gleich groß erscheinen; diese sind ihrer Größe und Lage nach (Brennermündung) mit eingezeichnet; man erkennt dadurch besonders gut die relative Lage der einzelnen Brennflächen zu der Brennermündung und die starke Erweiterung der Brennflächenbasis gegenüber der Brennermündung bei Brennern kleinen Durchmessers. Hieraus ersieht man (wie auch aus älteren Angaben UBBELOHDEs) unmittelbar die Bedeutung hinzudiffundierender Sekundärluft.

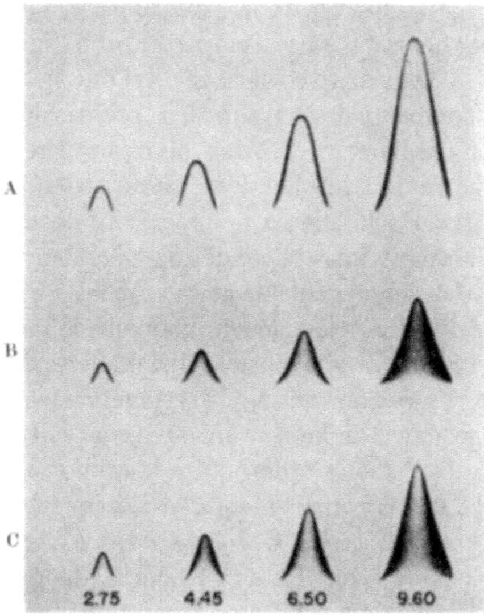


Abb. 66. Formen von Brenn„kegeln" [nach SMITH: Chem. Rev. Bd. 21 (1937)] für verschiedene Brennerdurchmesser (mm); oben: Reihe A, Luftmangel; Mitte: Reihe B, Gemische maximaler Geschwindigkeit; unten Reihe C, Luftüberschuß.

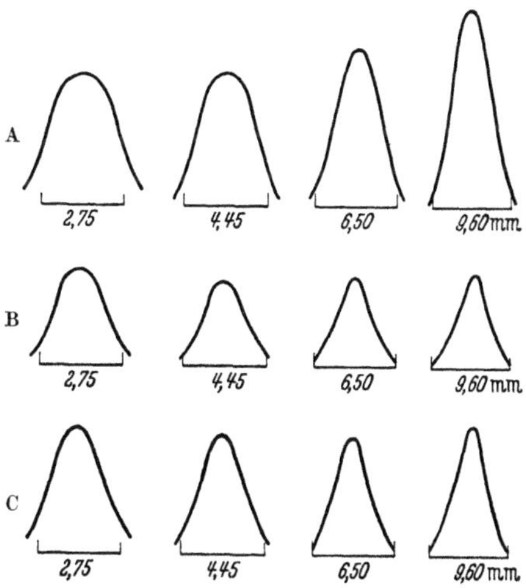


Abb. 67. Wie Abb. 66, von oben nach unten Reihe A, B, C; jedoch sind für den Vergleich die Aufnahmen mit verschiedenen Brennerdurchmessern derartig vergrößert, daß diese überall gleich groß erscheinen. Lage und Größe der Brennermündungen durch horizontale Linien gekennzeichnet. [Nach F. A. SMITH: Chem. Rev. Bd. 21 (1937).]

Von äußeren Faktoren wie Temperatur und Druck wird die normale Verbrennungsgeschwindigkeit beeinflußt, aber verhältnismäßig schwach; z. B. fanden UBBELOHDE und HOFSÄSS[1], daß in Kohlenoxyd-Luftgemischen eine Temperatursteigerung um 100° C eine Erhöhung der Brenngeschwindigkeit um etwa 5 bis 6 cm/s im Gefolge hatte; beim Vorwärmen von 20° C auf 460° stieg $v_n$ von 42 auf 85 cm/s an; bei Methan-Luft ergab sich bei 20° 31, bei 430° C 64 cm/s.

[1] UBBELOHDE, L. u. M. HOFSÄSS: Gas- u. Wasserfach Bd. 56 (1913) S. 1225, 1253.

Sachsse[1] findet für Methan, Äthan und Propan in Gemisch mit Sauerstoff eine Temperaturabhängigkeit der gleichen Größenordnung.

Die relativ geringe Erhöhung der Brenngeschwindigkeit mit der Temperatur hat für den praktischen Betrieb eines Brenners folgende Konsequenz: Erhitzt man das Brennerrohr und damit das Frischgas, so nimmt infolge der Volumausdehnung die Geschwindigkeit des Frischgases schneller zu als $v_n$; infolgedessen wird die ursprünglich stabile Flamme mit steigender Temperatur schließlich vom Brenner fortgeblasen und schlägt nicht etwa zurück (Smith, zitiert S. 82). Bei sauerstoffreicheren Gemischen können sich die Verhältnisse ändern, ebenso bei Brennern, die normal bei höheren Temperaturen arbeiten.

Druckerhöhung verringert vielfach die normale Verbrennungsgeschwindigkeit, wenigstens soweit aus den bisherigen Meßergebnissen geschlossen werden kann. Ubbelohde und Koelliker (zitiert S. 71) finden z. B., daß in Kohlenoxyd-Luftmischungen maximaler Brenngeschwindigkeit bei einer Drucksteigerung von 1 auf 4 at die Brenngeschwindigkeit $v_n$ von 42 auf 24 cm/s absinkt. Bei Methan-Luft bewirkte eine Drucksteigerung von 1 auf 4 at eine Abnahme der Brenngeschwindigkeit auf die Hälfte; Azetylen-Luft zeigte qualitativ dasselbe. Bei Benzol und Benzin nahm $v_n$ nur sehr langsam mit dem Druck ab. Bei Wasserstoff-Luft waren die Resultate widersprechend; bei einem Brennerradius von 0,95 mm nahm $v_n$ mit dem Druck stark zu, bei 2 mm Radius ist $v_n$ etwa konstant; ob bei sauberen Strömungsverhältnissen $v_n$ mit dem Druck abnehmen würde, läßt sich schwer voraussagen.

Khitrin[2] hat neuerdings den Einfluß des Druckes auf die Brenngeschwindigkeit untersucht; er benutzte dabei sowohl die Brennermethode als auch die Stevenssche Seifenblasenmethode (dabei wurde die Seifenblase im Inneren eines 0,5 m³ großen Druckgefäßes hergestellt). Es ergab sich folgendes (im wesentlichen in Übereinstimmung mit Ubbelohde): in Brennstoff-Luftgemischen nimmt die lineare Brenngeschwindigkeit mit wachsendem Druck ab; da sie aber schwächer abnimmt als mit $1/p$, so nimmt die umgesetzte Menge, also die „Massenumsatzgeschwindigkeit" mit zunehmendem Druck trotzdem noch zu, und zwar etwa wie:

$$m = K_1 \cdot \sqrt{p} + K_2 .$$

Bei Kohlenoxyd-Luftgemischen nahm bei einer Drucksteigerung von 1 auf 3 at $v_n$ etwa um 30% ab; bei Kohlenoxyd-Sauerstoffmischungen dagegen war ebenso wie in Versuchen von Stevens[3] $v_n$ druckunabhängig. Analoge Resultate wie für Kohlenoxyd-Luft wurden von Khitrin auch

[1] Sachsse, H.: Z. phys. Chem. Abt. A Bd. 180 (1937) S. 305.

[2] Khitrin, L.: Techn. Physics USSR. Bd. 3 (1936) S. 926. — Kolodisew, Kh. u. L. Khitrin: Techn. Physics USSR. Bd. 3 (1936) S. 1034; vgl. auch L. Khitrin: Techn. Physics USSR. Bd. 3 (1936) S. 1028; Bd. 4 (1937) S. 110, 121.

[3] Stevens, F. W.: NACA Rept. Nr. 372 (1930).

für Benzol- und Äthyläther-Luft nach der Brennermethode erhalten. Flammengeschwindigkeiten bei Unterdruck scheinen kaum untersucht zu sein[1], außer im Falle Kohlenoxyd-Luft (UBBELOHDE); es ergibt sich ein Maximum der Brenngeschwindigkeit bei einem Druck von 330 mm Hg mit etwa 60 cm/s, danach fällt $v_n$ mit weiter abnehmendem Druck wieder ab (Abb. 68). Offenbar überwiegt bei sehr kleinem Druck der Faktor der Reaktionsgeschwindigkeit, der ja im Sinne einer Abnahme wirken muß[2].

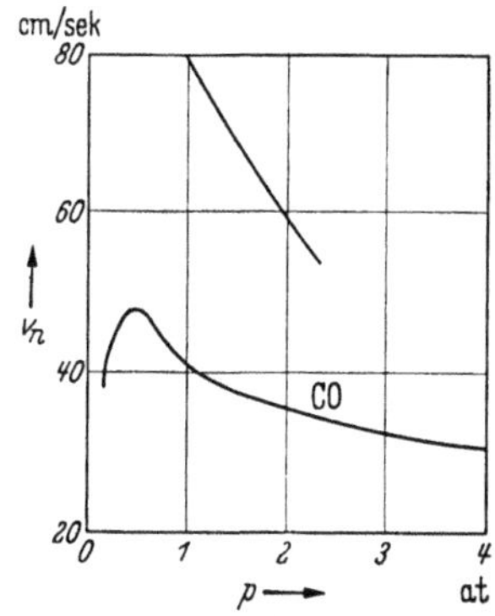


Abb. 68. Abhängigkeit der normalen Verbrennungsgeschwindigkeit vom Druck für Kohlenoxyd- sowie Acetylen- (obere Kurve) Luftgemische. (Nach UBBELOHDE und KHITRIN.)

Von der Strömungsgeschwindigkeit des Frischgases ist $v_n$ unabhängig; geht man mit dieser aber zu hoch hinauf und kommt in das Gebiet turbulenter Strömung, so beobachtet man scheinbare Erhöhungen der Brenngeschwindigkeit, die aber wohl nur durch eine Vergrößerung der effektiven Oberfläche bedingt sein dürfte (vgl. UBBELOHDE und KOELLIKER, zitiert S. 71).

Auf die Abhängigkeit von Gemischzusammensetzung und Zusätzen kommen wir im Zusammenhang mit der Theorie der Brenngeschwindigkeit zurück. Wegen einer Reihe praktischer Folgerungen verweisen wir auf SMITH, zitiert S. 82.

## 5. Fortpflanzung der Verbrennung in Rohren.

Wir hatten uns überlegt, daß es wohl keinen einzigen Fall gibt, in welchem die Fortpflanzung einer Flamme allein durch die normale Verbrennungsgeschwindigkeit bedingt wäre. Zwar gelingt es, aus der Größe oder der Neigung der stationären Brennfläche im Innenkegel einer Bunsenflamme $v_n$ zu bestimmen; aber die Brennfläche wird erst stationär und erhält ihre charakteristische Form durch das Zusammenwirken von Strömung und Verbrennung. In der „Gleichdruckbombe" von STEVENS, d. h. bei der Seifenblasenmethode breitet sich zwar die Flamme so aus, daß es unmittelbar gelingt, aus ihrer Registrierung $v_n$ zu berechnen; aber wiederum ist das Fortschreiten der Flamme nicht allein durch $v_n$ gegeben, sondern daneben mit bestimmt durch die Expansion der verbrannten Gase, also einen Strömungsvorgang, der

---

[1] Vgl. hierzu W. E. GARNER u. A. PUGH: Trans. Faraday Soc. Bd. 35 (1939) S. 283.

[2] G. RIBAUD und H. GAUDRY [C. R. Acad. Sci., Paris Bd. 206 (1938) S. 1648] fanden auch bei der Flammenfortpflanzung in Rohren, welche zur Wahrung der Druckkonstanz mit einem größeren stickstoffgefüllten Druckgefäß kommunizierten, daß mit steigendem Druck die Flammengeschwindigkeit abnimmt. Sie arbeiteten mit Stadtgas und mit Propan in einem Intervall von 1 bis 11 kg/cm².

nur in diesem Fall wegen der Kugelsymmetrie und der Druckkonstanz so einfach ist, daß man ihn bequem in Rechnung stellen kann.

Alles dies ändert sich, sowie man zu andersartigen Verbrennungsräumen übergeht; dabei wollen wir in diesem Kapitel lediglich *offene* Gefäße ins Auge fassen, so daß wir zunächst wenigstens mit nahezu konstantem Druck rechnen können. Die meist zur Bestimmung von Flammengeschwindigkeiten benutzte Methode ist die von MALLARD und LE CHATELIER[1] eingeführte photographische Registrierung (Abb. 69). Das Rohr, in dem die Flamme läuft, wird durch ein photographisches Objektiv auf einem Film abgebildet, der sich auf einer, mit bekannter Geschwindigkeit rotierenden Trommel befindet; das Flammenbild, das man auf diese Weise erhält, ist in Abb. 69b schematisch dargestellt: der Neigungswinkel, den die Spur der Flammenfront an einer Stelle mit der Richtung der Filmbewegung bildet, $\alpha$, steht mit der Filmgeschwindigkeit $v_1$ und der Geschwindigkeit des Flammenbildes auf dem Film, $v_2$, in der Beziehung:

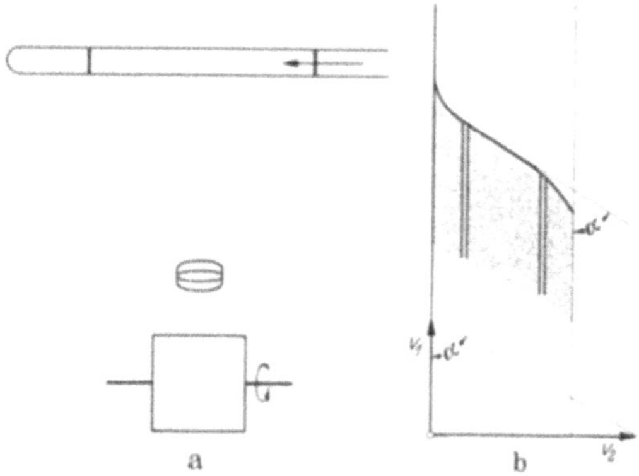

Abb. 69. Photographische Flammenregistrierung. (Nach MALLARD und LE CHATELIER.) a Schema der Anordnung, b Aufnahme.

$$\operatorname{tg} \alpha = v_2/v_1.$$

Da man $v_1$ kennt und $\alpha$ direkt auf dem Negativ messen kann, so erhält man unmittelbar $v_2$. Um die Geschwindigkeit des Flammenbildes auf die der Flamme selbst umzurechnen, muß man noch den Abbildungsmaßstab der benutzten optischen Anordnung kennen; das einfachste und exakteste Verfahren dafür besteht darin, daß man (Abb. 69) auf dem Flammenrohr zwei (oder mehrere) dunkle Marken anbringt, die unter Umständen durch den Aufbau des Rohres (z. B. Metallrohr mit Fenstern) oder die Halterung (bei Glasrohren) schon von selbst vorhanden sind; diese Marken bilden sich dann auf dem Negativ als zwei helle Streifen parallel der Filmbewegung ab. $v_2$ ist dann zu vergrößern im Verhältnis: Abstand der Marken auf dem Rohr zu Abstand der Marken auf dem Flammenbild. Originalaufnahmen von MALLARD und LE CHATELIER sind in Kap. V (Detonation) reproduziert; wir bringen hier zur Erläuterung zwei typische Flammenaufnahmen (Abb. 70 und 71), von denen die erste eine völlig gleichmäßige Bewegung, die zweite

[1] MALLARD u. LE CHATELIER: Ann. Mines (4) Bd. 8 (1883) S. 274—618.

eine von stärkeren Schwingungen überlagerte Bewegung zeigt, bei der aber immer noch die Bewegung im Mittel annähernd gleichförmig ist. Einen gewissen Einblick in die Struktur der Flammenfront erhält man, wenn man Momentaufnahmen davon macht; da sich die Lage der Flammenfront während des Fortschreitens der Flamme ständig ändert, so kann man eine ganze Reihe von Momentaufnahmen hintereinander auf der gleichen feststehenden Platte erhalten. Besonders ELLIS[1] hat auf diese Weise, indem er eine mit bekannter Geschwindigkeit rotierende Scheibe vor dem Objekt einer Kamera anbrachte und durch Schlitze in dieser Scheibe die Belichtung der einzelnen Aufnahmen regulierte, äußerst instruktive Flammenbilder erhalten; ähnliche, mit dem THUNschen Zeitdehner für geschlossene Gefäße erhaltene Aufnahmen von H. SCHULZE sind im folgenden Kapitel, Kap. IV reproduziert. Auf Versuche von COWARD und HARTWELL, die nach der gleichen Methode erhalten wurden, kommen wir noch zurück.

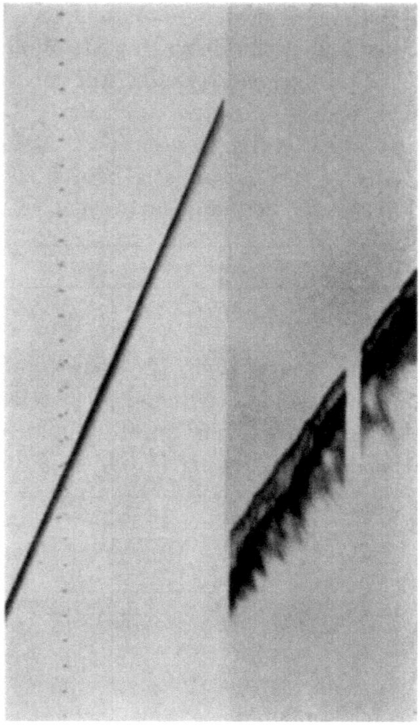

Abb. 70. Aufnahmen gleichförmiger Flammenbewegung. (Nach MAXWELL und WHEELER.) The Science of Petroleum, Bd. IV. Oxford 1938.

Besonders klar sieht man aus diesen Aufnahmen, daß die Brennfläche von Flammen in Rohren niemals eine Ebene ist, daß infolgedessen auch die Flammengeschwindigkeit

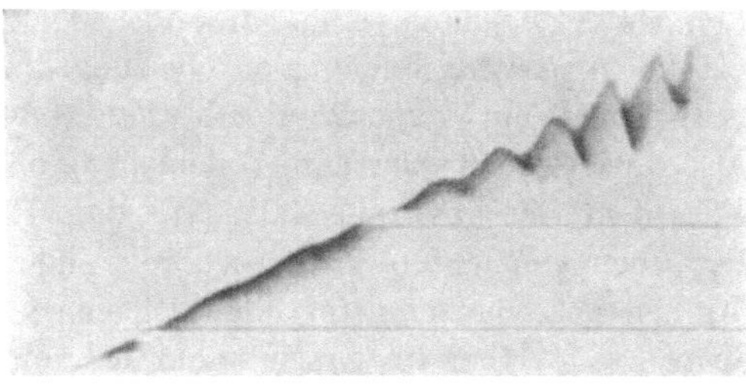

Abb. 71. Flammenbewegung mit überlagerten Schwingungen. (Aus BONE-TOWNEND: Flame and Combustion.)

[1] Vgl. hierzu: O. C. DE C. ELLIS u. W. A. KIRKBY: Flame. London: Methuen 1936. — ELLIS u. ROBINSON: J. chem. Soc. 1925, S. 760. — ELLIS u. WHEELER: J. chem. Soc. 1925, S. 764; 1927, S. 310; 1928, S. 3215; 1931, S. 2467. — ELLIS: Fuel Bd. 7, 1928, S. 195, 245, 300, 336, 408, 449, 502, 526. — Photogr. J. Bd. 67 (1927) S. 349; Bd. 72 (1932) S. 380; Bd. 74 (1934) S. 404; Bd. 75 (1935) S. 482.

niemals durch $v_n$ gegeben sein kann. Wir werden uns im folgenden qualitativ überlegen, welcher Art Strömungen dabei mit ins Spiel kommen insbesondere werden wir sehen, daß auch in dem anscheinend ruhenden Frischgas vor der Flammenfront Strömungen stattfinden müssen, da sonst eine nicht ebene Brennfläche überhaupt nicht stationär sein könnte. Wie wir sehen werden, läßt sich, von dem kugelsymmetrischen Fall abgesehen — zu dem auch der praktisch bedeutungslose Grenzfall einer unendlich ausgedehnten Gasmasse mit einer Ebenen als Brennfläche gehört — kein Fall angeben, in dem nicht auch die Form der Brennfläche von Strömungen wesentlich modifiziert würde.

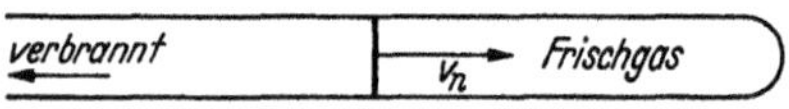

Abb. 72.

Man könnte zunächst etwa erwarten, daß in einem zylindrischen Rohr eine ebene, zur Rohrachse senkrechte Brennfläche stabil sein könnte, wie in Abb. 72. Diese müßte sich dann mit der normalen Verbrennungsgeschwindigkeit $v_n$ relativ zum unverbrannten Gas fortbewegen. Zunächst muß ja, wegen der Expansion der verbrannten Gase — Abkühlung durch Strahlung und Leitung nach außen soll in erster Näherung immer vernachlässigt werden — eine gewisse Strömung stets vorhanden sein; diese wird verhältnismäßig einfach zu übersehen sein, wenn wir nach Abb. 72 ein mäßig langes Rohr annehmen, daß an einem Ende geschlossen ist, wobei am offenen Ende gezündet wurde (die Standardanordnung zur Ermittlung der gleichmäßigen Flammengeschwindigkeit). Dann würde das Frischgas praktisch in Ruhe bleiben, die verbrannten Gase nach links abströmen. Wir wollen annehmen, daß für die verbrannten Gase die Bedingungen laminarer Strömung erfüllt seien[1]; dann würde über den Rohrquerschnitt eine parabolische Geschwindigkeitsverteilung sich einstellen und bei Fehlen von Gleitung die unmittelbare Randzone zum Abströmen nur verschwindend wenig beitragen. Auf alle Fälle wird also durch einen Querschnitt gleicher Größe nahe der Rohrmitte wesentlich mehr Gas abströmen als nahe dem Rande; andererseits wird unter der oben gemachten Voraussetzung einer ebenen Brennfläche auf die Einheit des Querschnittes überall gleich viel Gas umgesetzt werden. Es würde sich daher im ganzen qualitativ ein Strömungsbild entsprechend Abb. 73 ergeben; d. h. es müßte sich die von der Brennfläche herrührende Strömung gegen die Rohrmitte hin zusammenziehen. Es erscheint nicht selbstverständlich, eine ebene Brennfläche anzunehmen, man könnte sich auch denken, daß diese sich entsprechend der gestrichelten Kurve in Abb. 73 einzustellen versuchen würde.

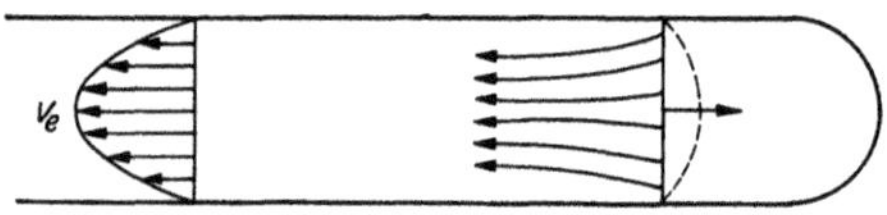

Abb. 73. Abströmen der verbrannten Gase bei im einseitig offenen Rohr fortschreitender Flamme.

[1] Bei turbulenter Strömung wäre keinesfalls mit einer ebenen, nicht zerklüfteten Brennfläche zu rechnen.

Die Experimente zeigen tatsächlich, daß die Flammenfront während des Stadiums der gleichförmigen Flammengeschwindigkeit näherungsweise halbkugelförmig ist; allerdings sind die Verhältnisse (vgl. S. 97, Coward und Hartwell) insofern noch zu weitgehend idealisiert, als, besonders bei horizontal liegendem Rohr, infolge der Schwerkraft zusätzliche asymmetrische Verzerrungen der Flammenfront auftreten[1].

Nehmen wir zunächst als angenähertes Resultat der Experimente eine halbkugelförmige Brennfläche an. Falls eine ebene Brennfläche hätte stationär sein können, so hätte diese sich genau mit der normalen Verbrennungsgeschwindigkeit verschoben (von Störungen durch die Begrenzung soll zunächst abgesehen werden). Falls also $r_0$ der Radius des Rohres ist, so würde in der Zeiteinheit die Frischgasmenge $\pi r_0^2 \cdot v_n$ umgesetzt sein. Bei halbkugelförmiger Brennfläche ist aber in der gleichen Zeit die Gasmenge $2\pi r_0^2 \cdot v_n$ umgesetzt. Die als stationär vorausgesetzte Brennfläche muß sich also gegen das Frischgas mit der Geschwindigkeit $2\,v_n$ bewegen, was natürlich nur durch Mitwirkung einer Zirkulation vor der Flammenfront zustande kommen kann. Wie das im einzelnen geschieht, werden wir noch genauer zu überlegen haben.

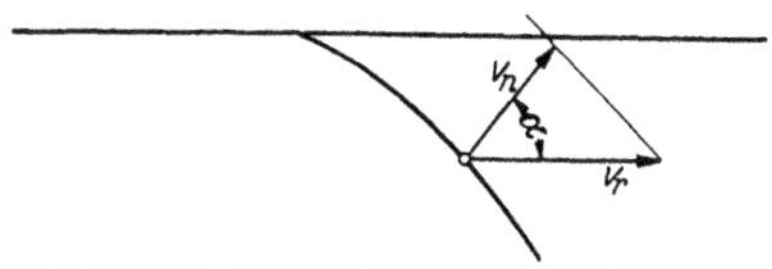


Abb. 74. Fortschreitungsgeschwindigkeit $v_r$ einer gegen die Rohrachse geneigten Brennfläche ($v_n$ normale Verbrennungsgeschwindigkeit).

Zunächst sieht man auf Grund uns bereits bekannter Überlegungen, daß die resultierende Fortpflanzungsgeschwindigkeit in Richtung der Rohrachse, $v_r$ (natürlich immer noch unter Ausschluß von Strömungen) für ein Element der Brennfläche, dessen nach dem Frischgas hin gerichtete Normale mit der Richtung von $v_r$ den Winkel $\alpha$ einschließt, gegeben ist durch (Abb. 74):

$$v_n/v_r = \cos\alpha; \qquad v_r = v_n/\cos\alpha.$$

Es ist also überall, wo die Brennfläche nicht senkrecht zur Rohrachse steht, $v_r > v_n$, nur in der Achse wird $\alpha = 0$ und die Flammengeschwindigkeit gleich $v_n$. Die Folge wäre also ein Voraneilen der zurückgebliebenen Randpartien, bis schließlich die Brennfläche in eine Ebene mit überall gleicher resultierender Fortpflanzungsgeschwindigkeit übergegangen wäre. Alles dies würde aber, wohl bemerkt, nur gelten bei Ausschluß jeglicher Strömung. Falls eine ebene Brennfläche nicht stabil sein kann, andererseits eine gekrümmte Brennfläche beim Fehlen von Strömungen im Frischgas in eine zur Rohrachse senkrechte Ebene übergehen müßte, so würde folgen, daß auch im Frischgas Strömungen existieren müssen. Wir wollen versuchen uns von diesen Strömungen ein Bild zu machen.

[1] Bei der Diskussion wollen wir von Schwerkraftwirkungen zunächst absehen; diese bedingen auch Unterschiede in der Flammengeschwindigkeit je nach Lage des Rohres (horizontal, vertikal) und Richtung der Flammenbewegung im vertikalen Rohr (aufwärts oder abwärts).

An sich wäre das Problem natürlich wieder umgekehrt zu stellen; aus der gegebenen normalen Verbrennungsgeschwindigkeit und den hydrodynamischen Gesetzen für die Strömung wären Strömungszustand und Form der Brennfläche zu ermitteln. Merkwürdigerweise scheint in der Literatur das Problem in dieser Form noch nicht gestellt und behandelt zu sein. Wir sehen daher auch hier von einer strengeren Diskussion ab und begnügen uns damit, bei vorgegebener plausibler Form der Brennfläche einen Einblick in die Strömungsverhältnisse zu gewinnen. Allerdings werden wir auch dabei schon sehen, daß, wenigstens solange man eine überall konstante normale Verbrennungsgeschwindigkeit voraussetzt, eine halbkugelige Brennfläche nicht stationär sein kann. Denn bei halbkugeliger Brennfläche wäre am Rande $\alpha$ gleich $\pi/2$, also $v_r = \infty$; die resultierende unendliche Fortpflanzungsgeschwindigkeit müßte kompensiert werden durch eine ebenfalls unendlich schnelle Strömung des Frischgases in entgegengesetzter Richtung[1], was sinnlos ist. Also kann bei konstanter normaler Verbrennungsgeschwindigkeit nur eine Brennfläche stabil sein, die die Rohrwandung unter einem spitzen Winkel schneidet[1]; als einfachste Fläche, die dieser Bedingung genügt, nehmen wir das Rotationsparaboloid, das die gleiche Höhe hat wie die Halbkugel und damit auch eine ähnliche Oberfläche (Abb. 75), d. h. das Paraboloid:

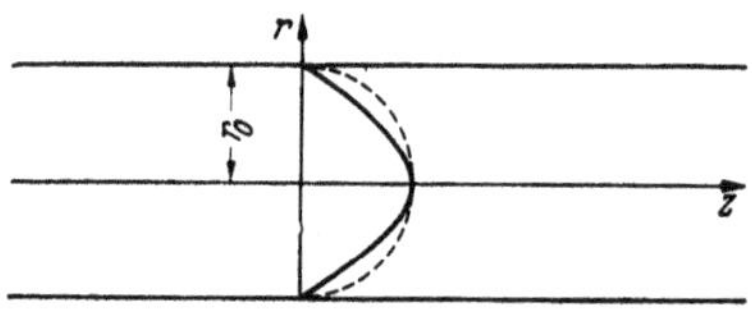

Abb. 75. Idealisierte Form der Brennfläche (Rotationsparaboloid).

$$z = -r^2/r_0. \tag{24}$$

Da die Paraboloidfläche das 1,86fache des Rohrquerschnittes beträgt, so muß die Flammengeschwindigkeit das 1,86fache der normalen Verbrennungsgeschwindigkeit betragen. In der Rohrmitte (Abb. 75), wo die Brennfläche senkrecht zur Rohrachse steht, liefert die resultierende Verbrennungsgeschwindigkeit nur den Wert $v_n$, also muß im Frischgas eine zusätzliche Strömung $(1{,}86 - 1)\, v_n = 0{,}86\, v_n$ nach vorn vorhanden sein, damit die effektive Flammengeschwindigkeit $v_{\text{eff}} = 1{,}86\, v_n$ erhalten wird. In dem Maße, wie man sich von der Rohrachse entfernt, nimmt die resultierende Verbrennungsgeschwindigkeit $v_r = v_n/\cos\alpha$ zu, bis man schließlich einen Punkt erreicht, wo $v_r = v_{\text{eff}} = 1{,}86\, v_n$ wird, $\cos\alpha = 1/1{,}86$; hier wird also im Frischgas die Strömungskomponente in Richtung der Rohrachse gleich Null. Noch weiter außen wird $v_r > v_{\text{eff}}$, hier herrscht im Frischgas eine Strömung gegen die Flammenfront hin, die wieder dafür sorgt, daß die effektive Flammengeschwindigkeit an allen Stellen

[1] Die Verhältnisse ändern sich, wenn wir die abkühlende Wirkung der Wand mit in Betracht ziehen; dann fällt diese Schwierigkeit von selbst fort, es bleiben aber andere Besonderheiten am Rande bestehen, von denen wir uns für die vorliegende Betrachtung freimachen wollen.

gleich $v_{\text{eff}} = 1{,}86\, v_n$ wird; diese Strömung führt in die „Zwickel“ am Rande das nötige Frischgas hin, um die Brennfläche in ihrer Form stationär zu halten. Dabei bleibt nun auch am Rande die Strömungsgeschwindigkeit endlich, nämlich $v_n/\cos\alpha = -1{,}86\, v_n$. Im ganzen ergibt sich im Frischgas das Bild der Abb. 76, wo die axialen Strömungskomponenten des Frischgases unmittelbar vor der Flammenfront eingetragen sind[1,2].

Ist $E$ das Expansionsverhältnis während der Verbrennung, so erhalten die verbrannten Gase nach Durchtritt durch die Brennfläche eine relative Geschwindigkeit senkrecht zu dieser (vgl. S. 65):

$$v = -(E-1)\, v_n\,^{*}.$$

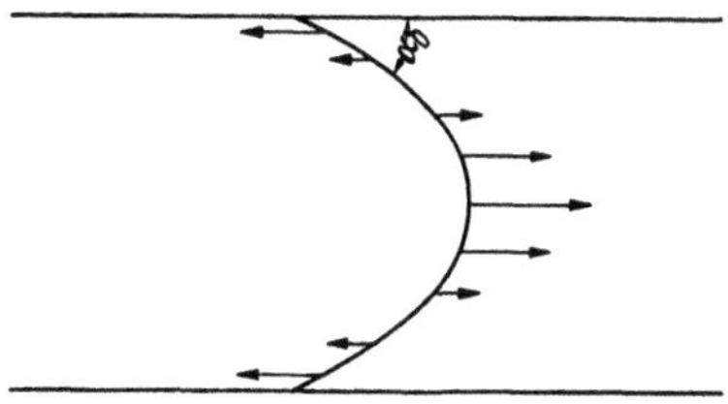

Abb. 76. Axiale Strömungskomponenten im Frischgas vor der (idealisierten) Brennfläche.

Da diese Geschwindigkeitskomponente senkrecht zur Brennfläche gerichtet ist, so kann die Strömungsrichtung die Brennfläche nur dann stetig durchsetzen, wenn sie auf dieser senkrecht steht; sofern aber das Frischgas unter einem gewissen Winkel gegen die Brennfläche anströmt, wird diese Richtung in der Brennfläche gebrochen (genau wie bei der Verbrennung im Bunsenbrenner); der Betrag der Geschwindigkeit ändert sich natürlich beim Durchgang durch die Brennfläche auf alle Fälle unstetig. Was sich auf Grund des vorangehenden qualitativ über die Strömungsverhältnisse aussagen läßt, ist in den folgenden Abb. 77a, b, c graphisch dargestellt. Man sieht aus dem vorangehenden wohl auch ohne weiteres, daß es keineswegs das gleiche ist, ob man die Geschwindigkeit des Fortschreitens der Flamme gegen das im Rohre ruhende Frischgas mißt, oder ob man durch eine geeignete Gegenströmung des Frischgases die Flamme stationär macht. Es wird dabei nämlich die Geschwindigkeitsverteilung im Rohre eine andere als bei ruhendem Frischgas, dadurch muß auch die Flammenfront eine andere Gestalt und Oberfläche erhalten, und somit die effektive Flammengeschwindigkeit verändert werden.

---

[1] Der Wert 1,86 ist natürlich mit dem speziellen gewählten Bild verbunden; aber man beobachtet ganz allgemein, daß $v_{\text{eff}}$ mindestens etwa $2\, v_n$.

[2] Es sei immerhin darauf aufmerksam gemacht, daß man ein Strömungsbild wie in Abb. 76 nach HETTNER [Ergebn. exakt. Naturw. Bd. 7 (1928)] erhält als Folge der thermischen Gleitung nach KNUDSEN. Setzt man in die HETTNERschen Formeln die für die Brennzone gültigen Werte des Temperaturgefälles ($\sim 10^{5}$° C/cm) ein, so erhält man an der Rohrwand eine gegen das heiße Gas gerichtete Strömung von $\sim 10^{2}$ cm/s. Leider kompliziert die Übergangsschicht nach der kalten Wand hin bei Flammen das Problem derart, daß zunächst nicht einmal sicher ist, ob der Effekt qualitativ bestehen bleibt. Es sei aber immerhin auf diese Erscheinungen aufmerksam gemacht.

* Wir setzen das Minuszeichen, da die Richtung von $v$ die entgegengesetzte wie die von $v_r$ ist.

Würden wir die abkühlende Wirkung der Wand mitberücksichtigen, was sich in einem, im einzelnen noch nicht näher untersuchten Absinken der normalen Verbrennungsgeschwindigkeit äußern muß, so würde sich die Form der Brennfläche nach dem Rande zu wesentlich verschieden von der gezeichneten Parabel ergeben; falls die normale Verbrennungsgeschwindigkeit am Rande gegen Null geht, so müßte in unmittelbarer Randnähe auch $\cos\alpha$ nach Null gehen, damit $v_r = v_n/\cos\alpha$ endlich bleibt, und man bekäme ein „Einkringeln" am Rande, wie es auch die Beobachtungen erkennen lassen (Abb. 78), wobei die Flamme in einem gewissen Abstand vom Rande aufhört.

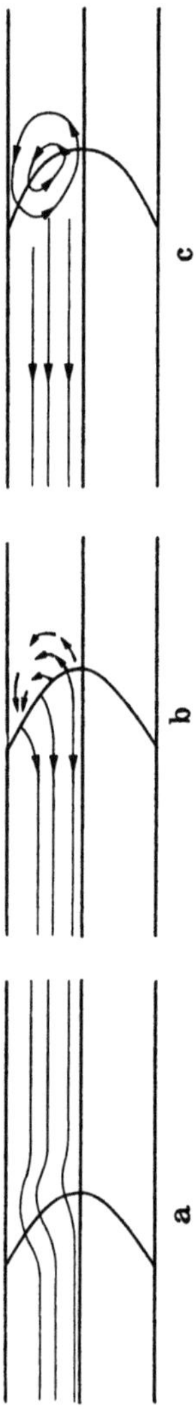

Abb. 77. Strömung bei Flammenfortpflanzung in einem Rohr; a auf die Brennfläche bezogen, b auf das Rohr bezogen, c Strömung aufgefaßt als Überlagerung nahezu axialer Strömung und eines Wirbels bei der Brennfläche.

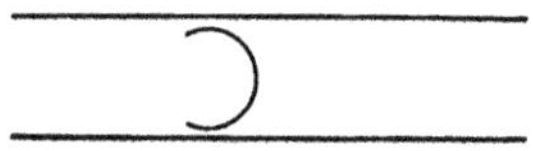
Abb. 78. Flammenform bei Berücksichtigung der Abkühlung durch die Wände.

Beispiele für die Form tatsächlich beobachteter Brennflächen vgl. Abb. 79. Man kann, wie COWARD und HARTWELL[1] das getan haben, auch versuchen, aus den Momentaufnahmen der Flammenflächen in einem Rohr die Größe dieser Fläche zu berechnen, indem man eine einfache geometrische Form dafür, z. B. ein Ellipsoid annimmt (infolge der Schwerkraftwirkung ist bei horizontalem Rohr keine Rotationssymmetrie mehr vorhanden); wenn man dann die umgesetzte Gasmenge einmal gleich Rohrquerschnitt, $\pi r^2$, mal beobachteter Flammengeschwindigkeit, $v_{\mathrm{eff}}$, das andere Mal aber gleich tatsächliche Brennfläche $f$ mal normaler Verbrennungsgeschwindigkeit $v_n$ ansetzt:

$$\pi r^2 v_{\mathrm{eff}} = f \cdot v_n, \tag{25}$$

so erhält man eine Beziehung, in der alle Größen außer $v_n$ direkt gemessen sind, die also $v_n$ zu ermitteln gestattet. Wir bringen in Abb. 79 Aufnahmen von COWARD und HARTWELL, welche von diesen in der obigen Weise ausgewertet worden sind. Wird der Rohrdurchmesser oder die Flammengeschwindigkeit zu groß, so ist die Methode nicht mehr anwendbar, weil dann die Brennfläche keine einfache Form mehr hat, sondern zerklüftet, knotig wird, was übrigens eine ungezwungene Erklärung für die in solchen Fällen beobachtete Erhöhung der Flammengeschwindigkeit liefert. Die Resultate von COWARD und HARTWELL an einer 10%igen Methan-Luftmischung geben wir in der folgenden Tabelle 13 wieder; man erkennt, daß aus Flammengeschwindig-

[1] COWARD, H. F. u. F. J. HARTWELL: J. chem. Soc. 1932, S. 2676.

keiten, die mit Rohrdurchmesser, Lage des Rohres und Bewegungsrichtung der Flamme sehr stark, etwa wie 1 : 2 variierten, Brenngeschwindigkeiten abgeleitet werden können, die nur um wenige Prozent von dem Mittelwert abweichen, der seinerseits wieder in leidlicher Übereinstimmung mit den aus der Brennermethode ermittelten Werten steht. Man sieht übrigens, daß die Flammengeschwindigkeit in Rohren immer mindestens etwa doppelt so groß wie die normale Verbrennungsgeschwindigkeit ist.

Mit steigendem Rohrdurchmesser nimmt allgemein die Flammengeschwindigkeit zu, wie

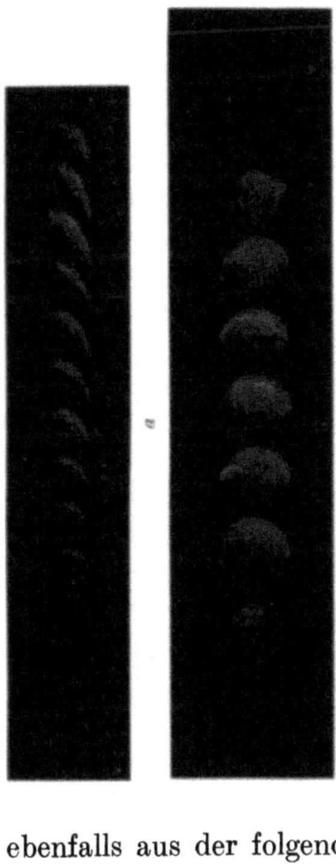

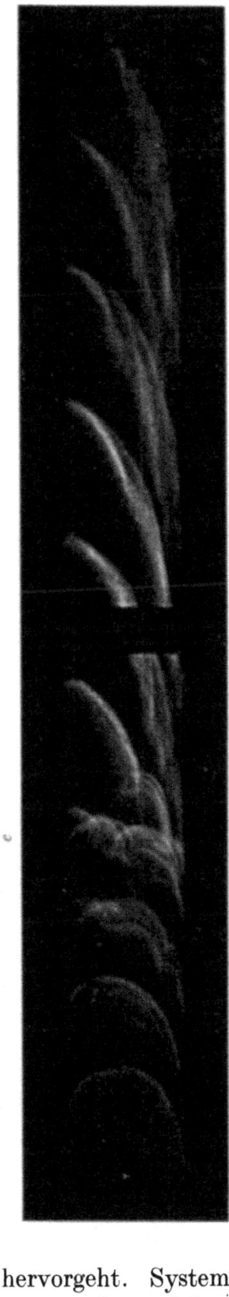


Abb. 79. Flammenaufnahmen. (Nach COWARD u. HARTWELL: J. chem. Soc. 1932.)

| | *a* | *b* | *c* | *d* |
|---|---|---|---|---|
| Bewegungsrichtung | horizontal | aufwärts | abwärts | horizontal |
| Rohrdurchmesser (cm) | 2,5 | 5 | 5 | 10 |
| Abstand zwischen zwei Aufnahmen (s) | 36 | 48 | 73 | $97 \cdot 10^{-3}$ |

ebenfalls aus der folgenden Tabelle 13 hervorgeht. Systematische Resultate gleichfalls von COWARD und HARTWELL geben wir in der nächsten Abb. 80 wieder.

Geht man mit dem Rohrdurchmesser weiter herunter, so nimmt die Flammengeschwindigkeit immer weiter ab, bis schließlich bei einem endlichen, kleinen Durchmesser (meist etwa von der Größenordnung 1 mm) eine Flamme sich überhaupt nicht mehr fortpflanzt. Qualitativ ist der Effekt ohne weiteres verständlich; infolge der Wärmeableitung nach der Wand muß die Brenngeschwindigkeit nach dem Rande hin abnehmen, sie wird in unmittelbarer Wandnähe praktisch Null sein. Wir hatten oben schon (S. 96) gesehen, daß in weiteren Rohren die Flamme sich an dem Rande einkringeln kann; das kommt ungefähr darauf hinaus, daß eine gewisse, der Wand anliegende Schicht überhaupt nicht von der Flamme erfaßt wird (d. h. natürlich nicht, daß nun dieser Teil des Gases unverbrannt bliebe; schon allein durch den Einfluß der Diffusion wird er hinter der Flammenfront sich mit den heißen Flammengasen mischen und dort abreagieren). Stellt man sich nun ein Rohr vor, in dem außen ein schmaler ringförmiger, von der Flamme nicht erfaßter Teil bleibt, und denkt sich das Rohr immer mehr verengert, so muß schließlich dieser Ring einmal den ganzen Rohrquerschnitt ausfüllen, ohne noch einen Platz für die Flammenfläche übrig zu lassen, d. h. es kann sich in dem engen Rohr keine Flamme mehr fortpflanzen. Man könnte nun annehmen, der Mindestdurchmesser eines Rohres, unterhalb dessen eine Flamme sich nicht mehr fortpflanzen kann, hinge stark vom Material der Rohrwandung ab, wegen der variierenden Wärmeleitfähigkeit. Das ist aber in Wirklichkeit nicht der Fall[1]; der Mindestdurchmesser für ein Rohr, durch das sich eine Flamme gerade noch fortpflanzt, ergab sich innerhalb der Fehlergrenzen von 2,5% als gleich für Glas und Kupfer, obwohl deren Wärmeleitfähigkeiten sich wie 1 : 460 verhalten.

Tabelle 13. Flammengeschwindigkeiten einer 10%igen Methan-Luftmischung in Rohren verschiedenen Durchmessers, sowie daraus berechnete normale Verbrennungsgeschwindigkeiten. (Nach COWARD und HARTWELL.)

| Rohrdurchmesser cm | Flammenbewegung | Axiale Flammengeschwindigkeit $v_{eff}$ cm/s | Flammenfläche $f$ cm² | Normale Verbrennungsgeschwindigkeit nach Gl. (25) cm/s |
|---|---|---|---|---|
| 10 | Horizontal | 111 | 300 | 29 |
| 10 | „ | 71 | 189 | 29 |
| 5 | „ | 92 | 66 | 27 |
| 5 | „ | 61,5 | 48,5 | 25 |
| 2,5 | „ | 71,5 | 12,6 | 28 |
| 2,5 | „ | 63 | 11,0 | 28 |
| 2,5 | „ | 59 | 10,4 | 28 |
| 2,5 | Aufwärts | 68 | 48 | 28 |
| 2,5 | „ | 92,5 | 66,5 | 27 |
| 2,5 | Abwärts | 61 | 46 | 26 |
| 2,5 | „ | 58 | 63,5 | 26 |

[1] HOLM, J. M.: Phil. Mag. Bd. 14 (1932) S. 18; Bd. 15 (1933) S. 329.

Zahlenwerte der Grenzdurchmesser sind in Abb. 81 nach HOLM für Methan-Luft angegeben; sie liegen bei einigen Millimetern. Für Leuchtgas und noch mehr für Wasserstoff liegen die Werte niedriger[1].

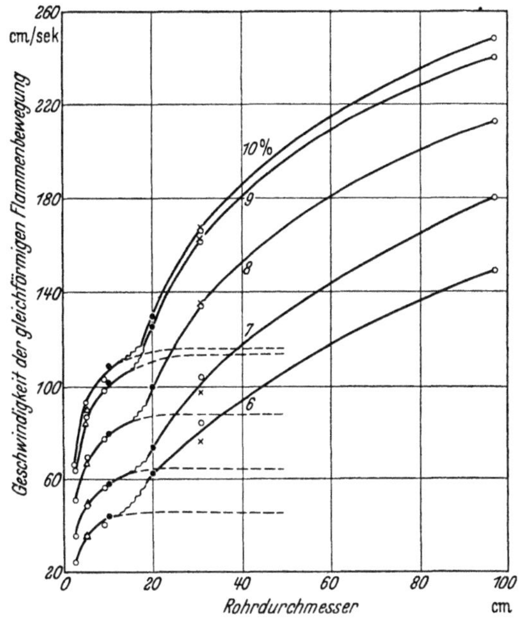


Abb. 80. Flammengeschwindigkeiten verschiedener Methan-Luftmischungen (% Methan) in Abhängigkeit vom Rohrdurchmesser. (Nach COWARD u. HARTWELL: J. chem. Soc. 1932, S. 1999.)

Wenn man sich den Sachverhalt näher überlegt, so ist das gar nicht verwunderlich. Denn die Wärmekapazität, ebenso wie die Wärmeleitfähigkeit des Wandmaterials ist immer, besonders aber bei Rohren geringer lichter Weite, auf welche es hier ja gerade ankommt, relativ groß gegen die der verbrennenden Gase. Da es weiter nur auf die Wärmeableitung zur Wand in der kurzen Zeit, während der die Brennzone an einer Stelle vorbeistreicht, ankommt, so wird dabei niemals die Wand sehr stark erwärmt werden; infolgedessen kann für die Beeinflussung der Flamme Wärmekapazität und Wärmeleitfähigkeit

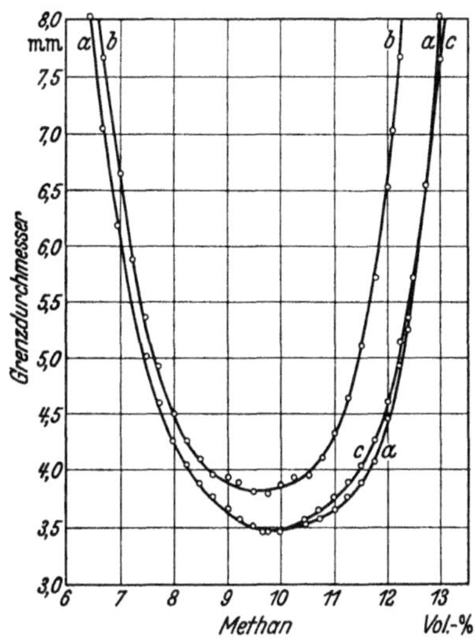


Abb. 81. Grenzdurchmesser, unterhalb deren sich Flammen nicht mehr fortpflanzen, für Methan-Luftmischungen: *a* Loch in Kupferfolie, *b* Kupferrohr, *c* Kupferfolie (andere Methode). [Nach HOLM: Phil. Mag. (7) Bd. 14 (1932).]

[1] Untersuchungen über den Zünddurchschlag durch enge Spalte im Hinblick auf die Verwendung elektrischer Geräte in explosionsgefährdeten Betrieben führte D. MÜLLER-HILLEBRAND aus [Elektrotechn. Z. Bd. 59 (1938) S. 1116]. Bei Methan war bei einer Spaltlänge von 25 mm noch eine Spaltweite von 1,15 mm sicher, während bei Acetylen bis auf 0,02 mm heruntergegangen werden mußte. Allgemein wird zu bedenken sein, daß eine Flamme um so eher durch ein enges Rohr oder einen Spalt hindurchgehen wird, je stärker die Bewegungen des Gases als ganzes sind.

der Wand nur eine untergeordnete Rolle spielen. Es ist darum so: die Flamme hat eine, in erster Näherung halbkugelige Form und berührt die Wand selbst nirgends. Das Verhältnis von innerhalb dieser Halbkugel durch Verbrennung produzierter Wärme zu dem die Oberfläche der Halbkugel durchsetzenden Wärmestrom wird um so ungünstiger, je kleiner der Kugelradius ist: deshalb wird unterhalb eines gewissen Radius die Flamme verlöschen. In dieser Form ist das Problem von HOLM (zitiert S. 98) dargestellt worden, der einerseits die Analogie mit der Funkenzündung, solange man diese als Wärmephänomen auffaßt, betont (vgl. S. 48), andererseits darauf hinweist, daß in Wirklichkeit die Flamme ja gar nicht durch die Wand selbst, sondern durch das vor ihr befindliche Frischgas abgekühlt wird. Die Wand bestimmt nur Form und Größe der Brennfläche sowie die Temperatur des Frischgases. Gelegentliche Beobachtungen über Unterschiede in der Geschwindigkeit von Flammen, die in Rohren aus verschiedenem Material laufen, sind wahrscheinlich anders zu deuten: der Zustand der Wand (etwa rauhe, oxydierte Metalloberfläche gegenüber einer glatten Glaswand) beeinflußt ja den Strömungszustand des Gases und damit indirekt die Flammengeschwindigkeit. Wir geben in Tabelle 14 nach BONE („Flame and Combustion") eine Zusammenstellung von Werten der Flammengeschwindigkeit von Methan-Luftmischungen in vier verschiedenen Rohren wieder, nach Versuchen von PARKER und RHEAD. Die geringen Unterschiede, die hier in den Flammengeschwindigkeiten in Glas-, Blei-, Kupfer- und Eisenrohren auftreten, können zum größten Teil als Folge der noch vorhandenen Unterschiede in den Durchmessern angesehen werden; jedenfalls ergibt sich keinerlei Anhalt dafür, die Flammengeschwindigkeit als durch Wärmekapazität und Wärmeleitfähigkeit der Wand beeinflußt anzusehen.

Tabelle 14. Flammengeschwindigkeiten (in cm/s) von Methan-Luftmischungen in vier verschiedenen Rohren, nach PARKER und RHEAD (nach BONE).

| % Methan | Glasrohr 2,65 cm ∅ | Bleirohr 2,64 cm ∅ | Kupferrohr 2,2 cm ∅ | Eisenrohr 2,72 cm ∅ |
|---|---|---|---|---|
| 5,99 | 21,7 | 19,4 | 18,3 | 21,2 |
| 6,83 | 33,4 | 32,5 | 32,7 | 34,1 |
| 7,6 | 45,6 | 43,5 | 42,4 | 43,8 |
| 7,95 | 48,6 | 48,2 | 45,2 | |
| 8,94 | 63,66 | 58,7 | 59,4 | 63,3 |
| 10,0 | 69,8 | 65,0 | 63,2 | 67,3 |
| 10,98 | 61,1 | 53,9 | 54,1 | 57,5 |
| 11,3 | 53,3 | 45,4 | 47,7 | 50,6 |
| 11,74 | 36,9 | 35,2 | 34,5 | 36,1 |

Man könnte nun fragen, wie lassen sich diese Feststellungen vereinigen mit der Tatsache, daß man seit DAVY ein gut die Wärme leitendes Drahtnetz[1] benutzt, wenn man das Durchschlagen einer Flamme ver-

[1] DAVY, H.: Über die Sicherheitslampe. Ostwalds Klassiker Nr. 242. — Das Wärmeleitungsproblem beim DAVYschen Drahtnetz hat MACHE (zitiert S. 69) behandelt.

hindern will; hier spielt sicher die Wärmeleitfähigkeit des Materials eine entscheidende Rolle. Man überlegt sich, daß man es mit zwei wesentlich verschiedenen Problemen zu tun hat. Beim Davyschen Drahtnetz brennt die Flamme stationär über dem Drahtnetz; falls das Drahtnetz keine Wärme ableiten würde, müßte es mit der Zeit bestimmt bis auf die Entzündungstemperatur des Gases erhitzt werden und die Flamme könnte durchschlagen. Bei einer Flamme, die in einem Rohr fortschreitet oder evtl. wegen zu engen Rohrdurchmessers erlischt, ist diese aber immer nur sehr kurz mit jedem Element des Rohres in Berührung. Anders wird es, wenn man durch Gegenströmenlassen des Gases die Flamme stationär macht; dann kann sich natürlich auch das Rohr an der Stelle, an der die Flamme steht, stärker erwärmen und die Wärmeleitfähigkeit muß ganz wesentlich ins Spiel kommen.

Einige mehr quantitative Abschätzungen zu den obigen Überlegungen bringen wir später, im Zusammenhang mit der Theorie der Brenngeschwindigkeit.

Aus der allgemeinen Beobachtung, daß, außer in sehr engen Rohren, auf längere Strecken (d. h. etwa mehrere Meter) die Flammengeschwindigkeit niemals stationär bleibt (vgl. S. 160), ist zu schließen, daß die bisher besprochene Flammenfortpflanzung nicht absolut stabil sein kann. Andererseits ist es auffallend, daß man für das Anfangsstadium unter Beachtung gewisser Vorsichtsmaßregeln eine, bei gegebenem Rohrdurchmesser, gut reproduzierbare Flammengeschwindigkeit erhalten kann. Dies und die Tatsache, daß man Flammenaufnahmen wie Abb. 71, S. 91, erhalten kann, wo also die Flamme aus im einzelnen nicht bekannten Gründen in Schwingungen gerät, wo aber auch während des Schwingungsstadiums die mittlere Flammengeschwindigkeit die gleiche bleibt wie in dem vorangehenden Stadium gleichförmiger Bewegung, sprechen dafür, daß gegen hinreichend kleine Störungen die Flammenbewegung stabil ist; allerdings sind mit Schwingungen größerer Amplituden dann immer auch, gelegentlich sogar sehr starke, Änderungen der Flammengeschwindigkeit verbunden.

Der Übergang aus einem Stadium gleichförmiger Flammengeschwindigkeit geht sehr oft durch ein Gebiet der Schwingungen hindurch. Weshalb die Schwingungen einsetzen und wie sie zustande kommen, scheint bisher nicht näher untersucht zu sein; lediglich über die charakteristische Frequenzen liegen genauere Untersuchungen vor. Immerhin scheint es, daß in einem, in einem Rohr befindlichen, am offenen Ende gezündeten Gas die Schwingungen am leichtesten und mit größter Amplitude einsetzen, wenn man ein Gemisch mit Brennstoffüberschuß vorliegen hat, das bei dem Austritt aus dem Rohr sich mit der Sekundärluft mischt und weiter brennt; es ist recht wahrscheinlich, daß durch die Rückwirkung dieser sekundären Verbrennung die Schwingungen angeregt und aufgeschaukelt werden.

Faßt man, was naheliegend ist, das Schwingungsstadium auf als gewöhnliches Fortschreiten der Flamme, überlagert von einem Schwingen der Gasmasse als Ganzem, so handelt es sich einfach darum (Abb. 82), die Eigenfrequenzen einer Gassäule in einem einseitig offenen Rohr zu berechnen, wobei die Gassäule zum Teil aus Frischgas, zum Teil aus Verbranntem besteht. Es ist dies nichts anderes, als das Problem der offenen Pfeife, wobei nur die Luftsäule aus zwei Schichten besteht, die verschiedene chemische Zusammensetzung, Temperatur, Dichte und damit auch verschiedene adiabatische Kompressibilität aufweisen[1]. Man wird von vornherein erwarten — und die Rechnung bestätigt dies, — daß die auftretenden Frequenzen zwischen denen liegen, die dem reinen Frischgas bzw. den reinen Abgasen zukommen.

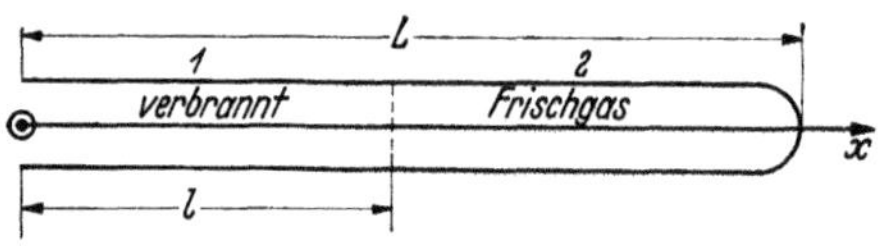

Abb. 82.

Nehmen wir die Bezeichnungen der Abb. 82; bedeute ferner $\xi$ die Verrückung eines materiellen Punktes in der $x$-Richtung, so haben wir die Differentialgleichungen[2]:

$$\frac{\partial^2 \xi_1}{\partial t^2} = c_1^2 \frac{\partial^2 \xi_1}{\partial x^2}; \qquad \frac{\partial^2 \xi_2}{\partial t^2} = c_2^2 \frac{\partial^2 \xi_2}{\partial x^2}, \tag{26}$$

worin die Indizes 1 und 2 bzw. das verbrannte und das unverbrannte Gas kennzeichnen, $c$ die betreffende Schallgeschwindigkeit bedeutet. Dabei gilt noch:

$$\left\{\begin{aligned} & c_1^2 = \left(\frac{dp}{d\varrho}\right)_1; \quad c_2^2 = \left(\frac{dp}{d\varrho}\right)_2; \\ & c_1^2 = \frac{p_1 \varkappa_1}{\varrho_1}; \quad c_2^2 = \frac{p_2 \varkappa_2}{\varrho_2}, \end{aligned}\right. \tag{27}$$

worin $p$ Druck, $\varrho$ Dichte, $\varkappa$ das Verhältnis der spezifischen Wärmen ($= c_p/c_v$) bedeuten und die Indizes 1 und 2 die gleiche Bedeutung haben wie oben.

Fernerhin müssen folgende Randbedingungen erfüllt werden: am rechten, geschlossenen Rohrende, also für $x = L$, muß sich ein Schwingungsknoten befinden, d. h. die Verrückungen der Gasteilchen müssen dort 0 werden, also $\xi_1$ bzw. $\xi_2 = 0$; umgekehrt muß sich am linken offenen Rohrende ein Schwingungsbauch befinden, d. h. die Verrückung muß dort vollkommen ungehindert stattfinden[3], es herrscht hier konstant der äußere Atmosphärendruck und es muß $\partial\xi/\partial x = 0$ sein. Wir formulieren die beiden Randbedingungen:

$$\left\{\begin{aligned} & \text{a) für } x = L\colon\ \xi_1 = 0 \quad \text{bzw.} \quad \xi_2 = 0. \\ & \text{b) für } x = 0\colon\ \frac{\partial \xi_1}{\partial x} = 0 \quad \text{bzw.} \quad \frac{\partial \xi_2}{\partial x} = 0. \end{aligned}\right. \tag{28}$$

---

[1] Vgl. auch Ellis-Kirkby: Flame. — Lees, Ch. H.: Proc. phys. Soc., Lond. Bd. 41 (1929) S. 204.

[2] Vgl. die Lehrbücher der Physik.

[3] In den analogen Rechnungen für Pfeifenschwingungen zeigt es sich, daß noch eine gewisse Korrektur anzubringen ist, die dem Übergang aus dem Rohr in den freien Raum Rechnung trägt, vgl. etwa Handbuch der Physik, Bd. 8; von derartigen Feinheiten sehen wir hier ab.

Ein partikuläres Integral, daß sowohl die Differentialgleichung als auch jeweils eine der beiden Randbedingungen erfüllt, ist:

$$(29)\qquad \left\{\begin{aligned} \xi_1 &= a_1 \cos\frac{2\pi\nu x}{c_1}\cos 2\pi\nu t, \\ \xi_2 &= a_2 \sin\frac{2\pi\nu(L-x)}{c_2}\cos 2\pi\nu t. \end{aligned}\right.$$

Davon erfüllt $\xi_1$ automatisch die Randbedingung am linken Ende, $\xi_2$ die am rechten Ende. Falls nun aber das Rohr ganz mit Frischgas 2, bzw. mit verbranntem 1 gefüllt ist, so müssen auch dann noch die Randbedingungen erfüllt sein; d. h. wenn wir die in diesen beiden Fällen auftretenden Frequenzen mit $\nu_1$ und $\nu_2$ bezeichnen[1], muß auch werden

$$(30)\qquad \left\{\begin{aligned} &\text{a)}\ \xi_1 = 0 \text{ für } x = L, \\ &\text{b)}\ \frac{\partial\xi_2}{\partial x} = 0 \text{ für } x = 0. \end{aligned}\right.$$

Daraus folgt:

$$(31)\qquad \left\{\begin{aligned} &\text{a)}\ \cos\frac{2\pi\nu_1 L}{c_1} = 0, \quad \text{oder} \quad \frac{2\pi\nu_1 L}{c_1} = \frac{\pi}{2}, \\ &\text{b)}\ \cos\frac{2\pi\nu_2 L}{c_2} = 0, \quad \text{oder} \quad \frac{2\pi\nu_2 L}{c_2} = \frac{\pi}{2}, \end{aligned}\right.$$

d. h. es wird

$$(32)\qquad c_1 = 4\nu_1 L; \qquad c_2 = 4\nu_2 L.$$

Man kann statt (29) dann auch schreiben:

$$(33)\qquad \xi_1 = a_1\cos\frac{\pi\nu x}{2\nu_1 L}\cos 2\pi\nu t; \qquad \xi_2 = a_2\sin\frac{\pi\nu(L-x)}{2\nu_2 L}\cos 2\pi\nu t.$$

An der Stelle $x = l$ werden Verschiebungs- und Kraftkomponenten für beide Medien als gleich angenommen, das gibt:

$$(34)\qquad \left.\begin{aligned} &\xi_1 = \xi_2 \\ &\frac{\partial\xi_1}{\partial x}c_1^2\varrho_1 = \frac{\partial\xi_2}{\partial x}c_2^2\varrho_2; \qquad \frac{\partial\xi_1}{\partial x}p_1\varkappa_1 = \frac{\partial\xi_2}{\partial x}p_2\varkappa_2 \end{aligned}\right\} \text{für } x = l,$$

also:

$$(35)\qquad \left\{\begin{aligned} &\text{a)}\ a_1\cos\frac{\pi\nu l}{2\nu_1 L} = a_2\sin\frac{\pi\nu(L-l)}{2\nu_2 L}, \\ &\text{b)}\ \frac{p_1\varkappa_1 a_1}{\nu_1}\sin\frac{\pi\nu l}{2\nu_1 L} = \frac{p_2\varkappa_2 a_2}{\nu_2}\cos\frac{\pi\nu(L-l)}{2\nu_2 L}. \end{aligned}\right.$$

Wenn wir den Unterschied von $p_1$ und $p_2$ vernachlässigen (der bei gewöhnlichen Flammen nur sehr klein ist), so ergibt sich durch Division von (35b) durch (35a) die Gleichung für die Schwingungsfrequenz:

$$(36)\qquad \frac{\varkappa_1}{\nu_1}\operatorname{tg}\frac{\pi\nu l}{2\nu_1 L} = \frac{\varkappa_2}{\nu_2}\operatorname{ctg}\frac{\pi\nu(L-l)}{2\nu_2 L}.$$

Wo diese Beziehung geprüft wurde, hat sie sich als gut erfüllt erwiesen. Übrigens entsprechen die Bedingungen (31) der Annahme, daß nur die Grundtöne[1] angeregt sind; man kann die Rechnung entsprechend auch für Obertöne durchführen, die tatsächlich ebenfalls angeregt werden, und zwar wohl um so stärker, je intensiver die Schwingungen sind.

---

[1] Daß auch Obertöne auftreten, bleibe hier unberücksichtigt. Das Auftreten von Obertönen sieht man besonders schön an direkten Schattenaufnahmen schwingender Flammen von A. G. White: J. chem. Soc. 1928, S. 1159.

Daß die Flammenfortpflanzung im Mittel allenfalls bei kleinen Störungen, nicht aber bei Schwingungen mit großen Amplituden stationär sein kann, überlegt man sich qualitativ einigermaßen einfach (Abb. 83). Bei kleinen Schwingungen (Abb. 83a) wird beim Vor- und Zurückschwingen die Flammenfläche ein wenig vergrößert bzw. verkleinert werden; es kann aber wohl sein, daß im Mittel die Oberfläche der schwingenden Flamme nur verschwindend wenig von der der nichtschwingenden abweicht, und daß infolgedessen auch die mittlere Fortpflanzungsgeschwindigkeit ungefähr die gleiche bleibt. Schwingt die Flamme aber mit großen Amplituden (Abb. 83b), so muß ihre Fläche im Mittel immer größer sein als ohne Schwingung, d. h. aber die Fortpflanzungsgeschwindigkeit muß demgegenüber ebenfalls vergrößert sein; das führt im allgemeinen zu einer zunehmenden Störung der ursprünglich gleichförmigen Flammenbewegung, und zwar (neben evtl. intermediär auftretenden Verlangsamungen) zu einer Beschleunigung, die unter Umständen zur Detonation überleiten kann. Wir werden später sehen (Kap. IV, S. 142), daß unter besonderen Umständen sehr viel kompliziertere Flammenformen auftreten können als in Abb. 83 gezeichnete.

Abb. 83.

## 6. Theorie der Flammenfortpflanzung.

In der theoretischen Behandlung der Flammenfortpflanzung ist die Lage ähnlich wie bei der Deutung der Selbstzündungserscheinungen und der Funkenzündung: man hat es zunächst als selbstverständlich angenommen, daß es sich um reine Wärmevorgänge handele, und von dieser Annahme ausgehend in mehr oder weniger guter Annäherung Ausdrücke für die normale Verbrennungsgeschwindigkeit abzuleiten versucht. Der Vergleich der erhaltenen Ausdrücke mit der Erfahrung (soweit in Anbetracht der unvollständigen Durchführbarkeit der Theorie ein Vergleich möglich ist), zeigt, daß zwar manche Erfahrungstatsachen auf der Grundlage einer Wärmetheorie verstanden werden können, daß bei anderen aber Diskrepanzen grundsätzlicher Art auftreten, die eine Abänderung der theoretischen Grundlagen erfordern. Wiederum handelt es sich darum, daß man die Beteiligung aktiver Teilchen an der Reaktion, die Diffusion überhaupt und die der freien Atome und Radikale insbesondere berücksichtigen muß.

Wenn wir trotzdem zuerst die reine Wärmetheorie kurz besprechen, so tun wir das, weil sie einen einfachen Grenzfall des komplizierteren allgemeinen Problems darstellt, und weil man durch die Betrachtung der einfacheren Grenzfälle am leichtesten einen Einblick in das komplexe Phänomen gewinnt.

Den ersten Versuch, eine Wärmetheorie der normalen Verbrennungsgeschwindigkeit aufzustellen, unternahmen bereits MALLARD und LE CHATELIER[1]. Betrachtet man die Struktur der Brennzone einer Flamme (Abb. 84), so erkennt man folgendes: Wir haben in der Abbildung die Temperatur als Funktion des Abstandes in der Normalen zur Brennfläche aufgetragen; dabei soll die Brennzone bei $x = 0$ stationär sein, d. h. wir denken uns das Frischgas gegen unser Bezugssystem mit der Geschwindigkeit $v_n$ in Richtung der positiven $x$-Achse strömen. Die Temperatur des Frischgases sei $T_0$, die der Endgase $T_e$; solange man mit dem Begriff der Zündtemperatur operiert, wie es in den älteren Arbeiten üblich ist, kann man annehmen, daß an einer bestimmten Stelle in der Brennzone gerade diese Temperatur $T_z$ erreicht sein wird, und daß das links davon befindliche Frischgas durch Leitung auf $T_z$ erwärmt wird, während das rechts davon befindliche Gas durch die chemische Reaktion sich spontan erhitzt und durch Leitung Wärme an das Frischgas abgibt. Solange man diese Vorstellung beibehält, kann man folgendermaßen weiterschließen: Wenn $\bar{c}$ die Wärmekapazität des Frischgases pro cm³ ist, so ist zur Erwärmung der $v_n$ cm³ Frischgas, die pro cm² und s durch die Brennfläche hindurchtreten, auf die Zündtemperatur $T_z$ die Wärmemenge nötig:

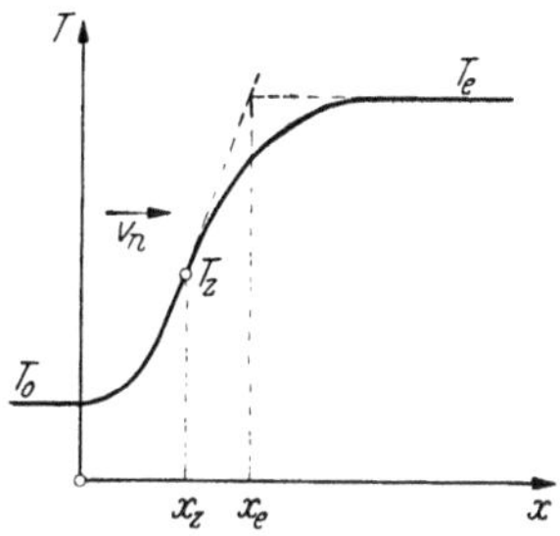

Abb. 84. Temperaturverteilung in der Brennzone.

$$\bar{c}\, v_n (T_z - T_0). \tag{37}$$

Diese Wärmemenge soll durch Leitung geliefert werden. Es ist naheliegend, anzunehmen, daß das Temperaturgefälle bei $T_z$ proportional ist der Differenz $T_e - T_z$, so daß der Wärmestrom würde:

$$k (T_e - T_z), \tag{38}$$

worin $k$ unter anderem der Wärmeleitfähigkeit proportional ist, und umgekehrt proportional dem Abstand, auf welchem die Temperatur von $T_z$ auf $T_e$ ansteigt. Gleichsetzen von (37) und (38) führt zu:

$$\left\{\begin{aligned} &\bar{c}\, v_n (T_z - T_0) = k (T_e - T_z), \quad \text{oder} \\ &v_n = \frac{k\,(T_e - T_z)}{\bar{c}\,(T_z - T_0)}. \end{aligned}\right. \tag{39}$$

Das ist der Ausdruck von MALLARD und LE CHATELIER. Alle Weiterführungen der Wärmetheorie von MALLARD und LE CHATELIER gehen im Grunde nur darin über den ursprünglichen Ansatz hinaus, daß sie die chemische Reaktionsgeschwindigkeit in dem Gebiet oberhalb $T_z$ (in meist ziemlich grober und unzureichender Weise) einführen, und

---

[1] MALLARD u. LE CHATELIER: Ann. Mines (8) Bd. 4 (1883) S. 274.

daß sich dabei ergibt, daß das Temperaturgefälle mit $v_n$ umgekehrt proportional ist; an Stelle von (38) tritt also ein Ausdruck:

$$k\,\frac{(T_e - T_z)}{v_n}, \tag{38'}$$

worin $k$ nun neben der Wärmeleitfähigkeit auch einem Reaktionsgeschwindigkeitsfaktor proportional ist; Kombination von (37) und (38′) liefert für $v_n$:

$$v_n = \sqrt{\frac{k}{c}\,\frac{T_e - T_z}{T_z - T_0}}. \tag{39'}$$

Auf diese Form lassen sich im wesentlichen die von CRUSSARD[1], DANIELL[2] und NUSSELT[3] und JOUGET[3] abgeleiteten Formeln reduzieren[4].

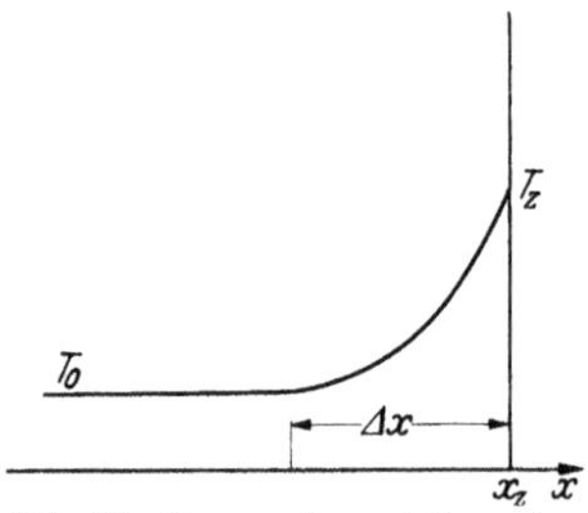

Abb. 85. Temperaturverteilung im Frischgas vor der Brennzone. (Nach MACHE.)

Wir werden auf die NUSSELTsche Formel unten etwas näher eingehen und im Zusammenhang damit auch die Leistungen und Grenzen der Wärmetheorie diskutieren. So bedenklich an sich die Einführung einer Zündtemperatur in diesem Zusammenhang ist, so wird es doch jedenfalls eine bestimmte mittlere Temperatur geben, unterhalb deren die Geschwindigkeit des chemischen Umsatzes vernachlässigt werden kann. In dem Gebiet vor der Brennzone bis zu dieser Temperatur findet dann jedenfalls die Erwärmung des Frischgases ausschließlich durch Leitung statt. Das Wärmeleitungsproblem, die Temperaturverteilung in dem gegen die Brennfläche anströmenden Frischgas zu berechnen, wenn an einer bestimmten Stelle die konstante Temperatur $T_z$ aufrechterhalten wird, läßt sich in Strenge behandeln[5]. Man bekommt eine Temperaturverteilung, wie sie qualitativ in Abb. 85 angedeutet ist. MACHE (zitiert S. 69) hat für ein Gemisch von $H_2$ und $O_2$ mit $v_n = 130$ cm/s und bekannter Wärmeleitfähigkeit diese Temperaturverteilung numerisch berechnet. Man kann von dieser Rechnung aus zu einer Abschätzung der „Dicke" der Brennzone gelangen; rechnet man die Strecke $\Delta x$ aus, beginnend an einer

[1] CRUSSARD, L.: C. R. Acad. Sci., Paris Bd. 158 (1914) S. 125, 340.

[2] DANIELL, P. J.: Proc. roy. Soc., Lond. A Bd. 126 (1930) S. 393.

[3] NUSSELT, W.: Z. VDI Bd. 59 (1915) S. 872; vgl. ferner E. JOUGET: C. R. Acad. Sci., Paris Bd. 156 (1913) S. 872, 1058; Bd. 179 (1924) S. 454. — JOUGET, E. u. L. CRUSSARD: C. R. Acad. Sci., Paris Bd. 168 (1919) S. 820.

[4] Für eine kritische Diskussion der Wärmetheorie vgl. auch H. F. COWARD u. W. PAYMAN: Chem. Rev. Bd. 21 (1937) S. 359.

[5] MICHELSON: Über die normale Entzündungsgeschwindigkeit der Knallgasgemenge, Moskau 1890; vgl. dazu H. MACHE: Zitiert S. 69. Bei MACHE ist in der Zahlenreihe, für welche die Wärmeleitfähigkeit zu $k_0\sqrt{T}$ angesetzt ist, für $k_0$ ein um eine Zehnerpotenz zu kleiner Zahlenwert angesetzt; die obigen Zahlen entsprechen der Kolonne mit Wärmeleitfähigkeit proportional $T$, mit richtigem Zahlenmaterial.

Stelle, an der gerade die Temperatur merklich über $T_0$ zu steigen beginnt (z. B. in MACHEs Rechnung von $T_0 = 273$ auf 280° abs. gestiegen ist) bis zu der Stelle, wo $T_z$ erreicht wird, so ergibt sich dafür:

$$\Delta x \cong 10^{-2}\,\text{cm}.$$

Man wird daher, solange man keine bessere Abschätzung hat, die Dicke der Brennzone in dieser Größenordnung annehmen.

Eine einfache Ableitung der NUSSELTschen Formel für $v_n$ findet man bei EUCKEN[1]. Zunächst übernimmt man für die dem Frischgas zuzuführende Wärme $Q$ Gl. (37):

$$Q = \bar{c}\, v_n (T_z - T_0). \tag{40}$$

Statt (38) schreibt man allgemeiner für den Wärmestrom an der Stelle $x_z$ (Abb. 84, 85):

$$Q' = \lambda \left(\frac{\partial T}{\partial x}\right)_{x = x_z} \tag{41}$$

(das Temperaturgefälle mit positivem Vorzeichen tritt hier auf, weil wir den Wärmestrom in Richtung der negativen $x$-Achse messen). Es muß wiederum $Q = Q'$ sein; dabei müssen wir zunächst aber noch einen Ausdruck für $(\partial T/\partial x)_{x = x_z}$ suchen. In starker Vereinfachung wird angenommen, daß die Temperatur von $T_z$ linear anstiege, daß also bei $x = x_e$ die Endtemperatur $T_e$ erreicht sei; in dem gleichen Intervall müßte daher auch die chemische Umsetzung vollendet sein, d. h. etwa die Konzentration der Reaktionsprodukte von $\zeta = 0$ bis $\zeta = \zeta_e$ angestiegen sein; das Konzentrationsgefälle der Reaktionsendprodukte wird daher:

$$\frac{\partial \zeta}{\partial x} = \frac{\zeta_e}{x_e - x_z}. \tag{42}$$

Für das Temperaturgefälle, das nach Abb. 84 ja $\frac{\partial T}{\partial x} = \frac{T_e - T_z}{x_e - x_z}$ sein soll, kann man daher auch schreiben:

$$\frac{\partial T}{\partial x} = \frac{T_e - T_z}{x_e - x_z} = \frac{T_e - T_z}{\zeta_e}\,\frac{\partial \zeta}{\partial x}, \tag{43}$$

d. h. die unbekannte Strecke $(x_e - x_z)$ ist eliminiert; es bleibt aber noch $\partial\zeta/\partial x$ durch die Reaktionsgeschwindigkeit auszudrücken. Man nimmt nun, wiederum in starker Vereinfachung, die Reaktionsgeschwindigkeit über das ganze Intervall als konstant an, zu $v_r$, wo $v_r$ also die Zunahme der Konzentration der Endprodukte in der Zeiteinheit bedeuten soll, $v_r = \partial\zeta/\partial t$. Schreibt man

$$\frac{\partial \zeta}{\partial x} = \frac{\partial \zeta}{\partial t}\,\frac{dt}{dx} = \frac{v_r}{dx/dt}, \tag{44}$$

worin $dx/dt$ offenbar die Geschwindigkeit bedeutet, mit der sich ein Teilchen in der $x$-Richtung bewegt, die wir mit $v_n'$ bezeichnen wollen, so wird:

$$\frac{\partial T}{\partial x} = \frac{T_e - T_z}{\zeta_e} \cdot \frac{v_r}{v_n'}. \tag{45}$$

[1] EUCKEN, A.: MÜLLER-POUILLETs Lehrbuch der Physik, Bd. III/1, S. 859ff. 1926.

$v_n'$, die Strömungsgeschwindigkeit eines Elementes bei der Temperatur $T$, läßt sich durch die Strömungsgeschwindigkeit $v_n$ bei der Temperatur $T_0$ ausdrücken:

$$v_n' = \frac{T}{T_0} v_n, \quad (46)$$

wobei angenommen ist, daß die Reaktion ohne Änderung der Molzahl verläuft, sonst müßte noch ein dies berücksichtigender Faktor mit eingeführt werden; dieser wird jedoch gleich 1, wenn wir jetzt alle Größen auf $T_z$ beziehen, weil dort noch kein Umsatz stattgefunden hat und daher auch noch die gleiche Molzahl wie zu Anfang vorhanden ist; tun wir das, so erhalten wir:

$$\left(\frac{\partial T}{\partial x}\right)_{x=x_z} = \frac{T_e - T_z}{\zeta_e} \frac{(v_r)_z}{v_n} \cdot \frac{T_0}{T_z} \quad (47)$$

und durch einsetzen in (40):

$$v_n^2 = \frac{\lambda \cdot (T_e - T_z) \cdot T_0 \cdot (v_r)_z}{\bar{c}\,(T_z - T_0) \cdot T_z\, \xi_e}, \quad (48)$$

im wesentlichen mit (39′) übereinstimmend. Es sei ausdrücklich betont, daß die vorgenommenen Vereinfachungen durchaus nicht alle unbedenklich sind und insbesondere in Strenge auch nicht einmal miteinander verträglich sind; da wir aber ohnedies später die grundsätzliche Unzulänglichkeit einer reinen Wärmetheorie erkennen werden, gehen wir darauf nicht näher ein.

Es ist nützlich, sich zunächst zu überlegen, daß die allgemeine Form von (48) plausibel ist und daß man einige vernünftige Folgerungen daraus ziehen kann. Die Brenngeschwindigkeit wird nach (48) und ebenso nach der ursprünglichen Mallard-Le Chatelier-Formel (39) um so größer, je höher die maximale Flammentemperatur über der Zündtemperatur $T_z$ liegt, und um so kleiner, je höher $T_z$ über der Frischgastemperatur $T_0$ liegt; ferner wird $v_n$ um so größer, je größer die Reaktionsgeschwindigkeit in der Brennzone ist, je größer die Wärmeleitfähigkeit $\lambda$ ist, und je kleiner die Wärmekapazität $\bar{c}$ des Frischgases ist. Das steht alles in Übereinstimmung mit dem, was man qualitativ erwarten würde. Weiterhin läßt die Formel folgendes erkennen: Je weiter man sich in einem Brennstoff-Luft- (oder Sauerstoff-)Gemisch von der stöchiometrischen Zusammensetzung entfernt, sei es nach der Seite des Luftmangels oder des Luftüberschusses, desto mehr muß schließlich die freiwerdende Energie und damit die erreichte Maximaltemperatur $T_e$ fallen. Die Zündtemperatur $T_z$ kann aber gleichzeitig nur steigen, es muß also auf beiden Seiten Grenzen der Gemischzusammensetzung geben, außerhalb deren $T_e - T_z$ nicht mehr positiv ist, eine Verbrennung sich nicht mehr fortpflanzen kann; d. h. die Wärmetheorie sagt die Existenz von Zündgrenzen voraus.

Hier kann man sogar eine quantitative Folgerung aus der Wärmetheorie ziehen, die von der Erfahrung weitgehend bestätigt wird: Denken wir uns bei der unteren Zündgrenze eines Brennstoff-Luftgemisches, wo also die Grenze durch Brennstoffmangel bewirkt ist, den Luftstickstoff durch Sauerstoff ersetzt, der ungefähr die gleiche Wärmekapazität und Wärmeleitfähigkeit hat wie Stickstoff, so kann sich dadurch in (48) nichts ändern als der Reaktionsgeschwindigkeitsfaktor $v_r$*; da aber die Reaktionsgeschwindigkeit erfahrungsgemäß im allgemeinen nur wenig von der $O_2$-Konzentration abhängt, so kann man versuchsweise annehmen, daß (48) in erster Annäherung überhaupt ungeändert bliebe: die Folge davon wäre, daß sich die untere Zündgrenze in Gemischen mit Luft und mit Sauerstoff als annähernd gleich herausstellen müßte. Daß dies tatsächlich der Fall ist, zeigt die folgende Tabelle 15, in der nach TERRES[1] untere und obere Zündgrenzen für einige Stoffe in Mischung mit Luft sowie Sauerstoff angegeben sind; ferner Tabelle 16 in der einige weite Zahlenwerte aus einer späteren Zusammenstellung von LEWIS und v. ELBE[2] entnommen sind.

Tabelle 15. Zündgrenzen einiger Brennstoff-Luft- und Brennstoff-Sauerstoffgemische. (Nach TERRES.)

| Gas | Zündgrenzen in | | | |
|---|---|---|---|---|
| | Luft | | Sauerstoff | |
| | Untere Grenze, % Gas | Obere Grenze, % Gas | Untere Grenze, % Gas | Obere Grenze, % Gas |
| $H_2$ | 9,5 | 65,2 | 9,2 | 91,6 |
| CO | 15,6 | 70,9 | 16,7 | 93,5 |
| $CH_4$ | 6,3 | 11,9 | 6,5 | 51,9 |
| $C_2H_6$ | 4,2 | 9,5 | 4,1 | 45,8 |
| $C_2H_4$ | 4,0 | 14,0 | 4,1 | 61,8 |
| $C_2H_2$ | 3,5 | 52,3 | 3,5 | 89,4 |

Tabelle 16. Zündgrenzen nach LEWIS und v. ELBE, untere Grenzen in Luft bzw. Sauerstoff.

| Stoff | $C_3H_6$ | Äthyläther | Divinyläther | Cyclopropan |
|---|---|---|---|---|
| Untere Grenze in Luft, % . . | 2,00 | 1,85 | 1,70 | 2,40 |
| Untere Grenze in $O_2$, % . . . | 2,10 | 2,10 | 1,85 | 2,45 |

Die Zusammenstellungen zeigen, daß tatsächlich die unteren Zündgrenzen in Luft- und Sauerstoffmischung meistens bemerkenswert dicht zusammenliegen.

Eine weitere Folgerung aus (48), die von der Erfahrung bestätigt wird, ist die Beeinflussung der Brenngeschwindigkeit beim Ersetzen eines Inertgases durch ein anderes mit etwa gleicher Wärmeleitfähigkeit, aber verschiedener Wärmekapazität. Dann muß das indifferente Gas mit höherer Wärmekapazität ($\bar{c}$) die Brenngeschwindigkeit herabsetzen. Ersetzt man z. B. in Methan-Luftmischungen den Stickstoff durch $CO_2$,

* Und ein evtl. Einfluß der Diffusion von $O_2$-Molekeln.

[1] TERRES: Gas- u. Wasserfach Bd. 63 (1920) S. 785, 805, 820, 836.

[2] LEWIS, B. u. G. v. ELBE: Chem. Rev. Bd. 21 (1937) S. 347.

so geht die Brenngeschwindigkeit auf etwa die Hälfte herunter und die Zündgrenzen werden eingeengt, was für praktische Anwendungen zur Explosionsverhütung wichtig ist[1]. Ersetzt man umgekehrt den Stickstoff durch Argon, so steigt die Brenngeschwindigkeit auf ein mehrfaches an[2]. Die Wärmeleitfähigkeiten bei 0° C betragen für A, $CO_2$ und $N_2$ bzw. 3,8, 3,3 und $5{,}7 \cdot 10^{-5}$. Direkt vergleichbar sind nur Argon und Kohlensäure, da deren Wärmeleitfähigkeiten nicht sehr verschieden sind; die wesentlich höhere Brenngeschwindigkeit in Argon gegenüber Kohlensäure muß also überwiegend durch die kleinere Wärmekapazität und daher höhere Flammentemperatur in den Argongemischen bedingt sein. Vergleicht man nun aber Gemische, in denen einmal Helium, das andere Mal Argon als Inertgas anwesend sind, die beide die gleiche Wärmekapazität besitzen, so sollte nur noch der Unterschied in den Wärmeleitfähigkeiten sich in der Brenngeschwindigkeit auswirken. Auf dieses Experimentum crucis für jede Wärmetheorie ist besonders nachdrücklich von COWARD und Mitarbeiter hingewiesen worden; in der Abb. 86 nach COWARD und JONES[3] sind Flammengeschwindigkeiten von Methan-Luftmischungen, in denen dann der Luftstickstoff durch Helium bzw. Argon ersetzt wurde, eingetragen; man sieht zwar die Erhöhung der Flammengeschwindigkeit in den Edelgasmischungen gegenüber den Stickstoffmischungen, als Folge der bei jenen höheren Flammentemperaturen, aber der starke, nach der Wärmetheorie zu erwartende Unterschied zwischen He- und A-Mischungen ist nicht vorhanden; die Wärmeleitfähigkeit von reinem Helium ist etwa 8mal größer als die von Argon; die Flammengeschwindigkeit mit Helium ist demgegenüber nur um 15% größer als die mit Argon. COWARD und PAYMAN (zitiert S. 106) teilen neuere Versuche mit, nach denen in Wasserstoffmischungen mit „Atmosphären" von $\left[21\%\ O_2 + 79\% \begin{Bmatrix} He \\ Ne \\ A \end{Bmatrix}\right]$

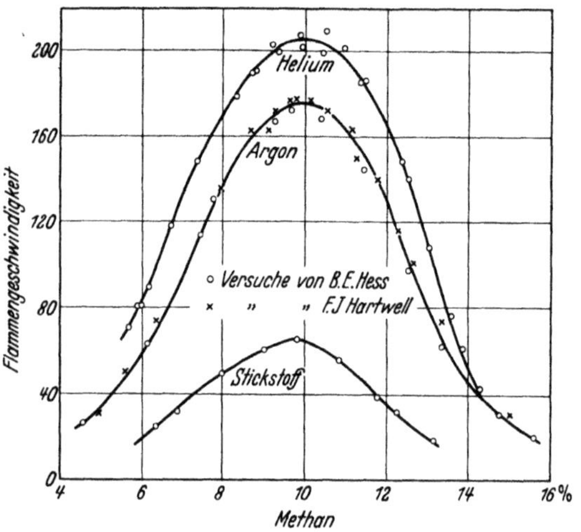


Abb. 86. Flammengeschwindigkeiten von Methan in Atmosphären von $O_2$-$N_2$, $O_2$-He und $O_2$-A. [Nach COWARD u. JONES: J. Amer. chem. Soc. Bd. 49 (1927).]

[1] Für Zahlenwerte vgl. etwa G. JAHN: Diss. Karlsruhe 1934.
[2] COWARD u. HARTWELL: Zitiert S. 96.
[3] COWARD, H. F. u. G. W. JONES: J. Amer. chem. Soc. Bd. 49 (1927) S. 386.

überhaupt kaum systematische Unterschiede zwischen den verschiedenen Edelgasen zu erkennen sind. Wir reproduzieren aus der gleichen Arbeit auch noch eine Tabelle 17 mit neueren Werten der Flammengeschwindigkeiten und der normalen Verbrennungsgeschwindigkeiten von Methan, in Mischung mit der neunfachen Menge einer „Atmosphäre", in der statt des Stickstoffs einmal Helium, das andere Mal Argon vorhanden ist. Leider liegen für die fraglichen Gasgemische keine Angaben über die Wärmeleitfähigkeiten vor; man kann deshalb

Tabelle 17. Flammengeschwindigkeiten in einem Rohr von 2,5 cm Durchmesser für Mischungen aus 1 Methan und 9 Teilen der folgenden Atmosphären. (Nach COWARD und PAYMAN.)

| Atmosphäre | Geschwindigkeit der gleichförmigen Flammenbewegung cm/s | Flammenfläche $cm^2$ | Normale Verbrennungsgeschwindigkeit cm/s |
|---|---|---|---|
| 20,9 $O_2$ + 79,1 He . . . . . | 206 | 12,3 | 82 |
| 20,9 $O_2$ + 79,1 A . . . . . . | 138 | 11,4 | 59 |

im letzteren Falle, wo das Verhältnis der Brenngeschwindigkeiten in He- und in A-Atmosphären ungefähr 1,4 ist, nicht mit Sicherheit sagen, ob dies kleiner ist als das Verhältnis der Wurzeln aus den Wärmeleitfähigkeiten (Anwendung der Mischungsregel unter Benutzung der bei 0° C bestimmten Wärmeleitfähigkeiten ergäbe einen fast doppelt so hohen Wert; doch kann die Wärmeleitfähigkeit stark von dem nach der Mischungsregel berechneten Wert abweichen, außerdem wäre die Wärmeleitfähigkeit für höhere Temperaturen zu nehmen, wobei es noch unsicher bleibt, welche Temperatur dafür in Frage kommt). Jedenfalls genügt es, daß es Fälle gibt, in denen bezüglich der Wärmeleitfähigkeit keineswegs die von einer Wärmetheorie vorausgesagten Verhältnisse eintreten; man wird daher die Schlußfolgerung von COWARD und Mitarbeiter akzeptieren müssen, daß zumindest die reine Wärmetheorie allein zur Beschreibung der Beobachtungen nicht ausreicht.

Eine reine Wärmetheorie der Verbrennung ist aber auch aus ganz allgemein theoretischen Erwägungen von vornherein abzulehnen. Zunächst ist gegen die Wärmetheorie in der oben entwickelten Form (von den bei ihrer Durchführung gemachten Vereinfachungen ganz abgesehen) einzuwenden, daß der Begriff einer „Entzündungstemperatur" inadäquat ist[1]. In den Resultaten wirkt sich das unter anderem so aus, daß aus den obigen Formeln mit einem der üblicherweise angenommenen Werte für $T_z$ sich eine viel zu starke Temperaturabhängigkeit der Brenngeschwindigkeit ergeben würde; diese müßte für $T_0 = T_z$ sogar unendlich groß werden, während in Wirklichkeit $v_n$ noch bei Temperaturen, die weit über den üblichen „Zündtemperaturen" liegen, endliche Werte

[1] Vgl. den Anhang zu Kap. I.

behält[1]; daß die Temperaturabhängigkeit von $v_n$ ziemlich klein ist, zeigte z. B. UBBELOHDE[2], sowie SACHSSE[1]. Man tut gut, sich klarzumachen, was unter Zündtemperatur verstanden wird: sie ist diejenige Temperatur, bei der sich ein gegebenes Gasgemisch in einer gegebenen Anordnung (meist in einem Behälter eingeschlossen) nach einer bestimmten Induktionszeit entzündet. Wesentlich ist, daß dies sich auf einen Vorgang bezieht, bei welchem eine größere, sich selbst überlassene Gasmasse nach Verlauf einiger Zeit explodiert. Verfolgen wir aber nun eine dünne Schicht von Gas auf ihrer Bahn durch die Brennzone[3], wobei die Schichtdicke so klein sein soll, daß innerhalb derselben die Temperatur als gleichförmig gelten darf (d. h. Schichtdicke wahrscheinlich $\leqslant 10^{-2}$ cm), so erkennt man, daß die Verhältnisse darin mit denen bei der Selbstzündung keineswegs vergleichbar sind. Zunächst pflegt man Selbstzündungstemperaturen zu bestimmen bei Induktionszeiten, die viel zu lang sind, als daß sie in der Flamme in Frage kämen; darauf hat besonders SACHSSE[1] hingewiesen. Dann aber findet aus der dünnen Schicht, während sie die Brennzone durchläuft, ein ständiger Temperaturausgleich durch Wärmeleitung und Stoffausgleich durch Diffusion mit den Nachbarschichten statt; Temperatur und Zusammensetzung in der Schicht müssen sich also vollkommen stetig ändern, infolgedessen muß sich innerhalb der Brennzone auch die Reaktionsgeschwindigkeit vollkommen stetig ändern, sie kann nicht unterhalb $T_z$ gleich Null sein und bei $T_z$ auf einen endlichen, großen Wert springen.

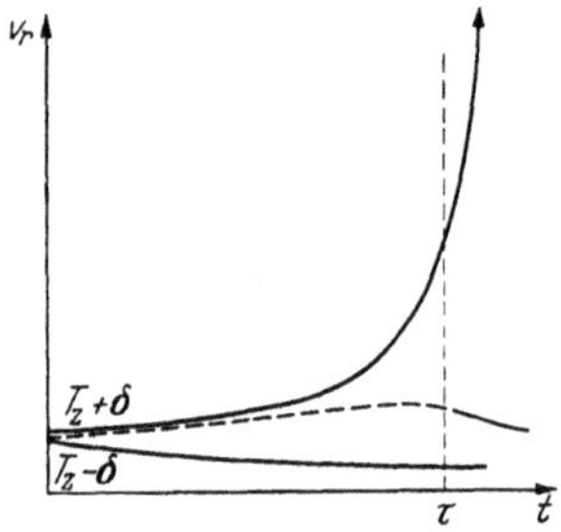

Abb. 87. Reaktionsgeschwindigkeit als Funktion der Zeit für wenig über bzw. unter der „Zündtemperatur“ gelegene Temperaturen.

Dem könnte man entgegenhalten, daß doch durch die Existenz von Zündtemperaturen (Explosionsgrenzen) die Möglichkeit einer (im physikalischen Sinne) unstetigen Änderung der Reaktionsgeschwindigkeit mit der Temperatur bewiesen sei. Dem ist aber nicht so. Auch wo Explosionsgrenzen auftreten, ändert sich die Reaktionsgeschwindigkeit stetig mit der Temperatur. Zu dem Zwecke betrachten wir die obenstehende Abb. 87; darin ist die Reaktionsgeschwindigkeit $v_r$ als Funktion der Zeit $t$ aufgetragen, und zwar für zwei verschiedene Anfangstemperaturen, die um ein geringes über und unter der Zündtemperatur liegen, $T_z + \delta$ und $T_z - \delta$. Die Reaktionsgeschwindigkeiten für $t = 0$ sind

[1] Zu dieser an sich bekannten Tatsache vgl. auch H. SACHSSE: Z. phys. Chem. Abt. A Bd. 180 (1937) S. 305.

[2] UBBELOHDE, L. u. M. HOFSÄSS: Gas- u. Wasserfach Bd. 56 (1913) S. 1225, 1252. — UBBELOHDE, L. u. O. DOMMER: Gas- u. Wasserfach Bd. 57 (1914) S. 733, 757, 781, 805.

[3] Vgl. W. JOST u. L. v. MÜFFLING: Z. phys. Chem. Abt. A Bd. 181 (1938) S. 208.

dann nur um einen sehr geringen Betrag verschieden; sehr verschieden ist aber die zeitliche Änderung von $v_r$. Unterhalb $T_z$ klingt $v_r$ langsam mit der Zeit ab (evtl. steigt es auch erst an und klingt danach ab, gestrichelte Kurve); oberhalb $T_z$ steigt $v_r$ erst langsam, dann immer schneller mit der Zeit an, um am Ende der Induktionsperiode $\tau$ einem sehr großen Wert zuzustreben; was man üblicherweise tut, ist, die Reaktionsgeschwindigkeiten bei $t = \tau$ vergleichen. Diese sind für Ausgangstemperaturen oberhalb und unterhalb $T_z$ allerdings extrem verschieden. Aber oberhalb $T_z$ kann $v_r$ ja nur aus zwei Gründen angestiegen sein: entweder weil im Verlauf der Umsetzung die Temperatur gestiegen ist (Wärmeexplosion); dann haben aber im Zeitpunkt $t = \tau$ beide Proben gar nicht nahe benachbarte Temperaturen, ein größerer Unterschied in der Reaktionsgeschwindigkeit bedeutet darum auch gar nicht unstetige Änderung mit der Temperatur. Oder aber, während der Induktionsperiode ist durch Kettenverzweigung die Konzentration aktiver Teilchen extrem angestiegen; dann bedeutet aber wiederum der Vergleich der Reaktionsgeschwindigkeiten bei $t = \tau$, daß man nicht benachbarte Zustände vergleicht, sondern solche mit erheblichen Unterschieden, diesmal in den Konzentrationen. Also auch hier ist die anscheinend unstetige Geschwindigkeitsänderung nur eine Folge einer endlichen Differenz in einer anderen Bestimmungsgröße. Folglich ändert sich die Reaktionsgeschwindigkeit mit Temperatur und Konzentration unter allen Umständen stetig (sofern man nur wirklich sämtliche Konzentrationen, auch die aktiver Partikeln berücksichtigt). Da nun, wie wir uns überlegt haben, in benachbarten Schichten der Brennzone keine dieser Größen sich unstetig ändern kann, so kann es auch die Reaktionsgeschwindigkeit nicht. Infolgedessen ist die Einführung einer Zündtemperatur bei der Behandlung der Brennzone nicht gerechtfertigt.

Wir sehen schon qualitativ, daß auch die Diffusion in der Brennzone eine Rolle spielt. Die folgende, nur als roher Überschlag dienende Überlegung zeigt, daß der Einfluß der Diffusion niemals neben dem der Wärmeleitung vernachlässigbar wird. Ist $\lambda$ die Wärmeleitfähigkeit des Gasgemisches, so ergeben die Formeln der elementaren kinetischen Gastheorie, daß annähernd:

$$\lambda \cong D \cdot \bar{c}, \tag{49}$$

wenn $D$ der Diffusionskoeffizient (eigentlich der Koeffizient der Selbstdiffusion) und $\bar{c}$ die Wärmekapazität pro cm³ bedeuten, also

$$\bar{c} = \bar{c}_v \cdot \zeta, \tag{50}$$

wenn $\bar{c}_v$ die mittlere spezifische Wärme und $\zeta$ die Gesamtkonzentration aller Komponenten des Gases bezeichnen. Betrachten wir ein vereinfachtes Bild der Brennzone (Abb. 88) und nehmen an, die Konzentration des reagierenden Stoffes oder der reagierenden Stoffe sei zu Beginn $\zeta_0$, am Ende aber 0, und die Brennzone habe die Dicke $\Delta x$ (die natürlich nicht sehr genau definiert ist), so ergibt sich für den Wärmestrom in Richtung der negativen $x$-Achse:

$$w_x \cong + \bar{\lambda} \frac{\partial T}{\partial x} \simeq + \overline{Dc} \cdot \frac{T_e - T_0}{\Delta x}, \tag{51}$$

wobei von den obigen Beziehungen Gebrauch gemacht und ein mittleres Temperaturgefälle eingesetzt ist. Für den Diffusionsstrom, d. i. die in der Zeiteinheit aus dem Frischgas pro cm² Querschnitt in die Brennzone hinein diffundierende Stoffmenge ergibt sich:

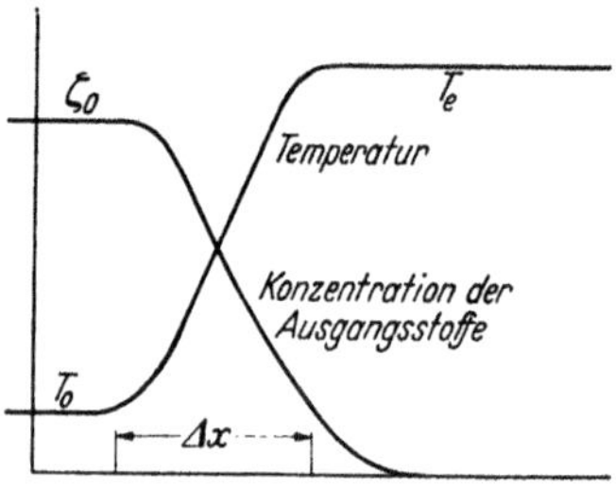


Abb. 88. Verteilung der Temperatur und der Konzentration der Ausgangsstoffe ($\zeta$) in der Brennzone.

$$s_x \cong + \bar{D} \frac{\zeta_0}{\Delta x}, \tag{52}$$

mit den gleichen Annäherungen wie oben.

Da es sich bei dem Diffusionsstrom und dem Wärmestrom um zwei ganz verschiedene Dinge handelt, so ist ein Vergleich nur auf der folgenden Basis möglich: der Wärmestrom gibt an, wieviel Kalorien pro s und cm² von der Brennzone in das Frischgas strömen. Damit vergleichbar ist offenbar nur der von dem Diffusionsstrom des Frischgases mitgeführte Heizwert, d. i., wenn $Q$ die Reaktionswärme pro Mol bezeichnet:

$$s_x \cdot Q \cong \bar{D} \cdot \frac{\zeta_0}{\Delta x} Q. \tag{53}$$

Andererseits wird bei vollständigem Umsatz die Temperatur $T_e$ erreicht; es muß daher Wärmekapazität mal $(T_e - T_0)$ gleich Reaktionswärme sein, also:

$$\bar{c}_p (T_e - T_0) = Q; \quad T_e - T_0 = \frac{Q}{\bar{c}_p} = \frac{Q}{\bar{c}} \zeta, \tag{54}$$

wobei von (50) Gebrauch gemacht ist[1].

Es wird damit der Wärmestrom:

$$w_x \cong \bar{D} \bar{c} \frac{Q}{\Delta x \cdot \bar{c}} \cdot \zeta \cong \frac{\bar{D} Q \cdot \zeta}{\Delta x}. \tag{55}$$

Wenn wir von den Unterschieden zwischen den durch Überstreichen gekennzeichneten mittleren Werten gegen entsprechende Größen bei einer Temperatur absehen, so ist also der Wärmestrom in der einen Richtung identisch mit dem Strom von in der entgegengesetzten Richtung transportierter verfügbarer Reaktionsenergie. Diese Rechnungen bedeuten nur recht grobe Näherungen, aber es kommt uns auch lediglich darauf an, zu zeigen, daß die beiden Größen von gleicher Größenordnung

[1] Und der Unterschied zwischen $c_p$ und $c_v$ vernachlässigt ist, was im Rahmen dieser groben Näherungsbetrachtung zulässig ist.

sind, daß man also jedenfalls nicht die Diffusion neben der Wärmeleitung vernachlässigen darf.

Man könnte sich als einen Grenzfall, der natürlich ebensowenig den wirklichen Verhältnissen gerecht wird wie eine einseitige Wärmetheorie, auch folgenden Prozeß der Flammenfortpflanzung denken: das vor der Brennfläche befindliche Frischgas diffundiert ständig in die heiße Brennzone hinein, wo es praktisch momentan abreagiert; geschwindigkeitsbestimmend wäre der Diffusionsprozeß. Es ist immerhin von Interesse, daß es keine Schwierigkeiten machen würde, so Brenngeschwindigkeiten der Größenordnung bis zu 1 m pro s zu verstehen (JOST und v. MÜFFLING, zitiert S. 112).

Der bisher betrachtete Einfluß der Diffusion des Frischgases und des Endgases als Ganzes dürfte aber im allgemeinen nicht einmal so wichtig sein, wie die Diffusion aktiver Teilchen, die in den verbrannten Gasen in beträchtlicher Konzentration im thermischen Gleichgewicht vorhanden sein können und in der Brennzone sogar diese Gleichgewichtskonzentration evtl. noch überschreiten infolge der Kettenverzweigung (vgl. Kap. VIII). Die Konzentration freier Atome und Radikale kann durchaus nach Prozenten des Gesamtgases rechnen (vgl. das extreme Beispiel der Knallgasdetonation, Kap. V, S. 172). Da die freien Atome und Radikale sehr energiereich sind, so ist einem verhältnismäßig geringen Materiestrom dieser Teilchen bereits ein ganz bedeutender Energiestrom äquivalent. Wichtiger ist aber folgendes: von der durch Leitung zugeführten Wärme dient nur ein geringer Bruchteil als „Aktivierungswärme" (vgl. hierzu Kap. VIII) reagierender Teilchen. Die Energie freier Atome und Radikale kommt aber gewissermaßen vollständig als Aktivierungsenergie zur Verwendung. Man kann auch wieder abschätzen (vgl. JOST und v. MÜFFLING, zitiert S. 112), daß so durch Diffusion in die kälteren Schichten der Brennzone um viele Zehnerpotenzen mehr aktive Teilchen gelangen können, als im Gleichgewicht dort vorhanden wären.

Wie demnach eine strenge theoretische Behandlung der normalen Verbrennungsgeschwindigkeit anzufassen wäre, ist ohne weiteres klar: die Wärmeleitung muß weiterhin berücksichtigt werden; darüber hinaus ist aber auch der Diffusion Rechnung zu tragen, und zwar der sämtlicher auftretender Teilchenarten, inklusive kurzlebiger Zwischenprodukte; schließlich ist die Reaktionsgeschwindigkeit als Funktion der Temperatur und der Zusammensetzung explizit einzuführen, unter Vermeidung des unzulänglichen Begriffs der Zündtemperatur.

Denken wir uns wieder die Brennzone in unserem Bezugssystem stationär, d. h. lassen wir etwa wie in Abb. 88, S. 114 das Frischgas mit der Geschwindigkeit $v_n$ in Richtung der positiven $x$-Achse strömen, so müssen in diesem Bezugssystem innerhalb der Brennzone sämtliche Größen stationär sein; es muß also für die Temperatur sowie für die Konzentration jeder einzelnen Stoffkomponente, inklusive der aktiven Zwischenprodukte, an jeder Stelle der Brennzone eine Gleichung gelten der Form:

$$(56)\qquad \begin{aligned} dT/dt &= 0,\\ dc_i/dt &= 0, \qquad i = 1, 2, 3, \ldots, \end{aligned}$$

wo $c_i$ die Konzentration der Stoffkomponente $i$ bedeutet. Die gesamte zeitliche Änderung einer dieser Größen an einer Stelle setzt sich zusammen aus: 1. dem „Leitungs"anteil (Wärmeleitung bei dem Wärmeinhalt, Diffusion bei den einzelnen Konzentrationen), 2. dem konvektiven Anteil, dem Anteil der Strömung, 3. der Änderung als Folge der chemischen Reaktion. Der Wärmestrom in der $+\,x$-Richtung ist beispielsweise:

$$w_x = -\lambda \frac{\partial T}{\partial x};$$

in ein Volumenelement von der Dicke $\Delta x$ und dem Querschnitt 1 cm² strömt an der Stelle $x$ in der Zeiteinheit die Wärmemenge ein:

$$(\mathrm{I})\qquad w_x = -\left(\lambda \frac{\partial T}{\partial x}\right)_x;$$

an der Stelle $x+\Delta x$ strömt die Wärmemenge aus

$$(\mathrm{II})\qquad w_{x+\Delta x} = -\left(\lambda \frac{\partial T}{\partial x}\right)_{x+\Delta x} \cong -\left(\lambda \frac{\partial T}{\partial x}\right)_x - \Delta x \frac{\partial}{\partial x}\left(\lambda \frac{\partial T}{\partial x}\right)_x.$$

Der Überschuß der einströmenden über die ausströmende Wärme ist daher:

$$(57)\qquad (\mathrm{I}) - (\mathrm{II}) = \Delta x \frac{\partial}{\partial x}\left(\lambda \frac{\partial T}{\partial x}\right).$$

Da das Volumen der Schicht vom Querschnitt 1 cm² $\Delta x$ cm³ beträgt, so wird die Änderung des Wärmeinhalts der Volumeinheit durch Leitung:

$$(58)\qquad \left(\frac{\partial W}{\partial t}\right)_{\text{Leitung}} = \frac{\partial}{\partial x}\left(\lambda \frac{\partial T}{\partial x}\right).$$

Da $\lambda$ mit der Temperatur und infolgedessen auch mit dem Orte variabel ist, so muß es hinter dem Differentiationssymbol erscheinen. Für die Konzentrationsänderung der Stoffkomponenten $i$ durch Diffusion erhält man analog:

$$(59)\qquad \left(\frac{\partial c_i}{\partial t}\right)_{\text{Diff.}} = \frac{\partial}{\partial x}\left(D_i \frac{\partial c_i}{\partial x}\right).$$

Durch Konvektion strömt durch einen Querschnitt von 1 cm² die Wärmemenge:

$$(60)\qquad \bar{c}_p\, \varrho\, T \cdot v,$$

wenn $\bar{c}_p$ die mittlere spezifische Wärme pro g zwischen 0 und $T^0$ ist, $\varrho$ die Dichte, $T$ die Temperatur und $v$ die Strömungsgeschwindigkeit (die wegen der Volumänderung mit $T$ und $x$ ebenfalls von $x$ abhängig ist). Wie oben erhält man die daher rührende zeitliche Änderung des Wärmeinhaltes:

$$(61)\qquad \left(\frac{\partial W}{\partial t}\right)_{\text{Strömung}} = -\frac{\partial}{\partial x}(\bar{c}_p\, \varrho\, T \cdot v).$$

Für die entsprechenden Konzentrationsänderungen gilt:

$$(62)\qquad \left(\frac{\partial c_i}{\partial t}\right)_{\text{Strömung}} = -\frac{\partial}{\partial x}(c_i\, v).$$

Als Änderung durch die Reaktionsgeschwindigkeit erhalten wir, wenn wir die Reaktionsgeschwindigkeit mit $U$ bezeichnen ($U$ sei die Änderung der Konzentration in der Zeiteinheit, also von der Dimension Mol/cm³ s), und wenn mit $\nu_i$ die Anzahl der Mole der Substanz $i$ bezeichnet werden, die bei einem Umsatz entsprechend der Reaktionsgleichung verschwinden[1], für die Konzentration der Substanz $i$:

$$\left(\frac{\partial c_i}{\partial t}\right)_{\text{Reakt.}} = -\nu_i U. \tag{63}$$

Für den Wärmeinhalt erhalten wir entsprechend, wenn $Q$ die Reaktionswärme ist:

$$\left(\frac{\partial W}{\partial t}\right)_{\text{Reakt.}} = Q \cdot U. \tag{64}$$

Für die totale Änderung der einzelnen Größen, die in der stationären Brennzone 0 sein muß, erhält man demgemäß:

$$\frac{dW}{dt} = \frac{\partial}{\partial x}\left(\lambda \frac{\partial T}{\partial x}\right) - \frac{\partial}{\partial x}(\bar{c}_p\, \varrho\, T v) + Q \cdot U = 0, \tag{65}$$

$$\frac{dc_i}{dt} = \frac{\partial}{\partial x}\left(D_i \frac{\partial c_i}{\partial x}\right) - \frac{\partial}{\partial x}(c_i v) - \nu_i U = 0. \tag{66}$$

Gl. (65) geht durch Division mit $\varrho \cdot \bar{c}_p$ in die Gl. $dT/dt = 0$ über, ist dieser also äquivalent. Hierzu treten noch Beziehungen, die aus der Reaktionsgleichung folgen, sowie als Bedingung für die Erhaltung der Masse die hydrodynamische Kontinuitätsgleichung:

$$\frac{\partial}{\partial x}(\varrho \cdot v) = 0, \tag{67}$$

die einfach aussagt, daß durch jeden Querschnitt die gleiche Substanzmenge strömt. Im Prinzip ist es möglich, von diesen Gleichungen aus die Verbrennungsgeschwindigkeit zu berechnen; man braucht dazu die Wärmeleitfähigkeit des Gemisches sowie die Diffusionskoeffizienten der einzelnen Komponenten, sämtlich in Abhängigkeit von der Temperatur, die man aber aus gaskinetischen Daten immer leidlich genau berechnen kann. Ferner müßte man aber auch die Reaktionsgeschwindigkeiten kennen, und an dieser Stelle entsteht die Hauptschwierigkeit. Denn man kann bis jetzt für die extremen Bedingungen der Flammen noch wenig Aussagen über die Reaktionsgeschwindigkeit machen, vielmehr besteht eher das Bedürfnis, aus Flammengeschwindigkeiten rückwärts Reaktionsgeschwindigkeiten zu ermitteln. Auch wenn die Reaktionsgeschwindigkeiten bekannt wären, wäre die Berechnung der normalen Verbrennungsgeschwindigkeit mit Hilfe der obigen Gleichungen keine leichte Aufgabe, aber durch numerische Integrationen prinzipiell lösbar.

Lewis und v. Elbe[2] haben auf folgende Weise das Problem zu vereinfachen gesucht. Wir haben in der S. 114 durchgeführten rohen Abschätzung zum Vergleich von Wärmeleitung und Diffusion gesehen, daß die durch Wärmeleitung in der einen Richtung transportierte Energie immer von der gleichen Größenordnung ist wie die chemische Energie, die das diffundierende Frischgas in der entgegengesetzten Richtung mit sich führt. Nähme man an, diese im Mittel für die gesamte Brennzone gültige Beziehung wäre an jeder einzelnen Stelle exakt erfüllt, und vernachlässigt man die durch aktive Teilchen transportierte Energie, so könnte man die Wärmeleitungsgleichung unberücksichtigt lassen und

---

[1] Wegen der gebrauchten Bezeichnungen sowie der Ableitung der Formeln vgl. auch G. Damköhler in: Der Chemieingenieur, Bd. III, 1; dessen Behandlung wir uns hier angeschlossen haben.

[2] Lewis, B. u. G. v. Elbe: J. chem. Phys. 2, 537 (1934); vgl. auch dieselben „Combustion ...“; ferner Chem. Rev. 21, 347 (1937).

ihr indirekt genügen, durch Einführen der Bedingung, daß die Gesamtenergie, d. h. die Summe von chemischer Energie und Wärmeenergie, über die Brennzone konstant sein muß. Dies ist eine Annahme, die sicher nicht exakt erfüllt ist, die aber für eine erste Annäherung eine vernünftige Vereinfachung darstellt. Mittels dieser Vereinfachung ist es LEWIS und v. ELBE gelungen, in einem einfachen Beispiel, der Ozonexplosion, eine Absolutberechnung der normalen Verbrennungsgeschwindigkeit durchzuführen.

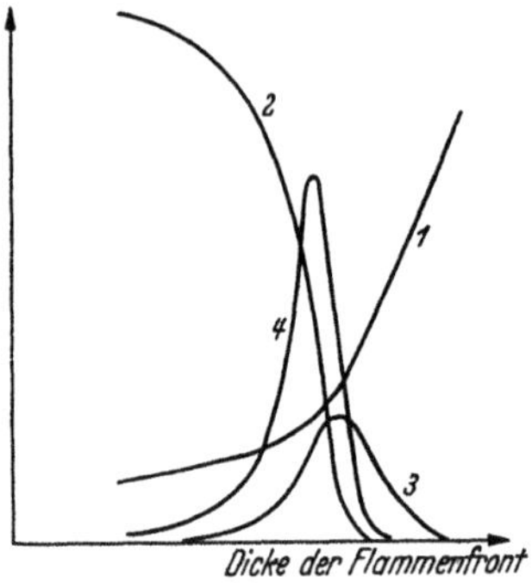


Abb. 89. Struktur der Brennzone bei Ozonexplosionen. [Nach LEWIS u. v. ELBE: J. chem. Phys. Bd. 2 (1934).] 1 = T; 2 = $[O_3]$; 3 = [O]; 4 = Reaktionsgeschwindigkeit.

Man kann hier mit ziemlicher Wahrscheinlichkeit einen einfachen Reaktionsmechanismus voraussetzen:

1. $O_3 \rightleftarrows O_2 + O$
2. $O + O_3 \rightarrow 2\,O_2$,

wobei man für das Gleichgewicht 1. und die Geschwindigkeit 2. ebenfalls über einigermaßen sichere Angaben verfügt.

Wegen Einzelheiten der ziemlich mühsamen Berechnung, zu deren Durchführung noch einige Vernachlässigungen notwendig sind, sei auf die Originalarbeit sowie die Monographie von LEWIS und v. ELBE verwiesen. Über die erreichte Genauigkeit gibt die Tabelle 18 Auskunft.

Tabelle 18. Normale Verbrennungsgeschwindigkeit von Ozon-Sauerstoffmischungen; berechnete und gefundene Werte von LEWIS und v. ELBE.

| $p$ mm Hg | $T_0^0$ abs. | $T_e^0$ abs. | $m$ * | $(v_n)_{\text{gef.}}$ cm/s | $(v_n)_{\text{ber.}}$ cm/s |
|---|---|---|---|---|---|
| 624 | 300 | 1239 | 3,05 | 55 | 253 |
| 2560 | 427 | 1343 | 3,05 | 158 | 451 |
| 495 | 302 | 1922 | 1,02 | 160 | 333 |
| 3760 | 468 | 2044 | 1,02 | 747 | 664 |

Die Übereinstimmung zwischen Theorie und Experiment ist in Anbetracht der vielen Faktoren, die in das Resultat eingehen, bemerkenswert gut; jedenfalls ist sie besser auf keinen Fall zu erwarten. Es handelt sich ja hier um eine wirkliche Absolutberechnung der Geschwindigkeit. Von Interesse ist die Abb. 89 von LEWIS und v. ELBE, in der für ein spezielles Beispiel die Struktur der Flammenfront ausgearbeitet ist; die Dicke der Flammenfront ergibt sich zu $\sim 10^{-3}$ cm, was wahrscheinlich etwas zu klein ist; zumindest ergibt sich der Wärmestrom, den man aus dem maximalen Temperaturgefälle in der Abbildung berechnet, unwahrscheinlich hoch. Nimmt man an, die Brennzone wäre etwa doppelt so dick wie von LEWIS und v. ELBE berechnet, was sicher noch innerhalb der Fehlergrenzen

* $m$ bedeutet das Verhältnis $O_2 : O_3$ in dem Ausgangsgemisch; die Geschwindigkeiten sind aus den Geschwindigkeiten des Druckanstiegs bei Bombenexplosionen berechnet, vgl. Kap. IV, S. 146.

ihrer Rechnung liegt, und sie sei dem Druck etwa umgekehrt proportional, so erhielte man für Atmosphärendruck Werte, die sich ungefähr denen der Abschätzung von MACHE anschließen. Die Konzentration des Ozons fällt kontinuierlich über die Brennzone ab, entsprechend muß die nicht gezeichnete Konzentration des Sauerstoffs ansteigen; die Konzentration von 0-Atomen sowie die Reaktionsgeschwindigkeit haben innerhalb der Brennzone ein ausgeprägtes Maximum.

Im ganzen ist zu der Rechnung von LEWIS und v. ELBE zu sagen, daß sie zwar noch eine Reihe von Vernachlässigungen enthält, die man lieber behoben sähe (dadurch ist z. B. auch der unwahrscheinliche Verlauf der Temperatur bedingt, mit unstetiger Änderung des Differentialquotienten bei $T = T_e$), daß sie von allen bisherigen Versuchen zur Berechnung der Verbrennungsgeschwindigkeit aber weitaus die sinngemäßeste Lösung darstellt. Für eine weitere Diskussion verweisen wir auf LEWIS und v. ELBE (zitiert S. 117) sowie JOST und v. MÜFFLING (zitiert S. 112).

## 7. Reaktionsgeschwindigkeit und normale Verbrennungsgeschwindigkeit.

Daß der Reaktionsgeschwindigkeit eine entscheidende Bedeutung für die Flammenfortpflanzung zukommt, geht aus sämtlichen Ansätzen zu ihrer theoretischer Behandlung hervor, wenn es auch naturgemäß nicht möglich ist, eine explizite Beziehung zwischen Flammengeschwindigkeit und Reaktionsgeschwindigkeit anzugeben. Beobachtungen, die auf solche Einflüsse hindeuten, sind im Laufe der Untersuchungen immer wieder gemacht worden. UBBELOHDE und DOMMER[1] fanden z. B., daß die Brenngeschwindigkeit von Kohlenoxyd-Luftmischungen maximaler Geschwindigkeit[2] von 16 cm/s für trockene Gase bis auf etwa 55 cm/s für Gase mit 9,4% $H_2O$ ansteigt; hier zeigt sich der gleiche reaktionsbeschleunigende Einfluß des Wasserdampfes wie bei der langsamen Oxydation und wie er auch noch bei der Detonation (Kap. V) erkennbar ist. Dieser Wasserdampfeinfluß zeigt sich auch bei der Flammengeschwindigkeit, wofür die folgende Tabelle 19 nach BONE als Beleg angeführt sei:

Tabelle 19. Flammengeschwindigkeit einer Mischung von 45% CO in Luft, bei verschiedenen $H_2O$-Gehalten in einem Rohr von 2,5 cm Durchmesser.

| % $H_2O$ | 0,70 | 1,45 | 3,50 | 5,20 | 8,00 |
|---|---|---|---|---|---|
| Flammengeschwindigkeit cm/s . . . | 56 | 76 | 106 | 120 | 118 |

[1] UBBELOHDE, L. u. O. DOMMER: Gas- u. Wasserfach Bd. 57 (1914) S. 733, 757, 781, 805.

[2] Maximale Geschwindigkeit in bezug auf die Variation des Brennstoff-Luftverhältnisses.

Systematische Untersuchungen über Reaktionsgeschwindigkeit und Flammengeschwindigkeit sind besonders von BUNTE[1] und Mitarbeiter ausgeführt worden, worauf wir hier noch kurz eingehen wollen. Die Brenngeschwindigkeit des Kohlenoxyds wird nicht nur durch Wasserdampf, sondern auch durch Wasserstoff sowie durch wasserstoffhaltige organische Verbindungen beschleunigt, ein Zeichen, daß wahrscheinlich OH-Radikale, evtl. auch H-Atome an der Reaktion beteiligt sind[2], deren Gegenwart an sich die Reaktion beschleunigen wird, die aber auch noch indirekt, indem sie besonders schnell weiterdiffundieren, die Brenngeschwindigkeit erhöhen können. Dabei ist besonders bemerkenswert, daß z. B. auch Stoffe, deren Brenngeschwindigkeit kleiner ist als die des (etwas feuchten) Kohlenoxyds, in geringen Mengen diesem zugemischt, dessen Brenngeschwindigkeit stark heraufsetzen können. Beispielsweise erhöht 1% Hexan (dessen maximale Brenngeschwindigkeit mit 32 cm/s wesentlich kleiner ist als die des verwandten feuchten Kohlenoxyds mit 42 cm/s) die Brenngeschwindigkeit des Kohlenoxyds um 29,5%. Die prozentualen Abweichungen der Brenngeschwindigkeiten der Gemische maximaler Geschwindigkeit von Kohlenoxyd mit einer Reihe von Zusätzen gegen die nach der Mischungsregel berechneten Werte findet man bei HARTMANN[1]. Es zeigt sich übereinstimmend, daß kleine Mengen wasserstoffhaltiger Verbindungen die Brenngeschwindigkeit stark über den nach der Mischungsregel folgenden Wert hinaus erhöhen; den umgekehrten Einfluß übt Schwefelkohlenstoff aus.

Tabelle 20. Beeinflussung der normalen Verbrennungsgeschwindigkeit durch Eisenkarbonylzusatz; Gemischzusammensetzung entspricht dem Gemisch maximaler Brenngeschwindigkeit nach HARTMANN.

| Gemisch (mit Luft) | $(v_n)_{max.}$ ohne cm/s | $(v_n)_{max.}$ mit Zusatz von $Fe(CO)_5$ cm/s |
|---|---|---|
| Äthyläther | 37,5 | 34,8 |
| 90% CO + 10% Äther | 51,5 | 49,5 |
| 97,5% CO + 2,5% Äther | 61,5 | 58,5 |

Man könnte zunächst daran denken, daß Zusatz von Antiklopfmitteln die Brenngeschwindigkeit besonders stark herabsetzen würde; die Versuche zeigen zwar eine gewisse Hemmung, die aber keinesfalls ausgeprägt ist. Wir bringen in der obigen Tabelle 20 Zahlenwerte über die Herabsetzung der Brenngeschwindigkeiten in Gemischen maximaler Geschwindigkeiten von Äthyläther sowie von Äthyläther + Kohlenoxyd mit Luft durch Zusatz von Eisenkarbonyl [1 $cm^3$ flüssiges $Fe(CO)_5$ auf 100 $cm^3$ Äthyläther] nach HARTMANN.

[1] BUNTE, K.: Gas- u. Wasserfach Bd. 75 (1932) S. 213. — BUNTE, K. u. Mitarbeiter: Gas- u. Wasserfach Bd. 73 (1930) S. 837, 871, 890; Bd. 74 (1931) S. 1073; Bd. 76 (1933) S. 89; vgl. ferner auch die Karlsruher Dissertationen von G. JAHN (1934), E. HARTMANN (1931), G. SEUFFERT (1934).

[2] Vgl. Kap. IX.

Es ist wohl eine Herabsetzung von $v_n$ durch den recht beträchtlichen $Fe(CO)_5$-Zusatz vorhanden, die aber relativ unbedeutend bleibt.

Auf die Tatsache, daß die Gemische maximaler Geschwindigkeiten immer auf der Seite des Brennstoffüberschusses liegen, hatten wir schon hingewiesen; wir bringen in der folgenden Tabelle 21 eine Zusammenstellung, ebenfalls nach HARTMANN, die dieses illustriert. Der Grund dafür dürfte einerseits der Reaktionsgeschwindigkeitsfaktor sein; denn da die Reaktionsgeschwindigkeit in den allermeisten Fällen von der Brennstoffkonzentration sehr viel stärker abhängt als von der Sauerstoffkonzentration, so liegt ihr Maximum auf der Seite des Brennstoffüberschusses. Daneben könnte noch mitspielen, daß bei wasserstoffhaltigen Substanzen Brennstoffüberschuß begünstigend auf die Bildung freien Wasserstoffs sowie von Wasserstoffatomen als dessen Reaktionsprodukt einwirkt, was für die Fortpflanzung der Verbrennung durch Diffusion der besonders beweglichen freien H-Atome förderlich sein könnte.

Tabelle 21. Maximale Brenngeschwindigkeiten verschiedener Stoffe in Mischung mit Luft. (Nach E. HARTMANNS Zusammenstellung.)

| Brennstoff | $(v_n)$ max. cm/s | Gemisch % Gas in Luft | Stöchiometrisches Gemisch % Gas in Luft |
|---|---|---|---|
| Wasserstoff | 267 | 42 | 29,5 |
| Azetylen | 131 | 10 | 7,7 |
| Äthylen | 63 | 7,0 | 6,5 |
| Schwefelkohlenstoff | 48,5 | 8,2 | 6,5 |
| Propylen | 43,5 | 4,8 | 4,5 |
| Kohlenoxyd + 1,2% $H_2O$ | 41,5 | 53 | 29,5 |
| Benzol + 0,5% $H_2$ | 38,5 | 3,0 | 2,7 |
| Äthyläther | 37,5 | 4,5 | 3,4 |
| Methan | 37,0 | 10,5 | 9,5 |
| Cyclohexan | 35,0 | 2,5 | 2,3 |
| n-Pentan | 35,0 | 2,9 | 2,6 |
| n-Hexan | 32,0 | 2,5 | 2,2 |
| Aceton | 31,8 | 6,0 | 5,0 |

JAHN (zitiert S. 120) diskutiert ein größeres Versuchsmaterial im Hinblick auf die NUSSELTsche Brenngeschwindigkeitsformel; wenn man dieser auch nur noch historisches Interesse beimessen wird, so sind die Resultate trotzdem von allgemeinerer Bedeutung.

Von JAHN sind besonders auch Brenngeschwindigkeiten von Gemischen mit verschiedenen „Atmosphären" gemessen worden. Zur Veranschaulichung der Verhältnisse geben wir in Abb. 90 Brenngeschwindigkeiten von Wasserstoff in verschiedenen $N_2$-$O_2$-Atmosphären wieder; für $CO_2$-$O_2$-Atmosphären gibt JAHN (zitiert S. 120) ebenfalls Kurvenscharen an. In den verschiedenen $N_2$-$O_2$-Atmosphären bleiben Wärmeleitfähigkeiten, Diffusionskoeffizienten, Wärmekapazität und damit auch, wenigstens im Gebiet des Brennstoffmangels, die maximalen Flammentemperaturen näherungsweise ungeändert. Die vorhandenen Unterschiede der Verbrennungsgeschwindigkeit müssen also durch Unterschiede in der Reaktionsgeschwindigkeit bedingt sein und durch verschiedene Konzentration (nicht aber Beweglichkeit) aktiver Teilchen.

Im Falle der $CO_2$-$O_2$-Atmosphäre wird die Wärmekapazität verändert und das wirkt sich in $v_n$ aus. Außerdem spielt die Änderung der Wärmeleitfähigkeit und der Diffusionskoeffizienten mit. Leider ist es noch nicht möglich, aus diesen Untersuchungen sichere quantitative Schlüsse auf die Reaktionsgeschwindigkeit zu ziehen. In der Arbeit von JAHN finden sich zu den obigen analoge Versuche mit CO und $CH_4$ als Brenngas.

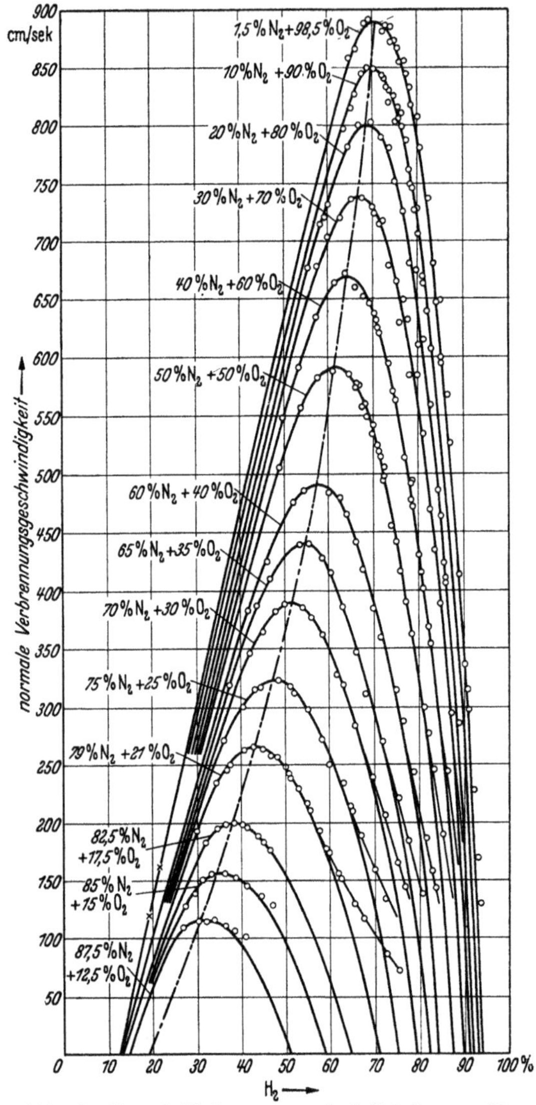


Abb. 90. Normale Verbrennungsgeschwindigkeiten von $H_2$ in Mischung mit verschiedenen „Atmosphären" aus $N_2 + O_2$. (Nach JAHN: Diss. Karlsruhe 1934.)

## 8. Zündgrenzen.

Das Auftreten von Zündgrenzen ist dadurch bedingt, daß außerhalb gewisser Grenzen der Zusammensetzung eine durch noch so starke Mittel lokal eingeleitete Verbrennung sich nicht mehr fortzupflanzen vermag. Die Zündgrenzen liegen also da, wo die Fortpflanzungsgeschwindigkeit für die Explosion Null geworden ist. Allerdings ist nicht gesagt, daß die Grenze, die man aus gemessenen Werten der Brenngeschwindigkeit durch Extrapolation auf die Brenngeschwindigkeit Null erhält, exakt die Zündgrenze sein muß. Denn je kleiner die Brenngeschwindigkeit ist, desto mehr werden sich Störungen durch Wärmeleitung u. a. bemerkbar machen, desto mehr wird darum auch die Lage der Zündgrenzen von äußeren Faktoren, Gefäßdurchmesser und dergleichen abhängen. Damit wird es auch zusammenhängen, daß es meist nicht gelingt,

Brenngeschwindigkeiten unterhalb einer gewissen Grenze, häufig in der Gegend von $\sim 10 \div 20$ cm/s, zu beobachten.

Es ist nützlich, für die Wärmeableitung an die Wand bei Flammenfortpflanzung in einem Rohr wenigstens über eine halbquantitative Abschätzung zu verfügen. Da die formale Theorie der Wärmeleitung mit der der Diffusion identisch ist, kann man zur allerersten Orientierung die zu dem Ausdruck für das mittlere Verschiebungsquadrat eines Teilchens:

$$\overline{\Delta x^2} = 2\,Dt \tag{68}$$

analoge Formel ansetzen:

$$\overline{\Delta x^2} = 2\,kt, \tag{69}$$

wo $k$ die Temperaturleitfähigkeit (nicht die Wärmeleitfähigkeit $\lambda$) ist, nämlich $k = \lambda/\bar{c}$, wenn $\bar{c}$ die mittlere spezifische Wärme pro cm³ bedeutet. $\sqrt{\overline{\Delta x^2}}$ wäre größenordnungsmäßig (nicht sehr genau) etwa der Abstand von der Wand, auf dem die Temperatur eines heißen Gases (Temperatur $T_1$) das in Berührung mit einer kalten Wand der konstanten Temperatur $T_0$ gebracht worden ist, auf etwa $(T_0 + T_1)$ 2 abgefallen ist. Für praktische Anwendungen ist zu beachten, daß $k$ sehr stark mit der Temperatur variiert, die obigen Formeln aber unter der Voraussetzung von konstantem $k$ gelten; man wird für $k$ also einen Mittelwert aus dem in Frage kommenden Temperaturintervall annehmen. Für heiße Brenngase wird $k$ jedenfalls nicht kleiner als 1 cm²/s sein. Für $t$ wird man eine Zeit einsetzen, die von der Größenordnung ist, wie die Zeit, während der die Brennzone an einer Stelle der Wand vorbeischreitet; also falls $\delta$ die Dicke der Brennzone $v_f$ Flammengeschwindigkeit:

$$t \sim \delta/v_f.$$

Mit $\delta \cong 10^{-2}$ cm und $v_f = 20$ cm/s (wir nehmen einen niederen Wert von $v_f$, weil ja gerade bei niederen Flammengeschwindigkeiten in der Nähe der Zündgrenzen der Wandeinfluß am stärksten ist und uns besonders interessiert), wird:

$$t \cong 5 \cdot 10^{-4}\,\mathrm{s};$$

damit

$$\sqrt{\overline{\Delta x^2}} \cong \sqrt{10^{-3}} \cong 0{,}3\ \mathrm{mm};$$

also wird die Schichtdicke, in der sich die Abkühlung von der Wand aus stark bemerkbar macht, von dieser Größenordnung. Übrigens erkennt man hieraus auch, was schon früher (S. 100) als experimentelles Resultat erwähnt worden war, daß das Material der Wand praktisch ohne Einfluß sein wird; denn da die Wärmekapazität des Wandmaterials rund 1000mal größer ist als die des Gases bei Atmosphärendruck, so würde bei gleicher Eindringungstiefe die Temperaturerhöhung der Wand nur 1/1000 von der Abkühlung des Gases betragen; d. h. aber, man darf in erster Näherung, unabhängig von der Natur der Wand, deren Temperatur während des Vorbeischreitens der Flammenfront als konstant ansehen.

Etwas genauer ist die folgende Abschätzung, die gilt, solange die „Eindringungstiefe" der Abkühlung klein ist gegen den Rohrdurchmesser; da aber durch die Inkonstanz der Temperaturleitfähigkeit weitaus der größte Fehler in der Abschätzung verursacht wird, so wird man sie auch noch als Annäherung verwenden können, wenn Eindringungstiefe und Rohrdurchmesser vergleichbar werden. Für eine größere Genauigkeit muß man $k$ als temperaturabhängige Größe einführen, was dann aber eine allgemeine Integration der Wärmeleitungsgleichung in geschlossener Form ausschließt. Für eine Gasmasse, die zur Zeit $t = 0$ die Temperatur $T_1$ hat und die mit einer, auf der konstant gehaltenen Temperatur $T_0$ befindlichen ebenen Wand[1] in Berührung gebracht wird, gilt für die Temperaturverteilung zur Zeit $t$, wenn wir die positive $x$-Achse mit der Richtung der Normalen von der Wand in den Gasraum hinein zusammenfallen lassen[2]

$$T = T_0 + (T_1 - T_0)\,\psi\left(\frac{x}{2\sqrt{k\,t}}\right), \tag{70}$$

wo $k$ die frühere Bedeutung hat und $\psi$, das Gausssche Fehlerintegral, definiert ist durch:

$$\psi(\xi) = \int_0^{\xi} e^{-\eta^2}\, d\eta.$$

Für verschiedene Werte von $kt$ erhält man eine „Eindringungstiefe" $\Delta x$, bis zu der eine merkliche Abkühlung des Gases eingetreten ist, von der oben besprochenen Größenordnung. Dabei ist es natürlich etwas willkürlich, was man als merkliche Abkühlung des Gases ansehen soll; eine Abkühlung von etwa 50° C wird man wohl sicher schon als erheblich ansehen, was bei $T_1 - T_0 = 2000°$ nur 2,5% bedeutet. Der dazu gehörige Wert von $x/2\sqrt{k\,t}$ wäre etwa 1,6; mit $k = 1$ cm²/s erhielte man also:

$$\Delta x \cong \sqrt{3{,}2 \cdot 5 \cdot 10^{-4}} = 0{,}4\ \text{mm};$$

das ist ziemlich der gleiche Wert wie oben, sofern wir die Zahlenwerte für $k$ und $t$ beibehalten. Da die Temperaturleitfähigkeit bei hohen Temperaturen, besonders in wasserstoffreichen Gasen, ein Vielfaches des oben angenommenen Wertes betragen kann, so dürfte die Abkühlungstiefe kaum zu hoch geschätzt sein.

Auf die Flammengeschwindigkeit (und damit indirekt auf die Lage der Zündgrenzen) wirkt in engen Rohren und infolgedessen stark

[1] Daß sich die Temperatur der Wand beim Vorbeischreiten der Flammenfront, auch auf der Oberfläche, nicht merklich ändert, läßt sich zeigen.

[2] Vgl. etwa Frank-Mises: Differential- und Integralgleichungen der Physik. Das Gausssche Fehlerintegral findet man tabelliert, z. B. bei Jahnke-Emde: Funktionentafeln.

konvexen Brennflächen noch ein anderer Faktor ein; die Fortpflanzungsgeschwindigkeit in einer konvexen Brennfläche mit kleinem Krümmungsradius muß kleiner sein als die bei ebener Brennfläche, aus dem einfachen Grunde, weil bei stark gekrümmter Brennfläche ein Element der Brennzone ein größeres Frischgasvolumen mit Wärme (und freien Radikalen) beliefern muß als bei ebener Brennfläche (Abb. 91); die Verlangsamung der Brenngeschwindigkeit bei stark gekrümmter konvexer Brennfläche ist, mit umgekehrtem Vorzeichen, der gleiche Effekt, der bei stark gekrümmter konkaver Brennfläche eine erhebliche Erhöhung der Brenngeschwindigkeit nach sich zieht, weil hier ein kleineres Volumen von Frischgas mit Wärme und freien Radikalen zu beliefern ist (Abb. 91)

Abb. 91.

Als unmittelbare Folge dieses Effektes beobachten wir (Abb. 92), daß der Innenkegel eines Bunsenbrenners nicht in eine Spitze ausläuft, sondern abgerundet ist, weil in der Nähe der Spitze mit konkaver, stark gekrümmter Brennfläche die Verbrennungsgeschwindigkeit wesentlich über ihrem Normalwert liegt (vgl. S. 77).

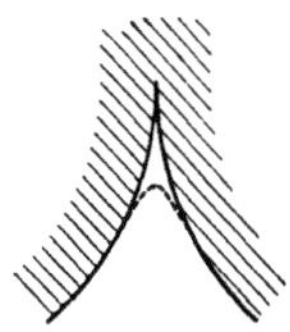

Abb. 92. Abrundung der Spitze eines Bunsenbrenners als Folge des dort erhöhten Wärme- (und Diffusions-) Stromes.

Mathematisch kommt das darin zum Ausdruck (vgl. S. 76), daß für die Erhitzungsgeschwindigkeit, die im eindimensionalen Fall gegeben ist durch

$$\frac{\partial T}{\partial t} = k \frac{\partial^2 T}{\partial r^2}, \tag{71}$$

im dreidimensionalen, kugelsymmetrischen Fall der Ausdruck tritt:

$$\frac{\partial T}{\partial t} = k \left[ \frac{\partial^2 T}{\partial r^2} + \frac{2}{r} \frac{\partial T}{\partial r} \right]. \tag{72}$$

Ist (Abb. 93) die Brennfläche konvex, so wird $2/r \cdot \partial T/\partial r$ negativ und bewirkt eine Verringerung in der Erhitzungsgeschwindigkeit des Frischgases; bei konkaver Brennfläche wird $\partial T/\partial r$ positiv und befördert die Erhitzung des Frischgases. Der formale Ausdruck für die Diffusion aktiver Teilchen wird der gleiche. Numerisch ergibt sich (als allererste Abschätzung) etwa folgendes: wenn $T_1 - T_0 \cong 2000°$ und die Dicke der Brennzone etwa $10^{-2}$ cm ist, so wird, im Mittel

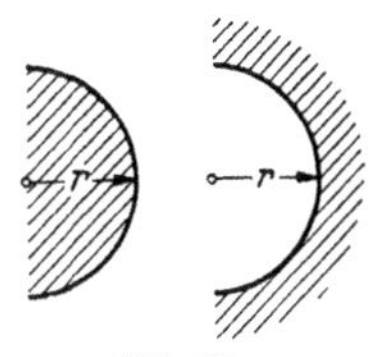


Abb. 93.

$$\frac{\partial T}{\partial r} \cong 2 \cdot 10^5 \text{ Grad/cm}$$

und

$$\frac{\partial^2 T}{\partial r^2} \cong 2 \cdot 10^7 \text{ Grad/cm}^2.$$

Das Glied $2/r\ \partial T/\partial r$ wird neben dem ersten Glied in (72) also vernachlässigbar, wenn:

$$\frac{2}{r} \ll 10^2 \text{ cm}^{-1}$$

ist, also wenn $r \gg 2 \cdot 10^{-2}$ cm ist; bei Radien von der Größenordnung einiger Zehntel mm wird der Einfluß der Krümmung der Brennfläche also sehr beträchtlich sein, bei 1 mm oder sogar darüber schon eben merklich werden.

In allernächster Nähe der Zündgrenze können diese Einflüsse sich natürlich noch stärker auswirken. Nach alledem ist es daher nicht verwunderlich, daß man experimentell eine Abhängigkeit der Zündgrenzen von der Gefäßgröße bekommt. Allerdings sind Wärmeleitung und Diffusion nicht die einzigen Einflüsse, die sich bemerkbar machen. Allgemein pflanzt sich in einem vertikalen Rohr die Zündung leichter von unten nach oben als von oben nach unten fort, weil im einen Fall Konvektion diese begünstigt, im anderen beeinträchtigt. Zündung im horizontalen Rohr gibt, wie zu erwarten, etwa mittlere Werte. Am ausgeprägtesten sieht man den Einfluß der Konvektion bei der Zündung von Wasserstoff-Luftgemischen im vertikalen Rohr[2].

Sofern man keine besonderen Vorkehrungen trifft, ist natürlich die Zündgrenze auch von der Art der angewandten Zündung nicht unabhängig; wir haben ja in Kap. II, S. 57 gesehen, wie z. B. die zur Funkenzündung nötige Mindestenergie mit der Zusammensetzung des Gases sich ändert. Für praktische Anwendungen kommt es aber darauf an, die Zündgrenzen so zu bestimmen, daß man bei Anwendung nicht zündfähiger Gemische wirklich außerhalb des Gefahrenbereiches gelangt. Man wird die Zündgrenzen darum unter solchen Bedingungen bestimmen, unter denen möglichst leicht Zündung eintritt, d. h. etwa in einem nicht zu engen (mehrere cm weiten) vertikalen Rohr, bei Zündung von unten, sowie mit einem hinreichend intensiven Zündfunken. Darüber, was ein hinreichend intensiver Zündfunken ist, muß man entweder besondere Vorversuche anstellen, oder man vergewissert sich bei der Bestimmung der Zündgrenze selbst, indem man beobachtet, ob bei weiterer Steigerung der Funkenenergie keine weitere Verschiebung der Zündgrenze mehr stattfindet. Andererseits ist aber darauf zu achten, daß wirkliche Zündung eintritt, d. h., daß die Verbrennung sich auch in größerem Abstand von der Zündstelle noch fortpflanzt. Denn in der Nähe der Zündquelle wird man bei hinreichender Energie immer eine mehr oder weniger starke Umsetzung erzwingen können. D. h. aber, man darf mit der Zündenergie nicht beliebig in die Höhe gehen; die Zündenergie muß auf jeden Fall klein sein gegen die in der gesamten Gasmenge vorhandene Reaktionsenergie. Praktisch erreicht man dies, indem man das Gas in einem nicht zu kurzen Rohr zündet und als Zündung nur die Fälle betrachtet, in denen sich die Flamme durch das ganze Rohr fortgepflanzt hat.

Die Verhältnisse bei der Bestimmung von Zündgrenzen mit Funken verschiedener Energie hat Lindeijer[1] genauer diskutiert (Abb. 94).

[1] Lindeijer, E. W.: Rec. Trav. chim. Pays-Bas Bd. 56 (1937) S. 97, 105.
[2] Vergl. K. Clusius und H. Gutschmidt: Z. Elektrochem. Bd. 42, (1936) S. 498.

Hier ist als Abszisse die Gemischzusammensetzung (etwa $x$% Brennstoff in Luft), als Ordinate die Funkenenergie $Z$ aufgetragen. Liegt die Funkenenergie unter $Z_1$, so wird keine einzige Mischung gezündet; steigert man sie etwa bis $Z_2$, so würde man mit dieser Energie die Grenzen $x_1$ und $x_2$ erhalten. Die wahren Zündgrenzen liegen bei $X_1$ und $X_2$; um diese zu erhalten, muß man also mit der Funkenenergie bis $Z_3$ heraufgehen. Zündet man mit dieser oder einer größeren Funkenenergie, so erhält man, falls man in das schraffierte Gebiet gelangt, in der Umgebung des Funkens noch eine Flamme, die aber dann in einigem Abstande verlischt, während nur innerhalb $X_1$ und $X_2$ die Flamme über beliebige Entfernungen sich fortpflanzt. Da man in explosionsgefährdeten Betrieben nie vorher wissen kann, eine wie starke Zündquelle auftritt, so ist es nötig, bei Bestimmung der Zündgrenzen die Funkenenergie bis über $Z_3$ zu steigern, damit man die wahren Grenzen ermittelt.

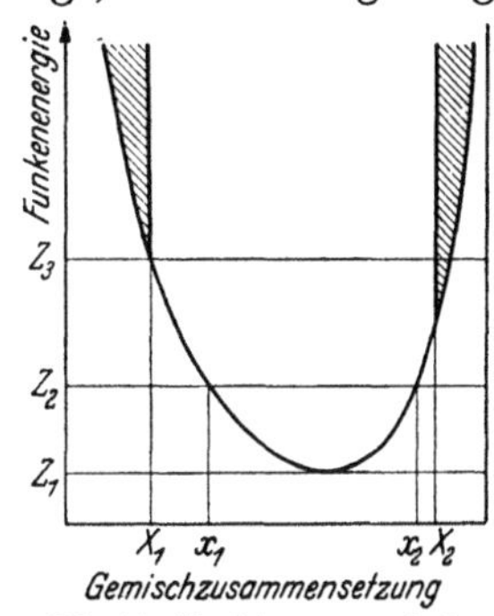


Abb. 94. Beziehungen zwischen Funkenenergie $Z$ und Zündgrenzen ($X_1$ und $X_2$ wahre Zündgrenzen). [Nach LINDEIJER: Rec. Trav. chim. Pays-Bas Bd. 56 (1937).]

Eine Übersicht über experimentell ermittelte Zündgrenzen geben wir in den unten folgenden Tabellen 22 bis 26. Wie zu erwarten, ändern sich die Zündgrenzen, wenn man Anfangstemperatur und Druck variiert. Erhöhung der Temperatur scheint ausnahmslos die Zündgrenzen zu erweitern. Bei Zündung am oberen Ende eines vertikalen Rohres fand beispielsweise WHITE[1] folgende Grenzen für Wasserstoff, Kohlenoxyd und Methan in Luft (Tabelle 22).

Tabelle 22. Zündgrenzen in Abhängigkeit von der Temperatur. (Nach WHITE.)

| Temperatur | 17° C | 100° C | 200° C | 300° C | 400° C |
|---|---|---|---|---|---|
| Untere Grenze, % $H_2$ . . | 9,4 | 8,8 | 7,9 | 7,1 | 6,3 |
| Obere Grenze, % $H_2$ . . . | 71,5 | 73,5 | 76 | 79 | 81,5 |
| Untere Grenze, % CO. . . | 16,3 | 14,8 | 13,5 | | 11,4 |
| Obere Grenze, % CO . . . | 70 | 71,5 | 73 | | 77,5 |
| Untere Grenze, % $CH_4$ . . | 6,3 | 5,95 | 5,50 | | 4,80 |
| Obere Grenze, % $CH_4$. . . | 12,9 | 13,7 | 14,6 | | 16,6 |

Nicht so eindeutig scheint die Beziehung zwischen Zündgrenzen und Druck zu sein; wie wir schon sahen, befördert Drucksteigerung die lineare Brenngeschwindigkeit im allgemeinen nicht, wohl aber die „Massenbrenngeschwindigkeit", d. h. die in der Zeiteinheit umgesetzte

[1] Vgl. BONE-TOWNEND: Flame and Combustion.

Menge. Da bei nicht zu niederen Drucken (obere Explosionsgrenze [!], vgl. Kap. VIII) die Reaktionsgeschwindigkeit fast immer mit dem Druck ansteigt, so sollte man als das wahrscheinlichste erwarten, daß auch die Zündgrenzen bei nicht zu niedrigen Drucken sich mit steigendem Druck erweitern, während man für niedere und mittlere Drucke keine bestimmten allgemeinen Voraussagen machen kann. Diese Vermutungen scheinen, zumindest für sehr hohe Drucke, durch das Experiment bestätigt zu werden[1].

TERRES und PLENTZ[2] fanden beispielsweise für Wasserstoff-, Methan- und Kohlenoxyd-Luftgemische die folgenden Grenzen:

| | | | |
|---|---|---|---|
| $H_2$-Luft bei 1 at . . . | 9,0—68,5%; | bei 10 at . . . | 9,5—67,5% |
| $CH_4$-Luft bei 1 at . . | 6,0—13%; | bei 10 at . . . | 6,6—14% |
| CO-Luft bei 1 at . . . | 15,9—72,9%; | bei 10 at . . . | 18,4—62,4% |

Hier tritt eine Erweiterung nur an der oberen Grenze bei Methan auf; sonst bewirkt Druckerhöhung immer eine Einengung der Grenzen, am ausgesprochensten beim Kohlenoxyd. Das bezieht sich aber noch auf verhältnismäßig niedere Drucke. Geht man zu höheren Drucken über, so weiten sich, zumindest bei Methan-Luft, die Grenzen erheblich, wie die folgende Zusammenstellung nach BERL und WERNER[3] erkennen läßt (Tabelle 23).

Tabelle 23. Zündgrenzen von Methan in Luft für verschiedene Drucke. (Nach BERL und WERNER.)

| $p$ (at) | Untere Grenze | Obere Grenze |
|---|---|---|
| | % Methan | |
| 1 | 6,6 | 12,7 |
| 21 | 7,5 | 12,0 |
| 400 | 5,2 | 46,0 |

Auch hier zwar bei mäßig hohen Drucken eine Verengerung des Zündgebietes, bei sehr hohen Drucken aber eine starke Erweiterung. Die Werte für Methan wurden von BONE und Mitarbeitern (zitiert S. 154) in einem Druckbereich bis 125 at im großen ganzen bestätigt. Diese fanden auch bei Wasserstoff-Luftmischungen eine Erweiterung des Zündgebietes mit steigendem Druck, allerdings nur an der oberen Grenze, während die untere praktisch konstant bleibt (vgl. Tabelle 24).

Dagegen verengen sich (nach den gleichen Autoren) bei Kohlenoxyd-Luftmischungen, selbst noch bei 125 at, die Zündgrenzen mit steigendem Druck (vgl. Tabelle 25):

Ersetzt man in Kohlenoxyd-Luftmischungen den Stickstoff durch Helium oder Argon, so erweitern diese die Zündgrenzen, ebenso wie Wasserdampf eine erhebliche Erweiterung der Zündgrenzen bewirkt

[1] Über den Einfluß des Druckes auf die Zündgrenzen vgl. auch D. M. NEWITT u. D. T. A. TOWNEND: The Science of Petroleum, Bd. IV, S. 2884ff.

[2] TERRES u. PLENTZ: Gas- u. Wasserfach Bd. 57 (1914) S. 995, 1016, 1025; vgl. ferner MASON u. WHEELER: Trans. chem. Soc. Bd. 113 (1918) S. 45. — BONE, NEWITT, TOWNEND: Gaseous Combustion at High Pressures. London 1929.

[3] BERL, G. u. G. WERNER: Z. angew. Chem. Bd. 40 (1927) S. 245.

(BONE, zitiert S. 154); es zeigt sich auch hierin, daß Faktoren, die die Brenngeschwindigkeit steigern, gleichzeitig die Zündgrenzen erweitern.

Eine sehr wertvolle Übersicht über Zündgrenzen und ihre praktische Anwendung in gefährdeten Betrieben gibt JONES[1], auf die hier besonders hingewiesen sei. Wir entnehmen daraus die Feststellung von BURGESS und WHEELER[2], daß in vielen Fällen eine einfache Beziehung zwischen Heizwert des Brennstoffes und unterer Zündgrenze besteht; es ist nämlich die untere Zündgrenze multipliziert mit der Verbrennungswärme

Tabelle 24.

| $p$ (at) | % $H_2$ in Luft an der oberen Zündgrenze |
|---|---|
| 5 | 68,4 |
| 10 | 68,5 |
| 30 | 71,9 |
| 50 | 73,3 |
| 75 | 74,2 |
| 125 | 74,8 |

Tabelle 25.

| $p$ (at) | % CO in Luft an der unteren Zündgrenze | % CO in Luft an der oberen Zündgrenze |
|---|---|---|
| 1 | 14,2 | 71 |
| 5 | 15,4 | 67,5 |
| 10 | 17,8 | 62,8 |
| 30 | 20,3 | 58,8 |
| 50 | 20,6 | 56,8 |
| 125 | 20,7 | 51,6 |

des Brennstoffes annähernd eine Konstante (deren Wert für viele Kohlenwasserstoffe in der Gegend von 1100 liegt, wenn die Zündgrenze durch Prozent Brennstoff in Luft ausgedrückt und die Verbrennungswärme in kcal/Mol gemessen wird). Diese Beziehung kann zumindest für die Abschätzung der unteren Zündgrenze nicht näher untersuchter Substanzen nützlich sein, ebenso wie die LE CHATELIERsche Regel[3] für die Abschätzung von Grenzen bei Gemischen. Diese ist einfach die Anwendung der Mischungsregel auf Brennstoffgemische, und wird üblicherweise in der Form angegeben:

$$L = \frac{100}{P_1/N_1 + P_2/N_2 + \dots},$$

wo $L$ die Zündgrenze für die Brennstoffmischung aus den Komponenten $1, 2, \dots$ bedeutet, $N_1, N_2, \dots$ die entsprechenden Zündgrenzen dieser reinen Komponenten sind (in %) und $P_1, P_2, \dots$ die Prozentgehalte der einzelnen Komponenten in dem Brennstoffgemisch angeben (also ohne Luft usw.), d. h. es ist $P_1 + P_2 + \cdots = 100$. Eine auch nur annähernd strenge Gültigkeit bei Brennstoffen, die sich gegenseitig in ihrer Verbrennung stark beeinflussen, ist natürlich nicht zu erwarten; wo man also solche geringeren oder auch sehr starken Abweichungen beobachtet, braucht man dafür nicht nach einer besonderen Erklärung zu suchen. Einer Erklärung bedürfte es höchstens, wenn man wider

[1] JONES, G. W.: Chem. Rev. Bd. 22 (1938) S. 1.
[2] BURGESS, M. J. u. R. V. WHEELER: J. chem. Soc. Bd. 99 (1911) S. 2013.
[3] CHATELIER, H. LE u. O. BOUDOUARD: C. R. Acad. Sci., Paris Bd. 126 (1898) S. 1344, 1510.

Erwarten eine allgemeine Gültigkeit der LE CHATELIERschen Regel fände. Die Regel wird aber um so besser gelten, je ähnlicher die untersuchten Stoffe sind; und das sind häufig gerade die praktisch interessierenden Fälle, wie z. B. Kohlenwasserstoffgemische, Gemische organischer Lösungsmittel u. ä.; hier wird die LE CHATELIERsche Regel zu einer ersten Orientierung vielfach nützlich sein können.

Für viele praktische Folgerungen sei auf die Originalarbeit von JONES verwiesen. Einen Überblick über eine Anzahl von Zündgrenzen in

Tabelle 26. Zündgrenzen in Luft. (Nach JONES.)

| Stoff | Untere Zündgrenze, Vol.-% | Obere Zündgrenze, Vol.-% | Stoff | Untere Zündgrenze, Vol.-% | Obere Zündgrenze, Vol.-% |
|---|---|---|---|---|---|
| Methan | 5,00 | 15,00 | Aceton | 2,55 | 12,80 |
| Äthan | 3,22 | 12,45 | Methyläthylketon | 1,81 | 9,50 |
| Propan | 2,37 | 9,50 | Methylpropylketon | 1,55 | 8,15 |
| Butan | 1,86 | 8,41 | Methylbutylketon | 1,22 | 8,00 |
| Isobutan | 1,80 | 8,44 | Methylformiat | 5,05 | 22,70 |
| Pentan | 1,40 | 7,80 | Äthylformiat | 2,75 | 16,40 |
| Isopentan | 1,32 | — | Methylacetat | 3,15 | 15,60 |
| Hexan | 1,25 | 6,90 | Äthylacetat | 2,18 | 11,40 |
| Heptan | 1,00 | 6,00 | Propylacetat | 2,05 | — |
| Octan | 0,95 | — | Isopropylacetat | 2,00 | — |
| Nonan | 0,83 | — | Butylacetat | 1,70 | — |
| Decan | 0,67 | — | Amylacetat | 1,10 | — |
| Äthylen | 2,75 | 28,60 | Wasserstoff | 4,00 | 74,20 |
| Propylen | 2,00 | 11,10 | Kohlenoxyd | 12,50 | 74,20 |
| Butylen | 1,70 | 9,00 | Ammoniak | 15,50 | 27,00 |
| Amylen | 1,60 | — | Äthylenoxyd | 3,00 | 80,00 |
| Acetylen | 2,50 | 80,00 | Propylenoxyd | 2,00 | 22,00 |
| Benzol | 1,41 | 6,75 | Dioxan | 1,97 | 22,25 |
| Toluol | 1,27 | 6,75 | Diäthylperoxyd | 2,34 | — |
| o-Xylol | 1,00 | 6,00 | Schwefelkohlenstoff | 1,25 | 50,00 |
| Cyclopropan | 2,40 | 10,40 | Schwefelwasserstoff | 4,30 | 45,50 |
| Cyclohexan | 1,33 | 8,35 | Kohlenoxysulfid | 11,90 | 28,50 |
| Methylcyclohexan | 1,15 | — | Methylchlorid | 8,25 | 18,70 |
| Methylalkohol | 6,72 | 36,50 | Vinylchlorid | 4,00 | 21,70 |
| Äthylalkohol | 3,28 | 18,95 | Äthylchlorid | 4,00 | 14,80 |
| Propylalkohol | 2,55 | — | Amylchlorid | 1,40 | — |
| Isopropylalkohol | 2,65 | | Acetylendichlorid ($C_2H_2Cl_2$) | 9,70 | 12,80 |
| Butylalkohol | 1,70 | — | Äthylendichlorid ($C_2H_4Cl_2$) | 6,20 | 15,90 |
| Isobutylalkohol | 1,68 | — | Methylbromid | 13,50 | 14,50 |
| Amylalkohol | 1,19 | — | Äthylbromid | 6,75 | 11,25 |
| Isoamylalkohol | 1,20 | — | | | |
| Acetaldehyd | 3,97 | 57,00 | | | |
| Methyläthyläther | 2,00 | 10,10 | | | |
| Diäthyläther | 1,85 | 36,50 | | | |
| Divinyläther | 1,70 | 27,00 | | | |

Luft für praktisch wichtige Stoffe geben wir in der Tabelle 26, im Anschluß an JONES. Wegen Literaturhinweisen sowie weiterer Angaben sei auf diese Arbeit, ferner auf LANDOLT-BÖRNSTEIN, auf die Tables Annuelles sowie auch auf BONE-TOWNEND, Flame and Combustion usw. verwiesen.

## 9. Beeinflussung der Zündgrenzen durch Zusätze.

Über die Beeinflussung der Zündgrenzen durch Zusätze liegt ein ausgedehnteres experimentelles Material vor, gewisse Beobachtungen haben wir schon an anderer Stelle erwähnt (vgl. die Zündgrenzen von Brennstoff-Luft- und Brennstoff-Sauerstoffgemischen S. 109). Aus den Untersuchungen zur Verbrennungsgeschwindigkeit von BUNTE und Mitarbeitern läßt sich hierüber auch einiges entnehmen (vgl. die Zitate, S. 71, 120), z. B. die Verengung der Zündgrenzen, wenn Luft-Stickstoff durch Kohlensäure ersetzt wird, wie umgekehrt Ersetzen des Stickstoffs durch Edelgase (vgl. S. 128) die Grenzen erweitert.

Die Frage nach der Beeinflussung der Zündgrenzen ist praktisch in vieler Beziehung von Wichtigkeit, besonders natürlich im Hinblick auf die Explosionsverhütung; das Arbeiten mit brennbaren Gasen und Dämpfen ist nicht zu vermeiden; sofern es jedoch gelänge, sie durch geeignete Zusätze außerhalb des Zündbereiches in Mischung mit Luft zu bringen, so wäre jede Explosionsgefahr von vornherein ausgeschlossen. Der grundsätzlichen Bedeutung dieser Frage wegen wollen wir auch überlegen, ob man theoretisch in dieser Richtung etwas voraussagen kann. Wir wissen (vgl. Kap. VIII, IX u. XI), daß man die Explosionsgrenzen für die spontane Zündung von Gasgemischen in vielen Fällen durch Zusatz geringer Mengen kettenabbrechender Substanzen erheblich beeinflussen kann; das praktisch bedeutsamste Beispiel der Unterdrückung spontaner Reaktionen durch geringe Zusätze ist die Wirkung der Antiklopfmittel, insbesondere die des Bleitetraäthyls. Bei der Wirkung dieser Stoffe handelt es sich offenbar um folgendes (ähnlich wie in Abb. 87). Denken wir für eine derartige Reaktion die Reaktionsgeschwindigkeit als Funktion der Zeit aufgetragen, so erhalten wir den bekannten Verlauf. Der Geschwindigkeitsanstieg ist, zumindest in der Anfangsphase, in vielen Fällen bedingt durch den Anstieg der Konzentration aktiver Teilchen, $n$, und zwar als Folge von Kettenverzweigung (vgl. Kap. VIII). Im allerersten Anfang sind nur sehr wenige aktive Teilchen vorhanden; gelingt es, diese durch geeignete Substanzen wegzufangen bzw. die Kettenverzweigung zu verhindern, so wird dadurch offensichtlich die Explosion unterdrückt. Daß man dies unter Umständen schon mit sehr geringen Mengen zugesetzter Stoffe erreichen kann, dürfte eben damit zusammenhängen, daß diese Stoffe bereits in einem frühen Stadium der Umsetzung wirken, wo die Konzentration aktiver Teilchen noch klein ist. Bleitetraäthyl wirkt bereits in Konzentrationen von etwa $10^{-5}$, bezogen auf den Brennstoff. Versucht man nun, durch die gleichen Stoffe die Fortpflanzung einer Explosion zu verhindern, so hat man folgendes (Abb. 95). Wir zeichnen wieder in der üblichen Weise die Struktur der Flammenfront; neben $T$ ist die Konzentration aktiver Teilchen, $n$, angegeben. Offenbar könnte auch hier der in geringer Menge zugesetzte Stoff in der Zone niederer Temperatur und niederer Konzentration aktiver Teilchen diese wegfangen und die Reaktion unterdrücken; der Unterschied gegen die spontane Zündung besteht aber darin, daß bei dieser mit dem Wegfangen der ersten Zentren die Reaktion tatsächlich unterdrückt wird, während hier aus den heißeren Nachbarschichten immer neue Zentren nachdiffundieren, deren Konzentration auch, insbesondere in den heißen, verbrannten Gasen nie unter den Gleichgewichtswert fallen wird. Infolgedessen ist zu erwarten, daß die gleichen geringen Zusätze zwar die Flammengeschwindigkeit gelegentlich etwas herabsetzen können (vgl. S. 120), in so kleinen Konzentrationen die Zündgrenzen aber nur wenig beeinflussen werden.

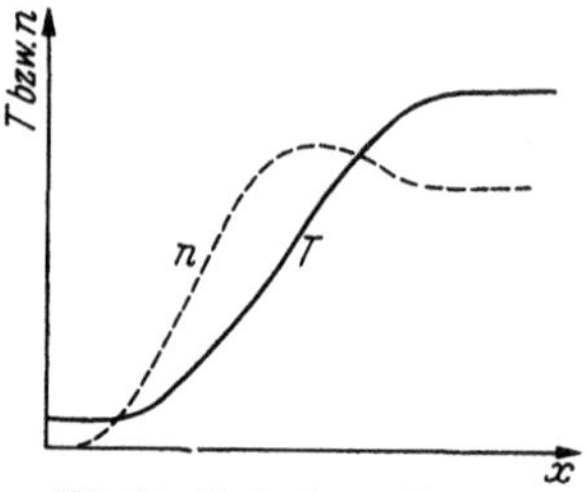


Abb. 95. Verlauf von Temperatur und Konzentration $n$ aktiver Teilchen in der Flammenfront, schematisch.

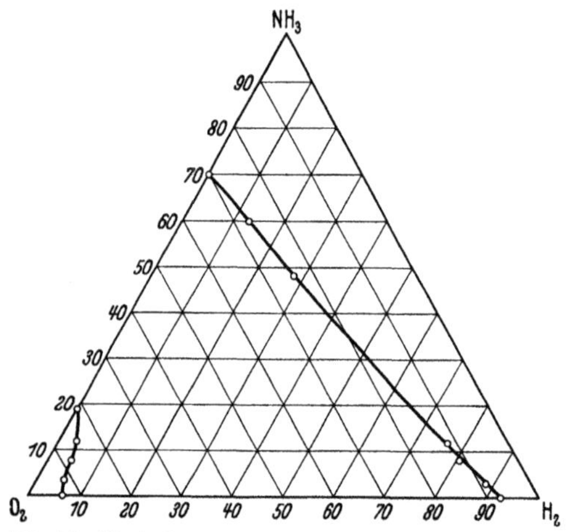


Abb. 96. Zündgebiet des Systems $H_2$—$O_2$—$NH_3$. (Nach JORISSEN u. ONKIEHONG: Rec. Trav. chim. Pays-Bas Bd. 45.)

Zündgrenzen von Gemischen sind besonders von JORISSEN u. Mitarbeitern[1]

[1] JORISSEN, W. P.: Zahlreiche Arbeiten in Rec. Trav. chim. Pays-Bas seit 1924; von neueren Arbeiten vgl. u. a. K. POSTHUMUS: Rec. Trav. chim. Pays-Bas Bd. 49 (1930) S. 309. — BOOY, J.: Rec. Trav. chim. Pays-Bas Bd. 49 (1930) S. 866. — JORISSEN, BOOY u. J. VAN HEININGEN: Rec. Trav. chim. Pays-Bas Bd. 49 (1930) S. 877. — JORISSEN u. A. H. BELINFANTE: Rec. Trav. chim. Pays-Bas Bd. 51 (1932) S. 853. — JORISSEN, BOOY u. VAN HEININGEN: Rec. Trav. chim. Pays-Bas Bd. 51 (1932) S. 868. — JORISSEN u. J. J. HERMANS: Rec. Trav. chim. Pays-Bas Bd. 52 (1933) S. 271. — JORISSEN u. A. A. VAN DER DUSSEN: Rec. Trav. chim. Pays-Bas Bd. 52 (1933) S. 327. — JORISSEN, A. A. VAN DER DUSSEN, W. P. M. MATLA u. J. H. DE LIEFDE: Rec. Trav. chim. Pays-Bas Bd. 52 (1933) S. 403. — WAL, M. J. VAN DER: Rec. Trav. chim. Pays-Bas Bd. 53 (1934) S. 97. — DROP, J.: Rec. Trav. chim. Pays-Bas Bd. 54 (1935) S. 671. — JORISSEN: Rec. Trav. chim. Pays-Bas Bd. 54 (1935) S. 888. — DROP, J.: Rec. Trav. chim. Pays-Bas Bd. 56 (1937) S. 71, 86. — LINDEIYER, E. W.: Rec. Trav. chim. Pays-Bas Bd. 56 (1937) S. 97, 105. — JORISSEN: Chem. Weekbl. Bd. 33 (1936) S. 83.

untersucht worden. Wir bringen einige Beispiele; Abb. 96 zeigt das System $NH_3$—$H_2$—$O_2$*, Abb. 97 das System $H_2$—NO—$Cl_2$, mit eigentümlichem Verlauf der Grenzen. Von besonderem Interesse sind natürlich Versuche über die Wirkung kleiner Zusätze (JORISSEN, BOOY und HEININGEN zitiert S. 132, JORISSEN und HERMANS, zitiert S. 132). Für die Unterdrückung von Methanexplosionen waren Äthyljodid und Siliciumtetrachlorid verhältnismäßig gut wirksam, am stärksten wirkte $POCl_3$. In Abb. 98 geben wir das Explosionsgebiet für Methan-Luft-Isoamylbromid wieder, woraus die relativ starke Wirksamkeit dieser Substanz zu erkennen ist; andere organische Halogenide wirken ähnlich. Bei den Angaben der Abb. 98 ist zu beachten, daß es sich um Prozente Amylbromid im Brennstoff-Luftgemisch handelt, nicht bezogen auf den Brennstoff allein; trotzdem sind die wirksamen Zusätze relativ niedrig.

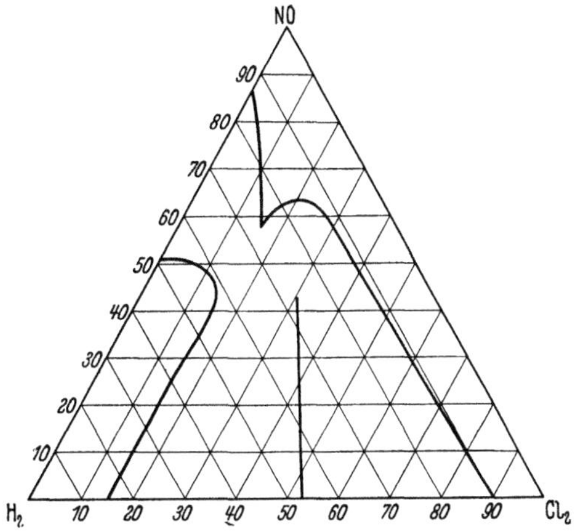

Abb. 97. Zündgebiet von $H_2$—NO—$Cl_2$. [Nach JORISSEN: Chem. Weekbl. Bd. 33 (1936).]

Zündgrenzen für das Gemisch Äthylenoxyd-Luft mit Kohlensäurezusatz geben PETERS und GANTER[1] an, Zündgebiete für eine Reihe von Brennstoffsystemen sind auch in der Monographie von LEWIS und v. ELBE (zitiert S. 135) zusammengestellt, für die Beeinflussung der Explosion von Wasserstoff vgl. NAGAI[2], zur grundsätzlichen Frage der Auslöschung s. DUFRAISSE[3,4].

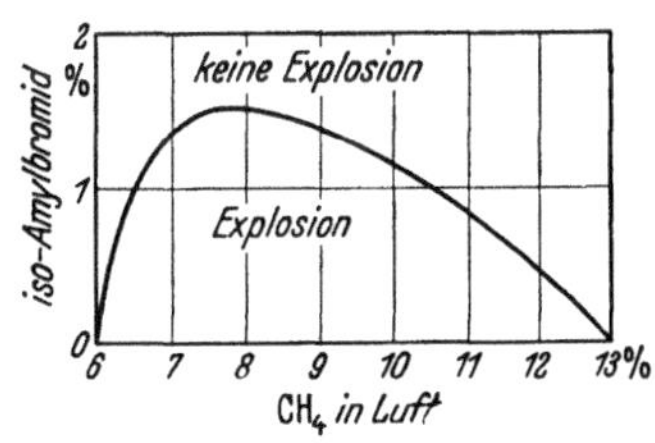

Abb. 98. Zündgebiet von $CH_4$-Luft-Isoamylbromid. [Nach JORISSEN u. HERMANS: Rec. Trav. chim. Pays-Bas Bd. 52 (1933).]

* JORISSEN, W. P. u. B. L. ONKIEHONG: Rec. Trav. chim. Pays-Bas Bd. 45 (1926) S. 228.

1 PETERS, G. u. W. GANTER: Z. angew. Chem. Bd. 51 (1938) S. 29.

2 NAGAI: Rep. aeron. Res. Inst. Tokio Bd. 2 (1927) S. 249, 259, 275. — Proc. imp. Acad. Tokio Bd. 4 (1928) S. 154.

3 DUFRAISSE, CH. u. J. LE BRAZ: C. R. Acad. Sci., Paris Bd. 199 (1934) S. 75.

4 Ternäre und quaternäre Zündgebiete s. a. A. LA FLEUR: Rec. Trav. chim. Pays-Bas Bd. 56 (1937) S. 443.

Viertes Kapitel.

# Explosionen in geschlossenen Gefäßen.

## 1. Übersicht über die Erscheinungen bei der Flammenfortpflanzung in geschlossenen Gefäßen.

Es war zweckmäßig, zunächst alle Komplikationen unberücksichtigt zu lassen, die durch Änderung des Druckes während der Verbrennung bedingt sind. Dadurch war die Flammenfortpflanzung in geschlossenen Gefäßen von der Behandlung im vorangehenden Kapitel ausgeschlossen. Neben der Druckänderung, die bei der Verbrennung in geschlossenen Gefäßen nicht einen Wert der Verbrennungsgeschwindigkeit, sondern eine Mannigfaltigkeit von Verbrennungsgeschwindigkeiten bei verschiedenen Drucken und Temperaturen ins Spiel kommen läßt, sind auch die Gasströmungen in solchen Fällen meist komplizierter als bei offenen Rohren. Wir wollen auf diese Erscheinungen, die für Anwendungen natürlich sehr wichtig sind, hier im Zusammenhang eingehen.

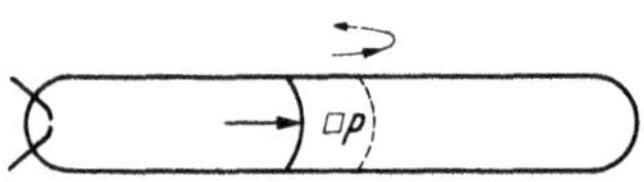


Abb. 99.

Die Expansion der verbrennenden Gase hat eine charakteristische Bewegung eines jeden Gaselementes zur Folge: denken wir uns (Abb. 99), das explosive Gemisch in einem Rohr eingeschlossen und am linken Ende gezündet. Ein Gasteilchen im Innern des Rohres, bei $P$ etwa, wird, solange die Flamme es noch nicht erreicht hat, durch die expandierenden Gase nach rechts bewegt; von dem Moment ab, in welchem die Flammenfront über das Volumenelement bei $P$ hinweggestrichen ist, wird es sich aber nach links bewegen; d. h. immer von der Brennzone weg; denn nunmehr dehnt sich das Gas rechts aus, während das links komprimiert wird. Sofern keine ungleichmäßige Abkühlung stattfindet und keine Schwingungen entstehen, müßte es am Ende wieder bei $P$ zur Ruhe kommen[1]. Bei der Ausbreitung der Flamme in einer Kugel mit Zündung im Zentrum gilt das gleiche. Hier ist bis zum Ende der Verbrennung die Abkühlung verhältnismäßig viel geringer als in einem Rohr, da die heißen Verbrennungsgase erst nach vollständig beendigter Verbrennung die Wand berühren, und da die Wärmeableitung aus dem Innern nicht schneller vorschreitet als die Flamme. Solange die Flamme die Wand noch nicht erreicht hat, findet also überhaupt noch kein direkter Wärmeverlust durch Leitung statt, lediglich durch Strahlung, während die Leitung nur auf einem indirekten Wege ins Spiel

[1] Wir werden weiter unten sehen, daß auch bei Vernachlässigung der Abkühlung sich eine grundsätzlich ungleichmäßige Temperaturverteilung ergibt; infolgedessen kann das Gasteilchen auch nicht exakt an seiner früheren Stelle zur Ruhe kommen.

kommt: durch die expandierenden, verbrennenden Gase wird das unverbrannte Frischgas adiabatisch komprimiert und dadurch erwärmt; ein Teil dieser Wärme kann durch Leitung nach außen abgegeben werden. Die Kompression des Frischgases durch das expandierende verbrennende Gas und die Kompression des zuerst verbrannten Gases durch das später verbrennende Gas gibt weiterhin Anlaß zu einem Temperaturgefälle innerhalb der verbrannten Gase, derart, daß das zuerst verbrannte Gas (das Innere der kugelförmigen Bombe) bei vollendeter Verbrennung heißer ist als der zuletzt verbrannte Anteil, und zwar unter Umständen ganz erheblich heißer, um Hunderte von Graden[1] (bis etwa 900° !). Dieser Temperaturgradient bedingt, daß der Maximaldruck bei der Explosion in einer geschlossenen Bombe immer ein klein wenig hinter dem bei gleichmäßiger Temperaturverteilung theoretisch möglichen Wert zurückbleibt, als Folge der Zunahme der spezifischen Wärme mit der Temperatur. Daß die Temperatur am Ende der Verbrennung in der Nähe der Zündstelle wesentlich höher ist als fern von ihr, hat weiterhin zur Folge, daß die heißen Gase dort gegen Ende der Verbrennung nochmals stark aufleuchten, eine oft beobachtete Erscheinung, die man als Nachbrennen[2] bezeichnete, weil man annahm, daß noch eine Nachreaktion stattfände. Offenbar reicht die Existenz des starken Temperaturgradienten aber völlig aus zur Erklärung aller beobachteten Erscheinungen (LEWIS und v. ELBE), auch der Tatsache, daß „nachbrennende" Gase neues Frischgas zu zünden vermögen; denn die heißen, nachbrennenden Gase werden ja außer ihrer Wärmeenergie auch noch im thermischen Gleichgewicht vorhandene freie Radikale mitbringen.

Wie der Temperaturgradient zustande kommt, kann man sich qualitativ nach LEWIS und v. ELBE so klarmachen: Man kann die Verbrennung jeder dünnen Gasschicht (vgl. S. 147) als bei praktisch konstantem Druck erfolgend ansehen, nämlich bei dem jeweils gerade herrschenden Druck, wobei die Gasschicht expandiert von einem Anfangsvolumen zu einem Endvolumen, die im Verhältnis der Anfangstemperatur $T_a$ zur im Moment der Verbrennung erreichten Endtemperatur $T_b$ stehen[3] ($T_a$ und $T_b$ sind im allgemeinen nicht identisch mit der Anfangstemperatur des gesamten Gases $T_0$ und dessen mittlerer Endtemperatur

---

[1] Zuerst experimentell von HOPKINSON gezeigt [Proc. roy. Soc., Lond. A Bd. 77 (1906) S. 387], theoretisch behandelt von FLAMM und MACHE [Wien. Ber. Bd. 126 (1917) S. 9; vgl. ferner H. MACHE: Physik der Verbrennungserscheinungen; B. LEWIS u. G. v. ELBE: J. chem. Phys. Bd. 2 (1934) S. 659, 665; ferner „Combustion, Flames and Explosions of Gases"]. Ein solches Temperaturgefälle tritt auch bei der Verbrennung im Motor auf (vgl. Kap. XII).

[2] ELLIS, O. C. DE C. u. R. V. WHEELER: J. chem. Soc. 1927, S. 310; 1931, S. 2467. — ELLIS, O. C. DE C. u. E. MORGAN: Trans. Faraday Soc. Bd. 30 (1934) S. 287.

[3] Noch multipliziert mit einem Faktor, der der Änderung der Molzahl Rechnung trägt, falls die Reaktion unter Änderung der Molzahl verläuft.

$T_e$, wegen der schon besprochenen Kompressionseffekte); insbesondere wird ein Gasvolumen bei der Zündstelle praktisch unter dem Anfangsdruck $p_0$, ein Volumen in unmittelbarer Nähe der Wand unter dem Enddruck $p_e$ verbrennen. Das Volumen im Zentrum leistet Arbeit auf die umgebende Gasmasse während der Expansion beim Druck $p_0$; es wird dann wieder auf annähernd sein Anfangsvolumen komprimiert bei von $p_0$ auf $p_e$ ansteigendem Druck, also im Mittel bei wesentlich höheren Drucken. Infolgedessen gibt das Volumenelement weniger Energie an die übrige Gasmasse ab, als es später wieder aufnimmt, es muß daher am Ende heißer sein, als der mittleren Temperatur der gesamten Gasmasse entspricht. Umgekehrt wird ein Volumenelement nahe dem Rande bei Drucken zwischen $p_0$ und $p_e$ komprimiert, es expandiert dann aber wieder bei dem höchsten Druck $p_e$; infolgedessen gibt es bei der Expansion mehr Energie ab, als es während der Kompression aufgenommen hatte, es wird also am Schluß kälter sein als es der Mitteltemperatur entspricht.

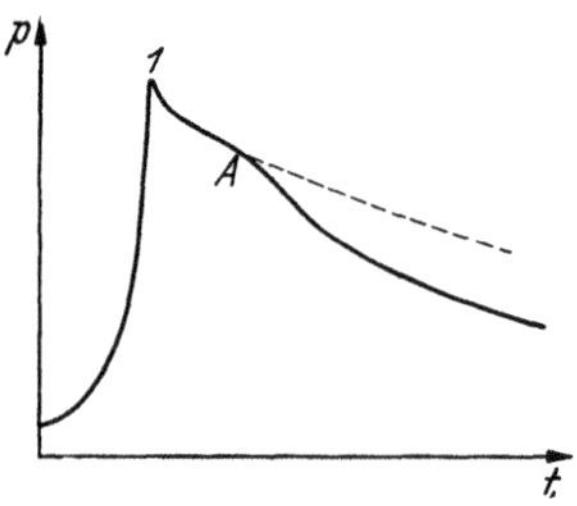

Abb. 100. Druck-Zeit-Kurve bei Bombenexplosionen. (Nach LEWIS u. v. ELBE.) Schematisch.

Nach LEWIS und v. ELBE drückt sich dieser Temperaturgradient in charakteristischer Weise in der bei Bombenexplosionen erhaltenen Abkühlungskurve aus, nämlich (Abb. 100) durch einen Buckel bei $A$. Es setzt zunächst in dem Augenblick, in dem die Brennzone die Wand erreicht hat, starke Abkühlung ein, bei 1 in der Abb. 100. Die Abkühlungsgeschwindigkeit würde dann abnehmen und man bekäme ein etwa exponentielles Abklingen der Temperatur (gestrichelte Kurve). Tatsächlich macht sich aber jetzt erst der stärkere Wärmestrom, der von den inneren heißeren Schichten herkommt, bemerkbar, man erhält nochmals einen stärkeren Temperaturabfall und erst dann annähernd exponentielles Abklingen. Bei den tatsächlichen Druckdiagrammen von Bombenexplosionen kommt dieser Verlauf deutlich nur zum Ausdruck, wenn die Wärmeleitfähigkeit verhältnismäßig groß und die Abkühlungszeit kurz ist; bei geringer Wärmeleitfähigkeit ist die Kurve in Richtung der Zeitachse stark in die Länge gezogen und der Buckel bei $A$, obwohl vorhanden, fällt nicht sehr auf.

Neben den in offenen Gefäßen (außer bei mit Überschallgeschwindigkeit laufenden Flammen sowie bei Detonationen) meist vernachlässigbaren Kompressionswirkungen spielen die Strömungen des Gases als Ganzes sowie als Folge des Flammenfortschreitens entstandene Stoßwellen bei Verbrennungen in geschlossenen Gefäßen eine größere Rolle (vgl. hierüber das Kap. V, Detonation). Rein phänomenologisch wirkt sich das etwa so aus, daß man bei nicht zu langsam brennenden, in geschlossenen Gefäßen gezündeten Gasgemischen Aufnahmen wie in

Abb. 101a und 101b erhält; in der einen ist die Verbrennung von $2\,CO + O_2$ in einem horizontalen 35 cm langen Rohr von 2 cm Durchmesser bei Zündung am einen Ende dargestellt; in dem anderen wurde die Flamme in einem Gemisch aus 12 Teilen Azetylen und 88 Teilen eines Gemisches

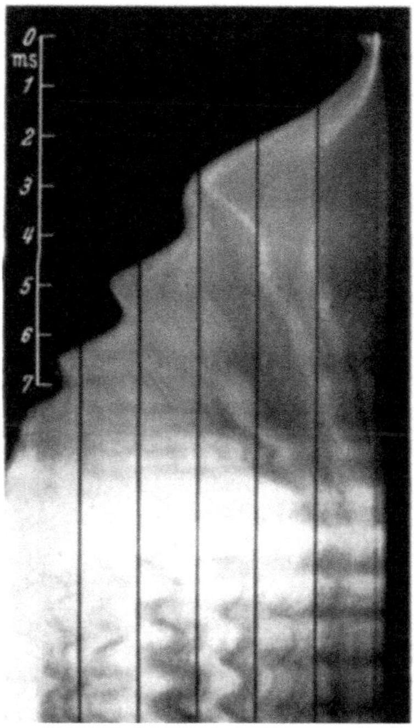


Abb. 101a. Flamme von $2\,CO + O_2$ bei Zündung am Ende eines geschlossenen Rohres; vertikale Streifen in Abständen von 5 cm, vertikale Zeitmarkierung in $^1/_{1000}$ s. (Nach BONE u. FRASER.)

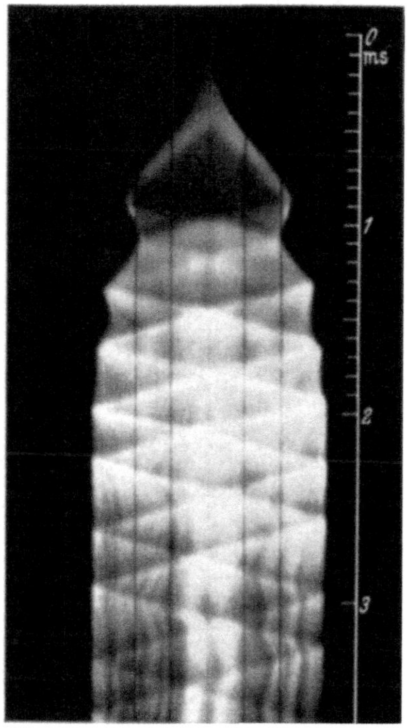


Abb. 101b. Flamme von $12\,C_2H_2 + 88\,\{2\,CO + O_2\}$ bei Zündung in der Mitte eines geschlossenen Rohres. [Nach BONE u. FRASER: Phil. Trans. roy. Soc. Lond. Bd. 228 (1928).

von $2\,CO + O_2$ bei Zündung in der Mitte des Rohres aufgenommen. Beide Abbildungen lassen das gleiche erkennen: die anfangs beschleunigt fortschreitende Flamme wird auf einmal verlangsamt, und zwar so stark, daß sich die Fortpflanzungsrichtung vorübergehend umkehrt; diese Erscheinung wiederholt sich mehrmals. Der Grund dafür ist leicht zu erkennen beim Betrachten des Bildes der verbrannten Gase: in diesen läuft eine Zickzackspur, entlang der die verbrannten Gase immer wieder aufleuchten; aus der Bahnneigung ergeben sich für die Geschwindigkeit dieses Vorgangs Werte der Größenordnung von 1000 m/s, d. i. die Größenordnung der Schallgeschwindigkeit in den verbrannten Gasen. Die Geschwindigkeit klingt mit der Zeit ab, hauptsächlich als Folge der Abkühlung der Gase, wie man aus der immer stärker werdenden Neigung der Zickzackspur erkennt. Als Vorgang, der sich mit dieser Geschwindigkeit fortpflanzt, kommt nur eine Stoßwelle in Frage; deren Geschwindigkeit ist abhängig von dem Stoßdruck und ist immer größer als die Schallgeschwindigkeit (vgl. Kap. V, Detonation). Ist der Stoßdruck klein, so liegt die Geschwindigkeit der Stoßwelle nur wenig über derjenigen des Schalls, was bei den die Flammen in geschlossenen Rohren begleitenden Stoßwellen im allgemeinen anzunehmen ist.

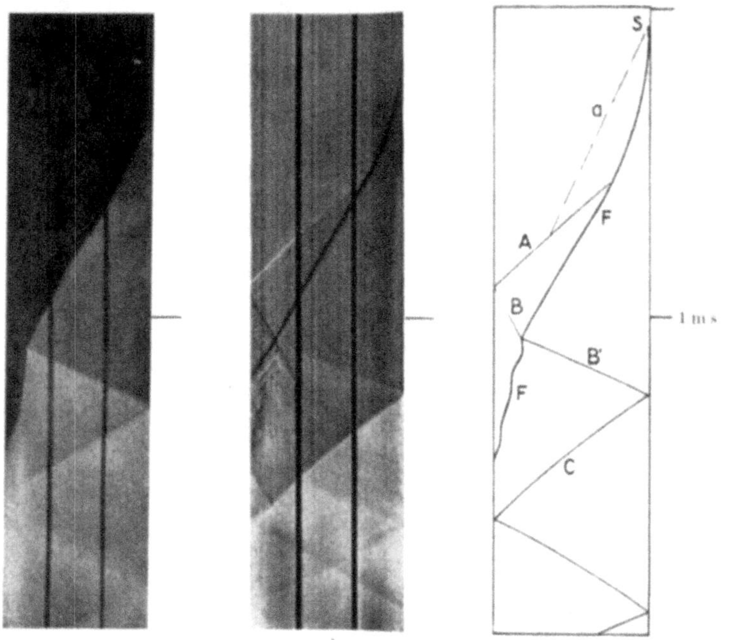


Abb. 102 a—c. Flammenaufnahme an {15 $C_2H_4$ + 85 $O_2$}; links gewöhnliche Flammenaufnahme Mitte Schlierenaufnahme, rechts Schema der Vorgänge: *S* Zündfunke, *F* Flammenfront, *A* vor der Flammenfront entstandene Stoßwelle (nach Reflexion *B*, *B'*, *C*, ...); Rohrlänge 30 cm. (Nach PAYMAN und TITMAN: Proc. roy. Soc., Lond. A Bd. 152.)

Man nahm früher an, daß diese Stoßwellen ihren Ursprung in dem Zündfunken hätten; das dürfte aber normalerweise nicht zutreffen. Wohl gibt jeder Funken Anlaß zu einer Stoßwelle; doch ist deren Amplitude im allgemeinen zu klein, als daß die beobachteten Störungen daher rühren könnten. Vielmehr ist die beschleunigt fortschreitende Flamme selbst die Ursache der intensiveren Stoßwelle. Wie in Kap. V, S. 162 gezeigt wird, bewirkt die Kompression eines in einem zylindrischen Gefäß befindlichen Gases durch einen zunächst beschleunigt hineingeschobenen Stempel die Entstehung einer Stoßwelle. Dieser „Stempel" sind hier die expandierenden heißen Verbrennungsgase. Auch das Entstehen der Stoßwelle läßt sich unmittelbar experimentell zeigen, nämlich mittels „Schlierenaufnahmen", die auch in nicht selbstleuchtenden Gasen

Unstetigkeiten der Dichte erkennen lassen (Abb. 102)[1]. Hier sind Aufnahmen von Explosionen eines Gemisches von 15% Äthylen in Sauerstoff reproduziert; die erste Aufnahme ist eine gewöhnliche Flammenaufnahme, welche die uns schon bekannten Störungen durch Stoßwellen erkennen läßt; Abb. 102b stellt den gleichen Vorgang, jedoch nicht im eigenen Licht photographiert, sondern als Schlierenaufnahme dar; es sind hier dieselben Erscheinungen wie in der vorangehenden Aufnahme zu erkennen, daneben aber auch noch die Stoßwelle, die in den unverbrannten Gasen vor der Flammenfront sich gebildet hat, am anderen Rohrende reflektiert worden ist und danach die Flammenfront getroffen und gestört hat. Wie man aus der Abb. 102 sieht, ist die Bahn der Stoßwellen ziemlich kompliziert; das kommt daher, daß man, solange die Verbrennung nicht beendet ist, Gase von verschiedener Temperatur hat, in denen auch die Schallgeschwindigkeit verschieden ist; beim Durchtritt durch die Brennfläche wird die Spur der Stoßwelle daher gebrochen. Ferner sind Gasströmungen vorhanden; die Kompression, der die Stoßwelle ihre Entstehung verdankt, verursacht ja auch eine Strömung im Frischgas (welche direkt nachweisbar ist, vgl. S. 142/3); infolgedessen ändert die Stoßwelle z. B. bei der Reflexion am Rohrende ihre Absolutgeschwindigkeit relativ zum Gefäß, da zur Wellengeschwindigkeit relativ zum Gas einmal die Geschwindigkeit der Gasströmung zu addieren, das andere Mal diese von ihr zu subtrahieren ist. Wie Stoßwellen größerer Intensität zur Zündung unverbrannten Gases und zur Einleitung einer Detonation führen können (Kap. V, S. 193ff.), so können auch die bei der Flammenfortpflanzung auftretenden Stoßwellen evtl. eine Selbstzündung des Gases verursachen, auch ohne Detonation, besonders bei der Reflexion der Stoßwellen am Rohrende, (vgl. Abb. 103). Derartige Beobachtungen sind von Wichtigkeit auch z. B. im Hinblick auf das Klopfen im Motor.

Übrigens wurden derartige Stoßwellen in verbrennenden Gasen schon sehr frühzeitig beobachtet; die ersten Aufnahmen, die schon alle Einzelheiten erkennen lassen, auch die oszillierende Bewegung der leuchtenden Gasteilchen, stammen von v. Oettingen und Gernet[2], die Knallgasexplosionen mittels rotierenden Spiegels auf feststehender Platte photographierten. Da in der damaligen Zeit für diesen schnellverlaufenden Vorgang das Aufnahmematerial noch nicht empfindlich genug war, erzeugten sie durch Zugeben von Kupferchlorid eine gefärbte, hellleuchtende Flamme.

Ähnliche Störungen, nur sehr viel milderer Art, dürften verantwortlich sein für die Verlangsamung, die die Bewegung einer Flamme

---

[1] Payman, W.: Proc. roy. Soc., Lond. A Bd. 120 (1928) S. 90. — Payman, Robinson u. Shepherd: Safety in Mines Research Board, Papers Nr. 18 (1926); Nr. 29 (1927). — Payman, W. u. H. Titman: Proc. roy. Soc., Lond. A Bd. 152 (1935) S. 418. — Payman u. W. C. Furness: Proc. roy. Soc., Lond. A Bd. 158 (1937) S. 348. Vgl. a. E. Jouguet: Chaleur et Industrie, 1939.

[2] Oettingen, v. u. Gernet: Ann. Phys. u. Chem. Bd. 33 (1888) S. 586.

einige Zeit nach der Zündung erfährt; eine am anderen Rohrende reflektierte Strömung hemmt die Flammenbewegung; dabei kann diese rückläufige Strömung unter Umständen noch verstärkt werden durch Abkühlung der heißen Gase hinter der Flammenfront. Eine sehr charakteristische Aufnahme, welche diese Erscheinung zeigt, ist in Abb. 104 nach BONE und FRASER reproduziert (eine große Zahl ähnlicher, unter den verschiedensten Bedingungen gewonnener Aufnahmen findet man bei BONE, zitiert S. 154). Die dafür verantwortliche Strömung wird besonders deutlich durch Aufnahmen von H. SCHULZE, vgl. S. 142.

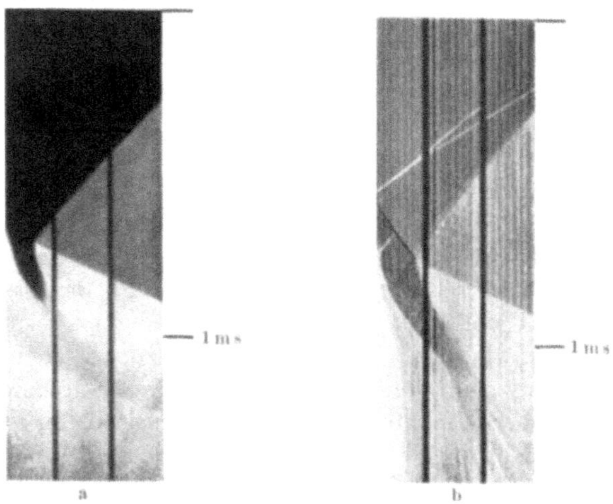


Abb. 103 a—b. Selbstzündung durch eine spontan entstandene und am linken Rohrende reflektierte Stoßwelle in 2 CO + $O_2$. (Nach PAYMAN u. TITMAN, zitiert S. 139.) Links Flammenaufnahme, rechts Schlierenaufnahme. (Rohrlänge 30 cm).

Würde man bei den Flammen mit Stoßwellen den Gasdruck registrieren, so erhielte man, über die normale Druckanstiegskurve überlagert eine Schwingung, wie sie z. B. auch bei klopfender Verbrennung im Motor beobachtet wird. An sich ist es möglich, daß derartige Schwingungen auch bei der Explosion in kugelförmigen Gefäßen mit Zündung in der Mitte auftreten. Wohl davon zu unterscheiden sind aber Gasschwingungen wie sie bei derartigen Explosionen auftreten, die aber nicht durch eine von der schnellen Flamme hervorgerufene Stoßwelle bedingt sein können. LEWIS u. v. ELBE diskutieren diese auch von anderen beobachtete Erscheinung[1]. Derartige Schwingungen treten besonders hervor bei Knallgasexplosionen mit überschüssigem Stickstoff oder Sauerstoff, nicht aber bei Wasserstoff- oder Argonüberschuß. Da gerade die langsam

[1] LEWIS, B. u. G. v. ELBE: J. chem. Phys. Bd. 3 (1935) S. 63. Vgl. auch CAMPBELL, LITTLER u. WHTIWORTH: J. chem. Soc. 1932, S. 339. — MORGAN: Phil. Mag. (6) Bd. 53 (1927) S. 1161. — MAXWELL u. R. V. WHEELER: Industr. Engng. Chem. Bd. 20 (1928) S. 1041.

brennenden Gemische die Schwingungen zeigen, nicht aber die schnellbrennenden, so ist es tatsächlich ziemlich unwahrscheinlich, daß eine von der Flammenbewegung herrührende Stoßwelle die Ursache sein soll. LEWIS und v. ELBE schlagen darum folgende Erklärung vor. Aus Messungen über die Schalldispersion ist bekannt[1], daß die Anregung der Schwingungsfreiheitsgrade zwei- oder mehratomiger Moleküle Zeit braucht; bis ein Ausgleich zwischen kinetischer Energie der Schwerpunktsbewegung und der Energie der Schwingungen erfolgt ist, können in Extremfällen bis zu $10^5$ gaskinetische Stöße stattgefunden haben. Sind z. B. am Ende einer Bombenexplosion die Molekülschwingungen noch nicht voll angeregt, dann bleibt für die Energie der Schwerpunktsbewegung ein größerer Anteil übrig als im Gleichgewicht, und infolgedessen müssen „Temperatur" und Druck am Ende etwas höher sein als dem eingestellten Gleichgewicht entspricht[2]. Wenn nun in dem zuerst verbrannten Teil des Gasgemisches die Schwingungsenergie zu Anfang nicht voll angeregt ist, so ist seine Temperatur und sein Volumen zuerst höher, als es dem Gleichgewicht entspricht (vgl. hierzu S. 238;) zu der Kompression, die dieser Teil während des Fortschreitens der Explosion sowieso erfährt, kommt dann noch eine zusätzliche Kontraktion, wenn die Molekülschwingungen voll angeregt werden; es wäre nicht ausgeschlossen, daß eine derartige Kontraktion Anlaß zum Einsetzen der Gasschwingungen gäbe. Diese Deutung ist zwar nicht absolut zwingend — man könnte sich auch denken, daß die Anregung der inneren Freiheitsgrade und die damit zusammenhängende Kontraktion so kontinuierlich erfolgt, daß dadurch keinerlei Schwingungen angeregt werden können —, aber es läßt sich auch keine andere ungezwungene Erklärung für diese Erscheinung auffinden.

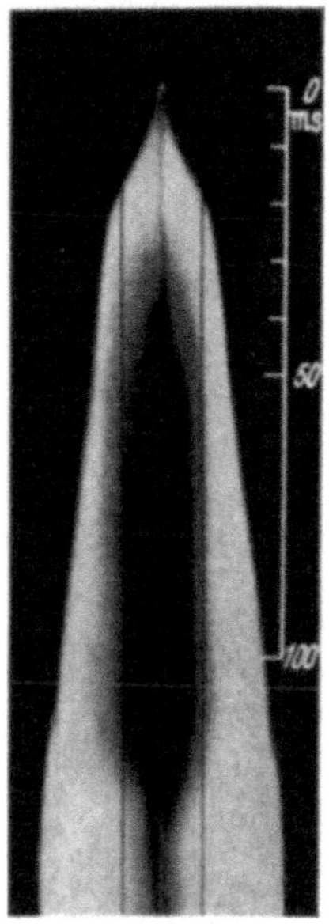


Abb. 104. Flammenaufnahme an $CO$-$O_2$, bei Zündung in der Mitte eines geschlossenen Rohres; charakteristische Verlangsamung der Flammenbewegung, „Schalter" im Flammenbild. [Nach BONE u. FRASER: Phil. Trans. roy. Soc., Lond. A Bd. 228 (1928).]

Vielleicht kommt folgender Deutungsversuch in Betracht[3]. Wird in einem geschlossenen Gefäß, in dem eine Flamme fortschreitet, eine

[1] KNESER: Ann. Phys., Lpz. Bd. 11 (1931) S. 761, 777; Bd. 16 (1933) S. 377. — Phys. Z. Bd. 32 (1931) S. 179. — Z. Phys. Bd. 77 (1932) S. 649. — EUCKEN, A., MÜCKE u. R. BECKER: Naturwiss. Bd. 20 (1932) S. 85. — EUCKEN, A. u. R. BECKER: Z. phys. Chem. Abt. B Bd. 27 (1934) S. 219, 235 u. a.

[2] WOHL, K. u. M. MAGAT: Z. phys. Chem. Abt. B Bd. 19 (1932) S. 117.

[3] Für die Mitteilung der folgenden Überlegungen, in etwas anderem Zusammenhang, ist Verfasser Herrn H. SCHULZE, Benzol-Verband Bochum, zu Dank verpflichtet.

schwache Gasschwingung angeregt, so wird jedesmal, wenn eine Verdichtung die Reaktionszone passiert, die Reaktionsgeschwindigkeit heraufgesetzt, die Drucksteigerung also vergrößert werden; das Umgekehrte gilt für Wellentäler. Wellen in einem solchen System müssen sich also von selbst aufschaukeln und es wäre nicht unplausibel, daß ein derartiger Vorgang sich gerade in langsam brennenden Systemen auswirkte, wo die Welle sehr oft die Flammenfront überstreicht.

Abb. 105. Flammenbewegung in Benzol-Luftgemischen (20% überfettet) in einem Rohr von 5 cm Durchmesser (wovon 4 cm bei der Aufnahme freigelegen); Aufnahmen mit dem THUNschen Zeitdehner (1240 Bilder/s). Nach den ersten Stadien findet ein „Umkippen" der Flammenfront statt; im Innern des Rohres starke, gegen die Flamme gerichtete Strömung, entsprechende Flammenform (wie ein nach unten brennender Bunsenkonus). Die rechts unten sichtbaren leuchtenden Partien dürften durch das Abbrennen von Frischgas bedingt sein, welches von dieser Gasströmung hinter die Flammenfront geführt worden ist. Die Aufnahme wurde von Herrn H. SCHULZE, Benzol-Verband, Bochum, zur Verfügung gestellt.

Eigenschwingungen des angewandten Manometers können jedenfalls diesen Effekt nicht vorgetäuscht haben; dies ist eine Störungsmöglichkeit, die besonders in älteren Untersuchungen aufgetreten ist, die man aber durch Verwendung von Manometern genügend hoher Eigenfrequenz ausschalten kann. Bei den Beobachtungen von LEWIS und v. ELBE ergaben sich die gleichen Schwingungen bei Anwendung verschiedener Manometer, ein direkter Beweis dafür, daß die Schwingungen nicht eine Eigenschaft des Manometers gewesen sein können.

Wie man die stärkeren Störungen, die sich als Stoßwellen auswirken, durch Schlierenaufnahmen sichtbar machen kann, so lassen sich auch für die Gasströmungen bei milderen Explosionen unmittelbare Beobachtungen anführen. Flammenaufnahmen, die ELLIS[1] und Mitarbeiter nach der Methode der Momentaufnahmen gemacht haben, zeigen, daß in geschlossenen Rohren die Flammenfront ganz eigentümliche Formen annimmt, die offenbar durch das entgegenströmende komprimierte Frischgas verursacht sind.

Diese Erscheinung ist besonders durch (unveröffentlichte) Zeitlupenaufnahmen — 1200 Bilder pro s — von H. SCHULZE geklärt worden (Abb. 105). Die Aufnahmen lassen erkennen, daß mit dem entgegenströmenden Frischgas auch ganze Partien unverbrannten Gases hinter die Flammenfront geraten

[1] ELLIS, O. C. DE C.: Fuel Bd. 7 (1928) S. 452.

können, wo sie dann verbrennen; das gibt sich auf gewöhnlichen Flammenaufnahmen — auf bewegtem Film — in Form häufig beobachteter, aber nie gedeuteter leuchtender Striche zu erkennen, die sich entgegengesetzt zur Flammenfront bewegen.

Die Bewegung im Frischgas beim Fortschreiten der Flamme sieht man besonders deutlich in Versuchen von ELLIS[1], der das Gas in einem geschlossenen Rohr zündete und kurze Zeit nach der Zündung an einer anderen Stelle noch einen Funken übergehen ließ; die Bewegung dieser zweiten Flamme zeigt die von der ersten hervorgerufenen Gasströmungen an.

## 2. Geschwindigkeit des Druckanstieges und Flammengeschwindigkeit.

Wenn man das Fortschreiten von Explosionen in geschlossenen Gefäßen auch photographisch durch Sichtfenster registrieren kann, so ist doch die wichtigere Methode die Druckregistrierung. Druckregistrierung ist die übliche Methode zur Verfolgung des Verbrennungsverlaufes in Motoren mit innerer Verbrennung, sie ist ferner unbedingt nötig bei der Verwendung von Bombenexplosionen zur Bestimmung spezifischer Wärmen von Gasen, wobei aus dem registrierten Maximaldruck die Maximaltemperatur und daraus bei bekannter Wärmetönung der Reaktion die mittleren spezifischen Wärmen der Reaktionsprodukte zwischen Zimmertemperatur und Reaktionstemperatur berechnet werden. Bei der Auswertung ist zu beachten, daß die Umsetzung im allgemeinen wegen Erreichen eines Gleichgewichtes unvollständig verlaufen wird, und daß außerdem noch die Reaktionsprodukte dissoziiert sein können. Z. B. bei der Knallgasexplosion:

1. $2\,H_2 + O_2 = 2\,H_2O$

wird einerseits ein Gleichgewicht gemäß 1. erreicht, ferner sind aber auch $H_2$, $O_2$ und $H_2O$ teilweise dissoziert nach:

2. $H_2 \rightleftarrows 2\,H$,
3. $O_2 \rightleftarrows 2\,O$,
4. $H_2O \rightleftarrows {}^1/_2\,H_2 + OH$.

Es ist nicht möglich, aus einer einzigen Explosion diese sämtlichen Größen zu bestimmen; man muß daher im allgemeinen noch weitere Erfahrungstatsachen mit heranziehen, worauf wir unten bei der Berechnung maximaler Flammentemperaturen eingehen werden (vgl. S. 222ff.). Da praktisch nur an wenigen Stellen die Explosionsmethode zur Bestimmung spezifischer Wärmen angewandt wird, so ist das für weitere Kreise wichtige Problem gerade das Umgekehrte: aus bekannten Daten über spezifische Wärmen, Reaktionswärmen und Dissoziationsgleichgewichte ist die Maximaltemperatur bzw. der Maximaldruck zu berechnen, und zwar unter vorgegebenen äußeren Bedingungen: bei

[1] ELLIS, O. C. DE C.: Fuel Bd. 7 (1928) S. 452.

konstantem Volumen im Falle von Bombenexplosionen, bei konstantem Druck für frei brennende Flammen, und evtl. bei in vorgegebener Weise variierendem Volumen für die Bedingungen während des Arbeitstaktes eines Motors mit innerer Verbrennung.

Auf Druckindikatoren einzugehen, wie sie zum Indizieren von Verbrennungskraftmaschinen verwandt werden, verbietet der verfügbare Raum; für Bombenexplosionen benutzt man meist geeignete Formen von Membranmanometern, wobei durch die Ausbauchung der Membran ein Lichtstrahl abgelenkt wird, der auf einen mit der Membran verbundenen Spiegel fällt. Bezüglich der experimentellen Technik bei Bombenexplosionen, insbesondere der Druckmessung, kann nur auf die Originalarbeiten verwiesen werden[1]. Zum Zwecke der trägheitslosen Druckregistrierung gewinnen heute piezoelektrische Methoden unter Verwendung von Quarzkristallen immer mehr Bedeutung[2].

Die Druckmessung gibt natürlich auch den zeitlichen Verlauf einer Explosion in einem geschlossenen Gefäß wieder, und zwar kann man sowohl aus der Gesamtdauer der Explosion Schlüsse auf die mittlere Flammengeschwindigkeit ziehen, als auch aus der Geschwindigkeit des Druckanstieges in jedem Augenblick die momentane Flammengeschwindigkeit ableiten. Die notwendigen Formeln für die angenäherte Berechnung wollen wir hier ableiten. Wir betrachten eine kugelförmige Bombe vom Radius $R_0$, die im Zentrum zur Zeit $t=0$ gezündet werde; der Anfangsdruck betrage $p_0$, der Maximaldruck bei vollständiger Verbrennung $p_e$, und zu einem bestimmten Zeitpunkt $t$, in welchem der Bruchteil $\alpha$ des gesamten vorhandenen Gases explodiert ist, herrsche der Druck $p$. Der naheliegende und gleichzeitig einfachst mögliche Ansatz ist nun der, den relativen Druckanstieg $(p-p_0)/(p_e-p_0)$ dem relativen Umsatz $\alpha$ proportional zu setzen:

$$\alpha = \frac{p-p_0}{p_e-p_0}. \tag{1}$$

Dieser Ansatz würde exakt gelten, z. B., wenn der Umsatz auf das ganze Volumen gleichmäßig verteilt wäre und die spezifischen Wärmen nicht von der Temperatur abhingen. In Wirklichkeit ist das nicht der Fall und (1) kann nur eine Näherung sein; es wird sich aber später zeigen, daß man bei etwas strengerer Rechnung mit sinnvollen Vernachlässigungen wiederum auf (1) kommen kann. Wir können darum zur Analyse

[1] PIER, M.: Z. phys. Chem. Bd. 62 (1908) S. 385. — Z. Elektrochem. Bd. 15 (1909) S. 536. — WOHL, K. u. G. v. ELBE: Z. phys. Chem. Abt. B Bd. 5 (1929) S. 241. — WOHL, K. u. M. MAGAT: Z. phys. Chem. Abt. B Bd. 19 (1932) S. 536. — LEWIS, B. u. G. v. ELBE: J. Amer. chem. Soc. Bd. 55 (1933) S. 504. Vgl. insbesondere auch „Combustion..." sowie die Monographien von BONE u. TOWNEND sowie BONE, NEWITT u. TOWNEND.

[2] J. KLUGE u. H. E. LINKH: VDI-Z. Bd. 73 (1929) S. 1311; Bd. 74 (1930) S. 887; Forschung Bd. 2 (1931) S. 153; Z. Instrumentenkde. Bd. 52 (1932), S. 177; Forschung Bd. 4 (1933) S. 177.

des Verbrennungsvorganges in Bomben vorläufig ohne Bedenken mit diesem Ausdruck rechnen.

Wenn eine Druck-Zeitkurve einer Bombenexplosion wie in Abb. 106 verläuft, so folgt daraus jedenfalls, daß die Massen-Umsetzungsgeschwindigkeit mit fortschreitender Explosion zunimmt; das rührt aber zu einem großen Teil von der Zunahme der Größe der Brennfläche her. Um die eigentliche Brenngeschwindigkeit zu finden, müssen wir noch aus dem Druck, dem Umsatzgrad $\alpha$ und den bekannten Dimensionen der Bombe (Radius $R_0$) die Lage der Brennfläche ausrechnen. Dazu gehen wir nach Lewis und v. Elbe[1] folgendermaßen vor. Vor der Verbrennung sei der Bruchteil $\alpha$ des Gases innerhalb der Kugel mit dem Radius $r_0$ gelegen gewesen; dann war also:

(2) $$\left(\frac{r_0}{R_0}\right)^3 = \alpha,$$

und mit (1):

(3) $$\left(\frac{r_0}{R_0}\right) = \left(\frac{[p - p_0]}{[p_e - p_0]}\right)^{1/3}.$$

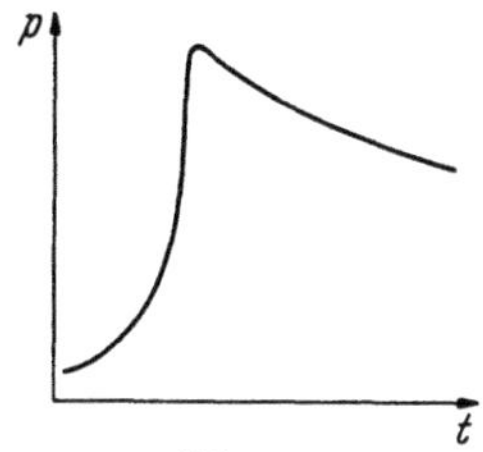

Abb. 106.

Den Radius $r_e$ der Kugel, die die gleiche Gasmenge nach der Verbrennung einnimmt, bekommt man als Differenz des gesamten Kugelvolumens und des zur Zeit $t$ noch unverbrannten Anteils zu:

(4) $$\frac{4}{3}\pi r_e^3 = \frac{4}{3}\pi R_0^3 - \Sigma m_0^j (1 - \alpha) \frac{RT}{p}.$$

Darin bedeutet das zweite Glied rechts das Volumen des unverbrannten Anteils $(1 - \alpha)$; denn ist $\Sigma m_0^j$ die gesamte zu Versuchsbeginn vorhandene Molmenge[2], $T$ die Temperatur des unverbrannten Gases zur Zeit $t$ (infolge adiabatischer Kompression durch die fortschreitende Flamme ist $T > T_0$, wenn $T_0$ die Anfangstemperatur war, vgl. S. 135), so gilt für das Volumen $v$ nach den Gasgesetzen

$$p \cdot v = \Sigma m_0^j (1 - \alpha) RT.$$

(4) geht mittels (1) über in:

(5) $$\frac{4}{3}\pi r_e^3 = \frac{4}{3}\pi R_0^3 - \Sigma m_0^j \frac{p_e - p}{p_e - p_0} \frac{RT}{p}.$$

Das Gesamtvolumen $\frac{4}{3}\pi R_0$ kann man ebenfalls nach den Gasgesetzen durch die bei der Temperatur $T_0$ und dem Druck $p_0$ darin vorhandene Molzahl $\Sigma m_0^j$ ausdrücken:

$$\frac{4}{3}\pi R_0^3 = \frac{\Sigma m_0^j \cdot R T_0}{p_0};$$

damit wird (5) nach Division mit $\frac{4}{3}\pi R_0^3$ und Erheben in die $^1/_3$-te Potenz:

(6) $$\frac{r_e}{R_0} = \left[1 - \frac{p_0}{p} \frac{p_e - p}{p_e - p_0} \frac{T}{T_0}\right]^{1/3}.$$

Auf der rechten Seite stehen außer $T$ nur direkt gemessene Größen; $T$ ist die Temperatur, die das ursprünglich auf $T_0$ befindliche Frischgas durch adiabatische Kompression von $p_0$ auf $p$ angenommen hat, also gilt:

(7) $$T = T_0 \left(\frac{p}{p_0}\right)^{\frac{\varkappa - 1}{\varkappa}},$$

[1] Lewis, B. u. G. v. Elbe: J. chem. Phys. Bd. 2 (1934) S. 283. Vgl. auch „Combustion..." sowie E. F. Fiock u. C. F. Marvin: Chem. Rev. Bd. 21 (1937) S. 367.

[2] $m_0^j$ bedeutet also die Molzahl der Molekelart $j$.

wenn $\varkappa = c_p/c_v$ das Verhältnis der spezifischen Wärmen des Frischgases bei konstantem Druck und konstantem Volumen bedeutet. Unter Benutzung von (6) und (7) ist es jetzt möglich, aus einem gemessenen Druck-Zeitdiagramm $r_e$ als Funktion der Zeit zu ermitteln. $dr_e/dt$ wäre die Flammengeschwindigkeit in der Bombe, $v_f$. Die normale Verbrennungsgeschwindigkeit $v_n$ gewinnt man daraus durch folgende Überlegung. Nach (2) bzw. (3) können wir ohne weiteres den Radius $r_0$ der Kugel erhalten, welche von der bis zum Zeitpunkt $t$ verbrannten Gasmenge bei Versuchsbeginn eingenommen worden war, und können aus einem Diagramm von $r_0$ gegen $t$ auch $dr_0/dt$ entnehmen. Dies ist zunächst nur eine Rechengröße und gibt die Verbrennungsgeschwindigkeit an, reduziert auf das Volumen zu Anfang des Versuchs. Das Volumen einer Kugelschale mit dem Radius $r_0$ und der Dicke $dr_0$ ist:

$$4\pi r_0^2 dr_0 .$$

In dem Moment, in welchem diese Schale von der Flamme erreicht wird, ist sie auf den größeren Wert $r_e$ expandiert, sie hat die Temperatur $T$ angenommen und steht unter dem Druck $p$, ihr Volumen ist daher jetzt:

$$4\pi r_0^2 dr_0 \frac{p_0}{p} \frac{T}{T_0} .$$

In der Zeit $dt$ schreitet die Brennzone um $v_n\,dt$ gegen das unverbrannte Gasgemisch fort; hatten wir die Dicke der ursprünglichen Gasschicht so gewählt, daß sie gerade in der Zeit $dt$ von der Flamme durchlaufen wird, so muß offenbar sein:

$$4\pi r_e^2 v_n\,dt = 4\pi r_0^2 dr_0 \frac{p_0}{p} \frac{T}{T_0} ,$$

oder

$$v_n = \frac{r_0^2}{r_e^2} \left(\frac{p_0}{p}\right)^{1/\varkappa} \cdot \frac{dr_0}{dt} , \tag{8}$$

wobei wir für $T/T_0$ den Wert (7) eingesetzt haben. Die obigen Gleichungen reichen aus für die Berechnung von $v_n$ aus registrierten Druck-Zeitkurven. Die Methode ist von allgemeiner Anwendbarkeit, wurde bisher aber nur von LEWIS und v. ELBE[1] zur Auswertung von Ozonexplosionen herangezogen.

So berechnete normale Verbrennungsgeschwindigkeiten für Ozon-Explosionen (in Gegenwart von Sauerstoff) sind in Tabelle 27 enthalten:

Tabelle 27.

| $m^* = 3{,}05$ | | | $m = 1{,}5$ | | | $m = 1{,}02$ | | |
|---|---|---|---|---|---|---|---|---|
| $p$ (mm Hg) | $T^0$ abs. | $v_n$ cm/s | $p$ (mm) | $T$ | $v_n$ cm/s | $p$ (mm) | $T$ | $v_n$ cm/s |
| 624 | 300 | 55 | 367 | 301 | 141 | 492 | 302 | 160 |
| 1353 | 301 | 100 | 1045 | 376 | 282 | 958 | 317 | 309 |
| 2499 | 427 | 158 | 2627 | 477 | 563 | 1469 | 411 | 615 |
| | | | | | | 4440 | 486 | 780 |

Es braucht wohl kaum gesagt zu werden, daß auf entsprechende Weise umgekehrt auch die Geschwindigkeit des Druckanstiegs in einer Bombenexplosion vorausberechnet werden könnte, sofern $v_n$ als Funktion von Anfangsdruck und Temperatur bekannt wäre.

[1] LEWIS, B. u. G. v. ELBE: J. chem. Phys. Bd. 2 (1934) S. 283.
* $[O_2]/[O_3] = m$.

## 3. Genauere Theorie des Druckanstieges sowie des Temperaturgradienten bei Bombenexplosionen, nach MACHE.

Wir wollen nun noch die exaktere Theorie für den Druckanstieg in Bombenexplosionen im Anschluß an MACHE[1] und LEWIS und v. ELBE (zitiert S. 117) nachholen, die zwar elementar, aber etwas umständlich ist. Wir machen uns zunächst noch einmal an Hand der Abb. 107 klar, wie die Verhältnisse qualitativ liegen. Es sind darin als Funktion des Radius $r$ (Bombenradius $R_0$) für verschiedene Zeitpunkte, nämlich für den Moment der Zündung ($t=0$) sowie für spätere Zeitpunkte Druck und Temperatur in dem Gas aufgetragen, ferner die Lage der Flammenfront, die für bzw. $t=0$, $t=t_1$ und $t=t_e$ (Ende der Verbrennung) bei $r=0$, $r=r_1$ und $r=R_0$ sich befindet; der Druck ist über das ganze Gefäß konstant (die geringen vorhandenen Druckunterschiede können wir völlig vernachlässigen); die Temperatur ist im unverbrannten Anteil räumlich konstant, ändert sich aber mit der Zeit; im verbrannten Teil ist sie auch räumlich nicht konstant; in der Brennzone fällt sie sprunghaft ab. Nicht eingezeichnet ist das spezifische Volumen, das durch $T$ und $p$ (sowie die evtl. Änderung der Molzahl bei der Umsetzung) gegeben ist.

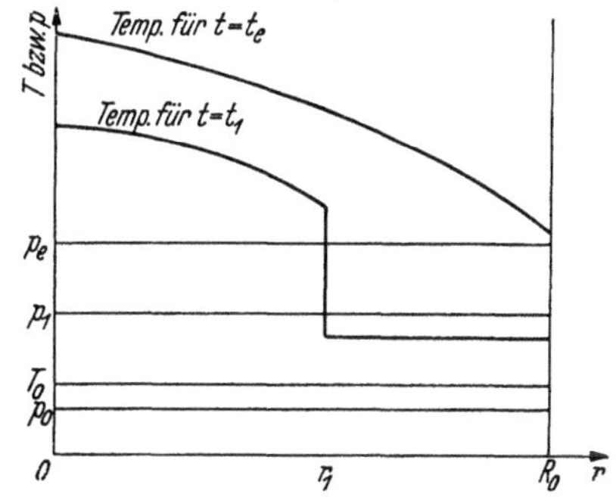


Abb. 107. Druck und Temperaturverlauf bei Explosion in einer kugelförmigen Bombe, schematisch, vgl. Text. Indizes 0, 1 und $e$ bei $p$ und $T$ beziehen sich auf Beginn, einen mittleren Zustand und Ende der Explosion.

Wir müssen die Zustandsänderungen ins Auge fassen, die bei der Verbrennung einer dünnen Gasschicht (Kugelschale) im unverbrannten sowie im verbrannten Gemisch auftreten. Die Verbrennung einer dünnen Schicht, deren Volumen nur ein Bruchteil des Gesamtvolumens ausmacht, kann als bei praktisch konstantem Druck verlaufend angesehen werden. Während der Verbrennung expandiert die Schicht im Verhältnis Endtemperatur zu Anfangstemperatur multipliziert mit „Molquotient“ $\mu$, d. i. das Verhältnis der Zahl der Molekeln der Endprodukte zur Zahl derjenigen der Ausgangsprodukte der Reaktion:

$$\mu = \sum m_e^j / \sum m_0^j, \tag{9}$$

wenn $\sum m_0^j$ die Summe der vor der Reaktion vorhandenen Molzahlen, $\sum m_e^j$ die der nach der Reaktion vorhandenen bedeutet. Beispielsweise wäre bei der Knallgasverbrennung (sofern vollständiger Umsatz erfolgt):

$$2\,H_2 + O_2 = 2\,H_2O.$$

[1] MACHE, H.: Physik der Verbrennungserscheinungen. — FLAMM, L. u. H. MACHE Wien. Ber. Bd. 126 (1917) S. 9.

$\mu = {}^2/_3$. Durch die Expansion der verbrennenden Schicht wird sowohl das Frischgas als auch die verbrannten Gase ein wenig adiabatisch komprimiert. Dabei läßt sich der Zustand des Frischgases in jedem Augenblick leicht angeben, da sein Anfangszustand bekannt war, und da durch die eintretende Druckerhöhung alles bestimmt ist.

Etwas komplizierter liegen die Verhältnisse beim verbrannten Gas: Hier ist jede elementare Schicht bei einer anderen Ausgangstemperatur und einem anderen Ausgangsdruck verbrannt; es befand sich eine jede also auch in einem anderen Ausgangszustand, als sie von den weiter brennenden Gasen adiabatisch komprimiert wurde; es erfordert daher eine eingehendere Überlegung, die Beziehungen für den Zustand der verbrannten Gase aufzustellen. Wir benutzen die oben schon eingeführten Bezeichnungen: in dem Bombenvolumen $V = \frac{4\pi}{3} R_0^3$ seien $\sum m_0^j$ Mole Ausgangsstoffe vorhanden. Ausgangsdruck und Temperatur seien $p_0$ und $T_0$. Bei vollendeter Explosion werde der Maximaldruck $p_e$ erreicht. Die Temperatur des unverbrannten Gases sowie seinen Druck in einem gewissen Zeitpunkt (unabhängig vom Ort!) bezeichnen wir mit $p$ und $T$, die ja außer für die Zeit $t = 0$ von $p_0$ und $T_0$ verschieden sind.

Verbrennt eine Gasschicht, die sich bei $p$, $T$ befand, so bleibt $p$ (bis auf Größen höherer Ordnung) ungeändert, $T$ steigt entsprechend der freiwerdenden Reaktionswärme auf einen Wert $\Theta$, der von den Ausgangswerten $p$, $T$ abhängt[1], also auch für den Moment eben vollendeter Verbrennung von Schicht zu Schicht verschieden ist. In der verbrannten Gasschicht steigen dann bis zum Ende der Verbrennung Druck und Temperatur weiter an, zu dem ortsunabhängigen Endwert $p_e$ und einem Endwert $\Theta_e$, der ebenso wie $T$ von Schicht zu Schicht variiert. Wir stellen die Bezeichnungen nochmals zusammen:

| | Frischgas | | Verbrannte Gase | |
|---|---|---|---|---|
| Zeit | $t = 0$ | $0 < t < t_e$ | $0 < t < t_e$ | $t = t_e$ |
| Druck<br>Temperatur | $p_0$<br>$T_0$ | $p$<br>$T$ | $p$<br>$\Theta(r)$ | $p_e$<br>$\Theta_e(r)$ |
| Spezifische Wärme | $c_p^0, c_v^0, \varkappa_0 = c_p^0/c_v^0$ | | $c_p^e, c_v^e, \varkappa_e = c_p^e/c_v^e$ | |

Die mit griechischen Buchstaben bezeichneten Größen (außer $\varkappa$) sind noch Funktionen des Abstandes vom Kugelmittelpunkt, die anderen sind jeweils räumlich konstant. Da der Zustand $p$, $T$ des Frischgases durch adiabatische Kompression aus dem Zustand $p_0$, $T_0$ hervorgeht, so gilt, wenn $v$, $v_0$ die entsprechenden Volumina bedeuten:

$$(10) \qquad p_0 v_0^{\varkappa_0} = p\, v^{\varkappa_0} \quad \text{bzw.} \quad p_0^{\frac{1-\varkappa_0}{\varkappa_0}} \cdot R T_0 = p^{\frac{1-\varkappa_0}{\varkappa_0}} \cdot R T = F_0,$$

[1] $\Theta$ ist also aus $T$ bei als bekannt anzusehender Reaktionswärme zu berechnen; dabei ist der Vorgang als bei konstantem *Druck* verlaufend anzusehen.

wobei $F_0$ lediglich eine Abkürzung für den Ausdruck (10) bedeutet. Auf das verbrannte Gas angewandt, erhält man eine analoge Adiabatenbeziehung:

$$\mu\, p^{\frac{1-\varkappa_e}{\varkappa_e}}\, R\, \Theta = \Phi(r). \tag{11}$$

Dabei erscheint links der Faktor $\mu$, weil die Molzahl in diesem Verhältnis geändert ist; wie oben schon erläutert, können wir hier aber keinen allgemeinen Ausdruck ansetzen, da der Ausgangszustand von Schicht zu Schicht verschieden ist. Deshalb ist der Ausdruck auf der linken Seite von (11) auch nicht eine Konstante, sondern ändert sich von Schicht zu Schicht, $\Phi(r)$ ist noch eine Funktion von $r$.

Für eine strenge Rechnung wäre nun zu berücksichtigen, daß die Reaktion im allgemeinen nicht vollständig verläuft, und daß die Reaktionsprodukte teilweise dissoziiert sind; ferner, daß die spezifischen Wärmen und damit auch $\varkappa = c_p/c_v$ nicht temperaturunabhängig sind[1]. Um die Ableitungen nicht übermäßig zu komplizieren, werden wir erstens von der Dissoziation absehen, zweitens werden wir die spezifischen Wärmen zwar nicht als völlig konstant betrachten, wohl aber für das Frischgas und für das verbrannte Gas in dem in Frage kommenden Temperaturintervall jeweils einen konstanten mittleren Wert für $c_p$ und für $c_v$ annehmen. Durch Wahl geeigneter Mittelwerte ließe sich ein hierdurch eingeführter Fehler sehr klein halten.

Wir müssen jetzt nach einer weiteren Beziehung für die verbrannten Gase suchen, die es uns erlaubt, $\Phi$ in Gl. (11) zu bestimmen.

Ist $c_v^0$ die mittlere spezifische Wärme pro Mol unverbrannten Gases, so wird diesem bei adiabatischer Kompression von $T_0$ auf $T$ die Kompressionswärme zugeführt:

$$c_v^0\,(T - T_0). \tag{12}$$

Das innerste Volumenelement bei der Zündstelle verbrennt zur niedrigst möglichen Verbrennungstemperatur $\Theta_0$; jede weitere Gasschicht, die schon durch Kompression vorgewärmt war, verbrennt zu einer höheren Temperatur $\Theta$; dabei ist der Energieüberschuß gegen das Volumenelement im Zentrum, wenn $c_v^e$ die mittlere spezifische Wärme pro Mol des Verbrannten bedeutet (bezogen auf ein Mol Ausgangsgemisch!):

$$\mu\, c_v^e\,(\Theta - \Theta_0), \tag{13}$$

wobei der Faktor $\mu$ der Änderung der Molzahl durch die Umsetzung Rechnung trägt. Nun ist der Energieüberschuß, den das zweite, bei der Ausgangstemperatur $T$ verbrannte gegenüber dem ersten Volumen-

[1] Bei Benutzung numerischer Verfahren ist dies leicht zu berücksichtigen; vgl. die Verbrennung im Motor (Kap. XII).

element besitzt, durch die ihm vorher zugeführte Kompressionswärme bedingt[1], es ist also:

(14) $$\mu c_v^e (\Theta - \Theta_0) = c_v^0 (T - T_0).$$

Um es nochmals zu wiederholen: in dieser Gleichung bedeuten $T$ und $\Theta$ die von konzentrischer Schicht zu Schicht variierenden Temperaturen unmittelbar vor der Verbrennung und nach der Verbrennung; $T_0$ und $\Theta_0$ haben feste Werte, ersteres ist die Ausgangstemperatur, letzteres die aus Ausgangstemperatur und Verbrennungswärme zu ermittelnde Verbrennungstemperatur der allerersten Schicht. Ordnet man Gl. (14) so um, daß auf einer Seite nur diese festen Werte erscheinen, so muß der resultierende Ausdruck für gegebene Anfangsbedingungen eine Konstante sein, deren Wert sich angeben läßt:

(15') $$\mu c_v^e \Theta_0 - c_v^0 T_0 = \mu c_v^e \Theta - c_v^0 T = K.$$

Aus den in Fußnote 1 auseinandergesetzten Gründen schreiben wir in Gl. (15') $c_p$ statt $c_v$, also:

(15) $$\mu c_p^e \Theta_0 - c_p^0 T_0 = \mu c_p^e \Theta - c_p^0 T = K.$$

Diese Gleichung ist also als Näherungsansatz aufzufassen.

Mittels dieser Beziehung wollen wir nun die Funktion $\Phi$ aus Gl. (11) ermitteln. Durch Einsetzen von (10) und (11) in (15) erhält man:

(16) $$\mu c_p^e \frac{\Phi}{\mu p^{(1-\varkappa_e)/\varkappa_e} \cdot R} - c_p^0 \frac{T_0}{p^{(1-\varkappa_0)\varkappa_0} \cdot R} = K,$$

und mit

$$\frac{c_p}{R} = \frac{c_p}{c_p - c_v} = \frac{\varkappa}{\varkappa - 1}$$

wird dies:

(17) $$\frac{\varkappa_e}{\varkappa_e - 1} \Phi p^{(\varkappa_e - 1)/\varkappa_e} - \frac{\varkappa_0}{\varkappa_0 - 1} F_0 p^{(\varkappa_0 - 1)/\varkappa_0} - K = 0,$$

und daraus:

(18) $$\Phi = \left[K + \frac{\varkappa_0}{\varkappa_0 - 1} p^{(\varkappa_0 - 1)/\varkappa_0} \cdot F_0\right] \frac{\varkappa_e - 1}{\varkappa_e} p^{(1-\varkappa_e)/\varkappa_e}.$$

[1] Diese Gleichung ist nicht ganz richtig; LEWIS und v. ELBE schreiben mit der gleichen Begründung, die wir geben, in (12), (13), (14) und den folgenden Gl. $c_p$ statt $c_v$, was aber nicht gerechtfertigt ist. Da andererseits kein sehr großer Fehler entsteht, wenn man in (14) $c_v$ durch $c_p$ ersetzt, so werden wir dies im folgenden tun; wir gehen also statt von (15') von der analogen, mit $c_p$ geschriebenen Gl. (15) aus. Dadurch erreichen wir nämlich, daß sich die folgenden Ausdrücke einfach integrieren lassen [der Übergang von (26) zu (26') hängt von den zufälligen Werten der Koeffizienten ab!], und gewinnen wenigstens einen einfachen Überblick über die Verhältnisse. Für strengere Berechnung würde man auf eine Darstellung in geschlossener Form verzichten und das Problem numerisch behandeln, etwa in der Art, daß man das Gas in der Bombe in eine Anzahl Schichten eingeteilt denkt, für deren jede man mit einem mittleren Wert der Temperatur vor und nach der Verbrennung rechnet. Bei Wahl einer genügenden Anzahl von Schichten lassen sich alle interessierenden Größen beliebig genau berechnen. Etwas mühsam würde dabei die Auswertung der Verbrennungsgeschwindigkeit sein, aber sie wäre immerhin möglich.

Nun interessiert uns der Zustand des verbrannten Gases an einer bestimmten Stelle, bzw. für ein Volumenelement, das verbrannt ist, nachdem ein bekannter Bruchteil $\alpha$ umgesetzt war. Bis jetzt ist diese Stelle nur charakterisiert durch den Druck $p$, der bei der Verbrennung geherrscht hatte. Eine Beziehung zwischen $p$ und $\alpha$ gewinnen wir, wenn wir die Bedingung dafür aufstellen, daß das Gesamtvolumen konstant gleich dem Bombenvolumen bleiben muß, wenn auch die Volumina des Frischgases und der verbrannten Gase sich ändern. Für das Gesamtvolumen können wir zu Beginn die Gleichung idealer Gase anwenden (vgl. S. 145):

$$p_0 V = \Sigma m_0^j R T_0. \tag{19}$$

Ist der Bruchteil $\alpha$ des Gesamtgases verbrannt, und ist $T$ die Temperatur des Frischgases bei dem Druck $p$, so gilt für das Volumen des Frischgases $V_{(1-\alpha)}$:

$$p V_{(1-\alpha)} = \Sigma m_0^j (1-\alpha) R T. \tag{20}$$

Für ein Element $d\alpha$ des Verbrannten gilt ebenfalls die Gasgleichung:

$$p\, dV = \Sigma m_e^j d\alpha \cdot R \Theta. \tag{21}$$

Da $\Theta$ von Element zu Element sich ändert, so kann man das Gesamtvolumen der verbrannten Gase nur durch Integration über die Gebiete variabler Temperatur erhalten zu:

$$V_\alpha = \sum m_e^j \frac{R}{p} \int_0^\alpha \Theta\, d\alpha, \tag{22}$$

und die Bedingung der Konstanz des Gesamtvolumens

$$V_{(1-\alpha)} + V_\alpha = V$$

wird:

$$\sum m_0^j \frac{R T_0}{p_0} = \sum m_0^j (1-\alpha) \frac{R T}{p} + \sum m_e^j \frac{R}{p} \int_0^\alpha \Theta\, d\alpha. \tag{23}$$

Da wir noch über keine explizite Beziehung zwischen $\Theta$ und $\alpha$ verfügen, so ist dieser Ausdruck nicht sehr bequem. Die in (23) eingehenden Temperaturen $T$ und $\Theta$ kann man durch (10) und (11) ausdrücken und erhält:

$$\int_0^\alpha \Phi\, d\alpha = \frac{R T_0}{p_0} p^{1/\varkappa_e} - F_0 \cdot p^{(1/\varkappa_e - 1/\varkappa_0)} (1-\alpha). \tag{24}$$

Aus dieser Gleichung erhält man durch Differentiation nach $\alpha$

$$\Phi = F_0 p^{1/\varkappa_e - 1/\varkappa_0} + \left[\frac{R T_0}{p_0} \frac{1}{\varkappa_e} p^{\frac{1-\varkappa_e}{\varkappa_e}} - F_0 \left(\frac{1}{\varkappa_e} - \frac{1}{\varkappa_0}\right) p^{\left(\frac{1}{\varkappa_e} - \frac{1}{\varkappa_0} - 1\right)} \cdot (1-\alpha)\right] \frac{dp}{d\alpha}. \tag{25}$$

Setzt man hierin aus (18) den Wert von $\Phi$ ein, so hat man eine Differentialgleichung für den Umsatzgrad $\alpha$ als Funktion des momentanen Druckes $p$:

$$K(\varkappa_e - 1) = \frac{\varkappa_0 - \varkappa_e}{\varkappa_0 - 1} F_0 p^{(\varkappa_0 - 1)/\varkappa_0} + \left[\frac{R T_0}{p_0} - \frac{\varkappa_0 - \varkappa_e}{\varkappa_0} F_0 p^{-1/\varkappa_0} \cdot (1-\alpha\right] \frac{dp}{d\alpha}. \tag{26}$$

Da

$$\frac{\varkappa_0 - \varkappa_e}{\varkappa_0} p^{-1/\varkappa_0} \frac{dp}{d\alpha} = \frac{d}{d\alpha} \left[\frac{\varkappa_0 - \varkappa_e}{\varkappa_0 - 1} p^{\frac{\varkappa_0 - 1}{\varkappa_0}}\right],$$

so läßt sich (26) umformen in:

$$K(\varkappa_e - 1) = \frac{R T_0}{p_0} \frac{dp}{d\alpha} - \frac{d}{d\alpha} \left[(1-\alpha) \frac{\varkappa_0 - \varkappa_e}{\varkappa_0 - 1} F_0 p^{\frac{\varkappa_0 - 1}{\varkappa_0}}\right], \tag{26'}$$

was sich ohne weiteres integrieren läßt. Integriert man zwischen den Grenzen $\alpha$ und 1 für $\alpha$, so erhält man (unter Berücksichtigung, daß für $\alpha = 1$ der Druck $p = p_e$ wird):

$$(27)\qquad K(\varkappa_e - 1)(1-\alpha) = \frac{R\,T_0}{p_0}(p_e - p) + \frac{\varkappa_0 - \varkappa_e}{\varkappa_0 - 1} F_0 (1-\alpha)\, p^{(\varkappa_0 - 1)/\varkappa_0}.$$

Diese Gleichung stellt die mit den obigen Annahmen exakte Beziehung zwischen augenblicklichem Druck $p$ und Umsatzgrad $\alpha$ dar; aufgelöst nach $(1-\alpha)$:

$$(28)\qquad 1-\alpha = R\,T_0 \frac{p_e - p}{p_0} \frac{1}{K(\varkappa_e - 1) - \dfrac{\varkappa_0 - \varkappa_e}{\varkappa_0 - 1} R\,T},$$

wobei für $F_0\, p^{\frac{\varkappa_0 - 1}{\varkappa_0}}$ nach Gl. (10) $R\,T$ gesetzt ist. Führt man numerische Werte ein[1], so sieht man, daß $\frac{\varkappa_0 - \varkappa_e}{\varkappa_0 - 1} R\,T$ immer klein ist gegen $K(\varkappa_e - 1)$; man begeht daher keinen sehr großen Fehler, wenn man $T$ durch $T_0$ ersetzt; andererseits ergibt Gl. (28) für $\alpha = 0$:

$$(29)\qquad K(\varkappa_e - 1) - \frac{\varkappa_0 - \varkappa_e}{\varkappa_0 - 1} R\,T_0 = R\,T_0 \frac{p_e - p_0}{p_0}.$$

Ersetzt man also in (28) $T$ durch $T_0$ und macht von (29) Gebrauch, so folgt:

$$(30)\qquad 1-\alpha \cong \frac{p_e - p}{p_e - p_0}; \qquad \alpha \cong \frac{p - p_0}{p_e - p_0},$$

d. i. also die nachträgliche Rechtfertigung für den oben (S. 144) bei der Ableitung von Flammen- und Verbrennungsgeschwindigkeiten benutzten heuristischen Ansatz für Umsatzgrad als Funktion des momentanen Druckes.

Die Gl. (28) und (29) können zum Ausgangspunkt für die Berechnung aller sonst interessierenden Größen dienen. Gl. (29) erlaubt unmittelbar die Berechnung von $p_e$, d. h. des maximalen Enddruckes bei der Explosion unter Berücksichtigung des Temperaturgefälles in den Gasen. Die numerischen Rechnungen von Lewis und v. Elbe haben gezeigt, daß der Unterschied des so berechneten $p_e$ von dem für gleichmäßige Temperaturverteilung sich ergebenden Wert im allgemeinen um weniger als 1% abweicht. Normalerweise genügt daher die einfachere Rechnungsweise. Für die praktische Durchführung der genaueren Auswertung von Bombenexplosionen sei auf die zitierten Arbeiten von Lewis und v. Elbe verwiesen.

Als Beispiel bringen wir in Abb. 108a die Registrierkurve einer Bombenexplosion und in Abb. 108b die Auswertung nach Lewis und v. Elbe.

Nach der Adiabaten (10) errechnet man die Temperatur $T$ des unverbrannten Gases für den gerade herrschenden Druck $p$; Gl. (28) erlaubt dann, den zugehörigen Umsetzungsgrad zu berechnen, bzw. einfacher

---

[1] $K$ ist von der Größenordnung des Wärmeinhalts der verbrannten Gase, also meistens etwa von der Größenordnung 10000 cal/Mol; die Differenz $\varkappa_0 - \varkappa_e$ ist von der Größenordnung 0,1, $\frac{\varkappa_0 - \varkappa_e}{\varkappa_0 - 1}$, also etwa 0,3; das Glied $\frac{\varkappa_0 - \varkappa_e}{\varkappa_0 - 1} R\,T$ daher etwa 100 bis 300, d. h. klein gegen $K(\varkappa_e - 1)$, wenn auch nicht ganz vernachlässigbar.

Gl. (30); die im Moment der Verbrennung an jeder Stelle erreichte Temperatur kann man aus $T$ mit den üblichen Beziehungen berechnen; den von Massenelement zu Massenelement variierenden Wert von $\Theta_e$ am Ende der Verbrennung gewinnt man aus (11) mit (18): (18) gibt uns die Größe $\Phi$ für die Gasschicht, die beim Druck $p$ verbrennt; für diese Schicht liefert dann Gl. (11), nach Einsetzen des Zahlenwertes von $\Phi$ die Temperatur für jeden anderen Druck, also auch für den bei vollendeter Verbrennung herrschenden Druck $p = p_e$. Die räumliche Lage der beim Druck $p$ verbrennenden Schicht ist mittels Gl. (30) zu ermitteln, die den augenblicklichen Druck mit dem Umsatzgrad verknüpft; daraus erhält man zunächst die Lage, die die Schicht vor der Zündung eingenommen hatte. Da nach innen ein Temperaturanstieg herrscht, so ist am Ende die Schicht, die etwa anfangs zwischen den Radien $r_0$ und $r_0 + dr_0$ gelegen hatte, zu einem größeren Radius verschoben, wobei diese Verschiebung erst an der Kugelbegrenzung verschwindet. Ist etwa $r_e$ der Radius der die betreffende Schicht begrenzenden Kugelfläche nach dem Versuch, $r_0$ der entsprechende Wert zu Anfang, so ist mittels der obigen Überlegungen eine Berechnung von $r_e/r_0$ möglich. Einfacher kommt man zum Ziele, wenn man etwa das Gas vor dem Versuch in eine Anzahl von Schichten eingeteilt denkt, etwa $n$-Schichten der Dicke $R/n$. Ist $v_0$ das Molvolumen vor dem Versuch, bei $T_0$ und $p_0$, so ergibt sich unter Annahme der idealen

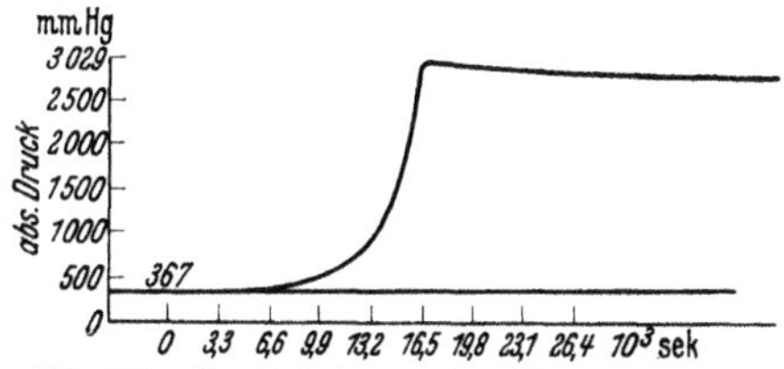


Abb. 108a. Registrierkurve einer Bombenexplosion. (Nach LEWIS u. v. ELBE: Combustion.) Ozonexplosion bei 301° abs. und 367 mm Anfangsdruck; 40% Ozon in Sauerstoff.

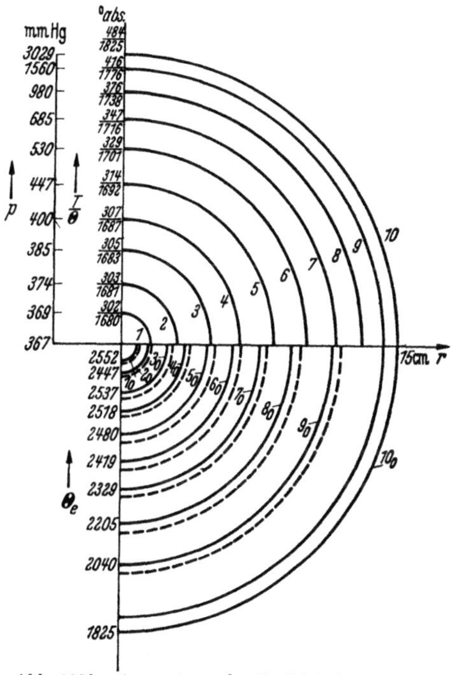


Abb. 108b. Auswertung der Registrierkurve 108a. (Nach LEWIS-V. ELBE: Zitiert S. 144). Explosion in einer Kugel von 15 cm Durchmesser. Die Kreise 1, 2, ... im oberen Quadranten geben die Lagen der Flammenfront nach $^1/_{10}$, $^2/_{10}$, ... der gesamten Explosionsdauer. Zu jeder Lage der Front sind die zugehörigen Drucke, sowie die dort gültigen Werte der Temperatur des Unverbrannten ($T$) und des Verbrannten ($\Theta$) auf der Ordinate angegeben. Die ausgezogenen Kreise $1a$, $2a$, ... im unteren Quadranten geben die Grenzen an, die das durch die Flammenfronten 1, 2, ... gekennzeichnete Gas vor der Verbrennung eingenommen hatte; die gestrichelten Kreise stellen die für dieselben Gasvolumina bei vollendeter Verbrennung gültigen Grenzen dar.

Gasgesetze für den Enddruck $p_e$ und die von Schicht zu Schicht wechselnde mittlere Temperatur $\bar{\Theta}_e$ das Volumen $v_e$ zu

$$\frac{v_e}{v_0} = \frac{\bar{\Theta}_e}{T_0} \cdot \frac{p_0}{p_e} \mu .$$

Für weitere Rechnungen vgl. LEWIS, V. ELBE (zitiert S. 144)[1].

Eine direkte Auswertung von Bombenexplosionen zur Bestimmung von Flammengeschwindigkeiten ist außer in dem erwähnten Beispiel bisher noch nicht erfolgt[2]. Aber die Geschwindigkeit des gesamten Druckanstiegs als relatives Maß der mittleren Flammengeschwindigkeit ist an sich schon interessant genug, und deshalb soll noch kurz auf einige darauf bezügliche Versuche eingegangen werden. Ein ausführliches Material, insbesondere über Explosionen bei hohen Anfangsdrucken, ist in den beiden Monographien von BONE[3] zusammengestellt (daselbst auch Angaben über die experimentelle Technik, über Hochdruckbomben und Manometer; vgl. dazu ferner die zitierten Originalarbeiten).

## 4. Besondere Beobachtungen bei Bombenexplosionen.

Einen Anhalt über auftretende mittlere Flammengeschwindigkeiten und ihre Abhängigkeit von der Zusammensetzung gibt z. B. die folgende Versuchsreihe von FENNING[4]; er führte Versuche aus mit Mischungen von $H_2$-Luft- und Kohlenoxyd-Luftgemischen, die in ganz ausgesprochenem Maße die auch bei der Kohlenoxydverbrennung bei konstantem Druck vorhandene Abhängigkeit der Flammengeschwindigkeit von der Zusammensetzung erkennen lassen. Die Tabelle 28 läßt erkennen, daß die wasserstoffarmen Gemische außerordentlich viel langsamer verbrennen als die wasserstoffreichen. Ferner sieht man, daß zwischen dem Zeitpunkt des Funkenübergangs und dem des eben erkennbaren Druckanstiegs immer eine merkbare Pause liegt, ein „Zündverzug". Allerdings muß man sehr vorsichtig sein in der Beurteilung der Frage, ob zwischen Zeitpunkt des Funkenübergangs und dem des Beginns der Flammenfortpflanzung eine derartige Zeit verstrichen ist. Flammenaufnahmen lassen erkennen, daß derartige Zündverzüge wirklich auftreten können. Aber aus der Geschwindigkeit des Druckanstiegs kann man nicht mit

[1] Vgl. hierzu auch W. ENDRES: Der Verbrennungsvorgang im Gas- und Vergasermotor. Berlin: Julius Springer 1928.

[2] Für die Methode vgl. auch E. FIOCK u. C. F. MARVIN: Chem. Rev. Bd. 21 (1937) S. 367.

[3] BONE u. TOWNEND: Flame and Combustion. — BONE u. NEWITT-TOWNEND: Gaseous Combustion at High Pressures. — Ferner BONE, NEWITT u. TOWNEND: Proc. roy. Soc., Lond. A Bd. 139 (1933) S. 57. — TOWNEND u. L. E. OUTRIDGE: Proc. roy. Soc., Lond. A Bd. 139 (1933) S. 74. — NEWITT u. F. G. LAMONT: Proc. roy. Soc., Lond. A Bd. 139 (1933) S. 83.

[4] FENNING: Rep. a. Mem. aeron. Res. Commitee, angeführt bei BONE und TOWNEND[3].

Tabelle 28. Explosionen von $H_2$-Luft + CO-Luftgemischen nach FENNING. Anfangstemperatur 50° C; Anfangsdruck 5,2 at.

| Mischung | | Maximaldruck at | Zeit bis zum Erreichen des Höchstdruckes, s | |
|---|---|---|---|---|
| % $H_2$-Luft | % CO-Luft | | Vom Funkenübergang | Vom Beginn merkbaren Druckanstiegs an |
| 100 | — | 38,4 | 0,0075 | 0,0059 |
| 49,7 | 50,3 | 38,4 | 0,0155 | 0,0123 |
| 24,8 | 75,2 | 38,4 | 0,0293 | 0,0239 |
| 11,9 | 88,1 | 38,4 | 0,0465 | 0,0383 |
| 8,0 | 92,0 | 38,3 | 0,0566 | 0,0482 |
| 4,1 | 95,9 | 38,1 | 0,0759 | 0,0645 |
| 2,2 | 97,8 | 38,0 | 0,1002 | 0,0860 |
| 0,2 | 99,8 | 36,9 | 0,2457 | 0,2048 |

Die Versuche wurden in einer zylindrischen Bombe von etwa 18 cm Durchmesser und 20 cm Länge ausgeführt, bei Zündung in der Mitte.

Sicherheit darauf schließen; denn da z. B. bei Zündung in der Mitte einer kugelförmigen Bombe die Größe der Brennfläche dem Quadrat des Radius des überstrichenen Gebietes proportional ist, so wird auch die Geschwindigkeit des Druckanstiegs bei konstant angenommener Flammengeschwindigkeit etwa 100mal so groß, wenn die Brennfläche eine Kugel von 10 cm Radius ist, als wenn sie eine solche von 1 cm Radius ist. Also auch bei vom Zeitpunkt der Zündung an normaler Flammengeschwindigkeit ist die Geschwindigkeit des Druckanstiegs im Anfang außerordentlich langsam, kann also für eine beträchtliche Zeit unter der Empfindlichkeitsschwelle des Anzeigeinstruments liegen.

Von Interesse im Hinblick auf die schon bei der Kohlenoxydverbrennung (vgl. S. 119) besprochenen Erscheinungen sind auch Bombenexplosionen bei hohem Anfangsdruck (50 at) von BONE und Mitarbeiter (zitiert S. 154). Wir geben hier derartige Aufnahmen nach BONE und TOWNEND wieder (Abb. 109). Auffallend ist daran 1. der besonders langsame Druckanstieg in Kohlenoxyd-Luftmischungen, 2. die Kurve für den Druckabfall. Diese verläuft normalerweise etwa exponentiell; das ist auch in allen Mischungen so, in denen der Luftstickstoff durch Sauerstoff, Kohlenoxyd oder Argon ersetzt worden ist. Bei der Kohlenoxyd-Luftkurve ist die Form wohl nur durch das Weiterlaufen einer exothermen Reaktion nach Erreichen des Maximaldruckes zu deuten; als solche kommt wahrscheinlich die an anderer Stelle besprochene Stickstoffaktivierung (Kap. IX, B) und deren Folgereaktionen in Frage.

Interessant ist die Abhängigkeit der bis zur Vollendung der Explosion verstreichenden Zeit $\tau$ von dem Anfangsdruck. Dafür geben wir zunächst nach BONE-NEWITT-TOWNEND einige vergleichbare Werte für Mischungen $2\,CO + O_2 + 4\,CO$ an:

| | | | | |
|---|---|---|---|---|
| Anfangsdruck, $p_0$ at . . . . . . . . . . . | 3 | 10 | 50 | 75 |
| Zeit bis zur Beendigung der Explosion $\tau$ s . | 0,0225 | 0,035 | 0,01 | 0,015 |

Die Zeit ändert sich also in diesem Druckintervall nicht sehr stark; dabei ist die Abhängigkeit vom Druck recht unregelmäßig. Anders ist es bei Mischungen mit Sauerstoffüberschuß: $2\,CO + O_2 + 4\,O_2$:

| | | | | |
|---|---|---|---|---|
| Anfangsdruck $p_0$ at . . . . . . . . . . . . | 3 | 10 | 25 | 50 |
| Zeit bis zum Erreichen des Maximaldruckes $\tau$ s | 0,06 | 0,045 | 0,01 | 0,005 |

Hier nimmt offenbar mit steigendem Druck die Flammengeschwindigkeit stark zu. Das Gegenteil gilt für Mischungen von $2\,CO + O_2 + 4\,N_2$:

| | | | | | |
|---|---|---|---|---|---|
| $p_0$ at . . . . . . . . . . | 3 | 10 | 25 | 50 | 75 |
| $\tau$ s . . . . . . . . . . . . | 0,07 | 0,10 | 0,15 | 0,19 | 0,30 |

Zu höheren Drucken hin geht dies analog weiter, wie die folgenden, in einer anderen Bombe ausgeführten Versuche erkennen lassen:

| | | | | | |
|---|---|---|---|---|---|
| $p_0$ at . . . . . . . . . . | 75 | 100 | 125 | 150 | 175 |
| $\tau$ s . . . . . . . . . . . . | 0,32 | 0,40 | 0,47 | 0,53 | 0,56 |

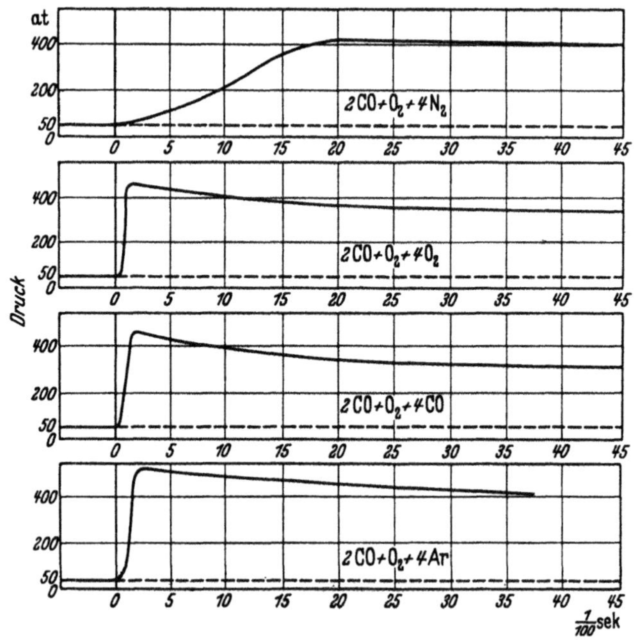


Abb. 109. Druck-Zeit-Kurven von Hochdruckexplosionen verschiedener Kohlenoxydgemische. (Nach BONE-TOWNEND: Flame.) Vgl. Text.

Darin schließen sich diese Versuche also den Beobachtungen der Verbrennungsgeschwindigkeiten bei niederen Drucken unmittelbar an (vgl. Kap. III, S. 88/89). Für weitere experimentelle Daten sei besonders auf die zitierten Arbeiten von BONE und Mitarbeiter verwiesen, sowie auf NEWITT und TOWNEND[1].

Auf einige besondere Erscheinungen soll zum Schluß noch hingewiesen werden. Bringt man in einem Rohr, in dem sich eine Flamme fortbewegt, Verengungen an — das Rohr selbst kann auch offen sein —, so kann dies eine außerordentliche Erhöhung der Flammengeschwindigkeit zur Folge haben[2]. Die Ursache dafür sind Gasbewegungen; ein Ring, der der Flamme im Wege steht, bewirkt, daß durch seine Öffnung eine beschleunigte Flammenzunge hindurchschießt, die dann ein größeres Gasvolumen in sehr kurzer Zeit zum Abbrennen bringen kann. Beobachtet werden beispielsweise Geschwindigkeitssteigerungen von 0,7 auf 420 m/s.

Dann sind Gasschwingungen in geschlossenen Rohren beobachtet[3], die wohl sicher nicht als Stoßwelle, hervorgerufen durch eine schnell fortschreitende Flamme, aufgefaßt werden können. Es muß sich dabei um ein Aufschaukeln von Schwingungen handeln nach dem Mechanismus, der von H. SCHULZE (vgl. S. 141) vorgeschlagen ist. In recht allgemeiner Form ist die formale Theorie solcher Vorgänge kürzlich von GUNDERLEY[4] gegeben worden.

Fünftes Kapitel.

# Detonation.

## 1. Besondere Phänomene bei sehr schnellen Flammen; die Detonation.

Wenn auch die Gesetzmäßigkeiten, die das Fortschreiten von Flammen beherrschen, noch keineswegs in allen Einzelheiten geklärt sind, so ergaben doch sowohl die Experimente als auch theoretische Überlegungen, daß die normale Verbrennungsgeschwindigkeit wesentlich mitbestimmt wird von der Geschwindigkeit der chemischen Reaktion in der Brennzone. Je größer die Reaktionsgeschwindigkeit, desto größer ist unter sonst gleichen Bedingungen auch die Flammengeschwindigkeit. Es ist nun interessant, zu überlegen, was geschieht, wenn man die Geschwindigkeit der chemischen Reaktion sehr stark wachsen läßt[5]. Offenbar wird dabei die Flammengeschwindigkeit nicht unbegrenzt anwachsen können,

[1] NEWITT, D. M. u. D. T. A. TOWNEND: Combustion Phenomena at High Pressures. The Science of Petroleum, Bd. IV. Oxford 1938.

[2] KIRKBY, W. A. u. R. V. WHEELER: J. chem. Soc. 1931, S. 2303 und frühere Arbeiten.

[3] Von A. NÄGEL u. Mitarb.: NIELSEN „Forschung" Bd. 4, Heft 6. — KÖCHLING, A.: Z. VDI Bd. 82 (1938) S. 1126.

[4] GUNDERLEY, G.: Eigenschwingungen in brennenden Gasgemischen. Z. angew. Math. Mech. Bd. 18 (1938) S. 263.

[5] Vgl. hierzu den letzten Abschnitt dieses Kapitels.

wie man zunächst vielleicht vermuten könnte. Denn die Reaktionsgeschwindigkeit ist nicht die einzige Größe, welche die Flammengeschwindigkeit bestimmt; aus der Brennzone wird einerseits durch Leitung Wärme auf das Frischgas übertragen, andererseits diffundieren aktive Teilchen in das Frischgas und Frischgas in die Brennzone hinein. Denkt man sich in der Brennzone plötzlich die Reaktionsgeschwindigkeit über alle Grenzen gesteigert, so könnten wohl momentan auch Temperaturgefälle und Konzentrationsgefälle in der Brennzone beliebig groß werden. Trotzdem werden aber der Wärmestrom und der Diffusionsstrom nicht über eine gewisse Grenze ansteigen können; denn Wärme und Materie werden ja durch die Bewegung der Molekeln transportiert. Da aber bei gegebener Wärmetönung der Reaktion auch bei beliebig gesteigerter Reaktionsgeschwindigkeit nur die gleiche Maximaltemperatur erreicht werden kann, der eine mittlere Molekelgeschwindigkeit von maximal einigen km/s entspricht, so ist das auch die Grenzgeschwindigkeit, mit welcher Wärme und aktive Teilchen transportiert werden können, der also die Flamme bei beliebig gesteigerter Reaktionsgeschwindigkeit höchstens zustreben könnte.

Daß die maximale Fortpflanzungsgeschwindigkeit einer Flamme sicher nicht größer sein kann, läßt sich auch noch auf anderem Wege einsehen. Stellen wir uns vor (vgl. etwa Abb. 117a, S. 170), daß das brennbare Gemisch sich in einem einseitig offenen Rohr befindet und die Brennfläche sich in Richtung auf das geschlossene Ende hin bewegt. Dann muß das verbrannte Gas nach dem offenen Rohrende hin abströmen, und zwar mit einer Geschwindigkeit, die ein Vielfaches der Flammengeschwindigkeit ist, da das Volumen der heißen verbrannten Gase ebenfalls ein Vielfaches von demjenigen des Frischgases ist. Bei normalen Verbrennungsgeschwindigkeiten von einigen m/s entstehen dadurch noch keine besonderen Effekte. Denkt man sich aber die Flamme mit einer Geschwindigkeit von einigen km/s nach rechts fortschreitend, so müßten die verbrannten Gase mit einem Mehrfachen dieser Geschwindigkeit nach links abströmen, oder es müssen gewaltige Druckdifferenzen auftreten. Die Energie der gerichteten Strömung der abziehenden Gase muß natürlich auch von der Reaktionswärme geliefert werden, und deshalb ist auch die Geschwindigkeit, mit der die „Schwaden" ausströmen können, begrenzt; hierdurch wird ebenfalls die Flammengeschwindigkeit begrenzt. Ferner tritt nun folgendes neue Problem hinzu: solange die Flammengeschwindigkeit klein war, brauchten wir uns um das Druckgefälle, das in der Richtung der Rohrachse vorhanden ist, kaum zu kümmern. Soll aber das verbrannte Gas mit Strömungsgeschwindigkeiten von Kilometern pro s abziehen, so ist dazu ein erhebliches Druckgefälle notwendig, das nunmehr auch zu einer Kompression des Frischgases vor der Flammenfront führen muß. Anschaulich gesprochen: je schneller die Schwaden abströmen sollen, einen desto

stärkeren Rückstoß müssen sie dabei auf das Frischgas übertragen. Es kann nun dahin kommen — Einzelheiten werden wir später besprechen —, daß diese Kompression des Frischgases sich zu einer Stoßwelle entwickelt, die mit Überschallgeschwindigkeit fortschreitet, und daß die Brennzone mit der Front dieser Welle gekoppelt ist; dieser Vorgang wird *Detonation* genannt. Aus dem Vorangehenden folgt, daß die Geschwindigkeit der Detonation jedenfalls nicht größer als von der Größenordnung der thermischen Geschwindigkeit der verbrannten Gase, d. h. einige km/s, sein dürfte.

Eine Flammenfortpflanzung, die alle Charakteristika der Detonation trägt, wurde im Jahre 1881 von Berthelot und Vieille sowie von Mallard und Le Chatelier[1] entdeckt. Man verdankt den gleichen Autoren auch eingehendere Untersuchungen über diese Erscheinungen[2]; bald darauf wurde das Studium der Detonationserscheinungen von Dixon[3] aufgenommen; von Schülern Dixons stammen die meisten späteren englischen Arbeiten auf diesem Gebiet.

Mallard und Le Chatelier benutzten neben anderen Methoden bereits die noch heute meist übliche photographische Registrierung, damals auf bewegter Platte an Stelle des heute gebräuchlichen, auf einer Trommel umlaufenden Films. Daneben kommt die in der ersten Untersuchung von Berthelot und Vieille benutzte chronoelektrische Methode auch heute noch für die Messung von Detonationsgeschwindigkeiten in Frage, sofern es nur auf die Bestimmung der Geschwindigkeit in verschiedenen Stadien, nicht auf die Registrierung sonstiger Feinheiten des Detonationsablaufs ankommt. Man arbeitet dabei so, daß in bestimmten gemessenen Abständen in dem Rohr, in dem die Detonation abläuft, Sonden angebracht werden; in diesen wird durch das Vorbeistreichen der Detonationswelle entweder ein elektrischer Strom unterbrochen (Durchschlagen einer Zinnfolie in Berthelot und Vieilles Versuchen) oder auch geschlossen (Überspringen eines Funkens zwischen zwei Elektroden, die so weit voneinander entfernt sind, daß nur in den heißen, ionisierten Gasen ein Stromübergang möglich ist), wobei die Unterbrechung oder Schließung des Stromes registriert wird.

Die ersten Beobachtungen der Detonation ließen bereits folgendes erkennen: zündet man ein detonationsfähiges Gemisch, das sich in einem einseitig offenen Rohr befindet, am offenen Ende des Rohres, so schließt sich an die anfangs gleichförmige normale Flammenbewegung unter Umständen ein Stadium der Schwingungen an, das dann in die Detonation

[1] Berthelot, M. u. P. Vieille: C. R. Acad. Sci., Paris Bd. 93 (1881) S. 18; Bd. 94 (1882) S. 149, 822. — Mallard, E. u. H. L. Le Chatelier: C. R. Acad. Sci., Paris Bd. 93 (1881) S. 145.

[2] Berthelot, M. u. P. Vieille: Ann. Chim. et Phys. Bd. 28 (1883) S. 289. — Mallard, E. u. H. L. Le Chatelier: Ann. des Mines (8) Bd. 4 (1883) S. 274, 335.

[3] Dixon, H. B.: Phil. Trans. roy. Soc., Lond. A Bd. 184 (1893) S. 97; Bd. 200 (1903) S. 315.

übergeht; es kann aber auch aus der anfänglichen gleichförmigen Flammenbewegung ein abrupter Übergang in die Detonation erfolgen. Die dabei erhaltenen Flammenbilder von MALLARD und LE CHATELIER zeigt Abb. 110. Bei Zündung am geschlossenen Ende des Rohres, wo ja auch die expandierenden Verbrennungsgase die Flamme beschleunigen, hat man eine von Anfang an beschleunigte Flamme, die schließlich in die Detonation übergeht (Abb. 111). Es ergab

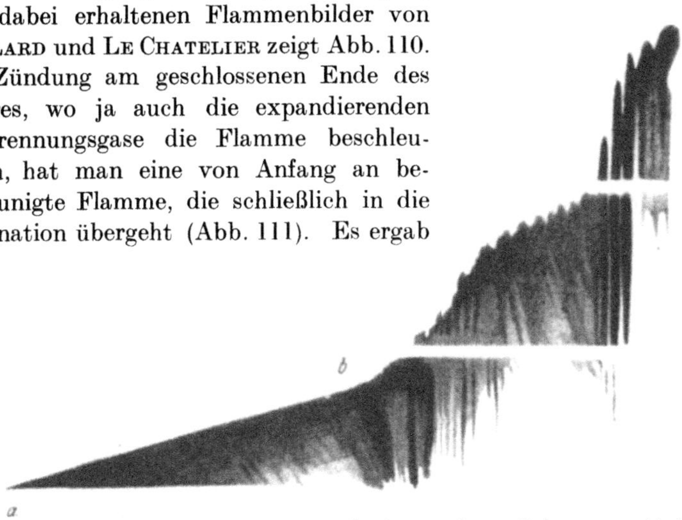


Abb. 110a. $CS_2 + 6\,NO$, gezündet am offenen Ende eines 3 m langen Rohres, von *a* bis *b* normale Flamme, dann Schwingungen. (Nach MALLARD u. LE CHATELIER; aus BONE-TOWNEND: Flame.)

sich dabei, daß die Detonationsgeschwindigkeit eine ganz charakteristische Konstante für ein gegebenes Gemisch ist. Der Wert dieser

Abb. 110b. $CS_2$-Sauerstoff, am offenen Rohrende gezündet; bei *b* Übergang in Detonation. (Nach MALLARD u. LE CHATELIER.)

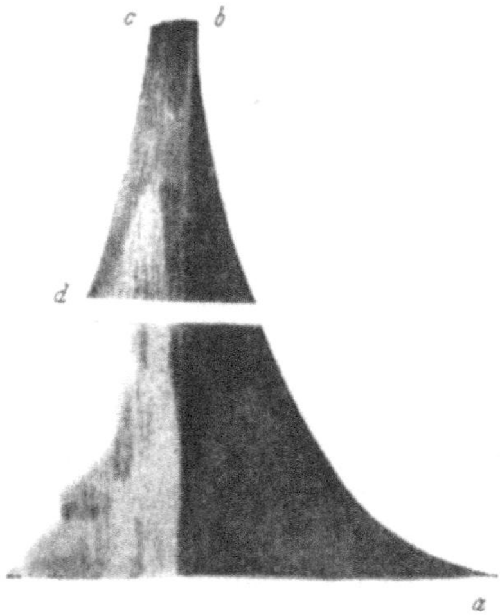


Abb. 111. $CS_2 + 6\,NO$, gezündet am geschlossenen Ende eines 2 m langen Rohres (bei *a*); in den verbrannten Gasen rückläufige Welle. (Nach MALLARD u. LE CHATELIER.)

Geschwindigkeit ist unabhängig vom Durchmesser des Rohres, in dem die Detonation läuft, sofern dieser nicht zu klein ist (z. B. ist 7 mm häufig

schon ein hinreichend großer Durchmesser); Anfangstemperatur und Druck sind nur von geringem Einfluß auf die Geschwindigkeit der Detonation. Änderung der Zusammensetzung des Gemisches jedoch übt einen starken Einfluß aus. Die Zahlenwerte, die für die Detonationsgeschwindigkeit von Gasen gefunden werden, liegen sämtlich zwischen 1 und 4 km/s.

Eine charakteristische Erscheinung, die mit dem Einsetzen der Detonation verknüpft ist, beobachtete zuerst DIXON: an der Stelle, an der die Flamme in die Detonationswelle übergeht, tritt gleichzeitig eine nach rückwärts laufende Welle auf, von DIXON als „Retonationswelle" bezeichnet (Abb. 112), deren Geschwindigkeit zwar kleiner ist als die der Detonationswelle, aber von gleicher Größenordnung. Offenbar muß diese Welle aus Gründen der Impulserhaltung auftreten; der auf die nach vorn gerichtete Detonationswelle im Augenblick ihrer Entstehung übertragene Impuls muß kompensiert werden durch den an die in entgegengesetzter Richtung laufende Retonationswelle abgegebenen Impuls.

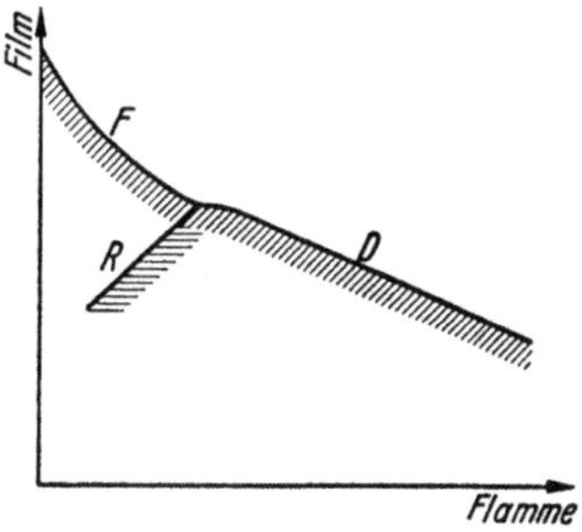


Abb. 112. Entstehung einer Detonation $D$ aus einer Flamme $F$, schematisch; beim Übergang tritt die „Retonationswelle" $R$ auf.

Es wird für das Verständnis nützlich sein, wenn wir eine elementare Theorie der Detonationswelle vorausschicken, ehe wir uns eingehender mit den Experimenten befassen.

## 2. Stoßwelle und Detonation.

Die theoretische Deutung der Detonationserscheinungen verdankt man CHAPMAN[1] und JOUGUET[2]; eine besonders eingehende und systematische Untersuchung des Verdichtungsstoßes stammt von BECKER[3], dessen Darstellung wir uns im folgenden vielfach anschließen werden.

Zu einem theoretischen Verständnis müssen wir uns zwei Dinge klarmachen: nämlich 1. das Zustandekommen einer Stoßwelle, 2. wie der chemische Umsatz mit dem Fortschreiten einer Stoßwelle gekoppelt sein kann, wie die Reaktionsenergie die Stoßwelle aufrechterhält und wie man daraus zu einer quantitativen Berechnung der Detonationsgeschwindigkeit kommt. Wir denken uns (Abb. 113) ein Gas in einem

[1] CHAPMAN, D. L.: Phil. Mag. (5) Bd. 47 (1899) S. 90.

[2] JOUGUET, E.: J. Math. 1905, S. 347; 1906, S. 6. — Mécanique des explosifs. Paris 1907. Chaleur et Industrie, Januar 1939.

[3] BECKER, R.: Z. Physik Bd. 8 (1922) S. 321. — Z. Elektrochem. Bd. 42 (1936) S. 457. — Ferner sei verwiesen auf die Darstellungen von E. BOLLÉ: Handbuch der physikalischen und technischen Mechanik, Bd. VI, Leipzig 1927, sowie auf die Artikel von R. P. FRASER, sowie von P. F. LAFFITTE: The Science of Petroleum, Bd. IV, Oxford 1938, und auf LEWIS u. v. ELBE: Combustion etc.

Rohr, dessen eines Ende durch einen Stempel verschlossen sei; ob das andere Rohrende offen oder verschlossen ist, spielt keine Rolle. Wir beschleunigen nun den anfangs ruhenden Stempel bis zu einer konstanten Endgeschwindigkeit, bei der wir ihn dann belassen; es wird sich dann in dem Gas eine Stoßwelle ausbilden, d. h. komprimiertes Gas grenzt in einer Unstetigkeitsfläche[1] an das Frischgas an, die Unstetigkeitsfläche bewegt sich mit Überschallgeschwindigkeit gegen das Frischgas fort. Wie das vor sich geht, kann man sich nach BECKER folgendermaßen veranschaulichen. Wir denken uns (Abb. 114) wieder das Gas in einem Rohr eingeschlossen, in das ein Stempel hineingeschoben werden kann. Dabei stellen wir uns vor, daß der Stempel nicht kontinuierlich beschleunigt werde, sondern etwa vom Zeitpunkt $t = 0$ bis $t = \tau$ mit der (kleinen) konstanten Geschwindigkeit $v_1$ bewegt werde; dabei wird das Gas vor dem Kolben ein wenig komprimiert und es läuft eine Druckwelle mit ungefähr Schallgeschwindigkeit vor dem Stempel her (sie wird exakt mit Schallgeschwindigkeit laufen, wenn $v_1$ verschwindend klein ist) (Abb. 114a). Läßt man vom Zeitpunkt $t = \tau$ ab den Stempel mit der größeren Geschwindigkeit $v_2$ sich bewegen, so geht eine neue Druckwelle von ihm aus (Abb. 114b), die nunmehr etwas schneller läuft als die erste; denn sie läuft in dem durch die vorangehende Kompression bereits etwas erwärmten und außerdem mit der Geschwindigkeit des Stempels nach rechts strömenden Gas. Ebenso wird, wenn wir etwa im Zeitpunkt $2\tau$ dem Kolben nochmals eine größere Geschwindigkeit, $v_3$, erteilen, eine dritte Druckwelle von ihm ausgehen, die aus den gleichen Gründen schneller laufen muß als die beiden vorangehenden usw. (Abb. 114c und d). Da jede folgende Welle sich schneller bewegt als die vorangehende, müssen die nachfolgenden schließlich die erste einholen; es entsteht eine Welle mit unendlich steiler Front, eine Stoßwelle oder Knallwelle, die sich mit Überschallgeschwindigkeit fortbewegt, und zwar mit um so größerer Geschwindigkeit, je größer die Kompression in der Welle ist[2]. Man wird vermuten, daß die Geschwindig-

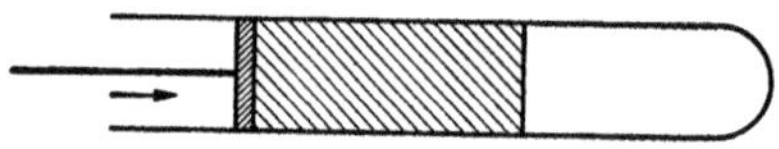

Abb. 113.

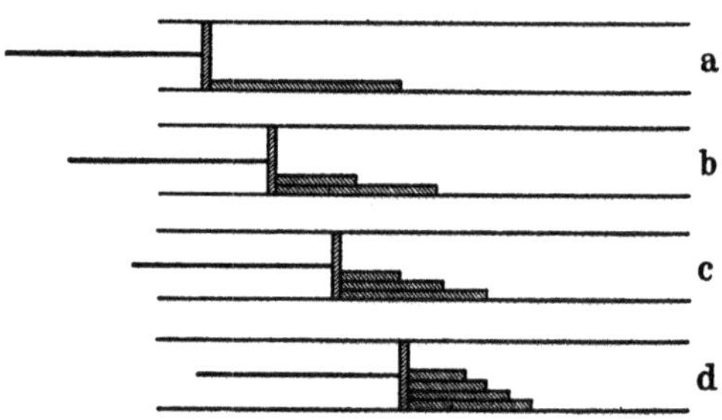


Abb. 114. Entstehung einer Stoßwelle. (Nach BECKER.)

[1] Eine Unstetigkeitsfläche hat man nur so lange, als man das Gas als Kontinuum betrachtet und Wärmeleitung und innere Reibung vernachlässigt, andernfalls ergibt sich eine endliche, allerdings sehr dünne Übergangsschicht (vgl. BECKER).

[2] Über Schwingungen in Luftsäulen mit großer Amplitude s. C. MAYER-SCHUCHARD: VDI-Forsch.-Heft 376 (1936).

keit der Stoßwelle größenordnungsmäßig etwa um den Betrag der Geschwindigkeit des Stempels über der Schallgeschwindigkeit liegen wird.

Es ist nicht schwer, die Geschwindigkeit einer stationären Stoßwelle, bei der also der Stempel mit konstanter Geschwindigkeit vorbewegt wird, mit elementaren Mitteln abzuleiten. Wir betrachten dazu ein mit der Wellenfront mitbewegtes Koordinatensystem (Abb. 115b). Abb. 115a zeigt unsere bisherige Betrachtungsweise: der Stempel und das bereits komprimierte Gas, bewegen sich relativ zu dem feststehenden Rohr mit der Geschwindigkeit $w$ nach rechts; die Wellenfront bewegt sich entsprechend mit der Geschwindigkeit $D > w$ nach rechts. Wollen wir die Wellenfront stationär machen, dann müssen wir das Rohr mit dem Frischgas mit der Geschwindigkeit $D$ nach links bewegen; $D$ ist dann also die Geschwindigkeit, mit der das Frischgas für einen mit der Wellenfront mitbewegten Beobachter gegen diese Front anströmt, entsprechend strömen nun die Schwaden mit der Geschwindigkeit $(D-w)$ von der Wellenfront ab. Bezeichnen wir allgemein die das Frischgas charakterisierenden Größen mit dem Index 1, die das komprimierte Gas betreffenden mit dem Index 2, so können wir die Vorgänge in der Wellenfront zunächst ganz aus dem Spiel lassen und nur die Erhaltungssätze für Masse, Energie und Impuls auf das Gas vor und hinter der Wellenfront anwenden.

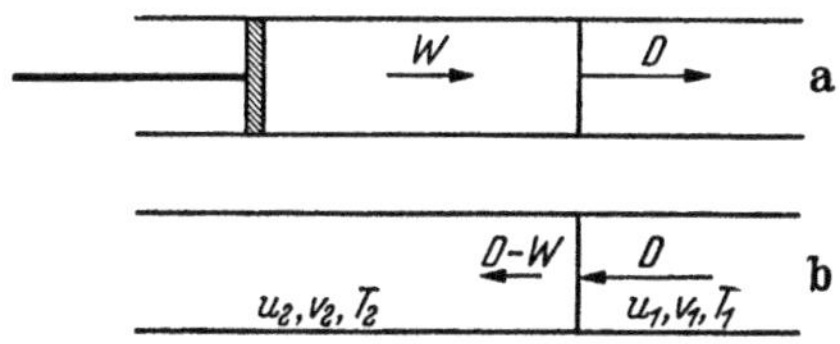

Abb. 115.

Bezeichnen wir mit $u$ die Geschwindigkeit, $v$ das Volumen (der Masseneinheit, nicht eines Mols), also mit $1/v = \varrho$ die Dichte, mit $p$ den Druck und mit $E$ die innere Energie pro Masseneinheit, so können wir die folgenden Beziehungen aufstellen. $u_1 \varrho_1$ ist offenbar die in der Zeiteinheit pro Querschnittseinheit zuströmende Masse des Frischgases; diese muß, da wir einen stationären Zustand betrachten, gleich der Masse der abströmenden Schwaden sein, also gleich $u_2 \varrho_2$; man erhält daher

(1) $$u_1 \cdot \varrho_1 = u_2 \varrho_2 \quad \text{oder} \quad \frac{u_1}{v_1} = \frac{u_2}{v_2} \qquad \textit{Erhaltung der Masse.}$$

Der von dem Frischgas infolge seiner Strömung transportierte Impuls ist pro Masseneinheit $u_1$; da in der Zeiteinheit die Masse $u_1/v_1$ (s. o.) strömt, so ist der von dieser transportierte Impuls $= u_1^2/v_1$. Das Gas überträgt aber auch Impuls infolge seiner ungerichteten Molekularbewegung, nämlich infolge seines hydrostatischen Druckes. Bei der gaskinetischen Ableitung des Druckes macht man ja davon Gebrauch (vgl. Kap. VIII), daß $p$ der pro Querschnittseinheit in der Zeiteinheit übertragene Impuls ist. Also ist dem obigen Ausdruck noch $p_1$ hinzuzufügen.

Gleichsetzen der entsprechenden Ausdrücke für Frischgas und Schwaden führt zu der Gleichung:

(2) $$\frac{u_1^2}{v_1} + p_1 = \frac{u_2^2}{v_2} + p_2$$ *Erhaltung des Impulses.*

Der Energiesatz führt zu einer dritten Gleichung. Die Energie des Gases setzt sich zusammen aus innerer Energie $E$, Volumenergie $pv$ und kinetischer Energie der Strömung, die auf die Masseneinheit bezogen gleich $u^2/2$ ist; also liefert der Energiesatz:

(3) $$E_1 + u_1^2/2 + p_1 v_1 = E_2 + u_2^2/2 + p_2 v_2$$ *Erhaltung der Energie.*

Aus diesen Gleichungen erhält man:

(4) $$u_1^2 = v_1^2 \frac{p_2 - p_1}{v_1 - v_2},$$

(5) $$u_2^2 = v_2^2 \frac{p_2 - p_1}{v_1 - v_2},$$

(6) $$E_2 - E_1 = \tfrac{1}{2}(p_1 + p_2)(v_1 - v_2)$$ *Hugoniot-Gl.*

Wir wollen die letzte Gleichung zuerst näher besprechen. Sie stellt den Zusammenhang zwischen innerer Energie vor und nach der Kompression durch die Stoßwelle dar, als Funktion der Drucke und der spezifischen Volumina. Die Zustandsänderung in der Stoßwelle ist, dem Sinn des Wortes nach, eine adiabatische, d. h. es wird keinerlei Wärme mit der Umgebung ausgetauscht. In die Gleichung der Adiabaten (die richtiger Isentrope hieße):

(7) $$dE = -p\,dv,$$

die in bekannter Weise integriert werden kann, geht aber Gl. (6) nur bei verschwindend kleinem Kompressionsverhältnis und entsprechend kleiner Druckänderung über. Dann kann für $(p_1 + p_2)/2$ einfach $p$ geschrieben und $(v_1 - v_2)$ durch $-dv$ ersetzt werden. Normalerweise ist aber die Zustandsänderung in der Stoßwelle eine andere als die der Adiabaten, und zwar wird, wie wir sehen werden, das Gas in einer Stoßwelle stärker erhitzt, als man bei Gültigkeit der Adiabaten erwarten würde. Wie kommt das zustande? Man setzt ja bei der Ableitung der Adiabaten (und bei allen analogen Rechnungen) voraus, daß die Zustandsänderung reversibel, d. h. unendlich langsam geschieht, wobei in jedem Augenblick der auf den Kolben von außen wirkende Druck nur verschwindend wenig über dem Gasdruck liegt. Komprimiert man mit endlicher Geschwindigkeit, so muß auf den Kolben ein größerer Druck ausgeübt werden, als es dem jeweiligen Gasdruck entspricht; es wird daher auch mehr Arbeit zur Kompression aufgewandt, als man nach der Adiabaten berechnet. Man wird sich der Voraussetzung unendlich langsamer Zustandsänderungen bei den Anwendungen der Adiabaten meist nicht bewußt, da man, um einen Vorgang adiabatisch zu leiten, ihn meistens absichtlich möglichst schnell ablaufen läßt. Aber man überzeugt sich, daß in den üblichen Anwendungsbeispielen die Voraussetzung hinreichend kleiner Geschwindigkeit erfüllt ist, auch bei den Schwingungen von Gasteilchen, wenn es sich um die Schallgeschwindigkeit handelt; denn wenn auch die Frequenz der Schallwellen hoch sein kann, so sind doch die Amplituden, mit denen die Gasteilchen schwingen, so klein, daß die Geschwindigkeiten klein bleiben gegen die Molekulargeschwindigkeiten, und darauf kommt es an.

Würde man für die Zustandsänderung in der Stoßwelle die Adiabate anwenden, wie dies RIEMANN[1], der die Möglichkeit von Stoßwellen zuerst von der mathematischen Seite aus erkannt hatte, ursprünglich tat, so käme man in Widerspruch mit dem Energieprinzip. Die konsequente Anwendung des Energiesatzes führte zuerst HUGONIOT[2] auf die Gl. (6), nach dem sie heute meist benannt wird.

In der Stoßwelle wird also infolge des schnellen Zusammenpressens durch die mit großer kinetischer Energie der gerichteten Bewegung auf das Frischgas auftreffenden Schwaden dieses zu unter Umständen beträchtlich höheren Temperaturen gebracht, als man es sonst aus dem Verdichtungsverhältnis schließen würde.

Die Gl. (4) bis (6) erlauben nun eine Berechnung der Geschwindigkeit der Stoßwelle sowie der in dieser auftretenden Temperaturerhöhung, wenn außer dem Zustand des Frischgases ($p_1$, $v_1$, $T_1$) entweder der Stoßdruck $p_2$ gegeben ist, oder das Verdichtungsverhältnis ($\varepsilon = v_1/v_2$) oder auch die „Schwadengeschwindigkeit" $w$, die ja nach Abb. 115b gleich $u_1 - u_2$, gleich der Geschwindigkeit[3] ist, mit der der Kolben bewegt wird. Dabei muß allerdings die spezifische Wärme $c_v$ des Gasgemisches bekannt sein, damit man $E_2 - E_1$ als Funktion der Temperatur ausdrücken kann:

$$(8) \qquad E_2 - E_1 = \int_{T_1}^{T_2} c_v \, dT \quad \text{oder} \quad (8\text{a}) \qquad E_2 - E_1 = (T_2 - T_1)\,\bar{c}_v,$$

letzteres, falls man mit einem Mittelwert der spezifischen Wärme rechnet. Jetzt soll für die beteiligten Gase die Gültigkeit des idealen Gasgesetzes angenommen werden:

$$(9) \qquad pv = R'\,T;$$

bezüglich des Zahlenwertes von $R'$ ist hier zu bedenken, daß wir mit $v$ das Volumen der Masseneinheit, nicht das des Mols, bezeichnet haben. (9), (8) und (6) erlauben die Berechnung von $T_2$ und $v_2$, wenn etwa $p_2$ vorgegeben ist.

Damit gewinnt man dann aus (4) die Geschwindigkeit der Stoßwelle:

$$(10) \qquad u_1 = D = v_1 \sqrt{\frac{p_2 - p_1}{v_1 - v_2}},$$

und die Geschwindigkeit der Schwaden:

$$(11) \qquad w = u_1 - u_2 = (v_1 - v_2) \sqrt{\frac{p_2 - p_1}{v_1 - v_2}}.$$

[1] RIEMANN, B.: Nachr. Ges. wiss. Göttingen Bd. 8 (1860).
[2] HUGONIOT: J. École Polytechn. Paris, Heft 57 u. 58 (1887 u. 1889).
[3] Von Korrekturgrößen sehen wir ab.

Für sehr kleine Werte von $(p_2 - p_1)$ geht (10) über in die gewöhnliche Gleichung für die Schallgeschwindigkeit (vgl. S. 201), ebenso wie die HUGONIOT-Gleichung in die Adiabate übergeht.

Zur Veranschaulichung bringen wir in der folgenden Tabelle 29 nach R. BECKER (zitiert S. 161) Zahlenwerte für Luft von 273° abs. Ausgangstemperatur und verschiedene Stoßdrucke (Verhältnisse $p_2/p_1$). Angeführt sind: das Verdichtungsverhältnis $v_1/v_2$, die Endtemperatur $T_2$, verglichen mit der Temperatur, die man bei adiabatischer Verdichtung

Tabelle 29. Stoßwellen in Luft bei 273° abs. (Nach R. BECKER.)

| $p_2/p_1$ | $v_1/v_2$ | $T_2$ ° abs. | $T_2$ (ber. n. d. Adiabaten) ° abs. | $D$ m/s | $w$ m/s | $i/p_1$ |
|---|---|---|---|---|---|---|
| 2 | 1,63 | 336 | 330 | 452 | 175 | 1,63 |
| 5 | 2,84 | 482 | 426 | 698 | 452 | 11,4 |
| 10 | 3,88 | 705 | 515 | 978 | 725 | 34,9 |
| 50 | 6,04 | 2260 | 794 | 2150 | 1795 | 296 |
| 100 | 7,66 | 3860 | 950 | 3020 | 2590 | 699 |
| 1000 | 14,3 | 19100 | 1710 | 9210 | 8560 | 14300 |
| 2000 | 18,8 | 29000 | 2070 | 12900 | 12210 | 37600 |

berechnen würde, die Geschwindigkeit $D$ der Stoßwelle sowie $w$ der Schwaden, und schließlich noch der effektive Druck der Stoßwelle. Trifft eine Stoßwelle auf ein Hindernis auf, so wirkt sie nicht nur durch ihren hydrostatischen Überdruck $(p_2 - p_1)$, sondern außerdem noch durch den Impuls der gerichteten Strömung; der in der Zeiteinheit dadurch übertragene Impuls ist (vgl. S. 163)

$$\frac{w^2}{v_2} = \frac{v_1 - v_2}{v_2}(p_2 - p_1)$$

[unter Benutzung von (11)]. Der Gesamtimpuls der Stoßwelle wird daher:

$$i = p_2 - p_1 + (p_2 - p_1)\frac{v_1 - v_2}{v_2} = (p_2 - p_1)\frac{v_1}{v_2}.$$

In der letzten Spalte der Tabelle ist das Verhältnis $i/p_1$ angeführt. Bei der späteren Übertragung dieser Ergebnisse auf die Detonation ist aber zu bedenken, daß die Schicht der Schwaden, die sich mit der Geschwindigkeit $w$ nach vorn bewegt, nur recht dünn ist; der hohe Druckimpuls wirkt daher nur sehr kurze Zeit.

Die Zahlenwerte von BECKER sind heute etwas überholt, da sie sich auf ältere Werte der spezifischen Wärmen stützen, doch spielt das für die Beurteilung der Beziehungen keine Rolle. Stoßdrucke bei Detonationen von Gasen, die sich auf Atmosphärendruck befanden, liegen nicht über $\sim$ 50 at. Man kann aber Stoßwellen in Luft durch Detonation fester Sprengstoffe mit Geschwindigkeiten bis etwa 10 km/s herstellen, und dies dürfte, wie BECKER betont, bisher die einzige Methode sein, die es erlaubt mit Gasen bei Temperaturen von Zehntausenden von

Graden und Drucken der Größenordnung 1000 at zu experimentieren. Als wichtigstes erkennt man aus der Tabelle 29: die in Stoßwellen erreichten Temperaturen liegen ganz beträchtlich über den nach der statischen Adiabaten berechneten Werten.

Will man experimentell die Stoßwelle stationär halten, so muß man, wie wir schon gesehen hatten, den Stempel mit der konstanten Geschwindigkeit $w$ vorwärts bewegen. Nun wollen wir uns aber überlegen, wie sich eine stationäre Stoßwelle verhält, wenn die nötige Energiezufuhr durch eine in der Wellenfront ablaufende chemische Reaktion erfolgt. Die Gl. (4) und (5), die die Erhaltung der Masse und des Impulses ausdrücken, bleiben dabei offenbar ganz unberührt. Nur in Gl. (6) müssen wir ein Glied einfügen, daß der Reaktionswärme Rechnung trägt; offenbar muß es einfach so sein, daß zu der Zunahme der inneren Energie $E_2 - E_1$, außer der HUGONIOT-Kompression $\frac{1}{2}(p_1 + p_2)(v_1 - v_2)$ noch der Beitrag der Reaktionswärme $Q$ hinzukommt. Statt (6) wird zu schreiben sein:

$$E_2 - E_1 = \tfrac{1}{2}(p_1 + p_2)(v_1 - v_2) + Q, \tag{12}$$

oder wieder unter Einführen der mittleren spezifischen Wärme $\bar{c}_v$:

$$\bar{c}_v(T_2 - T_1) - Q = \tfrac{1}{2}(p_1 + p_2)(v_1 - v_2). \tag{13}$$

Die Gl. (10) und (11) für die „Detonations"geschwindigkeit $D$ und die Schwadengeschwindigkeit $w$ bleiben dieselben wie bisher; nur muß jetzt zur Berechnung des Zustandes der Schwaden an Stelle von (6) Gl. (13) benutzt werden, wieder unter Hinzunahme der idealen Gasgesetze[1] zur Elimination von $T$.

Da unter den Bedingungen der Detonation kein bestimmter Stoßdruck $p_2$ oder Verdichtungsverhältnis $v_1/v_2$ vorgegeben werden kann, so liefert (13) auch noch keinen eindeutigen Endzustand zu einem vorgegebenen Anfangszustand $v_1, p_1$, sondern eine unendliche Mannigfaltigkeit energetisch möglicher Endzustände, die durch die in Abb. 116 gezeichnete „HUGONIOT-Kurve" gegeben sind. Der Punkt $A\,(v_1, p_1)$ stellt den Ausgangszustand dar; er liegt nicht selbst auf der Kurve; denn da die endliche Reaktionswärme $Q$ frei wird, sind Ausgangszustand und alle möglichen Endzustände immer durch einen endlichen Abstand voneinander getrennt. Wenn man mittels (10) und (11) Detonations- und Schwadengeschwindigkeit berechnen will, muß man zunächst wissen, in welchen Endzustand $p_2, v_2$ das Gas übergeht. Es scheint so, als wären beliebige Werte auf der Kurve möglich, und als könnte sich infolgedessen auch kein eindeutiger Wert für die Detonationsgeschwindig-

[1] Bei der Detonation von Gasen bei normalen Anfangsdrucken liefern die idealen Gasgesetze hinreichend genaue Werte; die Gültigkeit der obigen Gleichung ist aber natürlich nicht daran gebunden. Bei der Detonation kondensierter Sprengstoffe, wo die Schwaden eine außerordentlich große Dichte aufweisen, wird man geeignete andere Zustandsgleichungen heranziehen.

keit ergeben, im Gegensatz zu dem klaren experimentellen Befund. Eine eingehendere Überlegung zeigt aber, daß dem nicht so ist. Nehmen wir zunächst einmal an, der Punkt $B$ mit $v_2$ und $p_2$ wäre der Endzustand; dann wäre die Detonationsgeschwindigkeit nach (10):

$$D = v_1 \sqrt{\frac{p_2 - p_1}{v_1 - v_2}} = v_1 \cdot \sqrt{\operatorname{tg} \alpha}, \tag{14}$$

wie man aus Abb. 116 erkennt. Diese Beziehung lehrt uns, daß dem Kurvenast von $G$ bis $F$ keine reale Bedeutung zukommen kann, da auf diesem Stück $\operatorname{tg} \alpha$ negativ und damit $D$ imaginär werden würde. Das Stück $FL$ entspricht offensichtlich nicht der Detonation, sondern der gewöhnlichen Verbrennung; denn hier nimmt das Volumen gegen den Ausgangszustand zu, der Druck ab. Die gewöhnliche Flamme muß ja von den obigen Überlegungen, die nur von den Erhaltungssätzen für Impuls, Masse und Energie Gebrauch machen, mit erfaßt werden.

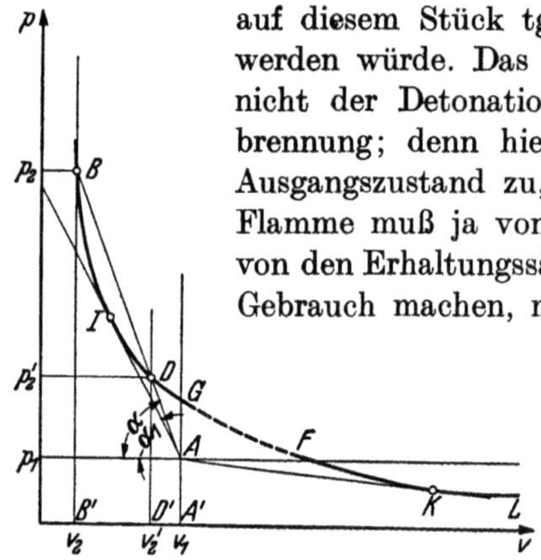


Abb. 116. „HUGONIOT"-Kurve; Beziehung zwischen $p$ und $v$ gemäß (13); der Ausgangszustand entspricht dem Punkt $A$. (Nach R. BECKER, zitiert S. 161.)

Wir brauchen also nur das Kurvenstück $GB$ für die Detonation in Betracht zu ziehen. Außer beim Punkte $I$, in dem die Gerade von $A$ aus die HUGONIOT-Kurve tangiert, gibt es immer zwei Zustände, die zum gleichen Wert der Detonationsgeschwindigkeit gehören, z. B. $D$ und $B$. Man kann nun zeigen, daß der Übergang nach $D$ unwahrscheinlich ist, und daß andererseits eine Detonationswelle, bei der der Endzustand der Gase dem Punkte $B$ entspräche, nicht stabil wäre. Sie würde von einer Verdünnungswelle, die sich immer in einigem Abstand hinter der Wellenfront ausbilden muß, eingeholt und geschwächt werden, bis ihre Geschwindigkeit auf die der kleinstmöglichen Geschwindigkeit, nämlich der zu dem Übergang nach $I$ gehörigen, abgesunken wäre. Bei dem Endzustand $I$ ist die Geschwindigkeit einer Schallwelle in den Schwaden + Strömungsgeschwindigkeit der Schwaden gerade gleich der Detonationsgeschwindigkeit; die Schallwelle kann also niemals die Detonationswelle einholen und diese ist daher stabil. Infolgedessen entspricht nur dem Punkte $I$ eine stationäre Detonation. Die strengere Begründung zum obigen werden wir im Zusammenhang mit einigen weiteren grundsätzlichen Überlegungen an späterer Stelle nachholen.

Der Punkt $I$ (Abb. 116) ist dadurch ausgezeichnet, was sich aus der späteren Ableitung ergeben wird, daß in ihm die HUGONIOT-Kurve von der durch $I$ gehenden Adiabaten berührt wird, daß also:

$$\operatorname{tg} \alpha_1 = \left(\frac{p_2 - p_1}{v_1 - v_2}\right)_I = -\left(\frac{d p_2}{d v_2}\right)_{\text{ad.}} \tag{15}$$

wird; oder, da für die Adiabate

$$p \cdot v^{\varkappa} = \text{const}, \qquad \frac{dp}{dv} = -\frac{\varkappa p}{v},$$

$$\frac{p_2 - p_1}{v_1 - v_2} = \varkappa_2 \frac{p_2}{v_2}. \tag{16}$$

In (16) bedeutet $\varkappa_2 = c_p/c_v$ das Verhältnis der spezifischen Wärmen für den Zustand $p_2, v_2, T_2$. Gl. (16) zusammen mit den früheren Gleichungen:

$$D = v_1 \sqrt{\frac{p_2 - p_1}{v_1 - v_2}} \tag{10}$$

$$w = (v_1 - v_2) \sqrt{\frac{p_2 - p_1}{v_1 - v_2}} \tag{11}$$

und der HUGONIOT-Gleichung:

$$\bar{c}_v (T_2 - T_1) - Q = {}^1\!/_2 (p_1 + p_2)(v_1 - v_2) \tag{13}$$

unter Hinzuziehung der Gasgesetze erlaubt die Berechnung aller interessierenden Größen. Die letzte Gleichung kann man umschreiben mit $p_1 v_1 = R_1 T_1$, $p_2 v_2 = R_2 T_2$[1] und unter Einführung der Abkürzung $\varepsilon = v_1/v_2$ (Verdichtungsverhältnis):

$$\bar{c}_v (T_2 - T_1) = \int_{T_1}^{T_2} c_v \, dT = Q + \frac{1}{2} (\varepsilon - 1) \left( R_2 T_2 + \frac{R_1 T_1}{\varepsilon} \right); \tag{17}$$

aus (10) mit (16):

$$D^2 = v_1^2 \varkappa_2 \frac{p_2}{v_2} = \frac{v_1^2 \varkappa_2 \cdot R_2 T_2}{v_2^2} = \varepsilon^2 \varkappa_2 R_2 T_2 \tag{10a}$$

und aus (16) nach entsprechender Umformung:

$$\varkappa_2 \varepsilon^2 - \varepsilon (\varkappa_2 + 1) + \frac{R_1 T_1}{R_2 T_2} = 0. \tag{16a}$$

Die drei Gl. (17), (10a) und (16a) reichen aus zur Berechnung der drei Unbekannten $T_2$, $\varepsilon = v_1/v_2$ und $D$. Da $\varkappa_2$ temperaturabhängig ist, muß man die Rechnung mit einem angenäherten Wert von $\varkappa$ durch Probieren ausführen und durch mehrfaches Wiederholen die erhaltenen Resultate für $T_2, p_2, D$ verbessern, wobei jedesmal das zu dem berechneten $T_2$ gehörige $\varkappa_2$ für den nächsten Schritt zu benutzen ist (ähnlich wie man bei der Berechnung von Verbrennungstemperaturen vorgeht). Wesentlich umständlicher wird die Rechnung, wenn die Dissoziation der Endprodukte mit berücksichtigt werden muß.

Wo die Theorie bisher an der Erfahrung geprüft wurde, ist die Übereinstimmung so gut, daß ein Zweifel an der Richtigkeit der zugrunde liegenden Vorstellungen nicht aufkommen kann. Anschaulich ist der Unterschied zwischen gewöhnlicher Verbrennung und Detonation der folgende: Bei der gewöhnlichen Verbrennung ist Dichte und Druck

[1] Wie schon früher bemerkt (S. 165), müssen individuelle Werte der Gaskonstanten eingeführt werden, da sich die Rechnungen auf die Masseneinheit, nicht auf Mole beziehen. Bei der praktischen Berechnung ist noch daran zu denken, daß sich durch die Umsetzung vielfach die Molzahl ändert, auch infolge der Dissoziation der Endprodukte.

der Schwaden niedriger als beim Frischgas, die Schwaden strömen von der Brennfläche zurück, vom Frischgas weg (Abb. 117a). Bei der Detonation strömen die Schwaden in Richtung auf das Frischgas zu (Abb. 117b), in der gleichen Richtung, in der die Detonation fortschreitet; außerdem ist der Druck in den Schwaden wesentlich höher als in dem Frischgas.

Daraus darf aber nicht gefolgert werden, daß in beliebigem Abstand von der Wellenfront die Schwaden noch die gleiche nach vorn gerichtete Geschwindigkeit hätten. Das wäre nur der Fall, wenn nach hinten kein Druckabfall bestände, also z. B. beim Einschieben eines Kolbens, wie wir es bei der Erzeugung von Stoßwellen besprochen hatten. Normalerweise fällt aber nach hinten der Druck ab, und die Bewegungsrichtung der Schwaden kehrt sich in einigem Abstand von der Wellenfront wieder um. Es muß also immer auch in einigem Abstand hinter der Wellenfront eine Verdünnungswelle entstehen, die hinter der Detonation herläuft; wir sehen daher, wie wichtig es für die Stabilität der Detonationswelle ist, daß sie von dieser Verdünnungswelle nicht eingeholt werden kann.

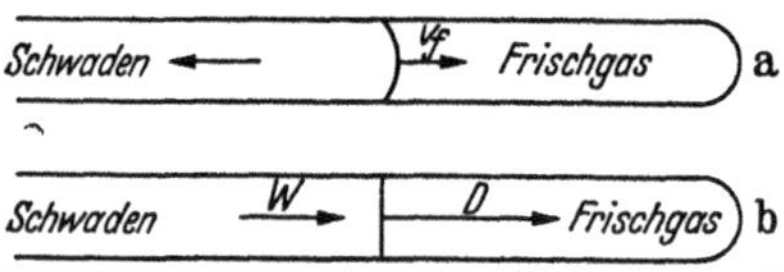

Abb. 117. Fortschreiten der Brennzone und Strömung der Schwaden bei: a) gewöhnlicher Flamme, b) Detonation.

Langweiler[1] hat den Detonationsdruck $p_2$ und die Detonationstemperatur $T_2$ in Beziehung gesetzt zu dem Druck $p_0$ und der Temperatur $T_0$, die bei einer Explosion im geschlossenen Gefäß erreicht werden. Er gibt an:

$$p_2 = 2\,p_0$$

und

$$T_2 = \frac{2\,\varkappa}{\varkappa + 1}\,T_0.$$

Diese Beziehungen gelten nicht exakt; der Detonationsdruck ist z. B. um einiges kleiner als $2\,p_0$; sie können aber für die Orientierung sehr nützlich sein. Man kann sie unmittelbar aus (16a) und (17) mit einigen Vernachlässigungen ableiten. Exakt können sie schon deshalb nicht gelten, weil der Temperaturabhängigkeit der spezifischen Wärmen und der Dissoziation der Verbrennungsprodukte bei ihrer Ableitung nicht Rechnung getragen ist.

Dafür, daß man lediglich unter Zugrundelegung der Thermodynamik und Hydrodynamik Detonationsgeschwindigkeiten berechnen kann, ist natürlich immer folgendes Voraussetzung: die Reaktionsgeschwindigkeit muß so groß sein, daß in der Wellenfront praktisch Gleichgewicht erreicht wird. Werden die Verhältnisse für die Reaktionsgeschwindigkeit zu ungünstig (z. B. in einem Brennstoff-Sauerstoffgemisch in der Nähe der Zündgrenze), dann detoniert das Gemisch eben überhaupt nicht

[1] Langweiler, H.: Z. techn. Phys. Bd. 19 (1938) S. 271.

mehr; für vorgegebene Stoffe treten Detonationsgrenzen auf, manche vermögen überhaupt nicht zu detonieren, obwohl sie explosionsfähig sind. Da es nie plötzliche Sprünge gibt, indem etwa ein um ein Geringes jenseits der Grenze liegendes Gemisch nicht detonierte, während ein um einen ebenso geringen Betrag diesseits der Grenze liegendes Gemisch nicht nur Detonation überhaupt, sondern auch bereits die volle Detonationsgeschwindigkeit ergäbe, so vollzieht sich in Wirklichkeit ein kontinuierlicher Übergang. In unmittelbarer Nähe der Grenzen läuft zwar noch ein Vorgang mit den charakteristischen Erscheinungen der Detonation ab, aber nicht mit der vollen Geschwindigkeit, d. h. also die Reaktionsgeschwindigkeit reicht hier noch nicht aus zur völligen Einstellung des Gleichgewichts.

Auf grundsätzliche Fragen im Zusammenhang mit der Reaktionsgeschwindigkeit kommen wir noch zurück (S. 204ff.).

## 3. Experimentelle Bestimmung von Detonationsgeschwindigkeiten.

Bereits BERTHELOT war sich darüber im klaren, daß die Geschwindigkeit der Detonation von der Größenordnung der thermischen Molekulargeschwindigkeiten in den verbrannten Gasen sein müsse, und versuchte auf diese Weise, zu quantitativen Beziehungen für die Detonationsgeschwindigkeit zu gelangen. Wie zu erwarten, ergibt sich zwar größenordnungsmäßig befriedigende Übereinstimmung, die aber im einzelnen nicht ausreicht. DIXON hatte versucht, von ähnlichen Gedankengängen aus die Ergebnisse zu verbessern, doch haben diese Versuche heute nur noch historisches Interesse[1]. JOUGET hat später für eine größere Anzahl von Systemen die Detonationsgeschwindigkeiten berechnet[2] und findet dabei mit den Messungen von BERTHELOT und VIEILLE, LE CHATELIER und DIXON eine Übereinstimmung mit Abweichungen, die selten 5% übersteigen. Da aber diese Rechnungen auf der Benutzung älterer Werte für die spezifischen Wärmen aufgebaut sind, und da zur Zeit ihrer Ausführung auch eine genauere Kenntnis der bei hohen Temperaturen maßgebenden Dissoziationsgleichgewichte noch nicht bestand, verzichten wir hier auf eine Wiedergabe der Resultate. In neuerer Zeit hat sich B. LEWIS[3] damit befaßt, unter Verwendung moderner Daten Detonationsgeschwindigkeiten zu berechnen.

---

[1] Bei DIXON [Philos. Trans. roy. Soc., Lond. A Bd. 184 (1893) S. 152] findet sich eine Notiz von A. SCHUSTER, welche die erste, allerdings noch unbefriedigende Anwendung der RIEMANNschen Theorie auf die Detonation darstellt.

[2] Vgl. etwa die Zusammenstellung bei E. BOLLÉ: In AUERBACH-HORT: Handbuch der physikalischen und technischen Mechanik, Bd. VI, S. 337.

[3] LEWIS, B. u. FRIAUF: J. Amer. chem. Soc. Bd. 52 (1930) S. 3905.

Wir geben in den nächsten Tabellen 30 und 31 seine Resultate für Knallgasexplosionen wieder. In diesem Falle müssen bei den hohen Detonationstemperaturen die Dissoziationsgleichgewichte:

$$H_2O \rightleftarrows H_2 + {}^1/_2\,O_2$$
$$H_2O \rightleftarrows {}^1/_2\,H_2 + OH$$
$$H_2 \rightleftarrows 2\,H$$

berücksichtigt werden. An der Berechnung ändert sich dabei nichts Grundsätzliches; man hat, wie auch sonst bei der Berechnung von Flammentemperaturen, unter Berücksichtigung der Dissoziation durch Probieren vorzugehen, was im einzelnen natürlich recht mühsam ist.

Die Zahlenwerte der Tabelle 30 sind in mehrfacher Hinsicht interessant. Zunächst stimmen die meisten theoretischen Werte mit den

Tabelle 30. Detonationsgeschwindigkeiten von $H_2$-$O_2$-$N_2$-Mischungen nach Versuchen von DIXON[1] und PAYMAN und WALLS[2], bei 1 at Anfangsdruck und 291° abs. Ausgewertet von LEWIS und FRIAUF (zitiert S. 171).

| Mischung | Det. Druck $p_2$ at | Det. Temp. $T_2^0$ abs. | Det. Geschw. $D$ m/s | | % Gehalt im verbrannten Gas | |
|---|---|---|---|---|---|---|
| | | | ber. | beob. | OH | H |
| $(2\,H_2 + O_2)$ | 18,05 | 3583 | 2806 | 2819 | 25,3 | 6,9 |
| $(2\,H_2 + O_2) + 1\,O_2$ | 17,4 | 3390 | 2302 | 2314 | 28,5 | 1,8 |
| $(2\,H_2 + O_2) + 3\,O_2$ | 15,3 | 2970 | 1925 | 1922 | 13,5 | 0,2 |
| $(2\,H_2 + O_2) + 5\,O_2$ | 14,13 | 2620 | 1732 | 1700 | 6,3 | 0,07 |
| $(2\,H_2 + O_2) + 1\,N_2$ | 17,37 | 3367 | 2378 | 2407 | 14,7 | 3,3 |
| $(2\,H_2 + O_2) + 3\,N_2$ | 15,63 | 3003 | 2033 | 2055 | 5,5 | 0,9 |
| $(2\,H_2 + O_2) + 5\,N_2$ | 14,39 | 2685 | 1850 | 1822 | 2,1 | 0,2 |
| $(2\,H_2 + O_2) + 2\,H_2$ | 17,25 | 3314 | 3354 | 3273 | 5,9 | 6,5 |
| $(2\,H_2 + O_2) + 4\,H_2$ | 15,97 | 2976 | 3627 | 3527 | 1,2 | 3,0 |
| $(2\,H_2 + O_2) + 6\,H_2$ | 14,18 | 2650 | 3749 | 3532 | 0,3 | 1,1 |

beobachteten innerhalb etwa 1% überein, was als außerordentlich schöne Bestätigung der theoretischen Vorstellungen gelten darf. Daneben gibt es aber auch einige, weit außerhalb der Fehlergrenzen liegende Abweichungen, nämlich bei den letzten besonders schneller Detonationen. Nun hatten wir oben (S. 170) schon darauf hingewiesen, daß die Voraussetzung für das Einsetzen einer Detonation hinreichend hohe Reaktionsgeschwindigkeit in der Flammenfront ist; ist diese Voraussetzung erfüllt, dann gestattet die hydrodynamische Theorie eine exakte Vorausberechnung der Detonationsgeschwindigkeit. Es ist sehr wohl denkbar, daß in manchen Gemischen die Reaktionsgeschwindigkeit zwar noch ausreichend für die Aufrechterhaltung einer Stoßwelle ist, aber nicht mehr ausreichend für vollständigen Umsatz in der Brennzone. In diesem

[1] DIXON, H. B.: Phil. Trans. roy. Soc., Lond. A Bd. 184 (1893) S. 97.
[2] PAYMAN, W. u. WALLS: J. chem. Soc. 1923, S. 420.

Falle müßte entsprechend für die Berechnung der (nicht näher bestimmbare) tatsächliche Umsatz in der Nähe der Wellenfront berücksichtigt werden, was jedenfalls eine kleinere Detonationsgeschwindigkeit ergeben würde; dies ist zu erwarten in der Nähe der Detonationsgrenzen (vgl. S. 171, 180ff.), sowie bei besonders großen Detonationsgeschwindigkeiten, wo entsprechend eine besonders große Reaktionsgeschwindigkeit vorausgesetzt wird. Es ist also nicht sehr verwunderlich, wenn gerade bei den größten Detonationsgeschwindigkeiten Abweichungen auftreten in dem Sinne, daß die gefundene Detonationsgeschwindigkeit kleiner ist als die für vollständigen Umsatz in der Wellenfront berechnete.

Übrigens ist auch noch an eine andere Deutungsmöglichkeit zu denken, obwohl dafür bisher noch kein sicherer Anhaltspunkt vorliegt. Es ist aus Versuchen besonders von EUCKEN[1] und Mitarbeitern bekannt, daß der Austausch zwischen Schwingungsenergie mehratomiger Moleküle und kinetischer Energie der Schwerpunktsbewegung häufig recht langsam erfolgt. Für einen Ausgleich können unter Umständen in der Größenordnung bis zu $10^5$ Molekülstöße erforderlich sein; man weiß dies aus Messungen der Dispersion der Schallgeschwindigkeit, wo sich bei hohen Frequenzen, wenn der Ausgleich zwischen Translations- und Schwingungsenergie nicht mehr schnell genug erfolgt, Anomalien ergeben. Nun wird die Energie der Reaktion in der Brennzone zum großen Teil in Schritten frei, wie etwa $H + OH + M \rightarrow H_2O + M$, wo zwar der Dreierstoßpartner $M$ einen Teil der Energie aufnimmt, ein großer Teil aber auch noch als Schwingungsenergie des neugebildeten $H_2O$-Moleküls vorhanden sein kann. Für die Berechnung ist aber vorausgesetzt, daß das verbrannte Gas eine ganz bestimmte, aus der Reaktionswärme berechenbare Temperatur $T_2$ besitzt, d. h. aber, daß MAXWELL-BOLTZMANNsche Geschwindigkeits- bzw. Energieverteilung herrscht. Kann sich diese in der kurzen, verfügbaren Zeit nicht einstellen, so können sich auch daher Abweichungen zwischen beobachteter und berechneter Detonationsgeschwindigkeit ergeben[2]. Dabei ist zweierlei zu unterscheiden: in der verhältnismäßig dünnen Reaktionsschicht wird sich in der sehr kurzen verfügbaren Zeit (nehmen wir die Reaktionsschicht von der Größenordnung 10 freie Weglängen, $\sim 10^{-4}$ cm an, so stünden Zeiten von nur $\sim 10^{-9}$ s zur Verfügung; bei dickerer Reaktionsschicht entsprechend längere, aber immer noch recht kurze Zeiten) nie genau MAXWELLsche Verteilung einstellen; wenn aber die Abweichungen in den zeitlich nacheinander durchlaufenen Schichten von der MAXWELLschen Verteilung nur im Mittel 0 sind, so ist alles in Ordnung. Infolge der erwähnten Einflüsse ist aber auch eine systematische, einseitige Abweichung von der MAXWELLschen Verteilung denkbar, wohl meistens

---

[1] EUCKEN, A.: Zitiert S. 141.

[2] Auf diese Möglichkeit wurde bereits vor längerer Zeit hingewiesen [JOST, W.: Z. Elektrochem. Bd. 41 (1935) S. 183].

in dem Sinn, daß die kinetische Energie der Translation und damit die Detonationsgeschwindigkeit kleiner werden als die berechneten. Aus der Tatsache, daß in sehr vielen Fällen, bei hinreichend schnell reagierenden Mischungen, berechnete und beobachtete Geschwindigkeit übereinstimmen, ist allerdings zu schließen, daß im allgemeinen die Verteilung der Energie über die verschiedenen Freiheitsgrade unter den Bedingungen der Detonation sehr schnell geht, so daß man demgemäß in der Nähe der Detonationsgrenzen und in anderen Fällen beobachtete Abweichungen eher auf zu geringe Reaktionsgeschwindigkeit zurückführen wird.

Die Zahlenwerte der relativen Konzentration von H und OH in Tabelle 30 zeigen einerseits, daß unter Vernachlässigung der Dissoziation eine befriedigende Berechnung der Detonationsgeschwindigkeit nicht möglich gewesen wäre, andererseits lassen diese, selbst im Gleichgewicht sehr hohen Konzentrationen aktiver Teilchen verstehen, daß die Reaktionsgeschwindigkeit in der Detonationswelle außerordentlich hoch ist[1]. Durch $H_2$-Zusätze wird die Dissoziation sehr stark verringert; vielleicht ist die Folge davon eine verringerte Reaktionsgeschwindigkeit, welche die schon besprochene Diskrepanz zwischen beobachteten und berechneten Detonationsgeschwindigkeiten bei höherem $H_2$-Gehalt nach sich zieht. Während Stickstoff und Sauerstoffzusatz die Detonationsgeschwindigkeit verlangsamen (beider Einflüsse sind etwas verschieden, wegen ihrer ein wenig verschiedenen Masse und deshalb, weil $O_2$ als Reaktionspartner die Gleichgewichte der Dissoziation verschiebt) vergrößert $H_2$-Zusatz die Detonationsgeschwindigkeit, obwohl es Maximaltemperatur und Druck herabsetzt. Dies ist eine Folge der hydrodynamischen Seite der Erscheinung; aus Gl. (10) für die Detonationsgeschwindigkeit sieht man, daß großes spezifisches Volumen (geringe Dichte) für die Detonationsgeschwindigkeit günstig ist. Lewis hat daraus die Folgerung gezogen, daß auch Verdünnung mit einem indifferenten Inertgas niederer Dichte (Helium) die Detonationsgeschwindigkeit vergrößern muß; er hat sehr interessante Versuche mit He- und mit A-Zusatz ausgeführt, deren Ergebnisse, zusammen mit den theoretischen Werten der Detonationsgeschwindigkeit in der folgenden Tabelle 31 enthalten sind.

Die Versuche bestätigen insofern die Erwartungen, als He-Zusatz die Detonationsgeschwindigkeit erhöht, während gleiche Argonzusätze diese erniedrigen. Quantitativ ergibt sich aber, ähnlich wie bei Wasserstoffzusatz, daß die Erhöhung der Geschwindigkeit geringer ist als theoretisch zu erwarten, und umgekehrt Argonzusatz diese stärker erniedrigt als zu erwarten. Es ist wohl wieder das nächstliegendste, anzunehmen, daß die Reaktionsgeschwindigkeit beeinflußt wird. Evtl. wirken die Fremdgaszusätze als Dreierstoßpartner bei der Rekombination aktiver Teilchen.

---

[1] Vgl. jedoch S. 204.

Tabelle 31. Detonationsgeschwindigkeiten in Knallgasmischungen mit Zusatz von Helium und Argon. (Nach LEWIS und FRIAUF.) Anfangstemperatur $291^0$ abs., Anfangsdruck 1 at.

| Gemisch | Detonationsdruck $p_2$ at | Detonationstemperatur $T_2^0$ abs. | Detonationsgeschwindigkeit m/s | |
|---|---|---|---|---|
| | | | ber. | beob. |
| $(2 H_2 + O_2)$ | 18,05 | 3583 | 2806 | 2819 |
| $(2 H_2 + O_2) + 1,5$ He | 17,60 | 3412 | 3200 | 3010 |
| $(2 H_2 + O_2) + 3$ He | 17,11 | 3265 | 3432 | 3130 |
| $(2 H_2 + O_2) + 5$ He | 16,32 | 3097 | 3613 | 3160 |
| $(2 H_2 + O_2) + 2,82$ He $+ 1,18$ A | 16,68 | 3175 | 2620 | 2390 |
| $(2 H_2 + O_2) + 1,5$ He $+ 1,5$ A | 17,11 | 3265 | 2356 | 2330 |
| $(2 H_2 + O_2) + 1,5$ A | 17,60 | 3412 | 2117 | 1950 |
| $(2 H_2 + O_2) + 3$ A | 17,11 | 3265 | 1907 | 1800 |
| $(2 H_2 + O_2) + 5$ A | 16,32 | 3097 | 1762 | 1700 |

Ehe wir weitere Zahlenwerte bringen, mögen einige Einzelheiten über die Technik der Messung von Detonationsgeschwindigkeiten Platz finden. Die meist angewandte photographische Methode ist die gleiche, wie sie bereits bei der Messung von Flammengeschwindigkeiten besprochen wurde; nur muß man bei der Detonation mit wesentlich höheren Filmgeschwindigkeiten arbeiten, was unter Umständen zu Besonderheiten Anlaß gibt. Bei lichtschwachen Detonationen[1] kann es nötig werden, statt mit dem Eigenlicht der Detonation mit Licht einer fremden Lichtquelle zu photographieren, man kommt so zu Schatten bzw. Schlierenaufnahmen, die den Vorteil haben, daß sie auch die Photographie gewöhnlicher Stoßwellen erlauben. Wie wir weiter unten sehen werden, ist es durchaus von Interesse, die Detonationswelle zu photographieren mit dem Ziel, darin Feinheiten zu erkennen. Hierfür ist neben guter optischer Abbildung eine hohe Filmgeschwindigkeit notwendig, wenn gute Auflösung erzielt werden soll.

Die Geschwindigkeit eines Films auf einer rotierenden Trommel kann aus Festigkeitsrücksichten nicht über eine gewisse Grenze gesteigert werden; DIXON hatte z. B. eine Trommel, die bei 1 m Umfang mit 100 Umdrehungen pro s rotieren konnte, also eine Filmgeschwindigkeit von maximal 100 m/s; das ist schon sehr viel, wenn der Film noch fest anliegen soll. Eine wesentliche Steigerung ist nur zu erzielen, wenn man auf einen, auf der Außenseite einer Trommel befestigten Film ganz verzichtet, der durch die Zentrifugalkräfte zu stark beansprucht wird. Eine Lösung der Aufgabe ist in zwei Richtungen erfolgt. Den einfachsten

[1] Zu der Zeit, als MALLARD und LE CHATELIER ihre Messungen nach der photographischen Methode ausführten, waren die photographischen Negativmaterialien noch so unempfindlich, daß nur besonders lichtstarke Detonationen ($CS_2 + 3 O_2$ und $CS_2 + 6 NO$) photographiert werden konnten.

Weg haben PAYMAN, SHEPHERD und WOODHEAD[1] beschritten, indem sie den Film nicht auf der Außenseite, sondern auf der Innenseite einer hohlen Trommel befestigten, die nur auf einer Seite geschlossen und gelagert ist; durch eine geeignete Prismenanordnung wird das Flammenbild auf der Innenseite der Trommel entworfen. Es wurde eine Tourenzahl von 400/s erreicht; da der Trommelumfang nur 50 cm beträgt, ist die maximale Filmgeschwindigkeit 200 m/s. Noch höher kommt man, wenn man den Film auf der Innenseite einer festen Trommel anbringt und das Flammenbild über den Film rotieren läßt; das ist vermittels eines in der Achse der Trommel angebrachten rotierenden Spiegels möglich. FRASER[2] hat im BONEschen Institut eine derartige Kamera gebaut (Abb. 118). Der Spiegel (ein doppelseitiger Stahlspiegel hoher optischer und mechanischer Präzision) rotiert mit maximal 500 Touren pro s; da infolge der Reflexionsgesetze das Flammenbild doppelt so schnell wandert wie der Spiegel, so ist dies also einer Filmgeschwindigkeit von 1000 Umdrehungen pro s äquivalent, entsprechend einer maximalen Bildgeschwindigkeit auf dem Film von 1000 m/s; das mit dieser Kamera erzielte hohe Auflösungsvermögen hat zu bemerkenswerten Einblicken in den Mechanismus der Detonation, besonders ihrer Anfangsstadien, geführt.

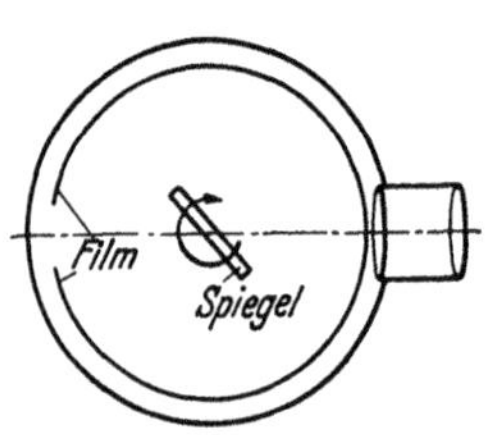

Abb. 118.

Schlierenaufnahmen werden benutzt in PAYMANs[3] „Wellengeschwindigkeits"-Kamera, die auch Stoßwellen zu photographieren gestattet; LAFFITTE[4] und Mitarbeiter verwenden Schattenaufnahmen, die besonders für das Studium der Detonationsgrenzen, an welchen die Leuchterscheinungen schwach sind, Bedeutung gewinnen. Zum gleichen Zwecke hatte WENDLANDT[5] die chronoelektrische Methode, unter Verwendung eines ballistischen Galvanometers als Meßinstrument herangezogen. Gerade zur Bestimmung der Detonationsgrenzen ist diese Methode aber verhältnismäßig umständlich, wie wir unten sehen werden. Bei Versuchen, in denen die Detonation über eine große Strecke laufen muß (z. B. bei der chronoelektrischen Methode), verwendet man meistens

[1] PAYMAN, W., W. C. F. SHEPHERD u. D. W. WOODHEAD: Safety in Mines Research Board, Paper Nr. 99. London 1937.

[2] FRASER, R. P.: J. roy. photogr. Soc. Bd. 74 (1934) S. 388; eine nach ähnlichen Prinzipien gebaute Kamera beschreiben auch PAYMAN u. WOODHEAD: s. Fußnote 1.

[3] PAYMAN, W. u. H. ROBINSON: Safety Mines Research, Paper Nr. 29 (1927).

[4] LAFFITTE, P. u. PATRIE: C. R. Acad. Sci., Paris Bd. 191 (1930) S. 1335. — PATRIE, M.: Thèse, Nancy 1933. — LAFFITTE, P. u. M. J. BRETON: C. R. Acad. Sci., Paris Bd. 199 (1934) S. 146. — BRETON, M. J.: Ann. Off. nat. Comb. liquides Bd. 11 (1936) S. 487; sowie: Science of Petroleum, Bd. IV. 1938.

[5] WENDLANDT, R.: Z. phys. Chem. Bd. 110 (1924) S. 637; Bd. 116 (1925) S. 227.

Bleirohre, die evtl. auf Trommeln aufgewickelt sind. Die äußere Form spielt dabei keine Rolle. Die gleiche Anordnung muß man benutzen, wenn die Detonation erst eine längere Strecke gelaufen sein soll, damit sie sicher stationär geworden ist. Zum Photographieren kann man an das Bleirohr ein Glasrohr anschließen lassen. Normal starke Glasrohre zerspringen nicht immer, wenn eine Detonation hindurchläuft; manchmal ist aus den Aufnahmen zu erkennen, daß das Glas erst entzweigegangen ist, nachdem ein- oder mehrmal eine reflektierte Welle hindurchgelaufen war. Dabei stört es die Aufnahme auch nicht, wenn das Glasrohr sofort auseinanderfliegt; denn dies ist immer ein langsamer Vorgang, verglichen mit der Detonation; man bekommt also auch dann noch ein Bild der ungestörten Detonation. Öfters wird übrigens auch beobachtet, daß ein Glasrohr zwar die ausgebildete Detonation aushält, jedoch beim Entstehen der Detonation zerspringt. Wir werden sehen, daß gerade im Anfangsstadium abnorm hohe Drucke beobachtet werden.

Tabelle 32. Detonationsgeschwindigkeiten bei Zimmertemperatur und Atmosphärendruck. (Nach LAFFITTE.)

| Mischung | $D$ m/s | Autor |
|---|---|---|
| $2\,H_2 + O_2$ . . . . . . . . | 2821 | DIXON |
| $2\,CO + O_2$ . . . . . . | 1264 | ,, |
| $CS_2 + 3\,O_2$ . . . . . . | 1800 | LE CHATELIER |
| $CH_4 + 2\,O_2$ . . . . . . | 2146 | DIXON |
| $CH_4 + 1{,}5\,O_2 + 2{,}5\,N_2$ . | 1880 | ,, |
| $C_2H_6 + 3{,}5\,O_2$ . . . . . | 2363 | BERTHELOT |
| $C_2H_4 + 3\,O_2$ . . . . . . | 2209 | DIXON |
| $C_2H_4 + 2\,O_2 + 8\,N_2$ . . | 1734 | ,, |
| $C_2H_2 + 1{,}5\,O_2$ . . . . . | 2716 | ,, |
| $C_2H_2 + 1{,}5\,O_2 + N_2$ . . | 2414 | ,, |
| $C_3H_8 + 3\,O_2$ . . . . . . | 2600 | LAFFITTE und BRETON |
| $C_3H_8 + 6\,O_2$ . . . . . . | 2280 | Dieselben |
| i-$C_4H_{10} + 4\,O_2$ . . . . | 2613 | ,, |
| i-$C_4H_{10} + 8\,O_2$ . . . . . | 2270 | ,, |
| $C_5H_{12} + 8\,O_2$. . . . . . | 2371 | DIXON |
| $C_5H_{12} + 8\,O_2 + 24\,N_2$ . . | 1680 | ,, |
| $C_6H_6 + 7{,}5\,O_2$ . . . . . | 2206 | ,, |
| $C_6H_6 + 22{,}5\,O_2$. . . . . | 1658 | ,, |
| $C_2H_5OH + 3\,O_2$ . . . . | 2356 | ,, |
| $C_2H_5OH + 3\,O_2 + 12\,N_2$. | 1690 | ,, |

Eine Übersicht über die Zahlenwerte der Detonationsgeschwindigkeiten in einer Reihe von detonierenden Gemischen geben wir in der Tabelle 32. (Nach LAFFITTE, zitiert S. 176.)

Die Zahlenwerte beobachteter Detonationsgeschwindigkeiten lassen eine ganze Reihe interessanter Schlüsse zu. DIXON fand z. B. für trockenes und feuchtes CO die folgenden Werte: (Tabelle 33).

Die starke Erhöhung der Detonationsgeschwindigkeit durch geringfügige Wasserdampfzusätze ist nur durch die Erhöhung der Reaktionsgeschwindigkeit zu deuten; wenige Prozente $H_2O$ können Dichte und Temperatur der Detonationswelle nicht so stark beeinflussen, daß dadurch eine Erhöhung der Geschwindigkeit um ungefähr $^1/_3$ zustande käme; bei höheren $H_2O$-Partialdrucken macht sich dann aber der Verdünnungseffekt bemerkbar. Der Einfluß der Reaktionsgeschwindigkeit

Tabelle 33. Detonationsgeschwindigkeiten von trockenen und feuchten Mischungen von $2\,CO + O_2$. (Nach DIXON.)

| Zustand des Gases | % Wasserdampf | $D$ m/s |
|---|---|---|
| getrocknet mit $H_2SO_4 + P_2O_5$ . . . . . . | | 1264 |
| getrocknet mit $H_2SO_4$ . . . . . . . . . . | | 1305 |
| gesättigt mit Wasserdampf bei 10° C . . . | 1,2 | 1676 |
| „ „ „ „ 20° C . . . | 2,3 | 1703 |
| „ „ „ „ 28° C . . . | 3,7 | 1713 |
| „ „ „ „ 35° C . . . | 5,6 | 1738 |
| „ „ „ „ 45° C . . . | 9,5 | 1693 |
| „ „ „ „ 55° C . . . | 15,6 | 1666 |
| „ „ „ „ 65° C . . . | 24,9 | 1526 |
| „ „ „ „ 75° C . . . | 38,4 | 1266 |

ist natürlich wieder so zu verstehen, daß diese in trockenem Gemisch zu klein ist, als daß unter DIXONs Versuchsbedingungen eine Detonation mit der der Reaktion $2\,CO + O_2 = 2\,CO_2$ zukommenden Geschwindigkeit abliefe. Erst geringe Zusätze von Wasserdampf veranlassen eine hinreichend schnelle Einstellung des Gleichgewichts in Übereinstimmung mit sonstigen Erfahrungen bei dieser Reaktion (vgl. Kap. III u. IX).

DIXON hat diesen Einfluß der Reaktionsgeschwindigkeiten experimentell nachgeprüft, indem er an einer Stelle des Rohres, durch das die Detonation lief, die Verbrennung durch ein Fenster auf einer rotierenden Trommel photographierte; die Länge des so erhaltenen Bildes auf dem Film gibt ein gewisses Maß für die zur Verbrennung benötigte Zeit. Dabei zeigte es sich, daß bei feuchter Mischung $2\,CO + O_2$ die Verbrennung nach weniger als der Hälfte der Zeit erloschen ist, die sie in trockener Mischung zu ihrem Ablauf braucht. Mit quantitativen Schlüssen aus diesem Befund wird man allerdings vorsichtig sein müssen, da Wasserdampf auch die Strahlungseigenschaften von Kohlenoxydflammen beeinflußt.

Auffallender noch und ausgeprägter sind die Erscheinungen bei Cyandetonationen, nach DIXON[1]. Die Detonationsgeschwindigkeiten verschiedener Cyan-Sauerstoffmischungen sind:

| | | |
|---|---|---|
| $C_2N_2 + O_2$ | $C_2N_2 + 2\,O_2$ | $C_2N_2 + 3\,O_2$ |
| 2728 m/s | 2321 m/s | 2110 m/s |
| | $C_2N_2 + O_2 + N_2$ | $C_2N_2 + O_2 + 2\,N_2$ |
| | 2398 m/s | 2166 m/s. |

Die Mischung, die nach der Gleichung verbrennt

$$C_2N_2 + O_2 = 2\,CO + N_2$$

hat die höchste Detonationsgeschwindigkeit. DIXON schloß daher, daß in der Detonationszone der Umsatz nur bis zum CO geht, und daß bei Sauerstoffüberschuß die weitere Verbrennung erst hinter der Detonationszone erfolgt. Das wird belegt durch die oben mit angeführten Versuche,

[1] DIXON, H. B.: Trans. chem. Soc. 1896, S. 759.

in denen statt überschüssigen Sauerstoffs Stickstoff zugefügt ist. Wird Sauerstoff durch Stickstoff ersetzt, so erniedrigt dies die Detonationsgeschwindigkeit nicht nur nicht, sondern erhöht sie sogar noch etwas, wegen der geringeren Dichte (vgl. S. 174/175). Auch hier bringt DIXON einen unmittelbaren experimentellen Beleg dafür, daß die Reaktion bei Sauerstoffüberschuß länger dauert, wieder durch Photographieren; die Reaktion $C_2N_2 + 2\,O_2$ braucht zu ihrem Ablauf ein Vielfaches der Zeit, die für die Reaktion $C_2N_2 + O_2$ genügt (vgl. etwa die Reproduktionen bei BONE und TOWNEND, zitiert S. 154).

Nicht ganz so übersichtlich wie in den vorangehenden Fällen liegen die Verhältnisse bei der Detonation von Kohlenwasserstoffen. Die Resultate ergeben wieder, daß die größte Detonationsgeschwindigkeit erreicht wird bei Gemischen, deren Sauerstoffgehalt nicht ausreicht für die Verbrennung zu $CO_2 + H_2O$, wie die folgenden Beispiele nach BONE zeigen:

| | | | |
|---|---|---|---|
| *Methan* . . . . . . | $CH_4 + O_2$<br>2528 m/s | $CH_4 + {}^3/_2\,O_2$<br>2470 m/s | $CH_4 + 2\,O_2$<br>2322 m/s |
| *Äthylen* . . . . . | $C_2H_4 + O_2$<br>2507 m/s | $C_2H_4 + 2\,O_2$<br>2581 m/s | $C_2H_4 + 3\,O_2$<br>2368 m/s |
| *Acetylen* . . . . . | $C_2H_2 + O_2$<br>2961 m/s | $C_2H_2 + {}^3/_2\,O_2$<br>2716 m/s | $C_2H_2 + {}^5/_2\,O_2$<br>2391 m/s |

Ersetzt man in dem für vollständige Verbrennung zu Kohlensäure und Wasser ausreichenden Gemisch einen Teil des Sauerstoffs durch Stickstoff, so tritt wieder eine geringe Erhöhung der Detonationsgeschwindigkeit ein, z. B.:

| | |
|---|---|
| $C_2H_4 + 3\,O_2$ | $C_2H_4 + 2\,O_2 + N_2$ |
| 2368 m/s | 2413 m/s. |

Der von BONE gezogene Schluß, daß in der Detonation mit ausreichendem Sauerstoff in der Wellenfront nicht aller Sauerstoff verbraucht würde, braucht nicht falsch zu sein, erscheint hier aber nicht zwingend. Denn wenn (von der Dissoziation zunächst einmal abgesehen) das erste Gemisch zu $2\,CO_2 + 2\,H_2O$ verbrennt, so hat es eine wesentlich größere Dichte als das zweite mit der Endzusammensetzung $2\,CO + 2\,H_2O + N_2$; der beträchtliche Dichtenunterschied könnte auch bei etwas niedrigerer Verbrennungstemperatur im zweiten Falle die größere Detonationsgeschwindigkeit verursachen. Da in solchen Fällen offenbar keine wahren Gleichgewichte erreicht werden, sondern Zustände, bei denen nur die eine oder die andere Umsetzung als stärker gehemmt aufzufassen ist, ist eine theoretische Behandlung unsicher. DIXON fand z. B. bei der Detonation von $C_2H_6 + O_2$ mit einer Geschwindigkeit von 2180 m/s folgende Zusammensetzung der kalten Gase:

$$CO_2 = 0{,}75\,\%; \quad CO = 38{,}55\,\%; \quad C_2H_2 + C_2H_4 = 1{,}10\,\%;$$
$$CH_4 = 8{,}15\,\% \quad \text{und} \quad H_2 = 51{,}1\,\%,$$

daneben kondensiertes Wasser und festen Kohlenstoff. Offenbar verlaufen bei der Detonation von Kohlenwasserstoffen ähnliche Reaktionen wie bei der langsamen Oxydation und dem rein thermischen Zerfall sowie bei der gewöhnlichen Explosion (BONE, zitiert S. 154), vgl. auch Kap. XI.

## 4. Detonationsgrenzen.

Die Lage der Detonationsgrenzen ist zuerst von WENDLANDT (zitiert S. 176) systematisch untersucht worden. Während bei den brisanteren Gemischen die Detonation schon mit verhältnismäßig milden Mitteln eingeleitet werden kann, evtl. unmittelbar im Anschluß an einen kräftigeren Funken einsetzt, oder bei gewöhnlicher Zündung nach einem mäßig langen Flammenweg sich entwickelt, wird es bei den weniger brisanten Gemischen, besonders in der Nähe der Detonationsgrenzen, immer schwieriger, die Detonationswelle zu erzeugen. Man muß dann, wie bei festen Sprengstoffen, evtl. eine Initialzündung zu Hilfe nehmen; dazu kann man entweder feste Initialsprengstoffe verwenden (Bleiazid, Knallquecksilber), oder auch etwa das in einem längeren Rohr befindliche Gemisch mittels eines Hahnes von möglichst der gleichen Bohrung wie der Durchmesser des Detonationsrohres mit einem zweiten Rohr kommunizieren lassen; in diesem befindet sich ein leicht detonierendes Gemisch, etwa Knallgas, das gezündet wird. Leitet man nun aber in einem schwer detonierenden Gemisch mittels der schnellen Detonationswelle eines leichter detonierenden Stoffes die Detonation ein, so bekommt man wegen des größeren Impulses des Initialsprengstoffes häufig anfangs eine übergroße Geschwindigkeit, die erst allmählich auf die der stationären Detonation abklingt. Ebenso kann vermöge dieses zusätzlichen Impulses auch in an sich nicht detonationsfähigen Gemischen zunächst eine Detonationswelle in Gang gesetzt werden, die aber nicht stabil ist, sondern abklingt und dann erlischt. Man kann daher leicht getäuscht werden, wenn man die Detonation nur in dem unmittelbar an das Initialrohr anschließenden Rohr von etwa 1—2 m Länge beobachtet; vielmehr muß man sich vergewissern, ob auch nach einem längeren Stück (zur Beobachtung sind unter Umständen viele Meter von Bleirohr nötig) die Detonationswelle noch existiert und ob sie mit stationärer, konstanter Geschwindigkeit abläuft. Nur wenn dies der Fall ist, hat man es mit wirklicher Detonation zu tun, und man kann die Detonationsgrenzen einwandfrei bestimmen. WENDLANDT hat in seiner Untersuchung alle diese Vorsichtsmaßregeln angewandt. Die Methode der späteren Untersuchungen von LAFFITTE und Mitarbeitern, die eine große Anzahl von Stoffen untersuchten und im Fall von CO und $H_2$ WENDLANDTs Resultate bestätigten, ist bereits erwähnt worden (S. 176). Wir geben in Abb. 119 und 120 zwei typische Kurven wieder, wie sie von BRETON[1] im Labora-

[1] BRETON, M. J.: Ann. Off. nat. Comb. liquides Bd. 11 (1936) S. 487.

torium von LAFFITTE für die Detonationsgeschwindigkeit bei der Bestimmung der Detonationsgrenzen erhalten wurden. In der Nähe beider Grenzen sinkt die Detonationsgeschwindigkeit stark ab. Zahlenwerte

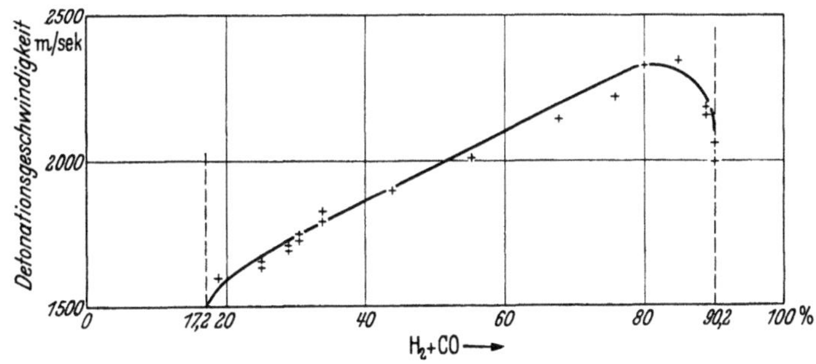


Abb. 119. Detonationsgrenzen von $H_2 + CO$ in $O_2$. (Nach BRETON, zitiert S. 180.)

für Detonationsgrenzen (hauptsächlich nach LAFFITTE und Mitarbeiter) stellen wir in der folgenden Tabelle 23 zusammen.

Die Grenzen liegen, wie zu erwarten und wie Vergleich mit den in Kap. III, S. 130 mitgeteilten Werten zeigt, enger als für die gewöhnliche Explosion. Wie bei der normalen Zündung die Werte der unteren Grenze, die ja durch Brennstoffmangel bedingt ist, für Luft und Sauerstoff nahe zusammenfallen, so gilt dies auch noch für die Detonation, wenn auch vielleicht mit etwas größeren Abweichungen.

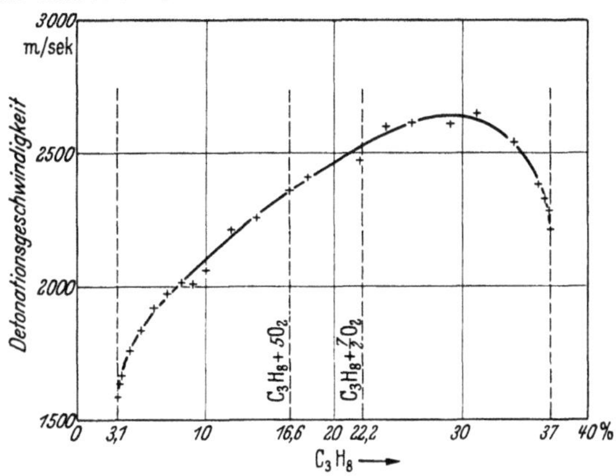


Abb. 120. Detonationsgrenzen von Propan in Sauerstoff. (Nach BRETON.)

Einige Besonderheiten müssen noch hervorgehoben werden. BRETON hat den Einfluß von Wasserstoff auf die untere Detonationsgrenze von $2\,CO + O_2$ untersucht; Ersetzen von nur 2% des CO durch $H_2$ erniedrigt die untere Detonationsgrenze von 38 auf 28,4%[1]. Wieder eine Bestätigung für die bei allen möglichen Erscheinungen beobachtete reaktionsbeschleunigende Wirkung von Wasserstoff bzw. $H_2O$ auf die Kohlenoxydverbrennung. Eine Eigentümlichkeit, die ebenfalls in der Reaktionsträgheit des CO ihre Ursache haben muß, wurde schon von LE CHATELIER beobachtet: die durch 0,75 g Knallquecksilber hervorgerufene Stoßwelle

[1] Weitere Angaben über den $H_2$-Einfluß vgl. BRETON, zitiert S. 180 und LAFFITTE, zitiert S. 176.

Tabelle 34. Detonationsgrenzen. (Nach LAFFITTE und BRETON[1, 2].)

| Mischung | Untere Grenze | Obere Grenze |
|---|---|---|
| | (% Brennstoff in Luft oder Sauerstoff) | |
| $H_2$-$O_2$ | 15 | 90 |
| $H_2$-Luft | 18,3 | 58,9 |
| $CO$-$O_2$, feucht | 38 | 90 |
| $CO$-$O_2$, getrocknet mit $H_2SO_4$ und $P_2O_5$ | | 83 |
| $(CO + H_2)$-$O_2$ | 17,2 | 91 |
| $(CO + H_2)$-Luft | 19 | 58,7 |
| $NH_3$-$O_2$ | 25,4 | 75,4 |
| $C_3H_8$-$O_2$ | 3,2 | 37 |
| iso—$C_4H_{10}$-$O_2$ | 2,8 | 31,1 |
| $C_2H_2$-$O_2$ | 3,5—3,6 | 92—93 |
| $C_2H_2$-Luft | 4,2 | 50 |
| $C_4H_{10}O$(Äther)-$O_2$ | 2,6—2,7 | > 40 |
| $C_4H_{10}O$-Luft | 2,8 | 4,5 |

zündet eine Mischung von $2\,CO + O_2$ nicht, weil die Welle zu schnell ist und die CO-Verbrennung ihr anscheinend nicht folgen kann; dagegen

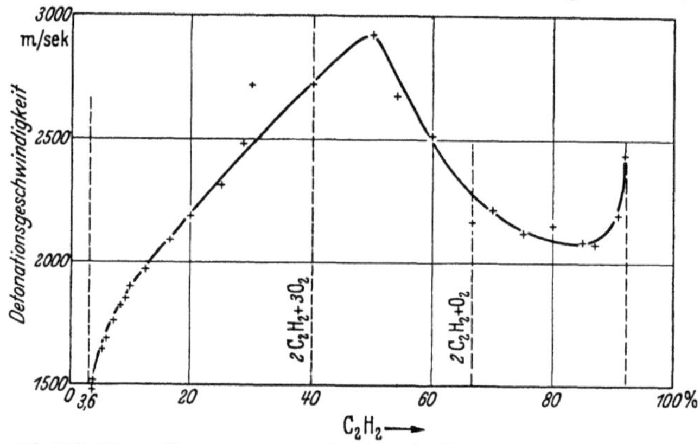


Abb. 121. Detonationsgrenzen von Azetylen in Sauerstoff. (Nach BRETON.)

kann man durch die Detonation von nur 0,05 g Knallquecksilber regelmäßig Detonation des Kohlenoxydes erzielen.

Ganz sonderbare Beobachtungen hat BRETON bei $NH_3$-$O_2$-Mischungen gemacht; hier beobachtet man, allerdings nicht in allen Versuchen, ein Wiederansteigen der Detonationsgeschwindigkeit in der Nähe beider Grenzen; an der oberen Grenze ist das wegen des Freiwerdens von $H_2$ und der dadurch verursachten Dichteverringerung noch am ehesten verständlich; was an der unteren Grenze geschieht, ist vorläufig nicht einzusehen.

[1] BRETON, M. J.: Ann. Off. nat. Comb. liquides Bd. 11 (1936) S. 487.
[2] LAFFITTE, P.: The Science of Petroleum Bd. IV (1938) S. 2995.

Bemerkenswert sind weiter die Ergebnisse beim Azetylen (Abb. 121) nach BRETON. Azetylen-Luftmischungen zeigen die analogen Erscheinungen wie die mit Sauerstoff, nur weniger ausgeprägt. An der unteren Grenze verhält sich das Gemisch normal; in der Gegend von 50% (in Mischung mit Luft bei wesentlich kleineren Konzentrationen) durchläuft die Detonationsgeschwindigkeit ein Maximum, so daß man bald jenseits dieses Wertes die Detonationsgrenze erwarten würde; dies trifft aber keineswegs zu, sondern die Detonationsgeschwindigkeit fällt zwar erst ziemlich steil ab, durchläuft dann aber ein Minimum und steigt bis zur oberen Detonationsgrenze bei 92 bis 93% nochmals an. Nach BRETON und LAFFITTE hat man es hier mit zwei ganz verschiedenen Vorgängen zu tun; bei kleineren Azetylen-Konzentrationen mit der Detonation infolge der Verbrennung, während bei höheren Konzentrationen vielleicht der durch die Verbrennung eingeleitete Zerfall des Azetylens die Hauptreaktion darstellt.

## 5. Einfluß äußerer Faktoren auf die Einleitung und Fortpflanzung von Detonationen.

Bei der Theorie der Detonationsgeschwindigkeit ist davon Gebrauch gemacht worden, daß die Detonation in einem Rohr konstanten Querschnitts fortschreitet. Läßt man das Detonationsrohr sich plötzlich erweitern, so wird der Impuls der Welle auf eine viel größere Gasmasse übertragen, die Geschwindigkeit der Welle entsprechend gehemmt, so daß die Detonation aussetzen kann, evtl. läuft statt ihrer eine Flamme weiter. Ist das sich anschließende weitere Rohr lang genug, so kann sich in einigem Abstand eine neue Detonationswelle ausbilden. Zuerst wurde derartiges 1922 von CAMPBELL[1] beobachtet, weitere Untersuchungen führte u. a. LAFFITTE[2] aus. Er bestimmte z. B. die Abstände, die nach dem Übergang in das weitere Rohr von der Flamme durchstrichen werden mußten, bis von neuem Detonation einsetzte. Wir geben diese Resultate in der folgenden Tabelle 35 für das Gemisch $CS_2 + 3O_2$ wieder, wobei die Detonation zunächst in einem Rohr von 7 mm Durchmesser gelaufen war, mit einer Geschwindigkeit von 1800 m/s. Man sieht daraus, daß sich die Detonation um so schwerer wieder bildet,

Tabelle 35. Wiederentstehung der Detonation nach dem Austreten aus einem Rohr von 7 mm Durchmesser in ein zweites Rohr (nach LAFFITTE) für $CS_2 + 3\,O_2$.

| Durchmesser des zweiten Rohres<br>mm | Abstand im zweiten Rohr, nach dem die Detonation wieder einsetzte<br>cm |
|---|---|
| 13 | 8 |
| 16 | 9 |
| 24 | 15 |
| 33 | 50 |
| 44 | 100 |

[1] CAMPBELL, J.: J. chem. Soc. Bd. 121 (1922) S. 2483.

[2] LAFFITTE, P.: C. R. Acad. Sci., Paris Bd. 177 (1923) S. 178; Bd. 179 (1924) S. 1394. — Ann. Phys., Paris (X) Bd. 4 (1925) S. 623.

je weiter das zweite Rohr ist. Die gleiche Wirkung ist auch vorhanden bei der spontanen Entstehung der Detonation aus einer Flamme. LAFFITTE gibt z. B. für dasselbe Gemisch folgende Zahlen gemäß Tabelle 36 an. Merkwürdigerweise wirkt auch eine Erhöhung der Anfangstemperatur erschwerend auf die Entstehung der Detonation. Auch darüber hat LAFFITTE[1] Versuche ausgeführt, die wir in der folgenden Tabelle 37 mitteilen.

Tabelle 36.

| Rohrdurchmesser mm | Abstand vom Zündfunken, in dem die Detonation einsetzt cm |
|---|---|
| 6,5—7 | 48 |
| 16 | 52 |
| 24 | 58 |
| 34 | 84 |
| 43 | 105 |
| 54 | 131 |

Bei der Beurteilung dieser Versuche ist zu bedenken, daß mit der Temperaturerhöhung bei konstantem Druck eine entsprechende Konzentrationsabnahme verbunden ist.

Auch die Detonationsgeschwindigkeit nimmt, nach Versuchen von DIXON[2] mit der Temperatur etwas, wenn auch nicht stark ab (Tabelle 38).

Tabelle 37. Flammenwege, die bis zum Einsetzen der Detonation durchlaufen werden müssen (nach LAFFITTE), für verschiedene Temperaturen.

| $2\,H_2 + O_2$ | | $CH_4 + 2\,O_2$ | |
|---|---|---|---|
| Anfangstemperatur °C | Abstand cm | Anfangstemperatur °C | Abstand cm |
| 15 | 60 | 15 | 55 |
| 120—130 | 73 | 160—180 | 74 |
| 160—180 | 78 | 290—310 | 90 |
| 300—320 | keine Detonation im 1 m langen Rohr | 340—360 | keine Detonation im 1 m langen Rohr |
| 340—360 | | | |

Umgekehrt wirkt Druckerhöhung auf die Einleitung der Detonation und (in geringem Maß) auf die Detonationsgeschwindigkeit fördernd. Für die Einleitung der Detonation geben wir einige Versuche von LAFFITTE und DUMANOIS[3] und von EGERTON und GATES[4] wieder, die deutlich erkennen lassen, daß die bis zum Einsetzen der Detonation zu durchlaufende Strecke um so kürzer wird, je höher der Anfangsdruck ist. Hier mag auch die Beobachtung von BONE, NEWITT und TOWNEND[5] erwähnt werden, daß bei Hochdruckexplosionen von $2\,H_2 + O_2 + 3{,}76\,N_2$ bei

Tabelle 38.

| Temperatur °C | $D$ m/s | |
|---|---|---|
| | $2\,H_2 + O_2$ | $C_2H_4 + 2\,O_2$ |
| 10 | 2821 | 2581 |
| 100 | 2790 | 2538 |

[1] LAFFITTE, P.: C. R. Acad. Sci., Paris Bd. 186 (1928) S. 951.

[2] DIXON, H. B.: Phil. Trans. roy. Soc., Lond. A Bd. 184 (1893) S. 97; Bd. 200 (1903) S. 315.

[3] LAFFITTE, P. u. P. DUMANOIS: C. R. Acad. Sci., Paris Bd. 183 (1926) S. 284.

[4] EGERTON, A. u. S. F. GATES: Proc. roy. Soc., Lond. A Bd. 114 (1927) S. 152; Bd. 116 (1927) S. 516.

[5] BONE, W. A., D. M. NEWITT u. D. T. A. TOWNEND: Proc. roy. Soc., Lond. A Bd. 139 (1933) S. 57.

500 at Anfangsdruck noch vollständig ruhiger Verlauf vorlag, während bei 750 at Anfangsdruck von Beginn an heftige Detonation einsetzte, die beträchtliche Schäden an der Apparatur verursachte. Den Einfluß des Druckes auf die Geschwindigkeit der Knallgasdetonation nach Versuchen von DIXON zeigt folgende Tabelle für $2\,H_2 + O_2$:

| | | | | | | |
|---|---|---|---|---|---|---|
| $p$ mm Hg . . . . | 200 | 300 | 500 | 760 | 1100 | 1500 |
| $D$ m/s . . . . . | 2627 | 2705 | 2775 | 2821 | 2856 | 2872 |

Es ist also eine deutliche, wenn auch geringe Zunahme der Detonationsgeschwindigkeit mit dem Druck vorhanden. Theoretisch ist ein direkter Druckeinfluß nicht vorhanden, solange man im Gebiet der Gültigkeit der idealen Gasgesetze bleibt, wohl aber indirekt bei Reaktionen, die unter Änderung der Molzahl verlaufen, bei denen der Druck das Gleichgewicht verschiebt; insbesondere werden die Wasser- und $H_2$-Dissoziationen durch Druck zurückgedrängt (vgl. Kap. VII; dieser Einfluß dürfte vollkommen ausreichen, die von DIXON gefundene Zunahme der Detonationsgeschwindigkeit mit dem Druck zu erklären.

Tabelle 39. Bis zum Einsetzen der Detonation von der Flamme zu durchlaufende Strecke, für verschiedene Anfangsdrucke.

| LAFFITTE und DUMANOIS (25 mm Rohr) $2\,H_2 + O_2$ | | EGERTON und GATES; 15,9 mm Rohr $C_2H_2 + 2{,}5\,O_2 + 4\,N_2$ | |
|---|---|---|---|
| Anfangsdruck at | Abstand cm | Anfangsdruck at | Weg cm |
| 1 | 70 | 1 | 52 |
| 2 | 60 | 2 | 30 |
| 3 | 52 | | |
| 4 | 44 | 3,7 | 22 |
| 5 | 35 | | |
| 6 | 30 | 4,1 | 18 |
| 6,5 | 27 | | |

Dementsprechend ist auch eine geringe Erweiterung der Detonationsgrenzen durch Druck zu erwarten, wie das auch BRETON (zitiert S. 180) experimentell fand. Die Detonationsgrenzen für $H_2$-$O_2$, die bei Normaldruck 15 und 90% betragen, werden durch 8 at Anfangsdruck auf $\sim$14 und 91% erweitert; in anderen Fällen ist der Einfluß ähnlich.

Wie eine Detonationswelle beim Übertreten aus einem engeren in ein weiteres Rohr verlischt, so ist entsprechend auch eine Ausbreitung der Detonationswelle im freien Raum nicht möglich. Versucht man ein in einer größeren Glaskugel eingeschlossenes Gemisch durch Zündung in der Mitte zur Detonation zu bringen, so mißlingt das, wie zu erwarten, auch dann, wenn man zur Zündung eine Detonationswelle benutzt, die in einem Rohr gelaufen war, das in der Mitte der Kugel endigt. Leitet man die Detonation aber nicht durch einfache Zündung oder die Detonationswelle eines gasförmigen Gemisches ein, sondern durch einen hinreichend kräftigen Initialsprengstoff, z. B. Knallquecksilber, so kann man auch in Kugeln Detonationswellen beobachten. LAFFITTE[1] konnte

[1] LAFFITTE, P.: C. R. Acad. Sci., Paris Bd. 177 (1923) S. 178; Bd. 179 (1924) S. 1394.

so z. B. in einer größeren Glaskugel die Detonation von $CS_2 + 3\,O_2$ und $2\,H_2 + O_2$ beobachten; es ist wohl anzunehmen, daß es sich dabei nicht um eine völlig selbständige, stationäre Detonationswelle handelt, sondern daß das Mitwirken der Stoßwelle des Initialsprengstoffes wesentlich ist.

PAYMAN und SHEPHERD[1] haben gezeigt, daß man durch sehr heftige Initialzündung in an sich nicht detonationsfähigen Methan-Luftmischungen eine detonationsähnliche Verbrennung mit Geschwindigkeiten in der Größenordnung derer von Detonationen erhalten kann; diesen Vorgang bezeichnen sie mit Quasidetonation. Es wurden z. B. Geschwindigkeiten von 1900 m/s erreicht, die aber nicht stationär sind wie bei einer wirklichen Detonation.

Eigentümliche Beobachtungen machte WEISSWEILER[2] bei der Bestimmung der Explosionsgrenzen („Zündgrenzen") von Chlor-Wasserstoffgemischen in Bomben. Dabei zeigten sich in der Nähe der unteren Zündgrenze (z. B. bei 7 bis 9% $H_2$ in Chlor) außerordentlich steile, detonationsartige Druckanstiege. Ähnliches wurde dann auch in $H_2$-$O_2$- (bzw. Luft-) Mischungen beobachtet. Eine Erklärung für die Beobachtungen fehlt. Es wird sich — schon aus geometrischen Gründen — hier wohl nicht um eine reguläre Detonationswelle handeln; aber man hat es mit einem außerordentlich schnellen Abreagieren eines Teils des (oder des ganzen) Gemisches zu tun, ganz wie beim Klopfen im Motor (vgl. Kap. XII).

## 6. Detonationsdrucke.

Bei den mechanischen Wirkungen einer Detonations- (oder Stoß-) Welle spielt die Steilheit der Wellenfront und die dadurch bedingte plötzliche und diskontinuierliche Druckwirkung eine besondere Rolle. Die Detonationsdrucke sind etwa von der Größenordnung 20 at, im extremsten Falle (immer Atmosphärendruck als Ausgangszustand betrachtet) vielleicht das Doppelte davon[3]. Wie schon besprochen (S. 166) hat man hier den hydrostatischen Druck in der Welle und den Gesamtimpuls, in dem neben dem stationären Druck auch noch der Impuls der nach vorn strömenden Schwaden mitenthalten ist, zu unterscheiden. In einem seitlich am Rohr angebrachten Manometer würde man den hydrostatischen Druck messen, sofern es überhaupt gelänge in den äußerst kurzen Zeiten Drucke zu messen; mit Hilfe von Piezoquarzen

---

[1] PAYMAN, W. u. W. C. F. SHEPHERD: Proc. roy. Soc., Lond. A Bd. 158 (1937) S. 348. Es sei auf diese Arbeiten auch verwiesen wegen einer Reihe von interessanten Detonationsaufnahmen, auch Schlierenphotographien.

[2] WEISSWEILER, A.: Z. Elektrochem. Bd. 42 (1936) S. 499.

[3] Aus der Abschätzung von LANGWEILER (zitiert S. 170) folgt, daß der Detonationsdruck immer kleiner bleiben muß als das Doppelte des Druckes, der bei einer Explosion in einem geschlossenen Gefäß aufträte.

wäre eine solche Messung heute vielleicht nicht mehr ganz ausgeschlossen. Die früher mehrfach benutzte Methode, durch Verwenden verschieden starker, mit statischem Druck auf die Zerreißfestigkeit geprüfter Glasrohre aus dem Bersten dieser Rohre den Detonationsdruck zu bestimmen, scheint grundsätzlich unzulänglich, da bei der, in der Wellenfront sprunghaft sich ändernden und außerdem nur kurzzeitigen Druckwirkung die Verhältnisse mit denen bei statischem Druck nicht vergleichbar sind.

Der Gesamtimpuls würde auf eine, in den Weg der Detonationswelle senkrecht hineingebrachte Platte wirken. Die entsprechende Methode, aus dem Durchschlagen vorher statisch geeichter, in den Weg der Detonationswelle gebrachter Metallbleche den Druck zu ermitteln, ist wohl weniger Einwendungen ausgesetzt als die des Berstens eines Glasrohres; denn hier ist wenigstens die Beanspruchung über die ganze Fläche die gleiche. Dafür ist aber auch hier die Einwirkung des Druckes sehr kurzseitig, so daß es nicht sicher ist, ob die statische Eichung dafür ganz zuverlässig ist. Immerhin stehen die mit dieser Methode von CAMPBELL, LITTLER und WHITWORTH[1] gemessenen Detonationsdrucke in guter Übereinstimmung mit den theoretisch berechneten.

Tabelle 40. Detonationsdrucke.
(Nach CAMPBELL, LITTLER und WHITWORTH.)

| Mischung | $p$ beobachtet at | $p$ ber. at | |
|---|---|---|---|
| | | JOUGUET | CAMPBELL, LITTLER, WHITWORTH |
| $2H_2 + O_2$ | 20,4 | 17,5 | — |
| $CH_4 + O_2$ | 34,0 | — | 36,3 |
| $CH_4 + 4O_2$ | 26,0 | — | 25,9 |
| $C_2H_4 + 2O_2$ | 41,5 | — | 41,0 |
| $C_2H_4 + 3O_2$ | 34,0 | — | 31,6 |
| $C_2H_2 + O_2$ | 41,5 | 54,5 | — |
| $C_2H_2 + 2,5O_2$ | 34,0 | — | 30,0 |
| $C_2H_2 + 7,5O_2$ | 26,0 | — | 25,8 |

Bemerkenswert ist, daß im Moment der Entstehung der Detonationswelle die Drucke wesentlich höher, bis doppelt so hoch sein können als in der stationären Welle selbst; das ist in Übereinstimmung mit anderen Beobachtungen über die Entstehung der Detonationswelle (vgl. S. 194ff.). Zahlenwerte über die gemessenen Detonationsdrucke bringen wir in der obigen Tabelle 40 nach LAFFITTE; beim Vergleich der gemessenen mit den berechneten Drucken ist zu beachten, daß die von JOUGUET berechneten Drucke wegen Benutzung älterer Daten der spezifischen Wärmen usw. nicht sehr genau sind. Bei der Detonation von Kohlenwasserstoffen wäre es für die Berechnung nötig, zu wissen, welcher Endzustand in der Detonationszone erreicht wird; in Anbetracht dieser Tatsachen wird man überall die Übereinstimmung zwischen berechneten und gemessenen Detonationsdrucken als befriedigend betrachten dürfen.

[1] CAMPBELL, F. C., W. B. LITTLER u. C. WHITWORTH: Proc. roy. Soc., Lond. Bd. 137 (1932) S. 380.

## 7. Einfluß von Zusätzen auf die Entstehung von Detonationen.

Der Natur des Detonationsvorganges gemäß ist er von geringfügigen Verunreinigungen der Versuchsgase usw. im allgemeinen weitgehend unabhängig. Soweit nämlich Gleichgewicht in der Detonationswelle erreicht wird, ist eine merkliche Beeinflussung ihrer Geschwindigkeit nur dann möglich, wenn dieses Gleichgewicht verschoben wird; dazu sind aber in nur sehr kleiner Konzentration anwesende Verunreinigungen nicht imstande. Anders ist die Sachlage, wenn in der Wellenfront kein Gleichgewicht erreicht wird, wie unter Umständen bei $CO$-$O_2$-Detonationen; hier ist es infolgedessen möglich, durch kleine Mengen reaktionsbeschleunigender Zusätze, wie Wasserdampf, die Einstellung des Gleichgewichts und damit die Detonationsgeschwindigkeit erheblich zu beeinflussen (vgl. S. 178). Die Kohlenoxydverbrennung stellt in dieser Hinsicht aber einen Ausnahmefall dar.

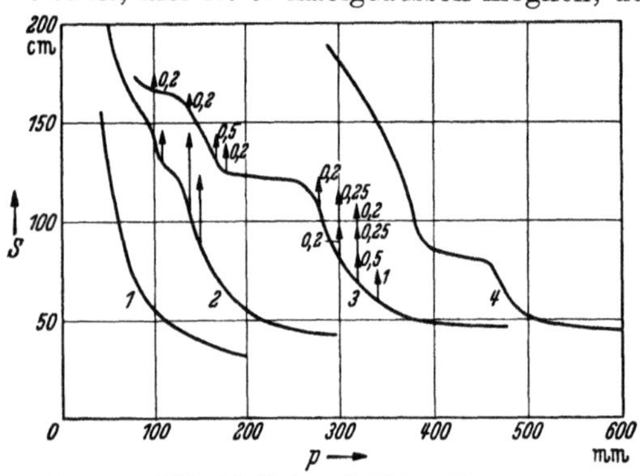


Abb. 122. Abhängigkeit des „Prädetonationsweges" vom Druck für $C_5H_{12} + 8\,O_2$ (1), $C_5H_{12} + 8\,O_2 + 2\,N_2$ (2), $C_5H_{12} + 8\,O_2 + 3\,N_2$ (3), $2\,H_2 + O_2$ (4). Pfeile geben Änderung des Prädetonationsweges durch Zusatz der angeschriebenen % Pb(Aeth.)$_4$ an. (Nach SKTSHOLKIN und SOKOLIK[1].)

Noch anders ist die Sachlage, wenn man nicht die ausgebildete Detonationswelle ins Auge faßt, sondern den Vorgang der Entstehung einer Detonation aus einer anfangs ruhigen Verbrennung. Den Einfluß äußerer Faktoren wie Rohrdurchmesser und Temperatur auf diese „Prädetonationsperiode" (etwa ausgedrückt durch die Länge des von der Flamme zu durchlaufenden Weges) haben wir oben schon kennengelernt (S. 183/184). Von SOKOLIK und SHTSHOLKIN[1] sind systematische Untersuchungen über die Beeinflussung der Entstehung der Detonationswelle ausgeführt worden. Sowohl DIXON[2] wie LAFFITTE und DUMANOIS[3] hatten festgestellt (wie an sich zu erwarten), daß die Detonationsgeschwindigkeit durch Zusatz von Bleitetraäthyl nicht beeinflußt wird; überdies hatten EGERTON und GATES[4] mit Pentangemischen [$C_5H_{12} + 8\,O_2 + 2\,N_2$ und $C_5H_{12} + 8\,O_2 + 6\,N_2$ ($15\,N_2$)] bei Anfangsdrucken von bis zu 5,8 at gefunden, daß Zusatz von Bleitetraäthyl in Konzentrationen bis über 1 Promille den Eintritt der Detonation nicht verzögerten.

---

[1] SOKOLIK, A. u. K. SHTSHOLKIN: Sowjet. Phys. Bd. 4 (1933) S. 195. — SHTSHOLKIN, K. u. A. SOKOLIK: Acta Physicochim. URSS. Bd. 7 (1937) S. 581, 589.

[2] DIXON, H. B.: Trans. Faraday Soc. Bd. 22 (1926) S. 372.

[3] LAFFITTE, P. u. P. DUMANOIS: C. R. Acad. Sci., Paris Bd. 186 (1928) S. 146.

[4] EGERTON, A. u. S. F. GATES: Proc. roy. Soc., Lond. A Bd. 114 (1928) S. 149.

SOKOLIK und SHTSHOLKIN beobachteten nun, daß unter gewissen Bedingungen, bei niederen Drucken (etwa 50 bis 500 mm Hg) die Abhängigkeit des „Prädetonationsweges" (d. h. der Strecke, die die Flamme durchlaufen muß, bis sie in eine Detonation übergeht) vom Druck sehr eigenartig sein kann, und daß unter diesen Bedingungen weiterhin der Prädetonationsweg durch Bleitetraäthyl-Zusatz verlängert werden kann. Zu den Versuchen wurde „Pentan" (nämlich eine von 38 bis 40° C siedende Petrolätherfraktion) genommen in Mischung mit Sauerstoff sowie Sauerstoff + Stickstoff. Die Resultate sind in Abb. 122 dargestellt. Bei Pentan-Sauerstoff (1) erhält man eine glatte Kurve, wie sie auch sonstigen Beobachtungen entspricht. Sowie aber etwas Stickstoff hinzugefügt wird (2), nimmt die Kurve einen mehr stufenförmigen Verlauf an, der bei größeren Stickstoffgehalten (3) noch ausgeprägter wird; eine ähnliche Kurve wird auch bei Knallgas (ohne Stickstoff) (4) beobachtet. Der Verlauf der Kurven zeigt gewisse Ähnlichkeiten mit den Beziehungen, wie sie TOWNEND und Mitarbeiter[1] zwischen Selbstzündungstemperaturen und Drucken für Kohlenwasserstoffe gefunden haben.

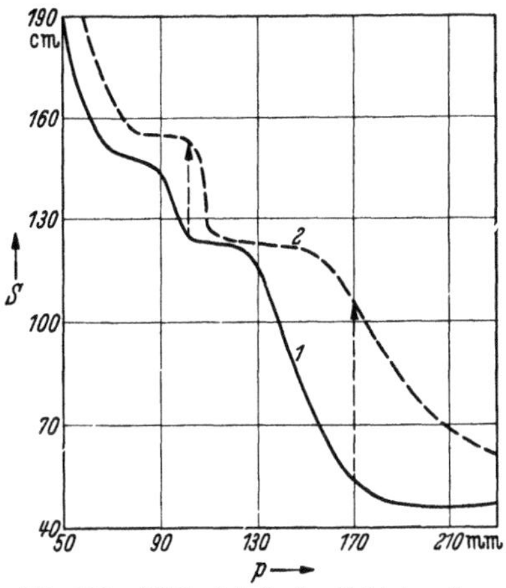

Abb. 123. Abhängigkeit des Prädetonationsweges vom Druck für $C_5H_{12} + 8\,O_2 + 2\,N_2$ (1), sowie für das gleiche Gemisch + 1,2% Pb (Aeth.)$_4$. (Nach SKTSHOLKIN und SOKOLIK.)

In der obigen Abb. 123 ist das gleiche für das Gemisch $C_5H_{12} + 8\,O_2 + 2\,N_2$ nochmals eingetragen, daneben gestrichelt die Kurve, die man erhält, wenn man zu diesem Gemisch 1,2% Pb (Aeth.)$_4$ zusetzt; d. i. ein sehr großer Zusatz verglichen mit den im Motorbetrieb üblichen Mengen. Wie man sieht, können durch diesen Zusatz die Prädetonationswege in manchen Druckgebieten erheblich verlängert werden. Die naheliegendste Deutung für diese Erscheinung ist die, daß in dem durch die beschleunigte Flamme komprimierten Frischgas eine gewisse Mindestreaktionsgeschwindigkeit erreicht sein muß, bis Detonation einsetzt; wird diese Geschwindigkeit durch Pb (Aeth.)$_4$ gehemmt, so wird entsprechend das Eintreten der Detonation erschwert.

SHTSHOLKIN und SOKOLIK haben auch noch Versuche ausgeführt, in denen Pentan-Sauerstoffmischungen bei Drucken von $\sim$ 300 mm auf Temperaturen zwischen 300 und 400° C erhitzt wurden, d. h. in einem

[1] TOWNEND, D. T. A. u. M. R. MANDLEKAR: Proc. roy. Soc., Lond. A Bd. 141 (1933) S. 484 und spätere Arbeiten vgl. Kap. XI, sowie „The Science of Petroleum, Bd. IV (1938) sowie Chem. Rev. Bd. 21 (1937) S. 259.

Gebiet, in welchem kalte Flammen auftreten mit Induktionsperioden von der Größenordnung 1 bis einige s vom Einlassen des Gases an. Die Versuche wurden so ausgeführt, daß zu verschiedenen Zeitpunkten vom Einlassen des Gases in das gleiche Detonationsrohr an das Gemisch mit einem Funken gezündet wurde. Es zeigt sich, daß der Prädetonationsweg (s. o.) erheblich verkürzt wird, wenn die Zündung beim Erscheinen der kalten Flamme oder kurz danach erfolgt. Wird aber erst längere Zeit nach dem Erscheinen der kalten Flamme gezündet, so steigt die Länge des Prädetonationsweges wieder an, evtl. tritt überhaupt keine Zündung auf. Die Ergebnisse für eine Reihe von Versuchen, die sämtlich bei 335° C und 320 mm Druck ausgeführt wurden, sind in Abb. 124 zusammengestellt; aufgetragen ist der Prädetonationsweg als Funktion des Zündzeitpunktes (vom Einlassen des Gemisches an); der schraffierte Streifen in der Abb. 124 entspricht dem Zeitintervall (~0,4 s), in dem die kalten Flammen einsetzen. Es ist natürlich naheliegend, die hier beobachteten Erscheinungen mit dem Klopfvorgang im Motor in Parallele zu setzen (vgl. dazu Kap. XII).

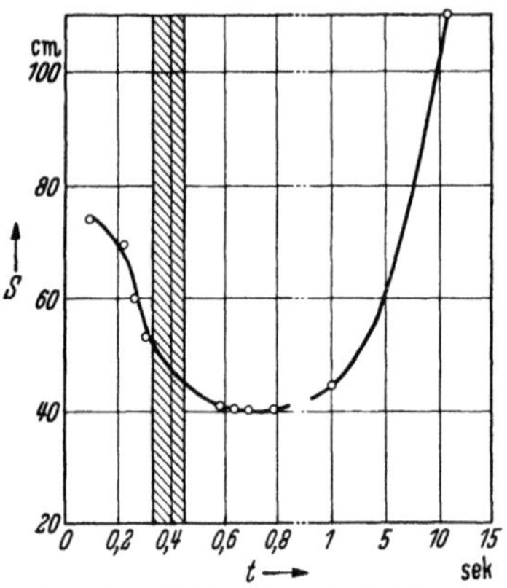


Abb. 124. Abhängigkeit des Prädetonationsweges vom Zündzeitpunkt, für Pentan-Luft, 10% überfettet. (Nach SHTSHOLKIN und SOKOLIK.)

## 8. Die Beziehung zwischen Stoßwelle und Detonation; „Spin" von Detonationen.

Die auffallendste mit der Detonation verbundene Erscheinung, die erst in jüngerer Zeit entdeckt worden ist, ist der sog. „Spin"[1]. Er wurde zuerst von CAMPBELL und WOODHEAD beobachtet. Man versteht darunter folgendes: Bei manchen detonierenden Mischungen, z. B. $2\,CO + O_2$, erkennt man an Aufnahmen, die mit großer Auflösung gemacht sind, eine Welligkeit der Flammenfront und eine damit zusammenhängende Streifung des Flammenbildes (Abb. 125), nach BONE und FRASER[2]. Die nächstliegende Deutung ist die, daß es sich dabei um eine Leuchterscheinung handelt, die mit dem gesamten Gas um die Längsachse des Rohres rotiert, daher auch der Name „Spin". Nun ist aber aus allgemein hydrodynamischen Gründen nicht einzusehen, wie eine derartige Rotation zustande kommen sollte; darüber hinaus ergibt sich

[1] CAMPBELL, C. u. D. W. WOODHEAD: J. chem. Soc. 1926, S. 3010; 1927, S. 1572. — CAMPBELL, C. u. A. FINCH: J. chem. Soc. 1928, S. 2094.

[2] BONE, W. A. u. R. P. FRASER: Phil. Trans. roy. Soc., Lond. A Bd. 230 (1931) S. 371.

auch, daß diese nahezu horizontal verlaufenden Streifen offenbar gar nichts Primäres sind. Eine mit der außerordentlich großen Auflösung der Fraserkamera gewonnene Aufnahme von BONE, FRASER und WHEELER[1], die die Vorgänge bei der Detonation während $^1/_{10000}$ s auf 25 cm Rohrlänge erfaßt, und die besonders eindrucksvoll ist (Abb. 126), läßt nämlich folgendes erkennen: Von der wellenförmigen Front aus gehen einerseits Bahnen nach schräg vorn; diese entsprechen leuchtenden Teilchen, die sich mit einer Geschwindigkeit von ∼780 m/s bewegen; im Winkel von 22° nach hinten gegen diese Spuren geneigt verlaufen Bahnen (vgl. Abb. 127), die einer rückläufigen Geschwindigkeit von ∼ 320 m entsprechen. Es kann sich dabei nur um rückläufige Druckwellen handeln, ähnlich der Retonationswelle, die mit einer nur kleinen Geschwindigkeit laufen, da das Medium, in dem sie sich bewegen, in der entgegengesetzten Richtung strömt. Die Geschwindigkeit von 780 m nach vorn dürfte im wesentlichen die Schwadengeschwindigkeit sein; die Geschwindigkeit von 1100 m (320 + 780) relativ zu den Schwaden ist von der Größenordnung der Schallgeschwindigkeit in den Schwaden.

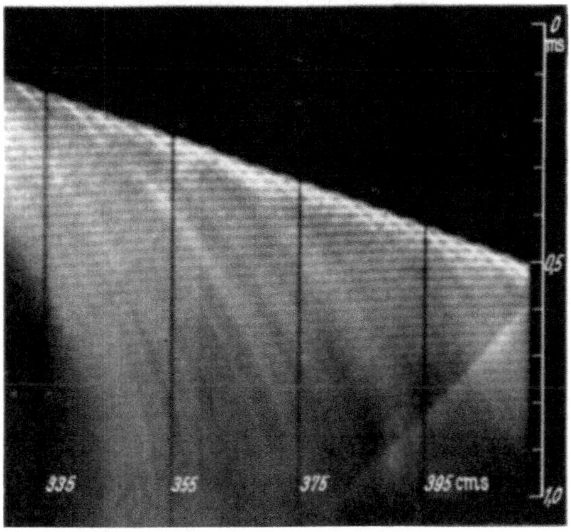

Abb. 125. „Spinnende" Detonation. [Nach BONE u. FRASER: Phil. Trans. roy. Soc. Lond. A Bd. 230 (1931).]

Die „Frequenz" des Spins ergibt sich bei $2\,CO + O_2$-Detonationen in einem Rohr von 3,62 mm Durchmesser zu 148000 bei 25,4 mm Durchmesser zu 23000, also ungefähr umgekehrt proportional dem Rohrdurchmesser. Dabei findet man für die „Ganghöhe" des Spins ungefähr den dreifachen Rohrdurchmesser.

Die letzten Aufnahmen hatten bereits gezeigt, daß die ursprüngliche Annahme einer Rotation der gesamten Gasmasse nicht notwendig aus ihnen folgt. Direkt dagegen sprechen die folgenden Beobachtungen von BONE und FRASER (zitiert S. 190): Bringt man in dem Detonationsrohr von 12 mm Durchmesser in der Längsrichtung einen 1 mm hohen

[1] BONE, W. A., R. P. FRASER u. W. H. WHEELER: Phil. Trans. roy. Soc., Lond. A Bd. 235 (1936) S. 29.

Grat an (Abb. 128), so ändert das nichts an dem Spin. Ferner beobachteten BONE, FRASER und WHEELER (zitiert S. 191), daß der Spin auch erhalten bleibt in Rohren, deren Querschnitt ein gleichseitiges Dreieck, ein Quadrat oder ein Rechteck ist. Eine Schwierigkeit für

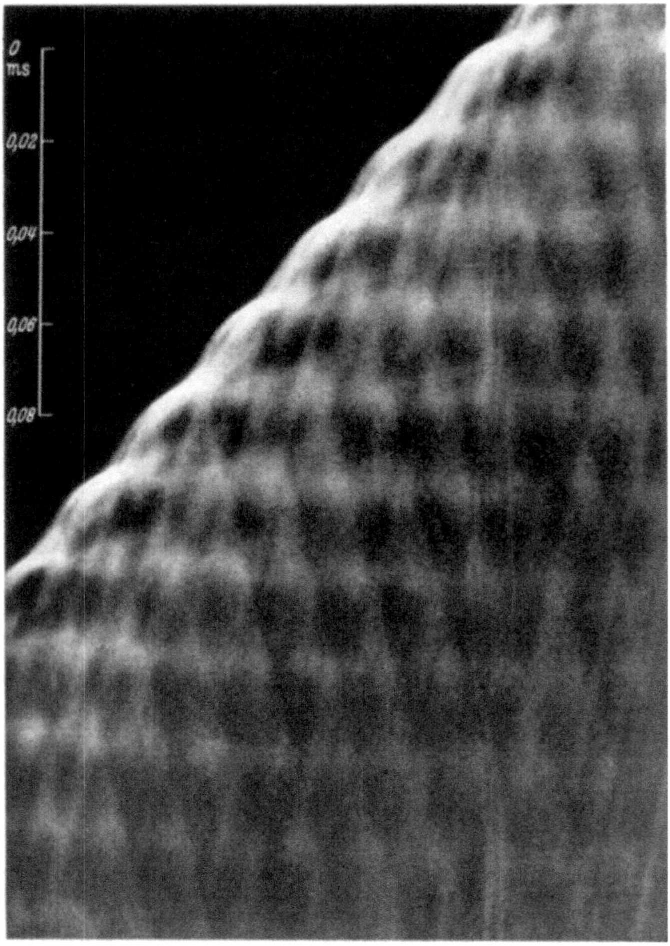


Abb. 126. Aufnahme „spinnender" Detonation. [Nach BONE, FRASER u. WHEELER: Phil. Trans. roy. Soc. Lond. A Bd. 235 (1936).] Die Aufnahme zeigt die Vorgänge auf 25 cm Rohrlänge während $\sim 10^{-4}$ s.

die noch zu besprechende Deutung der Spinerscheinung als rhythmische Folge von Teilexplosionen besteht aber in folgenden Beobachtungen: BONE und FRASER (zitiert S. 190) fanden, daß bei Glasrohren, durch die eine „spinnende" Detonation gelaufen war, spiralige Bruchstücke auftraten. Ferner beobachteten sie[1] (Abb. 129) in einem Glasrohr, durch das die Detonation aus einem Bleirohr kommend gelaufen war, einen grauen Niederschlag, auf dem eine spiralige Spur mit 4 cm Ganghöhe aufgezeichnet war. Ebenso fanden BONE, FRASER und WHEELER, wenn die Detonation durch ein versilbertes Glasrohr gelaufen war, daß dann in diesem auf einer spiraligen Spur das Silber verdampft war.

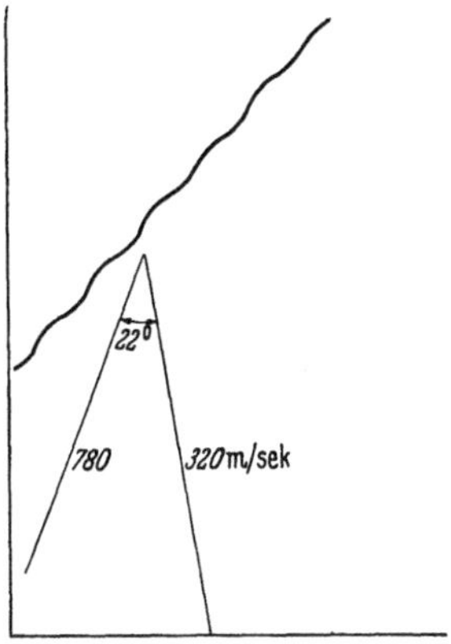

Abb. 127. Schema der Vorgänge von Abb. 126, vgl. Text.

Die Beobachtungen ergeben demnach: Bei der sog. spinnenden Detonation liegt kein Grund vor zu der Annahme, daß das gesamte detonierende Gas um die Rohrachse rotiert, im Gegenteil, diese Annahme kann wohl ausgeschlossen werden; dagegen scheint man gezwungen anzunehmen, daß irgendein mit der Detonation verbundener Vorgang, z. B. die Stelle größter Reaktionsgeschwindigkeit in Wandnähe, sich auf einer schraubenförmigen Bahn fortpflanzt.

Abb. 128.

Ehe wir weiter auf die Deutung der „Spin“-erscheinungen eingehen, müssen wir uns näher befassen mit den Einzelheiten, die über den Mechanismus der spontanen Entstehung der Detonation, sowie der Einleitung der Detonation durch künstlich erzeugte Stoßwellen in den letzten Jahren aufgefunden worden sind. Diese Fragen sind von BONE und FRASER systematisch untersucht worden, wenn auch viele einzelne Beobachtungen schon älter sind. Läßt man eine Stoßwelle auf eine in gleicher Richtung laufende Flamme einwirken, so beobachtet man immer eine Beschleunigung der Flamme. Experimentell läßt sich das so ausführen (Abb. 130), daß das Explosionsrohr *A B*, mit Zündelektroden bei *B* durch einen Hahn gleicher Bohrung mit einem mit Inertgas gefüllten Rohr *CD* verbunden werden kann, in welchem bei *D* entweder durch eine starke Kondensatorenentladung oder durch die Explosion eines festen Sprengstoffes eine Stoßwelle erzeugt werden kann. Einen typischen Versuch zeigt Abb. 131; hier wurde eine Stoßwelle von 760 m/s in einem Abstand

Abb. 129. Glasrohr mit Bleiniederschlag, durch welches eine „spinnende“ Detonation gelaufen ist. [Nach BONE u. FRASER: Phil. Trans. roy. Soc. Lond. A Bd. 228 (1929).]

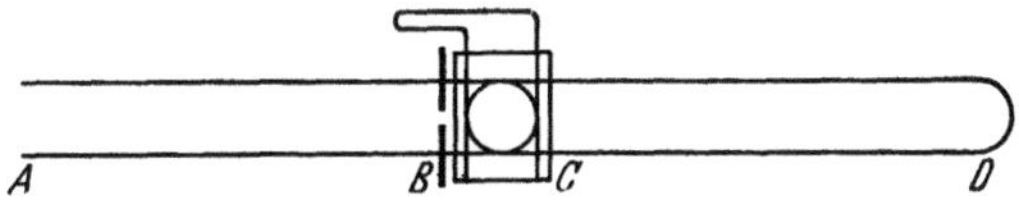

Abb. 130.

[1] BONE, W. A. u. R. P. FRASER: Phil. Trans. roy. Soc., Lond. A Bd. 228 (1929) S. 197.

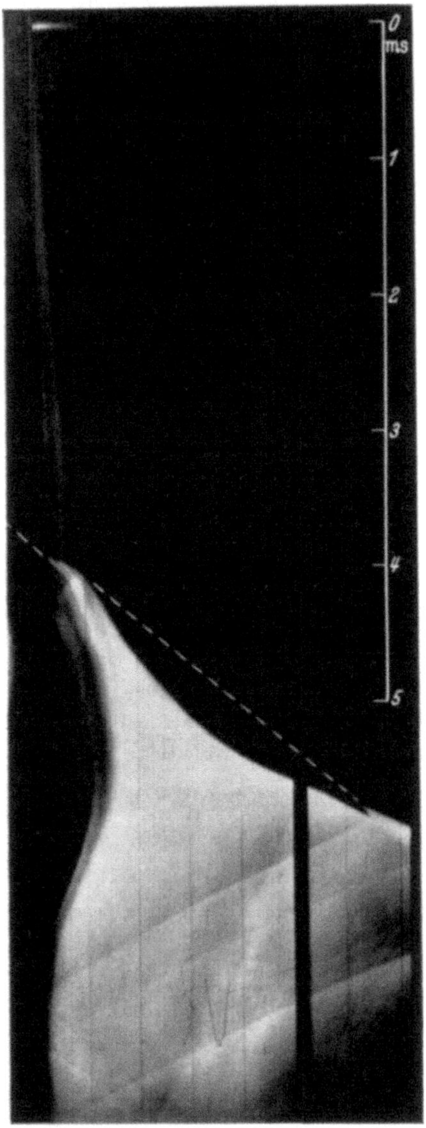


Abb. 131. Wirkung einer von links kommenden Stoßwelle (gestrichelt angedeutet) auf eine Flamme (oben links gezündet). (Nach BONE u. FRASER: Phil Trans. roy. Soc. Lond. Bd. 230.)

von 2,50 m hinter der zunächst normal mit einer Geschwindigkeit von 38,6 m/s verlaufenden Flamme erzeugt. Nach $\sim 3{,}3 \cdot 10^{-3}$ s wurde die Flamme von der Stoßwelle überholt, wobei ihre Geschwindigkeit plötzlich auf 308 m/s beschleunigt wurde. Die Stoßwelle (die auf diesen Aufnahmen naturgemäß nicht zu sehen ist, deren vermutlicher Verlauf aber gestrichelt eingezeichnet wurde) läuft nun vor der spontan beschleunigten Flamme her und diese sucht jene einzuholen; noch ehe sie ganz eingeholt ist, setzt 4,25 cm *vor* der Flammenfront Selbstzündung durch Stoßwelle ein, es entsteht Detonation mit gleichzeitiger rückläufiger „Retonationswelle". Diese Erscheinung wird in ähnlichen Experimenten immer wieder beobachtet.

Dasselbe Phänomen — Einsetzen der Detonation *vor* der Flammenfront — beobachtet man aber auch noch, wenn die Detonation spontan ohne Mitwirkung einer unabhängig erzeugten Stoßwelle erfolgt. Das ist an sich nicht verwunderlich, denn jede beschleunigt brennende Flamme (und wenn eine Flamme nicht beschleunigt brennt, wird sie nicht in eine Detonation übergehen) muß vor sich eine Stoßwelle erzeugen, die dann dieselben Wirkungen haben kann, wie eine künstlich hergestellte Stoßwelle. Auch dies ist schon auf älteren Aufnahmen zu erkennen (CAMPBELL und WOODHEAD, zitiert S. 190); schon bei DIXON[1] finden sich Aufnahmen,

[1] DIXON: Phil. Trans. roy. Soc., Lond. Bd. 200 (1903) S. 315.

die wohl nur so zu verstehen sind. DIXON hat auch selbst schon den Gedanken diskutiert, ob es sich in solchen Fällen darum handelt, daß die Explosion ihre eigene Schallwelle einholt.

Abb. 132. Vorgänge bei der Entstehung einer Detonation (die Flamme kommt von rechts oben). (Nach BONE, FRASER und WHEELER: Zitiert S. 191.)

Eine besonders schöne Aufnahme, die diese Vorgänge deutlich hervortreten läßt, und bei der auch eine Analyse der Einzelvorgänge möglich ist, reproduzieren wir in Abb. 132, nach einer Aufnahme von BONE, FRASER und WHEELER; schematisch ist das gleiche nochmals in Abb. 133 wiedergegeben, wobei die Geschwindigkeiten der einzelnen Vorgänge mit eingetragen sind. In diesem Falle hat die Zündung in einem Abstand von 6,37 cm vor der Wellenfront eingesetzt. Von der Stelle der Zündung aus pflanzt sich die Verbrennung nach beiden Seiten hin fort; nach vorn mit einer Geschwindigkeit von zunächst 3260 m/s, die am Ende des Bildes auf 1980 abgefallen ist, während sie in weiterem Abstand den feuchtem $2\,CO + O_2$ (auf das sich diese wie die übrigen Aufnahmen in diesem Abschnitt beziehen) entsprechenden Wert von 1760 m/s annimmt. Dies ist eine allgemeine Beobachtung, die bei den meisten Detonationsaufnahmen wiederzuerkennen ist: daß nämlich die Geschwindigkeit im Moment des Entstehens unter Umständen erheblich größer sein kann als in der ausgebildeten, stationären Detonationswelle. Damit zusammen hängt offenbar die früher schon erwähnte Tatsache, daß auch die Drucke in der Detonationswelle im Augenblick des Entstehens höher sind als im stationären Zustand (vgl. S. 187). Die in den obigen Abb. 132 und 133 von der Zündstelle aus „rückwärts", d. h. nach der ursprünglichen Flammenfront hin fortschreitende Verbrennung hat

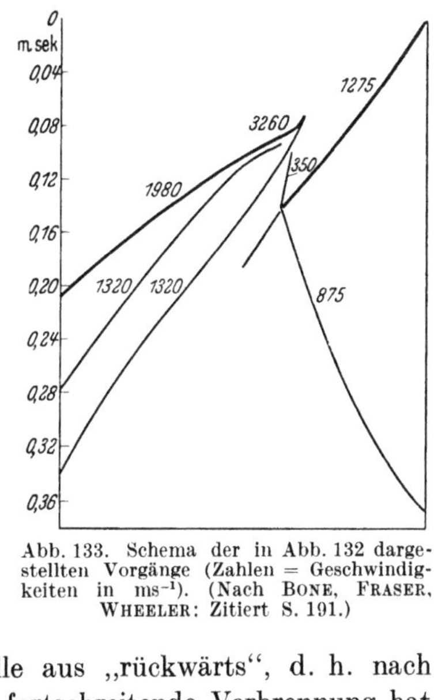


Abb. 133. Schema der in Abb. 132 dargestellten Vorgänge (Zahlen = Geschwindigkeiten in $ms^{-1}$). (Nach BONE, FRASER, WHEELER: Zitiert S. 191.)

infolge der Strömung in der Stoßwelle immer noch eine resultierende Vorwärtsgeschwindigkeit von $\sim 350$ m/s; nach dem Auftreffen auf die ursprüngliche Flammenfront geht von dort mit der Geschwindigkeit von 875 m/s eine rückläufige Welle aus, die wohl mit der Retonationswelle identisch ist.

Der Spin in der Wellenfront ist auch erst voll ausgebildet, nachdem die Geschwindigkeit auf die der stationären Detonation abgeklungen ist. Zur weiteren Klärung der Vorgänge haben BONE, FRASER und

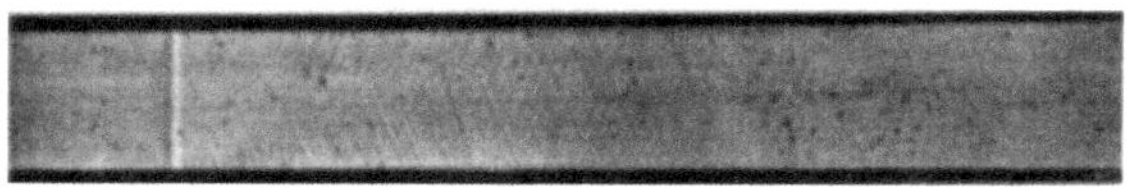

Abb. 134. Schlierenaufnahme einer Stoßwelle. (Von BONE, FRASER, WHEELER: Zitiert S. 191.)

WHEELER Schattenaufnahmen gemacht, die die Stoßwelle für sich, kurz ehe sie von der Flamme eingeholt wird, und die gestörte von der

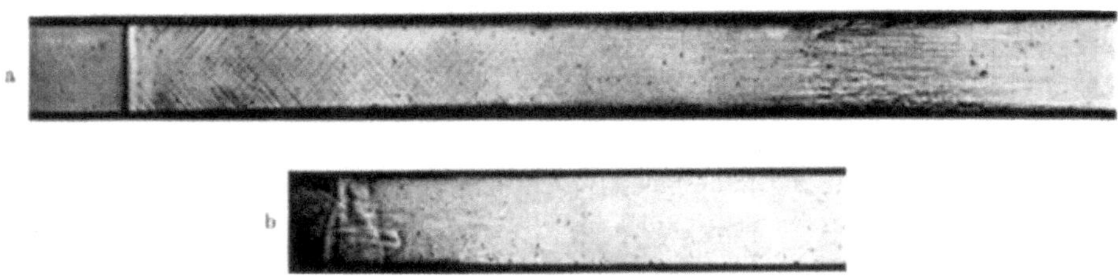

Abb. 135. a) Stoßwelle, rechts davon Flammenfront. b) Stoßwelle und Flammenfront in unmittelbarer Nachbarschaft, mit gegenseitiger Störung. (Nach BONE, FRASER, WHEELER: Zitiert S. 191.)

Flamme eingeholte Wellenfront erkennen lassen (Abb. 134 u. 135). Auf Grund der verschiedenen Versuche geben sie folgende schematische Darstellung von der Entstehung der Detonation (Abb. 136). Von oben nach unten sind in Abb. 136 die verschiedenen aufeinanderfolgenden Stadien dargestellt. *BB* ist die Stoßwelle, *A* die ihr mit einer Geschwindigkeit von 1275 m/s folgende Flamme; bei Nr. 4 hat die Zündung in der Stoßwelle eingesetzt; die folgenden Stadien sind nicht ganz einwandfrei zu deuten, jedenfalls bildet sich allmählich die reguläre Front mit Koppelung von Stoßwelle und Brennzone aus. Dabei nehmen BONE, FRASER und WHEELER an, daß die Brennzone nach vorn in eine Spitze ausliefe, deren Wandern auf der Peripherie den Spin darstellt. Die auf das Vorliegen einzelner Teilexplosionen hinweisenden vorwärts und rückwärts gerichteten Bewegungen, die mit jeder „Welle" des Spins verbunden sind (Abb. 126 u. 127), deuten die Autoren folgendermaßen: Beim Rotieren der Spitze der Brennzone bleibt bei jedem halben Umlauf aus geometrischen Gründen eine Tasche unverbrannten Gases zurück, die dann plötzlich abbrennt. Diese Deutung für den Spin scheint nicht im einzelnen durch die Experimente bewiesen; sie hat aber für sich, daß sie alle Erscheinungen umfaßt.

Demgegenüber erklärt die Deutung, die BECKER[1] versuchsweise für den Spin vorgeschlagen hat, nicht die spiraligen, an der Rohrwand beobachteten Bahnen, ordnet sich dafür aber im übrigen vollkommen in die gesicherten experimentellen und theoretischen Befunde ein. Wie als extremes Beispiel in der obigen Abb. 132 die Zündung der Detonation weit vor der Flammenfront erfolgt ist, so kann, weniger ausgeprägt,

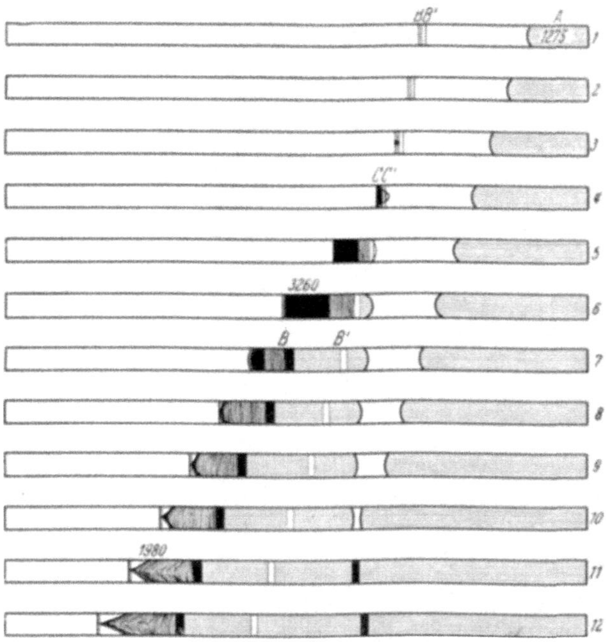


Abb. 136. Schema der Entstehung einer Detonation. (Nach BONE, FRASER, WHEELER: Zitiert S. 191, vgl. Text.) Zahlenwerte = Geschwindigkeiten in m s$^{-1}$.

in der normal ausgebildeten Detonationswelle die Verbrennung rhythmisch verlöschen und durch die auch ohne Verbrennung weiterlaufende Stoßwelle wieder gezündet werden usw. D. h. also, während wir bei der theoretischen Behandlung der Detonation als idealen Fall eine feste Koppelung von Stoßwelle und Brennzone angenommen hatten, wird beiden hier, auch in der vollentwickelten Detonation, noch eine gewisse Selbständigkeit zuerkannt; Stoßwelle und Brennzone können auseinanderlaufen und sich wieder vereinigen. Für diesen Vorgang lassen sich nun eine ganze Anzahl unmittelbarer experimenteller Belege anführen. Zunächst ist es durch ein geeignetes äußeres Feld möglich, die Detonation zum Erlöschen zu bringen, wobei dann die Stoßwelle

[1] BECKER, R.: Z. Elektrochem. Bd. 42 (1936) S. 457.

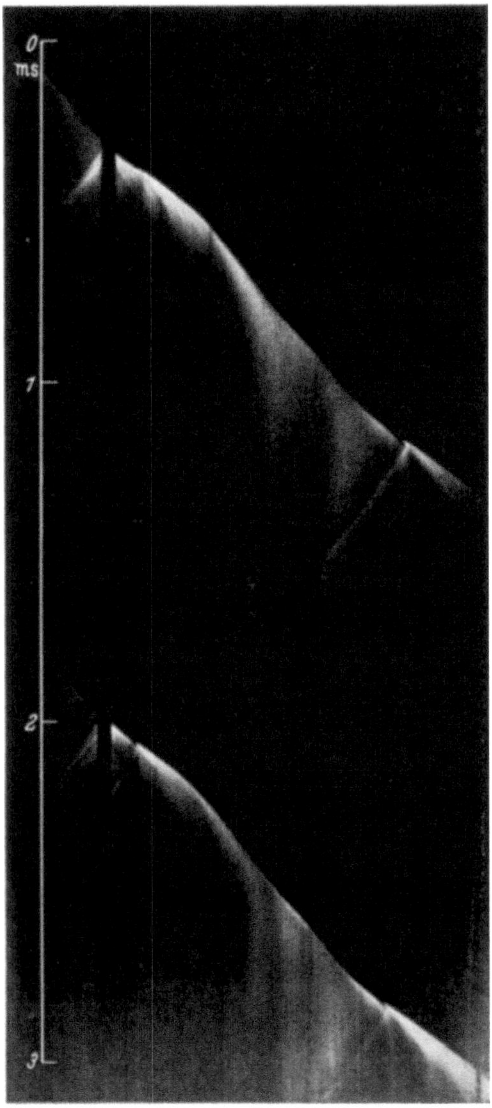


Abb. 137. Aufnahme der Detonation von $2\,CO + O_2$ in einem Rohr von 3,62 mm Durchmesser. (Nach BONE, FRASER, WHEELER: Zitiert S. 191.) Der untere Teil der Abbildung stellt die Fortsetzung des im oberen erfaßten Vorganges dar.

zunächst für sich weiterläuft und eine Flamme ihr folgt. Ein longitudinales elektrisches Feld z. B., daß so gerichtet war, daß die Flamme von negativ nach positiv lief, bewirkte bei einer Stärke von 5000 V/cm eine Verlangsamung der Flamme bis um maximal 800 m/s.

Gewissermaßen in vergrößertem Maßstab zeigt sich der Vorgang, den BECKER für den Spin verantwortlich macht, in einem Versuch von BONE, FRASER und WHEELER (zitiert S. 191), bei welchem sie ein feuchtes Gemisch $2\,CO + O_2$ in einem Rohr von nur $\sim$ 3,62 mm Durchmesser detonieren ließen; das ist sehr nahe bei dem unteren Grenzdurchmesser, bis zu dem eine Detonation sich überhaupt noch fortpflanzt. In Abb. 137 ist eine Aufnahme davon wiedergegeben. Man hat zunächst eine Flammengeschwindigkeit von 1225 bis 1230 m/s; dann setzt vor der Flammenfront Detonation ein mit einer anfänglichen Geschwindigkeit von 1840 bis 1860 m/s, die zunächst auf 1760 m/s abnimmt; darauf verlangsamt sich die Flamme rasch auf 1155 bis 1160 m/s. Währenddem läuft offenbar die Stoßwelle vor der Flamme mit ebenfalls abnehmender Geschwindigkeit her; in etwa 80 cm Abstand von der ersten Detonation ist die Stoßwelle soweit verlangsamt, daß sie von der Flamme eingeholt wird, wobei wieder *vor* der Flammenfront eine neue Detonation einsetzt usw. Hier ist also zweifellos genau der Vorgang verwirklicht, den BECKER für den Spin vorschlägt, nur daß in dem engen Rohr die ganze Erscheinung zeitlich sehr langsam abläuft.

Wäre die Deutung von BONE und FRASER für den Spin richtig, dann sollte man bei allen Gasgemischen, die detonieren, den Spin in ähnlicher Weise sehen. In Wirklichkeit zeigt ihn aber am ausgeprägtesten das Kohlenoxyd (in allen detonierenden Mischungen mit $O_2$), ferner manche Methan-, Äthan-, Äthylen-, $CS_2$- und $C_2N_2$-Sauerstoffgemische, dagegen nicht (wenigstens nicht bei der bisher erreichten photographischen Auflösung), $H_2$-$O_2$-Gemische, dagegen zeigen $H_2$-Luftgemische in der Nähe der Detonationsgrenzen Spin[1]. Daß gerade die schwerer detonierenden Gemische (wie $2\,CO + O_2$) sowie Gemische in der Nähe der Detonationsgrenzen den Spin besonders gut zeigen, läßt es nicht ausgeschlossen erscheinen, daß eine nicht ausreichend schnelle Reaktionsgeschwindigkeit und damit möglich gewordene Trennung von Stoßwelle und Verbrennung tatsächlich die Ursache des Spins sind (vgl. hierzu S. 204).

## 9. Nachträge zur Theorie der Detonationsvorgänge.

Die oben für die Stoßwellen gewonnenen Beziehungen [Gl. (10), (11)] stellen bereits die Ausdrücke dar, die eine strenge Anwendung der Hydrodynamik liefern würde[2]. Die einfache formale Theorie liefert die Stoßwelle als eine Unstetigkeitsfläche, in der Frischgas und Schwaden aneinander grenzen. Die Vorstellung der Wellenfront als einer Unstetigkeitsfläche ist natürlich nur eine mathematische Abstraktion; führt man den Einfluß von Wärmeleitung und innerer Reibung ein, so erhält man statt dessen einen kontinuierlichen Übergang, der allerdings unter Umständen auf einer sehr kurzen Strecke erfolgen kann. BECKER (zitiert S. 161) hat Berechnungen unter Berücksichtigung von Wärmeleitung und Viskosität durchgeführt und dadurch Beziehungen für die Frontbreite der Stoßwelle erhalten. Bei der Detonation wäre normalerweise auch noch die Diffusion mit zu berücksichtigen, ebenso wie bei gewöhnlichen Flammen, da die Reaktion, selbst in der Detonationswelle, durch die Diffusion freier Atome und Radikale gefördert werden kann (vgl. z. B. die von LEWIS berechneten stationären Konzentrationen von H und OH in der Knallgasdetonation). Es ist immerhin von Interesse, die Größenordnung zu kennen, die sich für die Frontbreite von Knallwellen ergibt; für Luft von Atmosphärendruck und 0° C berechnet BECKER z. B. folgende Frontbreiten für verschiedene Stoßdrucke $p_2$:

[1] Vgl. R. P. FRASER: Science of Petroleum, zitiert S. 161.

[2] Für die eingehende theoretische Behandlung der Entstehung eines Verdichtungsstoßes vgl. R. BECKER: Z. Phys. Bd. 8 (1922) S. 321; s. a. E. BOLLÈ: Handbuch der physikalischen und technischen Mechanik, Bd. VI (1927), zitiert S. 161.

| | | | | | | | |
|---|---|---|---|---|---|---|---|
| $p_2 =$ (at). . . . . . . . | 2 | 5 | 10 | 100 | 1000 | 2000 | 3000 |
| Frontbreite $l \times 10^7$ cm . . | 447 | 117 | 66 | 16,5 | 5,2 | 3,6 | 2,9 |

Für die Drucke, wie sie in Detonationswellen in Frage kommen, ist demnach die Frontbreite von der Größenordnung der freien Weglänge; allerdings dürfen die für eine Knallwelle berechneten Werte nicht ohne weiteres auf die etwas anderen Verhältnisse in der Detonationswelle übertragen werden.

Eingehender befassen müssen wir uns noch mit der Frage nach der Stabilität der Detonationswelle. Wir müssen Klarheit darüber gewinnen, ob der Punkt $I$ auf der HUGONIOT-Kurve (Abb. 116) wirklich einen ausgezeichneten Zustand stationärer Detonation darstellt. Wir hatten uns schon überlegt (S. 169), daß die Detonationsgeschwindigkeit bzw. die Schwadengeschwindigkeit gegeben sind durch:

$$D = v_1 \sqrt{\frac{p_2 - p_1}{v_1 - v_2}} = v_1 \sqrt{\operatorname{tg} \alpha}$$

$$W = (v_1 - v_2) \sqrt{\frac{p_2 - p_1}{v_1 - v_2}} = (v_1 - v_2) \sqrt{\operatorname{tg} \alpha}\,.$$

Wir hatten weiter gesehen, daß dem Zweig $GF$ der HUGONIOT-Kurve keine reale Bedeutung zukommt, und daß der Zweig $FK$ der gewöhnlichen Verbrennung entsprechen muß. Für die Detonation sind aber zunächst noch sämtliche Geschwindigkeiten möglich, die Endzuständen auf dem Ast $GDIB$ entsprechen; dem Punkte $G$ würde eine unendliche große Detonationsgeschwindigkeit zukommen, entsprechend einer momentanen Verbrennung des gesamten Gases bei konstantem Volumen. Aus Gründen der Kinetik ist etwas Derartiges unmöglich; man wird jedenfalls von vornherein erwarten, daß Punkte in der Nachbarschaft von $G$ als Endzustand nicht in Frage kommen. Der Punkt $I$ ist insofern ausgezeichnet, als er die kleinstmögliche Detonationsgeschwindigkeit liefert, zu der außerdem nur ein einziger Endzustand der Gase gehört; denn für alle anderen Geschwindigkeiten gibt es zwei verschiedene mögliche Zustände; z. B. gehören (Abb. 116) zu den Punkten $D$ und $B$ die gleichen Detonationsgeschwindigkeiten.

Es läßt sich nun zeigen, daß im Punkte $I$ die Entropie ein Minimum hat, während sie in dem uns nicht weiter interessierenden unteren Berührungspunkte $K$ auf dem Verbrennungszweig ein Maximum erreicht. Daß die Entropie im Punkte $I$ ein Extremum annimmt, macht man sich nach BECKER am einfachsten folgendermaßen klar. Bezeichnen wir die zu $B$ als Endzustand gehörige innere Energie mit $E_2$, entsprechend die zu $D$ gehörige mit $E'_2$, während zum Ausgangszustand $A$ die Energie $E_1$ gehört, so gilt ja die HUGONIOT-Gleichung:

$$E_2 - E_1 = \tfrac{1}{2}\,(p_1 + p_2)\,(v_1 - v_2)$$

$$E'_2 - E_1 = \tfrac{1}{2}\,(p_1 + p'_2)\,(v_1 - v'_2)\,.$$

Wie aus Abb. 116 zu erkennen, bedeuten aber die rechten Seiten die Flächen der Trapeze $ABB'A'$ und $ADD'A'$; es gilt daher auch: $E_2 - E'_2 =$ Fläche des Trapezes

$DBB'D' = \frac{1}{2}(p_2 + p_2')(v_2' - v_2)$. Nun gilt für das in Richtung der Geraden $DB$ genommene Integral:

$$\uparrow \int_D^B T\,dS = \int_D^B dE + \uparrow \int_D^B p\,dv = E_2 - E_2' - \text{Fläche } DBB'D';$$

folglich ist:

$$\uparrow \int_D^B T\,dS = 0. \tag{18}$$

Läßt man $D$ und $B$ unendlich nahe zusammenrücken, so geht dies über in

$$dS = 0,$$

d. h. dies gilt für die von $A$ an die Kurve gezogene Tangente. In $I$ wird die Hugoniot-Kurve daher auch von den Kurven $S =$ konstant, d. h. den Adiabaten berührt. (18) kann offenbar nur erfüllt sein, wenn $T\,dS$ beim Fortschreiten von $D$ nach $B$ sein Vorzeichen ändert. Das bedeutet: In einem zwischen $D$ und $B$ liegenden Punkte wird die durch diesen Punkt gehende Adiabate von der Geraden $DB$ berührt. Denkt man sich die Kurven $S =$ const, die Adiabaten, eingezeichnet, so müssen diese in $B$ (oberhalb $I$) steiler verlaufen als die Gerade $DB$, während sie in $D$ (unterhalb $I$) flacher verlaufen als diese Gerade. Bezeichnet man die Steilheit der Adiabaten mit $\varphi$:

$$\varphi = -\left(\frac{d p_2}{d v_2}\right)_{\text{ad}},$$

während die Steilheit der Geraden gegeben ist durch

$$\operatorname{tg} a = \frac{p_2 - p_1}{v_1 - v_2},$$

so gilt jedenfalls: Oberhalb $I$ ist $\varphi > \operatorname{tg} a$, unterhalb $I$ ist $\varphi < \operatorname{tg} \alpha$.

Nun ist die Schallgeschwindigkeit in den Schwaden[1]

$$\lambda = v_2 \sqrt{-\left(\frac{d p_2}{d v_2}\right)_{\text{ad}}} = v_2 \sqrt{\varphi}\,.$$

Eine in den Schwaden auftretende, mit Schallgeschwindigkeit fortschreitende Verdünnungswelle kann aber die Detonation einholen und diese schwächen, falls: Schallgeschwindigkeit in Schwaden + Schwadengeschwindigkeit > Detonationsgeschwindigkeit, oder falls:

$$v_2 \sqrt{\varphi} + (v_1 - v_2) \sqrt{\operatorname{tg} \alpha} > v_1 \sqrt{\operatorname{tg} \alpha}\,.$$

Solange diese Ungleichung erfüllt ist, würde demnach die Detonation instabil sein. Da nun oberhalb $I$ $\varphi > \operatorname{tg} \alpha$, so folgt daraus, daß auch oberhalb $I$ die Detonationswelle mechanisch instabil ist; im Punkte $I$ wird $\varphi = \operatorname{tg} \alpha$; dort ist also gerade, wie wir früher, S. 168, schon erwähnt hatten, die Detonationsgeschwindigkeit gleich der Summe von Schwadengeschwindigkeit + Schallgeschwindigkeit in den Schwaden. Nehmen wir daher an, die Detonation sei eingeleitet worden mit einer Geschwindigkeit,

---

[1] Übrigens gewinnt man den Wert für die Schallgeschwindigkeit $\lambda$ (Welle mit verschwindender Amplitude) leicht aus dem obigen Ausdruck für $D$ für den Grenzfall $(p_2 - p_1) \to 0$:

$$\lim_{(p_2 - p_1) \to 0} D = v \sqrt{-\frac{dp}{dv}} = \lambda.$$

wie sie dem Übergang in den Punkt $B$ entspricht; dann wird die Detonationswelle zunächst von der ihr folgenden Verdünnungswelle geschwächt werden und ihre Geschwindigkeit wird absinken, bis sie dem Punkte $I$ entspricht, wo die Verdünnungswelle die Detonationswelle nicht mehr einholen und sie darum auch nicht weiter schwächen kann. Tatsächlich liegt bei der Entstehung der Detonation deren Geschwindigkeit auch vielfach über der stationären Geschwindigkeit, um bald auf diesen Wert abzusinken.

Damit ist jedenfalls gezeigt, daß Detonationen, die Punkten oberhalb $I$ entsprechen, instabil sind, und daß gegenüber diesem Ast der HUGONIOT-Kurve der Punkt $I$ der stabilen Detonationsgeschwindigkeit entspricht. Daß der Ast $I\,G$ in der Nähe von $G$ keinen realen Vorgängen entsprechen kann, hatten wir schon gesehen; es bleibt jetzt noch zu zeigen, daß auch die übrigen Punkte unterhalb $I$ für eine stabile Detonation nicht in Frage kommen.

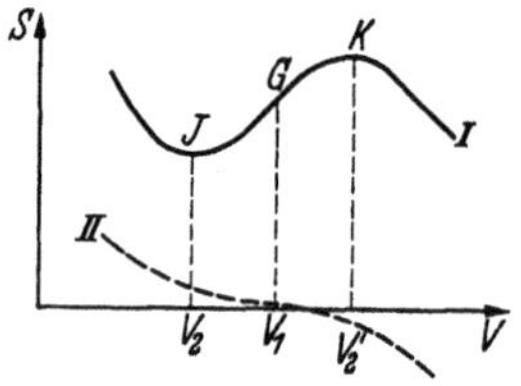

Abb. 138. Nach R. BECKER: Zitiert S. 161, vgl. Text. Die Punkte $I$, $G$, $K$ entsprechen den gleichen Punkten in Abb. 116; die Bezeichnung der Volumina ist eine andere als in Abb. 116.

Wir hatten gesehen, daß für die Zustände $D$ und $B$ gilt:

$$E_2 - E_2' = {}^1/_2\,(p_2 + p_2')\,(v_2' - v_2)\,.$$

D. h. zwischen den beiden Zuständen besteht die gleiche Beziehung wie zwischen Ausgangs- und Endzustand bei einem gewöhnlichen Verdichtungsstoß. Demnach muß auch dem Punkt $B$ eine größere Entropie zukommen als $D$. Wenn man daher annimmt, daß die Schwaden im Moment ihrer Entstehung in den Zustand größter Wahrscheinlichkeit übergehen, so würde also gegebenenfalls nicht der Punkt $D$, sondern statt dessen der Punkt $B$ erreicht werden. Da aber eine dem Punkt $B$ entsprechende Detonation mechanisch instabil ist, so würde alsbald der Übergang in den Punkt $I$ erfolgen, wie es den Beobachtungen entspricht.

Daß die Entropie in $I$ ein Extremum hat ($d\,S = 0$), hatten wir gesehen; daß sie tatsächlich ein Minimum annimmt, also $\left(\frac{d^2 S}{d\,v^2}\right)_{\mathrm{H}} > 0$ ist, ist z. B. bei BECKER (zitiert S. 161) bewiesen. Wir fügen zur Veranschaulichung eine Darstellung für die Entropieänderung als Funktion von $v$ entlang der HUGONIOT-Kurve bei, die von BECKER stammt (Abb. 138). Darunter ist die entsprechende Kurve für einen gewöhnlichen Verdichtungsstoß dargestellt; an Stelle von Maximum und Minimum tritt lediglich ein Wendepunkt mit horizontaler Tangente an der $S$-Kurve auf; die Punkte $I$, $G$, $K$, $v_2$ und $v'_2$ fallen dabei sämtlich in den Punkt $v_1$ zusammen.

Die obige Bedingung des Berührens von HUGONIOT-Kurve und Adiabate im Punkte $I$ gibt die (bereits S. 168 eingeführte) zusätzliche Gleichung zur Berechnung der Detonationsgeschwindigkeit:

$$\frac{p_2 - p_1}{v_1 - v_2} = -\left(\frac{d\,p_2}{d\,v_2}\right)_{\mathrm{ad}}\,.$$

Vielleicht ist es nützlich, auf einen Einwurf, der evtl. gemacht werden könnte einzugehen: Folgt der Detonationswelle wirklich eine Verdünnungswelle und ist die Bedingung mechanischer Instabilität oberhalb $I$ überhaupt heranzuziehen? Diesem Einwand gegenüber ist zu sagen, daß sich eine Verdünnungswelle unter den üblichen Bedingungen einer Detonation immer in einigem Abstand hinter der Wellenfront ausbilden muß, auch wenn man die Wirkung der Abkühlung vernachlässigt. Denn wir hatten ja schon oben (S. 170) gesehen, daß in den Schwaden nach hinten der Druck abfallen wird und demgemäß die ursprüngliche, nach vorn gerichtete Bewegung der Schwaden zunächst verlangsamt werden und sich dann umkehren muß. Das läßt sich unmittelbar durch Detonationsaufnahmen belegen (Abb. 139). Die Aufnahme einer spinnenden Detonation nach BONE und FRASER läßt die nach vorn gerichteten Bahnen der Schwaden erkennen; diese verlaufen aber immer nur anfangs geradlinig, biegen dann um, entsprechend einer Verlangsamung bis fast zum Stillstand; dann ist die Spur nicht mehr weiter zu verfolgen, weil die Leuchtkraft nicht mehr ausreicht. In DIXONs Arbeiten finden sich Aufnahmen, die die Spuren noch wesentlich weiter verfolgen lassen, wobei sich dann eine völlige Umkehr der ursprünglichen Strömungsgeschwindigkeit der Schwaden zu erkennen gibt. In der beistehenden Abb. 140 ist dies schematisch dargestellt. Es kann daher keinerlei Zweifel bestehen, daß die Bedingungen für die Entstehung einer Verdünnungswelle hinter der Wellenfront immer gegeben sind, soweit auch der oben eingeschlagene Weg, die Stabilitätsbedingungen zu erhalten, gerechtfertigt ist.

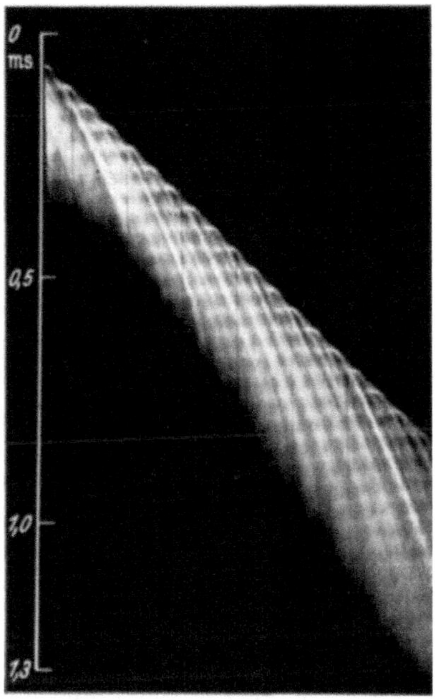


Abb. 139. Detonationsaufnahme. (Nach BONE u. FRASER: Phil. Trans. roy. Soc. Lond. Bd. 230), die das Umbiegen der (nach rechts unten gerichteten) Bahnen der Schwaden erkennen läßt.

Es ist sinnvoll, sich zu überlegen, wie der Reaktionsablauf in der Front der Detonationswelle erfolgt[1], und wie groß die Geschwindigkeit der chemischen Reaktion sein muß.

[1] Vgl. hierzu B. LEWIS: J. Amer. chem. Soc. Bd. 52 (1930) S. 3120, der allerdings von einer inzwischen wohl aufgegebenen Fragestellung ausging, sowie W. JOST: Z. Elektrochem. Bd. 41 (1935) S. 191; für feste Sprengstoffe vgl. A. SCHMIDT: Z. ges. Schieß- u. Sprengstoffw. 1935—1938.

Zunächst ist es fast selbstverständlich, anzunehmen, daß die Geschwindigkeit der chemischen Umsetzung mit der des Fortschreitens der Wellenfront Schritt halten müsse: dabei wird man weiter vermuten, daß die „Dicke" der Wellenfront von der Größenordnung einer freien Weglänge sein müsse[1]. Es ist nur in diesem Falle einfach zu verstehen, daß die bei der Umsetzung frei werdende Energie durch Stöße auf die Wellenfront übertragen und so für die Aufrechterhaltung der Stoßwelle nutzbar gemacht wird.

Hier tritt aber eine eigentümliche Schwierigkeit auf. Die Detonationsgeschwindigkeit ist ungefähr ebenso groß wie die Geschwindigkeit der thermischen Bewegung in den Schwaden. Es müßte also, soll die Reaktion mit dem Fortschreiten der Wellenfront Schritt halten, Reaktion fast bei jedem Zusammenstoß der Molekeln, zumindest in einem recht großen Bruchteil der Zusammenstöße erfolgen. Nun wird zwar die Reaktion in der Wellenfront dadurch begünstigt, daß neben der ungeordneten thermischen Bewegung auch noch die Energie der gerichteten Strömung der Schwaden gegen das Frischgas als Aktivierungsenergie zur Verfügung steht (diese Energie ist von gleicher Größenordnung wie die mittlere thermische Energie); diese Tatsache ist gerade für die Detonation fester Sprengstoffe von entscheidender Bedeutung[2].

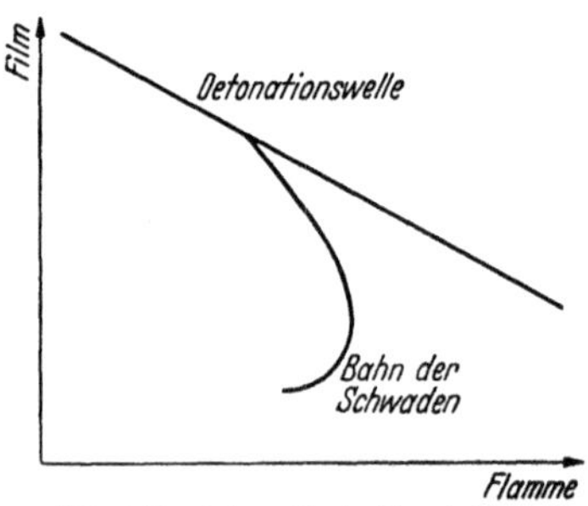

Abb. 140. Schematische Darstellung des Umbiegens der Bahn der Schwaden nach älteren Aufnahmen von DIXON: Zitiert S. 159.

Aber selbst wenn man alles dies in Betracht zieht, kommt man bei den günstigsten Reaktionen, wie z. B. der Knallgasverbrennung, zu einem wesentlich unter 1 liegenden Ausbeutefaktor, der bei Berücksichtigung der wahrscheinlich vorhandenen sterischen Faktoren weiter verkleinert wird. Gerade bei der Knallgasreaktion treten (vgl. S. 172) außerordentlich hohe H-Atom- und OH-Radikalkonzentrationen in der Detonationswelle auf. Wenn die Reaktion aber auch nur um ein Geringes gegen die Wellenfront zurückhinkt, so wird gerade in der Wellenfront diese hohe Konzentration nicht voll verfügbar.

Ganz wesentlich ungünstiger werden die Verhältnisse bei Reaktionen, die ohne entscheidende Beteiligung von Dreierstößen nicht zu denken sind, wie z. B. bei der Kohlenoxydverbrennung, und am ungünstigsten bei der Verbrennung komplizierterer organischer Molekeln und bei dem Zerfall fester Sprengstoffe; denn der Übergang von einem komplizierten Molekül, mit vielleicht über 20 Atomen, zu dem entsprechenden End-

[1] Vgl. die Rechnungen von BECKER für Stoßwellen, zitiert S. 161.
[2] Vgl. A. SCHMIDT, zitiert S. 203.

zustand kann ohne Beteiligung einer großen Zahl von Stößen gar nicht gedacht werden. Zieht man alles dies in Betracht, so kann es sich offenbar nicht darum handeln, einen Mechanismus aufzufinden, der ein Schritthalten der chemischen Reaktion mit der Front der Stoßwelle liefert, sondern zu verstehen, wie eine stationäre Detonation zustande kommt, obwohl der chemische Umsatz grundsätzlich *nicht* in der Wellenfront selbst vollendet werden kann.

In der Theorie der Detonationsgeschwindigkeit wird zwar nicht ausdrücklich angenommen, daß die Reaktion in der Wellenfront zum Abschluß kommt, es werden sogar die Vorgänge in der Wellenfront von den Betrachtungen gänzlich ausgeschlossen. Implicite ist aber doch die Annahme darin enthalten, daß die Reaktionsenergie in der Wellenfront nutzbar gemacht werden kann. Die formale Einführung der Wellenfront als Unstetigkeitsfläche würde sogar erfordern, daß die Reaktion in verschwindend kleiner Zeit erfolgt. Man kann nun zu einer Behebung der obigen Schwierigkeit gelangen, wenn man von einer, in der Theorie der Detonationsgeschwindigkeit auftretenden eigentümlichen Sachlage ausgeht. Unsere Überlegungen (S. 200ff.) hatten gezeigt, daß als stationäre Detonationsgeschwindigkeit nur die dem Punkte $I$ der HUGONIOT-Kurve (Abb. 116) entsprechende in Frage kommt.

Die Beweisführung ist zwingend, und trotzdem läßt sie eine eigentümliche Situation bestehen: Denkt man durch eine kleine Störung den der stationären Detonationsgeschwindigkeit entsprechenden Zustand vom Punkte $I$ in Richtung auf $B$ verschoben, so folgt aus den obigen Überlegungen, wie es bei Stabilität sein muß, daß der Zustand von selbst wieder nach $I$ zurückkehren wird. Bei einer Verschiebung von $I$ in Richtung auf $D$ können wir das gleiche aber nur sehr indirekt sehen. Bei einer Verschiebung bis $D$ z. B. folgt nur, daß der zur gleichen Detonationsgeschwindigkeit gehörige Zustand $B$ wahrscheinlicher ist, der dann seinerseits in $I$ übergehen würde. Offenbar muß es aber möglich sein zu zeigen, daß bei einer Verschiebung von $I$ in Richtung auf $D$ entweder diese Verschiebung von selbst rückgängig gemacht wird, oder daß dem Zweig $I$—$D$—$G$ überhaupt keine mögliche Welle entsprechen kann. Für den Endpunkt $G$ sieht man das ohne weiteres: Ihm würde unendliche Detonationsgeschwindigkeit ohne Volumänderung entsprechen. D. h. die Reaktion würde von einer Stelle aus schneller sich ausbreiten, als die Volumänderung ihr folgen könnte. Da aber bei den in Frage kommenden endlichen Temperaturen die Reaktionsgeschwindigkeit immer endlich bleibt, ist dieser Vorgang auszuschließen.

Man wird dadurch darauf geführt, auch für die Instabilität des Stückes zwischen $I$ und $G$ an einen Einfluß der Reaktionsgeschwindigkeit zu denken[1]. Wir vermuten: Bei endlicher Reaktionsgeschwindigkeit ist der Zweig *IDG* instabil[2].

Wir betrachten etwa die zu dem Punkte *D* gehörige Detonationswelle. Im Punkte *D* ist (vgl. S. 201) die Summe von Schallgeschwindigkeit plus Strömungsgeschwindigkeit der Schwaden kleiner als die Detonationsgeschwindigkeit. Da bei endlicher Reaktionsgeschwindigkeit die Reaktionsenergie aber erst in einem gewissen Abstand hinter der Wellenfront ganz frei wird, so kann diese Energie der Wellenfront nicht mehr nachgeliefert werden; jetzt wird also die Detonationswelle geschwächt, weil ihr die Reaktionsenergie nicht mehr zugeführt werden kann, ihre Geschwindigkeit nimmt ab.

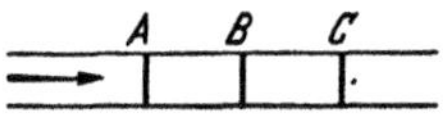

Abb. 141.

Oberhalb *J* könnte die hinter der Wellenfront frei werdende Energie ohne weiteres auf diese übertragen werden; dies Gebiet kommt aber aus den bereits erwähnten Gründen nicht in Frage. Es bleibt noch zu überlegen, ob in *I* selbst die Reaktionsenergie auf die Wellenfront übertragen werden kann. Dies ist an sich möglich; denn da bereits eine Schallwelle, die hinter der Wellenfront erzeugt würde, diese in konstantem Abstand begleiten würde, so muß jede Verdichtungswelle mit größerer Amplitude, die sich mit Überschallgeschwindigkeit bewegt, die Wellenfront einholen. Auch wenn nur wenig Energie frei wird und die Wellengeschwindigkeit nur sehr wenig über der Schallgeschwindigkeit liegt, würde eine Welle die Front einholen können, was für Punkte zwischen *I* und *G* nicht mehr gilt.

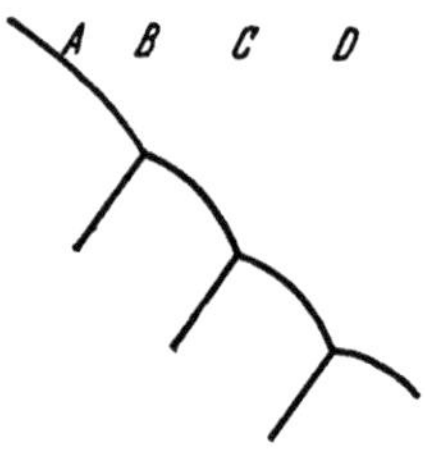

Abb. 142.

Diese Betrachtung zeigt zwar, daß im Punkte *I* bei nicht zu kleiner Reaktionsgeschwindigkeit eine Übertragung der Reaktionsenergie auf die Wellenfront möglich ist. Da aber von dem Ausbreitungsvorgang einer Welle Gebrauch gemacht worden ist, so ist nicht gezeigt, ob sich unter diesen Umständen ein völlig stationärer Zustand einstellen kann, was sehr eingehende Überlegungen erfordern würde.

Naheliegend ist aber der folgende Gedankengang: Statt anzunehmen, daß die Reaktion kontinuierlich erfolgte, betrachten wir den einfachen Grenzfall völlig diskontinuierlicher Reaktion (Abb. 141). Die Wellenfront treffe bei *A* das Frischgas und sei eine gewisse Strecke, bis *B*, fortgeschritten, ehe lebhafte Reaktion zwischen *A* und *B* einsetzt; da

[1] Vgl. W. Jost: Z. phys. Chem. Abt. B Bd. 42 (1939) S. 136.

[2] Es ist sinnvoll, bei diesen Betrachtungen davon Gebrauch zu machen, daß die Reaktionsgeschwindigkeit endlich und nicht unendlich groß ist. Auszuschließen sind im Rahmen der thermodynamisch-hydrodynamischen Theorie aber alle Überlegungen, die von einem speziellen Reaktionsmechanismus und speziellen Zahlenwerten der Reaktionsgeschwindigkeit Gebrauch machen.

während dieser Zeit keine Energienachlieferung stattgefunden hat, muß die Stoßwelle geschwächt und verlangsamt worden sein (Abb. 142). Nun hat ziemlich plötzlich die Reaktion eingesetzt zwischen $A$ und $B$; vom Reaktionsort gehen nach vorn und hinten Wellen aus, von denen die eine Energie auf die Front der Stoßwelle überträgt und diese beschleunigt, während die andere als rückläufige Welle sichtbar sein muß (Abb. 142). Inzwischen hat die Wellenfront das Stück $BC$ durchlaufen, ohne daß darin zunächst Reaktion stattfand; die Welle ist wieder verlangsamt, es setzt wieder plötzliche Reaktion und damit erneute Beschleunigung der Welle ein usw. Das Bild, das wir hier gegeben haben, entspricht ziemlich genau dem, was man bei spinnender Detonation beobachtet (vgl. Abb. 126). Unsere Betrachtungen unterscheiden sich von den ähnlichen Überlegungen BECKERs (S. 197) dadurch, daß der Ausgangspunkt ein anderer ist, und dadurch, daß wir nicht neue Zündung in der Front der Stoßwelle, sondern in dem von der Stoßwelle bereits durchlaufenen Stück ins Auge fassen, wie es durch die reaktionskinetischen Betrachtungen nahegelegt wurde. Man würde auf Grund dieser Anschauungen erwarten, daß die Strecke $AB$, die von der Wellenfront durchlaufen sein muß, bis lebhafte Reaktion einsetzt, um so länger ist, je reaktionsträger das Gemisch ist. Das scheint sehr gut in die vorliegenden Erfahrungen hineinzupassen (vgl. S. 198).

Sechstes Kapitel.

# Flammen nicht vorgemischter Gase.

Unser Ziel ist es, im wesentlichen die Vorgänge bei der Zündung und Verbrennung explosiver Gemische darzustellen. Dabei hatten wir in den Detonationsvorgängen eine Gruppe von Umsetzungen kennengelernt, bei denen die Geschwindigkeit der chemischen Reaktion keine Rolle mehr spielt; ihre Größe entscheidet nur darüber, ob eine Detonation eintritt oder nicht. Solange man sich auf das Verhalten vorgemischter Gase, also eines explosiven Gemisches beschränkt, sind dies die einzigen, von der Reaktionsgeschwindigkeit unabhängigen Vorgänge. In der Praxis gibt es aber noch eine große Gruppe von Verbrennungsprozessen, bei denen die Verbrennungsgeschwindigkeit nicht oder nicht überwiegend durch die Reaktionsgeschwindigkeit bestimmt ist, nämlich die Verbrennung nicht vorgemischter Gase, wie sie ja z. B. bei der gewöhnlichen Kerzenflamme vorliegt, bei der leuchtenden Gasflamme, bei der Verbrennung im Außenmantel der Bunsenflamme und bei allen technischen Feuerungen mit nicht vorgemischten Gasen. Solche Feuerungen sind wichtig, wenn man entweder eine bestimmte Atmosphäre über dem zu erhitzenden Gut braucht, z. B. eine reduzierende Atmosphäre im

Siemens-Martin-Ofen, und wenn man Wert auf möglichst hohe Strahlung bei nicht zu hohen Temperaturen legt; dafür ist die Flamme nicht vorgemischter Gase mit Kohlenstoffabscheidung in den Gebieten mit Brennstoffüberschuß besonders günstig. In solchen Fällen ist die Reaktionsgeschwindigkeit in der Flamme von untergeordneter Bedeutung, sofern nur die Flammentemperatur genügend hoch ist. Bestimmend für die Geschwindigkeit der Verbrennung ist hier der *Mischvorgang.*

Für die Mischung kommt zunächst die Diffusion in Frage; bei technischen Feuerungen größeren Ausmaßes sind aber die Voraussetzungen für eine Mischung nur durch Diffusion nicht mehr gegeben; denn nur bei laminarer Strömung könnte auch bei größeren Schichtdicken die Mischung ausschließlich durch Diffusion erfolgen. Unter den Bedingungen technischer Feuerungen hat man aber meistens, wenn nicht immer, mit turbulenter Strömung zu rechnen. Wenn auch die Besprechung dieser Vorgänge etwas außerhalb des Rahmens der sonst in diesem Buch behandelten Vorgänge fällt, so wollen wir um ihrer technischen Wichtigkeit willen doch zumindest einen Überblick darüber geben, wobei wir uns weitgehend an RUMMEL[1] anschließen, dem man hauptsächlich hier eine Klärung verdankt.

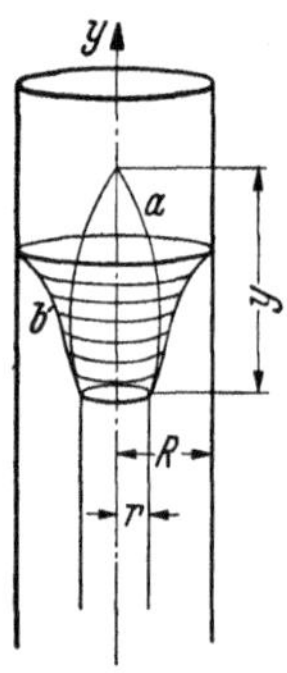


Abb. 143. Diffusionsflammen. (Nach BURKE u. SCHUMANN.) Brennstoff im inneren, Luft im äußeren Rohr strömend. *a* Flamme bei Luftüberschuß, *b* bei Brennstoffüberschuß.

Wenn auch diese Vorgänge einen speziellen Typ von Feuerungen zum Gegenstand haben, so lassen sie doch die Bedeutung turbulenter Mischung besonders klar hervortreten, die sicher auch sonst wesentlich sein kann, ohne daß sie immer die nötige Beachtung gefunden hätte.

Wir wollen erst einen einfacheren Spezialfall betrachten: einen Brenner von kleinen Dimensionen mit laminarer Strömung und Mischung ausschließlich durch Diffusion. Dieser Fall ist theoretisch, allerdings mit wesentlichen Vereinfachungen, von BURKE und SCHUMANN[2] behandelt worden. Wir stellen uns einen zylindrischen Brenner vor, derart, daß in einem inneren Rohr vom Radius $r$ das Brenngas zugeführt wird, während in einem weiteren, konzentrischen Rohr von Radius $R$ die Frischluft strömt (Abb. 143). Damit eine einfache theoretische Behandlung möglich ist, muß man annehmen, daß die Strömungsgeschwindigkeiten von Gas und von Luft die gleichen, und außerdem über den gesamten Querschnitt konstant sind; daß sich also die geförderten Mengen Luft und Brenngas wie die Rohrquerschnitte verhalten, wie $(R^2 - r^2)$ zu $r^2$. Zündet man ein solches System oberhalb der Mündung des inneren Rohres, so kann sich darüber bei passenden

[1] RUMMEL, K.: Der Einfluß des Mischvorganges auf die Verbrennung von Gas und Luft in Feuerungen. Düsseldorf: Verlag Stahleisen 1937.

[2] BURKE, S. P. u. T. E. W. SCHUMANN: Industr. Engng. Chem. Bd. 20 (1928) S. 998; vgl. auch LEWIS u. v. ELBE: Combustion.

Strömungsverhältnissen eine stationäre Flamme ausbilden, die, genügende Luftzufuhr vorausgesetzt, etwa der Form einer freibrennenden Kerze[1] oder einer leuchtenden Gasflamme entsprechen wird. Diese Flamme hat bei Luftüberschuß etwa die Form der Abb. 143a. Bezeichnet man mit $y$ ihre Höhe, so wird auch oberhalb $y$ noch eine weitere Diffusion stattfinden, derart, daß im Zentrum der Luftgehalt, der im Punkte $y$, wo gerade die Verbrennung vollständig würde, gleich 0 ist, kontinuierlich bis zu einem Endwert ansteigt. Ist kein Luftüberschuß vorhanden, so entsteht als Endgas auch kein Gemisch mit Luft-Überschuß; wie also im vorangehenden Fall das Gebiet der Endgase durch ürweiterung des Gebietes der Frischluft erhalten wurde, so muß in diesem Falle das Endgasgebiet durch Erweiterung des Gebietes des Frischgases erhalten werden, man muß also eine Brennzone nach Art der Abb. 143b erwarten. Daß man auch bei Diffusionsflammen eine dünne Brennzone erhält, die man genähert als Ebene beschreiben kann, zeigen die Experimente.

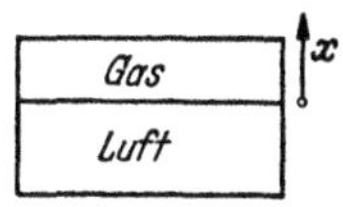

Abb. 144.

Es ist möglich, dieses und ähnliche Diffusionsprobleme, z. B. den Fall der „ebenen“ Flamme (Abb. 144), quantitativ zu behandeln und damit die Form der Brennfläche sowie die Höhe der Flamme zu berechnen. Dafür verweisen wir auf Burke und Schumann (zitiert S. 208), sowie Lewis-v. Elbe (zitiert S. 208).

Außer für die Berechnung der Flammenform kann man nämlich schon mit wesentlich primitiveren Betrachtungen zum Ziel kommen, als Burke und Schumann sie angewandt haben. Da deren Rechnungen aber mit erheblichen, noch zu besprechenden Vereinfachungen durchgeführt sind, so dürften die Folgerungen aus unserer einfacheren Abschätzung etwa das gleiche Maß von Sicherheit aufweisen, wie die aus Burke und Schumanns Rechnungen. Die Vereinfachungen, von denen jene Gebrauch machen müssen, sind außer der bereits erwähnten, folgende: es werden Strömungsgeschwindigkeit und Diffusionskoeffizient entlang der ganzen Flamme als konstant angenommen, obwohl beide in dem Intervall von Ausgangs- bis Endtemperatur um etwa das 5- bis 10fache zunehmen können. Allerdings kompensieren sich die durch beide Annahmen eingeführten Fehler zu einem gewissen Grade gegenseitig. Denn die Erhöhung der Strömungsgeschwindigkeit mit Steigerung der Temperatur ist bestrebt, die Flamme in die Länge zu ziehen, während die gleichzeitige Vergrößerung des Diffusionskoeffizienten das Gegenteil bewirkt; eine exakte Kompensation kann nicht eintreten, da ja $v$ im umgekehrten Verhältnis der Gasdichten mit der Temperatur zunimmt, während $D$ wesentlich stärker zunehmen muß, da es schon bei konstanter

[1] Die Kerzenflamme unterscheidet sich von den oben behandelten Diffusionsflammen noch dadurch, daß hier der Brennstoff infolge der aus der Brennzone zugeführten Wärme erst verdampft wird.

Dichte mit einer mindestens zwischen $^1/_2$ und 1 liegenden Potenz von $T$ ansteigt. Zweitens wird vorausgesetzt, daß die Diffusion nur senkrecht zur Strömungsrichtung erfolgt[1]; denn nur so erhält man ein einfaches radialsymmetrisches bzw. eindimensionales Diffusionsproblem. Da die Brennzone merklich gegen die Strömungsrichtung geneigt ist, wird auch diese Annahme nur genähert erfüllt sein, sie dürfte allerdings nur geringfügige Fehler verursachen. Schließlich gelten die ganzen Überlegungen natürlich nicht mehr bei turbulenter Strömung.

Wir begnügen uns daher mit der folgenden Überlegung; die Höhe der Flamme, $y$, wird dadurch gegeben sein, daß an der Stelle, an der die Flamme aufhört, die mittlere Eindringungstiefe von Luft in Gas durch Diffusion etwa gleich $r$ sein muß (Abb. 143) bzw. die von Gas in Luft gleich $R—r$. Um die Eindringungstiefe $x$ abzuschätzen, benutzen wir die Formel des mittleren Verschiebungsquadrates

$$\overline{x^2} = 2\,D t\,, \tag{1}$$

wobei wir als Näherung $\overline{x^2}$ durch $x^2$ ersetzen. Machen wir nun die gleichen Vernachlässigungen wie Burke und Schumann, so können wir (Abb. 143) setzen, falls $v$ die Strömungsgeschwindigkeit von Gas und Luft ist:

$$v = y/t\,, \qquad t = y/v\,. \tag{2}$$

Darin ist $t$ die Zeit, die das Gas braucht, um von der Brennermündung bis zur Flammenspitze bei $y$ zu strömen, also auch die Zeit, die für die Diffusion insgesamt verfügbar ist. Setzt man (2) in (1) ein, so folgt:

$$x^2 = 2\,D\,y/v\,; \qquad y = v\,x^2/2\,D\,. \tag{3}$$

Man liest daraus sofort ab, was auch aus dem komplizierteren Resultat von Burke und Schumann folgt:

1. Die Flammenhöhe $y$ bleibt ungeändert, wenn man die Brennerdimensionen im Verhältnis $m$ vergrößert, also statt $x$ setzt $m\,x$, und gleichzeitig das geförderte Volumen konstant hält, wobei die lineare Strömungsgeschwindigkeit auf $v/m^2$ heruntergeht; aus (3) folgt, daß $y$ dann seinen ursprünglichen Wert beibehält.

2. $y$ muß sich umgekehrt wie $D$ ändern. Ein Vergleich zeigt, daß die Flammenhöhe einer Kohlenoxydflamme zu der der entsprechenden Wasserstoffflamme sich etwa verhält wie 2,5 zu 1, während die Diffusionskoeffizienten sich bei Zimmertemperatur etwa wie 1 : 4 verhalten.

3. Ersetzt man in einer Flamme mit Luftüberschuß einen Teil des Brenngases durch ein Inertgas, so muß die Flamme kürzer werden, weil jetzt weniger Sauerstoff in das Brenngas hineinzudiffundieren hat als vorher; eine quantitative Beziehung dafür läßt sich aus (3) nicht herleiten. Umgekehrt muß eine Flamme mit Luftmangel länger werden

[1] Da bei laminarer Strömung die Strömungsgeschwindigkeit nicht über den ganzen Querschnitt konstant ist, kann eine Diffusion nur senkrecht zur Strömungsrichtung nicht in Frage kommen.

(Abb. 143), wenn man einen Teil des Brenngases durch ein Inertgas ersetzt, weil jetzt für das in die Luft diffundierende Brenngas das Konzentrationsgefälle entsprechend verkleinert ist.

4. Bei sonst konstant gehaltenen Faktoren ist $y$ der Strömungsgeschwindigkeit $v$ direkt proportional (Tabelle 41).

Man kann auch versuchen, die Absoluthöhe der Flamme zu berechnen; in Anbetracht der starken, in der Rechnung vorhandenen Vereinfachungen wird man dabei nicht mehr als eine größenordnungsmäßige Übereinstimmung erwarten dürfen; eine tatsächlich vorhandene bessere Übereinstimmung wird mehr als Zufallsresultat zu bewerten sein.

Tabelle 41. Gasgeschwindigkeiten und Höhen von Diffusionsflammen. (Nach BURKE und SCHUMANN.)

| Liter Luft pro Stunde | Liter Methan pro Stunde | Flammenhöhe cm | Flammenhöhe, dividiert durch Strömungsvolumen des Methans |
|---|---|---|---|
| 198 | 10,7 | 3,1 | 0,29 |
| 382 | 21,2 | 8,6 | 0,405 |
| 509 | 28,3 | 11,3 | 0,40 |
| 573 | 37,1 | 14,8 | 0,40 |
| 835 | 46,4 | 18,4 | 0,396 |
| 1050 | 58,4 | 22,9 | 0,392 |
| 1160 | 64,6 | 25,1 | 0,389 |

BURKE und SCHUMANN erhielten z. B. als Flammenhöhe einer mit Luftüberschuß brennenden Flamme bei $r = 1{,}27$ cm, $R = 2{,}54$ cm und mit $v = 1{,}55\ \text{cm s}^{-1}$ sowie $D$ (bei Zimmertemperatur) $\sim 0{,}5\ \text{cm}^2\,\text{s}^{-1}$ eine berechnete Flammenhöhe von 3,3 cm. Benutzen wir zur Abschätzung die Formel (3), so erhalten wir mit den gleichen Zahlenwerten, also $x = 1{,}27$ cm:

$$y = 1{,}55 \cdot 1{,}27^2/(2 \cdot 0{,}5) = 2{,}5\ \text{cm},$$

was eine völlig hinreichende Übereinstimmung darstellt und auch mit Erfahrungsresultaten gut verträglich ist.

Nimmt man nun aber ein extremes Beispiel, wie es in industriellen Feuerungen vorkommt, wo $x = 5$ cm sei, $v = 10^3$ cm/s und behalten wir den gleichen Wert für $D$ bei, so würde:

$$y = 10^3 \cdot 25/1 = 250\ \text{m},$$

was weit über die Dimensionen der Öfen hinausgeht. Auch wenn man berücksichtigte, daß der Gasstrahl in der technischen Feuerung nicht in ein äußeres Rohr eingeschlossen ist, sich also auch seitlich ausbreiten kann und damit langsamer als bei Strahlaustritt wird, so bekommt man immer noch viel zu lange Umsatzzeiten oder Wege. Technisch hieße dies: innerhalb des eigentlichen Ofens fände nur eine äußerst unvollkommene Ausnutzung der Brenngase statt. In Wirklichkeit sind derartig lange Brennzeiten, 25 s in obigem Beispiel, aber nicht nötig, sondern man kommt mit mindestens einer Zehnerpotenz weniger aus. Der Mischvorgang in diesen Feuerungen der Technik muß demnach anders verlaufen, und zwar so: eine mechanische Vermischung bis ins kleinste kommt offensichtlich nicht in Frage; wohl aber können durch turbulente Mischung Gas und Luft weitgehend miteinander vermengt werden; die verbleibenden Gas- und Luftbereiche sind dann so klein, daß in ihnen die restliche Mischung durch Diffusion in der verbleibenden Zeit glatt vonstatten gehen kann. Ist z. B. die Schichtdicke der einzelnen Gas- und Luftgebiete durch Wirbelung von ursprünglich 5 auf den noch nicht sehr kleinen Wert von 1 cm herabgesetzt, so würde dadurch die zur Diffusion notwendige Zeit bereits auf $^1/_{25}$ verringert. Man sieht, daß eine gar nicht übermäßige Verwirbelung durch Strömung hinreichen wird, den Mischvorgang außerordentlich zu beschleunigen.

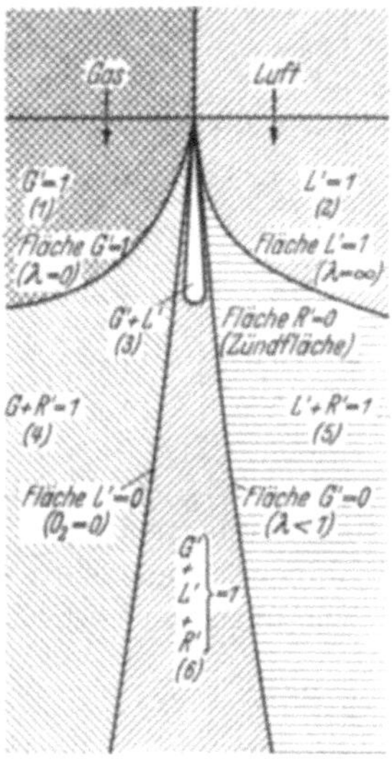


Abb. 145. Schematische Darstellung einer Feuerung mit nicht vorgemischten Gasen. (Nach RUMMEL: Zitiert S. 208, vgl. Text.)

Für eine gegebene technische Feuerung kommt es darauf an, daß in dem eigentlichen Feuerungsraum praktisch vollständiger Umsatz erreicht wird, damit Verluste vermieden werden; daneben kann z. B. noch gefordert werden, daß in der Nähe des Reaktionsgutes im Ofen ständig ein Luftmangel herrscht, damit z. B. im Siemens-Martin-Ofen kein Eisen abbrennt. Das bedeutet eine zusätzliche Forderung an die Leitung des Mischvorganges im Feuerungsraum.

Zur Veranschaulichung der Verhältnisse in einer Feuerung ist es nötig, die räumliche Verteilung der reagierenden Stoffe (wie man sie etwa durch Probeentnahme an verschiedenen Stellen mittels gekühlter Sonden und chemischer Analyse ermitteln kann) darzustellen. Dabei stellt man nach RUMMEL zweckmäßigerweise nicht die Analysenresultate (% $CO_2$, $O_2$ usw.) dar[1], sondern rechnet aus diesen zurück auf den Anteil „unverbranntes Gas“ $G'$, Luft $L'$ und „Reaktionsgas“ $R'$, wobei durch den Strich angedeutet werden soll, daß alles auf die feuchten Komponenten bezogen wird. Auf diese Weise ergibt sich obige schematische Darstellung der Verhältnisse in einer Feuerung (Abb. 145).

Luft und Gas treten nebeneinander aus und mischen sich von der Berührungsfläche aus. Da beide kalt sind, setzt nicht sofort Zündung ein, sondern erst nach einer gewissen Vorwärmzone [Gebiet (3) $G' + L'$ in Abb. 145]; die Fläche $R' = 0$ ist die Zündfläche. Zwischen reinem Gas [$G' = 1$, Feld (1)] und reiner Luft [$L' = 1$, Feld (2)] und der Reaktions-

[1] Wenn das Frischgas neben CO und $H_2$ Kohlenwasserstoffe enthält, so werden bei unvollkommener Verbrennung die verschiedenen Bestandteile verschieden weit abreagiert sein; der Prozentgehalt an diesen einzelnen Größen für sich ist darum nicht das Charakteristische für den Verbrennungszustand.

zone (6) sind die Felder (4) (Gas + Reaktionsgas $G' + R' = 1$), sowie (5) (Luft + Reaktionsgas, $L' + R' = 1$) enthalten. Die Reaktionszone selbst, (6), zieht sich hier nicht auf eine äußerst dünne, fast als Fläche zu beschreibende Schicht zusammen, sondern kann beliebig ausgedehnt sein, aus folgendem Grunde: in das Feld (6) gelangen sowohl Frischgas ($+R$) wie Luft ($+R$) durch Wirbelung. D. h. einzelne Gasfäden und Bänder aus den Feldern (4) und (5) strömen hier in unregelmäßiger Weise umeinander herum; zwischen den einzelnen Teilgebieten der Zusammensetzung (4) bzw. (5) findet schließlich die Diffusion und die Reaktion, evtl. in einer sehr dünnen Grenzschicht statt; aber da das Gebiet, das so in unregelmäßiger Weise von Gasen aus den Feldern (4) und (5) sowie entstehenden Reaktionsprodukten ausgefüllt wird, eine endliche Ausdehnung besitzt, so erstreckt sich auch der Umsatz über ein solches Gebiet.

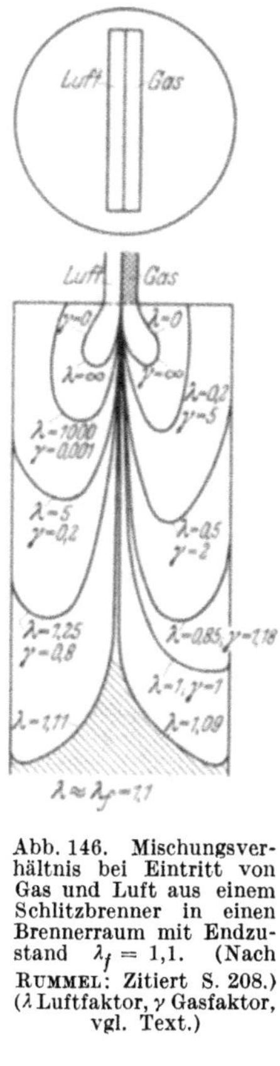


Abb. 146. Mischungsverhältnis bei Eintritt von Gas und Luft aus einem Schlitzbrenner in einen Brennerraum mit Endzustand $\lambda_f = 1{,}1$. (Nach RUMMEL: Zitiert S. 208.) ($\lambda$ Luftfaktor, $\gamma$ Gasfaktor, vgl. Text.)

Zur weiteren Veranschaulichung ist es nötig, in den einzelnen Feldern von Ort zu Ort noch die Konzentration der einzelnen Komponenten einzutragen. Da gerade der Mischvorgang interessiert, so bezieht man für die Darstellung die gefundenen Analysenwerte nach RUMMEL auf die Zusammensetzung, wie sie an jeder Stelle ohne eingetretene Umsetzung, bestehen würde. Dabei ergibt sich als einfachste Größe der „Luftfaktor" $\lambda$, d. i. das Verhältnis der wirklich vorhandenen zu der für vollständige Verbrennung nötigen Luftmenge; für ein stöchiometrisches Gas-Luftgemisch ist also $\lambda = 1$, für reine Luft $\lambda = \infty$ und für reines Brenngas $\lambda = 0$.

Daneben kann man in analoger Weise noch den „Gasfaktor" $\gamma (= 1/\lambda)$ einführen, der also ebenfalls $= 1$ für das stöchiometrische Gemisch, dagegen $= 0$ für reine Luft, $= \infty$ für reines Gas ist. Auf diese Weise ergibt sich für einen Brennerraum die Darstellung der Abb. 146 nach RUMMEL, wobei angenommen ist, daß der Endzustand dem Wert $\lambda = 1{,}1$ entspricht (d. h. es werden 10% mehr Luft gefördert, als zur vollständigen Verbrennung notwendig ist).

Einen Überblick über die Strömungsverhältnisse in einer tatsächlichen Brennerstrecke und über die daraus sich ergebenden Aufenthaltszeiten der Gase ergeben die folgenden Abb. 147 bis 149, nach RUMMEL, die wohl keiner Erläuterung bedürfen.

Wenn man auch nicht a priori mit Sicherheit sagen kann, daß der Mischvorgang von dem Brennvorgang nicht grundsätzlich verändert[1] wird, so ist es jedenfalls zweckmäßig in geeigneten Modellversuchen den Mischvorgang gesondert zu untersuchen. Es wurde zu diesem Zweck eine kleinere Versuchsstrecke gebaut, in welcher Luft und als „Gas“ eine mit 0,5% $H_2$ versetzte Luft verwandt wurden. Die Ausbreitung des „Gases“ in Luft konnte dann leicht durch Wärmeleitfähigkeitsmessungen aus Proben bestimmt werden, da nach dieser Methode $^1/_{100}$% $H_2$ in Luft noch bequem bestimmbar ist. Wegen der Ähnlichkeitsbetrachtungen, die zu einer Übertragung der an der Modellstrecke gewonnenen Erfahrungen auf große Feuerungen notwendig sind,

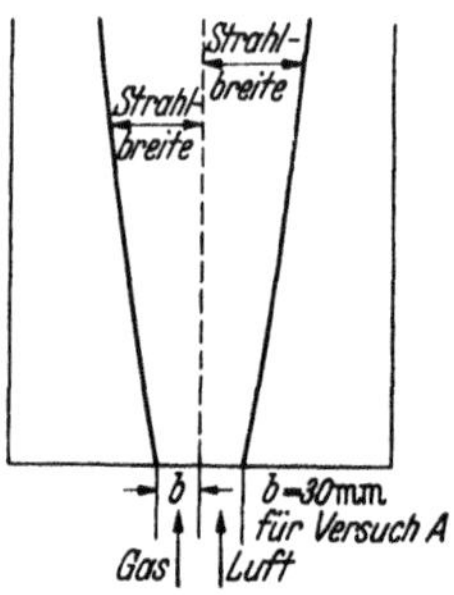


Abb. 147.

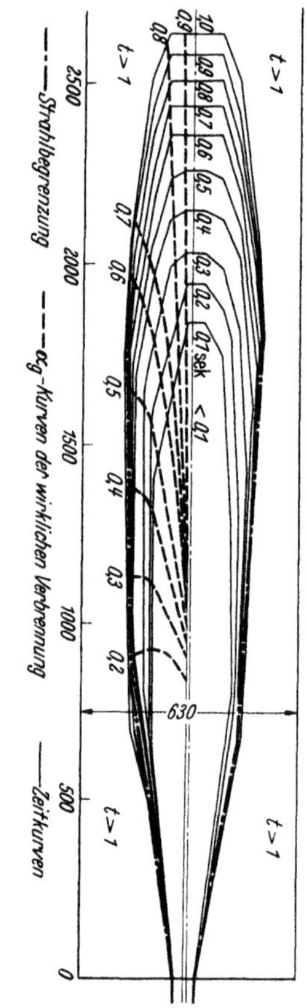


Abb. 148.

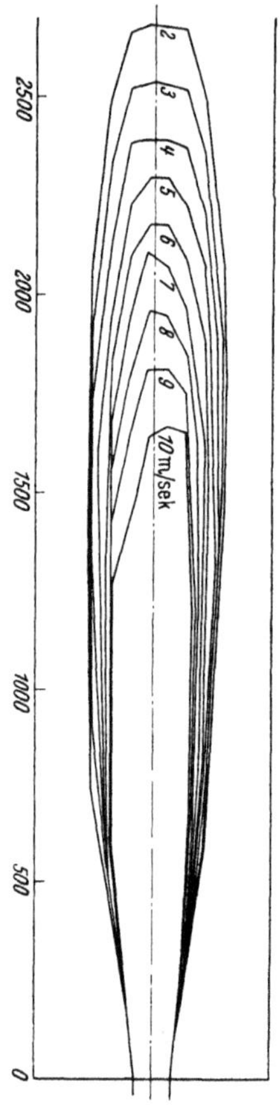


Abb. 149.

Abb. 147. Strahlbild bei den Versuchen nach RUMMEL.
Abb. 148. Wahre Strahlgeschwindigkeit in m/s bei Versuch A.
Abb. 149. Aufenthaltszeiten der Gase in der Feuerung bei Versuch A.

muß auf RUMMEL (zitiert S. 208) verwiesen werden. Von den damit erhaltenen Ergebnissen wollen wir nur eine kleine Auswahl bringen. Abb. 150

[1] Besondere Versuche hatten ergeben, daß für den Raum- und Zeitbedarf der Verbrennung unter den Bedingungen der Praxis tatsächlich der Vorgang der mechanischen Mischung maßgebend ist; zwischen 900 und 1300° läßt sich ein Einfluß der Temperatur auf die Geschwindigkeit der Verbrennung nicht nachweisen, wie es sicher der Fall wäre, wenn die Reaktionsgeschwindigkeit eine Rolle spielte; diese darf daher für die Verhältnisse der Praxis als unendlich groß angesehen werden.

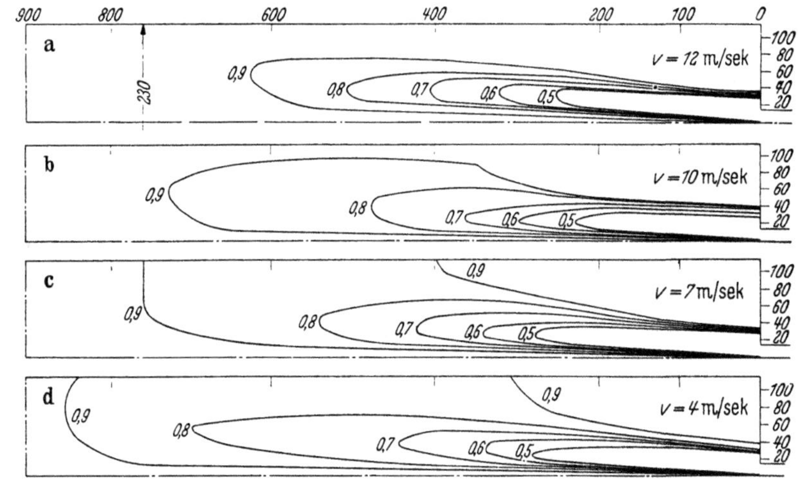


Abb. 150. Einfluß der Austrittsgeschwindigkeit $v$ auf den Mischvorgang. (Nach K. RUMMEL: Zitiert S. 208.) Schlitzbreite 14 mm, Schlitzhöhe 50 mm, $\lambda$-Werte.

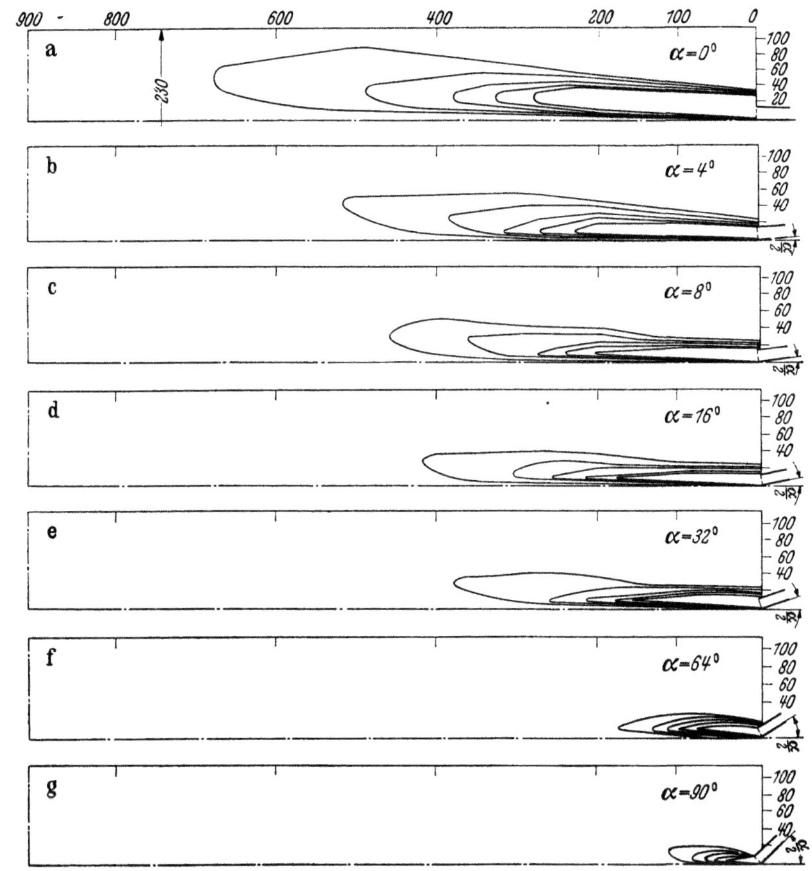


Abb. 151. Einfluß der gegenseitigen Neigung (Winkel $\alpha$) von Gas- und Luftstrahl auf den Mischvorgang; $\lambda$-Werte von 0,9 bis 0,5. Austrittsgeschwindigkeit unverändert 10 m/s; Schlitzhöhe 50 mm, Breite 14 mm. (Nach K. RUMMEL: Zitiert S. 208.) (Maße in mm.)

zeigt eine Versuchsreihe, in welcher bei konstanten Gasaustrittschlitzen von 14 × 50 mm die Belastung und die in diesem Falle ihr proportionale Gasaustrittgeschwindigkeit geändert wurden. Obwohl größere Strahlgeschwindigkeit bestrebt ist, die Flamme in die Länge zu ziehen, ist hier der Mischvorgang bei der größten Strahlgeschwindigkeit der schnellste, weil bei größerer Strahlgeschwindigkeit auch die Wirbelenergie größer wird und diese den Mischweg stärker verkürzt als die größere Strahlgeschwindigkeit ihn in die Länge (räumlich!) zieht. Wohl der schlagendste Beweis, daß turbulente Mischung und nicht Diffusion über größere Strecken den Mischvorgang bestimmt! Günstig wirkt Neigung von Luft- und Gasstrahl gegeneinander (Abb. 151); eine Vergrößerung des Winkels, in welchem beide Strahlen aufeinanderstoßen, verursacht eine außerordentliche Verkürzung des Mischraums.

Daß eine Übertragung der Resultate dieser Modellversuche auf praktische Feuerungen, wie sie auf Grund der Ähnlichkeitsbetrachtungen erlaubt sein sollte, auch wirklich statthaft ist, wurde noch durch besondere Versuche nachgeprüft, wegen deren auf die Originalarbeit verwiesen werden muß.

Siebentes Kapitel.

# Flammentemperaturen; Strahlungsuntersuchungen an Flammen.

## 1. Messung von Flammentemperaturen.

Die einwandfreie Messung von Flammentemperaturen bietet mancherlei Schwierigkeiten. Bei Bombenexplosionen kann man die erreichte Maximaltemperatur noch am sichersten bestimmen durch Druckmessung (was man erhält, ist in Wirklichkeit ein räumlicher Mittelwert der Temperatur des Gemisches, vgl. Kap. IV, S. 147); aus dem registrierten Maximaldruck erhält man, wenn die Zusammensetzung der gebildeten Stoffe bekannt ist [evtl. Dissoziation bei hohen Temperaturen (!)], unter der im allgemeinen erlaubten Voraussetzung der Gültigkeit der idealen Gasgesetze die Temperatur der Gase; in dieser Weise werden Bombenexplosionen zur Bestimmung der spezifischen Wärmen von Gasen angewandt.

Eine direkte Temperaturmessung, etwa mit Thermoelement oder Widerstandsthermometer, wie man sie bei Bombenexplosionen auch ausgeführt hat, führt zu Unsicherheiten, schon wegen der Trägheit der Einstellung bei der kurzen Zeitdauer der Explosion. Auch wenn man die Trägheit der Einstellung durch Wahl sehr dünner Drähte zu verringern sucht, bleiben andere Fehlerquellen, die genau so auch bei der

Temperaturmessung an stationär brennenden Flammen auftreten, insbesondere Fehler durch Wärmeableitung und Strahlung. Besonders bei hohen Temperaturen wird die Strahlung merklich und läßt sich auch nicht, wie die Wärmeableitung, durch Wahl sehr dünner Drähte ausschließen. HOPKINSON[1] zeigte, daß bei Gastemperaturen von 1600 bis 1800° C und Verwendung von Drähten von nur 0,025 mm Durchmesser durch die Abstrahlung eine Temperaturdifferenz von 180 bis 200° C zwischen Draht und Gas als Folge der Abstrahlung auftreten kann. Jedoch ist es bei stationären Flammen möglich, zu exakten Temperaturmessungen zu kommen, indem man dem in die Flamme eingebrachten Draht durch elektrische Heizung gerade soviel Energie zuführt als er abstrahlt[2, 3]. Praktisch geschieht das entweder so, daß man die abgestrahlte Energie direkt mißt (z. B. mit einem Bolometer); man trägt dann graphisch die abgestrahlte Energie als Funktion der ebenfalls gemessenen Temperatur des Drahtes auf, wenn der Draht einmal stromlos ist und dann durch verschiedene elektrische Energien auf verschiedene, gemessene, höhere Temperaturen erhitzt wird. Die dem Draht zugeführte elektrische Energie (bzw. die Stromstärke $i$ innerhalb einer Versuchsreihe als Maß der Energie) wird ebenfalls als Funktion der Drahttemperatur aufgetragen (Abb. 152). Bei einer gewissen Temperatur $T_1$ schneiden sich beide Kurven. Hier ist die abgestrahlte gleich der elektrisch zugeführten Energie und infolgedessen muß diese Temperatur gleich der Flammentemperatur sein; denn wir haben angenommen, daß der Draht nur durch Strahlung Energie abgibt; wird diese Energieabgabe aber gerade durch elektrische Heizung gedeckt, so tauscht der Draht überhaupt keine Energie mit der umgebenden Flamme aus, folglich haben beide gleiche Temperatur. Die Bestimmung der vom Draht abgestrahlten Energie kann man vermeiden, wenn man folgendermaßen verfährt[4]: Man trägt einmal, wie oben, die Temperatur des Drahtes in der Flamme bei verschiedenen Heizstromstärken auf. Die von dem Draht durch Strahlung emittierte Energie

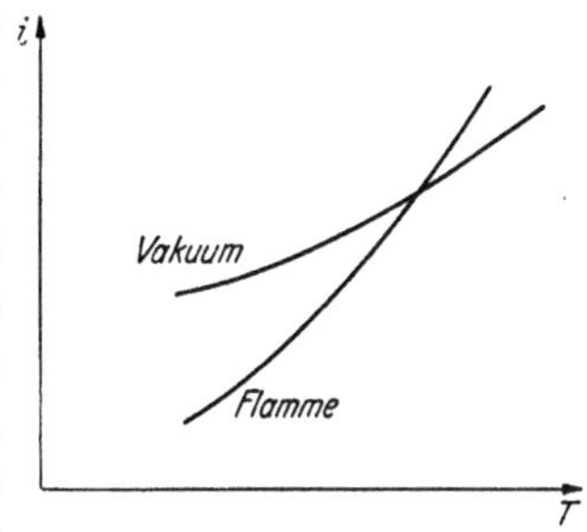

Abb. 152.

[1] HOPKINSON: Proc. roy. Soc., Lond. A Bd. 77 (1906) S. 387.

[2] SCHMIDT, H.: Ann. Phys., Lpz. Bd. 29 (1909) S. 1027. — KOHN, H.: Ann. Phys., Lpz. (4) Bd. 44 (1914) S. 749.

[3] Wir setzen also voraus, daß die Versuchsbedingungen so gewählt sind, daß Wärmeverlust durch Leitung durch den Draht ausgeschlossen ist.

[4] LOOMIS, A. G. u. G. ST. J. PERROT: Industr. Engng. Chem. Bd. 20 (1928) S. 1004. — GRIFFITH, E. u. J. H. AWBERY: Proc. roy. Soc., Lond. A Bd. 123 (1929) S. 401. Vgl. dazu auch: B. LEWIS u. G. v. ELBE: Phil. Mag. (7) Bd. 20 (1935) S. 44. — Chem. Rev. Bd. 21 (1937) S. 413. — LEWIS, B. u. G. v. ELBE: Combustion.

erhält man (unter der Voraussetzung, daß Leitungsverluste zu vernachlässigen sind), indem man den gleichen Draht im Vakuum erhitzt, und seine Temperatur als Funktion der Heizenergie (bzw. der Heizstromstärke) aufträgt; offenbar müssen unter diesen Voraussetzungen zugeführte elektrische Energie und abgestrahlte Energie identisch sein. Trägt man also Heizenergie des Drahtes im Vakuum und in der Flamme als Funktion der Drahttemperatur auf, so muß man genau dieselben Kurven wie in Abb. 152 bekommen, deren Schnittpunkt wiederum die wahre Flammentemperatur angibt. Die Temperatur des Drahtes selbst, sofern man ihn nicht als Thermoelement oder Widerstandsthermometer ausgebildet hat, mißt man am bequemsten mit einem optischen Pyrometer.

Die meisten sonstigen Methoden zur Bestimmung von Flammentemperaturen machen von Strahlungseigenschaften Gebrauch. Nach dem KIRCHHOFFschen Gesetz gilt für jeden Körper, daß das Verhältnis von Emissionsvermögen zu Absorptionsvermögen konstant, und zwar gleich dem Emissionsvermögen des schwarzen Körpers von der gleichen Temperatur ist. Bringt man z. B. vor einen schwarzen Körper ein heißes absorbierendes Gas, so wird die Strahlung des schwarzen Körpers durch das Gas hindurch dann unverändert erscheinen, wenn Gas und schwarzer Körper die gleiche Temperatur haben; denn dann absorbiert das heiße Gas genau so viel Strahlung als es wieder emittiert. Als Methode zur Temperaturmessung läßt sich dies am einfachsten bei selektiv absorbierenden Stoffen (denken wir etwa Na-Dampf) ausbilden: Bringen wir kalten Na-Dampf in den Strahlenweg eines schwarzen Körpers und beobachten die Strahlung in einem Spektroskop, so sehen wir an der Stelle der $D$-Linie eine dunkle Absorptionslinie; erhitzen wir den Dampf so weit, daß er gerade die Temperatur des schwarzen Körpers hat, so muß nach den obigen Überlegungen die dunkle Absorptionslinie eben verschwinden; erhitzt man den Dampf noch weiter, so wird sich die $D$-Linie als helle Linie auf dem Untergrund des kontinuierlichen Spektrums des schwarzen Körpers abheben. Hat man umgekehrt einen heißen Dampf unbekannter Temperatur, so wird man die Temperatur des schwarzen Körpers variieren; solange dessen Temperatur niederer als die des Gases ist, beobachtet man die helle Emissionslinie des Gases, ist die Temperatur des schwarzen Körpers höher, so beobachtet man die dunkle Absorptionslinie. Die Temperatur des schwarzen Körpers, bei der gerade die Umkehr der Linie eintritt, ist offenbar die Temperatur des Gases. Diese Methode der Linienumkehr stammt von KURLBAUM und FÉRY[1]. Sie ist seitdem vielfach benutzt worden und liefert, unter einwandfreien Verhältnissen angewandt, sehr zuverlässige Resultate (vgl. H. KOHN, zitiert S. 217). Da die Flammengase im allgemeinen im

[1] KURLBAUM, F.: Phys. Z. Bd. 3 (1902) S. 332. — KURLBAUM, F. u. G. SCHULZE: Ber. dtsch. phys. Ges. Bd. 5 (1903) S. 428. — FÉRY: C. R. Acad. Sci., Paris Bd. 137 (1903) S. 909.

Sichtbaren kaum absorbieren, so pflegt man diesen absorbierende Dämpfe zuzusetzen, z. B. Alkalimetalle, insbesondere Natrium. Sofern der Dampf nur die Temperatur der Flamme angenommen hat und die zugesetzte Menge so klein bleibt, daß sie die Flammentemperatur nicht beeinflußt, spielt die Natur des zugesetzten Dampfes keine Rolle. Es kommt auch nicht auf seine Konzentration oder die im Strahlengang angewandte Schichtdicke an, da sich mit diesen Emissions- und Absorptionsvermögen in gleicher Weise ändern. Von KOHN (zitiert S. 217) wurde experimentell verifiziert, daß es auf die Dichte des leuchtenden Dampfes nicht ankommt, indem diese im Verhältnis 1 : 2000 variiert wurde; ebenso wurde gezeigt, daß man bei Zusatz verschiedener Salze die gleiche Flammentemperatur ermittelt. Fehler treten auf, wenn die Temperatur in der „gefärbten" Gasschicht in der Strahlenrichtung nicht konstant ist. Ist etwa die gesamte Gasmasse eines Bunsenbrenners gefärbt, so werden die äußeren kälteren Teile bei der Temperaturmessung mitwirken und eine zu niedere Temperatur finden lassen; färbt man nur den inneren Teil, so findet man eine entsprechend höhere Temperatur. Ferner setzt die Anwendung der Methode voraus, daß man es wirklich mit Wärmestrahlung (im Gegensatz zu Chemilumineszenz, s. S. 233) zu tun hat[1]. Daß man es in der Brennzone selbst mit reiner Wärmestrahlung zu tun hat, ist nicht sehr wahrscheinlich, zumindest in Einzelfällen gibt es direkte Beweise für das Gegenteil (s. S. 233); bei praktischer Temperaturmessung nach der Linienumkehrmethode mißt man aber nicht die Temperatur in der Brennzone, sondern die der heißen Gase in einem gewissen Abstand über der Brennfläche, in welchen also keine wesentliche Reaktion mehr auftritt und wo die Voraussetzungen für Temperaturstrahlung viel eher gegeben sind. Trotzdem wird man im allgemeinen gut tun, sich über die Voraussetzungen der Methode Gewißheit zu verschaffen, indem man entweder die Temperatur unabhängig noch nach einer anderen Methode bestimmt, etwa mittels einer Drahtsonde (s. o.), oder indem man mit verschiedenen färbenden Zusätzen arbeitet (z. B. Na und Li). Eine kritische Zusammenstellung derartiger Werte nach BONHOEFFER bringen wir unten. Statt die Linienumkehr zu benutzen, kann man auch direkt Emissions- und Absorptionsvermögen der Flamme bestimmen und daraus die Temperatur berechnen; praktisch muß man dazu die ultrarote Strahlung (z. B. $CO_2$-Banden) der Flamme benutzen (da die Strahlung und Absorption im Sichtbaren und

---

[1] Für die experimentelle Technik und Diskussion der Methode sei besonders verwiesen auf F. HENNING u. C. TINGWALDT: Z. Phys. Bd. 48 (1928) S. 805. — LEWIS, B. u. G. v. ELBE: Phil. Mag. (7) Bd. 20 (1935) S. 44. — Chem. Rev. Bd. 21 (1937) S. 421. — JONES, G. W., B. LEWIS, J. B. FRIAUF u. G. ST. J. PERROT: J. Amer. chem. Soc. Bd. 53 (1931) S. 869. — LOOMIS, A. G. u. G. ST. J. PERROT: Industr. Engng. Chem. Bd. 20 (1928) S. 1004. — LEWIS, B. u. G. v. ELBE: Engineering, Febr. 1935. Für eine kritische Diskussion vgl. K. F. BONHOEFFER: Z. Elektrochem. Bd. 42 (1936) S. 449.

Ultravioletten zu schwach ist). Handelt es sich um reine Temperaturstrahlung, so muß man aus Emissions- und Absorptionsvermögen bei verschiedenen Wellenlängen die gleiche Temperatur erhalten, die mit nach anderen Methoden gewonnenen Temperaturen übereinstimmt. Auch hierfür sind in der folgenden Zusammenstellung nach BONHOEFFER Beispiele enthalten.

Wo sich die Linienumkehrmethode anwenden läßt, empfiehlt sie sich durch ihre Einfachheit. Als Lichtquelle benutzt man praktisch (statt des schwarzen Körpers) meist eine Wolframbandlampe; da das Emissionsvermögen des Wolframs als Funktion von Wellenlänge und Temperatur bekannt ist, sind damit alle Größen für die Temperaturberechnung vorhanden, wenn man noch die Temperatur des Wolframs mit einem Pyrometer mißt[1]. Die Zusammenstellung in Tabelle 42 läßt erkennen, daß die Linienumkehrmethode, mit der notwendigen Vorsicht angewandt, jedenfalls zufriedenstellende Werte liefert.

Tabelle 42. Optische Temperaturmessungen an Flammen. (Nach BONHOEFFER.)

| Flammenart | Methode | Wellenlänge | $T$ gem. | $T$ nach anderen Methoden | Bemerkungen |
|---|---|---|---|---|---|
| Mékerbrenner (Leuchtgas) | $E/A$ Best.<br>$E/A$ Best. | 4,39 $\mu$<br>3,00 $\mu$ | 1639<br>1670 | 1640° (Pyrometrie einer Drahtsonde | Mit zwei Brennern zur Erhöhung der Absorption[2] |
| Mékerbrenner (Leuchtgas) | KURLBAUM-FÉRY | D-Linie (Auch K, Li, Tl) | zwischen 1500 und 1800° abs. | Pyrometrie einer Drahtsonde $\pm$ 10° Übereinstimmung | Nachdruck aus Übereinstimmung zwischen Umkehrtemperatur und Flammentemperatur; nicht auf Absolutwert der Flammentemperatur[3] |
| Bunsenflamme | KURLBAUM-FÉRY | D-Linie | 1981° | 1978° (mit Li nach der gleichen Methode) | Salzfärbung über dem Innenkegel[4] |
| Acetylen-Sauerstoff-Schweißbrenner | KURLBAUM-FÉRY | Li-Linie | 2850° abs. | 2780° (aus Ultrarotstrahlung 4,39 $\mu$) | Höhe 30 mm über Brennerrand (heißeste Stelle 3100°)[4] |
| Mékerbrenner (Abart) (Leuchtgas) | KURLBAUM-FÉRY | D-Linie | 1750° | 1770° (Pyrometrie einer geheizten Drahtsonde) | Variation des Mischungsverhältnisses Gas: Luft[5] |

[1] Für Einzelheiten der Messung und Berechnung vgl. LEWIS u. v. ELBE: Combustion.

[2] SCHMIDT, H.: Ann. Phys., Lpz. Bd. 29 (1909) S. 998.

[3] KOHN, H.: Ann. Phys. Bd. 44 (1914) S. 749.

[4] HENNING, F. u. C. TINGWALDT: Z. Phys. Bd. 48 (1928) S. 805.

[5] LOOMIS, A. G. u. G. ST. J. PERROT: Industr. Engng. Chem. Bd. 29 (1928) S. 1004.

Tabelle 42 (Fortsetzung).

| Flammenart | Methode | Wellenlänge | T gem. | T nach anderen Methoden | Bemerkungen |
|---|---|---|---|---|---|
| Mékerbrenner (Leuchtgas) | KURLBAUM-FÉRY | D-Linie | 1730° | 1736 (mit Li nach der gleichen Methode) | |
| | | D-Linie | 1883 | 1877<br>1886 | Drahtdicke der Sonde 0,5<br>0,2 mm[1] |
| Mékerbrenner Wasserstoff-Luft | KURLBAUM-FÉRY | D-Linie | 2045° | 2047° | Ber. ohne Strahlungskorrektur[2] |
| Kohlenoxyd-Luft | KURLBAUM-FÉRY | D-Linie | 1955° (1985) | 2082 | |
| Methan-Luft | KURLBAUM-FÉRY | D-Linie | 1820° | 1844° | |
| Benzinmotor | $E/A$ Best. | Quarzdurchlässiges Ultrarot | 2800° abs. | 2750° abs. | Gute Übereinstimmung nur bei best. Mischungsverhältnis Benzin-Luft[3] |
| Benzinmotor | D-Umkehr KURLBAUM-FÉRY | D-Linie | 2310° | 2373° (Ultrarot) Emissions-Best. Absorption[4] | |
| Kohlenoxyd-Sauerstoff-Explosion | KURLBAUM-FÉRY | D-Linie | | | Übereinstimmung nur beim stöchiometrischen Gemisch $CO : O_2$[5] |

Wegen Messung von Gastemperaturen sei noch besonders auf HASE[6] verwiesen.

Weitere Messungen von Flammentemperaturen vgl.[7].

DAVID und Mitarbeiter[8] haben wiederholt aus ihren Versuchen geschlossen, daß die verbrannten Gase bei Explosionen noch beträchtliche

[1] GRIFFITH, E. u. J. H. AWBERY: Proc. roy. Soc., Lond. A Bd. 123 (1929) S. 401.

[2] JONES, LEWIS, SEAMAN nach B. LEWIS u. G. v. ELBE: Phil. Mag. (7) Bd. 20 (1935) S. 44.

[3] HERSHEY, A. E.: Industr. Engng. Chem. Bd. 24 (1932) S. 867.

[4] HERSHEY, A. E. u. R. F. PATON: Phys. Rev. Bd. 40 (1932) S. 1053.

[5] DAVID: Nature, Lond. Bd. 135 (1935) S. 471. — DAVID u. JORDAN: Phil. Mag. Bd. 18 (1934) S. 228.

[6] HASE, R.: Verfahren und Fehler bei Gastemperaturmessungen. Z. VDI Bd. 81 (1937) S. 571, mit ausführlichen Literaturangaben.

[7] KAVELER, H. H. u. B. LEWIS: Chem. Rev. Bd. 21 (1937) S. 421. — ELBE, G. v. u. B. LEWIS: Chem. Rev. Bd. 21 (1937) S. 413.

[8] DAVID, W. T. u. DAVIES: Phil. Mag. (7) Bd. 9 (1930) S. 402. — DAVID, W. T., DAVIES u. J. JORDAN: Phil. Mag. Bd. 12 (1931) S. 1034. — DAVID u. J. JORDAN: Phil. Mag. Bd. 17 (1934) S. 172; Bd. 18 (1934) S. 228. — Nature, Lond. Bd. 135 (1935) S. 470. — DAVID: Phil. Mag. (7) Bd. 20 (1935) S. 65. — Nature, Lond.

Mengen „latenter Energie" enthalten (also nicht-thermische Energie) und sie haben ferner gegen die Anwendbarkeit der Linienumkehrmethode zu Temperaturmessungen grundsätzliche Einwendungen gemacht. Zwar ist aus den schon erwähnten Gründen Vorsicht bei der Anwendung der Methode geboten, besonders wenn man sie auf eine Brennzone anwendet, in welcher eine nicht-thermische Strahlung emittiert werden kann, und man wird gut tun, immer die Voraussetzungen für ihre Anwendung zu prüfen; trotzdem sind die Einwendungen von DAVID im allgemeinen nicht stichhaltig und man wird in ihrer Beurteilung und in der Ablehnung einer „latenten Energie" im wesentlichen die Stellungnahme von LEWIS und v. ELBE[1] akzeptieren dürfen[2].

## 2. Berechnung maximaler Flammentemperaturen.

Die Berechnung der Maximaltemperatur von Flammen ergibt sich bei bekannten Wärmekapazitäten der Reaktionsprodukte und bekannter Reaktionswärme einfach aus dem Ausdruck für die Erhaltung der Energie: Ist $T_0$ die Ausgangstemperatur, $T_e$ die Maximaltemperatur, $\bar{c}$ die mittlere Wärmekapazität der Reaktionsprodukte und $W_r$ die bei $T_0$ freiwerdende Reaktionswärme, so gilt offenbar:

$$\bar{c}\,(T_e - T_0) = W_r, \tag{1}$$

woraus bei bekanntem $W_r$, $\bar{c}$ und $T_0$ sofort $T_e$ folgen würde. Für die praktische Berechnung ist aber folgendes zu berücksichtigen: da die Wärmekapazität $c$ eine Temperaturfunktion ist, so ist die mittlere spezifische Wärme $\bar{c}$ zwischen $T_0$ und $T_e$ definiert durch:

$$\bar{c} = \frac{\int_{T_0}^{T_e} c\,dT}{T_e - T_0}; \tag{2}$$

sie ist also erst bekannt, wenn $T_e$ bekannt ist, man kann $T_e$ also nur durch Probieren bestimmen[3]. Ferner ist $W_r$ die tatsächliche Reaktionswärme; d. h. etwa bei der Reaktion:

$$2\,H_2 + O_2 = 2\,H_2O + W_0, \tag{3}$$

Bd. 138 (1936) S. 930. — Phil. Mag. (7) Bd. 21 (1936) S. 280. — DAVID u. S. LEAH: Phil. Mag. Bd. 22 (1936) S. 513. — DAVID: Nature, Lond. Bd. 139 (1937) S. 67, 289. — Phil. Mag. (7) Bd. 23 (1937) S. 251, 345. — Engineering Bd. 138 (1934) S. 475.

[1] LEWIS, B. u. G. v. ELBE: Engineering Bd. 139 (Febr. 1935). — Phil. Mag. (7) Bd. 20 (1935) S. 44, sowie Combustion.

[2] Anmerkung bei der Korrektur: Neuere Messungen von H. G. WOLFHARD [Z. Phys. Bd. 112 (1939) S. 107] haben, wie an sich zu erwarten, ergeben, daß die Energieverteilung innerhalb der C-C-Banden nicht die wahre Flammentemperatur ergibt; die daraus ermittelten Temperaturen liegen zu hoch. Es spricht ja auch alles dafür, daß die Swanbanden innerhalb der Brennzone eine Chemilumineszenz sind, vgl. S. 233.

[3] Sofern man $c$ nicht durch einen Potenzansatz darstellt, der unmittelbar zu integrieren ist.

wo $W_0$ die für den Formelumsatz frei werdende Reaktionswärme bedeutet, ist $W_r$ nicht identisch mit $W_0$. Denn bei der Knallgasexplosion tritt ja keine vollständige Umsetzung ein, sondern es wird ein Gleichgewicht erreicht; die freiwerdende Wärme ist also nur der Bruchteil $\eta$ von $W_0$, der dem tatsächlichen Umsetzungsgrad $\eta$ entspricht. Außerdem dissoziiert aber noch ein Teil des gebildeten Wassers nach:

$$H_2O \rightleftarrows {}^1/_2 H_2 + OH - W_1, \tag{4}$$

sowie ein Teil des $H_2$ nach

$$H_2 \rightleftarrows 2\,H - W_2 \tag{5}$$

und ein (geringerer) Bruchteil des $O_2$ nach

$$O_2 \rightleftarrows 2\,O - W_3. \tag{6}$$

Alle drei Dissoziationsreaktionen sind endotherm, die dafür aufzuwendende Dissoziationswärme ist noch von $\eta\,W_0$ abzuziehen, wenn man die tatsächliche Reaktionswärme $W_r$ erhalten will. Auch zur Berechnung der Gleichgewichte (3) bis (6) muß man die Flammentemperatur bereits kennen; man kann also wieder nur durch Probieren zum Ziel gelangen.

Die zur Berechnung notwendigen spezifischen Wärmen und Gleichgewichtskonstanten darf man heute für alle interessierenden Fälle als bekannt voraussetzen. Für die spezifischen Wärmen wird man die aus spektroskopischen Daten berechneten Werte annehmen können, für die Berechnung der auftretenden Gleichgewichte können ebenfalls weitgehend aus spektroskopischen Daten abgeleitete Konstanten benutzt werden. Die Berechnung der Gleichgewichte hat an sich nach dem NERNSTschen Theorem bzw. einer der daraus abgeleiteten Näherungsformeln zu erfolgen. Es erübrigt sich, an dieser Stelle auf die Berechnung einzugehen, schon aus dem Grunde, weil für alle bei Verbrennungsvorgängen in Frage kommenden Reaktionen die Resultate der Berechnung mit hinreichender Genauigkeit in der Literatur tabelliert vorliegen und eine Wiederholung der Rechnungen im Einzelfall unrationell wäre. Bei den Verbrennungsprozessen handelt es sich normalerweise um C- und H-Verbindungen; als Reaktionsprodukte der Verbrennung treten dabei auf: CO, $CO_2$, $H_2$, $H_2O$, $O_2$ und deren Dissoziationsprodukte, daneben Luftstickstoff, außerdem (mit Luft) NO. Will man also die maximale Verbrennungstemperatur irgendeiner Kohlenstoff-Wasserstoff-Sauerstoff-Verbindung berechnen, so braucht man nur die spezifischen Wärmen der obigen Verbindungen und ihrer Dissoziationsprodukte, die Gleichgewichtskonstanten der einzelnen Reaktionen und die Wärmetönung der Verbrennung bei Normalbedingungen zu kennen. Die spezifische Wärme der Ausgangssubstanz braucht man nur dann in einem beschränkten Temperaturintervall zu kennen, wenn die Wärmetönung der Reaktion bei der Ausgangstemperatur nicht bekannt ist und erst nach dem KIRCHHOFFschen Satz darauf umgerechnet werden muß. Ist

$W$ die Reaktionswärme, $c_0$ die Wärmekapazität der Ausgangsstoffe, $c$ die der Endprodukte, so gilt:

$$\frac{\partial W}{\partial T} = c_0 - c \tag{1}$$

und daraus durch Integration

$$W^T = W^\circ + \int_0^T (c_0 - c)\, dT, \tag{2}$$

wenn $W^T$ die Reaktionswärme bei der Temperatur $T$, $W^\circ$ die bei der Ausgangstemperatur $T_0$ bezeichnet. Wir haben bei allen Formeln bisher noch nicht festgelegt, unter welchen Bedingungen $c$, $W$ usw. gemessen sein sollen. Für die meisten Anwendungen handelt es sich um Umsetzungen bei konstantem Druck; dann ist die Wärmetönung bei konstantem Druck, $W_p$, zu nehmen, entsprechend die spezifischen Wärmen bei konstantem Druck $c_p$, und bei der Berechnung der Gleichgewichte die Gleichgewichtskonstanten $K_p$. Bei der Reaktion

$$nA + mB + \ldots = qD + rE + \ldots \tag{3}$$

ist $K_p$ definiert durch:

$$\frac{[p_A]^n\,[p_B]^m \ldots}{[p_D]^q\,[p_E]^r \ldots} = K_p, \tag{4}$$

wo $p_A$ den Partialdruck der Komponente $A$ usw. bedeutet. Bei der Explosion in Bomben, wo das Gesamtvolumen konstant ist, würde, falls das gesamte Gemisch gleichmäßig abbrennen würde, die Reaktion bei konstanten Volumen ablaufen; es wäre dann also mit $c_v$, $W_v$ und $K_c$, wo $K_c$ die in den Konzentrationen (= reziproken Molvolumina) geschriebene Gleichgewichtskonstante bedeutet, $K_c$ also aus $K_p$ hervorgeht, wenn man die Partialdrucke nach der Gasgleichung ($v_A = \frac{1}{c_A}$ usw.) durch die Konzentrationen ausdrückt:

$$p_A = c_a RT = [A] \cdot RT. \tag{5}$$

Wenn die Reaktion unter Änderung der Molzahl verläuft, so bleibt nach dieser Substitution noch eine Potenz von $RT$ übrig, um die sich $K_c$ von $K_p$ unterscheidet. Wie wir in Kap. IV, S. 152 erwähnt hatten, erhält man (mit der Annahme, daß die ganze Ladung bei konstantem Volumen verbrennt) so den Maximaldruck im allgemeinen auf einige zehntel Prozente genau, obwohl in Wirklichkeit keine konstante Temperatur in der Bombe im Augenblick der Vollendung der Verbrennung herrscht, sondern ein ziemlich starkes Temperaturgefälle von innen nach außen. Für die ebenda besprochene exaktere Berechnung des Endzustandes ist bei jeder elementaren Schicht die Verbrennungstemperatur bei konstantem Druck (nicht Volumen!) zu berechnen, wobei die durch die Expansion des bereits verbrannten Anteils bewirkte Kompression die Temperatur vor der Zündung der Schicht bereits heraufgesetzt hat, und wobei durch die Kompressionswirkung des verbrennenden Restes der Ladung die Temperatur des vorher Verbrannten nochmals erhöht wird.

Zahlenwerte für die spezifischen Wärmen usw. findet man in den Tabellenwerken[1], ferner in dem Sammelreferat von ZEISE[2], sowie bei JUSTI[3].

**Beispiel.** Berechnung der Maximaltemperatur einer bei Atmosphärendruck brennenden Flamme aus $2\,CO + O_2$; die Ausgangstemperatur der Gase sei 25° C. Die Reaktionswärme beträgt bei vollständiger Umsetzung bei 25° $\sim$ 68,1 kcal pro Mol verbranntes CO. Für die Berechnung benutzen wir die JUSTIschen Tabellen. Danach ist die Enthalpiedifferenz des Kohlendioxyds bei der höchsten, tabellierten Temperatur von 3000° C $\sim$ 40,3 kcal/Mol. Unter Vernachlässigung der Dissoziation würde man also eine weit über 3000° C liegende Flammentemperatur erwarten. Da aber bei 3000° C nach den ebenfalls bei JUSTI zu findenden Angaben bereits in der Gegend von 50% Dissoziation nach

$$CO_2 \rightleftarrows CO + {}^1/_2\,O_2 - W_0$$

eingetreten wäre, also effektiv nur etwa die Hälfte der Reaktionswärme frei würde, so muß die tatsächlich erreichte Temperatur entsprechend niedriger liegen. Wir wollen daher versuchsweise mit $T = 3000°$ abs. $= 2727°$ C rechnen. Für diese Temperatur entnimmt man aus den Tabellen:

$$K_p^I = \frac{p_{CO} \cdot p_{O_2}^{1/2}}{p_{CO_2}} = 0{,}335.$$

Da wir Atmosphärendruck voraussetzen, $p_{CO} + p_{O_2} + p_{CO_2} = 1$ at, und da ferner $p_{CO} = 2\,p_{O_2}$, also $p_{CO_2} = 1 - 3\,p_{O_2}$, so wird:

$$\frac{2\,p_{O_2}^{3/2}}{1 - 3\,p_{O_2}} = 0{,}335,$$

also $p_{O_2} \cong 0{,}1805$, wie man am schnellsten durch Probieren ermittelt, folglich $p_{CO} = 0{,}361$, $p_{CO_2} = 0{,}458$ at. Der Umsatzgrad $\eta$, das Verhältnis von gebildetem $CO_2$ zu ursprünglich vorhandenem CO wird:

$$\eta = \frac{p_{CO_2}}{p_{CO_2} + p_{CO}} = 0{,}559.$$

Damit wird die effektive Wärmetönung $W_r = \eta\,W_0 = 38{,}1$ kcal. Mit dem obigen Wert von $\eta$ sind aus 1 Mol CO und $^1/_2$ Mol $O_2$ geworden:

$$0{,}559 \text{ Mol } CO_2, \quad 0{,}441 \text{ Mol } CO \quad \text{und} \quad 0{,}22 \text{ Mol } O_2.$$

Die Summe der Enthalpiedifferenzen dieser Stoffe zwischen 25° und 2727° C wird: $20{,}24 + 9{,}85 + 5{,}16 = \mathit{35{,}25}$ kcal. Wir haben nun aber noch eine Korrektur vergessen. Für 3000° abs. finden wir für die Reaktion

$$O_2 \rightleftarrows 2\,O - 117 \text{ kcal}$$

$$K_p^{II} = \frac{p_O^2}{p_{O_2}} = 1{,}4 \cdot 10^{-2}.$$

Würde der Sauerstoffpartialdruck (von Atomen + Molekeln) konstant auf 0,181 at gehalten, so ergäbe sich hieraus ein Dissoziationsgrad des Sauerstoffs von $\sim 0{,}12$, also (nur als erste Abschätzung), da noch 0,22 Mol $O_2$ mit einer Dissoziationswärme

---

[1] Z. B. LANDOLT-BÖRNSTEIN.

[2] ZEISE, H.: Z. Elektrochem. Bd. 39 (1933) S. 758, 895; Bd. 40 (1934) S. 662, 885.

[3] JUSTI, E.: Spezifische Wärme, Enthalpie, Entropie, Dissoziation technischer Gase. Berlin: Julius Springer 1938.

von 117 kcal vorhanden waren: es wäre ein Energiebetrag von $\sim 0{,}22 \cdot 0{,}12 \cdot 117$ kcal $= 3{,}1$ kcal aufzuwenden, um den $\eta\, W_0$ zu verringern wäre. Die angenommene Temperatur von 2727° C war also noch ein wenig zu hoch, und wir wiederholen daher die Rechnung für 2720° C = 2993° abs., indem wir nun von vornherein die $O_2$-Dissoziation mit einführen.

Bei 2993° abs. ist (wie man durch Interpolieren, am besten graphisch durch Auftragen von $\log K_p$ gegen $1/T$ unter Verwendung von logarithmisch-hyperbolischem Koordinatenpapier ermittelt):

$$K_p^I = \frac{p_{CO} \cdot p_{O_2}^{1/2}}{p_{CO_2}} = 0{,}32; \qquad K_p^{II} = \frac{p_O^2}{p_{O_2}} = 1{,}37 \cdot 10^{-2};$$

$$p_O = 0{,}117\,\sqrt{p_{O_2}}\,.$$

Es muß weiter sein:

$$p_{CO} + p_{CO_2} + p_{O_2} + p_O = 1 \text{ at}; \qquad 2\,p_{O_2} + p_O = p_{CO};$$

$$p_{CO} = 2\,p_{O_2} + 0{,}117\,\sqrt{p_{O_2}}\,;$$

$$p_{CO_2} = 1 - 3\,p_{O_2} - 0{,}234\,\sqrt{p_{O_2}}\,.$$

Daher

$$\frac{2\,p_{O_2}^{3/2} + 0{,}117\,p_{O_2}}{1 - 3\,p_{O_2} - 0{,}234\,\sqrt{p_{O_2}}} = 0{,}32 = K_p^I\,.$$

$$p_{O_2} = 0{,}156; \qquad p_O = 0{,}046; \qquad p_{CO} = 0{,}358; \qquad p_{CO_2} = 0{,}440 \text{ at}.$$

Der Bildungsgrad des $CO_2$ ist also:

$$\eta = \frac{0{,}44}{0{,}44 + 0{,}358} = 0{,}552$$

und der Dissoziationsgrad des Sauerstoffes:

$$\alpha = \frac{{}^1\!/_2\,p_O}{p_{O_2} + {}^1\!/_2\,p_O} = 0{,}128\,.$$

Die effektive Wärmetönung wird:

$$W_r = \eta \cdot 68{,}1 - \alpha(1 - \eta) \cdot 0{,}5 \cdot 117 = \mathit{34{,}25}\text{ kcal}.$$

Es sind noch vorhanden (Mole):

$O_2$ : 0,196; CO : 0,450; $CO_2$ : 0,552 und O : 0,058;

die Summe von deren Enthalpiedifferenzen zwischen 25 und 2720° wird:

$$20{,}20 + 10{,}14 + 4{,}64 + 0{,}78 = \mathit{35{,}76}\text{ kcal}.$$

Die Temperatur war also immer noch etwas zu hoch angenommen. Wir wiederholen die Rechnung für 2700° C = 2973° abs. und finden

$$K_p^I = 0{,}295; \qquad K_p^{II} = 1{,}20 \cdot 10^{-2}.$$

$$p_{O_2} = 0{,}152; \qquad p_O = 0{,}043; \qquad p_{CO} = 0{,}347; \qquad p_{CO_2} = 0{,}458.$$

$$\eta = 0{,}569; \qquad \alpha = 0{,}124;$$

$$W_r = 38{,}8 - 3{,}12 = \mathit{35{,}68}\text{ kcal}.$$

| Die Molzahlen betragen: | $CO_2$ | CO | $O_2$ | O |
|---|---|---|---|---|
| | 0,569 | 0,431 | 0,188 | 0,053 |

und die Summe der Enthalpiedifferenzen hierfür zwischen 25 und 2700°:

$$20{,}8 + 9{,}70 + 4{,}45 + 0{,}71 = \mathit{35{,}66}\text{ kcal},$$

in hinreichender Übereinstimmung mit $W_r$. 2700° C darf also hinreichend genau als die Maximaltemperatur angesehen werden. In anderen Fällen ist die Rechnung analog durchzuführen, nur sind in Gegenwart von Wasserstoff auch noch die

Dissoziationsgleichgewichte des Wasserdampfes und Wasserstoffes zu berücksichtigen, sowie das Wassergasgleichgewicht, in Luft das NO-Gleichgewicht.

Es ist an sich möglich, die in die Rechnung eingehenden Größen durch Potenzansätze zu approximieren und damit die Temperaturberechnung direkt, ohne Probieren, auszuführen[1]. Bei Vorliegen geeigneter Tabellen, wie z. B. der JUSTIschen, dürfte die Probiermethode bei geschickter Anwendung aber die bequemere sein.

## 3. Spektroskopische Untersuchungen an Flammen[2].

In Flammen von Wasserstoff und Sauerstoff oder Luft beobachtet man immer ein intensives Bandenspektrum im Ultraviolett, mit der stärksten Banden bei 3064 Å, das dem Radikal OH zukommt (Abb. 153); diese Banden beobachtet man außerdem in sämtlichen Flammen wasserstoffhaltiger Verbindungen sowie von feuchtem CO, außer bei sehr hohen Drucken[3]; über die Rolle, die dem Radikal OH bei der $H_2$ (und CO) Verbrennung wahrscheinlich zukommt (vgl. Kap. IX). Unter besonderen Bedingungen kann man auch noch ein langwelligeres im Sichtbaren gelegenen Spektrum einer $O_2$-$H_2$-Flamme beobachten. KITAGAWA[4] ließ eine Sauerstoffflamme in einer Wasserstoffatmosphäre brennen und erhielt ein Spektrum, das von 5500 bis 7000 Å reichte; eine Anzahl der Banden fielen zusammen mit Banden, die man in Wasserdampf bei 144° C in einem 8 m langen Absorptionsrohr bei einem Dampfdruck von 4 at beobachten kann. Deshalb wurde das Spektrum als Rotations-Schwingungsspektrum des Wassermoleküls gedeutet; ob diese Zuordnung stimmt, werden wohl erst weitere Untersuchungen zeigen können.

Im nahen Ultraroten gibt Wasserdampf eine besonders intensive Bande bei 2,7 $\mu$, die auch in Absorption auftritt. Übrigens kann man auch die OH-Banden in Absorption erhalten, und bei unter hohem Druck brennenden Knallgasflammen kann die Bande bei 3064 unter Umständen Selbstumkehr zeigen.

Die Tatsache, daß das Emissionsspektrum eines bestimmten Radikals, hier des OH, in der Verbrennung beobachtet wird, ist noch kein Beweis dafür, daß dieses Radikal bei der Verbrennung eine besondere Rolle spielt, legt es aber nahe, durch besondere Untersuchungen die Rolle dieses Radikals für die chemische Reaktion festzustellen. Dabei hat sich ergeben, daß im Falle des OH-Radikals kaum ein Zweifel über seine Beteiligung bei der Verbrennung aufkommen kann. KONDRATJEW[5] hat

[1] ZEISE, H.: Feuerungstechn. Bd. 26 (1938) S. 145, 278.

[2] Vgl. hierzu K. F. BONHOEFFER: Z. Elektrochem. Bd. 42 (1936) S. 449.

[3] BONE, W. A. u. F. G. LAMONT: Proc. roy. Soc., Lond. A Bd. 144 (1934) S. 250.

[4] KITAGAWA, T.: Proc. imp. Acad. Tokio Bd. 12 (1936) S. 281. — Rev. phys. Chem. Japan Bd. 10 (1936) S. 317.

[5] KONDRATJEW, V. u. M. ZISKIN: Acta Physicochim. Bd. 5 (1936) S. 301; Bd. 6 (1937) S. 307; Bd. 7 (1937) S. 65. — AVRAMENKO, L. u. V. KONDRATJEW: Acta Physicochim. Bd. 7 (1937) S. 567. — KONDRATJEW, V.: Acta phys. polon. Bd. 5 (1936) S. 65.

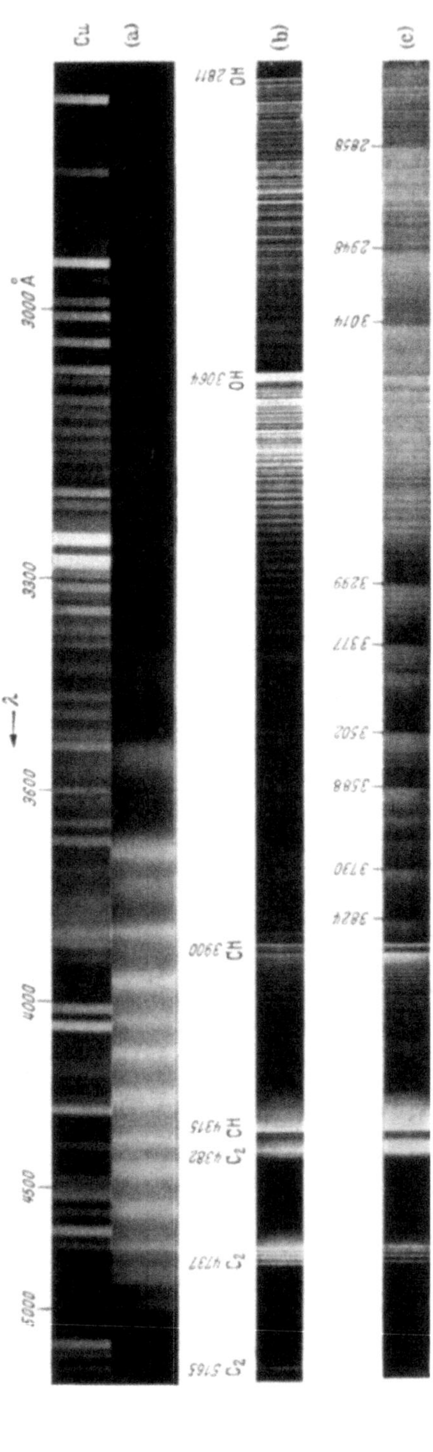


Abb. 153. Flammenspektren. a) „Kalte Flamme" von Äther. (Nach EMELÉUS.) (Cu-Spektrum zum Vergleich); b) Spektrum der normalen Flamme, mit $C_2$, CH und OH-Banden; c) „Vaidya"-Banden in der Äthylenflamme, neben $C_2$, CH und OH-Banden. Für die Überlassung von Reproduktionen dieser Spektren ist Verfasser Dr. R. W. B. PEARSE vom Imperial College, South Kensington, zu Dank verpflichtet.

hier die Verhältnisse besonders eingehend untersucht, indem er sowohl Intensitäten von OH-Banden in Emission maß, als auch aus der Absorption die Konzentration des OH in Flammen bestimmte, die er höher als dem Gleichgewicht entsprechend fand (vgl. Kap. IX). Außerdem beobachtete er bei verdünnten Flammen eine Intensitätsverteilung der einzelnen Teilbanden, die eine thermische Anregung ausschließt und nur Chemilumineszenz als Ursache zuläßt. Man kann auch aus der relativen Intensität der verschiedenen Rotationslinien innerhalb einer Teilbande die Temperatur der Flamme berechnen, wie das KONDRATJEW zum Teil mit Erfolg getan hat; Voraussetzung für diese an sich allgemeiner anwendbare Methode ist aber auch wieder, daß die einzelnen Rotationszustände in der dem thermischen Gleichgewicht entsprechenden Konzentration vorhanden sind, was in der Brennzone selbst nicht zuzutreffen braucht.

Die Kohlensäure zeigt in Absorption eine Reihe von Banden im Ultrarot, von denen die Bande bei 4,84 $\mu$ am ausgesprochensten hervortritt (vgl. Abb. 154), die das ultrarote Emissionsspektrum von $CO_2$ und $H_2O$ zeigt. Neben dieser

Emission im Ultraroten beobachtet man ferner in der Kohlenoxyd-Sauerstoffflamme über einem kontinuierlichen Untergrund ein vom Ultravioletten bis ins Sichtbare reichendes System wenig scharfer Banden[1] (Abb. 155), die KONDRATJEW dem $CO_2$ zuordnet; bei niederem Druck treten die Banden gegenüber dem Kontinuum schärfer hervor.

In Flammen von Kohlenwasserstoffen beobachtet man außer den erwähnten Banden besonders noch das Bandenspektrum des Radikals $C_2$ (Swanspektrum) (Abb. 153), besonders im Grünen, sowie das Spektrum des CH (Abb. 153); von diesem zwei Banden, bei 4317 und 3888 Å, von jenem die Banden bei 4737, 5165 und 5635 Å.

Während bei OH bekannt ist, daß es in die chemische Reaktion eingreift, kann man bei CH und CC das gleiche noch nicht sagen. Auch hier dürfte vielleicht eine quantitative Untersuchung der von den einzelnen Radikalen unter verschiedenen Reaktionsbedingungen emittierten Strahlung etwas weiter führen. Daß CH etwa beim Abbau von Kohlenwasserstoffmolekülen in der Flamme z. B. unter dem Angriff von H-Atomen und OH-Radikalen, entsteht, ist nicht unwahrscheinlich.

Abb. 154. Ultrarotes Emissionsspektrum von $CO_2$ und $H_2O$.

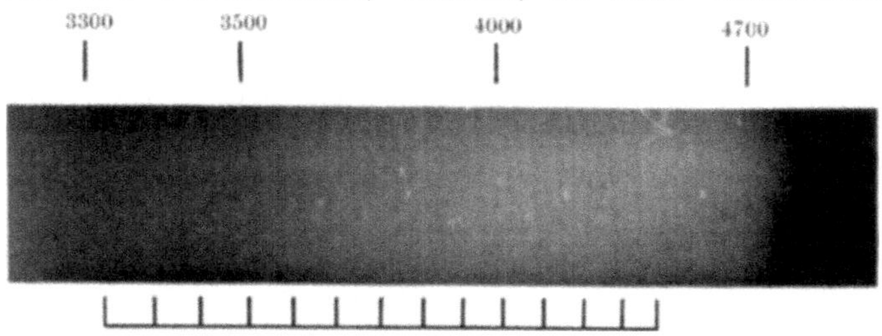

Abb. 155. Spektrum von verbrennendem Kohlenoxyd. [Nach KONDRATJEW: Z. Phys. Bd. 63 1930).] $CO_2$-Banden ?; eine (von sechs) Serien ist an der unteren Seite der Abb. gekennzeichnet.

Tatsächlich beobachtet man das CH-Spektrum auch in „kalten Flammen" von Kohlenwasserstoffen mit Wasserstoff-[2] oder Sauerstoff-[3]Atomen, in beiden Fällen neben dem CC-Spektrum und bei Sauerstoffatomen dem OH-Spektrum. Man könnte sich vorstellen, daß CC-Radikale auftreten, wenn ein Molekül mit mindestens 2 C-Atomen so weit abgebaut ist, daß gerade noch CC übrigbleibt. Dies ist aber zumindest nicht der

[1] FOWLER, A. u. WESTON: Proc. roy. Soc., Lond. A Bd. 109 (1925) S. 176, 523. — KONDRATJEW, V.: Z. Phys. Bd. 63 (1930) S. 322. — FOWLER, A. u. GAYDON: Proc. roy. Soc., Lond. A Bd. 142 (1933) S. 362.

[2] BONHOEFFER, K. F. u. P. HARTECK: Z. phys. Chem. Abt. A Bd. 139 (1928) S. 64.

[3] HARTECK, P. u. U. KOPSCH: Z. phys. Chem. Abt. B Bd. 12 (1931) S. 327.

einzige Weg, auf dem CC in der Flamme gebildet wird; denn auch Methan[1] und noch etwas schwächer Methanol zeigen das CC-Spektrum[2]; hier muß bei der CC-Bildung also auch eine Polymerisationsreaktion mitgespielt haben. Nach BONHOEFFER tritt CC allgemein unter Bedingungen in der Flamme auf, die es als erstes Anzeichen für die zur Rußbildung führenden Prozesse erscheinen lassen. Bei reichlich Luft sieht der Innenkegel der Bunsenflamme bläulich aus (CH-Banden), während er bei Luftmangel grün erscheint (*Swanbanden*, $C_2$); kohlenstoffarme und wasserstoffhaltige Verbindungen geben das CC-Spektrum viel schwächer als kohlenstoffreiche Verbindungen, wie z. B. Benzol und Azetylen. Unter Bedingungen beginnender Rußbildung treten die Swanbanden z. B. bei Benzol und Gasöl intensiv und anscheinend kontinuierlich verbreitert (infolge der geringen angewandten Dispersion und evtl. Überstrahlung läßt sich das nicht absolut sicher aussagen) auf[3], was als durch die beginnende weitere Polymerisation der CC-Molekeln in Rußpartikeln gedeutet werden könnte. Die Tatsache, daß auch bei Methan CC-Banden auftreten, läßt für die Rußbildung Polymerisationsprozesse der Kohlenwasserstoffe (oder evtl. davon abgeleiteter Bruchstücke) als Primärvorgang nicht ausgeschlossen erscheinen, etwa beim Methan (als einer aus einer Reihe denkbarer Vorgänge)

$$CH_4 \begin{smallmatrix} \nearrow C_2H_4 \searrow \\ \searrow C_2H_2 \nearrow \end{smallmatrix} C_6H_6 \rightarrow \text{Diphenyl, teerartige Produkte,}$$

unter fortschreitender $H_2$-Abspaltung. Falls auf einem solchen Wege, nicht durch Polymerisation von atomarem oder molekularem C, die Rußbildung zustande kommt, so wäre es gut verständlich, daß die höher molekularen Verbindungen dazu besonders befähigt sind. Natürlich können auch unter Mitwirkung von Sauerstoff Polymerisationen auftreten und die Polymerisationsprodukte brauchen nicht notwendig reine Kohlenwasserstoffe zu sein. BONHOEFFER (zitiert S. 227) weist insbesondere darauf hin, daß bisher kein Anlaß besteht, anzunehmen, daß der Hauptumsatz bei der Kohlenwasserstoffverbrennung notwendig über die Radikale $C_2$ und CH laufen müsse.

Infolgedessen läßt sich auch nicht sicher sagen, ob das Auftreten der CC-Banden in brennstoffreichen Flammen und ihr Zurücktreten in luftreichen Flammen daher kommt, daß sich im einen Fall reichlich CC bildet, im anderen aber nicht, oder daher, daß $C_2$ sich zwar in allen Fällen bildet, in luftreichen Flammen aber schnell mit einer anderen Verbindung abreagiert, etwa mit OH nach:

$$CC + OH \rightarrow CH + CO,$$

[1] LAUER: Z. Phys. Bd. 82 (1933) S. 179.
[2] GUÉNAULT: Safety in Mines Research Board 13. Ann. Rep. (1934) S. 66.
[3] ERICHSEN, C.: VDI-Forsch.-Heft (1936) 377; vgl. dazu K. F. BONHOEFFER, zitiert S. 227.

was das Umschlagen der Farbe des Bunsenkegels von Grün in Blau erklären würde[1].

In gewöhnlichen Flammen von Kohlenwasserstoffen kann man im nahen Ultraviolett vielfach noch ein weiteres, etwas diffus erscheinendes Bandenspektrum erkennen; es ist z. B. zu sehen auf einer Aufnahme von EMELÉUS[2] von einer gewöhnlichen, in Luft brennenden Ätherflamme; uns interessieren davon die etwa zwischen 3300 und 3800 Å gelegenen, nach rot abschattierten Banden. Unter besonderen Bedingungen ist es möglich, diese Banden wesentlich intensiver zu erhalten, wobei es sich zeigt, daß das Bandensystem von etwa 2500 bis 4100 Å reicht; am intensivsten konnte VAIDYA[3], der diese Banden zuerst erkannte und näher untersuchte, sie in einer Äthylenflamme erhalten (Abb. 153). Übrigens treten sie auch in Aufnahmen, die bei K. NEUMANN im Hinblick auf die Dieselverbrennung unternommen worden sind, ziemlich stark hervor (ERICHSEN, zitiert S. 230, BECK[4]). Die VAIDYA-Banden sind auch in Methanflammen (von $CH_4 + 2{,}3\,[O_2 + 2{,}2\,N_2]$) erhalten worden[5]. Bei der Verbrennung in Luft können weiter unter Umständen Spektren von Stickstoffverbindungen (CN, NO) auftreten, die aber mit dem eigentlichen Verbrennungsablauf nicht notwendig etwas zu tun haben. Sehr intensiv können die CN und NO-Banden in Flammen stickstoffhaltiger Verbindungen, wie Pyridin, Anilin u. a. werden (VAIDYA[3]). Der Träger des von VAIDYA beobachteten und analysierten Bandensystems ist bisher nicht mit Sicherheit bekannt; es liegt nahe, als Träger ein unbekanntes Radikal anzunehmen, und da die einfachsten, CC, CH, OH, dafür nicht in Frage kommen, wäre ein denkbares einfaches Radikal das HCO, das man z. B. als Zwischenprodukt bei der Reaktion von H-Atomen mit Kohlenoxyd anzunehmen hat[6]; das HCO ist in der Masse sehr ähnlich, in der Elektronenzahl gleich dem NO. Nun zeigen Molekeln mit gleicher Elektronenzahl vielfach sehr große Ähnlichkeit in ihrem physikalischen Verhalten, wofür CO und $N_2$ das bekannteste Beispiel darstellen. VAIDYA hat gefunden, daß für das von ihm analysierte Kantenschema seiner Banden eine Formeldarstellung gilt, die der des NO-Bandensystems

---

[1] BONHOEFFER, K. F. u. F. HABER: Z. phys. Chem. Bd. 137 (1928) S. 263.

[2] EMELÉUS, H. J.: J. chem. Soc. 1926, S. 2948.

[3] VAIDYA, W. M.: Proc. roy. Soc., Lond. A Bd. 147 (1934) S. 513. — Proc. Indian. Acad. Sci. Bd. 2 (1935) S. 352 und spätere Arbeiten.

[4] BECK, G.: Diss. T.-H. Hannover. VDI-Forsch.-Heft (1936) 377.

[5] BELL, J.: Proc. roy. Soc., Lond. A Bd. 158 (1937) S. 429. Auf diese Arbeit sei auch verwiesen wegen zahlreicher Aufnahmen von Methanexplosionen und stationärer Flammen unter den verschiedensten Bedingungen, auch bei Anfangsdrucken bis zu 100 at, ferner von Methanol und Formaldehydflammen. Die Aufnahmen lassen charakteristische Variationen der Intensitäten mit den Versuchsbedingungen erkennen.

[6] FRANKENBERGER, W.: Z. Elektrochem. Bd. 36 (1930) S. 757. — HARTECK, P. u. W. GROTH: Z. Elektrochem. Bd. 44 (1938) S. 621.

sehr ähnlich ist; dies hat ihn veranlaßt, HCO als Bandenträger anzunehmen. Wenn diese Zuordnung auch keineswegs zwingend ist, so scheint es doch nicht unvernünftig, zunächst einmal an HCO als möglichen Bandenträger zu denken.

Außer der normalen Verbrennung gibt es bei den meisten Kohlenwasserstoffverbindungen auch noch eine langsamere Verbrennung in „kalten Flammen". Leitet man Gemische der Dämpfe organischer Verbindungen (Paraffine, Olefine, Naphtene, Aldehyde, Alkohole, Äther) in Mischung mit Luft oder Sauerstoff durch ein Rohr, das auf Temperaturen von $\sim 300$ bis $400°$ C geheizt[1] ist, so tritt bei niederen Temperaturen eine blaßbläuliche Lumineszenz, bei etwas höherer Temperatur eine ebensolche „kalte Flamme" auf, die bei noch höheren Temperaturen wieder verschwindet. Die kalte Flamme bewegt sich mit einer Geschwindigkeit von $\sim 10$ bis 20 cm/s gegen das Gas, wobei das Gas um etwa 100 bis 200° sich erwärmt, ohne daß aber vollständige Verbrennung einträte. Vielmehr findet man als Reaktionsprodukte neben Wasser und Kohlenoxyd in großen Mengen Aldehyde, insbesondere Formaldehyd. Es handelt sich bei der kalten Flamme um eine Umsetzung, die alle Kennzeichen einer Explosion aufweist, wahrscheinlich einer Kettenexplosion, und bei der die mäßige Erwärmung nur eine sekundäre Begleiterscheinung ist; eigenartigerweise bleibt aber der Umsatz bei den obigen Produkten stehen, wenn auch unter Umständen aus der kalten Flamme eine wahre Explosion hervorgehen kann[2]. EMELÉUS[3] hat das Spektrum der kalten Flamme, zunächst von Äther, dann aber auch von anderen organischen Verbindungen untersucht, von Acetaldehyd, Propionaldehyd und Hexan. Das Spektrum ist in allen Fällen das gleiche, Abb. 153 zeigt das der kalten Flamme von Äther, welches von dem der normalen Ätherverbrennung völlig verschieden ist. Es ist auch nicht identisch mit den VAIDYA-Banden; sein intensivster Teil liegt bei wesentlich längeren Wellenlängen, zwischen etwa 3600 und 4500 Å; nach der kurzwelligen Seite erstreckt es sich, mit wesentlich geringerer Intensität, noch bis etwa 2500 Å. Dieses Spektrum ist, wie zuerst KONDRATJEW[4] aus dem Vergleich mit dem von SCHOU und HENRI[5] untersuchten Absorptionsspektrum des Formaldehyds schloß, und wie dies später UBBELOHDE[6], durch den Vergleich mit dessen Fluoreszenzspektrum[7] zeigte, dem Formaldehyd zuzuordnen. Man hat es also hier

[1] Die Lumineszenz und kalten Flammen treten zum Teil schon bei wesentlich tieferen Temperaturen auf, bei Äthyläther bereits unter 200° C.

[2] Literaturangaben und ausführlichere Diskussion vgl. Kap. XI.

[3] EMELÉUS, H. J.: J. chem. Soc. 1926, S. 2948; 1929, S. 1733.

[4] KONDRATJEW, V.: Z. Phys. Bd. 63 (1930) S. 322.

[5] SCHOU: C. R. Acad. Sci., Paris Bd. 186 (1928) S. 690. — HENRI, V. u. S. A.. SCHOU: Z. Phys. Bd. 49 (1928) S. 774.

[6] UBBELOHDE, A. R.: Proc. roy. Soc., Lond. A Bd. 152 (1935) S. 354, 378.

[7] GRADSTEIN, S.: Z. phys. Chem. Abt. B Bd. 22 (1933) S. 384.

sicherlich mit einer Chemilumineszenz zu tun; denn bei den niederen Temperaturen der kalten Flammen könnte im Blauen und Ultravioletten überhaupt keine thermische Strahlung nennenswerter Intensität emittiert werden. Neuerdings ist das $H_2CO$-Spektrum auch in Methanolflammen, nicht jedoch in solchen von Methan beobachtet worden[1].

Untersucht sind weiterhin die Spektren der gewöhnlichen Schwefelkohlenstoffflamme, sowie der kalten Flamme des Schwefelkohlenstoffs, beide von Emeléus. Der langwelligere, ins Sichtbare reichende Teil des Spektrums zwischen 4500 und 3400 Å ist in beiden Fällen identisch; hinzu kommt noch bei der kalten Flamme ein ins kurzwelligere Ultraviolette reichendes Spektrum zwischen 3100 und 2500 Å. Nach Kondratjew (zitiert S. 232) ist ersteres das Spektrum des $S_2$-Moleküls, letzteres das des SO.

Eine Chemilumineszenzstrahlung ganz außergewöhnlicher Intensität liefern Explosionen von $CS_2$-NO bzw. $N_2O$-Mischungen[2]; auch hier scheint das $S_2$-Molekül in der Hauptsache für das emittierte Licht verantwortlich zu sein (vgl. dazu S. 237).

## 4. Thermische Strahlung und Chemilumineszenz[3].

Die Frage: Ist die von einer Flamme emittierte Strahlung thermischen Ursprungs oder ist sie eine Lumineszenzstrahlung? ist von allgemeinem Interesse und in mehrfacher Hinsicht von Bedeutung. Von thermischer Strahlung spricht man, wenn Intensität und Energieverteilung (auf die einzelnen Wellenlängen) außer von der Natur des Gasgemisches nur noch von dessen Temperatur abhängen. Da, wie schon S. 218 erwähnt, nach dem Kirchhoffschen Gesetz für jeden Stoff der Quotient aus Emissionsvermögen durch Absorptionsvermögen bei einer gewissen Wellenlänge konstant und gleich dem Emissionsvermögen des schwarzen Körpers ist, so kann man für jeden Körper das Emissionsvermögen berechnen aus dem gemessenen Absorptionsvermögen sowie dem durch das Plancksche Strahlungsgesetz gegebenen Emissionsvermögen des schwarzen Körpers. Darauf beruhen letzten Endes sämtliche auf Strahlungsmessungen zurückgehende Temperaturmessungen. Weniger strahlen, als es seiner Temperaturstrahlung entspricht, kann ein Körper nicht, wohl aber unter Umständen mehr; in diesem Falle, sofern eine durch eine einfallende Fremdstrahlung angeregte Strahlung auszuschließen ist, handelt es sich um Chemilumineszenzstrahlung, deren Intensität also nicht eine reine Temperaturfunktion für einen gegebenen Stoff ist. Die Energie der so emittierten Strahlung muß durch eine andere Quelle als

[1] Guénault: Safety in Mines Research Board, Bd. 16, Ann. Rep. (1937).

[2] Liempt, J. A. M. van u. J. A. de Vriend: Rec. Trav. chim. Pays-Bas Bd. 52 (1933) S. 160, 549, 862. Für das Spektrum der $CS_2$-Flamme vgl. A. Fowler u. W. M. Vaidya: Proc. roy. Soc., Lond. A Bd. 132 (1931) S. 310.

[3] Vgl. hierzu K. F. Bonhoeffer (zitiert S. 227).

die der thermischen Energie gedeckt werden, und als solche kommt in den uns interessierenden Fällen der *Chemilumineszenz* nur die Energie der chemischen Reaktion in Frage; dabei muß also die in einem bestimmten Reaktionsschritt freiwerdende Energie zur Anregung von Strahlung benutzt werden, ehe sie durch Stöße so verteilt worden ist, wie es der mittleren thermischen Energieverteilung entspricht. Umgekehrt kann man aus der Wellenlänge der beobachteten Chemilumineszenzstrahlung schließen, daß eine Teilreaktion mit einer Wärmetönung, die mindestens dem $h\nu$ dieser Strahlung entspricht, ablaufen muß. Von Fällen ausgeprägter Chemilumineszenz seien noch erwähnt: Die Phosphordampfflamme[1] sowie das Reaktionsleuchten in hochverdünnten Flammen von Alkalimetallen und Halogenen[2].

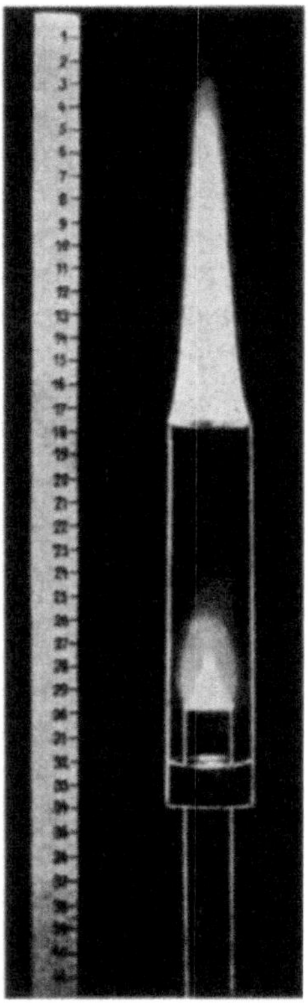

Abb. 156. Gespaltene Flamme. (Nach HABER u. RICHARDT.)

HABER[3] und RICHARDT haben die Zusammensetzung der Gase, die in dem Innenkegel des Bunsenbrenners nach Durchsetzen der Brennzone gebildet werden, folgendermaßen untersucht (Abb. 156). Mittels des von TECLU[4] und SMITHELS und INGLE[5] angegebenen „Flammenspaltrohres" wurde die Verbrennung im Innen- und Außenkegel des Bunsenbrenners gespalten; dazu wird auf das Brennerrohr ein weiteres Glasrohr luftdicht aufgesetzt, das den Zutritt von Sekundärluft in die Flamme verhindert; infolgedessen kann auf der Brennermündung selbst nur die Verbrennung in Innenkegel ungestört durch etwaige Sekundärluft ablaufen, während die weitere Verbrennung erst an der Mündung des weiteren Rohres stattfinden kann. HABER und RICHARD konnten nun in dem „Zwischengas" durch ein gekühltes Platinröhrchen Gasproben entnehmen und stellten fest,

[1] CENTNERSZWER u. PETRIKALN: Z. phys. Chem. Bd. 80 (1912) S. 235. — PETRIKALN: Z. Phys. Bd. 22 (1924) S. 119. — EMELÉUS, H. J.: J. chem. Soc. Bd. 125 (1924) S. 2491. — RUMPF, K.: Z. phys. Chem. Abt. B Bd. 38 (1938) S. 469.

[2] HABER, F. u. K. ZISCH: Z. Phys. Bd. 9 (1922) S. 302. — BEUTLER, H. u. M. POLANYI: Naturwiss. Bd. 13 (1925) S. 711. — Z. phys. Chem. Abt. B Bd. 1 (1928) S. 3. — BOGDANDY, ST. VON u. POLANYI: Z. phys. Chem. Abt. B Bd. 1 (1928) S. 21. — POLANYI u. G. SCHAY: Z. phys. Chem. Abt. B Bd. 1 (1928) S. 30. — OOTUKA, H. u. G. SCHAY: Z. phys. Chem. Abt. B Bd. 1 (1928) S. 62, 68.

[3] HABER, F. u. F. RICHARDT: Z. angew. Chem. Bd. 38 (1903) S. 5.

[4] TECLU: J. prakt. Chem. Bd. 44 (1891) S. 246.

[5] SMITHELS u. INGLE: J. chem. Soc. Bd. 61 (1892) S. 204.

daß dort die Gaszusammensetzung dem in der Brennzone erreichten Wassergleichgewicht entspricht. D.h. aber, daß, nachdem einmal die Brennfläche durchsetzt ist, chemisches Gleichgewicht erreicht ist; wenn keine chemische Reaktion mehr abläuft, so kann auch keine Chemilumineszenz auftreten.

Für die Brennzone des Innenkegels selbst gilt das nicht; wenn es bisher auch an quantitativen Messungen darüber fehlt, so ist es doch nicht unwahrscheinlich, daß ein Teil der dort emittierten Strahlung Lumineszenzstrahlung ist[1]. In den Aufnahmen der gespaltenen Flamme von HABER sieht man, daß sich an den Innenkegel nach oben noch eine leuchtende Zone, die „Aureole" anschließt. Zweifellos ist hier die Temperatur noch höher als in größerem Abstand von der Brennfläche; ob aber die Temperatur die einzige Ursache des Leuchtens ist, läßt sich schwer sagen; weitere chemische Veränderungen finden in der Aureole nicht mehr statt, vielmehr hat sich das Wassergasgleichgewicht bereits eingestellt. HABER und RICHARD haben in dieser Richtung besondere Versuche ausgeführt, ohne daß sie zu einem absolut schlüssigen Resultat gekommen sind. Der Innenkegel der Bunsenflamme emittiert die OH, CH und CC-Banden, die Aureole und der Außenkegel nur OH-Banden, neben kontinuierlichem Untergrund. Sollte sich diese Strahlung nicht als reines Temperaturleuchten deuten lassen, so wäre vielleicht daran zu denken, daß aus der Brennzone noch freie Radikale in höherer als dem Gleichgewicht entsprechender Konzentration vorhanden sind, die durch ihre Rekombination die Strahlungsenergie liefern, ohne daß sie analytisch nachweisbare Konzentrationsunterschiede bedingten.

Im allgemeinen scheint es jedenfalls, als wäre in dem Außenkegel des Bunsenbrenners mit wesentlich thermischer Strahlung zu rechnen, so daß dann auch alle dort ausgeführten optischen Temperaturmessungen unbedenklich wären. Auf Störmöglichkeiten bei nicht rein thermischer Strahlung muß man natürlich immer gefaßt sein. Wie wir schon an anderen Stellen erwähnten (S. 141), geht der Ausgleich zwischen Translations- und Schwingungsenergie nicht sofort bei jedem Stoß vor sich, sondern erfordert evtl. eine größere Zahl, bis zu $10^5$, gaskinetischer Stöße[2]. Man wird sich daher nicht wundern dürfen, wenn gelegentlich das Gleichgewicht nicht eingestellt ist.

Daß die Strahlung bei der CO-Verbrennung unter niederen Drucken eine Lumineszenzstrahlung ist, geht aus KONDRATJEWS[3] Untersuchungen

---

[1] Ein Versuch von H. G. WOLFHARD [Z. Phys. Bd. 112 (1939) S. 107], aus der Intensitätsverteilung innerhalb der Swanbanden Temperaturen zu berechnen, zeigt, daß es sich um eine Lumineszenzstrahlung handelt (die berechneten Temperaturen sind viel zu hoch).

[2] KNESER, H.: Ann. Phys., Lpz. Bd. 11 (1931) S. 761, 777. — EUCKEN, A. u. R. BECKER: Z. phys. Chem. Abt. B Bd. 20 (1933) S. 467 u. a.

[3] KONDRATJEW, V.: Acta physicochimica Bd. 2 (1935) S. 126. — KONDRATJEWA, H. u. V. KONDRATJEW: Acta physicochimica Bd. 4 (1936) S. 547; Bd. 6 (1937) S. 625, 748. — KONDRATJEW, V.: Acta phys. polon. Bd. 5 (1936) S. 65.

eindeutig hervor. Die Strahlung wird durch Fremdgaszusatz und Druckerhöhung in genau der Weise ausgelöscht, wie man es für eine Fluoreszenzstrahlung kennt; außerdem berechnet KONDRATJEW aus der absoluten Intensität der Strahlung, daß im thermischen Gleichgewicht die Zahl der angeregten $CO_2$-Molekeln, welche strahlen, um bis zu 18 Zehnerpotenzen kleiner ist als man es nach der Intensität der beobachteten Strahlen annehmen müßte. Daher ist nach KONDRATJEW nicht nur in der kalten, sondern auch in der normalen CO-Flamme ein großer Teil der Strahlung nicht thermischen Ursprungs. Das ist in Übereinstimmung mit vielen anderen Beobachtungen bei der CO-Explosion. Bei Kohlenoxydexplosionen werden die Wärmeverluste stark herabgesetzt, wenn man zu dem trockenen Gemisch etwas Wasserdampf oder $H_2$ zusetzt[1]; das kann einerseits seine Ursache darin haben, daß zugesetzter Wasserdampf eine Lumineszenzstrahlung auslöscht, dürfte andererseits auch mit der Änderung des Reaktionsmechanismus in Gegenwart von $H_2O$ zusammenhängen (vgl. hierzu Kap. IX).

Nach BONE-NEWITT-TOWNEND (vgl. BONE, ,,Flame") ergeben sich eigentümliche Beziehungen, wenn man die Abkühlungsverluste bei Bombenexplosionen nach Erreichen des Maximaldruckes für verschiedene Zeitintervalle als Potenz von $T$ darstellt; es ergeben sich so z. B. die folgenden Exponenten für die erste und zweite halbe Sekunde nach Erreichen des Maximaldruckes:

Tabelle 43. Mittlere Abkühlungsgeschwindigkeit als Potenz von $T$ in der ersten und zweiten halben s nach Erreichen des Maximaldruckes bei Bombenexplosionen. (Nach BONE-NEWITT-TOWNEND.)

| Anfangsdruck at | 10 | | 50 | | 100 | | 150 | |
|---|---|---|---|---|---|---|---|---|
| Zeitintervall 1. bzw. 2. halbe s nach Erreichen von $p_m$ | 1. | 2. | 1. | 2. | 1. | 2. | 1. | 2. |
| $2H_2 + O_2 + 4N_2$ . . . . . . . . . | 1,9 | 1,9 | 1,8 | 1,8 | 1,9 | 1,9 | 1,8 | 1,8 |
| $2CO + O_2 + 4CO$ . . . . . . . . . | 2,0 | 2,0 | 3,0 | 2,8 | 3,4 | 2,8 | 4,0 | 2,6 |

Das starke Ansteigen des Potenzexponenten für CO-Explosionen mit dem Druck, besonders für die erste halbe s, läßt erkennen, daß sich offenbar auch hier die Strahlungsverluste besonders stark bemerkbar machen.

DAVID[2] zeigte, wie an sich zu erwarten, daß bei Gasexplosionen der weitaus überwiegende Teil der Strahlung erst nach Erreichen des Maximaldruckes emittiert wird.

[1] WOHL, K. u. M. MAGAT: Z. phys. Chem. Abt. B Bd. 19 (1932) S. 117. — WOHL, K. u. G. v. ELBE: Z. phys. Chem. Abt. B Bd. 5 (1929) S. 441. — GARNER, W. E.: Industr. Engng. Chem. Bd. 20 (1928) S. 1008. — GARNER, W. E. u. C. H. JOHNSON: J. chem. Soc. 1928, S. 280. — GARNER, W. E. u. F. ROFFEY: J. chem. Soc. 1929, S. 1123. — GARNER, W. E. u. TAWADA: Trans. Faraday Soc. Bd. 26 (1930) S. 36. — HALL u. TAWADA: Trans. Faraday Soc. Bd. 26 (1930) S. 600.

[2] DAVID, W. T. u. R. M. PARKINSON: Phil. Mag. (7) Bd. 15 (1933) S. 177.

Für die Strahlungseigenschaften der Verbrennungsgase vgl. SCHACK[1] und ECKERT[2]. Danach dürfte z. B. unter Motorbedingungen etwa 15 bis 25% des Wärmeübergangs durch die Gasstrahlung bedingt sein.

Als Beispiel einer Chemilumineszenz mit außergewöhnlich hoher Lichtausbeute hatten wir bereits die Explosion von $CS_2$ mit NO bzw. $N_2O$ kennengelernt. Die Lichtausbeute ist hier so gut, daß mit einem derartigen Gemisch gefällte Kugeln als Blitzlichtlampen benutzt werden können. Es wurden dabei (VAN LIEMPT und DE VRIEND s. S. 233) Lichtausbeuten bis zu 83 Lumen/Watt gemessen; da diese Lichtausbeute von einem schwarzen Körper erst bei 5000° abs. erreicht würde, ist von vornherein klar, daß es sich um eine Lumineszenz handeln muß. Vollständige Umwandlung der Energie in „grüne" Strahlung entspräche 680 L/W; das bedeutet, daß man bei diesen Explosionen über 10% der gesamten Energie als Strahlung im sichtbaren Gebiet gewinnt, die durch Druckerhöhung sicher noch zunehmen würde; denn die Lichtintensität nimmt stärker als proportional mit dem Druck zu, bei Drucken unter 250 mm Hg proportional mit dem Quadrat des Druckes.

## 5. Strahlung und Temperatur im Motor.

Die Verbrennung im Motor zeigt spektroskopisch keine Besonderheiten gegenüber der Verbrennung im Bunsenbrenner. RASSWEILER und WITHROW[3] untersuchten durch ein Quarzfenster die Verbrennung in einem Otto-Motor; durch eine synchron mit dem Motor rotierende Scheibe war es möglich, das Licht der Flammenfront von den der nachleuchtenden verbrannten Gase zu trennen. Das Spektrum der Flammenfront entsprach dabei dem des Innenkegels der Bunsenflamme; es traten $C_2$, CH und OH-Banden auf; es handelt sich ja auch um genau den gleichen Vorgang. Beim Nachglühen beobachtet man nur OH-Banden und ein Kontinuum im Sichtbaren ($CO_2$ (?)); die Vorgänge beim Nachglühen sind mit denen in der Aureole des gespaltenen Bunsenbrenners in Parallele zu setzen (vgl. S. 234); im Außenkegel des Bunsenbrenners beobachtet man an sich das gleiche, doch ist hier die Analogie nicht vollkommen, da ja noch Frischluft zugesetzt wird. Bei klopfender Verbrennung zeigen sich in den Intensitäten Unterschiede, in der Klopfzone erscheinen die $C_2$ und CH-Banden geschwächt; als wahrscheinliche Erklärung dafür

[1] SCHACK, A.: Der Wärmeübergang in technischen Feuerungen unter dem Einfluß der Eigenstrahlung der Gase. Sonderreihe Mitt. Wärmestelle Düsseldorf Nr. 55 (1923). — Die Strahlung leuchtender Flammen. Ber. Stahlw.-Aussch. Ver. dtsch. Eisenhüttenl. Nr. 113 (1926).

[2] ECKERT, E.: Messung der Gesamtstrahlung von Wasserdampf und Kohlensäure in Mischung mit nichtstrahlenden Gasen bei Temperaturen bis zu 1300° C. VDI-Forsch.-Heft 387 (1937).

[3] RASSWEILER, G. M. u. C. L. WITHROW: Industr. Engng. Chem. Bd. 24 (1932) S. 328. — WITHROW, L. C. u. G. M. RASSWEILER: Industr. Engng. Chem. Bd. 25 (1933) S. 923, 1359.

möchten wir annehmen, daß das eine Folge der Vorreaktion ist, die bei klopfender Verbrennung in den unverbrannten Anteilen abgelaufen ist.

Spektroskopische Untersuchung des Leuchtens im Dieselmotor zeigt[1], daß man es hier wohl überwiegend mit der Temperaturstrahlung leuchtender Kohlepartikeln zu tun hat, die man dann auch zu Temperaturmessungen verwerten kann. Auf die bei der Oxydation organischer Verbindungen zu beobachtenden Absorptionsspektren gehen wir an anderer Stelle ein (Kap. XI).

Für die Berechnung von Maximaltemperaturen im Motor liegen heute sämtliche Angaben mit großer Genauigkeit vor[2] (vgl. S. 222), dagegen ist der die tatsächlich erreichte Temperatur[3] mitbestimmende Faktor der Wärmeableitung kaum zu erfassen, wegen der großen Rolle der Turbulenz. Versuche zur direkten Temperaturmessung im Motor sind vielfach gemacht worden; da die Verwendung von Thermoelementen u. dgl. — außer zur Ermittlung der mittleren Temperatur während des gesamten Arbeitsspieles — ausscheidet, so ist man auf die optischen Methoden angewiesen. Nach HERSHEY[4] kommt praktisch nur die Linienumkehrmethode in Frage. Daß auch bei ihrer Anwendung, ebenso wie bei der der übrigen optischen Methoden, Vorsicht angebracht ist, daß insbesondere in der Brennzone selbst, falls die Bedingungen für direkte Übertragung von Anregungsenergie gegeben sind, ihre Anwendung in Frage gestellt ist, wurde bereits betont. Nach HERSHEY soll die Anwendung unbedenklich sein; die Resultate bestätigen diese Ansicht insoweit, als die gemessenen Temperaturen immer mehr oder weniger

---

[1] ERICHSEN, C.: VDI-Forsch.-Heft 377 (1936). — NEUMANN, K.: 1939.

[2] KÜHL: VDI-Forsch.-Heft 373 (1935). — JUSTI, E.: Zitiert S. 225.

[3] Es liegen verschiedene neuere Angaben (z. B. von BROEZE, DRIEL, PELETIER) vor, wonach im Motor die „Temperatur“ (aus dem Druck berechnet) höher ist als die mittels thermodynamischer Daten berechnete; das ist an sich möglich, wenn die Anregung innerer Freiheitsgrade der Molekeln (vgl. S. 141) nicht schnell genug erfolgt. Gegenüber Versuchen von LEWIS und v. ELBE [J. chem. Phys. Bd. 7 (1939) S. 197], welche dies zeigen sollten, möchten wir allerdings Bedenken erheben. Sie schlossen Gase in flexible Rohre ein und komprimierten diese plötzlich (Dauer $\sim 10^{-2}$ s); die dabei beobachtete Druckerhöhung bei mehratomigen Gasen war höher als nach der Adiabaten berechnet (2 bis 5%). Wäre der Effekt reell, so sollte er sich auch bei Schallschwingungen entsprechender Frequenz ($10^2$) auswirken; das sind aber normale Schallfrequenzen, bei welchen die normalen $\varkappa$-Werte beobachtet werden, Schalldispersion tritt erst bei wesentlich höheren Frequenzen auf. Wir möchten daher vorläufig annehmen, daß sich eine andere Deutungsmöglichkeit für LEWIS und v. ELBES Beobachtungen finden lassen wird (Kompression endlicher, großer Amplitude, HUGONIOT-Gl., vgl. Kap. V, S. 165).

[4] HERSHEY, A. E.: Chem. Rev. Bd. 21 (1937) S. 431, daselbst ausführliche Literaturangaben. Ferner: Trans. Amer. Soc. mech. Engrs. Bd. 58 (1936) S. 195. — GRIFFITHS u. AWBERRY: Proc. roy. Soc., Lond. A Bd. 123 (1929) S. 401. — RASSWEILER u. WITHROW: S. A. E. J. Bd. 36 (1935) S. 125. — Vgl. ferner L. BISANG: Deutsche Kraftfahrt-Forschung Heft 4 (1938) S. 27. — Z. VDI Bd. 81 (1937) S. 805. — BREVOORT, M. J.: Rev. sci. Instrum. (N.S.) Bd. 7 (1936) S. 342.

stark unter den berechneten liegen, während bei direkter Übertragung von Anregungsenergie zu hohe Temperaturen gemessen werden sollten. Beim Vergleich gemessener und berechneter Temperaturen im Motor ist das Auftreten eines Temperaturgradienten bei Explosionen in geschlossenen Gefäßen zu berücksichtigen (vgl. S. 147 und Kap. XII), was ja Temperaturunterschiede nach Hunderten von Graden innerhalb der verbrannten Gase verursachen kann. An den Resultaten der Temperaturmessungen am Motor ist bemerkenswert, daß auch nach Anbringen sämtlicher in Frage kommender Korrekturen die gemessenen Temperaturen noch um etwa rund 165° tiefer liegen als die berechneten; die einzig mögliche Deutung für diese noch verbleibende Differenz ist die, daß es sich um die Abkühlung der Gase während der Verbrennung handelt, die natürlich viel größer ist, als man bei Wärmeleitung in ruhenden Gasen berechnen würde. Sofern diese Angabe zuverlässig genug ist, könnte sie zur Abschätzung der sonst außerordentlich schwer zu erfassenden Wärmeverluste während der Verbrennung dienen. Bei der Anwendung der Linienumkehrmethode ist allerdings noch zu beachten, daß man, sofern das ganze Gas angefärbt ist, eine etwas verfälschte Temperatur bestimmt, weil dann die kälteren Schichten in der Nähe der Wand (bzw. der Sichtfenster) mit zur Bestimmung beitragen.

Achtes Kapitel.

# Kinetik der Verbrennungs- und Explosionsvorgänge[1].

Ein tiefer gehendes Verständnis der Verbrennungs- und Explosionsvorgänge setzt ein Eingehen auf die Kinetik der einzelnen Reaktionen voraus. Da wir die Kenntnis der allgemeinen reaktionskinetischen Gesetzmäßigkeiten hier nicht voraussetzen wollen, sollen einige einleitende Bemerkungen darüber eingeschoben werden.

## 1. Grundlagen der chemischen Kinetik.

Reagiert etwa Joddampf mit Wasserstoffgas zu Jodwasserstoff:

$$H_2 + J_2 \rightarrow 2\,HJ,$$

so beobachtet man, daß die Geschwindigkeit des Vorganges, d. i. etwa die Zunahme der HJ-Konzentration mit der Zeit, gegeben ist durch:

$$w = \frac{d\,[HJ]}{dt} = k\,[H_2]\,[J_2],$$

wobei das in eckige Klammern gesetzte Symbol eines Stoffes dessen Konzentration angibt. Die Geschwindigkeit der Jodwasserstoffbildung

[1] Zur Reaktionskinetik vgl. insbesondere H. J. SCHUMACHER: Chemische Gasreaktionen. Die chemische Reaktion, Bd. III. Dresden: Theodor Steinkopff 1938.

ist also dem Produkt der Konzentrationen der Ausgangsstoffe proportional; das ist das Massenwirkungsgesetz der Reaktionskinetik.

Verläuft allgemein eine Reaktion zwischen den Ausgangskomponenten $A$, $B$... unter Bildung der Endprodukte $X$, $Y$ usw. nach der Gleichung des chemischen Bruttoumsatzes:

$$(1)\qquad \alpha A + \beta B + \cdots \rightarrow \xi X + \eta Y + \cdots,$$

so wird die Geschwindigkeit der Umsetzung von links nach rechts, falls (1) auch wirklich für den Mechanismus der Umsetzung maßgebend ist[1], nach der Gleichung des Massenwirkungsgesetzes:

$$(2)\qquad w = -\frac{d[A]}{dt} = -\frac{\beta}{\alpha}\frac{d[B]}{dt} = \cdots = +\frac{\xi}{\alpha}\frac{d[X]}{dt} = k\,[\mathrm{A}]^{\alpha}\,[\mathrm{B}]^{\beta}\ldots;$$

darin bedeutet $[A]$ die Konzentration der Komponenten $A$, $[B]$ diejenige von $B$ usw.; $k$ sollte man vielleicht als „Geschwindigkeitskoeffizient“ bezeichnen (man nennt es üblicherweise Geschwindigkeitskonstante, obwohl es noch mindestens von der Temperatur abhängt); $w$, die Reaktionsgeschwindigkeit kann man durch die Abnahme der Konzentration eines der Ausgangsprodukte oder durch die Zunahme der Konzentration eines der Endprodukte gemessen denken. Grundsätzlich ist jede Reaktion umkehrbar; neben der Reaktion im Sinne von (1) wird also stets auch die entgegengesetzte ablaufen; deren Geschwindigkeit ist:

$$(3)\qquad w' = +\frac{d[A]}{dt} = \cdots = -\frac{\xi}{\alpha}\frac{d[X]}{dt} = k'\,[X]^{\xi}\,[Y]^{\eta}\cdots.$$

Die resultierende Geschwindigkeit im Sinne von (1), $w_r$, wäre dann:

$$(4)\qquad w_r = w - w' = k\,[A]^{\alpha}\,[B]^{\beta}\cdots - k'\,[X]^{\xi}\,[Y]^{\eta}\cdots.$$

Bei Reaktionen, deren Gleichgewicht weit nach einer Seite verschoben ist (wie bei den stark exothermen Reaktionen, mit denen wir es hier fast ausnahmslos zu tun haben) und bei sonstigen Reaktionen, solange man sich in weitem Abstand vom Gleichgewicht befindet, kann man meist die Gegenreaktion vernachlässigen und für die gesamte Reaktionsgeschwindigkeit Gl. (2) anwenden; das werden wir stillschweigend im allgemeinen tun. Übrigens leitet man aus (4) den formalen Ausdruck des Massenwirkungsgesetzes für das chemische Gleichgewicht ab: im Gleichgewicht darf keine Umsetzung erfolgen, also muß

$$(5)\qquad w_r = w - w' = 0$$

sein; somit folgt aus (4):

$$(6)\qquad k\,[A]^{\alpha}\,[B]^{\beta}\cdots - k'\,[X]^{\xi}\,[Y]^{\eta}\cdots = 0;\ \frac{[A]^{\alpha}\,[B]^{\beta}\cdots}{[X]^{\xi}\,[Y]^{\eta}\cdots} = \frac{k'}{k} = K.$$

$K$, die Gleichgewichtskonstante des Massenwirkungsgesetzes, ist gleichfalls noch eine Temperaturfunktion. Übrigens kann man in (2), (3), (4), (6) jederzeit die Konzentrationen durch die Partialdrucke der betreffenden Komponenten ausdrücken; hat man etwa die Konzentration $c_i$ in Mol/L gemessen, dann ist $v_i = 1/c_i$ das Volumen, das ein Mol der Substanz $i$ einnimmt, und demgemäß nach den Gasgesetzen

$$(7)\qquad p_i = RT/v_i = RT\cdot c_i;\quad c_i = p_i/RT.$$

Üblicherweise zieht man die nach der Substitution übrigbleibende Potenz von $RT$ in die Konstante hinein, worauf bei praktischen Rechnungen zu achten ist.

[1] Ist eine beliebige Umsetzung durch eine Gleichung der Form (1) gegeben, so ist für den Reaktionsmechanismus nur in den allerseltensten Fällen die chemische Brutto-Umsatzgleichung maßgebend.

Liegen Umsetzungen der Art vor, wie sie uns interessieren, z. B. die Verbrennung von Heptan:

$$C_7H_{16} + 11\,O_2 = 7\,CO_2 + 8\,H_2O,$$

bei der insgesamt 12 Molekeln an der Reaktion teilnehmen, so lehren sämtliche Erfahrungen, daß eine solche Reaktionsgleichung nicht für die Geschwindigkeit maßgebend sein kann, sondern daß die Reaktion aus einer Reihe von Schritten bestehen muß, an deren einzelnem nie mehr als höchstens drei Ausgangsmolekeln gleichzeitig teilnehmen. Die Wahrscheinlichkeit, daß 12 Molekeln gleichzeitig in einer bestimmten Konfiguration für die Reaktion zusammenstoßen, ist so gering, daß sie für den praktischen Vorgang nicht in Frage kommt. Aus der Vielheit der nach (1) denkbaren Reaktionsgleichungen kommen tatsächlich also nur drei in Frage; die wirklich zu beobachtende Mannigfaltigkeit im Reaktionsablauf kommt lediglich durch eine Kombination von einer Reihe solcher Schritte zustande.

Wir haben also nur die Reaktionstypen zu betrachten:

(I) $$A \rightarrow X + \cdots$$

(II) $$A + B \rightarrow X + Y + \cdots$$

(III) $$A + B + C \rightarrow X + Y + \cdots,$$

die man nach der Zahl der daran beteiligten Ausgangsmolekeln als: monomolekulare, bimolekulare und trimolekulare Reaktionen bezeichnet[1]. Für die Geschwindigkeit der monomolekularen Reaktion (I) gilt nach (2):

(8) $$-\frac{d\,[A]}{dt} = k_1\,[\mathrm{A}],$$

oder integriert:

(9) $$-\ln\frac{[A]}{[A_0]} = k_1\,t,$$

wenn zur Zeit $t = 0$ die Konzentration $[A_0]$ betragen haben soll; daraus folgt dann:

(10) $$[A] = [A_0]\,e^{-k_1 t}.$$

Trägt man bei einer solchen Umsetzung den log der Konzentration gegen die Zeit auf, so muß man gemäß (9) eine Gerade erhalten, aus deren Neigung $k_1$ berechnet wird. Als Maß für die Geschwindigkeit kann auch die Zeit dienen, die verstrichen ist, bis ein bestimmter Bruchteil abreagiert ist. Offenbar ist nach der Zeit $\tau = 1/k_1$ die Konzentration auf $1/e$ ihres ursprünglichen Wertes abgesunken; man könnte $\tau$ (wie man es bei den entsprechend verlaufenden radioaktiven Zerfallsprozessen tut) als mittlere Lebensdauer der Ausgangsprodukte bezeichnen. Vielfach zieht man die Halbwertszeit als Geschwindigkeitsmaß heran, d. i.

[1] Welches die Zahl der auftretenden Reaktionsprodukte ($X$, $Y$...) ist, spielt für unsere Überlegungen hier keine Rolle.

also die Zeit, zu der 50% der Substanz zerfallen sind, und die nach (9) wird:

$$(11)\qquad -\ln \tfrac{1}{2} = k_1 \cdot \tau_{1/2}; \qquad \tau_{1/2} = \frac{\ln 2}{k_1} = \frac{2{,}3 \cdot \log 2}{k_1}.$$

Man kann auch noch entsprechende Ausdrücke für die „Viertelswertzeit" $\tau_{1/4}$ usw. aufstellen und bei kinetischen Rechnungen verwerten.

Wir wollen unter „Molekularität" einer Reaktion nur die durch die Gl. (I—III) ausgedrückte Aussage über die Zahl der daran beteiligten Ausgangsmolekeln verstehen, während wir sagen, das Zeitgesetz (8), (9) oder (10) kennzeichnet eine Reaktion *erster Ordnung*; allgemein wollen wir also unter *Ordnung* einer Reaktion verstehen, in welcher Potenz die Konzentrationen in das formale Zeitgesetz eingehen.

Beobachten wir z. B. die Inversion des Rohrzuckers in wäßriger Lösung, nämlich die Umsetzung:

$$C_{12}H_{22}O_{11} + H_2O \rightarrow C_6H_{12}O_6 + C_6H_{12}O_6,$$

so ist dies eine bimolekulare Reaktion, an der eine Rohrzucker- und eine Wassermolekel beteiligt sind. Da aber Wasser praktisch immer in außerordentlich großem Überschuß vorhanden ist und seine Konzentration sich während der Umsetzung praktisch nicht ändert, so findet man für diese bimolekulare Reaktion einen Geschwindigkeitsausdruck der I. Ordnung:

$$-\frac{d\,[C_{12}H_{22}O_{11}]}{dt} = k\,[C_{12}H_{22}O_{11}].$$

Für die bimolekulare Reaktion (II) erhielte man die Geschwindigkeitsgleichung der II. Ordnung:

$$(12)\qquad -\frac{d\,c_A}{dt} = \left(-\frac{d\,c_B}{dt}\right) = k_2 \cdot c_A \cdot c_B\text{[1]}.$$

Bezeichnen wir die zur Zeit $t = 0$ vorhandenen Mengen durch den oberen Index 0 und setzen:

$$x = c_A^0 - c_A = c_B^0 - c_B,$$

wo also $x$ die umgesetzte Menge ist, so kommt:

$$(13)\qquad \frac{dx}{dt} = k_2 (c_A^0 - x)\,(c_B^0 - x),$$

was integriert ergibt:

$$(14)\qquad \frac{1}{c_A^0 - c_B^0} \ln \frac{(c_A^0 - x)\,c_B^0}{(c_B^0 - x)\,c_A^0} = k_2\,t.$$

Falls $c_A^0 = c_B^0$, so erhält man statt (12), (13) und (14) die Gleichung:

$$(15)\qquad \frac{dx}{dt} = k_2 (c_A^0 - x)^2; \qquad \frac{x}{(c_A^0 - x) \cdot c_A^0} = k_2\,t.$$

---

[1] $c_A$ hat also die gleiche Bedeutung wie $[A]$ usw.

Die Halbwertszeit wird bei der Reaktion II. Ordnung in diesem Falle (gleicher Konzentration der beiden Komponenten):

$$\tau_{1/2} = \frac{1}{k_2 \cdot c_A^0}.$$

Vergleicht man die Halbwertszeit einer Reaktion I. Ordnung mit der einer Reaktion II. Ordnung gleicher Anfangsgeschwindigkeit, bei der also $k_2 c_A^0 = k_1$ ist, so muß naturgemäß die Reaktion II. Ordnung eine längere Halbwertszeit haben als die der Reaktion I. Ordnung; es wird nämlich dann für die Reaktion II. Ordnung: $\tau_{1/2}^{\mathrm{II}} = \frac{1}{k_2 c_A^0} = \frac{1}{k_1}$, während für die Reaktion I. Ordnung $\tau_{1/2}^{\mathrm{I}} \cong 0{,}7/k_1$.

Zur Bestimmung der Ordnung einer Reaktion kann man den gefundenen Zeitverlauf mit dem nach den obigen Gleichungen zu erwartenden vergleichen, insbesondere mit (10), (14), (15); man kann auch die Werte der Halbwerts- und Viertelwertszeit heranziehen. Man wird aber häufig, was vielfach rationeller ist, die Konzentrationen in so kurzen Zeitabständen bestimmen, daß man z. B. statt (12) die angenäherte Differenzengleichung:

$$-\frac{\Delta c_A}{\Delta t} \cong k_2 \overline{c_A} \cdot \overline{c_B} \tag{16}$$

ansetzen kann, worin $\overline{c_A}$ und $\overline{c_B}$ mittlere Konzentrationen in dem betreffenden Zeitintervall bedeuten; man kann diese Gleichung unmittelbar mit dem Experiment vergleichen. Allgemein würde man bei einer Reaktion zwischen beliebig vielen Molekeln etwa so verfahren, daß man nacheinander bei konstant gehaltenen Anfangskonzentrationen der übrigen Komponenten die Reaktionsgeschwindigkeit in Abhängigkeit von $c_A$, $c_B$ usw. bestimmt; man erhält dann schließlich durch Kombination aller Beobachtungen einen Geschwindigkeitsausdruck:

$$\frac{dx}{dt} = f(c_A, c_B, c_C, \ldots), \tag{17}$$

der sich in einfachen Fällen auf die Form bringen läßt:

$$\frac{dx}{dt} = k' c_A^{\alpha} c_B^{\beta} c_C^{\gamma} \ldots, \tag{17a}$$

worin $\alpha, \beta, \gamma, \ldots$ häufig 1 oder kleine ganze Zahlen sein werden, aber durchaus nicht immer sein müssen. In sehr vielen Fällen läßt sich der Geschwindigkeitsausdruck (17) aber gar nicht durch ein einfaches Produkt (17a) darstellen. In allen solchen Fällen erfordert die Deutung der gefundenen formalen Geschwindigkeitsgleichung die Aufstellung eines komplizierteren Reaktionsschemas, wie wir unten noch sehen werden.

Es ist eine Erfahrungstatsache, daß die Geschwindigkeit der meisten Reaktionen stark von der Temperatur abhängt; vielfach wird als Regel angegeben, daß bei Zimmertemperatur 10° Temperaturerhöhung die Geschwindigkeit etwa verdoppeln; es sind allerdings auch Fälle bekannt, wo die Geschwindigkeit mit der Temperatur abnimmt. Trägt man den log der Reaktionsgeschwindigkeit gegen die reziproke absolute Temperatur auf, so erhält man im allgemeinen eine Gerade, d. h. der Koeffizient der Reaktionsgeschwindigkeit ist als Temperaturfunktion gegeben durch:

$$k = A\,e^{-E/R\,T}\,. \tag{18}$$

Die einfachste Deutung dieses Ausdrucks ist die, daß nur besonders energiereiche Molekeln reaktionsfähig sind, solche mit einer $E$ übersteigenden Energie, weshalb $E$ als „Aktivierungswärme" bezeichnet wird. Man wird auf einen Ausdruck der Form (18) geführt sowohl, wenn man annimmt, daß nur Zusammenstöße mit hinreichender kinetischer Energie der Relativbewegung der Molekeln wirksam sind, als auch wenn man annimmt, daß nur Molekeln mit einem gewissen Mindestgehalt von innerer Energie reaktionsfähig sind (vgl. S. 251ff.).

Wie schon erwähnt, verlaufen sehr viele Reaktionen nicht nach einer einfachen Ordnung; das muß durch einen komplexen Reaktionsmechanismus mit einer Folge einfacher Reaktionen gedeutet werden; ebenso sind auch manche, anscheinend einfachen Gesetzen der I., II. oder III. Ordnung folgende Reaktionen in Wirklichkeit komplizierterer Natur. Hierauf wollen wir im übernächsten Abschnitt eingehender zurückkommen. Wir wollen nur schon auf eine Komplikation anderer Art hinweisen, auf die wir ebenfalls noch ausführlicher eingehen müssen, nämlich das Mitwirken der Wand. Alle einfachen Gesetzmäßigkeiten für Gasreaktionen können nur gelten, solange es sich um eine homogene Gasreaktion handelt. In fast allen praktisch vorkommenden Fällen ist das reagierende Gasgemisch aber in Wände eingeschlossen, und es ist eine Erfahrungstatsache, daß die Grenzfläche Gas/Fest von erheblichem Einfluß auf die Reaktionsgeschwindigkeit sein kann. Bei der Untersuchung und Deutung von Reaktionen darf dies nicht vergessen werden.

## 2. Kinetische Gastheorie.

Wir haben im vorigen Abschnitt die Geschwindigkeitskoeffizienten lediglich als empirische Faktoren eingeführt; es ist aber gerade auch für praktische Rechnungen wichtig, der physikalischen Bedeutung dieser Größen nachzugehen. Gehen wir von der bimolekularen Reaktion

$$A + B = X + \cdots$$

aus, also etwa $H_2 + J_2 = 2\,HJ$, so können in einem gegebenen Gasgemisch in der Zeiteinheit jedenfalls nicht mehr Molekeln $A$ und $B$ miteinander reagieren, als Zusammenstöße zwischen diesen stattfinden. Um hierüber etwas aussagen zu können, müssen wir von den Grundvorstellungen der kinetischen Gastheorie Gebrauch machen. Wir haben davon auszugehen, daß ein Gas aus einzelnen Molekeln besteht, daß diese eine ungeordnete Wärmebewegung ausführen, und daß zwischen den einzelnen Molekeln noch gewisse, bei idealen Gasen in endlichen Abständen vernachlässigbare Kraftwirkungen bestehen, die wir in der primitivsten Näherung dadurch zum Ausdruck bringen, daß wir die Molekeln als vollkommen elastische, starre Kugeln betrachten, zwischen denen nur während eines Zusammenstoßes eine Wechselwirkung (Abstoßung) stattfindet.

Um über die Anzahl der Zusammenstöße zwischen den Molekeln eines Gases etwas aussagen zu können, müssen wir uns zunächst Angaben über die mittlere Geschwindigkeit und den Durchmesser des Einzelteilchens verschaffen. Für die Geschwindigkeit gehen wir dabei am einfachsten so vor. Nach der kinetischen Gastheorie muß der Druck eines Gases durch die Stöße der Molekeln auf die Wand verursacht sein. Der Druck ist definiert als Kraft pro Flächeneinheit, oder da Kraft Änderung der Bewegungsgröße (des Impulses) pro s, so ist der Druck gleich der während 1 s auf 1 cm² Fläche durch Stöße übertragenen Bewegungsgröße. Wir stellen uns ein parallelepipedisches Gefäß vor und nehmen zur Vereinfachung an, es bewegten sich jeweils $^1/_3$ aller Molekeln in der Richtung einer Kante hin und her, also gerade $^1/_6$ aller Molekeln auf eine gegebene Fläche zu; ist $w$ die mittlere Geschwindigkeit der Molekeln, so werden innerhalb von 1 s alle die Molekeln auf eine Fläche von 1 cm² auftreffen, die sich in einem Prisma von 1 cm² Grundfläche und $w$ cm Höhe befunden haben und in der richtigen Richtung geflogen sind, also wenn $n$ Molekeln in 1 cm³ enthalten sind: $1/6\, n \cdot w$ Molekeln. Ist $m$ die Masse der Einzelmolekel, $mw$ also ihr Impuls, so wird beim elastischen Stoß auf die Wand nicht der Impuls $mw$, sondern $2\,mw$ übertragen, da ja die Richtung des ursprünglichen Impulses nach dem Stoß umgekehrt wird; das auftreffende Molekül hat vor dem Stoß den Impuls $mw$, nach dem Stoß $-mw$, die Änderung des Impulses ist daher $2\,mw$. Der gesamte auf 1 cm² pro s übertragene Impuls wird daher:

$$p = 1/3\, n\, m w^2 . \tag{19}$$

Ist in dem Volumen $V$ des Gases ein Mol $= N_L$ Molekeln enthalten, so ist $n = \frac{N_L}{V}$ und damit:

$$p = 1/3 \cdot N_L \cdot m w^2/V .$$

Berücksichtigen wir noch, daß $N_L \cdot m = M$, dem Gewicht eines Mols ist, so kommt:

$$p \cdot V = 1/3\, M w^2 = \tfrac{2}{3}\, E_{\text{kin}} , \tag{20}$$

wenn $E_{\text{kin}}$ die kinetische Energie des Gases $\left(E_{\text{kin}} = \frac{M}{2}\, w^2\right)$ bezeichnet. Vergleich mit der üblichen Form des Gasgesetzes:

$$p \cdot V = R\,T$$

ergibt:

$$1/3 \cdot M w^2 = R\,T; \qquad w^2 = 3\,R\,T/M . \tag{21}$$

(21) liefert uns eine erste Beziehung zur Berechnung von $\overline{w^2}$, es wird nämlich:

(22) $$\sqrt{\overline{w^2}} = \sqrt{3\,R\,T/M} \cong 15800\,\sqrt{T/M}\ \text{cm s}^{-1},$$

worin $M$ das Molekulargewicht bedeutet. Wir bemerken, daß trotz unserer vereinfachenden Annahmen (20) richtig ist, wenn $\overline{w^2}$ den Mittelwert des Quadrats der Geschwindigkeit vorstellt; zur exakten Berechnung hätten wir alle Flugrichtungen der Molekeln und alle in Frage kommenden Geschwindigkeiten zu berücksichtigen und dafür den Mittelwert bilden müssen; dafür hätten wir dann gerade (20) mit der angegebenen Bedeutung von $w^2$ erhalten. Wir merken hier nur an, was man, ebenso wie die für das Vorangehende notwendige strenge Rechnung nur mittels des unten noch abzuleitenden MAXWELLschen Geschwindigkeitsverteilungsgesetzes zeigen kann, daß sich für den Mittelwert der Geschwindigkeit selbst ergibt:

(22a) $$\bar{w} = \sqrt{8\,R\,T/\pi M} = 14500\,\sqrt{T/M}\ \text{cm s}^{-1}$$

(also nur durch einen von 1 nicht sehr stark abweichenden Zahlenfaktor unterschieden von $\sqrt{\overline{w^2}}$).

Die Molekulargeschwindigkeit hat also normalerweise Werte von einigen hundert m/s.

Für den Molekulardurchmesser bekommt man bereits einen gewissen Anhalt aus den Werten für das Eigenvolumen, das in der VAN DER WAALSschen Gleichung auftritt, oder aus dem Molvolumen fester Stoffe; es ergibt sich, daß der Molekeldurchmesser von der Größenordnung einiger Å ($= 10^{-8}$ cm) sein muß. Am Gas selbst wird auf Grund aller solcher Eigenschaften, die von der „freien Weglänge" eines Teilchens abhängen, eine Bestimmung von Molekelquerschnitten möglich sein. Unter mittlerer freier Weglänge versteht man die Strecke, die ein Gasteilchen im Mittel fliegen muß, bis es mit einem anderen zusammentrifft; es ist einleuchtend, daß diese Strecke um so kleiner wird, je mehr Molekeln im $cm^3$ enthalten sind und je größer deren Querschnitt ist, also voraussichtlich

(23) $$\lambda \cong \frac{1}{n\,\pi\,\sigma^2},$$

wenn $\sigma$ Molekulardurchmesser[1] und $n$ die Zahl der Molekeln pro $cm^3$ ist. Die exakte Rechnung, die wir hier nicht durchführen wollen, ergibt in (23) noch einen zusätzlichen Zahlenfaktor der Größenordnung 1.

[1] Wenn zwei Molekeln, die beide den Radius $r = \sigma/2$ besitzen, zusammenstoßen, so kann man das formal auch so darstellen: wir betrachten das eine als punktförmig und erteilen dem anderen einen Radius von $2\,r = \sigma$; wenn das stoßende punktförmige Teilchen in den Kreis der Fläche $\pi\,\sigma^2$ um den Mittelpunkt des zweiten Teilchens hineintrifft, findet ein Zusammenstoß statt; daher in (23) $\sigma^2$ und nicht $r^2$. Beim Stoß zwischen verschiedenartigen Molekeln ist $\sigma$ gleich der Summe der verschiedenen Radien.

Die Phänomene, welche von der freien Weglänge abhängen, sind: innere Reibung, Wärmeleitung und Diffusion, die man als Transportprobleme zusammenfaßt: Transport von Impuls, von Energie und von Materie. In allen drei Fällen transportiert eine Molekel die betreffende Größe um so schneller, je größer die freie Weglänge ist; bei Viskosität und Wärmeleitung kompensiert aber die zur freien Weglänge umgekehrt proportionale Zahl der vorhandenen Molekeln diesen Faktor genau, so daß diese Größen unabhängig vom Druck werden[1]. Anders bei der Diffusion, bei der es auf die Beweglichkeit des Einzelteilchens ankommt, und die daher umgekehrt proportional mit dem Druck ist.

Von den quantitativen Beziehungen für diese Größen erwähnen wir hier nur die für die Diffusion, da Diffusionserscheinungen für uns bei vielen Flammen und bei Oxydationsreaktionen in Gegenwart von Wänden wichtig werden. Der einfachste Fall ist der der Diffusion in sich, der Selbstdiffusion; d. h. wir betrachten ein einheitliches Gas, denken eine Anzahl der Molekeln markiert („rot angestrichen“) und betrachten deren zeitliche Ausbreitung unter den übrigen. Diesen Fall kann man heute auch unmittelbar experimentell realisieren, wenn man als „markierte“ Molekeln solche von Isotopen nimmt[2]. Die einfachsten Ansätze liefern für die Diffusionskonstante:

$$D \cong \frac{\lambda \bar{w}}{3}\,. \tag{24}$$

Man kann hiernach also $D$ bei bekanntem $\lambda$ abschätzen; umgekehrt kann man aus (24) oder aus der ähnlichen Formel für $\eta$, die innere Reibung, $\lambda$ berechnen:

$$\eta = \varrho\,\bar{w}\,\lambda/3 \qquad (\varrho \text{ Dichte}). \tag{25}$$

Die $\lambda$-Werte sowie die daraus abgeleiteten Moleküldurchmesser findet man in den Tabellenwerken. Bei Diffusion zweier verschiedener Gase ineinander hat man kompliziertere Ausdrücke für $D$; die einfachsten Ansätze liefern einen zu (24) analogen, in den Komponenten 1 und 2 symmetrischen Ausdruck:

$$D \cong \frac{n_1 \bar{w}_2 \lambda_2 + n_2 \bar{w}_1 \lambda_1}{3\,(n_1 + n_2)}\,. \tag{26}$$

Man sieht daraus, daß für angenäherte, erste Abschätzungen die Formel (24) mit mittleren Werten für $\lambda$ und $\bar{w}$ brauchbare Resultate geben wird.

---

[1] Immer solange der Druck so hoch ist, daß die freie Weglänge klein bleibt gegenüber den Gefäßdimensionen. Im allgemeinen also bei Drucken von einigen mm aufwärts.

[2] Die Selbstdiffusion bekommt man so nur, wenn der Massenunterschied der Isotopen klein ist; die Diffusion von Wasserstoff in Deuterium liefert wegen des großen Massenunterschiedes also nicht den Koeffizienten der Selbstdiffusion, wohl aber etwa die Diffusion von HJ in DJ den der Selbstdiffusion in HJ, weil in dieser Verbindung die relativen Massenunterschiede schon sehr klein sind.

Für die Anzahl Zusammenstöße, die zunächst für den einfachsten Fall, für die Zahl der Stöße eines Moleküls mit seinesgleichen, abzuschätzen ist als in der Zeiteinheit zurückgelegte Strecke ($=\bar{w}$) dividiert durch die freie Weglänge, erhält man:

$$Z \cong \frac{\bar{w}}{\lambda}. \tag{27}$$

Man überlegt sich, daß $\bar{w}$ für Gase mittleren Molekulargewichts (etwa zwischen 10 und 100) bei Zimmertemperatur einige $10^4$ cm/s wird; für $\lambda$ ergibt sich bei Molekeln von einigen Å Durchmesser für Atmosphärendruck die Größenordnung $10^{-5}$ bis $10^{-6}$ cm, somit für $Z$ etwa $10^9$ bis $10^{10}$ Stöße pro s. Es ist nützlich, diese Größenordnung zu wissen.

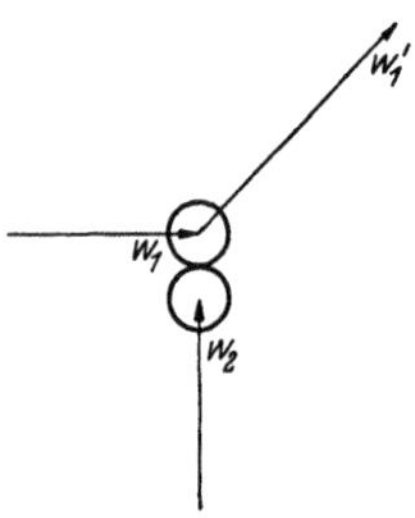

Abb. 157.

Die obigen Überlegungen bedürfen noch einer Verfeinerung; wir kommen unten darauf zurück und werden, ohne auf die Einzelheiten der Rechnung einzugehen, die exakteren Formeln angeben.

Die wesentlichste Vereinfachung, die in unseren bisherigen Überlegungen noch enthalten ist, besteht in der Annahme gleicher Geschwindigkeit für alle Molekeln. Man überlegt sich aber leicht, daß eine solche gleichmäßige Geschwindigkeitsverteilung, selbst wenn sie künstlich zu Anfang vorgegeben wäre, nicht stabil sein kann, daß vielmehr durch die Zusammenstöße der Gasmolekeln miteinander wesentliche Abweichungen von der Gleichmäßigkeit hervorgerufen werden[1].

Eine zweite, für reaktionskinetische Überlegungen weniger bedenkliche Annahme war die oben zur Ableitung des Druckes benutzte Vorstellung, daß sich je $^1/_3$ aller Molekeln in einer von drei aufeinander senkrechten Richtungen bewegte; dabei ergab sich der Ausdruck

$$p = \tfrac{1}{3}\, n\, m\, w^2$$

für den Druck trotz der an sich unerlaubten Annahme richtig, während sich für die Zahl der Stöße auf 1 cm² der Wand pro s ein falscher Wert ergibt. Wir hatten dafür erhalten: $1/6\; n \cdot \bar{w}$, während die exakte Rechnung $1/4\; n\bar{w}$[1, 2] liefert.

Wir wollen nun die erste Vernachlässigung zu beheben versuchen, die Annahme gleichmäßiger Geschwindigkeitsverteilung. Dabei werden wir nicht den historischen Weg gehen, sondern die Fälle diskontinuierlicher Energieverteilung, wie sie die Quantentheorie liefert, an die

[1] Vgl. etwa HERZFELD: Kinetische Theorie, S. 11ff. Treffen etwa zwei gleich schnell bewegte Molekeln gleicher Masse in der durch Abb. 157 gekennzeichneten Weise zusammen, so wird nach dem Stoß die Molekel 1 die gesamte Energie besitzen und 2 wird ruhen. Die Zusammenstöße bewirken also tatsächlich starke Abweichungen von einer ursprünglichen gleichen Geschwindigkeitsverteilung.

[2] Auch der Unterschied von 1/6 gegen 1/4 kann für viele reaktionskinetische Überlegungen außer Betracht bleiben.

Spitze stellen, und dann rückwärts den Grenzübergang zu kontinuierlicher Energieverteilung und damit auch zu dem MAXWELLschen Geschwindigkeits-Verteilungsgesetz vollziehen. Naturgemäß werden wir wieder nicht sämtliche Schritte hier im einzelnen theoretisch begründen können, sondern gelegentlich auf Spezialdarstellungen verweisen. Wir stellen an die Spitze die Erfahrungstatsache, daß Atome und Molekeln von ihrer Translationsenergie (der kinetischen Energie der Bewegung des Schwerpunktes) zunächst abgesehen, sich in einer Anzahl diskreter Energiezustände befinden können, die zwar, außer in Spezialfällen, nicht gerade ganzzahlige Vielfache einer bestimmten Mindestenergie sind, deren Betrag aber durch Ausdrücke, in die das PLANCKsche Wirkungsquantum ($= 6{,}56 \cdot 10^{-27}$ erg. cm) und ganze Zahlen eingehen, gegeben ist. Die Existenz solcher diskreter Energiezustände wird unmittelbar bewiesen durch die FRANCK-HERTZschen Elektronenstoßversuche [1], sie folgt weiter auch aus spektroskopischen und anderen Erfahrungstatsachen. Läßt man nämlich auf Atome Elektronen stoßen, denen man in bekannten Feldern bestimmte Energien gegeben hat, so treten Geschwindigkeitsverluste der Elektronen immer von ganz bestimmten Energiestufen ab ein, die den Stufen der inneren Energie des Atoms entsprechen. Bei Atomen kommen die verschiedenen Zustände her von den verschiedenen Energien, mit denen sich die Elektronen im Feld des Kernes bewegen können; bei Molekülen kommt dazu noch die Energie der Schwingung der einzelnen Atome gegeneinander sowie die Energie der Rotation des gesamten Moleküls, evtl. auch einzelner Teile davon, die sämtlich „gequantelt" sind.

Für das folgende interessiert es noch nicht, durch welche Gesetze die diskreten Energiezustände eines Systems gegeben sind, es interessiert lediglich, daß eine solche Reihe diskreter Energiezustände, $\varepsilon_0, \varepsilon_1, \varepsilon_2, \ldots$ existiert, was auf Grund der FRANCK-HERTZschen Versuche und der spektroskopischen Ergebnisse als unmittelbares Erfahrungsresultat gelten darf. Man wird dann den Erfahrungstatsachen gerecht, wenn man die Wahrscheinlichkeit des $i$-ten Energiezustandes proportional zu:

$$g_i\, e^{-\varepsilon_i/kT} \tag{28}$$

setzt [2]; darin bedeutet $g_i$ das sog. „Quantengewicht" und ist immer eine kleine ganze Zahl, häufig eins. Das Auftreten des Gewichtsfaktors rührt daher, daß es öfters eine Anzahl verschiedener Zustände mit gleicher Energie $\varepsilon_i$ gibt (man spricht dann von Entartung); $g_i$ ist einfach die Zahl solcher Zustände zur gleichen Gesamtenergie, und es ist häufig bequemer, mit der obigen Form (28) zu rechnen, statt alle miteinander entarteten Zustände einzeln zu berücksichtigen.

---

[1] Vgl. J. FRANCK u. P. JORDAN: Anregung von Quantensprüngen.

[2] Es ist $k = R/N_L$, also die Gaskonstante, auf das Einzelmolekül bezogen; es bezieht sich ja auch $\varepsilon_i$ auf das Einzelmolekül, nicht auf ein Mol.

Auf eine Begründung für (28) verzichten wir hier[1], wir wollen nur zeigen, daß wir mit (28) bei Anwendung auf nur zwei Zustände 0 und 1 zu dem gleichen Resultat kommen wie die übliche elementare thermodynamische Gleichgewichtsberechnung. Bezeichnen wir die Zahlen der Teilchen im Zustand 0 mit $A_0$, mit $A_1$ entsprechend die im Zustand 1, so hätten wir für das Gleichgewicht die Reaktionsgleichung:

$$A_0 \rightleftarrows A_1, \tag{29}$$

wobei die Wärmetönung (auf ein Einzelmolekül berechnet) $= (\varepsilon_0 - \varepsilon_1) = -\Delta\varepsilon$ ist; Anwendung der VAN'T HOFFschen Gleichung[2] liefert, wenn die Gleichgewichtskonstante $K = \frac{[A_1]}{[A_0]}$:

$$\frac{d \ln K}{d T} = \frac{\Delta \varepsilon}{k T^2}. \tag{30}$$

Da in unserem Falle $\Delta\varepsilon$ temperaturunabhängig ist, tritt bei der Integration als Konstante nur die Differenz der „chemischen Konstanten" für $A_1$ und $A_0$ auf[2]; da sich $A_0$ und $A_1$ aber nur durch ihren Anregungszustand unterscheiden, bleiben für die chemischen Konstanten nur die Glieder $\ln g_1$ und $\ln g_0$ der Quantengewichte übrig[3, 4], man erhält demnach:

$$\ln K = -\frac{\Delta \varepsilon}{k T} + \ln g_1 - \ln g_0 \tag{31}$$

oder

$$K = \frac{A_1}{A_0} = e^{-\Delta\varepsilon/kT} \cdot \frac{g_1}{g_0} = \frac{g_1}{g_0} \frac{e^{-\varepsilon_1/kT}}{e^{-\varepsilon_0/kT}}, \tag{32}$$

was mit dem unmittelbaren Resultat aus (28) übereinstimmt.

Im Falle des harmonischen Oszillators wird die Folge der Energiezustände besonders einfach; man versteht unter einem harmonischen Oszillator einen Massenpunkt, der harmonische Schwingungen ausführt; in erster Näherung darf eine schwingende zweiatomige Molekel als harmonischer Oszillator betrachtet werden, wobei also die beiden Atome gegeneinander schwingen. Es ergibt sich, daß ein harmonischer Oszillator nur der Folge der Energiezustände fähig ist:

$$n h \nu,$$

wobei $\nu$ seine Eigenfrequenz und $n$ eine ganze Zahl bedeutet; $h$ ist wieder das PLANCKsche Wirkungsquantum. Die genauere Theorie zeigt, daß statt $n$ es heißen muß $(n + \frac{1}{2})$, daß der niedrigste Zustand nicht der schwingungslose, sondern der mit einem Energieinhalt von einem halben „Schwingungsquant" ist. Für unsere Betrachtungen an dieser Stelle spielt dieser Unterschied aber keine Rolle, weil es immer nur auf Energie-

---

[1] Vgl. etwa K. F. HERZFELD: Kinetische Theorie. Braunschweig 1925.

[2] Vgl. die Lehrbücher der physikalischen Chemie.

[3] Vgl. etwa W. SCHOTTKY: Thermodynamik. Berlin 1929.

[4] Die obige Darstellung ist nicht ganz konsequent, da man zu Aussagen über die chemischen Konstanten erst durch Anwendung der Statistik gekommen ist. Es kommt uns hier mehr darauf an, den Zusammenhang mit geläufigeren Beziehungen aufzuzeigen.

differenzen ankommt. Die Anzahl von Teilchen in dem $n$-ten Energiezustand wird dann sein:

$$A e^{-\frac{n h \nu}{k T}} . \tag{33}$$

Haben wir ein System von $N$ Oszillatoren, so muß offenbar sein:

$$N = \sum_{n=0}^{\infty} A e^{-\frac{n h \nu}{k T}} ,$$

denn wenn man über die Zahlen der Teilchen in allen möglichen Energiezuständen summiert, so muß man alle Teilchen erhalten, oder, da es sich hier einfach um die Summation einer geometrischen Reihe handelt:

$$N = A \frac{1}{1 - e^{-\frac{h\nu}{kT}}} ; \qquad A = N \left(1 - e^{-\frac{h\nu}{kT}}\right).$$

Der Bruchteil der Molekeln im $n$-ten Energiezustand wird daher:

$$\Delta N = N \left(1 - e^{-\frac{h\nu}{kT}}\right) e^{-\frac{n h \nu}{k T}} . \tag{34}$$

Und die Summe $N_0$ aller Molekeln mit Energien $\geqq \varepsilon_0 = n_0 h \nu$:

$$N_0 = N \left(1 - e^{-\frac{h\nu}{kT}}\right) \sum_{n=n_0}^{\infty} e^{-\frac{n h \nu}{k T}} = \frac{N \left(1 - e^{-\frac{h\nu}{kT}}\right) e^{-\frac{n_0 h \nu}{k T}}}{1 - e^{-\frac{h\nu}{kT}}} ;$$

$$N_0 = N e^{-\frac{n_0 h \nu}{k T}} = N e^{-\frac{\varepsilon}{k T}} . \tag{35}$$

Wenn etwa in einem System von Oszillatoren nur solche mit einer Energie $\geqq \varepsilon_0 = n_0 h\nu$ reaktionsfähig sind, so ist gerade der durch (35) gegebene Bruchteil einzusetzen. Stoßen zwei solche Molekeln zusammen und nehmen wir an, Reaktion könnte eintreten, wenn die gesamte Schwingungsenergie der beiden Molekeln zusammen größer oder gleich $\varepsilon_0$ wird, so wird der Bruchteil der erfolgreichen Stöße wesentlich größer als der Bruchteil (35) sein. Denn die Gesamtenergie $n_0 h\nu$ kann schon auf folgende $(n_0 + 1)$ verschiedenen Weisen realisiert sein: das erste Molekül kann $n_0$, das zweite 0 Schwingungsquanten enthalten, ferner das erste $(n_0 - 1)$, das zweite 1 usw. Der exakte Ausdruck für den so sich ergebenden Bruchteil erfolgreicher Stöße kann man angeben (vgl. S. 253); hier genügt es anzumerken, daß jedenfalls der „Boltzmann-Faktor" $e^{-\varepsilon/kT}$ allein nur näherungsweise den Bruchteil reaktionsfähiger Molekeln anzugeben braucht.

Wir wollen nun die Verteilungsfunktion berechnen für die kinetische Energie eines Gases. Es interessiert zu wissen, wie viele Molekeln in einem gegebenen Volumenelement enthalten sind und wie die Verteilung ihrer Geschwindigkeiten $v$ nach Größe und Richtung ist.

Es hat jetzt, bei kontinuierlicher Energieverteilung, keinen Sinn mehr zu fragen nach der Zahl der Teilchen, die eine bestimmte Geschwindigkeit $v$ (bzw.

rechtwinklige Kompönenten der Geschwindigkeit $v_x, v_y, v_z$) haben oder eine bestimmte Energie $\varepsilon = \frac{m}{2} v^2$, wenn $m$ die Masse der Teilchen ist. Es ist vielmehr nur sinnvoll zu fragen, wie viele Teilchen Geschwindigkeiten haben, deren Komponenten zwischen $v_x$ und $v_x + dv_x$, $v_y$ und $v_y + dv_y$ und $v_z$ und $v_z + dv_z$ liegen, bzw. deren kinetische Energie in einem entsprechenden Intervall liegt. Es ist naheliegend, den Bruchteil $dN'$ von Teilchen, deren Geschwindigkeiten in dem fraglichen Intervall liegen, zu setzen:

$$dN' \text{ proportional } N e^{-\varepsilon/kT} dv_x dv_y dv_z, \tag{36}$$

wenn $N$ die Gesamtzahl der Teilchen und

$$\varepsilon = \frac{m}{2} v^2 = \frac{m}{2} (v_x^2 + v_y^2 + v_z^2) \tag{37}$$

die zur Geschwindigkeit $v$ gehörige kinetische Energie ist. Da uns nur der Betrag der Geschwindigkeit, nicht ihre Richtung interessiert (die Geschwindigkeiten der einzelnen Moleküle werden regellos im Raum verteilt sein), so gehen wir von den rechtwinkligen Komponenten zu solchen in Polarkoordinaten $(v, \vartheta, \varphi)$ über und erhalten statt (36):

$$dN' = A \cdot N e^{-\frac{m}{2}\frac{v^2}{kT}} v^2 \sin\vartheta \, d\vartheta \, d\varphi \, dv. \tag{38}$$

Durch Integration über alle möglichen Werte von $\vartheta$ und $\varphi$ erhält man zunächst die Zahl $dN$ der Teilchen mit Geschwindigkeiten zwischen $v$ und $v + dv$, unabhängig von der Richtung. Den Proportionalitätsfaktor $A$ bestimmt man dann, so wie wir das oben (S. 251) schon getan haben, aus der Bedingung, daß Integration von $dN$ über sämtliche möglichen Werte von $v$, d. h. von 0 bis $\infty$, die Gesamtzahl $N$ der vorhandenen Teilchen ergeben muß[1].

Damit gewinnen wir schließlich die gesuchte Form des MAXWELLschen Geschwindigkeits-Verteilungsgesetzes:

$$dN = 4\pi N \left(\frac{m}{2\pi kT}\right)^{3/2} e^{-\frac{mv^2}{2kT}} v^2 dv. \tag{39}$$

Damit wäre also in den oben behandelten Beispielen die strengere Berechnung durchzuführen. $dN/N$ ist also der Bruchteil von Teilchen, welche eine Geschwindigkeit zwischen $v$ und $v + dv$ besitzen.

Wir geben hier nur den genaueren Wert für die Stoßzahl zwischen zwei Arten von Molekülen 1 und 2 mit Massen $m_1$ und $m_2$ und Durchmessern $\sigma_1$ und $\sigma_2$, von denen je $N_1$ und $N_2$ im Kubikzentimeter anwesend seien; dieser Wert ist:

$$Z_{12} = 2 N_1 N_2 \left\{\frac{\sigma_1 + \sigma_2}{2}\right\}^2 \left\{\frac{2\pi kT (m_1 + m_2)}{m_1 \cdot m_2}\right\}^{1/2}. \tag{40}$$

Falls nur eine Molekülart vorhanden ist, wird die Zahl der Stöße:

$$Z = N^2 \sigma^2 (4\pi kT m)^{1/2}. \tag{41}$$

(Der Faktor 2 fällt weg, da andernfalls jeder Stoß doppelt gezählt wäre, jedes Molekül einmal als stoßendes und einmal als gestoßenes betrachtet wäre.)

---

[1] Für eine strengere Begründung und Einzelheiten der Rechnung sei auf Spezialdarstellungen verwiesen, z. B. HERZFELD: Kinetische Theorie.

Zahlenwerte von $\sigma$ zur genaueren Berechnung von $Z$ entnimmt man den Tabellenwerken. Als Abschätzung genügt für die meisten Zwecke (vgl. S. 248) die Angabe, daß ein Molekül unter Normalbedingungen etwa $10^9$ bis $10^{10}$ Stöße pro s erfährt.

Für reaktionskinetische Zwecke interessieren nun, wie wir sehen werden, vielfach die Stöße mit einer gewissen Mindestenergie etwa $\geq E_0$ (bezogen auf ein Mol), und zwar der kinetischen Energie der Bewegung der beiden Stoßpartner relativ zueinander. Man erhält dann (von geringfügigen Verfeinerungen abgesehen), für die Zahl dieser Stöße $(Z(E_0))$:

$$Z(E_0) = Z\, e^{-E_0/R\,T}, \tag{42}$$

wobei $Z$ die oben angegebene Stoßzahl ist. Die empirisch gefundene Temperaturabhängigkeit von Reaktionsgeschwindigkeiten läßt sich also ohne weiteres so verstehen, daß nur Moleküle reagieren, die beim Stoß eine gewisse Mindestenergie besitzen. Nun ist die kinetische Energie der Translation (der Bewegung des Schwerpunktes des Moleküls) aber nicht die einzige Energie, die ein Molekül besitzt; das Molekül (von einatomigen Molekülen abgesehen) kann außerdem rotieren und die einzelnen Atome im Molekül können Schwingungen gegeneinander ausführen. Für Rotations- und Schwingungsenergie gelten, wie wir erwähnt haben, ähnliche Formen des Energieverteilungsgesetzes. Es kann daher z. B. auch sein, daß ein empirisch gefundener Geschwindigkeitsausdruck der Form (42) besagt: zwei Moleküle reagieren miteinander, wenn eines davon eine Schwingungsenergie $\geqq E_0$ besitzt (von der Wirkung der Rotationsenergie sehen wir ab, da man Grund hat zu der Annahme, daß diese für die Aktivierung bei chemischen Reaktionen weniger ins Spiel kommt als die Schwingung).

Genau wie bei den (S. 251) durchgeführten Überlegungen ist aber auch noch folgendes denkbar: wenn eine Aktivierungsenergie $\geqq E_0$ aufgebracht werden muß, so könnte das ja auch so sein, daß das eine Molekül die Schwingungsenergie $\varepsilon$ und das andere eine Energie $\geqq (E_0 - \varepsilon)$ mitbringt. Man sieht ohne Rechnung, daß es eine große Zahl von Möglichkeiten geben muß, auf die die Energie $\geqq E_0$ zustande kommt, und infolgedessen wird die Wahrscheinlichkeit der Aktivierung nach diesem Mechanismus um einen gewissen Faktor größer als $e^{-E_0/R\,T}$; sie wird nämlich im obigen Beispiel:

$$\sim \frac{E_0}{R\,T}\, e^{-E_0/R\,T};$$

wenn $E_0$ etwa das 20- bis 50fache von $R\,T$ ist, so wird der zusätzliche Faktor also etwa 20 bis 50. Wirken nicht, wie im obigen Falle zwei, sondern $n$ Schwingungsfreiheitsgrade mit (vielatomige Molekeln besitzen eine große Zahl von Schwingungsfreiheitsgraden), so würde sich statt dessen ein Faktor:

$$\left(\frac{E_0}{R\,T}\right)^{n-1} \frac{1}{(n-1)!} \tag{43}$$

ergeben, der unter Umständen viele Zehnerpotenzen ausmacht. Solche Faktoren spielen besonders bei monomolekularen Reaktionen eine beträchtliche Rolle.

Wenn bei einer monomolekularen Reaktion der Bruchteil $e^{-E_0/RT}$ energiereicher Molekeln zerfällt, so wird die Energieverteilung gestört[1] und es kann der Zerfall nur weitergehen, wenn durch Stöße neue Molekeln aktiviert werden. Der Zusammenstoß von Molekeln ist aber ein bimolekularer Vorgang; infolgedessen kann der monomolekulare Zerfall der Molekeln nur dann nach einem Gesetz I. Ordnung verlaufen, wenn der Zerfall langsam erfolgt, verglichen mit der Aktivierung durch Stöße. Die Stoßzahl bei Atmosphärendruck ist aber, wie wir gesehen haben, von der Größenordnung $10^9$ bis $10^{10}$ pro s; die Dauer zwischen zwei Stößen also $10^{-9}$ bis $10^{-10}$ s, und gegen diese Zeit müßte die Lebensdauer eines aktivierten Teilchens lang sein. Nun findet man als Geschwindigkeitskoeffizienten monomolekularer Reaktionen, $k\,e^{-E/RT}$, häufig Zahlenwerte, wo $k$ etwa $10^{13}$ bis $10^{15}$ ist; als „Lebensdauer" eines aktivierten Teilchens würde daraus nur $10^{-13}$ bis $10^{-15}$ s folgen, also keinesfalls eine lange Zeit gegenüber der Dauer zwischen zwei Stößen. Diese Schwierigkeit verschwindet nur, wenn man annimmt, daß bei der Aktivierung eine größere Zahl von Freiheitsgraden beteiligt ist, weil dann die Zahl der aktivierten Molekeln beträchtlich höher wird.

Neben einem, durch die Beteiligung mehrerer Freiheitsgrade bedingten Faktor größer als 1 können bei bimolekularen Reaktionen auch sog. sterische Faktoren < 1 auftreten. Wenn zwei Molekeln zusammenstoßen, so wird es jedenfalls für die Reaktion nicht gleichgültig sein, wie sie beim Stoß zueinander orientiert sind; etwa bei der Reaktion $2\,HJ \rightarrow H_2 + J_2$ wird ein Stoß $\begin{smallmatrix}H—J\\H—J\end{smallmatrix}$ vielleicht zur Bildung der Endprodukte führen können, sicher aber nicht ein Stoß, in dem die Moleküle folgendermaßen orientiert sind:

$$\begin{matrix}H—J\\J—H\end{matrix}$$

Bei einer Reaktion, wie: $H + HJ \rightarrow H_2 + J$, werden sicher nur solche Stöße wirksam sein können, bei denen das H-Atom das HJ-Molekül auf das „H-Seite" trifft usw. Es ist darum nicht verwunderlich, wenn man solchen Zahlenfaktoren < 1, sterischen Faktoren begegnet, obwohl über genauere Werte sterischer Faktoren noch relativ wenig bekannt ist.

Betrachten wir die Geschwindigkeit der Hin- und Rückreaktion einer gegebenen Umsetzung, etwa:

$$H_2 + J_2 \underset{k'}{\overset{k}{\rightleftarrows}} 2\,HJ + Q,$$

wobei Q die Wärmetönung ist, so gilt etwa:

$$k = A\,e^{-E/RT}; \quad k' = A'\,e^{-E'/RT}.$$

[1] Es werden ja gerade die energiereichen Molekeln fehlen.

Für die Gleichgewichtskonstante[1] gilt $\left(K = \frac{[H_2]\,[J_2]}{[HJ]^2}\right)$:

$$\frac{d \ln K}{dT} = \frac{Q}{RT^2}\,; \qquad \log K \cong -\frac{Q}{RT} + \text{const}\,.$$

Ferner gilt, wie wir oben (S. 240) schon gesehen hatten:

$$K = \frac{k'}{k}\,.$$

Setzt man die obigen Werte für $k$, $k'$ und $K$ ein, so folgt:

$$Q = E' - E\,,$$

die Differenz der Aktivierungswärmen von Hin- und Rückreaktion ist gleich der Wärmetönung dieser Reaktion. Im obigen Beispiel ist z. B. $Q$ aus thermochemischen Daten bekannt, $Q \cong +2{,}7$ kcal; BODENSTEIN[2] fand für $E = 38{,}8$ kcal, für $E' = 43{,}8$ kcal, somit wird $E' - E = 5{,}0$ kcal. Da man im allgemeinen die Reaktionswärmen als bekannt voraussetzen darf, ebenso die Gleichgewichtskonstanten, so kann man über eine Reaktion also bereits Aussagen machen, wenn nur ihre Gegenreaktion untersucht ist.

Weitere reaktionskinetische Beziehungen, von denen wir Gebrauch zu machen haben, insbesondere die Gesetzmäßigkeiten von Kettenreaktionen, werden wir am besten an Hand von Beispielen kennenlernen. Da von den bei der Verbrennung ablaufenden Reaktionen keine so einfach ist und in allen Einzelheiten als geklärt angesehen werden kann, beginnen wir mit einem einfacheren Beispiel der Bromwasserstoffreaktion.

## 3. Kettenreaktionen, erläutert am Beispiel der Reaktion zwischen Brom und Wasserstoff.

Für die Geschwindigkeit der Bromwasserstoffbildung:

$$H_2 + Br_2 \rightarrow 2\,HBr$$

wurde von BODENSTEIN und LIND[3] experimentell gefunden:

$$\text{(44)} \qquad \frac{d\,[HBr]}{dt} = \text{const}\,\frac{[H_2]\,\sqrt{[Br_2]}}{1 + m\,\dfrac{[HBr]}{[Br_2]}}\,;$$

dabei ist $m \cong 10$[4].

---

[1] Vgl. die Lehrbücher der physikalischen Chemie.

[2] BODENSTEIN, M.: Z. phys. Chem. Bd. 13 (1894) S. 56; Bd. 22 (1897) S. 1; Bd. 29 (1898) S. 295.

[3] BODENSTEIN, M. u. S. C. LIND: Z. phys. Chem. Bd. 57 (1906) S. 116.

[4] Nach einer späteren Untersuchung von BODENSTEIN und JUNG: Z. phys. Chem. Bd. 121 (1926) S. 127] ist $m = 8{,}4$ unabhängig von der Temperatur.

Eine Deutung dieses Geschwindigkeitsausdruckes gaben unabhängig voneinander CHRISTIANSEN[1] und POLANYI[2] und HERZFELD[3]. Danach kommt die Umsetzung durch Reaktion von Bromatomen (deren Konzentration im thermischen Gleichgewicht $\sim \sqrt{[Br_2]}$ ist) mit $H_2$ Molekeln zustande; das liefert den Ausdruck im Zähler von (44). Bei der Reaktion eines Bromatoms mit einem Wasserstoffmolekül entsteht ein HBr und ein H-Atom; das H-Atom kann nun entweder mit einem Brommolekül zu HBr unter Regenerierung des ursprünglich in die Reaktion eingetretenen Br-Atoms weiterreagieren, es kann aber auch mit HBr reagieren unter Rückbildung von $H_2$ und ebenfalls Regeneration des Br-Atoms. Verbrauch von HBr durch H-Atome bedeutet eine Hemmung der Reaktion, daher der Ausdruck im Nenner von (44). Die Hemmung der Reaktion durch HBr ist um so kleiner, je kleiner der Quotient $[HBr]/[Br_2]$; denn um so kleiner wird der Bruchteil von H-Atomen, die mit HBr und nicht mit $Br_2$ reagieren. Wie im einzelnen der Geschwindigkeitsausdruck (44) zustande kommt, wollen wir uns jetzt näher überlegen, und dabei auch gleich die photochemische Reaktion mit berücksichtigen, die von BODENSTEIN[4] und Mitarbeitern untersucht wurde, und wesentlich zur Deutung der Einzelheiten des Mechanismus beitrug.

Für die Bromwasserstoffbildung gilt folgendes „Schema":

| | | | |
|---|---|---|---|
| 1. | $Br_2 \rightarrow 2\,Br$ | $(k_1)$ | $-\,45{,}2$ kcal |
| 2. | $Br + H_2 \rightarrow HBr + H$ | $(k_2)$ | $-\,16{,}4$ kcal |
| 3. | $H + Br_2 \rightarrow HBr + Br$ | $(k_3)$ | $+\,40{,}5$ kcal |
| 4. | $H + HBr \rightarrow H_2 + Br$ | $(k_4)$ | $+\,16{,}4$ kcal |
| 6. | $Br + Br \rightarrow Br_2$ | $(k_6)$ | $+\,45{,}2$ kcal |

Man nennt eine derartige Reaktion eine „Kettenreaktion". Charakteristisch dafür ist folgendes: man hat eine „ketteneinleitende" Reaktion 1. nach der durch Dissoziation eines Brommoleküls freie Bromatome entstehen, die die Kette fortführen. Die Erfahrung hat gelehrt, daß freie Atome besonders reaktionsfähig sind, ebenso wie freie Radikale. Die nach 1. gebildeten Br-Atome können nach 2. reagieren, wobei für das verschwindende Br-Atom ein neues aktives Teilchen, das H-Atom, auftritt, das seinerseits nach 3. oder 4. unter Rückbildung eines Br-Atoms reagiert. Bei dieser „Reaktionskette" werden also keinerlei aktive Teilchen verbraucht, die Kette würde unendlich lang, die Zahl der Br-Atome und damit die Reaktionsgeschwindigkeit unendlich groß werden, wenn nicht als „kettenabbrechende" Reaktion 6. die Rekombination zweier Bromatome hinzukäme.

---

[1] CHRISTIANSEN, J. A.: Kong. dansk. Vidensk. Selsk., mat.-fys. Medd. Bd. 1 (1919) S. 14.

[2] POLANYI, M.: Z. Elektrochem. Bd. 26 (1920) S. 50.

[3] HERZFELD, K. F.: Ann. Phys., Lpz. Bd. 57 (1919) S. 635. — Z. Elektrochem. Bd. 25 (1919) S. 301.

[4] BODENSTEIN, M. u. H. LÜTKEMEYER: Z. phys. Chem. Bd. 114 (1924) S. 208.

Praktisch gibt es keinen Weg einer empirisch gefundenen Reaktionsgleichung das zugehörige Kettenschema eindeutig zuzuordnen; vielmehr hat man so zu verfahren, daß man zunächst ein plausibles Schema aufstellt, die sich daraus ergebende Reaktionsgleichung ableitet und diese dann mit der Erfahrung vergleicht.

Aus obigem Schema gewinnt man die Reaktionsgleichung nach BODENSTEIN auf folgendem Wege: Bromwasserstoff wird gebildet nach Gl. (2) und (3) und verbraucht nach (4), als resultierende Bildungsgeschwindigkeit erhält man daher:

$$\frac{d\,[\mathrm{HBr}]}{dt} = k_2\,[\mathrm{Br}]\,[\mathrm{H_2}] + k_3\,[\mathrm{H}]\,[\mathrm{Br_2}] - k_4\,[\mathrm{H}]\,[\mathrm{HBr}]. \tag{45}$$

Hierin treten noch die unbekannten Konzentrationen [Br] und [H] auf; für [Br] wäre im Falle der thermischen Reaktion einfach die Gleichgewichtskonzentration der Bromatome $[\mathrm{Br}] = \sqrt{K\,[\mathrm{Br_2}]}$ einzusetzen, wo $K$ die Gleichgewichtskonstante der Reaktion $\mathrm{Br_2} \rightleftarrows 2\,\mathrm{Br}$ ist. Der Allgemeingültigkeit halber, und damit die erhaltene Endformel auch auf die photochemische Reaktion anwendbar ist, rechnen wir aber explizit mit dem obigen Schema. Für die Bildungsgeschwindigkeit der freien Atome erhalten wir aus dem Schema

$$\text{(I)}\qquad \frac{d\,[\mathrm{Br}]}{dt} = 2\,k_1\,[\mathrm{Br_2}] - k_2\,[\mathrm{Br}]\,[\mathrm{H_2}] + k_3\,[\mathrm{H}]\,[\mathrm{Br_2}] + k_4\,[\mathrm{H}]\,[\mathrm{HBr}] - 2\,k_6\,[\mathrm{Br}]^2,$$

$$\text{(II)}\qquad \frac{d\,[\mathrm{H}]}{dt} = k_2\,[\mathrm{Br}]\,[\mathrm{H_2}] - k_3\,[\mathrm{H}]\,[\mathrm{Br_2}] - k_4\,[\mathrm{H}]\,[\mathrm{HBr}].$$

Für die stationäre Reaktion nimmt BODENSTEIN „Quasistationarität" der Konzentrationen der aktiven Teilchen an und setzt daher die beiden vorangehenden Ausdrücke gleich Null. Diese Annahme wäre exakt richtig, wenn man die Konzentrationen der Reaktionsteilnehmer (etwa mittels Zu- und Abführen durch semipermeable Wände) konstant hielte; sie gilt aber unter den praktischen Bedingungen im allgemeinen exakt genug, so daß ihre Einführung unbedenklich ist.

Setzt man also $\frac{d\,[\mathrm{H}]}{dt} = \frac{d\,[\mathrm{Br}]}{dt} = 0$, so folgt durch Subtraktion der obigen Ausdrücke:

$$2\,k_1\,[\mathrm{Br_2}] - 2\,k_6\,[\mathrm{Br}]^2 = 0$$

$$[\mathrm{Br}] = \sqrt{\frac{k_1}{k_6}\,[\mathrm{Br_2}]}. \tag{46}$$

$k_1/k_6$, das Verhältnis der Geschwindigkeitskonstanten für die Hin- und die Rückreaktion, ist gleich der Gleichgewichtskonstanten $K$, man erhält also, wie oben schon erwähnt, bei der thermischen Reaktion $[\mathrm{Br}] = \sqrt{K\,[\mathrm{Br_2}]}$ (photochemische Reaktion, vgl. S. 259).

Für [H] ergibt sich aus (II):

$$[\mathrm{H}] = \frac{k_2\,[\mathrm{Br}]\,[\mathrm{H_2}]}{k_3\,[\mathrm{Br_2}] + k_4\,[\mathrm{HBr}]} \tag{47}$$

und mit obigem Wert für [Br]:

$$(48)\qquad [H] = \frac{k_2 [H_2] \sqrt{\frac{k_1}{k_6} [Br_2]}}{k_3 [Br_2] + k_4 [HBr]} .$$

Unter Benutzung dieser beiden Ausdrücke für [Br] und [H] wird:

$$\frac{d\,[HBr]}{dt} = k_2 [H_2] \sqrt{\frac{k_1}{k_6} [Br_2]} \left\{ 1 + \frac{k_3 [Br_2] - k_4 [HBr]}{k_3 [Br_2] + k_4 [HBr]} \right\}$$

Die Reaktionsgeschwindigkeit wird also:

$$(49)\qquad \frac{d\,[HBr]}{dt} = \frac{2 k_2 [H_2] \sqrt{\frac{k_1}{k_6} [Br_2]}}{1 + \frac{k_4}{k_3} \cdot \frac{[HBr]}{[Br_2]}} .$$

Dieser Geschwindigkeitsausdruck ist offenbar mit dem von Bodenstein und Lind empirisch gefundenen identisch, wenn

$$k_4/k_3 = 1/8{,}4.$$

Ein solches, zunächst formal abgeleitetes Reaktionsschema, das die richtige Brutto-Reaktionsgleichung liefert, ist nur dann sinnvoll, wenn die einzelnen Geschwindigkeitskonstanten auch ihrerseits physikalisch vernünftige Werte annehmen. Da in dem obigen Wurzelausdruck einfach die bekannte Gleichgewichtskonstante des $Br_2$-Dissoziationsgleichgewichts enthalten ist, kann man aus dem empirisch gefundenen Geschwindigkeitsausdruck $k_2$ ausrechnen und findet dafür, wenn die Konzentrationen in Mol/cm³ ausgedrückt sind:

$$k_2 = 4{,}55 \cdot 10^{13}\, e^{-17\,600/RT} .$$

Als Stoßzahl von Br und $H_2$ bei der Versuchstemperatur von $\sim 200^\circ$ C berechnet man $Z \cong 2 \cdot 10^{14}$ (wir hatten oben als Größenordnung für $Z$ bei Atmosphärendruck $10^9$ bis $10^{10}$ angegeben; dabei ist ein Mol in 22,4 $L$ enthalten; für ein Mol/cm³ als Konzentrationseinheit ergibt sich infolgedessen ein um $\sim 2 \cdot 10^4$fach größerer Wert für $Z$). $k_2$ ist also von der Größenordnung der Stoßzahl, neben der evtl. noch ein sterischer Faktor von $\sim {}^1/_5$ enthalten sein könnte. Die Aktivierungswärme von 2. von 17,6 kcal ist ziemlich genau gleich der Wärmetönung dieser endothermen Reaktion; daraus würde folgen, daß in diesem Falle die Aktivierungswärme der umgekehrten exothermen Reaktion von H mit HBr nahezu gleich Null ist (vgl. S. 255).

Diese Annahme, daß allgemein für exotherme Atomreaktionen die Aktivierungswärme Null sei, wurde 1919 von Herzfeld eingeführt, später aber wieder fallengelassen. Die Erfahrung hat inzwischen gezeigt, daß die Aktivierungswärmen exothermer Atomreaktionen zwar nicht exakt Null, aber im allgemeinen recht klein sind[1], und daß man daher

[1] Vgl. K. H. Geib: Atomreaktionen. Ergebn. exakt. Naturw. Bd. 15 (1936) S. 44.

für Atomreaktionen des besprochenen Typus innerhalb gewisser Grenzen Voraussagen über ihre Geschwindigkeit machen kann. Man wird etwa sagen dürfen, die Aktivierungswärme exothermer Atomreaktionen ist meist nur wenige (bis $\sim$ 10) kcal groß, die endothermer Atomreaktionen liegen im allgemeinen nur ebenso viele kcal über der Wärmetönung.

Die Bromwasserstoffreaktion läßt aber noch einige weitere Schlüsse zu, die auch in anderer Hinsicht von Wichtigkeit sind und auf die darum hier eingegangen werden soll. Untersucht man die Reaktion photochemisch, so wird in dem geeigneten Spektralgebiet für ein absorbiertes Lichtquant ein Molekül $Br_2$ in die Atome aufgespalten[1]; statt $2\,k_1 \cdot [Br_2]$, der Geschwindigkeit der Bildung freier Atome im thermischen Fall, hat also zu treten $2\,J_{abs.}$, wenn $J_{abs.}$ die absorbierte Lichtenergie, ausgedrückt in „Molquanten" ($6 \cdot 10^{23}$ Quanten) pro $cm^3$ ist. Nunmehr erlaubt es die experimentell ermittelte Reaktionsgeschwindigkeit im Licht[2], da ja $k_2$ bereits aus den thermischen Versuchen bekannt ist, auch die Konstante $k_6$ zu berechnen. Man findet dafür, wenn wieder die Konzentrationen in Mol/$cm^3$ gerechnet werden:

$$k_6 = 2{,}5 \cdot 10^{11},$$

falls die Versuche bei Atmosphärendruck ausgeführt werden. Dies ist aber keineswegs gleich der Stoßzahl zwischen Br-Atomen, bezogen auf Mol/$cm^3$ als Konzentrationseinheit, für die man etwa $5 \cdot 10^{13}$ berechnet. D. h. aber nur etwa jeder zweihundertste Stoß zwischen Bromatomen führt zur Rekombination[2].

Diese zuerst von Bodenstein und Lütkemeyer beobachtete Tatsache, daß man bei der Rekombinationsreaktion eine Ausbeute von nur rund $^1/_{1000}$ hat, kam nicht so unerwartet. Herzfeld[2] hatte bereits darauf hingewiesen, daß das neugebildete Molekül $Br_2$ ja noch die gesamte Reaktionswärme in sich enthält, also gleich wieder zerfallen kann. Ein im Stoß aus zwei Br-Atomen gebildetes $Br_2$-„Quasimolekül" wird daher im allgemeinen nach einer Lebensdauer, die vergleichbar ist mit der Schwingungsdauer des Moleküls von $\sim 10^{-13}$ s, wieder zerfallen, sofern es nicht während dieser Lebensdauer Gelegenheit hatte, im Stoß mit einem anderen Molekül seine Energie, oder wenigstens einen Teil davon, abzugeben. Der Bruchteil der „wirksamen" Stöße zwischen Bromatomen ist dann also angenähert gegeben (solange der Druck nicht zu hoch ist) durch Verhältnis der Lebensdauer der Quasimolekel zu der Zeit zwischen zwei Stößen der Quasimolekel mit einer fremden Molekel. (Man braucht den Begriff „Quasimolekel" nicht einzuführen und kann statt dessen einfacher sagen: zwei Atome rekombinieren nur im Dreierstoß, wobei ein Dreierstoß ein solcher Stoß sein soll, bei dem

---

[1] Dies folgt auf dem beobachteten Spektrum.

[2] Bodenstein, M. u. H. Lütkemeyer: Zitiert S. 256. — Herzfeld, K. F.: Zitiert S. 256.

innerhalb einer kurzen Zeit von $\sim 10^{-13}$ s zu dem Stoßpaar ein dritter Stoßpartner hinzukommt.) Dieses Verhältnis ist aber proportional mit dem Druck und man muß daher für die Geschwindigkeit der Rekombination zweier freier Atome Proportionalität mit dem Druck anwesender Fremdgase finden, wie das tatsächlich auch der Fall ist[1] (bei der thermischen Reaktion tritt dieser Druckeffekt nicht auf, da in gleicher Weise wie die Rekombination auch der Zerfall vom zugesetzten Fremdgas beeinflußt wird; wäre das nicht so, so würde sich eine Verschiebung des Gleichgewichts mit dem Zusatz ergeben, was in Widerspruch zur Thermodynamik steht).

Es ergibt sich also die wichtige Erfahrungstatsache: freie Atome (und auch Radikale) können nur im Dreierstoß rekombinieren; die Rekombinationswahrscheinlichkeit ist etwa proportional dem Druck der anwesenden Gase (wobei sich natürlich individuelle Unterschiede bemerkbar machen). Ebenso wie bei Brom hat man dies z. B. auch bei den Reaktionen des atomaren Wasserstoffs beobachtet. Anders kann es allerdings bei der Rekombination vielatomiger Radikale werden. Wie zur Aktivierung beim monomolekularen Zerfall hier die Energie vieler Freiheitsgrade beitragen kann, so ist es denkbar, daß auch bei der Rekombination sich die Reaktionsenergie über viele Freiheitsgrade im gleichen Molekül verteilt und die Lebensdauer des gebildeten Moleküls so groß wird, daß sie die mittlere Zeit zwischen zwei Stößen übertrifft, daß also praktisch jedes neugebildete Molekül durch Stoß desaktiviert wird und die Reaktion im Zweierstoß verläuft[2].

Als letzte Tatsache von allgemeinerer Bedeutung, die uns bei der photochemischen HBr-Bildung begegnet, erwähnen wir die Vernichtung von Bromatomen an der Wand (auch dieser Prozeß macht sich bei der thermischen Reaktion nicht bemerkbar, wo wieder aus thermodynamischen Gründen an der Wand ebensoviel Br-Atome gebildet wie vernichtet werden müssen). Experimentell findet man, daß die Geschwindigkeit der photochemischen HBr-Bildung unter die erwarteten Werte abfällt, wenn man entweder die Gefäßdimensionen verkleinert oder den Druck stark erniedrigt. Beide Effekte lassen sich qualitativ und, soweit eine Berechnung möglich ist, auch quantitativ so deuten, daß Bromatome außer in der Gasphase durch Rekombination im Dreierstoß auch an der Wand vernichtet werden können, etwa so, daß ein auf die Wand auf-

[1] Jost, W. u. G. Jung: Z. phys. Chem. Abt. B Bd. 3 (1929) S. 83. — Jost, W.: Z. phys. Chem. Abt. B Bd. 3 (1929) S. 95. — Hilferding, K. u. W. Steiner: Z. phys. Chem. Abt. B Bd. 30 (1935) S. 399. — Rabinowitsch, E.: Z. phys. Chem. Abt. B Bd. 33 (1936) S. 275. — Rabinowitsch u. Lehmann: Trans. Faraday Soc. Bd. 31 (1935) S. 689. — Rabinowitsch u. W. C. Wood: Trans. Faraday Soc. Bd. 32 (1936) S. 907. — Rabinowitsch: Trans. Faraday Soc. Bd. 33 (1937) S. 283. — Rabinowitsch u. Wood: J. chem. Phys. Bd. 4 (1936) S. 497.

[2] Kimball, G.: J. Chem. Phys. Bd. 5 (1937) S. 310. — Kassel, L. S.: J. Chem. Phys. Bd. 5 (1937) S. 922.

treffendes Bromatom dort so lange adsorbiert bleibt, bis ein zweites hinzukommt und mit ihm rekombiniert. Die Behandlung der maßgebenden Diffusionsphänomene wollen wir hier nicht bringen (vgl. JOST und JUNG, zitiert S. 260), wir weisen nur darauf hin, daß bei dieser und auch bei anderen stationären Kettenreaktionen derartige Wandeinflüsse bekannt und auch zu deuten sind. Bei der Besprechung nicht-stationärer Kettenreaktionen werden wir uns ausführlicher damit zu befassen haben.

Auch bei zusammengesetzten Reaktionen läßt sich die Temperaturabhängigkeit vielfach noch durch eine Exponentialfunktion $e^{-Q/RT}$ darstellen, wo nun aber $Q$ nicht mehr immer eine einfache Bedeutung als Aktivierungswärme zu haben braucht. Bei Überlagerung mehrerer Reaktionen können unter Umständen in verschiedenen Temperaturgebieten verschiedene Umsetzungsmechanismen vorherrschend sein und sich daher auch verschiedene Temperaturabhängigkeiten ergeben. In solchen Fällen und bei Reaktionen mit Kettenverzweigung, in denen sich wohl über ein begrenztes Temperaturintervall die Reaktionsgeschwindigkeit wie $\exp(-Q/RT)$ ändert, dieser Formel aber mehr der Charakter einer Interpolationsformel zukommt, bezeichnet man $Q$ als „scheinbare Aktivierungswärme". In derartigen Fällen ist dann häufig auch der neben der $e$-Potenz auftretende Faktor von anderer Größenordnung, als man ihn sonst erwarten würde.

## 4. Reaktionen mit Kettenverzweigung.

Als wichtige Klasse von Reaktionen müssen wir jetzt noch solche mit „Kettenverzweigung" besprechen. Wir können uns dabei allerdings nicht an ein einfaches, genauer untersuchtes Beispiel halten; denn die einfachste Verbrennungsreaktion, die hierher gehört, die Knallgasverbrennung, ist in ihren Einzelheiten noch bei weitem nicht so klar wie die einfacheren Kettenreaktionen der Halogenwasserstoffe. Von der Knallgasverbrennung weiß man soviel mit einiger Sicherheit (vgl. Kap. IX), daß sie bei höherer Temperatur über freie Atome und Radikale verläuft, insbesondere ist daran neben H-Atomen das Radikal OH beteiligt, das auch im thermischen Gleichgewicht bei höheren Temperaturen (oberhalb 1000°) von BONHOEFFER und REICHARD[1] nachgewiesen ist. Versucht man, damit einen Reaktionsmechanismus zu formulieren (vgl. Kap. IX), so kommt man etwa zu folgenden Reaktionen (über die Ketteneinleitung wollen wir keine bestimmten Annahmen machen):

1.) $OH + H_2 \rightarrow H_2O + H + 12\,\text{kcal} \quad (k_1)$
2.) $H + O_2 \rightarrow OH + O - 14\,\text{kcal} \quad (k_2)$
3.) $O + H_2 \rightarrow OH + H + 0{,}5\,\text{kcal} \quad (k_3)$

als kettenabbrechend[2] etwa unter anderem:

4.) $H + OH + M \rightarrow H_2O + M \quad (k_4)$.

[1] BONHOEFFER, K. F. u. REICHARD: Z. phys. Chem. Abt. A Bd. 139 (1928) S. 75.
[2] Tatsächlich werden beim Kettenabbruch andere Reaktionen überwiegen.

Dieses Schema stellt wiederum eine Kettenreaktion dar; 1.), 2.) und 3.) sind kettenfortführende Reaktionen, nach 4.) und evtl. ähnlichen Reaktionen erfolgt Kettenabbruch[1]. Gegenüber den früher besprochenen Kettenreaktionen tritt hier aber noch etwas Neues hinzu. Bei den Reaktionsschritten 2.) und 3.) erscheint für jedes in die Reaktion eintretende aktive Teilchen (H- bzw. O-Atom) nicht nur ein neues aktives Teilchen wieder auf der rechten Seite, sondern deren zwei: ein OH-Radikal + ein O-Atom bzw. ein H-Atom. Falls jetzt die Zahl der nach 2. und 3. neu entstehenden aktiven Teilchen größer ist als die der nach 4.) und analogen Gleichungen verschwindenden aktiven Teilchen, so muß deren Zahl und damit die Reaktionsgeschwindigkeit im Verlauf der Umsetzung ständig zunehmen; d. h. es muß eine Explosion einsetzen auch unter Bedingungen, unter denen sich das Reaktionsgemisch zunächst *nicht* spontan erwärmt. Derartige Explosionen sind im Gebiet niederer Drucke vielfach beobachtet worden und zu ihrer Erklärung wurde von SEMENOFF die Vorstellung der Reaktionsketten mit Verzweigung entwickelt. Wir wollen es an dieser Stelle allerdings offenlassen, durch welchen Mechanismus bei niederen Temperaturen die Knallgasexplosion zustande kommt, bei höheren Temperaturen spielen sicher Kettenglieder, wie wir sie angeschrieben haben, eine Rolle, allerdings mit einer anderen Abbruchreaktion.

Offensichtlich braucht für das Eintreten einer Explosion auch die Natur der ketteneinleitenden Reaktion keine Rolle mehr zu spielen, sofern nur überhaupt einige aktive Zentren gebildet werden; es kommt dann lediglich darauf an, ob die zu einer Vermehrung der aktiven Zentren führenden Reaktionen [2.) und 3.) in unserem Beispiel] von den aktive Zentren verbrauchenden Reaktionen [wie 4.)] kompensiert werden oder nicht.

Versucht man für die oben angeschriebenen Reaktionen der Wasserstoffverbrennung die stationäre Reaktionsgeschwindigkeit zu berechnen, wie wir das für die HBr-Bildung getan haben, so gelangt man zu folgendem: Wir nehmen wieder die Konzentration der aktiven Teilchen als stationär, d. h. die entsprechenden Differentialquotienten nach der Zeit = 0 an; eine besondere ketteneinleitende Reaktion führen wir nicht ein; die Zahl der aktiven Teilchen muß ja durch Verzweigung zunächst zunehmen, sofern wir nur zu Beginn einige wenige solcher Teilchen hineingegeben haben. So wird:

$$\text{I.)}\quad d[\mathrm{H}]/dt = k_1[\mathrm{OH}]\cdot[\mathrm{H_2}] - k_2[\mathrm{H}][\mathrm{O_2}] + k_3[\mathrm{O}][\mathrm{H_2}] - k_4[\mathrm{H}][\mathrm{OH}][\mathrm{M}].$$
$$\text{II.)}\quad d[\mathrm{O}]/dt = k_2[\mathrm{H}][\mathrm{O_2}] - k_3[\mathrm{O}][\mathrm{H_2}].$$
$$\text{III.)}\quad d[\mathrm{OH}]/dt = -k_1[\mathrm{OH}]\cdot[\mathrm{H_2}] + k_2[\mathrm{H}][\mathrm{O_2}] + k_3[\mathrm{O}][\mathrm{H_2}] - k_4[\mathrm{H}][\mathrm{OH}][\mathrm{M}].$$

Aus der II.) Gl. folgt:

$$[\mathrm{O}] = k_2[\mathrm{H}][\mathrm{O_2}]/k_3[\mathrm{H_2}].$$

Gl. I.)—III.) ergibt:

$$2k_1[\mathrm{OH}][\mathrm{H_2}] - 2k_2[\mathrm{H}][\mathrm{O_2}] = 0,$$

[1] Tatsächlich werden beim Kettenabbruch andere Reaktionen überwiegen.

oder

$$[OH] = k_2[H]\,[O_2]/k_1[H_2].$$

Einsetzen der Ausdrücke für [O] und [OH] in I.) liefert:

$$[H] = \frac{k_1\,[H_2]}{k_4\,[M]}$$

und damit

$$[O] = \frac{k_1\,k_2\,[H_2]\,[O_2]}{k_3\,k_4\,[H_2]M} = \frac{k_1\,k_2\,[O_2]}{k_3\,k_4\,[M]}\,; \quad [OH] = \frac{k_2\,[O_2]}{k_4\,[M]}\,.$$

Für die Geschwindigkeit der Wasserbildung findet man dann:

$$\frac{d\,[H_2O]}{dt} = \frac{2\,k_1\,k_2\,[H_2]\,[O_2]}{k_4\,[M]}\,.$$

Man erhält so einen Ausdruck, der sich äußerlich in nichts von Ausdrücken, wie sie für stationäre Reaktionen gelten, unterscheidet, und der vermuten lassen könnte, daß wir es hier auch mit einer stationären Reaktion zu tun hätten. Würden wir aber in die Gleichung unter Vorwegnahme später anzuführender Versuchsresultate Zahlenwerte der einzelnen Konstanten einsetzen, so würden wir finden, daß nach diesem Mechanismus die Reaktion bei 450° C bereits nach einem Bruchteil einer s praktisch zu Ende gekommen wäre; d. h. also, daß eine Explosion eingetreten wäre. Berechnete man ebenso nach obigem Ausdruck die „stationäre" Konzentration der [H]-Atome, so erhielte man einen Wert, der höher ist als die üblicherweise angewandte $[H_2]$-Konzentration; d. h. aber wieder, es ist Explosion durch Kettenverzweigung eingetreten. Außerdem folgt daraus natürlich, daß die Konzentrationen der Zwischenprodukte, wie [H] usw., wenigstens bei höheren Temperaturen, keinesfalls unter vernünftigen Bedingungen stationär werden, daß also die ganze obige Berechnungsweise dann nicht mehr anzuwenden ist und durch eine andere ersetzt werden muß.

Man könnte aus obigem Schema folgern, wie man das auch öfters getan hat, daß bei Kettenabbruch nach der II. Ordnung [Reaktion 4.)] und Kettenverzweigung nur nach der I. Ordnung [Reaktionen 2.) und 3.)] für hinreichend hohe Konzentration der aktiven Teilchen schließlich immer der Abbruch die Verzweigung kompensieren müßte und darum keine Explosion einsetzen könne. Wie man sieht, verliert eine solche Argumentation aber ihren Sinn, wenn eine Kompensation erst bei so hoher Konzentration der aktiven Teilchen eintreten würde, daß vorher die Reaktion schon praktisch zu Ende gekommen wäre mit einer Geschwindigkeit, die Explosion bedeutet. Allerdings ist zu bemerken, daß die oben angeschriebenen Gleichungen allein noch nicht ausreichen zur Beschreibung der bei der Knallgasexplosion wirklich beobachteten Vorgänge[1].

Um die Beziehungen für Kettenexplosionen in der üblichen Form, wie sie zuerst von SEMENOFF diskutiert worden sind, abzuleiten, betrachten wir ein möglichst vereinfachtes Schema einer Reaktion mit Kettenverzweigung: Ein Stoff $A$ etwa soll durch Reaktion mit aktiven Teilchen $X$ übergehen in einen Stoff $B$ unter Regeneration der Teilchen $X$ und Entstehung evtl. sonstiger inaktiver Teilchen:

$$X + A \xrightarrow{k_1} B + X + \cdots$$

[1] Vgl. Kap. IX.

(in wirklichen Beispielen kommt im gleichen Reaktionsschritt vielleicht ein zweites aktives Teilchen $Y$ heraus, das erst nach Reaktion mit $A$ oder einem anderen Stoff das Teilchen $X$ regeneriert; dadurch ändert sich gegenüber dem obigen einfachen Fall nichts Wesentliches). Kettenverzweigung trete etwa ein durch Reaktion von $X$ mit z. B. der Molekülsorte $C$:

$$X + C \overset{k_2}{\rightarrow} 2X + D + \cdots,$$

während die aktiven Teilchen verschwinden, also Ketten abgebrochen werden, etwa nach:

$$X + E \overset{k_3}{\rightarrow} E' + \cdots.$$

Versuchte man nach unserer üblichen Methode hieraus die stationäre Geschwindigkeit zu berechnen, so würde man ansetzen:

$$\frac{d[X]}{dt} = k_2[X][C] - k_3[X][E] = 0;$$

und daraus:

(50) $$k_2 \cdot [C] = k_3 \cdot [E].$$

Man erhält damit also gar keinen Wert für die stationäre Konzentration von $[X]$, sondern vielmehr eine Bedingung zwischen zwei Geschwindigkeitskonstanten und zwei Konzentrationen; ist diese Bedingung erfüllt, so wird die Reaktionsgeschwindigkeit stationär, und zwar für jeden beliebigen Wert von $[X]$; die Konzentration von $X$ und die Reaktionsgeschwindigkeit bleiben also unbestimmt. Wird der Ausdruck für $d[X]/dt$ aber positiv, d. h. $k_2[C] > k_3[E]$, so steigt die Konzentration $[X]$ und damit die Reaktionsgeschwindigkeit ständig an, die Bedingung (50) charakterisiert also gerade den Grenzfall für die Kettenexplosion. Eine Bedingung der Form (50) ergibt sich nach SEMENOFF allgemein für Kettenexplosionen[1]. Solange man weit genug von der Explosionsgrenze entfernt ist und eine stationäre Reaktionsgeschwindigkeit hat, muß man noch eine ketteneinleitende, aktive Teilchen liefernde Reaktion berücksichtigen, etwa:

$$U \overset{k_0}{\rightarrow} nX;$$

z. B. möge $X$ durch Dissoziation von $U$ oder nach irgendeinem anderen Vorgang I. Ordnung aus $U$ gebildet werden, dann gilt:

$$\frac{d[X]}{dt} = k_0[U] + k_2[X][C] - k_3[X][E] = 0; \qquad [X] = \frac{k_0[U]}{k_3[E] - k_2[C]}.$$

Damit wird die Reaktionsgeschwindigkeit $w$:

(51) $$w = \frac{d[B]}{dt} = k_1[X][A] = \frac{k_1 \cdot k_0 \cdot [A][U]}{k_3[E] - k_2[C]}.$$

Die Reaktionsgeschwindigkeit hat also einen ganz definierten Wert, solange der Nenner positiv ist; Nullwerden des Nenners bedeutet Übergang in die Explosion und führt wieder auf die Bedingung (50):

$$k_3[E] - k_2[C] = 0$$

als Grenzbedingung für Kettenexplosion.

Wir wollen die obige Gleichung für $w$ noch etwas umformen, um Anschluß an die seit SEMENOFF übliche Schreibweise zu gewinnen. Durch die ketteneinleitende Reaktion entstehen in der Zeiteinheit $k_0[U]$ aktive

[1] Vgl. dazu die Kritik S. 276ff.

Zentren $X$; ein aktives Zentrum reagiert in der Zeiteinheit $k_1[A]$mal mit Molekülen $A$; daher ist die Zahl der Primärreaktionen in der Zeiteinheit, $n_0$, proportional $k_0 \cdot k_1 \cdot [A] \cdot [U]$. Der Ausdruck $k_3[E]$ ist proportional der Wahrscheinlichkeit, daß ein Teilchen $X$ vernichtet, die Kette abgebrochen wird; wir wollen diesen Ausdruck mit $\beta$ bezeichnen; entsprechend ist $k_2 \cdot [C]$ proportional der Wahrscheinlichkeit, daß ein zusätzliches Teilchen $X$ gebildet, die Kette verzweigt wird; wir wollen diese Wahrscheinlichkeit mit $\delta$ bezeichnen. So wird der Ausdruck für die Reaktionsgeschwindigkeit[1]:

$$w = \frac{n_0}{\beta - \delta}.$$

Wenn wir uns um einen Proportionalitätsfaktor nicht kümmern, können wir $\beta - \delta$ als die resultierende Wahrscheinlichkeit für den Kettenabbruch bezeichnen; nur solange diese einen positiven Wert besitzt, ist die Reaktionsgeschwindigkeit endlich; die Explosionsbedingung lautet: Kettenabbruchwahrscheinlichkeit = Kettenverzweigungswahrscheinlichkeit:

$$\beta = \delta.$$

Wir haben hier als aktive Teilchen immer freie Atome und Radikale angenommen, uns also auf den Spezialfall von „Stoffketten" beschränkt. Das ist nicht nötig, auch bei „Energieketten" gelten die obigen Beziehungen der Kettenexplosion, ja die Übertragung freiwerdender Reaktionsenergie, die zur Kettenverzweigung führt, war ursprünglich der Ausgangspunkt von SEMENOFFs Überlegungen. Von Energieketten spricht man, wenn energiereiche, aktivierte, aber an sich stabile Teilchen für die Fortführung der Reaktion verantwortlich sind, etwa Moleküle mit einer gewissen Mindestenergie $\varepsilon$, deren Bruchteil im thermischen Gleichgewicht $e^{-\varepsilon/kT}$ ist. Man führte früher bei vielen Kettenreaktionen derartige Teilchen als Kettenträger ein; da aber die Desaktivierungswahrscheinlichkeit angeregter Teilchen bei Stößen sehr hoch ist, sind die Fälle wohl ziemlich selten, in denen solche aktive Teilchen in sehr viel höherer als dem thermischen Gleichgewicht entsprechender Konzentration vorliegen.

Eine gemischte Energie-Stoff-Kette, wie sie SEMENOFF etwa zur Deutung der Kettenexplosion bei Chlorknallgas und für viele andere Fälle zur Diskussion gestellt hat, mag aber des öfteren vorliegen:

$$\begin{aligned} &Cl + H_2 \rightarrow HCl + H - 1{,}2\ \text{kcal} \\ &H + Cl_2 \rightarrow HCl + Cl + 45\ \text{kcal}. \end{aligned}$$

---

[1] Da im allgemeinen mindestens $n_0$ und $\delta$ sich exponentiell mit der Temperatur ändern werden, so ist die resultierende Temperaturabhängigkeit ziemlich kompliziert. Insbesondere wenn $\delta$ nur wenig kleiner als $\beta$ ist, kann die Geschwindigkeit sich außerordentlich stark mit der Temperatur ändern. Stellt man die Geschwindigkeit über ein begrenztes Temperaturgebiet formal durch $\exp(-Q/RT)$ dar, so kann die „scheinbare Aktivierungswärme" $Q$ ungewöhnlich hohe Werte annehmen.

Bei der zweiten Reaktion wird sich die Reaktionswärme in verschiedener Weise auf die Reaktionsprodukte verteilen können; es werden jedenfalls angeregte $HCl^*$ Moleküle entstehen, die in Form von Rotations- und Schwingungswärme einen Energieinhalt von bis zu 45 kcal besitzen können. Stößt nun ein solches $HCl^*$ Molekül mit einem $Cl_2$-Molekül zusammen, das einen Mindestenergieinhalt von (Dissoziationswärme — Energie des $HCl^*$-Moleküls) besitzt, so ist Dissoziation des $Cl_2$-Moleküls und damit Kettenverzweigung möglich. Solche Energieübertragungsvorgänge mögen vielleicht bei der CO-Verbrennung[1] eine Rolle spielen, wo, zumindest in Abwesenheit von Wasserdampf, für die Explosion ein Mechanismus plausibel ist der Art:

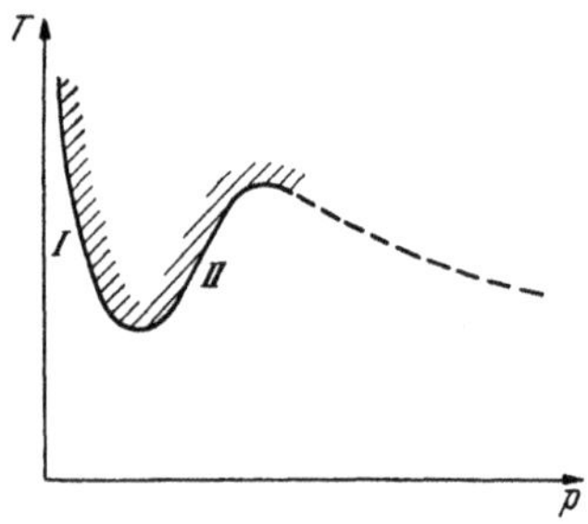

Abb. 158. Explosionsgrenzen bei Kettenexplosion.

$$\begin{aligned} CO + O &\rightarrow CO_2^* \\ CO_2^* &\rightarrow CO + O \\ CO_2^* + M &\rightarrow CO_2 + M \\ CO_2^* + O_2 &\rightarrow CO_2 + O + O. \end{aligned}$$

Hier sind Sauerstoffatome als aktive Teilchen angenommen; die Bildung von $CO_2$ aus $CO + O$ im Dreierstoß ist in zwei Schritte zerlegt, lediglich formal, nämlich in die Bildung eines energiereichen Komplexes $CO_2^*$, der entweder spontan in $CO + O$ zerfallen, oder im Dreierstoß mit einem beliebigen Molekül $M$ stabilisiert werden kann, das die überschüssige Energie aufnimmt. Ist dieser Dreierstoßpartner ein Sauerstoffmolekül, so kann die vom $CO_2^*$ aufgenommene Energie zur Dissoziation des $O_2$ und damit zur Kettenverzweigung führen.

Die Grenzbedingung für die Kettenexplosion

$$\beta - \delta = 0$$

hat sich besonders bewährt bei der Deutung der kritischen Explosionsdruckgrenzen. Wie wir schon erwähnten, beobachtet man häufig bei Niederdrucken Explosionsbereiche von der Art der Abb. 158, wo das schraffierte Gebiet dem der Kettenexplosion entspricht; unterhalb der Grenze I und oberhalb der Grenze II tritt keine Explosion ein. Oder anders ausgedrückt: unter den speziellen Bedingungen fällt von sehr niedrigen Drucken aus die Entzündungstemperatur mit zunehmendem Druck zunächst ab, steigt aber dann wieder an und geht schließlich evtl. erst (gestrichelter Linienzug) in eine Beziehung über, die eine Wärmeexplosion darstellen kann (aber nicht muß). Eine Grenze wie I läßt sich offenbar folgendermaßen deuten: Falls die Kettenverzweigung entweder unabhängig vom Druck ist oder mit wachsendem Druck zunimmt, während der Kettenabbruch umgekehrt proportional dem Druck ist, nämlich an der Wand erfolgt und durch die Geschwindigkeit der Diffusion der

[1] Vgl. Kap. IX.

Kettenträger zur Wand bestimmt wird, so muß unterhalb eines gewissen Druckes die Abbruchwahrscheinlichkeit die Verzweigungswahrscheinlichkeit überwiegen und eine Grenze gemäß I zustande kommen. Daß diese Deutung der „unteren" Explosionsgrenze wohl allgemein zutreffend ist, wird durch viele Erfahrungen bestätigt. Ist dies nämlich so, so müssen sich ganz bestimmte Abhängigkeiten von den Gefäßdimensionen ergeben: Je größer der Gefäßdurchmesser, desto geringer ist die Geschwindigkeit der Diffusion zur Wand; desto niedriger muß daher auch die Explosionsgrenze liegen, wie auch immer wieder gefunden wird. Ferner wird die Diffusionsgeschwindigkeit von inerten Fremdgasen genau so beeinflußt wie von den an der Reaktion teilnehmenden Gasen: Zusatz eines indifferenten Fremdgases kann daher Explosion befördern; beides findet man auch tatsächlich. Im allgemeinen ist die Lage der unteren Explosionsgrenze nicht gut reproduzierbar; auch das paßt gut in die entwickelten Vorstellungen hinein, denn der Kettenabbruch an der Wand ist ja in empfindlicher Weise von dem jeweiligen Zustande der Wand abhängig. Man kann dabei im Grenzfall zu sehr eigentümlichen Beziehungen kommen, wie wir weiter unten noch sehen werden.

Eine obere Explosionsgrenze, d. h. ein Aussetzen der Explosion bei Steigerung des Druckes, ist offenbar nur dann möglich, wenn die Desaktivierung, d. h. die Vernichtung von Kettenträgern, mit einer höheren Potenz des Druckes ansteigt als die Neubildung von Kettenträger durch Kettenverzweigung. Es kann sich dabei also nur um Vorgänge in der Gasphase handeln, wobei beispielsweise die Kettenverzweigung eine Reaktion zweiter Ordnung, der Kettenabbruch aber eine Dreierstoßreaktion ist. Die Deutung der oberen Grenze im einzelnen ist nicht immer leicht. Charakteristisch für die obere Grenze ist ihre gute Reproduzierbarkeit sowie die Tatsache, daß ihre Lage im allgemeinen (eine bemerkenswerte Ausnahme vgl. Kap. IX, S. 306) unabhängig vom Wandmaterial ist, ein Beweis dafür, daß tatsächlich Desaktivierung in der Gasphase für das Auftreten dieser Druckgrenze verantwortlich sein muß.

Als allgemeineren Typus der Explosion wird man den der gemischten Ketten-Wärmeexplosion aufzufassen haben; wenn darüber auch nur wenige systematische Untersuchungen vorliegen, so ist es doch wahrscheinlich, daß gerade unter den technisch bedeutsamen Bedingungen von Explosionen bei erhöhtem Anfangsdruck dieser Fall realisiert ist. Ohne Kettenverzweigung könnte die Reaktionsgeschwindigkeit nicht in sehr kurzen Zeiten auf beträchtliche Werte anwachsen; andererseits sind bei etwas höheren Drucken die Bedingungen für Wärmeableitung derart, daß, sowie die Reaktionsgeschwindigkeit merklich zugenommen hat, an eine praktisch vollständige Abfuhr der Reaktionswärme nicht mehr gedacht werden kann.

Wir wollen, ehe wir in der Diskussion fortfahren, die oben entwickelten Gesetzmäßigkeiten quantitativ zu formulieren versuchen im wesentlichen im Anschluß an SEMENOFF[1].

Dazu betrachten wir zunächst die Reaktion mit Kettenabbruch an der Wand; wir sehen fürs erste von der Verzweigung ganz ab und berechnen nur die stationäre Geschwindigkeit. Der Einfachheit halber nehmen wir ein von planparallelen Wänden im Abstand $2\,d$ begrenztes unendlich ausgedehntes Gefäß an, weil dann die Diffusionsverhältnisse besonders einfach werden; es würde an sich auch keine Schwierigkeiten machen, ein zylindrisches oder kugelförmiges Gefäß exakt zu behandeln. Im allgemeinen lohnt es aber nicht, in der Rechnung über den oben angenommenen einfachen Fall hinauszugehen, aus folgendem Grunde. Wir fassen nur reine Diffusion ins Auge; praktisch wird aber, außer bei sehr niederen Drucken, immer auch noch Konvektion eine Rolle spielen, die man aber nur durch einen empirischen Korrekturfaktor einführen kann. Dann bedarf es zur Lösung des Problems ganz bestimmter Annahmen über den Zustand der Wand; man muß entweder annehmen, daß jedes auf die Wand auftreffende aktive Teilchen vernichtet wird (was in manchen Fällen ganz gut stimmt), oder, wofür in anderen Fällen die Versuche sprechen, man muß annehmen, daß nur etwa der Bruchteil $\varepsilon$ aller Stöße aktiver Teilchen auf die Wand zum Kettenabbruch führt, wobei $\varepsilon$ unter Umständen sehr klein sein kann, $10^{-4}$ oder darunter. Es ist klar, daß $\varepsilon$ sehr stark vom Zustand der Wand abhängen muß; es kann von Versuch zu Versuch beim gleichen Reaktionsgefäß oder sogar schon im Laufe eines einzigen Versuches sich ändern, was sichere quantitative Untersuchungen außerordentlich erschweren kann. Bringt aber die Unbestimmtheit des Ausbeutefaktors für den Kettenabbruch schon wesentliche Unsicherheiten in das Resultat, so ist eine übertrieben exakte Behandlung des Diffusionsproblems, die zudem an der Form der erhaltenen Lösungen wenig ändern würde, kaum zu rechtfertigen.

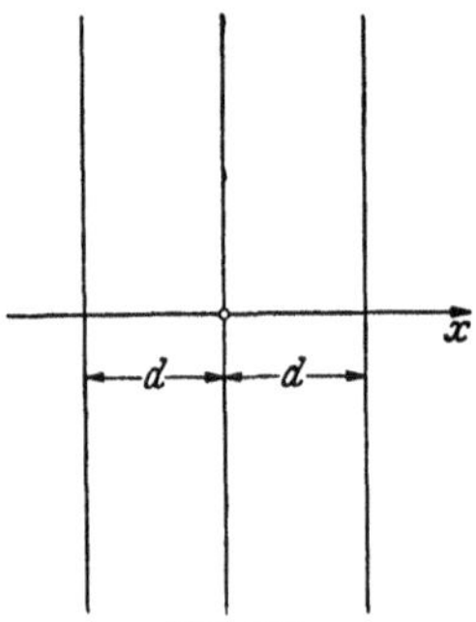

Abb. 159.

Legen wir die $x$-Achse eines Koordinatensystems senkrecht zu den Begrenzungsebenen unseres Reaktionsgefäßes und lassen wir den Nullpunkt in die Mitte zwischen den Platten fallen (Abb. 159), so ergibt sich folgende Differentialgleichung für die stationäre Konzentration aktiver Teilchen, wenn wir die in der Zeiteinheit spontan gebildete Zahl aktiver Teilchen pro cm³ mit $n_0$ bezeichnen:

(52) $$n_0 + D\,\frac{d^2 n}{d\,x^2} = 0,$$

[1] SEMENOFF, N.: Chain reactions. Oxford 1935.

worin das zweite Glied die Abnahme der Konzentration an aktiven Teilchen durch Diffusion[1] an die Wand bedeutet und $D$ der Diffusionskoeffizient dieser Teilchen in dem betreffenden Gasgemisch ist.

(52) läßt sich integrieren und gibt:

$$\frac{dn}{dx} = -\frac{n_0}{D} x + C; \quad n = -\frac{n_0 x^2}{2D} + C_1$$

(ein Glied mit $x$ darf nicht auftreten, $C$ muß $= 0$ sein, da die Konzentrationsverteilung symmetrisch zur Mittelebene der Platten ist, $\left(\frac{dn}{dx}\right)_{x=0} = 0$). Wenn wir jetzt die Stoßausbeute an der Wand, $\varepsilon = 1$ setzen, also annehmen, daß jedes auf die Wand auftreffende aktive Teilchen dort vernichtet wird, dann muß an der Wand (d. h. für $x = \pm d$) auch $n = 0$ werden, und damit:

(53)
$$n = \frac{n_0}{2D}(d^2 - x^2).$$

Die Konzentration aktiver Teilchen ist jetzt naturgemäß räumlich variabel, mit einem Maximum in der Gefäßmitte. Für die zu beobachtende Brutto-Reaktionsgeschwindigkeit interessiert die mittlere Konzentration $\bar{n}$ im Reaktionsgefäß, für die man durch Integration erhält:

(54)
$$\bar{n} = \frac{1}{2d}\int_{-d}^{+d} n\,dx = \frac{n_0}{4dD}\left\{d^2(d+d) - \left(\frac{d^3}{3} + \frac{d^3}{3}\right)\right\} = \frac{n_0 d^2}{3D}.$$

D. h. die Zahl der aktiven Zentren und damit auch die Reaktionsgeschwindigkeit wird proportional dem Quadrat der Gefäßdicke und umgekehrt proportional dem Diffusionskoeffizienten. Da dieser bei konstant gehaltener Zusammensetzung umgekehrt proportional dem Druck ist:

$$D = \frac{\text{const.}}{p},$$

so erhält man für $n$:

(55)
$$n \sim d^2 \cdot p.$$

D. h. $n$ und die Reaktionsgeschwindigkeit werden dem Gesamtdruck proportional, allerdings nur solange als $n_0$ druckunabhängig ist. Setzt sich das Gasgemisch aus den Komponenten 1, 2, ... mit den Partialdrucken $p_1, p_2, \ldots$ zusammen, so wird:

$$D \cong \frac{\text{const.}}{k_1 p_1 + k_2 p_2 + \cdots},$$

wobei die individuellen $k_1, k_2, \ldots$ den verschiedenen Stoßquerschnitten der einzelnen Gase Rechnung tragen; damit wird also $n$:

$$n \sim d^2(k_1 p_1 + k_2 p_2 + \cdots).$$

Beziehungen dieser Form findet man häufig für die Geschwindigkeit von Kettenreaktionen mit Kettenabbruch an der Wand erfüllt.

[1] Vgl. etwa FRANK-MISES (zitiert S. 48) und die an anderer Stelle (z. B. Kap. III, S. 116) gebrauchten Ausdrücke.

Man überlegt sich nun aber leicht — dieser Fall ist allerdings erst verhältnismäßig spät klar erkannt worden —, daß man bei Kettenabbruch an der Wand auch Beziehungen erhalten kann, in die die Diffusionskoeffizienten gar nicht und die Gefäßdimensionen nur indirekt eingehen. Wird nämlich $\varepsilon$, die Abbruchwahrscheinlichkeit bei einem Stoß auf die Wand, sehr klein, so wird auch bei Abbruch an der Wand die Diffusionsgeschwindigkeit für die Geschwindigkeit des Kettenabbruchs gar keine Rolle mehr spielen. Denn es wird sich nunmehr ein sehr geringes Konzentrationsgefälle der aktiven Teilchen zur Wand hin einstellen; schon dieses geringe Gefälle bei praktisch konstanter räumlicher Konzentration reicht aus, so viele aktive Teilchen an die Wand zu befördern, als dort in dem Bruchteil $\varepsilon$ aller gaskinetischen Stöße auf die Wand vernichtet werden. Ist $O$ die gesamte Gefäßoberfläche, $\bar{w}$ die mittlere Molekulargeschwindigkeit, so finden in der Zeiteinheit $\frac{n \bar{w} O \varepsilon}{4}$ solche Stöße statt (vgl. S. 248), wenn $n$ die stationäre Konzentration aktiver Teilchen ist; die Zahl der im gesamten Volumen $V$ in der Zeiteinheit spontan gebildeten aktiven Teilchen ist: $n_0 V$. Da in stationärem Zustand ebensoviel Teilchen gebildet werden wie verschwinden, so gilt:

$$\frac{n \bar{w} O \varepsilon}{4} = n_0 V$$

oder

$$n = \frac{4 n_0 V}{\bar{w} O \varepsilon}.$$

In unserem Falle ist $V = O d$, auf diesem indirekten Wege gelangt die Gefäßdimension immerhin noch in den endgültigen Ausdruck, aus dem $D$ und damit $p$ aber völlig verschwunden sind:

$$n = \frac{4 n_0 d}{\bar{w} \varepsilon}. \tag{56}$$

Also auch in diesem Falle ist die stationäre Konzentration aktiver Teilchen und damit die Reaktionsgeschwindigkeit um so größer, je größer die Gefäßdimensionen, aber nur noch deren I. Potenz proportional (vgl. unten S. 273).

Hätte man statt der von uns gewählten Gefäßform eine andere genommen, etwa eine Kugel, so hätte sich lediglich der in (56) eingehende Zahlenfaktor etwas geändert. Dies Resultat ist besonders qualitativ bedeutsam: Die gemäß (54) und (55) geforderte Abhängigkeit der Reaktionsgeschwindigkeit und damit auch der Explosionsgrenze vom Druck hatte man immer als entscheidendes Kriterium für Kettenabbruch an der Wand angesehen; diese Betrachtungen zeigen, daß das aber nicht notwendig so sein muß; sogar die Abhängigkeit vom Quadrat der Gefäßdicke kann verlorengehen, und trotzdem noch Kettenabbruch an der Wand bestimmend sein.

Die beiden Grenzfälle, $\varepsilon \cong 1$ und $\varepsilon \ll 1$ konnten wir vereinfachend behandeln und das Resultat auch in seinen quantitativ wichtigsten

Stücken ohne mühsame Rechnung erhalten. Das Zwischengebiet, das natürlich den allgemeineren Fall darstellt, bedarf sorgfältigerer Überlegungen; es ist möglich, auch dafür die Lösungen aufzustellen, was wir hier aber nicht tun wollen, da wir doch keinen Gebrauch von den quantitativen Beziehungen dafür machen werden; wir verweisen dafür auf LEWIS und v. ELBE[1]. Uns kam es an dieser Stelle hauptsächlich darauf an, zu betonen, wie verschieden die Beziehungen im Fall von Kettenabbruch an der Wand sein können und wie vorsichtig in der Deutung der Ergebnisse man sein muß, wenn man sich vor Fehlschlüssen hüten will.

Wir führen jetzt Kettenverzweigung ein und untersuchen für die gleichen Verhältnisse die Explosionsbedingungen. Wir haben zu den obigen Ausdrücken noch den für die Kettenverzweigung hinzuzufügen; nehmen wir diese proportional mit $n$, der Zahl der aktiven Zentren an, zu $f \cdot n$, so wird die Zahl der in der Zeiteinheit pro $cm^3$ gebildeten aktiven Teilchen:

$$n_0 + f n;$$

die der durch Diffusion an die Wand vernichteten Teilchen wieder $D \frac{d^2 n}{d x^2}$ (für das unendlich ausgedehnte, von zwei ebenen Platten senkrecht zur $x$-Achse begrenzte Gefäß). Im stationären Zustand gilt daher:

$$D \frac{d^2 n}{d x^2} + f n + n_0 = 0. \tag{57}$$

Gleichungen dieser Form sind von BURSIAN und SOROKIN[2] behandelt worden.

Um einzusehen, wie die Explosionsgrenze zustande kommt, können wir folgendermaßen verfahren: bei Abbruchwahrscheinlichkeit 1 pro Stoß auf die Wand hatten wir für die stationäre Konzentration der Kettenträger erhalten:

$$n \sim \frac{n_0 d^2}{D};$$

d. h. bis auf einen Zahlenfaktor ist die Abbruchgeschwindigkeit proportional $n\,D/d^2$. Für Näherungsbetrachtungen dürfen wir diesen Ausdruck bei Kettenverzweigung einfach übernehmen; die resultierende Abbruchwahrscheinlichkeit erhält man durch Subtraktion der Verzweigungswahrscheinlichkeit von der Abbruchwahrscheinlichkeit zu[3]:

$$k \frac{n D}{d^2} - f n,$$

und damit die stationäre Konzentration aktiver Teilchen und die Reaktionsgeschwindigkeit proportional mit:

$$n \sim \frac{n_0}{k \frac{n D}{d^2} - f n}, \tag{58}$$

[1] LEWIS, B. u. G. v. ELBE: J. Amer. chem. Soc. Bd. 57 (1935) S. 970; sowie Combustion. — KASSEL, L. S. u. STORCH: J. Amer. chem. Soc. Bd. 57 (1935) S. 672.

[2] BURSIAN u. SOROKIN: Z. phys. Chem. Abt. B Bd. 12 (1931) S. 247. — Vgl. auch SEMENOFF: Chain reactions.

[3] $k$ ist ein Proportionalitätsfaktor.

wobei $k$ noch ein Zahlenfaktor ist, dessen Wert bei genauerer Rechnung festgelegt wird. Die Explosionsbedingung lautet:

$$\frac{k D}{d^2} - f = 0. \tag{58a}$$

Bedenken wir wieder, daß der Diffusionskoeffizient umgekehrt proportional dem Gesamtdruck $p$, oder genauer, umgekehrt proportional $\sum k_i p_i$ ist[1], und daß die Verzweigungswahrscheinlichkeit $f$ proportional einem BOLTZMANN-Faktor $e^{-E/RT}$ sein wird, so kommen wir von (58a) auf einen Ausdruck:

$$d^2 \cdot p \cdot e^{-E/RT} = \text{const}, \tag{59}$$

wo für genauere Betrachtungen statt $p$: $\sum k_i p_i$ stehen würde. Es folgt daraus, daß bei konstanter Temperatur der kritische Explosionsdruck umgekehrt proportional dem Quadrat der Gefäßdicke ist, eine Beziehung, die oft bestätigt werden konnte (vgl. S. 280ff.), und daß ferner der kritische Explosionsdruck wie $e^{+E/RT}$ mit wachsender Temperatur abfällt; das ist formal die gleiche Beziehung, wie wir sie für Wärmeexplosion abgeleitet hatten. In (59) tritt die erste Potenz von $p$ nur dann auf, wenn die Verzweigungswahrscheinlichkeit $f$ druckunabhängig ist; wäre diese etwa $p$ proportional, so gälte statt (59):

$$d^2 p^2 e^{-E/RT} = \text{const}.$$

Grundsätzlich ist noch folgendes zu bemerken: Unter den obigen Annahmen, daß der Kettenabbruch an der Wand erfolgt, und die Diffusion der Kettenträger an die Wand geschwindigkeitsbestimmend ist, wird die Abbruchwahrscheinlichkeit immer $p^{-1}$ proportional. Sofern die Verzweigungswahrscheinlichkeit druckunabhängig oder einer höheren als der $(-1)$-ten Potenz des Druckes proportional ist, ergibt sich immer eine kritische Druckgrenze, oberhalb deren Explosion einsetzt. Gibt es daneben einen kettenabbrechenden Prozeß in der Gasphase, der einer noch höheren Potenz des Druckes proportional ist, so muß es auch eine obere Explosionsgrenze geben, oberhalb deren die Explosion wieder aussetzt. Eine Voraussetzung für das Auftreten der Grenzen in der von SEMENOFF angegebenen Form ist, daß die kettenabbrechende und die kettenverzweigende Reaktion in bezug auf die Konzentrationen der aktiven Teilchen von der gleichen Ordnung sind; denn die Explosionsbedingung enthält deren Konzentration nicht mehr (vgl. hierzu aber S. 276ff.).

Sämtliche Beziehungen werden nun aber weiter kompliziert dadurch, daß, wie wir schon besprochen hatten, die Wahrscheinlichkeit des Kettenabbruchs bei einem Stoß auf die Wand, $\varepsilon$, sehr klein sein kann; dann kann die Abhängigkeit von Gefäßdimensionen und vom Druck in der Form von (59) verlorengehen (vgl. hierzu LEWIS und v. ELBE, zitiert S. 271). Hinzu kommt als noch nicht erwähnte Komplikation, daß die

[1] $p_i$ sind die Partialdrucke der einzelnen Komponenten.

Wand nicht bloß negativ, sondern auch positiv katalytisch wirken kann, d. h. daß von ihr Ketten ausgehen können. Es sind also alle Kombinationen mit Ketteneinleitung in der Gasphase und an der Wand, Kettenabbruch in der Gasphase und an der Wand und schließlich auch Kettenverzweigung in der Gasphase und an der Wand in Betracht zu ziehen. Wir wollen uns aber nicht unnötig mit formalen Betrachtungen befassen, sondern, bezüglich der unteren Explosionsgrenze, nur noch den Fall von Ketteneinleitung und Kettenabbruch an der Wand erwähnen. Dieser Fall ist von SEMENOFF und LEWIS und v. ELBE behandelt (zitiert S. 271); auch hier ist, anders als man vielleicht zunächst erwarten würde, die Reaktionsgeschwindigkeit noch vom Gefäßdurchmesser abhängig, aber nur noch von dessen I. Potenz, solange nicht $\varepsilon \ll 1$ ist (vgl. LEWIS und v. ELBE, zitiert S. 271).

Falls $\varepsilon \ll 1$ und die Abbruchgeschwindigkeit (vgl. oben S. 270) durch $n \bar{w} O \varepsilon / 4$ gegeben ist, so ergibt sich für den stationären Zustand folgendes. Falls pro Oberflächeneinheit der Wand $m_0$ Ketten eingeleitet werden, so muß das gleich dem obigen Ausdruck sein, also:

$$n = \frac{4\, m_0}{\varepsilon\, \bar{w}}.$$

Die Reaktionsgeschwindigkeit wird also von den Gefäßdimensionen völlig unabhängig.

Die Theorie der oberen Explosionsgrenze wollen wir nicht ausführlich entwickeln, da wir sie später an Beispielen kennenlernen werden (vgl. S. 280 ff.); hier sei nur so viel bemerkt: ist die Verzweigungsgeschwindigkeit eine gewisse Funktion des Druckes (bzw. der Partialdrucke), etwa $\sim p^n$ und gibt es einen Kettenabbruch in der Gasphase, der einer Potenz $m > n$ von $p$ proportional ist, so muß bei zunehmendem Druck einmal eine Grenze erreicht werden, wo der Abbruch in der Gasphase die Verzweigung kompensiert, wo also die vorher explosiv verlaufende Reaktion wieder langsam abläuft. Durch das Zusammenwirken des Kettenabbruchs an der Wand, der durch niederen Druck begünstigt wird, und eines Mechanismus in der Gasphase, über dessen Natur keine allgemeinen Voraussagen gemacht werden können, von dem aber angenommen werden muß, daß er durch steigenden Druck begünstigt wird (wie z. B. eine Dreierstoßreaktion) kommt die inselartige Form des Explosionsgebietes zustande (Abb. 158). Daß sich der Ast der unteren Explosionsgrenze (bis auf die Nachbarschaft des Minimums) durch eine Exponentialformel darstellen läßt, hatten wir bereits gesehen. Unter den erwähnten Voraussetzungen gilt das aber auch für den Ast II der oberen Explosionsgrenze. Denn ist etwa die Verzweigung proportional $e^{-E/RT}$, der Abbruch proportional dem Druck (also in obiger Bezeichnung $m = 1$, $n = 0$), so gilt für Stationarität:

$$k\, p = e^{-E/RT},$$

d. h. an der oberen Explosionsgrenze steigt der Druck (oder evtl. eine Potenz des Druckes) exponentiell mit der Temperatur an, so wie an der unteren Grenze der Druck (im allgemeinen in einer anderen Potenz als an der oberen Grenze) exponentiell abfällt. Eine vielfach auftretende dritte Grenze (gestrichelte Linie in Abb. 158) wäre an sich auch auf Grund der Kettentheorie zu deuten, jedoch scheint es uns viel wahrscheinlicher, daß dort einfach die Voraussetzungen der Wärmeexplosion gegeben sind, auch wenn es sich um eine Kettenreaktion mit Verzweigung handelt.

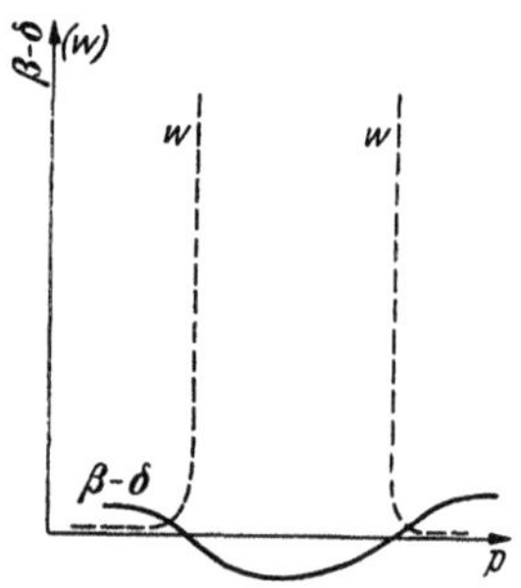


Abb. 160. Resultierende Abbruchwahrscheinlichkeit, $\beta - \delta$, und Reaktionsgeschwindigkeit $w$ als Funktionen des Druckes, bei Reaktion mit Kettenverzweigung.

Schreibt man die Reaktionsgeschwindigkeit nach SEMENOFF in der Form:

$$w = \frac{k}{\beta - \delta},$$

so sind die Explosionsgrenzen durch die Stellen $\beta - \delta = 0$ gegeben. Trägt man $\beta - \delta$ als Funktion des Druckes auf, für konstante Temperatur, so entsprechen die Nullstellen dieser Funktion Unendlichkeitsstellen der Reaktionsgeschwindigkeit, also Explosionsgrenzen (Abb. 160); gestrichelt ist in der Abbildung auch der Verlauf der Reaktionsgeschwindigkeit eingezeichnet. Es macht natürlich keine Schwierigkeit, die Funktion $\beta - \delta$ als Polynom in Potenzen des Druckes approximiert zu denken, wobei im allgemeinen mit der ($-1$)-ten Potenz zu beginnen sein wird; man bekommt dann desto mehr Nullstellen, je höhere Potenzen des Druckes man mitberücksichtigt; doch ist es kaum physikalisch sinnvoll, dabei über zwei Nullstellen, entsprechend unterer und oberer Explosionsgrenze, hinauszugehen.

In den bisherigen Überlegungen handelte es sich beim Druck bzw. der Reaktionsordnung immer um die stabilen Molekülarten, nicht um die aktiven Partikeln; in bezug auf diese war meist stillschweigend angenommen, daß die Reaktion erster Ordnung sei. Bei Kettenabbruch an der Wand und geschwindigkeitsbestimmender Diffusion trifft dies z. B. immer zu; Kettenverzweigung nach einem Mechanismus wie z. B. $H + O_2 \rightarrow OH + O$ ist ebenfalls I. Ordnung in bezug auf das aktive Teilchen $H$; Kettenabbruch in der Gasphase, etwa durch Reaktion eines aktiven Teilchens mit einer als geringfügige Verunreinigung anwesenden Fremdsubstanz wäre gleichfalls I. Ordnung in bezug auf die aktiven Teilchen (wie z. B. eine Reaktion: $NO_2 + O \rightarrow NO + O_2$). Tatsächlich gelten die SEMENOFFschen formalen Beziehungen nur für Reaktionen, in die die aktiven Teilchen mit der I. Ordnung eingehen (an sich würden sie auch für höhere Ordnungen gelten, aber nur, wenn in Abbruch- und Verzweigungsreaktionen die aktiven Teilchen mit genau der gleichen höheren Ordnung eingingen, was als zu unwahrscheinlich im allgemeinen ausgeschlossen werden darf); denn eine von der Konzentration der aktiven Teilchen unabhängige Explosionsbedingung kann man nur erhalten, wenn etwa die Abbruchwahrscheinlichkeit $\beta$ und die Verzweigungswahrscheinlichkeit $\delta$ je gegeben sind durch:

$$\beta = g\,n \quad \text{und} \quad \delta = f \cdot n;$$

dann folgt aus der Explosionsbedingung:

$$\beta - \delta = 0: \quad g - f = 0,$$

unabhängig von $n$. Käme in der Abbruchwahrscheinlichkeit ein in $n$-quadratisches Glied vor (herrührend z. B. von der Rekombination zweier aktiver Teilchen in der Gasphase), so hätte man, wie bereits früher (vgl. S. 263, 272) erwähnt, etwa:

(60) $$\beta - \delta = g_0 n + g_1 n^2 - f\,n.$$

Dieser Ausdruck wird für hinreichend hohe Werte von $n$ niemals Null, d. h. formal wird niemals Explosion, sondern eine stationäre Reaktion erhalten. Trotzdem wäre es unstatthaft zu schließen, daß die Reaktion nun wirklich immer stationär sein müsse; vielmehr kommt es auf die Zahlenwerte der einzelnen Reaktionsgeschwindigkeiten an; ergibt sich, wie in dem zu Beginn behandelten Beispiel (S. 261) die Gesamtgeschwindigkeit so hoch, daß in wenigen Sekunden oder im Bruchteil einer Sekunde alles abreagiert wäre, so hat man Explosion, auch wenn der erhaltene formale Ausdruck nicht in das vereinfachte Schema nach SEMENOFF paßt.

Grundsätzlich ist ja noch folgendes festzustellen; die Explosionsbedingung: Unendlichwerden der Reaktionsgeschwindigkeit, ist nichts als eine bequeme mathematische Formulierung für „sehr groß werden“; bei endlichen umzusetzenden Stoffmengen kann die Reaktionsgeschwindigkeit in Wirklichkeit niemals $\infty$ werden, weil schon der Verbrauch der Ausgangssubstanzen dies verhindert. Im allgemeinen ist diese mathematische Vereinfachung aber nützlich und liefert richtige Resultate. Führt in Sonderfällen aber einmal die formale Rechnung nicht auf unendliche, sondern nur auf sehr große Reaktionsgeschwindigkeit, so wäre es übereilt, anzunehmen, der Widerspruch gegen die vereinfachte mathematische Formulierung bedeutete, daß keine Explosion vorläge; vielmehr ist das experimentelle Resultat ja gerade nur sehr große Reaktionsgeschwindigkeit, und das kann auch das Ergebnis der Rechnung sein.

Darüber hinaus ist natürlich auch der Fall von Wichtigkeit, evtl. von größerer Bedeutung als aus den bis jetzt eingehender untersuchten Beispielen hervorgeht, daß die Reaktion durch Kettenverzweigung wirklich nicht bis zur Explosion beschleunigt wird, wohl aber so weit, daß das Wärmegleichgewicht gestört wird und als Folge der anfangs durch Kettenverzweigung beschleunigten Reaktion schließlich eine Wärmeexplosion eintritt[1].

[1] Vgl. R. G. W. NORRISH, zitiert S. 411, 412.

Hier soll noch der Fall erwähnt werden, den SEMENOFF als „Kettenwechselwirkung" bezeichnet, daß nämlich auch Kettenverzweigung in einer Reaktion II. Ordnung in Beziehung auf die aktiven Teilchen eintritt. Es wird dann also:

$$\frac{dn}{dt} = n_0 + f' n^2 - g n; \tag{61}$$

soll $n$ stationär sein, so folgt daraus (mit $dn/dt = 0$):

$$n = \frac{g - \sqrt{g^2 - f' 4 n_0}}{2f}; \tag{62}$$

die Lösung wird imaginär, d. h. die Stationarität geht verloren und Explosion setzt ein, wenn

$$4 f' n_0 \geqq g^2 \tag{63}$$

wird. D. h. aber, daß hier, im Gegensatz zu den früher betrachteten Fällen, das Einsetzen der Explosion befördert wird durch Vergrößerung der Zahl der Anfangszentren. Das Resultat ist gefühlsmäßig nicht unerwartet; es muß aber betont werden, daß ohne Einführung des quadratischen Gliedes nach der strengen Kettentheorie ein solcher Effekt nicht auftreten würde. Wieder ist aber an folgendes zu erinnern: auch ohne Kettenwechselwirkung ist die *stationäre* Geschwindigkeit proportional der Zahl der spontan gebildeten Anfangszentren:

$$w \sim \frac{n_0}{\beta - \delta}.$$

Ist diese stationäre Geschwindigkeit zwar meßbar, aber klein, und ich erhöhe die Konzentration der Anfangszentren künstlich (bei Stoffen, die durch Lichtabsorption in aktive Teilchen zerfallen, wie z. B. Chlormolekeln im Chlorknallgas, durch Belichtung) um eine Reihe von Zehnerpotenzen, so würde auch die Reaktionsgeschwindigkeit um einige Zehnerpotenzen anwachsen, was unter Umständen schon ausreicht, sie explosiv erscheinen zu lassen, zumindest zur Einleitung einer Wärmeexplosion zu führen. Jedenfalls sieht man, daß Beförderung der Explosion durch Vergrößerung der Zahl der Anfangszentren nicht notwendig durch Kettenwechselwirkung bedingt sein muß; möglicherweise braucht man diese überhaupt nicht einzuführen.

Es läßt sich zeigen[1], daß man auch bei Annahme von nur solchen Elementarreaktionen, die in bezug auf die aktiven Teilchen von der I. Ordnung sind, als Explosionsbedingung einen Ausdruck erhält, der sich nicht immer auf die SEMENOFFsche Bedingung $\beta - \delta = 0$ reduzieren läßt, mit $\beta$ proportional Abbruchs- und $\delta$ proportional Verzweigungswahrscheinlichkeit. Lassen wir die ketteneinleitenden Reaktionen aus dem Spiel (was erlaubt sein wird, solange die Produktion aktiver Zentren durch die Primärreaktion vernachlässigbar gering ist gegenüber der Produktion durch Kettenverzweigung) und nehmen für kettenfortführende, verzweigende und abbrechende Reaktionen nur solche an, die I. Ordnung in bezug

[1] JOST, W. u. L. v. MÜFFLING: Z. phys. Chem. Abt. A Bd. 183 (1938) S. 43.

auf die verschiedenen aktiven Teilchen $N_i$ sind, so können wir folgendes Schema von Reaktionen anschreiben:

$$\text{I.)}\quad \begin{array}{l} N_1 + A + \cdots \to A' + \cdots + N_j + \cdots \\ N_2 + B + \cdots \to B' + \cdots + N_k + \cdots \\ \cdots\cdots\cdots\cdots\cdots\cdots, \end{array}$$

worin $A, B, A', B' \ldots$ stabile Molekelarten sein sollen. In jeder Gleichung dieses Schemas tritt links ein aktives Teilchen auf, während rechts 0, 1 oder 2 Teilchen erscheinen können, je nachdem es sich um eine kettenabbrechende, kettenfortführende oder kettenverzweigende Reaktion handelt. Aus dem Schema I ergibt sich für die zeitliche Änderung der Konzentrationen $n_i$ der einzelnen aktiven Teilchen das System von Differentialgleichungen:

$$\text{II.)}\quad \begin{array}{l} \frac{d n_1}{d t} = a_{11} n_1 + a_{12} n_2 + \cdots \\ \frac{d n_2}{d t} = a_{21} n_1 + a_{22} n_2 + \cdots \\ \cdots\cdots\cdots\cdots\cdots. \end{array}$$

Die einzelnen Koeffizienten $a_{jk}$ haben die Form:

$$a_{jk} = \pm k_\alpha [A''] \cdot [A'''] \pm k_\beta [B''] [B'''] \pm \cdots,$$

d. h. sie hängen von der Konzentration stabiler Molekeln $A'' \ldots B'' \ldots$ usw. und den verschiedenen Geschwindigkeitskoeffizienten ab, aber nicht von den Konzentrationen aktiver Teilchen. Bei nicht stationärer Reaktion hätte man das System II.) von simultanen Differentialgleichungen zu integrieren. Nimmt man als Bedingung für Stationarität mit Bodenstein Verschwinden der $dn_i/dt$ an, so folgt:

$$\text{III.)}\quad \begin{array}{l} a_{11} n_1 + a_{12} n_2 + \cdots = 0 \\ a_{21} n_1 + a_{22} n_2 + \cdots = 0 \\ \cdots\cdots\cdots\cdots\cdots. \end{array}$$

Bedingung für die Lösbarkeit dieser Gleichungen ist:

$$\text{IV.)}\quad \begin{vmatrix} a_{11} & a_{12} & \cdots \\ a_{21} & a_{22} & \cdots \\ \cdots & \cdots & \cdots \end{vmatrix} = 0,$$

d. h. die Determinante des Koeffizientenschemas muß verschwinden. IV.) stellt also gleichzeitig die Grenzbedingung für Kettenexplosion dar.

IV.) kann offensichtlich nur in Ausnahmefällen in die einfache Form: $\beta - \delta = 0$, gebracht werden. Diese Gleichung gilt, wie aus dem früher Gesagten folgt, nur so lange, als die Zahl der primär erzeugten aktiven Zentren zu vernachlässigen ist gegenüber der Zahl der durch Kettenverzweigung gebildeten. Ist diese Voraussetzung nicht mehr erfüllt — also z. B. in dem Falle, daß man künstlich aktive Zentren in größerer Zahl produziert —, so würde in mindestens einer der Gleichungen III.) ein der Produktion aktiver Zentren Rechnung tragendes Glied auftreten, welches von $n$ unabhängig wäre; d. h. das Gleichungssystem III.) würde inhomogen. In diesem Falle bedeutet Gl. IV.) gerade, daß *keine* Lösung von III.) existiert; d. h. unter Bedingungen, unter denen vorher noch Stationarität herrschte, muß jetzt Explosion einsetzen, wenn man aktive Zentren künstlich produziert. Wir brauchen also Semenoffs Hypothese der „Kettenwechselwirkung" nicht, um Explosion durch Erhöhung der Zahl der Ausgangszentren zu verstehen.

Diese Überlegungen zeigen jedenfalls, daß man sehr vorsichtig sein muß, wenn man Schlüsse aus rein formalen Beziehungen herleiten will.

## 5. Die zeitliche Entwicklung einer Kettenexplosion.

Eine Explosionsreaktion ist, wie wir schon an früherer Stelle ausführten, dadurch charakterisiert, daß die Reaktionsgeschwindigkeit mit der Zeit immer weiter ansteigt, wobei einem beliebigen Ansteigen nur der Verbrauch der Ausgangsstoffe entgegensteht. Es wird kaum möglich sein, eine prinzipielle Grenze zu ziehen zwischen einer Umsetzung gemäß Abb. 161, *3* die vielleicht in einem Bruchteil einer s beendet ist, und einer „autokatalytischen Reaktion" gemäß Abb. 161, *1* bei der die Reaktionsgeschwindigkeit über ein viel längeres Zeitintervall, z. B. viele Minuten, zu einem entsprechend niedriger gelegenen Maximalwert ansteigt und dann entsprechend langsam wieder absinkt.

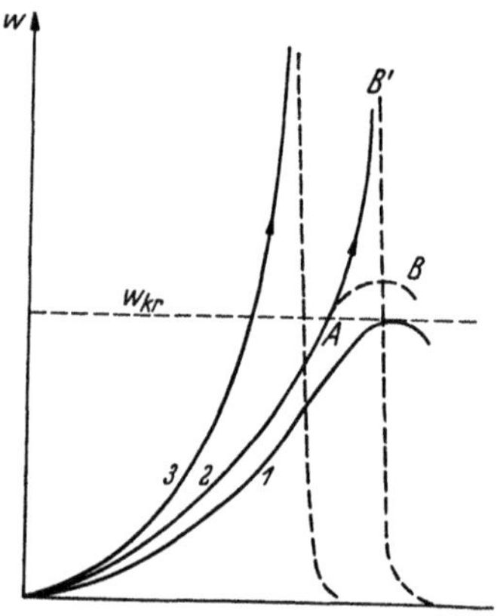


Abb. 161. Zeitlicher Verlauf der Reaktionsgeschwindigkeit; 1 autokatalytische Reaktion, 2 Reaktion mit Kettenverzweigung, die in Wärmeexplosion übergeht, 3 normale Explosion.

Semenoff unterscheidet Kurven des Typus 3 und 1 der Abb. 161 als wahre und entartete Explosionen; offensichtlich sind die wesentlichsten Charakteristiken der Explosionsvorgänge beiden Typen gemeinsam.

Da die gewaltsamen Wirkungen einer explosiv verlaufenden Reaktion nur Sekundärerscheinungen sind, die z. B. bei Niederdruckexplosionen fehlen, bleibt als wesentliches Kennzeichen einer eigentlichen Explosion, daß die zugrunde liegende Reaktion mit ständig wachsender Geschwindigkeit abläuft, bis der Verbrauch der Ausgangssubstanzen[1] einer weiteren Geschwindigkeitssteigerung entgegenwirkt. Voraussetzung ist dabei immer, daß es sich um eine exotherme Reaktion handelt. Will man die eigentlichen Explosionen von den autokatalytischen Reaktionen trennen, die offenbar gleichfalls unter die obige Definition fallen würden, so bleibt als Besonderheit der Explosionen: Die Reaktionsgeschwindigkeit muß soweit ansteigen, daß schließlich das Wärmegleichgewicht gestört wird und bei Gasen der Druck infolge Temperaturerhöhung ansteigt. In Abb. 161 würde Kurve 1 eine autokatalytisch verlaufende Reaktion oder eine entartete Explosion nach Semenoff darstellen: die Kurve gibt die Abhängigkeit der Reaktionsgeschwindigkeit von der Reaktionsdauer wieder. Kurve 2 bedeutet bereits Explosion, da in der Umgebung des Punktes *A* das Wärmegleichgewicht gestört wird und die Reaktionsgeschwindigkeit, statt das flache Maximum bei *B* zu durchlaufen, unter Ansteigen der Temperatur in der Richtung nach *B'* verläuft, um dann aber nach Durchlaufen eines steileren Maximums ebenfalls wieder

[1] Oder evtl. das Auftreten von reaktionshemmenden Produkten.

abzufallen. Kurve 3 bedeutet den üblichen Typus einer Explosion; es kann sich dabei sowohl um eine Wärmeexplosion handeln, bei der von Anfang an das Wärmegleichgewicht gestört und die Geschwindigkeitssteigerung Folge der Temperaturerhöhung ist, es kann sich aber auch um eine Kettenexplosion handeln, bei der infolge Kettenverzweigung die Reaktionsgeschwindigkeit isotherm anläuft, bis sie so groß geworden ist, daß als Folge davon auch eine Temperatursteigerung eintritt. In allen Fällen durchläuft die Reaktionsgeschwindigkeit nach einer gewissen Zeit ein Maximum und fällt dann auf 0 ab; denn da man es immer mit endlichen Substanzmengen zu tun hat, kann $w$ natürlich niemals unendlich groß werden.

Wir wollen uns nun im Anschluß an SEMENOFF überlegen, wie sich eine Explosion zeitlich entwickelt; gerade für praktische Zwecke (vgl. Kap. XI ff.) spielt die Induktionszeit eine Rolle. Die spontane Produktion aktiver Zentren in der Zeiteinheit soll etwa $n_0$ betragen; die Vernichtung durch Kettenabbruch $g\,n$ und die Neubildung durch Verzweigung $f \cdot n$; insgesamt wird also die Bildungsgeschwindigkeit aktiver Teilchen:

(64) $$\frac{dn}{dt} = n_0 + (f-g)\,n;$$

im stationären Fall muß dies gleich Null werden. Wir betrachten aber jetzt die Anlaufperiode, zu deren Beginn (für $t=0$) die Konzentration aktiver Teilchen noch $n=0$ sei; unter dieser Annahme wird (64) integriert und liefert, sofern $n_0, f$ und $g$ als konstant betrachtet werden dürfen:

(65) $$n = \frac{n_0}{f-g}\left\{e^{(f-g)\,t} - 1\right\}.$$

Die Zahl der aktiven Teilchen und die ihr (vereinfachend) proportional angenommene Reaktionsgeschwindigkeit wachsen also exponentiell mit der Zeit an, wie man das wohl schon ohne Rechnung erwartet haben wird. Da $(f-g)$ sowohl positiv (Kettenexplosion) als auch negativ (stationäre Reaktion) werden kann, kann man diese beiden Fälle noch unterscheiden und schreiben:

(66) $$n = \frac{n}{f-g}\left\{e^{(f-g)\,t} - 1\right\} \text{ für } f-g>0 \quad \text{(Explosion)}$$

und

(67) $$n = \frac{n_0}{g-f}\left\{1 - e^{-(g-f)\,t}\right\} \text{ für } g-f>0 \quad \text{(stationäre Reaktion).}$$

Im ersten Falle steigt die Reaktionsgeschwindigkeit exponentiell an, für große $t$ einfach wie:

$$A\,e^{\Phi t},$$

wo

$$\Phi = f-g$$

ist. Dies gilt natürlich nur so lange, als man $f$ und $g$ als konstant betrachtet; in Wirklichkeit wird die Verzweigungswahrscheinlichkeit mit fortschreitendem Umsatz abnehmen und darum auch der Geschwindigkeitsanstieg abnehmen.

Übrigens erhält man einen S-förmigen Verlauf der Umsatz-Zeitkurve auch schon ohne Kettenverzweigung, wenn die Umsetzung über ein Zwischenprodukt erfolgt, das schneller weiter reagiert, als es gebildet wird (etwa Aldehyde bei der Kohlenwasserstoffoxydation).

Semenoff hat die zeitliche Entwicklung der Reaktionsgeschwindigkeit einer noch weitergehenden Analyse unterworfen[1] und findet dabei (an aus der Literatur entnommenen Beispielen) eine bemerkenswert gute Übereinstimmung mit der Erfahrung, obwohl seine Formeln wesentliche Vereinfachungen enthalten. Solange nicht umfangreicheres neueres Versuchsmaterial zur Prüfung dieser Beziehungen vorliegt, können wir auf ein Eingehen darauf noch verzichten. Wir möchten aber hervorheben, daß gerade auch die Untersuchung der zeitlichen Entwicklung der Explosion von großer Wichtigkeit ist. Für viele Zwecke genügt es ja nicht, zu wissen, daß ein gewisses Gemisch explodiert, sondern man muß außerdem noch wissen, innerhalb welcher Zeit es zündet. Z. B. kommt es im Betrieb des Otto-Motors darauf an, daß er nicht klopft (vgl. Kap. XII), d. h. daß der noch unverbrannte Teil des komprimierten Gemisches im Verbrennungsraum nicht spontan in äußerst kurzer Zeit abreagiert, schneller, als die Flamme ihn durcheilt. Es kommt also darauf an, zu wissen, ob während der Zeit, die die Flamme zum vollständigen Durchlaufen des Verbrennungsraums braucht — bei einem schnellaufenden Motor von der Größenordnung einiger tausendstel s — das restliche Gemisch spontan abreagiert oder nicht. Das Problem wird hierbei noch weiter kompliziert dadurch, daß weder Druck noch Temperatur konstant sind (beide steigen, trotz Abkühlung durch die Wände, infolge fortschreitender Kompression durch die expandierenden verbrannten Gase an); außerdem hat man es dabei kaum mit einer reinen Kettenexplosion zu tun, wohl aber mit einer Kettenreaktion mit Verzweigung, bei der die Anfangsbeschleunigung vielleicht weitgehend durch Kettenverzweigung bedingt ist, bei der dann aber auch das Wärmegleichgewicht gestört wird (Norrish).

## 6. Beispiele von Kettenexplosionen.

Reaktionen, in denen Kettenverzweigung eine Rolle spielt, sind mit ihren eigentümlichen Eigenschaften schon seit langem bekannt, wenn auch naturgemäß eine Deutung erst sehr spät gegeben werden konnte.

van't Hoff[2] zählt ältere Beispiele auf, die der üblichen Annahme, daß die Reaktionsgeschwindigkeit der Konzentration der Reaktions-

[1] Vgl. Chem. kinetics and Chain reactions.

[2] van't Hoff: Etudes de dynamique chimique (Studien zur chemischen Dynamik), bearbeitet von E. Cohen 1896.

teilnehmer proportional sei, strikt widersprechen. Danach fand 1788 FOURCROY, daß bei gewöhnlicher Temperatur und normalem Druck reiner Sauerstoff nicht auf Phosphor wirkt, während Luft denselben stark oxydiert, 1795 fand VAN MARUM, daß ein Stück Phosphor in verdünnter Luft viel stärker leuchtet als in Luft von gewöhnlichem Druck. H. DE LABILLADIÈRE beobachtete 1817, daß Phosphorwasserstoff, $PH_3$, in Berührung mit Luft sich nicht entzündet, wohl aber bei gewöhnlicher Temperatur bereits explodiert, wenn man den Druck erniedrigt. Das ist also die älteste Beobachtung des Auftretens einer oberen Explosionsgrenze. Analoge Beobachtungen wurden von DUMAS und von DAVY (1817) gemacht. JOUBERT fand ähnliches für Arsen und Schwefel (1874), FRIEDEL und LADENBURG (1871) für Siliciumwasserstoff, BERTHELOT für Nickelcarbonyl, was allerdings nach Angaben von REICHER und JORISSEN (1894), die noch bei 13 at Sauerstoff Zündung fanden, unsicher wird, sofern es sich hier nicht einfach um die dritte Explosionsgrenze handelt. Die Oxydationsgeschwindigkeit des $PH_3$ in der Nähe der Explosionsgrenzen wurde von V. D. STADT[1] untersucht, der fand, daß mit abnehmendem Druck beim Annähern an die Explosionsgrenze die sehr kleine Reaktionsgeschwindigkeit keinen Anstieg zeigte. Diese Reaktion und die Phosphoroxydation wurden dann von VAN'T HOFF selbst genauer studiert.

Die Reaktionen von Phosphor und von $PH_3$ mit Sauerstoff gehören zu den ersten Beispielen, an denen die formalen Beziehungen für Kettenexplosionen geprüft werden konnten, hauptsächlich durch Untersuchungen der SEMENOFFschen und HINSHELWOODschen Schulen. Wir wollen auf diese neueren Untersuchungen hier kurz eingehen, da sie uns zu Einblicken in die Natur der oberen Explosionsgrenze verhelfen.

### a) Oxydation von Phosphor.

Daß die explosive Oxydation nur innerhalb gewisser Druckgrenzen des Sauerstoffes vor sich geht, war bereits nach den älteren Untersuchungen klar. Man hat dabei sehr extreme Verhältnisse, da der Phosphor meist nur entsprechend seinem Dampfdruck bei Zimmertemperatur von $\sim {}^1/_{100}$ mm zugegen ist. Wie das SEMENOFF[2] und Mitarbeiter zeigten, kann man hier die Existenz der unteren Druckgrenze sehr auffallend erkennen, wenn man in ein, festen Phosphor enthaltendes evakuiertes Reaktionsgefäß durch eine Kapillare Sauerstoff einströmen läßt. Bei einem gegebenen Reaktionsgefäß lag z. B. die kritische untere Explosionsgrenze bei einem Sauerstoffdruck von ${}^1/_{20}$ mm Hg. Ließ man in das evakuierte, Phosphor enthaltende Reaktionsgefäß Sauerstoff einströmen, so stieg der Druck zunächst an, bis zu diesem Druck, ohne daß der

[1] STADT, J. V. D.: Z. phys. Chem. Bd. 12 (1893) S. 322.
[2] SEMENOFF, N.: Z. Phys. Bd. 46 (1927) S. 109.

Sauerstoff vorher reagierte. Ist der kritische Druck erreicht, so setzt die Reaktion unter Aufleuchten ein und auch bei weiterem Einströmen steigt der Druck nicht mehr an, weil aller über die kritische Grenze hinaus vorhandene Sauerstoff mit Phosphor als nicht flüchtiges Oxyd niedergeschlagen wird. Sauerstoff, nur wenig unterhalb des kritischen Druckes, reagierte während Stunden nicht merklich mit Phosphor. Der gleiche kritische Explosionsdruck wurde bestimmt, wenn man Sauerstoff unterhalb des kritischen Druckes über Phosphor ließ und ihn dann plötzlich komprimierte. Setzt man zu Phosphor und Sauerstoff von geringerem Druck als der unteren Explosionsgrenze statt weiteren Sauerstoffs Argon[1] zu, so kann man ebenso wie mit $O_2$ Explosion erhalten. Dieses sonderbare Resultat ist nach der Kettentheorie zu erwarten, wenn die Ketten an der Wand abgebrochen werden; denn dann muß auch Argon die Diffusion an die Wand und damit den Abbruch verlangsamen. Der kritische Explosionsdruck wurde dem Quadrat des Gefäßdurchmessers proportional gefunden, wie ebenfalls bei Kettenabbruch an der Wand vorauszusehen (sofern die Abbruchwahrscheinlichkeit nicht extrem klein ist), vgl. Tabelle 44.

Tabelle 44. Untere Explosionsgrenze bei der Phosphoroxydation nach SEMENOFF.

| Durchmesser des kugelförmigen Reaktionsgefäßes $d$ cm | $p_{kr.}(O_2)$ mm Hg | $p_{kr.} \cdot d^2$ |
|---|---|---|
| 6 | $3{,}27 \cdot 10^{-3}$ | 190 |
| 13,4 | $1{,}16 \cdot 10^{-3}$ | 209 |
| 18,1 | $0{,}61 \cdot 10^{-3}$ | 200 |

Als empirische Beziehung, die die Explosionsgrenze bei Variation der Drucke von Phosphor, Sauerstoff und zugesetztem Argon, sowie in Abhängigkeit vom Gefäßdurchmesser wiedergibt, wurde gefunden:

$$(68) \qquad d^2 \cdot p_{P_4} \cdot p_{O_2} \frac{p_{P_4} + p_{O_2} + p_A}{p_{P_4} + p_{O_2}} = C_1;$$

dabei hatte für ein zylindrisches Reaktionsgefäß $C_1$ einen Wert von $1{,}25 \cdot 10^{-3}$, wenn $d$ in cm und der Druck der einzelnen Gase in mm Hg eingesetzt wird.

Einen Ausdruck der obigen Form für die untere Explosionsgrenze, wie er auch in anderen Fällen gilt, kann man nach SEMENOFF folgendermaßen ableiten. Daß bei Kettenabbruch an der Wand die Abbruchgeschwindigkeit proportional dem Diffusionskoeffizienten (welcher umgekehrt proportional dem Gesamtdruck ist, der im Zähler des obigen Formelausdrucks erscheint) und umgekehrt proportional dem Quadrat des Gefäßdurchmessers $d$ wird, hatten wir schon früher abgeleitet. Wir wollen hier mit SEMENOFF dies Resultat nochmals im einzelnen verifizieren, von Überlegungen SMOLUCHOWSKIs[2] ausgehend. Nach SMOLU-

---

[1] CHARITON u. WALTA: Z. Phys. Bd. 39 (1926) S. 547.
[2] SMOLUCHOWSKI, M. v.: Ann. Phys., (4) Bd. 21 (1906) S. 756.

CHOWSKI ist die Zahl der Zusammenstöße, die eine Gaspartikel erfährt, bei einer Verschiebung um eine Strecke $\Delta x$:

(69) $$\nu = \frac{3\pi \Delta x^2}{4\lambda^2},$$

wenn $\lambda$ die freie Weglänge bedeutet.

Man kann diese Formel (bis auf einen Zahlenfaktor der Größenordnung 1, auf den es uns hier nicht ankommt), folgendermaßen erhalten: Zu der Verschiebung um eine Strecke $\Delta x$ brauche das Teilchen die Zeit $t$; während dieser Zeit hat das Teilchen auf seiner Zickzackbahn sich insgesamt um $t \cdot w$ cm fortbewegt, wenn $w$ seine Geschwindigkeit ist; da es alle $\lambda$ cm im Mittel einen Zusammenstoß erleidet, so hat es während dieser Zeit

$$\nu = \frac{t \cdot w}{\lambda}$$

Zusammenstöße erlitten. Um dies Resultat auszuwerten, müssen wir wissen, wie groß die Zeit $t$ ist, die es zu einer Verschiebung um $\Delta x$ gebraucht. Führen wir als Näherung das mittlere Verschiebungsquadrat $\overline{\Delta x^2}$ ein (das ja nicht identisch ist mit dem Quadrat der mittleren Verschiebung $\overline{\Delta x}^2$), so können wir die dafür gültige Beziehung verwenden:

$$\overline{\Delta x^2} = 2Dt; \quad t = \frac{\overline{\Delta x^2}}{2D}.$$

Setzen wir noch für den Diffusionskoeffizienten $D$ den angenäherten Ausdruck:

$$D \cong \frac{\lambda w}{3},$$

so erhalten wir schließlich:

(70) $$\nu \cong \frac{3}{2} \frac{\Delta x^2}{\lambda^2}$$

was bis auf einen Faktor $\pi/2$ mit obigem Ausdruck identisch ist.

Die mittlere Zahl von Stößen die irgendein Teilchen in einem Gefäß der Dicke $d$ bei der Diffusion bis zur Wand erleidet, wird daher proportional sein zu: $d^2/\lambda^2$, wobei der hinzutretende Zahlenfaktor etwas kleiner ist als der obige (und von der Gefäßform abhängt), da ja im Mittel ein Molekül weniger als $d/2$ von der Wand entfernt war; auf die Berechnung dieses Faktors ($\pi/16$ für ein Gefäß mit planparallelen Wänden im Abstand $d$) können wir aber verzichten, da wir von seinem Zahlenwert doch nicht Gebrauch machen werden.

Würde ein aktives Teilchen im Abstand $d$ von der Wand erzeugt, und in einer bei jedem Stoß ablaufenden Kettenreaktion reagieren, so wäre die Kettenlänge $\nu$ gleich der Zahl der Zusammenstöße bis zum Auftreffen auf die Wand, also (angenähert):

$$\nu \cong \frac{3\pi}{4} \frac{d^2}{\lambda^2}.$$

In Wirklichkeit wird ein aktives Teilchen nicht bei jedem Stoß, sondern etwa durchschnittlich bei jedem $q$-ten Stoß reagieren; dann ist die Kettenlänge nur

$$\nu' \cong \frac{3\pi}{4} \frac{d^2}{\lambda^2 q}.$$

Die freie Weglänge $\lambda$ ist umgekehrt proportional dem Druck, oder genauer, wenn verschiedene Molekelarten $M_1, M_2, \ldots$ mit den Partialdrucken $p_1, p_2, \ldots$ zugegen sind, wenn $\lambda$ die freie Weglänge und $\lambda_{01}$ die freie Weglänge der aktiven Partikel in reinem $M_1$ von Standarddruck bedeutet usw.:

$$\frac{1}{\lambda} \cong \frac{p_1}{\lambda_{01}} + \frac{p_2}{\lambda_{02}} + \cdots$$

(es müssen sich nämlich in einer Gasmischung die, die freie Weglänge begrenzenden und ihr umgekehrt proportionalen Wirkungsquerschnitte addieren). Damit erhielte man für die Kettenlänge:

$$\nu' \sim \frac{d^2}{q}\left(\frac{p_1}{\lambda_{01}} + \frac{p_2}{\lambda_{02}} + \cdots\right)^2.$$

Sind die Molekelarten $M_1$ und $M_2$ etwa die reagierenden Stoffe und erfährt ein aktives Teilchen in einem Gemisch von beiden $q$ Zusammenstöße, bis es reagiert, so wird es bei Zugeben einer inaktiven Komponente $M_3$ mehr Zusammenstöße erfahren, nämlich $q'$, bis es reagiert, da ja alle Zusammenstöße mit $M_3$ unwirksam sind. Sind insbesondere etwa zwei Arten aktiver Partikeln, z. B. O und $P_4O$ vorhanden, von denen die eine mit $P_4$ reagiert[1]:

$$O + P_4 \rightarrow P_4O,$$

die andere mit $O_2$:

$$P_4O + O_2 \rightarrow P_4O_2 + O,$$

so werden in dem Gemisch die Zahl der Stöße, nach denen im Mittel eine Reaktion eintritt, $q_1$ und $q_2$ sein.

Wenn $q_1^0$ die Zahl der Stöße ist, die O in reinem Phosphordampf zur Reaktion braucht und entsprechend $q_2^0$ die Zahl, die $P_4O$ in reinem Sauerstoff braucht, so wird:

$$q_1 = q_1^0 \frac{\frac{p_1}{\lambda_{01}} + \frac{p_2}{\lambda_{02}} + \frac{p_3}{\lambda_{03}}}{\frac{p_1}{\lambda_{01}}}$$

$$q_2 = q_2^0 \frac{\frac{p_1}{\lambda_{01}} + \frac{p_2}{\lambda_{02}} + \frac{p_3}{\lambda_{03}}}{\frac{p_2}{\lambda_{02}}}.$$

Dabei haben wir die entsprechenden Weglängen für O und $P_4O$ einander gleichgesetzt; für genauere Rechnung (die durchzuführen aber nur in den seltensten Fällen Sinn hat) wären sie verschieden anzusetzen. Wir wollen zur Vereinfachung auch für alle Reaktionspartner und Inertgase die $\lambda$-Werte als gleich annehmen; sie fallen dann aus den Formeln für $q$ ganz heraus. Hat man nun eine Reaktionskette, in

[1] Es kommt uns hier lediglich darauf an, einen Mechanismus zu haben, an dem man die Beziehungen anschaulich verifizieren kann; über den tatsächlichen Mechanismus wollen wir dabei nichts Definitives aussagen. Die kalte Phosphorflamme ist inzwischen genauer spektroskopisch untersucht worden [Rumpf, K.: Z. phys. Chem. Abt. B Bd. 38 (1938) S. 469] und das im Sichtbaren (hauptsächlich im Grünen) gelegene Bandenspektrum einem Träger PO zugeschrieben worden, der angeblich im Stoß zwischen $P_2$ und $O_2$ entstehen soll.

der O und $P_4O$ abwechselnd als Kettenträger erscheinen, so wird das effektive $q$ der Mittelwert der beiden obigen Größen:

$$q = \frac{q_1 + q_2}{2} = \left(\frac{q_1^0}{p_1} + \frac{q_2^0}{p_2}\right) \cdot \frac{p_1 + p_2 + p_3}{2}.$$

Da

$$\frac{1}{\lambda} = \frac{p_1}{\lambda_{01}} + \frac{p_2}{\lambda_{02}} + \frac{p_3}{\lambda_{03}},$$

so wird die Kettenlänge (es sei wieder $\lambda_{01} \simeq \lambda_{02} \simeq \lambda_{03}$)

$$\nu' \sim \frac{d^2}{\lambda^2 q} = \frac{d^2}{\lambda_0^2} [p_1 + p_2 + p_3] \cdot \frac{2}{\frac{q_1^0}{p_1} + \frac{q_2^0}{p_2}}.$$

Setzt man weiter vereinfachend $q_1^0 = q_2^0 = q_0$, so wird

$$\nu' \sim \frac{d^2}{\lambda_0^2 q_0^2} \frac{p_1 + p_2 + p_3}{p_1 + p_2} \cdot p_1 \cdot p_2 = \frac{d^2 p_1 p_2}{\lambda_0^2 q_0^2} \left(1 + \frac{p_3}{p_1 + p_2}\right). \tag{71}$$

Bezeichne nun $\delta$ die Wahrscheinlichkeit, daß die Kette an irgendeinem Glied sich verzweige, so bedeutet

$$\nu' \delta = 1 \tag{72}$$

offenbar Explosion; denn dann wird im Mittel für jede abgelaufene Kette gerade eine neue gestartet, die Kette wird also nie aufhören. Macht man nun die (lediglich durch das Resultat gerechtfertigte) Annahme, im speziellen Fall sei $\delta$ unabhängig von der Konzentration der einzelnen Reaktionspartner, so folgt aus (71) und (72) als Explosionsbedingung:

$$\frac{d^2 p_1 p_2}{\lambda_0^2 q_0^2} \left(1 + \frac{p_3}{p_1 + p_2}\right) = C_1, \tag{73}$$

wo $C_1$ nur noch von der Temperatur abhängen kann. Identifiziert man $p_1, p_2, p_3$ mit $p_{P_4}, p_{O_2}, p_A$, so ist das gerade die empirisch gefundene Explosionsbedingung. Berücksichtigung der individuellen Stoßquerschnitte würde z. B. dazu führen, daß in der Klammer die einzelnen $p$ mit individuellen Faktoren behaftet erschienen, wie dies z. B. auch experimentell von MELVILLE und LUDLAM[1] gefunden wurde.

Für die obere Druckgrenze der Oxydation des Phosphors wird gefunden:

$$p_{P_4}/p_{O_2} = C_2;$$

wobei für Zimmertemperatur $C_2 = 2{,}8 \cdot 10^{-5}$; d. h. bei einem Dampfdruck des Phosphors von $\sim 1/_{100}$ mm liegt die obere kritische Druckgrenze für Sauerstoff bei $\sim 280$ mm; die obere Grenze ist, wie allgemein beobachtet, unabhängig vom Gefäßdurchmesser. KOWALSKI[2] führte die Bestimmung experimentell so aus, daß er ein Reaktionsgefäß mit Sauerstoff bis oberhalb des kritischen Explosionsdruckes füllte, solange der darin befindliche Phosphor mit flüssiger Luft ausgefroren war. Dann

[1] MELVILLE, H. W. u. E. B. LUDLAM: Proc. roy. Soc., Lond. Bd. 132 (1931) S. 108.

[2] KOWALSKI: Z. phys. Chem. Abt. B Bd. 4 (1929) S. 288.

wurde erst der gewünschte Dampfdruck des Phosphors eingestellt und darauf der Sauerstoff langsam abgepumpt und der Druck festgestellt, bei dem Explosion einsetzte.

Zur Deutung der oberen Grenze muß eine Vernichtung aktiver Zentren in der Gasphase angenommen werden. Wie der Abbruch zustande kommt, ist im einzelnen unklar, zumal die Natur der Kettenträger bei dieser Reaktion überhaupt noch nicht gesichert ist. KOWALSKY[1] nahm an, daß Verunreinigungen im Sauerstoff für den Abbruch verantwortlich seien, wofür Erfahrungen mit künstlich zugesetzten Verunreinigungen angeführt werden können (vgl. unten). Für den Abbruch in der Gasphase mit reinem Sauerstoff könnte an die Dreierstoßreaktion:

$$O + O_2 (+ M) \rightarrow O_3 (+ M)$$

gedacht werden. Wenn das Auftreten von O-Atomen als aktive Teilchen bei Zimmertemperatur auch an sich nicht so wahrscheinlich erscheint, so ließe sich dafür doch die bekannte Beobachtung anführen, daß man bei der langsamen Oxydation von Phosphor Ozon als Reaktionsprodukt findet. Wir wollen auf eine quantitative Durchführung der Überlegungen hier verzichten; jedenfalls gelingt es, sowohl für Abbruch durch Verunreinigungen wie durch Dreierstöße mit $O_2$ formale Beziehungen abzuleiten, die mit den experimentell gefundenen übereinstimmen. Bei Berücksichtigung aller Abbruchsmöglichkeiten gelingt es, eine einzige Gleichung aufzustellen, die das gesamte Explosionsbereich darstellt, obere und untere Grenze sowie das Übergangsgebiet, wie dies ausführlich bei SEMENOFF („Chain reactions") diskutiert ist.

Als Bestätigung der Vorstellungen können Versuche mit Zusätzen verschiedener Fremdgase angesehen werden. KOWALSKY fand in seinen Versuchen die obere Grenze nur reproduzierbar, wenn er mit stets neuen Reaktionsgefäßen arbeitete; Wiederholung eines Versuches im gleichen Gefäß bei der oberen Druckgrenze gab eine Erweiterung des Reaktionsgebietes. Da an sich die Lage der oberen Grenze von den Gefäßdimensionen unabhängig ist, und auch unabhängig von der Natur der Wand sein sollte, so dürfte dieser Einfluß auf Verunreinigungen beruhen, die von der vorangehenden Reaktion her hereingebracht werden, unter Umständen von Ozon. Durch absichtliche Zugabe von Ozon wird jedenfalls das Explosionsgebiet erweitert, wie KOWALSKY zeigen konnte. Die Wirkung sonstiger Zusätze wurde von TAUSS und GÖRLACHER[2] untersucht. Dabei hat man es nach SEMENOFF mit zweierlei Einflüssen zu tun: bei Inertgaszusätzen (Argon oder Stickstoff) hat man eine Erniedrigung der oberen Druckgrenze von Sauerstoff lediglich durch die Dreierstoßwirkung des zugesetzten Gases. Dagegen reagieren die als „Gifte" in kleinen Mengen wirksamen Zusätze wie Äthylen und andere

[1] KOWALSKY: Z. phys. Chem. Abt. B Bd. 4 (1929) S. 288.
[2] TAUSS u. GÖRLACHER: Z. anorg. allg. Chem. Bd. 190 (1930) S. 95.

Olefine, Eisencarbonyl u. a. offenbar direkt unter Verbrauch von Kettenträgern. Die Resultate passen sämtlich in die SEMENOFFschen formalen Beziehungen hinein (vgl. auch MELVILLE)[1].

Auch unterhalb der unteren Explosionsgrenze scheint die langsame Reaktion durch die besprochenen Gesetzmäßigkeiten mit erfaßt zu werden. MELVILLE und LUDLAM[2] verfolgten die (an sich sehr langsam verlaufende) Reaktion unterhalb der unteren Druckgrenze, indem sie einen geheizten Pt- bzw. W-Draht in das Gas hineinbrachten; die Reaktion, die an dem Pt-Draht bereits bei 200° verläuft, ist offenbar eine reine Oberflächenreaktion und darum weniger interessant. Mit WOLFRAM verläuft sie erst bei 500° mit bequem beobachtbarer Geschwindigkeit; dabei findet man für die Geschwindigkeit genau den gleichen formalen Ausdruck, wie er für die untere Explosionsgrenze gilt: Proportionalität mit dem Quadrat des Gefäßdurchmessers, entsprechende Abhängigkeit von den Partialdrucken der einzelnen Gase usw. Die Reaktion ist auch mit Chemilumineszenz des Gases verbunden, so daß anzunehmen ist, daß die Reaktionsketten an dem WOLFRAM-Faden eingeleitet werden, in der Gasphase ablaufen und an der Wand abbrechen. Der Geschwindigkeitsausdruck wird:

$$-\frac{d p_{O_2}}{dt} = k\, p_{P_4} \cdot p_{O_2} \left(1 + \frac{\mu\, p_X}{p_{P_4} + p_{O_2}}\right) d^2 e^{-E/RT},$$

wo $p_X$ der Inertgasdruck sein möge. Die Aktivierungsenergie $E$ wurde zu 16 kcal gefunden; zu welchem Elementarvorgang sie gehört, ist noch unklar.

### b) Die Verbrennung von Phosphorwasserstoff.

Die Verbrennung von $PH_3$ verläuft der von Phosphor im großen ganzen ähnlich und zeigt ebenfalls zwei Explosionsgrenzen; dabei liegt die untere Grenze unter sonst vergleichbaren Umständen um etwa drei Zehnerpotenzen höher als bei Phosphor. Für die Explosionsgrenzen gelten ähnliche Gleichungen wie bei Phosphor, die sich ebenso wie dort formal theoretisch ableiten lassen, wenn auch wiederum über die Natur der einzelnen Kettenträger und Elementarreaktionen noch nichts Sicheres bekannt ist. Für Einzelheiten muß auf die Originalarbeiten verwiesen werden[3]. Von anderen Explosionen, die typische Explosionsgrenzen infolge Kettenverzweigung aufweisen, seien nur erwähnt: Die

[1] MELVILLE, H. W.: Trans. Faraday Soc. Bd. 28 (1932) S. 1.

[2] MELVILLE, H. W. u. E. B. LUDLAM: Proc. roy. Soc., Lond. A Bd. 135 (1932) S. 315.

[3] DALTON, R. H. u. C. N. HINSHELWOOD: Proc. roy. Soc., Lond. A Bd. 125 (1929) S. 294. — DALTON, R. H.: Proc. roy. Soc., Lond. A Bd. 128 (1930) S. 263. — HINSHELWOOD, C. N. u. K. CLUSIUS: Proc. roy. Soc., Lond. Bd. 129 (1930) S. 589. — MELVILLE, H. W. u. H. L. ROXBURGH: J. chem. Phys. Bd. 2 (1934) S. 739. —

Verbrennung von Schwefel[1], die Verbrennung von Schwefelkohlenstoff[2] und die Verbrennung von Schwefelwasserstoff[3], die Chlorknallgasexplosion im Licht[4].

Es mag erwähnt werden, daß zur Deutung der oberen Explosionsgrenzen, ehe man allgemein eine Desaktivierung in der Gasphase annahm, auch an eine andere Erklärungsmöglichkeit gedacht wurde, nämlich an das Verhalten der Adsorptionsschicht, da ja, wie in einzelnen Fällen direkt gezeigt, die Ketten auch an der Wand eingeleitet werden können (HABER, ALYEA[5]). Nachdem aber in den Fällen, in denen quantitative Messungen vorliegen, eine Deutung der gefundenen Beziehungen durch Gasphasendesaktivierung gegeben werden konnte, ist jene Interpretation im allgemeinen aufgegeben. Man wird aber immerhin gelegentlich auch an solche Erscheinungen denken müssen.

---

MELVILLE, H. W. u. H. L. ROXBURGH: Nature, Lond. Bd. 131 (1933) S. 690. — TRAUTZ, M. u. GABLER: Z. anorg. allg. Chem. Bd. 180 (1929) S. 321. — MELVILLE, H. W.: Trans. Faraday Soc. Bd. 28 (1932) S. 308. — Proc. roy. Soc., Lond. A Bd. 138 (1932) S. 374; Bd. 139 (1933) S. 541. — Vgl. ferner die Diskussion bei N. SEMENOFF: Chain Reactions u. L. S. KASSEL: Kinetics.

[1] NORRISH u. RIDEAL: J. chem. Soc. Bd. 123 (1923) S. 3202. — NEUMANN, K.: Ber. dtsch. chem. Ges. Bd. 16 (1888) S. 139. — WATSON: Chem. News Bd. 108 (1913) S. 787. — EMELÉUS, H. M.: J. chem. Soc. 1928, S. 1942. — SEMENOFF, N. u. RJABININ: Z. phys. Chem. Abt. B Bd. 1 (1928) S. 122. — RITCHIE, A. u. E. B. LUDLAM: Proc. roy. Soc., Lond. A Bd. 138 (1932) S. 635.

[2] THOMPSON, H. W.: Z. phys. Chem. Abt. B Bd. 10 (1930) S. 273. — J. phys. Chem. Bd. 35 (1931) S. 3639. — THOMPSON, H. W. u. C. F. KEARTON: Z. phys. Chem. Abt. B Bd. 14 (1931) S. 359. — TAYLOR, H. A. u. E. M. LIVINGSTON: J. phys. Chem. Bd. 35 (1931) S. 2676. — THOMPSON, H. W. u. KELLARD: J. chem. Soc. 1931, S. 1809. — RITCHIE, A., R. H. BROWN u. J. J. MUIR: Proc. roy. Soc., Lond. A Bd. 137 (1932) S. 511. — FOWLER, A. u. W. M. VAIDYA: Proc. roy. Soc., Lond. A Bd. 132 (1931) S. 310. — GILL, F., E. W. MARDLES u. H. C. TETT: Trans. Faraday Soc. Bd. 24 (1928) S. 574. — KONDRATJEW, V.: Z. Phys. Bd. 63 (1930) S. 322. — PRETTRE, M. u. P. LAFFITTE: C. R. Acad. Sci., Paris Bd. 190 (1930) S. 796. — Ältere Arbeiten über $CS_2$-Verbrennung vgl. BONE u. TOWNEND: Flame and Combustion, S. 414f.

[3] FARKAS, L.: Z. Elektrochem. Bd. 37 (1931) S. 670. — HARTECK, P. u. U. KOPSCH: Z. phys. Chem. Abt. B Bd. 12 (1931) S. 327. — LAFFITTE, P. u. BARET: Bull. Soc. chim. France (4) Bd. 5 (1932) S. 281. — LEICESTER, F. D.: J. Soc. chem. Ind. Bd. 52. — Chem. Ind. Bd. 11 (1933) S. 341.

[4] KOKOTSCHASCHWILI, V.: Z. phys. Chem. Abt. B Bd. 23 (1933) S. 431. — Vgl. auch N. SEMENOFF: Z. phys. Chem. Abt. B Bd. 28 (1935) S. 43.

[5] ALYEA, H. u. F. HABER: Z. phys. Chem. Abt. B Bd. 16 (1930) S. 193. — Naturwiss. Bd. 18 (1930) S. 44. — ALYEA, H.: J. Amer. chem. Soc. Bd. 53 (1931) S. 1324.

Neuntes Kapitel.

# Die Knallgas- und Kohlenoxydverbrennung.

## A. Die Knallgasverbrennung[1].

Die Knallgasverbrennung hat naturgemäß schon frühzeitig das Interesse der Chemiker gefunden und es ist nicht verwunderlich, daß die ersten Untersuchungen darüber mehr als 100 Jahre zurückliegen. Jedoch betrafen diese mehr die katalytische Reaktion, die zwar besonders interessant ist, deren Behandlung aber außerhalb des Rahmens dieses Buches fällt. Für diese älteren Untersuchungen verweisen wir etwa auf BONE[2], HINSHELWOOD und WILLIAMSON[3] oder MITTASCH[4].

Als erste der modernen Untersuchungen über Knallgasverbrennung ist eine Arbeit von BODENSTEIN[5] zu nennen; er verfolgte die Umsetzung strömenden Knallgases in Porzellanrohren verschiedener Form und verschiedenen Verhältnisses von Oberfläche zu Volumen. Dabei läßt sich die Reaktion noch bei $\sim 600°$ C ohne Explosion beobachten; als Geschwindigkeitsgleichung ergibt sich unter den speziellen Bedingungen das einfache Zeitgesetz III. Ordnung:

$$\frac{d\,[H_2O]}{dt} = k\,[H_2]^2\,[O_2],$$

das jedoch keineswegs immer gilt. Da sich zeigte, daß bei verschiedenen Gefäßformen die Reaktionsgeschwindigkeit sich im wesentlichen wie die Gefäßoberfläche änderte, so folgte, daß auch hier die Wandreaktion meist überwog. Für neuere Untersuchungen der katalytischen Oxydation sei auf die Bücher von BONE und HINSHELWOOD verwiesen.

Über die Explosion von Knallgas war aus den im I. Kapitel erwähnten Untersuchungen (VON FALK, CASSEL, DIXON) bekannt, daß sie bei Temperaturen von $\sim 500$ bis $600°$ C einsetzt. Von DIXON und Mitarbeitern lagen auch bereits systematische Untersuchungen über die Abhängigkeit der Zündtemperatur vom Druck vor, sowie über die Länge der Induktionszeiten, die bei vorgegebener Zusammensetzung und Temperatur bis zur Zündung verstreichen. Die Beobachtungen erstrecken sich auf Induktionszeiten zwischen 0,5 und 15 s; Verlängerung der Induktionszeit von dem ersten auf den letzten Wert hat eine Herab-

[1] Vgl. hierzu insbesondere auch L. S. KASSEL: Chem. Rev. Bd. 21 (1937) S. 331. — LEWIS u. v. ELBE: Combustion.

[2] BONE u. TOWNEND: Flame and Combustion.

[3] HINSHELWOOD, C. N. u. A. T. WILLIAMSON: The reation between Hydrogen and Oxygen. Oxford 1934.

[4] MITTASCH, A. u. E. THEIS: Von DAVY u. DÖBEREINER bis DEACON: Ein halbes Jahrhundert Grenzflächenkatalyse. Berlin: Verlag Chemie 1932.

[5] BODENSTEIN, M.: Z. phys. Chem. Bd. 29 (1899) S. 665.

setzung der Zündtemperatur um $\sim 50°$ C zur Folge. Schon aus diesen DIXONschen Versuchen ist zu schließen, daß es sich mindestens in einem Teil des untersuchten Gebietes um Explosion durch Kettenverzweigung handeln muß. Denn von 75 mm bis zu etwa 1 at Druck steigt die Zündtemperatur mit dem Druck an, erst bei noch höheren Drucken fällt sie, zunächst sehr langsam, wieder ab, was vermuten läßt, daß allmählich der Übergang zur Wärmeexplosion sich vollzieht. Im letzten Jahrzehnt ist die Knallgasverbrennung Gegenstand außerordentlich zahlreicher Untersuchungen gewesen. Für das Explosionsgebiet ergab sich dabei die für Kettenexplosionen typische Form (Abb. 162). Da die Lage der unteren Grenze von den Gefäßdimensionen und dem Zustand der Wand stark abhängig ist, so können die in Abb. 162 eingetragenen Werte nur einen Anhalt für normale Verhältnisse bieten; auf Feinheiten gehen wir später ein. Die langsame Reaktion ist sowohl unter der unteren Explosionsgrenze als auch oberhalb der oberen Grenze untersucht worden, in beiden Fällen ergeben sich ziemlich komplizierte Gesetzmäßigkeiten (in das Gebiet über der oberen Explosionsgrenze gehören auch die erwähnten älteren Untersuchungen von BODENSTEIN).

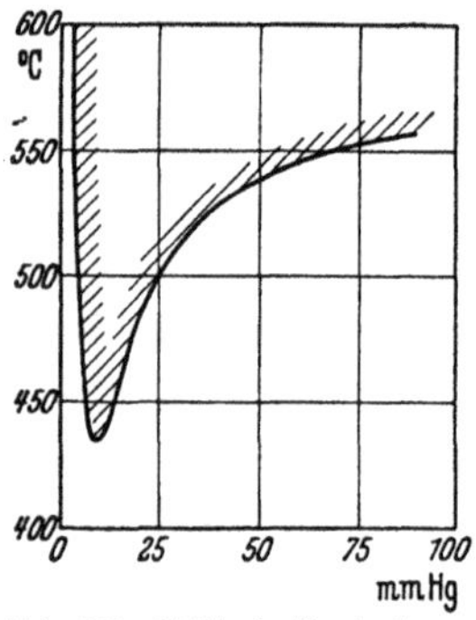

Abb. 162. Kritische Explosionsgrenzen für Knallgas, $2\,H_2 + O_2$.

In der Deutung der Beobachtungen beim Knallgas ist man weitergekommen als bei den vorher besprochenen Kettenexplosionen, wenn auch hier keineswegs alle Fragen als geklärt angesehen werden können. Daß man weitergekommen ist, ist neben der Fülle der Arbeit, die überhaupt zur Untersuchung gerade dieser Reaktion aufgewandt worden ist, hauptsächlich der Tatsache zu verdanken, daß man sich nicht nur mit der Erfassung der formalen Gesetzmäßigkeiten für Explosionsgrenzen und Reaktionsgeschwindigkeiten außerhalb derselben begnügt hat, sondern daß man durch Hinzunahme spektroskopischer und photochemischer Messungen sowie von Versuchen mit freien Atomen und Radikalen direkten Einblick gewonnen hat in die bei der Umsetzung beteiligten Elementarvorgänge. Für etwas kompliziertere Reaktionen — mehr als für die Knallgasverbrennung noch z. B. für die im übernächsten Kapitel zu behandelnde Kohlenwasserstoffverbrennung — gilt ganz allgemein, daß die bei der Kinetik beobachteten formalen Gesetze allein noch nicht ausreichen, aus der großen Zahl denkbarer Elementarvorgänge diejenigen eindeutig auszusuchen, die dem wirklichen Reaktionsmechanismus zugrunde liegen. Wir werden daher im folgenden für das Verständnis des Gesamtvorganges auch auf einen Teil jener spektroskopischen, photochemischen usw. Untersuchungen eingehen müssen.

## 1. Die untere Explosionsgrenze.

Die untere Grenze der Knallgasexplosion ist wiederholt untersucht worden; die Resultate der einzelnen Autoren weichen verhältnismäßig stark voneinander ab, was an sich zu erwarten ist, da für die Lage der unteren Grenze die Natur der Wand eine große Rolle spielt. Experimentell wird meist so vorgegangen, daß man vorgemischte Gase in das geheizte Reaktionsgefäß eintreten läßt und sieht, bei welchem Mindestdruck diese gerade zünden; dabei ist bei der unteren Grenze das Eintreten der Zündung nicht immer leicht zu erkennen, entweder am Aufleuchten der Gase oder sicherer, bei hinreichend empfindlichem Manometer, an dem einsetzenden Druckanstieg. SEMENOFF arbeitete gelegentlich auch so, daß er die Gase bis über die kritische Druckgrenze hinaus in das Gefäß einließ und den Restdruck der Reaktionspartner nach Einsetzen der Explosion feststellte; diese Methode erscheint zunächst etwas bedenklich, es wurden dabei aber keine systematischen Abweichungen gegenüber anderen Versuchen beobachtet. Man kann auch mit bei Unterdruck strömenden Gasen die Explosionsgrenze bestimmen.

Tabelle 45. Explosionsgrenzen für Gemische aus $2\,H_2 + O_2$ bei 500° C und bei verschiedenen Gefäßdurchmessern: $d$.

| $d$ (mm) | $p$ (mm Hg) | $p \cdot d$ |
|---|---|---|
| 54 | 1,06 | 57 |
| 49 | 0,91 | 45 |
| 32 | 2,85 | 91 |
| 18 | 3,64 | 65 |

HINSHELWOOD[1] und MOELWYN-HUGHES fanden z. B. für Gemische aus $2\,H_2 + O_2$ bei 500° C nach Tabelle 45 Explosionsgrenzen für verschiedene Gefäßdurchmesser: $d$. Das Produkt $d \cdot p$ ist leidlich konstant, aber immerhin mit Schwankungen bis 50% vom Mittelwert. Sofern die Reaktion besonders empfindlich gegen den Zustand der Wand ist, sind solche stärkeren Schwankungen an sich nicht verwunderlich. Bei Kettenabbruch an der Wand und konstant gehaltener Gemischzusammensetzung ist Konstanz des Produktes $p \cdot d$ an der Grenze zu erwarten. Denn wenn wieder etwa zwei Arten von Kettenträgern vorhanden sind, von denen der eine mit $H_2$, der andere mit $O_2$ reagiert, so können wir formal genau die gleichen Rechnungen wiederholen, wie wir sie für die Phosphorverbrennung (S. 282) durchgeführt haben, und kommen für die Explosion zu der Bedingung:

$$[O_2]\,[H_2] \cdot d^2 \left\{ 1 + \frac{[X]}{[O_2] + [H_2]} \right\} = \text{const}.$$

Sofern kein Inertgas $[X]$ zugesetzt ist und das Mischungsverhältnis $[H_2]:[O_2]$ konstant gehalten wird, führt dies auf

$$p^2\, d^2 = \text{const},$$

oder

$$p \cdot d = \text{const}. \tag{1}$$

[1] HINSHELWOOD, C. N. u. MOELWYN-HUGHES: Proc. roy. Soc., Lond. A Bd. 138 (1932) S. 311.

Würde man den Druck einer Komponente auf einem konstanten niederen Wert halten (wie das bei der Phosphorverbrennung der Fall ist) und nur den Druck der anderen ändern, dann hätte man statt (1):

(2) $$p \cdot d^2 = \text{const}.$$

Je nach den Versuchsbedingungen kann man also beide Beziehungen für die Explosionsgrenzen erhalten.

Die Lage der unteren Grenze hängt sehr von der Beschaffenheit der Wand ab, z. B. ergaben sich als untere Explosionsgrenze bei 500° in Quarz und Pyrexgefäßen, die mit destilliertem Wasser gereinigt waren, Drucke von wenigen mm Hg. FROST und ALYEA[1] fanden bei der gleichen Temperatur in Pyrexgefäßen, die mit 10% KCl-Lösung ausgewaschen waren, wesentlich höhere Grenzdrucke, von 15 bis 20 mm Hg, während nach einer bei SEMENOWA enthaltenen Angabe[2] es KOWALSKY gelang, in Gefäßen, die einer elektrischen Entladung ausgesetzt waren, Druckgrenzen von nur $\sim {}^1/_{10}$ der sonst gültigen, nämlich von nur wenigen zehnteln mm zu beobachten. Der Zustand der Wand kann also eine Änderung der unteren Druckgrenze um fast zwei Zehnerpotenzen im Gefolge haben.

Tabelle 46. Kritische Explosionsgrenzen von Gemischen $H_2 + O_2$ in überschmolzenen Pyrexrohren verschiedenen Durchmessers. (Nach N. SEMENOWA.)

| d (mm) | t = 585° C | | t = 482° C | | 440° C | |
|---|---|---|---|---|---|---|
| | p* | p · d | p | p · d | p | p · d |
| 5,8 | 16 | 93 | 28 | 160 | 42 | 244 |
| 10,2 | 10 | 102 | 18 | 190 | 28 | 285 |
| 15,7 | 8 | 125 | 14 | 220 | 20 | 314 |
| 20,0 | 6 | 120 | 10 | 200 | 15 | 300 |
| 30,0 | 4 | 120 | 7 | 210 | 10 | 300 |

Führt man im gleichen neuen Gefäß mehrere Versuche hintereinander aus, so sinkt die Druckgrenze von Versuch zu Versuch. Alles dies wurde systematisch studiert von N. SEMENOWA[2]; sie verwandte Rohre aus besonders überschmolzenem Pyrexglas, die eine extrem niedrige und zeitlich konstante Abbruchswahrscheinlichkeit ergaben, ähnlich den Rohren, die einer Entladung ausgesetzt waren. Damit erhielt sie sehr gut reproduzierbare und recht niedrige Explosionsgrenzen; zur Beobachtung diente dabei ein besonders empfindliches Glasmembranmanometer. Zahlenwerte aus Versuchen mit fünf Gefäßen verschiedenen Durchmessers sind in der obigen Tabelle 46 zusammengestellt; das Produkt $p \cdot d$ ist recht gut konstant. Für diese Bedingungen extrem kleiner Abbruchswahrscheinlichkeit bedarf die Beziehung einer besonderen Diskussion: es muß ja der Fall von KASSEL und STORCH[3] vorliegen, wo die Diffusion keine Rolle mehr spielt, sondern die

[1] FROST, A. A. u. H. N. ALYEA: J. Amer. chem. Soc. Bd. 55 (1933) S. 3227.
[2] SEMENOWA, N.: Acta Physicochim. URSS. Bd. 6 (1937) S. 25.
[3] KASSEL, L. S. u. H. H. STORCH: J. Amer. chem. Soc. Bd. 57 (1935) S. 672. Vgl. auch LEWIS u. v. ELBE: Zitiert S. 271.
* Druckangaben in Skalenteilen; 14 Skalenteile = 0,46 mm Hg.

Gesamtzahl der Kettenabbrüche einfach gegeben ist durch Zahl der Stöße auf die Wand mal Abbruchswahrscheinlichkeit pro Stoß, $\varepsilon$, während die Zahl der Verzweigungen dem Volumen proportional ist; der Gefäßdurchmesser bleibt in der resultierenden Beziehung erhalten, weil ihm das Verhältnis Volumen : Oberfläche proportional ist. Eine derartige Beziehung wird allerdings erst bei sehr kleinen Werten von $\varepsilon$ erreicht (etwa $10^{-4}$ oder kleiner, wobei es auf das Verhältnis von freier Weglänge zu Gefäßdurchmesser ankommt); für $\varepsilon \sim 10^{-1}$ bis $10^{-2}$ sind die Verhältnisse gegenüber $\varepsilon = 1$ unter normalen Verhältnissen noch nicht übermäßig geändert (vgl. KASSEL und STORCH, sowie LEWIS und v. ELBE, zitiert S. 271). Der anschauliche Grund dafür dürfte der sein, daß ein Teilchen, das bis an die Wand diffundiert und auf diese gestoßen ist, im allgemeinen eine größere Zahl von Zusammenstößen mit der Wand erleidet, bis es wieder ins Innere diffundiert. Die Abbruchswahrscheinlichkeit $\varepsilon$ wird daher erst entscheidend, wenn sie sehr klein gegen 1 ist.

Tabelle 47 u. 48. Explosionsgrenzen von $3H_2 + 2\ O_2$ Gemischen in überschmolzenen Pyrexrohren und in Quarzrohren in Abhängigkeit von Argonzusatz. (Nach BIRON und NALBANDJAN.)

| $t = 515°$ C | | $t = 485°$ C | |
|---|---|---|---|
| $p_{Argon}$ | $p_{H_2+O_2}$ mm Hg | $p_{Argon}$ | $p_{H_2+O_2}$ mm Hg |
| — | 0,15 | — | 0,23 |
| 0,04 | 0,15 | 0,057 | 0,228 |
| 0,07 | 0,14 | 0,12 | 0,24 |
| 0,105 | 0,145 | 0,18 | 0,23 |
| 0,15 | 0,15 | 0,235 | 0,235 |

Desgleichen in Quarzgefäß bei 515° C.

| Ohne Spülen mit $O_2$ | | Nach Spülen mit $O_2$ | |
|---|---|---|---|
| — | 11,2 | — | 11,2 |
| 8,5 | 8,5 | 8,23 | 8,23 |
| 14,5 | 7,3 | 13,9 | 6,9 |
| 20,5 | 6,9 | 19,2 | 6,4 |

Da in dem Fall extrem kleiner Abbruchswahrscheinlichkeiten die Diffusion nicht mehr ins Spiel kommt (die Konzentration aktiver Teilchen wird praktisch konstant im ganzen Volumen), so dürfte unter diesen Bedingungen auch Fremdgaszusatz nicht mehr von Einfluß auf die Explosionsgrenzen sein. Das ist von BIRON und NALBANDJAN[1] unter analogen Verhältnissen wie in SEMENOWAs Versuchen geprüft worden. In überschmolzenen Pyrexrohren ist der kritische Explosionsdruck tatsächlich unabhängig von Argonzusatz, während in Quarzrohren mit hoher Abbruchswahrscheinlichkeit die auch sonst beobachtete Abhängigkeit von der Gegenwart inerter Gase vorhanden ist. Dies geht aus den Versuchen in Tabelle 47 und 48 hervor. An sich lassen sich, wie schon S. 271 erwähnt, die Verhältnisse bei $\varepsilon < 1$ auch quantitativ behandeln, wie dies KASSEL und STORCH (zitiert S. 271) und LEWIS und v. ELBE[2] gezeigt haben. Die Schwierigkeit in der Anwendung der

[1] BIRON, A. u. A. NALBANDJAN: Acta Physicochim. URSS. Bd. 6 (1937) S. 43.
[2] LEWIS, B. u. G. v. ELBE: J. Amer. chem. Soc. Bd. 59 (1937) S. 970. — Ferner Combustion, Flame and Explosion of Gases.

quantitativen Beziehungen besteht aber darin, daß $\varepsilon$ im allgemeinen unbekannt ist, und daß weiter mit der Möglichkeit der Änderung von $\varepsilon$ von Versuch zu Versuch zu rechnen ist. Man wird sich daher in den meisten Fällen mit halbquantitativen Beziehungen und Verwendung der für die Grenzfälle von nicht zu kleinem und sehr kleinem $\varepsilon$ gültigen Formeln zufrieden geben können.

Falls in dem Ausdruck für die untere Grenze keine temperaturabhängigen Größen außer der Verzweigungswahrscheinlichkeit enthalten sind, so würde deren Aktivierungswärme die Lage der unteren Explosionsgrenze (und in analoger Weise auch die der oberen) bei verschiedenen Temperaturen bestimmen[1]. Denn schreibt man die Explosionsbedingung in der Form (vgl. S. 285):

$$\nu \delta = 1,$$

wo $\nu$ mittlere Kettenlänge, $\delta$ Wahrscheinlichkeit der Verzweigung pro Kettenglied ist, und nimmt man, früheren Ansätzen entsprechend, $\nu$ proportional mit $p^2$, $\delta$ proportional $e^{-E/RT}$ an, so kommt als Explosionsbedingung:

$$p^2 e^{-E/RT} = \text{const},$$

$$p \sim e^{+E/2RT},$$

während mit ähnlichen Annahmen (vgl. S. 273, 274, 297, 324) für die obere Explosionsgrenze erhalten wird:

$$p \sim e^{-E/RT}.$$

Unter diesen speziellen Voraussetzungen sind also die Temperaturabhängigkeiten der unteren und der oberen Explosionsgrenzen miteinander gekoppelt, und zwar ändert sich die untere Grenze nur halb so stark mit der Temperatur wie die obere und im entgegengesetzten Sinne.

Tabelle 49. Untere Explosionsgrenze für Knallgas. (Nach HINSHELWOOD und MOELWYN-HUGHES.)

| | | | | |
|---|---|---|---|---|
| $t$ (°C) . . . | 650 | 604 | 550 | 500 |
| $p$ (mm Hg) | 2,99 | 2,74 | 2,75 | 3,62 |

Die Experimente bestätigen diese Folgerung insoweit, als die untere Grenze tatsächlich sehr viel weniger von der Temperatur abhängt als die obere (vgl. Abb. 162, S. 290); in quantitativer Hinsicht bestehen aber noch erhebliche Diskrepanzen zwischen den Befunden verschiedener Autoren.

HINSHELWOOD (zitiert S. 289, 291) findet die untere Grenze oberhalb 550° praktisch temperaturunabhängig (Tabelle 49).

Demgegenüber fanden SEMENOFF, SAGULIN, KOWALSKY und KOPP[2] eine stärkere Temperaturabhängigkeit, allerdings in dem Gebiete niedri-

[1] Vgl. hierzu SEMENOFF: Chain reactions. — SEMENOWA: Zitiert S. 292.

[2] SEMENOFF, SAGULIN, KOWALSKY u. KOPP: Z. phys. Chem. Abt. B Bd. 6 (1930) S. 307.

gerer Temperaturen, wo sich der Übergang zur oberen Grenze vollzieht, nämlich $\sim 9$ mm bei 440°, 4,5 mm bei 500° und 3 mm bei 550°. Die Werte stimmen an sich nicht schlecht mit den vergleichbaren Daten HINSHELWOODs überein. Wie weit der daraus berechneten Aktivierungswärme $E' = 14$ kcal eine physikalische Bedeutung beizumessen ist, scheint unsicher. Sie würde ganz gut zu der für die obere Grenze gefundenen von $E \sim 22$ bis 26 kcal passen, wenn $E' = \frac{1}{2} E$ (vgl. S. 294 und 297) ist.

Tabelle 50.

| $p_{H_2}$ (mm) | $p_{O_2}$ (mm) | $p_{H_2} \cdot p_{O_2}$ |
|---|---|---|
| 3,12 | 0,78 | 2,43 |
| 2,30 | 1,15 | 2,64 |
| 1,65 | 1,65 | 2,72 |
| 1,07 | 2,14 | 2,29 |
| 0,86 | 3,44 | 2,96 |

SEMENOWA leitet aus ihren Versuchen als Aktivierungswärme für die untere Grenze $E' \sim 11$ kcal ab, was mit dem vorangehenden verträglich ist. Den Diskrepanzen, insbesondere gegenüber HINSHELWOODs Versuchen, wird man keine ernstliche Bedeutung beimessen in Anbetracht der begangenen Vernachlässigungen, und da man einer evtl. Temperaturabhängigkeit der Abbruchsausbeute an der Wand (die kaum nachprüfbar ist) nicht Rechnung trägt.

Bei konstanter Temperatur und gegebenem Gefäßdurchmesser sollte für die Explosionsgrenze gelten (vgl. S. 291)

(3) $$p_{H_2} \cdot p_{O_2} = \text{const}.$$

Diese Beziehung wird im großen ganzen durch das Experiment bestätigt, allerdings mit systematischen Abweichungen, die eigentlich zu erwarten sind, da in (3) weder den verschiedenen, den Diffusionskoeffizienten beeinflussenden Stoßquerschnitten von $H_2$ und $O_2$ Rechnung getragen ist, noch berücksichtigt ist, daß bei verschieden starker Adsorption von $H_2$ und $O_2$ an der Wand auch die Abbruchwahrscheinlichkeit geändert sein kann. HINSHELWOOD fand in einem Rohr von 1,8 cm Durchmesser bei 550° die in Tabelle 50 zusammengefaßten Werte von $p_{H_2}$, $p_{O_2}$ und deren Produkt an der unteren Explosionsgrenze.

Tabelle 51. Untere Explosionsgrenze für $H_2 + O_2$ in Abhängigkeit von Helium und Argonzusatz. (Nach HINSHELWOOD und MOELWYN-HUGHES.)

| Helium | | Argon | |
|---|---|---|---|
| $p_{He}$ | mm Hg | $p_A$ | $p$ |
| 0 | 3,33 | 0 | 4,25 |
| 5,45 | 2,73 | 2,90 | 2,90 |
| 8,70 | 2,18 | 4,41 | 2,21 |
| 0 | 3,52 | 6,72 | 1,68 |
| | | 6,51 | 1,09 |
| | | 0 | 4,20 |

Zusatz von Inertgasen erniedrigt die untere Explosionsgrenze in der gleichen Weise und nach dem gleichen formalen Gesetz, wie wir das bereits bei der Phosphoroxydation gesehen haben: Es gilt an der Grenze:

$$d^2 [H_2] [O_2] \left\{ 1 + \frac{a [A]}{[H_2] + [O_2]} \right\} = \text{const};$$

wenn die Drucke in mm Hg gemessen werden, so ist const $\sim 10$ für 550° C.

Argon setzt, entsprechend seinem größeren Stoßquerschnitt, die Explosionsgrenze von $H_2 + O_2$ stärker herab als Helium, wie aus der Tabelle 51 hervorgeht.

Sehr sorgfältige Bestimmungen der Explosionsgrenzen hat TAUZIN[1] durchgeführt, und zwar für Reaktionsgefäße verschiedener Größe, für verschiedene Gaszusammensetzungen und in Gegenwart verschiedener Mengen von Inertgasen. TAUZIN weist auch darauf hin, daß bei der Bestimmung von Zündtemperaturen bei Atmosphärendruck vielfach deshalb Fehler unterlaufen, weil man das Gas in ein evakuiertes heißes Reaktionsgefäß einläßt und Zündung in Wirklichkeit schon beim Durchlaufen des Niederdruckexplosionsgebietes einsetzen kann.

## 2. Die obere Explosionsgrenze.

Die allgemeine Lage der oberen Explosionsgrenze für Knallgas geht aus Abb. 162, S. 290 hervor. Die Drucke, oberhalb deren die Explosion aussetzt, betragen größenordnungsmäßig 100 mm Hg. Da der Einfluß der Wand wegfällt, sind die Werte besser reproduzierbar als die für die untere Grenze, vgl. Tabelle 52.

Tabelle 52. Obere Explosionsgrenze für $H_2 + O_2$. (Nach HINSHELWOOD und GRANT[2].)

| $t°$ C | Aluminiumgefäß | Quarzgefäß |
|---|---|---|
| | Obere Explosionsgrenze, mm Hg | |
| 579 | 187 | |
| 565 | 135 | 158,5 |
| 550 | 101 | 120 |
| 535 | 77 | 88 |
| 520 | 58,5 | |
| 518 | | 64 |
| 500 | 37,5 | 44 |

Die Lage der oberen Grenze ist, wie in anderen Fällen, durch Desaktivierung in der Gasphase bedingt, und zwar hat man nach HINSHELWOOD[3] anzunehmen, daß ein Dreierstoßprozeß in der Gasphase für die Desaktivierung verantwortlich ist. Die formale Behandlung durch HINSHELWOOD ist allerdings angegriffen worden, doch läßt sie sich so modifizieren, daß unter Wahrung der von HINSHELWOOD gefundenen Beziehungen alle wesentlichen Erfahrungstatsachen widerspruchsfrei gedeutet werden[4]. HINSHELWOODs (nicht ganz einwandfreie) Ableitung der Grenze ist folgendermaßen (vgl. dazu S. 323ff.). $X$ und $Y$ seien zwei Partikelarten (evtl. Atome und freie Radikale), bei deren Zusammenstoß Kettenverzweigung erfolgen kann, sofern nicht der Stoß eines dritten Moleküls dieses verhindert (auf welche

---

[1] TAUZIN, P.: Ann. Phys., Paris [11] Bd. 6 (1936) S. 575.

[2] GRANT, G. H. u. C. N. HINSHELWOOD: Proc. roy. Soc., Lond. A Bd. 138 (1933) S. 29.

[3] GRANT, G. H. u. C. N. HINSHELWOOD: Proc. roy. Soc., Lond. A Bd. 141 (1933) S. 29. — Vgl. auch HINSHELWOOD u. WILLIAMSON: Zitiert S. 289.

[4] Vgl. L. S. KASSEL u. H. H. STORCH: J. Amer. chem. Soc. Bd. 57 (1935) S. 672. — KASSEL, L. S.: Chem. Rev. Bd. 21 (1937) S. 331. — LEWIS, B. u. G. v. ELBE: J. Amer. chem. Soc. Bd. 59 (1937) S. 656; sowie Combustion. — Ferner W. JOST u. L. v. MÜFFLING: Z. phys. Chem. Abt. A Bd. 183 (1938) S. 43.

Weise, bleibt offen). Ist $\nu$ die Wahrscheinlichkeit der Verzweigung bei einem Stoß von $X$ mit $Y$, und sind $Z_{H_2}$, $Z_{O_2}$ und $Z_M$ die Stoßzahlen von $H_2$, $O_2$ und zugesetztem Inertgas $M$ mit dem Stoßkomplex $X\,Y$, so lautet die Bedingung: Verzweigungszahl gleich Desaktivierungszahl:

$$(4)\qquad \nu\, k\,[X]\,[Y] = Z_{H_2}\,[X]\,[Y]\,[H_2] + Z_{O_2}\,[X]\,[Y]\,[O_2] + Z_m\,[X]\,[Y]\,[M]$$

oder daraus

$$(5)\qquad \nu \cdot k = Z_{H_2}\,[H_2] + Z_{O_2}\,[O_2] + Z_M\,[M].$$

Das stimmt mit der empirisch gefundenen Explosionsgrenze innerhalb der Fehlergrenzen überein, wenn $\nu$, die Verzweigungswahrscheinlichkeit proportional $e^{-E/RT}$ angenommen wird, wobei $E \sim 24$ bis 26 kcal beträgt (vgl. S. 295). Die Ableitung (und die ihr zugrunde liegende Vorstellung) ist insofern inkorrekt, als in Wirklichkeit noch gar kein Kettenabbruch eingeführt ist (vgl. S. 323ff.). Die Wirksamkeit von $H_2$ und $O_2$ wird ungefähr proportional ihren Stoßzahlen gefunden, für $Z_{H_2}/Z_{O_2}$ berechnet HINSHELWOOD $\sim 0{,}34$, während aus der die Lage der Grenze für verschiedene Gemischzusammensetzung (ohne Inertgas) wiedergebenden empirischen Beziehung:

$$P_{H_2} = \text{const} - 0{,}33\, P_{O_2}$$

für $Z_{H_2}/Z_{O_2} \sim 0{,}33$ gefunden wird. Man wird allerdings vorsichtig sein müssen, wenn man aus dieser Übereinstimmung auf die Richtigkeit der zugrunde liegenden Vorstellungen schließt; denn bei einer Desaktivierung im Dreierstoß wird außer der Stoßzahl auch noch die spezifische Wirksamkeit des einzelnen Gases, etwa die Wahrscheinlichkeit für eine Energieaufnahme im Stoß, mit ins Spiel kommen, und diese könnte die gefundene Übereinstimmung wieder völlig zerstören.

Aus ähnlichen Gründen wird man auch die von FROST und ALYEA[1] sowie von HINSHELWOOD, WILLIAMSON und WOLFENDEN[2] gefundene Änderung der Lage der Explosionsgrenze sowie der Reaktionsgeschwindigkeit oberhalb dieser, wenn $H_2$ durch $D_2$ ersetzt ist, nicht unbedingt als Beweis der zugrunde liegenden Vorstellungen ansehen dürfen. Diese fanden folgendes: Die obere Grenze wird beim Ersetzen von $H_2$ durch $D_2$ nach höheren Drucken verschoben, das Explosionsgebiet also erweitert, und zwar so, wie man aus dem Unterschied der Stoßzahlen für $H_2$ bzw. $D_2$ als Dreierstoßpartner $\left(\sim \text{wie } 1 : 1/\sqrt{2}\right)$ vorausberechnen kann; entsprechend ist die Geschwindigkeit oberhalb der oberen Grenze auf rund $1/\sqrt{2}$ des Wertes für $H_2$ herabgesetzt. Die Ergebnisse wären nur zu verstehen, wenn gerade an einer einzigen Stelle die veränderte Stoßzahl aufträte, während alle übrigen Stoßzahlen und Aktivierungswärmen unverändert blieben. Es ist daher wahrscheinlich, daß zufällige Kompen-

[1] FROST, A. A. u. H. N. ALYEA: J. Amer. chem. Soc. Bd. 56 (1934) S. 1251.

[2] HINSHELWOOD, C. N., A. T. WILLIAMSON u. J. H. WOLFENDEN: Nature, Lond. Bd. 133 (1934) S. 836.

sationen einzelner Größen mit hereinspielen, was die quantitative Beweiskraft der Versuche natürlich herabsetzt.

Von grundsätzlicher Wichtigkeit sind Versuche über den Einfluß von Oberflächen auf die Zündung innerhalb des Explosionsgebietes. Bei normalen Drucken ($\sim$ 1 at) zünden zwei gekreuzte Ströme von auf 560° C oder darüber geheiztem $H_2$ und $O_2$ auch ohne Gegenwart einer Oberfläche (GOLDMANN[1]). Treffen sich aber bei niederen, aber noch innerhalb des Explosionsgebietes gelegenen Drucken von $\sim$ 20 bis 100 mm die Gase bei 520°, so tritt ohne Wand keine Zündung ein, HABER und ALYEA[2]. Bringt man einen auf die gleiche Temperatur geheizten Quarzstab (oder auch einen solchen aus Glas, Porzellan, Kupfer, Eisen) an die Kreuzungsstelle, so erfolgt Zündung, jedoch nicht durch eine Oberfläche aus Aluminium. [Ein Einwand, der gegen diese Versuche gemacht werden könnte, wird von HINSHELWOOD und WILLIAMSON erwähnt: Die Explosion braucht auch innerhalb des Explosionsgebietes eine gewisse Zeit zu ihrer Entwicklung, wie allgemein theoretisch zu erwarten und auch direkt von KOWALSKY (vgl. S. 301) gezeigt, und diese Zeit könnte bei den Versuchen mit gekreuzten Gasstrahlen vielleicht nicht ausreichend sein; demgegenüber ist aber zu sagen, daß dann erst recht nicht einzusehen wäre, wie eine Zündung durch den Quarzstab zustande kommt.] Man wird daher die übliche Deutung dieser Versuche vorziehen: In der Explosionsbedingung kommt zwar die Zahl der Anfangszentren nicht vor; denn durch Kettenverzweigung kann sich von beliebig wenig ursprünglich vorhandenen Zentren aus eine Explosion entwickeln. Sind aber überhaupt keine Zentren da, so befindet sich das System in einem metastabilen Zustand[3], der durch Einbringen einiger Anfangszentren aufgehoben werden kann; in einem genügend lange sich selbst überlassenen System würden sich diese Zentren natürlich immer, auch ohne Mitwirkung der Wand, schließlich einmal bilden. Die obigen Versuche lassen also darauf schließen, daß, zumindest unter gewissen Versuchsbedingungen, die Reaktionsketten von der Wand ausgehen. Bei einer Hemmung der Reaktionsgeschwindigkeit durch Wände verschiedener Art, z. B. durch Belegen der Wand mit KCl (PEASE[4]), könnte daher auch eine Beeinflussung der Ketteneinleitung, nicht nur des Abbruches von Bedeutung sein, worauf u. a. LEWIS und v. ELBE[5] hinweisen.

HINSHELWOOD[6] und Mitarbeiter fanden auch eine ausgesprochene Hemmung der Niederdruckexplosion durch Wasserdampf, etwa 10 mm

[1] GOLDMANN, F.: Z. phys. Chem. Abt. B Bd. 5 (1929) S. 316.

[2] HABER, F. u. H. N. ALYEA: Z. phys. Chem. Abt. B Bd. 10 (1930) S. 193. — ALYEA, H. N.: J. Amer. chem. Soc. Bd. 53 (1931) S. 1324.

[3] HADMAN, THOMPSON u. C. N. HINSHELWOOD: Proc. roy. Soc., Lond. A Bd. 138 (1932) S. 297.

[4] PEASE, R. N.: J. Amer. chem. Soc. Bd. 52 (1930) S. 5106.

[5] LEWIS, B. u. G. v. ELBE: J. Amer. chem. Soc. Bd. 59 (1937) S. 656.

[6] GARSTANG, W. L. u. C. N. HINSHELWOOD: Proc. roy. Soc., Lond. A Bd. 130 (1931) S. 646.

$H_2O$ unterdrückt diese vollständig; Wasserdampf hemmt auch die Wandreaktion bei niederen Temperaturen. Man wird also allen Experimenten gerecht, wenn man annimmt, daß bei niederen Temperaturen, bis $\sim 540°$ die Ketten von der Wand ausgehen, während bei höheren Temperaturen die Einleitung in der Gasphase mehr und mehr überwiegt. Damit lassen sich dann wohl auch Beobachtungen deuten, die an der oberen Grenze einen Unterschied im kritischen Explosionsdruck ergaben, je nachdem $H_2$ oder $O_2$ zuerst in das Reaktionsgefäß eingelassen wurden.

Die Lage der oberen Explosionsgrenze wird, außer in der schon besprochenen Weise durch Inertgase, durch verschiedene zur Einleitung oder zum Abbruch von Ketten befähigte Zusätze in empfindlicher Weise verschoben. Stickstoffdioxyd z. B., in kleinen Mengen zugesetzt (Hundertstel eines Prozent) bewirkt eine Erweiterung der Explosionsgrenzen. Dies hatte schon DIXON beobachtet, systematische neuere Untersuchungen darüber verdankt man HINSHELWOOD[1] sowie NORRISH[2] und deren Mitarbeitern. Danach wirken kleine Zusätze von $NO_2$ explosionsbegünstigend; in einem Versuch von HINSHELWOOD z. B., wo sich 200 mm $H_2$ und 100 mm $O_2$ bei 400° (also unterhalb der tiefsten, bei etwa 440° gelegenen Explosionstemperatur) befanden, zündeten diese Gase, wenn ihnen nur 0,083 mm $NO_2$ zugesetzt waren, während bei einem Zusatz von nur 0,076 mm man noch sehr langsame Reaktion hatte. Größere Zusätze von $NO_2$ haben dann aber den umgekehrten Effekt, sie hemmen die Explosion. Man wird dem $NO_2$ daher sowohl ketteneinleitende wie kettenabbrechende Eigenschaften zuschreiben müssen, worauf wir bei Besprechung des Reaktionsmechanismus (S. 325) zurückkommen.

Eine ausgesprochen hemmende Wirkung übt dann auch der Zusatz von Halogenen aus[3]. Brom und Jod können in Konzentrationen von $\sim 1\,^0/_{00}$ die Niederdruckexplosion unterdrücken, Chlor ist weniger wirksam. Atomarer Sauerstoff oder Wasserstoff befördert die Explosion erheblich, was an sich zu erwarten, aber dennoch einer besonderen Diskussion bedarf, da ja in der formalen Explosionsbedingung nach SEMENOFF die Konzentration der Ausgangszentren nicht vorkommt (vgl. jedoch S. 277). HABER und OPPENHEIMER[4] konnten Knallgas bei Temperaturen unterhalb der oberen Explosionsgrenze zünden, wenn sie ihm atomaren Wasserstoff zumischten, der durch einen Funken

---

[1] GIBSON, C. H. u. C. N. HINSHELWOOD: Trans. Faraday Soc. Bd. 24 (1928) S. 559. — THOMPSON, H. W. u. C. N. HINSHELWOOD: Proc. roy. Soc., Lond. A Bd. 122 (1929) S. 610; Bd. 124 (1929) S. 219.

[2] GRIFFITHS u. R. G. W. NORRISH: Proc. roy. Soc., Lond. A Bd. 137 (1933) S. 147.

[3] GARSTANG u. C. N. HINSHELWOOD: Proc. roy. Soc., Lond. A Bd. 130 (1931) S. 640. — Z. phys. Chem. 1931, BODENSTEIN-Festband, S. 656.

[4] HABER, F. u. F. OPPENHEIMER: Z. phys. Chem. Abt. B Bd. 16 (1932) S. 443.

in einer Wasserstoffatmosphäre erzeugt war. Der Partialdruck des atomaren H betrug in 100 mm $H_2$ etwa $2{,}5 \cdot 10^{-4}$ mm. Ihre Versuche sind in Abb. 163 nach SEMENOFF reproduziert; mit zunehmendem Druck wird die Zündtemperatur ständig herabgesetzt, bis auf unter 300° C, eine obere Explosionsgrenze wird nicht mehr beobachtet. SEMENOFF („Chain reactions") wendet dagegen ein, daß wahrscheinlich in den Versuchen von HABER und OPPENHEIMER der Gehalt an atomarem Wasserstoff dem an molekularem Wasserstoff annähernd proportional war, da er ja durch Durchleiten des Wasserstoffs durch einen Funken erzeugt war. Deshalb dürfte vermutet werden, daß bei konstant gehaltener H-Atomkonzentration eine Explosionsgrenze gefunden würde, wie sie in Abb. 163 gestrichelt angedeutet ist. SEMENOFF und Mitarbeiter[1] unternahmen eine Prüfung der Verhältnisse, indem sie bestrebt waren, die H-Atomkonzentrationen bei verschiedenen Drucken konstant zu halten. Sie gingen dazu folgendermaßen vor: In ein Entladungsrohr, dessen Mittelteil geheizt war, wurde bei immer dem gleichen $H_2$-Druck von $\sim 0{,}1$ mm atomarer Wasserstoff in einer Konzentration von $\sim 60\%$ erzeugt. Dann wurde die Entladung abgeschaltet und plötzlich ein Sauerstoff-Wasserstoffgemisch vorgegebenen Druckes eingelassen und festgestellt, bei welchen Temperaturen und Drucken Explosion einsetzte. Die Resultate entsprachen den Erwartungen. Man erhielt ein Explosionsgebiet von der gleichen Form wie ohne atomaren Wasserstoff, jedoch mit wesentlich erweiterten Grenzen; dabei wurden Versuchsreihen mit verschiedenen Stromstärken in dem Rohr zur Erzeugung des atomaren Wasserstoffes ausgeführt und, wie zu erwarten war, gefunden, daß die Grenzen um so mehr erweitert wurden, je höher diese Stromstärke war. Die Resultate sind in der Abb. 164 nach SEMENOFF dargestellt; zu bemerken ist, daß auch bei der höchsten Stromstärke noch eine obere Explosionsgrenze existiert.

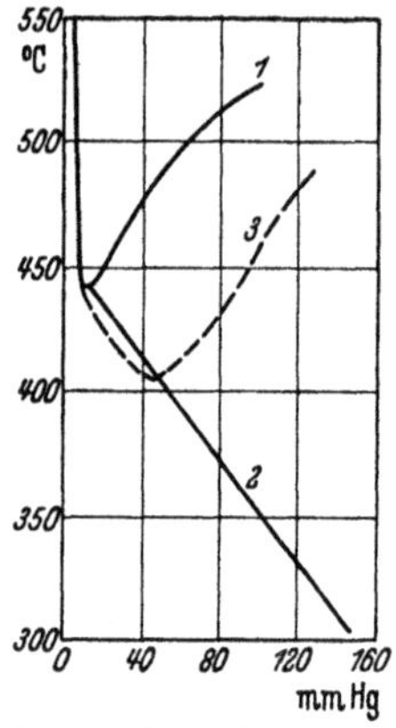

Abb. 163. Normales Explosionsgebiet von $2\,H_2 + O_2$, nach HABER u. OPPENHEIMER (1); das gleiche in Gegenwart von H-Atomen (2); voraussichtlicher Verlauf bei konstant gehaltener H-Atomkonzentration (3). (Nach SEMENOFF, zitiert S. 294.)

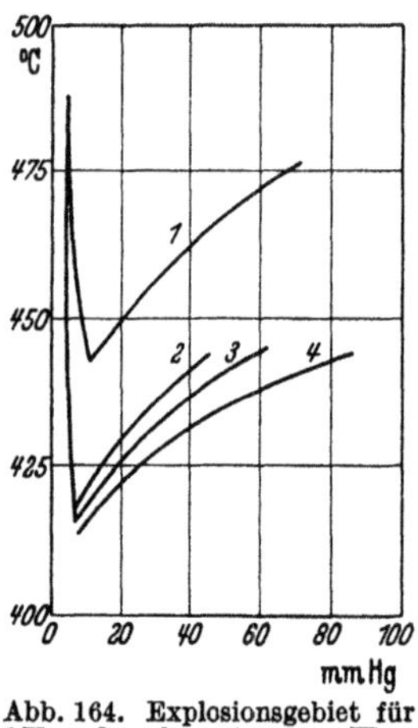

Abb. 164. Explosionsgebiet für $2\,H_2 + O_2$, ohne atomaren Wasserstoff (1), mit atomarem Wasserstoff aus einer Entladung von 0,25 Amp. (2), 0,35 Amp. (3) und 0,5 Amp. (4). (Nach NALBANDJAN u. SEMENOFF[1].

[1] DUBOWITZKY, F., A. NALBANDJAN u. N. SEMENOFF: Trans. Faraday Soc. Bd. 29 (1933) S. 606.

Die Wirkung von Sauerstoffatomen ist noch ausgeprägter; NALBANDJAN[1] findet in diesem Falle (ähnlich wie HABER und OPPENHEIMER mit atomarem Wasserstoff) überhaupt keine obere Explosionsgrenze mehr.

Photochemisch ließ sich die Knallgasexplosion induzieren durch Zusatz von 0,6% $NH_3$ und Belichten mit ultraviolettem Licht (HABER, FARKAS und HARTECK[2]); wahrscheinlich ist der dabei gebildete atomare Wasserstoff für die Einleitung der Explosion verantwortlich. SALLEY und TAYLOR[3] fanden allerdings, daß die $NH_3$-sensibilisierte Lichtreaktion von $H_2 + O_2$ anders verläuft als die Hg-sensibilisierte, und schlossen daraus, daß in Gegenwart von Ammoniak nicht die H-Atome allein verantwortlich sind. Wie weit dieser Schluß zwingend ist, muß wohl vorläufig offenbleiben. Bei der $NH_3$-sensibilisierten Photoreaktion setzt die Explosion nach Induktionszeiten von 30 bis 40 s nach der Belichtung ein, sofern der Druck über 300 mm und die Temperatur über 415° C beträgt. Die Explosion von Knallgas kann durch Ammoniak auch ohne Belichten eingeleitet werden[4]. Fügt man bei 500° zu Knallgas 1 bis 2 mm $NH_3$ hinzu, so tritt nach einigen Minuten eine beschleunigte Reaktion ein, die in Explosion übergeht.

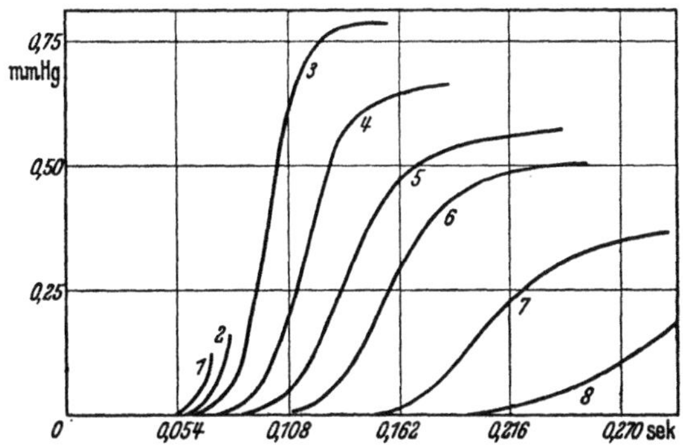


Abb. 165. Reaktion von $2 H_2 + O_2$ bei 485° C (Druckänderung als Maß des Umsatzes), bei Anfangsdrucken von 8,2 mm (1), 7,8 mm (2), 7,4 mm (3), 7,1 mm (4), 6,8 mm (5), 6,4 mm (6), 6,1 mm (7), 5,8 mm (8). (Nach KOWALSKY.)

Eine sehr eigentümliche Beobachtung stammt von HABER, FARKAS und HARTECK[5]. Bei 300 mm Druck liegt die Zündtemperatur bei etwa 550°. Läßt man aber bei 420° in einem solchen Gemisch durch einen Funken eine Explosion entstehen, pumpt das Gefäß aus und füllt es wieder zum gleichen Druck mit Knallgas, so setzt bereits bei 420° spontane Explosion ein, obwohl zwischen beiden Explosionen mehrere min liegen.

Die zeitliche Entwicklung der Reaktion unterhalb der unteren Explosionsgrenze und im Explosionsgebiet ist von KOWALSKY[6] verfolgt worden, durch Druckregistrierung mittels eines empfindlichen Manometers. In Abb. 165 reproduzieren wir nach SEMENOFF eine Kurven-

[1] NALBANDJAN, A.: Phys. Z. Sowjet Bd. 4 (1933) S. 747.
[2] HABER, F., FARKAS u. P. HARTECK: Naturwiss. Bd. 18 (1930) S. 266.
[3] TAYLOR, H. S. u. D. J. SALLEY: J. Amer. chem. Soc. Bd. 55 (1933) S. 96.
[4] HINSHELWOOD, C. N. u. A. T. WILLIAMSON: Zitiert S. 289. — WILLIAMSON, A. T. u. PICKLES: Trans. Faraday Soc. Bd. 30 (1934) S. 926.
[5] HABER, F., FARKAS u. P. HARTECK: Z. Elektrochem. Bd. 36 (1930) S. 711.
[6] KOWALSKY, A.: Phys. Z. Sowjet Bd. 1 (1932) S. 595; Bd. 4 (1933) S. 723.

schar, die den Umsatz (durch die Druckerhöhung ausgedrückt) mit der Zeit für eine Reihe von Knallgasmischungen bei Drucken, die über der unteren Explosionsgrenze liegen, wiedergeben. Die Explosionsgrenze liegt bei der Versuchstemperatur von 485° C bei 4,5 mm; der erfaßte Druckbereich geht von 5,8 bis 8,2 mm. Für das Anfangsstadium gilt die von SEMENOFF abgeleitete Beziehung $\Delta p \sim e^{\Phi t}$.

Von STERN, KRAVETZ und SOKOLIK[1] sind Induktionsperioden für die Knallgaszündung in der Nähe der Explosionsgrenzen und im Innern des Explosionsgebietes gemessen worden; dabei ergibt sich das eigentümliche Resultat, daß innerhalb des Explosionsgebietes die Induktionszeit temperaturunabhängig ist.

TAUZIN[2] hat durch photographische Registrierung der Flammenausbreitung bei Niederdruckexplosionen festzustellen versucht, ob die Entzündung von der Wand ausgeht oder nicht. Die Registrierungen ergeben praktisch gleichzeitige Zündung im ganzen Volumen. Nähme man an, die Entzündung setzte an der Wand ein, so müßte für deren Ausbreitung eine Geschwindigkeit von $\geqq \sim 1000$ m/s angenommen werden.

Auch für die Lage der oberen Explosionsgrenze teilt TAUZIN sehr sorgfältige Bestimmungen für stark variierte Versuchsbedingungen mit.

Versuche über die dritte Explosionsgrenze des Knallgases, welche wohl den Übergang zur rein chemischen Zündung darstellt, obwohl Kettenverzweigung noch mitspielen mag, s. OLDENBERG[3].

## 3. Die Reaktion außerhalb der Explosionsgrenzen.

Oberhalb der oberen Explosionsgrenze ist die Reaktion zunächst recht langsam und offenbar weitgehend eine Wandreaktion. Allerdings ist die Reaktion in unmittelbarer Nähe der oberen Grenze kaum untersucht. Bei 550° C liegt die obere Grenze z. B. bei etwa 100 mm Hg. Bei 540° wurde von HINSHELWOOD[4] und Mitarbeitern in einem Quarzgefäß von $\sim 250$ cm³ Volumen die Reaktion zwischen 50 mm $O_2$ und 100 mm $H_2$ an der Druckänderung verfolgt. Dabei ist die Reaktionsgeschwindigkeit sehr klein. Die Reaktion ist von einer hohen Ordnung, die noch dazu mit der Temperatur steigt, bis etwa zur IV. Ordnung. In einem Porzellangefäß war bei 569° die Reaktion ungefähr III. Ordnung in bezug auf den Wasserstoff und zwischen I. und II. Ordnung in bezug auf Sauerstoff. In einem Quarzgefäß war die Geschwindigkeit bei 549°

---

[1] STERN, W., B. KRAVETZ u. A. SOKOLIK: Acta Physico-chimico, Bd. 8 (1938) S. 461.

[2] TAUZIN, P.: Zitiert S. 296.

[3] OLDENBERG, O. u. H. S. SOMMERS: J. chem. Phys. Bd. 7 (1939) S. 279.

[4] HINSHELWOOD u. WILLIAMSON: Zitiert S. 289. — HINSHELWOOD u. THOMPSON: Proc. roy. Soc., Lond. A Bd. 118 (1928) S. 170. — GIBSON u. HINSHELWOOD: Proc. roy. Soc., Lond. A Bd. 119 (1928) S. 591.

etwas mehr als dem Quadrat der $H_2$-Konzentration und der I. Potenz der $O_2$-Konzentration proportional. Die Reaktion verläuft autokatalytisch, die Geschwindigkeit nimmt in dem Maße zu, in dem sich Wasserdampf anreichert, während die Oberflächenreaktion bei tiefen Temperaturen durch Wasserdampf gehemmt wird. Die autokatalytische Reaktion oberhalb der oberen Explosionsgrenze wurde neuerdings von CHIRKOV[1] eingehender untersucht. Er arbeitete in einem Reaktionsgefäß aus Durobaxglas von 5 cm Durchmesser und 200 bis 260 cm³ Volumen. In einem Versuch, der bei 550 mm Anfangsdruck und 524° C ausgeführt wurde, zeigt die Reaktionsgeschwindigkeit, aus der Druckabnahme bestimmt, den typischen autokatalytischen Verlauf, Abb. 166a. Die Reaktionsgeschwindigkeit $w$ läßt sich darstellen, wenn $p$ der Anfangsdruck, $x$ die umgesetzte Menge (= gebildete Wassermenge) ist, durch:

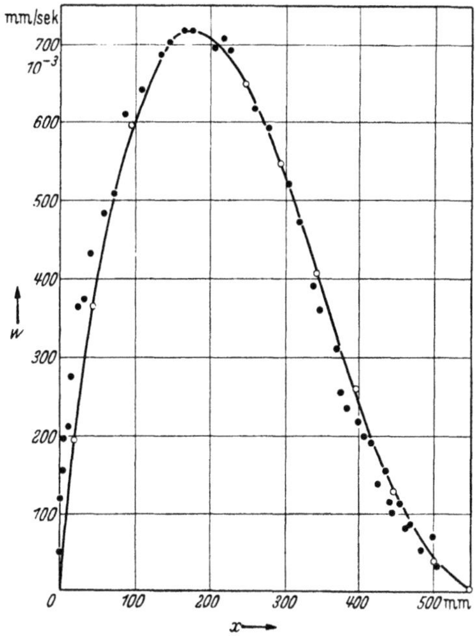

Abb. 166a. Reaktionsgeschwindigkeit $w$ von $2\,H_2 + O_2$ bei 550 mm Anfangsdruck und 524° C, als Funktion der gebildeten Wassermenge $x$. (Nach CHIRKOV[1].)

$$(6) \qquad w = k \cdot x(p - x)^2 .$$

Bei 524° C z. B. wird $k = 2{,}9 \cdot 10^{-8}$, wenn $p$ und $x$ in mm Hg und die Zeit in s ausgedrückt sind. Bei konstanten Temperaturen ist $k$ konstant. Sehr aufschlußreich ist ein bei 493° C und 402 mm Druck mit Zusatz von 130 mm Wasserdampf ausgeführter Versuch. In Abb. 166b ist das Ergebnis dieses Versuchs graphisch dargestellt. Daneben ist eingetragen die Reaktionsgeschwindigkeit, die sich nach (6) ergeben würde in einem Versuch, in welchem das zugesetzte Wasser zunächst als $2\,H_2 + O_2$ vorhanden war. Im wesentlichen schließt sich die mit Wasserzusatz gefundene

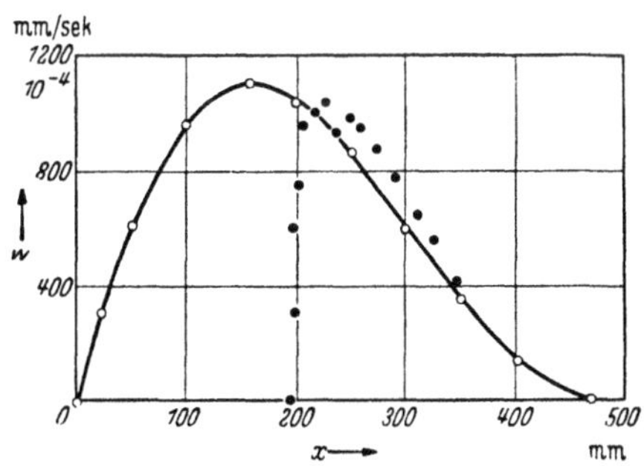

Abb. 166b. Reaktion von $2\,H_2 + O_2$ mit zugesetztem Wasserdampf •; ○ Geschwindigkeitsverlauf, der sich ergeben hätte, wenn das Wasser zunächst als $2\,H_2 + O_2$ anwesend gewesen wäre. (Nach CHIRKOV[1].)

[1] CHIRKOV, N.: Acta Physicochim. Bd. 6 (1937) S. 915.

Reaktionsgeschwindigkeit den Werten an, die man berechnet für den Zeitpunkt, wenn gerade die gleiche Wassermenge im Laufe der Reaktion gebildet worden ist. Aber dieser Wert wird nicht sofort angenommen, sondern erst nach einer gewissen Induktionsperiode, die allerdings kurz ist gegen die Zeit, die sonst zum autokatalytischen Anlaufen der Reaktion notwendig ist, nämlich von $\sim 170$ s. Die Temperaturabhängigkeit der Reaktionsgeschwindigkeit entspricht einer scheinbaren Aktivierungswärme von $\sim 75$ kcal.

Die obige Gleichung gilt nicht für alle Gemischzusammensetzungen; bei niedrigem Wasserstoffpartialdruck findet man zwar noch das zu (6) analoge Zeitgesetz:

(7) $$w = k\,x(p-x)^2,$$

wo aber nun $p$ der anfängliche Partialdruck des Wasserstoffs, $x$ dessen Abnahme (= gebildetes Wasser) ist, also

$$w = k'\,[H_2O]\,[H_2]^2.$$

Dabei ist in Mischungen mit viel Sauerstoff $k'$ nicht konstant, sondern gegeben durch

$$k' = K\left(\frac{[O_2]}{[H_2]}\right)_{\text{Anf}}.$$

Tabelle 53. 200 mm $H_2$ + 100 mm $O_2$ bei 559° C.

| $N_2$ | Geschwindigkeit (relativ) |
|---|---|
| 0 | 1 |
| 100 | 2,23 |
| 200 | 3,64 |
| 300 | 4,61 |
| 500 | 10,4 |

HINSHELWOOD[1] weist darauf hin, daß die Wirkung von Wasserdampf nicht immer eine spezifische chemische Ursache hat, sondern daß zugesetzte Inertgase ebenfalls die Reaktion beschleunigen. Der Inertgaseinfluß geht nicht ganz linear mit dem Druck, kann aber bis zu 400 mm hinreichend genau durch eine lineare Beziehung wiedergegeben werden. Die Wirksamkeit verschiedener Zusätze steht nach HINSHELWOOD im Verhältnis:

(8) $$He : N_2 : A : H_2O = 1 : 3 : 4 : 5.$$

Stickstoffzusatz ist etwa ebenso wirksam wie eine entsprechende Erhöhung der $O_2$-Konzentration. In einem Versuch wurde z. B. folgendes erhalten (vgl. Tabelle 53).

Eine Deutung der Wasserwirkung als analoger Inertgaseinfluß würde heißen, daß $H_2O$ als Inertgas sehr viel stärker wirksam sein muß als die Reaktionspartner selbst. Aber auch dann wäre damit der Befund von CHIRKOV wohl kaum zu deuten; eine Entscheidung über die $H_2O$-Wirkung scheint ohne weitere Versuche nicht möglich. Wahrscheinlich spielte bei CHIRKOV eine besondere Wandwirkung mit, was die unten (S. 306ff.) besprochenen Versuche von PRETTRE fast sicher erscheinen lassen.

[1] HINSHELWOOD u. WILLIAMSON: Zitiert S. 289. Die Versuche von CHIRKOV sind so aber nicht zu deuten; vgl. PRETTRES Versuche über den Zustand der Wand, S. 306ff.

Der Inertgaseinfluß beruht offenbar auf einer Hemmung der Diffusion von Kettenträgern zur Wand; das wird bewiesen durch HINSHELWOODs Versuche mit gepackten und ungepackten Gefäßen sowie durch Variation des Gefäßdurchmessers. Die Reaktionsgeschwindigkeit in einem leeren Quarzgefäß von 301 $cm^3$ Volumen und 256 $cm^2$ Oberfläche und die in einem entsprechenden Gefäß, das mit 17 Quarzrohren von 1 cm Durchmesser gepackt war, so daß es ein freies Volumen von 230 $cm^3$ und eine Oberfläche von 1245 $cm^2$ hatte, verhielten sich mit stöchiometrischem Knallgas bei 550° C und 600 mm wie 12,6 : 1, bei 300 mm wie 17,9 : 1.

Bei Änderung des Gefäßdurchmessers ist es schwer, zuverlässige quantitative Werte zu erhalten, da man dabei ja im allgemeinen gleichzeitig auch die Beschaffenheit der Wand ändert. Zieht man die dadurch bedingte Unsicherheit in Betracht, so ergeben die Versuche von HINSHELWOOD und Mitarbeitern ziemlich gut Proportionalität mit dem Quadrat des Durchmessers, wie sie bei einer Kettenreaktion mit Kettenabbruch an der Wand zu erwarten ist. In einem Gemisch von $2\,H_2 + O_2$ wurden bei 560° C und Anfangsdrucken von 600 und 300 mm z. B. die Geschwindigkeit nach Tabelle 54 beobachtet.

Tabelle 54.

| | | | | |
|---|---|---|---|---|
| Gefäßdurchmesser (mm) | 17 | 32 | 56 | 77 |
| Geschwindigkeit $w$ bei $p_0 = 600$ mm | 0,85 | 3,49 | 9,35 | 33,8 |
| Geschwindigkeit $w$ bei $p_0 = 300$ mm | 0,18 | 0,50 | 0,94 | 3,45 |
| $w_{600}/d^2$ | 0,0030 | 0,0034 | 0,0030 | 0,0057 |
| $w_{300}/d^2$ | 0,0006 | 0,0005 | 0,0003 | 0,0006 |

Eine mit $d^2$ proportionale Geschwindigkeit, die gleichzeitig in der angegebenen Weise von der Anwesenheit von Inertgasen abhängt, läßt sich unschwer ableiten für eine Kettenreaktion mit Kettenabbruch an der Wand. Trotzdem ist der Befund sehr eigenartig. Denn eine solche Reaktion mit Kettenabbruch an der Wand würde man zunächst bei den niedersten Drucken unterhalb der unteren Explosionsgrenze erwarten, sofern nicht eine reine Wandreaktion überwiegt. Überschreitet man dann die untere Grenze und nähert sich der oberen Explosionsgrenze, so muß ja der Kettenabbruch in der Gasphase immer mehr vorherrschen und schließlich praktisch allein bestimmend sein; zumindest dicht oberhalb der oberen Grenze, wo leider keine Versuche vorliegen, würde man also erwarten, daß eine Gasphasendesaktivierung maßgebend wäre. Wenn man statt dessen bei noch höheren Drucken findet, daß Kettenabbruch an der Wand geschwindigkeitsbestimmend ist, so ist das jedenfalls sehr auffallend und legt die Vermutung nahe, daß oberhalb der oberen Grenze ein ganz anderer Reaktionsmechanismus maßgebend ist als unterhalb und bei dieser Grenze.

Noch eine eigentümliche Beobachtung von HINSHELWOOD und Mitarbeitern[1] muß hier erwähnt werden. In einem Silbergefäß ist die sonst zwischen 540 und 600° beobachtete Reaktion hoher Ordnung fast völlig unterdrückt; Zusatzgase sind ohne Einfluß. Auch durch Einführen eines Quarzstabes in das Reaktionsgefäß kann die Reaktion nicht eingeleitet werden. Man kommt also in Widersprüche, sowohl wenn man annimmt, daß das Silber besonders stark Ketten abbräche, als auch, wenn man annimmt, es leitete keine Ketten ein. PEASE[2] fand bei Versuchen mit strömendem Knallgas ($2\,H_2 + O_2$) bei 520 bis 550° C, daß die Reaktion sehr empfindlich gegen die Behandlung der Oberfläche war. Die Reaktionsgeschwindigkeit war am größten, wenn das Reaktionsgefäß mit Salpetersäure gereinigt und mit destilliertem Wasser ausgespült war, dagegen wurde die Reaktionsgeschwindigkeit erheblich herabgesetzt, wenn das Gefäß mit Kaliumchloridlösung ausgewaschen war. In den mit Salpetersäure behandelten Gefäßen wurde bis zu 1 $H_2O_2$ auf 4 Moleküle gebildetes Wasser gefunden, während in den KCl-belegten Gefäßen kein Peroxyd auftrat. Nach unveröffentlichten Versuchen HINSHELWOODS[3] war unter den Bedingungen der meisten seiner Versuche in Quarzgefäßen ein derartiger Effekt von KCl nicht feststellbar. Nach LEWIS und v. ELBE (zitiert S. 296) spricht dies dafür, daß KCl die Reaktion hemmt unter Bedingungen, wo die Ketteneinleitung an der Wand stattfindet, nicht aber unter Bedingungen, wo die Ketten in der Gasphase beginnen. KCl zerstört außerdem peroxydische Substanzen.

Wesentlichen Aufschluß über die Wirkung der Wand oberhalb der oberen Explosionsgrenze haben Untersuchungen von PRETTRE[4] gebracht; er fand zwischen 540 und 580° C noch bei Drucken zwischen 300 und 700 mm Hg in einem KCl-belegten Pyrexgefäß eine Geschwindigkeitsgleichung:

$$w = k\,[H_2]^2\,[O_2] \cdot p \cdot e^{-95000/RT},$$

die sich von dem von BODENSTEIN (zitiert S. 286) für die heterogene Reaktion gefundenen Ausdruck III. Ordnung nur um den zusätzlichen Faktor $p$ unterscheidet. Dabei kann die Reaktion bis zu 50mal langsamer verlaufen als ohne KCl-Belegung. Einen Einblick in die gefundenen Reaktionsgeschwindigkeiten vermittelt Abb. 167, sowohl für Versuche in reinem Pyrexglas als auch für solche mit KCl-belegter Wand; das Reaktionsgefäß hatte 6 cm Durchmesser und war 12 cm lang, die Ver-

[1] MOELWYN-HUGHES, ROLFE u. HINSHELWOOD: Proc. roy. Soc., Lond. A Bd. 139 (1933) S. 521. — Siehe auch HINSHELWOOD u. WILLIAMSON: Zitiert S. 289.
[2] PEASE, R. N.: J. Amer. chem. Soc. Bd. 52 (1930) S. 5106.
[3] HINSHELWOOD u. WILLIAMSON: Zitiert S. 289.
[4] PRETTRE, M.: J. Chim. et Phys. Bd. 33 (1936) S. 189. — C. R. Acad. Sci., Paris Bd. 201 (1935) S. 728, 962.

suche beziehen sich auf rund 550° C, ein Gemisch von $2\,H_2 + O_2$ und die folgenden Drucke:

| Versuch Nr. | 5 | 4 | 9 | 10 | 6 | 36 | 37 | 41 | 38 | |
|---|---|---|---|---|---|---|---|---|---|---|
| | ohne KCl | | | mit KCl | | | | | | |
| $p =$ | 636 | 546 | 418 | 625 | 371 | 648 | 533 | 423 | 328 | mm Hg |

Reproduzierbare Messungen sind nur zu erhalten, wenn man zwischen den einzelnen Versuchen durch sorgfältiges Auspumpen die adsorbierten Gase (Wasserdampf und Wasserstoff) entfernt. Bei KCl-belegter Wand

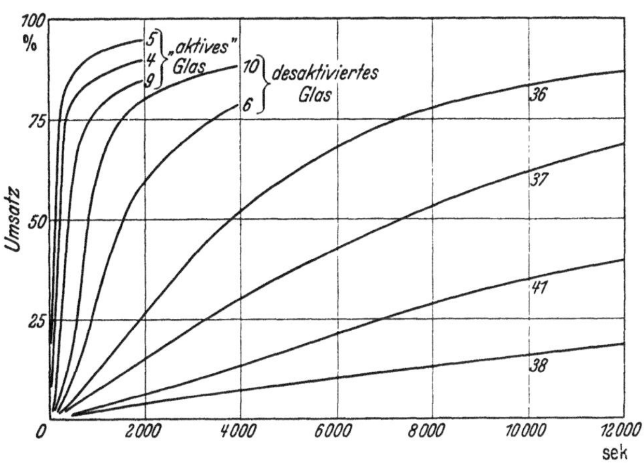


Abb. 167. Reaktion von $2\,H_2 + O_2$ im Pyrexglas ohne und mit KCl-Belegung, bei 550° C. (Nach PRETTRE, zitiert S. 306, vgl. Text.)

ist hierzu 15—20stündiges Pumpen nach Spülen mit Sauerstoff notwendig. Bei unbelegter Glaswand reicht dies nicht aus, da diese größere Mengen $H_2O$ und $H_2$ sehr energisch festhält. Bei reiner Glaswand zeigen die Kurven häufig autokatalytischen Charakter (wie in CHIRKOVs Versuchen, S. 303); bei salzbelegter Wand ist immer eine Induktionsperiode vorhanden, die aber vorüber ist, ehe 10% reagiert haben. Als Geschwindigkeitsausdruck ergibt sich, bis auf die unmittelbare Nachbarschaft der Explosionsgrenze (oberhalb 570°), der oben angegebene Ausdruck mit einer scheinbaren Aktivierungsenergie von etwa 95 kcal. Zusatz von Stickstoff oder Argon beschleunigt, wie in HINSHELWOODs Versuchen, die Reaktion stark, ein Zeichen, daß man es mit einer Gasreaktion mit Kettenabbruch an der Wand zu tun hat.

Am interessantesten sind PRETTREs Beobachtungen über den Zustand der Wand sowie dessen Einfluß auf die Reaktion. Pyrex und Quarzglas adsorbieren[1] zwischen 450 und 600° C große Mengen Wasserstoff, wobei

[1] Vgl. WILLIAMSON: J. Amer. chem. Soc. Bd. 55 (1933) S. 1437.

nach einigen zehn Stunden noch kein Gleichgewicht eingestellt ist. Es handelt sich offenbar um eine aktivierte Adsorption[1], da die adsorbierte Menge mit der Temperatur zunimmt; mit dem Druck nimmt sie nach einer LANGMUIR-Isotherme zu. PRETTRE hat die Adsorptionsgeschwindigkeit von Wasserstoff an Pyrex (mit Glasstücken gefülltes Gefäß von 135 cm³ Volumen und 2035 cm² Oberfläche) bestimmt (Tabelle 55).

Bei 580° C adsorbierten die 2035 cm² Oberfläche in 20 Stunden bei einem Druck von 400 mm über 10 cm³ $H_2$ (bzw. auf 0° und 760 mm), ohne daß Gleichgewicht erreicht wäre. Das entspräche bereits einer Belegung von etwa 100 Molekülschichten; wenn man also nicht die effektive Oberfläche außerordentlich groß annehmen will, so bleibt wohl nur, an eine reguläre Absorption des Wasserstoffs mit Diffusion ins Innere des Glases zu denken, was ja mit sonstigen Erfahrungen verträglich ist[2]. Die Adsorptionsgeschwindigkeit ist viel geringer, wenn die Wand mit KCl belegt ist, aber immer noch merkbar. Wasserdampf wird zwischen 500 und 600° ebenfalls sehr heftig adsorbiert (durch besondere Versuche wurde festgestellt, daß dieses Ergebnis nicht durch Kondensation von Wasserdampf außerhalb des heißen Reaktionsgefäßes vorgetäuscht ist), und zwar mit größerer Geschwindigkeit als Wasserstoff. Auch KCl-belegte Oberflächen adsorbieren Wasserdampf, aber langsamer.

Tabelle 55. Adsorptionsgeschwindigkeit von $H_2$ an Pyrex, bei verschiedenen Temperaturen und Drucken zwischen 250 und 350 mm Hg.

| | | | |
|---|---|---|---|
| Temperatur ° abs. | 813 | 832 | 853 |
| Anfangsdruck mm Hg | 366,3 | 357,4 | 375,5 |
| Druckänderung (bez. auf 580° C) | Zeit, die für diese Druckabnahme nötig | | |
| 350 auf 340 mm | 16′ | 8′ | 3′ 45″ |
| 350 auf 330 mm | 41′ | 21′ | 10′ |
| 350 auf 250 mm | 210′ | 108′ | 53′ |
| | Aktivierungsenergie | | |
| 350 auf 340 mm | 49,0 | | 50,9 Kcal |
| 350 auf 330 mm | 47,3 | | 49,8 ,, |
| 350 auf 250 mm | 47,0 | | 47,8 ,, |

Sauerstoff wird zwischen 500 und 600° C praktisch nicht adsorbiert.

Der verschiedene Adsorptionszustand ist von außerordentlichem Einfluß auf die Reaktionsgeschwindigkeit. Abb. 168 zeigt die Resultate der Geschwindigkeitsmessung in einem Quarzgefäß (von 149 cm³ Volumen, gepackt mit Quarzstücken mit insgesamt 1015 cm² Oberfläche); dabei handelt es sich noch nicht etwa um die reine Wandreaktion, die bei wesentlich dichterer Packung, aber mit viel kleinerer Reaktionsgeschwindigkeit abläuft. Die Versuche sind mit $2\,H_2 + O_2$ von 600 mm Hg bei 540° C ausgeführt, als Maß der Geschwindigkeit sind die Druckänderungen aufgetragen. Kurve 0 bezieht sich auf den ersten Versuch, ohne vorherige Adsorption von Wasser. Die folgenden Kurven 7, 9, 8

[1] TAYLOR, H. S.: J. Amer. chem. Soc. Bd. 53 (1931) S. 578.

[2] Für Diffusion in festen Stoffen vgl. W. JOST: Diffusion und chemische Reaktion in festen Stoffen. Dresden: Theodor Steinkopff 1937.

und 5 beziehen sich auf, unter sonst gleichen Bedingungen ausgeführte Versuche, bei denen wachsende Wassermengen adsorbiert waren, und zwar entsprechend einer Druckabnahme um bzw. 5, 9, 23 und 70 mm. Nach der Adsorption wurde jeweils schnell ausgepumpt, dann zuerst $O_2$ und darauf $H_2$ für einen Versuch eingelassen. Die Desorption verläuft zu langsam, als daß der Inertgaseffekt desorbierten Wassers für die beobachtete starke Reaktionsbeschleunigung verantwortlich gemacht werden könnte.

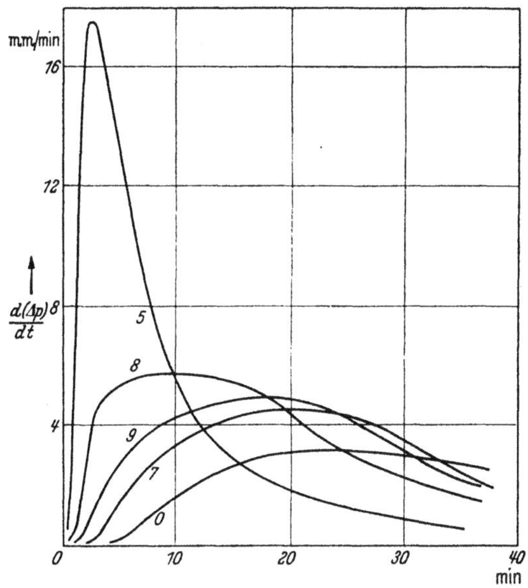


Abb. 168. Reaktion von $2\,H_2 + O_2$ bei 600 mm Hg und 540° C in gepacktem Quarzgefäß, bei verschiedenen absorbierten Wassermengen (vgl. Text). (Nach PRETTRE, zitiert S. 306).

Auch mit adsorbiertem $H_2$ wurden Versuche ausgeführt, aber der geringeren Reaktionsgeschwindigkeit wegen bei 550° C (Abb. 169). Versuch 10 ist

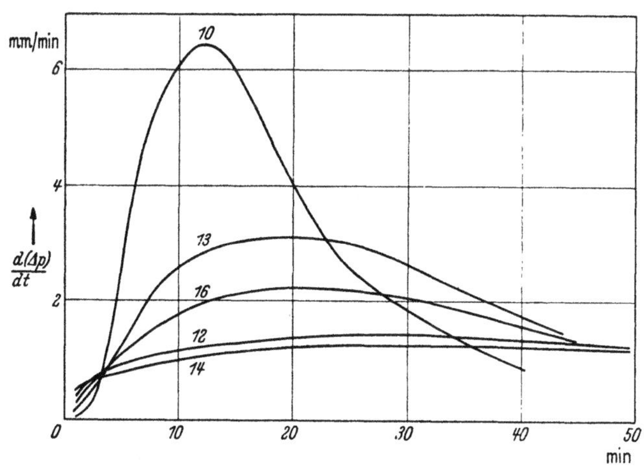


Abb. 169. Reaktion von $2\,H_2 + O_2$, wie oben, jedoch in Gegenwart adsorbierten Wasserstoffs bei 550° C. (Nach PRETTRE.)

unter ähnlichen Bedingungen ausgeführt wie Versuch 0, d. h. mit möglichst wenig Adsorption. Die folgenden Versuche 13, 16, 12 und 14 sind ausgeführt bei $H_2$-Adsorptionen entsprechend 4, 15, 39 und 44 mm Hg

Druckabnahme. Wasserstoffadsorption wirkt genau umgekehrt wie die von Wasserdampf, nämlich stark reaktionshemmend, wobei aber merkwürdigerweise die Induktionsperiode unterdrückt wird; im allerersten Stadium beschleunigt also adsorbierter $H_2$ die Reaktion. Bei allem bleibt aber der Charakter der Umsetzung als in der Gasphase verlaufender Kettenreaktion erhalten.

PRETTRE[1] führte auch Versuche in einem leeren und einem mit Glasrohren gepackten Pyrexgefäß, mit und ohne KCl-Belegung der Wand aus. Volumen und Oberfläche betrugen im leeren Gefäß 265 $cm^3$ und 281 $cm^2$, im gepackten Gefäß 177 $cm^3$ und 1298 $cm^2$. Bei rund 550° setzte in dem leeren Gefäß Belegen der Oberfläche mit KCl die Reaktionsgeschwindigkeit auf $^1/_{40}$ bis $^1/_{45}$ herab, in dem gepackten Gefäß (in dem die Reaktionsgeschwindigkeit von Anfang an auf etwa $^1/_{20}$ verringert war) nur auf etwa $^1/_8$. PRETTRE schloß aus den Ergebnissen, daß KCl nicht den Kettenabbruch an der Wand befördert, sondern die Einleitung verringert. Im Hinblick auf die Überlegungen von LEWIS und v. ELBE und KASSEL und STORCH (S. 292) scheint dies nicht zwingend; es ist schade, daß die gleichen Versuche nicht auch mit und ohne Inertgaszusatz ausgeführt worden sind. Auf jeden Fall lassen die Versuche aber den Einfluß des Wandzustandes klar hervortreten und verstehen, daß es für die Reaktion von Bedeutung sein kann, in welcher Reihenfolge die Gase in das Reaktionsgefäß eingelassen werden.

## 4. Versuche mit freien Atomen und Radikalen.

Die experimentellen Befunde bei der Reaktion von $O_2$ mit $H_2$, über die Lage der Explosionsgrenzen, über den Einfluß der Wand, von Inertgasen, von gewissen in geringer Menge wirksamen Zusätzen wie $NO_2$ oder $J_2$ zeigen mit Sicherheit, daß wir es mit einer Kettenreaktion und mit Explosion durch Kettenverzweigung zu tun haben. Nun ist allgemein die Beteiligung angeregter, energiereicher Molekeln bei Kettenreaktionen weniger wahrscheinlich als die freier Atome und Radikale; denn ein angeregtes Molekül verliert seine Anregungsenergie sehr bald durch Stöße mit anderen Molekülen wieder. Wenn aktive Teilchen mit größerer Lebensdauer, insbesondere auch in Konzentrationen, die über denen des thermischen Gleichgewichts mit unangeregten Teilchen liegen, und die durch die frei werdende Reaktionsenergie aufrechterhalten werden, ins Spiel kommen, dann kommen dafür fast nur freie Atome und Radikale in Frage; deren Lebensdauer ist deshalb so (relativ) groß, weil sie nur verschwinden können, wenn sie mit einem zweiten derartigen Teilchen zusammenstoßen, und weil auch dann gewöhnlich noch ein Dreierstoß zur Vernichtung notwendig ist. Man wird also schon aus diesen Gründen darauf geführt, die Teilnahme von Atomen und Radikalen

[1] PRETTRE, M.: Mém. Poudres Bd. 26 (1935) S. 239.

bei der Reaktion zu vermuten, wozu noch kommt, daß man bei höheren Temperaturen die Anwesenheit von OH-Radikalen bei der Knallgasverbrennung unmittelbar spektroskopisch nachweisen kann, und auch die Anwesenheit von H-Atomen in der Flamme in Konzentrationen, die weit über denen des thermischen Gleichgewichts liegen, sichergestellt ist[1].

Es wäre aber nicht befriedigend, nun einfach die Beteiligung der Atome H und O und des Radikals OH anzunehmen, sich eine Liste der Zweier- und Dreierstoßreaktionen aufzustellen, die unter diesen Teilchen und mit $H_2$ und $O_2$ möglich sind, und dann lediglich nach formalen Gründen diejenigen auszuscheiden, die in das Schema zur Erklärung der beobachteten Erscheinungen nicht hineinpassen. Man hat vielmehr, besonders etwa in den letzten 15 Jahren, in großem Umfange Untersuchungen über Reaktionen von freien Atomen, die auf verschiedene Weise dargestellt waren, ausgeführt, so daß wir für viele der bei der Knallgasverbrennung in Frage kommenden Teilreaktionen über gesicherte Erfahrungstatsachen verfügen. Wir wollen diese Erfahrungen im folgenden kurz zusammenstellen, wobei es der verfügbare Raum allerdings nicht gestattet, auf die experimentellen Methoden im einzelnen einzugehen[2].

Für die Erzeugung aktiver Teilchen kommen praktisch zwei Methoden in Frage, nämlich 1. durch eine elektrische Entladung; so wurden H- und O-Atome und auch OH-Radikale hergestellt, 2. durch photochemische Zerlegung von Molekülen. Im letzteren Fall kann man entweder das Molekül zerlegen durch Strahlung, die es selbst absorbiert (was z. B. bei Wasserstoff und Sauerstoff, die erst im fernen Ultraviolett absorbieren, praktisch kaum ausgeführt worden[3] ist), oder man läßt einen anderen Stoff absorbieren (häufig Quecksilberdampf mit seiner bei 2537 Å gelegenen Resonanzlinie), der dann seine Anregungsenergie in einem Stoß zweiter Art auf das nicht absorbierende Molekül übertragen und damit dieses in Atome zerlegen kann (so kann man H-Atome erzeugen, indem man in Wasserstoff, dem etwas Quecksilber zugefügt ist, die Hg-Resonanzlinie einstrahlt). Stellt man die freien Atome oder Radikale in einer Entladung her, so ist man meist gezwungen, bei recht niederen Drucken ($\sim$ 1 mm Hg oder darunter) zu arbeiten, kann dafür aber sehr hohe relative Atomkonzentrationen erzielen, bei H annähernd 100%. Den aus der Entladung abgepumpten Atomen oder Radikalen muß man dann bei entsprechend niederen Drucken die Gase zusetzen, die damit in Reaktion treten sollen.

[1] Für beides vgl. K. F. Bonhoeffer: Z. Elektrochem. Bd. 42 (1936) S. 449.

[2] Vgl. hierzu: K. H. Geib: Atomreaktionen. Ergebn. exakt. Naturw. Bd. 15 (1936) S. 44; sowie: Reaktionen der Wasserstoff- und Sauerstoffatome. Habilschr. Leipzig 1937.

[3] Für Sauerstoff vgl. S. 315.

### a) Die Reaktion $H + H (+ M) \rightarrow H_2 (+ M) + 102{,}6$ kcal.

Die Vereinigung von H-Atomen zu $H_2$ verläuft in der Gasphase im Dreierstoß, wobei als Dreierstoßpartner verschiedene Gase verschieden stark wirksam sind, je nach Stoßzahl und Wahrscheinlichkeit der Energieübertragung; die experimentellen Befunde der einzelnen Autoren weichen noch stark voneinander ab. Zur größenordnungsmäßigen Abschätzung genügt folgende Angabe: Bei Atmosphärendruck ist etwa jeder 1000. Stoß ein Dreierstoß; hat man H-Atome bei etwa $^1/_{1000}$ at aus einer Entladung abgepumpt, so ist ihre Stoßzahl $\sim 10^6$ pro s, der Bruchteil von Dreierstößen (der dem Druck proportional ist) $\sim 10^{-6}$; damit wird die Lebensdauer der H-Atome $\sim 1$ s, eine Zeit, während deren sie auch in großen Gefäßen bei diesen niederen Drucken Zeit haben, an die Wand zu diffundieren. Daneben werden auch Atome an der Wand vernichtet, was man sich etwa so vorstellen kann, daß zunächst ein Atom an der Wand adsorbiert wird und dort dann solange bleibt, bis ein zweites hinzutritt und mit ihm rekombiniert. Die Wand (Glas) wird durch Wasser für die Rekombination[1] der Atome vergiftet[2]. Die Abschätzung für die Rekombination im Gasraum und die Lebensdauer der freien Atome wird sich angenähert übertragen lassen auf die Reaktionen:

$$O + O (+ M) \rightarrow O_2 (+ M) + 117 \text{ kcal}$$

sowie

$$H + OH (+ M) \rightarrow H_2O (+ M) + \sim 115 \text{ kcal};$$

auf die letzte Reaktion kommen wir noch zurück. Die Rekombinationsreaktionen verlaufen ohne Aktivierungswärme und hängen daher nur wenig von der Temperatur ab.

### b) Die Reaktion von H mit $O_2$ und $H_2 + O_2$.

Die Reaktion

1.) $$H + O_2 \rightarrow OH + O - 14 \text{ kcal}$$

wird sicherlich bei höheren Temperaturen in merklichem Umfange ablaufen und wäre als mögliche kettenverzweigende Reaktion bei der Knallgasverbrennung ins Auge zu fassen; leider gibt es über diese Reaktion keine unmittelbaren experimentellen Erfahrungen. Da aber bei exothermen Atomreaktionen die Aktivierungswärme meist nicht sehr

[1] Für die Herstellung und Reaktion atomaren Wasserstoffes vgl. K. F. Bonhoeffer: Ergebn. exakt. Naturw. Bd. 6 (1927) S. 201. — Amdur: J. Amer. chem. Soc. Bd. 57 (1935) S. 856. — Smallwood: J. Amer. chem. Soc. Bd. 51 (1929) S. 1985; Bd. 56 (1934) S. 1542. — Steiner, W. u. Z. Bay: Z. phys. Chem. Abt. B Bd. 3 (1929) S. 149. — Bodenstein-Festband 1931, S. 817. — Trans. Faraday Soc. Bd. 31 (1935) S. 623. — Amdur: J. Amer. chem. Soc. Bd. 60 (1938) S. 2347.

[2] Es wäre daran zu denken, daß bei der autokatalytisch verlaufenden Knallgasvereinigung oberhalb der oberen Explosionsgrenze vielleicht die Vergiftung der Wand für den Kettenabbruch durch adsorbiertes Wasser mitspielt.

hoch ist ($\sim$ einige kcal) und infolgedessen die Aktivierungswärme endothermer Atomreaktionen nur wenig höher als die Wärmetönung zu sein braucht, so ließe sich für 1.) eine Aktivierungswärme von größenordnungsmäßig etwa 20 kcal erwarten; GEIB schätzt die Aktivierungsenergie auf nur 14 kcal, da die Rückreaktion $O + OH \rightarrow O_2 + H$ wahrscheinlich ohne Aktivierungswärme verläuft. Mit einer Aktivierungsenergie von 14 kcal wäre die Stoßausbeute von 1.) bei 800° abs., also in dem Explosionsgebiet der Knallgasreaktion $\sim 10^{-4}$.

Neben der kettenverzweigenden Reaktion 1.) läuft aber bestimmt eine Anlagerungsreaktion im Dreierstoß ab

2.) $$H + O_2 + M \rightarrow HO_2 + M + \sim 40\,\text{kcal},$$

für die es eine Reihe unmittelbarer experimenteller Belege gibt. Läßt man bei nicht zu hohen Temperaturen atomaren Wasserstoff (entweder aus einer Entladung entstammenden oder photochemisch erzeugten) auf Sauerstoff einwirken, so erhält man neben Wasser in erheblichen Konzentrationen Wasserstoffsuperoxyd, mit einer Quantenausbeute bis etwa 3, wobei die Menge des $H_2O_2$ bis etwa das Dreifache von der des gebildeten Wassers betragen kann[1]. Zur Deutung der Befunde hat man nach MARSHALL[1] primär eine Bildung von $HO_2$ anzunehmen. Die gleiche Reaktion ist zu fordern für die Hemmung der photochemischen Chlorknallgasreaktion durch Sauerstoff; es ist anzunehmen, daß $HO_2$ etwa bei jedem Dreierstoß gebildet wird, die Wärmetönung der obigen Reaktion läßt sich dabei zu etwa 40 kcal abschätzen (BODENSTEIN und SCHENK, KORNFELD[2]). Dieselbe Reaktion ist auch verantwortlich zu machen für die Hemmung der photochemischen HJ-Zersetzung (BATES[1]) und folgt aus dem Verbrauch photochemisch (durch Hg-sensibilisiert) erzeugter H-Atome in Gegenwart von Sauerstoff (FARKAS und SACHSSE[3]). Die quantitativen Folgerungen von FARKAS und SACHSSE sind allerdings schwierig mit denen anderer Autoren in Einklang zu bringen; nach ihnen sollte nur etwa jeder 500. Dreierstoß zur $HO_2$-Bildung führen. Man wird jedenfalls aber als sicher ansehen dürfen, daß $HO_2$ im Dreierstoß gebildet wird.

[1] GEIB: Zitiert S. 311. — MARSHALL, A. L.: J. Amer. chem. Soc. Bd. 49 (1927) S. 2763; Bd. 54 (1932) S. 4460. — FRANKENBERGER u. H. KLINKHARDT: Z. phys. Chem. Abt. B Bd. 15 (1932) S. 421. — SALLY u. J. R. BATES: J. Amer. chem. Soc. Bd. 55 (1933) S. 110. — BATES, J. R.: J. Amer. chem. Soc. Bd. 55 (1933) S. 426. — J. chem. Phys. Bd. 1 (1933) S. 457. — Z. phys. Chem. Abt. B Bd. 22 (1933) S. 469. — Proc. nat. Acad. Sci., Wash. Bd. 19 (1933) S. 81. — LAVIN u. J. R. BATES: J. Amer. chem. Soc. Bd. 55 (1933) S. 81. — BARAK, M. u. H. S. TAYLOR: Trans. Faraday Soc. Bd. 28 (1932) S. 569.

[2] BODENSTEIN, M. u. P. W. SCHENK: Z. phys. Chem. Abt. B Bd. 20 (1933) S. 420. — KORNFELD, G.: Z. phys. Chem. Abt. B Bd. 35 (1937) S. 236.

[3] FARKAS, L. u. H. SACHSSE: Z. phys. Chem. Abt. B Bd. 27 (1934) S. 111.

Die weiteren Reaktionen, nach denen $HO_2$ mit $H_2$ reagieren könnte, sind:

3.) $$HO_2 + H_2 \rightarrow H_2O_2 + H - \sim 3\ \text{kcal}$$

und

4.) $$HO_2 + H_2 \rightarrow H_2O + OH + \sim 62\ \text{kcal}.$$

Daneben dürfte nach GEIB[1] bei Zimmertemperatur $HO_2$ hauptsächlich nach der Reaktion

5.) $$HO_2 + HO_2 \rightarrow H_2O_2 + O_2 + \sim 60\ \text{kcal}$$

verbraucht werden. Die Reaktion (3), die zuerst von MARSHALL (zitiert S. 313) vorgeschlagen wurde, ist als möglich anzusehen, nachdem von KORNFELD (zitiert S. 313) und LEWIS und v. ELBE[2] darauf hingewiesen ist, daß anscheinend zunächst vorhandene Schwierigkeiten sich beheben lassen. GEIB (zitiert S. 311) gibt für die Reaktion 4.) eine Aktivierungswärme von $\sim 7$ kcal an. Man wird auf alle Fälle wohl annehmen dürfen, daß die Aktivierungswärmen der beiden Reaktionen 3.) und 4.) nicht sehr groß sind, und daß diese Reaktionen bei höheren Temperaturen eine Rolle spielen können. Die von HABER[3] und Mitarbeitern vorgeschlagene Reaktion

6.) $$H + O_2 + H_2 \rightarrow H_2O + OH$$

ist im wesentlichen äquivalent der Folge der Reaktionen 2.) und 4.). Da Ozon in Flammen gebildet wird, kann unter Umständen auch die Reaktion

7.) $$H + O_3 \rightarrow OH + O_2$$

eine Rolle spielen, deren Aktivierungswärme nach HARTECK (vgl. GEIB, zitiert S. 311) wahrscheinlich kleiner als 5 kcal ist. Ebenso wie Ozon kann auch $H_2O_2$ in Flammen gebildet werden und darum die Reaktion

8.) $$H + H_2O_2 \rightarrow H_2O + OH + 64\ \text{kcal},$$

die nach GEIB (zitiert S. 311) mit einer Aktivierungswärme der Größenordnung 5 kcal verläuft, mit ins Spiel kommen.

### c) Reaktionen der O-Atome.

Die Reaktion

1.) $$O + H_2 \rightarrow OH + H + \sim 0{,}5\ \text{kcal}$$

verläuft mit einer Aktivierungswärme von $\sim 7 \pm 2$ kcal (GEIB, zitiert S. 311), wie aus Versuchen von HARTECK[4] und Mitarbeitern mit ato-

[1] GEIB, K. H.: Zitiert S. 311; sowie Z. phys. Chem. Abt. A Bd. 169 (1934) S. 161.
[2] LEWIS, B. u. G. v. ELBE: J. Amer. chem. Soc. Bd. 59 (1937) S. 656.
[3] FARKAS, L., F. HABER u. P. HARTECK: Naturwiss. Bd. 18 (1930) S. 266.
[4] HARTECK, P. u. U. KOPSCH: Z. phys. Chem. Abt. B Bd. 12 (1931) S. 327. — HARTECK, P.: Trans. Faraday Soc. Bd. 30 (1934) S. 134.

marem Sauerstoff aus der Entladung sowie aus photochemischen Versuchen[1] geschlossen werden kann[2]. Wenn bei der Knallgasreaktion nach

$$H + O_2 \rightarrow OH + O - 14\ \text{kcal}$$

unter Kettenverzweigung Sauerstoffatome gebildet sind, so werden diese wegen der niederen Aktivierungswärme von 1.) mit großer Wahrscheinlichkeit wiederum unter Kettenverzweigung nach 1.) weiterreagieren.

Neben 1.) können gelegentlich die mit geringer Aktivierungswärme verlaufenden Reaktionen

2.) $$O + OH \rightarrow O_2 + H$$

und

3.) $$O + O_3 \rightarrow O_2 + O_2,$$

allerdings wohl nur in sehr untergeordnetem Maße, eine Rolle spielen, ebenso kann die Ozonbildung[3] nach

4.) $$O + O_2 + M \rightarrow O_3 + M + 24\ \text{kcal}$$

die ohne Aktivierungswärme im Dreierstoß erfolgt, mitwirken. Für den Verbrauch an O-Atomen kommt natürlich auch die Dreierstoßrekombination

5.) $$O + O + M \rightarrow O_2 + M$$

in Frage. Da von den in der Knallgasverbrennung auftretenden aktiven Teilchen, H, O und OH aber O mit der niedersten Aktivierungswärme mit $H_2$ weiterreagiert, so wird seine stationäre Konzentration im allgemeinen kleiner als die von H und OH sein, so daß die Dreierstoßrekombination (5) im allgemeinen zurücktreten wird gegenüber den Reaktionen $H + H + M \rightarrow H_2 + M$, $H + OH + M \rightarrow H_2O + M$ und evtl. der Reaktion von OH (und auch $HO_2$) untereinander.

Bei der Reaktion von Sauerstoffatomen mit Wasserstoff kommt neben

$$O + H_2 \rightarrow OH + H$$

auch noch die Reaktion von, aus $O + O_2$ im Dreierstoß frischgebildetem, noch mit einem Teil seiner Bildungsenergie behafteten Ozon mit Wasserstoff ins Spiel:

$$O_3^* + H_2 \rightarrow H_2O + O_2$$

$$O_3^* + H_2 \rightarrow OH + HO_2$$

(Groth und Harteck[4]).

---

[1] Kistiakowsky, G. B.: J. Amer. chem. Soc. Bd. 52 (1930) S. 1868. — Kistiakowsky, G. B. u. Smith: J. Amer. chem. Soc. Bd. 57 (1935) S. 835.

[2] Dieser Wert ist vielleicht etwas zu niedrig, auf alle Fälle wird aber die Aktivierungswärme dieser Reaktion kleiner sein als die der Reaktion $H + O_2 \rightarrow OH + O$. Vgl. W. Groth u. P. Harteck: Z. Elektrochem. Bd. 44 (1938) S. 621.

[3] Vgl. insbesondere W. Groth u. P. Harteck: Z. Elektrochem. Bd. 44 (1938) S. 621.

[4] Groth, W. u. P. Harteck: Z. Elektrochem. Bd. 44 (1938) S. 621.

### d) Reaktionen der OH-Radikale.

Der Reaktion

1.) $$OH + H_2 \rightarrow H_2O + H + 12\,\mathrm{kcal},$$

die nach GEIB (zitiert S. 311) mit einer Aktivierungswärme von $\sim 7$ kcal verläuft, dürfte bei der Knallgasverbrennung bei höheren Temperaturen besondere Bedeutung zukommen.

Daneben können als kettenabbrechend (und Wasser bildend) die Dreierstoßrekombination

2.) $$H + OH + M \rightarrow H_2O + M,$$

sowie Reaktionen der OH-Radikale miteinander wie

3.) $$OH + OH + M \rightarrow H_2O_2 + M$$

und

4.) $$OH + OH \rightarrow H_2O + O$$

die von BONHOEFFER und PEARSON[1] vorgeschlagen wurde, in Frage kommen.

Die Reaktion von OH-Radikalen, die durch eine Entladung in Wasserdampf erzeugt waren[1], ist in letzter Zeit wiederholt untersucht worden, wobei spektroskopische Methoden zur Bestimmung der OH-Konzentration, sowie deren zeitlicher Änderung benützt wurden (KONDRATJEW[2], OLDENBERG[3]). Besonders OLDENBERG erreichte dabei eine hohe Präzision durch Arbeiten mit einem großen Konkavgitter. KONDRATJEW fand zunächst, daß OH nach einer Reaktion II. Ordnung verschwindet. Da weiterhin OLDENBERG fand, daß die Rekombinationskonstante dem Gesamtdruck proportional ist, auch proportional dem Druck von zugesetztem Helium, so muß es sich um eine Dreierstoßreaktion handeln, für die FROST und OLDENBERG

$$H + OH + M \rightarrow H_2O + M,$$

annehmen, was mit KONDRATJEWs Befund nicht im Widerspruch steht, da H und OH aus $H_2O$ ja in äquivalenter Menge entstehen. Doch glaubt KONDRATJEW folgern zu können, daß der Prozeß

$$OH + OH + M \rightarrow H_2O_2 + M$$

bevorzugt ist; da darauf die Reaktionen folgen müssen

$$H + H_2O_2 \rightarrow H_2O + OH$$
$$OH + H_2O_2 \rightarrow H_2O + HO_2$$
$$H + HO_2 \rightarrow H_2 + O_2$$
$$OH + HO_2 \rightarrow H_2O + O_2,$$

---

[1] BONHOEFFER, K. F. u. T. G. PEARSON: Z. phys. Chem. Abt. B Bd. 14 (1931) S. 1.

[2] KONDRATJEW, V. u. M. ZISKIN: Acta Physicochim. Bd. 5 (1937) S. 301; Bd. 6 (1937) S. 307. — KONDRATJEW, V.: Acta Physicochim. Bd. 8 (1938) S. 315.

[3] OLDENBERG, O. u. A. A. FROST: J. chem. Phys. Bd. 4 (1936) S. 642. — OLDENBERG, O. u. F. F. RIEKE: J. chem. Phys. Bd. 6 (1938) S. 779.

die das $H_2O_2$ zerstören, so ergeben sich keine Widersprüche gegen den empirischen Befund[1], daß kein $H_2O_2$ zugegen ist. Auf alle Fälle wird man annehmen dürfen, daß OH entweder mit H oder mit einem anderen OH im Dreierstoß rekombinieren kann.

Wir haben die Reaktionen der H und O-Atome sowie der OH-Radikale etwas ausführlicher besprochen, nicht nur, weil deren Kenntnis zur Deutung des Mechanismus der Knallgasverbrennung wichtig ist, sondern auch, weil zum Teil die gleichen Reaktionen bei der Kohlenwasserstoff-Verbrennung mitspielen, zum Teil auf die entsprechenden Reaktionen von Kohlenwasserstoff-Radikalen daraus Schlüsse gezogen werden können.

## 5. Der Mechanismus der Knallgasreaktion.

Daß in der ausgebildeten Knallgasexplosion H-Atome in wesentlich höheren Konzentrationen, als dem Dissoziationsgleichgewicht von $H_2$ entspricht, vorhanden sind, wurde bereits erwähnt. GOLDMANN[2] führte Knallgasexplosionen mit Parawasserstoff aus; bei etwa 900° C wird nach BONHOEFFER und HARTECK[3] 50%iger Parawasserstoff in 1 s nur teilweise in gewöhnlichen Wasserstoff umgewandelt. Zündet man aber ein Gemisch von 74,3% Parawasserstoff und 25,7% Luft, das nach den thermochemischen Daten nicht höher als auf 900° C erhitzt werden kann, so findet man den Parawasserstoff vollständig in normalem Wasserstoff umgewandelt. Da die Flamme das in einem Rohr befindliche Gemisch mit einer Geschwindigkeit von $\sim 1$ m/s durcheilt, so würde bei einer Dicke der Brennzone von $\sim 10^{-2}$ cm sich das Gemisch nur $\sim 10^{-4}$ s auf der Maximaltemperatur befunden haben; also muß während der Explosion die H-Atom-Konzentration (H-Atome sind unter diesen Bedingungen für die Parawasserstoffumwandlung verantwortlich) um Größenordnungen über der Gleichgewichtskonzentration gelegen haben. H-Atome entstehen also in derartig hoher Konzentration bei der Verbrennung und spielen sicher in dem Mechanismus eine Rolle. Daß OH-Radikale in der Flamme vorhanden sind, weiß man aus den Spektren[4] (vgl. Kap. VII, S. 227ff.). Sämtliche Flammen von Wasserstoff oder wasserstoffhaltigen Verbindungen zeigen im Ultraviolett die dem Radikal OH zukommenden Banden, mit der stärksten Bande bei 3064 Å. Daß die OH-Radikale bei der Verbrennungsreaktion eine Rolle spielen, wurde daher schon früh von BONHOEFFER und HABER vermutet; als Beweis dafür kann man neuere Untersuchungen von KONDRATJEW[5] ansehen,

[1] BONHOEFEFR u. PEARSON: Zitiert S. 316.

[2] GOLDMANN, F.: Z. phys. Chem. Abt. B Bd. 5 (1929) S. 305.

[3] BONHOEFFER, K. F. u. P. HARTECK: Z. phys. Chem. Abt. B Bd. 4 (1929) S. 129.

[4] Vgl. K. F. BONHOEFFER u. F. HABER: Z. phys. Chem. Abt. A Bd. 137 (1928) S. 263. — BONHOEFFER, K. F.: Z. Elektrochem. Bd. 42 (1936) S. 449.

[5] KONDRATJEW, V. u. M. ZISKIN: Acta Physicochim. Bd. 5 (1936) S. 301; Bd. 6 (1937) S. 307; Bd. 7 (1937) S. 65. — AVRAMENKO, L. u. V. KONDRATJEW: Acta Physicochim. Bd. 7 (1937) S. 567.

der, wiederum durch Absorptionsaufnahmen, die OH-Konzentration in reagierendem Knallgas und ihre Änderung mit den Reaktionsbedingungen quantitativ bestimmte (vgl. S. 320). Unmittelbare Experimente über die Konzentration von O-Atomen in der Flamme liegen bisher nicht vor.

Tabelle 56. $H_2 = 2\,H - 102{,}6$ kcal.

| $T°$ abs. | $K_p =$ | % Spaltung bei 1 at |
|---|---|---|
| 600 | $3{,}6 \cdot 10^{-33}$ | $3{,}0 \cdot 10^{-15}$ |
| 800 | $1{,}3 \cdot 10^{-23}$ | $1{,}7 \cdot 10^{-10}$ |
| 1000 | $7{,}0 \cdot 10^{-18}$ | $1{,}3 \cdot 10^{-7}$ |
| 1200 | $5{,}05 \cdot 10^{-14}$ | $1{,}1 \cdot 10^{-5}$ |
| 1400 | $2{,}96 \cdot 10^{-11}$ | $2{,}9 \cdot 10^{-4}$ |
| 1600 | $3{,}59 \cdot 10^{-9}$ | $3{,}0 \cdot 10^{-3}$ |
| 1800 | $1{,}52 \cdot 10^{-7}$ | $1{,}9 \cdot 10^{-2}$ |
| 2000 | $3{,}10 \cdot 10^{-6}$ | $8{,}8 \cdot 10^{-2}$ |
| 2400 | $2{,}89 \cdot 10^{-4}$ | 0,85 |
| 2800 | $7{,}51 \cdot 10^{-3}$ | 4,33 |
| 3000 | $2{,}78 \cdot 10^{-2}$ | 8,31 |

Übrigens können auch im thermischen Gleichgewicht die Konzentrationen aktiver Teilchen, besonders die von H-Atomen, ganz beträchtlich werden, und unter Umständen für die Einleitung der Reaktion und für die Fortpflanzung der Explosion in der Brennzone einer Flamme eine Rolle spielen. Die Konzentration von H und O-Atomen läßt sich aus thermochemischen Daten (spektroskopischer Herkunft) sicher vorausberechnen; die Konzentration von OH-Radikalen ist direkt experimentell bestimmt worden, auch wieder auf optischem Wege, und zwar zuerst von BONHOEFFER und REICHARDT[1].

Tabelle 57. $O_2 = 2\,O - 117{,}3$ kcal.

| $T°$ (abs.) | $K_p =$ | % Spaltung bei 1 at |
|---|---|---|
| 800 | $9{,}2 \cdot 10^{-27}$ | $4{,}8 \cdot 10^{-12}$ |
| 1200 | $8{,}0 \cdot 10^{-16}$ | $1{,}4 \cdot 10^{-6}$ |
| 1600 | $2{,}5 \cdot 10^{-10}$ | $8{,}0 \cdot 10^{-4}$ |
| 2000 | $5{,}2 \cdot 10^{-7}$ | $3{,}6 \cdot 10^{-2}$ |
| 2400 | $8{,}5 \cdot 10^{-5}$ | 0,46 |
| 2800 | $3{,}3 \cdot 10^{-3}$ | 2,86 |
| 3000 | $1{,}4 \cdot 10^{-2}$ | 5,95 |

Wir geben nach ZEISE[2] in Tabelle 56—58 einen Überblick über die Gleichgewichtskonstanten der betreffenden Reaktionen sowie die bei Atmosphärendruck herrschenden Dissoziationsgrade.

Der Spaltungsgrad des Wasserstoffes im Gleichgewicht (und noch mehr der des Sauerstoffes) ist also so klein, daß er, außer in der Brennzone einer Flamme, kaum eine Rolle spielen kann; jedoch können bei einer mit Kettenverzweigung verlaufenden Reaktion unter Umständen schon bei niedrigeren Temperaturen die wenigen im Gleichgewicht vorhandenen H-Atome als Ausgangszentren für die Kette genügen. Der Spaltungsgrad des Sauerstoffs ist noch geringer (Tabelle 57).

Tabelle 58. $^1/_2\,H_2 + OH = H_2O + 64$ kcal.

| $T°$ abs. | $K_p =$ | % Spaltung bei 1 at |
|---|---|---|
| 1500 | $8{,}87 \cdot 10^{5}$ | 0,0136 |
| 2000 | $3{,}15 \cdot 10^{3}$ | 0,586 |
| 2500 | 108 | 5,56 |
| 3000 | 11 | 26 |

Dagegen kann die Spaltung des $H_2O$ in OH und $^1/_2\,H_2$ schon bei niedrigeren Temperaturen Radikale in merkbarer Menge im Gleichgewicht liefern (Tabelle 58).

Die Spaltung des Wassers unter Lieferung von OH Radikalen wird durch Sauerstoff befördert gemäß der Gleichung:

$$H_2O + {}^1/_2\,O_2 \rightarrow 2\,OH - 71\ \text{kcal}.$$

[1] BONHOEFFER, K. F. u. H. REICHARDT: Z. phys. Chem. Abt. A Bd. 139 (1928) S. 75.

[2] ZEISE, H.: Z. Elektrochem. Bd. 40 (1934) S. 885. Man findet die in Frage kommenden Gleichgewichte auch tabelliert bei JUSTI: Spezifische Wärme, Enthalpie Entropie, Dissoziation technischer Glase. Berlin: Julius Springer 1938.

Über die Kinetik der Reaktion in der ausgebildeten Explosion bei hohen Temperaturen ist noch nichts Direktes bekannt; es sollte aber vielleicht möglich sein, durch eine Weiterführung der Theorie der Flammengeschwindigkeit von LEWIS und v. ELBE[1] und Anwendung auf die gemessenen Werte bei der Knallgasverbrennung indirekte Aussagen zu gewinnen. Wohl aber ist es möglich, unter Benutzung der obigen Angaben über die Elementarreaktionen, ein Reaktionsschema anzugeben, das sicher in dem Gebiet der Knallgasverbrennung eine rapide Reaktion liefert, wie BONHOEFFER[2] dies ausführte.

Legt man nämlich das Schema zugrunde:

1.) $$H + O_2 = OH + O - 14\ \text{kcal}$$

2.) $$O + H_2 = OH + H + 1\ \text{kcal}$$

3.) $$OH + H_2 = H_2O + H + 12\ \text{kcal},$$

so sind nach Ablauf dieses Reaktionszyklus für 1 ursprünglich vorhandenes H-Atom deren zwei vorhanden; nach 100maligem Ablauf des Zyklus hat sich die Zahl der Anfangszentren auf das $2^{100} = 10^6$-fache vermehrt, solange man den Kettenabbruch vernachlässigt. Bei etwa 1000° abs. ist für Reaktion 1.) mit den oben geschätzten Aktivierungswärmen eine Stoßausbeute von $\sim 10^{-4}$ zu erwarten; bei Atmosphärendruck und einer Stoßzahl von $\sim 10^9$ wäre für den Ablauf des Zyklus eine Zeit von $\sim 10^{-5}$ s zu erwarten, da die Reaktionen 2.) und 3.) so schnell verlaufen, daß 1.) allein zeitbestimmend ist. Ein hundertmaliger Ablauf des Zyklus wäre dann in $10^{-3}$ s vollendet, einer Zeit, die sicher kurz genug ist zur Erklärung der beobachteten Induktionszeiten von Explosionen.

Da zudem das Auftreten von H und OH in größeren Konzentrationen bei der Knallgasexplosion nachgewiesen ist, so dürfte es keine Erfahrung geben, die gegen das Vorliegen des obigen Mechanismus in der Explosion bei höheren Temperaturen, bei der Flammenfortpflanzung und bei der Detonation spräche. Zur Deutung der Explosionsgrenzen bei niedereren Temperaturen müssen allerdings unter Umständen noch zusätzliche Reaktionen eingeführt werden.

KONDRATJEW und Mitarbeiter (zitiert S. 317) haben Knallgas bei Drucken zwischen etwa 3 und 10 mm Hg und Temperaturen von $\sim 500$ bis 600° C durch ein Quarzrohr geleitet und das Spektrum photographiert; außerdem stellten sie die gebildete Wassermenge fest (als Maß der Reaktionsgeschwindigkeit) und bestimmten, auf photographischem Wege durch Vergleich mit der Strahlung einer HEFNER-Lampe, die Energie der emittierten Strahlung (die praktisch ausschließlich von OH-Radikalen herrührt). Dabei ergab sich folgendes: Die gesamte emittierte Strahlung liegt um viele Zehnerpotenzen über der für thermische Emission

[1] LEWIS, B. u. G. v. ELBE: J. chem. Phys. Bd. 2 (1934) S. 537.
[2] BONHOEFFER, K. F.: Z. Elektrochem. Bd. 42 (1936) S. 449.

berechneten Strahlung; man muß es also mit Chemilumineszenz zu tun haben. Ferner zeigen die Banden eine ganz anormale Intensitätsverteilung. Die Intensitäten der Banden (0′ 0″), (1′ 0″) und (2′ 1″) waren von gleicher Größenordnung und verhielten sich etwa wie die Übergangswahrscheinlichkeiten. 0′, 1′ und 2′ bedeuten dabei die Schwingungsquantenzahlen $v'$ für das angeregte, 0″ und 1″ entsprechend für das unangeregte OH-Radikal. Die Energien für $v' = 0, 1, 2, 3$ betragen 92,1, 100,5, 108,5 und 116 kcal. Bei thermischer Anregung müßte darum ein erheblicher Intensitätsabfall in der Folge der von 0′, 1′, 2′, ... ausgehenden Banden auftreten, der in Wirklichkeit aber erst für $v' = 3$ beobachtet wird. Daraus wird geschlossen, daß als Folge der chemischen Reaktion eine Energie $\geqq 108{,}5$ kcal vorhanden sein muß, die zur Anregung der Zustände bis $v' = 2$, aber nicht mehr für $v' = 3$ ausreicht. KONDRATJEW möchte dafür die Reaktion

$$H + H_2 + O_2 = H_2O + OH + 102 \text{ kcal}$$

verantwortlich machen. Diese Energie reicht aber allein noch nicht aus, und so muß er annehmen, daß auch noch die mittleren thermischen Energien der drei stoßenden Radikale mit für die Anregung verfügbar sind; das raubt der Überlegung einiges von ihrer Überzeugungskraft, besonders da bei dem Hereinkommen der thermischen Energie auch wieder ein BOLTZMANN-Faktor und damit ein nicht beobachteter Intensitätsabfall der Banden hinzukommen sollte. Wir werden daher unten eine andere Deutung zur Diskussion stellen. Unabhängig von der Deutung ergibt sich, daß 1 Lichtquant ausgesandt wird für etwa $10^6$ Moleküle Wasser, die sich gebildet haben.

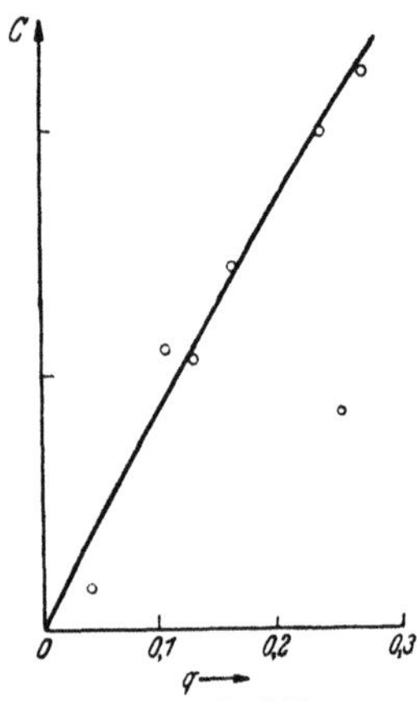

Abb. 170. Reaktionsgeschwindigkeit $q$ und OH-Konzentration $C$ (willkürliches Maß) bei der Knallgasreaktion. (Nach KONDRATJEW [1].)

KONDRATJEW[1] hat dann weiterhin durch Absorptionsaufnahmen die Konzentration von OH-Radikalen in verbrennendem Knallgas bei $\sim 700°$ C bestimmt und fand, daß sie mindestens 40mal größer ist, als dem Gleichgewicht $\frac{1}{2} O_2 + H_2O = 2\,OH$ entspricht. Er bestimmte ferner in Gemischen verschiedener Zusammensetzung und verschiedenen Druckes die Konzentration der OH-Radikale und die Menge des gebildeten Wassers, also die Reaktionsgeschwindigkeit, und fand beide einander proportional (Abb. 170). Es ist danach wohl anzunehmen, daß für die Wasserbildung hauptsächlich die Reaktionen

$$OH + H_2 \rightarrow H_2O + H,$$

neben evtl. der Abbruchreaktion

$$H + OH + M \rightarrow H_2O + M$$

[1] KONDRATJEW, V. u. L. AVRAMENKO: Acta Physicochim. Bd. 7 (1937) S. 567.

verantwortlich sind, was ja mit allen sonstigen Ergebnissen im Einklang steht.

Die Wasserbildung durch Rekombination von H mit OH ist etwa mit 113 bis 115 kcal exotherm. Nimmt man bei dieser Reaktion OH als Dreierstoßpartner, so ist es möglich, daß die Reaktionsenergie zur Anregung der OH-Banden verwandt wird, und zwar würde, wenn man den kleineren Wert für die Wärmetönung als richtig annimmt, auch wieder zwanglos die beobachtete Intensitätsverteilung zu verstehen sein.

Da KONDRATJEW bei $\sim 1000°$ abs. und $p_{H_2 + O_2} = 8$ mm Hg die OH-Konzentration zu $\sim 0{,}03\%$ findet, so wäre der Bruchteil der Dreierstöße, bei denen OH der dritte Partner ist, $\sim 3 \cdot 10^{-4}$ aller Dreierstöße; es finden also rund 3000mal mehr Dreierstöße statt als solche mit OH als drittem Partner. Da nur auf jedes $10^6$-ste $H_2O$-Molekül, das gebildet wird, ein Lichtquant emittiert wird, wozu die Energie evtl. aus einem Dreierstoß, der zur $H_2O$-Bildung mit OH als Stoßpartner führte, herrührt, so müßten insgesamt mindestens 3000mal mehr Moleküle im Dreierstoß gebildet werden, d. h. mindestens jedes 300. Wassermolekül wäre im Dreierstoß aus $H + OH + M$ entstanden. Diese Zahl ist nicht unvernünftig und kann vielleicht einen Anhalt für die Abbruchswahrscheinlichkeit im Dreierstoß liefern. Es könnten mehr als jedes 300. $H_2O$-Molekül im Dreierstoß entstanden sein, da ja nicht in jedem Dreierstoß mit OH die frei werdende Energie zur Anregung der OH-Banden benutzt zu sein braucht.

T. KITAGAWA[1] beobachtete in einer in Wasserstoff brennenden Sauerstoffflamme zwischen 5500 und 7000 Å ein komplexes Bandensystem, das er als Rotationsschwingungsspektrum des Wasserdampfes deutete, da ein Teil der Banden zusammenfiel mit Banden, die man an Wasserdampf von 4 at Druck bei 144° in 8 m Schichtdicke beobachten kann. Die maximale Schwingungsenergie von $\sim 50$ kcal könnte aus der Reaktion $H + O_2 + H_2 \rightarrow H_2O + OH$, aber ebensogut natürlich aus der Reaktion $H + OH + M \rightarrow H_2O + M$ stammen.

**Die Theorie der Explosionsgrenzen.** Dem über die Deutung der unteren Explosionsgrenze (S. 291) Gesagten bleibt kaum etwas hinzuzufügen, da wesentlich nur ist, daß Kettenträger an der Wand vernichtet werden; als solche kommen neben H, O und OH noch $HO_2$-Radikale in Frage. Für eine eingehendere Diskussion verweisen wir noch auf LEWIS und v. ELBE (zitiert S. 296) sowie KASSEL und STORCH[2] und KASSEL[3]. Jedoch scheint uns die Annahme, daß die Reaktion

$$H + O_2 + M \rightarrow HO_2 + M$$

zum Kettenabbruch führen müsse, bedenklich; denn schon bei niederen Temperaturen erscheint eine Weiterreaktion von $HO_2$ mit $H_2$ unter

[1] KITAGAWA, T.: Proc. imp. Acad. Tokio Bd. 12 (1936) S. 281.
[2] KASSEL, L. S. u. H. H. STORCH: J. Amer. chem. Soc. Bd. 57 (1935) S. 672.
[3] KASSEL, L. S.: Chem. Rev. Bd. 21 (1937) S. 331.

Rückbildung von H oder OH nicht ausgeschlossen, und bei hohen Temperaturen dürfte diese Reaktion erst recht ins Spiel kommen.

Die Theorie der oberen Grenze ist, außer von KASSEL, besonders ausführlich von LEWIS und v. ELBE (zitiert S. 296) besprochen worden. Sie gehen, ebenso wie KASSEL, im wesentlichen formal vor, indem sie die schon von SEMENOFF erkannte Bedingung an die Spitze stellen, daß der Ausdruck für die Reaktionsgeschwindigkeit

$$w = \frac{n_0}{\beta - \delta},$$

wo $\beta$ Abbruch und $\delta$ Verzweigungswahrscheinlichkeit sind, nur dann, unabhängig von der Konzentration der Kettenträger, unendlich werden kann, wenn $\beta$ und $\delta$ in bezug auf die Kettenträger von gleicher Ordnung sind (vgl. S. 274). Da man aber nur vernünftige Verzweigungsreaktionen angeben kann, die in bezug auf die aktiven Teilchen I. Ordnung sind, nämlich

$$H + O_2 \rightarrow OH + O$$

und

$$O + H_2 \rightarrow OH + H,$$

so werden alle Abbruchreaktionen, die in bezug auf die Kettenträger nicht I. Ordnung sind, von vornherein ausgeschlossen. Nun ist aber experimentell sichergestellt, daß, in bezug auf aktive Teilchen nach der II. Ordnung verlaufende Dreierstoßrekombinationen wie

$$H + H + M \rightarrow H_2 + M$$

u. a. wirklich vorkommen. Es ist darum auch experimentell sichergestellt, daß gerade bei hohen Konzentrationen aktiver Teilchen der formale Ausdruck für das Unendlichwerden der Reaktionsgeschwindigkeit nicht erfüllt sein kann; das schadet für die physikalische Tatsache des Eintretens einer Explosion natürlich gar nichts, da in Wirklichkeit die Reaktionsgeschwindigkeit auch gar nicht unendlich wird und weil es immer auch möglich ist, daß die Reaktionsgeschwindigkeit durch Kettenverzweigung nur so weit anläuft, bis der Übergang zur Wärmeexplosion erfolgt.

Die ganze Argumentation leidet aber noch an folgendem: die Abbruchreaktionen II. Ordnung darf man aus dem Reaktionsschema nur dann streichen, wenn man sie durch eine andere, schneller verlaufende Reaktion ersetzen kann (was aber allgemein nur für das Anfangsstadium der Reaktion geht); falls aber aus formalen Gründen bei der Abbruchreaktion II. Ordnung keine Explosion erfolgen würde, so dürfte natürlich bei einer noch schneller verlaufenden Abbruchreaktion I. Ordnung erst recht keine Explosion einsetzen, womit die ganze Überlegung ad absurdum geführt wäre. Wir möchten uns daher aus physikalischen Gründen dieser Folgerung nicht anschließen, merken aber an, daß die formale Feststellung richtig bleibt: eine Explosionsbedingung in der nach SEMENOFF üblichen Form kann man nur für Abbruchreaktionen

I. Ordnung ableiten, allerdings nur unter der Voraussetzung, daß der Ausdruck für die Reaktionsgeschwindigkeit sich auf die Form bringen läßt

$$w \sim \frac{n_0}{\beta - \delta},$$

was für kompliziertere Reaktionsfolgen keineswegs selbstverständlich ist. Daß in komplizierteren Fällen die Bedingung für eine Kettenexplosion eine wesentlich andere Form annehmen kann, ist vom Verfasser gezeigt worden[1], vergl. oben S. 276.

Das Reaktionsschema, das LEWIS und v. ELBE aufstellen, ist folgendes:

1.) $OH + H_2 \rightarrow H_2O + H$

2.) $H + O_2 \rightarrow OH + O$

3.) $O + H_2 \rightarrow OH_2 + H$

4.) $H + O_2 + M \rightarrow HO_2 + M.$

Es sind dies sämtlich experimentell gesicherte Reaktionen, nur müßte man dabei dem $HO_2$ eine sehr lange Lebensdauer und geringe Reaktionsmöglichkeit zuschreiben und annehmen, daß es an der Wand vernichtet wird, ohne daß dadurch aber eine Wandwirkung und Abhängigkeit vom Gefäßdurchmesser für die obere Grenze herauskäme. Dann läßt sich die richtige formale Beziehung für die obere Explosionsgrenze ableiten.

Daß die obigen vier Reaktionen wirklich ablaufen, ist nach dem früher Gesagten so gut wie sicher. Nur wird man 4.) nicht als kettenabbrechend ansehen dürfen, sondern wird die vernünftigerweise zu erwartenden Folgereaktionen sowie Abbruchreaktionen in der Gasphase, auch wenn sie nicht I. Ordnung in den aktiven Teilchen sind, mit zu berücksichtigen haben.

Wir wollen die Rechnung durchführen, indem wir die nach dem früher (S. 312ff.) Gesagten jedenfalls nicht unvernünftigen Reaktionen mit hinzunehmen:

5.) $HO_2 + HO_2 \rightarrow H_2O_2 + O_2$

als kettenabbrechende Reaktion II. Ordnung, sowie

6.) $HO_2 + H_2 \rightarrow H_2O_2 + H$

7.) $H_2O_2 + H \rightarrow H_2O + OH.$

Wir berechnen daraus in üblicher Weise die stationäre Reaktionsgeschwindigkeit, haben also zuerst nach BODENSTEIN die stationären Konzentrationen der Zwischenprodukte zu berechnen aus dem Gleichungssystem:

I.) $d[OH]/dt = k_1[OH][H_2] + k_2[H][O_2] + k_3[O][H_2] + k_7[H_2O_2][H] = 0$

II.) $d[O]/dt = k_2[H][O_2] - k_3[O][H_2] = 0$

[1] JOST W. u. L. v. MÜFFLING: Z. phys. Chem. Abt. A Bd. 183 (1938) S. 43.

$$\text{III.)}\quad d[\mathrm{H}]/dt = k_1[\mathrm{OH}][\mathrm{H_2}] - k_2[\mathrm{H}][\mathrm{O_2}] + k_3[\mathrm{O}][\mathrm{H_2}] - k_4[\mathrm{H}][\mathrm{O_2}][\mathrm{M}] + k_6[\mathrm{HO_2}][\mathrm{H_2}] - k_7[\mathrm{H_2O_2}][\mathrm{H}] = 0$$

$$\text{IV.)}\quad d[\mathrm{HO_2}]/dt = k_4[\mathrm{H}][\mathrm{O_2}][\mathrm{M}] - 2k_5[\mathrm{HO_2}]^2 - k_6[\mathrm{HO_2}][\mathrm{H_2}] = 0$$

$$\text{V.)}\quad d[\mathrm{H_2O_2}]/dt = k_5[\mathrm{HO_2}]^2 + k_6[\mathrm{HO_2}][\mathrm{H_2}] - k_7[\mathrm{H_2O_2}][\mathrm{H}] = 0$$

Hieraus erhält man durch etwas mühsame, aber ohne Vernachlässigungen durchführbare Rechnung für die Konzentration der aktiven Teilchen.

$$[\mathrm{OH}] = \frac{k_2 k_6^2 [\mathrm{H_2}]\{k_4[\mathrm{M}] + k_2\}}{k_1 k_5 \{k_4[\mathrm{M}] - 2k_2\}^2}$$

$$[\mathrm{H}] = \frac{k_2 k_6^2 [\mathrm{H_2}]^2}{k_5 [\mathrm{O_2}]\{k_4[\mathrm{M}] - 2k_2\}^2}; \qquad [\mathrm{H_2O_2}] = \frac{\{k_4[\mathrm{M}] - 2k_2\}[\mathrm{O_2}]}{k_7}.$$

Der Ausdruck für $[\mathrm{H_2O_2}]$ verliert seinen Sinn, wenn die Klammer $\{\cdots\} \leqq 0$ wird; das ist aber ganz in der Ordnung, denn dies werden wir als Explosionsbedingung finden, und dann können die oben unter der Voraussetzung der Stationarität berechneten Konzentrationen auch nicht mehr gelten.

Für die Reaktionsgeschwindigkeit erhält man mit den obigen Werten aus Gleichung (1) und (7):

$$\frac{d[\mathrm{H_2O}]}{dt} = \frac{k_2 k_4 [\mathrm{M}] k_6^2 [\mathrm{H_2}]^2}{k_5 \{k_4[\mathrm{M}] - 2k_2\}^2}.$$

Dieser Ausdruck hat nicht mehr die Form des SEMENOFFschen Ausdruckes $n_0/(\beta - \delta)$; trotzdem kann er noch $\infty$ werden für

$$k_4[\mathrm{M}] = 2k_2.$$

Dies ist aber identisch mit der von HINSHELWOOD gefundenen und (unter nicht einwandfreien Annahmen) theoretisch abgeleiteten Explosionsbedingung; denn [M] in der Dreierstoßreaktion 4.) bedeutet ja irgendeine Molekelart. Führen wir die individuellen Dreierstoßkonstanten $k_4^{\mathrm{H_2}}$, $k_4^{\mathrm{O_2}}$, $k_4^{\mathrm{A}}$ für $H_2$, $O_2$ und Inertgas A als Dreierstoßpartner ein, so folgt:

$$k_4^{\mathrm{H_2}}[\mathrm{H_2}] + k_4^{\mathrm{O_2}}[\mathrm{O_2}] + k_4^{\mathrm{A}}[\mathrm{A}] = 2k_2.$$

Dabei rührt die Temperaturabhängigkeit der oberen Explosionsgrenze hauptsächlich von der Temperaturabhängigkeit von $k_2$ her, wenn sie auch evtl. noch dadurch vergrößert werden kann, daß die Dreierstoßausbeute mit steigender Temperatur abnimmt. Wir möchten noch nicht behaupten, daß der obige Mechanismus unbedingt der wirklich vorliegende sein müsse; jedenfalls ist er ausreichend, die formale Lage der oberen Explosionsgrenze darzustellen, und erhält nur Reaktionen, deren Vorkommen als einigermaßen gesichert gelten kann.

Das Verständnis der besonders von HINSHELWOOD und Mitarbeitern festgestellten Reaktionshemmung durch Halogene und halogenabspaltende

Substanzen, insbesondere Jod, bereitet keinerlei Schwierigkeiten[1]. Es dürften hier Reaktionen maßgebend sein wie etwa:

$$H + J_2 \rightarrow HJ + J$$
$$H + HJ \rightarrow H_2 + J,$$

die Wasserstoffatome verbrauchen und als kettenabbrechend angesehen werden können, da die Jodatome nur mit erheblicher Aktivierungsenergie weiterreagieren können und daher eher rekombinieren werden.

Es gelingt ferner, die Wirkung von $NO_2$ in das allgemeine Schema einzuordnen, wobei dem $NO_2$ sowohl kettenverzweigende wie kettenabbrechende Wirksamkeit zugeschrieben werden muß[2]; wir verweisen wegen Einzelheiten dazu auf die ausführliche Diskussion bei LEWIS und v. ELBE[3].

**Mechanismus der Reaktion oberhalb der oberen Explosionsgrenze.** Es macht keine Schwierigkeiten, zu verstehen, daß bei zunehmendem Druck die verschiedenen, in bezug auf aktive Teilchen nach der II. Ordnung verlaufenden Kettenabbruchreaktionen wie

$$H + H + M \rightarrow H_2 + M$$
$$H + OH + M \rightarrow H_2O + M$$

evtl.

$$OH + OH + M \rightarrow H_2O_2 + M$$
$$O + O_2 + M \rightarrow O_3 + M$$

stark ins Gewicht fallen und infolgedessen der Reaktionsmechanismus, der an der Explosionsgrenze maßgebend war, stark zurücktritt. Trotzdem bleiben die experimentellen Befunde recht eigenartig.

Für den Mechanismus der Reaktion oberhalb der oberen Grenze vgl. insbesondere HINSHELWOOD und WILLIAMSON (zitiert S. 289), sowie LEWIS und v. ELBE[4]. In diesem Gebiet ist die Reaktion von hoher, mit Druck und Temperatur ansteigender Ordnung. Zur Behandlung der stationären Reaktion oberhalb der oberen Grenze ist es nötig, die ketteneinleitenden Reaktionen mit einzuführen. Nach den Ergebnissen von HABER und ALYEA (zitiert S. 298) ist es nicht unplausibel, mit LEWIS und v. ELBE anzunehmen, daß unterhalb etwa 540 bis 560° C Ketteneinleitung an der Wand stattfindet, oberhalb aber in der Gasphase. Dies könnte dafür verantwortlich sein, daß in manchen Versuchen, z. B. bei PEASE (zitiert S. 298), Belegen der Wand mit KCl die

---

[1] GARSTANG u. C. N. HINSHELWOOD: Zitiert S. 298. — HINSHELWOOD u. WILLIAMSON: Zitiert S. 289. Vgl. auch LEWIS u. v. ELBE: Combustion.

[2] Bei der Deutung der Wirkung von Antiklopfmitteln (Kap. XII) werden ähnliche Annahmen einzuführen sein.

[3] Vgl. auch LEWIS u. v. ELBE: Combustion. Kettenverzweigend wirkt etwa die Reaktion $NO_2 \rightarrow NO + O$, während ein Kettenabbruch im Zweierstoß durch $NO_2 + O \rightarrow NO + O_2$ denkbar ist.

[4] LEWIS u. v. ELBE: Combustion; sowie J. Amer. chem. Soc. Bd. 59 (1937) S. 656.

Reaktion stark hemmt, während in anderen Versuchen wiederum (HINSHELWOOD und WILLIAMSON, zitiert S. 289) eine solche Hemmung in Quarzgefäßen nicht beobachtet wird; sicher ist es natürlich nicht, daß bei PEASE gerade Ketteneinleitung an der Wand, bei HINSHELWOOD und WILLIAMSON diese in der Gasphase stattfand. Schwierigkeiten für diese Deutung macht die Beobachtung, daß in Silbergefäßen[1] die Reaktion bis zu etwa 700° C praktisch völlig unterdrückt ist. Dies läßt sich nur so mit den entwickelten Vorstellungen vereinbaren, daß man an einen Kettenabbruch in der Gasphase, etwa durch unter der Einwirkung atomaren Wasserstoffes zerstäubtes Silber[2] denkt. Bei anderen Annahmen käme man in Konflikt mit den Beobachtungen über Abhängigkeit der Reaktionsgeschwindigkeit von Gefäßdurchmesser, Wandzustand usw. (vgl. S. 302ff.).

LEWIS und v. ELBE haben diese Vorstellungen quantitativ auszuwerten versucht; wir sehen hier von einer Wiedergabe ihrer Rechnungen ab, die man jedenfalls bei einer Weiterbearbeitung dieser Reaktion wird heranziehen müssen, unter Beachtung der früher (S. 322ff.) angegebenen Vorbehalte.

Zur Knallgasverbrennung vgl. ferner PRETTRE[3].

## B. Die Kohlenoxydverbrennung.

### 1. Die Explosionsgrenzen.

Die Kohlenoxydverbrennung zeigt viele Ähnlichkeiten mit der Knallgasverbrennung. Das Explosionsgebiet ist dem des Knallgases ganz analog, nur um $\sim$ 100 bis 150° nach höheren Temperaturen verschoben[4]; jedoch liegt die untere Explosionsgrenze bei etwas höheren Drucken als bei der Knallgasexplosion. Die auffallendste Erscheinung bei der Kohlenoxydoxydation ist ihre große Empfindlichkeit gegen kleine Mengen von Wasserdampf. Völlig trockene $CO$-$O_2$-Mischungen reagieren sehr langsam, kleine Mengen $H_2O$ beschleunigen die Reaktion erheblich. Sehr gut, d. h. durch längere Berührung mit $P_2O_5$, getrocknete $CO$-$O_2$-Mischungen explodieren auch nicht, wenn man sie mit einem gewöhnlichen Funken

[1] HINSHELWOOD, C. N., E. A. MOELWYN-HUGHES u. A. C. ROLFE: Proc. roy. Soc., Lond. A Bd. 139 (1933) S. 521.

[2] Nach LEWIS u. v. ELBE, zitiert S. 296, vgl. K. F. BONHOEFFER: Z. phys. Chem. Bd. 113 (1924) S. 199.

[3] PRETTRE, M.: L'inflammation et la Combustion explosive en milieu gazeux. Actualitas scient. et industr., No. 61. Paris 1933. — Réactions en chaînes. Act. Sci. et Ind., No. 425 u. 428. Paris 1936.

[4] SAGULIN, A.: Z. phys. Chem. Abt. B Bd. 1 (1928) S. 275. — KOPP, KOWALSKY, A. SAGULIN u. N. SEMENOFF: Z. phys. Chem. Abt. B Bd. 6 (1930) S. 307. — SEMENOFF: Chain Reactions. — HADMAN, G., H. W. THOMPSON u. C. N. HINSHELWOOD: Proc. roy. Soc., Lond. A Bd. 137 (1932) S. 87; Bd. 138 (1932) S. 297. — GARNER, W. E. u. A. S. GOMM: Trans. Faraday Soc. Bd. 24 (1928) S. 470.

zu zünden versucht (DIXON[1]). Daraus darf aber nicht geschlossen werden, daß das trockene Gemisch überhaupt nicht zündet, sondern nur, daß zu einer Zündung eine wesentlich höhere Energie nötig ist als zur Zündung feuchter Gemische. In der Tat ergaben spätere, im BONEschen Institut ausgeführte systematische Untersuchungen folgendes[2]: $(2\,CO + O_2)$-Mischungen, die mit Wasserdampf von verschiedenen Drucken (entsprechend 2,0 bis 0,03 Vol.-%) beladen waren, wurden durch Kondensatorentladungen gezündet, und zwar wurde der Kondensator immer auf die gleiche Spannung von 110 V aufgeladen und die Kapazität variiert, so daß für jedes Gemisch die zur Zündung notwendige Mindestkapazität bestimmt wurde; diese betrug für das bei Zimmertemperatur mit Wasserdampf gesättigte Gemisch (2%) 0,76 $\mu$F, für das $CaCl_2$-getrocknete Gemisch (mit 0,03% $H_2O$) 20,83 $\mu$F; die entsprechenden Funkenenergien sind $4{,}6 \cdot 10^{-3}$ und $126 \cdot 10^{-3}$ J. Die entsprechenden Mindestkapazitäten für das untersuchte Gebiet sind in Abb. 171 graphisch aufgetragen. Es war auch noch möglich, ein $P_2O_5$ getrocknetes $(2\,CO + O_2)$-Gemisch zu zünden, dazu war aber eine Funkenenergie von 0,362 J, d. h. die Entladung eines auf 970 V aufgeladenen Kondensators von 0,77 $\mu$F nötig.

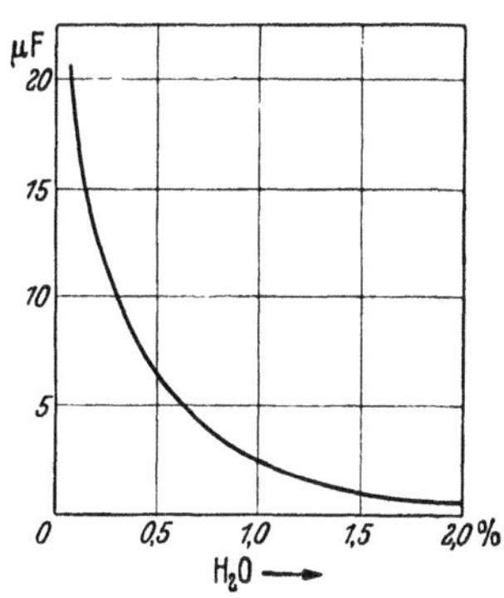


Abb. 171. Zündung von Gemischen $2\,CO + O_2$ verschiedenen Wasserdampfgehaltes durch Kondensatorentladungen von 110 V; aufgetragen ist die zur Zündung nötige Mindestkapazität. (Nach BONE, zitiert S. 332.)

Der Gehalt an Wasserdampf wirkt sich außerdem stark auf die Flammengeschwindigkeit (vgl. Kap. III, S. 119), auf die Detonation (Kap. V, S. 178) sowie auf die Strahlung der Flammen aus (vgl. S. 331). Auffälligerweise scheint die Lage der Explosionsgrenzen kaum von Wasserdampf beeinflußt zu werden; es muß also, im Gegensatz zu den übrigen Vorgängen, hierfür ein von zugesetztem Wasser unabhängiger Mechanismus vermutet werden. Immerhin ist zu sagen, daß die CO-Verbrennung bei weitem noch nicht so eingehend untersucht ist wie die Knallgasverbrennung, und daß eine Überprüfung mancher Resultate erwünscht wäre.

Die Lage der Explosionsgrenzen nach den Messungen aus dem SEMENOFFschen Institut geht aus den Abb. 172 und 173 hervor. Abb. 172 läßt nebenbei folgendes erkennen; die Bestimmungen sind nach der Strömungsmethode ausgeführt worden, d. h. aus einem Vorratsgefäß strömte das Gemisch bei einem bestimmten Druck durch das Reaktionsgefäß, das soweit geheizt wurde, bis Explosion eintrat. Durch passende

[1] DIXON, H. B.: Phil. Trans. roy. Soc., Lond. Bd. 175 (1884) S. 617. Vgl. auch BONE-TOWNEND für weitere Literatur.

[2] WESTON, F. R., R. P. FRASER u. D. M. NEWITT: Proc. roy. Soc., Lond. A Bd. 110 (1926) S. 615.

Regulierung des Einlaßhahnes sowie des Hahnes, durch den das Gas aus dem Gefäß abgepumpt wurde, war es möglich, den gleichen Druck bei verschiedenen Strömungsgeschwindigkeiten, d. i. also Aufenthaltsdauern im Reaktionsgefäß einzustellen; Abb. 172 gibt Resultate mit vier verschiedenen Strömungsgeschwindigkeiten wieder. Bis auf das Gebiet höherer Drucke (~150 mm Hg) stimmen die mit verschiedenen Strömungsgeschwindigkeiten erhaltenen Explosionsgrenzen untereinander überein; darüber bestehen aber systematische Abweichungen, und zwar so, daß die Zündung um so schwerer erfolgt, je länger der Aufenthalt der Gase im Reaktionsgefäß, also je kleiner die Strömungsgeschwindigkeit ist. SEMENOFF nimmt an, daß Reaktionsprodukte auf die „Hochdruck"explosion einen hemmenden Einfluß haben. Infolgedessen ist die Strömungsmethode für derartige Bestimmungen nicht sehr zu empfehlen.

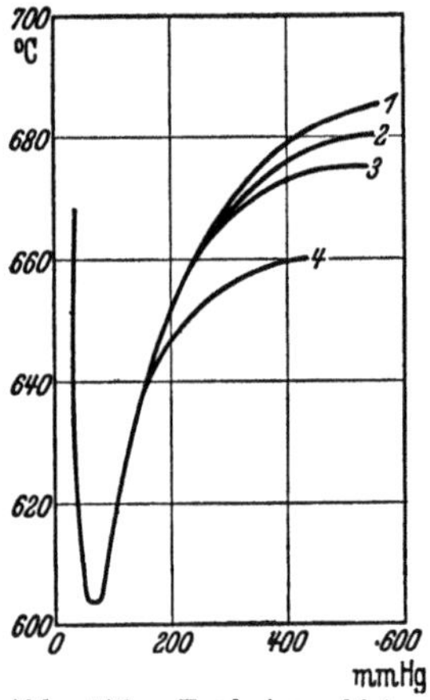


Abb. 172. Explosionsgebiet von $2CO + O_2$, nach Strömungsmethode bestimmt von SAGULIN; Strömungsgeschwindigkeit 1:1 l in 50 Min.; 2:1 l in 30 Min.; 3:1 l in 20 Min.; 4:1 l in 1 Min.

Die Abhängigkeit der Lage der Explosionsgrenzen von der Gemischzusammensetzung geht aus Abb. 173, ebenfalls nach SAGULIN, hervor. Die Explosionsgrenzen erweitern sich um so mehr und die tiefste Zündtemperatur liegt um so niedriger, je höher der Sauerstoffgehalt der Mischungen ist, wenigstens in dem untersuchten Gebiet. HINSHELWOOD und Mitarbeiter (zitiert S. 326) haben analoge Beobachtungen gemacht[1]. Als Beleg für die Unabhängigkeit der Zünddrucke vom Wasserdampfgehalt führen wir einige Zahlenwerte von GARNER und GOMM[2] an, welche diese in einem Quarzgefäß von einigen cm Durchmesser erhalten haben, und zwar für mäßig trockenes und für bei Zimmertemperatur mit Wasserdampf gesättigtes Gemisch: Für beide lag zwischen 660 und 850° C die untere Explosionsgrenze bei einem Druck von 0,3 bis 0,5 cm Hg (für $2CO + O_2$), und zwar praktisch unabhängig von der Temperatur. Die genauere Untersuchung durch HINSHELWOOD und Mit-

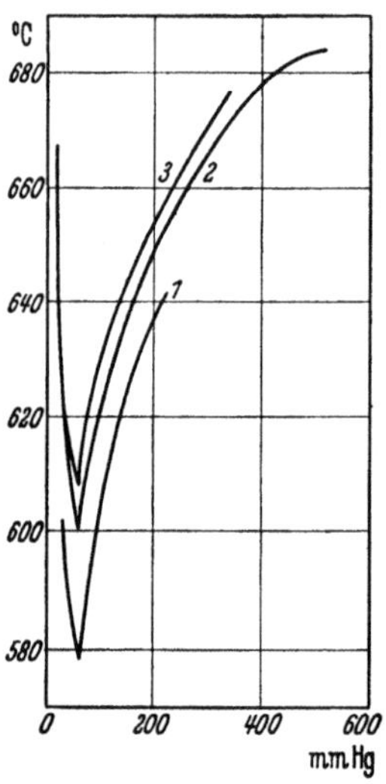


Abb. 173. Explosionsgebiete der Mischungen $CO + 9O_2$, 1; $2CO + O_2$, 2; $6CO + O_2$, 3. (Nach SAGULIN.)

[1] Vgl. auch M. PRETTRE u. P. LAFFITTE: C. R. Acad. Sci., Paris Bd. 189 (1929) S. 177.

[2] GARNER, W. E. u. A. S. GOMM: Trans. Faraday Soc. Bd. 24 (1928) S. 470.

arbeiter[1] zeigt, daß eine Reihe von Komplikationen auftreten können. Die Beobachtungen an der unteren Grenze entsprechen dem zu erwartenden; ebenso wie CO und $O_2$ wirken auch Inertgase explosionsbefördernd; daß ein klarer Einfluß der Gefäßdimensionen nicht zu beobachten war, dürfte an dem wechselnden Zustand der Wand liegen. COSLETT und GARNER[1] fanden außerdem, daß beim Ausführen von einer Reihe von Bestimmungen der unteren Explosionsgrenze im gleichen Gefäß nacheinander, nach jedesmaligem Auspumpen, der Wert der unteren Grenze immer mehr anstieg und sich einem Grenzwert näherte. Während Argonzusatz die Entzündung beförderte, wird diese durch $N_2$ und $CO_2$, ebenso durch überschüssiges CO gehemmt. Die obere Grenze wird, wie zu erwarten, unabhängig vom Gefäßdurchmesser gefunden; dagegen kommt man nach verschiedenen Methoden nicht zu den gleichen Werten für diese Grenze (wenn man entweder beide Gase nacheinander in das Reaktionsgefäß einläßt, „Mischmethode", oder die Mischung erst bei hohem Druck herstellt und dann abpumpt, oder schließlich die Mischung im kalten Reaktionsgefäß herstellt und dann erhitzt). Durch Erhitzen einer Mischung der trockenen Gase kommt man in das Explosionsgebiet; dagegen versagt das Abpumpen einer oberhalb der Grenze hergestellten Mischung. Man hat es hier nach HINSHELWOOD mit eigenartigen Metastabilitätserscheinungen zu tun, die in der Veränderung der Wandbeschaffenheit unter dem Einfluß von CO ihre Ursache zu haben scheinen; denn durch Erhitzen des Reaktionsgefäßes mit Sauerstoff können sie wieder rückgängig gemacht werden.

Stickoxyd[2] setzt wie beim Knallgas die Explosionstemperaturen herab, ebenso gibt es eine Sensibilisierung durch Ammoniak[3].

## 2. Die Reaktion außerhalb der Explosionsgrenzen.

Die bereits bei niederen Temperaturen verlaufende katalytische Oxydation des CO hatte BODENSTEIN schon 1905[4] untersucht. Die katalytische Verbrennung von CO an Quarzoberflächen wird durch Wasser gehemmt[5], während die Gasreaktion durch Wasserdampf stark beschleunigt wird. Die Rolle, die Wasserdampf bei der CO-Verbrennung spielt, ist schon seit langem bekannt und wurde z. B. von DIXON so formuliert:

$$CO + H_2O \rightarrow CO_2 + H_2,$$

mit anschließender Verbrennung des Wasserstoffes. Wenn auch diese Reaktion nicht ausgeschlossen ist, so scheint es doch wahrscheinlicher,

---

[1] HADMAN, G., H. W. THOMPSON u. C. N. HINSHELWOOD: Proc. roy. Soc., Lond. A Bd. 138 (1932) S. 297. Vgl. auch V. E. COSLETT u. W. E. GARNER: Trans. Faraday Soc. Bd. 26 (1930) S. 190.

[2] SAGULIN: Zitiert S. 326.

[3] FARKAS, F. HABER, P. HARTECK: Naturwiss. Bd. 18 (1930) S. 266.

[4] BODENSTEIN, M. u. OHLMER: Z. phys. Chem. Bd. 53 (1905) S. 166.

[5] BRADFORD, B. W.: J. chem. Soc. 1933, S. 73.

daß eine Kettenreaktion mit den gleichen Kettenträgern wie bei der $H_2$-Verbrennung abläuft, wofür auch die Beobachtung der OH-Banden bei der Verbrennung von feuchtem CO spricht. Dafür kämen u. a. etwa die Reaktionen in Frage:

$$CO + OH \rightarrow CO_2 + H + 21{,}5\ \text{kcal}$$
$$H + O_2 + M \rightarrow HO_2 + M$$
$$HO_2 + CO \rightarrow CO_2 + OH,$$

oder auch die Dreierstoßreaktion

$$H + O_2 + CO \rightarrow CO_2 + OH + 114{,}5\ \text{kcal}.$$

Tabelle 59. Reaktionsgeschwindigkeit von 50 mm CO + 250 mm $O_2$ bei 560° C in Gegenwart von Wasserdampf.

| $p_{H_2O}$ mm Hg | Anfangs-Reaktionsgeschwindigkeit (mm Druckabfall/min) |
|---|---|
| 10 | 2,1 |
| 15 | 3,2 |
| 20 | 3,9 |
| 25 | 5,2 |

Spielen die Kettenreaktionen der Knallgasverbrennung, insbesondere unter Beteiligung von H-Atomen, eine Rolle, so sollte man auch ähnliche Hemmungen der Reaktion durch Zusätze wie bei der Knallgasverbrennung beobachten. Tatsächlich fanden Hadman, Thompson und Hinshelwood[1] eine solche Hemmung; 580° C war die höchste Temperatur, bei der ohne Jodzusatz die Reaktionsgeschwindigkeit unter Thompsons und Hinshelwoods Versuchsbedingungen bequem gemessen werden konnte; dagegen war bei kleinen Jodzusätzen die Reaktionsgeschwindigkeit für eine genaue Messung zu klein und war noch bei 100° höherer Temperatur meßbar. Bei konstanter Temperatur ist das Verhältnis der Reaktionsgeschwindigkeit ohne und mit Jod von 1 mm Druck etwa wie 100 : 1. Weiterhin verschwindet in Gegenwart von Jod der sonst vorhandene Einfluß der Gefäßdimensionen auf die Reaktionsgeschwindigkeit, ein Zeichen, daß die normalerweise an der Wand abgebrochenen Reaktionsketten jetzt durch Jod in der Gasphase abgebrochen werden. Z. B. verhält sich bei 680° C in Gegenwart von Jod die Reaktionsgeschwindigkeit im größten zu der im kleinsten Reaktionsgefäß etwa wie 3 : 1, während ohne Jod bei 600° C dies Verhältnis wie 300 : 1 ist.

Tabelle 60. Reaktionsgeschwindigkeit von 100 mm CO + 15 mm $H_2O$ + 0,4 mm $J_2$.

| Mit mm $O_2$ | Reaktionsgeschwindigkeit |
|---|---|
| 50 | 1,0 |
| 100 | 1,3 |
| 200 | 1,8 |

Damit kann man auch Aufschluß erhalten über die bei der langsamen Reaktion vorhandene Hemmung durch Sauerstoff. Würde diese sich auf den Primärvorgang erstrecken, so müßte sie auch noch in Gegenwart von Jod vorhanden sein; besteht sie aber in einer Förderung des Kettenabbruches (an der Wand), dann sollte sie verschwinden, wenn durch Jod die meisten Ketten in der Gasphase abgebrochen werden. Tatsächlich verschwindet durch Jodzusatz die Sauerstoff-

[1] Hadman, G., H. W. Thompson u. C. N. Hinshelwood: Proc. roy. Soc., Lond. A Bd. 137 (1932) S. 87.

hemmung. Einige quantitative Angaben sind den Tabellen 59 und 60 auf S. 330 zu entnehmen.

Die Reaktionsgeschwindigkeit ist also der $H_2O$-Konzentration proportional. In der feuchten Mischung ist die Reaktionsgeschwindigkeit der CO-Konzentration direkt, der $O_2$-Konzentration umgekehrt proportional. Für die verschwundene $O_2$-Hemmung in Gegenwart von Jod gibt die Tabelle 60 Auskunft.

Relativ einfachen formalen Gesetzen gehorcht die Oxydation von CO mit NO in Gegenwart von Wasserdampf[1]. Es scheint formal möglich, die beobachtete Geschwindigkeit durch die Gleichung zu erklären

$$CO + H_2O \rightarrow CO_2 + H_2$$
$$2\,NO + 2\,H_2 \rightarrow N_2 + 2\,H_2O;$$

falls man den letzteren Prozeß in zwei Stufen zerlegt denkt:

$$2\,NO + H_2 \rightarrow N_2O + H_2O$$
$$2\,N_2O \rightarrow 2\,N_2 + O_2$$

wovon der erstere geschwindigkeitsbestimmend ist. Daß die Reaktion über Wasserstoff läuft, wird nicht unwahrscheinlich gemacht durch die Beobachtung eines hemmenden Einflusses von $Br_2$, das den Wasserstoff verbraucht. Dies würde aber eher noch nahelegen, daß H-Atome beteiligt sind.

## 3. Spektroskopische Untersuchungen über die CO-Verbrennung; CO-Explosionen in Gegenwart von Stickstoff.

Auch bei der CO-Verbrennung hat die spektroskopische Untersuchung einiges zur Klärung des Mechanismus beigetragen. Bei der Explosion von CO-$O_2$-Mischungen beobachtet man eine intensive violettrote Lumineszenz während der Induktionsperiode von einigen s, ebenso bei Temperaturen von $\sim 50$ bis 60° unterhalb der Entflammungstemperatur[2]. Die Strahlung der CO-Flamme stammt hauptsächlich von dem $CO_2$-Molekül[3]. Im Infraroten beobachtet man Maxima bei 2,8 und 4,5 $\mu$; dabei wird ein Teil der Strahlung im Infraroten von CO absorbiert[4], daher erhält man Minima entsprechend den CO-Banden bei 2,3 und 4,7 $\mu$. Ein Einfluß dieser, von CO absorbierten Strahlung auf die Reaktionsgeschwindigkeit besteht nicht, wie GARNER und GOMM ausdrücklich feststellten durch besondere Versuche mit CO-$O_2$-Mischungen, die in Quarzgefäßen bei 750° dicht unter dem kritischen Explosionsdruck mit und ohne infrarote Strahlung reagierten.

---

[1] MUSGRAVE, F. F. u. C. N. HINSHELWOOD: J. chem. Soc. 1933, S. 56.
[2] PRETTRE, M. u. P. LAFFITTE: C. R. Acad. Sci., Paris Bd. 189 (1929) S. 177.
[3] KONDRATJEW, V.: Z. Phys. Bd. 63 (1930) S. 322.
[4] GARNER, W. E. u. A. S. GOMM: Trans. Faraday Soc. Bd. 24 (1928) S. 470.

Stickstoff spielt bei der Kohlenoxydverbrennung eine eigentümliche Rolle[1]. 1909 veröffentlichten HABER und COATES[2] Versuche über die NO-Bildung in einer unter Druck brennenden CO-Luft-Flamme. Sie waren dabei von der Überlegung ausgegangen, daß in den Flammen Ionen auftreten, und daß durch Mitwirken dieser Gasionen vielleicht mehr NO gebildet werden könne, als dem thermischen Gleichgewicht zwischen $N_2 + O_2$ entspricht. Es ist vielleicht nützlich, darauf hinzuweisen, daß damit kein Widerspruch zur Thermodynamik entsteht. Wenn man ein $N_2 + O_2$-Gemisch durch eine $CO$-$O_2$-Explosion auf eine gewisse Temperatur erhitzt und sich dann NO bilden läßt, so kann die Bildung natürlich nicht über die Gleichgewichtskonzentration hinausgehen. Anders ist es aber, wenn man von Anfang an die $CO + O_2$- und die $N_2 + O_2$-Reaktionen miteinander gekoppelt hat; dann kann sehr wohl die erreichte NO-Konzentration höher liegen, als es dem Gleichgewicht mit den im Endzustand vorhandenen Komponenten entspricht. Dies steht ebenso wenig mit der Thermodynamik im Widerspruch wie die Tatsache, daß etwa bei Knallgasexplosionen mit Kettenverzweigung mehr H-Atome entstehen, als es dem Dissoziationsgleichgewicht des $H_2$ entspricht. Bedingung in beiden Fällen ist aber, daß der Umsatz in dem Gesamtsystem unter Abnahme der freien Energie, bezogen auf den Ausgangszustand, verlaufen ist, und außerdem kann die über das Gleichgewicht hinaus im Endzustand vorhandene Konzentration einer Komponenten, wie des NO, nur kurze Zeit bestehen bleiben, weil natürlich das System dem Gleichgewicht zustrebt, sofern man nicht etwa durch Abschrecken die Reaktionsgeschwindigkeit äußerst verringert.

HABER und COATES konnten nicht mit Sicherheit über das Gleichgewicht hinausgehende NO-Mengen nachweisen; dagegen fanden BONE und Mitarbeiter[3] über das Gleichgewicht hinausgehende Ausbeuten, die noch dadurch gesteigert werden konnten, daß man die Gase unmittelbar nach Erreichen der Maximaltemperatur plötzlich abschreckte (das geschah folgendermaßen: Die Explosionsbombe war durch eine passende Membran unterteilt, die so bemessen und gestaltet war, daß sie nach der Explosion des, die eine Seite der Bombe ausfüllenden Gemisches, mit geringer Verzögerung durchschlagen wurde, das Gas also plötzlich auf ein größeres Volumen expandierte). Stickstoffzusatz zu $CO$-$O_2$-Mischungen setzt die Flammengeschwindigkeit wesentlich herab, die Zeit, die bis zur Erreichung des Maximaldruckes verstreicht, entsprechend stark herauf.

[1] Vgl. hierzu BONE u. TOWNEND: Flame usw., sowie BONE, NEWITT, TOWNEND: Gaseous Combustion at High Pressures.

[2] HABER, F. u. COATES: Z. phys. Chem. Bd. 69 (1909) S. 337.

[3] Vgl. insbesondere BONE, NEWITT, TOWNEND: Gaseous Combustion at High Pressures; sowie W. A. BONE, D. M. NEWITT u. D. T. A. TOWNEND: Proc. roy. Soc., Lond. A Bd. 139 (1933) S. 57. — TOWNEND u. L. E. OUTRIDGE: Proc. roy. Soc., Lond. A Bd. 139 (1933) S. 74. — NEWITT, D. M. u. F. G. LAMONT: Proc. roy. Soc., Lond. A Bd. 139 (1933) S. 83.

Wir geben hier einige Versuche von BONE und Mitarbeitern an:

Tabelle 61. NO-Bildung in CO-Explosionen. (Nach BONE.)

| Mischung | Anfangsdruck at | Enddruck at | Maximale Temperatur $T^\circ$ abs. | NO-Bildung; % in kalten Produkten[1] |
|---|---|---|---|---|
| $2\,CO + 1{,}25\,O_2 + 5\,N_2$ . . . . | 125 | 960 | 2270 | 2,4 |
| $2\,CO + 1{,}5\,O_2 + 6\,N_2$ . . . . | 125 | 750 | 1740 | 2,2 |
| $2\,CO + 1{,}6\,O_2 + 6{,}4\,N_2$ . . . | 125 | 720 | 1660 | 2,0 |

Die Gleichgewichtskonzentration in einer $(1\,N_2 + 1\,O_2)$-Mischung beträgt, nach ZEISE (zitiert S. 318) bei 1600° abs. 0,205, bei 2200° 1,38%, für die obige Mischung entsprechend weniger. Da die vorangehenden Versuche ohne Abschrecken ausgeführt sind, also bestimmt ein Teil des NO verlorengegangen ist, so werden hier zweifellos über dem Gleichgewicht liegende NO-Konzentrationen gefunden[2].

In Versuchen mit durchschlagener Scheibe trat eine verstärkte NO-Bildung ein. In einer Ausgangsmischung von $2\,CO + 3\,O_2 + 2\,N_2$ z. B. bei $P_{\text{Anf.}} = 72$ at, P (beim Durchschlagen) $= 630$ at $T_{\max} = 2815°$ abs. wurden 5,4% $NO_2$ in den kalten Endgasen gefunden[3].

Durch Versuche, bei denen die Scheibe zu verschiedenen Zeitpunkten vor und nach Erreichen des Maximaldruckes durchschlagen wurde, wurde gezeigt, daß NO-Bildung bereits während der Verbrennung einsetzt, aber noch während der Abkühlung (die Anfangs verzögert ist!) weiterläuft, Tabelle 62.

In stationären Hochdruckflammen erhält man maximal etwa 2% NO. Daß die NO-Bildung kein rein thermisches Phänomen ist, geht hervor

Tabelle 62. Beispiel: $P_a$ etwa 70 at (Ausgangsgemisch $2\,CO + 3\,O_2 + 2\,N_2$).

| $P_a$ at | $P$ (beim Durchschlagen der Scheiben) at | Zeitpunkt des Durchschlagens; s vor oder nach Erreichen von $P_{\max}$ | $T_{\max}$ abs. | % $NO_2$[3] | % NO ber. |
|---|---|---|---|---|---|
| 70 | 520 | — 0,03 | | 3,3 | |
| 68 | 635 | + 0,02 | 2915 | 4,5 | 2,3 |
| 70 | 620 | + 0,06 | 2815 | 5,4 | 2 |
| 72 | 630 | + 0,13 | 2815 | 5,4 | 2 |

aus weiteren Versuchen BONEs, in denen er Explosionen von $2\,CO + 3\,O_2 + 2\,N_2$ mit solchen von $2\,H_2 + 3\,O_2 + 2\,N_2$ verglich; während bei der CO-Explosion bis 3% NO überlebte, waren bei der $H_2$-Explosion nur

[1] Die Konzentration, bezogen auf noch vorhandenen $O_2$ und $N_2$, ist entsprechend höher, ebenso in den folgenden Versuchen!

[2] Übrigens ist ein Verfahren zur Gewinnung von NO durch Gasexplosion von F. HÄUSSER patentiert, DRP. 232569.

[3] Ursprünglich bildet sich natürlich NO, das sich aber beim Abkühlen mit überschüssigem Sauerstoff zu $NO_2$ umsetzt.

0,07% festzustellen[1]. BONE hat die Vorgänge auch spektroskopisch untersucht und schließt, daß eine Aktivierung des $N_2$-Moleküls (durch Übertragung mittels Stößen zweiter Art) der Primärvorgang sein müsse. Z. B. beobachtete man bei einer Explosion von $2\,CO + 1{,}25\,O_2 + 5\,N_2$ und 25 at Anfangsdruck visuell eine hellorangegelbe Flamme, der ein rotes, einige Zeit anhaltendes Nachleuchten folgte; in den abgekühlten Gasen läßt sich $NO_2$ in Absorption nachweisen. Auffällig bei Explosionen in Gegenwart von $N_2$ ist noch die verringerte Abkühlungsgeschwindigkeit nach Erreichen des Maximaldruckes, die auf das Ablaufen einer exothermen Umsetzung schließen läßt.

Über die Rolle des Wasserdampfes bei der Verbrennung geben ebenfalls spektroskopische Beobachtungen Aufschluß. Wie schon erwähnt, geben „feuchte" CO-Explosionen ebenso wie $H_2$-Explosionen ein intensives Spektrum der OH-Banden. Während aber bei Steigerung des Anfangsdruckes bei $H_2$-Explosionen diese Banden verstärkt werden, nehmen sie bei CO-Explosionen umgekehrt mit zunehmendem Druck ab und sind bei etwa 30 at Anfangsdruck verschwunden (BONE und LAMONT[2]) Diese Beobachtung widerspricht zumindest nicht der Folgerung, daß in feuchten CO-$O_2$-Mischungen mit zunehmendem Druck der Verbrennungsmechanismus sich ändert, etwa in den der „trockenen" CO-Verbrennung übergeht. Natürlich findet mit zunehmendem Druck auch eine Auslöschung der Lumineszenzstrahlung statt, so daß die Folgerung nicht völlig zwingend ist; da aber bei $H_2$-Explosionen die OH-Banden überleben, braucht dies nicht der Grund für ihr Verschwinden beim CO zu sein.

Die Verhältnisse bei der CO-Verbrennung — ohne Wasserdampf und mit Wasserdampf, ohne und mit Stickstoff — werden um einiges klarer auf Grund quantitativer spektroskopischer Versuche KONDRATJEWS. Daß die Aktivierung des Stickstoffs in den BONEschen Versuchen und die bei Stickstoffzusatz von ihm nachgewiesene Verminderung der Strahlung im Blauen und Ultravioletten nicht auf einer Absorption durch Stickstoff beruhen kann, folgt aus der Lage von dessen Absorptionsspektrum im fernen SCHUMANN-Gebiet. Vielmehr kann es sich dabei nur um Energieübertragung in Stößen zweiter Art handeln. KONDRATJEW[3,4] hat direkt gezeigt, daß bei der Verbrennung von $CO + O_2$ z. B. die Quecksilberresonanzlinie bei 2537 Å angeregt wird; da das kurzwellige Ende des Spektrums der CO-Verbrennung bei $\sim 2200$ Å liegt, so kann eine entsprechende Aktivierungsenergie bis $\sim 5{,}65$ V geliefert werden. Der tiefste Anregungszustand des Stickstoffs ist der metastabile $^3\Sigma$-

[1] Eventuell wäre auch die Frage zu diskutieren, ob bei $H_2$-Explosionen die das NO zerstörenden Reaktionen besonders schnell ablaufen.

[2] BONE, W. A. u. F. G. LAMONT: Proc. roy. Soc., Lond. A Bd. 144 (1934) S. 250.

[3] KONDRATJEW, V.: Acta physicochimica. Bd. 2 (1935) S. 126.

[4] Vgl. auch V. KONDRATJEW: Acta phys. polon. Bd. 5 (1936) S. 65.

Zustand mit einer Anregungsenergie $^3\sum - ^1\sum$ von $6{,}1 \pm 0{,}5$ V, so daß die Energie der $CO_2^*$-Molekeln[1], die wahrscheinlich für die Strahlung der CO-Flammen verantwortlich sind, entweder zur Anregung dieses Zustandes ausreicht, oder zumindest eine etwa verbleibende Differenz von der thermischen Energie geliefert werden kann.

KONDRATJEW[2] ist es auch gelungen, unter Bedingungen, unter denen er gleichzeitig die Reaktionsgeschwindigkeit verfolgen konnte, die Gesamtstrahlung einer $CO$-$O_2$-Flamme im Sichtbaren und Ultravioletten zu messen. Dabei ergab sich, daß auf $\sim 125$ überhaupt entstandene $CO_2$-Molekeln 1 $CO_2^*$-Molekül mit der Anregungsenergie für die Ausstrahlung gebildet worden sein muß; bei der quantitativen Auswertung mußte die Auslöschung der Chemilumineszenzstrahlung mit in Rechnung gesetzt werden. Die Versuche beziehen sich auf ein Quarzgefäß von 69 cm³ Volumen, durch welches Gemische von $CO + O_2$ bzw. $2\,CO + O_2$ bei 740° C und ungefähr 100 mm Druck bei einer Strömungsgeschwindigkeit von 1 bis 1,5 cm³/s geleitet wurden; die Umsätze lagen dabei zwischen 2,3 und 7,7% und die Strahlungsintensität war dem Umsatz proportional. Die aus der emittierten Strahlung berechnete Konzentration angeregter $CO_2^*$-Molekeln ist um $\sim 18$ Zehnerpotenzen größer als dem Temperaturgleichgewicht entspricht. Demgemäß scheint es nicht unwahrscheinlich, daß die kettenverzweigende Reaktion

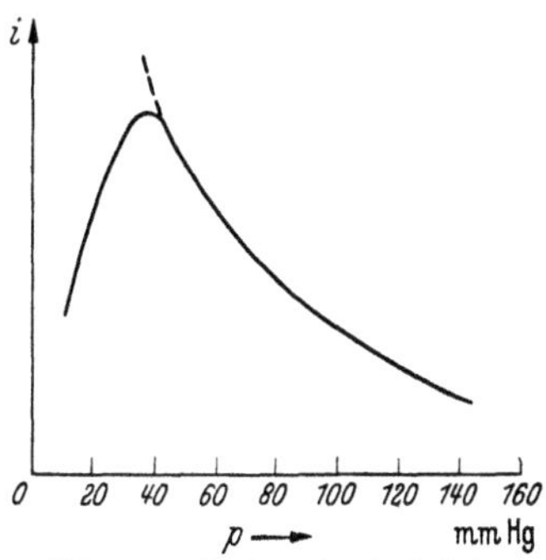

Abb. 174. Lichtausbeute $i$ bei der Reaktion von $2\,CO + O_2$ bei $\sim 740°$ C als Funktion des Druckes. (Nach KONDRATJEW.)

$$CO_2^* + O_2 \rightarrow CO_2 + O + O$$

bei der Verbrennung eine Rolle spielt.

In früheren Arbeiten hatten KONDRATJEW und KONDRATJEWA die Strahlung von $CO + O_2$-Flammen in Abhängigkeit von Druck und Gaszusammensetzung untersucht[3]. Dabei ergab sich folgendes: Bei niederen Drucken stieg die Lichtausbeute, zunächst mit dem Druck an, um dann oberhalb 40 mm ungefähr nach einem hyperbolischen Gesetz wieder abzufallen (Abb. 174).

Für den hyperbolischen Teil gilt dabei, wenn $p$ in mm Hg gemessen wird:

$$i = \frac{i_0}{1 + k\,p} \tag{9}$$

---

[1] KONDRATJEW, V.: Z. Phys. Bd. 63 (1930) S. 322.

[2] KONDRATJEWA, H. u. V. KONDRATJEW: Acta Physicochim. Bd. 6 (1937) S. 748.

[3] KONDRATJEWA, H. u. V. KONDRATJEW: Acta Physicochim. Bd. 4 (1936) S. 547; Bd. 6 (1937) S. 625.

mit $k = 0{,}113\ \mathrm{mm}^{-1}$, ein Gesetz, wie es üblicherweise für die Auslöschung von Lumineszenz- bzw. Fluoreszenzstrahlung gefunden wird[1]. Der Zahlenwert entspricht ungefähr einer Auslöschung bei jedem gaskinetischen Stoß. Das bedeutet folgendes: Das die Strahlung emittierende Molekül, etwa $CO_2^*$, das noch eine große Reaktionsenergie trägt, kann während seiner Lebensdauer von $\sim 10^{-8}$ s einen Zusammenstoß erfahren und dabei seine Energie abgeben, ehe es diese auszustrahlen vermag. Dafür ergibt sich theoretisch[1] die hyperbolische Kurve und Gl. (9). Daß bei kleineren Drucken die Strahlungsintensität nicht weiter ansteigt, sondern sogar abfällt, hat eine triviale Ursache: Bei niederen Drucken

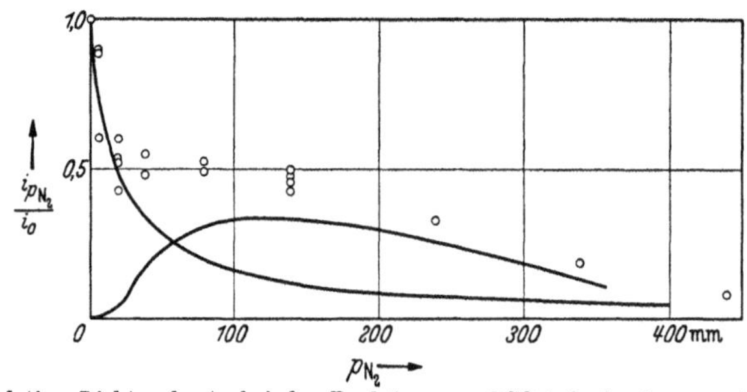


Abb. 175. Relative Lichtausbeute bei der Reaktion von $2CO + O_2$ in Gegenwart von Stickstoff wechselnden Druckes. (Nach KONDRATJEW.)

dürfte die Reaktionsgeschwindigkeit stark abfallen und die Umsetzung unter Umständen wesentlich an der Wand stattfinden unter Bedingungen, wo keine oder wenig Strahlung emittiert wird. Die Versuche beziehen sich wieder auf eine Temperatur von 740° C. Nach JOHNSON[2] wird von $CO + O_2$ bei 472 mm Druck bei der Reaktion 10% der gesamten Energie in Form von infraroter, sichtbarer und ultravioletter Strahlung emittiert. Versuche mit variierter Zusammensetzung (1. $p_{CO} = 40$ mm, $p_{O_2} = 20$ bis 360 mm; 2. $p_{O_2} = 20$ mm, $p_{CO} = 40$ bis + 80 mm; 3. $p_{ges.} = 57$ mm, % CO = 20 bis 80; 4. $p_{CO} = 40$ mm, $p_{O_2} = 20$ mm; $p_{N_2} = 0$ bis 440 mm) sowie mit zugefügtem Stickstoff ergaben folgendes. Man findet für die Auslöschungskonstanten bzw. $k_{O_2} = 0{,}162\ \mathrm{mm}^{-1}$ und $k_{CO} = 0{,}034\ \mathrm{mm}^{-1}$, d. h. Sauerstoff löscht die Lumineszenz etwa 5mal wirksamer aus als Kohlenoxyd. Übrigens wurde auch wieder der Umsatz bestimmt und bei 740° gefunden, daß CO diesen hemmt, $O_2$ ihn befördert. Die Beobachtungen mit Stickstoff sind wieder eigenartig, fügen sich aber in das ein, was man aus den BONEschen Versuchen weiß. Abb. 175 gibt die Versuchsresultate wieder, relative Lichtintensität in Abhängigkeit von dem $N_2$-Druck. Hier hat man keinen glatten Abfall mit zunehmendem Druck, vielmehr lassen sich die Beobachtungen formal deuten durch Überlagerung zweier Kurven: einer hyperbolischen Auslöschungskurve,

[1] Vgl. O. STERN u. M. VOLMER: Phys. Z. Bd. 20 (1919) S. 183.
[2] JOHNSON, C. H.: Phil. Mag. Bd. 5 (1928) S. 301.

mit $k_{N_2} = 0{,}28\ \text{mm}^{-1}$. Diese besonders hohe Auslöschungskonstante für Stickstoff wäre in Beziehung zu setzen zu der von BONE beobachteten Stickstoffaktivierung. Die zweite Kurve, die eine Zunahme der Intensität mit steigendem Druck ergibt, hat ihr Maximum in der gleichen Gegend, wie die Kurve des prozentualen Umsatzes, der durch Stickstoff auch zunächst gefördert wird. Es ist also naheliegend, daß etwa in Gegenwart von $N_2$ eine zusätzliche Reaktion abläuft, etwa induziert durch gebildetes NO, die für die vermehrte Strahlung verantwortlich ist.

Daß Sauerstoff die Lumineszenz soviel stärker auslöscht als CO, könnte damit zusammenhängen, daß bei jenem der Vorgang möglich ist:

$$CO_2^* + O_2 \rightarrow CO_2 + 2\,O,$$

was wiederum auf die Rolle dieses Vorganges als kettenverzweigende Reaktion hinweisen würde.

Bei Gegenwart von Wasserdampf geht die Strahlung der Kohlenoxydflamme zurück[1]; KONDRATJEW und KONDRATJEWA[2] haben die Verhältnisse näher untersucht, indem sie $[CO + O_2\,(+ H_2O)]$-Mischungen bei etwa 60 mm Druck und 740° C durch Quarzgefäße strömen ließen und die Lichtausbeute bestimmten. Trägt man die Lichtintensität $i$ beim Wasserdampfdruck $p_{H_2O}$ als Funktion dieses Druckes auf, so findet man einen Kurvenverlauf, der dargestellt wird durch:

$$\frac{i}{i_0} = \frac{1}{1 + 2{,}5\,p_{H_2O}};$$

darin ist $i_0$ die Intensität in Abwesenheit von Wasserdampf, wobei aber noch geringe Mengen $H_2$ (von der elektrolytischen Sauerstoffdarstellung her) vorhanden sind. Diese Beziehung darf hier aber nicht als solche für die Auslöschung einer Fluoreszenz gedeutet werden, weil man dafür sinnlos hohe Wirkungsquerschnitte erhielte. Man muß also annehmen, daß in Gegenwart von $H_2O$ die Reaktion zum Teil nach einem anderen Mechanismus verläuft und daß deshalb die Lichtausbeute absinkt.

Befreite man das Gemisch noch von den geringen darin enthaltenen $H_2$-Mengen, so fiel die Lichtintensität unter den Wert von $i_0$ in Abwesenheit von $H_2O$ ab; dies rührt von dem stark verringerten Umsatz her. Der Umsatz steigt von wenigen % in trockenen Mischungen auf $\sim$ 100% bei 0,5 mm $H_2O$ an.

Wenn auch eine quantitative Auswertung der Versuche bisher unsicher erscheint, so fügen sie sich doch sehr gut in die übrigen Beobachtungen ein.

[1] GARNER, W. E. u. Mitarbeiter, C. H. JOHNSON: Phil. Mag. Bd. 5 (1928) S. 301. — GARNER u. JOHNSON: J. chem. Soc. 1928, S. 218. — GARNER u. F. ROFFEY: J. chem. Soc. 1929, S. 1123. — GARNER u. D. A. HALL: J. chem. Soc. 1936, S. 2037. — GARNER, HALL u. F. E. HARVEY: J. chem. Soc. 1931, S. 641. — BAWN, C. E. H. u. GARNER: J. chem. Soc. 1932, S. 129. — GARNER u. F. H. POLLAND: J. chem. Soc. 1935, S. 144. — Ferner: F. R. WESTON: Proc. roy. Soc., Lond. A Bd. 109 (1925) S. 176, 523.

[2] KONDRATJEWA, H. u. V. KONDRATJEW: Acta Physicochim. Bd. 8 (1938) S. 487.

## 4. Der Mechanismus der CO-Verbrennung.

Über den Mechanismus der CO-Verbrennung weiß man noch etwas weniger als über den der $H_2$-Verbrennung. Hier ist es übrigens schwierig, eine Kettenreaktion ohne Mitwirken von Energieketten zu formulieren. Die Reaktion

1.) $$CO + O_2 \rightarrow CO_2 + O + 8\ \text{kcal}$$

ist an sich exotherm; es wäre also denkbar, daß sie mit einer Aktivierungswärme verliefe, die ein Mitwirken als ketteneinleitende Reaktion bei höheren Temperaturen nicht ausschlösse. Die Sauerstoffatome sind jedoch nicht geeignet zur Fortführung einer Kette, denn etwa mit der Reaktion:

2.) $$CO + O + M \rightarrow CO_2 + M + \sim 125\ \text{kcal}$$

wäre diese bereits abgebrochen. Diese Reaktion verläuft etwa bei jedem 40. Dreierstoß, wie aus photochemischen Versuchen im Schumann-Gebiet von Groth[1] geschlossen werden kann. An dieser Stelle können aber angeregte $CO_2^*$-Molekeln entstehen mit einer Energie, die zur Dissoziation des Sauerstoffs ausreicht, so daß die Reaktion folgen kann:

3.) $$CO_2^* + O_2 \rightarrow CO + 2\,O,$$

sofern nicht Sauerstoff bereits als Dreierstoßpartner gewirkt hat und die Dissoziation in einem Akt stattgefunden hat:

4.) $$CO + O + O_2 \rightarrow CO_2 + 2\,O.$$

Anhaltspunkte für diese Reaktion sind ja nach Kondratjew vorhanden. Da nach Kondratjew auf etwa jedes 125. $CO_2$ ein zur Strahlungsemission befähigtes $CO_2^*$-Molekül entsteht, so wäre an sich denkbar, daß Reaktion 2.) und 4.) noch öfter als einmal unter 125 abläuft, da ja nur in günstigen Fällen die Anregungsenergie bei dem $CO_2^*$ zu bleiben braucht, während sie sich sonst über die Stoßpartner verteilen wird. Mit den Reaktionen 2.), 3.) und 4.) wäre auch die Förderung der Reaktion durch $O_2$ und die Hemmung durch CO zu verstehen, da ja nur mit $O_2$ als Dreierstoßpartner Kettenfortführung, die hier mit Verzweigung identisch ist, eintreten kann. Kettenabbrechend wäre Reaktion 2.), wenn kein $CO_2^*$ entsteht, oder wenn dieses zwar erst entsteht, ein weiterer Stoß des $CO_2^*$ aber nicht zur Sauerstoffspaltung führt. Da O-Atome mit $O_2$ in guter Ausbeute im Dreierstoß $O_3$ liefern, ist eine Beteiligung von Ozon an der Reaktion nicht ausgeschlossen, etwa nach:

5.) $$O + O_2 + M \rightarrow O_3 + M$$

6.) $$CO + O_3 \rightarrow CO_2 + O_2$$

und unter Umständen unter Kettenverzweigung:

6a.) $$CO + O_3 \rightarrow CO_2 + O + O - \sim 15\ \text{kcal}.$$

---

[1] Groth, W.: Z. phys. Chem. Abt. B Bd. 37 (1937) S. 315. Vgl. auch W. Groth u. P. Harteck: Z. Elektrochem. Bd. 44 (1938) S. 621, Fußnote 1, S. 627.

Der Versuch einer quantitativen Deutung der Explosionsgrenzen scheint uns verfrüht, solange über die Elementarreaktionen nicht unmittelbares experimentelles Material vorliegt. Daß man durch Einführung passender Gasphasendesaktivierung zur Deutung der oberen Grenze kommen muß, ist nach allen sonstigen Erfahrungen sicher. LEWIS und v. ELBE[1] kommen zu einer formalen Deutung der oberen Explosionsgrenze, wenn sie noch die Reaktionen mit Ozon einführen:

7.) $$O_3 + CO \rightarrow CO_3 + O$$

8.) $$CO_3 + CO \rightarrow 2\,CO_2$$

9.) $$O_3 + CO + M \rightarrow CO_2 + O_2 + M.$$

Doch scheint die ad hoc-Einführung von $CO_3$ $\left(O{=}C\langle{}^{O}_{O}\right)$ (mit O–O-Bindung) für das keinerlei experimentelle Evidenz vorhanden ist, vorläufig sehr unbefriedigend; außerdem schiene uns, selbst wenn man dessen Existenz zugäbe, die Reaktion 7.) reichlich unwahrscheinlich, viel naheliegender wäre dann die Reaktion 6.). LEWIS und v. ELBE haben diesen Mechanismus durchgerechnet, um zu zeigen, daß man ohne Einführung der in den meisten Fällen sehr unwahrscheinlichen Energieketten die Experimente formal deuten kann. In diesem Falle ist es aber so, daß gerade für Energieketten auf Grund der KONDRATJEWschen Versuche unmittelbare experimentelle Unterlagen vorhanden sind, während umgekehrt für die LEWIS-v. ELBE-Stoffkette bisher solche experimentellen Unterlagen fehlen.

Die Verbrennung von feuchtem CO (oder von CO in Gegenwart von $H_2$ oder $H_2$-haltigen Stoffen) verläuft wohl ähnlich der $H_2$-Verbrennung. Die Reaktion:

$$CO + OH \rightarrow CO_2 + H$$

erscheint nicht unwahrscheinlich; als Folgereaktionen kommen, wie erwähnt, mehrere in Frage, wie:

$$H + O_2 + M \rightarrow HO_2 + M,$$

gefolgt von:

$$CO + HO_2 \rightarrow CO_2 + OH.$$

Dem äquivalent wäre die Dreierstoßreaktion[2]

$$H + CO + O_2 \rightarrow CO_2 + OH,$$

die noch bei der Temperatur der flüssigen Luft und daher wohl mit sehr kleiner Aktivierungswärme verläuft. Auch die Reaktion:

10.) $$H + CO + M \rightarrow HCO + M$$

kommt vor, gefolgt von $2\,HCO \rightarrow H_2C_2O_2$ (Glyoxal) oder $HCO + H \rightarrow H_2CO$ bzw. $HCO + H_2 \rightarrow H_2CO + H$ (Formaldehyd), wie aus der

---

[1] LEWIS, B. u. G. v. ELBE: J. Amer. chem. Soc. Bd. 59 (1937) S. 2025; ferner Combustion 1938.

[2] Vgl. GEIB: Zitiert S. 311.

Hg-sensibilisierten Photoreaktion nach FRANKENBURGER[1,2] folgt. Dabei führt 10.) nur in einem kleinen Bruchteil der Dreierstöße zum Erfolg (vgl. GEIB, zitiert S. 311).

Nach HARTECK und GROTH[3] verläuft auch die Reaktionsfolge:

$$H + CO\,(+ M) \rightarrow HCO\,(+ M)$$
$$HCO + O_2 \rightarrow HO_2 + CO,$$

die aber, da sie im Endeffekt das CO unverändert läßt, hier wohl nicht besonders berücksichtigt zu werden braucht.

Zehntes Kapitel.

# Funkenzündung II; Reaktion in elektrischen Entladungen.

Im zweiten Kapitel hatten wir eine vorläufige Behandlung der Funkenzündung gegeben, von dem, für ein volles Verständnis noch nicht ausreichenden Standpunkt der Wärmetheorie aus, womit nur ein Teil der Vorgänge erfaßt ist. Aber zur Behandlung der Frage, wann und wie eine in einem Teilvolumen eingeleitete Explosion sich ausbreitet, ist es von geringer Bedeutung, wodurch diese Teilexplosion ursprünglich hervorgerufen wurde; darum führt auch die notwendig einseitige Behandlung nach der Wärmetheorie trotzdem schon zu wichtigen Erkenntnissen, die jedoch einer Vertiefung bedürfen. Wie die Frage der Funkenzündung bis vor kurzem aufgefaßt wurde, zeigt eine Bemerkung aus dem BONEschen Buch[4], daß nämlich noch wesentliche Meinungsunterschiede darüber bestünden, ob die Zündfähigkeit eines Funkens hauptsächlich seiner Temperatur oder seiner ionisierenden Wirkung zuzuschreiben wäre. Nach den neueren Erfahrungen wird man schließen dürfen: Der Ionisation fast gar nicht, der Wärmewirkung nur zum Teil, aber der Molekülanregung und evtl. Dissoziation im Funken zu einem erheblichen Teil.

## 1. Natur der Funkenentladung. Ältere Untersuchungen über die Zündfähigkeit verschiedener Funken.

In älteren Untersuchungen z. B. von THORNTON[5] wurden die Mindeststromstärken bestimmt, die zum Zünden unter vorgegebenen Bedingungen

[1] FRANKENBURGER, W.: Z. Elektrochem. Bd. 36 (1930) S. 757.

[2] GROTH, W.: Zitiert S. 338.

[3] HARTECK, P., W. GROTH u. K. FALTINGS: Z. Elektrochem. Bd. 44 (1938) S. 621.

[4] „Flame usw.“.

[5] THORNTON, W. M.: Proc. roy. Soc., Lond. A Bd. 90 (1914) S. 277; Bd. 91 (1914) S. 17; Bd. 92 (1915) S. 9, 381.

notwendig waren, z. B. indem man einen Öffnungsfunken in einem Stromkreis herstellte, in welchem ein bekannter Strom floß.

Zu eindeutigen Resultaten kommt man erst, wenn man Entladungen unter definierten Bedingungen herstellt, nämlich entweder Kondensatorentladungen oder Induktorentladungen, sofern man die Funkencharakteristik des Induktoriums genau kennt. Die Entladung eines Kondensators verläuft beim Fehlen größerer Selbstinduktionen in einer sehr kurzen Zeit, z. B. $\sim 10^{-6}$ s, woraus dann gleich folgt, daß die Stromstärke während der Entladung außerordentlich hohe Werte annehmen muß; dabei verläuft die Entladung oszillatorisch mit einer sehr hohen Frequenz, wie schon daraus hervorgeht, daß die gesamte Entladungsdauer so kurz ist. Die Entladung eines Induktoriums besteht nun in ihrem allerersten Teil, der in der englischen Literatur als „Kapazitätskomponente" bezeichnet wird, aus einer entsprechenden kurz dauernden Entladung sehr hoher Frequenz und Stromstärke, für die die Selbstkapazität der Sekundärspule des Induktoriums verantwortlich ist. Der Kapazitätskomponenten von sehr kurzer Dauer folgt dann die sog. „Induktanzkomponente" von wesentlich längerer Zeitdauer (einige $10^{-3}$ s) und wesentlich geringerer Stromstärke. Der Strom nimmt in dieser Periode exponentiell ab, wobei ihm Sinusschwingungen überlagert sind, deren Frequenz im wesentlichen gegeben ist durch die Eigenfrequenz des aus Selbstinduktion und Kapazität bestehenden Primärkreises des Induktoriums (wegen der Koppelung von Primär- und Sekundärkreis nicht exakt)[1]. Theoretisch und experimentell sind die Verhältnisse für die Funkenentladung besonders sorgfältig von FINCH und Mitarbeitern[2] untersucht worden. In einer speziellen Anordnung war z. B. die Frequenz der Kapazitätskomponenten $\sim 10^7$, die maximale Stromstärke $\sim 113$ A, die Frequenz der Induktanzkomponenten betrug $\sim 10000$, die Stromstärke war von der Größenordnung 0,3 A, die Amplituden der Schwingungen von der Größenordnung 0,1 A, die gesamte Dauer betrug $\sim 1{,}23$ m s. Qualitativ ergibt sich für Strom und Spannung als Funktion der Zeit (die Kapazitätskomponente ist nicht gezeichnet, da sie zu schnell verläuft und die Amplitude zu groß ist) das folgende Bild (Abb. 176, 177, 183). Die Spannung steigt erst an auf den Wert der Durchbruchfeldstärke $E_1$, fällt dann auf den Wert $E_2$ ab, wo sie praktisch konstant bleibt. Der Strom klingt exponentiell ab mit überlagerten Schwingungen, behält aber immer die gleiche

[1] Vgl. hierzu: Handbuch der Physik, Bd. 16, S. 88ff. — MÜLLER-POUILLETS Lehrbuch der Physik, Bd. IV/1, S. 579ff. und insbesondere E. TAYLOR-JONES: Induction Coil Theory and Applications. London: Pitman & Sons 1932.

[2] FINCH, G. I. u. R. W. SUTTON: Proc. phys. Soc., Lond. Bd. 45 (1933) S. 288. — Vgl. auch den vom modernen Standpunkt aus geschriebenen kritischen Bericht über Zündung durch elektrische Ladungen von B. W. BRADFORD u. G. I. FINCH: Chem. Rev. Bd. 21 (1937) S. 221, mit ausführlichen Literaturangaben, an den wir uns im folgenden vielfach anschließen.

Richtung. Was in diesen Abbildungen qualitativ gezeichnet ist, läßt sich unmittelbar quantitativ vermittels Kathodenstrahloszillogrammen bestimmen (FINCH und SUTTON, BRADFORD und FINCH, zitiert S. 341). Dies läßt sich auch am Funken selbst sehen[1], wenn man ihn in einem rotierenden Spiegel betrachtet (vgl. etwa TAYLOR-JONES[2], Abb. 61, S. 122); auf den ersten Funken der Kapazitätskomponenten folgen periodisch weitere (schwächere) Entladungen.

Es sind nun schon frühzeitig Versuche unternommen worden, die relative Zündfähigkeit der verschiedenen Entladungsformen festzustellen. Wenn eine gewöhnliche Induktorentladung aus der Kapazitätskomponenten und der fluktuierenden Induktanzkomponenten besteht, so kann

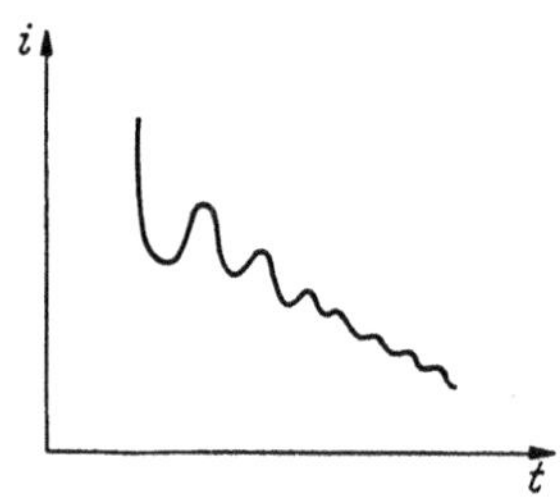


Abb. 176.

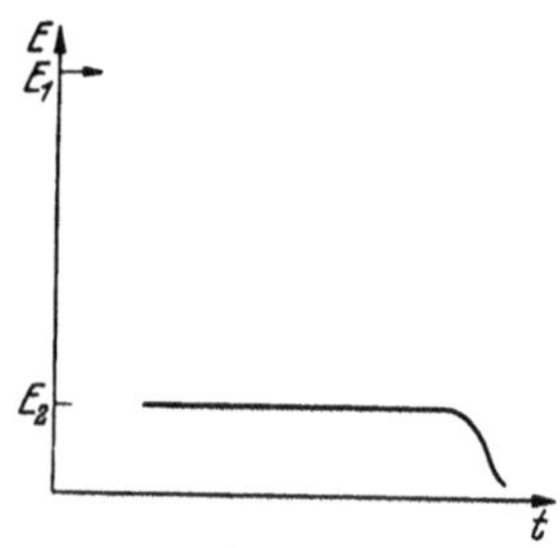


Abb. 177.

Abb. 176 u. 177. Strom- und Spannungsverlauf während der Induktanzkomponenten einer Induktorentladung, qualitativ. (Nach FINCH.)

man durch Zuschalten einer Kapazität zu dem Sekundärkreis erreichen, daß bei hinreichender Kapazität schließlich nur noch ein einziger Kapazitätsfunke übergeht. Man kann dann durch calorimetrische Messungen zeigen (vgl. TAYLOR-JONES[2]), daß unter den verschiedenen Verhältnissen bei gleichen Bedingungen im Primärkreis die gesamte Funkenenergie die gleiche bleibt. Derartige Versuche zur Funkenzündung wurden von MORGAN[3] ausgeführt mit dem Ergebnis, daß mit zunehmender Kapazität im Sekundärkreis die Zündfähigkeit des Funkens zunimmt, daß es für die Zündung also anscheinend nur auf die Kapazitätskomponente ankommt.

Diese Ergebnisse wurden von TAYLOR-JONES, MORGAN und WHEELER[4] als Bestätigung einer rein thermischen Theorie aufgefaßt, da durch eine momentane Wärmequelle ein größeres Gasvolumen auf „Entzündungstemperatur" erhitzt werden kann als durch eine während längerer Zeit wirkende Quelle gleicher Gesamtergiebigkeit. Nun ist eine Annahme dieser Art äußerst unplausibel, worauf frühzeitig von FINCH[5] hingewiesen

[1] Die ersten derartigen Aufnahmen mit rotierendem Spiegel stammen von B. WALTER: Ann. Phys., Lpz. Bd. 66 (1898) S. 636.

[2] Zitiert Seite 341.

[3] MORGAN, J. D.: Principles of electric Spark ignition. 1920.

[4] TAYLOR-JONES: Zitiert S. 341. — TAYLOR-JONES, E., J. D. MORGAN u. R. V. WHEELER: Phil. Mag. Bd. 43 (1922) S. 359.

[5] Vgl. etwa BRADFORD u. FINCH: Zitiert S. 341.

wurde; das würde nämlich bedeuten, daß die gesamte, in einem Funken verfügbare Energie erst dann chemisch wirksam wird, nachdem sie in der entwertetsten Form, der der Wärmeenergie vorliegt, während doch, noch ehe die Energie in Wärme umgewandelt ist, in weitem Umfange Ionisierung, Molekülanregung und Spaltung abläuft.

## 2. FINCHS Untersuchungen über die Reaktionen explosiver Gemische in Entladungen, die nicht zur Zündung führen.

Nun sprechen allerdings die meisten Erfahrungen dagegen, daß Ionisierung eine entscheidende Rolle spielt. Auf Grund der im vorausgehenden über Kettenreaktionen und Explosionen mitgeteilten Erfahrungen würde man als das wahrscheinlichste erwarten, daß die Anregung und besonders Dissoziation in der Entladung das wesentliche ist, neben denen die Wärmewirkung und Ionisation natürlich auch noch eine Rolle spielen kann. Da bekannt ist, daß in einer Entladung erzeugter atomarer Wasserstoff außerordentlich reaktionsfähig ist und auch die Zündung von Knallgas befördert, so wäre es schließlich naheliegend, anzunehmen, daß, wenn ein Funke durch Knallgas schlägt, auch Ähnliches abläuft, natürlich evtl. begleitet von sonstigen Vorgängen.

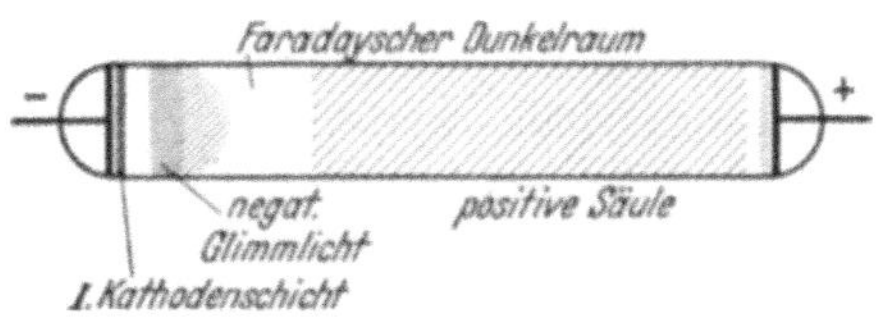

Abb. 178. Glimmentladung, schematisch.

Gerade in diese Vorgänge erhält man einen gewissen Einblick aus den systematischen Untersuchungen, die FINCH und Mitarbeiter[1] über die nicht explosive Umsetzung durch Gasentladungen in explosiven Gemischen bei niederen Drucken ausgeführt haben. FINCH und COWEN[2] hatten gezeigt, daß man in Knallgasgemischen von 30 bis 90 mm Druck bei Elektrodenabständen von einigen mm Hochspannungsentladungen von $\sim 600$ V und bis zu $\sim 5$ mA hindurchgehen lassen kann, ohne, daß dadurch Zündung erfolgt.

Zum Verständnis seien einige Bemerkungen über die Natur der Glimmentladung eingefügt. Die in einer Niederdruckgasentladung auftretenden Leuchterscheinungen sind in Abb. 178 schematisch dargestellt. Die wesentlichen Teile sind: Eine an die Kathode anschließende Glimmhaut (I. Kathodenschicht) durch einen Dunkelraum getrennt von dem negativen Glimmlicht, das wieder durch einen Dunkelraum, den „FARADAYschen Dunkelraum“ von der „positiven Säule“ getrennt ist. Verkürzt man den Abstand zwischen den Elektroden, so wird dadurch

[1] Vgl. BRADFORD u. FINCH: Zitiert S. 341, sowie FINCH u. Mitarbeiter: Proc. roy. Soc., Lond. A Bd. 111 (1926) S. 257; Bd. 116 (1927) S. 529; Bd. 124 (1929) S. 303, 532; Bd. 129 (1930) S. 314, 656, 672; Bd. 133 (1931) S. 173; Bd. 134 (1931) S. 343; Bd. 143 (1934) S. 282. — J. chem. Soc. 1934, S. 360.

[2] FINCH, G. J. u. L. G. COWEN: Proc. roy. Soc., Lond. A Bd. 111 (1926) S. 257.

zunächst nur die positive Säule verkürzt, bis sie schließlich ganz verschwindet. Brennt eine derartige Entladung in Knallgas und verringert man die Länge der positiven Säule, so geht entsprechend auch der Umsatz zurück; daraus folgt, daß in der positiven Säule eine Umsetzung stattfindet. Weitere Verringerung des Elektrodenabstandes, wenn die positive Säule verschwunden ist, geht nur auf Kosten des FARADAYschen Dunkelraums und läßt die Verbrennungsgeschwindigkeit ungeändert. Daraus folgt also weiter, daß eine Verbrennung nur in den leuchtenden Teilen der Entladung verläuft, also den Teilen, in denen auch Molekülanregung, Ionisation und Dissoziation stattfindet. Die Verbrennungsgeschwindigkeit in einer Entladung ohne positive Säule ist der Stromstärke direkt proportional, hängt aber stark vom Kathodenmaterial ab. Trockenes Gemisch $2\,CO + O_2$ brennt z. B. an einer Silberkathode dreimal schneller als an einer Kupferkathode; FINCH schließt daher, daß die Verbrennung auf die Kathodenzone beschränkt ist.

Einige Zahlenwerte, die die quantitative Seite illustrieren, geben wir in der folgenden Tabelle 63 nach FINCH und Mitarbeitern[1] wieder. Darin ist, in Abhängigkeit von den sonstigen Bedingungen, der Quotient $c/i$ angegeben, wobei die Größen folgendes bedeuten: $c = \text{cm}^3$ Knallgas, unter Normalbedingungen, die pro Minute verbrannt sind, und $i$ die Stromstärke in mA.

Tabelle 63. Kathodische Verbrennung von $2\,H_2 + O_2$ an verschiedenen Kathoden. (Nach FINCH und Mitarbeitern.) Eingetragen $c/i$, vgl. Text.

| Gasdruck | $2\,H_2 + O_2$ ($P_2O_5$-trocken) | | | | $2\,H_2 + O_2 + 1{,}6$ mm $H_2O$ | | $2\,H_2 + O_2 + 3{,}7$ mm $H_2O$ | |
|---|---|---|---|---|---|---|---|---|
| mm Hg | Wo | Ta | Ag | Au | Ta | Au | Ta | Au |
| 90 | 0,38 | 0,28 | 0,27 | 0,25 | 0,32 | 0,26 | 0,34 | 0,26 |
| 60 | 0,37 | 0,27 | 0,26 | 0,24 | 0,30 | 0,26 | 0,34 | 0,25 |
| 30 | 0,36 | 0,26 | 0,25 | 0,23 | 0,29 | 0,25 | 0,33 | 0,24 |

In besonderen Versuchen wurde festgestellt, daß von den verbrannten Gasen bis zu 1,33% (an Ta) bzw. 0,75% (an Au) als $H_2O_2$ erschien. Es steht wohl wenig im Wege, anzunehmen, daß die Reaktion ähnlich verläuft wie sonst die Knallgasverbrennung unter dem Einfluß von H-Atomen. In den in der Tabelle aufgeführten Versuchen, ist der Umsatz pro Stromeinheit fast unabhängig von dem Gasdruck und ändert sich auch nicht übermäßig stark mit der Natur des Kathodenmaterials, immerhin sind, besonders bei trockenem Gas, Unterschiede vorhanden, und zwar so, daß an einer zerstäubenden Kathode (wie Silber) die Umsätze kleiner sind als an einer nicht zerstäubenden Kathode wie Wo oder Ta. Gerade umgekehrt liegen die Verhältnisse bei Kohlenoxyd

[1] FINCH, G. I. u. E. A. J. MAHLER: Proc. roy. Soc., Lond. A Bd. 133 (1931) S. 173.

(vgl. oben); wir bringen zur Illustration noch einige Diagramme nach FINCH und Mitarbeitern (Abb. 179 und 180).

Vergleicht man zunächst die Geschwindigkeiten der CO-Verbrennung an zerstäubender und nicht zerstäubender Kathode, so ist vielleicht nicht verwunderlich, daß an jener die Geschwindigkeit ein Vielfaches ist von der an nicht zerstäubender Kathode. Dabei liegt das Geschwindigkeitsmaximum an der zerstäubenden Kathode auf der sauerstoffreichen Seite. Wasserdampf beschleunigt die Verbrennung fast zu dem gleichen Maximalwert wie eine zerstäubende Kathode, jedoch liegt das Geschwindigkeitsmaximum auf der entgegengesetzten Seite, der hoher

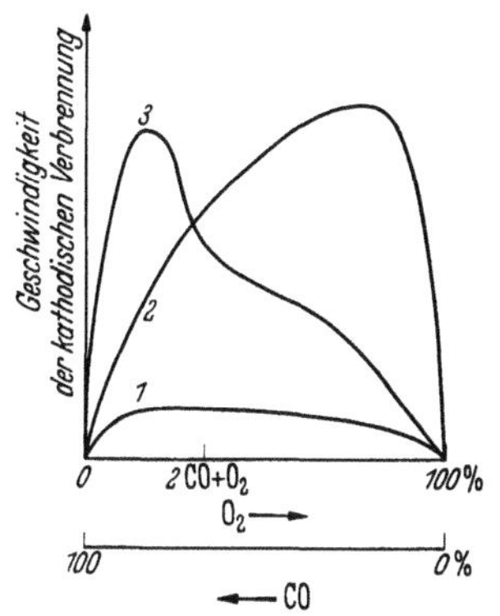


Abb. 179. Reaktion von $CO + O_2$ in der Glimmentladung, (1) trocken an nicht zerstäubender Kathode, (3) feucht an nicht zerstäubender Kathode, (2) trocken an zerstäubender Kathode. (Nach BRADFORD u. FINCH, zitiert S. 341.)

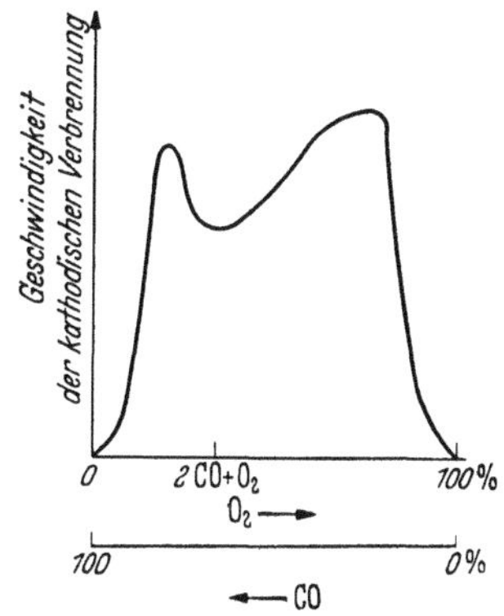


Abb. 180. Reaktion von feuchtem $CO + O_2$ in der Glimmentladung an einer zerstäubenden Kathode (etwa einer Überlagerung der Kurven 2 und 3, Abb. 179 entsprechend). (Nach BRADFORD u. FINCH, zitiert S. 341.)

CO-Konzentrationen. Läßt man nun beides wirken, zerstäubende Kathode und Wasserdampf, so machen sich im wesentlichen beide Einflüsse geltend, mit nur verhältnismäßig geringen gegenseitigen Störungen. Man hat zwei Maxima der Geschwindigkeit in Abhängigkeit von der Zusammensetzung an den Stellen, wo vorher die Einzelmaxima lagen. FINCH versucht die beobachteten Erscheinungen durch Annahme der folgenden Vorgänge zu erklären (vgl. S. 346ff.).

1. Reaktion trockener $CO + O_2$-Mischungen in Abwesenheit von Metallatomen:

a) $2\,CO \rightarrow CO_2 + C$

b) C verbrennt mit $O_2$.

2. Trockenes $CO + O_2$ in Anwesenheit von Me-Atomen:

a) $Me + {}^1/_2\,O_2 \rightarrow MeO$,

b) $MeO + CO \rightarrow CO_2 + Me$.

3. Feuchtes $CO + O_2$:

$CO + H_2O \rightarrow CO_2 + H_2$.

Von diesen Vorgängen sollte man 3. wohl dahin auffassen, daß die gleiche Art von Verbrennung stattfindet wie auch sonst von CO in Gegenwart von $H_2O$, d. h. im wesentlichen vielleicht unter Mitwirkung von OH-Radikalen (vgl. S. 338ff.). Damit in Einklang steht dann die weitere Beobachtung von FINCH, daß in $CO + O_2 + H_2$-Mischungen an zerstäubender und an nicht zerstäubender Kathode bevorzugt das CO verbrennt; denn wenn die $H_2$-Verbrennung über OH verläuft und durch Reaktion von OH mit CO jedesmal ein H zurückgebildet wird, kann das nicht verwundern. Daneben wäre eine direkte Wechselwirkung von CO mit $H_2O$ natürlich nicht auszuschließen, wenn auch die Reaktion unter Vermittlung durch OH plausibler erscheint.

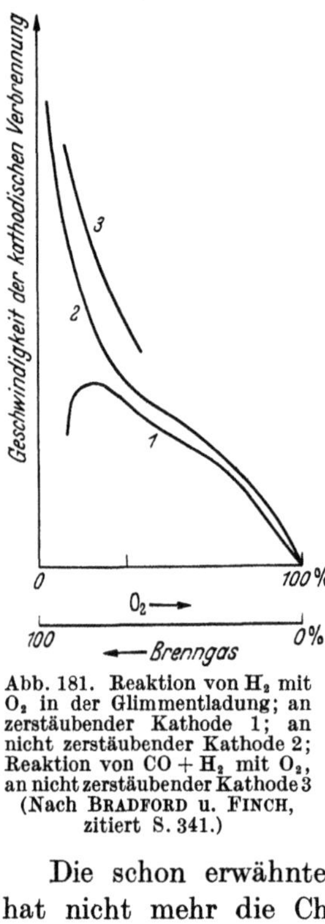


Abb. 181. Reaktion von $H_2$ mit $O_2$ in der Glimmentladung; an zerstäubender Kathode 1; an nicht zerstäubender Kathode 2; Reaktion von $CO + H_2$ mit $O_2$, an nicht zerstäubender Kathode 3 (Nach BRADFORD u. FINCH, zitiert S. 341.)

Die unter 2. angenommenen Reaktionen erscheinen in dieser oder ähnlicher Weise nicht unwahrscheinlich; die Wirkung von Metallverbindungen als Antiklopfmittel dürfte ja auch in einer Sauerstoffaufnahme oder Abgabe des durch Zerfall entstandenen Metalls bestehen. Es verwundert darum auch nicht, wenn das zerstäubte Metall auch kettenabbrechende Wirkungen hat und darum die Knallgasverbrennung an zerstäubenden Kathoden langsamer verläuft als an nicht zerstäubenden. Die unter 1. von FINCH angenommene Reaktion scheint uns weniger einleuchtend; uns würde etwa eine Beteiligung von O-Atomen sehr viel naheliegender vorkommen. Doch kann man darüber ohne direkte Experimente nicht mehr als Vermutungen aussprechen.

Die schon erwähnte $CO + O_2$-Verbrennung in Gegenwart von $H_2$ hat nicht mehr die Charakteristika der Reaktion ohne $H_2$, sondern verläuft viel schneller und schließt sich eher der Reaktion von $H_2 + O_2$ an. Auch das ist nach den reaktionskinetischen Erfahrungen nicht sehr verwunderlich. In Abb. 181 ist die kathodische Verbrennungsgeschwindigkeit von $H_2 + O_2$ sowie $CO + H_2 + O_2$-Mischungen als Funktion des Gehaltes an Brennstoff und Sauerstoff eingetragen. An zerstäubender Kathode ergibt sich für $H_2 + O_2$ auf der $H_2$-reichen Seite ein Maximum. Für nicht zerstäubende Kathode (Tantal) steigt, sowohl für $H_2 + O_2$ wie für $CO + H_2 + O_2$, mit wachsendem Brennstoffgehalt die Reaktionsgeschwindigkeit immer weiter an und hat bei $H_2$-$O_2$-Mischungen selbst bei 99,5% $H_2$ noch nicht ihr Maximum erreicht.

In $CO + H_2 + O_2$-Mischungen ist die bevorzugte Verbrennung des Kohlenoxyds ausgeprägter an zerstäubenden als an nicht zerstäubenden

Elektroden, wenn auch die Gesamtgeschwindigkeit an der zerstäubenden Kathode kleiner sein kann. FINCH folgert daraus, daß es zwei verschiedene Oxydationsprodukte des Wassers sein dürften, die bei der CO-Verbrennung ins Spiel kommen, von denen eins sauerstoffreicher ist als das andere, und daß Metallatome entweder die Bildung des sauerstoffreicheren Produktes verhindern oder seine Zersetzung beschleunigen; sie sollen auf diese Weise den Betrag, zu dem das CO bevorzugt verbrennt, vergrößern, während sie gleichzeitig die Gesamtoxydationsgeschwindigkeit herabsetzen. Da $H_2O_2$, wenn es auch in kleinen Konzentrationen nachzuweisen ist, als Zwischenprodukt unwahrscheinlich ist, wird OH als möglicher Sauerstoffüberträger vorgeschlagen, was nach früher Gesagtem sehr wahrscheinlich ist. FINCH schlägt daher für die $CO + H_2$-Verbrennung an nicht zerstäubender Kathode vor:

a) $H_2$ verbrennt über OH zu $H_2O$,

b) $CO + OH \rightarrow CO_2 + H$,

c) $CO + H_2O \rightarrow CO_2 + H_2$.

Hiervon erscheint uns wieder die dritte Reaktion als die weniger wahrscheinliche. FINCH nimmt an, daß Me-Atome die Bildung von OH- als Zwischenprodukt der $H_2$-Verbrennung verhindern. Es wäre aber auch daran zu denken, daß die Me-Atome die Rekombination von H-Atomen befördern, was ziemlich sicher der Fall ist; zumindest die Verminderung der Reaktionsgeschwindigkeit $H_2$-haltiger Gemische an zerstäubenden Kathoden wäre so zwanglos zu deuten. Aber auch die Verringerung des Anteiles von $H_2$ an der Verbrennung wäre durch eine bevorzugte Rückbildung von $H_2$ im Dreierstoß oder nach intermediärer Bildung von MeH vielleicht zu verstehen. Daneben ist natürlich auch eine Mitwirkung von $HO_2$ denkbar (vgl. S. 313ff.).

Die Abhängigkeit der Oxydationsgeschwindigkeit von der Konzentration scheint uns nicht ganz einfach zu deuten. FINCH nimmt an, daß $H_2$ sowohl wie $O_2$ angeregt sein müssen, und daß die Lebensdauer des angeregten $H_2$ sehr viel länger ist als die des $O_2$, daß darum die Geschwindigkeit auf der $H_2$-reichen Seite an nicht zerstäubenden Elektroden so stark ansteigt. Uns scheint, daß dazu nähere Untersuchungen über die Art der Anregung nötig wären. Da sich aus $H_2$ in der Entladung reichlich H-Atome bilden, so ist es das nächstliegende, was auch mit sonstigen kinetischen Erfahrungen im Einklang stünde, auch für die Reaktion in der Entladung H-Atome verantwortlich zu machen. Nähme man an, daß O-Atome nur in untergeordnetem Maße, hauptsächlich aber angeregte $O_2$-Moleküle gebildet würden, die naturgemäß eine kürzere Lebensdauer haben als die H-Atome, so hätte man die FINCHsche Annahme. Es ist aber nicht von vornherein einzusehen, warum nicht O-Atome in größerer Konzentration gebildet werden sollten, da die Dissoziationswärme (117 kcal) nicht so sehr viel größer ist als die des $H_2$ (102,5 kcal).

Die Schlußfolgerungen von FINCH, daß in trockenen $H_2$-$O_2$-Mischungen an nicht zerstäubender Elektrode die Reaktion $H_2 + O_2 \rightarrow 2\,OH$, dagegen in Anwesenheit von Feuchtigkeit die Reaktion $2\,H_2O \rightarrow 2\,OH + H_2$ bestimmend sind, wird man soweit akzeptieren, daß es beide Male auf die OH-Bildung ankommt, wobei der spezielle Mechanismus aber wohl noch offen bleiben muß. In Gegenwart von Me-Atomen braucht die Reaktion: $Me + {}^1/_2\,O_2 \rightarrow MeO$; $H_2 + MeO \rightarrow H_2O + Me$, wie sie von FINCH vorgeschlagen wird, wohl nicht die einzig in Frage kommende zu sein.

Der Hauptgrund, weshalb von FINCH nicht die Beteiligung von H- oder O-Atomen angenommen wird, ist der, daß in besonderen Versuchen, in denen $H_2$ bzw. $O_2$ oder beide für sich vorher durch eine Entladung gegangen waren und dann gemischt wurden, nur geringe Reaktion nachgewiesen wurde; außerdem entstehen im negativen Glimmlicht nur in feuchtem $H_2$ größere Mengen H-Atome. Man wird aber in Gegenwart von $O_2$ immer die Bedingungen dafür als gegeben ansehen dürfen. Daß in nachträglich gemischten Gasen die Reaktion gering ist, kann sehr wohl seinen Grund darin haben, daß bis zum Mischen die Konzentration der aktiven Teilchen erheblich abgeklungen ist, insbesondere werden die Sauerstoffatome bei den angewandten verhältnismäßig hohen Drucken schnell unter Ozonbildung verbraucht werden, das seinerseits bei niederen Temperaturen (sobald es seine Ausgangsenergie verloren hat) bei weitem nicht so reaktionsfähig ist wie jene (vgl. S. 315). Dadurch dürfte der scheinbare Widerspruch zwischen FINCHs Versuchen und den sonstigen Erfahrungen über die Reaktionen freier H- und O-Atome zu beseitigen sein. Entstehen aber die freien Atome direkt in der Mischung der beiden Gase, so sind die Bedingungen für die Reaktion wesentlich günstiger; insbesondere müßte das Verhältnis der Wahrscheinlichkeiten für die Reaktion von O mit $H_2$ und der Vernichtung von O im Dreierstoß mit $O_2$ unter Ozonbildung um so günstiger werden, je höher das Verhältnis $H_2 : O_2$ ist. Ob damit das starke Anwachsen der Reaktionsgeschwindigkeit in $H_2$-$O_2$-Gemischen an nicht zerstäubender Kathode mit zunehmendem $H_2$-Gehalt zu verstehen ist, dürfte ebenfalls nur durch weitere Experimente zu entscheiden sein.

## 3. Versuche über die Zündfähigkeit verschiedener Funken sowie der verschiedenen Komponenten eines Funkens.

Für die Zündung durch Gleichstromentladungen in den schon erwähnten Versuchen von FINCH und COWEN hatte sich über ein ziemlich weites Gebiet eine hyperbolische Beziehung zwischen Gasdruck $p_z$ und dem zur Zündung nötigen Strom $i_z$ ergeben, also $p_z \cdot i_z = \text{const}$. Unter den fraglichen Bedingungen, konstanter Potentialabfall in der Entladung, ist die Konzentration von Ionen oder angeregten Molekeln oder

Atomen ebenfalls angenähert eine hyperbolische Funktion des Gasdruckes; darum schließt FINCH, daß unter den Bedingungen seiner Experimente die Zündung bestimmt war durch das Erreichen einer gewissen Konzentration geeignet angeregter Molekeln oder Atome. Ganz vernachlässigen wird man die Wärmewirkung der Entladung wohl auch nicht dürfen, da schon verhältnismäßig geringe Temperatursteigerungen von erheblichem Einfluß auf die Reaktionsgeschwindigkeit sind. Für die Mitwirkung von Ionen bei der Zündung sind keine Anhaltspunkte vorhanden, wenn man sie auch nicht mit Sicherheit ausschließen kann. Zwar zeigen spektroskopische Untersuchungen[1], daß bei Entladungen durch CO bzw. $2\,CO + O_2$ sowohl mit zerstäubenden als auch mit nicht zerstäubenden Elektroden in der positiven Säule und in der Kathodensäule CO-Banden vorhanden sind, es ergab sich aber keine Andeutung von ionisiertem CO. Falls man annimmt, daß nicht angeregtes CO, sondern angeregter oder dissoziierter Sauerstoff die Reaktion einleitet, so läßt diese Beobachtung keine weiteren Schlüsse zu.

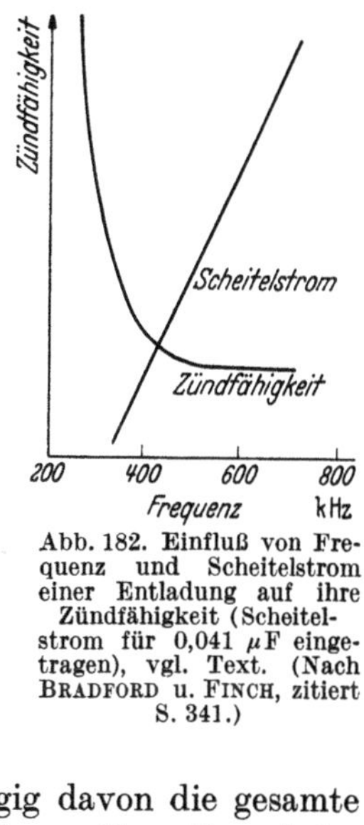

Abb. 182. Einfluß von Frequenz und Scheitelstrom einer Entladung auf ihre Zündfähigkeit (Scheitelstrom für 0,041 $\mu$F eingetragen), vgl. Text. (Nach BRADFORD u. FINCH, zitiert S. 341.)

Mit geringfügigen Einschränkungen wird man aber wohl der Folgerung von FINCH beipflichten, daß es für die Zündung auf eine genügende Konzentration geeignet aktivierter Molekeln (worunter wir auch freie Atome verstehen wollen) ankommt. Als *experimentum crucis* wurde folgender Versuch ausgeführt: Gemische von $2\,CO + O_2$ wurden durch kondensierte Entladungen bekannter Schwingungsfrequenz gezündet; dabei wurde die Frequenz variiert und unabhängig davon die gesamte zugeführte bzw. die pro Zeiteinheit zugeführte (bzw. die während der ersten Halbperiode zugeführte) Energie. Als Maß der Zündfähigkeit wurde der Mindestzünddruck genommen, d. h. die Zündfähigkeit wurde dem Mindestzünddruck umgekehrt proportional gesetzt. Die mit dieser Anordnung für verschiedene Werte der Kapazität in dem Schwingungskreis und verschiedene Gesamtenergien erhaltenen Zündwerte als Funktion der Frequenz sind in der obigen Abb. 182 reproduziert; darin ist außerdem der Scheitelstorm bei $C = 0{,}041\,\mu$F eingezeichnet, der bei anderen Kapazitäten analog verläuft. Aus den Ergebnissen ist folgendes ersichtlich: Die Frequenz der Entladung übt einen viel ausgeprägteren Einfluß aus als die Energie. Die Zündfähigkeit nimmt mit abnehmender Frequenz stark zu, obwohl die abgegebene Energie gleichzeitig abnimmt. Die Zündfähigkeit war keineswegs durch den Wert des Scheitelstromes bestimmt, der entgegengesetzt verläuft wie jene. Die Beobachtungen

[1] FINCH, G. J. u. THOMPSON: Proc. roy. Soc., Lond. A Bd. 129 (1930) S. 314.

schließen jede rein thermische Deutung aus. Es kann sich nur darum handeln, daß unter den verschiedenen Verhältnissen die Anregungsbedingungen verschieden sind. Nun ist bekannt, daß die Anregungsniveaus in einer kondensierten Entladung um so höher sind, je höher ihre Frequenz ist. Die Hochfrequenzentladung liefert im allgemeinen sehr viel Ionen, während die Entladung mit niedrigerer Frequenz mehr neutrale Atome und angeregte Molekeln liefert. Es wäre daher, in Übereinstimmung mit den übrigen Erfahrungen, zu schließen, daß diese und nicht Ionen für die Zündung maßgebend sind.

Spektroskopische Untersuchungen an Zündfunken durch YUMOTO[1] lieferten Ergebnisse in gleichem Sinne wie die von FINCH; die Zündfähigkeit der Funken ist größer unter Bedingungen, wo Bandenspektren auftreten als unter Bedingungen, wo Funkenspektren erscheinen; bei längeren Zündfunken (in Luft) erweisen sich die Teile als am wirksamsten, in denen $N_2$ bzw. $N_2^+$-Banden auftreten (die natürlich selbst nichts mit der Zündung zu tun haben).

Es bleiben jetzt noch die Versuche zu besprechen, die über die Wirksamkeit der verschiedenen Komponenten einer Induktorentladung ausgeführt worden sind. FINCHs und SUTTONs oszillographische Untersuchungen von Induktorfunken sind bereits erwähnt worden. Es war wichtig, mit den einzelnen Teilen der Entladung getrennt zu experimentieren, nämlich der oszillierenden Kapazitätskomponente sehr kurzer Dauer ($\sim 10^{-6}$ s), hoher Frequenz ($\sim 10^7$) und hoher Maximalstromstärke ($> 10$ A), und der Induktanzkomponenten gleicher Stromrichtung, aber mit überlagerten Schwingungen niederer Frequenz (z. B. $\sim 10^4$) und längerer Gesamtdauer, Größenordnung $\sim 10^{-3}$ s, sehr viel kleinerer Maximalstromstärke (z. B. $< 0{,}1$ A), deren Gesamtleistung aber unter Umständen wegen der längeren Dauer ebenso groß oder größer sein kann als die der Kapazitätskomponenten. FINCH und Mitarbeiter[2] führten das folgendermaßen aus: Durch Einschalten eines Glühkathodenrohres mit geeignetem Sättigungsstrom in den Entladungskreis war es möglich, die Kapazitätskomponente praktisch völlig zu unterdrücken, während die Induktanzkomponente unbeeinflußt hindurchging. Zur Unterdrückung der Induktanzkomponenten zu gewünschten Zeitpunkten wurde ein besonderer Doppelunterbrecher gebaut, durch den der Primärkreis in verschiedenen, sehr kurzen Zeiten nach der Unterbrechung wieder geschlossen werden kann, wodurch, wie theoretisch und experimentell gezeigt wurde, der Funke unmittelbar abgebrochen wird. Amplitude und Frequenz der Induktanzkomponenten werden durch Änderung von Primärstrom und Kapazität geregelt.

---

[1] YUMOTO, K.: Sci. Pap. Inst. phys. chem. Res. Bd. 21 (1933) S. 254.

[2] BRADFORD, B. W., G. J. FINCH u. (Miss) A. M. PRIOR: J. chem. Soc. 1933, S. 227; 1934, S. 75. — FINCH, G. J. u. R. W. SUTTON: Proc. phys. Soc., Lond. Bd. 45 (1933) S. 288.

Einige typische Resultate von FINCH und Mitarbeitern bringen wir in der folgenden Tabelle 64, und zwar für $2\,CO + O_2 + 5\%\ H_2$.

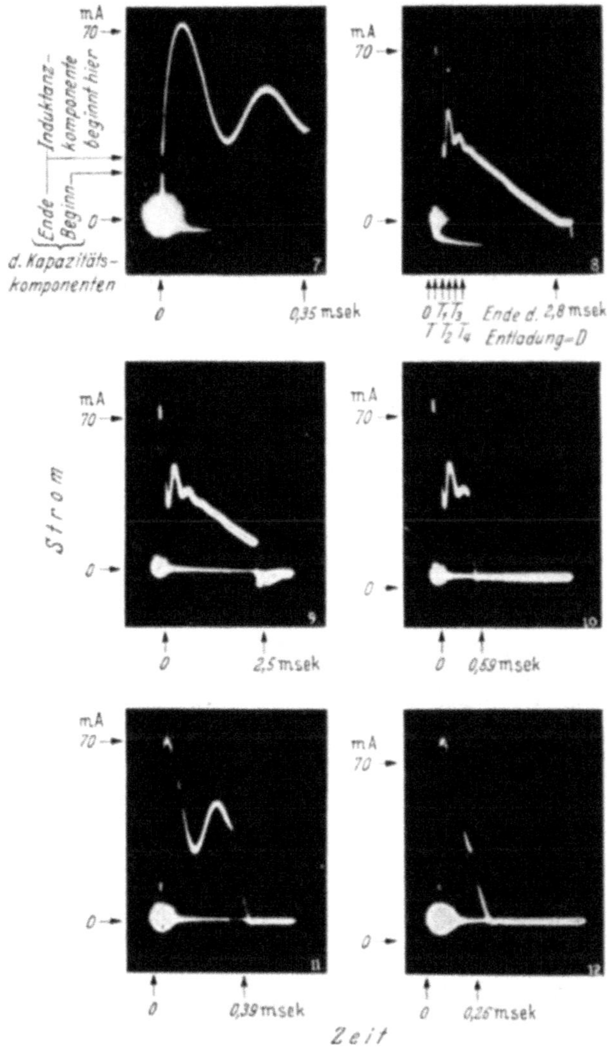


Abb. 183. Oszillogramme von Induktorentladungen, Bild 7: mit Kondensator parallel zur Funkenstrecke; 8 vollständige Entladung; 9 späte Unterbrechung der Entladung; 10 Unterbrechung bei $T_3$; 11 Unterbrechung bei $T_2$; 12 Unterbrechung bei $T_1$ (Zeitskala von Bild zu Bild verschieden!). (Nach BRADFORD u. FINCH, zitiert S. 341.)

Die Zeitpunkte des Endes der Entladung beziehen sich auf das Oszillogramm (Abb. 183, Bild 8, bzw. Ende der Entladung, $T_4$, $T_3$, $T_2$, $T_1$, $T$; vgl. dazu die Bilder 9, 10, 11 und 12).

Aus den Daten der Tabelle 64 geht bereits hervor, daß der Induktanzkomponenten ein wesentlicher Anteil bei der Zündung zukommt. Dabei findet man individuelle Unterschiede von Stoff zu Stoff. $2\,H_2 + O_2$ und $CH_4 + O_2$ ergaben das Analoge, jedoch hatte bei diesem das Abschneiden der Induktanzkomponenten sehr viel geringeren Einfluß auf die Zündfähigkeit der Entladung.

Tabelle 64. Induktorzündung und Induktanzkomponente, bei $2\,CO + O_2 + 5\%\ H_2$. (Nach BRADFORD, FINCH und PRIOR.)

| Energie der Induktanzkomponente m Joule | Dauer der Induktanzkomponenten m s | Zündfähigkeit = 1000: Mindestzünddruck $mm^{-1}$ Hg | Mindestzünddruck mm Hg |
|---|---|---|---|
| 20,5 | 2,81 | 9,43 | 106 |
| 9,2 | 0,79 | 7,70 | 130 |
| 7,4 | 0,59 | 7,41 | 149 |
| 5,2 | 0,39 | 6,50 | 154 |
| 2,4 | 0,20 | 5,13 | 195 |
| ~ 0,15 | 0,02 | 4,26 | 235 |

In weiteren Versuchen wurde die Zündfähigkeit von Funken untersucht derart, daß neben der Wirkung der Kapazitätskomponenten auch die des Scheitelwertes des Stromes und der Dauer der Induktanzkomponenten erfaßt wurde.

Die Bedingungen der Entladung sind in Tabelle 65 nach FINCH zusammengestellt:

Tabelle 65. Entladungsbedingungen. (Nach FINCH.)

| | |
|---|---|
| A. — | Normale Induktorentladung |
| B. Glühkathodenrohr in Serie mit Funkenstrecke, parallel zu jener Kondensator; Glühkathode voll geheizt | Normale Induktorentladung |
| C. Mit Glühkathodenrohr, ohne Kondensator: | |
| a) Kathode voll geheizt | Vernachlässigbare Kapazitätskomponente; Induktanzkomponente unbeeinflußt |
| b) Kathode schwach geheizt | Vernachlässigbare Kapazitätskomponente; normale (oder fast normale) Dauer der Induktanzkomponente; Schwingungen mehr oder weniger gedämpft |
| D. Kondensator parallel zu Glühkathodenrohr; Kathode kalt | Normale Kapazitätskomponente; Vernachlässigbare Induktanzkomponente |
| E. Wie vorher, ohne Kondensator | |

(Oszillogramme dieser Entladungen in der Originalarbeit.)

Vergleich der Versuche B und C zeigt, daß Herausschneiden der Kapazitätskomponenten einen außerordentlich geringen Einfluß auf die Zündfähigkeit hatte. Wurde umgekehrt nur die Induktanzkomponente herausgeschnitten, so reichte bei $2\,CO + O_2 + 5\%\ H_2$ bei den höchsten ohne Gefahr anwendbaren Drucken die Kapazitätskomponente zur Zündung nicht aus; bei $CH_4 + O_2$ war noch Zündung möglich, aber bei stark erhöhtem Druck.

Tabelle 66. Ergebnisse bei normaler Dauer der Induktanzkomponenten. (Nach FINCH.) Entladungsbedingungen der Tabelle 65.

| Entladung | Mindestzünddruck mm Hg | Zündfähigkeit | Energie der Kapazitätskomponente m Joule | Induktanzkomponente Energie m Joule | Induktanzkomponente Dauer m s |
|---|---|---|---|---|---|
| | $2\,CO + O_2 + 5\%\ H_2$ | | | | |
| A. | 92,5 | 10,8 | 0,62 | | |
| B. | 108,0 | 9,3 | 0,84 | 29,8 | 3,66 |
| C (a) | 111,0 | 9,0 | 0,89 | | |
| D. | keine Zündung bei 304,0 | 3,3 | 6,7 | | |
| E. | keine Zündung bei 313 | 3,2 | 7,1 | | |
| | $CH_4 + O_2$ | | | | |
| A. | 89,5 | 11,2 | 0,58 } | | |
| B. | 90,5 | 11,1 | 0,59 } | 23,8 | 2,67 |
| C. (a) | 92,0 | 10,8 | 0,61 } | | |
| D. | 224 | 4,5 | 3,6 | | |
| E. | keine Zündung bei 250 | 4,0 | 4,5 | | |

Noch eindrucksvoller sind Versuche mit reduzierter Induktanzkomponenten. Z. B. zündete eine $2\,CO + O_2 + 5\%\ H_2$-Mischung von 152 mm Hg noch bei einer Dauer der Induktanzkomponente von 0,38 m s und einer Energie von 5,11 m J, während eine Kapazitätskomponente von 8,8 m J selbst bei 350 mm nicht zur Zündung ausreichte. Aus den Versuchen folgt, daß die Zündfähigkeit einer normalen Induktanzkomponenten nur wenig durch die vorangehende Kapazitätskomponente in einer Induktorentladung befördert werden kann.

Für weitere Einzelheiten bei der Funkenzündung verschiedener Gemische sei auf BRADFORD und FINCH (zitiert S. 341, 343) verwiesen.

## 4. Sonstige Beobachtungen über „nicht thermische" Zündung in Funken und Entladungen.

Dafür, daß die Funkenzündung kein thermisches Phänomen ist, liegen auch Beobachtungen aus dem SEMENOFFschen Institut vor. Wie zum Teil schon (S. 300) besprochen worden ist, werden die Explosionsgrenzen vieler Systeme erweitert, bzw. die minimalen Zündtemperaturen erniedrigt, wenn man freie Atome zuführt (z. B. aus einer Entladung oder durch Belichten). Ganz Ähnliches beobachtet man dann auch noch, wenn man einen Funken durch das Gemisch selbst schlagen läßt; KOWALSKY[1] und später GORCHAKOW und LAVROV[2] bestimmten die Zündgrenzen von Knallgasgemischen für Funken verschiedener Energie (Niederfrequenzfunken eines Transformators; als Maß der Funkenintensität diente die Primärstromstärke im Transformator). Wie zu erwarten, wird die Zündtemperatur um so mehr erniedrigt, je intensiver der Funken ist; in der Nähe der Explosionsgrenzen[3] genügen bereits sehr schwache Funken zur Zündung. Für Temperaturen oberhalb $\sim 500°$ C existiert nur eine untere Zündgrenze; d. h. also, bei Gasdrucken die nicht ausreichen, bei der betreffenden Temperatur eine spontane Kettenexplosion einzuleiten, lassen sich auch durch Funken keine Explosionen mehr erzwingen. Bei etwas höheren Drucken wird aber der Einfluß des Funkens sehr stark (vgl. Abb. 184), um so stärker, je größer die Stromstärke ist. Bemerkenswert ist, daß bei nicht zu großen Stromstärken (einige zehntel A primär) auch noch eine obere Zündgrenze erhalten bleibt, daß mit schwächeren Funken sich also noch keinerlei grundsätzlicher Unterschied in den Zündphänomenen gegenüber der spontanen Zündung ergibt. Ähnliches gilt, wenn statt eines Funkens eine stille elektrodenlose Entladung genommen wird; auch dann erhält man obere und untere Zündgrenzen, nur ist das Zündgebiet erweitert[4] (an der unteren Grenze nicht oberhalb 450° gemessen). Diese Resultate erscheinen ganz plausibel; trotzdem muß hervorgehoben werden, daß sie nach der SEMENOFFschen Theorie in ihrer ursprünglichen Form nicht zu erwarten sind; denn der Ausdruck für die Reaktionsgeschwindigkeit:

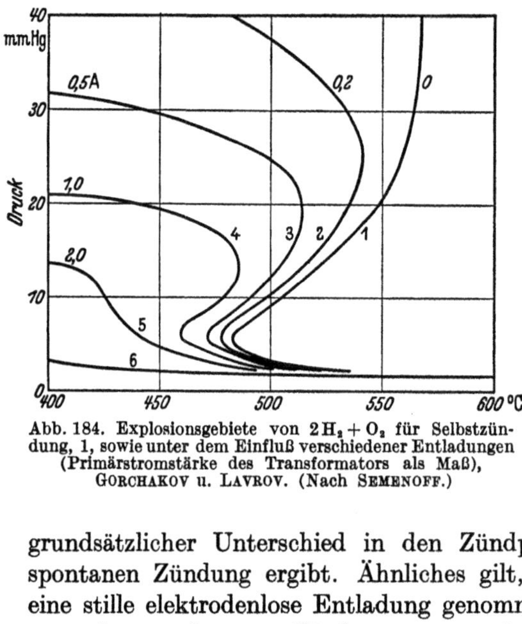


Abb. 184. Explosionsgebiete von $2\,H_2 + O_2$ für Selbstzündung, 1, sowie unter dem Einfluß verschiedener Entladungen (Primärstromstärke des Transformators als Maß), GORCHAKOV u. LAVROV. (Nach SEMENOFF.)

$$v \sim \frac{n_0}{\beta - \delta}$$

gibt ja Explosion nur für $\beta = \delta$, nicht für Vergrößerung von $n_0$. Nun kann durch Vergrößerung von $n_0$ natürlich die Reaktionsgeschwindigkeit so weit erhöht werden, daß kein Wärmegleichgewicht mehr besteht und

[1] KOWALSKY, A.: Z. phys. Chem. Abt. B Bd. 11 (1930) S. 56.
[2] GORCHAKOV, G. u. F. LAVROV: Acta Physicochim. Bd. 1 (1934) S. 139.
[3] Damit sind also die Druckgrenzen für Selbstzündung gemeint (vgl. S. 13).
[4] DUBOWITZKY, NALBANDJAN u. N. SEMENOFF: Trans. Faraday Soc. Bd. 29 (1933) S. 606.

darum Explosion einsetzt. Dies ist ein durchaus möglicher Vorgang, der wahrscheinlich in vielen Fällen zur Erklärung herangezogen werden muß (vgl. Kap. VIII, S. 275), aber zweifellos nicht in allen; denn wo sog. „kalte Flammen" auftreten, kann sicher nicht die Störung des Wärmegleichgewichtes an der Explosion schuld gewesen sein. Formal lassen sich die Verhältnisse sehr einfach erfassen durch die Hypothese der „Kettenwechselwirkung", worunter SEMENOFF[1], wie S. 276 erwähnt, versteht: Der Ausdruck für die Kettenverzweigung enthält ein Glied, welches von dem Quadrat der Konzentration der aktiven Teilchen abhängt; infolgedessen wird durch Erhöhung dieser Konzentration die Kettenverzweigung vergrößert und man kann Explosion erzwingen. Formal ist damit alles in Ordnung. Jedoch ist es im allgemeinen nicht leicht, nun wirklich eine Reaktion zu finden, die in bezug auf die aktiven Teilchen von II. Ordnung ist und Kettenverzweigung liefert. Als im einzelnen geklärt wird man die Verhältnisse darum erst dann betrachten dürfen, wenn man neben der formalen Beziehung auch wirklich die realen Reaktionen, die die Kettenwechselwirkung darstellen, aufzeigen kann. Daß auch ohne Kettenwechselwirkung bei strengerer Rechnung Explosion erhalten werden kann, wenn man einige von SEMENOFF vorgenommene Vernachlässigungen aufgibt, wurde inzwischen gezeigt[2] (vgl. dazu Kap. VIII, S. 276/77).

## 5. Funkenzündung im Motor.

FINCH und MOLE[3] führten auch an einem Motor Versuche über den Einfluß der Induktanzkomponenten auf die Zündung aus. Im Motor sind die Bedingungen ja wesentlich anders als bei den ursprünglichen FINCHschen Versuchen, wo man Zimmertemperatur und Drucke von nicht mehr als etwa 0,2 at hatte, während im Motor die Drucke ein Vielfaches betragen und die Temperaturen am Ende des Kompressionshubes einige hundert °C erreichen. Im Motor wird ein Funke so großer Energie benutzt, daß selbst, wenn nur die Kapazitätskomponente vorhanden ist, Zündung sicher erfolgt. Im einzelnen ergaben die Versuche folgendes: Leistung, Wirkungsgrad und Geschwindigkeit des Motors blieben unbeeinflußt, wenn man z. B. die Induktanzkomponente soweit beschnitt, daß ihre Dauer von 2 auf 0,5 ms absank. Auch Variation im Scheitelwert des Sekundärstroms in der Induktanzkomponente war ohne Einfluß auf den Motorbetrieb. Bei hinreichender Verkürzung der Funkendauer traten Fehlzündungen auf; als deren Ursache ergab sich aber, daß der Funke gelegentlich die Funkenstrecke der Kerze

[1] SEMENOFF, N.: Chain Reactions. Ferner Phys. Z. S.U. Bd. 1 (1932) S. 725. — Z. phys. Chem. Abt. B Bd. 28 (1935) S. 44.
[2] JOST, N. u. L. v. MÜFFLING: Z. phys. Chem. Abt. A Bd. 183 (1938) S. 43.
[3] FINCH, G. J. u. G. MOLE: Trans. Inst. Automob. Engrs. 1934, S. 71.

nicht überspringen konnte, und nicht, daß ein Funke die Mischung nicht zünden konnte. Beim praktischen Motorbetrieb reicht die Kapazitätskomponente allein zur Zündung aus.

## 6. BREWERs Untersuchungen über Reaktionen als Folge von Entladungen in nichtexplosiven und explosiven Gemischen.

Wir wollen die Arbeiten von BREWER[1] hier für sich besprechen, da sie, wegen der etwas anderen Versuchsbedingungen nicht ohne weiteres mit denen von FINCH vergleichbar sind, obwohl sie diese teilweise bestätigen.

BREWER arbeitete im allgemeinen bei niedrigeren Drucken als FINCH (0,2 bis 20 mm Hg); über dieses Intervall wird die Reaktion in nicht explosiven Mischungen unabhängig vom Druck gefunden, woraus geschlossen wird, daß bestimmte Reaktionszentren, aber nicht Bereiche besonders hoher Energie eine Rolle spielen, ebenso daß keine Dissoziations- oder Anlagerungsgleichgewichte, die ja druckabhängig sind, beteiligt sein können. Die Reaktionsgeschwindigkeit ist dem Strom proportional, wie bei FINCH. Aus den Intensitäten der Spektren wird geschlossen, daß die Konzentration von Atomen und angeregten Molekülen vom Druck und der Stromdichte abhängt, was auch direkte Messungen der Atomkonzentration von CREW und HULBURT[2] bestätigten; dagegen soll die Geschwindigkeit der Produktion positiver Ionen unabhängig vom Druck und dem Strom proportional sein, so daß BREWER annimmt, positive Ionen seien die primären Reaktionszentren. Wie weit sich diese, dem sonstigen widersprechende Folgerung wird aufrechterhalten lassen, werden weitere Experimente zeigen müssen.

Bemerkenswert ist der Befund, daß in nichtexplosiven Gemischen Reaktionen in der Glimmentladung mit einem Temperaturkoeffizienten $\leqq 0$ verlaufen; selbst die $H_2$-Oxydation ändert ihre Geschwindigkeit nicht über ein Intervall von 400° C. Ebenso bemerkenswert ist der Einfluß zugesetzter Fremdgase. Bei der Reaktion von Gasgemischen steigt die Geschwindigkeit allgemein durch Erhöhung der Konzentration der Komponenten mit dem höheren Ionisierungspotential. Zugesetzte Fremdgase (mit Ausnahme von Helium mit besonders hohem Ionisierungspotential von 24,5 V) hemmen die Reaktion, während He sie beschleunigt. BREWER schließt, daß Ionen der Komponenten mit der niedrigeren Ionisierungsspannung sowie Ionen von Fremdgasen relativ unwirksam sind in der Einleitung der Reaktion. Vielleicht wird man diese Befunde aber auch so deuten dürfen, daß die Erzeugung freier Atome um so mehr zurückgedrängt wird, je mehr Gase mit niederer

---

[1] BREWER, KEITH, A.: Zusammenfassende Darstellung: Chem. Rev. Bd. 21 (1937) S. 213. — J. phys. Chem. Bd. 33 (1929) S. 883 bis Bd. 38 (1934) S. 1051. — J. Amer. chem. Soc. Bd. 53 (1931) S. 2968.

[2] CREW u. HULBURT: Phys. Rev. Bd. 30 (1927) S. 124.

Ionisierungsspannung vorhanden sind, die die Energie leicht aufnehmen können.

Die vorangehenden Befunde bezogen sich auf nicht explosive Gemische; bei explosionsfähigen Gemischen ändert sich einiges. Hier wird allgemein die Reaktionsgeschwindigkeit beschleunigt durch Zusatz indifferenter Gase; da offenbar Diffusionsphänomene ins Spiel kommen, so wäre die Annahme einer der üblichen Atomreaktionen möglich. Die Unterschiede, die im Verhalten explosiver und nichtexplosiver Gemische zutage treten, deuten vielleicht darauf hin, daß bei diesen Ionen mitwirken, während man bei jenen mit der Annahme freier Atome und Radikale als Reaktionsträger auskommen könnte. Bei explosiven Reaktionen findet BREWER auch die an sich zu erwartende stärkere Abhängigkeit von Temperatur und Druck.

## 7. Ansätze zur Theorie der „nicht thermischen“ Zündung im Funken.

An Versuchen zur theoretischen Behandlung der Funkenzündung sind besonders zwei Arbeiten zu erwähnen[1, 2]. Die Arbeit von MOLE soll eine mathematische Formulierung von FINCHs Aktivierungstheorie der Funkenzündung liefern und ist basiert auf eine Analogie zwischen dem Verhalten von aktivierten Teilchen, die bei der Zündung beteiligt sind, und dem von Gasionen, die rekombinieren; die Methode, die LANGEVIN[3] auf letztere anwandte, wird daher auf jene übertragen. Es wird zunächst mit zwei verschiedenen aktiven Teilchen, entsprechend positiven und negativen Ionen, gerechnet (MOLE spricht immer von aktivierten Molekeln, obwohl seine Rechnung im Grunde auf den Fall freier Atome paßt); es ergeben sich dann zwei simultane, nicht lineare Differentialgleichungen, deren Lösung einfach möglich ist, wenn man die Konzentration der beiden Arten aktiver Teilchen als gleich annimmt. Wir kommen also auch zum gleichen Ergebnis, wenn wir von Anfang an nur eine Art aktiver Teilchen, etwa freie Atome annehmen. Die Differentialgleichung für die zeitliche Änderung von deren Konzentration lautet:

$$dn/dt = a + bn^2 - cn. \tag{1}$$

Darin gibt $a$ die Zahl der künstlich in der Zeiteinheit erzeugten aktivierten Teilchen an, also etwa in einem Funken. — $cn$ soll die Geschwindigkeit des spontanen Abklingens angeregter Moleküle sein; denkt man aber an freie Atome statt an angeregte Moleküle (wie es die von MOLE eingeführte Rekombination eigentlich erfordert), so könnte man dies Glied als

---

[1] MOLE, G.: Proc. phys. Soc., Lond. Bd. 48 (1936) S. 857.
[2] LANDAU, H. G.: Chem. Rev. Bd. 21 (1937) S. 245.
[3] LANGEVIN: Ann. Chim. et Phys. Bd. 28 (1903) S. 433.

Geschwindigkeit der Desaktivierung durch Diffusion an die Wand interpretieren. Der Koeffizient $b$ ist nach MOLE

$$b = \alpha(mj - 1),$$

worin das erste Glied die Aktivierung als Folge der bei Rekombination freiwerdenden Energie, das zweite die Desaktivierung durch Rekombination mißt. MOLE setzt als selbstverständlich voraus, daß $b > 0$; obwohl wir entgegengesetzter Ansicht sind, wollen wir hier doch noch die mit MOLEs Annahme $a, b, c > 0$, folgenden Konsequenzen anführen. Mit $b > 0$ ist die Differentialgleichung (1) identisch mit der, die man nach SEMENOFF unter Einführung von Kettenwechselwirkung erhielte (Verzweigung $\sim n^2$) unter der Annahme, daß diese Verzweigung II. Ordnung so stark ist, daß man daneben die I. Ordnung vernachlässigen kann. Auf diesen Fall beziehen sich also die Integrale, die MOLE für verschiedene Annahmen über die Konstanten angibt. Wenn man derartige Verhältnisse untersuchen will, dürften die MOLEschen Ausdrücke mit Nutzen herangezogen werden.

Wir erheben aber den grundsätzlichen Einwand, daß wahrscheinlich $b < 0$ ist, und dann muß, wie schon früher (vgl. S. 275) besprochen, sich immer eine stationäre Konzentration einstellen, es gibt keine Explosion. Die Annahme $b > 0$ setzt ja voraus, daß bei der Rekombination, die zwei aktive Teilchen verbraucht, durch sekundäre Aktivierung mehr als zwei neue aktive Teilchen entstehen. In Wirklichkeit wird aber bei der Rekombination nur die Dissoziationsarbeit für ein Paar freier Atome gewonnen, und da diese nur in einem Bruchteil der Rekombinationsvorgänge zur Aktivierung neuer Teilchen wird aufgewandt werden können, so müssen durch Rekombination mehr aktive Teilchen verschwinden als neu erzeugt werden. Allerdings legen wir dabei zugrunde, daß es sich um freie Atome handelt, während MOLE mit angeregten Molekülen operiert; in diesem Falle wäre aber noch weniger klar, wie der Prozeß vor sich gehen sollte, insbesondere liegen bisher noch keinerlei unmittelbare Beweise für die Teilnahme angeregter Moleküle an der Reaktion vor, die ja wegen der allgemein sehr kurzen Lebensdauer angeregter Moleküle nicht sehr wahrscheinlich ist. Zur experimentellen Prüfung eigneten sich vielleicht Versuche mit Zusatzgasen, die desaktivierend auf die angeregten Moleküle wirken. Die MOLEsche Untersuchung scheint daher nur ein Ausgangspunkt für die Inangriffnahme des Problems, dessen Lösung sie nicht gebracht hat (wenn sie auch bereits zu recht interessanten Schlüssen führt), da sie in ihren Voraussetzungen noch nicht eng genug den tatsächlichen experimentellen Bedingungen angepaßt ist.

Dem allgemein angenommenen physikalischen Bild dieser Vorgänge viel näher kommt eine mathematische Behandlung des Zündvorganges, die LANDAU (zitiert S. 357) auf Anregung von LEWIS und v. ELBE durchgeführt hat. Er betrachtet eine Reaktion, an der eine Art aktiver Teilchen beteiligt ist; zu Beginn läßt er in einem kleinen Teilvolumen als Wirkung des Funkens eine gewisse Anfangskonzentration dieser Teilchen eingestellt sein, desgleichen eine gewisse, gegenüber dem übrigen Gas erhöhte Temperatur. Er denkt nun eine Reaktion mit Kettenverzweigung ablaufend und berücksichtigt gleichzeitig Wärmeleitung und Diffusion aktiver Teilchen. Da es vernünftig ist, das Funkenvolumen als Kugel zu betrachten, so erhält man, wenn der Ursprung des Koordinatensystems im Mittelpunkt dieser Kugel liegt, für die Wärmeleitung:

$$\frac{\partial T}{\partial t} = k \frac{1}{r^2} \frac{\partial}{\partial r}\left(r^2 \frac{\partial T}{\partial r}\right) + \frac{Q}{c} f(n), \tag{2}$$

worin das erste Glied rechts die Temperaturänderung durch Wärmeleitung, das zweite die infolge Wärmeproduktion durch die chemische Reaktion darstellt ($Q$ Wärmeproduktion pro Einheit des Umsatzes, $c$ Wärmekapazität der Volumeneinheit und $f(n)$ Reaktionsgeschwindigkeit). Für die Änderung der Konzentration aktiver Teilchen erhält man entsprechend:

$$\frac{\partial n}{\partial t} = k \frac{1}{r^2} \frac{\partial}{\partial r}\left(r^2 \frac{\partial n}{\partial r}\right) + \alpha n. \tag{3}$$

Darin ist der Diffusionskoeffizient $k$ gleich der Temperaturleitfähigkeit $k$ gesetzt, was eine erlaubte Vereinfachung darstellt, da beide Größen immer annähernd gleich sind. $\alpha$ bedeutet bei LANDAU den Verzweigungskoeffizienten, $\alpha n$ also die Zunahme der Konzentration aktiver Teilchen durch Kettenverzweigung (solange man Verzweigung und Abbruch als linear in der Konzentration der Kettenträger ansieht, kann man $\alpha$ auch als Differenz von Verzweigung und Abbruch ansehen; die Gleichung ist insofern also allgemeiner als von LANDAU angegeben). LANDAU setzt weiter noch vereinfachend $f(n) = f_0 \cdot n$, d. h. die Reaktionsgeschwindigkeit der Konzentration aktiver Teilchen proportional, was ebenfalls eine erlaubte Vereinfachung ist. Soweit tragen die Ausgangsgleichungen von LANDAU also allen wesentlichen physikalischen Bedingungen Rechnung. Nun ist es aber nur möglich, die obigen Gleichungen auf verhältnismäßig einfache Weise zu integrieren, wenn $\alpha$ konstant ist; deshalb wird diese Größe von LANDAU als konstant angenommen, während in Wirklichkeit $\alpha$ sicherlich exponentiell und unter Umständen stark mit der Temperatur variiert. Ebenso ist in den Zwischenrechnungen von der Konstanz von $Q f_0$[1] Gebrauch gemacht. $f_0$, die Reaktionsgeschwindigkeit ändert sich aber sicher exponentiell, und zwar erheblich mit der Temperatur. Aus diesen Gründen wird man auch LANDAUs Resultate mit großer Vorsicht aufnehmen müssen; immerhin scheint es, daß LANDAU denjenigen Fall durchgerechnet hat, der am weitesten den physikalischen Verhältnissen Rechnung trägt und dabei noch eine Integration in geschlossener Form erlaubt.

[1] Bei LANDAU ist $Q f_0$ mit $Q$ bezeichnet!

Eine Besprechung der Rechnung würde hier zu viel Raum beanspruchen. Man erhält einen verhältnismäßig einfachen Ausdruck für die Temperatur im Anfangspunkt und es ist vernünftig, als Zündbedingung anzunehmen, daß dort die Temperatur nie fällt[1]. Die Bedingung dafür ergibt folgendes Bild, das im wesentlichen eine Beziehung zwischen $\alpha$ und einem Ausdruck $A = \frac{4(T - T_0) k \cdot c}{Q f_0 n_0 R^2}$ darstellt, wenn die Anfangsbedingung lautete:

$$\left.\begin{array}{lll} n = n_0 & \text{für} & 0 \leqq r < R \\ n = 0 & \text{für} & r > R \end{array}\right\} \text{und } t = 0.$$

Dafür, daß $\partial T(0, t)/\partial t \geqq 0$ sei, ergibt sich die in beistehender Abb. 185 gezeichnete Beziehung zwischen $A$ und $\alpha$. LANDAU versucht seine Resultate an der Erfahrung zu prüfen, wozu er die SILVERschen[2] Versuche (zitiert S. 29) über Zündung durch heiße Kugeln von verschiedenem Radius heranzieht. Die Prüfung ist insofern bedenklich, als er nunmehr nachträglich Verzweigungs- und Reaktionsgeschwindigkeit als Temperaturfunktionen einsetzt, nachdem er die Rechnungen unter der Annahme ihrer Konstanz durchgeführt hatte. Die Versuche passen zwar sehr gut auf die so gewonnene Beziehung, aber sie hatten ebensogut auf eine andere, von SILVER angenommene Beziehung gepaßt[2], und würden zu jeder Beziehung passen, die, als wesentlichstes, einen exponentiellen Zusammenhang der Temperatur mit einer reziproken Potenz des zur Zündung erforderlichen Mindestradius der Kugel ergäbe.

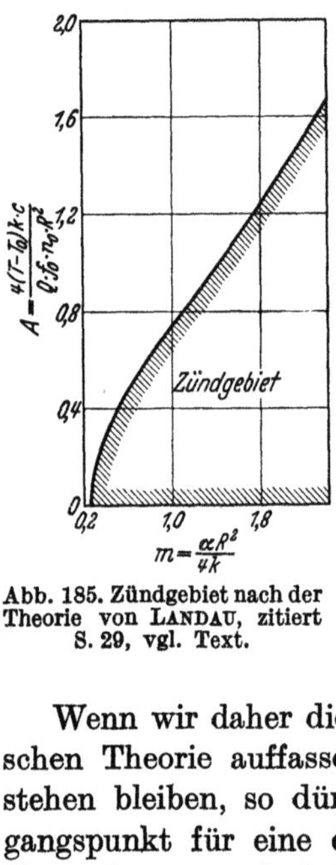


Abb. 185. Zündgebiet nach der Theorie von LANDAU, zitiert S. 29, vgl. Text.

Wenn wir daher dieses Ergebnis nicht als Bestätigung der LANDAUschen Theorie auffassen und die oben gemachten Einwendungen bestehen bleiben, so dürfte doch die LANDAUsche Behandlung als Ausgangspunkt für eine exaktere Theorie geeignet sein. Sowie man die Verzweigungsgeschwindigkeit als Exponentialfunktion der Temperatur in die Differentialgleichung einführt, erhält man eine transzendente Differentialgleichung, die nur noch mit numerischen Methoden behandelt werden kann; zu einer Weiterführung der Theorie der Zündung wird das aber notwendig sein. Für Funkenzündung vgl. auch[3].

[1] An sich ist es möglich, daß die Temperatur zwar anfangs ansteigt, dann aber wieder abfällt, dies kann also nicht Zündung entsprechen.

[2] Vgl. Kap. I, S. 31.

[3] SEILER, E.: Brennstoff- u. Wärmew. Bd. 17 (1935) S. 186. — SLOANE, R. W.: Phil. Mag. (7) Bd. 19 (1935) S. 998.

**Anhang zum zehnten Kapitel.**

In praktisch sämtlichen Flammen ist eine gewisse Ionisation nachweisbar. Die Flammenfortpflanzung läßt sich unter Umständen durch elektrische Felder erheblich beeinflussen; dieser Einfluß dürfte in den meisten Fällen als Folge der durch die Bewegung der Ionen im Feld verursachten Gasströmungen zu verstehen sein. Es scheint vorläufig kein zwingender Grund vorhanden zu sein, eine wesentliche Beteiligung der Ionen an den chemischen Reaktionen anzunehmen[1,2].

Elftes Kapitel.

# Die Verbrennung von Kohlenwasserstoffen.

## Überblick über das Gebiet.

Bei der Oxydation von Kohlenwasserstoffen kann man drei Gebiete unterscheiden, die schon bei verhältnismäßig tiefen Temperaturen verlaufende katalytische Oxydation, unter Umständen schon unterhalb $\sim 100°$ C merkbar[3], die langsame Oxydation in der Gasphase, in einem Gebiet von etwa 200 bis 300° bis zu etwa 500 bis 600° C, und schließlich die explosive Verbrennung in der Flamme. Das Gebiet der katalytischen Oxydation, das hauptsächlich vom präparativ chemischen Standpunkt aus interessiert, muß hier außer Betracht bleiben. Mit den Vorgängen der langsamen Oxydation bei mäßig hohen Temperaturen, die unter Umständen zur Selbstzündung überleiten, werden wir uns ausgiebig befassen; sie sind einerseits am eingehendsten untersucht und andererseits sind sie von besonderer Wichtigkeit, weil sie nach allem, was bisher bekannt ist, mit den Vorgängen übereinstimmen, die im adiabatisch komprimierten Gemisch eines Motors ablaufen und die, im Falle eines Otto-Motors, zu dem unerwünschten Klopfen, im Falle des Dieselmotors zu der erwünschten Zündung führen. Über den Mechanismus bei der explosiven Verbrennung liegen nur indirekte Versuche vor, auf die wir im Abschnitt A eingehen wollen.

Bei der explosiven Verbrennung in der Flamme dürften freie Radikale eine Rolle spielen, die Anwesenheit von OH gibt sich in jeder Kohlen-

[1] Vgl. hierzu unter anderem F. Haber: Sitzgsber. Preuß. Akad. Wiss. Berlin (1929) S. 162. — Becker, A.: Handbuch der experimentellen Physik, Bd. 13 (1929). Wilson, H. A.: Rev. med. Phys. Bd. 3 (1931) S. 156. — Vogt, K.: Ann. Phys., Paris Bd. 12 (1932) S. 433.

[2] Von den obigen abweichende Ansichten vertritt A. E. Malinowski u. Mitarb.: J. Chim. Phys. Bd. 21 (1924) S. 469. — Z. Phys. Bd. 59 (1930) S. 690. — Phys. Z. Sowjet. Bd. 2 (1932) S. 52; Bd. 3 (1933) S. 529, 537; Bd. 5 (1934) S. 212, 446, 453, 902; Bd. 6 (1934) S. 549; Bd. 7 (1935) S. 43; Bd. 8 (1935) S. 289, 536, 541; Bd. 9 (1936) S. 264, 268. — Acta Physico-chimico Bd. 4 (1936) S. 929.

[3] In der flüssigen Phase ist die Oxydation unter Umständen bei noch tieferen Temperaturen merkbar, worauf die technische Anwendung der Oxydation von Paraffinen zur Gewinnung von Fettsäuren beruht, vgl. hierzu etwa G. Wietzel: Z. angew. Chem. Bd. 51 (1938) S. 531.

wasserstoffflamme durch das Spektrum zu erkennen, H-Atome sind bei höheren Temperaturen sicher bereits im Gleichgewicht in merklicher Konzentration vorhanden, die Anwesenheit anderer Radikale (CC, CH, vielleicht HCO) ist ebenfalls aus den Flammenspektren zu ersehen, wenn auch die Rolle dieser Radikale für den Reaktionsmechanismus durchaus ungeklärt ist (vgl. Abschnitt A).

Bei der langsamen Oxydation (Abschnitt B, S. 370) von Kohlenwasserstoffen beobachtet man generell, auch zum Teil noch bei Alkoholen und Aldehyden, einen autokatalytischen Reaktionsverlauf, d. h. die Reaktion setzt nach einer gewissen Induktionsperiode beschleunigt ein. Die Induktionsperiode wird verringert durch Erhöhen von Temperatur und Druck, durch die Anwesenheit gewisser Stoffe (bei Kohlenwasserstoffen unter Umständen durch Aldehyde, manche Peroxyde u. a.), wird verlängert durch andere Zusätze (unter Umständen Jod, Anilin, Bleitetraäthyl, sofern man ihm Gelegenheit zum Zerfall gibt), sie ist meist vom Wandzustand abhängig, sie kann gelegentlich ganz fehlen, z. B. bei Aldehyden unter nicht zu milden Bedingungen. Als Reaktionsprodukte treten neben CO, $H_2O$ und meist weniger $CO_2$ große Mengen von Aldehyden, besonders Formaldehyd auf, daneben Säuren, Alkohole, diese besonders bei hohen Drucken. In kleinen Mengen lassen sich vielfach Peroxyde nachweisen, wobei unter Umständen $H_2O_2$ das Primärprodukt ist, das evtl. erst später in den auskondensierten Reaktionsprodukten, evtl. an der Wand, mit Formaldehyd und dergleichen zu organischen Peroxyden weiterreagiert (vgl. S. 402).

Bei der Oxydation aliphatischer Kohlenwasserstoffe und ihrer Oxydationsprodukte beobachtet man bei niederen Temperaturen eine bläuliche Lumineszenz und das Auftreten „kalter Flammen“ (vgl. S. 430ff.), in denen nur eine partielle Oxydation, keine völlige Verbrennung stattfindet. Die kalten Flammen verschwinden bei steigender Temperatur, parallel damit wird ein „negativer Temperaturkoeffizient“[1] der Reaktionsgeschwindigkeit beobachtet, d. h. die Geschwindigkeit des Umsatzes geht mit steigender Temperatur zurück (vgl. S. 422, 430ff.). Außerdem geht mit dem Auftreten kalter Flammen das Erscheinen von Peroxyden parallel; da man beim Zerfall von Peroxyden den kalten Flammen entsprechende Erscheinungen beobachtet hat (vgl. S. 456) und außerdem die große Instabilität dieser Verbindungen bekannt ist, so hat man das Auftreten kalter Flammen immer mit den Reaktionen dieser Peroxyde in Zusammenhang gebracht. Wenn auch diese Gleichzeitigkeit kein Zufall sein dürfte, so sind doch unter Umständen auch etwas abweichende Deutungen möglich (vgl. S. 484ff.).

[1] Wir wollen hier, wie es dem Sinn des Wortes entspricht, darunter den Differentialquotienten der Reaktionsgeschwindigkeit nach der Temperatur verstehen, der positiv und negativ sein kann. Häufig versteht man darunter auch den Faktor, um den sich die Reaktionsgeschwindigkeit bei Temperaturerhöhung um 10° ändert; dieser Faktor kann $\gtrless 1$ sein, ist aber immer $>0$.

Die Oxydationsbeständigkeit der Kohlenwasserstoffe und ihrer Abkömmlinge nimmt generell mit wachsender Molekülgröße ab. Bei Erhöhung des Druckes kann sich aus den „kalten Flammen" eine normale Explosion entwickeln. Bei Einlassen von Kohlenwasserstoff-Luftgemischen unter Druck in erhitzte Reaktionsgefäße beobachtet man sehr eigenartige Explosionsgrenzen als Funktion von Druck und Temperatur (vgl. Abschnitt C); in einem gewissen Druckgebiet existieren drei Zündgrenzen; mit steigender Temperatur erhält man Zündung, die bei höheren Temperaturen aussetzt und erst bei noch höheren Temperaturen wieder erhalten wird; diese Erscheinungen sind sicher durch die gleichen Umsetzungen bedingt, welche das Auftreten kalter Flammen verursachen. Da man bei Zündung durch adiabatische Kompression von Kohlenwasserstoff-Luftgemischen, soweit Messungen vorliegen, keine Anomalien beobachtet hat, so dürften jene Erscheinungen, ebenso wie sicherlich die kalten Flammen, zum Teil durch Wandeffekte bedingt sein.

Die Kohlenwasserstoff-Oxydation ist jedenfalls eine Kettenreaktion (mit Verzweigung), wie u. a. aus der meist möglichen Hemmung durch die Wand, durch Packen des Reaktionsgefäßes sowie aus der Beeinflußbarkeit durch Zusätze geschlossen werden kann. Eine Reihe wichtiger Beobachtungen über das Oxydationsverhalten von Kohlenwasserstoffen entstammen auch den Erfahrungen über die motorische Verbrennung (vgl. Kap. XII) und passen sich in den Rahmen der sonstigen Feststellungen gut ein.

Die im vorangehenden besprochenen Teilphänomene werden nun bei der Untersuchung der einzelnen Kohlenwasserstoffe unter Umständen in der verwirrendsten Weise gleichzeitig gefunden, oft von verschiedenen Autoren in scheinbarem Widerspruch zueinander. Die einzelnen Faktoren, Mitwirken von Verunreinigungen oder bei der Reaktion entstandener Produkte, Einfluß des verschiedenen Zustandes der Wand (in einfachen Fällen vgl. S. 424ff., 427) u. a. geben eine solche Vielheit von Kombinationsmöglichkeiten, daß man das Auftreten auch anscheinend widerspruchsvoller Erscheinungen nicht verwunderlich finden wird. Nur schließt dieser Tatbestand aus, daß man bei der Darstellung die Ergebnisse aller Autoren in ein einheitliches, geschlossenes Schema einordnet; das wäre nicht möglich, ohne vielen wichtigen und sicher reellen Einzelbeobachtungen Gewalt anzutun. Der Leser, der sich zunächst nicht in der Fülle der experimentellen Einzelheiten verlieren will, möge sofort zu der theoretischen Behandlung der Vorgänge (Abschnitt D) übergehen, in welcher versucht wird, ein geschlossenes Bild der Erscheinungen zu geben, natürlich unter Vorkehrung der persönlichen Ansichten des Autors. Für ein tieferes Verständnis wird es dann nötig sein, sich auch mit den Einzelbeobachtungen vertraut zu machen.

# A. Die Verbrennung von Kohlenwasserstoffen in der Flamme.

Schlüsse auf die explosive Verbrennung von Kohlenwasserstoffen lassen sich ziehen aus 1. Flammengeschwindigkeiten, 2. spektroskopischen Befunden, 3. aus der Analyse der bei einer Explosion erhaltenen Endprodukte. Diese Beobachtungen allein reichen nicht aus zu einer Klärung des Reaktionsmechanismus, sind aber trotzdem interessant genug und legen gewisse Schlüsse nahe. Läßt man Kohlenwasserstoffe mit einer zur vollständigen Oxydation zu $CO_2 + H_2O$ nicht ausreichenden Menge Luft oder Sauerstoff verbrennen, so erhält man CO, $H_2O$ und $CO_2$ und $H_2$ als Reaktionsprodukte, die zueinander im Verhältnis der Konstanten[1] des Wassergasgleichgewichts stehen, für die Temperatur, bei der sich Gleichgewicht einstellen konnte. Geht man mit der Luftmenge weiter herunter, so tritt außerdem noch Kohlenstoff in Form von Ruß auf, wie er für das Leuchten nicht vorgemischter Gasflammen verantwortlich ist. Es hat nicht an Versuchen gefehlt, allgemeine Regeln aufzustellen, über den primären Angriff des Sauerstoffs bei der Verbrennung, man hat Theorien der bevorzugten Wasserstoff- oder Kohlenstoffverbrennung aufgestellt, die aber den wirklichen Befunden nicht gerecht werden.

## 1. Reaktionsprodukte bei der Explosion und Verbrennung.

Z. B. hatte bereits DALTON beobachtet, was später von BONE[2] neu entdeckt wurde, daß bei der Explosion von Äthylen mit einem gleichen Volumen Sauerstoff nicht etwa Ruß abgeschieden wird, sondern daß die Umsetzung erfolgt nach:

$$C_2H_4 + O_2 = 2\,CO + 2\,H_2;$$

analog verläuft die Explosion von Acetylen:

$$C_2H_2 + O_2 = 2\,CO + H_2.$$

Sollte z. B. OH (in geringer Konzentration) ein bei der Verbrennung mitwirkendes Produkt sein, wofür manche Beobachtungen sprechen (vgl. S. 320), so müßte es mit diesen Verbindungen in der Art reagieren, daß das O am Kohlenstoff angriffe, nicht etwa am Wasserstoff, also z. B.:

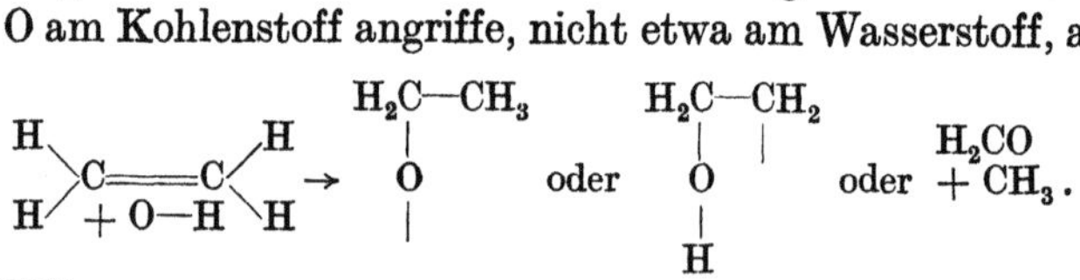


[1] Zahlenwerte bei E. JUSTI (zitiert S. 225); beim Abkühlen des Gasgemisches „friert" das Gleichgewicht ein, weil die Reaktionsgeschwindigkeit zu klein wird. Die Einfriertemperatur hängt von der Abkühlungsgeschwindigkeit ab.

[2] Vgl. etwa die Darstellung in der Bakerian Lecture von W. A. BONE: Proc. roy. Soc., Lond. A Bd. 137 (1932) S. 243. — BONE, W. A. u. B. LEAN: J. chem. Soc. Bd. 61 (1892) S. 873. — BONE u. TOWNEND: Flame and Combustion. — BONE, W. A. u. J. C. CAIN: Trans. chem. Soc. Bd. 71 (1897) S. 26.

Daß ähnliches geschieht, ist nicht unwahrscheinlich, aber natürlich nicht bewiesen. Bei Acetylen kann man sich das gleiche vorstellen, nicht aber bei Äthan, wo keine Doppelbindung mehr vorhanden ist. Würde OH mit Äthan reagieren, so käme als nächstliegende Reaktion in Frage:

$$C_2H_6 + OH \rightarrow C_2H_5 + H_2O.$$

Da auf diese Weise ein Teil zu $H_2O$ reagiert, ist nicht mehr genug Sauerstoff für die Verbrennung des gesamten C vorhanden, man müßte also bei der Explosion von Äthan mit dem gleichen Volumen Sauerstoff Rußabscheidung bekommen; das ist tatsächlich der Fall. Es wurde z. B. gefunden, daß das Verbrennungsgas besteht aus 4,2% $CO_2$, 33,5% CO, 2,7% Kohlenwasserstoffen, 11% Methan und 48,6% Wasserstoff; daneben ist Wasser auskondensiert und $^1/_6$ des ursprünglich vorhandenen Kohlenstoffes ist als Ruß abgeschieden. Wegen der Reaktion $C + H_2O = CO + H_2$ hängt die Zusammensetzung der Endprodukte von äußeren Faktoren, die die Flammentemperatur beeinflussen, stark ab.

Methan reagiert mit dem gleichen Volumen Sauerstoff nach:

$$CH_4 + O_2 \rightarrow CO + H_2 + H_2O,$$

wozu noch die Wassergasreaktion

$$CO + H_2O \rightarrow CO_2 + H_2$$

kommt[1]. Für weitere derartige Beobachtungen sei auf Bone verwiesen.

Bone versucht den Verbrennungsablauf als eine Folge von Hydroxylierungen und Spaltungen darzustellen; damit erhält man zwar eine Liste der möglichen Reaktionsprodukte der Verbrennung, der wirkliche Reaktionsablauf wird so aber keinesfalls wiedergegeben.

Von Interesse sind noch Versuche, die relative Brennbarkeit von $H_2$, CO und Kohlenwasserstoffen feststellen[2]; hier bestanden gewisse Vorstellungen über die relative Geschwindigkeit, denen man auch heute gelegentlich noch begegnet, ohne daß eigentlich experimentelle Unterlagen dafür vorhanden wären. Bone und Mitarbeiter ließen folgende Mischungen explodieren: $C_2H_6 + O_2$, $C_2H_4 + H_2 + O_2$ und $C_2H_2 + 2H_2 + O_2$, d. h. also drei Gemische gleicher Bruttozusammensetzung. Während man beim Äthan, wie oben besprochen, starke Rußabscheidung bekommt, gaben die beiden anderen Gemische keine Rußabscheidung, auch nicht in Gegenwart zusätzlichen Wasserstoffs. Der Wasserstoff verbrennt also nicht bevorzugt. In analogen Versuchen mit Methan zeigte es sich, daß bei der Explosion von $CH_4 + O_2 + 2H_2$ ungefähr 95 bis 97% des vorhandenen Methans verbraucht wird; ähnlich war es, wenn der Wasserstoff durch CO ersetzt wurde; auch hier wurde kein Kohlenstoff abgeschieden[3].

---

[1] Beim Abkühlen „friert“ allgemein das Wassergasgleichgewicht ein.

[2] Vgl. Bone: Flame, zitiert S. 154.

[3] Die Zusammensetzung der Explosionsprodukte ist abhängig von der Gegenwart indifferenter Gase, welche, sofern sie nicht etwa als Dreierstoßpartner in die Reaktion eingreifen, einfach temperaturerniedrigend wirken. Vgl. W. A. Bone u. L. E. Outridge: Proc. roy. Soc., Lond. A Bd. 157 (1936) S. 234.

## 2. Spektroskopische Beobachtungen; Reaktion freier Atome und Radikale.

Die Flammen von Kohlenwasserstoffen zeigen, wie schon besprochen (S. 229), die Banden von $C_2$, CH und OH, daneben mehr oder weniger stark die Vaidya-Banden im Ultravioletten, die vielleicht dem HCO zuzuschreiben sind. Daß von diesen Radikalen das OH eine wesentliche Rolle bei der Verbrennung spielt, ist nach den analogen Feststellungen von Kondratjew bei der CO- und $H_2$-Verbrennung recht wahrscheinlich, aber bisher nicht unmittelbar bewiesen; bei den übrigen Radikalen wird man natürlich ebenfalls eine Beteiligung an der Reaktion vermuten, es liegen aber noch keinerlei direkte Experimente darüber vor. Außer von diesen Radikalen darf man die Anwesenheit von Wasserstoffatomen mit Sicherheit annehmen und vielleicht auch eine Beteiligung an der Reaktion vermuten, vielleicht auch von Sauerstoffatomen, deren Konzentration aber immer kleiner bleiben wird als die von H-Atomen. Daneben unter Umständen von $HO_2$-Radikalen, deren Bildung aus H und $O_2$ bei der Knallgasoxydation anzunehmen ist (S. 313).

Bei der Einwirkung von in der Entladung erzeugten H-Atomen (Bonhoeffer und Harteck[1]) oder O-Atomen (Harteck und Kopsch[2]) auf Kohlenwasserstoffe treten die gleichen Spektren auf wie bei der Kohlenwasserstoff-Verbrennung (im ersteren Falle natürlich mit Ausnahme der OH-Banden), was es zumindest nicht unwahrscheinlich erscheinen läßt, daß auch bei der Verbrennung analoge Reaktionen ablaufen.

Die Reaktion von H-Atomen mit Kohlenwasserstoffen ist zuerst von Bonhoeffer und Harteck[1] untersucht worden und ist Gegenstand zahlreicher späterer Untersuchungen gewesen[3]. Schon bei niederen Temperaturen reagieren alle untersuchten Kohlenwasserstoffe außer Methan mit H-Atomen. Nach Geib und Harteck[3] reagieren H-Atome auch bei 183° C noch nicht nachweisbar im Sinne der Gleichung $H + CH_4 = CH_3 + H_2$, woraus auf eine Aktivierungswärme von mindestens 15 kcal geschlossen werden kann. Diese Aktivierungswärme

[1] Bonhoeffer, K. F. u. P. Harteck: Z. phys. Chem. Abt. A Bd. 139 (1928) S. 64.

[2] Harteck, P. u. U. Kopsch: Z. phys. Chem. Abt. B Bd. 12 (1931) S. 327.

[3] Geib, K. H. u. P. Harteck: Z. phys. Chem. Abt. A Bd. 170 (1934) S. 1. — Geib, K. H. u. E. W. R. Steacie: Z. phys. Chem. Abt. B Bd. 29 (1935) S. 215. — Vgl. insbesondere K. H. Geib: Ergebn. exakt. Naturw. Bd. 15 (1936) S. 44. — Habil.schr. Leipzig 1937. — Taylor, H. S. u. D. A. Hill: Z. phys. Chem. Abt. B Bd. 2 (1929) S. 449. — Wartenberg, H. v. u. G. Schultze: Z. phys. Chem. Abt. B Bd. 2 (1929) S. 1. — Vgl. ferner das Sammelreferat von L. v. Müffling u. R. Maess: Z. Elektrochem. Bd. 44 (1938) S. 428; ferner K. Morikawa, W. S. Benedikt u. H. S. Taylor: J. chem. Phys. Bd. 5 (1937) S. 212. — Steacie, E. W. R.: J. chem. Phys. Bd. 6 (1938) S. 37. — Steacie, E. W. R. u. N. W. F. Philipps: J. chem. Phys. Bd. 4 (1936) S. 461; Bd. 5 (1937) S. 275. — Trenner, N. R., K. Morikawa u. H. S. Taylor: J. chem. Phys. Bd. 5 (1937) S. 203.

ist aber niedrig genug dafür, daß dieser Reaktion in Flammen eine beträchtliche Rolle zukommt. Die Reaktion $CH_3+H_2=CH_4+H$ erfordert eine Aktivierungsenergie von etwa $9\pm2$ kcal[1,2]. Äthan wird von atomarem Wasserstoff leicht angegriffen, wobei als Reaktionsprodukt Methan in wesentlichen Beträgen auftritt; dabei spielen wahrscheinlich die Reaktion

1.) $$C_2H_6 + H \rightarrow CH_4 + CH_3,$$

die mit einer Aktivierungsenergie von $\sim 7$ kcal verläuft, sowie

2.) $$C_2H_6 + H \rightarrow C_2H_5 + H_2$$

mit einer Aktivierungsenergie von $\sim 9$ kcal eine Rolle[3]. 1.) soll etwa 4mal schneller verlaufen als 2.)[4]. Neben Methan entstehen auch Äthylen und Acetylen in geringen Mengen. Dazu analoge Reaktionen dürften auch bei höheren Kohlenwasserstoffen auftreten[5].

Auf Äthylen wirkt atomarer Wasserstoff hydrierend, daneben entstehen geringe Mengen Acetylen, während Acetylen nur in sehr geringem Umfang hydriert wird; es katalysiert aber die Rekombination der H-Atome sehr stark; ebenso tritt mit Deuteriumatomen ein Austausch ein, ein Zeichen dafür, daß zwar eine lebhafte Reaktion stattfindet, daß diese aber nicht zur Hydrierung führt. GEIB und STEACIE nehmen daher an (mit D-Atomen; mit H-Atomen treten natürlich die gleichen Umsetzungen auf, nur sind sie nicht so leicht nachzuweisen);

$$C_2H_2 + D \rightarrow C_2H + HD$$
$$C_2H + D \rightarrow C_2HD$$

oder auch unter Umkehrung der Reihenfolge von Hydrierung und Dehydrierung:

$$C_2H_2 + D \rightarrow C_2H_2D$$
$$C_2H_2D + D \rightarrow C_2HD + HD$$

Pentan wird durch atomaren Wasserstoff in niedere Bruchstücke zerlegt, vorwiegend Propan, daneben bilden sich $C_2H_2$, $C_2H_4$ und $CH_4$. Diese Reaktionen dürften typisch für Paraffine sein. Benzol erfährt neben Hydrierung, ebenfalls einen Abbau zu $CH_4$, $C_2H_2$ und geringen Mengen $C_2H_4$ und $C_2H_6$.

[1] HARTEL, v. u. M. POLANYI: Z. phys. Chem. Abt. B Bd. 11 (1931) S. 97. — BOGDANDY, v. u. M. POLANYI: Z. Elektrochem. Bd. 33 (1927) S. 554. — TAYLOR, H. S. u. ROSENBLUM [J. chem. Phys. Bd. 6 (1938) S. 119] geben etwa 11 kcal an.

[2] Diesen Wert der Aktivierungswärme geben J. P. CUNNINGHAM und H. S. TAYLOR [J. chem. Phys. Bd. 6 (1938) S. 359] an.

[3] HARTECK, P.: Trans. Faraday Soc. Bd. 30 (1934) S. 134.

[4] STEACIE, E. W. R. u. PHILIPPS: Canad. J. Res. Bd. 16, Sect. B (1938) S. 303.

[5] Zur Reaktion der Kohlenwasserstoffe überhaupt und über die Reaktion mit H-Atomen insbesondere vergleiche die Vorträge der Faraday-Tagung April 1939 (erscheinen Trans. Faraday Soc. August 1939). Nach STEACIE (ebenda) kann die obige Reaktion 1.), die an sich nicht sehr wahrscheinlich war, gestrichen werden; dafür sind bei hohen H-Atomkonzentrationen Reaktionen anzunehmen wie $C_2H_5+H\rightarrow 2\,CH_3$ und analoge Reaktionen bei Radikalen größerer C-Atomzahl.

Unsere Kenntnis derartiger Reaktionen ist durch die Entdeckung des schweren Wasserstoffisotopen, des Deuteriums, sehr gefördert worden, weil es damit möglich ist, auch Umsetzungen, die in einem Austausch von H-Atomen bestehen, analytisch nachzuweisen[1]. Äthan dürfte mit D-Atomen auch reagieren nach:

$$C_2H_6 + D \rightarrow C_2H_5 + HD$$

mit einer Aktivierungswärme von etwa 11 kcal. Die so berechneten Aktivierungswärmen sind nicht sehr genau; da uns aber die Reaktionen in der Flamme interessieren, wo alle Reaktionen mit Aktivierungswärmen dieser Größenordnung extrem schnell ablaufen, ist eine genauere Kenntnis zunächst nicht nötig. Es steht also fest, daß unter solchen Bedingungen Kohlenwasserstoffe durch H-Atome schnell abgebaut werden. Es ist nicht unwahrscheinlich, daß analoge Reaktionen auch mit OH-Radikalen ablaufen würden; direkte Untersuchungen darüber fehlen bisher.

Dagegen ist über die Reaktionen der Sauerstoffatome einiges bekannt[2], nämlich aus der Untersuchung der Einwirkung von aus einer Gasentladung abgepumpten O-Atomen auf organische Stoffe. Die Reihenfolge der Reaktionsfähigkeit von Paraffinen gegenüber O-Atomen ist die gleiche wie die gegen H-Atome; Methan wird am schwersten angegriffen; bei Pentan und Hexan beträgt die Aktivierungsenergie nur ungefähr 5 kcal, bei Benzol und Acetylen liegt sie unter 4 kcal. Auf die Chemilumineszenz bei diesen Reaktionen wurde bereits hingewiesen; bei der Einwirkung auf Pentan wurden die Banden des OH und CH, bei Benzol und Acetylen außerdem die CC-Banden beobachtet. Als Reaktionsprodukte nachgewiesen sind $H_2O$, CO, $CO_2$ und $H_2$. Da man aber die Geschwindigkeit der Oxydation des CO durch atomaren Sauerstoff unter den Versuchsbedingungen kennt, so läßt sich aus der Tatsache, daß CO und $CO_2$ häufig etwa in gleicher Menge auftreten, folgern, daß nur etwa 5% des gebildeten CO durch direkte Oxydation mit Sauerstoffatomen in $CO_2$ übergegangen sein können, daß also der Hauptteil des $CO_2$ anders entstanden sein muß, entweder durch den Zerfall von Zwischenprodukten, wie etwa HCOOH, oder durch Einwirkung von OH auf CO. Es folgt jedenfalls, da diese Untersuchungen bei Zimmertemperatur, zum Teil bei der der flüssigen Luft ausgeführt sind, daß Kohlenwasserstoffe unter Flammenbedingungen durch Sauerstoffatome rapide abgebaut werden.

Falls die Zuordnung der Vaidya-Banden zu dem Radikal HCO sich als zutreffend erweisen sollte, so würde folgen, daß evtl. auch dieses Radikal bei der Verbrennung in der Flamme eine Rolle spielt. Die

---

[1] Vgl. dazu das Referat von K. H. Geib: Z. Elektrochem. Bd. 44 (1938) S. 81.

[2] Vgl. K. H. Geib: Zitiert S. 311. — Harteck, P. u. U. Kopsch: Z. phys. Chem. Abt. B Bd. 12 (1931) S. 327. — Geib, K. H. u. P. Harteck: Ber. dtsch. chem. Ges. Bd. 66 (1933) S. 1815. Trans. Faraday Soc. Bd. 30 (1934) S. 131.

Bildung eines HCO-Radikals muß man annehmen bei der Einwirkung von atomarem Wasserstoff auf CO, bei der als stabile Reaktionsprodukte Formaldehyd und Glyoxal erhalten werden[1]. Danach ist anzunehmen, daß HCO nur in einem Bruchteil (etwa jedem 5000. Dreierstoß) der Dreierstöße von H und CO entsteht und daß es leicht wieder spontan zerfällt[2]; es kann dann mit atomarem Wasserstoff im Dreierstoß zu Formaldehyd reagieren, sofern nicht stattdessen $H_2 + CO$ entsteht, ferner können 2 HCO entweder im Dreierstoß Glyoxal bilden oder Formaldehyd und CO liefern.

Alle Reaktionen, die bereits bei niederer Temperatur mit nachweisbarer Geschwindigkeit verlaufen, gehen bei hohen Temperaturen mit Sicherheit vonstatten; sofern es keine sonstigen noch schnelleren Reaktionen gibt, müssen sie für den Ablauf der Gesamtreaktion in der Flamme eine Rolle spielen.

### 3. Flammengeschwindigkeiten.

Einige weitere Einblicke gestatten die Beobachtungen über Flammengeschwindigkeiten. Eigenartig sind z. B. die Resultate einer Untersuchung von BONE, FRASER und LAKE[3] über den Einfluß von Acetylen auf die Flammengeschwindigkeit in Knallgas. Zusatz von nur 1% Acetylen erniedrigt die Flammengeschwindigkeit um fast 50%, während mehr Acetylen sie wieder heraufsetzt; mit 10% Acetylen ergibt sich ein Maximum der Geschwindigkeit mit einem Wert, der fast doppelt so hoch liegt wie die Flammengeschwindigkeit des reinen Knallgases. Besonders der Einfluß der kleinen Mengen Acetylen dürfte lediglich aus der Reaktionsgeschwindigkeit erklärlich sein; es ist naheliegend anzunehmen, daß H-Atome (und evtl. andere aktive Teilchen), die bei der Knallgasverbrennung und Flammenfortpflanzung eine Rolle spielen, unter der Wirkung des Acetylens vernichtet werden (vgl. S. 367).

Die normale Verbrennungsgeschwindigkeit des Kohlenoxyds wird durch geringe Mengen fast aller untersuchten organischen Stoffe beschleunigt; da bekannt ist (vgl. Kap. III, S. 119), daß die Flammengeschwindigkeit des CO und die Geschwindigkeit seiner langsamen

[1] Vgl. K. H. GEIB: Zitiert S. 311. — FRANKENBURGER, W.: Z. Elektrochem. Bd. 36 (1930) S. 757. — FARKAS, L., F. HABER u. P. HARTECK: Naturwiss. Bd. 18 (1930) S. 266. — FARKAS, L. u. P. HARTECK: Naturwiss. Bd. 18 (1930) S. 433. — FARKAS, L. u. H. SACHSSE: Z. phys. Chem. Abt. B Bd. 27 (1934) S. 111.

[2] Nach Versuchen von E. GORIN [Acta Physicochim. URSS. Bd. 8 (1938) S. 513] und unabhängigen Rechnungen von C. E. H. BAWN [Trans. Faraday Soc. Bd. 34 (1938) S. 598] soll für den HCO-Zerfall eine Aktivierungsenergie von $\sim 16$ bis 20 kcal nötig sein, was eine beträchtliche Lebensdauer des HCO zur Folge hätte. Man wird dazu weitere Versuche abwarten müssen. Vgl. ferner GORIN, E.: J. chem. Phys. Bd. 7 (1939) S. 256.

[3] BONE, W. A., R. P. FRASER u. F. LAKE: Proc. roy. Soc., Lond. A Bd. 131 (1931) S. 1.

Oxydation durch kleine Mengen $H_2$ und $H_2O$ stark heraufgesetzt werden, so kann der Einfluß organischer Substanzen einfach dem aus diesen abgespaltenen $H_2$ bzw. durch Verbrennung entstandenem $H_2O$ zukommen. Es ist wohl denkbar, daß als Folge der Kohlenwasserstoff-Verbrennung eine besonders hohe Radikalkonzentration (z. B. von OH) herrscht, die für die Beschleunigung der Verbrennungsgeschwindigkeit des CO verantwortlich ist; darüber könnten aber nur besondere Versuche mit dem Ziel, diese Radikalkonzentrationen unter verschiedenen Bedingungen zu bestimmen (vgl. die Untersuchungen von KONDRATIEW bei der $H_2$ und CO-Oxydation S. 319, 334), Auskunft geben. Für die Beeinflussung der Verbrennungsgeschwindigkeit im CO durch organische Stoffe vgl. insbesondere HARTMANN[1].

Die normale Verbrennungsgeschwindigkeit von Kohlenwasserstoffen in Mischung mit Luft oder Sauerstoff erreicht ihr Maximum immer für Gemische mit einem gewissen Brennstoffüberschuß. Parallel damit geht, daß auch die Geschwindigkeit der langsamen Oxydation ihr Maximum meist ausgesprochen auf der Seite des Brennstoffüberschusses erreicht (d. h. die Reaktion ist in bezug auf den Brennstoff von wesentlich höherer Ordnung als der stöchiometrischen Gleichung entspricht); es ist naheliegend, anzunehmen, daß die Verhältnisse in der Flamme ebenfalls den Einfluß der Reaktionsgeschwindigkeit widerspiegeln, wenn auch dies bisher nicht bewiesen ist. Als andere Erklärungsmöglichkeit bliebe, daß bei Brennstoffüberschuß die Möglichkeit der Abscheidung von Wasserstoff und der Bildung freier Wasserstoffatome wahrscheinlich größer ist als bei Brennstoffmangel; da andererseits H-Atome besonders rasch diffundieren und damit helfen, die Verbrennung fortzupflanzen, so ergäbe sich hiernach eine Beförderung der Brenngeschwindigkeit durch Brennstoffüberschuß. Dieser Faktor und der der Reaktionsgeschwindigkeit brauchen nicht notwendig unabhängig voneinander zu sein, da beide Male evtl. der Einfluß der H-Atome entscheidend ist. Eine Klärung wäre hier nur durch eine systematische Analyse der Flammengeschwindigkeiten — experimentell und theoretisch — möglich.

## B. Die langsame Oxydation von Kohlenwasserstoffen.

### 1. Allgemeines.

Bringt man Kohlenwasserstoffe in Mischung mit Luft oder Sauerstoff bei Drucken, die von unter 1 at bis zu einigen at betragen können, in einem Reaktionsgefäß auf mäßig hohe Temperatur, d. h. etwa auf 200 bis 300° oder evtl. darüber (die Temperatur muß z. B. bei Paraffinen um so höher sein, je kürzer die Kohlenstoffatomkette des Moleküls ist, bei Äthan genügen Temperaturen in der Gegend von $\sim 300°$ C), so

[1] HARTMANN, E.: Diss. Karlsruhe 1931. Der Verbrennungsmechanismus des Kohlenoxyds und seiner Gemische mit Gasen und Dämpfen.

beobachtet man folgendes: zunächst eine „Induktionsperiode", die je nach den Versuchsbedingungen zwischen Sekunden und Stunden variieren kann und während der anscheinend fast nichts geschieht, wenigstens sofern man die Analyse nicht auf kleine Spuren erstreckt; danach, natürlich ohne scharfen Übergang, setzt die Reaktion merkbar und beschleunigt ein, um dann, wenn ein beträchtlicher Teil abreagiert ist, wieder langsam abzuklingen. Abb. 186 stellt den Verlauf von Umsetzung und Reaktionsgeschwindigkeit mit der Zeit dar; man hat also den typischen Verlauf einer „autokatalytischen" Reaktion, d. h. einer Reaktion, deren Geschwindigkeit durch ein bei der Umsetzung selbst entstehendes Produkt gesteigert wird, bis sie schließlich infolge Verbrauchs der Ausgangsstoffe wieder absinkt. Von einer Explosion unterscheidet sich ein derartiger Reaktionsverlauf nur dadurch, daß es nicht zu einer Störung des Wärmegleichgewichtes und damit zu einer Temperatursteigerung kommt. Experimentell kann man den Vorgang auf verschiedene Weise verfolgen; man kann entweder das Gemisch in ein geheiztes, geschlossenes Reaktionsgefäß bringen und kann den Umsatz darin verfolgen a) durch Beobachtung der Druckänderung während der Reaktion oder b) durch Analyse der zu einem gewissen Zeitpunkt entnommenen Reaktionsgase. Offenbar ist die Verfolgung der Reaktion lediglich an der Druckänderung nicht sehr befriedigend, zumal diese schon sehr verschieden ist, je nachdem z. B. die Verbrennung vorwiegend CO oder $CO_2$ liefert, was in verschiedenen Stadien einer Reaktion sehr verschieden sein kann. Bei der Verfolgung der Reaktion ist es einfach, Sauerstoffverbrauch, gebildetes CO und $CO_2$, evtl. auch Wasser zu bestimmen; mühsamer ist es bereits, sonstige Reaktions- und Zwischenprodukte organischer Art quantitativ nachzuweisen, und besondere Schwierigkeiten macht es, besonders bei höheren Kohlenwasserstoffen, den Verbrauch des Ausgangsstoffes zu bestimmen, der natürlich in erster Linie interessiert. Die Einblicke, die verschiedene Untersuchungen in den Reaktionsverlauf gestatten, sind daher sehr verschieden zu beurteilen, je nach den benutzten Analysenmethoden; Bestimmung der Druckänderung allein gestattet die wenigsten Schlüsse auf den Reaktionsablauf. Eine große Zahl von Untersuchungen sind auch mit strömenden Gasen ausgeführt worden, wobei das Reaktionsgemisch durch ein geheiztes Reaktionsrohr geleitet wird und die entweichenden Gase analysiert werden. Meist pflegt man Strömungsversuche bei Atmosphärendruck auszuführen, so daß also weniger Varia-

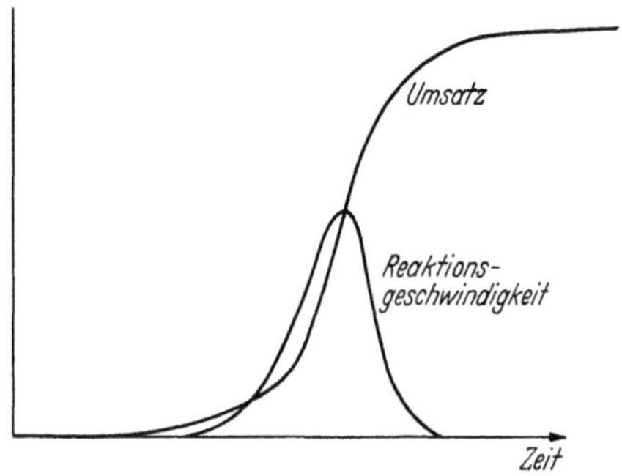


Abb. 186. Verlauf von Umsatz und Reaktionsgeschwindigkeit mit der Zeit bei der Kohlenwasserstoffoxydation, schematisch.

tionsmöglichkeiten vorhanden sind als bei statischen Versuchen, bei denen auch der Druck geändert wird; es ist aber möglich, in strömenden Systemen auch bei vermindertem oder erhöhtem Druck zu arbeiten, und besonders für höhere Drucke liegen einige derartige Untersuchungen vor[1].

Die Geschwindigkeit der Oxydation von Kohlenwasserstoffen kann in hohem Maße von dem Zustand der Gefäßwand abhängen, wie später an Einzelbeispielen gezeigt werden wird. Einen typischen Verlauf des Umsatzes mit der Zeit, wie er bei Kohlenwasserstoffoxydation immer wieder beobachtet ist, zeigen wir in Abb. 187 nach BONE und HILL, für die Oxydation von Äthan, gemessen durch die Druckänderung. Die

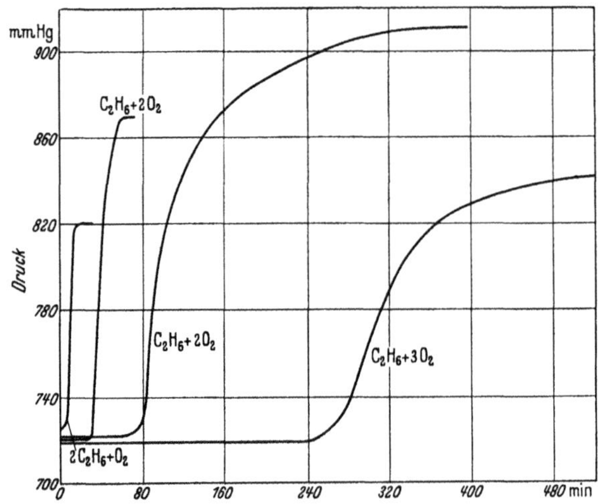


Abb. 187. Oxydation verschiedener Äthan-Sauerstoffgemische, Druckänderung als Maß des Umsatzes. [Nach BONE u. HILL: Proc. roy. Soc., Lond. A Bd. 129 (1930).]

Induktionszeiten variieren hier, bei gleichem Anfangsdruck, von etwa 3 Minuten bis zu etwa 4 Stunden, je nach der Gemischzusammensetzung, und zwar ist das äthanreichste Gemisch das reaktionsfähigste; entsprechende Beobachtungen macht man immer wieder.

Als Zwischenprodukte der Oxydation beobachtet man Aldehyde, insbesondere Formaldehyd, Säuren, daneben alle möglichen anderen Produkte, Alkohole scheinen nicht zu den normalen Zwischenprodukten zu gehören, können unter besonderen Bedingungen aber in erheblicher Konzentration gewonnen werden[2]. Auf die Rolle, die in kleiner Kon-

[1] Z. B. von S. P. BURKE, C. F. FRYLING u. T. E. W. SCHUMANN [Industr. Engng. Chem. Bd. 24 (1932) S. 804] bei Drucken bis über 100 at.

[2] D. M. NEWITT und J. B. GARDNER [Proc. roy. Soc., Lond. A Bd. 154 (1936) S. 329] beobachteten auch bei Atmosphärendruck Alkoholbildung bei der langsamen Oxydation von Methan und Äthan. Bei Methan erhielten sie 0,3 bis 0,7% des verbrannten Gases als Methanol, das Verhältnis Methanol : Aldehyd lag zwischen 0,08 und 0,21; bei Äthan wurden etwas höhere Ausbeuten an Äthanol und Methanol erhalten. Für die Propanoxydation vgl. S. 426.

zentration nachweisbare peroxydartige Stoffe für den Reaktionsablauf evtl. spielen, kommen wir später zu sprechen. Eine mit der Kohlenwasserstoffoxydation verbundene Erscheinung, die bei den verschiedenartigsten Stoffen beobachtet werden kann, ist das Auftreten einer Lumineszenz und sog. „kalter Flammen", die zuerst von PERKIN[1] an Ätherdämpfen in Luft beobachtet worden waren, und die in neuerer Zeit vielfach eingehend untersucht wurden[2] (vgl. S. 430ff.).

## 2. Kinetik der Oxydation niederer Aldehyde.

Aldehyde treten als Zwischenprodukte bei der Oxydation sämtlicher Kohlenwasserstoffe auf und spielen wahrscheinlich für deren Oxydationsmechanismus eine wesentliche Rolle; wir wollen daher das, was über die langsame Verbrennung von Aldehyden bekannt ist, zuerst behandeln[3].

### a) Formaldehyd.

ASKEY[4] untersuchte die Reaktion von $H_2CO + O_2$ zwischen 320 und 400°. Die Reaktion verläuft über Ketten, da sie durch Packen des Reaktionsgefäßes unterdrückt wird.

FORT und HINSHELWOOD[5] finden für (150 mm $CH_4$ + 300 mm $O_2$), (100 mm $CH_3OH$ + 200 mm $O_2$) und (200 mm HCHO + 200 mm $O_2$) Temperaturen, bei denen die Halbwertszeiten für den Umsatz 5 Minuten betragen, von resp. 470, 442 und 321°, sowie scheinbare Aktivierungsenergie von 61,5, 62,5 und 20,6 kcal. Die Reaktion wird durch Packen gehemmt. D. h. die Formaldehydoxydation wird in der Gegend von 300° merkbar. Die niedere scheinbare Aktivierungswärme läßt vermuten, daß bei der Formaldehydoxydation Wandvorgänge eine erhebliche Rolle spielen.

Neuere Untersuchungen stammen von BONE[6], SPENCE[7] und STYLE[8]. SNOWDON und STYLE haben die Reaktion in der Gegend von 300° C sehr sorgfältig untersucht, zum Teil durch Gasanalyse, zum Teil durch Bestimmung der Formaldehydkonzentration nach einer optischen Methode[9]. Die Versuche wurden in einem

---

[1] PERKIN, W. H.: J. chem. Soc. Bd. 44 (1882) S. 363.

[2] WHITE, A. G.: J. chem. Soc. Bd. 121 (1922) S. 2561. — EMELÉUS, H. J.: J. chem. Soc. 1926, S. 2948; 1929, S. 1733. — PRETTRE, M.: Vgl. etwa die zusammenfassende Darstellung: L'inflammation et la combustion explosive en milieu gazeux, II. Les hydrocarbones. Actualités scientifiques et industrielles, Nr. 105. Paris 1934.

[3] Bei der Oxydation von Aldehyden beobachtet man bei höheren Temperaturen keine Induktionsperiode; da außerdem Aldehyde, die sonst bei der Kohlenwasserstoffverbrennung auftretende Induktionsperiode zu unterdrücken vermögen, so ist es zumindest nicht unwahrscheinlich, daß die entscheidende Reaktion während der Induktionsperiode der langsamen Kohlenwasserstoff-Oxydation die Bildung von Aldehyden, evtl. an der Wand ist.

[4] ASKEY: J. Amer. chem. Soc. Bd. 52 (1930) S. 974.

[5] FORT, R. u. C. N. HINSHELWOOD: Proc. roy. Soc., Lond. A Bd. 129 (1930) S. 284.

[6] BONE u. GARDNER: Proc. roy. Soc., Lond. A Bd. 154 (1936) S. 297.

[7] SPENCE: J. Amer. chem. Soc. Bd. 58 (1936) S. 649.

[8] SNOWDON, F. F. u. D. W. G. STYLE: Trans. Faraday Soc. Bd. 35 (1939) S. 426.

[9] SLOTIN, L. u. D. W. G. STYLE: Trans Faraday Soc. Bd. 35 (1939) S. 420.

Quarzgefäß ausgeführt und waren, wie immer wieder beobachtet, erst reproduzierbar, wenn mehrere in dem Gefäß ausgeführt worden waren. SNOWDON und STYLE können ihre Versuche (und ebenso die von SPENCE) darstellen durch einen Ausdruck:

$$\text{(I)} \qquad -\frac{d\,[\mathrm{A}]}{dt} = k\,[\mathrm{A}]\,\{[\mathrm{A}] - C\},$$

worin A den Aldehyd bedeutet und $k$ und $C$ Konstanten sind, welche noch wesentlich vom Wandzustand abhängen können, insbesondere $C$. Den Ausdruck (I) kann man aus einem Mechanismus ableiten, der ähnlich dem unten (S. 377) zu besprechenden von BODENSTEIN ist:

1. $\mathrm{A + X \rightarrow 2\,X} \qquad k_1$
2. $\mathrm{X + X \rightarrow}$ Endprodukte $k_2$
3. $\mathrm{X \rightarrow}$ Endprodukte $k_3$.

Es werden also zwei kettenabbrechende Reaktionen, 2. und 3., von II. und I. Ordnung angenommen, von welchen letztere wahrscheinlich an der Wand verläuft; die darin und in der kettenverzweigenden Reaktion 1. auftretende aktive Substanz hat wahrscheinlich peroxydischen Charakter, vgl. u. S. 376ff. Das Schema führt auf den Ausdruck:

$$\text{(II)} \qquad -\frac{d\,[\mathrm{A}]}{dt} = \frac{k_1^2}{k_2}\,[\mathrm{A}]\left\{[\mathrm{A}] - \frac{k_3}{2\,k_1}\right\};$$

Vergleich von (I) und (II) zeigt die Bedeutung der empirischen Konstanten $k$ und $C$. Zahlenmäßig ergab sich beispielsweise (wenn die Zeit in Minuten gemessen wird und für [A] der Partialdruck in mm Hg gesetzt wird) für 344° C in einem Versuch $k = 1{,}42 \cdot 10^{-3}$ und $C = 29$.

Als Reaktionsprodukte treten CO, $CO_2$, $H_2O$, etwa $H_2$, Ameisensäure und in sehr geringer Menge Peroxyde auf. Absichtlicher Zusatz von CO hemmte die Reaktion etwas und führte zu vermehrter $CO_2$-Bildung. $k$ und $C$ ändern sich mit der Temperatur entsprechend scheinbaren Aktivierungsenergien von 25 und —12 kcal; der entgegengesetzte Temperaturverlauf ist nach der Form von (II) zu verwerten.

Man kann auch die bei der Reaktion gebildeten $CO_2$-Mengen durch den zugrunde gelegten Geschwindigkeitsausdruck deuten, wenn man diesen folgendermaßen spezialisiert, unter Einführung der von SPENCE angenommenen peroxydischen aktiven Stoffe $CH_2 \cdot O_2$ und $CH_2O_3$:

$$\begin{array}{ll} \mathrm{CH_2O_3 + CH_2O} & \rightarrow \mathrm{2\,CH_2 \cdot O_2} \\ \mathrm{CH_2O_2 + CH_2O} & \xrightarrow{+O_2} \mathrm{CO + H_2O + CH_2O_3} \\ \mathrm{2\,CH_2O_2} & \rightarrow \mathrm{2\,CO + 2\,H_2O} \\ \mathrm{CH_2O_2 + ?} & \rightarrow \mathrm{CO_2} \end{array}$$

Das Schema führt wieder auf (I), stellt aber nur einen vorläufigen Versuch dar. Es wird angenommen, daß die aktiven Stoffe X primär an der Wand sich bilden und daß in $k$ ein weiterer, noch nicht zu übersehender Wandeinfluß vorhanden ist.

Verschiedene Behandlung der Wand beeinflußte die Reaktionsgeschwindigkeit außerordentlich stark; Behandlung mit Flußsäure hatte eine extreme Hemmung, mit Hg eine starke Beschleunigung zur Folge.

Die Formaldehydoxydation ist auch unter dem Einfluß von Licht untersucht worden[1]. Die Reaktion kann gedeutet werden als Oxydation des Aldehyds zu

[1] PATAT, F.: Z. phys. Chem. Abt. B Bd. 25 (1934) S. 208. — Z. Pphys. Chem. Abt. B Bd. 27 (1934) S. 431. — NORRISH, R. G. W. u. KIRKBRIDE: Journ. chem. Soc. 1932, S. 1518; CARRUTHERS u. NORRISH: Trans. Faraday Soc. Bd. 32 (1936) S. 195. — J. chem. Soc. 1936, S. 1036. Vgl. auch GORIN, E.: J. chem. Phys. Bd. 7 (1939) S. 256.

Ameisensäure mit nachfolgendem teilweisem Zerfall der Säure in $CO + H_2O$ und in geringerem Maße $CO_2 + H_2$. Über den Mechanismus der Reaktion ergeben sich wenig Aussagen; die Quantenausbeute liegt in der Gegend von 10 bei 100° C, was auf eine Kettenreaktion hinweist, auch wenn der photochemische Zerfall des Formaldehyds[1] bei einer Quantenausbeute von 1 wahrscheinlich nicht über Ketten verläuft. LEWIS und v. ELBE (zitiert S. 381) diskutieren einen Mechanismus für die Reaktion, der von angeregten Formaldehydmolekeln ausgeht.

### b) Acetaldehyd.

Die langsame Oxydation von Acetaldehyd ist bisher am besten untersucht, zuerst von BODENSTEIN[2] und Mitarbeitern. Die Reaktion läßt sich schon bei niederen Temperaturen, unterhalb 100° C, etwa von 60° an verfolgen, und zwar tritt bei diesen Temperaturen als Hauptreaktionsprodukt Peressigsäure auf, $CH_3 \cdot C(O) \cdot OOH$; bei höheren Temperaturen würde man natürlich Zerfallsprodukte dieser Säure erhalten.

Die Oxydation von Aldehyden läßt sich auch bereits bei niederen Temperaturen in der flüssigen Phase verfolgen und ist hier sehr genau untersucht worden. Man beobachtet dabei die Erscheinung der „negativen Katalyse", d. h. manche in geringen Mengen zugesetzten Stoffe (wie z. B. Diphenylamin) können die Oxydation sehr stark hemmen. Die naheliegendste Erklärung dafür ist, daß man es mit einer Kettenreaktion mit verhältnismäßig langen Ketten zu tun hat, die durch die zugesetzte Substanz abgebrochen werden können[3]. Daß diese Deutung zutrifft, wurde von BÄCKSTRÖM unmittelbar experimentell verifiziert, indem er die gleiche Reaktion (Oxydation von Benzaldehyd) im Dunkeln und im Licht verlaufen ließ, wobei das Verhältnis von Zahl der umgesetzten Molekeln zu absorbierten Quanten die Länge der Reaktionskette ergibt.

Bei der Aldehydoxydation in Lösung hat man es mit einem typischen „Autoxydationsprozeß" zu tun; darunter versteht man folgendes[4]. Eine Substanz A bildet mit Sauerstoff ein intermediäres Peroxyd:

(I) $$A + O_2 \rightarrow AO_2.$$

---

[1] Zitiert S. 374.

[2] BODENSTEIN, M.: Z. phys. Chem. Abt. B Bd. 12 (1931) S. 151. — Sitzgsber. preuß. Akad. Wiss. Berlin 1931, S. 73.

[3] CHRISTIANSEN, J. A.: J. phys. Chem. Bd. 28 (1924) S. 145. — BÄCKSTRÖM: J. Amer. chem. Soc. Bd. 49 (1927) S. 1460. — BÄCKSTRÖM u. H. ALYEA: J. Amer. chem. Soc. Bd. 51 (1929) S. 90. — BÄCKSTRÖM: Z. phys. Chem. Abt. B Bd. 25 (1934) S. 99. — Vgl. auch N. SEMENOFF: Chain Reactions. — BÄCKSTRÖM, BEATTY: J. phys. Chem. Bd. 35 (1931) S. 2530. — BÄCKSTRÖM: Trans. Faraday Soc. Bd. 24 (1928) S. 601.

[4] ENGLER, C. u. J. WEISSBERG: Vorgänge der Autoxydation. Braunschweig 1904. — ENGLER u. WILD: Verh. naturwiss. Ver. Karlsruhe Bd. 13 S. 71; 20. 11. 1896. — Ber. dtsch. chem. Ges. Bd. 30 (1897) S. 1669. — BACH: C. R. Acad. Sci., Paris Bd. 124 (1897) S. 951. — STAUDINGER, H.: Ber. dtsch. chem. Ges. Bd. 53 (1925) S. 1075. — MOUREU, C.: Trans. Faraday Soc. Bd. 24 (1928) S. 707.

Das Peroxyd, der Autoxydator, oxydiert ein Molekül des „Akzeptors“ B, wobei es selbst reduziert wird:

(II) $$AO_2 + B \rightarrow AO + BO$$

evtl. gefolgt von:

$$AO + B \rightarrow A + BO.$$

Falls kein besonderer Akzeptor B vorhanden ist, so kann etwa statt dessen die Reaktion treten:

(III) $$AO_2 + A \rightarrow 2\,AO.$$

Nach SEMENOFF (zitiert S. 400) erhält man eine etwas allgemeinere Form der Autoxydationstheorie[1], wenn man annimmt, daß nicht notwendig ein Ausgangsstoff leicht $O_2$ anlagert, sondern daß dafür ebensogut ein Reaktionszwischen- oder -endprodukt, etwa X, in Frage kommen kann, das zu einem Peroxyd reagiert:

(I′) $$X + O_2 \rightarrow XO_2,$$

welches dann ein Molekül des Ausgangsstoffes oxydiert nach:

(III′) $$XO_2 + A \rightarrow XO + AO.$$

Für die Oxydation von Benzaldehyd schlagen z. B. BÄCKSTRÖM und BEATTY (zitiert S. 375) folgenden Reaktionsmechanismus vor:

1.) $$C_6H_5CHO \rightarrow C_6H_5CHO^*,$$

worin $C_6H_5CHO^*$ ein angeregtes Molekül bedeuten soll;

2.) $$C_6H_5CHO^* + O_2 \rightarrow C_6H_5CHO \cdot O_2^*$$

3.) $$C_6H_5CHO \cdot O_2^* + C_6H_5CHO \rightarrow C_6H_5CO_3H + C_6H_5CHO^*,$$

wobei $C_6H_5CO_3H$ das Oxydationsprodukt, die Perbenzoesäure ist. Dabei ist das wesentliche nicht, daß gerade die einzelnen angeführten Verbindungen (ein angeregtes Molekül, das sich nur durch den Energieinhalt von dem normalen unterscheidet, hat im allgemeinen eine sehr kurze Lebensdauer und ist als Zwischenprodukt nicht sehr wahrscheinlich, sofern es sich nicht in der chemischen Konstitution von dem normalen unterscheidet) auftreten, sondern nur, daß eine entsprechende Folge von Reaktionsschritten abläuft; ein aus dem Aldehyd gebildetes aktiviertes Produkt, das ein Sauerstoffmolekül anlagern kann und ein Ausgangsmolekül oxydiert unter Regeneration der aktivierten Verbindung. Es läßt sich direkt experimentell zeigen[2], daß Benzaldehyd während seiner Oxydation auf zugesetzte Fremdsubstanzen eine viel stärker oxydierende Wirkung ausübt als die gebildete Perbenzoesäure; es muß also ein Zwischenprodukt besonders hoher Oxydationskraft gebildet worden sein.

---

[1] Diese Auffassung wurde im Grunde ebenfalls bereits von ENGLER durch die Annahme „indirekter Autoxydatoren“ gegeben.

[2] Nach SEMENOFF (zitiert S. 400) haben bereits BACH und ENGLER dieses beobachtet, und diese Beobachtung wurde durch neuere Untersuchungen von JORISSEN und VAN DER BECK [Rec. Trav. chim. Pays-Bas Bd. 49 (1930) S. 138] bestätigt.

Für die Oxydation von flüssigem Aldehyd hat BÄCKSTRÖM[1] später folgende Reaktionsfolge vorgeschlagen:

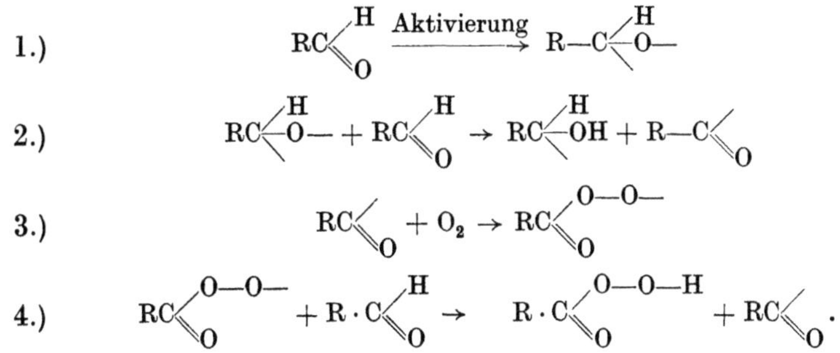

Die eigentliche aktivierte Substanz ist hier also ein Radikal 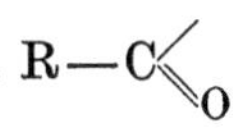 vgl. UBBELOHDE[2].

Wenn man auch im einzelnen vielleicht noch mit Modifikationen des Schemas wird rechnen müssen, so werden die charakteristischen Merkmale doch bestehen bleiben, und die Ergebnisse an Lösungen legen immerhin gewisse Schlüsse für die Reaktion in der Gasphase nahe.

Für die Oxydation des Acetaldehyds in der Gasphase zwischen 50 und 90° fand BODENSTEIN (zitiert S. 375) einen Geschwindigkeitsausdruck:

$$\frac{d\,[\mathrm{P}]}{dt} = \frac{k_1\,k_4\,[\mathrm{A}]^2}{k_5\,[\mathrm{O_2}] + k_6}\,, \tag{1}$$

worin P die gebildete Peressigsäure und A den Aldehyd bedeuten; die Bezeichnung der Konstanten ist dem unten folgenden Reaktionsschema von BODENSTEIN entsprechend. Zur Ableitung dieses Reaktionsschemas nahm BODENSTEIN folgende Reaktionen an:

| | | |
|---|---|---|
| 1. | $\mathrm{A} \rightarrow \mathrm{A}'$ | $k_1$ |
| 2. | $\mathrm{A}' + \mathrm{O_2} \rightarrow \mathrm{P}'$ | $k_2$ |
| 3. | $\mathrm{P}' \rightarrow \mathrm{A}' + \mathrm{O_2}$ | $k_3$ |
| 4. | $\mathrm{P}' + \mathrm{A} \rightarrow \mathrm{P} + \mathrm{A}'$ | $k_4$ |
| 5. | $\mathrm{P}' + \mathrm{O_2} \rightarrow \mathrm{P} + \mathrm{O_2}$ | $k_5$ |
| 6. | $\mathrm{P}' \rightarrow \mathrm{P}$ | $k_6$. |

Darin bedeuten:

A Acetaldehyd, A′ ein daraus entstandenes aktiviertes Molekül, P′ ein sauerstoffreiches Zwischenprodukt, P die Peressigsäure.

Speziell kann man annehmen:

für A′: 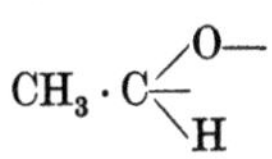, für P′: 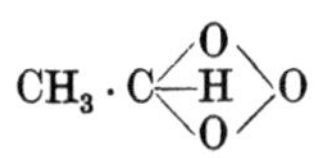.

Zu diesem Schema ist zu bemerken, daß es sich erstens der allgemeineren Form der Autoxydationsreaktionen nach SEMENOFF einfügt (welche erst

[1] BÄCKSTRÖM, H. L. J.: Z. phys. Chem. Abt. B Bd. 25 (1934) S. 99.

[2] UBBELOHDE, A. R.: The Science of Petroleum, Bd. IV, S. 2937ff. Oxford 1938.

später als dieses BODENSTEINsche Schema angegeben wurde), und daß es außerdem vieles mit dem (ebenfalls erst später angegebenen) Schema BÄCKSTRÖMs für die Aldehydoxydation in Lösung gemeinsam hat. Die scheinbare Aktivierungsenergie der Aldehydoxydation ist sehr niedrig ($\sim$ 10 kcal), darum könnte für die primäre Aktivierung des Aldehyds unter „Aufrichtung" der Doppelbindung wohl nur eine Wandreaktion in Frage kommen. Zu Reaktion 5.), der Desaktivierung eines P'-Moleküls bei Stoß mit Sauerstoff, ist zu bemerken, daß sie deshalb eingeführt werden muß, weil nur durch einen Kettenabbruch mit Sauerstoff das Glied $k_5$ $[O_2]$ im Nenner der empirischen Geschwindigkeitsbeziehung erhalten werden kann; an sich wäre eine derartige Reaktion sonst nicht naheliegend. Wie BODENSTEINs Versuche mit erneutem Sauerstoffzusatz nach einer gewissen Reaktionsdauer ergeben, ist die dadurch wiedergegebene Sauerstoffhemmung absolut sicher. Es wäre nur daran zu denken, daß diese nicht durch Desaktivierung in der Gasphase, sondern evtl. durch Beeinflussung der Wand zustande käme (vgl. S. 380). Nun haben spätere Untersuchungen von BODENSTEIN und JESSE[1] ergeben, daß die Aldehydoxydation in ihrem Verlauf sehr von dem Zustand der Gefäßwand abhängig ist, außerdem ergab sich, auch bei den reinsten Produkten, eine gewisse Induktionsperiode, und zwar tritt eine Induktionsperiode immer dann auf, wenn sich noch keine Peressigsäure im Reaktionsgefäß befindet. Eine sehr starke Hemmung der Reaktion bewirkte Diäthylamin, nicht so stark wirkten Anilin, Diphenylamin u. a.

Die Acetaldehydoxydation wurde weiter von HATCHER, STEACIE und HOWLAND[2] und VON PEASE[3] untersucht. Die Ergebnisse von STEACIE und Mitarbeitern weichen etwas, aber nicht unbedingt entscheidend, von denen BODENSTEINs ab. Die Reaktionsgeschwindigkeit ist der 1,7. Potenz der Aldehydkonzentration proportional (gegenüber der 2. bei BODENSTEIN) und unabhängig von der Sauerstoffkonzentration. Die Unterschiede lassen sich vielleicht auf die Beeinflussung durch die Wand zurückführen. Nach STEACIE zeigt z. B. die Aldehydoxydation normalerweise eine ausgesprochene Induktionsperiode, zu deren Deutung STEACIE nach ähnlichen Erfahrungen bei Propionaldehyd (vgl. S. 383) annimmt, daß die Wand zunächst die Entwicklung von Ketten verhindert, bis sie durch Reaktionsprodukte vergiftet ist. Im allgemeinen ist bei Aldehyden die Induktionsperiode sehr viel weniger ausgeprägt als bei Kohlenwasserstoffen oder auch ganz abwesend. Wo sie aber vorhanden ist, macht man allgemein die Erfahrung, daß die Reaktion schneller abläuft, die Induktionsperiode verkürzt wird oder ganz verschwindet, wenn man

[1] JESSE, H.: Diss. Berlin 1934.

[2] HATCHER, W. H., E. W. R. STEACIE u. HOWLAND: Canad. J. Res. Bd. 5 (1931) S. 648; Bd. 7 (1932) S. 149.

[3] PEASE, R. N.: J. Amer. chem. Soc. Bd. 55 (1933) S. 2753.

bereits einige Versuche in dem gleichen Reaktionsgefäß ausgeführt hat. Ein maßgebender Faktor ist daher auf alle Fälle der Zustand der Wand; nur bleibt es offen, ob durch daran adsorbierte Reaktionsprodukte solche Stellen vergiftet werden, die sonst Ketten abgebrochen hätten, oder ob umgekehrt an der Wand adsorbiert bleibende Reaktionsprodukte[1] für die Einleitung von Reaktionsketten maßgebend sind. Durch sehr sorgfältiges Reinigen oder langes Evakuieren des Reaktionsgefäßes läßt sich der Einfluß wieder rückgängig machen[2].

Der von STEACIE[3] zur Erklärung der Beobachtungen vorgeschlagene Reaktionsmechanismus lehnt sich an den BODENSTEINschen an, er ist nur derartig modifiziert, daß das die Sauerstoffhemmung wiedergebende Glied verschwindet.

A. R. UBBELOHDE (zitiert S. 377) nimmt das oben angegebene BÄCKSTRÖMsche Schema für die Aldehydoxydation in Lösung (vgl. S. 377) auch für die Gasphase als gültig an und legt es insbesondere auch der Kohlenwasserstoff-Oxydation zugrunde, vgl. S. 484.

Da das in der ersten Reaktion erscheinende Radikal nur nach 2. weiterreagiert, so kann man statt 1. und 2. auch die Reaktion

2′. $$2\,\mathrm{RC}\genfrac{}{}{0pt}{}{\diagup \mathrm{H}}{\diagdown\!\!\diagdown \mathrm{O}} \rightarrow \mathrm{RC}\genfrac{}{}{0pt}{}{\diagup \mathrm{H}}{\diagdown}\!\!-\mathrm{OH} + \mathrm{RC}\genfrac{}{}{0pt}{}{\diagup}{\diagdown\!\!\diagdown \mathrm{O}}$$

setzen, ohne an dem formalen Resultat etwas zu ändern. Das obige Schema gibt eine stationäre Reaktionsgeschwindigkeit erst nach Hinzunehmen einer kettenabbrechenden Reaktion; als solche wollen wir im Anschluß an BODENSTEIN die Desaktivierung des Persäureradikals an der Wand hinzunehmen:

5. $$\mathrm{R\cdot C}\genfrac{}{}{0pt}{}{\diagup \mathrm{O{-}O{-}}}{\diagdown\!\!\diagdown \mathrm{O}} + \text{Wand} \rightarrow \text{desaktiviert;}$$

man wird dazu etwa annehmen müssen, daß dieses Radikal mit an der Wand adsorbierten Stoffen abreagiert.

Bezeichnen wir die in diesem Schema auftretenden Produkte folgendermaßen:

$$\mathrm{RC}\genfrac{}{}{0pt}{}{\diagup \mathrm{H}}{\diagdown\!\!\diagdown \mathrm{O}} \text{ mit A;}\quad \mathrm{R\cdot C}\genfrac{}{}{0pt}{}{\diagup \mathrm{H}}{\diagdown}\!\!-\mathrm{O}- \text{ mit A′;}\quad \mathrm{RC}\genfrac{}{}{0pt}{}{\diagup}{\diagdown\!\!\diagdown \mathrm{O}} \text{ mit A″;}$$

$$\mathrm{RC}\genfrac{}{}{0pt}{}{\diagup \mathrm{O{-}O{-}}}{\diagdown\!\!\diagdown \mathrm{O}} \text{ mit P′ und } \mathrm{RC}\genfrac{}{}{0pt}{}{\diagup \mathrm{O{-}O{-}H}}{\diagdown\!\!\diagdown \mathrm{O}} \text{ mit P,}$$

---

[1] Wofür die Versuche von JESSE (zitiert S. 378) sprechen, nach denen Peressigsäure von Einfluß ist.

[2] Im Hinblick auf den Wandzustand sind PRETTRES Versuche über die Knallgasoxydation besonders interessant, vgl. Kap. IX, S. 306.

[3] STEACIE, E. W. R., W. H. HATCHER u. S. ROSENBERG: J. phys. Chem. Bd. 38 (1934) S. 1189.

so ergeben sich aus den Gleichungen (1) bis (5) als Bedingungen für die Stationarität die Beziehungen[1]:

$$\frac{d\,[\mathrm{A}']}{dt} = 0; \qquad \frac{d\,[\mathrm{A}'']}{dt} = 0 \quad \text{und} \quad \frac{d\,[\mathrm{P}']}{dt} = 0.$$

Und daraus mit den Gleichungen (1) bis (5), wobei die Konstanten entsprechend beziffert seien:

$$[\mathrm{A}'] = \frac{k_1}{k_2}; \qquad [\mathrm{A}''] = \frac{k_1\,k_5\,[\mathrm{A}] + k_1\,k_4\,[\mathrm{A}]^2}{k_3 \cdot k_5\,[\mathrm{O}_2]}; \qquad [\mathrm{P}'] = \frac{k_1\,[\mathrm{A}]}{k_5};$$

woraus für die Reaktionsgeschwindigkeit erhalten wird:

$$(2) \qquad \frac{d\,[\mathrm{P}]}{dt} = k_4\,[\mathrm{P}']\,[\mathrm{A}] = \frac{k_1\,k_4\,[\mathrm{A}]^2}{k^5}.$$

Damit erhält man die Abhängigkeit von der Aldehydkonzentration, wie sie BODENSTEIN gefunden hat und die Unabhängigkeit von der $O_2$-Konzentration, wie sie STEACIE und Mitarbeiter beobachtet haben. Die von STEACIE gefundene Abhängigkeit von der 1,7. Potenz der Aldehydkonzentration ließe sich deuten durch einen Einfluß des Wandzustandes auf einen oder mehrere der beteiligten Prozesse. Der Kettenabbruch an der Wand z. B. ist ja in hohem Maße vom Zustand der Wand und dieser infolge der Adsorption wieder von Zusammensetzung und Druck der Gase abhängig. Weiterhin ist die Reaktion (1) sicher stark endotherm (der Unterschied in den Energien der $>\mathrm{C}=\mathrm{O}$ und der $>\mathrm{C}<^{}_{\mathrm{O}-}$-Bindung dürfte etwa 90 (?) kcal betragen); da aber die Aktivierungsenergie der Gesamtreaktion nur etwa 10 kcal beträgt, so wäre obiger Mechanismus mit den Experimenten nur dann verträglich, wenn etwa Reaktion (1) in irgendeiner Form an der Wand verliefe. Dann wäre aber wiederum nur im Falle schwacher Adsorption eine exakte Abhängigkeit der Gesamtreaktionsgeschwindigkeit von der II. Potenz der Aldehydkonzentration zu erwarten. Durch die verschiedenen Oberflächeneffekte ließe sich wahrscheinlich auch die von BODENSTEIN beobachtete und in (2) nicht explizit erscheinende Hemmung durch Sauerstoff verstehen.

Sofern die Annahme eines Kettenabbruches (und wahrscheinlich auch der Ketteneinleitung) an der Wand richtig ist, wäre eine sehr komplizierte Abhängigkeit der Reaktionsgeschwindigkeit vom Zustand der Wand sowie den Gefäßdimensionen zu erwarten, wodurch die teilweise widersprechenden Versuchsresultate der verschiedenen Autoren sich wohl würden verstehen lassen[2].

SEMENOFF („Chain Reactions", S. 357) weist darauf hin, daß man auf BODENSTEINs Versuche statt des angegebenen Geschwindigkeitsausdruckes den einfachen

[1] Für die Berechnung vgl. Kap. VIII, S. 257.

[2] Vgl. etwa die von R. N. PEASE [J. Amer. chem. Soc. Bd. 55 (1933) S. 2753] gefundene Wirkung KCl belegter Wand auf die Oxydation und die Bildung von Peroxyden.

Ausdruck $w =$ const anwenden kann. Er führt dazu folgende Tabelle nach einem Versuch BODENSTEINS an; die Reaktionsgeschwindigkeit $w$ ist dabei durch die Druckänderung $dp/dt$ gemessen; [A] bedeutet den Aldehydpartialdruck, $[O_2]$ denjenigen des Sauerstoffes und $k$ die Konstante aus BODENSTEINS Gleichung:

$$w = \frac{dp}{dt} = \frac{k\,[A]^2}{[O_2] + 150},$$

worin [P], [A] und $[O_2]$ ausgedrückt sind durch die Partialdrucke bei Versuchstemperatur, in mm Bromnaphthalin.

Tatsächlich ändert sich die Geschwindigkeit selber im Verlauf der Umsetzung weniger als BODENSTEINS Geschwindigkeitskonstante $k$. SEMENOFF weist auch noch auf weitere Versuche BODENSTEINS hin, in welchen die Reaktionsgeschwindigkeit mehr durch die Aldehydkonzentration zu Versuchsbeginn als die augenblickliche Aldehydkonzentration bestimmt scheint. Er meint daher, daß die Aldehydoxydation eine besondere Art von entarteter Explosion darstelle, ebenso wie die Acetylenoxydation, aber im Gegensatz zu der von Methan und Äthan.

Tabelle 67. Aldehydoxydation bei $\sim 80°$ C. (Nach BODENSTEIN.)

| $t_{min}$ | $w = dp/dt$ | [A] Bromnaphthalin mm | $[O_2]$ Bromnaphthalin mm | $k \cdot 10^4$ |
|---|---|---|---|---|
| 120 | 0,175 | 177 | 127 | 14 |
| 240 | 0,167 | 157 | 107 | 17 |
| 360 | 0,167 | 142 | 92 | 20 |
| 420 | 0,167 | 132 | 82 | 22 |
| 480 | 0,175 | 122 | 72 | 23 |

SEMENOFF hat in seinem Buch Fälle von Explosionen formal behandelt, in welchen auf einen zunächst exponentiellen Geschwindigkeitsanstieg (die Induktionsperiode) eine konstante Reaktionsgeschwindigkeit folgt; das wäre also genau das, was im Falle der Acetaldehydoxydation beobachtet ist. Wieweit aber die dabei gemachten speziellen Voraussetzungen überhaupt in der Natur verwirklicht sein können, und ob gerade bei Acetaldehyd etwas Derartiges vorliegt, ist damit natürlich noch nicht gesagt.

BOWEN und TIETZ[1] haben die Oxydation von Acetaldehyd im Licht bei Zimmertemperatur untersucht; dabei ergibt sich die Reaktionsgeschwindigkeit proportional der Wurzel aus der Lichtintensität und der I. Potenz der Aldehydkonzentration, unabhängig von der Konzentration des Sauerstoffes. Als Reaktionsprodukte treten Peressigsäure und — evtl. aus dieser entstanden — Diacetylperoxyd auf:

$$CH_3 \cdot CO \cdot O_2 \cdot CO \cdot CH_3.$$

LEWIS und v. ELBE[2] geben, im Anschluß an BOWEN und TIETZ, folgendes Schema, das die Befunde deutet:

1. $CH_3 \cdot CHO + h\nu \rightarrow CH_3 + HCO$ — $I$
2. $CH_3 + CH_3CHO \rightarrow CH_4 + CH_3 \cdot CO—$ — $k_2$
3. $CH_3CO— + O_2 \rightarrow CH_3CO \cdot O_2—$ — $k_3$
4. $CH_3CO \cdot O_2— + CH_3CHO \rightarrow CH_3 \cdot CO \cdot OOH + CH_3CO—$ — $k_4$
5. $2\,CH_3CO \cdot O_2— \rightarrow CH_3 \cdot CO \cdot O_2 \cdot COCH_3 + O_2$ — $k_4$

Das nach (1) entstandene Radikal HCO könnte ebenfalls mit einem frischen Aldehydmolekül oder auch mit Sauerstoff weiterreagieren. Das Schema führt auf einen Geschwindigkeitsausdruck:

$$\frac{d\,[CH_3 \cdot C(O)O_2H]}{dt} = k_4 \sqrt{\frac{I}{2\,k_5}} \cdot [CH_3 \cdot CHO],$$

[1] BOWEN, E. J. u. E. L. TIETZ: J. chem. Soc. 1930, S. 234.

[2] „Combustion", auf die auch für eine weitere Diskussion verwiesen sei.

worin I die Zahl der je s absorbierten Lichtquanten bedeutet. Eine solche Wurzelbeziehung ergibt sich immer, wenn durch ein absorbiertes Lichtquant ein Molekül in zwei Bruchstücke zerfällt, deren stationäre Konzentration durch diese Photodissoziation sowie die Rekombination bestimmt ist. Der zugrunde liegende Mechanismus ist recht plausibel und die Übereinstimmung des daraus abgeleiteten Geschwindigkeitsausdruckes mit der Erfahrung spricht mit ziemlicher Sicherheit dafür, daß wirklich ein Radikalkettenmechanismus vorliegt.

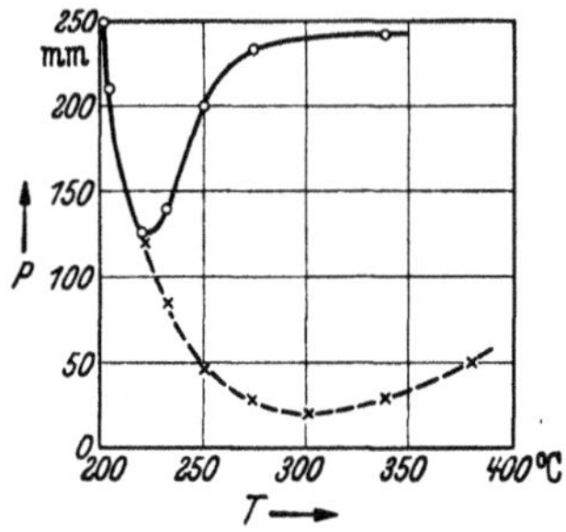


Abb. 188. Gebiet für kalte Flammen (gestrichelt) sowie für normale Zündung (ausgezogen) für 1 Acetaldehyd + 0,75 $O_2$. (Nach AIVAZOV[2].)

Alkohol hemmt die photochemische Aldehydoxydation in Hexanlösung; die Geschwindigkeit wird dann der I. Potenz der Lichtintensität proportional. Eisencarbonyl hemmte die Reaktion sehr stark; beim Einschalten des Lichtes entstand ein weißer Nebel. Am Ende einer Induktionsperiode setzte die Reaktion mit fast unverminderter Geschwindigkeit ein; im Reaktionsgefäß blieb ein rotes Pulver ($Fe_2O_3$). Dies spricht dafür, daß Eisenkarbonyl beim Kettenabbruch verbraucht wird und, wenn alles verbraucht ist, die Reaktion ebenso wie ohne Zusatz verläuft. Selendiäthyl und Äthyljodid hemmten die Reaktion, ohne eine Induktionsperiode zu verursachen. Bleitetraäthyldampf blieb ohne Einfluß; letzteres Resultat ist vielleicht nicht so unerwartet, wenn man weiß (vgl. S. 489), daß auch bei höheren Temperaturen $Pb(Aeth)_4$ nur wirksam ist, nachdem es zerfallen und evtl. oxydiert ist.

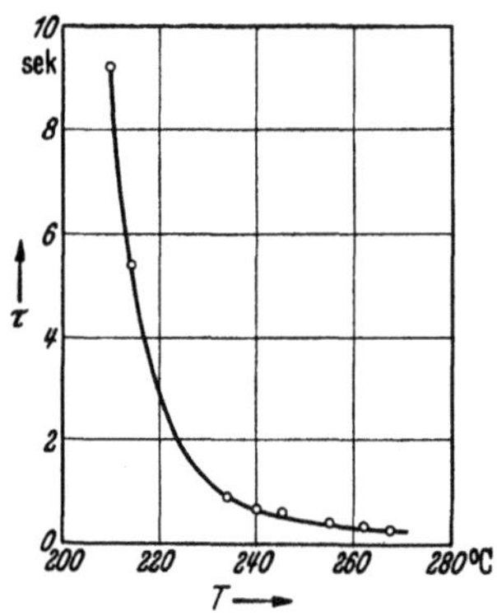


Abb. 189. Induktionszeiten für die Bildung kalter Flammen in 1 Acetaldehyd + 0,75 $O_2$ für verschiedene Temperaturen. (Nach AIVAZOV[2].)

Die Oxydation von Acetaldehyd und von Benzaldehyd wird durch Okten gehemmt, ein Befund, der deshalb interessant ist, weil man das Verhalten höherer Olefine bei der Oxydation und beim Klopfen nur verstehen kann, wenn man ihnen kettenabbrechende Wirkungen zuschreibt, vgl. Kap. XII. Diese Annahme wird durch die vorliegenden Befunde aber unmittelbar bewiesen[1].

**„Kalte Flammen" bei Acetaldehyd.** Da Acetaldehyd als Zwischenprodukt in der Kohlenwasserstoffoxydation angenommen wird und sein Einfluß auf die Induktionsperiode und die Bildung „kalter Flammen" (vgl. S. 435) bekannt war, untersuchte AIVAZOV[2] das Verhalten von Acetaldehyd für sich genauer, worüber nur qualitative Angaben vorlagen[3]. Zu den Versuchen wurden Aldehyd-$O_2$-Mischungen im Dunkeln hergestellt, da sie schon bei Zimmertemperatur leicht im Licht oxydieren. Das Gebiet für kalte Flammen und für normale Zündung zeigt Abb. 188 für $C_2H_4O + 0{,}75\ O_2$. Induktionsperioden für kalte Flammen, $\tau_1$, als Funktion der Temperatur zeigt Abb. 189 für die gleiche Mischung bei 200 mm Druck; es gilt die empirische Beziehung $e^{-\gamma/T}\cdot\tau_1 = \text{const}$, mit $\gamma = 24000°$; die scheinbare Aktivierungsenergie wird also 48 kcal.

---

[1] PIGULEVSKII, V. V.: J. gen. Chem. (USSR.) Bd. 4 (1934) S. 616; nach C. ELLIS: The Chemistry of Petroleum Derivatives. New York 1937.

[2] AIVAZOV, B. V.: Acta Physicochim. Bd. 8 (1938) S. 617.

[3] BARON, M. u. P. LAFFITTE: C. R. Acad. Sci., Paris Bd. 205 (1937) S. 52.

Unter bestimmten Bedingungen kann die kalte Flamme in eine normale Flamme übergehen, wie bei Kohlenwasserstoffen; die dabei für die heiße Flamme beobachtete Induktionsperiode (vom Erscheinen der kalten Flamme bis zur Zündung) war ziemlich kurz ($< 0{,}1$ s) und nahm mit der Temperatur zu, während sie mit dem Druck monoton abnahm, desgleichen mit zunehmender Aldehydkonzentration.

Die Reaktion außerhalb des Gebietes der kalten Flammen ist mit Druckabfall verbunden. Bei kalten Flammen hat man, analog wie bei Kohlenwasserstoffen, einen Druckanstieg, gefolgt von einem Druckabfall infolge Abkühlung, an den sich ein weiterer, unter den Ausgangsdruck führender Druckabfall anschließt, der eine Folge der chemischen Reaktion sein muß. Beim Übergang der kalten Flamme in eine normale Entzündung folgt ein weiterer Druckanstieg.

### c) Die Oxydation von Propionaldehyd.

Diese Reaktion, die von STEACIE und Mitarbeitern[1] untersucht worden ist, verläuft ähnlich der Oxydation des Acetaldehyds, scheint aber weniger Komplikationen aufzuweisen. Sie wurde zwischen 120 und 170° C verfolgt, indem der Aldehyd und Sauerstoff getrennt in ein geheiztes Pyrexgefäß von 200 cm³ Inhalt eingelassen wurden, und man die Druckänderung beobachtete. Dabei zeigte sich kein Einfluß einer Alterung des Reaktionsgefäßes auf die Reaktionsgeschwindigkeit. Mischte man die Reaktionspartner außerhalb des Reaktionsgefäßes in Gegenwart eines Hg-Manometers, so wurde die Reaktionsgeschwindigkeit vermindert. Die Umsetzung ist mit Druckabnahme verbunden, die maximal etwa 73% des Aldehydpartialdruckes betrug; danach tritt wieder ein leichter Druckanstieg ein. Die relative Druckabnahme ist konstant und unabhängig von den experimentellen Bedingungen, falls der Aldehydpartialdruck nicht wesentlich unter 8 cm Hg und das Verhältnis $O_2$ : Aldehyd nicht wesentlich unter 1 liegt. Als Maß der Geschwindigkeit wurde die Zeit für eine Druckabnahme von 15% auf 30% genommen. Einen Anhalt für die Reaktionsgeschwindigkeit bei 150,8° C gibt Abb. 190, in welcher $t_{30} - t_{15}$ (in min) als Funktion des Verhältnisses Sauerstoff zu Aldehyd für verschiedene Aldehydpartialdrucke eingetragen ist. Für nicht zu niedrige $O_2$-Konzentrationen läßt sich die Reaktionsgeschwindigkeit darstellen durch:

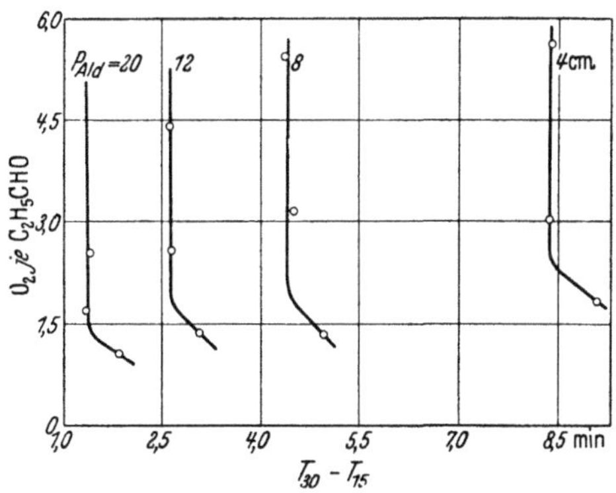


Abb. 190. Reaktionsgeschwindigkeit von Propionaldehyd mit Sauerstoff für verschiedene Aldehyddrucke (cm Hg). Zeit, in welcher Druckabfall von 15 auf 30 ansteigt, als Maß der Reaktionsgeschwindigkeit. (Nach STEACIE[1].)

$$-\frac{d\,[C_2H_5CHO]}{dt} = k\,[C_2H_5CHO]^2.$$

Die Temperaturabhängigkeit der Reaktionsgeschwindigkeit wurde für Aldehydpartialdrucke von 20, 12 und 8 cm Hg bestimmt, es ergab sich eine scheinbare Aktivierungsenergie von im Mittel 15,4 kcal.

[1] STEACIE, E. W. R., W. H. HATCHER u. S. ROSENBERG: J. phys. Chem. Bd. 38 (1934) S. 1189.

Es wurden auch eingehendere Analysen der Reaktionsprodukte ausgeführt, die in zwei Versuchen mit $O_2$ : Aldehyd-Verhältnissen von 1,16 und 1,35 bei 150,8° C auf folgende Umsatzgleichungen passen.

$$\text{a)}\quad 1\, C_2H_5CHO + 0{,}98\, O_2 = 0{,}11\, CO_2 + 0{,}05\, CO + 0{,}16\, H_2O + 0{,}56\, C_2H_5CO_3H + 0{,}28\, C_2H_5CO_2H$$

$$\text{b)}\quad 1\, C_2H_5CHO + 0{,}87\, O_2 = 0{,}13\, CO_2 + 0{,}05\, CO + 0{,}18\, H_2O + 0{,}30\, C_2H_5CO_3H + 0{,}46\, C_2H_5CO_2H.$$

Direkte Titration der Reaktionsprodukte ergab ungefähr 1 Molekül Säure auf 1 Molekül verschwundenen Aldehyd. Titration des durch die Reaktionsprodukte aus KJ-Lösung freigemachten Jods (zur Bestimmung von Persäuren) ergab, daß ungefähr 50% der totalen Säure aus Persäure bestand.

Die Hauptreaktion ist daher:

$$C_2H_5CHO + O_2 \rightarrow C_2H_5COOOH.$$

Nebenher entstanden geringe Mengen von Estern; FICHTER und KRUMMENACHER[1] hatten gezeigt, daß Äthylpropionat ein Zersetzungsprodukt von Perpropionsäure ist.

Vergrößerung der Oberfläche um das Sechsfache (durch Packen des Reaktionsgefäßes mit kurzen Stücken Pyrexrohr) führte zu einer völligen Änderung des Reaktionsmechanismus; die Reaktion führte nun zu einer Drucksteigerung um 15%. In dem leeren Reaktionsgefäß war auf den Druckabfall zum Schluß ein Druckanstieg gefolgt, während dessen beträchtliche Mengen von $CO_2$ entstanden; bei der mit Druckanstieg verbundenen Reaktion im gepackten Gefäß entsteht ebenfalls überwiegend $CO_2$; es ist daher naheliegend, anzunehmen, daß dies beide Male durch eine Oberflächenreaktion bedingt ist.

Die gefundene Reaktionsgleichung:

$$-d\,[A]/dt = \text{const}\,[A]^2$$

läßt sich durch das bereits früher (S. 380) angegebene Schema darstellen; STEACIE selbst schlägt einen etwas anderen Mechanismus vor, für den auf das Original verwiesen sei.

### d) Die Oxydation von Glyoxal.

Glyoxal, ein Di-Aldehyd CHO · CHO, tritt als Reaktionsprodukt der Oxydation von Acetylen[2] auf und spielt möglicherweise auch bei anderen Oxydationsreaktionen eine Rolle. Die Untersuchung seines Verhaltens bei der Oxydation ist daher von allgemeinerem Interesse. Die Untersuchung von STEACIE, HATCHER und HORWOOD[3] ergab folgendes. Die Reaktion, die von etwa 150 bis 220° verfolgt werden konnte und bei der letzteren Temperatur genauer untersucht ist, ist mit von der Ausgangszusammensetzung abhängigem Druckanstieg verbunden und führt zu CO, $CO_2$, $H_2O$ und Glyoxylsäure als stabilen Endprodukten, unter denen peroxydische Substanzen nicht nachweisbar sind. Die Resultate einer Reihe von Analysen lassen sich z. B. darstellen durch:

$$C_2H_2O_2 + 0{,}72\, O_2 = 0{,}37\, CO_2 + 1{,}10\, CO + 1{,}04\ \text{Kondensat},$$

wobei das Kondensat aus Wasser und Glyoxylsäure besteht. Die Reaktion wurde an der Druckänderung verfolgt (daß das statthaft ist, wurde durch besondere Analysen nachgewiesen); sie zeigt eine kurze Induktionsperiode. Bei Beginn einer

---

[1] FICHTER u. KRUMMENACHER: Helv. chim. Acta Bd. 1 (1918) S. 146.

[2] KISTIAKOWSKY, G. B. u. S. LENHER: J. chem. Soc. Bd. 52 (1930) S. 3785. — KISTIAKOWSKY: J. chem. Soc. Bd. 52 (1930) S. 4837. — LENHER, S.: J. chem. Soc. Bd. 53 (1931) S. 2962.

[3] STEACIE, E. W. R., W. H. HATCHER u. J. F. HORWOOD: J. chem. Phys. Bd. 3 (1935) S. 551.

Versuchsreihe mit einem neuen Reaktionsgefäß war ein ausgesprochener Alterungseffekt der Oberflächen zu bemerken, indem die Reaktionsgeschwindigkeit von Versuch zu Versuch anstieg und erst nach etwa 30 Messungen konstant wurde. Das ist ein bei der Oxydation organischer Substanzen immer wieder beobachteter Effekt. Für die Reaktionsgeschwindigkeit ergab sich der empirische Ausdruck

$$-\frac{d\,[C_2H_2O_2]}{d\,t} = \text{const}\,[C_2H_2O_2]^{1.6}.$$

Dabei wurde als Maß der Geschwindigkeit die Zeit gewählt, während der die Druckerhöhung von 20 auf 40% anstieg; bei 220°, einem Glyoxaldruck von 20 cm Hg und einem Verhältnis von $O_2 : C_2H_2O_2 = 1{,}19$ beträgt die dazu nötige Zeit etwa 7,5 min.

Durch Packen des Reaktionsgefäßes mit Stücken von Pyrexrohr wird der Reaktionsablauf wiederum wesentlich geändert; bei einer Vergrößerung der Oberfläche auf das 5- bis 6-fache fiel die Reaktionsgeschwindigkeit auf etwa die Hälfte, gleichzeitig wird der Druckanstieg bei vollständiger Reaktion verkleinert und das Verhältnis $CO/CO_2$ in den gasförmigen Reaktionsprodukten von etwa 3,0 auf 1,7 verkleinert.

Steacie und Mitarbeiter schließen aus der verhältnismäßig schwachen Verringerung der Reaktionsgeschwindigkeit durch das Packen und daraus, daß Stickstoffzusatz die Reaktionsgeschwindigkeit nicht merklich beschleunigt, die Wand sei nicht der maßgebliche kettenabbrechende Faktor. Nach den, zur Zeit der Steacieschen Arbeit noch nicht bekannten Überlegungen von Kassel und Storch (zitiert S. 271) und Lewis und v. Elbe (zitiert S. 271) über den Einfluß der Wand bei geringer kettenabbrechender Wirksamkeit derselben (vgl. Kap. VIII, S. 273) sind diese Folgerungen aber nicht schlüssig. Vielmehr ist bei sehr kleiner Abbruchwahrscheinlichkeit an der Wand die Diffusion aktiver Teilchen zur Wand nicht mehr geschwindigkeitsbestimmend, die Reaktionsgeschwindigkeit daher auch von Fremdgaszusatz unabhängig, selbst wenn die Ketten ausschließlich an der Wand abgebrochen werden. Bodenstein und Winter[1] konnten bei der Chlorknallgasreaktion ähnliches nachweisen; Fremdgase waren trotz Kettenabbruch an der Wand unwirksam; die Abbruchwahrscheinlichkeit pro Stoß an die Wand, $\varepsilon$, ergab sich zu $\sim 10^{-4}$.

Für die Bildung von Glyoxylsäure wird folgende Reaktion vorgeschlagen: Eine nicht isolierbare, primär gebildete Persäure reagiert nach:

$$\begin{array}{c} COOOH \\ | \\ CHO \end{array} + \begin{array}{c} CHO \\ | \\ CHO \end{array} \rightarrow 2\begin{array}{c} COOH \\ | \\ CHO. \end{array}$$

Daß nicht Oxalsäure als Reaktionsprodukt auftritt, ist in Übereinstimmung mit Versuchen von Hatcher und Holden[2] über die Oxydation von Glyoxylsäure in Lösung mit $H_2O_2$, wobei keinerlei Spuren von Oxalsäure auftreten.

Der Reaktionsmechanismus wird analog dem der anderen Aldehyde angenommen.

## e) Allgemeines zur Aldehydoxydation.

Auf die Verhältnisse bei der Oxydation höherer Aldehyde werden wir im Zusammenhang mit der Kohlenwasserstoff-Oxydation eingehen. Als allgemeines Ergebnis der Untersuchungen über die Oxydation niederer Aldehyde können wir folgendes feststellen: Selbst bei diesen

[1] Bodenstein u. Winter: Ber. preuß. Akad. d. Wiss. 1936, I.

[2] Hatcher, W. H.: Trans. roy. Soc. Canada (3) Bd. 19 (1925) S. 11.

einfachsten Oxydationsreaktionen organischer Stoffe in der Gasphase kann der Mechanismus noch keinesfalls als in allen Einzelheiten geklärt angesehen werden. Die Schwierigkeiten liegen aber in der Natur der Sache: Vielheit der möglichen Reaktions-Zwischen- und -Endprodukte, Unübersehbarkeit der Wandeinflüsse und Unmöglichkeit einer direkten Erfassung kurzlebiger aktiver Zwischenprodukte. Da an eine radikale Beseitigung dieser grundsätzlichen Schwierigkeiten in absehbarer Zeit nicht gedacht werden kann, so hat man sich mit dieser Sachlage abzufinden und man muß versuchen, zunächst die Gesetzmäßigkeiten aufzusuchen, die sich ohne spezielle Annahmen oder mit einem Minimum solcher über die Natur der Reaktionszwischenprodukte aufstellen lassen.

Zu erklären ist einerseits der formale Mechanismus, nämlich eine Reaktionsgeschwindigkeit fast unabhängig von der Sauerstoffkonzentration, evtl. sogar durch Sauerstoff gehemmt, ferner Abhängigkeit von etwa der zweiten Potenz der Aldehydkonzentration, Charakteristika, die ähnlich bei vielen Oxydationsreaktionen organischer Stoffe wiederkehren werden. Andererseits hat man den beobachteten Einflüssen der Wand Rechnung zu tragen, nämlich: a) evtl. eine katalytische Reaktion an der Wand, die zu anderen Produkten führen kann als die Oxydation in der Gasphase, b) eine Beeinflussung der Kettenreaktion in der Gasphase durch Ketteneinleitung $\left\{\begin{matrix}\text{und}\\ \text{oder}\end{matrix}\right\}$ Kettenabbruch an der Wand. Man wird sich fürs erste begnügen müssen, den Wandeinfluß qualitativ wiederzugeben, da zu weitergehenden Schlüssen das Versuchsmaterial nicht berechtigt. Als ziemlich gesichert wird man voraussetzen dürfen, daß man es bei der Oxydation organischer Stoffe mit Kettenreaktionen zu tun hat; bei der Aldehydoxydation in Lösung z. B. kann dies als absolut sicher gelten, und für die Gasphase haben wir auch bereits soviel Erscheinungen angeführt — der Wandeinfluß allein ist schon ziemlich überzeugend — und es werden uns im folgenden noch weitere Tatsachen begegnen, so daß daran kaum zu zweifeln ist.

Die Annahme, daß bei der Reaktionskette freie Radikale entscheidend beteiligt sind, erscheint sehr plausibel, ist aber natürlich nicht bewiesen und dürfte überhaupt schwer direkt zu beweisen sein; denn etwa ein spektroskopischer Nachweis ist an sich bei den zu erwartenden kleinen Konzentrationen schon schwierig und dürfte durch die Eigenabsorption der Aldehyde im Ultravioletten sowie durch die Absorption der Persäuren und anderer Reaktionsprodukte völlig unmöglich gemacht sein[1]. Es besteht aber eine erhebliche indirekte Evidenz für eine Beteiligung von Radikalen. Zunächst ist es grundsätzlich so, daß nur solche Produkte, die reaktionsträge sind, als stabile Produkte überleben und der Analyse zugänglich sein werden. Es werden also gerade die Produkte, die man

[1] Absorption der einzelnen Substanzen und Reaktionsprodukte: Vgl. EGERTON sowie A. R. UBBELOHDE, zitiert S. 393.

analytisch nachweisen kann, weniger als aktive Zwischenprodukte in Frage kommen. Freie Radikale als aktive Zwischenprodukte spielen aber z. B. bei vielen Zerfallsreaktionen organischer Stoffe sicher eine Rolle[1], wie man einerseits aus photochemischen Versuchen, andererseits aus Versuchen mit zugesetztem Parawasserstoff erkennen kann (vgl. dazu S. 366). Andererseits ist es bei der Oxydation von Wasserstoff ziemlich sicher, daß daran freie Radikale beteiligt sind, H-Atome und O-Atome, Radikale OH und $HO_2$; für hohe Temperaturen ist die Beteiligung von H und OH unmittelbar bewiesen (vgl. S. 317ff.); da außerdem die Knallgasreaktion in ihrem gesamten Habitus sehr vieles gemeinsam hat mit den Oxydationsreaktionen organischer Stoffe, so ist der Schluß zumindest sehr naheliegend, daß auch bei diesen freie Radikale beteiligt sind. Da weiter peroxydartige Substanzen gerade bei niederen Temperaturen als Reaktionsprodukte zu fassen sind, so hat die von fast allen Autoren gemachte Annahme, daß Radikale molekularen Sauerstoff zu einem Peroxydradikal anlagern, ebenfalls sehr viel für sich; damit ist aber noch nichts gesagt über die Struktur dieser Radikale. Wir werden im folgenden, ohne jeweils ausdrücklich auf diese Vorbehalte nochmals hinzuweisen, mit Radikalen, wie sie von BODENSTEIN, A. R. UBBELOHDE, dem Verfasser, LEWIS und V. ELBE u. a. angenommen sind, nämlich:

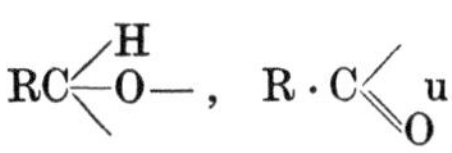

u. ä.

operieren, die dann zu

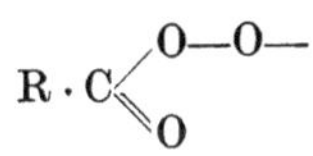

u. ä.

weiterreagieren. Es ist aber zu betonen, daß das wesentliche die Beteiligung der Radikale überhaupt und ihre Reaktion mit Sauerstoff ist, nicht die spezielle Struktur der Radikale. Sofern es sich also im Verlauf zukünftiger Untersuchungen als zweckmäßig erweisen sollte, Radikale etwas abweichender Struktur einzuführen, so würden trotzdem die meisten der hier gezogenen Schlüsse weiter bestehen bleiben. Wir stellen im folgenden Abschnitt zusammen, was man über die Energien einzelner Bindungen organischer Moleküle und die mutmaßlichsten Energien verschiedener Radikale weiß, woraus sich dann auch Abschätzungen für die Wärmetönungen der einzelnen Radikalreaktionen ergeben.

Als plausible Reaktionen wird man immer nur solche zulassen dürfen, die einerseits energetisch vernünftig sind und andererseits keine zu komplizierten Umlagerungen in einem einzelnen Schritte enthalten. D. h. also plausibel sind z. B. Umsetzungen wie etwa

$$R \cdot CH_3 + H \rightarrow RCH_2 + H_2$$

[1] Vgl. das Sammelreferat L. v. MÜFFLING u. R. MAESS: Z. Elektrochem. Bd. 44 (1938) S. 428.

oder die früher angenommene Reaktion

$$R\cdot C\genfrac{}{}{0pt}{}{\diagup}{\diagdown O} + O_2 \rightarrow RC\genfrac{}{}{0pt}{}{\diagup O—O—}{\diagdown O}$$

(evtl. im Dreierstoß) u. ä.; dabei ist in dem letzteren Falle zu überlegen, ob die Anlagerung im Zweierstoß erfolgen kann oder ob, wie das z. B. bei der Rekombination von Atomen ausnahmslos der Fall ist, ein Dreierstoßpartner notwendig ist, der einen Teil der Reaktionsenergie aufzunehmen vermag. Nach theoretischen Überlegungen von KIMBALL[1], die an sich einleuchtend sind, kann ein Dreierstoßpartner um so eher entbehrt werden, je komplizierter das Molekül ist, weil dann die Reaktionsenergie über eine größere Zahl innerer Freiheitsgrade verteilt werden kann. Man wird daher bei der Rekombination organischer Radikale und vielleicht auch bei der Anlagerung von molekularem Sauerstoff an solche mit der Möglichkeit von Zweierstoßassoziationen zu rechnen haben.

Als ausgesprochen unwahrscheinlich werden Reaktionen anzusehen sein, wie etwa eine „Hydroxylierung" nach BONE, daß nämlich aus dem ursprünglichen Molekül eines Kohlenwasserstoffes durch Reaktion mit molekularem Sauerstoff in einem Schnitt hydroxylierte Produkte entständen, also etwa

$$CH_4 \xrightarrow{O_2} CH_3OH \text{ usw.}$$

Derartige Reaktionen wird man aus einem Verzeichnis denkbarer Zwischenreaktionen bestimmt streichen dürfen.

Als Folgerung aus den Versuchen über Aldehydoxydation, die wir für die Oxydation von Kohlenwasserstoffen übernehmen werden, darf man unseres Erachtens annehmen: 1. Es liegt eine Kettenreaktion vor, 2. an dieser Kettenreaktion sind wahrscheinlich freie Radikale beteiligt, 3. eins oder mehrere dieser Radikale reagieren mit molekularem $O_2$ zu Peroxydradikalen, die entscheidend in den Reaktionsverlauf eingreifen. Die Wand spielt unter den Bedingungen der langsamen Oxydation, wahrscheinlich in mehrfacher Hinsicht, eine wesentliche Rolle, an deren quantitative Erfassung aber vorläufig kaum zu denken ist.

## 3. Zerfall von Kohlenwasserstoffen, sowie von Zwischenprodukten der Verbrennung. Absorptionsspektren.

### a) Zerfall organischer Stoffe[2].

Da bei den Temperaturen, wie sie während der Oxydation von Kohlenwasserstoffen und erst recht in der Flamme erreicht werden, fast alle organischen Verbindungen bereits von selbst zerfallen, so muß man auch über die Zerfallsreaktionen dieser Stoffe Bescheid wissen, wenn man übersehen will, welcherlei Vorgänge

[1] KIMBALL: J. chem. Phys. Bd. 5 (1937) S. 310.

[2] Beobachtungen über den Zerfall organischer Stoffe im Hinblick auf Klopffestigkeit und Zündwilligkeit im Dieselmotor vgl. G. D. BOERLAGE u. W. J. D. VAN DYCK: J. Inst. Petrol. Technologists Bd. 21 (1935) S. 40. Vgl. ferner F. O. RICE: Industr. Engng. Chem. Bd. 27 (1935) S. 915.

gleichzeitig ablaufen können. Der Zerfall wird im allgemeinen nicht unbeeinflußt bleiben von gleichzeitig verlaufenden anderen Zerfallsprozessen, sowie von Oxydationsreaktionen[1]; wo Erfahrungen darüber vorliegen, ergeben sie, daß der Eigenzerfall durch solche gleichzeitig ablaufenden Vorgänge, die unter Umständen mit der Produktion freier Radikale verbunden sind, nur beschleunigt werden kann. Man wird daher die Geschwindigkeit, die für den Zerfall reiner Stoffe gefunden wurde, im allgemeinen als die Mindestgeschwindigkeit ansehen dürfen, mit der diese Stoffe während der Oxydation zerfallen. Der Zerfall, besonders komplizierter organischer Molekeln, geht im allgemeinen nicht in einem einzigen Schritt bis zu den stabilen Endprodukten, sondern führt über Zwischenprodukte, als welche vielfach freie Radikale eine Rolle spielen[2].

Einen gewissen Einblick in die Möglichkeiten zur Bildung freier Radikale gewinnt man, wenn man die Energien der einzelnen Bindungen in den Molekeln kennt. Mit Kenntnis dieser Bindungsenergien lassen sich auch die Wärmetönungen der für den Reaktionsmechanismus — sowohl des Zerfalls als auch der Oxydation — vermuteten Radikalreaktionen abschätzen, weshalb wir hier eine Zusammenstellung solcher Bindungsenergien einfügen. Diese Bindungsenergien sind also diejenigen Energien, die zugeführt werden müssen, wenn das Molekül an der betreffenden Bindung in zwei Bruchstücke getrennt werden soll.

Tabelle 68. Bindungsenergien.

| | | | |
|---|---|---|---|
| $H_2 \rightarrow 2\,H$ | 102,7 kcal | $C=C \rightarrow C+C$ | ~ 125 kcal |
| $O_2 \rightarrow 2\,O$ | 116,4 kcal | $C\equiv C \rightarrow C+C$ | ~ 164 kcal |
| $CO \rightarrow C+O$[3] | (160 oder 202 kcal)[4] | $C-O \rightarrow C+O$ | ~ 75 kcal |
| $H_2O \rightarrow H+OH$ | ~ 117,8 kcal | (Alkohole, Äther) | |
| $H_2O_2 \rightarrow 2\,OH$ | 52 kcal | $C_{ar}-O \rightarrow C+O$ | ~ 97 kcal |
| $HO_2 \rightarrow H+O_2$ | ~ 40 kcal | (Phenole) | |
| $O_3 \rightarrow O+O_2$ | 24 kcal | $C=O \rightarrow C+O$ | ~ 165 kcal |
| $C_{al}H$[5] $\rightarrow C+H$ | ~ 93 kcal | (Aldehyde,Ketone) | |
| $C_{ar}H \rightarrow C+H$ | ~ 102 kcal | | |
| $C_{al}-C_{al} \rightarrow C+C$ | ~ 71 kcal | | |
| $C_{ar}-C_{ar} \rightarrow C+C$[5] | ~ 96 kcal | | |
| $C_{al}-C_{ar} \rightarrow C+C$ | ~ 80 kcal | | |

[1] Nach F. O. Rice (Vortrag a. d. Faraday-Tagung April 1939, erscheint Trans. Faraday Soc. August 1939) wird der Kohlenwasserstoffzerfall durch kleine Mengen Sauerstoff katalysiert, wie besonders am Butan gezeigt.

[2] Vgl. R. Maess u. L. v. Müffling: Z. Elektrochem. Bd. 44 (1938) S. 428. — Steacie, E. W. R.: Chem. Rev. Bd. 22 (1938) S. 311. — Schumacher, H. J.: Gasreaktionen, 1938. — Rice, F. O. u. K. K. Rice: The aliptatic free Radicals. Johns Hopkins Press. Baltimore 1935.

[3] Nach photochemischen Versuchen von Faltings, Groth und Harteck [vgl. das Sammelreferat von W. Groth: Z. Elektrochem. Bd. 45 (1939) S. 270] soll die Bindungsenergie des CO zwischen 193 und 219 kcal liegen.

[4] Eine eindeutige Bestimmung der Dissoziationsenergie von CO war bisher nicht möglich.

[5] Die Energie $C_{al}H$ ist also die Energie, die notwendig ist, wenn man ein H-Atom aus einem aliphatischen Molekül, z. B. Äthan, abtrennen will, entsprechend ist $C_{ar}H$ die Abtrennungsarbeit eines H-Atoms aus einem aromatischen Molekül, z. B. Benzol. Entsprechend ist $C_{al}$—$C_{al}$ die Bindungsfestigkeit zwischen zwei C-Atomen in einem aliphatischen Molekül, z. B. Äthan, $C_{ar}$—$C_{ar}$ entsprechend etwa die im Benzol. $C_{ar}$—$C_{al}$ ist z. B. die Energie, die man aufwenden muß, um die $CH_3$-Gruppe von dem Benzolkern des Toluols abzutrennen.

Im ganzen ist zu sagen, daß die Energie der Bindung zweier Atome in einem organischen Molekül natürlich nicht völlig unabhängig ist davon, welche Bindungen die beteiligten Atome sonst noch eingegangen sind. Von gewissen Ausnahmen abgesehen ist die Annahme konstanter Bindungsenergien aber eine recht gute Näherung, von der man mit Nutzen Gebrauch machen kann. Die Zahlenwerte der Tabelle 68, die für die organischen Moleküle einer älteren Zusammenstellung von GRIMM und WOLF entnommen sind, sind eigentlich veraltet, da zu ihrer Berechnung ältere Werte der Sublimationswärme des Kohlenstoffes benutzt wurden. Da neuere Bestimmungen aber noch nicht zu eindeutigen Ergebnissen geführt haben, wird man vorläufig mit den älteren weiterrechnen, die als relative Werte wohl hinreichend genau sind.

Eine Verfestigung der Bindung tritt allgemein ein, wenn man für eine Verbindung mehrere gleichwertige Valenzbilder angeben kann. Das führt z. B. dazu[1], daß in einem Radikal wie $\overset{|}{C}H_2 - CH = CH_2$, dem man ebensogut die Struktur $CH_2 = CH - \overset{|}{C}H_2$ zuschreiben könnte, die Bindungen verfestigt sind; die Folge davon ist, daß größere, Doppelbindungen enthaltende Moleküle am leichtesten zerfallen, wenn solche besonders stabilen Bruchstücke gebildet werden können, also z. B.

$$CH_3 \cdot CH_2 \overset{\vdots}{-} CH_2 - CH = CH_2$$

an der gestrichelten Stelle. Das ist die SCHMIDTsche[2] Doppelbindungsregel, wonach Molekeln mit Doppelbindung am leichtesten an der übernächsten Einfachbindung, von der Doppelbindung aus gerechnet, zerfallen. Die vielfach beobachtete reaktionshemmende Wirkung von Olefinen könnte, außer durch Anlagerung intermediär entstandener Radikale an die Doppelbindung, auch dadurch zu erklären sein, daß bei der Reaktion von paraffinischen Radikalen mit Olefinen solche besonders stabile und infolgedessen reaktionsträge Radikale gebildet werden.

Falls ein Zerfall organischer Moleküle in freie Radikale erfolgt, so wird er an der schwächsten Stelle des Moleküls eintreten, also bei Paraffinen an der C-C-Bindung, bei Olefinen entsprechend der Doppelbindungsregel. In einem gewissen Umfang erfolgt der Zerfall organischer Molekeln sicher über freie Radikale[3] und es ist mit der Möglichkeit zu rechnen, daß, besonders bei höheren Temperaturen, so entstandene freie Radikale bei der Einleitung der Kettenreaktion der Oxydation eine Rolle spielen.

Der thermische Zerfall von Paraffinen läßt sich im allgemeinen durch ein Zeitgesetz der I. Ordnung beschreiben, wenn auch der Mechanismus keineswegs immer der einer einfachen monomolekularen Reaktion ist. Als Endprodukte des Zerfalls treten niedere Paraffine, Olefine und Wasserstoff auf, daneben unter Umständen auch höhere Olefine als Folge einer Polymerisation niederer Olefine.

Für die Beurteilung der Geschwindigkeit des Zerfalls von Paraffinen geben wir eine Zusammenstellung nach STEACIE (zitiert S. 389) für die Konstanten des Zerfalls I. Ordnung:

$$k = A\, e^{-E/RT}.$$

Die Zahlenwerte sind nicht alle ganz zuverlässig und nicht alle in Strenge vergleichbar, besonders dürften die stärkeren Schwankungen in dem Faktor $A$ (und

[1] Wie unmittelbar experimentell nachgewiesen werden kann.

[2] SCHMIDT, O.: Begründet von TH. FÖRSTER, Z. Elektrochem. Bd. 43 (1937) S. 667.

[3] Vgl. F. O. RICE: Zitiert S. 389. — MAESS u. v. MÜFFLING: Zitiert S. 389. — STEACIE: Zitiert S. 389.

die entsprechenden Schwankungen in $E$) kaum alle reell sein; zur Orientierung sind sie aber jedenfalls nützlich. Daneben sind nach STEACIE noch Zerfallskonstanten für 425 und 575° angegeben.

Tabelle 69. Zerfallskonstanten von Paraffinen. (Nach einer Zusammenstellung von STEACIE.)

| Stoff | log $A$ | $E$ kcal/Mol | $k_{425}$ | $k_{575}$ | Autor |
|---|---|---|---|---|---|
| $CH_4$ | 12,00 | 79,385 | $1,3 \cdot 10^{-13}$ | $3,3 \cdot 10^{-9}$ | KASSEL[1] |
| $C_2H_6$ | 15,12 | 73,200 | $1,5 \cdot 10^{-8}$ | $1,7 \cdot 10^{-4}$ | MAREK und MCCLUER[2] |
| | 16,06 | 77,700 | $5,1 \cdot 10^{-9}$ | $1,0 \cdot 10^{-4}$ | Neu berechnet[3] |
| | 14,1 | 69,800 | $1,6 \cdot 10^{-8}$ | $1,2 \cdot 10^{-4}$ | SACHSSE[4] |
| | | | | $1,0 \cdot 10^{-4}$ | STORCH und KASSEL[5] |
| | | (65,000) | | | PEASE und DURGAN[6] |
| $C_3H_8$ | | | | $1,5 \cdot 10^{-3}$ | FREY und HEPP[7] |
| | 13,44 | 62,100 | $9,6 \cdot 10^{-7}$ | $2,6 \cdot 10^{-3}$ | MAREK und MCCLUER[2] |
| | 16,60 | 74,850 | $1,4 \cdot 10^{-7}$ | $1,9 \cdot 10^{-3}$ | PAUL und MAREK[3] |
| | | (65,000) | | | PEASE und DURGAN[6] |
| | 13,53 | 61,400 | $1,9 \cdot 10^{-6}$ | $4,8 \cdot 10^{-3}$ | FREY und HEPP[7] |
| n-$C_4H_{10}$ | 17,05 | 73,900 | $7,8 \cdot 10^{-7}$ | $9,8 \cdot 10^{-3}$ | PAUL und MAREK[3] |
| | 12,54 | 58,700 | $1,5 \cdot 10^{-6}$ | $2,6 \cdot 10^{-3}$ | STEACIE und PUDDINGTON[8] |
| | | (65,000) | | | PEASE und DURGAN[6] |
| iso-$C_4H_{10}$ | | | | $4,8 \cdot 10^{-3}$ | FREY und HEPP[7] |
| | 14,89 | 66,040 | $1,5 \cdot 10^{-6}$ | $7,1 \cdot 10^{-3}$ | PAUL und MAREK[3] |
| n-$C_5H_{12}$ | 13,4 | 61,200 | $2,4 \cdot 10^{-6}$ | $5,7 \cdot 10^{-3}$ | FREY und HEPP[7] |
| iso-$C_5H_{12}$ | 12,93 | 58,600 | $3,7 \cdot 10^{-6}$ | $6,5 \cdot 10^{-3}$ | FREY und HEPP[7] |
| | 12,43 | 55,500 | $1,1 \cdot 10^{-5}$ | $1,3 \cdot 10^{-2}$ | FREY und HEPP[7] |
| n-$C_6H_{14}$ | 14,58 | 64,500 | $2,3 \cdot 10^{-6}$ | $8,7 \cdot 10^{-3}$ | DINCES et al.[9] |
| 2,3-Dimethylbutan | | | | $1,9—2,4 \cdot 10^{-2}$ | FREY und HEPP[7] |
| n-$C_7H_{16}$ | 9,85 | 46,500 | $1,9 \cdot 10^{-5}$ | $7,1 \cdot 10^{-3}$ | PEASE und MORTON[11] |
| n-$C_8H_{18}$ | 14,70 | 64,900 | $2,3 \cdot 10^{-6}$ | $9,1 \cdot 10^{-3}$ | DINCES et al.[10] |

Unmittelbar gemessene Zahlenwerte, ebenfalls für den Zerfall I. Ordnung berechnet, stellen wir in der folgenden Tabelle 70 zusammen[12].

Der Zerfall von Olefinen ist öfters untersucht worden, es liegen aber wenige zuverlässige Zerfallskonstanten und gemessene Aktivierungsenergien vor. Die

[1] KASSEL, L. S.: J. Amer. chem. Soc. Bd. 54 (1932) S. 3949.
[2] MAREK u. MCCLUER: Industr. Engng. Chem. Bd. 23 (1931) S. 878.
[3] PAUL u. MAREK: Industr. Engng. Chem. Bd. 26 (1934) S. 454.
[4] SACHSSE, H.: Z. phys. Chem. Abt. B Bd. 31 (1935) S. 87.
[5] STORCH, H. H. u. L. S. KASSEL: J. Amer. chem. Soc. Bd. 59 (1937) S. 1240.
[6] PEASE, R. N. u. DURGAN: J. Amer. chem. Soc. Bd. 52 (1930) S. 1262.
[7] FREY u. HEPP: Industr. Engng. Chem. Bd. 25 (1933) S. 441.
[8] STEACIE, E. W. R. u. PUDDINGTON: Unveröffentlichte Arbeit.
[9] DINCES u. FROST: J. gen. Chem. USSR. Bd. 4 (1934) S. 610.
[10] DINCES u. ZHERKO: J. gen. Chem. USSR. Bd. 6 (1936) S. 68.
[11] PEASE, R. N. u. MORTON: J. Amer. chem. Soc. Bd. 55 (1933) S. 3190.
[12] Nach W. JOST, L. v. MÜFFLING u. W. ROHRMANN: Z. Elektrochem. Bd. 42 (1936).

Tabelle 70. Zerfallskonstanten von Kohlenwasserstoffen, $s^{-1}$.

| Stoff | Temperatur °C | | | | | |
|---|---|---|---|---|---|---|
| | 570 | 590 | 620 | 660 | 700 | 760 |
| n-Octan . . . | $3{,}9 \cdot 10^{-2}$ | $8{,}1 \cdot 10^{-2}$ | $24 \cdot 10^{-2}$ | — | — | — |
| n-Heptan . . | $2{,}2 \cdot 10^{-2}$ | $4{,}7 \cdot 10^{-2}$ | $14{,}6 \cdot 10^{-2}$ | — | — | — |
| n-Hexan . . | $1{,}0 \cdot 10^{-2}$ | $2{,}1 \cdot 10^{-2}$ | $6{,}2 \cdot 10^{-2}$ | — | — | — |
| i-Octan[1] . . | $3{,}9 \cdot 10^{-2}$ | $8{,}1 \cdot 10^{-2}$ | $24 \cdot 10^{-2}$ | — | — | — |
| Diisobutylen[1] | $14{,}4 \cdot 10^{-2}$ | $(29{,}9 \cdot 10^{-2})$* | $(89{,}4 \cdot 10^{-2})$ | — | — | — |
| Cyclohexan . | — | — | $(0{,}32 \cdot 10^{-2})$ | $2{,}3 \cdot 10^{-2}$ | $16{,}7 \cdot 10^{-2}$ | — |
| Benzol . . . | — | — | — | $(0{,}13 \cdot 10^{-2})$ | $(0{,}34 \cdot 10^{-2})$ | $1{,}5 \cdot 10^{-2}$ |

Olefine sind im allgemeinen instabiler als die entsprechenden Paraffine; zur Abschätzung kann etwa das Verhältnis von Diisobutylen und i-Octan in der obigen Tabelle dienen. Für den Zerfall sauerstoffhaltiger Verbindungen, die ja immer als Zwischenprodukte der Oxydation auftreten und deren Verhalten man deswegen kennen muß, geben wir ebenfalls einige Zahlenwerte, nach SCHUMACHER (zitiert S. 389) und nach v. MÜFFLING und MAESS (zitiert S. 389). Der Zerfall des Formaldehyds läßt sich durch eine Gleichung II. Ordnung mit einer Aktivierungsenergie von 44,5 kcal darstellen; bei 842° abs. und 371 mm Hg Anfangsdruck beträgt die Halbwertszeit für den Zerfall 69 s. In Gegenwart von Äther zerfällt Formaldehyd etwa 15mal schneller als es dem Eigenzerfall entspricht, als Folge des Auftretens freier Radikale (nach FLETCHER und ROLLEFSON). Als Reaktionsprodukte treten Kohlenoxyd und Wasserstoff auf[2].

*Acetaldehyd* zerfällt in CO und $CH_4$, die Aktivierungsenergie für den Zerfall beträgt etwa 46 kcal. Die Reaktion verläuft nicht nach einer einfachen Ordnung; nach FLETCHER und HINSHELWOOD betragen bei 829° abs. bei 130 bzw. 415 mm Anfangsdruck die Halbwertszeiten für den Zerfall bzw. 196 und 111 s.

*Methanol* zerfällt in Kohlenoxyd und Wasserstoff, als Geschwindigkeitskonstante I. Ordnung gilt:

$$k = 1{,}7 \cdot 10^{13}\, e^{-68\,000/R\,T}\ s^{-1},$$

für *Butylalkohol* gilt:

$$k = 4{,}8 \cdot 10^{14}\, e^{-65\,500/R\,T}\ s^{-1}.$$

Der Zerfall niederer Alkohole verläuft im allgemeinen unter $H_2$-Abspaltung und Bildung der entsprechenden Aldehyde, die unter Umständen weiter zerfallen. Bei höheren Alkoholen überwiegt der Zerfall in $H_2O$ und Olefin.

Auch eine Reihe von Äthern sind auf ihren Zerfall hin untersucht worden. Die Zerfallskonstante von Diäthyläther ist

$$k = 3{,}2 \cdot 10^{11}\, e^{-53\,000/R\,T}\ s^{-1}.$$

Für Aceton gilt:

$$k = 1{,}5 \cdot 10^{15}\, e^{-68\,500/R\,T}\ s^{-1}.$$

[1] i-Octan = 2,2,4-Trimethylpentan; Diisobutylen ist ein Gemisch zweier durch Hydrierung in i-Octan übergehender isomerer Olefine.

* Die Zahlen in Klammern sind extrapolierte Werte.

[2] Zerfall von Acrolein vgl. H. W. THOMPSON u. J. J. FREWING: J. chem. Soc. 1935, S. 1443; eine neuere Untersuchung über den Butanzerfall: L. S. ECHOLS u. R. N. PEASE: J. Amer. chem. Soc. Bd. 61 (1939) S. 208.

Da organische Nitrite die Oxydation von Kohlenwasserstoffen und damit sowohl das Klopfen als auch das Zünden im Dieselmotor befördern, sei noch zur Orientierung die Zerfallskonstante von Äthylnitrit angegeben, diese ist:

$$k = 1{,}3 \cdot 10^{14}\, e^{-37\,700/R\,T}\ \mathrm{s}^{-1}.$$

Da man alle diese Zahlenangaben nur zur Orientierung über die Stabilität evtl. Produkte benutzen wird, brauchen wir hier auf den bei monomolekularen Reaktionen allgemein beobachteten Geschwindigkeitsabfall nach niederen Drucken hin nicht weiter einzugehen (vgl. SCHUMACHER, zitiert S. 389).

Mindestens teilweise erfolgt der Zerfall organischer Verbindungen über freie Radikale, deren Auftreten für die Einleitung von Oxydationsreaktionen von Bedeutung sein könnte (vgl. v. MÜFFLING, MAESS und STEACIE, zitiert S. 389).

### b) Absorptionsspektren organischer Verbindungen, insbesondere von Reaktions- und Zwischenprodukten der Verbrennung.

EGERTON und PIDGEON[1] haben die Absorptionsspektren verbrennender Kohlenwasserstoffe untersucht, die bei verschiedenen Temperaturen zwischen etwa 250 und 450° mit Luft gemischt durch ein Absorptionsrohr strömten. Dabei wurden Aldehyde beobachtet, insbesondere Formaldehyd, ferner eine kontinuierliche Absorption im ferneren Ultraviolett, die zumindest zum Teil durch bei der Oxydation entstandene organische Säuren bedingt ist. Während der Induktionsperiode wird keine Absorption beobachtet. Eine Bande bei etwa 2600 Å tritt bei höheren Kohlenwasserstoffen, vom Butan an, auf und erscheint zeitlich zuerst vor den Aldehydbanden. Bei Verbrennung entsprechender Aldehyde tritt die Bande dieser unbekannten Substanz $X$ nicht auf.

UBBELOHDE[2] hat eingehende Untersuchungen durchgeführt mit dem Ziel, die Natur des Bandenträgers $X$ aufzuklären. Er hat die Absorptionsspektren einer größeren Zahl von organischen Substanzen aufgenommen, die wir in Abb. 191 in der schematischen Darstellung nach UBBELOHDE reproduzieren (vertikal schraffiert bedeutet Banden, schwarze Flächen kontinuierliche Absorption).

Äthylnitrit und $NO_2$ erniedrigen die Temperatur, bei welcher die $X$-Bande in verbrennenden Kohlenwasserstoff-Luftgemischen auftreten, aber verändern nicht den allgemeinen Verlauf. Keine $X$-Bande trat auf mit Butylenen und Amylenen, ebensowenig bei Unterbrechung der Butylkette wie im Äthyläther, trotz dessen niederer Verbrennungstemperatur.

Der $X$-Bande ähnliche Gebiete wurden erhalten bei der Verbrennung von Äthern von Tetrahydrofurylalkohol und $\alpha$- und $\beta$-Angelilaktonen. Keine der untersuchten stabilen Verbindungen (außer Methyljodid, das

[1] EGERTON, A. C. u. L. M. PIDGEON: Proc. roy. Soc., Lond. A Bd. 142 (1933) S. 26.

[2] UBBELOHDE, A. R.: Proc. roy. Soc., Lond. A Bd. 152 (1935) S. 378.

natürlich nicht in Frage kommt) zeigte eine Bande, die der $X$-Bande entsprach. $X$ ist also ein Verbrennungsprodukt der Paraffine und möglicherweise einer Anzahl von Sauerstoff-Ringverbindungen, wie ungesättigter Laktone und Tetrahydrofuryläther.

Ubbelohde untersuchte auch auf chemischem Wege die auftretenden Zwischenprodukte (für die Methode muß auf das Original verwiesen werden) in einer Anordnung, ähnlich wie von Mondain-Monval[1] verwandt.

Bei 300° entstandene kondensierte Verbrennungsprodukte aus reinem Hexan schieden sich in eine Kohlenwasserstoff- und eine wäßrige Phase, die nach verbranntem Zucker und Aldehyden rochen. Die wäßrige Schicht zeigte besonders starke Peroxydreaktion; ebenso zeigten ihre Dämpfe viel stärker die $X$-Bande in Absorption. In Lösung muß diese Substanz $X$ also hinreichend stabil sein.

Weiter wurden O-Ringverbindungen aus der Hexanschicht nachgewiesen; mit Pentan wurden Ungesättigte, Dihydropyran, Methyltetrahydrofuran, Äthanol (?),

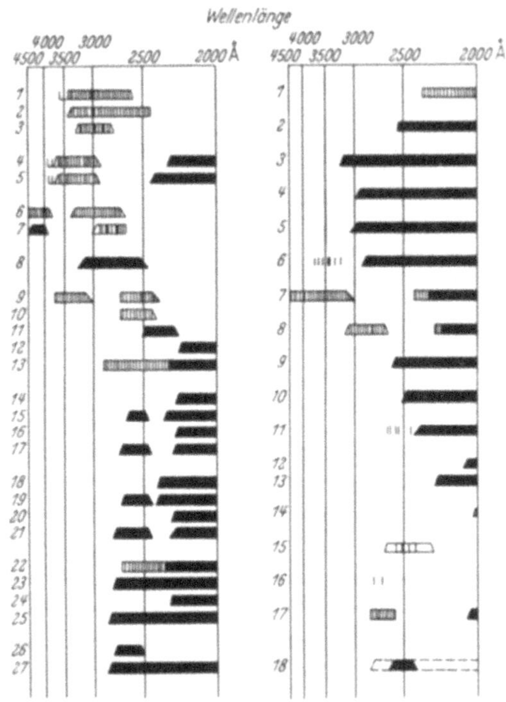


Abb. 191. Absorptionsspektren im Ultravioletten (vertikal schraffiert = Banden; schwarze Flächen = kontinuierliche Absorption). (Nach Ubbelohde-London zit. S. 393.)

| | |
|---|---|
| 1 Formaldehyd, | 1 Ameisensäure, |
| 2 Acetaldehyd, | |
| 3 Butyraldehyd, | 2 Dimethylketen |
| 4 Acrolein, | 3 Acetylaceton, |
| 5 Crotonaldehyd, | 4 Äthylacetylacetat, |
| 6 Glyoxal, | |
| 7 Diacetyl, | 5 Diäthyl- und Äthylhydroperoxyd, |
| 8 Ketone, | |
| 9 Furfuraldehyd, | 6 Amyl- und Äthylnitrit, |
| 10 Furylalkohol, | 7 Stickstoffdioxyd, |
| 11 Furylsäure, | 8 Schwefeldioxyd, |
| 12 Furan, | 9 Dihydromethylfuran, |
| 13 Methylfuran, | |
| 14 Tetrahydromethylfuran, | 10 Epoxy-1,4 Penten-5, |
| 15 desgl. brennend, | |
| 16 Tetrahydrofurylmethyläther, | 11 Penten-5,1-ol, |
| | 12 Amylen, |
| 17 desgl. verbrennend, | |
| 18 α-Angelilakton, | 13 desgl. verbrennend, |
| 19 desgl. verbrennend, | |
| 20 β-Angelilakton, | 14 Äthylen, |
| 21 desgl. verbrennend, | 15 Benzol, |
| 22 Dihydropyran, | |
| 23 desgl. verbrennend, | 16 Phenol, |
| 24 Tetrahydropyran, | |
| 25 desgl. verbrennend, | 17 Naphthalin, |
| 26 X, verdünnt, | |
| 27 X konzentriert. | 18 Methyljodid. |

[1] Mondain, P., Monval u. Quanquin: Ann. Chim. et Phys. Bd. 15 (1931) S. 309.

Hydroxosäuren, Aldehyde, Alkohole nachgewiesen, Ketone nur in Spuren, ferner Peroxyde, wahrscheinlich Olefinperoxyde[1]. Wahrscheinlich liegen Peroxyde wie:

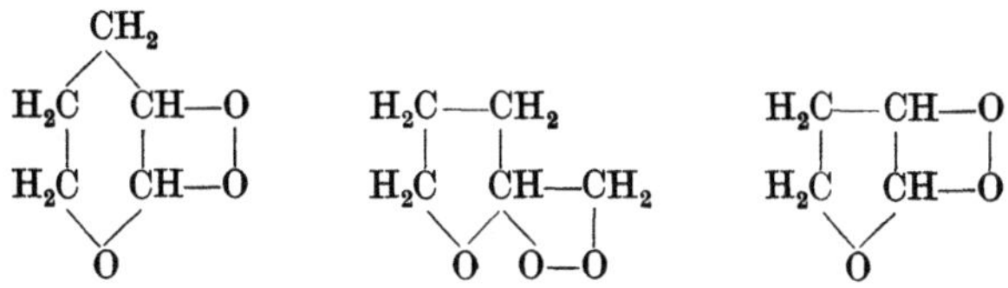

vor. Epoxy-1,4-Penten-5:

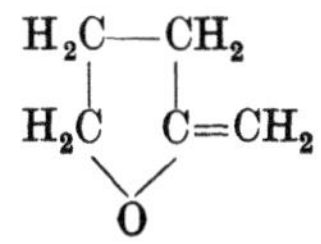

peroxydiert so leicht beim Durchleiten von Sauerstoff beim Siedepunkt, daß ein dichter Peroxydnebel gebildet wird, wie bei der langsamen Verbrennung von Pentan. Analoge Beobachtungen bei der Kohlenwasserstoff-Oxydation werden oft berichtet. UBBELOHDE nimmt an, daß *X* beim Zerfall von Peroxyden entsteht; Ascorbinsäure gibt praktisch die gleiche Bande wie *X*.

## 4. Die Oxydation der niedersten Kohlenwasserstoffe.

(Acetylen, Äthylen, Methan, Äthan, Propan.)

### a) Die Oxydation von Acetylen.

Bei der Oxydation ungesättigter niederer Kohlenwasserstoffe wird man erwarten, daß die Mehrfachbindung als schwächste Stelle im Molekül vom Sauerstoff angegriffen wird, und man könnte daher an einfachere Verhältnisse als bei gesättigten Kohlenwasserstoffen denken. Trotzdem können Reaktionen wie

$$C_2H_2 + O_2 \rightarrow CHO \cdot CHO,$$

die direkte Bildung von Glyoxal aus Acetylen, oder

$$C_2H_4 + O_2 \rightarrow 2\,HC\text{-}HO$$

die Umsetzung von Äthylen mit Sauerstoff zu Formaldehyd nicht die entscheidenden Reaktionsschritte bei diesen Oxydationsprozessen sein, auch wenn die entsprechenden Produkte auftreten; außer auf Grund von anderen Kriterien, auf die wir noch zu sprechen kommen, wird dies schon dadurch ausgeschlossen, daß die entsprechenden Oxydationsreaktionen sämtliche Charakteristika von Kettenreaktionen aufweisen, während die oben angeschriebenen Umsetzungen keine Kettenreaktion

[1] Für die Analyse auftretender Reaktionsprodukte vgl. u. a. S. ESTRADÈRE: Publ. Sci. et Techn. Ministère de l'Air Nr. 49. 1934. — GIORGIO, R.: Gaz. chim. Ital. Bd. 64 (1934) S. 564.

sind. Wir werden sehen, daß man auch bei diesen Reaktionen gezwungen ist, irgendeine Abwandlung des BODENSTEINschen Mechanismus zu akzeptieren, welchen bereits BODENSTEIN[1] selbst auf die Acetylenoxydation angewandt hatte.

Die Oxydation von Acetylen ist untersucht worden von KISTIAKOWSKY und Mitarbeitern[2] sowie von STEACIE und McDONALD[3]. BONE und ANDREW[4] hatten bereits die langsame Oxydation von Acetylen zwischen 200 und 350° untersucht und Kohlenoxyd und Formaldehyd als Hauptreaktionsprodukte gefunden. Die flüssigen Produkte, die bei der Einwirkung von Ozon auf Acetylen gebildet werden, bestehen hauptsächlich aus Glyoxal, CHO-CHO[5].

KISTIAKOWSKY und LENHER untersuchten die Acetylenoxydation in einem Strömungssystem bei Atmosphärendruck; gereinigtes Acetylen und Sauerstoff wurden mit gemessener Geschwindigkeit in das geheizte Reaktionsgefäß eingeleitet; die flüssigen Reaktionsprodukte wurden mit festem $CO_2$ ausgefroren, die gasförmigen direkt aufgefangen. Analysenwerte (für die Methode muß auf das Original verwiesen werden) stellen wir in der folgenden Tabelle 71 zusammen; die Versuche wurden in einem Pyrex-Reaktionsgefäß von 22 mm Durchmesser und 78 cm³ Volumen ausgeführt; die Strömungsgeschwindigkeit war derart, daß sich für 290° C eine Aufenthaltsdauer von $\sim$ 200 s ergab.

Tabelle 71. Mittlere Analysenresultate für $C_2H_2$-$O_2$-Mischungen 1:1, bei 200 s Aufenthaltsdauer, bez. auf 290° C.

| Temperatur °C | Mole durchgeleitet × 10³ | | Mole gebildet × 10³ | | | |
|---|---|---|---|---|---|---|
| | $C_2H_2$ | $O_2$ | CO | $CO_2$ | $H_2$ | HCOOH + HCHO[6] |
| 255 | 8,9 | 8,9 | 0,105 | 0,032 | 0,015 | 0,11 |
| 277 | 8,9 | 8,9 | 0,30 | 0,084 | 0,043 | 0,26 |
| 297 | 8,9 | 8,9 | 1,14 | 0,37 | 0,108 | 0,84 |
| 316 | 8,9 | 8,9 | 2,90 | 0,80 | 0,26 | 1,50 |

Qualitativ wurde unter den Reaktionsprodukten außerdem Glyoxal nachgewiesen.

Falls man eine annähernd stationäre Reaktionsgeschwindigkeit hätte, so müßte im Gebiet geringer Umsätze bei Verdoppelung der durchgesetzten Menge und gleichzeitiger Halbierung der Reaktionsdauer die

[1] BODENSTEIN, M.: Zitiert S. 375.

[2] KISTIAKOWSKY, G. B. u. S. LENHER: J. Amer. chem. Soc. Bd. 52 (1930) S. 3785. — LENHER, S.: J. Amer. chem. Soc. Bd. 53 (1931) S. 2962.

[3] STEACIE, E. W. R. u. R. D. McDONALD: J. chem. Phys. Bd. 4 (1936) S. 75.

[4] BONE, W. A. u. ANDREW: J. chem. Soc. Bd. 87 (1905) S. 1232.

[5] BRINER u. WUNENBURGER: Helv. chim. Acta Bd. 12 (1929) S. 786.

[6] Unter der besonders begründeten Annahme ausgewertet, daß die kondensierbare Substanz aus Ameisensäure und Formaldehyd im Verhältnis 6:1 besteht.

Ausbeute an sämtlichen Substanzen ungefähr die gleiche bleiben. Wie die folgende Tabelle 72 erkennen läßt, ist dies aber nicht der Fall, sondern die Ausbeute nimmt bei Verkürzung der Reaktionsdauer ab; zur Erklärung ist anzunehmen, daß die Reaktion eine Induktionsperiode aufweist, wie das ja in anderen Fällen auch beobachtet wird.

Tabelle 72. Einfluß der Reaktionszeit auf die Acetylenoxydation. (Nach KISTIAKOWSKY und LENHER.) (Mittelwerte.)

| Temperatur °C | Mol durchgeleitet × $10^3$ | | Mole gebildet × $10^3$ | | | | Mittlere Aufenthaltsdauer s |
|---|---|---|---|---|---|---|---|
| | $C_2H_2$ | $O_2$ | CO | $CO_2$ | $H_2$ | HCOOH + HCHO | |
| 278 | 8,9 | 8,9 | 0,48 | 0,088 | 0,073 | 0,51 | 200 |
| 278 | 17,8 | 17,8 | 0,18 | 0,043 | 0,057 | 0,47 | 100 |
| 278 | 35,6 | 35,6 | 0,14 | 0,008 | 0,033 | 0,34 | 50 |

Bei 310° werden die Verhältnisse durch das Zusammenwirken von Induktionsperiode und merklicher Abnahme der Acetylenkonzentration während des Versuches (von welcher die Reaktionsgeschwindigkeit stark abhängig ist) kompliziert, fügen sich aber in den Rahmen der übrigen Beobachtungen ein. Die Reaktionsgeschwindigkeit ändert sich etwa wie die zweite Potenz der Acetylenkonzentration und wird durch Sauerstoff schwach verringert, weist also die gleichen Charakteristika auf wie die Aldehydoxydation.

Packen des Reaktionsgefäßes mit Pyrexstücken, so daß der freie Abstand von ungefähr 20 auf 1 mm reduziert wurde, verlangsamte die Reaktion erheblich; in einem Versuch bei 315° hatten in dem leeren Reaktionsgefäß etwa 30% des Acetylens reagiert, während in dem gepackten Gefäß nur 3 bis 4% umgesetzt wurden. Außerdem wurde der Reaktionsablauf grundlegend geändert, indem nun Kohlenoxyd und Wasser die Hauptreaktionsprodukte waren, während in den normalen Versuchen die kondensierbaren Substanzen als die Primärprodukte anzusehen sind. Versuche mit einer Variation der Reaktionszeit deuten außerdem darauf hin, daß die Induktionsperiode verschwunden ist.

Im ganzen folgt: Die Acetylenoxydation ist offenbar eine Kettenreaktion, wobei die Wand kettenabbrechend wirkt; in gepackten Gefäßen kann man daneben eine katalytische Oberflächenreaktion haben, also ganz analog der Aldehydoxydation.

STEACIE und McDONALD[1] haben später die Acetylenoxydation in einer statischen Anordnung sehr sorgfältig untersucht. Die Versuche bestätigen in vielem qualitativ die von KISTIAKOWSKY und Mitarbeitern, bringen daneben aber noch einige Besonderheiten. In bezug auf den Oberflächeneinfluß wurde folgendes festgestellt: Waschen des Pyrexreaktionsgefäßes mit NaCl-Lösung hatte, wie schon bei KISTIAKOWSKY

[1] STEACIE, E. W. R. u. R. D. McDONALD: J. chem. Phys. Bd. 4 (1936) S. 75.

und LENHER, eine Reaktionsbeschleunigung zur Folge, im Gegensatz zu diesen waren aber die Resultate nicht gut reproduzierbar. Dagegen ergaben sich im Pyrexgefäß, das zweimal mit gesättigter KCl-Lösung ausgewaschen war, sehr gut reproduzierbare Werte. Das Verhältnis $CO : CO_2$ ist praktisch konstant für gegebene relative Ausgangszusammensetzung, $O_2/C_2H_2$, und ändert sich auch mit variierter Ausgangszusammensetzung nur wenig. Wir geben in der Tabelle 73 einige Versuchsresultate:

Tabelle 73. Acetylenoxydation bei 320° C, Pyrexgefäß, mit KCl belegt, 200 cm³. Verhältnis $O_2 : C_2H_2 = 1$. (Nach STEACIE und McDONALD.)

| $C_2H_2$anf. cm Hg | $t$ min | $CO_2$ % | $C_2H_2$ % | $O_2$ % | CO % | $H_2+N_2$[1] % | A[2] | B[3] |
|---|---|---|---|---|---|---|---|---|
| 21,5 | 9,8 | 8,8 | 31,6 | 20,2 | 37,4 | 2,0 | 4,25 | 1,46 |
| 19,6 | 11,6 | 8,3 | 32,1 | 20,0 | 37,4 | 2,2 | 4,50 | 1,42 |
| 15,7 | 17,8 | 8,2 | 31,4 | 21,3 | 37,2 | 1,9 | 4,54 | 1,44 |
| 12,5 | 27,6 | 8,0 | 31,5 | 21,6 | 37,0 | 1,9 | 4,63 | 1,43 |
| 10,8 | 36,4 | 8,1 | 31,6 | 20,6 | 37,5 | 2,2 | 4,63 | 1,44 |

Aus den Versuchen ergibt sich die Reaktionsgeschwindigkeit etwa der 2,7. Potenz der Acetylenkonzentration proportional; Sauerstoff übt eine geringe Hemmung aus, die vielfach innerhalb der Grenzen der Versuchsfehler liegt. Der Temperaturkoeffizient wurde ebenfalls bestimmt; es ergab sich eine scheinbare Aktivierungswärme von 33,5 kcal, in guter Übereinstimmung mit SPENCE und KISTIAKOWSKYs Wert von 34,7 kcal.

Versuche über Oberflächeneinfluß in einem quarzgepackten Quarzgefäß von 125 cm³ Volumen ergaben folgendes: Bei hohen Drucken wird die Reaktionsgeschwindigkeit durch Vergrößerung der Oberfläche gehemmt; in dem gepackten Gefäß bei 320° ist die Reaktionsordnung erheblich erniedrigt, etwa auf 1,4; das Verhältnis von $CO/CO_2$ wird durch Packen stark erniedrigt, außerdem wird es in dem gepackten Gefäß druckabhängig, es fällt stark mit abnehmendem Druck. Offenbar ist die Oberflächenreaktion, die hauptsächlich $CO_2$ liefert, von niederer Ordnung. Infolgedessen ist auch ihr Einfluß bei niederen Drucken am höchsten, und so wird dort das $CO/CO_2$-Verhältnis am stärksten herabgesetzt.

Daß Glyoxal und Formaldehyd, die ja nach KISTIAKOWSKY und LENHER (zitiert S. 396) beide im Frühstadium der Acetylenoxydation gebildet werden, nicht als Zwischenglieder einer Kettenreaktion fungieren, geht aus Versuchen von STEACIE und McDONALD mit zugesetztem Glyoxal und Formaldehyd hervor. Glyoxal in kleinen Mengen beschleunigt die Acetylenoxydation nicht; bei hohen Konzentrationen ist eine geringe

[1] Der angewandte Sauerstoff enthielt 1 bis 1,4% $N_2$.
[2] $A = [CO]/[CO_2]$.
[3] $B = [CO + CO_2]/[C_2H_2]$ ist ein Maß für den Umsatzgrad.

Beschleunigung zu beobachten, die aber durch den mit der rapiden Oxydation des Glyoxals verbundenen Wärmeeffekts bedingt sein dürfte. Formaldehyd übt eine ausgesprochene Hemmung auf die Acetylenoxydation aus. In einem Versuch bei 320° C mit einem Partialdruck von 9 cm Acetylen hatten während 44,3 min 28,2% des Acetylens reagiert; bei Zusatz von 5,3 cm Formaldehyd reagierten unter sonst gleichen Verhältnissen nur noch 9,8%.

Nach der Form der hier beobachteten Druck-Zeit-Kurve (erst geringer Druckabfall, dann Druckanstieg) ist es naheliegend, daß während der Induktionsperiode ein Zwischenprodukt in stationärer Konzentration aufgebaut wird. Aus den Versuchen von STEACIE[1] und Mitarbeitern ist es möglich, zu beurteilen, wie das bei der Acetylenoxydation wahrscheinlich als erstes nachweisbares Produkt entstehende Glyoxal weiterreagieren kann. Bei der Versuchstemperatur von 320° ist der thermische Zerfall des Glyoxals vernachlässigbar, während es rapide weiteroxydiert wird.

Für die einzelnen Reaktionen, nach denen Glyoxal weiterreagieren soll, muß auf das Original verwiesen werden. Wie Glyoxal, so zerfällt auch Formaldehyd bei diesen Temperaturen nur langsam, es ist aber auch seine Oxydationsgeschwindigkeit nur gering. SPENCE[2] hat darauf hingewiesen, daß bei der Acetylenoxydation Formaldehyd etwa 100mal schneller als normal oxydiert werden muß. Zur Deutung schlägt STEACIE vor, daß Formaldehyd durch Reaktion mit (intermediär entstehender) Glyoxylpersäure abreagiert[3].

Da normaler Formaldehyd und Glyoxal nicht Kettenträger sein können, ist ein Radikalmechanismus in der Art des von BODENSTEIN vorgeschlagenen der wahrscheinlichste, wenn auch Einzelheiten noch offenbleiben müssen. LEWIS und v. ELBE[4] schlagen für die Glyoxalbildung den Mechanismus vor:

$$OH + C_2H_2 \rightarrow HC \equiv C— + H_2O$$
$$HC \equiv C— + O_2 \rightarrow CHO \cdot CO—$$
$$CHO \cdot CO + C_2H_2 \rightarrow CHO \cdot CHO + CH \equiv C—,$$

ein Mechanismus, gegen den man wohl keine grundsätzlichen Einwendungen erheben wird, der aber natürlich auch nicht bewiesen ist.

Das NORRISH-Schema[5] der Kohlenwasserstoffoxydation, das O-Atome und freie Radikale benutzt, ist nach STEACIE für Acetylen abzulehnen (wir werden sehen, daß auch in sehr vielen anderen Fällen Einwände

[1] HATCHER, HORWOOD u. STEACIE: J. chem. Phys. Bd. 3 (1935) S. 291, 551.

[2] SPENCE: J. chem. Soc. 1932, S. 686.

[3] Das gleiche Ergebnis erhielte man, wenn man Reaktion mit einem entsprechenden Peroxydradikal annähme.

[4] LEWIS, B. u. G. v. ELBE: Combustion, S. 122.

[5] NORRISH, R. G. W.: Proc. roy. Soc., Lond. A Bd. 150 (1935) S. 36.

dagegen geltend gemacht werden können), weil dabei Glyoxal und Formaldehyd eine Rolle spielen, die nach den Versuchen ausgeschlossen ist.

In Gegenwart von Stickoxyden reagiert Acetylen schon bei wesentlich niedrigeren Temperaturen (LENHER[1]), zwischen 170 und 250° C, wobei trimeres Glyoxal ein Hauptreaktionsprodukt ist (bis über 50% des verbrauchten Acetylens). Dabei ist wahrscheinlich $NO_2$ als homogener Katalysator wirksam, indem es zu NO reduziert wird, mit $O_2$ wieder $NO_2$ bildet usw., bzw. es werden Ketten eingeleitet durch die Reaktion $NO_2 \rightarrow NO + O$, vgl. das Analoge bei der Knallgasverbrennung, S. 299, 325.

SEMENOFF[2] weist besonders auf die Versuche von KISTIAKOWSKY und SPENCE[3] hin, die bei der Acetylenoxydation das gleiche zeigen, was SEMENOFF bereits an BODENSTEINs Versuchen zur Aldehydoxydation hervorgehoben hatte, daß nämlich, von der Induktionsperiode abgesehen, die Reaktionsgeschwindigkeit über den größten Teil des Versuches konstant bleibt. KISTIAKOWSKY und SPENCE verfolgten die Reaktion in einem Strömungssystem, wobei sie das Gasgemisch mittels einer besonderen Pumpe zirkulieren ließen; den Gasen, die das Reaktionsgefäß verließen, wurden die kondensierbaren Produkte in einer kohlensäuregekühlten Falle entzogen, während das Gas von neuem durch das Reaktionsgefäß geleitet wurde. Der Umsatz wurde durch die Druckänderung verfolgt.

SEMENOFF neigt daher der Ansicht von SPENCE[4] zu, daß man es bei der Acetylenoxydation zumindest im Anfangsstadium mit einer nichtstationären Reaktion mit Kettenverzweigung zu tun hat, wobei die Ketten evtl. von der Wand eingeleitet werden, da die Induktionsperiode mit Vergrößerung der Wand verkürzt wird. Als überzeugendstes Argument zugunsten einer entarteten Explosion sieht SEMENOFF die Existenz des von SPENCE gefundenen „kritischen" Durchmessers bei der Acetylenoxydation an. SPENCE beobachtet nämlich folgendes: Bei Verringerung des Gefäßdurchmessers von 20 auf 6 mm nimmt die Reaktionsgeschwindigkeit nur etwa auf 1/3,3 bis 1/3,8 ab; bei weiterer Verringerung des Gefäßdurchmessers von 6 auf 4 mm sinkt die Reaktionsgeschwindigkeit plötzlich auf 1/30 ihres früheren Wertes ab.

Daß die Reaktionsgeschwindigkeit nahezu konstant bleibt, bis fast $^3/_4$ des Acetylens verbraucht sind, ist tatsächlich außerordentlich merkwürdig; denn bei einer Herabsetzung der Anfangskonzentration des Acetylens auf $^1/_4$ würde die Reaktionsgeschwindigkeit um über eine Zehnerpotenz abnehmen. Ob SEMENOFFS Deutung als „entartete Explosion" richtig ist, wird sich nur durch weitere Experimente entscheiden lassen. Wir werden bei der Oxydation höherer Kohlenwasserstoffe später eigenartige Explosionserscheinungen, die „kalten Flammen", kennenlernen, die jedenfalls zeigen, daß nichtstationäre, verzweigte Ketten bei der Kohlenwasserstoffoxydation schon bei recht tiefen Temperaturen ablaufen.

---

[1] LENHER, S.: J. Amer. chem. Soc. Bd. 53 (1931) S. 2962.
[2] SEMENOFF: Chain Reactions.
[3] SPENCE u. G. B. KISTIAKOWSKY: J. Amer. chem. Soc. Bd. 52 (1930) S. 4837.
[4] SPENCE: J. chem. Soc. 1932, S. 686.

### b) Die Oxydation von Äthylen.

Der Verlauf der Oxydation von Äthylen[1] zeigt die gleichen Charakteristika wie der anderer Kohlenwasserstoffe: Induktionsperiode, Abhängigkeit der Reaktionsgeschwindigkeit von einer höheren Potenz der Äthylenkonzentration, geringe Abhängigkeit von der Sauerstoffkonzentration. Packen des Reaktionsgefäßes verlangsamt die Umsetzung, ein Zeichen, daß man es mit einer Kettenreaktion in der Gasphase mit Kettenabbruch an der Wand zu tun hat. Die bei der Äthylenoxydation auftretenden Reaktionsprodukte wurden besonders sorgfältig untersucht von LENHER[1] und von BONE, HAFFNER und RANCE[1]. LENHER studierte die Reaktion einerseits nach einer Strömungsmethode bei Atmosphärendruck in einem Pyrexreaktionsgefäß von 20 mm Durchmesser und 65 $cm^3$ Volumen, außerdem, ebenfalls nach der Strömungsmethode, in größeren Gefäßen von 55 mm Durchmesser und 40 cm Länge, aus Pyrexglas, Quarz, nichtrostendem Stahl und aus Aluminium.

Ein typisches Analysenresultat für eine Äthylen-Sauerstoff-Mischung 1 : 1, wovon 360 $cm^3$ bei Atmosphärendruck während 75 s in dem kleinen Reaktionsgefäß bei 400° reagierten, ist wie folgt: gefunden 0,1689 g Kondensat, 102,5 $cm^3$ CO, 11,4 $cm^3$ $CO_2$ und 2,9 $cm^3$ $H_2$. Das Kondensat enthielt Äthylenoxyd, Äthylenglykol, Glyoxal, Formaldehyd, Ameisensäure und Wasser. THOMPSON und HINSHELWOOD hatten die Geschwindigkeit der Äthylenoxydation der II. Potenz der Äthylenkonzentration proportional gefunden, womit LENHERs Resultate übereinstimmen.

Wurde das Reaktionsgefäß mit Stücken von Pyrexrohr gepackt, so daß der freie Abstand von 20 mm auf etwa 1 bis 2 mm reduziert wurde, so wurde die Reaktionsgeschwindigkeit außerordentlich stark vermindert. In dem leeren Reaktionsgefäß reagierten während 75 s und bei 390° 70% des Äthylens, während in dem gepackten Gefäß bei 450° noch keine Umsetzung nachzuweisen war und die Geschwindigkeit erst oberhalb 500° meßbar wurde. Die Hauptreaktionsprodukte in dem gepackten Gefäß waren CO, $CO_2$ und $H_2O$, offenbar als Folge einer Oberflächenreaktion.

Stickoxyde in kleinen Konzentrationen (3 bis 5%) beschleunigten die Reaktion nicht merklich bei 300° bis 400° C. Ein äquimolekulares Äthylen-Stickoxydgemisch ergab bei 295° und 80 s Reaktionsdauer CO, $CO_2$ und $N_2$ als gasförmige, Glyoxal und Formaldehyd als flüssige Reaktionsprodukte.

---

[1] Vgl. W. A. BONE u. R. V. WHEELER: J. chem. Soc. Bd. 85 (1904) S. 1637. — BLAIR u. T. S. WHEELER: J. Soc. chem. Ind. Bd. 41 (1922) S. 303 T; Bd. 42 (1923) S. 415 T. — THOMPSON, H. W. u. C. N. HINSHELWOOD: Proc. roy. Soc., Lond. A Bd. 125 (1929) S. 277. — LENHER, S.: J. Amer. chem. Soc. Bd. 53 (1931) S. 3737, 3752. — SPENCE u. TAYLOR: J. Amer. chem. Soc. Bd. 52 (1930) S. 2399. — BONE, HAFFNER u. RANCE: Proc. roy. Soc., Lond. A Bd. 143 (1933) S. 16. — STEACIE, E. W. R. u. A. C. PLEWES: Proc. roy. Soc., Lond. A Bd. 146 (1934) S. 72.

Nach LENHER ist von den Systemen Methan[1], Äthylen und Acetylen[2] mit Stickoxyd Acetylen das einzige, welches Stickoxyde nicht chemisch verbraucht.

Versuche in dem größeren Reaktionsgefäß von 960 $cm^3$ Inhalt wurden durchgeführt zur genaueren Analyse der Reaktionsprodukte, die wir in der folgenden Tabelle 74 zusammenstellen. Die gefundene Ameisensäure stammte aus der Zersetzung von Dioxydimethylperoxyd:

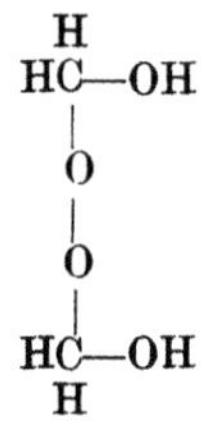

$$\rightarrow 2\,HCOOH + H_2,$$

welches unter $H_2$-Abspaltung in Ameisensäure zerfällt[3]. Das mit Eis auskondensierte Reaktionsprodukt entwickelte tagelang reinen Wasserstoff.

Tabelle 74. Oxydation von Äthylen ($85\,C_2H_4 + 15\,O_2$) in verschiedenen Reaktionsgefäßen von 960 $cm^3$ Inhalt. (Nach LENHER.)

| Reaktionsgefäß | % Äthylen umgesetzt | % des umgesetzten Äthylens, welches die folgenden Reaktionsprodukte liefert | | | |
|---|---|---|---|---|---|
| | | $CO$, $CO_2$ und $H_2$ | HCHO | $(CH_2)_2O$ | HCOOH |
| Pyrex | 9,8 | 51,2 | 10,2 | 13,7 | 24,8 |
| Pyrex (3% Wasserdampf in den Gasen) | 9,9 | 65,0 | 11,6 | 14,7 | 8,5 |
| Desgl. | 9,0 | 55,5 | 10,8 | 14,4 | 19,2 |
| Pyrex (KCl-belegt) | 9,1 | 58,0 | 27,7 | 13,5 | 0,8 |
| Nichtrostender Stahl | 4,6 | 52,0 | 41,8 | 5,1 | 1,1 |
| Aluminium | 5,5 | 89,8 | 9,6 | — | 0,8 |
| Pyrex, $K_2SiO_3$-belegt | 5,4 | 58,6 | 31,7 | 9,7 | — |
| Quarz | 9,3 | 57,0 | 27,1 | 11,7 | 4,3 |

In besonderen Versuchen wurde in den Reaktionsprodukten außerdem die Anwesenheit von Wasserstoffsuperoxyd nachgewiesen. Das in der Kälte für mehrere Tage aufbewahrte Kondensat enthielt kein $H_2O_2$ mehr, wohl aber Dioxydimethylperoxyd. Es wurde daher angenommen, daß dieses aus Wasserstoffsuperoxyd und Formaldehyd sich gebildet hatte (für die Reaktionen der Peroxyde vgl. RIECHE[3]).

In Pyrexgefäßen ist Dioxydimethylperoxyd ein Hauptreaktionsprodukt, in Quarzgefäßen entsteht nur noch etwa $^1/_6$ davon und in

[1] SMITH u. MILNER: Industr. Engng. Chem. Bd. 23 (1931) S. 375.
[2] LENHER, S.: J. Amer. chem. Soc. Bd. 53 (1931) S. 2962.
[3] Vgl. A. RIECHE: Alkylperoxyde und Ozonide. Dresden: Theodor Steinkopff 1931.

Gefäßen, die mit KCl oder $K_2SiO_3$ belegt sind, sowie in Aluminium und Stahlgefäßen ist seine Bildung vollständig unterdrückt.

Es wurde dann auch noch gezeigt, daß Äthylenoxyd mit Sauerstoff bei 365° während 27 s nicht merklich reagiert, Äthylenoxyd kann also nicht Zwischenprodukt der Äthylenoxydation sein.

Die Oxydation von Propylen verläuft völlig analog zu der von Äthylen; es treten dabei ebenfalls peroxydische Substanzen auf.

Auch bei der Äthylenoxydation ändert sich die Reaktionsgeschwindigkeit, wenn einmal die Induktionsperiode vorüber ist, auffallend wenig mit der Zeit. SEMENOFF weist darauf hin, daß in den Kurven von THOMPSON und HINSHELWOOD dies für ein beträchtliches Zeitintervall gilt; in Abbildung 192 reproduzieren wir Druck-Zeitkurven nach STEACIE und PLEWES, die dies vielleicht noch ausgeprägter erkennen lassen. HINSHELWOOD u. THOMPSON finden für die Äthylenoxydation, je nach den Versuchsbedingungen eine scheinbare Aktivierungswärme von 37 bis 43 kcal.

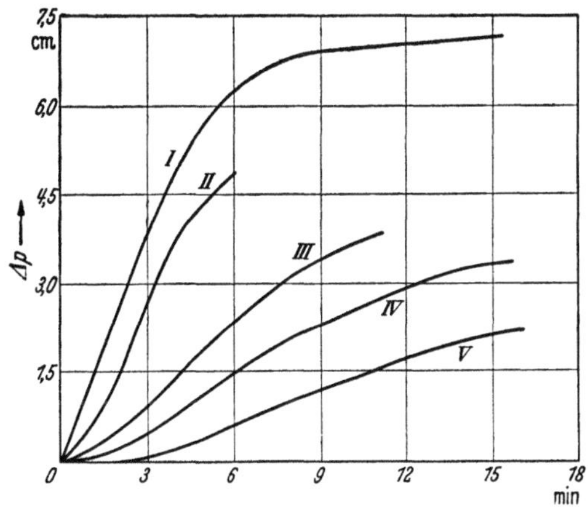


Abb. 192. Reaktionsgeschwindigkeitskurven (Druckänderung als Maß) für Gemische von $C_2H_4 + 2\,O_2$ bei 452 °C. [Nach STEACIE u. PLEWES: Proc. roy. Soc., Lond. A Bd. 146 (1934)]. Äthylenanfangsdrucke: 12,4 (I), 10,6 (II), 8,3 (III), 6,8 (IV) und 5,4 cm Hg (V).

STEACIE und PLEWES prüften hauptsächlich die Frage, ob Acetaldehyd als Zwischenprodukt der Äthylenoxydation eine Rolle spielt. Sie verwandten dazu Mischungen von $1\,(C_2H_4 + CH_3CHO) + 2\,O_2$; Acetaldehyd allein wird bereits zwischen 300 und 350° fast momentan oxydiert, jedenfalls ist vollständiger Umsatz innerhalb 2 min eingetreten. In Mischungen zeigt sich, daß Acetaldehyd, solange seine Konzentration nicht etwa $^1/_3$ von der des Äthylens erreicht, dessen Oxydationsgeschwindigkeit nicht merklich beeinflußt. Bei höheren Konzentrationen des Aldehyds macht sich bei 430° C dessen beschleunigender Einfluß bemerkbar, bei noch höheren Temperaturen führt er zur Explosion (z. B. bei 452°, 9 cm $C_2H_4$ und 2,7 cm $CH_3CHO$). Es ist nach STEACIE sehr wahrscheinlich, daß unter den Bedingungen, unter welchen der Aldehydeinfluß merkbar wird, einfach durch dessen rapide Oxydation das Temperaturgleichgewicht gestört wird.

Nach BONE, HAFFNER und RANCE (zitiert S. 401) wird die Induktionsperiode der Äthylenoxydation durch Acetaldehyd praktisch unterdrückt; die Hauptreaktion wird aber nicht merklich beschleunigt, also in

Übereinstimmung mit STEACIEs Resultaten[1]. STEACIE schließt, daß die Oxydation ungesättigter Kohlenwasserstoffe einem anderen Mechanismus folge als die gesättigter, da im Gegensatz zu jenen Acetaldehyd die Reaktion nicht beschleunigt. Zweifellos besteht zwischen beiden Gruppen ein Unterschied, schon deshalb, weil durch die Doppelbindung der schwächste Punkt für den Angriff auf das Molekül vorgegeben ist, wobei andererseits aber auch damit zu rechnen ist, daß die Doppelbindung kettenabbrechend wirkt (es wird ja z. B. die Rekombination von atomarem Wasserstoff durch Ungesättigte katalysiert). Daß über die daher rührenden Unterschiede hinaus noch grundsätzliche Verschiedenheiten — was die Natur der Kettenträger betrifft — zwischen Gesättigten und Ungesättigten vorhanden sind, scheint uns das bisherige Versuchsmaterial noch nicht zu beweisen.

Ozon beschleunigt die Äthylenoxydation erheblich; da die Zahl der dabei verbrauchten Sauerstoffmolekeln die der zugesetzten Ozonmolekeln um ein Mehrfaches übertrifft, ist dieser Befund eine unmittelbare Bestätigung für das Vorliegen einer Kettenreaktion.

Die Frage nach dem Mechanismus der Äthylenoxydation wird am ausführlichsten von LEWIS und v. ELBE diskutiert[2]. Für die Peroxydbildung nehmen sie — wie durch LENHERs Befunde wohl gesichert ist — eine Kondensation von Wasserstoffperoxyd mit Formaldehyd[3] an, wobei das Wasserstoffsuperoxyd etwa durch Reaktion von $HO_2$ mit Äthylen gebildet sein kann:

$$HO_2 + C_2H_4 \rightarrow C_2H_3 + H_2O_2.$$

$HO_2$ ist ziemlich sicher ein Zwischenprodukt bei der Knallgasoxydation (vgl. S. 313); es ist daher naheliegend, mit seinem Auftreten auch während der Kohlenwasserstoffoxydation zu rechnen. Ob $H_2O_2$ gerade nach der angeschriebenen Reaktion oder auf anderem Wege entsteht, muß offenbleiben.

Für die Bildung von Äthylenoxyd nehmen LEWIS und v. ELBE Reaktionen an wie:

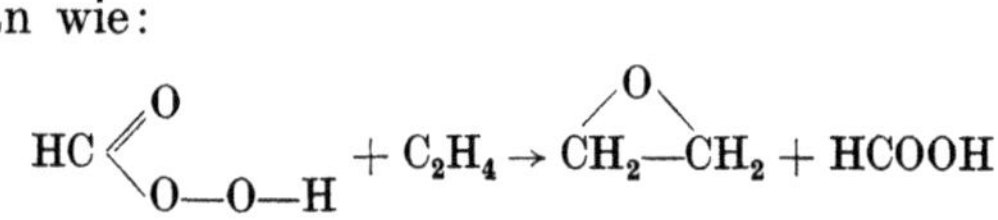

oder

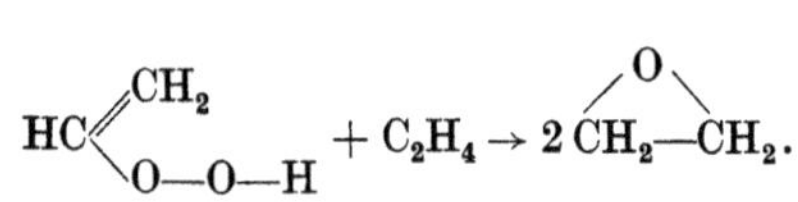

Analoge Reaktionen, die Umsetzung einer Persäure mit einem Olefin

[1] BONE und Mitarbeiter schließen auf eine Beschleunigung, was aber nach STEACIE aus deren Versuchen nicht folgt.

[2] LEWIS und v. ELBE: „Combustion".

[3] Wobei der starke Wandeinfluß darauf hindeuten könnte, daß die Kondensation an der Wand erfolgte.

zu Olefinoxyd und normaler Säure sind in Lösung bekannt[1]. Es ist also denkbar, daß Ähnliches auch in der Gasphase abläuft. Immerhin darf nicht vergessen werden, daß solche in Lösungen beobachteten Reaktionen den Bruttoumsatz darstellen und nicht notwendig den wirklichen Reaktionsmechanismus; insbesondere könnten in der kondensierten Phase Ionenreaktionen beteiligt sein. Wenn es daher auch möglich ist, daß die entsprechenden Umsetzungen in der Gasphase ablaufen, so wird man für den Mechanismus evtl. doch den Weg über Zwischenstufen offenlassen müssen, evtl. auch über Wandreaktionen. Das gleiche gilt für die angenommenen Reaktionen der Peroxyde, die in Lösung gesichert sind[2].

Das Verhalten von Äthylen bei der Selbstzündung[3] bei verschiedenen Drucken wird später in anderem Zusammenhang besprochen werden (S. 478).

Das Verschwinden der Peroxyde in KCl-belegten Gefäßen schieben LEWIS und v. ELBE auf eine Zerstörung von $H_2O_2$ an der Wand. Als Kettenmechanismus schlagen sie vor:

$$OH + C_2H_4 \rightarrow C_2H_3— + H_2O$$
$$CH_2 = CH— + O_2 \rightarrow CH_2 = CH—O—O—$$
$$CH_2 = CH—O—O— + C_2H_4 \rightarrow CH_2 = CH—O—O—H + CH_2 = CH—$$

Das Auftreten von OH-Radikalen wird man aus den schon beim $HO_2$ angeführten Gründen erwarten; bewiesen ist es aber nicht.

### c) Die Oxydation von Methan[4].

Das Verhalten der Paraffine bei der Oxydation zeigt, wie an sich zu erwarten, wenig spezifische Unterschiede, abgesehen von den ersten Gliedern der Reihe. Deshalb, und weil die niedersten Paraffine besonders eingehend untersucht sind, wollen wir nur diese gesondert besprechen, die Oxydation der übrigen aber im Zusammenhang behandeln.

Die Oxydation von Methan ist vielfach untersucht worden[5]. Als allgemeine Charakteristika beobachtet man, ähnlich wie bei den schon

---

[1] SMITS: Rec. Trav. chim. Pays-Bas Bd. 49 (1930) S. 675, 691. — BÖESEKEN: Chem. Weekbl. Bd. 31 (1934) S. 166. — MILAS u. MCALEVY: J. Amer. chem. Soc. Bd. 55 (1933) S. 352. — STUURMAN: Proc. Acad. Sci., Amst. Bd. 38 (1935) S. 450.

[2] Vgl. hierfür A. RIECHE: Zitiert S. 402.

[3] KANE, G. P. u. D. T. A. TOWNEND: Proc. roy. Soc., Lond. A Bd. 160 (1937) S. 174.

[4] Anmerkung bei der Korrektur: Vgl. hierzu auch die kürzlich erschienene Arbeit von SLOTIN, L. u. D. W. G. STYLE: Trans Faraday Soc. Bd. 35 (1939) S. 420.

[5] BONE, W. A. u. J. B. GARDNER: Proc. roy. Soc., Lond. A Bd. 154 (1936) S. 297. — BONE u. ALLUM: Proc. roy. Soc., Lond. A Bd. 134 (1932) S. 586. — NEWITT, D. M. u. A. E. HAFFNER: Proc. roy. Soc., Lond. A Bd. 134 (1932) S. 591. — FORT u. C. N. HINSHELWOOD: Proc. roy. Soc., Lond. A Bd. 129 (1930) S. 284. — NORRISH, R. G. W. u. J. WALLACE: Proc. roy. Soc., Lond. A Bd. 145 (1934) S. 307. — NORRISH: Proc. roy. Soc., Lond. A Bd. 150 (1935) S. 36. — NORRISH u. S. G. FOORD: Proc. roy. Soc., Lond. A Bd. 157 (1936) S. 503. — PEASE, R. N. u. CHESEBRO: Proc. nat. Acad. Sci., Wash. Bd. 14 (1928) S. 472. — SACHSSE, H.: Z. phys. Chem., Lond. B Bd. 33 (1936) S. 229.

besprochenen Reaktionen: Das Auftreten einer Induktionsperiode, Hemmung der Reaktion durch Packen des Reaktionsgefäßes; als Umsetzungsprodukte treten auf: CO, $CO_2$, $H_2O$, daneben Formaldehyd und unter besonderen Bedingungen, nämlich niedere Sauerstoffkonzentration ${}^{\text{und}}_{\text{oder}}$ hoher Druck, Methanol in mehr oder weniger hohen Konzentrationen.

In Abb. 193 zeigen wir den zeitlichen Verlauf der Oxydation von Methan, nach BONE und GARDNER, und zwar für trockenes Gemisch $2\,CH_4 + O_2$, bei 420° C; als Maß des Umsatzes dient der Druckanstieg. Unter diesen Bedingungen beobachtet man Induktionszeiten zwischen einigen min und bis über $^1/_2$ h, je nach dem Verhältnis Oberfläche zu Volumen. Hier wird die Induktionsperiode durch Vergrößern der Oberfläche verlängert; der kettenabbrechende Einfluß der Wand macht sich also offenbar überwiegend bemerkbar, obwohl unter diesen Bedingungen die Reaktionsketten ziemlich sicher auch an der Wand eingeleitet werden. In der folgenden Tabelle 75 zeigen wir, ebenfalls nach BONE und GARDNER, die Änderung der Induktionszeit mit der Temperatur sowie die nach Verlauf von $^1/_3$, $^2/_3$ und $^3/_3$ der Induktionsperiode gebildeten Mengen von Formaldehyd.

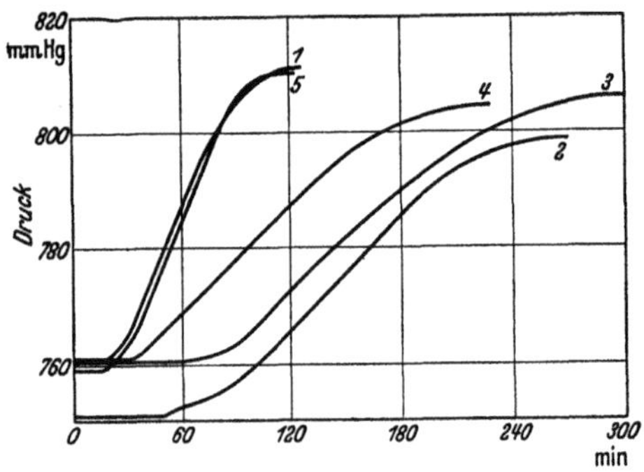


Abb. 193. Oxydation von $2\,CH_4 + O_2$ bei 420° C (Druckänderung als Maß der Reaktionsgeschwindigkeit). (Nach BONE u. GARDNER: Proc. roy. Soc., Lond. A Bd. 154.) Verhältnis von Oberfläche: Volumen: *1* 0,8 cm$^{-1}$, *2* 1,2 cm$^{-1}$, *3* 1,6 cm$^{-1}$, *4* 1,2 cm$^{-1}$, *5* 0,8 cm$^{-1}$.

Daß Formaldehyd ein wesentliches Zwischenprodukt der Reaktion ist und seine Bildung während der Induktionsperiode für die Reaktions-

Tabelle 75. Induktionszeiten bei der Oxydation von Methan, sowie nach $^1/_3$, $^2/_3$ und $^3/_3$ der Induktionszeit gebildete Formaldehydmengen für ein Gemisch $2\,CH_4 + O_2$ bei 760 mm Hg Anfangsdruck[1].

| Temperatur | Induktionszeit | Formaldehyd gebildet nach | | | | |
|---|---|---|---|---|---|---|
| | | $^1/_3$ | $^2/_3$ | | $^3/_3$ | |
| | | der Induktionszeit | | | | |
| ° C | min | % | % | mm Hg | % | mm Hg |
| 390 | 43,5 | — | 0,01 | 0,075 | 0,18 | 1,35 |
| 400 | 31,5 | — | 0,02 | 0,15 | 0,24 | 1,82 |
| 410 | 20,5 | — | 0,03 | 0,225 | 0,18 | 1,35 |
| 420 | 10,5 | — | 0,05 | 0,365 | 0,25 | 1,92 |

[1] Wahrscheinlich 760 mm; Druckangabe fehlt.

beschleunigung verantwortlich ist, scheint nach obigem außerordentlich wahrscheinlich, um so mehr als Formaldehyd, absichtlich zugesetzt, die Induktionszeit stark herabsetzt oder sie ganz unterdrückt (vgl. unten).

Die Wirkung von Zusätzen zeigen die folgenden Abbildungen; Abb. 194 zeigt den Einfluß von Methanol in Konzentrationen von 0,25 bis 2% (nach BONE und GARDNER); durch diesen Zusatz wird die Induktionszeit stark verkürzt, aber nicht völlig unterdrückt. CO und $CO_2$ sind, wie kaum anders zu erwarten, ohne merklichen Einfluß. Formaldehyd ist stark wirksam (Abb. 195); bereits 0,5% unterdrücken die Induktionsperiode völlig; das ist übrigens eine Konzentration von der gleichen Größenordnung, wie sie bei der Reaktion von reinem Methan am Ende der Induktionsperiode gefunden wurde (vgl. Tabelle 75).

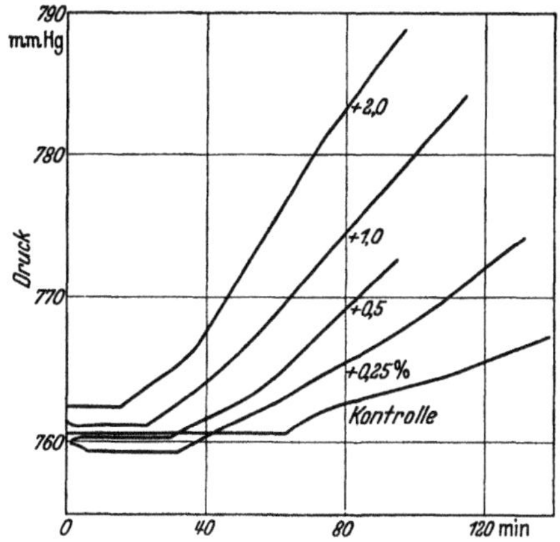


Abb. 194. Einfluß von Methanolzusätzen auf die Reaktionsgeschwindigkeit (Druckänderung als Maß) von $2\,CH_4 + O_2$, trocken, bei 390° und ~760 mm Anfangsdruck. (Nach BONE u. GARDNER, zitiert S. 405.)

Durch noch höhere Zusätze, bis 2%, wird die Reaktion zu Beginn weiter beschleunigt. 0,25% Ameisensäure setzt die Induktionsperiode auf die Hälfte herab; 0,22% $NO_2$ verkürzten sie von 50 auf 17 min, 0,32% brachten sie ganz zum Verschwinden.

0,3% Jod dagegen hemmten die Reaktion so stark, daß noch nach 135 min kein Druckanstieg bemerkbar war. Das ist in Übereinstimmung mit den Befunden bei der Knallgasreaktion (S. 299) und an sich nicht unerwartet, steht aber im Gegensatz zu früheren Beobachtungen von BONE und ALLUM (zitiert S. 405) mit $2\,CH_4 + O_2$ bei 447° C. Es ist aber wohl denkbar, daß die Wirkung des Jodes sehr empfindlich von den speziellen Versuchsbedingungen abhängt (besonders etwa dem Zustand der Wand).

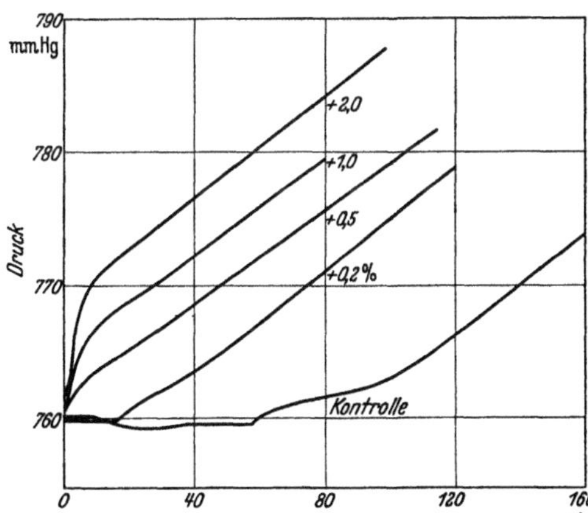


Abb. 195. Wirkung von Formaldehydzusätzen auf die Oxydation von trockenem $2\,CH_4 + O_2$ bei 390° C. (Nach BONE u. GARDNER, zitiert S. 405.)

Peroxyde wurden von BONE keine gefunden; in Anbetracht der geringen Konzentrationen, in welchen diese Verbindungen wirksam sind, schließt das aber eine Beteiligung peroxydischer Stoffe an der Reaktion nicht unbedingt aus.

Es sei in diesem Zusammenhang auf die, gleichfalls von BONE und GARDNER, ausgeführten Versuche zur Oxydation von Methanol hingewiesen. Die Reaktion ist — im Gegensatz zur Methanoxydation — nur wenig vom Verhältnis Oberfläche : Volumen abhängig; die Induktionszeit ist wesentlich kürzer, die Reaktionsgeschwindigkeit wesentlich höher als bei Methan (Abb. 196). Hier ist, wie übrigens auch bei sämtlichen Kohlenwasserstoffen, das „fettere“, d. h. brennstoffreichere Gemisch auch das reaktionsfähigere. Als Reaktionsprodukte wurden nachgewiesen: Formaldehyd, Ameisensäure, gelegentlich Peroxyde in Spuren, überwiegend CO, in geringerer Menge $CO_2$, etwas $H_2$ und selbstverständlich $H_2O$. Auch die Methanolverbrennung wird durch Formaldehydzusatz noch wesentlich beschleunigt.

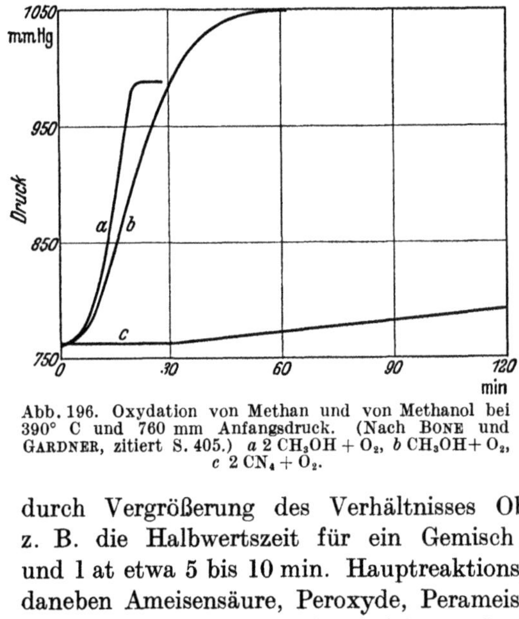


Abb. 196. Oxydation von Methan und von Methanol bei 390° C und 760 mm Anfangsdruck. (Nach BONE und GARDNER, zitiert S. 405.) a $2\,CH_3OH + O_2$, b $CH_3OH + O_2$, c $2\,CN_4 + O_2$.

Formaldehyd selbst (vgl. S. 373) wird schneller oxydiert, bei 275° C verläuft die Reaktion ohne Induktionsperiode und wird merklich gehemmt durch Vergrößerung des Verhältnisses Oberfläche : Volumen. Es ist z. B. die Halbwertszeit für ein Gemisch $2\,CH_2O + O_2$ bei 275° C und 1 at etwa 5 bis 10 min. Hauptreaktionsprodukte sind CO und $H_2O$, daneben Ameisensäure, Peroxyde, Perameisensäure. Wiederum ist das Gemisch $2\,CH_2O + O_2$ reaktionsfähiger als $CH_2O + O_2$.

Kohlendioxyd, das bei niederen Temperaturen als Produkt der Methanoxydation nachgewiesen ist, kann ebenso wie in ähnlichen Fällen nicht durch Oxydation primär gebildeten Kohlenoxyds entstanden sein (weil die Temperatur dafür zu niedrig ist), sondern muß durch Oxydation eines Zwischenproduktes (z. B. HCHO) oder auch durch Zerfall eines solchen entstanden sein, evtl. auch in einer katalytischen Wandreaktion, wie wir sie bei der Oxydation von Acetaldehyd und Propionaldehyd kennengelernt haben (S. 375, 383).

Methanol wird von BONE in seinem „Hydroxylierungsschema“ als Zwischenprodukt der Methanoxydation postuliert, und dessen Fehlen unter den normalen Reaktionsprodukten wird mit der rascheren Oxydierbarkeit des Methanols (verglichen mit Methan) in Zusammenhang gebracht. Diese Erklärung kann aber nicht richtig sein; denn Formaldehyd wird ja noch wesentlich rascher oxydiert als Methanol und kann trotzdem als Reaktionsprodukt isoliert werden. Methanol kann demnach nicht Zwischenprodukt der normalen Methanoxydation sein; unter besonderen Bedingungen kann Methanol dagegen in mehr oder weniger großer Konzentration erhalten werden und muß dabei offenbar Produkt einer Umsetzung sein, die nicht der Folge der normalen Reaktionsschritte der Methanoxydation angehört. Man kann Methanol aus Methan in beträchtlicher Ausbeute erhalten — bis über 50% des umgesetzten Methans —, und zwar wird die Methanolausbeute um so höher, je höher der Druck ist (was gleichzeitig ein Arbeiten bei niedrigerer Versuchstemperatur erlaubt) und je größer das Verhältnis von Methan : Sauerstoff ist.[1]

NEWITT und HAFFNER haben die Oxydation des Methans bei Drucken von 10 bis zu 150 at und bei Temperaturen zwischen ~ 330 und 440° C untersucht. Einen Überblick über die Ergebnisse vermitteln die folgenden Zusammenstellungen. Auch bei höheren Anfangsdrucken verläuft die Reaktion noch ähnlich der bei Atmosphärendruck, nur erzielt man die gleiche Reaktionsgeschwindigkeit unter hohen Drucken natürlich bei wesentlich niedrigeren Temperaturen. In einer Mischung von 8,1 $CH_4 + O_2$ bei 106 at Anfangsdruck beobachtet man z. B. eine Induktionsperiode von 14 min bei 341° C; in einer weiteren Reaktionszeit von 22 min ist dann praktisch aller Sauerstoff verbraucht. Die erreichbare Methanolausbeute steigt mit wachsendem Anfangsdruck an, doch sind die Versuche nicht wirklich vergleichbar, da bei steigendem Druck gleichzeitig die Temperatur herabgesetzt wurde; denn es wurde immer auf eine möglichst hohe Methanolausbeute hingearbeitet, und, bei konstant gehaltener Versuchsdauer, erfordert die bei höheren Drucken größere Reaktionsgeschwindigkeit dann natürlich niedrigere Temperatur (Tabelle 76).

Bei diesen Versuchen war der CO-Gehalt der gasförmigen Reaktionsprodukte außerordentlich niedrig, das Verhältnis $CO : CO_2$ lag zwischen

Tabelle 76. Methanolausbeute bei der Reaktion von 8,1 $CH_4 + O_2$ bei verschiedenen Anfangsdrucken und Temperaturen. (Nach NEWITT und HAFFNER.)

| | | | | | | |
|---|---|---|---|---|---|---|
| $p_a$ at . . . . . . | 10 | 25 | 40 | 48 | 106,4 | 149 |
| Temperatur °C. . | 400 | 385 | 372 | 373 | 341 | 341 |
| $CH_3OH$ [2] . . . . | 1,1 | 4,8 | 6,1 | 13,7 | 22,3 | 19,0 |
| HCHO [2] . . . . . | — | 0,66 | 1,20 | 0,8 | 0,75 | 0,60 |

[1] NEWITT, D. M. u. A. E. HAFFNER: Proc. roy. Soc., Lond. A Bd. 134 (1932) S. 591. — PICHLER, H. u. R. REDER: Z. angew. Chem. Bd. 46 (1933) S. 161. — NEWITT, D. M.: Proc. roy. Soc., Lond. A Bd. 147 (1934) S. 555. — Vgl. auch D. M. NEWITT u. D. T. A. TOWNEND: Combustion Phenomena at high pressures. The Science of Petroleum, Bd. IV. Oxford 1938.

[2] In % des umgesetzten Methans.

0,06 und 0,35; das ist ähnlich wie bei der katalytischen Oxydation von Aldehyden in gepackten Gefäßen.

Daß beträchtliche Methanolausbeuten zu erhalten sind, zeigen Versuche in einem Strömungssystem[1] (Tabelle 77), die bei 50 at in der Gegend von 430° C ausgeführt worden sind.

Tabelle 77. Methanoxydation in einem Strömungssystem bei 50 at. (Nach NEWITT.)

| Gemisch | Reaktionstemperatur °C | Reaktionsdauer s | Methanol in % des oxydierten Methans | Formaldehyd in % des oxydierten Methans |
|---|---|---|---|---|
| $90\,CH_4 + 3\,O_2 + 7\,N_2$ | 435 | 5 | 51 | 4,1 |
| | 435 | 7 | 49 | 3,2 |
| | 425 | 10 | 43 | 3,2 |
| | 428 | 20 | 12 | 2,2 |

Man sieht, daß wiederum ein sehr großes Verhältnis von Methan zu Sauerstoff (30 : 1) sowie kurze Verweilzeit günstig ist für hohe Methanolausbeute. Daß Methanol in einer Reaktion von höherer Ordnung entsteht als der Formaldehyd, wird durch die Tabelle 78 sehr wahrscheinlich gemacht, die Verfasser[2] nach Versuchsdaten von NEWITT und HAFFNER zusammengestellt hatte.

Tabelle 78. Verhältnis der Alkoholausbeute zur Aldehydausbeute bei der Oxydation von Methan unter verschiedenen Drucken. (Nach NEWITT und HAFFNER.)

| Druck at $p$ | $\alpha = \frac{[\text{Methanol}]}{[\text{Formaldehyd}]}$ | $\alpha/p$ |
|---|---|---|
| 48,2 | 13,0 | 0,27 |
| 106,4 | 31,5 | 0,30 |
| 150 | 41,6 | 0,28 |

Das Verhältnis der Alkohol- zur Aldehydausbeute ist in diesen Versuchen recht genau proportional mit dem Druck, wie es zu erwarten wäre, wenn die Ordnung der Methanol liefernden Reaktion um eins höher wäre als die der Reaktion, die zur Aldehydbildung führt. Die Ergebnisse wären daher am ungezwungendsten zu beschreiben, wenn man zwei miteinander konkurrierende Reaktionen annähme, von denen die nach der höheren Ordnung verlaufende Methanolbildung durch zunehmenden Druck begünstigt wäre; Methanol könnte also keineswegs Zwischenprodukt der Formaldehydbildung sein. Die Versuche sind zwar nicht absolut beweisend, da die gefundenen Ausbeuten auch noch von den Folgereaktionen abhängen, aber immerhin ziemlich überzeugend[3].

[1] NEWITT, D. M.: Proc. roy. Soc., Lond. A Bd. 147 (1934) S. 555.

[2] JOST, W.: Z. Elektrochem. Bd. 41 (1935) S. 232.

[3] Die Feststellung NEWITTS [Science of Petroleum, Bd. IV, 1938, S. 2885], daß inerte Verdünnungsmittel die Reaktionsgeschwindigkeit herabsetzen und den Betrag des gebildeten bzw. überlebenden Methanols und Formaldehyds verringern, dürfte zu deuten sein als zum größten Teil bedingt durch die Herabsetzung der Methankonzentration, von der ja Aldehyd- wie Alkoholbildung stark abhängen.

RIESENFELD und GURIAN[1] konnten auch noch aus gekühlten Flammen von Methan in Sauerstoff Formaldehyd, Wasserstoffsuperoxyd und Ozon isolieren, wobei Formaldehyd und $H_2O_2$ unabhängig voneinander entstehen und Ozon beim Zerfall von $H_2O_2$ gebildet sein sollen.

Methan in Mischung mit Sauerstoff zeigt bei Niederdruck Explosionsgrenzen ähnlich denen von Wasserstoff und Kohlenoxyd (NEUMANN und SERBINOW[2]). Da bei der Methanoxydation Wasserstoff und Kohlenoxyd als Zwischenprodukte auftreten — der bei niederen Temperaturen auftretende Formaldehyd würde bei höheren Versuchstemperaturen weitestgehend in $H_2$ und CO zerfallen[3] —, so erfordert es sogar eine besondere Untersuchung, festzustellen, wie weit die Explosion etwa nur eine solche von Wasserstoff $\genfrac{}{}{0pt}{}{\text{und}}{\text{oder}}$ Kohlenoxyd ist. Nach GARNER[4] kann es als ziemlich sicher gelten, daß man es in Wirklichkeit mit einer Kohlenoxydexplosion zu tun hat.

NORRISH[5] hat ebenfalls die Methanoxydation eingehender untersucht. In der Gegend von 480° C zeigt die Reaktion zwischen Methan und Sauerstoff eine ausgesprochene Induktionsperiode; darauf folgt ein Druckanstieg, der eine stationäre Maximalgeschwindigkeit erreicht:

$$w = dp/dt = k\,[CH_4]^2\,[O_2]\,p,$$

worin $p$ den Gesamtdruck bedeutet (Stickstoffzusatz z. B. befördert die Reaktion)[6].

$k$ hängt stark vom Wandzustand ab; für kleine Gefäßdurchmesser kommt auch noch eine starke Abhängigkeit von diesem dazu (Abb. 197). Packen des Reaktionsgefäßes unterdrückt die Reaktion fast vollständig. Die Zündung deutet NORRISH so, daß bei Überschreiten einer gewissen kritischen Reaktionsgeschwindigkeit das Wärmegleichgewicht gestört

---

[1] RIESENFELD, E. H. u. D. GURIAN: Z. phys. Chem. Abt. A Bd. 139 (1928) S. 195.

[2] ANDREEW, E. A. u. M. B. NEUMANN: Phys. Z. Sowjet. Bd. 4 (1933) S. 14. — NEUMANN, M. u. A. SERBINOW: Nature, Lond. Bd. 128 (1931) S. 1040. — Phys. Z. Sowjet. Bd. 1 (1932) S. 536; Bd. 4 (1933) S. 433. — NEUMANN u. EGOROW: Phys. Z. Sowjet. Bd. 1 (1932) S. 700. — KOWALSKY, A., P. SADOWNIKOW u. N. TSCHIRKOW: Phys. Z. Sowjet. Bd. 1 (1932) S. 451. — SADOWNIKOW, P.: Phys. Z. Sowjet. Bd. 4 (1933) S. 735, 743. — LAWROW, F. A.: Phys. Z. Sowjet. Bd. 4 (1933) S. 787.

[3] Wahrscheinlich würde in reagierenden Gemischen der Formaldehyd sehr viel schneller zerfallen als für sich allein; beim Zerfall des Dimethyläthers soll z. B. [FLETCHER, C. J. u. G. K. ROLLEFSON: J. Amer. chem. Soc. Bd. 58 (1936) S. 2135] anwesender Formaldehyd etwa 15mal rascher zerfallen als es dem Eigenzerfall entspräche.

[4] GARNER, W. E.: Private Mitteilung. Anmerkung bei der Korrektur: Die ausführliche Arbeit ist erschienen: Proc. roy. Soc., Lond. A Bd. 170 (1939) S. 80.

[5] NORRISH, R. G. W. u. S. G. FOORD: Proc. roy. Soc., Lond. A Bd. 157 (1936) S. 503.

[6] Dieses Zeitgesetz ist übrigens identisch mit dem, welches PRETTRE (vgl. S. 306) für die Knallgasoxydation oberhalb der oberen Explosionsgrenze findet.

wird (vgl. S. 275). Daß zwischen der ruhigen und der zur Explosion führenden Reaktion keinerlei Unstetigkeit auftritt, zeigt die folgende Abb. 198; darin sind die Induktionszeiten für beide Fälle aufgetragen.

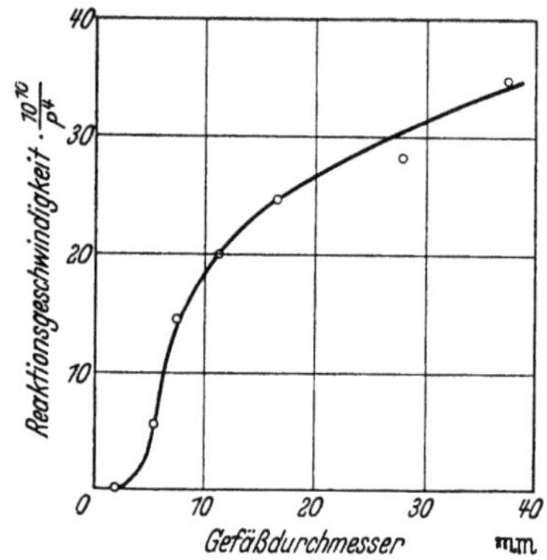


Abb. 197. Abhängigkeit der Oxydationsgeschwindigkeit von Methan vom Gefäßdurchmesser. (Nach NORRISH u. FOORD: Proc. roy. Soc., Lond. A Bd. 157). Gemisch $CH_4 + O_2$ bei 530° C.

Als „Induktionszeit" bei der nicht explosiven Reaktion wird dabei die Zeit bis zum Wendepunkt auf der Zeit-Umsatzkurve verstanden, d. i. die Zeit bis zum Erreichen der Maximalgeschwindigkeit. Diese Beobachtungen sind zumindest in Übereinstimmung mit der vorgeschlagenen Deutung des Eintritts der Explosion. Chlorwasserstoff setzt die Zündtemperatur herab, während Chlor bei niederen Konzentrationen die Reaktion hemmt, in höheren Konzentrationen sie aber fördert.

Jod bewirkt in der Nähe der Zündtemperatur eine ausgesprochene Hemmung. Bei niederen Temperaturen hat es geringen Einfluß auf die Geschwindigkeit der langsamen Reaktion, reduziert aber die Induktionsperiode stark. Geringe Mengen Formaldehyd unterdrücken die Induktionsperiode der langsamen Reaktion, ändern aber nichts an der Maximalgeschwindigkeit der Umsetzung (Abb. 199).

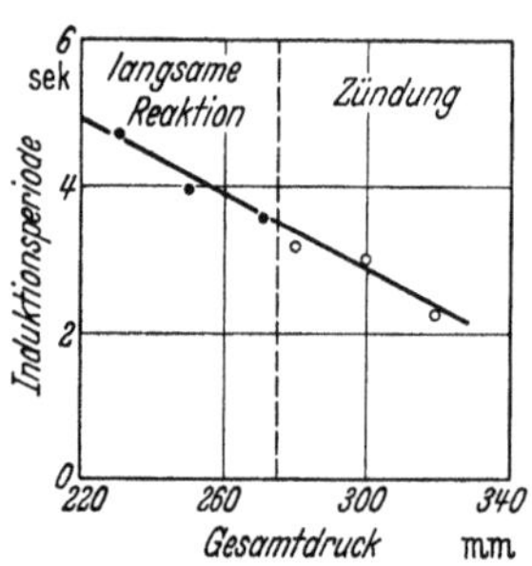


Abb. 198. Induktionsperioden für die langsame Reaktion und für Selbstzündung von $CH_4 + O_2$ bei verschiedenen Drucken und 720° C. Bei der langsamen Reaktion ist die Zeit bis zum Erreichen des Maximalwerts der Reaktionsgeschwindigkeit als Induktionsperiode gerechnet. (Nach NORRISH, zit. S. 411).

NORRISH und WALLACE[1] haben die durch $NO_2$ sensibilisierte Methanoxydation untersucht ($NO_2$ wirkt, analog wie bei der Knallgasoxydation reaktionsbeschleunigend, vgl. S. 299); dabei wird aller Wahrscheinlichkeit nach durch Sauerstoffatome eine Reaktionskette eingeleitet[2]. Diese O-Atome könnten nach NORRISH geliefert werden durch die Reaktion

$$NO + O_2 = NO_2 + O - 47 \text{ kcal},$$

oder, trotz der stärkeren Endothermität vielleicht wahrscheinlicher, nach

$$NO_2 = NO + O - 67 \text{ kcal}^3.$$

Das von NORRISH auf Grund einer O-Atomkette abgeleitete formale Resultat paßt bemerkenswert gut zu der gefundenen Abhängigkeit des $NO_2$-Druckes, der zur Zündung nötig ist, von der Temperatur.

[1] NORRISH, R. G. W. u. J. WALLACE: Proc. roy. Soc., Lond. A Bd. 145 (1934) S. 307. — Vgl. ferner NORRISH: Proc. roy. Soc., Lond. Bd. 150 (1935) S. 36.

[2] Vgl. auch NORRISH u. J. G. A. GRIFFITHS: Proc. roy. Soc., Lond. A Bd. 139 (1933) S. 147.

[3] SCHUMACHER, H. J.: Z. phys. Chem. Abt. B Bd. 10 (1930) S. 7.

NORRISHs Folgerung, daß in Gegenwart von $NO_2$ Reaktionsketten durch Sauerstoffatome eingeleitet werden, ist nicht unwahrscheinlich. Nicht so überzeugend ist dagegen der Schluß, daß die gesamte Methanoxydation, auch bei niederen Temperaturen, eine hauptsächlich durch Sauerstoffatome fortgeführte Kettenreaktion sei. Das Schema soll sein

$$O + CH_4 \rightarrow CH_2 + H_2O + 48 \text{ kcal}$$
$$CH_2 + O_2 \rightarrow CH_2O + O + 15 \text{ kcal}$$

mit Kettenabbruch nach:

$$CH_4 + O + (M) \rightarrow CH_3OH + M + 88 \text{ kcal}$$
$$O + \text{Wand} \rightarrow {}^1/_2\, O_2$$
$$NO_2 + O \rightarrow NO + O_2 + 47 \text{ kcal.}$$

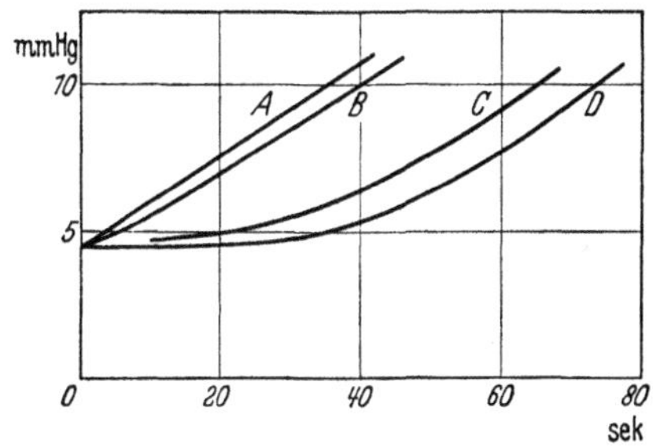


Abb. 199. Einfluß von Formaldehydzusätzen auf die langsame Oxydation von $CH_4 + O_2$ bei 200 mm Gesamtdruck und 550° C (Druckänderung als Maß des Umsatzes). (Nach NORRISH, zitiert S. 411.)

Formaldehyd { A 5, B 2, C 0,5, D 0 mm Hg.

Mit den aus diesem Schema abgeleiteten formalen Ausdrücken lassen sich eine Reihe beobachteter Tatsachen, wenn auch nicht alle, erklären, wofür auf das Original verwiesen sei. Für die Möglichkeit eines Auftretens von $CH_2$-Radikalen unter besonderen Verhältnissen gibt es Anhaltspunkte[1]. Wir möchten aber annehmen, daß dieses Schema, trotz seiner Einfachheit, zumindest für das Gebiet niederer und mittlerer Temperaturen zu modifizieren sein wird, sowohl weil es nicht alle beobachteten Tatsachen erklären kann als auch aus allgemeinen Gründen, auf die wir bei der Besprechung des Mechanismus der Kohlenwasserstoffoxydation im Zusammenhang noch eingehen werden (vgl. S. 479).

GIMMELMANN und NEUMANN[2] haben die Oxydation von Methan in Gegenwart von Methylnitrit untersucht; das Reaktionsgemisch befand sich in einem mit Flußsäure gereinigten Quarzgefäß von 30 mm Durchmesser; der Umsatz wurde mit einem registrierenden Glasmembranmanometer verfolgt. Für reine Methan-Sauerstoff-Mischungen fanden sie, in Übereinstimmung mit sonstigen Arbeiten (vgl. S. 415), für den zeitlichen Verlauf des Druckanstiegs:

$$\Delta p = A\, e^{\Phi t}$$

mit

$$\Phi = k p^n\, e^{-E/RT},$$

wobei $n = 2$ und $E \simeq 80000$ cal[3].

Durch Zugeben von 3% Methylnitrit zu einem Gemisch aus $1\, CH_4 + 2\, O_2$ wird der Oxydationsverlauf gänzlich verändert; die Induktionsperiode wird unterdrückt

[1] Vgl. hierzu BELCHETZ: Trans. Faraday Soc. Bd. 30 (1934) S. 89. — NORRISH: Trans. Faraday Soc. Bd. 30 (1934) S. 103. Ferner die Diskussion auf der Frühjahrstagung der Faraday Society 1939; erscheint Trans. Faraday Soc. August 1939.

[2] GIMMELMANN, G. A. u. M. B. NEUMANN: Acta Physicochim. URSS. Bd. 7 (1937) S. 221. — Vgl. auch G. GIMMELMANN, M. NEUMANN u. P. SOKOV: Acta Physicochim. URSS. Bd. 5 (1936) S. 903.

[3] Alle derartigen Formeln sind weitgehend als Interpolationsformeln zu verstehen, wenn sie auch unter speziellen Voraussetzungen (Kap. VIII) theoretisch begründet werden können.

und die Reaktion selbst wird stark beschleunigt. Das Gemisch von $CH_4 + O_2$ bei 64 mm Druck reagiert in Gegenwart von 3% Methylnitrit bei 418° C schneller als das gleiche Gemisch ohne Nitrit bei 637° reagiert. Aus den Versuchen, die mit Drucken zwischen 26 und 85 mm Hg und zwischen 418 und 526° C ausgeführt wurden, ergab sich für die Reaktionsgeschwindigkeit zu Anfang

$$w_0 = k\, p^n\, e^{-E/RT}$$

mit $n = 1{,}7$ und $E = 16000$.

Während für die Methanoxydation bei niederen Temperaturen, auch im Falle der Selbstzündung, sicherlich Wandvorgänge wesentlich ins Spiel kommen (sowohl für die Ketteneinleitung als auch für den Kettenabbruch), dürfte nach höheren Temperaturen hin der Wandeinfluß immer geringer werden (SACHSSE[1]). Auch ohne die speziellen Beobachtungen von SACHSSE erschiene ein solches Verhalten recht wahrscheinlich.

SACHSSE bestimmte zwischen 850 und 950° C die Induktionsperioden für die Methanzündung und fand sie zwischen $\sim 10^{-1}$ und $10^{-2}$ s liegend; es wurde strömend gearbeitet in Quarzrohren von 12 und 14 mm Durchmesser, welche gelegentlich auch zum Teil mit Quarzrohren gepackt waren. Da unter diesen Bedingungen ein Wandeinfluß auf die Zündung nicht festzustellen war, versucht SACHSSE eine Deutung der Vorgänge als reine Wärmeexplosion, und zwar auf der Grundlage des NORRISH-Schemas. Dazu ist zu sagen, daß Einwendungen, die gegen die speziellen Schritte eines solchen Mechanismus geltend gemacht werden können, nicht notwendig die Reaktion bei hohen Temperaturen betreffen müssen. Außerdem gehen in SACHSSEs Resultat nur folgende Annahmen ein: Die Reaktion wird eingeleitet von den im thermodynamischen Gleichgewicht vorhandenen Sauerstoffatomen; geschwindigkeitsbestimmend ist die Reaktion dieser O-Atome mit Methan, wofür Angaben aus den Meßresultaten von HARTECK und KOPSCH[2] entnommen werden (wobei natürlich nicht sicher ist, ob die von HARTECK und KOPSCH beobachtete Atomreaktion mit der von NORRISH postulierten identisch ist). Nach HARTECK und KOPSCH berechnet man aus der Stoßausbeute bei Zimmertemperatur (von $10^{-7}$) eine Aktivierungsenergie von $\sim 9{,}5$ kcal, während sich aus der Temperaturabhängigkeit zwischen 30 und 189° eine solche von 3 kcal ergeben würde. SACHSSE rechnet mit 8 kcal und nimmt an, daß damit bei 1100° abs. die Reaktionsgeschwindigkeit auf etwa eine Zehnerpotenz richtig wäre, was als vernünftige Abschätzung anzusehen ist. Da die Dissoziationswärme des Sauerstoffes 117 kcal beträgt, muß die Konzentration der O-Atome im Gleichgewicht wie $\exp(-58500/RT)$ mit der Temperatur sich ändern; zu der daher rührenden Temperaturabhängigkeit käme noch die Aktivierungswärme der Reaktion der O-Atome von etwa 8 kcal,

[1] SACHSSE, H.: Z. phys. Chem. Abt. B Bd. 33 (1936) S. 229.
[2] HARTECK, P. u. U. KOPSCH: Z. phys. Chem. Abt. B Bd. 12 (1931) S. 327.

so daß die gesamte Aktivierungswärme etwa 66,5 kcal betragen sollte. Die Berechnung der Induktionszeit mit diesem Geschwindigkeitsansatz ist graphisch vorgenommen worden und den Rechnungen von TODES (vgl. S. 14) im wesentlichen äquivalent (aber unabhängig von TODES ausgeführt). Berechnete und gemessene Induktionszeiten sind in Abbildung 200 dargestellt; die Übereinstimmung kann als recht befriedigend gelten. Aus der Temperaturabhängigkeit der Induktionsperioden würde man eine scheinbare Aktivierungswärme von ~62 kcal berechnen (daß dieser Wert nicht mit der für die Reaktion gültigen exakt übereinstimmt, ist zu erwarten; vgl. den von TODES abgeleiteten Näherungsausdruck (S. 18), in welchem neben der $e$-Potenz noch temperaturabhängige Faktoren auftreten).

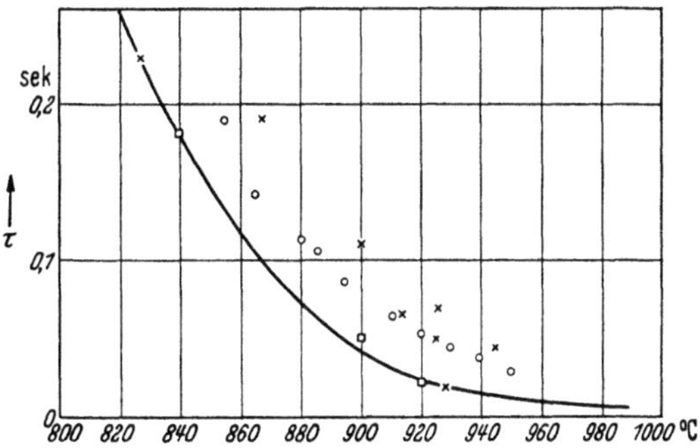


Abb. 200. Berechnete (ausgezogene Kurve) und gemessene Werte von Induktionszeiten bei der Selbstzündung von Methan. (Nach SACHSSE, zitiert S. 414.) Gemisch 62 $CH_4$ + 38 $O_2$ bei 760 mm Hg Anfangsdruck. Kreise und Quadrate beziehen sich auf Messungen in zwei verschiedenen Reaktionsgefäßen, Kreuze auf ein mit Quarzrohren gepacktes Gefäß.

Da, wie SACHSSE selbst betont, die Rechnungen unter etwas allgemeineren Voraussetzungen gültig bleiben, als sie dem NORRISH-Schema entsprechen, so ist wohl anzunehmen, daß das Resultat im wesentlichen richtig bleiben wird, auch wenn man das Reaktionsschema wird modifizieren müssen.

Weitere Angaben über Zündtemperaturen von Methan-Luftgemischen verschiedener Zusammensetzungen und Drucke folgen später im Zusammenhang[1].

Tabelle 79. Werte von $\Phi$ [nach Gl. (3) und (4)] für $2\,CH_4 + O_2$ bei 770 mm Hg; nach Versuchen von BONE und ALLUM berechnet von SEMENOFF.

| Temperatur °C | $1/T \times 10^4$ | $\Phi$ min$^{-1}$ | $\Phi$ s$^{-1}$ |
|---|---|---|---|
| 447 | 13,89 | 0,30 | 0,005 |
| 442 | 13,99 | 0,15 | 0,0025 |
| 435 | 14,12 | 0,09 | 0,0015 |
| 423 | 14,37 | 0,03 | 0,0005 |

SEMENOFF[2] hat auf den zeitlichen Verlauf der Methanoxydation die formalen Beziehungen angewandt, die von ihm für Reaktionen mit Kettenverzweigung abgeleitet waren. Die Reaktionsgeschwindigkeit, gemessen durch den Druckanstieg, folgt bis zu einem Umsatz von 50 bis 60% der Beziehung:

$$\Delta p = \text{const}\, e^{\Phi t}, \tag{3}$$

wo $t$ die Zeit ist; aus HINSHELWOODS Versuchen findet er:

$$\Phi = k\,[CH_4]^{1,5}. \tag{4}$$

[1] TOWNEND, D. T. A. u. E. A. C. CHAMBERLAIN: Proc. roy. Soc., Lond. A Bd. 154 (1936) S. 95.

[2] SEMENOFF: Chain reactions, sowie Phys. Z. Sowjet. Bd. 1 (1932) S. 546, 601.

Aus den Versuchen von BONE und ALLUM (zitiert S. 405) bestimmte SEMENOFF die $\Phi$-Werte nach Tabelle 79.

Daraus ergibt sich $\Phi$ als Temperaturfunktion zu:

$$\Phi = C\, e^{-46\,000/T}$$

mit $C \simeq 10^{25}$. Ob derartige Beziehungen bei komplizierteren Reaktionen, bei welchen Wandvorgänge in unübersichtlicher Weise mit hineinspielen, mehr bedeuten als eine Interpolationsformel, ist schwer zu sagen.

NEUMANN und EGOROV (zitiert S. 411) finden für die Induktionsperiode bei der Explosion von Methan-Sauerstoffmischungen als Funktion von Druck und Temperatur:

$$\tau\, p^{1,8}\, e^{-41\,000/T} = k. \tag{5}$$

Die scheinbare Aktivierungswärme (82 kcal) ist nicht sehr verschieden von der in $\Phi$ [Gl. (4)] auftretenden (92 kcal), ebenso wie die Druckabhängigkeit etwa dieselbe ist[1].

## d) Die Oxydation von Äthan.

Die Oxydation von Äthan verläuft der von Methan sehr ähnlich, nur bereits bei niedrigeren Temperaturen[2]. Die Reaktion weist eine Induktionsperiode auf, die durch verschiedene Zusätze, darunter auch Jod (vgl. jedoch S. 407) stark abgekürzt werden kann (Tabelle 80).

Tabelle 80. Die Oxydation von Äthan nach BONE und HILL, bei 316° C und 720 mm Hg; trockenes Gemisch $C_2H_6 + O_2$.

| Gemisch + Zusatz | Induktionszeit min | Reaktionszeit min |
|---|---|---|
| $C_2H_6 + O_2$ trocken | 30 | 70 |
| + 1% $H_2O$-Dampf | 10 | 25 |
| + 1% Äthanol | 6 | 18 |
| + 1% Jod | 5 | 25 |
| + 1% $NO_2$ | 0 | 20 |
| + 1% Formaldehyd | 0 | 20 |
| + 1% Acetaldehyd | 0 | Momentane Entzündung |

Besonders auffallend ist die Wirkung von Acetaldehyd, die in gewissem Gegensatz steht zu später noch zu besprechenden Befunden von STEACIE und PLEWES.

[1] Hier ist wieder darauf hinzuweisen, daß nach GARNER die Methanexplosion in Wirklichkeit vielleicht eine CO-Explosion ist (vgl. S. 411).

[2] BONE, W. A. u. S. G. HILL: Proc. roy. Soc., Lond. A Bd. 129 (1930) S. 434. — BONE, W. A. u. ALLUM: Proc. roy. Soc., Lond. A Bd. 134 (1931) S. 578. — STEACIE, E. W. R. u. A. C. PLEWES: Proc. roy. Soc., Lond. A Bd. 146 (1934) S. 583. — BONE, W. A. u. J. DRUGMAN: Trans. chem. Soc. Bd. 89 (1906) S. 939. — NEWITT, D. M. u. A. M. BLOCH: Proc. roy. Soc., Lond. A Bd. 140 (1933) S. 426. — SADOWNIKOW, P.: Phys. Z. Sowjet. Bd. 4 (1933) S. 735, 743. — KOWALSKY, SADOWNIKOW u. TSCHIRKOW: Phys. Z. Sowjet. Bd. 1 (1932) S. 451. — TAYLOR, H. A. u. RIBLETT: J. phys. Chem. Bd. 35 (1931) S. 2667. — NEWITT, D. M.: Proc. roy. Soc., Lond. A Bd. 147 (1934) S. 555.

Auch hier ist die Reaktionsgeschwindigkeit stark von der Äthankonzentration abhängig; von den Gemischen $C_2H_6 + 3\,O_2$, $C_2H_6 + 2\,O_2$ und $2\,C_2H_6 + O_2$ ist das letztere bei gleichem Druck und gleicher Temperatur bei weitem das reaktionsfähigste (BONE und HILL). STEACIE und PLEWES finden als scheinbare Reaktionsordnung in bezug auf Äthan etwa 3,5; ihre Versuche sind bei wesentlich höherer Temperatur (452°)

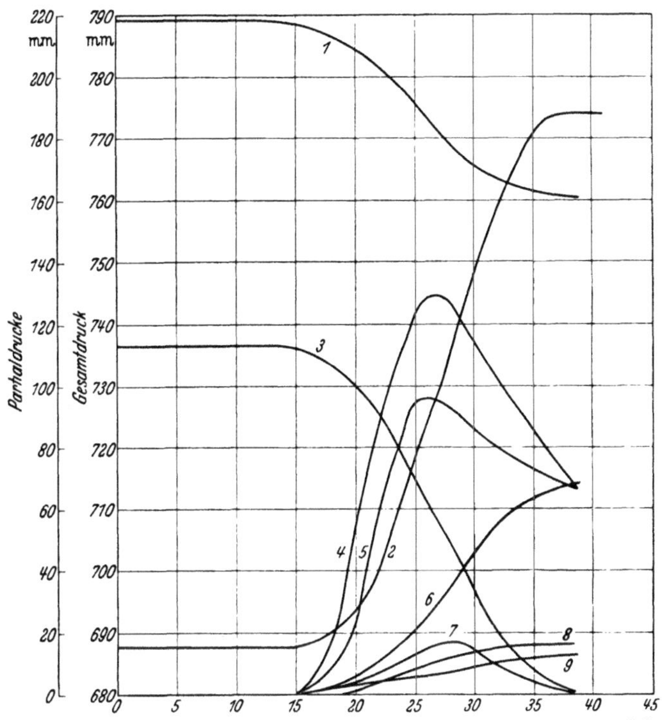


Abb. 201. Reaktion von $2\,C_2H_6 + O_2$ bei 304° C und 688 mm Anfangsdruck (Nach BONE u. HILL, zitiert S. 416). Es sind aufgetragen: der Gesamtdruck *2*, sowie die Partialdrucke von Äthan *1*, Sauerstoff *3*, Gesamtaldehyde (in 10fachem Maßstab) *4*, desgl. Formaldehyd *5*, CO *6*, Peroxyde (10facher Maßstab) *7*, Ameisensäure (10facher Maßstab) *8*, $CO_2$ *9*.

ausgeführt als die von BONE und HILL. Als Reaktionsprodukte sind neben CO, $CO_2$ und $H_2O$ wieder Aldehyde und in geringen Mengen auch Peroxyde nachweisbar (evtl. Persäuren), sowie gewöhnliche Säuren. Die sorgfältigsten Analysen der auftretenden Reaktionsprodukte haben wiederum BONE und Mitarbeiter ausgeführt; die Ergebnisse eines bei $304 \pm 1°$ C ausgeführten Versuches zeigen wir in der obigen Abb. 201. Bemerkenswert ist, daß die Bildung von Peroxyden und Aldehyden parallel geht, und daß diese ihre Maximalkonzentration erreichen etwa, wenn die Reaktionsgeschwindigkeit ihr Maximum annimmt. Wiederum treten unter normalen Bedingungen Alkohole nicht in merklicher Menge als Reaktionsprodukte auf; wohl aber kann man, wie beim Methan, unter besonderen Verhältnissen beträchtliche Alkoholausbeuten erzielen. Dies fanden zuerst BONE und DRUGMAN bei der Einwirkung von Ozon auf Äthan bei Zimmertemperatur und bei 100° C; ferner NEWITT und BLOCH bei hohen Drucken, analog wie bei Methan. Bei Anfangsdrucken bis zu 100 at und Temperaturen zwischen 270 und 360° können erhebliche Alkoholausbeuten erzielt werden, in einem Versuch z. B. 60% des verbrannten Äthans. Die folgende Tabelle 81 bietet eine Übersicht über die Verhältnisse.

Tabelle 81. Einfluß des Anfangsdruckes auf das Überleben der Reaktionsprodukte einer Mischung von 88,4 $C_2H_6$ + 11,6 $O_2$. (Nach NEWITT und BLOCH.)

| Anfangsdruck at | Anfangs-temperatur °C | Reaktions-dauer min | Prozentualer Anteil des Kohlenstoffs aus dem verbrannten Äthan, gefunden in | | | | | | |
|---|---|---|---|---|---|---|---|---|---|
| | | | $C_2H_5OH$ | $CH_3OH$ | $CH_3CHO$ | HCHO | $CH_3 \cdot COOH$ | $H \cdot COOH$ | Insgesamt in kondensierbaren Produkten |
| 15 | 315 | 3,0 | 16,0 | 19,4 | 1,9 | 4,5 | — | — | 41,8 |
| 50 | 294 | 3,25 | 17,2 | 14,1 | 5,2 | 1,9 | — | 0,7 | 39,1 |
| 75 | 279 | 2,5 | 18,0 | 16,6 | 6,8 | 0,4 | 3,6 | 0,6 | 46,0 |
| 100 | 270,5 | 4,5 | 23,6 | 14,0 | 9,7 | 0,1 | 12,5 | 0,5 | 50,4 |

Über die Reaktionsgeschwindigkeit erhält man einen Anhalt aus der folgenden Tabelle 82, ebenfalls nach NEWITT und BLOCH.

Tabelle 82. Oxydation von Äthan (88 $C_2H_6$ + 12 $O_2$) bei 100 at. (Nach NEWITT und BLOCH.)

| | | | | | | |
|---|---|---|---|---|---|---|
| Temperatur °C . . . . . . . . . | 262,2 | 265 | 266,5 | 270,5 | 275 | 278 |
| Dauer der Induktionsperiode min . | 25 | 21 | 23,5 | 12 | 5,75 | 4,0 |
| Reaktionsperiode min . | 15 | 13 | 11 | 4,5 | 2,75 | 1,25 |

NEWITT fand in einem Versuch, der mit einem Gemisch von 90 $C_2H_6$, 3 $O_2$ und 7 $N_2$ bei 50 at und 360° ausgeführt war, mit einer Reaktionsdauer von nur 4 s, die folgenden Ausbeuten, bezogen auf Kohlenstoff des umgesetzten Äthans:

$C_2H_5OH$ 62,6%; $CH_3CHO$ 4,8%; $CH_3COOH$ 1,1%; $CH_4$ 9,3%; CO 9,2%; $CO_2$ 4,7%.

Auch bei der Äthanoxydation dürften während der Induktionsperiode hauptsächlich Oberflächenreaktionen ablaufen. STEACIE und PLEWES fanden, daß Packen des Reaktionsgefäßes mit Quarzrohren die Induktionsperiode verkürzt (vgl. jedoch oben S. 406); nämlich bei Vergrößerung der Oberfläche um das 6fache nimmt die Induktionszeit auf $^1/_6$ ihres früheren Wertes ab. Dagegen wurde durch diese Oberflächenvergrößerung die der Induktionsperiode folgende Reaktion weitgehend unterdrückt, was einen Kettenabbruch an der Wand erkennen läßt.

Daß die Induktionsperiode mit Oberflächenvorgängen zusammenhängt, geht auch aus Versuchen von TAYLOR und RIBLETT (zitiert S. 416) hervor, welche zwischen 450 und 480° mit Pyrexgefäßen arbeiteten. Dabei betrug die Induktionsperiode nur $\sim$ 2 min und war sehr unregelmäßig; Packen des Gefäßes mit Pyrex verminderte die Geschwindigkeit nur wenig, nach Belegen der Wandungen mit KCl war die Reaktion praktisch unterdrückt.

STEACIE und PLEWES untersuchten die Äthanoxydation besonders im Hinblick auf die Rolle des Acetaldehyds als wesentliches Zwischenprodukt der Umsetzung. Dabei fanden sie, daß Acetaldehyd wohl die Induktionsperiode verkürzt, soweit also in Übereinstimmung mit BONE; z. B. fanden sie mit Mischungen von 1 $C_2H_6 + 2{,}3\ O_2$ bei 452° und Drucken von etwa 60 bis 70 mm Hg Induktionsperioden zwischen etwa 35 und 70 min (je länger das Reaktionsgefäß nach einem Versuch ausgepumpt war, desto länger war die Induktionsperiode im folgenden Versuch, eine immer wieder gemachte Erfahrung), die durch Zufügen von allerdings nicht kleinen Mengen Acetaldehyd, 14 bis 21 mm Hg, auf 0,5 bis 1 min herabgedrückt werden konnten. Daß trotz höherer Temperatur im Gegensatz zu BONEs Beobachtungen durch Acetaldehydzusatz keine sofortige Zündung eintrat, dürfte dadurch zu erklären sein, daß BONE mit äthanreicheren Mischungen bei viel höheren Drucken arbeitete, andererseits könnte der spezielle Zustand der Gefäßoberfläche noch eine Rolle gespielt haben (vgl. S. 424). Dagegen ist nach STEACIE und PLEWES Acetaldehyd auf die Hauptreaktion ohne Einfluß; auch das dürfte mit den durch die höhere Temperatur wesentlich geänderten Reaktionsbedingungen zusammenhängen; wir kommen darauf zurück (S. 472).

STEACIE und PLEWES fanden unter den Reaktionsprodukten auch Äthylen in merklichen Konzentrationen, bis zu 10%, und führten besondere Versuche über die Oxydation von Äthan in Mischung mit Äthylen durch. Diese Versuche zeigten, daß während der Hauptreaktion Ersetzen von Äthan durch Äthylen praktisch nichts ausmacht. STEACIE schließt daher, daß Äthylen, welches immer als Reaktionsprodukt gefunden wird, in einem Falle entsprechend 63% des verbrauchten Äthans, wesentliches Zwischenprodukt der Oxydation sei.

SADOWNIKOW fand, daß in Quarzgefäßen, die mit Flußsäure behandelt waren, die Geschwindigkeit der Äthanoxydation (für Gemische $C_2H_6 + 3{,}5\ O_2$) vom Gefäßdurchmesser unabhängig ist, zwischen den Grenzen von 2 und 40 mm; da eine Änderung des Wandzustandes aber von Einfluß auf die Reaktion ist, so kann es sich nur um einen Sonderfall handeln, in welchem der Einfluß des Gefäßdurchmessers wegen geringer Abbruchwahrscheinlichkeit an der Wand sich nicht bemerkbar macht (vgl. hierzu Kap. VIII, S. 273 sowie KASSEL und STORCH, sowie LEWIS und v. ELBE, zitiert S. 271).

Auch Äthan zeigt ein inselartiges Explosionsgebiet bei Niederdruck, wie Methan, wobei wiederum (nach SADOWNIKOW, zitiert S. 416) damit zu rechnen ist, daß die Explosion eigentlich keine Äthanexplosion, sondern eine Explosion des intermediär entstandenen Kohlenoxyds darstellt.

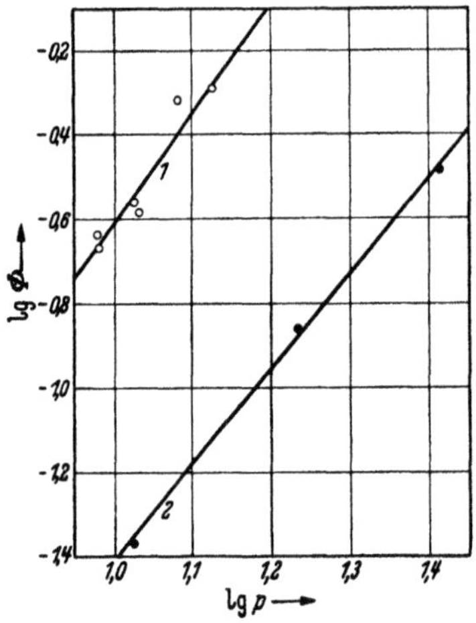


Abb. 202. Reaktion von Äthan mit Sauerstoff bei 597° (*1*) und 535° C (*2*). (Nach GIMMELMANN u. NEUMANN, zitiert S. 413). Bedeutung von $\Phi$ vgl. Text.

GIMMELMANN u. NEUMANN (zitiert S. 413) haben auch die Äthanoxydation in Gegenwart von Methylnitrit studiert. Sie fanden ohne Zusatz für eine Mischung von $C_2H_6 +$ 3,5 $O_2$ zwischen 535 und 598° C und bei Drucken von 96 bis 256 mm Hg den zeitlichen Druckanstieg gegeben durch

$$\Delta p \cong A\, e^{\Phi t}$$

mit

$$\Phi = \text{const}\; p^{2,3}\, e^{-20\,400/T},$$

wobei die scheinbare Aktivierungswärme also 40,8 kcal betrüge.

Zufügen von Methylnitrit ändert wiederum den Charakter der Reaktion von Grund auf (Abb. 202 u. 203). Die Änderung der Reaktionsgeschwindigkeit mit der Konzentration des Methylnitrits unter sonst konstanten Bedingungen zeigt Abb. 203. Geht man mit der Temperatur und dem Druck in die Höhe, so wird die Geschwindigkeit größer, bis bei bestimmten kritischen Werten Explosion einsetzt. Selbst wenn die Reaktion in 3 bis 10 s vollendet ist, verläuft sie noch der langsamen Umsetzung völlig analog. Auch in den Experimenten, in welchen Explosion erfolgt, läßt sich die anfangs konstante Reaktionsgeschwindigkeit noch durch Druckregistrierung messen; dabei schließt sich die Reaktionsgeschwindigkeit völlig kontinuierlich an diejenige an, die bei nicht zur Explosion führenden Versuchen gemessen wird (vgl. NORRISH' Resultate bei der Methanoxydation, S. 412); auch die Aktivierungsenergie bleibt die gleiche. Als scheinbare Aktivierungsenergie, die sich allerdings stark mit Druck und Zusammensetzung ändert, ergibt sich in diesem Falle 37,6 kcal.

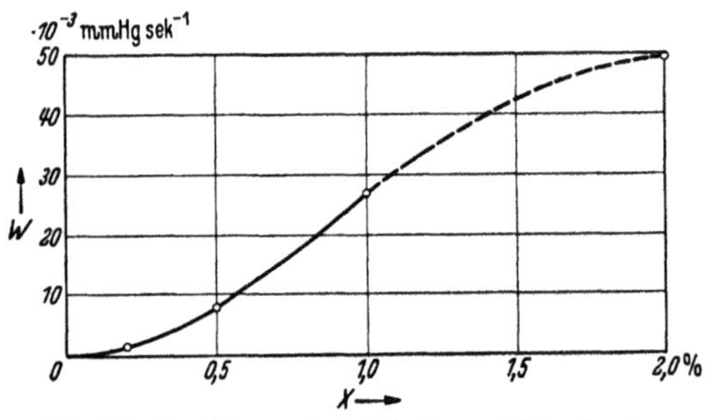


Abb. 203. Reaktionsgeschwindigkeit von $C_2H_6 + 3{,}5\ O_2 +$ X% Methylnitrit bei 408° C und 106 mm Hg Anfangsdruck. (Nach GIMMELMANN u. NEUMANN, zitiert S. 413.)

Es wird angenommen, daß die Wärmeproduktion für die Explosion verantwortlich sei[1].

Zur Prüfung der thermischen Natur der Zündung wurden Versuche zur Temperaturmessung in dem reagierenden Gemisch mit einem Widerstandsthermometer ausgeführt, die eine beträchtliche Temperaturerhöhung während der Induktionsperiode ergaben; diese Temperaturerhöhung könnte aber vielleicht teilweise durch

[1] Vgl. NORRISH, zitiert S. 411/412 u. G. GIMMELMANN u. P. SOKOV: Acta Physicochim. Bd. 5 (1936) S. 903.

eine katalytische Reaktion an der Oberfläche des Platin-Widerstandsthermometers bedingt sein.

Die formale Seite der Äthanoxydation ist wiederum von SEMENOFF diskutiert worden. Die Versuche von BONE und HILL lassen sich bis zu einem Zeitpunkt, in welchem 30 bis 40% der Ausgangssubstanz reagiert haben, darstellen durch (Druckänderung als Maß der Reaktionsgeschwindigkeit):

$$\Delta p = A\, e^{\Phi t},$$

wobei

$$\Phi \cong \mathrm{const}\, p^{2,3} \gamma^3 e^{-19000/T} = D\, e^{-19000/T}\,.$$

Darin bedeuten: $\gamma$ Anteil des Äthans im Reaktionsgemisch; $D$ wird etwa $10^{13}$ für $p = 770$ mm Hg und $\gamma = 0{,}5$, wenn $t$ in min gerechnet wird. Zu der scheinbaren Aktivierungswärme von 38 kcal paßt die aus ähnlichen Versuchen von KOWALSKY, SADOWNIKOW und TSCHIRKOV abgeleitete Aktivierungsenergie von 42 kcal recht gut. Aus dem zeitlichen Verlauf dieser Versuche, die bei wesentlich höheren Temperaturen (490 bis 650° C) und niedrigeren Drucken (24 bis 70 mm Hg) ausgeführt sind als die von BONE, ergibt sich für $\Phi$:

$$\Phi \cong \mathrm{const}\, p^{2,2}\, e^{-21000/T},$$

wiederum in guter Übereinstimmung. Der Zahlenwert von $\Phi$ hängt (wie nicht anders zu erwarten) sehr stark vom Wandzustand ab, wie besondere Versuche von KOWALSKY erkennen lassen.

Der starke Oberflächeneinfluß soll nach SEMENOFF vom Standpunkt der entarteten Explosionen aus nur so zu verstehen sein, daß Kettenverzweigung ausschließlich an der Oberfläche erfolgt. Wir möchten wiederum sehr zurückhaltend sein in allen Folgerungen, welche sich ausschließlich auf formale Beziehungen stützen.

### e) Die Oxydation von Propan.

Propan gehört zu den Stoffen, deren Oxydationsverhalten besonders eingehend untersucht worden ist[1].

In seiner ersten Untersuchung fand PEASE folgendes: In einem leeren Gefäß aus Pyrexglas erhielt man bei 375° mit einem Gemisch $C_3H_8 + O_2$ innerhalb etwa 13 s vollständige Reaktion, dagegen hatte man in einem mit Glasstäben gepackten Gefäß selbst bei 500° C kaum merkbaren Umsatz; also die übliche Hemmung durch die Wand, wohl durch Kettenabbruch; bei etwa 550° war die Reaktion dann wieder vollständig. Wurden im gepackten Gefäß die Wände mit KCl belegt, so wurde die Temperatur des Beginns merkbarer Reaktion von 500 auf 575° erhöht und selbst bei 625° war die Reaktion dann noch unvollständig.

Untersuchung der gehemmten Reaktion in gepackten Gefäßen ergab folgendes: Mit KCl-Belegung traten in der Gegend von 575° als Reaktionsprodukte hauptsächlich auf: ungesättigte Kohlenwasserstoffe, Methan, wenig Wasserstoff, Kohlenoxyd und Kohlendioxyd; *ohne* KCl-Belegung wurden bei 550° ungesättigte Kohlenwasserstoffe und Methan, neben

[1] PEASE, R. N.: J. Amer. chem. Soc. Bd. 51 (1929) S. 1839. — PEASE u. MUNRO: J. Amer. chem. Soc. Bd. 56 (1934) S. 2034. — PEASE: J. Amer. chem. Soc. Bd. 57 (1935) S. 2296. — Chem. Rev. Bd. 21 (1937) S. 279. — HARRIS, E. J. u. A. EGERTON: Chem. Rev. Bd. 21 (1937) S. 287.

größeren Mengen CO, $CO_2$ und $H_2$ gefunden. Der relative Umsatz von Propan war nahezu unabhängig von der Sauerstoffkonzentration; die Primärreaktion anscheinend etwa I. Ordnung in bezug auf Propan, wohlbemerkt nur bei der Reaktion im gepackten Gefäß. Wurde aber Sauerstoff durch Stickstoff ersetzt, so reagierte nur etwa $^1/_2$ bis $^1/_3$ soviel Propan; es hatte sich also nicht um einen rein thermischen Zerfall des Propans gehandelt.

Im ungepackten, aber KCl-belegten Gefäß begann die Reaktion bei $\sim 325°$; als Reaktionsprodukte wurden CO, $CO_2$ und bei niederen Temperaturen wenig, bei hohen Temperaturen viel Ungesättigte gefunden; bei 300° war der Umsatz noch nicht nachweisbar, während er bei 325° bereits beträchtlich ist, mit einem Verbrauch von 30 bis 95% des Sauerstoffes. Bei Erhöhung der Sauerstoff-Konzentration (Mischung $3\,O_2 : 1\,C_3H_8$) reagiert nur etwa $^1/_2$ bis $^1/_4$ des Sauerstoffes. Soweit stimmen die charakteristischen Erscheinungen der Propanoxydation im wesentlichen überein mit dem, was wir bei den niederen Paraffinen und ähnlich auch bei Aldehyden und Ungesättigten kennengelernt haben.

Etwas ganz Neues tritt uns aber beim Propan erstmalig entgegen, was ganz allgemein bei allen höheren normalen Paraffinen und Olefinen beobachtet wird, nämlich ein Gebiet mit „negativem Temperaturkoeffizienten" der Reaktion. PEASE fand z. B. bei Durchsatz einer Mischung von 300 cm³ Sauerstoff und 100 cm³ Propan folgenden Sauerstoffverbrauch:

| Temperatur °C | 325 | 350 | 375 | 400 | 425 | 450 |
|---|---|---|---|---|---|---|
| Sauerstoffverbrauch cm³ | 0 | 119 | 115 | 97 | 67 | Explosion |

Dieser Verlauf ist sehr charakteristisch; innerhalb eines sehr engen Temperaturintervalls Anstieg von nicht nachweisbarer Reaktion zu beträchtlichem Umsatz, bei weiter ansteigender Temperatur Abnahme des Umsatzes, bis bei noch höherer Temperatur Explosion einsetzt. Wir werden später sehen, daß der erste, plötzliche Geschwindigkeitsanstieg, der offenbar als Explosion, evtl. als entartete Explosion im Sinne von SEMENOFF aufzufassen ist [nämlich als nicht stationäre Reaktion, die aber bei einem Stadium, das der Bildung von Aldehyden sowie deren Zerfallsprodukten (CO, $H_2O$ usw.) entspricht, abgestoppt wird], verbunden ist mit dem Auftreten von „kalten Flammen" (vgl. S. 430), und daß diese bei höheren Temperaturen wieder aussetzen, daher der „negative Temperaturkoeffizient". Dieser bezieht sich darum wahrscheinlich nicht auf eine stationäre chemische Reaktion. Bei variierten Bedingungen (Verfettung des Gemisches, Erhöhung des Druckes) kann übrigens die kalte Flamme in eine reguläre Entflammung übergehen (vgl. S. 445).

Unter den Bedingungen von PEASEs Versuchen kann man bei 375° einen Teil des Sauerstoffs durch Stickstoff oder andere Gase ersetzen, ohne daß dadurch die Reaktion beeinträchtigt wird. Dagegen wird bei 425° die Reaktion hierdurch gehemmt; wenn man $^1/_3$ des Sauerstoffes durch Wasserstoff[1] ersetzt, findet überhaupt keine nachweisbare Reaktion mehr statt. Diese Beobachtung ist sehr eigenartig, wird aber durch spätere Untersuchungen an höheren Paraffinen (PRETTRE[2]) bestätigt.

PEASE nahm (1929) drei Typen von Reaktionen an:

I.) $$C_3H_8 \rightarrow C_3H_6 + H_2$$

II.) $$C_3H_8 + {}^1/_2\,O_2 \rightarrow C_3H_6 + H_2O$$

III.) $$C_3H_8 + 2\,O_2 \rightarrow CO + 2\,H_2O + CH_3CHO$$

die natürlich noch nichts über den eigentlichen Mechanismus aussagen.

Butan verhält sich bei der Oxydation analog wie Propan. Spätere Untersuchungen ergaben dann im einzelnen noch folgendes: Peroxyde, die in nicht gepackten Reaktionsgefäßen ohne KCl-Belegung nachweisbar sind, verschwinden, sobald man die Wand mit KCl belegt hat, ohne daß der gesamte Reaktionsablauf wesentlich geändert wäre; das spricht dafür, daß durch die KCl-Belegung wohl stabile Peroxyde überhaupt nicht gebildet oder aber zerstört werden, daß aber die instabilen Reaktionszwischenprodukte, evtl. auch peroxydischer Art, dadurch weniger beeinflußt werden.

Die genauere Untersuchung zeigte ferner, daß auch Methanol sich unter den Reaktionsprodukten befindet, und daß dessen Bildung sowie die von Formaldehyd durch Propanüberschuß begünstigt wird; wir kommen darauf bei der Besprechung von EGERTONs Versuchen zurück. Acetaldehyd beschleunigt die Propanoxydation bei weitem nicht so stark wie nach BONE die Äthanoxydation (vgl. hierzu STEACIEs Versuche zur Äthanoxydation, S. 419). Um die langsame Oxydation des Propans näher zu untersuchen, senkte PEASE die Temperatur auf unter 300°; da dann aber, bei etwa 280°, die Induktionsperiode zu lang wurde, setzte er zu deren Abkürzung etwas Acetaldehyd zu[3]. Bei dieser Temperatur (280°) betrug bei einem Druck von Propan und Sauerstoff von je 300 mm in einem nicht belegten Reaktionsgefäß die Induktionsperiode (gerechnet bis zu einem Zeitpunkt, in dem der Druckanstieg 1 mm betrug) 39 min, und die Reaktion war in weiteren 5 min beendet; wurden vorher 20 mm Acetaldehyd in das Reaktionsgefäß eingelassen, so erfolgte eine milde Explosion, mit 2 mm Acetaldehyd betrug die Induktionsperiode 6 min, die weitere Reaktion erforderte wiederum

[1] Diese Wirkung des Wasserstoffes ist sehr eigenartig und wohl nur durch Veränderung des Wandzustandes zu erklären; vgl. PRETTREs Beobachtungen bei der Knallgasoxydation, Kap. IX, S. 307ff.

[2] PRETTRE, M.: C. R. Acad. Sci., Paris Bd. 203 (1936) S. 619; vgl. auch Bd. 202 (1936) S. 954, 1176; Bd. 203 (1936) S. 561, 1152. — Ann. Off. nat. Comb. liquides Bd. 11 (1936) S. 669.

[3] Äthylenoxyd an Stelle von Acetaldehyd war nicht wirksam.

5 min (die Wirkung des Acetaldehyds ist also ähnlich wie die Aldehydwirkung in anderen Fällen, vgl. etwa NORRISHs Versuche zur Methanoxydation mit Zusatz von Formaldehyd, S. 413). Unter den gleichen Bedingungen dauerte die Induktionsperiode in einem KCl-belegten Gefäß über 5 h, während sogar bei 10° tieferer Temperatur 20 mm Acetaldehyd Entzündung hervorrief; mit 5 bis 10 mm Acetaldehyd betrug die Induktionsperiode noch 1 bis 2 min. PEASE nimmt an — und diese Annahme dürfte mit allen sonstigen Erfahrungen im Einklang sein —, daß die Induktionsperiode und die Wirkung des Acetaldehyds mit Oberflächenvorgängen zusammenhängen. Infolgedessen ist anzunehmen, daß kleine Aldehydzusätze auf die Reaktion keinen oder nur einen sehr geringen Einfluß haben werden, wenn man die Reaktion unter solchen Bedingungen ablaufen läßt, daß die Wand keine oder nur eine geringe Rolle spielen kann, z. B. bei dem Klopfvorgang im Ottomotor (Kap. XII) oder dem Zündvorgang im Dieselmotor (Kap. XIII). Wo derartiges gefunden wird, steht es also keinesfalls im Widerspruch mit unter ganz anderen Bedingungen gemachten Feststellungen bei der langsamen Oxydation (vgl. TOWNENDs Versuche, S. 468ff.).

Tabelle 83. Reaktion von Propan mit Sauerstoff bei 270° C (in Gegenwart von 5 mm Acetaldehyd) in nicht belegtem, leeren Reaktionsgefäß. [Nach PEASE (Pyrexrohr von 2,5 cm Durchmesser und 18 cm Länge.)

| Mischung | Anfangsdruck mm Hg | | | |
|---|---|---|---|---|
| $C_3H_8$ | 202 | 211 | 205 | 407 |
| $O_2$ | 199 | 197 | 384 | 203 |
| $N_2$ | — | 202 | — | — |
| **Zeit, min** | **Druckanstieg mm Hg** | | | |
| 1 | 0 | 0 | 0 | 1 |
| 2 | 0 | 0 | 0 | 2 |
| 3 | 1 | 1 | 1 | 6 |
| 4 | 2 | 3 | 2 | 14 |
| 5 | 4 | 5 | 3 | 28 |
| 6 | 7 | 9 | 6 | 57 |
| 7 | 12 | 15 | 10 | 63 |
| 8 | 19 | 22 | 17 | 64 |
| 9 | 27 | 30 | 26 | |
| 10 | 36 | 41 | 34 | |
| 13 | 60 | 60 | 63 | |
| 25 | — | — | 118 | |
| 30 | — | — | 119 | |

PEASE betont den „Alles oder Nichts"-Charakter der Propanoxydation. Wir haben oben bereits im Zusammenhang mit dem ersten raschen Anstieg des Umsatzes mit der Temperatur und dem nachfolgenden „negativen Temperaturkoeffizienten" darauf hingewiesen, daß es sich offenbar überhaupt nicht um eine stationäre Reaktion, sondern um eine Art von Explosion handeln dürfte.

Zunächst sehr auffallend, aber nach LEWIS und v. ELBE sehr einfach zu verstehen, ist folgende Beobachtung von PEASE. Im unbelegten Reaktionsgefäß ist Änderung der Sauerstoffkonzentration sowie Zusatz von Stickstoff praktisch ohne Einfluß auf die Reaktion (Tabelle 83). Die Reaktionsgeschwindigkeit und Induktionsperiode ist danach von Sauerstoffdruck und Stickstoffzusatz praktisch unabhängig, wohl aber stark abhängig von der Propankonzentration, analog wie in sonstigen Fällen.

Das Bild ändert sich, wenn man die Umsetzung im gleichen Gefäß, aber nach Belegen der Wände mit KCl verfolgt (indem man das Gefäß mit KCl-Lösung füllt, längere Zeit stehen läßt, sorgfältig auslaufen läßt und dann trocknet; der verbleibende KCl-Belag ist nicht sichtbar, nur am Reaktionsverhalten zu erkennen). Die Induktionsperiode stieg bei 280° von 40 min auf über 5 h. Aldehydzusatz setzte die Induktionsperiode herab, die folgende Reaktion war aber immer noch verlangsamt (Tabelle 84).

Tabelle 84. Propanoxydation im unbelegten und KCl-belegten Reaktionsgefäß, bei 270,5° C, mit 5 mm Acetaldehyd. (Nach PEASE.)

| Anfangsdruck, mm Hg | | Zeit, während der der Druckanstieg von 20 bis 40 mm fortschritt | |
|---|---|---|---|
| $C_3H_8$ | $O_2$ | Ohne KCl-Belag | Mit KCl-Belag |
| 400 | 200 | 1 | 3 |
| 200 | 400 | 2 | 22 |

Versuche, die mit und ohne Stickstoffzusatz in KCl-belegtem Gefäß ausgeführt sind, stellen wir in der Tabelle 85 nach PEASE zusammen. Dabei hatte er, um die Verlangsamung der Reaktion durch KCl etwa zu kompensieren, gegenüber den früheren Versuchen die Temperatur von 270 auf 280° C erhöht, desgleichen (außer in einem Versuch) den Aldehydzusatz von 5 auf 10 mm. In diesen Versuchen wird durch Stickstoffzusatz die Reaktion stark beschleunigt; das gleiche bewirkt Sauerstoff, lediglich mit dem Unterschied, daß Stickstoffzusatz auch die Induktionsperiode verkürzt, während Erhöhung der Sauerstoffkonzentration die Reaktion erst nach Ablauf der Induktionszeit beschleunigt.

Tabelle 85. Oxydation von Propan, wie oben, jedoch in KCl-belegtem Pyrexgefäß bei 280° C unter Zusatz von 10 mm Acetaldehyd (der letzte mit * bezeichnete Versuch unter Zusatz von 5 mm Aldehyd). (Nach PEASE.)

| Gemisch | Anfangsdruck, mm Hg | | | | * |
|---|---|---|---|---|---|
| $C_3H_8$ | 195 | 215 | 213 | 408 | 295 |
| $O_2$ | 196 | 198 | 403 | 204 | 289 |
| $N_2$ | — | 204 | — | — | — |
| Zeit, min | Druckanstieg mm Hg | | | | |
| 1 | 0 | 1 | 0 | 1 | 0 |
| 2 | 0 | 4 | 1 | 4 | 0 |
| 3 | 1 | 5 | 1 | 12 | 1 |
| 4 | 2 | 6 | 1 | 26 | 1 |
| 5 | 2 | 8 | 1 | 49 | 1 |
| 6 | 3 | 10 | 1 | 56 | 2 |
| 7 | 3 | 13 | 1 | 57 | 2 |
| 8 | 3 | 15 | 1 | | 3 |
| 9 | 4 | 18 | 2 | | 4 |
| 10 | 4 | 22 | 2 | | 5 |
| 12 | 5 | 30 | 3 | | 10 |
| 14 | 6 | 40 | 3 | | 19 |
| 16 | 7 | 50 | 4 | | 36 |
| 18 | 7 | 59 | 5 | | 63 |
| 20 | 8 | 60 | 6 | | 87 |
| 30 | 14 | | 10 | | 87 |
| 40 | 20 | | 17 | | |
| 50 | 27 | | 34 | | |
| 60 | 38 | | 63 | | |
| 70 | 49 | | 90 | | |
| 80 | 56 | | 103 | | |
| 90 | 57 | | 112 | | |

An der Richtigkeit der von LEWIS und v. ELBE[1] für dieses Verhalten gegebenen Erklärung dürfte kaum zu zweifeln sein: Bei großer Wahr-

[1] LEWIS, B. u. G. v. ELBE: Chem. Rev. Bd. 21 (1937) S. 285. Vgl. dazu Kap. VIII, S. 270ff.

scheinlichkeit des Kettenabbruches an der Wand, wie sie bei KCl-Belegung anzunehmen sein dürfte, ist die Geschwindigkeit der Diffusion von Kettenträgern zur Wand für den Abbruch bestimmend, die wiederum von Fremdgaszusatz abhängt; darum die Empfindlichkeit gegen Stickstoffzusatz und die Abhängigkeit der Reaktionsgeschwindigkeit vom Sauerstoffpartialdruck. Bei geringer Abbruchwahrscheinlichkeit an der Wand, wie sie ohne KCl offenbar vorliegt, ist nicht mehr die Diffusion zur Wand geschwindigkeitsbestimmend, da im gesamten Gefäß ständig praktisch gleichmäßige Konzentration der Kettenträger vorliegt; infolgedessen kann auch Fremdgaszusatz die Reaktion nicht beeinflussen. Der Unterschied im Verhalten von Sauerstoff und Stickstoff während der Induktionsperiode muß darauf beruhen, daß Sauerstoff, im Gegensatz zu Stickstoff, aktiv an den während dieser Zeit verlaufenden Reaktionen teilnimmt und evtl. den Zustand der Oberfläche verändert in einer Weise, über die wir bisher noch keine Aussagen machen können.[1]

EGERTON und HARRIS[2] haben die Propanoxydation eingehend unter variierten Bedingungen untersucht, wobei besonderer Wert auf sorgfältige Analyse der Reaktionsprodukte gelegt wurde. Die Versuche wurden teils in einem Strömungssystem (Reaktionsgefäß 10 cm lang, 1,1 cm innerer Durchmesser) teils in einer statischen Anordnung (Quarzreaktionsgefäß, 42 cm lang, 1,4 cm innerer Durchmesser) ausgeführt.

Versuche nach der statischen Methode, mit einem mit Flußsäure gereinigten Reaktionsgefäß sowie nach Auswaschen des Gefäßes mit KCl und NaCl-Lösungen zeigt die folgende Tabelle 86; die Angaben

Tabelle 86. Oxydation von $1\,C_3H_8 + 1\,O_2$ bei 1 at, nach einer statischen Methode. (Nach HARRIS und EGERTON[3].)

| Gefäß | Temperatur °C | Verbraucht | | Gebildet | | | | | | | | | |
|---|---|---|---|---|---|---|---|---|---|---|---|---|---|
| | | Mole × $10^4$ | | | | | | | | | | | |
| | | $C_3H_8$ | $O_2$ | $CO_2$ | CO | $C_nH_{2n}$[4] | $H_2$ | $CH_4$ | HCHO | RCHO | $CH_3OH$ | $C_2H_5OH$[5] | $H_2O$ |
| Quarz (gereinigt) . | 322 | 25 | 47,4 | 5,3 | 28,2 | 2,8 | 0,8 | 6,9 | 3,7 | 2,0 | 8,0 | 0 | 41 |
| „ (KCl) . . . | 351 | 21,8 | 43,9 | 5,5 | 23 | 4 | 0,7 | 4 | 2,6 | 3,4 | 6,4 | 0 | 40,5 |
| „ (KCl) . . . | 337 | 22,8 | 46 | 7,8 | 25,2 | 4,6 | 0,6 | 4,4 | 2,8 | 3,2 | 6,7 | 0 | 39 |
| „ (NaCl) . . | 323 bis 338 | 24,8 | 45,7 | 7,7 | 19,6 | 3,6 | 1,4 | 6,4 | 4,1 | 0,7 | 3,6 | 1,8 | 46 |
| Quarz (NaCl) . . | 351 | 23,1 | 42,3 | 6,0 | 22,6 | 5,3 | 0,3 | 3,4 | 2,8 | 2,2 | 4,1 | 1,6 | 39 |
| „ (NaCl) . . | 351 | 23,1 | 42,5 | 5,7 | 21,4 | 4,6 | 0,9 | 4,9 | 2,5 | 2,9 | 3,1 | 0,8 | 41 |
| „ ($Fe_2O_3$) . . | 355 | 16,4 | 28,4 | 8,9 | 10,7 | 1,3 | 0,3 | 4,0 | 0 | 2,3 | 0 | 0 | 25 |
| Graphit-Rohr . . | 320 | 6,7 | 20,5 | 11,5 | 5,2 | 0,6 | 1,0 | 3,9 | 0 | 2,5 | 1,6 | 0 | 9 |

[1] Vgl. PRETTREs Beobachtungen beim Knallgas, S. 306ff.
[2] HARRIS, E. J. u. A. EGERTON: Chem. Rev. Bd. 21 (1937) S. 287.
[3] Analysenmethoden, vgl. E. J. HARRIS: Analyst Bd. 62 (1937) S. 729.
[4] Hauptsächlich Äthylen und Propylen.
[5] Geringe Mengen höherer Alkohole sind darin enthalten.

beziehen sich auf eine bis zum Ende abgelaufene Reaktion, Angaben über die Reaktionsdauer fehlen. Wie schon in anderen Fällen wiederholt erwähnt, nahm die Dauer der Induktionsperiode ab, wenn das gleiche Reaktionsgefäß mehrfach benutzt war.

Hauptreaktionsprodukte sind CO und $H_2O$, daneben treten aber nicht vernachlässigbare Mengen von Ungesättigten, von Aldehyden und auch von Alkoholen, hauptsächlich Methanol auf, ferner, wie in allen derartigen Versuchen, $CO_2$, und zwar wiederum, in Übereinstimmung mit sonstigen Erfahrungen, relativ mehr $CO_2$ bei niederen Versuchstemperaturen, wo wahrscheinlich die Voraussetzungen für eine katalytische Oberflächenoxydation, evtl. von Aldehyden gegeben sind. Aldehyde und Alkohol sind insgesamt in vergleichbaren Konzentrationen vorhanden.

Strömungsversuche ergaben analoge Resultate, wobei sich zeigte, übrigens in Übereinstimmung mit vielfachen sonstigen Erfahrungen[1], daß eine Variation der Versuchsdauer sehr wenig Einfluß hatte, wenn nur überhaupt Induktions- und normale Reaktionszeit verstrichen waren, wieder eine Bestätigung für die Auffassung, daß keinesfalls eine stationäre Reaktion vorliegt.

Die bei PEASEs Strömungsversuchen beobachteten Peroxyde waren bei den statischen Versuchen nicht vorhanden, sie wurden aber bei Strömungsversuchen in mit Säure gereinigtem Quarzgefäß erhalten. Die Peroxydausbeute ist sehr empfindlich gegen die Vergiftung der Wand; nach mehreren aufeinanderfolgenden Versuchen im gleichen Gefäß fällt die Peroxydausbeute ab, kann aber durch Reinigen der Oberfläche mit Säure wieder gesteigert werden. In Natronglasröhren wird kein Peroxyd gebildet, Pyrex (wie in PEASEs Versuchen) verhält sich wie Quarz. Werden heiße gasförmige Reaktionsprodukte durch Natronglasrohre geleitet, so werden die Peroxyde momentan zerstört; deshalb wurden bei den statischen Versuchen keine Peroxyde gefunden, obwohl man sie nachweisen kann, wenn man das ganze Reaktionsgefäß in kaltes Wasser taucht, bevor man die Reaktionsprodukte daraus entfernt[2].

Eine Analyse der kondensierten Reaktionsprodukte aus Strömungsversuchen ergab folgendes: Das Kondensat wurde bei 22 mm Druck destilliert, das Destillat bestand hauptsächlich aus Methanol; die Peroxyde zersetzten sich während der Destillation; im ersten Versuch machte das als $H_2O_2$ geschätzte Peroxyd etwa 10% der gesamten Flüssigkeit vor der Destillation aus; bei schneller Destillation setzte heftige Explosion ein (Tabelle 87).

Ein größerer Teil der Peroxyde besteht nach den Versuchsergebnissen sicher nicht aus solchen, die Säuren bei Zersetzung bilden. Das von

[1] Vgl. insbesondere W. JOST, L. v. MÜFFLING u. W. ROHRMANN: Z. Elektrochem. Bd. 42 (1936) S. 488.

[2] Alle diese Beobachtungen sind auch für die Beurteilung der Versuche anderer Autoren von besonderer Wichtigkeit.

Tabelle 87. Analyse von 1 g flüssiger Reaktionsprodukte der Propanoxydation. (Nach HARRIS und EGERTON.)

| Produkte | Versuch Nr. 1 | Versuch Nr. 2[1] | |
|---|---|---|---|
| | Rückstand bei 40° C | Destillat, 1/3 des Volumens | Rückstand, 2/3 des Volumens bei 54° C |
| $CH_3OH$ . . . . . . | Spur | 0,300 | Spur |
| HCHO . . . . . . . | 0,309 | 0,016 | 0,045 |
| $CH_3CHO$ . . . . . . | ? | 0,076 | 0,085 |
| Peroxyd als $H_2O_2$ . | 0,180 | 0,004 | 0,022 |
| Gesamt . . . . . . | 0,489 | 0,396 | 0,193 |
| $H_2O$ . . . . . . . . | 0,511 | 0,604 | 0,807 |

LENHER (vgl. S. 402) bei der Äthylenoxydation erhaltene Dioxydimethylperoxyd ($CH_2(OH)—O—O—CH_2—OH$) war zweifellos anwesend. Das Verhältnis von Formaldehyd zu Wasserstoffsuperoxyd im ersten Versuch war 2 : 1, entsprechend diesem Peroxyd. Zersetzung des Peroxydkondensats mit Alkali lieferte ein Gas, das zu 80% aus Wasserstoff und 20% aus Sauerstoff bestand, der Wasserstoff entsprechend der Gleichung:

$$CH_2(OH)—O—O—CH_2(OH) \rightarrow 2\,HCOOH + H_2.$$

Dieses Peroxyd, das bei Zimmertemperatur merklich dissoziiert ist, existiert wahrscheinlich nicht in der Gasphase. EGERTON schließt dies daraus, daß der Wasserstoffgehalt der Gase nicht erhöht wird, wenn die Gase durch ein Natronglasrohr geleitet waren, das die Peroxyde zersetzt. Wahrscheinlich werden in der Gasphase $H_2O_2$ und Acetolylperoxyd gebildet.

Eisenoxyd begünstigt offenbar die Oberflächenreaktionen.

Besondere Versuche zeigten, daß die Ausbeute an sonstigen Reaktionsprodukten nicht abhängt von der Menge vorhandener Peroxyde. Der Einfluß der Oberfläche ist bei statischen Versuchen schwer exakt nachzuweisen, weil die Oberfläche selbst im Verlauf des Versuches sich ändert. Resultate statischer Versuche (1 at Anfangsdruck), bei denen Proben bei vorgegebenen Drucken entnommen waren, zeigt Tabelle 88.

Daraus folgt: 1. Die bei den Versuchen verbrauchten Mengen Sauerstoff und Propan verhalten sich etwa wie 2 : 1, ebenso wie in PEASEs analogen Versuchen, 2. Kohlenoxyd, Kohlendioxyd und Methanol nehmen ständig zu, wahrscheinlich als Ergebnis der Zersetzung von Produkten der Kettenreaktion, 3. das gebildete Wasser, Wasserstoff und Aldehyd sind dem Umsatzgrad proportional, sind also wahrscheinlich Produkte von Kettenreaktionen, 4. Propylen und Methan scheinen frühzeitig in der Reaktion gebildet zu werden, 5. das Verhältnis von gebildetem Wasser zu verbrauchtem Sauerstoff ist 1 : 1.

[1] Geringe Mengen Säuren sind in die Tabelle nicht aufgenommen.

Tabelle 88. Analyse von Reaktionsprodukten der Propanoxydation, Gemisch 1 $C_3H_8$ : 1 $O_2$ bei 1 at Anfangsdruck. (Nach HARRIS und EGERTON.)

| Gase verbraucht, Mole × $10^4$ | | Reaktionsprodukte, Mole × $10^4$ pro $10^{-3}$ Mol verbrauchte $C_3H_8$ | | | | | | | | | | Temperatur |
|---|---|---|---|---|---|---|---|---|---|---|---|---|
| $C_3H_8$ | $O_2$ | $O_2$ verbraucht | $CO_2$ | CO | $C_3H_6$ | $H_2$ | $CH_4$ | HCHO | RCHO | $CH_3OH$ | $H_2O$ | °C |
| 8,1 | 13,3 | 16,4 | 1,0 | 5,3 | 2,7 | 0,6 | 5,7 | 0,7 | 1,0 | 0,8 | 17,9 | 320 |
| 14,2 | 24,0 | 16,9 | 1,55 | 8,4 | 1,76 | 0,3 | 5,3 | 1,4 | 1,1 | 2,4 | 17,4 | 325 |
| 22,4 | 39,8 | 17,8 | 1,34 | 9,4 | 1,83 | 0,3 | 1,1 | 0,9 | 1,2 | 2,0 | 17,4 | 340 |
| 25,0 | 47,4 | 18,9 | 2,1 | 11,3 | 1,1 | 0,3 | 2,7 | 1,5 | 0,8 | 3,2 | 16,8 | 322 |
| 25,7[1] | 50,2 | 19,5 | 2,3 | 9,7 | 0,7 | 0,3 | 2,6 | 1,2 | 0,6 | 2,7 | 18,2 | 307 |

Besondere Analysen zeigten, daß Umsatzgrad und Druckanstieg einander nicht proportional sind, wahrscheinlich infolge des Zerfalls von Reaktionsprodukten; das ist an sich nicht verwunderlich, wird aber vielfach nicht berücksichtigt und ist auch bei der Beurteilung sonstiger Versuche zu bedenken.

Zusatz einzelner Reaktionsprodukte zur Ausgangsmischung 1 : 1 bei 300 bis 340° C ergab folgendes: Formaldehyd verlängerte die Induktionsperiode[2], Acetaldehyd verkürzte die Induktionsperiode erheblich und vergrößerte die Methanolausbeute; Propylen setzte die Induktionsperiode herab; Methanol war ohne Einfluß.

Der Betrag des gebildeten Propylens in den Reaktionsprodukten ist ziemlich unabhängig vom ursprünglichen Propan : Sauerstoffverhältnis sowie von anfänglichem Zusatz von Propylen. Die Tatsache, daß die relative Propylenmenge in einem frühen Reaktionsstadium größer ist und von der Propankonzentration nicht abhängt, scheint dafür zu sprechen, daß seine Bildung verbunden ist mit Produkten, welche die Reaktion einleiten — vielleicht von Aldehyden aus — und nicht durch direkte Reaktion des Propans.

PEASE[3] hat neuerdings den zuerst von ihm beobachteten „negativen Temperaturkoeffizienten" bei der Propanoxydation weiter untersucht. Er hatte gefunden, daß die Reaktionsgeschwindigkeit der Propanoxydation bei 270°, unterhalb der Grenze für kalte Flammen, in einem unbelegten Pyrexgefäß von der Sauerstoffkonzentration unabhängig und etwa der 1 bis 2 Potenz der Propankonzentration proportional war.

[1] Spur Acetaldehyd zugefügt zur Abkürzung der Induktionsperiode.

[2] Im Hinblick auf unsere mehrfach hervorgehobene Feststellung, daß die „Alles-oder-Nichts"-Reaktion der Propanoxydation sowie die analogen, mit kalten Flammen verbundenen Vorgänge bei höheren Paraffinen, Olefinen, Naphthenen usw. als Explosion zu verstehen ist, die beim Stadium der Aldehyde und deren Zerfallsprodukten abgestoppt wird, ist die hier nachgewiesene hemmende Wirkung von Formaldehyd vielleicht nicht ohne Interesse.

[3] PEASE, R. N.: J. Amer. chem. Soc. Bd. 60 (1938) S. 2244. — Vgl. dazu D. M. NEWITT u. Mitarbeiter: J. chem. Soc. 1937, S. 1656, 1665, 1669.

NEWITT fand oberhalb der Grenze für kalte Flammen, aber unter dem wahren Zündpunkt, daß das äquimolekulare Gemisch das reaktionsfähigste ist (bei 360 mm Hg und 408° C), d. h. die Reaktionsgeschwindigkeit etwa proportional dem Produkt aus $O_2$ und Propankonzentration. PEASE wiederholte NEWITTs Versuche in etwas modifizierter Form in einem mit $HNO_3$ und $H_2O$ gereinigten Pyrexgefäß bei 400°. Er findet nun die Geschwindigkeit sowohl von $O_2$ wie von Propan-Konzentration abhängig, und zwar wohl einer höheren als der I. Potenz proportional. Das spricht für zwei verschiedene Reaktionsmechanismen oberhalb und unterhalb des „Kalt-Flammen"-Gebietes.

Es wurden dann eine Reihe von Versuchen in Abständen von 10° zwischen 300 und 430° ausgeführt, wobei nach NEWITTs Ergebnissen das Kaltflammengebiet etwa zwischen 290 und 320° gekreuzt wurde. Da aber NEWITT ein Gefäß von 5,5, PEASE eins von 2,0 cm Durchmesser benutzte, so befand er sich vielleicht gerade außerhalb des Kalt-Flammengebietes. In den Druckregistrierungen wurden keine Andeutungen von kalten Flammen gefunden. Extrapolierte Kurven liefern für das untere Gebiet eine Aktivierungsenergie von $\sim 29$ kcal, für das obere etwa 38 kcal.

## 5. Die langsame Oxydation weiterer Kohlenwasserstoff-Verbindungen, kalte Flammen[1].

### a) Die Arbeiten von PRETTRE.

PRETTRE[2] hat zuerst die mit der langsamen Oxydation von Paraffinen, Olefinen, Naphthenen, Alkoholen, Aldehyden, Äthern verbundenen Leuchterscheinungen und Entzündungsgebiete eingehender studiert; wie wir sehen werden, dürften diese Phänomene (denen wir schon gelegentlich begegneten, S. 382, 422) durch die gleichen chemischen Reaktionen verursacht sein, die z. B. für den Klopfvorgang im Motor verantwortlich sind. Nachdem es gelungen ist, kalte Flammen im Motor selbst nachzuweisen, dürfte der Zusammenhang als bewiesen anzusehen sein[3].

Das Auftreten einer Lumineszenz sowie von „kalten Flammen" bei Brennstoffdampf-Luftgemischen wurde zuerst von PERKIN[4] bei

---

[1] Vgl. hierzu die Vorträge zum Jubiläum der Bach-Englerschen Autoxydationstheorie. Acta Physicochimica Bd. 9 (1938) Heft 3/4, die hier nicht mehr berücksichtigt werden konnten.

[2] PRETTRE, M.: Ann. Off. nat. Comb. liquides Bd. 6 (1931) S. 7, 269, 533; Bd. 7 (1932) S. 699; Bd. 11 (1936) S. 669. — Bull. Soc. chim. Fr. (4) Bd. 51 (1932) S. 1132. Vgl. ferner M. PRETTRE: The Science of Petroleum, Bd. IV, S. 2950ff. Oxford 1938.

[3] PELETIER, L. A., S. G. VAN HOOGSTRATEN, J. SMITTENBERG u. P. L. KOOYMAN: Chal. et Ind. Jan. 1939.

[4] PERKIN, W. H.: J. chem. Soc. Bd. 41 (1882) S. 363; ähnliche Beobachtungen stammen von G. S. TURPIN: Brit. Assoc. Rept. Bd. 75 (1890) S. 776. — DIXON, H. B.: J. chem. Soc. Bd. 75 (1899) S. 600. — Rec. Trav. chim. Pays-Bas Bd. 46 (1925) S. 305. — SMITHELLS: Brit. Assoc. Rept. 1907, S. 469. — GILL, F., E. W. MARDELS u. H. C. TETT: Trans. Faraday Soc. Bd. 24 (1928) S. 574.

Kohlenwasserstoffen, Äthern, Fettsäuren (auch Schwefelkohlenstoff) bei Temperaturen von etwa 200 bis 250° C aufwärts entdeckt; bei dieser mit Lichtemission verbundenen Oxydation tritt keine rapide Temperatursteigerung ein wie bei der normalen Verbrennung, wenn auch, wie wir später sehen werden (S. 439), mit dem Auftreten der kalten Flamme eine gewisse Temperaturerhöhung (der Größenordnung 100° C) verbunden ist, und wenn auch die kalte Flamme unter bestimmten Bedingungen in eine reguläre Entzündung übergehen kann.

Lumineszenzerscheinungen bei der Oxydation sind nach PRETTRE mit fast allen Brennstoffen (außer $H_2$) zu erhalten, allerdings zeigen Methan, Kohlenoxyd und Benzol-Kohlenwasserstoffe die Erscheinung nur in einem engen Temperaturintervall (Größenordnung einige 10° C) unter der eigentlichen Entzündungstemperatur sowie während der der Zündung vorausgehenden Induktionsperiode.

Zur Beobachtung der Lumineszenz leitete PRETTRE das getrocknete Brennstoffdampf-Luftgemisch mit bekannter Strömungsgeschwindigkeit (zwischen etwa 0,3 und 6 L pro h) durch ein Reaktionsgefäß aus Pyrexglas oder Quarz (je nach der Versuchstemperatur) von 5,4 cm innerem Durchmesser und 10 cm Länge, mit $1^1/_2$ mm weiten Zu- und Ableitungen an den Enden, das in einem elektrischen Ofen mit seitlichem Sichtfenster erhitzt wurde.

Leitet man z. B. ein Pentan-Luftgemisch mit Luftüberschuß durch das Reaktionsgefäß, indem man dieses langsam anheizt, so wird im verdunkelten Raum bei etwa 240° eine schwache, fahlblaue Lumineszenz sichtbar, deren Intensität bis 300 bis 330° rasch ansteigt und dann konstant wird; von etwa 525 bis 550° an ist die Lumineszenz neben dem Glühen der Wandungen nicht mehr zu erkennen. Zündung setzt erst bei 660 bis 670° ein, mit einer blauen Flamme, ähnlich der des Kohlenoxyds[1]. Dabei erlischt und zündet die Flamme etwa alle $^1/_2$ s. Wahrscheinlich handelt es sich auch im wesentlichen um die Verbrennung von CO (und evtl. $H_2$), da die Vorreaktion zu diesen Produkten geführt hat.

Die Temperatur, bei der hier Lumineszenz einsetzt, liegt in der Nachbarschaft derjenigen, bei welcher LEWIS[2] und DUMANOIS und MONDAIN-MONVAL[3] beim Erhitzen von Pentan-Luftmischungen in geschlossenen Gefäßen (ersterer bei Atmosphärendruck, letztere bei etwa 5 at) Zündung erhalten hatten, sofern die Mischung Pentanüberschuß enthielt, nämlich zwischen 220 und 255°. Bei Luftüberschuß erhielten sie nur einen Knickpunkt in der Temperaturdruckkurve als Zeichen, daß Reaktion einsetzte.

Mit Brennstoffüberschuß beobachtet man eine bei etwa 220° einsetzende Lumineszenz, deren Intensität bei $\sim 240°$ erheblich zunimmt,

---

[1] Vgl. S. 411, 420.

[2] LEWIS, J. ST.: J. chem. Soc. 1927, S. 1555; 1929, S. 759; 1930, S. 58.

[3] DUMANOIS, P. u. P. MONDAIN-MONVAL: Ann. Off. nat. comb. liquides Bd. 3 (1929) S. 892. — C. R. Acad. Sci., Paris Bd. 187 (1928) S. 892.

bis bei $\sim 260°$ eine ziemlich helle „kalte" Flamme auftritt, die ihren Ausgang nimmt an dem Ende des Reaktionsgefäßes, aus dem die verbrannten Gase austreten, und die langsam dem Gasstrom entgegen wandert, dabei in etwa 1 s das Gefäß durchlaufend (d. h. also mit einer Geschwindigkeit von $\sim 10$ cm/s). Diese Flammen folgen in bestimmten Zeitabständen aufeinander, werden aber mit steigender Temperatur immer langsamer und diffuser, bis sie bei etwa 290° völlig verschwinden. Dagegen bleibt eine Lumineszenz mit Zonen maximaler Helligkeit, die wie in den Versuchen mit mageren Gemischen langsam gegen den Gasstrom wandern. Bei 350° findet nur eine über das ganze Rohr gleichmäßige, lumineszente Oxydation statt; bei 670° bis 710° setzt Zündung an der Gaseintrittsstelle ein, und zwar wieder pulsierende Verbrennung. Diese ist offenbar dadurch bedingt, daß Strömungsgeschwindigkeit und normale Verbrennungsgeschwindigkeit nicht so aufeinander abgestimmt sind, daß sich eine stationäre Flamme halten könnte. Tabelle 89 gibt einen Überblick über die Erscheinungen beim Pentan.

Tabelle 89. Lumineszenz und kalte Flammen in Pentan-Luftmischungen. (Nach PRETTRE.)

| % Pentan in Luft | Strömungsgeschwindigkeit L/Stunde | $\Theta_1$ | $\Theta_2$ | $t_1$ | $t_2$ | T ° C |
|---|---|---|---|---|---|---|
| 2,6 | 5,40 | 225 | 237 | 263 | 285 | 672 |
| 4,05 | 6,50 | 221 | 240 | 262 | 292 | 681 |
| 6,15 | 5,80 | 225 | 235 | 261 | 286 | 710 |
| 11,8 | 6,20 | 230 | 246 | 260 | 277 | keine Zündung |

$\Theta_1$ = Temperatur des Beginns der Lumineszenz.
$\Theta_2$ = Temperatur, bei der starke Intensitätszunahme einsetzt.
$t_1$ = Beginn der kalten Flammen.
$t_2$ = Ende der kalten Flammen.
$T$ = Temperatur der Entzündung.

Daß die kalten Flammen immer am Ausgang des Reaktionsgefäßes entstehen, deutet darauf hin, daß das Gasgemisch erst durch eine Vorreaktion vorbereitet sein muß, d. h. daß eine bestimmte Induktionszeit bis zum Auftreten der kalten Flamme notwendig ist, vgl. S. 443ff[1].

Die kalten Flammen sind auch, allerdings schwerer, in einer statischen Anordnung zu erkennen, wobei sich Induktionszeiten von etwa 20 bis zu 92 s ergeben.

Bei den höheren Kohlenwasserstoffen sind die Erscheinungen analog, nur treten sie bei um so niedrigerer Temperatur auf, je länger die C-Atomkette normaler Paraffine ist, vgl. Tabelle 90.

Die Tabelle läßt erkennen, daß in der Reihe der $n$-Paraffine die Temperatur des Beginns der Lumineszenz mit wachsender C-Atomzahl ständig fällt, daß diese Temperatur aber beim Übergang zum ent-

[1] In Ausnahmefällen — z. B. beim Äthyläther neuerdings auch bei Paraffinen — kann man „kalte Flammen" auch in einem kalten Gemisch durch geeignete Zündung von einer Stelle aus erhalten, vgl. S. 472.

Tabelle 90. Temperaturen des Auftretens von Lumineszenz. (Nach PRETTRE[1].)

| Propan °C | n-Pentan °C | n-Hexan °C | n-Heptan °C | n-Octan °C | Penten °C | Cyclohexan °C | Cyclohexen °C | Benzol °C | Toluol °C |
|---|---|---|---|---|---|---|---|---|---|
| 225 bis 270 | 225 bis 242 | 220 bis 230 | 210 bis 230 | 200 bis 215 | 260 bis 270 | 235 bis 260 | 255 bis 260 | 670 | 600 |

sprechenden Olefin steigt (Pentan-Penten), ebenso beim Übergang vom Paraffin zum Naphthen (Hexan-Cyclohexan), daß auch bei den zyklischen Verbindungen ungesättigter Charakter die Reaktionsfähigkeit wieder verringert (Cyclohexan-Cyclohexen), und daß schließlich die Aromaten ganz außerordentlich viel schwerer angegriffen werden als alle anderen Verbindungen.

Die Erscheinung, daß die Ungesättigten schwerer reagieren als die entsprechenden Gesättigten (im Gegensatz zu den allerersten Gliedern der Reihe), wird uns immer wieder begegnen und muß offenbar ihren Grund darin haben, daß der Doppelbindung kettenabbrechende Wirkung bei der Oxydationsreaktion zukommt, vgl. S. 382.

Einen Überblick über das Verhalten der Paraffine gibt die nebenstehende Tabelle 91; die Bezeichnungen sind darin die gleichen wie oben. Die Reihenfolge, in welcher hier die Lumineszenz und die kalten Flammen mit abnehmender Temperatur auftreten, ist genau die gleiche wie die der abnehmenden Klopffestigkeit im Motor. Das Material weiterer Beobachtungen, das wir später noch kennenlernen werden, läßt kaum einen Zweifel daran aufkommen, daß die hier beobachteten und die im Motor zum Klopfen führenden Reaktionen identisch sind[3]; das wird

Tabelle 91. Lumineszenz, kalte Flammen und Entzündung von Paraffinen in Mischung mit Luft. (Nach PRETTRE.)

| Stoff | % in Luft | $\Theta_1$ | $\Theta_2$ | $t_1$ | $t_2$ | Temperatur °C |
|---|---|---|---|---|---|---|
| $CH_4$ | 5,3 | 740 | | | | 770 |
| | 18,5 | 690 | | | | 730 |
| $C_2H_6$ | 4,2 | 380 | 410 | | | 660 |
| | 8,9 | 350 | 370 | | | 675 |
| $C_3H_8$ | 3,5 | 270 | 310 | | | 665 |
| | 6,3 | 265 | 305 | | | 672 |
| | 14,3 | 255 | 290 | 304 | 310 | keine Entzündung |
| $C_5H_{12}$ | 2,1 | 242 | 260 | | | 670 |
| | 4,05 | 221 | 240 | 262 | 292 | 681 |
| | 16,55 | 225 | 244 | 259 | 270 | keine Entzündung |
| $C_6H_{14}$ | 2,05 | 230 | 255 | | | 684 |
| | 5,20 | 220 | 244 | 255 | 270 | 672 |
| $C_7H_{16}$ | 1,55 | 230 | 245 | | | 686 |
| | 5,25 | 210 | 232 | 259 | 269 | 695 |
| $C_8H_{18}$[2] | 0,95 | 215 | 230 | | | 670 |
| | 2,10 | 200 | 220 | 252 | 270 | 684 |

[1] Nach der Zusammenstellung: Science Bd. 4 S. 2953.

[2] Bei 252° heftige Verbrennung.

[3] Das besagt natürlich nicht, daß sie in allen Einzelheiten identisch sind; hier dürfte z. B. der Wand viel größere Bedeutung zukommen als im Motor.

insbesondere dadurch bewiesen, daß es gelingt, auch im Motor kalte Flammen nachzuweisen[1].

*Äthylen* zeigt eine Oxydation unter Lumineszenz erst ab 420°, ist also hier, ebenso wie die höheren Olefine, oxydationsbeständiger als das Paraffin; im Motor ist es aber weniger klopffest als das Äthan. Zweifellos spielen bei der langsamen Oxydation und den kalten Flammen noch Wandeinflüsse eine Rolle, wie sie im Motor nicht vorhanden sind, so daß nicht immer eine unmittelbare Korrelation möglich ist.

*Methanol* zeigt Lumineszenz über ein größeres Temperaturintervall, im Gegensatz zum Methan, beginnend bei etwa 395 bis 410°; Zündung setzt unter PRETTREs Versuchsbedingungen (in strömendem System) bei 540 bis 560° C ein.

*Äthanol* verhält sich analog, die Lumineszenz beginnt bei 330° bis 370°; Zündung bei etwa 550 bis 570°. Bei allen Temperaturen zeigt Äthanol intensivere Lumineszenz als Äthan.

*Propanol* entspricht dem Äthanol, die Lumineszenz setzt etwa 25 bis 30° tiefer ein.

*Amyl-* und *iso-Amylalkohol* verhalten sich etwa gleich; die Lumineszenz beginnt bei 300°, Zündung setzt bei 510° ein. In sehr alkoholreichen Mischungen beginnt die Lumineszenz bei 295°, nimmt rapide zu und bei 303 bis 307° läuft eine sehr brillante Flamme durch die Mischung, jedesmal von einer zweiten, weniger hellen Flamme gefolgt. Die Oxydation der Alkohole ist der des Amylens sehr ähnlich, ist aber unter 300° sehr viel schwächer als die des Pentans und i-Pentans.

*n-Heptylalkohol* zeigt ab 260° Lumineszenz, glänzende Flammen durchlaufen zwischen 275 bis 277 und 280 bis 290° brennstoffreiche Mischungen. Darüber erfährt der Heptylalkohol nur eine langsame Oxydation, begleitet von einer Lumineszenz, die etwa ebenso intensiv ist wie die des Heptans. Das Kondensat von flüssigen Reaktionsprodukten der höheren Alkohole enthält neben Aldehyden auch Alkohole niederen Molekulargewichts.

Ersetzen eines H-Atoms durch OH in einem Kohlenwasserstoff hat nach PRETTRE zur Folge:

1. Vermehrung der Oxydierbarkeit oberhalb 300°, besonders bei den ersten Gliedern der Reihe;

2. Verringerung der Oxydationsneigung unter 300°.

Von Aldehyden wurden *Acetaldehyd* und *Butyraldehyd* untersucht; Acetaldehyd stellt nach PRETTRE bei allen Kohlenwasserstoffen, die die Erscheinung der kalten Flammen zeigen, das Hauptreaktionsprodukt zwischen 200 und 300° dar.

Acetaldehyd-Luftmischungen mit 5 bis 45% Aldehyd zeigen Lumineszenz ab 200 bis 210°. Bei 240° wird diese sehr intensiv, „Entflammung“

[1] PELETIER, L. A., S. G. VAN HOOGSTRAATEN, J. SMITTENBERG u. P. L. KOYMAN: Chal. et Ind., Januar 1939.

tritt für alle Mischungen zwischen 256 bis 263 und 285 bis 290° ein. Die lebhafte Verbrennung der Mischungen mit geringem Aldehydüberschuß nimmt eine explosive Form an, wie sie bei Kohlenwasserstoff-Luftmischungen niemals beobachtet wird. Oberhalb 285 bis 290° treten keine Flammen mehr auf; die normale Entzündung erfolgt bei etwa 350°, vgl. oben S. 382.

Butyraldehyd verhält sich ganz analog, die Erscheinungen treten auch bei etwa den gleichen Temperaturen ein, nur erfolgt die reguläre Zündung bei 400°.

Acetaldehyd in kleiner Konzentration beschleunigt die Oxydation von Paraffinkohlenwasserstoffen in dem Gebiet der Lumineszenz.

Die Lumineszenz des Äthyläthers ist am längsten bekannt (Perkin, zitiert S. 430); sie setzt bereits bei 170 bis 180° ein, bei 210° ist sie selbst im unverdunkelten Raum sichtbar und bei 220 bis 230°, je nach der Konzentration, setzen kalte Flammen ein, die in ihrer Intensität und Geschwindigkeit etwa denen beim *n*-Octan entsprechen. Bei weiterer Temperatursteigerung gehen diese kontinuierlich in die gewöhnliche Verbrennung über, gegen 240 bis 250°. Die bei Kohlenwasserstoffen vorhandenen beiden Zündgebiete gehen hier also kontinuierlich ineinander über. Sowohl bei der langsamen Oxydation als auch bei der lebhaften Verbrennung ätherreicher Gemische entsteht Acetaldehyd in großen Mengen.

Ist der Äthyläther peroxydhaltig, so tritt bei der Temperatur, bei der sonst die Lumineszenz begonnen hätte, ~170° C, eine sehr heftige, mit Zerstörung der Apparatur verbundene Explosion ein. Vor der Explosion ist keinerlei Lumineszenz zu sehen[1].

Di-n-Butyläther ist viel oxydationsbeständiger als der Äthyläther, was im Hinblick auf das Verhalten der Paraffine mit wachsender Kettenlänge sehr merkwürdig ist, aber auch durch Erfahrungen über das Klopfverhalten von Äthern gestützt wird[2] (Diisopropyläther, der von Propylen aus Crackgasen als Ausgangsprodukt in großen Mengen technisch gewonnen werden kann, ist hoch klopffest und wird zur Herstellung klopffester Fliegerbenzine benutzt[3]). Trotzdem verhält sich der Butyläther dem Äthyläther bei tiefen Temperaturen analog; jedoch setzt die normale Entzündung, je nach den Versuchsbedingungen, erst bei 290 bis 350° ein. Bei der langsamen Oxydation werden ebenfalls Aldehyde in großen Mengen erhalten, darunter vorwiegend Butyraldehyd.

Säuren scheinen sich den Alkoholen analog zu verhalten, vielleicht etwas oxydationsbeständiger zu sein als diese.

---

[1] Nach Rieche sind wahrscheinlich Alkylidenperoxyde der Form 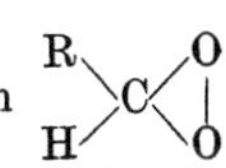

für die heftige Explosion verantwortlich: Z. angew. Chem. Bd. 44 (1931) S. 896.

[2] Vgl. Kap. XII, S. 550.

[3] Vgl. etwa G. Egloff: J. Inst. Petrol. Technologists Bd. 23 (1937) S. 645. — Egloff, W. H. Hubner u. P. M. van Arsdell: Chem. Rev. Bd. 22 (1938) S. 175.

Zusatz von Peroxyden (untersucht wurde Monoäthylhydroperoxyd) wirkt beschleunigend auf die Oxydation von Kohlenwasserstoffen (PRETTRE untersuchte n-Butan), und zwar entsprechen 0,6% dieses Peroxyds in ihrer Wirksamkeit etwa 3 bis 4% Acetaldehyd. Peroxyde des gleichen Typs (Dimethylperoxyd, Oxyäthylmethylhydroperoxyd) sind von MONDAIN-MONVAL und QUANQUIN[1] bei der lumineszenten Hexanoxydation in der Gegend von 300° C nachgewiesen worden[2].

PRETTRE[3] hat schließlich auch noch den Einfluß von Antiklopfmitteln, besonders von Bleitetraäthyl[4] auf die Lumineszenz und die Zündung von Kohlenwasserstoffen untersucht. Die vor PRETTRE ausgeführten Untersuchungen über die Pb $(Aeth.)_4$-Wirkung auf die Kohlenwasserstoffoxydation schienen wiedersprechend. Nach den Versuchen von DUMANOIS, AUBERT und PIGNOT[5] sowie LOVELL, COLEMAN und BOYD[6] über die Geschwindigkeit der lebhaften Verbrennung sowie von BONE[7], LEWIS[8] und DUMANOIS[9] und MONDAIN-MONVAL über die langsame Verbrennung schien eine Hemmung durch Antiklopfmittel vorzuliegen. Dagegen hat nach EGERTON und GATES[10] sowie DUMANOIS und LAFFITTE[11] $Pb(Aeth.)_4$ keinen Einfluß auf Entstehung und Geschwindigkeit der Detonationswelle. Jedoch verlangsamt nach EGERTON und GATES $Pb(Aeth.)_4$ die Verbrennung von 3% Pentan in Luft.

---

[1] MONDAIN-MONVAL, P. u. B. QUANQUIN: C. R. Acad. Sci., Paris Bd. 189 (1929) S. 917, 1194; Bd. 191 (1930) S. 299. — Bull. Soc. chim. Ind. Mulhouse Bd. 96 (1930) S. 265. — Ann. Off. nat. Comb. liquides Bd. 5 (1930) S. 307. — Ann. Chim. (10) Bd. 15 (1931) S. 309. — Vgl. auch A. G. WHITE u. T. W. PRICE: J. chem. Soc. Bd. 115 (1919) S. 1462.

[2] Vgl. hierzu jedoch die sorgfältigen Untersuchungen von EGERTON, XII. Kap., S. 530 ff.

[3] PRETTRE, M.: Ann. Off. nat. Comb. liquides Bd. 6 (1931) S. 533.

[4] Bleitetraäthyl als wirksamstes „Antiklopfmittel" wurde 1922 von MIDGLEY entdeckt [MIDGLEY, T.: S.A.E. J. Bd. 1 (1922) S. 7, 218, 374, 451; Bd. 4 (1922) S. 589, 849]; vgl. dazu R. E. WILSON: Industr. Engng. Chem. Bd. 29 (1937) S. 239. — MIDGLEY, T.: Industr. Engng. Chem. Bd. 29 (1937) S. 241.

[5] PIGNOT, A.: C. R. Acad. Sci., Paris Bd. 182 (1926) S. 376. — AUBERT, M., A. PIGNOT u. J. KILLEY: C. R. Acad. Sci., Paris Bd. 185 (1927) S. 1111. — AUBERT, M., P. DUMANOIS u. A. PIGNOT: C. R. Acad. Sci., Paris Bd. 186 (1928) S. 1298.

[6] LOVELL, W. G., J. D. COLEMAN u. T. A. BOYD: Industr. Engng. Chem. Bd. 19 (1927) S. 373.

[7] BONE, W. A. u. DRUGMAN: J. chem. Soc. Bd. 89 (1906) S. 660, 939. — BONE, DRUGMAN u. ANDREWS: J. chem. Soc. Bd. 89 (1906) S. 1614.

[8] LEWIS, J. ST.: J. chem. Soc. Bd. 132 (1929) S. 759; Bd. 135 (1930) S. 58; Bd. 136 (1927) S. 1555.

[9] DUMANOIS, P. u. P. MONDAIN-MONVAL: C. R. Acad. Sci., Paris Bd. 187 (1928) S. 892. — Ann. Off. nat. Comb. liquides Bd. 3 (1929) S. 892.

[10] EGERTON, A. C. u. S. F. GATES: J. Inst. Petrol. Technologists Bd. 13 (1927) S. 244, 256, 273, 281. — Proc. roy. Soc., Lond. A Bd. 114 (1927) S. 137, 152; Bd. 116 (1927) S. 516.

[11] DUMANOIS, P. u. P. LAFFITTE: C. R. Acad. Sci., Paris Bd. 186 (1928) S. 146.

Der verschiedenartige Einfluß von Antiklopfmitteln auf Zündtemperaturen läßt sich nach PRETTRE einfach verstehen; alle Zündtemperaturen, die so bestimmt sind, daß bei ihnen das Kaltflammengebiet eine Rolle spielt, werden von Antiklopfmitteln stark beeinflußt, während solche, die sich auf die gewöhnliche Zündung bei hohen Temperaturen beziehen, viel weniger empfindlich sind. So lassen sich die anscheinenden Widersprüche leicht beseitigen.

Bleitetraäthyl (in Form von Äthylfluid: 55% [Pb(Aeth.)$_4$, 36% Äthylenbromid und 9% Monochlornaphthalin] drängt die Lumineszenzerscheinungen und kalten Flammen bei Paraffinen weitgehend zurück; die Lumineszenz erscheint erst bei höheren Temperaturen als in den reinen Stoffen und die kalten Flammen treten überhaupt nicht mehr auf (Tabelle 92).

Tabelle 92. Einfluß von Bleitetraäthyl auf das Oxydationsverhalten von Kohlenwasserstoffen. (Nach PRETTRE.)

| Kohlenwasserstoff | Äthylfluid % in Kohlenwasserstoff | % Kohlenwasserstoff in Luft | $\Theta_1$ | $\Theta_2$ | $t_1$ | $t_2$ | Temperatur °C |
|---|---|---|---|---|---|---|---|
| $C_5H_{12}$ | 0,4 | 2,35 | 310 | 345 | keine | Flamme | 670 |
| | 0,4 | 3,85 | 340 | 364 | „ | „ | 710 |
| | 0,4 | 6,75 | 310 | 350 | „ | „ | keine Zündung |
| | 0,4 | 11,55 | 287 | 330 | „ | „ | „ „ |
| $C_6H_{14}$ | 0,4 | 4,05 | 280 | 290 | „ | „ | 748 |
| | 0,4 | 8,65 | 291 | 310 | „ | „ | keine Zündung |
| | 0,6 | 4,15 | 335 | 370 | „ | „ | 751 |
| $C_7H_{16}$ | 0,4 | 3,70 | 265 | 270 | „ | „ | 741 |
| | 0,6 | 4,10 | 300 | 320 | „ | „ | keine Zündung |
| | 0,8 | 3,95 | 360 | 405 | „ | „ | „ „ |

Auch Benzolzusatz (zu Pentan) wirkt ähnlich wie Bleitetraäthyl, aber erst in sehr viel höheren Konzentrationen, wie ja auch Benzol als „Antiklopfmittel" sehr viel weniger wirksam ist als Blei (vgl. Kap. XII, S. 558).

Im Zusammenhang mit PRETTREs Untersuchungen vgl. die Beobachtungen von TOWNEND und Mitarbeitern bei höheren Drucken (S. 468ff.).

### b) Genauere Untersuchungen der kalten Flammen bei Pentan.

Zur Frage des Mechanismus der kalten Flammen sind neben den Arbeiten PRETTREs die Untersuchungen von NEUMANN und AIVAZOV[1] an Pentan besonders aufschlußreich, die wir zunächst besprechen wollen.

[1] NEUMANN, M. B. u. B. V. AIVAZOV: Nature, Lond. Bd. 135 (1935) S. 655. — Acta Physicochim., URSS. Bd. 4 (1936) S. 575. — Z. phys. Chem. Abt. B Bd. 33 (1936) S. 349. — ANDREEV, E. A.: Acta Physicochim. Bd. 6 (1937) S. 57. — AIVAZOV, B. V. u. M. B. NEUMANN: Acta Physicochim. Bd. 6 (1937) S. 279. — Vgl. ferner A. EGERTON u. PIDGEON: J. chem. Soc. 1932, S. 661, 676.

Pentan-Sauerstoffmischungen zeigen bei der Oxydation die Erscheinung des negativen Temperaturkoeffizienten (vgl. S. 422) sehr ausgeprägt (Abb. 209, die gleichzeitig erkennen läßt, wie sehr die Reaktionsgeschwindigkeit mit dem Druck zunimmt).

Bei den genaueren Untersuchungen wurde ein 25 cm langes zylindrisches Quarzgefäß verwandt, das durch ein in dem elektrischen Ofen angebrachtes Sichtfenster beobachtet werden konnte. Die Gase wurden vorher gemischt und dann in das evakuierte Reaktionsgefäß eingelassen. Der Druck in dem Reaktionsgefäß wurde mittels eines Glasmembranmanometers registriert, dessen Empfindlichkeit 0,03 mm Hg betrug. Ein typischer Druckverlauf beim Auftreten kalter Flammen ist in Abb. 204 reproduziert; das Stück $AB$ entspricht dem letzten Teil der Erwärmung

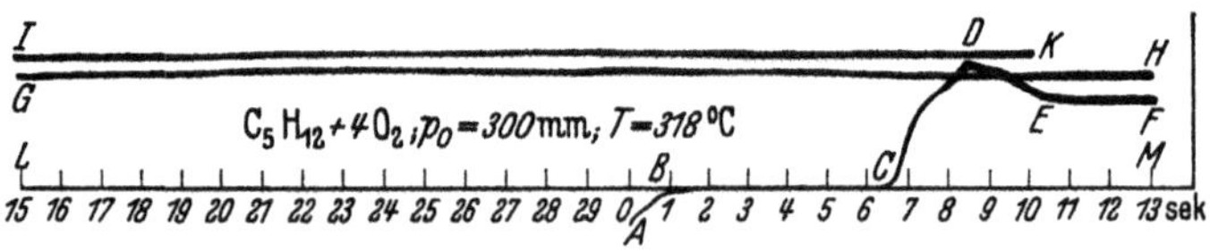


Abb. 204. Druckregistrierung beim Auftreten kalter Flammen in Pentan-Sauerstoffmischungen. (Nach NEUMANN u. AIVAZOV, zitiert S. 437.) Vgl. Text.

des Gemisches auf Reaktionstemperatur; danach bleibt der Druck einige Zeit konstant, steigt darauf anfänglich langsam, dann sehr schnell an, $CD$. Das Intervall $CD$ entspricht dem Auftreten der kalten Flammen. Danach fällt der Druck erst rasch ab, $DE$, und steigt dann langsam und kontinuierlich weiter an. Der Versuch bezieht sich auf eine Mischung von $C_5H_{12} + 4\,O_2$, bei 300 mm Hg und 318° C. Als Induktionsperiode $\tau$ wurde die Zeit gerechnet vom Einlassen des Gemisches bis zu dem plötzlichen Druckanstieg bei $C$.

In einem besonderen Ofen mit Sichtfenster über die ganze Länge wurde das Einsetzen der kalten Flamme beobachtet. Die kalte Flamme setzt immer an der heißesten Stelle des Reaktionsgefäßes ein, einerlei ob diese an einem der Enden oder in der Mitte sich befindet; sie bewegt sich mit einer Geschwindigkeit von etwa 10 cm/s[1]. Die Flamme hat die Form eines Kegels mit dem Scheitel in der Fortpflanzungsrichtung und eine Dicke von etwa 3 cm; sie nimmt daher ungefähr 10% des Reaktionsgefäßes ein.

Genauere Versuche zeigten, daß das Einsetzen der kalten Flamme dem Punkte $C$, das Verschwinden dem Punkt $E$ entspricht. Der Druckabfall von $D$ nach $E$ entspricht daher wahrscheinlich der Abkühlung der Gase hinter der Flammenfront. Mit dieser Annahme und der Feststellung, daß die kalte Flamme etwa 10% des gesamten Gasvolumens ausmacht, kann man aus der beobachteten Druckabnahme $DE$, in einem speziellen Fall z. B. von 12 mm, berechnen, daß in der kalten

[1] Ungefähr die gleiche Geschwindigkeit wird auch in anderen Fällen beobachtet (vgl. S. 432 und 474).

Flamme die Temperatur etwa 200 bis 250° über die der Gefäßwände gestiegen war. AIVAZOV und NEUMANN erwähnen unveröffentlichte

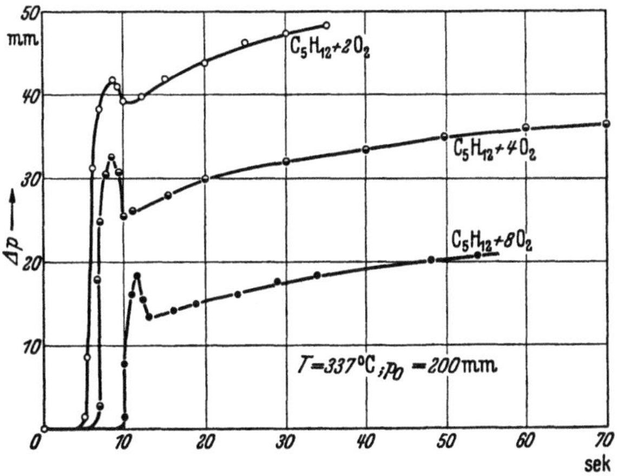


Abb. 205. Auftreten kalter Flammen in verschiedenen Pentan-Sauerstoffmischungen. (Nach NEUMANN u. AIVAZOV, zitiert S. 437.) Der erste steile Druckanstieg entspricht dem Erscheinen der kalten Flamme.

Versuche von SKALOV, nach denen direkte Messungen an kalten Flammen in Äther die gleiche Temperaturerhöhung ergeben haben sollen.

Auch hier erhält man, wie in anderen Fällen, reproduzierbare Resultate nur, wenn eine Reihe von Versuchen im gleichen Reaktionsgefäß hintereinander ausgeführt waren. Einige typische Versuche im Gebiet der kalten Flammen bei variiertem Anfangsdruck sowie variierter Gemischzusammensetzung zeigen die Abb. 205 und 206. Erhöhung des Druckes verkürzt die Induktionsperiode, vergrößert den Druckanstieg in der kalten Flamme und beschleunigt die Reaktion nach der kalten Flamme; Überfettung des Gemisches wirkt analog. Gasanalysen zeigten, daß während der Induktionsperiode praktisch kein Umsatz nachzuweisen ist; CO entsteht während der kalten Flamme bis zu etwa 10 Vol.-%. In der Periode nach dem Durchgang der kalten

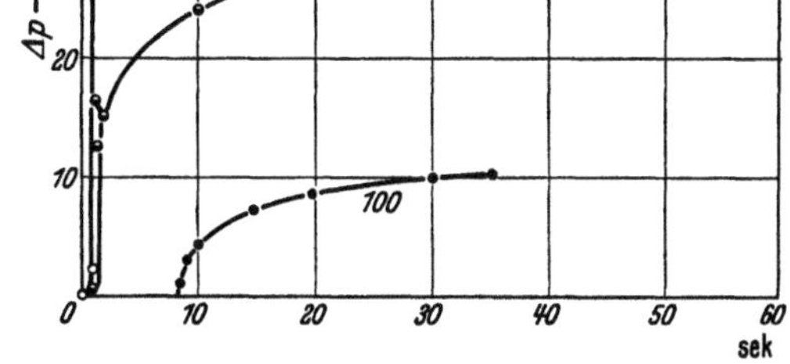


Abb. 206. Auftreten kalter Flammen in $C_5H_{12}+4\,O_2$ bei verschiedenen Drucken. (Nach NEUMANN u. AIVAZOV, zitiert S. 437.)

Flamme steigt die CO-Menge gleichmäßig auf etwa 30 bis 35%; während von $CO_2$ nur sehr wenig ($\sim$1%) gebildet wird. Gegen Ende der Induktionsperiode lassen sich Aldehyde mit SCHIFFs Reagenz nachweisen, deren Konzentration während der kalten Flammen stark zunimmt. Peroxyde (mit KJ und $H_2SO_4$ nachgewiesen) waren am Ende der Induktionsperiode nur in Spuren, nach Durchgang der kalten Flamme sehr deutlich vorhanden.

Die Reaktionsprodukte von 20 Versuchen wurden in einer Falle mit 5 cm³ Wasser gesammelt und analysiert; dabei ergaben sich für Ver-

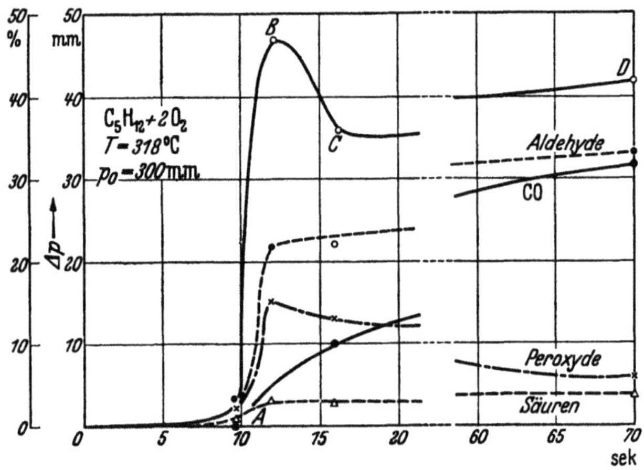


Abb. 207. Konzentration der Reaktionsprodukte während der Oxydation von Pentan (Ordinatenwerte = %) und Druckänderung (mm Hg). (Nach AIVAZOV u. NEUMANN, zitiert S. 437.)

suche mit $C_5H_{12} + 2O_2$ bei 300 mm Anfangsdruck und 318° C die in Abb. 207 reproduzierten Ergebnisse. Die gefundenen Aldehyde scheinen hauptsächlich niedere Aldehyde zu sein. Die Analysen lassen ziemlich deutlich erkennen, daß Druckabfall nach Durchgang der kalten Flammen nicht auf eine mit Abnahme der Molzahl verlaufende chemische Reaktion zurückzuführen ist, sondern wirklich auf den Temperaturabfall.

Für das Auftreten kalter Flammen existiert unter vorgegebenen Bedingungen ein gewisser Mindestdruck, also auch hierin zeigt es sich, daß die kalten Flammen alle äußeren Kennzeichen wahrer Explosion tragen, nur eben nicht bis zur völligen Verbrennung sich zu entwickeln brauchen. Die kritischen Druckgrenzen hängen weitgehend vom Wandmaterial ab; der für das Auftreten der kalten Flammen nötige Druck wurde stark reduziert, wenn man das Glasgefäß durch ein Quarzgefäß[1] gleicher Größe ersetzte (Tabelle 93).

Wurde in das Reaktionsgefäß Pb(Aeth.)$_4$ bei 0,2 mm Druck eingelassen und dieses darauf sorgfältig evakuiert, so waren die Wände derartig

[1] Wandreaktionen der Peroxyde?

Tabelle 93. Gebiet der kalten Flammen für $C_5H_{12}+4O_2$ in Gefäßen von 20 mm Durchmessser, Mindestdrucke.

| | | | | | | | | |
|---|---|---|---|---|---|---|---|---|
| $t^\circ$ C | 304 | 320 | 330 | 340 | 370 | 400 | 430 | 450 |
| $p$ mm Hg Quarz | 300 | 175 | 140 | 115 | 85 | 100 | 130 | 140 |
| $p$ mm Hg Glas | — | 300 | 212 | 170 | 110 | 100 | 130 | 175 |

verändert, daß die Grenzen zu etwa 40° höheren Temperaturen verschoben waren. In der Nähe der Grenzen kann man öfters statt eines einmaligen Druckanstieges einige Absätze im Druckanstieg beobachten. Dies dürfte daher rühren, daß an einer Stelle die kalte Flamme einsetzt, dann aber verlöscht, weil das übrige Gemisch noch nicht genug vorreagiert hat, bis nach einer gewissen Pause (1 bis 5 s) die kalte Flamme in dem restlichen Gemisch sich neu gebildet hat. Ähnliches fand MUNRO[1] bei der Reaktion von Propan mit Sauerstoff[2].

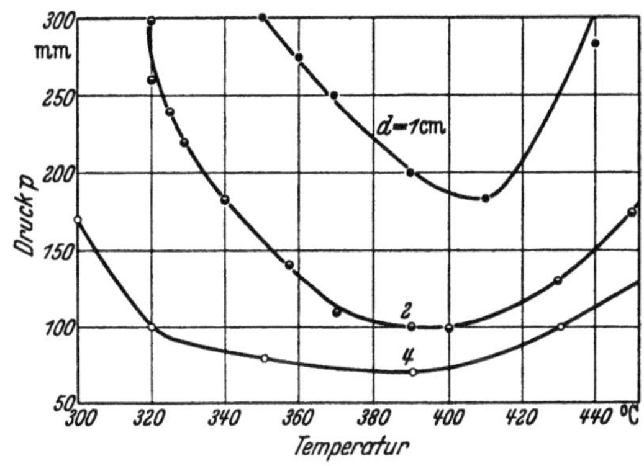


Abb. 208. Kritische Druckgrenzen für Pentan-Sauerstoffmischungen für verschiedene Temperaturen und Gefäßdurchmesser nach NEUMANN und AIVAZOV.

Die Abhängigkeit der kritischen Druckgrenzen vom Gefäßdurchmesser zeigt Abb. 208. Von der Gemischzusammensetzung ist die Lage der Grenzen nur wenig abhängig; die Gemische $C_5H_{12}+4\,O_2$, $C_5H_{12}+2\,O_2$ und $C_5H_{12}+O_2$ ergaben in einem Quarzgefäß praktisch die gleichen Grenzen.

SEMENOFF[3] hatte aus EGERTON und PIDGEONS[4] Versuchen für den zeitlichen Verlauf der Pentanoxydation (mit $C_5H_{12}+4\,O_2$ zwischen 260 und 280° C) unterhalb der Grenze kalter Flammen abgeleitet ($w$ Reaktionsgeschwindigkeit):

$$w = A\,e^{\Phi t}$$

mit

$$\Phi = \text{const}\,p^3\,e^{-35\,500/T}.$$

Ob diesem hohen Wert der Aktivierungswärme von 71 kcal reelle Bedeutung zukommt, erscheint zweifelhaft (vgl. S. 442, 443).

AIVAZOV und NEUMANN führten Versuche oberhalb des Gebietes kalter Flammen aus, mit $C_5H_{12}+8\,O_2$ und $C_5H_{12}+4\,O_2$ bei etwa 500° C. Der Geschwindigkeitsverlauf war hier vom autokatalytischen Typ, wie bei EGERTON und PIDGEON und in vielen anderen Beispielen. Für $\Phi$ in der Formel:

$$\Delta p = A\,e^{\Phi t}$$

erhält man hieraus:

$$\Phi = k\cdot p^{3,4}\,e^{-16\,300/T}.$$

[1] MUNRO: J. Amer. chem. Soc. Bd. 57 (1935) S. 1053.

[2] Vgl. auch M. S. HSIEH u. D. T. A. TOWNEND: J. chem. Soc., Lond. 1939, S. 332, 337, 341.

[3] SEMENOFF: Chain Reactions, Oxford 1935.

[4] EGERTON u. PIDGEON: J. chem. Soc. 1932, S. 661, 676.

Der Wert von 32,6 kcal für die Aktivierungsenergie scheint vielleicht plausibler. Mit Erhöhung von Druck und Temperatur geht die entartete Explosion in eine wahre Explosion über. Diese erfolgte z. B. bei 200 mm Druck und 568° C nach einer Induktionsperiode von 7 s.

AIVAZOV und NEUMANN fassen den Unterschied zwischen der von ihnen für höhere Temperaturen und der von SEMENOFF aus EGERTONs Versuchen abgeleiteten Aktivierungsenergie als Argument dafür auf, daß bei hohen und bei niederen Temperaturen ein verschiedener Reaktionsmechanismus vorliegt. Uns scheinen die so bestimmten scheinbaren Aktivierungsenergien zu unsicher, als daß man weitergehende Folgerungen an sie knüpfen sollte. Jedoch sprechen so vielerlei Gründe dafür, daß der Reaktionsmechanismus bei hohen Temperaturen ein anderer ist als bei niederen, daß die

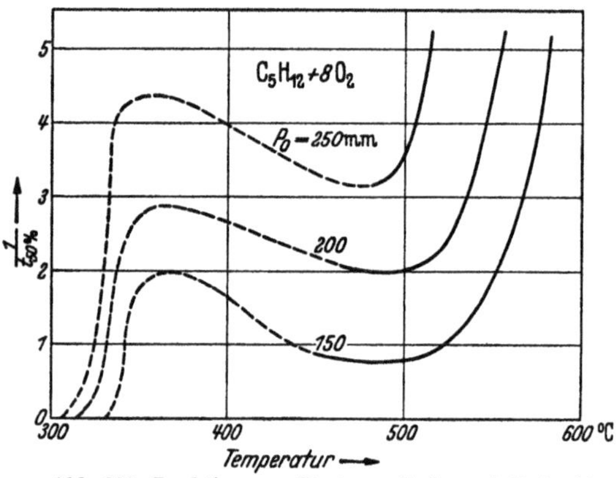


Abb. 209. Reaktion von Pentan mit Sauerstoff in Abhängigkeit von der Temperatur, reziproke Halbwertszeit als Maß. (Nach NEUMANN u. AIVAZOV, zitiert S. 437.)

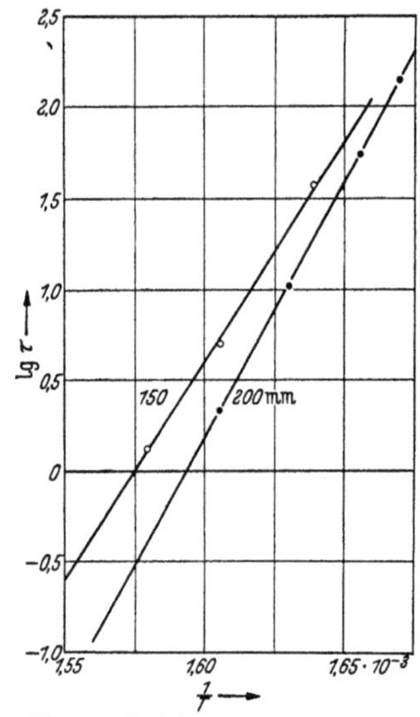


Abb. 210. Induktionszeiten bei kalten Flammen von Pentan (*s*). (Nach NEUMANN u. AIVAZOV, zitiert S. 437.) Für $C_5H_{12}$ + 4 $O_2$.

Schlußfolgerung von AIVAZOV und NEUMANN trotzdem zu Recht bestehen dürfte[1].

Die Temperaturabhängigkeit der Reaktionsgeschwindigkeit, ausgedrückt durch die reziproke Halbwertszeit, ist in Abb. 209 dargestellt, für $C_5H_{12}$ + 8 $O_2$ bei verschiedenen Drucken. Zwischen 360 und 480° besteht ein negativer Temperaturkoeffizient; für die Beurteilung der Reaktionsgeschwindigkeit in diesem Gebiet ist Vorsicht angebracht, da man es wohl immer mit nicht-stationärer Reaktion zu tun hat (vgl. auch n-Heptan, BEATTY-EDGAR, S. 447).

Für die bis zum Einsetzen der kalten Flammen verstreichenden Induktionszeiten gelten, wenigstens unter den Bedingungen der Versuche von AIVAZOV und

[1] Wobei immer wieder daran zu denken ist, daß bei höheren Temperaturen die Reaktion der Zwischenprodukte, insbesondere CO, maßgebend sein kann.

NEUMANN[1], einfache formale Beziehungen, und zwar gilt für die Abhängigkeit von der Temperatur

$$\tau = \text{const}\, e^{+\gamma/T}.$$

Dabei ist $\gamma$ aber noch vom Druck abhängig, für $C_5H_{12}+4\,O_2$ ist z. B. bei $p=200$ mm Hg, $\gamma=64000$, für 150 mm nur 56000. Dies und die absolute Höhe — es ergäbe sich daraus eine Aktivierungsenergie von über 100 kcal — läßt erkennen, daß es sich dabei nur um die scheinbare Aktivierungsenergie eines zusammengesetzten Vorganges handeln kann. Zahlenwerte der auftretenden Induktionsperiode entnimmt man aus Abb. 210. $\tau$ ist, wie auch in anderen Fällen, etwa umgekehrt proportional einer Potenz des Druckes, und zwar derart, daß:

$$\tau(p - p_0)^n = \text{const}$$

ist, mit $n$ etwa $= 2$. $p_0$ ist der Grenzdruck für das Auftreten kalter Flammen. Für 350° C und $C_5H_{12}+4\,O_2$ gilt z. B., wenn der Druck in mm Hg gemessen wird:

$$\tau(p - 95)^2 = 22500.$$

Ebenfalls in Übereinstimmung mit sonstigen Beobachtungen wird gefunden, daß Zunahme der Pentan-Konzentration die Induktionsperiode stark verkürzt (Tabelle 94).

Tabelle 94. Induktionszeit $\tau$ für $C_5H_{12}+x\,O_2$ bei 200 mm Hg und 337° C. (Nach NEUMANN und AIVAZOV.)

| | | | | | | | |
|---|---|---|---|---|---|---|---|
| $x$ . . . . | 1 | 2 | 4 | 8 | 9 | 12 | 16 |
| $a^2$ . . . . | 0,125 | 0,25 | 0,5 | 1 | 1,125 | 1,5 | 2,0 |
| $\tau$ s . . . . | 4,1 | 5,4 | 6,6 | 10,2 | 11,8 | 18,4 | — |

Das Minimum für $\tau$ liegt etwa bei $a = 0{,}1$ in einem Gebiet, in dem sich eine normale Flamme überhaupt nicht mehr fortzupflanzen vermag.

In Abhängigkeit vom Gefäßdurchmesser wurden die folgenden Induktionsperioden bestimmt (Tabelle 95).

PRETTRE[3] findet für die Induktionszeit bis zur Zündung in Pentan-Sauerstoffmischungen

$$\tau \cdot p_{KW} \cdot p_{ges}^2 = \text{const},$$

wo $p_{KW}$ der Partialdruck des Kohlenwasserstoffs und $p_{ges}$ der Gesamtdruck ist. Die für die Temperaturabhängigkeit maßgebende scheinbare Aktivierungswärme wird sehr hoch gefunden (80—100 kcal).

Tabelle 95. Induktionsperiode für kalte Flammen in $C_5H_{12}+4\,O_2$ bei verschiedenem Gefäßdruckmesser bei 300 mm Hg und 390° C.

| | | | |
|---|---|---|---|
| $d$ cm . . . | 1 | 2 | 4 |
| $\tau$ . . . . | 2,2 | 1,2 | 1,0[4] |

Daß Reaktionsketten an der Wand abgebrochen werden, zeigt sich auch in dem Einfluß von Stickstoffzusatz; entsprechende Versuche hatten AIVAZOV und NEUMANN an Butan ausgeführt, die Resultate gelten aber qualitativ sicher in analoger Weise auch für Pentan. Die beiden folgenden Abb. 211 und 212 zeigen einerseits Induktionszeiten

[1] AIVAZOV, B. u. M. NEUMANN: Z. phys. Chem. Abt. B Bd. 33 (1936) S. 349.

[2] $a$ = Sauerstoffüberschußfaktor $= x/8$ (ein Pentan braucht zur völligen Verbrennung 8 $O_2$).

[3] PRETTRE, M.: Ann. Off. nat. Comb. liquides Bd. 11 (1936) S. 669; daselbst sehr umfassendes Versuchsmaterial.

[4] Bei diesem Versuch ging die kalte Flamme in eine reguläre Explosion über.

für $C_4H_{12}+O_2$ mit verschiedenen Stickstoffzusätzen in Abhängigkeit vom Partialdruck $\{C_4H_{10}+O_2\}$, andererseits für ein Gemisch $C_4H_{10}+O_2$ bei 380 mm Hg die Induktionsperiode in Abhängigkeit von der Temperatur $N_2$-Zusätzen. Formal gilt

$$\tau(a+b[N_2])^2 = \text{const.}$$

Durch verschiedene Zusätze wird die Induktionsperiode herabgesetzt, hierzu gehört auch Acetaldehyd, der allerdings verhältnismäßig nur schwach wirksam ist. 1% Acetaldehyd, bezogen auf das Gemisch $C_5H_{12}+2\,O_2$ setzt die Induktionsperiode um etwa 40% herab, 5% Aldehyd (das sind also 15% bezogen auf den Kohlenwasserstoff) verringern sie von 14 auf etwas unter 4 s.

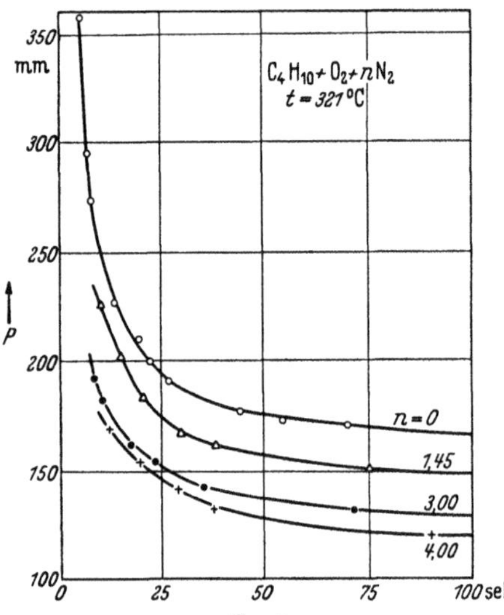


Abb. 211. Induktionszeiten von Butan-Sauerstoffgemischen für verschiedene Drucke und Stickstoffzusätze. (Nach NEUMANN u. AIVAZOV, zitiert S. 437.)

Sehr viel stärker wirkt $NO_2$, das z. B. in einem Gemisch von $C_5H_{12}+2\,O_2$ bei 318° C und 210 mm Hg in einem Glasgefäß von 3 cm Durchmesser die Induktionsperiode von 75 auf 22 s herabsetzt, wenn es in einer Konzentration von nur 0,004% zugefügt wird.

AIVAZOV u. NEUMANN betonen, daß auch außerhalb des Gebietes der kalten Flammen keine stationäre, sondern eine selbstbeschleunigte Reaktion vorliegt. Sie geben (zitiert S. 437) auch auf der Grundlage der SEMENOFFschen Theorie eine Ableitung der erhaltenen formalen Beziehungen, deren Tragweite schwer abzuschätzen ist.

Es ist schon nach den mitgeteilten Kurven (z. B. Abb. 209), sowie angeführten Einzelbeobachtungen wahrer Explosionen naheliegend, anzunehmen, daß durch geringfügige weitere Drucksteigerung oder Erhöhung der Kohlenwasserstoffkonzentration im Gebiet des Geschwindigkeitsmaximums die „kalte Flamme" in eine wahre Explosion übergehen wird. Insbesondere wird man also auch erwarten, daß bei hohen Drucken, wie sie etwa im Explosionsmotor auftreten, Zündtemperaturen erhalten werden, die in der gleichen Gegend, wie die für kalte Flammen, liegen oder sogar noch darunter. Das ist ja auch tatsächlich der Fall, wie etwa die Versuche von TIZARD und PYE[1] zeigen, die für n-Heptan z. B. Zündtemperaturen bis herab zu etwa 280° C ergaben.

[1] TIZARD, H. T. u. PYE: Phil. Mag. Bd. 44 (1922) S. 79.

Gerade über diese Fragen und über den Übergang von den kalten Flammen zur regulären Zündung gibt eine weitere Arbeit von NEUMANN und AIVAZOV[1] Aufschluß. Zunächst hatte ANDREEV[2] beim Butan gezeigt, wie eine kalte Flamme in eine normale Explosion übergehen kann, und daß infolgedessen die Explosion ein zweistufiger Prozeß ist. Er verwandte dazu Mischungen von $C_4H_{10} + O_2$, bei welchen die Explosion ohne Zerstörung der Apparatur verlief. Es wurde ein Quarzreaktionsgefäß benutzt, ebenfalls in Verbindung mit einem registrierenden Glasmembranmanometer. Oberhalb einer gewissen Grenze (z. B. bei 360 mm Hg 321° C) folgt auf die kalte Flamme eine normale Entzündung. In diesem Fall hat man nach Einlassen des Gases in das Reaktionsgefäß erst eine gewisse Induktionsperiode, $\tau_1$, bis zum Einsetzen der kalten Flamme mit entsprechendem Druckanstieg, dann eine weitere Induktionsperiode, $\tau_2$, bis ein neuer plötzlicher Druckanstieg die reguläre Entzündung anzeigt. Das auffallendste dabei ist, daß diese zweite Induktionsperiode mit steigender Temperatur zunimmt[3]. In Abb. 212 sind nach ANDREEV für $p = 380$ mm die Induktionszeiten $\tau_1$ (bis zum Einsetzen der kalten Flamme) und $\tau_2$ (vom Auftreten der kalten Flamme bis zur regulären Zündung) aufgetragen. $\tau_1$ nimmt mit zunehmender Temperatur stark ab, während $\tau_2$ von etwa $^1/_{10}$ s bei 285° bis auf über 2 s bei 440° C ansteigt. Bei niederen Temperaturen (unter ~ 320°) ist für die gesamte Induktionszeit bis zur Zündung $\tau_1$ überwiegend bestimmend, das von einigen s bis zu 275 s bei ~ 275° ansteigt. Zwischen 336 und 352° ist die Kurve für $\tau_2$ unterbrochen; hier treten nur kalte Flammen, aber keine regulären Zündungen auf.

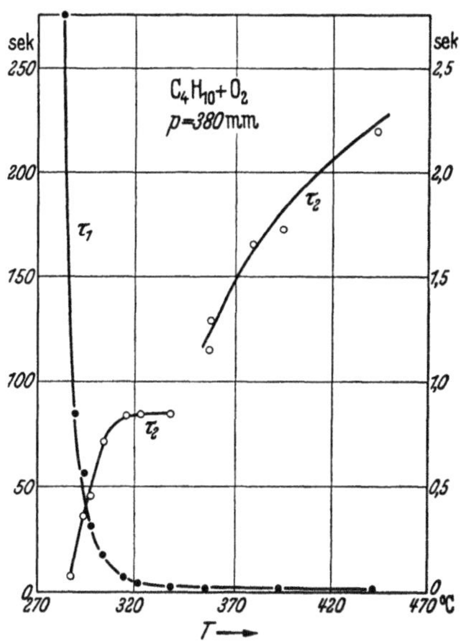

Abb. 212. Induktionszeiten für das Einsetzen kalter Flammen, $\tau_1$ linke Skala, sowie für reguläre Entzündung, $\tau_2$ rechte Skala. (Nach ANDREEV[2].)

Für die Verlängerung von $\tau_2$ mit zunehmender Temperatur lassen sich verschiedene Vermutungen anführen. Es ist nicht unwahrscheinlich, was auch ANDREEV annimmt, daß mit steigender Temperatur die Natur der in den kalten Flammen gebildeten Reaktionsprodukte sich ändert (daß etwa an Stelle von Aldehyden, insbesondere Formaldehyd, deren

[1] AIVAZOV, B. V. u. M. B. NEUMANN: Acta Physicochim. Bd. 6 (1937) S. 278.
[2] ANDREEV, E. A.: Acta Physicochim. Bd. 6 (1937) S. 57.
[3] Es treten weniger reaktionsfähige Reaktionsprodukte auf (?).

wesentlich stabilere Zerfallsprodukte, insbesondere $H_2$ und CO treten). Ferner ist daran zu denken, daß evtl. die die Zündung vorbereitenden Reaktionen schon während der Induktionsperiode der kalten Flammen beginnen, wofür bei tiefen Temperaturen und langem $\tau_1$ natürlich mehr Zeit verfügbar wäre.

Beim Pentan haben NEUMANN und AIVAZOV (zitiert S. 445) diese Verhältnisse genauer untersucht; vgl. auch NEUMANN und TUTAKIN[1]. Wir geben einen Versuch ausführlich wieder, der mit einer heftigen Explosion endete. Gemisch: $C_5H_{12} + 4\,O_2$ bei 340 mm Hg und 318° C.

| | | | | | | | | | |
|---|---|---|---|---|---|---|---|---|---|
| $t$ s = | 0 | 8 | 8,2 | 8,4 | 8,6 | 8,8 | 9,0 | 9,2 | 9,21 |
| $\Delta p$ mm = | 0 | 0 | 2 | 35 | 48 | 52 | 54 | 57 | Explosion |

Die Induktionsperiode $\tau_1$ für die kalte Flamme betrug hier 8,2 s, die Induktionsperiode von da an bis zur regulären Explosion, $\tau_2$ weitere 1,01 s. Die kalte Flamme war in dem 30 cm langen Quarzgefäß mit einer Geschwindigkeit von 7 bis 10 cm/s gewandert; die normale Flamme setzte jenseits der Front der kalten Flamme ein, an der gleichen Stelle, an der diese begonnen hatte. Die Geschwindigkeit der heißen Flamme ist dabei von der Größenordnung 500 bis 1000 m/s[2].

Damit die kalte Flamme in eine heiße übergehen kann, ist ein gewisser höherer kritischer Druck bei gegebener Temperatur erforderlich als für jene. In der nächsten Tabelle sind die kritischen Druckgrenzen für kalte und für heiße Flamme für ein Quarzgefäß von 20 mm Durchmesser eingetragen.

Tabelle 96. Kritische Druckgrenzen für kalte Flammen ($p_k$) und für reguläre Explosion ($p_e$) von $C_5H_{12} + 4\,O_2$.

| Temperatur ° C. | 304 | 305 | 310 | 320 | 340 | 360 | 400 | 440 |
|---|---|---|---|---|---|---|---|---|
| $p_k$ mm Hg . . . | 300 | 250 | 220 | 175 | 115 | 85 | 100 | 130 |
| $p_e$ mm Hg . . . | — | — | 360 | 335 | 325 | 337 | — | — |

NEUMANN und TUTAKIN haben gefunden, daß Stickstoffzusatz die Induktionsperiode kalter Flammen verkürzt: Für ein Gemisch von $C_4H_{10} + O_2 + n\,N_2$ (mit $p_{C_4H_{10} + O_2} = 213$ mm Hg) ergab sich bei 321° C

| | | | | | | | |
|---|---|---|---|---|---|---|---|
| n = | 0 | 0,3 | 0,5 | 1 | 1,5 | 2 | 4 |
| $\tau$ s = | 32 | 22 | 18,5 | 14,3 | 11,5 | 9,4 | 4,5 |

Auch Ammoniakzusatz wirkte analog; es kann also gar kein Zweifel bestehen, daß man es mit einer Kettenreaktion mit Abbruch an der Wand zu tun hat. Das gleiche gilt nun auch noch für die anschließende

[1] NEUMANN, M. u. P. TUTAKIN: C. R. Acad. Sci. URSS. Bd. 4 (1936) S. 122.

[2] Das dürfte vielleicht bedeuten: Es handelt sich nicht um eine derartig hohe Flammengeschwindigkeit, sondern die Explosion setzt im ganzen Gefäß nahezu gleichzeitig ein [vgl. für Knallgas die Beobachtungen von P. TAUZIN: Ann. Phys., Paris (11) Bd. 6 (1936) S. 575, vgl. S. 302].

Reaktion des zweistufigen Prozesses. Auch die zweite Induktionsperiode, die zwischen kalter Flamme und regulärer Entzündung verstreicht, wird durch Stickstoffzusatz verkürzt. Wenn bei diesen niederen Drucken auch die zur Zündung führenden Vorgänge als reine Kettenexplosion zu verstehen sind, so schließt das natürlich nicht aus, daß bei höheren Drucken, wie sie etwa bei der motorischen Verbrennung vorliegen, auch noch die Wärmeproduktion die Reaktion wesentlich befördert. Nach neueren Versuchen[1] verlängert bei 470 mm Druck Inertgaszusatz die Induktionsperiode für den Übergang der kalten Flamme in reguläre Zündung, wodurch bewiesen ist, daß bei höheren Drucken hierfür ein Wärmevorgang maßgebend ist, während das Erscheinen der kalten Flammen durch Kettenverzweigung bedingt ist. Da bei kalten Flammen Ammoniakzusatz den gleichen Inertgaseinfluß gibt wie Stickstoff, so schließen NEUMANN und TUTAKIN[2], daß Aldehyde nicht entscheidend sind für das Erscheinen kalter Flammen.

Für den Übergang der kalten Flamme in eine wahre Explosion vgl. insbesondere auch PRETTRE[3].

### c) Oxydation höherer Kohlenwasserstoffe.

EDGAR[4] und Mitarbeiter untersuchten zunächst in einer Strömungsanordnung die Oxydation von n-Octan, Heptaldehyd und Butyraldehyd mit Luft in stöchiometrischer Mischung, später auch die isomerer Octane. Analyse der Reaktionsprodukte ergab z. B. in einem Versuch bei 260°, daß unter den kondensierbaren Substanzen pro Mol durchgesetztes Octan enthalten waren: 0,55 unoxydiertes Octan; 0,33 Aldehyde, 0,25 Säure, 0,07 Peroxyde und 0,36 Wasser. Mit zunehmender Temperatur verschwanden die Peroxyde und Säuren. An gasförmigen Produkten waren natürlich überwiegend CO und $CO_2$ vorhanden.

Die Temperatur zeigte in dem Pyrexreaktionsrohr von etwa 25 mm Durchmesser und 900 mm Länge hinter der Gaseintrittstelle einen scharfen Anstieg, als Folge der Reaktionswärme; der Hauptumsatz erfolgte im ersten Stück des Reaktionsraumes; im Sauerstoffverbrauch ergab sich kein wesentlicher Unterschied, ob die Gasproben auf 20% der Ofenlänge hinter der Eintrittsstelle oder am fernsten Ende des Ofens entnommen wurden. Die Strömungsgeschwindigkeit wurde bei allen Versuchen so gewählt, daß die Reaktionsdauer etwa 50 s bei 200° und

---

[1] AIVAZOV, B., M. NEUMANN u. I. CHANOVA: Acta Physicochimica Bd. 9 (1938) S. 767.

[2] NEUMANN, M. B. u. P. M. TUTAKIN: Acta Physicochimica Bd. 9 (1938) S. 861.

[3] PRETTRE, M.: Ann. Off. nat. Comb. liquides Bd. 11 (1936) S. 669.

[4] POPE, J. C., F. J. DYKSTRA u. G. EDGAR: J. Amer. chem. Soc. Bd. 51 (1929) S. 1875, 2203, 2213. — BEATTY, H. A. u. G. EDGAR: J. Amer. chem. Soc. Bd. 56 (1934) S. 102, 107, 112.

25 s bei 650° betrug. Bis etwa 200° war kein Sauerstoffverbrauch nachweisbar, zwischen 200 und 270° stieg dieser stetig an, bis etwa 2 Mole $O_2$ pro Mol Octan verbraucht waren.

Bei 270° traten Pulsationen in der Gasströmung auf, die mit dem Einsetzen der im vorigen Abschnitt beschriebenen kalten Flammen zusammenfallen. Diese folgten sich zuerst in Abständen von 10 bis 15 s, dann häufiger aber schwächer werdend, bis bei 300 bis 325° keine Pulsationen mehr zu beobachten waren. In diesem Gebiet kann das Thermoelement an der Gaseintrittstelle bis zu 100° mehr anzeigen als an der Gasaustrittstelle. Der Sauerstoffverbrauch nimmt bis 350° rasch,

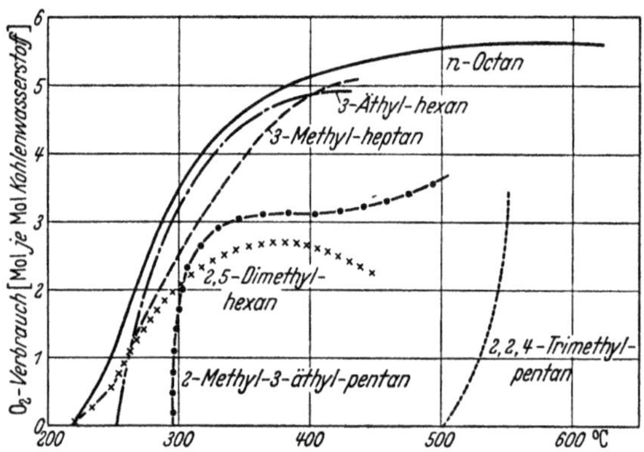


Abb. 213. Oxydation isomerer Octane mit Luft in stöchiometrischer Mischung. (Nach EDGAR u. Mitarbeiter, zitiert S. 447.)

darauf langsamer zu; von 350 bis 650° etwa um 1 Mol pro Mol Octan. Bis 650° sind insgesamt 6 Mol pro Mol Octan verbraucht. Oberhalb 650° setzt die Entzündung ein. An gasförmigen Reaktionsprodukten treten zwischen 200 und 270° nur wenige auf, vorwiegend $CO_2$ wohl als Folge einer Wandreaktion. Darüber setzt ein stärkerer Anstieg in der CO-Bildung ein, bis bei 650° etwa 3,5 Mole CO pro Mol Octan entstehen.

In diesen speziellen Versuchen (vgl. Abb. 213) wurde kein negativer Temperaturkoeffizient beobachtet, sondern statt dessen nur ein sehr geringer positiver Temperaturkoeffizient. Da durch geringfügige Variation der Versuchsbedingungen (z. B. Verlängerung der Reaktionsdauer) der Temperaturkoeffizient für den Gesamtumsatz von einem negativen zu einem kleinen positiven Wert umschlagen kann (vgl. S. 458), so ist dieser Tatsache weiter keine Bedeutung beizumessen; ein abnorm kleiner positiver Temperaturkoeffizient hat eben die gleiche Ursache wie ein negativer Temperaturkoeffizient.

*Heptaldehyd* beginnt bereits bei 150° C $O_2$ zu verbrauchen; man hat einen steilen Anstieg des $O_2$-Verbrauches mit der Temperatur, der allerdings ein wenig hinter dem beim Octan beobachteten zurückbleibt. Bei 300° wird dieser Anstieg fast Null, dann folgt ein weiterer flacher

Anstieg. Von Anfang an treten CO und $CO_2$ zusammen auf; bei 235° C sind von jedem etwa 0,5 Mole (pro Mol Aldehyd) anwesend. Dann erscheinen die Pulsationen und die Lumineszenz, der CO-Gehalt steigt etwa auf 2 Mol bei 275° (reiner Aldehyd lieferte durch seinen Eigenzerfall bei diesen Temperaturen noch kein CO); der $CO_2$-Gehalt steigt auch oberhalb 235° nur langsam und stetig weiter an.

*Butyraldehyd* verhält sich analog, jedoch werden ein stärkerer Geschwindigkeitsanstieg und Pulsationen erst bei 325° merkbar.

EDGAR und Mitarbeiter nehmen zwei Bruttoreaktionen an:

1. $R \cdot CH_2 \cdot CH_3 + O_2 \rightarrow R \cdot CH_2 \cdot CHO + H_2O$

2 a. $R \cdot CH_2 \cdot CHO + O_2 \rightarrow R \cdot CHO + H_2O + CO$
(Hauptreaktion)

2 b. $RCH_2 \cdot CHO + {}^3/_2\, O_2 \rightarrow RCHO + H_2O + CO_2$
(Seitenreaktion)

Der gefundene Verbrauch paßt auf diese Annahmen, insbesondere verbraucht Octan wegen Reaktion 1. 1 Mol $O_2$ mehr als die Aldehyde (pro Mol Brennstoff).

Der gefundene $O_2$-Verbrauch legt es also nahe, anzunehmen, daß als erstes stabiles Zwischenprodukt der Aldehyd auftritt, der dann zu dem um ein C-Atom ärmeren Aldehyd abgebaut wird. Das schließt die Annahme ein, daß die Kohlenstoffatomkette vom Ende her oxydiert wird, was wohl mit allen sonstigen Erfahrungen bei der Oxydation gasförmiger Kohlenwasserstoffe im Einklang ist[1]. Alkohole dürften auch hier wieder als Zwischenprodukte der normalen Oxydation nicht in Frage kommen; nach LAYNG und YOUKER[2] ist n-Heptylalkohol verhältnismäßig schwer oxydierbar[3].

[1] Bemerkenswert ist demgegenüber, daß bei der Oxydation von Paraffinen in flüssiger Phase zur Fettsäuresynthese [vgl. etwa G. WIETZEL: Z. angew. Chem. Bd. 51 (1938) S. 531] die Reaktionsprodukte weitgehend geradkettig sind, auch wenn das angewandte Paraffin teilweise verzweigt war. Dies ist am einfachsten so zu deuten, daß der Angriff des Sauerstoffes am tertiären C-Atom unter Absprengung der Seitenketten erfolgte. Daß in der Gasphase Ähnliches nicht eintritt, muß schon daraus gefolgert werden, daß ja verzweigte Paraffine viel oxydationsbeständiger und klopffester sind als geradkettige. Der Unterschied im Verhalten flüssiger und gasförmigen Substanzen braucht vielleicht nicht so sehr zu verwundern; unter Umständen spieler in der flüssigen Phase Ionenreaktionen eine Rolle, die in der Gasphase höchstens an der Wand ins Spiel kommen könnten.

[2] LAYNG, T. E. u. M. A. YOUKER: Industr. Engng. Chem. Bd. 20 (1928) S. 1048.

[3] Über das Oxydationsverhalten der Alkohole sind nicht viele genauere Messungen bekanntgeworden; nach den vorliegenden Erfahrungen, auch hinsichtlich des Klopfverhaltens (vgl. folgendes Kapitel) scheint für die Alkohole, ähnlich übrigens für Olefine, zu gelten: Die niedersten Alkohole und Olefine sind weniger oxydationsbeständig als die entsprechenden Paraffine; die Abnahme der Oxydationsbeständigkeit mit wachsender C-Atomzahl $n$ ist für Alkohole und Olefine aber weniger ausgeprägt als für Paraffine; darum tritt ein Überschneiden ein, etwa in der Gegend $n = 4$, und die höheren Alkohole und Olefine sind oxydationsbeständiger (wenigstens in der Gasphase) und klopffester als die entsprechenden Paraffine.

Das Oxydationsverhalten isomerer Octane zeigt die obige Abb. 213. Bei n-Octan war der $O_2$-Verbrauch ziemlich genau gleich $\{1 + 1 \cdot$ Mole gebildetes $CO + {}^3/_2 \cdot$ Mole gebildetes $CO_2\}$ pro 1 Mol Octan gewesen. Isomere Octane (außer 2,2,4-Trimethylpentan) zeigen ein ähnliches Verhalten, so daß auch ein analoger Reaktionsverlauf über Aldehyde anzunehmen sein dürfte. Der primäre Angriff müßte dabei an der Methylgruppe der längsten Seitenkette einsetzen, weil der $O_2$-Verbrauch während des ersten starken Geschwindigkeitsanstieges etwa dem Abbau dieser Kette entspricht.

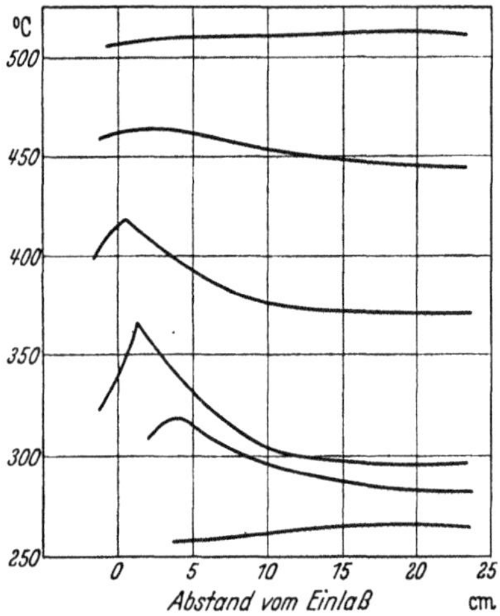


Abb. 214. Temperaturverlauf im Reaktionsgefäß bei der Oxydation strömender Heptan-Luftmischungen. (Nach EDGAR u. Mitarbeiter, zitiert S. 447.)

Kalte Flammen werden nur bei 3-Methylheptan und 3-Äthylhexan beobachtet. Da bei 2-Methyl-3-Äthylpentan und 2,5-Dimethylhexan der Umsatz viel geringer ist, so könnte es sich vielleicht nur um einen quantitativen Unterschied handeln, denn der Temperaturverlauf der Oxydation ist sonst noch analog (Abb. 213). Erst 2,2,4-Trimethylpentan fällt ganz heraus, indem die Oxydation erst bei $\sim 500°$, dann aber sehr schnell einsetzt. In den Fällen, in denen keine kalte Flamme beobachtet ist, war nur 1 Atom C in den gasförmigen Oxydationsprodukten erschienen.

Am Beispiel des n-Heptans haben BEATTY und EDGAR (zitiert S. 447) die bei der Oxydation zu beobachtenden Erscheinungen im einzelnen studiert. Dazu wurde ein Pyrexreaktionsgefäß von 2,41 cm Durchmesser und 65 cm Länge benutzt; die Gase, entsprechend stöchiometrischer Zusammensetzung, strömten durch das Gefäß mit einer Aufenthaltsdauer von $\sim 40$ s bei 200° und 23 s bei 550° C. Die Temperatur konnte in verschiedenen Abständen von der Gaseintrittstelle aus gemessen, desgleichen konnten die abziehenden Gase in verschiedenen Abständen entnommen werden. Es ergab sich, daß von $\sim 265°$ aufwärts hinter der Gaseintrittstelle eine starke Temperaturerhöhung eintrat, um bis $\sim 75°$ über die mittlere Ofentemperatur (Abb. 214).

Die in der folgenden Abb. 215 reproduzierten Analysenwerte von Gasen, die in 5, 25 und 65 cm Abstand vom Gaseintritt entnommen waren, sind auf die Maximaltemperatur im Ofen bezogen; nur in 5 und 25 cm Abstand zeigte sich ein Gebiet negativer Temperaturkoeffizienten.

Die Oxydation des Heptans setzte in diesen Versuchen schon bei $\sim 150°$ ein, bereits bei $\sim 175°$ waren Nebel in den abziehenden Gasen zu erkennen[1]. Bei den niederen Temperaturen dürfte es sich wieder um eine heterogene Reaktion handeln, bei der zwar nur ein kleiner Prozentsatz des Heptans, dieser aber ziemlich vollständig oxydiert wird (Tabelle 97).

Der Vergleich von Heptan, 1-Hepten und 3-Hepten (BEATTY und EDGAR, zitiert S. 447) ergibt für die Oxydation folgendes, was gegenüber

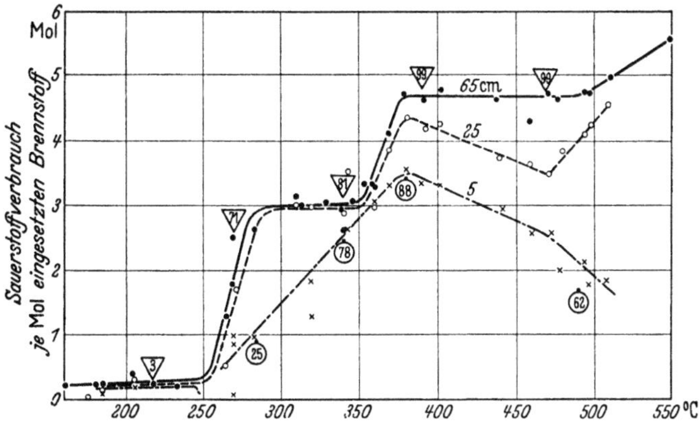


Abb. 215. Sauerstoffverbrauch bei der Oxydation von Heptan in einem Strömungssystem. (Nach EDGAR u. Mitarbeiter, zitiert S. 447.) Sauerstoffverbrauch: × 5 cm, ○ 25 cm, ● 65 cm von der Gaseintrittsstelle. Daneben eingetragen % des eingesetzten Brennstoffs, der oxydiert ist, und zwar ▽ 65 cm und ○ 5 cm von der Gaseintrittsstelle.

den Erfahrungen des organischen Chemikers zunächst vielleicht unerwartet scheint, durch die Beobachtungen bei der Oxydation und beim Klopfen von Kohlenwasserstoffen aber immer wieder bestätigt gefunden wurde: Das Paraffin wird leichter oxydiert als die Olefine. In dem

Tabelle 97. Heptan-Oxydation. (Nach BEATTY und EDGAR.)

| Stelle der Probenahme, cm von Gaseinlaß | Mittlere Temperatur °C | Heptan, g | | % des angewandten Heptans oxydiert | Mol $O_2$ verbraucht pro Mol oxydiertes Heptan |
|---|---|---|---|---|---|
| | | Einsatz | wiedergewonnen | | |
| 65 | 217 | 3,282 | 3,189 | 2,8 | 9,0 |
| 65 | 270 | 3,413 | 1,008 | 70,5 | 3,0 |
| 65 | 340 | 3,432 | 0,652 | 81,0 | 3,7 |
| 65 | 390 | 4,0 | Spur | 99+ | 4,7 |
| 65 | 470 | 7,0 | ~ 0,05 | 99+ | 4,7 |
| 5 | 283 | 5,246 | 3,957 | 24,6 | 4,0 |
| 5 | 343 | 3,378 | 0,728 | 78,4 | 3,31 |
| 5 | 380 | 3,764 | 0,440 | 88,3 | 3,96 |
| 5 | 490 | 5,890 | 2,231 | 62,1 | 2,94 |

[1] Das Auftreten solcher Nebel, begleitet unter Umständen von der Bildung von Säuren und Peroxyden, wird häufig berichtet. Im Hinblick auf die darin etwa nachzuweisenden Reaktionsprodukte ist zu bedenken, daß in der flüssigen Phase das Tröpfchen evtl. Reaktionen möglich sind, welche in der Gasphase nicht in Frage kommen.

früher beschriebenen Pyrexreaktionsgefäß setzte mit n-Heptan die Reaktion bei $\sim 244°$ C ein, während sie für 1-Hepten und 3-Hepten erst bei $\sim 300°$ begann, und zwar bei 1-Hepten viel schneller mit der Temperatur fortschreitend als bei 3-Hepten (Abb. 216). BEATTY und EDGAR schließen (was früher schon von POPE, DYKSTRA und EDGAR für 1-Octen gefolgert worden war), daß die Oxydation der Olefine nicht an der Doppelbindung beginnt. In allen drei Fällen wird ein Gebiet negativer Temperaturkoeffizienten beobachtet. Im ganzen besteht kein grundsätzlicher Unterschied in der Oxydation des Paraffins und der

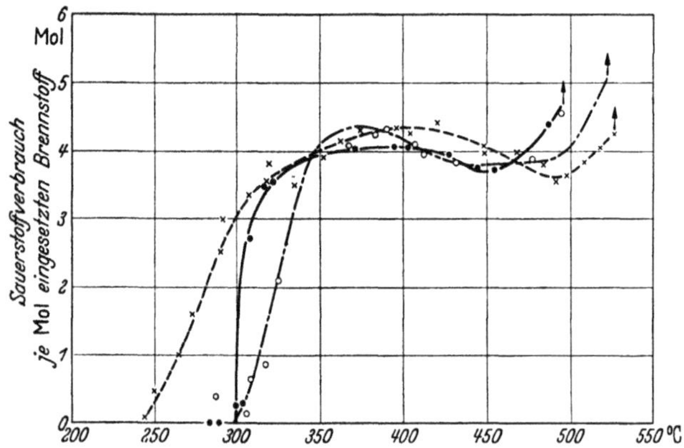


Abb. 216. Oxydation von ——— n-Heptan, ——— 1 Hepten und —·—·— 3 Hepten in einem Strömungssystem. (Nach BEATTY u. EDGAR, zitiert S. 447.)

Olefine, wenn auch in quantitativer Hinsicht Unterschiede hervortreten. Sowohl Untersuchung der stationären Temperaturverteilung entlang dem Ofen wie Probeentnahme in verschiedenen Abständen von der Gaseintrittsstelle zeigte, daß Heptan näher bei der Gaseintrittsstelle reagiert als 1-Hepten und dieses wieder näher als 3-Hepten.

Eine sorgfältigere Untersuchung ließ auch bei i-Octan ab 250° C eine geringfügige Oxydation, wohl als Folge einer Wandreaktion, erkennen.

Mischungen von Heptan-iso-Octan (1 : 1 und 1 : 3) zeigten einen analogen Reaktionsverlauf wie reines Heptan, nur daß die Temperaturen des Reaktionsbeginns diesem gegenüber um $\sim 10$ bzw. 20° nach oben verschoben sind. Der Sauerstoffverbrauch bei diesen Mischungen ist kleiner als der bei reinem Heptan (wenn dieses in einer der Summe der Kohlenwasserstoffe gleichen Konzentration vorhanden ist) aber wesentlich größer als der Oxydation des in der Mischung enthaltenen Heptans allein entsprechen würde, ein Beweis dafür, daß durch die Heptanoxydation die von i-Octan induziert wird.

Für die Mischung 1 : 1 ergab die Analyse, daß bei 375° nur 12% des Brennstoffes unoxydiert geblieben war; d. h. in einem Temperaturgebiet, in welchem i-Octan allein kaum reagieren würde, hatte der

Tabelle 98. Oxydierter Anteil der Komponenten in einer n-Heptan-i-Octan-Mischung 1:3. (Nach BEATTY und EDGAR.)

| | | | | | |
|---|---|---|---|---|---|
| Ofen-Temperatur °C | | 383 | 383 | 303 | 462 |
| Grenzen der Reaktionszone, cm vom Gaseinlaß | | 0—5 | 5—65 | 0—65 | 0—65 |
| Mol % oxydiert des eingesetzten | Heptans | 73,2 | 13,0 | 86,2 | 95,9 |
| | Isooctans | 53,7 | 16,0 | 69,7 | 84,3 |
| | Insgesamt | 59,0 (88,3)[1] | 15,2 (11) | 74,2 (99+) | 87,5 (99+) |
| Mole $\frac{\text{Isooctan}}{\text{Heptan}}$ oxydiert | | 1,95 | 3,28 | 2,15 | 2,33 |
| Sauerstoffverbrauch, Mole pro Mol oxydierten Kohlenwasserstoff | | 3,41 (3,96) | — | 3,39 (4,70) | 3,45 (4,70) |

größte Teil des i-Octans eine partielle induzierte Oxydation erfahren. Dabei waren pro Mol oxydierten Brennstoffs etwa 2,6 Mol Sauerstoff verbraucht. Bei 490° überlebten noch 9% der Kohlenwasserstoffe, der Sauerstoffverbrauch betrug ~ 3,1 Mol pro Mol oxydierten Brennstoffs. Außer einer Induktion der i-Octanoxydation durch n-Heptan legen die Versuchsresultate, besonders bei hohen i-Octankonzentrationen, auch eine Hemmung der Heptanoxydation durch i-Octan nahe, womit auch das gefundene Klopfverhalten der Mischungen im Einklang stände (vgl. Kap. XII).

MARDLES[2] hatte bereits gefunden, daß die Oxydation von Hexan, Pentan und Penten durch Benzol gehemmt wird, welches dabei in Phenol übergeht, und zwar bei Temperaturen, bei welchen Benzol allein gegen Sauerstoff stabil wäre.

Am Beispiel des Heptans beobachteten BEATTY und EDGAR (zitiert S. 447) auch eine Reihe von Besonderheiten bei der Lumineszenz[3]. Ein diffuses Leuchten trat ab ~ 250° C auf, nahm mit der Temperatur an Intensität zu, bis bei ~ 270° ein Ring einer blauweißen „kalten Flamme" sich in ungefähr 15 cm Abstand von der Gaseinlaßstelle bildete, von wo er, in zwei Flammenfronten unterteilt, langsam in beiden Richtungen im Rohr entlang wanderte und schließlich verlosch. Dann wiederholt sich das gleiche Spiel, zunächst in Abständen von 10 bis 12 s, bis bei ~ 300° die kalten Flammen kontinuierlich werden, eine schmale Zone helleren Leuchtens in der Nähe der Gaseinlaßstelle bildend; diese Stelle stimmt überein mit der maximaler Temperatur in dem Rohr (vgl. S. 438). Bei noch weiterer Temperaturerhöhung wird die leuchtende Zone diffuser

[1] Eingeklammerte Werte für reines n-Heptan zum Vergleich.

[2] GILL, MARDLES u. TETT: Trans. Faraday Soc. Bd. 24 (1928) S. 574. — MARDLES: Trans. Faraday Soc. Bd. 27 (1931) S. 681. — BRUNNER: Helv. chim. Acta Bd. 13 (1930) S. 197.

[3] Über das Auftreten von Lumineszenz bei Autoxydationsreaktionen vgl. auch MILAS: Chem. Rev. Bd. 10 (1932) S. 328.

und füllt schließlich das Rohr mit einem diffusen Leuchten, wieder völlig parallel der Temperaturverteilung im Rohr. Außerdem entspricht dieser Übergang dem Gebiet negativer Temperaturkoeffizienten. Bei 525° setzt Zündung ein, wieder etwa 15 cm von der Gaseinlaßstelle entfernt.

Oberflächen von rauhem oder glattem Pyrexglas, Kupfer, Kupfergaze und Eisen hatten in der Reaktionszone keinen Einfluß auf die Erscheinungen. Auch stärkere Variationen im Verhältnis $O_2 : N_2$ : Brennstoff führten zu keinen grundsätzlichen Änderungen der Erscheinungen.

In einem vertikalen Ofen wurden auch Versuche gemacht, bei welchen der Brennstoff von oben her in flüssiger Form eintropfte; unterhalb 300° folgte dabei dem Tropfen eine leuchtende Spur, während bei höherer Temperatur das Leuchten gleichzeitig mit dem fallenden Tropfen auftrat.

3-Hepten zeigte die ganzen Erscheinungen schwächer.

Die ringförmige Struktur der kalten Flammen (im Gegensatz zur Lumineszenz und zu den gewöhnlichen Flammen bei höherer Temperatur) legt das Mitwirken von Oberflächeneffekten nahe[1].

Sonstige Beobachtungen über das Oxydationsverhalten höherer Kohlenwasserstoffe fügen sich durchaus den Folgerungen von EDGAR und Mitarbeitern ein. DUMANOIS und MONDAIN-MONVAL[2] haben die Oxydation von Pentan-Luftmischungen, die sich unter einem Anfangsdruck von 5,5 at befanden, bei fortschreitender Erhitzung untersucht; sie erhielten in diesem Falle bei 230° Explosion. Es ist nicht verwunderlich, daß in dem Temperaturgebiet, in welchem sonst gerade merkbare Reaktion und Lumineszenz einsetzen würde, als Folge der Druckerhöhung bereits Zündung erfolgt.

CALLENDAR[3] hatte als erster die Oxydation einer größeren Anzahl von Kohlenwasserstoffen in einer Strömungsordnung untersucht und dabei die Temperaturen des Beginns merklicher Umsetzung bestimmt — ihre Reihenfolge entspricht, wie in EDGARs und PRETTREs Untersuchungen etwa der zunehmender Klopffestigkeit — sowie die Reaktionsprodukte analysiert. Dabei traten bei mäßig hohen Temperaturen in den Reaktionsendgasen weiße Nebel auf, und es ließen sich peroxydische Substanzen nachweisen, was CALLENDAR zur Aufstellung seiner Peroxydierungstheorie und Theorie der flüssigen Reaktionszentren veranlaßte (vgl. S. 560). Die von CALLENDAR gefundene Reihenfolge in der Oxydierbarkeit läßt die Tabelle 99 mit Temperaturen der beginnenden Verbrennung erkennen:

---

[1] Vgl. z. B. M. PRETTRE: C. R. Acad. Sci., Paris Bd. 207 (1938) S. 532.

[2] DUMANOIS, P. u. P. MONDAIN-MONVAL: C. R. Acad. Sci., Paris Bd. 187 (1928) S. 892. — Ann. Off. nat. Comb. liquides Bd. 3 (1928) S. 761. — MONDAIN-MONVAL, P. u. B. QUANQUIN: C. R. Acad. Sci., Paris Bd. 189 (1929) S. 917; Bd. 191 (1930) S. 299. — MONDAIN-MONVAL u. WELLARD: C. R. Acad. Sci., Paris Bd. 196 (1933) S. 1226; Bd. 200 (1935) S. 232. — Vgl. auch J. ST. LEWIS: J. chem. Soc. 1927, S. 1555; 1929, S. 759; 1930, S. 58, 2241.

[3] CALLENDAR, H. L.: Engineering Bd. 123 (1927) S. 147, 182, 210.

Tabelle 99.

| Stoff | n-Pentan °C | i-Pentan °C | n-Hexan °C | n-Octan °C | Nonan °C | Dekan °C | Undekan °C | Benzol °C | Toluol °C |
|---|---|---|---|---|---|---|---|---|---|
| Temperatur der beginnenden Verbrennung . . . | 295 | 303 | 265 | 215 | 210 | 210 | 205 | 670 | 550 |

Die Anwesenheit von Peroxyden in den Reaktionsprodukten, insbesondere in der Gegend von 300°, wenn gleichzeitig weiße Nebel in den Abgasen auftreten, ist wiederholt nachgewiesen worden[1], auch unter Bedingungen des Motorbetriebs[2]. Nach IVANOV[3] bildete sich bei der Oxydation von Cyclohexan in der Gasphase zwischen 316 und 370° bis zu 6,5 g eines rohen Peroxydes aus 25,5 g Cyclohexan.

Welche Rolle die nachweisbaren Peroxyde bei der Reaktion tatsächlich spielen, ist schwer zu sagen. Wenn auch das Zusammentreffen des Gebietes lebhafter Reaktion mit dem Auftreten von Peroxyden nicht zufällig sein dürfte, so ist doch sehr wohl möglich, daß nicht die nachweisbaren, stabileren Peroxyde selbst für die Reaktion verantwortlich sind, sondern instabilere Zwischenprodukte.

*Die Rolle von Peroxyden bei der Kohlenwasserstoffoxydation.*

Der beste Weg, diese Fragen zu klären, dürfte das Studium des Verhaltens der Peroxyde in der Gasphase sein. Außer einer Reihe von Beobachtungen über die Abkürzung der Induktionsperiode sowie die Induzierung des Klopfens im Motor durch Peroxydzusatz liegen hierüber erst aus jüngster Zeit systematische Untersuchungen vor, von welchen eine Arbeit von HARRIS und EGERTON[4] näher besprochen werden muß.

Der thermische Zerfall von Diäthylperoxyd, $C_2H_5—O—O—C_2H_5$, verläuft nach HARRIS und EGERTON[4] zwischen 130 und 190° monomolekular und unbeeinflußt

[1] MOUREU, C., CH. DUFRAISSE u. R. CHAUX: Chim. et Ind. Bd. 18 (1927) S. 3. — Ann. Off. nat. Comb. liquides Bd. 2 (1927) S. 238. — C. R. Acad. Sci., Paris Bd. 184 (1927) S. 413. — BENNET u. E. W. J. MARDLES: J. chem. Soc. Bd. 127 (1927) S. 3155. — MARDLES: Trans. Faraday Soc. Bd. 27 (1931) S. 681. — BERL, E., K. HEISE u. K. WINNACKER: Z. phys. Chem. Abt. A Bd. 139 (1928) S. 453. — BERL u. WINNACKER: Z. phys. Chem. Abt. A Bd. 145 (1929) S. 161; Bd. 148 (1930) S. 36, 261. — RIDEAL, E. K. u. M. BRUNNER: J. chem. Soc. 1928, S. 1162, 2824. — BRUNNER, M.: Helv. chim. Acta Bd. 10 (1927) S. 707; Bd. 11 (1928) S. 881; Bd. 13 (1930) S. 197.

[2] DUMANOIS, P., P. MONDAIN-MONVAL u. B. QUANQUIN: C. R. Acad. Sci., Paris Bd. 192 (1931) S. 486; die besonders sorgfältige Untersuchungen von EGERTON hierzu werden im folgenden Kap. XII, S. 530ff. besprochen.

[3] IVANOV, K. I.: J. gen. Chem. (USSR.) Bd. 6 (1936) S. 470. — ELLIS, C.: Chemistry of Petroleum derivatives, Bd. II. New York 1937.

[4] HARRIS, E. J. u. A. C. EGERTON: Proc. roy. Soc., Lond. A Bd. 168 (1938) S. 1. Vgl. hierzu auch den Vortrag von A. EGERTON auf der Tagung der Deutschen Akademie der Luftfahrtforschung, Mai 1939, erscheint in den Schriften der Deutschen Akademie der Luftfahrtforschung, 1939, sowie NEUMANN u. TUTAKIN: Acta Physicochimica Bd. 9 (1938) S. 861 u. AIVAZOV, NEUMANN u. CHANOVA: Acta Physicochimica Bd. 9 (1938) S. 767.

von der Oberfläche (Packen mit Quarz, Belegen mit NaCl waren ohne Einfluß) oder der Anwesenheit von Verdünnungsmitteln (He bis 65%, $H_2$ oder $CO_2$). Danach ist die Reaktion also homogen und anscheinend keine Kettenreaktion, wenn auch NO die ohnedies vorhandene Induktionsperiode verlängert. Bis zu 2 mm Druck herab war noch kein Abfall der Geschwindigkeitskonstante zu bemerken. Für die Geschwindigkeit des nichtexplosiven Zerfalls gilt ($k$ in $s^{-1}$):

$$\log k = -\frac{6890}{T} + 14{,}71$$

mit einer scheinbaren Aktivierungsenergie von 31,5 kcal. Oberhalb einer kritischen Druckgrenze erhält man Explosion. In einem Quarzgefäß galt für die kritische Explosionsgrenze $p_{\text{kr}}$ in cm Hg:

$$\log p_{\text{kr}} = \frac{5142}{T} - 10{,}91.$$

Die Lage der Grenze hängt stark vom Gefäßdurchmesser ab, wird aber durch $H_2$- oder He-Zusatz nur wenig erhöht. Für ein anderes Reaktionsgefäß war nicht nur die Lage der Grenze verändert, sondern auch die scheinbare Aktivierungsenergie von 23,5 in 15,1 kcal übergegangen, ein Zeichen dafür, daß für den explosiven Zerfall kaum ein einfacher Prozeß maßgebend sein dürfte.

Als gasförmige Reaktionsprodukte der langsamen Zersetzung bei 143° C wurden erhalten: 4,7% $CO_2$, 55,6% CO, 19,4% $CH_4$, 19,4% $C_2H_6$, nur eine Spur $O_2$, keine Ungesättigten.

Wurde das Diäthylperoxyd bei höheren Temperaturen mit $CO_2$ durch ein Rohr geleitet, so wurden die Reaktionsprodukte nach Tabelle 100 erhalten, wobei der dritte Versuch abweichend verlief und Zersetzung oberhalb der kritischen Grenze entsprach:

Tabelle 100.

| Temperatur ° C | Umgesetztes $(C_2H_5)_2O_2$ | HCHO | $CH_3CHO$ | $C_2H_5OH$ | CO | $H_2$ | $CH_4$ | $C_2H_6$ |
|---|---|---|---|---|---|---|---|---|
| 187 | 8,65 | 1,9 | 3,2 | 7,5 | 4,7 | Spur | 2,7 | 2,3 |
| 201 | 17,4 | 3,9 | 6,9 | 14,2 | 9,8 | 1,1 | 5,9 | 3,9 |
| 245 | 28,4 | 16,8 | 7,9 | 10,4 | 6,5 | 0,4 | 7,8 | 7,4 |

Für den Zerfallsmechanismus sei auf das Original verwiesen sowie auf Barak[1]; ein primärer Zerfall in Radikale schiene zunächst recht wahrscheinlich, obwohl dann schwer zu verstehen ist, daß gar keine Anzeichen von Kettenreaktionen beobachtet werden, außer evtl. bei der Lage der Explosionsgrenzen.

Bei der Explosion ist ein bläuliches Leuchten zu sehen, bei höheren Drucken auch ein Klicken zu hören. Längere Induktionsperioden als 1 s waren nie zu beobachten. Luft verlangsamte die Zersetzung von Diäthylperoxyd; bei höheren Temperaturen zünden Diäthylperoxyd-Luftgemische bei 10 cm Hg, und zwar:

| | | | | |
|---|---|---|---|---|
| mit % Peroxyd . . . | 11 | 3,5 | 1,6 | 0,9 |
| bei ° C . . . . . . . . | 200 | 230 | 260 | 280 |

Wurde statt Luft ein Propan-Sauerstoffgemisch 1 : 1 genommen, ebenfalls bei 10 cm Hg, so steigt dadurch die Zündtemperatur des Peroxyds:

| | | | | | | |
|---|---|---|---|---|---|---|
| Druck des Peroxyds cm Hg. . | $\sim$ 2,1 | $\sim$ 1,4 | $\sim$ 1 | $\sim$ 0,5 | $\sim$ 0,15 | $\leqq$ 0,05 |
| Zündung ° C . . . . . . . . . | 190 | 200 | 211 | 232 | 290 | 325 |

Bei dem niedersten Druck ist ein bläuliches Leuchten sichtbar, aber keine weitere Flamme oder Verbrennung. Unter diesen Bedingungen zündet Propan selbst nicht

[1] Barak, H. u. D. W. G. Style: Nature, Lond. Bd. 135 (1935) S. 307.

und sogar bei den höheren Temperaturen zeigt das Propan keine Anzeichen von Oxydation bis einige min nach der Zündung des Peroxyds. Die Folgerungen stimmen nicht überein mit denen von NEUMANN und TUTAKIN[1], wonach Butan-Sauerstoff-mischungen zünden und kalte Flammen geben bei demselben Grenzdruck des Peroxyds, bei welchem letzteres allein explodiert.

Eigentümlich ist, daß im gleichen Reaktionsgefäß für die Explosion von Diäthylperoxyd allein a.), in Mischung mit Luft b.), und mit Sauerstoff-Propan 1 : 1 c.), die gleichen scheinbaren Aktivierungsenergien für die Temperaturabhängigkeit der Grenzdrucke des Peroxyds gefunden werden, nämlich:

a.) $$\log p = \frac{15140}{RT} - 14{,}97$$

b.) $$\log p = \frac{16300}{RT} - 17{,}3$$

c.) $$\log p = \frac{14850}{RT} - 15{,}4.$$

Die Beobachtungen EGERTONS, daß Peroxyde explodieren können, ohne das restliche Gemisch zu zünden, lassen eine zwanglose Deutung der öfters mitgeteilten Feststellungen zu, wonach mehrere kalte Flammen im gleichen Gemisch einander folgen können. Die Induktionsperiode der Propanoxydation wird durch Diäthylperoxyd in Konzentration von einigen zehntel Prozent stark verkürzt, z. B. von $\sim 250$ auf $< 10$ s.

## Weitere Untersuchungen über die Oxydation von Kohlenwasserstoffen.

ESTRADÈRE[2] hat die Oxydation einer Reihe von Kohlenwasserstoffen in Mischung mit Sauerstoff untersucht und dabei außer der Bestimmung von gasförmigen Reaktionsprodukten in Abhängigkeit von der Temperatur auch Analysen auf Aldehyde, Peroxyde und ungesättigte Reaktionsprodukte ausgeführt. Sie benutzte dazu eine Strömungsanordnung

Temperaturen des Beginns lebhafter Reaktion. (Nach ESTRADÈRE.)
(Für Kohlenwasserstoffe in stöchiometrischer Mischung mit Sauerstoff.)

| | | | |
|---|---|---|---|
| n-Pentan | 360° C | | |
| n-Hexan | 318° C | 1-Hexen | 370° C |
| n-Heptan | 300° C | 1-Hepten | 320° C |
| | | 1-Heptin | 355° C |
| n-Octan | 292° C | | |
| i-Octan[3] | 500° C | | |
| n-Nonan | 276° C | | |
| n-Dodecan | 260° C | | |
| n-Tetradecan | 247° C | | |
| Cyclohexan | 345° C | Cyclohexen | 410° C |
| | | Cyclohexadien | 355° C |
| Methylcyclohexan | 340° C | | |

[1] NEUMANN, M. u. TUTAKIN: C. R. Acad. Sci., Paris Bd. 205 (1937) S. 278.

[2] SUZANNE ESTRADÈRE: Ann. Off. nat. Comb. liquides Bd. 8 (1933) S. 484. — Publ. sci. et techn. Minist. de l'Air, Nr. 49. Paris (1934). — C. R. Acad. Sci., Paris Bd. 202 (1936) S. 217; Bd. 204 (1937) S. 46.

[3] 2,2,4-Trimethylpentan.

mit einem verhältnismäßig engen, gepackten Pyrexreaktionsrohr, weil sonst mit Sauerstoff die Reaktion zu heftig geworden wäre. Die erhaltenen Kurven lassen darum auch nicht soviel Feinheiten hervortreten wie etwa die von EDGAR und Mitarbeitern, die Reihenfolge der Temperaturen des Beginns lebhafter Reaktion fügt sich, soweit Vergleichsdaten vorliegen, denen EDGARs gut ein und gibt im großen ganzen die Reihenfolge zunehmender Klopffestigkeit wieder.

Die Analysen auf Peroxyde ließen im allgemeinen eine mit steigender Temperatur zunächst zunehmende Menge von Peroxyden erkennen, die bei sehr hohen Temperaturen wieder verschwanden. Wegen sonstiger Einzelheiten muß auf das Original verwiesen werden. Interessant ist, daß Peroxyde sowohl mit gesättigten als auch mit ungesättigten Kohlenwasserstoffen erschienen, auch bei i-Octan, daß sie aber bei Benzol völlig fehlten. Das paßt in den Rahmen aller sonstigen Beobachtungen an Aromaten.

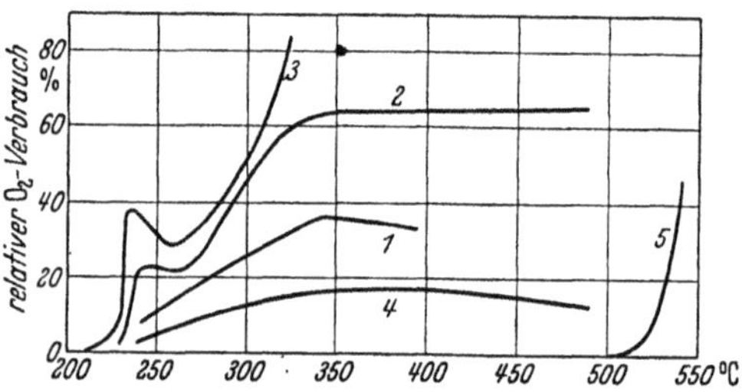


Abb. 217. Umsatz bei 1 min Reaktionsdauer von Heptan-Luftmischungen: *1* stöchiometrisches Gemisch, *2* 2× stöchiometrisch, *3* 3× stöchiometrisch, *4* ½× stöchiometrisch, *5* stöchiometrisches iso-Octan-Luftgemisch. (Nach JOST, v. MÜFFLING, ROHRMANN[2]).

Wo Versuche durchgeführt wurden[1], zeigte sich, daß die Reaktionsfähigkeit stark erhöht wurde durch Erhöhung der Kohlenwasserstoff-Konzentration, also die Temperatur des Beginns lebhafter Reaktion entsprechend herabgesetzt wurde, während umgekehrt Antiklopfmittelzusatz — Bleitetraäthyl[2] in kleinen Mengen, Benzol in größeren Mengen — die Temperatur beginnender lebhafter Reaktion erhöht.

In einer statischen Anordnung mit einem Reaktionsgefäß von 6 cm Durchmesser ausgeführte Versuche von JOST, v. MÜFFLING und ROHRMANN[2] lassen am n-Heptan sehr deutlich den Einfluß der Gemischzusammensetzung auf die Reaktionsfähigkeit erkennen (Abb. 217). Der „negative Temperaturkoeffizient" tritt dabei um so deutlicher hervor, je überfetteter das Gemisch ist; der ganze Verlauf läßt erkennen, daß man es hier nicht mit einer nach irgendeiner einfachen Ordnung verlaufenden Reaktion zu tun hat, sondern mit einer entarteten Explosion. Die in der Gegend von 250° beobachteten Maxima bei überfetteten

[1] Z. B. J. ST. LEWIS: Zitiert S. 454.

[2] Z. B. M. PRETTRE: Zitiert S. 430. — EGERTON, A. C. u. L. M. PIDGEON: J. chem. Soc. 1932, S. 66, 676. — EGERTON u. S. F. GATES: Proc. roy. Soc., Lond. A Bd. 114 (1927) S. 149. — MOUREU, DUFRAISSE u. CHAUX: Zitiert S. 455. — CALLENDAR: Zitiert S. 454. — LEWIS: Zitiert S. 454. — DUMANOIS, MONDAIN-MONVAL u. QUANQIUN: Zitiert S. 455. — JOST, W. u. L. v. MÜFFLING u. W. ROHRMANN: Z. Elektrochem. Bd. 42 (1936) S. 488.

Gemischen entsprechen explosionsartigen Druckanstiegen, welche nach einer längeren Induktionsperiode auftreten, während die gleichen Gemische bei höheren Temperaturen bis herauf zu etwa 460° völlig ruhig reagieren. Es ist nach diesen Befunden auch nicht verwunderlich, daß bei etwas weiter erhöhten Drucken bereits unterhalb von 250° C

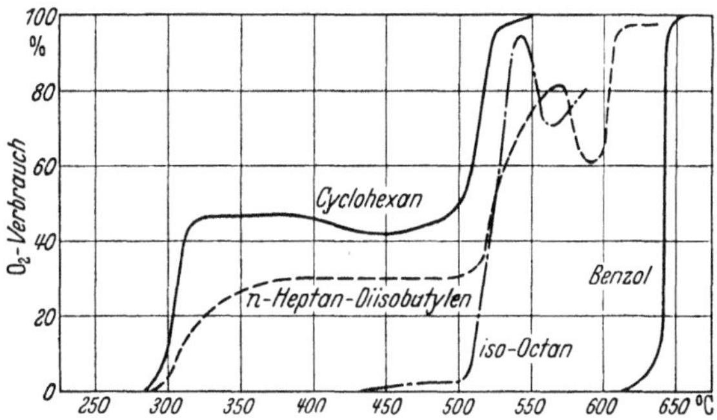


Abb. 218.

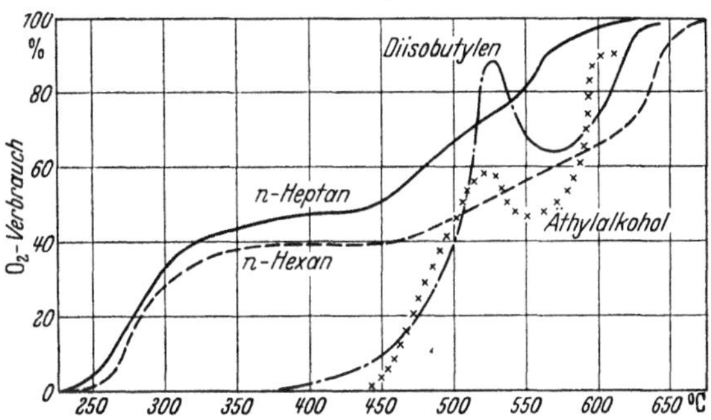


Abb. 219.

Abb. 218 u. 219. Reaktion stöchiometrischer Gemische mit Luft: Reaktionsvolumen 130 cm³, Strömungsgeschwindigkeit 10 L/h. (Nach JOST, v. MÜFFLING, ROHRMANN, zitiert S. 458.)

reguläre Entzündung einsetzen kann (vgl. S. 454). Im Falle des explosionsartigen Druckanstieges bei niederen Temperaturen war unter den Reaktionsprodukten CO und $H_2$ in großen Mengen nachzuweisen, während bei ruhiger Reaktion statt dessen wohl hauptsächlich Aldehyde, offenbar $H_2CO$ vorhanden waren (daß im Gebiet der kalten Flammen Formaldehyd entsteht, muß schon daraus geschlossen werden, daß das beobachtete Bandenspektrum dem Formaldehyd entspricht). Die relative Oxydierbarkeit von n-Heptan, n-Hexan, Äthanol, Diisobutylen, Cyclohexan[1], i-Octan, Benzol sowie von einem Gemisch 1 : 1 aus Heptan und Diisobutylen ersieht man aus den Abb. 218 und 219; vgl. dazu Abb. 213 nach POPE, DYDKSTRA und EDGAR.

[1] Für die Oxydation von Naphthenen vgl. ferner: P. DUPONT: Bull. Soc. chim. Belg. Bd. 43 (1937) S. 537. — MARDLES, E. W. J.: J. chem. Soc. 1928, S. 872. — Trans. Faraday Soc. Bd. 27 (1931) S. 681, sowie BERL u. WINNACKER, zitiert S. 455. — LEWIN, I.: Bull. Soc. chim. Belg. Bd. 42 (1933) S. 141.

Bei der Oxydation des n-Heptan-Diisobutylengemisches ist folgendes interessant, Abb. 218. Wie Vergleich mit den Kurven für reines Heptan und reines Diisobutylen erkennen läßt, wird bis etwa 300° die Heptanoxydation durch Diisobutylen stark gehemmt; ein merkbarer Sauerstoffverbrauch setzt erst etwa 50° höher ein als bei reinem Heptan. Andererseits wird bei höherer Temperatur, etwa von 350° aufwärts, durch das Heptan auch die Oxydation von Diisobutylen induziert, analog wie in den Versuchen von EDGAR und Mitarbeitern an Heptan-iso-Octanmischungen; denn in diesem Temperaturgebiet ist der Sauerstoffverbrauch größer, als er dem Anteil des Heptans entspräche. Die beiden Effekte — Hemmung der Heptanoxydation unterhalb 300° und Induktion der Diisobutylenoxydation oberhalb 350° — könnten evtl. eine Auswirkung des gleichen Vorganges sein. Wenn nämlich die Hemmung durch Diisobutylen auf einer Kettenabbruchreaktion beruht, bei welcher das Diisobutylen selber oxydiert wird, so muß mit der Hemmung der Heptanoxydation eine Oxydation von Diisobutylen gekoppelt sein. Derartiges ist bekannt; beispielsweise wird Benzol, das die Oxydation und Lumineszenz von Kohlenwasserstoffen, wie z. B. Hexan, bei niederen Temperaturen unterdrückt, dabei selber oxydiert (GILL, MARDLES und TETT, zitiert S. 453). Die kettenabbrechende Wirkung von Olefinen, die auch für den thermischen Zerfall bekannt ist[1], und die wir zum Verständnis der bei der Oxydation und beim Klopfen beobachteten Erscheinungen immer wieder werden heranziehen müssen, zeigt sich z. B. auch darin, daß die Oxydation von Aldehyden[2] wie Acetaldehyd und Benzaldehyd durch Octen gehemmt wird; auch hierbei wird das Octen selbst oxydiert.

Die Oxydation aromatischer Kohlenwasserstoffe ist nicht so ausführlich untersucht worden wie die von Aliphaten. Aus früheren Bemerkungen (S. 431) geht hervor, daß Benzolkohlenwasserstoffe die Erscheinungen der kalten Flammen nicht zeigen, generell wesentlich schwerer oxydierbar sind als alle anderen Gruppen von organischen Stoffen (Benzol auch schwerer als i-Octan, vgl. die Abb. 218, S. 459, nach JOST, v. MÜFFLING und ROHRMANN) und daß Benzol außerdem die Oxydation anderer Stoffe hemmen und die Lumineszenz unterdrücken kann (PRETTRE). Genauer untersucht wurde die Kinetik der Benzoloxydation von HINSHELWOOD und FORT[3] sowie von AMIEL[4].

Die Kinetik der Benzoloxydation zeigt keine wesentlichen Unterschiede gegenüber der anderer Kohlenwasserstoffe; HINSHELWOOD und

[1] RICE, F. O. u. O. L. POLLY: J. chem. Phys. Bd. 6 (1938) S. 273.

[2] PIGULEVSKII, V. V.: J. gen. Chem. (USSR.) Bd. 4 (1934) S. 616, nach C. ELLIS: The Chemistry of Petroleum Derivatives, Bd. II. New York 1937.

[3] HINSHELWOOD, C. N. u. FORT: Proc. roy. Soc., Lond. A Bd. 127 (1930) S. 218.

[4] AMIEL, J.: C. R. Acad. Sci. Paris Bd. 196 (1933) S. 1122, 1899; Bd. 197 (1933) S. 984. — Ann. Chim. [11] Bd. 7 (1937) S. 70, daselbst ausführliche Literaturangaben.

FORT beobachteten bei 500° C einen ganz analogen Verlauf, mit Induktionsperiode, wie z. B. bei Methan. Die Reaktion ist ebenfalls von höherer Ordnung in bezug auf den Kohlenwasserstoff. Die scheinbare Aktivierungswärme der Benzoloxydation ist höher als die paraffinischer Kohlenwasserstoffe (mit Ausnahme von Methan); aus HINSHELWOODS Versuchen kann man ~ 50 kcal dafür ableiten, AMIEL gibt ~ 56 kcal dafür an.

AMIEL hat sehr sorgfältige Messungen in einem Temperaturgebiet von 400 bis 564° C ausgeführt, zur Orientierung geben wir in Abb. 220 nach AMIEL Reaktionsgeschwindigkeiten (% Kohlenstoff, der in der *Stunde* zu CO und $CO_2$ umgesetzt wird) als Funktionen des umgesetzten Benzols für verschiedene Temperaturen wieder. Die Reaktionsgeschwindigkeit erreicht schnell einen Maximalwert $w$, der über ein weites Gebiet konstant bleibt. $w$ wird dargestellt durch

$$\log w = -\frac{12300}{T} + 18{,}22.$$

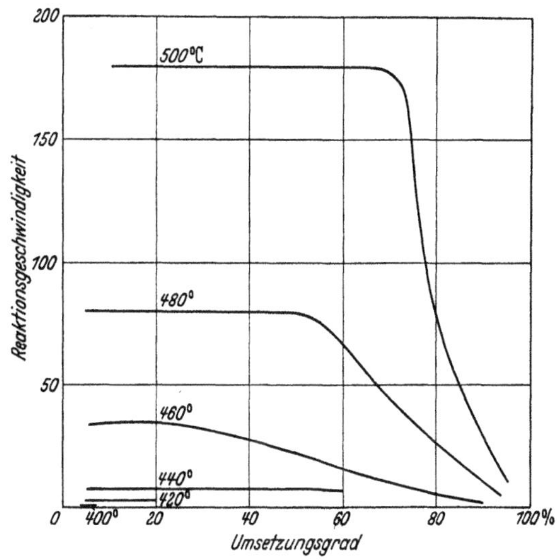


Abb. 220. Reaktionsgeschwindigkeit (vgl. Text) bei der Oxydation von Benzol in stöchiometrischer Mischung mit Sauerstoff bei Atmosphärendruck. (Nach AMIEL, zitiert S. 460.)

Die Oxydation aromatischer Kohlenwasserstoffe — Benzol, Toluol, und Äthylbenzol — bei hohen Drucken und verhältnismäßig niedrigen Temperaturen ist von NEWITT und BURGOYNE[1] untersucht worden.

Bei der Oxydation des *Benzols* unter Drucken bis 50 at können bis über 50% des verbrauchten Benzols als Phenol erhalten werden[2]; darin schließen sich aromatische Kohlenwasserstoffe also völlig dem Verhalten aliphatischer Kohlenwasserstoffe an. Die Phenolausbeute wird um so höher, je höher das Verhältnis Benzol : Sauerstoff ist, und selbst wenn Flammenbildung einsetzt, überlebt noch ein Teil des Phenols. Bei diesen hohen Drucken setzte die Benzoloxydation schon ab 280° mit merklicher Geschwindigkeit ein, und zwar ohne ausgesprochene Induktionsperiode.

[1] NEWITT, D. M. u. J. H. BURGOYNE: Proc. roy. Soc., Lond. A Bd. 153 (1936) S. 448.

[2] AMIEL, zitiert S. 460, hat bei Atmosphärendruck unter den Reaktionsprodukten Phenol und Chinon nachgewiesen.

Die Größenordnung der Reaktionsgeschwindigkeit möge aus der Tabelle 101 entnommen werden, die sich auf Mischungen 1,5 Kohlenwasserstoff : 1 Sauerstoff bei nicht näher bezeichnetem Druck bezieht.

Tabelle 101.

| Stoff | Temperatur °C | Dauer der Induktionsperiode (min) | Dauer der Reaktionsperiode (min) |
|---|---|---|---|
| Benzol . . . . | 293 | 0 | 3 |
| Toluol . . . . | 251 | 6 | 2 |
| Äthylbenzol . . | 239 | 6 | 2 |

Packen des Reaktionsgefäßes mit Metallspänen hemmte zwar die Benzoloxydation, die von Toluol und Äthylbenzol aber nicht merklich. Stickstoffzusatz wirkte immer reaktions-verlangsamend. Benzol-Luft im Verhältnis 40 : 9,5 gab bei 50 at und 362° C über 50% Phenol, bezogen auf verbranntes Benzol, daneben folgende Reaktionsprodukte, ausgedrückt in dem relativen Anteil des Sauerstoffes in den Produkten:

| | |
|---|---|
| Phenol . . . . . . . . . . . . | 10,6 |
| Chinon und Hydrochinon . . . | Spur |
| Maleinsäure . . . . . . . . . . | 2,8 |
| Formaldehyd . . . . . . . . . | 3,0 |
| CO . . . . . . . . . . . . . . | 26,2 |
| $CO_2$ . . . . . . . . . . . . . | 29,8 |
| $H_2O$ . . . . . . . . . . . . . | 27,6 |
| | 100 |

Als wesentlichstes Zwischenprodukt beim Abbau des Ringes wird immer Maleinsäure erhalten.

Bei *Toluol*, ebenso wie bei Äthylbenzol, erfolgt der Sauerstoffangriff überwiegend am α-C-Atom der Seitenkette. Es wird Benzylalkohol, Benzaldehyd, unter Umständen viel Benzoesäure, als Produkt des Angriffs am Kern in untergeordnetem Maße 2,4-Hydroxytoluol erhalten. Der Anteil der Oxydation im Kern macht zwischen 8 und 28% der Gesamtoxydation aus. In einer Mischung 1,5 Toluol + $O_2$ bei 18,8 at wurden z. B. erhalten:

| | Benzylalkohol | Benzaldehyd | Benzoesäure | 2,4-Hydroxytoluol | $CO_2$ | CO |
|---|---|---|---|---|---|---|
| Bei 216°. . | 2,6 | 18,8 | 34,4 | 5,8 | 9,3 | 2,6 |
| Bei 276°. . | 1,7 | 4,9 | 1,7 | 5,4 | 3,0 | 9,7 |

Die Produkte sind ausgedrückt durch den Anteil Kohlenstoff des verbrannten Toluols; im zweiten Versuch hatte Entflammung stattgefunden.

Erhöhung des Verhältnisses Toluol : $O_2$ erhöht den Anteil von Benzylalkohol und Benzaldehyd.

*Äthylbenzol* liefert Phenyl-Methyl-Karbinol, Acetophenon, Benzaldehyd, Benzoesäure und, als Folge des Angriffs am Kern, 2,4-Dihydroxy-Äthylbenzol. Da in besonderen Versuchen festgestellt wurde, daß Acetophenon bei der Oxydation erhebliche Mengen von Benzoesäure und Benzaldehyd liefert, so könnten auch hier diese Produkte auf dem Wege über das Acetophenon gebildet sein.

Daß aromatische Kohlenwasserstoffe mit Seitenkette[1] an der Stelle des $\alpha$-C-Atoms angegriffen werden, ist im Sinne der Doppelbindungsregel nicht unerwartet: Die auf das $\alpha$-C-Atom folgenden Bindungen entsprechen

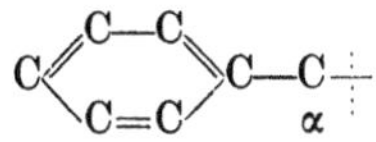

ja gerade der Stelle, an welcher der Zerfall bei aliphatischen ungesättigten Stoffen bevorzugt einsetzen würde. Dem entspricht es, daß von HEIN[2] beim thermischen Zerfall von Toluol zwischen 900 und 1100° C nach der Methode von RICE als Primärschritt:

$$C_6H_5 \cdot CH_3 \rightarrow C_6H_5 \cdot CH_2 - + H$$

anzunehmen ist. Die Benzylradikale werden durch die Reaktion mit Hg zu $(C_6H_5 \cdot CH_2 \cdot Hg)_2$ nachgewiesen; für sich allein zerfällt Toluol zu Dibenzyl und Wasserstoff.

## C. Die Entzündung von Kohlenwasserstoffen, besonders bei höheren Drucken.

Wir haben in den vorangehenden Abschnitten immer wieder gesehen, welchen Einfluß die Gefäßwand auf die einzelnen Phasen der Kohlenwasserstoff-Oxydation haben kann. Es gibt eigentlich nur eine Anordnung, in welcher man sich von allen diesen Einflüssen, mit Ausnahme der kühlenden Wirkung der Wand, frei machen kann: Wenn man nämlich die Entzündung eines Kohlenwasserstoff-Luftgemisches durch adiabatische Kompression untersucht (zur Methode vgl. Kap. I, S. 19, 33). Hat man nämlich ein Gefäß mit einem Durchmesser der Größenordnung einige cm und darin ein Gas auf ein Mehrfaches seines Normaldruckes verdichtet, so schätzt man nach der Formel des Verschiebungsquadrates (vgl. Kap. VIII, S. 283) ab, daß für die Diffusion aus dem Innern an die Wand oder umgekehrt Zeiten der Größenordnung 1 s oder darüber erforderlich sind. Andererseits zeigt es sich (vgl. S. 466), daß man nach dieser Methode Induktionszeiten für die Selbstzündung zwischen einigen $10^{-3}$ und einigen $10^{-1}$ s erfassen kann. In diesen Zeiten kann noch keine erhebliche Diffusion aus dem Innern an die Wand oder umgekehrt stattgefunden haben; wohl findet schon ein Austausch durch Diffusion zwischen den randnahen Partien und der Wand statt; die gleichen Partien werden in derselben Zeit aber auch schon stark abgekühlt und tragen schon aus diesem Grunde zur eigentlichen Reaktion kaum bei; man beobachtet also tatsächlich im wesentlichen das Resultat einer

[1] Dies wurde zuerst in der flüssigen Phase nachgewiesen, doch muß man aus den mehrfach erwähnten Gründen vorsichtig sein, solche Resultate auf die Gasphase zu übertragen. STEPHENS, H. N.: J. Amer. chem. Soc. Bd. 48 (1926) S. 1824; Bd. 56 (1928) S. 2523. — J. physical. Chem. Bd. 37 (1933) S. 209.

[2] HEIN, F. u. H. I. MESÉE: Naturwiss. Bd. 26 (1938) S. 710.

homogenen Gasreaktion. Von Bedeutung für das Fehlen einer katalytischen Wandreaktion unter diesen Bedingungen ist auch die Tatsache, daß der Natur der Methode nach die Wand immer wesentlich kälter (einige hundert ° C) als die Gasmasse sein muß. Dies bringt dafür wieder eine andere Schwierigkeit für die quantitative Auswertung solcher Versuche mit sich: Während der zur Selbstzündung führenden Induktionszeit hat man immer eine nicht vernachlässigbare Abkühlung in dem Reaktionsvolumen. Zwar ergibt sich die Halbwertszeit für die Abkühlung durch Leitung (unter Ausschluß von Konvektion) etwa von derselben Größenordnung wie die für den Konzentrationsausgleich durch Diffusion an die Wand, d. h. $\sim 1$ s (das ergibt sich übrigens auch unmittelbar aus den unten zu besprechenden Versuchen von TIZARD und PYE), und die Reaktionszeit bleibt immer merklich unterhalb dieser Zeit. Da aber eine Abkühlung von 10° sich erheblich auf die Reaktionsgeschwindigkeit auswirkt, so wird der Abkühlungseffekt nie vernachlässigbar sein. Wie man die wirklich für die Reaktion maßgebende Temperatur ermittelt, bedarf einer sehr sorgfältigen Diskussion (vgl. a. S. 524ff.).

Die Messungen von TIZARD und PYE[1] wurden in einem motorähnlichen Versuchszylinder von 75 mm Durchmesser und 20 cm Hub vorgenommen, wobei der Kolben im Punkt maximaler Kompression festgehalten wurde; der Zylinder selbst war heizbar, in der letzten Anordnung von TIZARD und PYE bis auf maximal 180° C; das Kompressionsverhältnis konnte auf $\varepsilon = 6$ oder 9 eingestellt werden. Die Zündung und die dazu gehörige Induktionszeit ergaben sich aus der gleichzeitig aufgenommenen Indikatorkurve. Für Einzelheiten der technisch interessanten Apparatur muß auf die Originale verwiesen werden[2]. Die bei der Kompression erreichbare Maximaltemperatur läßt sich aus dem Kompressionsverhältnis berechnen (auf diesem Wege berechnete DIXON die durch adiabatische Kompression bestimmten Zündtemperaturen); in Wirklichkeit liegen die Temperaturen, wegen der Kühlwirkung der Wände, aber immer darunter. In TIZARD und PYEs Versuchen dauerte z. B. normalerweise die Kompression 0,14 s (es konnte auch etwas schneller komprimiert werden, dann traten aber wegen der großen Beschleunigungen an der Apparatur gelegentlich Brüche auf); bei dieser Kompressionsdauer wurde der Maximaldruck um zwischen 5 und 10% niedriger gefunden als für adiabatische Kompression berechnet. Entsprechend liegt daher auch die mittlere Gastemperatur unter der berechneten maximalen.

Welches die Temperatur in dem Volumenelement war, in dem gerade Zündung einsetzte, ist sehr schwer exakt zu bestimmen. TIZARD und

[1] TIZARD, H. T.: Proc. N. E. Coast Engng. Bd. 31 (1921) S. 381. — TIZARD u. D. R. PYE: Phil. Mag. Bd. 44 (1922) S. 79. — TIZARD: Trans. Faraday Soc. Bd. 22 (1926) S. 352. — TIZARD u. PYE: Phil. Mag. [7] Bd. 1 (1926) S. 1094.

[2] Hierfür und für den übrigen Teil dieses Abschnitts vgl. auch D. M. NEWITT u. D. T. A. TOWNEND: Science of Petroleum, Bd. IV, S. 2950ff.

Pye haben die Zündung unter verschiedenen Abkühlungsbedingungen ermittelt, ohne und mit einem im Gemisch rotierenden Ventilator, und den Abkühlungseffekt rechnerisch zu eliminieren versucht, wofür ebenfalls auf das Original verwiesen sei.

Der registrierte Druck (als Maß der mittleren Temperatur) kann während der Induktionsperiode sowohl abfallen als auch ansteigen; wahrscheinlich aber wird in den wandfernen, am wenigsten der Abkühlung unterworfenen Gebieten, in welchen die Zündung einsetzt, die Temperatur während der der Zündung vorangehenden Induktionsperiode zumindest nicht abfallen. Auf den registrierten Druckabfall während der Induktionszeit ist es ohne Einfluß, ob Zündung erfolgt oder nicht, ein Zeichen, daß zumindest während des größten Teiles der Induktionszeit nur ein außerordentlich geringer Umsatz stattfindet. In einer Serie von 12 Versuchen mit Octan fand z. B. 8mal Zündung statt, der Druckabfall während der ersten $^1/_{10}$ s war aber in allen Fällen der gleiche.

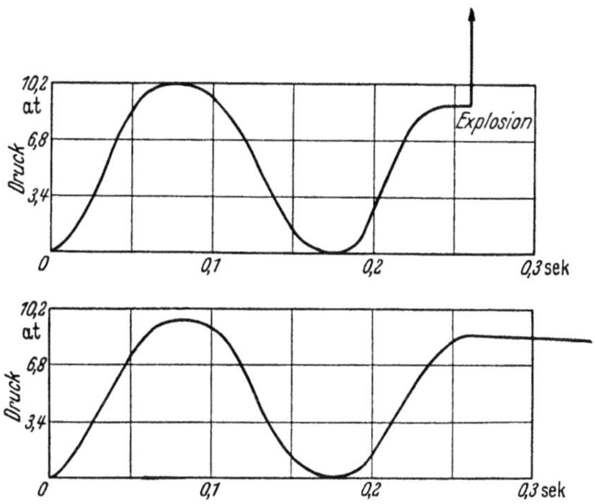


Abb. 221.

Interessant sind auch die Versuche mit Äther, bei welchen der Verriegelungsmechanismus der Apparatur versagte und zwei aufeinanderfolgende Kompressionen stattfanden (Abb. 221). Von zwei analogen Versuchen trat im ersten bei der zweiten Kompression Zündung auf, im zweiten nicht, obwohl die Maximaltemperatur bei der zweiten Kompression im ersten Versuch niederer war als die Maximaltemperatur bei der ersten Kompression des zweiten Versuches. Tizard und Pye nehmen an, daß trotzdem lokal höhere Temperaturen vorlagen; vielleicht ist es wahrscheinlicher anzunehmen, daß eine Aktivierung durch die Vorreaktion bei der ersten Kompression stattgefunden hatte.

Einen Überblick über die Resultate vermittelt Abb. 222 und die folgenden Tabelle 102. In Abb. 222 sind die Induktionszeiten der Selbstzündung für verschiedene Temperaturen aufgetragen, für Äthyläther, n-Heptan und Schwefelkohlenstoff; eingetragen sind die unmittelbaren Meßwerte, d. h. aus dem maximalen Kompressionsdruck berechnete mittlere Temperaturen; die wahren Temperaturen im Gasinnern dürften also etwas höher gewesen sein (vgl. S. 466), und zwar sind die

Logarithmen der Induktionszeiten gegen die reziproke absolute Temperatur aufgetragen. Für Äther und n-Heptan kann man (unter Vernachlässigung des die kürzeste Induktionszeit darstellenden Punktes, in der Annahme, daß dieser Punkt am unsichersten ist) in dieser Darstellung ungefähr eine Gerade durch die Meßpunkte legen, welche auf eine scheinbare Aktivierungswärme von etwa 30 bis 35 kcal führt. Die Punkte für Schwefelkohlenstoff sind mit eingetragen, da sie erkennen lassen, daß wohl die niedrigst meßbare Zündtemperatur tiefer liegt als bei n-Heptan, daß aber trotzdem bei höheren Temperaturen die Zündung langsamer erfolgt als in diesem wegen des kleineren Temperaturkoeffizienten. Man sieht hier schon, daß die Neigung zur spontanen Zündung (die im folgenden Kapitel im Hinblick auf den Klopfvorgang eine Rolle spielt) bei verschiedenen Stoffen nicht eindeutig durch die tiefste meßbare Zündtemperatur gegeben ist; man muß dazu noch mindestens eine die Temperaturabhängigkeit charakterisierende Größe hinzunehmen.

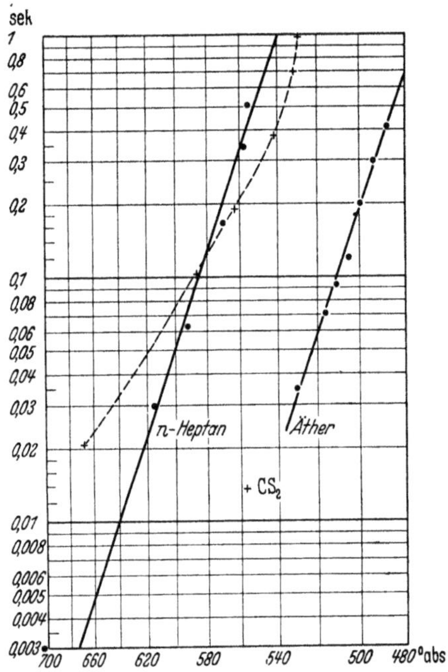


Abb. 222. Induktionszeiten bei der Zündung verschiedener Gemische mit Luft durch adiabatische Verdichtung. (Nach TIZARD u. PYE, zitiert S. 464.) Aufgetragen sind Logarithmen der Zündverzüge gegen reziproke abs. Temperatur.

Eine etwa exponentielle Abhängigkeit der Zündverzüge von der Temperatur (wie sie die logarithmischen Graden in Abb. 222 darstellen) ist für Wärmeexplosionen (vgl. Kap. I, S. 18) und (sofern nicht besondere Komplikationen vorliegen, vgl. S. 485ff.) auch für Kettenexplosionen (vgl. Kap. VIII, S. 278) zu erwarten. Bei exakter Berücksichtigung der Abkühlung und der endlichen Kompressionsdauer würde natürlich die erhaltene Aktivierungswärme modifiziert werden.

Für den Vergleich ähnlicher Kohlenwasserstoffe geben die niedersten beobachtbaren Zündtemperaturen bereits einen guten Anhalt; Werte hierfür von TIZARD und PYE (nach der Zusammenstellung von NEWITT und TOWNEND, zitiert S. 464) geben wir in der folgenden Tabelle 102, und zwar mittlere Gastemperaturen, berechnet aus registriertem maximalen Kompressionsdruck; diese Temperaturen werden also wiederum etwas niedriger sein als die Temperatur der heißesten Gaspartien (der Unterschied wird kleiner als 50° C sein; denn etwa um soviel höhere

Temperaturen berechnet man für adiabatische Kompression ohne Abkühlung aus dem Verdichtungsverhältnis).

Bei Benzol liegen auch Versuche mit verschiedenen Anfangstemperaturen, also verschiedenem Druck bei etwa gleichen Endtemperaturen vor; daraus ergibt sich — natürlich nicht sehr genau —, daß in der Beschleunigung der Umsetzung eine Druckerhöhung um 23% etwa ebensoviel ausmacht wie eine Temperaturerhöhung um 7°; d. h. wie zu erwarten, hängt der Zündverzug am empfindlichsten von der Temperatur ab.

Tabelle 102. Niederste Zündtemperaturen bei adiabatischer Kompression von Kohlenwasserstoff-Luftgemischen. (Nach TIZARD und PYE.)

| Stoff | Gemisch, Gewichtsteile Brennstoff auf 15 Luft | Temperatur vor der Kompression °C | „Zündtemperatur" °C |
|---|---|---|---|
| n-Pentan . . | 1,0 | 60 | 336 |
| n-Hexan . . | 1,0 | 60 | 306 |
| Cyclohexan . | 1,0 | 60 | 324 |
| n-Heptan . . | 0,8 | 59 | 291 |
| | 1,6 | 59 | 292 |
| | 0,4 | 13 | 292 |
| | 1,0 | 40 | 284 |
| n-Octan . . | 1,0 | 60 | 275 |
| Benzol . . . | 1,0 | 40 | 373 |

Im ganzen läßt die Tabelle folgendes erkennen: In der Reihe der Paraffine nimmt die niederste Zündtemperatur mit wachsender Kettenlänge ab, entsprechend der abnehmenden Klopffestigkeit (vgl. Kap. XII, S. 546ff.); Cyclohexan zündet schwerer als Hexan, noch wesentlich schwerer Benzol, was ebenfalls mit dem Klopfverhalten parallel geht. Die Versuche mit Variation der Gemischzusammensetzung ergeben die niederste Zündtemperatur bei etwa stöchiometrischem Gemisch; für die Änderung des Klopfverhaltens mit der Zusammensetzung vgl. F. SEEBER, zit. S. 583.

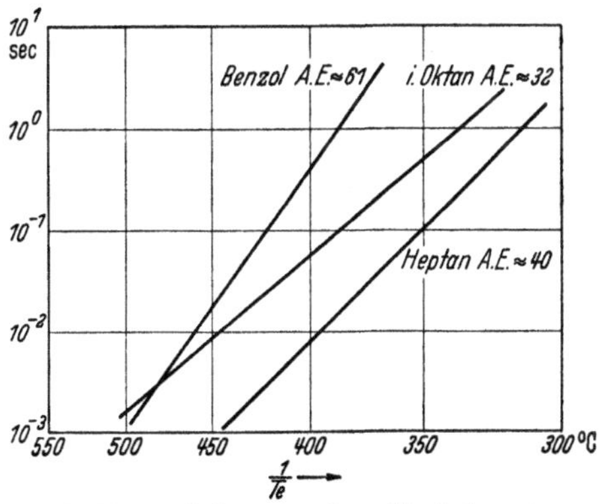


Abb. 223. Zündverzüge (logarithmisch aufgetragen) für stöchiometrische Gemische von Benzol, i-Octan und n-Heptan mit Luft, sowie scheinbare Aktivierungsenergie in kcal (Temperaturen noch nicht für Abkühlung korrigiert). (Nach JOST u. TEICHMANN[1].)

Neuere Versuche über Selbstzündung von Kohlenwasserstoffen in Mischung mit Luft durch adiabatische Verdichtung[1] schließen sich, soweit die gleichen Stoffe untersucht wurden, den Ergebnissen TIZARD u. PYEs gut an (Abb. 223).

[1] JOST, W. u. H. TEICHMANN: Naturwiss. Bd. 27 (1939) S. 318. Ausführliche Versuchsbeschreibung und weitere Folgerungen vgl. W. JOST: Vortrag auf der Tagung der Deutschen Akademie der Luftfahrtforschung Mai 1939, erscheint in den Schr. Dtsch. Akad. Luftfahrtforsch. 1939.

Die Versuche lassen quantitative Schlüsse auf das Klopfverhalten der untersuchten Stoffe zu, wofür auf die Originalarbeit sowie auf Kap. XII verwiesen sei.

## Die Versuche von TOWNEND und Mitarbeitern.

Allgemein für die Kinetik der Kohlenwasserstoff-Oxydation und auch für das Klopfverhalten interessant sind Versuche von TOWNEND und Mitarbeitern, wenn sie auch der Methode nach nicht so frei von sekundären Einflüssen sind wie die von TIZARD und PYE. TOWNEND und Mitarbeiter[1] benutzten als Reaktionsraum ein Stahlgefäß von 15 cm Länge und 4 cm Durchmesser, das zur Änderung der Oberfläche innen auch mit anderem Material verkleidet werden konnte, und in welches die in einer Vorratsbombe (die evtl. vorgeheizt sein mußte) hergestellte Brennstoff-Luft-Mischung eingelassen werden konnte; das Füllen beanspruchte $\sim 1/_2$ bis 1 s, Reaktion und Explosion wurden an der Druckänderung festgestellt, wofür, je nach dem gerade untersuchten Druckbereich, verschiedene Manometer vorgesehen waren.

Die Induktionszeiten bis zur Zündung, welche beobachtet wurden, lagen zwischen etwa $1/_2$ s (vergleichbar mit der zum Einlassen des Gemisches notwendigen Zeit) und einer Reihe von s, unter Umständen bis herauf zu 2 Stunden. Bei Induktionszeiten von min oder gar h kann es sich unter den gewählten Versuchsbedingungen keinesfalls um eine Wärmeexplosion gehandelt haben, es muß zumindest im Anfangsstadium eine Beschleunigung durch Kettenverzweigung vorgelegen haben, wo, wenigstens bei den längsten Induktionszeiten, relativ stabile Zwischenprodukte entstanden sein müssen. Dies könnten sehr wohl Aldehyde sein, die sich evtl. teilweise an der Wand bilden; dafür spräche der von TOWNEND beobachtete Einfluß geringer Aldehydzusätze auf die Induktionszeiten, welcher nach höheren Temperaturen hin verschwindet; ein Einfluß der Wand auf das Zündverhalten ist von TOWNEND unmittelbar nachgewiesen worden.

Als charakteristisch finden TOWNEND und Mitarbeiter die Existenz zweier Zündgebiete, eines in der Gegend von etwa 500°, das andere in der Gegend von etwa 300° C, was gut zu allen früher angeführten Beobachtungen, insbesondere über kalte Flammen, paßt. Zur Illustration zeigen wir in Abb. 224 die Verhältnisse für n-Butan. Hier sind für

[1] TOWNEND, D. T. A. u. M. R. MANDLEKAR: Proc. roy. Soc., Lond. A Bd. 141 (1933) S. 484; Bd. 143 (1934) S. 168. — TOWNEND, L. L. COHEN u. MANDLEKAR: Proc. roy. Soc., Lond. A Bd. 146 (1934) S. 113. — TOWNEND u. E. A. C. CHAMBERLAIN: Proc. roy. Soc., Lond. A Bd. 154 (1936) S. 95; Bd. 158 (1937) S. 415. — KANE, G. P. u. TOWNEND: Proc. roy. Soc., Lond. A Bd. 160 (1937) S. 174. — KANE, CHAMBERLAIN u. TOWNEND: J. chem. Soc. 1937, S. 436. — MACORMAC, M. u. TOWNEND: J. chem. Soc. 1938, S. 238; vgl. auch TOWNEND: Chem. Rev. Bd. 21 (1937) S. 259, sowie NEWITT u. TOWNEND: Sci. Petrol. Bd. 4.

verschiedene Anfangsdrucke die niedersten Zündtemperaturen als Funktion der Gemischzusammensetzung aufgetragen; Erhöhung des Druckes und Erhöhung der Brennstoffkonzentration wirkt sich in einer Erniedrigung der Zündtemperatur aus, d. h. unter Umständen in einem Übergang aus dem oberen in das untere Zündgebiet. Umgekehrt kann

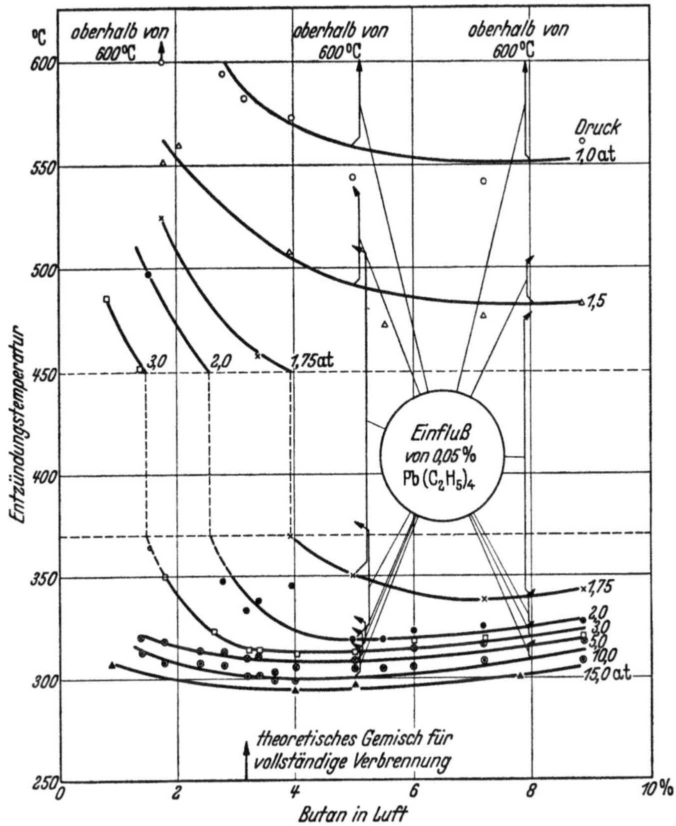


Abb. 224. Selbstzündung von Butan-Luftmischungen sowie deren Beeinflussung durch Zusatz von Bleitetraäthyl (Pfeile geben Verschiebung der Explosionsgrenze an). (Nach Townend u. Mitarbeiter, zitiert S. 468.)

ein Zusatz von $Pb(Aeth.)_4$ wirken[1]. Mischungen mit 5 und 8% Butan und Luft zeigten bei dem Druck, der gerade für den Übergang aus dem oberen in das untere Zündgebiet ausreichte ($1^3/_4$ at) eine sehr starke Beeinflußbarkeit durch Bleitetraäthyl, das, in einer Konzentration von 0,05% dem Butan zugemischt, den Zündpunkt um 160 bzw. 138° C erhöhte; bei höheren Drucken war dann der Einfluß viel geringer (unter Umständen nur wenige ° C).

[1] Über die Wirkung $Pb(C_2H_5)_4$ auf das Zündverhalten vgl. A. C. Egerton u. Gates: J. Inst. Petrol. Technologists Bd. 13 (1927) S. 244.

Als Ursache für den Übergang aus dem unteren in das obere Zündgebiet vermuten TOWNEND und Mitarbeiter, daß ein leicht oxydierbares Zwischenprodukt unter Umständen schneller zerfallen oder anderweitig verbraucht werden kann, unter Bildung schwerer oxydierbarer Stoffe. Irgendein derartiger Vorgang dürfte sehr wahrscheinlich die Ursache sein, auch für den negativen Temperaturkoeffizienten. Für die Vermutung von TOWNEND und Mitarbeitern, daß beispielsweise Aldehyde zerfallen können, z. B. Formaldehyd in CO und $H_2$, ehe sie weiter oxydiert werden, lassen sich unter gewissen Bedingungen unmittelbare Belege anführen[1]; es bestehen aber noch andere Erklärungsmöglichkeiten

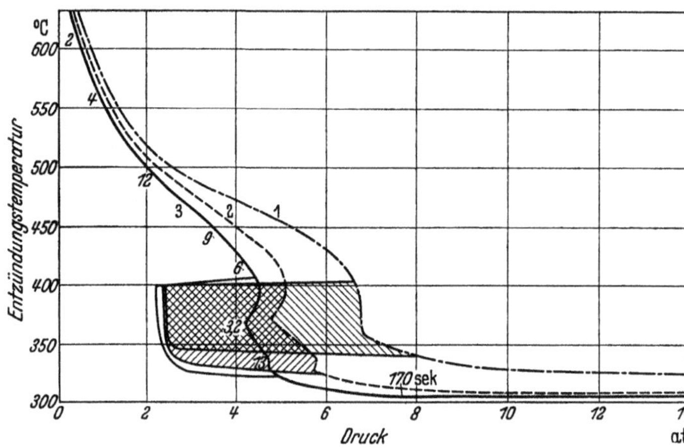


Abb. 225. Kritische Explosionsgrenzen für Propan-Luftmischungen mit 2,6% Propan *1*, 5% Propan *2*. 7,5% Propan *3*; Gebiete kalter Flammen schraffiert; Induktionszeiten (sec) in schrägen Ziffern. (Nach TOWNEND u. Mitarbeiter, zitiert S. 468.)

(vgl. S. 484ff.). Analoge Erscheinungen wie mit Butan wurden auch bei Propan, Pentan und höheren Paraffinen beobachtet.

Ferner wurde festgestellt, daß das Gebiet des Überganges von der Tieftemperatur- zur Hochtemperaturzündung im allgemeinen mit dem des Auftretens kalter Flammen zusammenfällt. Als Beispiel mag Abb. 225 dienen, welche die Verhältnisse bei Propan-Luftmischungen mit 2,6 und mit 7,5% Propan wiedergibt; in der Abb. 225 sind gleichzeitig die bis zur Zündung verstreichenden Induktionszeiten mit eingetragen (schräge Ziffern). In dem schraffierten Gebiet treten kalte Flammen auf unterhalb des Druckes, welcher zur normalen Zündung erforderlich ist, wie an den auftretenden Druckstößen sowie visuell durch Beobachtungsfenster festgestellt wurde. Daß in diesem Gebiet aber das Auftreten kalter Flammen und die normale Zündung keine unabhängigen Vorgänge sind, folgt daraus, daß hier der normalen Zündung immer das Erscheinen

[1] Vgl. JOST, v. MÜFFLING, ROHRMANN, zitiert S. 458; allgemein kann diese Erklärung nicht zutreffen, wegen der Langsamkeit des Zerfalls der Aldehyde.

einer kalten Flamme unmittelbar vorausgeht (in Übereinstimmung mit den Befunden von NEUMANN und AIVAZOV, ANDREEW usw. vgl. S. 444).

Im ganzen wurden folgende Stoffe von TOWNEND und Mitarbeitern untersucht: Methan, Äthan, Propan, Butan, i-Butan, Pentan, Hexan, Heptan, Octan, i-Octan; Äthylen, Propylen, α-Butylen, α-Amylen; Methanol, Äthanol, Propanol; Formaldehyd, Acetaldehyd, Propaldehyd; Di-Äthyläther, Diisopropyläther; Aceton; Benzol. Einen Überblick über Einzelheiten bringen wir in den unten folgenden Abb. 226—236. Grundsätzlich mag folgendes erwähnt werden. Eine ausgeprägte Trennung in oberes und unteres Zündgebiet tritt erst vom Propan an auf; bei

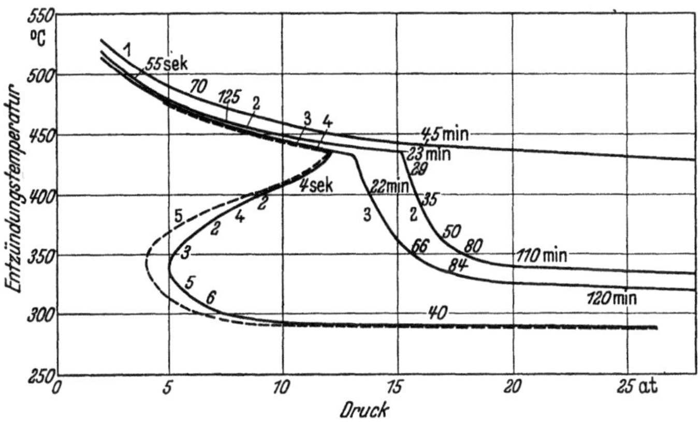


Abb. 226. Zündung von Äthan-Luftmischungen mit (1) 6%, (2) 10%, (3) 13% Äthan; (4) und (5) wie (3), jedoch mit Zusatz von 1 bzw. 2% Acetaldehyd. [Nach TOWNEND u. Mitarb.: Proc. roy. Soc., Lond. A Bd. 154 (1936)]. Schräge Zahlen = Zündvorgänge in s bzw. min.

Methan ist noch keine Andeutung davon vorhanden, bei Äthan tritt immerhin schon ein Knick in der Druck-Zündtemperaturkurve auf, wenigstens für höhere Kohlenwasserstoff-Konzentrationen; Abb. 226 zeigt dies und läßt daneben noch folgendes erkennen: Bei den niedersten Zündtemperaturen äthanreicher Gemische treten außerordentlich lange Induktionsperioden auf, bis zu 2 Stunden; ferner sieht man (Kurven 4 und 5), daß Zusatz geringer Mengen Acetaldehyd (1 bzw. 2%), Kurven 4 und 5, eine beträchtliche Herabsetzung der Zündtemperatur verursacht. Aber, und das ist von besonderer Wichtigkeit, Acetaldehyd wirkt nur in dem Gebiet niederer Temperaturen (unter 435° C) und langer Induktionszeiten, wobei er gleichzeitig stark verkürzend auf die Induktionszeit einwirkt. Das wäre einerseits mit der Annahme verträglich, daß während der Induktionszeit in dem Tieftemperaturgebiet hauptsächlich eine zur Aldehydbildung führende Reaktion abläuft, evtl. mehr oder weniger an der Wand, stützt andererseits die Deutung, die TOWNEND und Mitarbeiter für die Zündung bei hohen Temperaturen vorschlagen: daß dort

Aldehyde schneller zerfallen[1] als sie weiteroxydiert werden[2]. Schließlich führt der Befund zu einer zwanglosen Behebung der früher (S. 419) erwähnten Diskrepanz zwischen STEACIE und PLEWES' sowie BONE und HILLS' Experimenten, von denen die ersteren bei 452° für die Äthanoxydation zwar eine Verkürzung der Induktionsperiode durch Acetaldehyd fanden, sonst aber keinen Einfluß auf die Reaktion feststellten, während BONE und HILL in äthanreicheren Mischungen bei 316° durch 1% Acetaldehyd Zündung der sonst nur langsam reagierenden Mischung hervorrufen konnten.

Wie auch sonst bekannt, nimmt die Oxydierbarkeit in der Reihenfolge Paraffin, Alkohol, Aldehyd für die drei ersten Glieder der Reihe zu. Bis zum Propylen sind auch die Olefine leichter oxydierbar als die Paraffine, vom Butylen an kehrt sich das um. Die Versuche von TOWNEND und Mitarbeitern fügen sich also in die früher schon angegebene Regel: Für Paraffine, Olefine und Alkohole nimmt mit wachsender Kohlenstoffatomkette die Oxydationsbeständigkeit ab; die Abnahme ist aber für Olefine und Alkohole geringer als für Paraffine, so daß mit zunehmender Molekülgröße ein Überschneiden in dem Oxydationsverhalten eintritt, und zwar in der Gegend des Butans; unterhalb sind Olefine und Alkohole weniger oxydationsbeständig, darüber oxydationsbeständiger als Paraffine.

Unter den Bedingungen der Versuche von TOWNEND und Mitarbeitern zeigt auch das iso-Octan kein grundsätzlich abweichendes Verhalten, nur liegen alle Erscheinungen bei entsprechend höheren Temperaturen. Dagegen zeigt das Benzol einen völlig stetigen Verlauf der Zündtemperaturen mit dem Druck, ohne kalte Flammen, in Übereinstimmung mit allen übrigen Erfahrungen. Aceton[3] erweist sich zwar als oxydationsbeständig, entsprechend seiner hohen Klopffestigkeit, liefert aber, wie Iso-Octan, auch kalte Flammen.

Eigentümlich ist das Verhalten der Äther. WHITE[4] hatte bereits gefunden, daß es bei niederen Drucken zwei Zündgebiete (als Funktion der Gemischzusammensetzung für Fremdzündung) gibt, deren eines gewöhnlichen Flammen, deren anderes kalten Flammen entspricht. Dabei wurde bei gewöhnlichen Flammen ein Zündfunke benutzt, für die kalten Flammen mußte eine geheizte Platinspirale verwandt werden. Bemerkenswert ist, daß es danach gelingt, auch in einem *kalten* Gemisch

[1] Wobei, vgl. S. 392, daran zu denken ist, daß der Aldehydzerfall durch gleichzeitige Radikalkettenreaktionen stark beschleunigt sein kann.

[2] Analysen der Reaktionsprodukte bei kalten Flammen, vgl. D. M. NEWITT u. THORNES: J. chem. Soc. 1937, S. 1656; s. auch D. M. NEWITT: J. Inst. Petrol. Technologist Bd. 25 (1939) S. 137, besonders im Hinblick auf das Klopfverhalten.

[3] Über die photochemische Oxydation von Aceton bei $\lambda = 3130$ Å und niederen Temperaturen, die, wie der Zerfall, mit einer Quantenausbeute von 0,24 verläuft, vgl. P. FUGASSI: J. Amer. chem. Soc. Bd. 59 (1937) S. 2092; photochemischer Zerfall (bei 3130 Å): DAWSON u. DANIELS: J. Amer. chem. Soc. Bd. 55 (1933) S. 2363.

[4] WHITE, A. G.: J. chem. Soc. 1927, S. 498 und frühere Arbeiten.

durch Zündung von einer Stelle aus kalte Flammen einzuleiten[1]. TOWNEND und CHAMBERLAIN haben diese Verhältnisse weiter untersucht und die in Abb. 227 eingetragenen Resultate erhalten. Sie arbeiteten mit einem

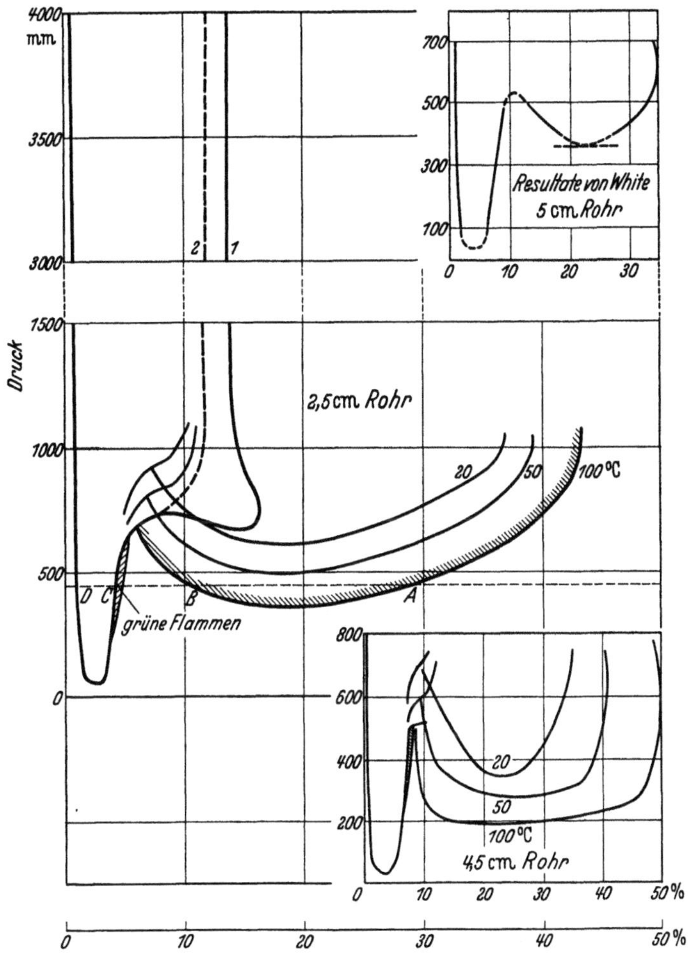


Abb. 227. Zündgrenzen für Äthyläther in Luft für verschiedene Drucke in 2,5-cm-Rohr; links Gebiet normaler, rechts kalter Flammen (für verschiedene Temperaturen). Bei Kurve *1* ging die kalte Flamme auf etwa $^1/_2$ Rohrlänge in normale Flamme über; Kurve *2* zeigt Grenzen, in denen von Anfang an normale Flamme. [Nach TOWNEND u. Mitarb.: Proc. roy. Soc., Lond. Bd. 158 (1937).]

heizbaren Rohr von 2,5 cm Durchmesser und 1 m Länge; Zündung erfolgte durch Funken bzw. durch eine glühende Platinspirale. Der Funke ist nicht fähig, kalte Flammen zu zünden, wie umgekehrt die Platinspirale im Gebiet normaler Flammen nur eine Oberflächenverbrennung

[1] Dies ist TOWNEND und HSIEH, J. chem. Soc. London, 1939, S. 332, 337, 341, inzwischen auch bei Paraffinkohlenwasserstoffen gelungen.

liefert (vgl. die Überlegungen in Kap. I, S. 22 ff.); dabei wurde, wie üblich, als Eintreten von Zündung nur der Fall angesehen, in welchem die Verbrennung durch das ganze Rohr fortgeschritten war. Übergang zu einem weiteren Rohr (von 4,5 cm Durchmesser) erweiterte die Zündgrenzen.

Die Geschwindigkeit der kalten Flammen war in dem 4,5 cm-Rohr unabhängig vom Druck (zwischen 240 und 700 mm Hg) und von der Temperatur (zwischen 20 und 160° C) etwa 24 cm/s; im 2,5 cm-Rohr betrug sie nur 13,5 cm/s.

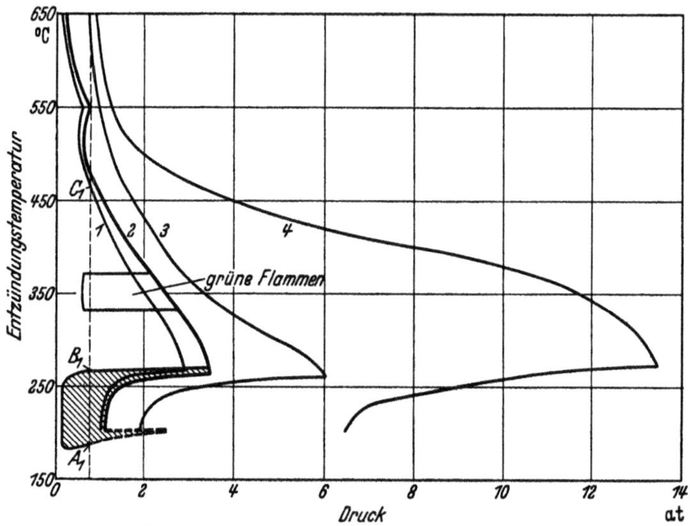


Abb. 228. Zündung von Äther-Luftmischungen; (*1*) 10%, (*2*) 5%, (*3*) 2%, (*4*) 1% Äther; schraffiert Gebiet kalter Flammen für 5% Äther in Luft. [Nach TOWNEND u. Mitarb.: Proc. roy. Soc., Lond. Bd. 158 (1937).]

Ferner wurden bei Äther-Luftmischungen Zündtemperaturen als Funktion des Druckes ermittelt (Abb. 228), die viele Ähnlichkeiten mit den Verhältnissen bei Kohlenwasserstoffen zeigen. Auffallend ist, daß man für brennstoffreiche Gemische nicht nur zwischen 180 und 270° C ein Gebiet kalter Flammen erhält, sondern daß zwischen 230 und 365° noch ein Gebiet grüner Flammen (in welchen die Swan-Banden vorherrschen) existiert, die weder identisch sind mit den bläulichen kalten Flammen, noch mit den weißen oder gelblichen normalen Flammen. Außerdem tritt bei fetten Gemischen in der Gegend von 500° eine Irregularität im Druck-Zündtemperatur-Verlauf hervor. Die äußerst niedere Lage der tiefsten Zündtemperatur geht wieder parallel mit der geringen Klopffestigkeit des Äthyläthers.

Diisopropyläther (Abb. 229) zeigt im ganzen ähnliches Verhalten wie Äthyläther mit ähnlich, aber bei höheren Drucken, gelegenen tiefsten Zündtemperaturen wie dieser; das ist vielleicht sonderbar im Hinblick auf die sehr hohe Klopffestigkeit des Diisopropyläthers. TOWNEND

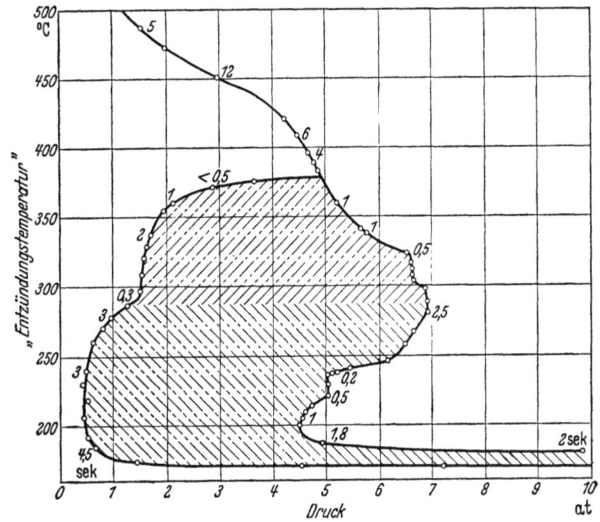


Abb. 229. Zündung von Diisopropyläther-Luftmischungen mit 2,5% Gehalt. Gebiet kalter Flammen schraffiert. Zündverzüge in sec angegeben. (Nach TOWNEND u. Mitarb.: J. chem. Soc. 1938.)

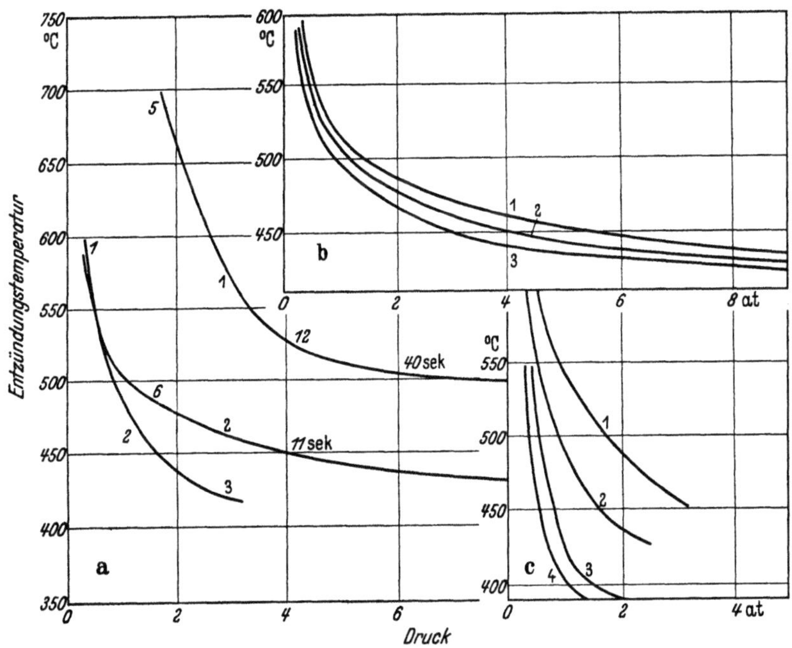


Abb. 230. a Zündung von 10% Äthan in Luft 1, und entsprechender Mischungen mit Methanol 2 und Formaldehyd 3; schräge Ziffern = Induktionszeiten in sec; b Zündung von (1) 8%, (2) 12% und (3) 18% Methanol in Luft; c desgleichen für 8% Formaldehyd (1) und 16% Formaldehyd (2) in Luft bzw. der gleichen Mengen in Sauerstoff (3) und (4). (Nach TOWNEND u. Mitarb.: J. chem. Soc. 1937.)

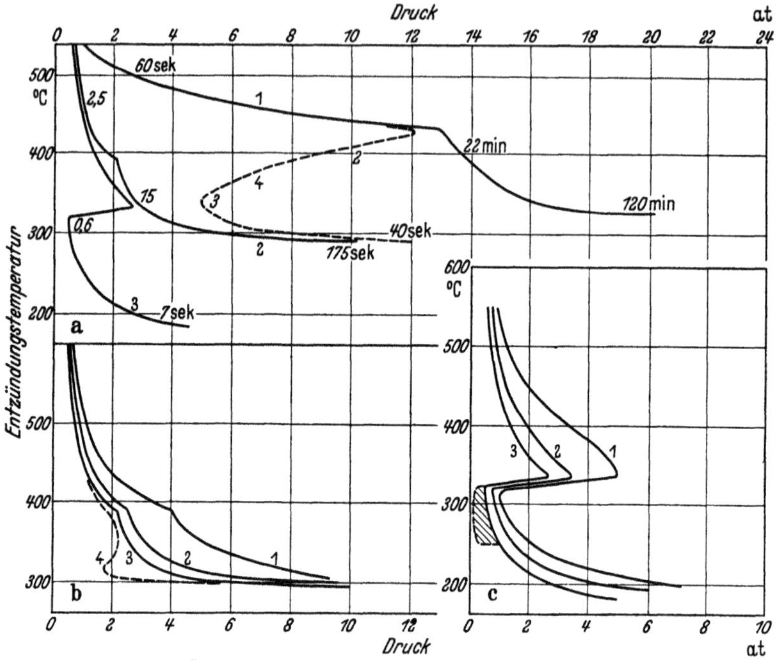


Abb. 231. a Zündung von Äthan-Luftmischungen mit (1) 13% Äthan, (4) desgleichen + 1% Acetaldehyd, (2) und (3) zu (1) entsprechende Mischungen von Äthanol und Acetaldehyd mit Luft; schräge Ziffern = Induktionszeiten in s bzw. min; b (1), (2) und (3) Kurven für bzw. 4%, 6,5% und 9% Äthanol in Luft; (4) entsprechend (1), jedoch + 1% Acetaldehyd. c (1), (2) und (3) bzw. 5%, 7% und 10% Acetaldehyd in Luft. Schraffiert = Gebiet kalter Flammen. (Nach TOWNEND u. Mitarb.: J. chem. Soc. 1937.)

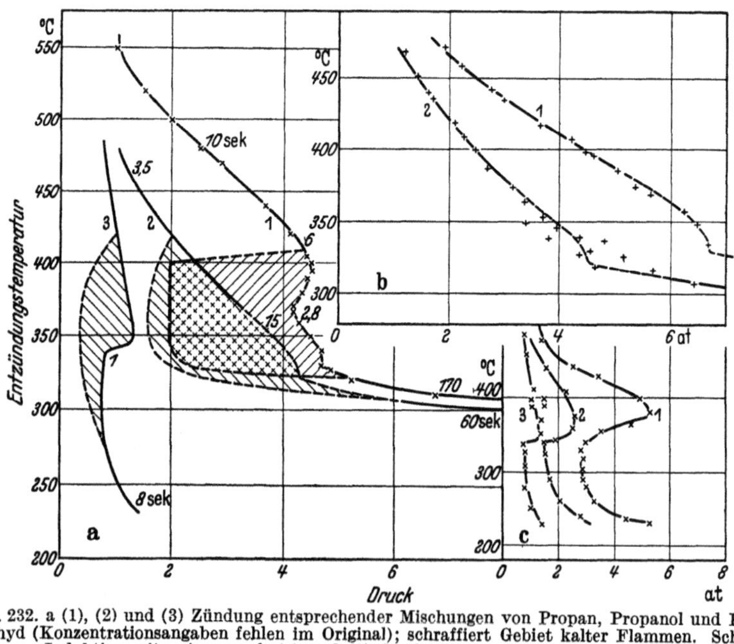


Abb. 232. a (1), (2) und (3) Zündung entsprechender Mischungen von Propan, Propanol und Propaldehyd (Konzentrationsangaben fehlen im Original); schraffiert Gebiet kalter Flammen. Schräge Ziffern = Induktionszeiten in sec; b (1) und (2) desgleichen für 3% und 7% Propanol in Luft. c (1), (2) und (3) für 3%, 5% und 10% Propaldehyd in Luft. (Nach TOWNEND u. Mitarb. J. chem. Soc. 1937.)

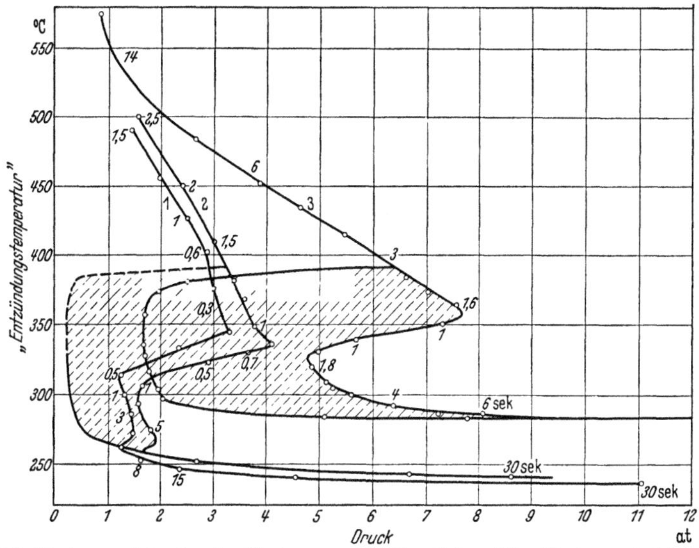

Abb. 233. Zündung entsprechender Mischungen von (1) n-Octan, (2) n-Heptan und (3) iso-Octan in Luft; schraffiertes Gebiet kalter Flammen; schräge Ziffern = Zündverzüge in s. (Nach TOWNEND u. Mitarb.: J. chem. Soc. 1938.)

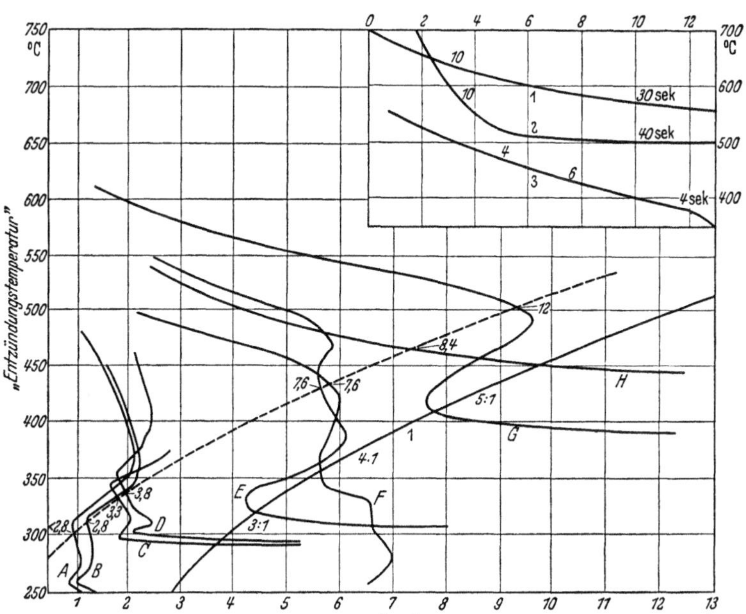

Abb. 234. Kurven für 1 s Zündverzug bei theoretischen Mischungen mit Luft von *A* n-Octan, *B* n-Heptan, *C* n-Hexan, *D* n-Pentan, *E* iso-Octan, *F* Diisopropyläther, *G* Propan, *H* Propylen. Ausgezogene Kurve 1: Druck-Temperaturkurve für adabatische Verdichtung (Kompressionsverhältnisse angeschrieben). Um Verhältnisse unter motorischen Bedingungen (Induktionszeiten $\sim 5 \cdot 10^{-3}$ s) abzuschätzen, wurde willkürlich Adiabate nach links verschoben (gestrichelte Linie); dann folgen die Schnittpunkte mit den einzelnen Kraftstoffen in Reihenfolge der kritischen Kompressionsverhältnisse (eingetragen). Rechts oben: Kurven für Benzol 1, Methan 2 und Aceton 3; schräge Ziffern = Induktionszeiten in s. (Nach TOWNEND u. Mitarb.: J. chem. Soc. 1938.)

und Mitarbeiter weisen auf folgendes hin: Das Gebiet der kalten Flammen, das sich von 390° abwärts erstreckte, schien zusammengesetzter Natur

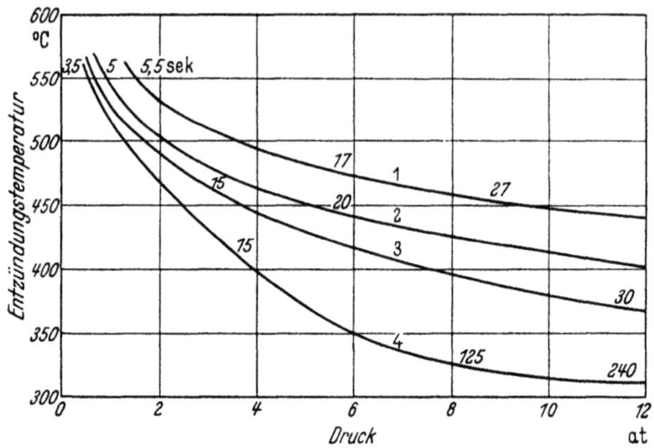


Abb. 235. Zündkurven für Äthylen-Luftgemische mit (1) 3%, (2) 6%, (3) 10% und (4) 20% Äthylen. Induktionszeiten in s. [Nach TOWNEND u. Mitarb.: Proc. roy. Soc., Lond. A, Bd. 160 (1937).]

zu sein. Im unteren Gebiet der kalten Flammen fielen die Induktionszeiten mit der Temperatur ab, darüber stiegen die Induktionszeiten zunächst abrupt an und fielen dann wieder. Außerdem schienen die kalten

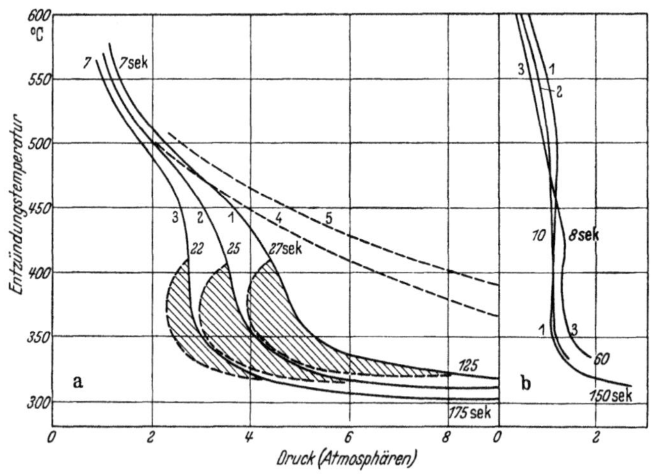


Abb. 236. Propylen-Luft; a mit (1) 3%, (2) 4,5%, (3) 6%, (4), 4,5% Propylen für konstanten Zündverzug von 3 s, (5) desgleichen für 2 s. b Propylen-Sauerstoff. (1) mit 25%, (2) 18% und (3) 10% Propylen. Schräge Ziffern Induktionszeiten in sec; schraffiert = Gebiet kalter Flammen. [Nach TOWNEND u. Mitarb.: Proc. roy. Soc., Lond. A Bd. 160 (1937)].

Flammen bei Drucken über 3 at in dem oberen System blau und von geringerer Intensität zu sein als in dem unteren System, wo sie mehr purpurn und intensiver sind. Für die reguläre Zündung treten ebenfalls Minima in den Induktionszeiten auf, und zwar bei $\sim 240°$ und 320°; außerdem waren die den kalten Flammen folgenden Explosionen in dem unteren Gebiet bei weitem heftiger. Die Parallele zu den beiden getrennten Gebieten kalter Flammen beim Äthyläther ist naheliegend. Es wird vermutet, daß für das Tieftemperaturgebiet die primäre Oxydation des Äthers, für das Gebiet höherer Temperaturen die eines der Kohlenwasserstoff-Oxydation analogen Zwischenprodukts, z. B. Acetaldehyds, maßgebend ist. Der für die Zündung bei niederen Temperaturen nötige Mindestdruck ist für iso-Propyläther wesentlich höher als für Äthyläther, was nach TOWNEND die höhere Klopffestigkeit verstehen läßt.

Die Abb. 230—236, die kaum einer weiteren Erläuterung bedürfen, geben einen Überblick über die sonstigen Resultate von TOWNEND.

TOWNEND hat auch die beobachteten Mindestzünddrucke in Beziehung gesetzt zu den bei den gleichen Stoffen beobachteten kritischen Kompressionsverhältnissen; wenn auch qualitativ ein Zusammenhang bestehen muß, so halten wir doch die quantitativen Beziehungen für mehr zufälliger Art, schon in Anbetracht der Rolle, welche die Wand in TOWNENDs Versuchen spielt.

Mit den gleichen Erscheinungen der kalten Flammen hängen natürlich auch die im JENTZSCHschen Zündpunktsprüfer beobachteten Phänomene[1] zusammen; nur bringt hier das Hineinkommen der flüssigen Phase und die Undefiniertheit der Gemischzusammensetzung eine neue Komplikation (neben dem Wandeinfluß) hinein. Das schließt natürlich nicht aus, daß bei empirischer Eichung die damit erhaltenen Resultate von praktischem Nutzen sein können.

## D. Die Theorie der Kohlenwasserstoffoxydation.

Wie S. 413 erwähnt, hat NORRISH[2] einen Mechanismus der Methanoxydation zur Diskussion gestellt, der die Beteiligung von O-Atomen und $CH_2$-Radikalen postuliert, und der in formaler Beziehung bemerkenswert gute Resultate lieferte; den gleichen Mechanismus konnte SACHSSE, zitiert S. 414, verwenden, um die Zündung des Methans bei hohen Temperaturen darzustellen. Es ist also anzunehmen, daß wesentliche Teile der formalen von NORRISH abgeleiteten Beziehungen richtig sind. Es bestehen aber gewisse Einwände gegen die speziellen, von NORRISH angenommenen Reaktionsschritte, die beim Methan vielleicht nicht absolut zwingend sind, bei höheren Kohlenwasserstoffen aber jedenfalls

[1] Vgl. H. JENTZSCH: Z. VDI Bd. 68 (1924) S. 1150. — ZERBE, C. u. F. ECKERT: Öl u. Kohle Bd. 2 (1934) S. 112. — Z. angew. Chem. Bd. 45 (1932) S. 593; Bd. 46 (1933) S. 659. — Vgl. auch F. J. DYKSTRA u. G. EDGAR: Industr. Engng. Chem. Bd. 26 (1934) S. 509. — Siehe auch die zusammenfassende Darstellung über Bestimmung von Selbstzündungstemperaturen: W. HELMORE in The Science of Petroleum, Bd. IV, S. 2970. Oxford 1938.

[2] Vgl. R. G. W. NORRISH: Proc. roy. Soc., Lond. A Bd. 150 (1935) S. 36. — NORRISH u. J. WALLACE: Proc. roy. Soc., Lond. A Bd. 145 (1934) S. 307. — NORRISH u. S. G. FOORD: Proc. roy. Soc., Lond. A Bd. 157 (1936) S. 503.

zur Ablehnung eines hauptsächlich über Sauerstoffatome gehenden Schemas führen dürften[1]. Denn einerseits sind Sauerstoffatome die energiereichsten der überhaupt in Frage kommenden Radikale, ihr Auftreten ist daher bei niederen Temperaturen relativ unwahrscheinlich; andererseits verläuft die Einwirkung künstlich erzeugter O-Atome auf Kohlenwasserstoffe von Äthan aufwärts (vgl. S. 368) anders, als die gewöhnliche Kohlenwasserstoff-Oxydation bei niederen Temperaturen; außerdem ist der Angriff von O-Atomen auf Kohlenwasserstoffe mit einer Lumineszenz verbunden, die im Gegensatz zu der bei der langsamen Oxydation beobachteten Lumineszenz (Formaldehydbanden) das normale Flammenspektrum aufweist. Eine Beteiligung von O-Atomen bei höheren Kohlenwasserstoffen scheint daher, wenigstens bei niederen Temperaturen, ausgeschlossen. Das Verhalten des Methans ist aber nicht derartig abweichend von dem höherer Kohlenwasserstoffe, daß man ohne Not an einen spezifischen Mechanismus denken möchte. Es scheint darum befriedigender, bei niederen Temperaturen keine Beteiligung von O-Atomen anzunehmen.

Auch verschiedene photochemische Oxydationsreaktionen führen nicht auf eine Beteiligung von O-Atomen oder $CH_2$-Radikalen[2]. BATES deutet z. B. seine Versuche über die Photooxydation von Methyljodid durch die Reaktionsfolge[3]:

$$CH_3J + h\nu \rightarrow CH_3 + J$$
$$CH_3 + O_2 \rightarrow CH_2O + OH$$
$$CH_3J + OH \rightarrow CH_3OH + J$$

und glaubt die Reaktion

$$CH_3 + O_2 \rightarrow CH_3 \cdot O_2$$

anschließen zu können; wir möchten diese Folgerung nicht als absolut zwingend ansehen, zumal bereits beim Äthyljodid andere Beobachtungen gemacht werden.

SCHUMACHER und BRENSCHEDE untersuchten die photochemische, durch Chlor sensibilisierte Oxydation von Methan, Methylchlorid und Methylenchlorid. Sie konnten zeigen, daß bei der chlorsensibilisierten photochemischen Oxydation des Methans ein peroxydisches Zwischen-

[1] Für eine Diskussion vgl. A. R. UBBELOHDE: Proc. roy. Soc., Lond. A Bd. 152 (1935) S. 354. — Z. Elektrochem. Bd. 42 (1936) S. 468; ferner Science of Petroleum, Bd. IV, S. 2937ff. Oxford 1938. — JOST, v. MÜFFLING u. ROHRMANN: Z. Elektrochem. Bd. 42 (1936) S. 488. — LEWIS, B. u. G. v. ELBE: Industr. Engng. Chem. Bd. 29 (1937) S. 551. — J. Amer. chem. Soc. Bd. 59 (1937) S. 976. — Chem. Rev. Bd. 21 (1937) S. 319. — Combustion, flames and explosions of Gases. Oxford 1938.

[2] Vgl. H. J. SCHUMACHER: Z. Elektrochem. Bd. 42 (1936) S. 522. — BRENSCHEDE, W. u. H. J. SCHUMACHER: Z. phys. Chem. Abt. A Bd. 177 (1937) S. 245. — BATES, J. R. u. R. SPENCE: J. Amer. chem. Soc. Bd. 53 (1931) S. 1689. — JONES, L. T. u. J. R. BATES: J. Amer. chem. Soc. Bd. 56 (1934) S. 2285.

[3] $h\nu$ bedeutet, daß ein Lichtquant absorbiert wird.

produkt auftritt. Uns scheinen daher Primärreaktionen der Radikale wie etwa

$$CH_3 + O_2 \rightarrow CH_3 \cdot O_2 —$$

als recht wahrscheinlich, wenn auch daneben, besonders vielleicht bei höheren Temperaturen, die BATESsche Reaktion

$$CH_3 + O_2 \rightarrow CH_2O + OH$$

denkbar und wahrscheinlich ist. Die Annahme der Anlagerung molekularen Sauerstoffs an ein Radikal fügt sich den sonst bei Oxydationsreaktionen herangezogenen Elementarreaktionen gut ein, insbesondere dem, was über die Aldehydoxydation bekannt ist (vgl. S. 373ff.).

Einer formalen Behandlung der Kinetik der Kohlenwasserstoff-Oxydation stehen zwei grundsätzliche Schwierigkeiten im Wege: 1. die aus den meisten Versuchen hervorgehende komplizierte Rolle der Wand bei der Umsetzung und 2. die Tatsache, daß eine ungeheuer große Zahl von Elementarreaktionen denkbar sind, zwischen denen man auf experimentellem Wege häufig schwierig oder gar nicht entscheiden kann. Deshalb muß jeder Versuch einer detaillierten Behandlung der Verbrennungskinetik sehr spekulativ sein, und die mehr oder weniger gute Übereinstimmung der Endformeln mit der Erfahrung beweist noch nicht die Richtigkeit des zugrunde gelegten Mechanismus im einzelnen. Trotz dieser Unsicherheiten sind solche detaillierten Rechnungen insofern von Wert, als sie erkennen lassen, welchen formalen Bedingungen die einzuführenden Reaktionsschritte genügen müssen, welche Typen von Zwischenreaktionen wahrscheinlich und welche recht unwahrscheinlich sind.

LEWIS und V. ELBE (zitiert S. 425), auf die wegen Einzelheiten verwiesen sei, deuten z. B. die Methanoxydation durch folgendes Schema[1]:

Ketteneinleitung an der Wand: $HCHO + O_2 \rightarrow HCO \cdot OOH \rightarrow HC \cdot OO — + OH$ (1)

$$OH + CH_4 \rightarrow CH_3 — + H_2O \quad (2)$$

$$CH_3 + O_2 \rightarrow HCHO + OH \quad (3)$$

$$OH + HCHO \rightarrow HCO — + H_2O \quad (4)$$

$$HCO + O_2 \rightarrow HO_2 + CO \quad (5)$$

$$HO_2 + HCHO \rightarrow H_2O + CO + OH \quad (6)$$

Kettenabbruch an der Wand: $OH + \text{Wand} \rightarrow \text{vernichtet}$ (7)

Kettenverzweigung: $HO_2 + HCHO + O_2 \rightarrow CO_2 + 3\,OH$ (8)

Formaldehydkondensation: $HCHO + HCO — \rightarrow CH(OH)CHO$ (9)

$$\swarrow + O_2$$

$$2\,CO + H_2O + OH$$

Zu diesem Schema ist zu sagen: Die Annahme von HCO und $HO_2$-Radikalen (vgl. auch Kap. IX, S. 312) ist nicht unwahrscheinlich, für

[1] Wobei vorausgesetzt wird, daß durch eine katalytische Oberflächenreaktion zunächst Spuren von Formaldehyd gebildet worden sind.

nicht zu niedrige Temperaturen auch die von OH- und $CH_3$-Radikalen. Die Reaktion (5) von HCO mit $O_2$ ist nach GROTH[1] sehr wahrscheinlich. Kettenabbruch nach (7) dürfte sicher erfolgen, wenn OH auf die Wand trifft; nur könnten außer (7) noch eine ganze Reihe anderer Abbruchreaktionen in Frage kommen. Insbesondere würde die Vernichtung von OH-Radikalen an der Wand nur dann überwiegen, wenn OH das wenigst reaktionsfähige Radikal, seine Konzentration also erheblich größer wäre als die anderer Radikale; es ist aber wahrscheinlich, daß zumindest $HO_2$ weniger reaktionsfähig ist als OH. Die trimolekulare Verzweigungsreaktion (8), die über eine nicht angeschriebene Zwischenstufe verlaufen soll, erscheint nicht unbedingt überzeugend, und schließlich die Kondensation von Formaldehyd mit dem Radikal HCO würde nach ähnlichen Beispielen in Lösung nicht unwahrscheinlich erscheinen; da in Lösung aber Ionenvorgänge beteiligt sein könnten, so ist nicht von Anfang an klar, ob für die Gasphase eine derartige Umsetzung plausibel ist. Insbesondere würde die Oxydation des Kondensationsproduktes noch mindestens eine Zwischenstufe erfordern, da sonst zu (9) eine quadrimolekulare Rückreaktion gehören würde, welche völlig ausgeschlossen ist. LEWIS und v. ELBE müssen annehmen, daß die Geschwindigkeit von (1) gegeben ist durch

$$\frac{k_1}{d}\,[\mathrm{HCHO}]\,[\mathrm{O_2}],$$

wo $d$ der Gefäßdurchmsseer ist und $k_1$, die Geschwindigkeitskonstante, ebenso wie die übrigen, die Nummer der Reaktion als Index trägt; mit der weiteren Annahme, daß $\frac{2\lambda}{\varepsilon d} \ll 1$ ist[2], erhalten sie für die Reaktionsgeschwindigkeit:

$$-\frac{d\,[\mathrm{CH_4}]}{dt} = \frac{k_1 k_2^2}{2\,\varepsilon\, k\, k_4}\;\frac{[\mathrm{CH_4}]^2[\mathrm{O_2}]}{k_7 - \dfrac{3\,k_2 k_5 k_8\,[\mathrm{CH_4}][\mathrm{O_2}]^2[\mathrm{M}]\,d^2}{k_4 k_6\left\{k_5\,[\mathrm{O_2}] + \dfrac{k_2 k_9}{2\,k_4}\,[\mathrm{CH_4}]\right\}}};$$

darin ist noch gesetzt: $\frac{\pi^2 D^*}{r^2}$ ($D$ Diffusionskoeffizient) gleich $\frac{k_7}{[\mathrm{M}]\cdot d^2}$, wo $[M]$ die Gesamtkonzentration der anwesenden Gase bedeutet, und: $\frac{2\lambda}{\varepsilon r} = \varepsilon k\,[M] d$. Wenn auch dieser Geschwindigkeitsausdruck eine Reihe

[1] GROTH, W. u. K. FALTINGS: Z. Elektrochem. Bd. 44 (1938) S. 621. Darauf, daß durch die Beobachtungen von GROTH und FALTINGS Teilreaktionen des LEWIS-v. ELBE-Schemas wesentlich gestützt werden, haben diese neuerdings aufmerksam gemacht. (LEWIS-v. ELBE: Beitrag zur Tagung der Deutschen Akademie der Luftfahrtforschung, erscheint in den Schriften der Dtsch. Akad. Luftfahrtforsch. 1939.)

[2] $\lambda$ freie Weglänge, $\varepsilon$ Abbruchwahrscheinlichkeit an der Wand, $d$ Gefäßdurchmesser, in der Rechnung wird von den bei LEWIS und v. ELBE, zitiert S. 271, abgeleiteten formalen Beziehungen (vgl. Kap. VIII, S. 270 ff.) Gebrauch gemacht.

* $r$ ist der Gefäßradius.

der Erfahrungstatsachen über Abhängigkeit der Reaktionsgeschwindigkeit von den Konzentrationen sowie dem Gefäßdurchmesser richtig wiedergibt, so wird man in Anbetracht der vielen Annahmen daraus nur schließen dürfen, daß man mit einem ähnlichen Radikalkettenmechanismus die Erfahrungen darstellen kann.

Es ist ein Kennzeichen des obigen Reaktionsmechanismus, daß wahrscheinlich von jedem mit der Erfahrung verträglichen Mechanismus zu fordern sein wird, daß sich von Formaldehyd eine quasistationäre Konzentration einstellt (wie von aktiven Zwischenprodukten), und daß dem dafür sich ergebenden Ausdruck die Reaktionsgeschwindigkeit proportional ist. Daher kommt es, daß man bei Berechnung der anfänglichen zeitlichen Zunahme der Formaldehydkonzentration auch die Induktionszeit durch das Schema erfassen kann; es ist daran zu erinnern, daß nach SEMENOFF (vgl. S. 278ff.) zur Deutung längerer Induktionsperioden bei Kettenreaktionen die Annahme langlebiger Zwischenprodukte, wie hier das HCHO, erforderlich ist. Die Verkürzung der Induktionsperiode durch Aldehydzusatz folgt damit natürlich auch unmittelbar aus dem Schema. Dies würde natürlich aus jedem Schema folgen, in welchem Formaldehyd (oder andere Substanzen) eine ähnliche Rolle als Zwischenprodukt für die Lieferung aktiver Zentren spielt. Auch die Lage der Explosionsgrenzen und ihre Beeinflußbarkeit durch nicht zu kleine Mengen Formaldehyd ergibt sich richtig. Allerdings sollte man hier im Urteil vorsichtig sein, da die Methanexplosion wahrscheinlich eine CO-Explosion ist[1].

Wenn wir auch überzeugt sind, daß eine Reihe von Einzelheiten des LEWIS-v. ELBE-Schemas zu modifizieren sein werden, so dürfte es nach dem vorangehenden doch vielleicht einen geeigneten Ausgangspunkt für die Weiterentwicklung der Theorie der Methanexplosion bilden.

Der Oxydationsmechanismus höherer Kohlenwasserstoffe ist wiederholt diskutiert worden[2]. Zu erklären ist hier: Das Auftreten der Induktionsperiode, die zum Teil ebenso wie beim Methan durch den Aufbau einer gewissen Aldehydkonzentration, evtl. in Wandreaktionen zu deuten sein könnte[3], die Erscheinungen der „kalten Flammen" sowie

[1] D. h. der Übergang zur Explosion erfolgt erst, wenn das meiste Methan verbraucht und vorwiegend CO als Reaktionsprodukt anwesend ist, nach freundlicher privater Mitteilung von W. E. GARNER-BRISTOL vgl. S. 411. Wo ein Einfluß von Formaldehyd vorhanden ist, ist es daher wohl wahrscheinlicher anzunehmen, daß durch die allgemeine Reaktionsbeschleunigung die Bedingungen für Wärmeexplosion erreicht werden, vgl. NORRISH, zitiert S. 411/12.

[2] UBBELOHDE, A. R.: Zitiert S. 377, 480. — JOST, v. MÜFFLING, ROHRMANN: Zitiert S. 458. — LEWIS u. v. ELBE: Zitiert S. 404, 425. — NORRISH u. FOORD: Zitiert S. 411.

[3] Aber nur unter Versuchsbedingungen, unter denen die Wand einen erheblichen Einfluß hat, nicht z. B. bei der Zündung durch adiabatische Kompression mit kurzer Induktionszeit, wie etwa unter den Bedingungen klopfender Verbrennung im Motor, desgleichen nicht bei höheren Temperaturen.

des „negativen Temperaturkoeffizienten" und der schließlich zur Zündung führenden Reaktionen, und dann die Natur der Reaktionsprodukte; neben Wasser treten bei niederen Temperaturen hauptsächlich CO und Aldehyde auf, sowie deren Oxydations- und Zerfallsprodukte, Peroxyde in kleineren Mengen, $CO_2$ in mit der Temperatur zunehmendem Maße, Olefine, Alkohole, besonders bei hohem Verhältnis Kohlenwasserstoff: Sauerstoff sowie bei hohen Drucken.

Allen vorgeschlagenen Mechanismen ist gemeinsam, daß sie über Radikalketten verlaufen, ferner die Annahme peroxydartiger Radikale als Zwischenprodukte (mit Ausnahme des NORRISH-Schemas, das wir aus den erwähnten Gründen bei höheren Kohlenwasserstoffen für ausgeschlossen halten). Das BONEsche Hydroxylierungsschema, das zwar einen großen Teil der auftretenden Reaktionsprodukte (aber nicht das starke Zurücktreten von Alkohol gegenüber Aldehyd) zu erklären vermag, muß aus theoretisch-reaktionskinetischen Gründen wie aus Gründen unmittelbarer Erfahrung ausscheiden.

UBBELOHDE geht von dem BODENSTEIN-BÄCKSTRÖMschen Schema der Aldehydoxydation aus und nimmt die Existenz eines Aldehydradikals $\mathrm{R}\overset{/}{\mathrm{C}}=\mathrm{O}$ an, das mit Sauerstoff zu einem Persäureradikal RCO(OO)- reagiert hat und welches nun mit Kohlenwasserstoff weiter reagiert nach:

$$(1)\qquad \mathrm{RC}\begin{smallmatrix}\diagup \mathrm{O-O-}\\ \diagdown\!\!\diagdown \mathrm{O}\end{smallmatrix} + \mathrm{R\cdot CH_3} \rightarrow \mathrm{R\cdot C}\begin{smallmatrix}\diagup \mathrm{O-O-H}\\ \diagdown\!\!\diagdown \mathrm{O}\end{smallmatrix} + \mathrm{R\cdot CH_2-} + \sim 10\,\mathrm{kcal}.$$

Das entstandene Alkylradikal reagiert mit Sauerstoff zu einem Peroxydradikal und dieses wieder mit Kohlenwasserstoff:

$$(2)\qquad \mathrm{RCH_2-} + \mathrm{O_2} \rightarrow \mathrm{R\cdot CH_2\cdot O_2-}$$

$$(3)\qquad \mathrm{R\cdot CH_2\cdot O_2-} + \mathrm{R\cdot CH_3} \rightarrow \mathrm{R\cdot CH_2-O-O-H} + \mathrm{R\cdot CH_2-}.$$

Man hätte also eine Kette, in der abwechselnd Peroxyd- und Alkylradikale auftreten und durch welche Alkylhydroperoxyd gebildet wird. Daß bei der Kohlenwasserstoff-Oxydation bei niederen und höheren Temperaturen Peroxyde nur in geringen Mengen entstehen (im Gegensatz zur Aldehydoxydation bei niederen Temperaturen), soll durch die an sich bekannten Umlagerungs- und Zerfallsreaktionen dieser Peroxyde bedingt sein[1], wie z. B.

$$(4)\qquad \mathrm{R\cdot CH_2\cdot O-O-H} \rightarrow \mathrm{RCHO} + \mathrm{H_2O},$$

womit der Bruttoumsatz von Kohlenwasserstoff + $O_2$ dann darzustellen wäre durch:

$$(5)\qquad \mathrm{RCH_3} + \mathrm{O_2} \rightarrow \mathrm{RCHO} + \mathrm{H_2O}.$$

So wäre zwar das Auftreten der Aldehyde als ein Hauptreaktionsprodukt, nicht aber der nach POPE, DYKSTRA und EDGAR anzunehmende Abbau

[1] Vgl. A. RIECHE: Zitiert S. 402.

zum nächst niederen Aldehyd unter gleichzeitiger CO-Bildung zu verstehen[1].

Dieses Ergebnis würde aber die, ebenfalls von UBBELOHDE vorgeschlagene Reaktion liefern[2]:

$$(6) \qquad R \cdot CH_2 - + O_2 \rightarrow R \cdot CH_2 \cdot O_2 - (+ X) \rightarrow R\overset{/}{C}O + H_2O\,(+ X)$$

$$RC\Big\langle{}^{\diagup}_{\diagdown O} \rightarrow R - + CO,$$

wobei das nächst niedere Radikal zu Aldehyd weiter oxydiert werden müßte. Der Übergang Peroxyd → Aldehyd z. B.:

$$(7) \qquad CH_3 - O - O - H \rightarrow HCHO + H_2O$$

ist bekannt.

Eine Kettenverzweigung wäre durch Radikalspaltung der Peroxyde denkbar

$$(8) \qquad RCH_2 - O - O - H \rightarrow RCH_2 - O - + OH - \sim 48\ \text{kcal};$$

Die Tatsache des negativen Temperaturkoeffizienten erhält man, wenn man annimmt, daß mit steigender Temperatur die übrigen Umlagerungs- und Zerfallsreaktionen der Peroxyde schneller zunehmen als diese Radikalspaltung.

JOST, v. MÜFFLING und ROHRMANN (zitiert S. 458) waren unabhängig von UBBELOHDE zu ähnlichen Folgerungen gekommen. Dabei war erstens von den Reaktionen der Knallgasverbrennung (vgl. S. 317ff.) ausgegangen und angenommen worden, daß zum Teil die gleichen Zwischenprodukte bei der Kohlenwasserstoffoxydation auftreten können, zum Teil die Reaktionsschritte der Kohlenwasserstoff-Radikale bzw. Moleküle die analogen sein würden wie die von Wasserstoffatomen und Molekülen. Das führt z. B., der $HO_2$-Bildung analog, zu Reaktionen (wenn man noch die Existenz vereinzelter Radikale, etwa $R \cdot CH_2 \cdot CH_2$— vorgibt[3]) wie:

$$(9) \qquad R \cdot CH_2 \cdot CH_2 - + O_2\,(+ M) \rightarrow R \cdot CH_2 \cdot CH_2 \cdot O_2 - (+ M)$$

die entweder im Dreierstoß (M bedeutet irgendein Molekül) oder bei mehratomigen Radikalen evtl. auch im Zweierstoß erfolgen könnten, und die UBBELOHDES Reaktion (2) entsprechen. Als Folgereaktion (Reaktion des Peroxydradikals) käme Bildung eines Aldehydradikals und von Wasser in Frage [entsprechend (6)], oder auch in einem Schritt:

$$(10) \qquad R \cdot CH_2 \cdot CH_2 - + O_2 \rightarrow R \cdot CH_2 \cdot CO - + H_2O + \sim 78\ \text{kcal},$$

statt dessen evtl. auch:

$$(11) \qquad R \cdot CH_2 \cdot CH_2 - + O_2 \rightarrow R \cdot CH_2 \cdot C\Big\langle{}^{H}_{O} + OH + \sim 58\ \text{kcal};$$

---

[1] Vgl. LEWIS u. v. ELBE: Zitiert S. 425; vgl. S. 449.

[2] X bedeutet irgendein Molekül, das evtl. als Stoßpartner mitwirken muß.

[3] Wir formulieren hier allgemein, was ursprünglich an $CH_3$ und $C_2H_5$-Radikalen dargetan wurde.

dabei würde (11) wiederum nicht zu CO-Bildung führen, wohl aber könnte, wie auch von UBBELOHDE angenommen, das in (10) auftretende Aldehydradikal[1] CO abspalten und der Rest weiteroxydiert werden.

Daß Alkoholbildung durch hohe Kohlenwasserstoffkonzentration und hohen Druck begünstigt wird, wäre denkbar durch eine Reaktionsfolge:

$$(12) \qquad R \cdot CH_2 \cdot CH_2 - + O_2 \rightarrow R \cdot CH_2 \cdot CH_2 \cdot O_2 -$$

$$\underset{\text{Peroxydradikal}}{R \cdot CH_2 \cdot CH_2 \cdot O_2 -} + \underset{\text{Paraffin}}{H_3C \cdot CH_2 \cdot R} \rightarrow \underset{\text{Alkohol}}{R \cdot CH_2CH_2OH} + -OCH_2 \cdot CH_2R,$$

gefolgt etwa von

$$(13) \quad R \cdot CH_2 \cdot CH_2 \cdot O - + H_3C \cdot CH_2 \cdot R \rightarrow R \cdot CH_2 \cdot CH_2OH + R \cdot CH_2 \cdot CH_2 -$$

oder auch die beiden Schritte von (12) in eine Dreierstoßreaktion (12′) zusammengefaßt. Sowohl (12) wie (12′) bedeuteten, daß der Alkohol in einer Reaktion höherer Ordnung gebildet würde als der Aldehyd und würden infolgedessen die Erfahrungen beschreiben (vgl. S. 410).

Als kettenverzweigend wurde angenommen:

$$(14) \quad \underbrace{R \cdot CH_2 \cdot CH_2 - + O_2}_{(\text{oder: } R \cdot CH_2 \cdot CH_2 \cdot O_2 -)} + H_3 \cdot C \cdot CH_2 \cdot R \rightarrow R \cdot CH_2 \cdot CH_2OOH + R \cdot CH_2CH_2 -$$

$$\searrow \quad \downarrow$$

$$R \cdot CH_2 \cdot CH_2 \cdot O - + OH$$

$$+ R \cdot CH_2 \cdot CH_2 - .$$

Auch dies ist im wesentlichen UBBELOHDEs Annahme äquivalent, nur würde die Alternativreaktion ohne intermediäre Bildung eines stabilen Peroxyds verstehen lassen, daß die bei der Reaktion nachweisbaren Mengen stabiler Peroxyde von zufälligen Bedingungen abhängen können und nicht mit dem eigentlichen Reaktionsablauf zusammenzuhängen brauchen.

Die Verzweigungsreaktion (14) ist von III. Ordnung, im Gegensatz zu den Reaktionen (10) und (11), die von II. Ordnung sind: Dies würde einerseits verstehen lassen, daß durch Druckerhöhung[2] und Erhöhung der Kohlenwasserstoffkonzentration die Kettenverzweigung und damit die Reaktionsgeschwindigkeit stark gefördert werden können. Wenn überhaupt neben Reaktionen des Typus (10) und (11) eine Dreierstoßreaktion (14) sich bemerkbar machen soll, so muß die Aktivierungsenergie der Dreierstoßreaktion niedriger sein als die der Zweierstoßreaktionen. Das zieht dann aber notwendig folgendes nach sich: Wenn bei niederen Temperaturen die Dreierstoßreaktion mit niederer Aktivierungsenergie vergleichbar schnell läuft mit einer Zweierstoßreaktion höherer Aktivierungsenergie, so wird bei höheren Temperaturen die Zweierstoßreaktion über die Dreierstoßreaktion dominieren. Das bedeutet aber (im Endeffekt wie bei UBBELOHDE; im Zustandekommen

---

[1] Daß das analoge Radikal HCO leicht unter CO-Abspaltung zerfällt, ist bekannt.

[2] Druckerhöhung wird außerdem noch günstig auf die Reaktionsgeschwindigkeit einwirken, weil sie die Diffusion von Kettenträgern an die Wand herabsetzt.

im einzelnen abweichend), daß mit zunehmender Temperatur die Kettenverzweigung wieder zurücktreten wird, wodurch das Zustandekommen des negativen Temperaturkoeffizienten verständlich wird. Allen Erklärungen dafür ist also gemeinsam, daß ein zur Kettenverzweigung führendes Zwischenprodukt (hier ein Radikal) mit steigender Temperatur schneller anderweitig verbraucht wird, als es zur Verzweigung führt. Hierunter fiele auch noch die Annahme (TOWNEND und Mitarbeiter, zitiert S. 468), daß Aldehyde, die als Zwischenprodukte vorliegen, mit steigender Temperatur schneller zerfallen als sie oxydiert werden; wenn es auch sicher Versuchsbedingungen geben kann, unter welchen diese Reaktionen für einen negativen Temperaturkoeffizienten verantwortlich sind, so verläuft doch bei niederen Temperaturen der Aldehydzerfall zu langsam, und auch die Tatsache, daß unter den Reaktionsprodukten kalter Flammen Aldehyde in erheblichen Konzentrationen auftreten, spricht gegen diese Annahme als allgemeingültige Erklärung.

Der formale Charakter der von UBBELOHDE sowie JOST und Mitarbeitern angenommenen Zwischenreaktionen reicht jedenfalls hin, eine Reihe der wichtigsten Eigenschaften der Kohlenwasserstoff-Oxydation zu deuten: Die Abhängigkeit von einer höheren Potenz der Kohlenwasserstoff-Konzentration, den negativen Temperaturkoeffizienten, die Begünstigung des Auftretens von Alkoholen durch hohen Druck und Erhöhung des Verhältnisses Kohlenwasserstoff : $O_2$, Auftreten von Peroxyden sowie Beeinflußbarkeit der Reaktion durch Peroxyde. Zur Erklärung aller Feinheiten der Reaktion reichen sie bestimmt noch nicht aus; es war dies auch bei ihrer Aufstellung nicht beabsichtigt gewesen, vielmehr sollte ein allgemeiner Rahmen gefunden werden, der noch durch begründete speziellere Annahmen auszufüllen wäre.

Eine über UBBELOHDE und JOST hinausgehende Diskussion versuchen LEWIS und v. ELBE (zitiert S. 425, 449). Dazu ist, außer dem oben beim Methan (S. 481) bereits Gesagten, zu bemerken, daß zunächst die Einführung des Radikals $HO_2$, das auch bei der Knallgasreaktion eine Rolle spielt, große Wahrscheinlichkeit für sich hat. Ob die, unter Mitwirkung des $HO_2$ (vgl. S. 482) erfolgende „Persäureverzweigung" gerade in der von LEWIS und v. ELBE formulierten Fassung wahrscheinlich ist, bleibe dahingestellt; jedenfalls sprechen die experimentellen Befunde von LENHER (S. 402) und EGERTON (S. 428) dafür, daß unter Umständen $H_2O_2$ ein Primärprodukt der Peroxydbildung ist, und dieses dürfte dann wahrscheinlich auf dem Wege über $HO_2$ entstanden sein.

Falls $HO_2$-Bildung eine wesentliche Rolle spielt, so könnte man unter Umständen auch an folgende Primärreaktion der Kohlenwasserstoffoxydation denken:

(15) $$R \cdot CH_3 + O_2 \rightarrow R \cdot CH_2 - + HO_2 - \sim 50 \text{ kcal},$$

eine endotherme Reaktion, die aber bei höheren Kohlenwasserstoffen energetisch günstiger wäre als die entsprechende Reaktion von $O_2$ mit

$H_2$ zu $HO_2 + H$. LEWIS und v. ELBE nehmen zwar als Primärschritt eine Aldehyd liefernde, wahrscheinlich katalytische, Reaktion an; das dürfte auch in vielen Fällen zutreffen, nämlich unter allen Bedingungen, wo relativ lange Induktionsperioden auftreten, wo die Wand nachweislich eine Rolle spielt und wo geringe Aldehydzusätze die Reaktion stark beschleunigen oder zumindest die Induktionsperiode abkürzen. Im Falle der Klopfreaktion im Motor und wohl sicher auch unter den Bedingungen, unter welchen TIZARD und PYE sowie JOST und TEICHMANN ihre Zündversuche durch adiabatische Kompression ausführten, trifft dies aber nicht zu. Man ist also jedenfalls gezwungen, mindestens noch einen zweiten Mechanismus der Ketteneinleitung zuzulassen. Der Tatsache, daß dieser Mechanismus bei höheren Drucken und Temperaturen überwiegen müßte, würden die obigen Annahmen sehr gut gerecht. Die katalytische Reaktion hat sicher einen kleinen Temperaturkoeffizienten und würde darum bei niederen Temperaturen und Drucken über die homogene bimolekulare Reaktion (15) dominieren, die ihrerseits bei höheren Temperaturen bestimmend werden würde. Zum gleichen Resultat würde auch die Annahme eines primären Radikalzerfalls des Kohlenwasserstoff-Moleküls führen, wofür sich Parallelen zwischen Oxydationsverhalten und thermischem Zerfall von Kohlenwasserstoffen anführen lassen[1], jedoch dürften sich Schwierigkeiten wegen der dann erforderlichen Kettenlänge sowie wegen des Absolutbetrages der Aktivierungsenergie ergeben.

Die Stelle des primären Angriffs am Kohlenwasserstoffmolekül zu erklären ist nicht ganz einfach; diese muß nach POPE, DYKSTRA und EDGAR bei Paraffinen das endständige C-Atom sein; bei Aromaten ist es (vgl. S. 462, sowie A. R. UBBELOHDE, zitiert S. 480) das $\alpha$-C-Atom

$$C_6H_5 \cdot \mathbf{CH_2} \cdot R,$$

was auf Grund der Doppelbindungsregel verständlich ist, bei Äthern die dem Sauerstoff benachbarte Gruppe:

$$C_2H_5 - O - \mathbf{CH_2} - CH_3.$$

Ob bei höheren Olefinen — entsprechend der Doppelbindungsregel — der Angriff an einer anderen Stelle des Moleküls erfolgt als bei Paraffinen, läßt sich bisher nicht sicher sagen, doch spricht die Erfahrung dagegen, da ein charakteristischer Unterschied zwischen Paraffin- und Olefin-Oxydation nicht festzustellen ist. Wohl aber läßt die Doppelbindungsregel es verstehen, daß höhere Olefine mit freien Radikalen unter Bildung besonders langlebiger, stabiler Radikale sich umsetzen und kettenabbrechend wirken, daß also höhere Olefine oxydationsbeständiger sind als entsprechende Paraffine. Z. B. könnte man an Reaktionen denken wie:

$$R \cdot CH_2 - CH = CH - R' + OH \rightarrow R \cdot \underset{|}{CH} - CH = CH - R' + H_2O,$$

[1] BOERLAGE, G. D. u. W. J. D. VAN DYCK: J. Inst. Petrol. Technologists Bd. 21 (1935) S. 40. — JOST, v. MÜFFLING, ROHRMANN: Zitiert S. 458.

wobei das entstandene Radikal wegen der Resonanz zwischen den beiden Strukturen

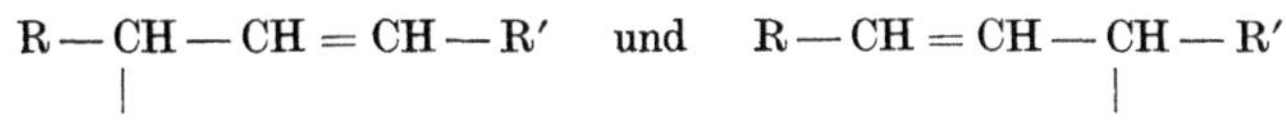

(oder als Zwischenzustand geschrieben R — CH ⋯ CH ⋯ CH — R′) besonders stabil und reaktionsträge wäre. Daß verzweigte Paraffine beständiger sind als gestreckte, wäre dadurch zu verstehen, daß ein fortgesetzter Abbau des Moleküls über Aldehyde und Aldehydradikale hier nicht möglich wäre, sondern daß an der Stelle der Verzweigung schließlich entweder ein tertiärer Alkohol oder ein Keton sich bilden müßte

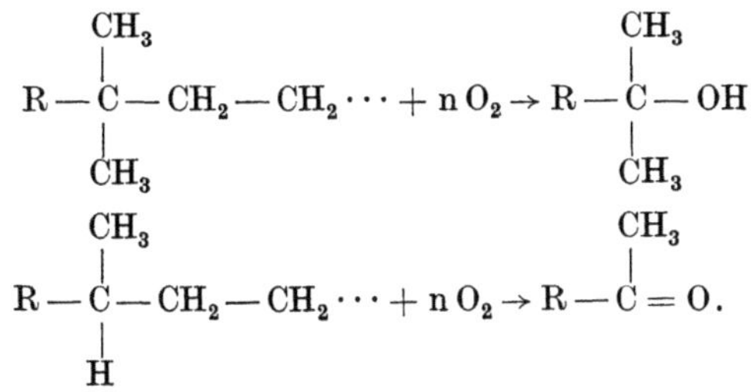

Die größere Oxydationsbeständigkeit und Klopffestigkeit dieser Stoffe gegenüber Aldehyden ist aber bekannt (vgl. S. 447 ff. und S. 550).

Allerdings ist darauf aufmerksam zu machen, daß es bisher nicht gelungen ist, bei Abbau höherer verzweigter Paraffine die entsprechenden höheren Ketone nachzuweisen[1]; immerhin tritt Aceton bei der Oxydation von 2,5 Dimethylhexan in größeren Mengen auf.

Die Hemmung der Kohlenwasserstoff-Oxydation durch Antiklopfmittel zu verstehen, bietet grundsätzlich keine Schwierigkeiten, da es sich um eine Kettenreaktion handelt. Bei der Wirkung von Blei oder Eisen kann es sich sowohl um die Reduktion eines sauerstoffhaltigen Zwischenprodukts, wahrscheinlich Radikals, durch das Metall oder ein niederes Oxyd handeln, als auch um die Oxydation eines Zwischenprodukts durch Metalloxyd. Die entsprechenden Versuche sind nicht schlüssig. Wenn Egerton und Gates (zitiert S. 436) fanden, daß $Pb(C_2H_5)_4$ in Gegenwart von $O_2$ zerfallen sein muß, um wirksam zu sein, so sagt dies nur, daß eben unzersetztes Bleitetraäthyl die Reaktion nicht hemmt. Daß, ebenfalls nach Egerton und Mitarbeitern (vgl. S. 539), Metalle in den Motor in Gegenwart von Sauerstoff eingeführt stärker klopffeindlich wirken als in Gegenwart von Stickstoff eingeführt, besagt nicht notwendig, daß sie nur in der Oxydstufe wirksam sind; denn im Motor ist ständig Gelegenheit zur Oxydation wie zur Reduktion vorhanden. Es könnte sich hier auch einfach um einen Einfluß auf den

[1] Beatty, H. A.: Chem. Rev. Bd. 21 (1937) S. 328.

Verteilungszustand handeln, daß etwa der Sauerstoff die Metallteilchen am Koagulieren zu größeren Partikeln hindert. Damit wäre dann auch zu verstehen, daß BERL[1], in scheinbarem Widerspruch zu EGERTON, fand, daß kolloides Blei, dem Benzin zugemischt, klopffeindliche Wirkungen hatte, welche bei zugemischtem kolloiden Bleioxyd fehlten. Man brauchte dazu nur anzunehmen, daß Bleioxyd gröber dispers vorlag als das metallische Blei.

Im ganzen sind wir der Ansicht, daß der Verlauf der Kohlenwasserstoffoxydation im groben durch folgende Annahmen richtig wiedergegeben wird: Radikalkettenmechanismus mit Verzweigung (Verzweigung in der Gasphase und eventuell unter Mitwirkung der Wand); Ketteneinleitung und Abbruch können je nach den Versuchsbedingungen an der Wand und/oder in der Gasphase erfolgen; im Falle von Ketteneinleitung an der Wand wahrscheinlich Mitwirken von Aldehyden; an der Reaktion beteiligen sich peroxydische Radikale, evtl. Persäureradikale, auch $HO_2$. Die Bildung von CO, $H_2O$, Aldehyden und Peroxyden ergibt sich zwanglos aus diesem Schema; $CO_2$ könnte u. a. beim Zerfall von aus Aldehyden entstandenen Säuren oder Persäuren entstehen. Für die Bildung niederer Kohlenwasserstoffe sowie von Olefinen dürften die intermediär entstehenden Alkylradikale verantwortlich sein. Die bei höheren Drucken und Temperaturen anzunehmende Ketteneinleitung in der Gasphase könnte von einem primären Radikalzerfall des Kohlenwasserstoffes, oder einer im einzelnen noch nicht klaren Reaktion des Sauerstoffes mit Kohlenwasserstoff ausgehen [vgl. Reaktion (15), S. 487]. Jeder Versuch einer detaillierten Behandlung der Kinetik muß vorläufig äußerst spekulativ bleiben, weshalb wir hier davon absehen. Wir verweisen auf die Diskussion bei LEWIS und v. ELBE; dabei heben wir hervor, daß die Übernahme an sich bekannter Kondensations-, Zerfalls- und Umlagerungsreaktionen organischer Verbindungen besonders peroxydischer Art (vgl. RIECHE, zitiert S. 402) immer nur sinnvoll ist, wenn man sich überzeugt hat, daß es sich dabei nicht um Reaktionen handelt, die für den kondensierten Zustand spezifisch sind[2].

---

[1] BERL, E., K. HEISE u. K. WINNACKER: Z. phys. Chem. Abt. A Bd. 139 (1928) S. 453. — BERL, E. u. K. WINNACKER: Z. phys. Chem. Abt. A Bd. 145 (1929) S. 161; Bd. 148 (1930) S. 36, 261. — Vgl. auch J. LORENTZEN: Z. angew. Chem. Bd. 44 (1931) S. 130. — TAUSS, J., H. GÖRLACHER u. J. LORENTZEN: Z. angew. Chem. Bd. 44 (1931) S. 693.

[2] Vgl. hierzu auch die Vorträge der Tagung der Deutschen Akademie der Luftfahrtforschung, Berlin 1939, erscheinen in den Schriften der Akademie.

Zwölftes Kapitel.

# Die Verbrennung im Otto-Motor.

## 1. Überblick über die beobachteten Erscheinungen und ihre Deutung.

Wohl das wichtigste Anwendungsgebiet, auf dem eine Beherrschung der Verbrennungsvorgänge notwendig ist, stellen die Motoren mit innerer Verbrennung dar. Da beim Dieselmotor mit heterogenem Brennstoff-Luftgemisch besondere Verhältnisse hinzukommen, die im folgenden Kapitel besprochen werden, beschränken wir uns hier auf Maschinen vom Typ des Otto-Motors.

Die thermodynamische Behandlung des zum Vergleich herangezogenen Idealprozesses zeigt[1], daß der Wirkungsgrad des Otto-Motors durch Erhöhung des Verdichtungsverhältnisses günstig beeinflußt wird; daß weiterhin die absolute Leistung mit dem Füllungsgrad und daher mit Überladung zunimmt, ist unmittelbar einleuchtend. Eine Steigerung sowohl des Verdichtungsverhältnisses als auch der Überladung wird aber begrenzt durch die Erscheinung des Klopfens, worunter man bekanntlich einen, von einem metallisch klopfenden Geräusch begleiteten Verbrennungsablauf versteht. Dem äußeren Verlauf klopfender Verbrennung wird folgende Beschreibung gerecht: Ein gewisser restlicher Bruchteil der Ladung im Motor brennt praktisch momentan ab (bzw. mit gegen die normale Flamme außerordentlich gesteigerter Geschwindigkeit), so daß das Volumen dieses restlichen Anteils sich während der Verbrennung nicht merklich ändert. Als Folge davon treten bei der Verbrennung in diesem Teil wesentlich höhere Temperaturen und unter Umständen um ein Mehrfaches höhere Drucke auf, als sie sonst im Mittel erreicht werden. Aus dieser Druckunstetigkeit entwickelt sich eine Stoßwelle, welche sich im Indikatordiagramm durch Schwingungen zu erkennen gibt; damit parallel gehen eine übermäßige mechanische und thermische Beanspruchung des Motors, ferner ein vergrößerter Wärmeübergang während der Expansion und ein Leistungsabfall[2].

Das Zustandekommen des Klopfens ist folgendermaßen zu verstehen[3]: Das komprimierte Gemisch im Motor erreicht bereits vor der Zündung recht hohe Temperaturen (vgl. S. 500), die dann im letzten Teil der

[1] Für den mit den motorischen Verhältnissen weniger vertrauten Leser sind diese Dinge im folgenden Abschnitt zusammengestellt, S. 493ff.

[2] Vgl. hierzu E. Schmidt: Vortrag auf der Tagung der Deutschen Akademie der Luftfahrtforschung, 1939.

[3] Diese Vorstellungen werden theoretisch und experimentell belegt in Abschnitt 3, S. 499.

unverbrannten Ladung als Folge der Kompression durch die fortschreitende Flamme weiter ansteigen. Diese Temperaturen sind so hoch, daß dabei fast alle praktisch benutzten Kraftstoffe eine lebhafte Oxydation erfahren können. Von der Länge der Zeit, die bis zur Entwicklung einer Explosion aus dieser lebhaften Reaktion verstreichen muß, hängt es dann lediglich ab, ob der Rest der Ladung mehr oder weniger momentan abreagiert, ehe die Flamme den ganzen Verbrennungsraum durchlaufen hat, und damit Klopfen einsetzt oder nicht[1]. Da die Geschwindigkeit der chemischen Reaktion im allgemeinen mit der Temperatur stark ansteigt, so muß jede Temperaturerhöhung das Klopfen befördern; in diesem Sinne wirken: Steigerung des Kompressionsverhältnisses, Steigerung der Temperatur der Ansaugluft und des Kühlmittels und auch Überladung. Im letzteren Falle geht infolge der Druckerhöhung die Dissoziation der Verbrennungsgase zurück und die Temperatur in die Höhe (indirekt auch die der unverbrannten Gase); ferner wird der relative Wärmeverlust mit zunehmendem Druck geringer. TIZARD[2] hat bereits vor langem darauf hingewiesen, daß der vermutete Einfluß des Druckes auf das Klopfen in Wirklichkeit überwiegend ein Temperatureinfluß sein dürfte.

Alle Erfahrungen über die Oxydation von Kohlenwasserstoffen haben gezeigt, daß es sich dabei um Kettenreaktionen handelt (vgl. das vorangehende Kapitel), die durch gewisse Zusätze in kleinen Mengen stark gehemmt oder beschleunigt werden können. Wenn wir auch den Mechanismus dieser Umsetzungen noch nicht in allen Einzelheiten kennen, so macht es doch keine Schwierigkeiten, die Beeinflussung des Klopfens durch klopffördernde Stoffe (wie Ozon, Peroxyde, Nitrite) und durch Klopffeinde (wie Anilin, Eisencarbonyl, Bleitetraäthyl[3]) als Eingreifen in den Ablauf von Kettenreaktionen zu verstehen. Darüber hinaus lassen sich von diesem Standpunkt aus auch die Unterschiede in der Beeinflußbarkeit des Klopfverhaltens verschiedener Kraftstoffe durch Zusätze sowie in deren Verhalten in Mischungen verstehen[4].

Grundsätzlich wäre eine Vorausberechnung des Klopfverhaltens der einzelnen Stoffe denkbar, sobald ihr Oxydationsmechanismus völlig geklärt wäre. Einer Anwendung solcher Rechnungen auf den Motorbetrieb steht aber vorläufig unsere mangelnde Kenntnis der örtlichen und zeitlichen Temperaturverteilung[5] im Gasgemisch im Motor entgegen. Dazu kommt noch, daß auftretendes Klopfen seinerseits den Temperatur-

---

[1] Auch diese Vorstellungen lassen sich im einzelnen belegen, vgl. S. 499ff.; indirekt spielt dadurch auch die Flammengeschwindigkeit eine Rolle für das Klopfen.

[2] TIZARD, H. T.: Trans. Faraday Soc. Bd. 22 (1926) S. 352.

[3] Als Antiklopfmittel entdeckt von T. MIDGLEY: S.A.E. J. Bd. 7 (1920) S. 489. — Vgl. Industr. Engng. Chem. Bd. 14 (1922) S. 589, 849, 894.

[4] Vgl. Abschnitt 9, S. 544ff.

[5] Die relativ leicht zu ermittelnden räumlichen und zeitlichen Mittelwerte sind dafür nicht zu brauchen.

zustand des Motors beeinflußt, weshalb z. B. bei Betrieb eines Motors mit nicht hinreichend klopffesten Treibstoffen der Leistungsabfall erst nach einer gewissen Betriebszeit voll eintritt[1]. Aus allen diesen Gründen ist an eine rein theoretische Behandlung des Klopfens im praktischen Motorbetrieb fürs erste noch nicht zu denken; aber auch ohnedies lassen die theoretischen Erkenntnisse bereits wichtige praktische Folgerungen zu.

## 2. Allgemeine Grundlagen und Thermodynamik der Verbrennung im Motor.

Das Arbeitsverfahren des Otto-Motors darf hier als bekannt vorausgesetzt werden: Im Viertaktmotor wird während des ersten Kolbenhubs das Brennstoff-Luftgemisch angesaugt, im II. Hub verdichtet, am Ende der Verdichtung gezündet und (ideal) momentan verbrennen lassen, im III. Hub expandiert das verbrannte Gas unter Arbeitsleistung, während des IV. Hubs findet der Auspuff der verbrannten Gase statt. Ein Arbeitsspiel erfordert also zwei Umdrehungen der Kurbelwelle[2]. Da die während des Ansaug- und Auspuffhubes aufzuwendende Arbeit, außer den übrigen Reibungsverlusten, daher rührt, daß das Gemisch mit endlicher Geschwindigkeit durch Leitungen mit endlichen Reibungswiderständen transportiert werden muß, also für den Prozeß nicht wesentlich ist, so ist es gerechtfertigt, zum Vergleich zwischen erreichter und im Grenzfalle erreichbarer Leistung folgenden Idealprozeß[3] heranzuziehen (Abb. 237).

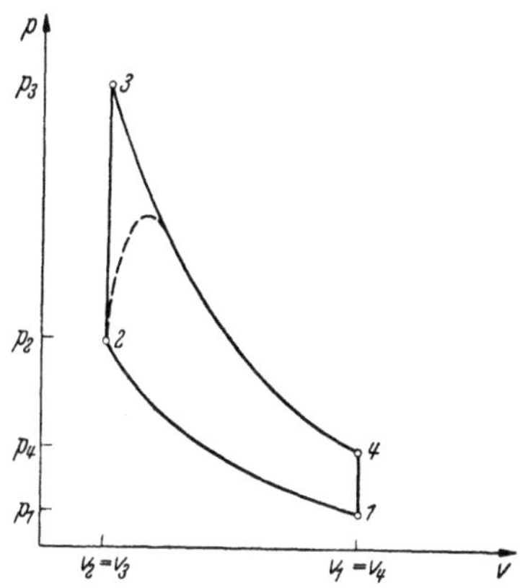

Abb. 237. Idealprozeß des Otto-Verfahrens.

Ein ideales Gas (Luft) befindet sich als Arbeitsstoff in dem Zylinder beim Ausgangsvolumen $v_1$, Ausgangsdruck $p_1$ (und Ausgangstemperatur $T_1$); es werde adiabatisch komprimiert auf $v_2$, $p_2$, $T_2$; jetzt werde momentan die Wärmemenge $Q_1$ zugeführt (entsprechend unendlich schneller Verbrennung), so daß bei konstantem Volumen der Druck auf $p_3$, die Temperatur auf $T_3$ steigt, gegeben durch:

$$(1) \qquad (T_3 - T_2)\,\overline{c_1} = Q_1,$$

wobei $\overline{c_1}$ die mittlere Wärmekapazität des Gasgemisches zwischen $T_2$ und $T_3$

[1] Vgl. die zusammenfassende Darstellung von v. PHILIPPOVICH: Z. Elektrochem. Bd. 42 (1936) S. 472.

[2] Der Zweitaktprozeß, bei welchem diese Vorgänge auf eine Kurbeldrehung zusammengedrängt sind, bringt für die uns interessierenden Verhältnisse nichts besonderes und wird darum außer Betracht gelassen.

[3] Vgl. MÜLLER-POUILLET: Lehrbuch der Physik, Bd. III/1; sowie die Darstellungen der technischen Thermodynamik; ferner D. R. PYE: Brennkraftmaschinen. Deutsch von F. WETTSTÄDT. Berlin: Julius Springer 1933.

bedeutet. Von 3 auf 4 dehnt sich das Gas adiabatisch unter Arbeitsleistung aus, auf $v_4 = v_1$, bei $p_4$ und $T_4$. Nun werde die Wärmemenge $Q_2$ abgeführt:

(2) $$(T_4 - T_1)\,\overline{c_2} = Q_2,$$

wobei $\overline{c_2}$ die mittlere Wärmekapazität zwischen $T_4$ und $T_1$ ist, so daß wieder der Ausgangszustand erreicht wird.

Die durch die Fläche 1234 (Abb. 237) gegebene, geleistete Arbeit $A$ ist:

(3) $$A = Q_1 - Q_2,$$

der Wirkungsgrad, bezogen auf die zugeführte Wärme $Q_1$:

(4) $$\eta = \frac{A}{Q_1} = 1 - \frac{Q_2}{Q_1}.$$

Falls $\overline{c}_1 = \overline{c}_2$, so folgt weiter[1]

(5) $$\eta = 1 - \frac{T_4 - T_1}{T_3 - T_2} = 1 - \frac{T_1}{T_2}\,\frac{\dfrac{T_4}{T_1} - 1}{\dfrac{T_3}{T_2} - 1}.$$

Berücksichtigt man, daß 1 und 2 sowie 3 und 4 durch eine Adiabate verbunden sind, daß also

(6) $$\text{a) } p_1 v_1^{\varkappa} = p_2 v_2^{\varkappa}$$
$$\text{b) } p_3 v_3^{\varkappa} = p_4 v_4^{\varkappa},$$

so folgt, wegen $v_2 = v_3$ und $v_1 = v_4$:

(7) $$p_1/p_2 = p_4/p_3,$$

und wegen der Gasgesetze auch:

(8) $$T_1/T_2 = T_4/T_3,$$

so daß:

(9) $$\eta = 1 - \frac{T_1}{T_2} = 1 - \left(\frac{v_2}{v_1}\right)^{\varkappa - 1}.$$

Führt man als Kompressionsverhältnis $\varepsilon$ ein:

(10) $$\varepsilon = v_1/v_2,$$

so erhält man die bekannte Formel für den Wirkungsgrad:

(11) $$\eta = 1 - \frac{1}{\varepsilon^{\varkappa - 1}} = 1 - \varepsilon^{1-\varkappa}.$$

Daraus geht hervor, daß der Wirkungsgrad eines Motors um so höher wird, je größer das Kompressionsverhältnis ist (Tabelle 103, Abb. 238).

Tabelle 103. Thermischer Wirkungsgrad $\eta$ eines Otto-Motors als Funktion des Verdichtungsverhältnisses $\varepsilon$ nach PYE[2], für Luftprozeß und $\varkappa = 1{,}4$.

| | | | | | | | | | | | | |
|---|---|---|---|---|---|---|---|---|---|---|---|---|
| $\varepsilon$ = 2 | 3 | 4 | 5 | 6 | 7 | 8 | 10 | 12 | 14 | 16 | 18 | 20 |
| $\eta$ = 0,24 | 0,35 | 0,42 | 0,47 | 0,51 | 0,54 | 0,56 | 0,60 | 0,63 | 0,65 | 0,67 | 0,68 | 0,69 |

Im tatsächlichen Betrieb ist $\varkappa$ nicht gleich 1,4; denn die spezifische Wärme der Luft steigt mit der Temperatur an und $\varkappa = \frac{c_p}{c_v} = \frac{c_p}{c_p - R}$ nimmt dem-

[1] Wegen der Temperaturabhängigkeit der spezifischen Wärmen ist dies nie streng erfüllt.

[2] PYE, D. R.: Zitiert S. 493.

gemäß mit steigender Temperatur ab; außerdem ist die spezifische Wärme des Brennstoffes höher als die der Luft, ebenso die der Verbrennungsprodukte. Alles dies zusammen wirkt in der Richtung einer Wirkungsgradverminderung. In Wirklichkeit wird man mit $\varkappa$-Werten von $\sim 1{,}3$ bis 1,35 oder darunter rechnen müssen. Wie sich das auf den Idealwirkungsgrad auswirkt, zeigt die Tabelle 104.

Tabelle 104. Thermischer Wirkungsgrad $\eta$ als Funktion von $\varepsilon$, für $\varkappa = 1{,}4$ und 1,3 [1].

| | | | | |
|---|---|---|---|---|
| $\varepsilon = 4$ | 6 | 8 | 10 | |
| $\eta = 0{,}42$ | 0,52 | 0,56 | 0,61 | für $\varkappa = 1{,}4$ |
| $\eta = 0{,}34$ | 0,41 | 0,46 | 0,50 | für $\varkappa = 1{,}3$ |

Wenn $\varkappa$ von 1,4 auf 1,3 erniedrigt wird, sinkt also der theoretische Wirkungsgrad um etwa 20%. Graphisch ist die relative Leistungssteigerung und der entsprechende Kraftstoffminderverbrauch in Abbildung 238 nach GIESSMANN [2] dargestellt. Daß danach die praktisch erzielte relative Mehrleistung bzw. der Minderverbrauch günstiger als nach der theoretischen Kurve sind, braucht nicht weiter zu befremden, da ja die Erhöhung des Wirkungsgrades mit zunehmender Verdichtung nicht der einzige praktisch ins Gewicht fallende Einfluß ist; es kommt z. B. u. a. die Verringerung der Wärmeverluste hinzu. Im ganzen bedeutet das einfach, daß bei niederem Kompressionsverhältnis der praktische Wirkungsgrad relativ mehr hinter dem theoretischen zurücktritt als bei hohem Verdichtungsverhältnis.

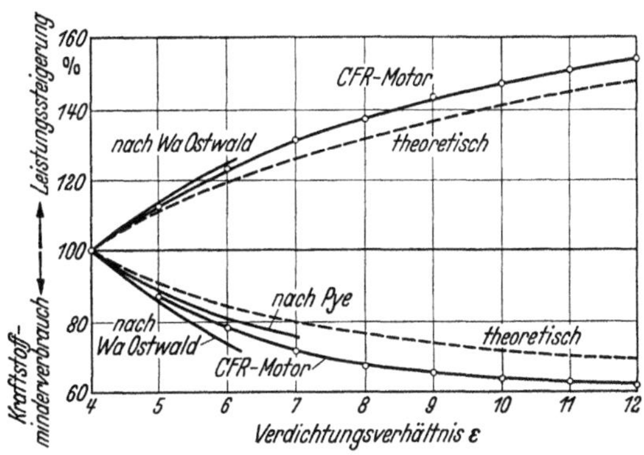

Abb. 238. Leistungssteigerung und Kraftstoffminderverbrauch bei Erhöhung des Verdichtungsverhältnisses theoretisch sowie nach speziellen Versuchen. (Nach GIESSMANN [2].)

Daß einer beliebigen Steigerung des Verdichtungsverhältnisses konstruktive Gesichtspunkte entgegenstehen wegen der stark anwachsenden Spitzendrucke, ist eine Frage, die uns hier nicht beschäftigen soll. Dagegen werden wir uns eingehend zu befassen haben mit den Beschränkungen, die die Verbrennungseigenschaften des Betriebsstoffes der Erhöhung des Kompressionsverhältnisses auferlegen.

Wir besprechen jedoch vorher noch die sonstigen Einflüsse, die das Verbrennungsverhalten auf den Motorwirkungsgrad ausübt. An

[1] Berechnete Enddrucke vgl. Tabelle 105, S. 500.

[2] GIESSMANN, W.: Z. VDI Bd. 80 (1936) S. 833.

Abb. 237 erkennt man, daß der ideale Wirkungsgrad eine momentane Wärmezufuhr bei 2, also beim tatsächlichen Motor, falls bei 2 gezündet wird, unendlich große Verbrennungsgeschwindigkeit voraussetzt. Verläuft die Verbrennung mit endlicher Geschwindigkeit, so wird die im $pv$-Diagramm resultierende Fläche und damit der Wirkungsgrad kleiner, (gestrichelte Kurve, Abb. 237). Dies würde nicht nur infolge der endlichen Verbrennungsgeschwindigkeit resultieren, sondern auch wegen des endlichen Zündverzuges, falls bei 2 der Zündfunke überspringt (vgl. Kap. III, IV). Bekanntlich kompensiert man die Wirkung des Zündverzuges (und der endlichen Flammengeschwindigkeit) weitgehend durch Vorverlegen des Zündzeitpunktes, d. h. man läßt den Zündfunken vor Erreichung des oberen Totpunktes überspringen, wobei die notwendige Verstellung von der Tourenzahl abhängt. Hätte man im Motor die normale Verbrennungsgeschwindigkeit von größenordnungsmäßig $< 1$ m/s (vgl. Kap. III, S. 121), so würde bei Zylinderdimensionen der Größenordnung 1 dm der Verbrennungsablauf etwa $^1/_{10}$ s beanspruchen. Da bei einer Tourenzahl von 3000/min für einen ganzen Kolbenhub nur $^1/_{100}$ s verfügbar ist, wäre so der Betrieb eines schnell laufenden Explosionsmotors überhaupt nicht wirtschaftlich möglich. Glücklicherweise sind im Motor aber nicht die Bedingungen realisiert, unter denen die Flammenfortpflanzung lediglich durch die normale Verbrennungsgeschwindigkeit unter Ausschluß von Strömungen gegeben ist; auch ohne besondere Vorkehrungen sind im Motor vom Ansaugen und Komprimieren her immer Gasbewegungen vorhanden, die eine Vergrößerung der tatsächlichen Flammengeschwindigkeit bewirken; durch passende Formgebung, Ventilanordnung usw. kann man die Wirbelung der Gase im Zylinderkopf noch künstlich erhöhen[1]. Messungen der Flammengeschwindigkeit an Motoren ergeben tatsächlich immer wesentlich höhere Werte, etwa 10 bis 30 m/s für die Flammengeschwindigkeit, so daß daher dem Motorbetrieb noch keine Schwierigkeiten entstanden sind.

SCHNAUFFER[2] bestimmte nach dem Ionisationsverfahren[3] Flammengeschwindigkeiten in Flugmotorzylindern, die er bei Drehzahlen von 1900/min zu 12 bis 23 m/s bestimmte, verglichen mit etwa 2 bis 6 m/s unter sonst gleichen Bedingungen in Bomben. Die mittlere Verbrennungsgeschwindigkeit ergibt sich der Wirbelgeschwindigkeit ungefähr proportional.

Nach Formel (11) wäre der ideale Wirkungsgrad des Motors von allen speziellen Einflüssen, soweit sie die Werte von $\varepsilon$ und $\varkappa$ ungeändert

[1] Vgl. H. R. RICARDO: Zitiert S. 497.

[2] SCHNAUFFER, K.: Z. VDI Bd. 75 (1931) S. 455; vgl. ferner VDI-Forsch.-Heft 1931 sowie Jb. dtsch. Versuchsanst. Luftf. 1931, S. 375; 1930, 304.

[3] In bekannten Abständen befinden sich isoliert eingeführte Metallsondenpaare, zwischen denen jeweils eine Spannung liegt; beim Vorbeischreiten der Flammenfront findet infolge Ionisation ein Stromübergang statt, dessen zeitliches Eintreten registriert wird.

lassen, unabhängig. Neben dem Einfluß auf $\varkappa$ (vgl. S. 495) wirkt eine Erhöhung der Kreisprozeßtemperaturen auch deshalb ungünstig, weil die Lage der Dissoziationsgleichgewichte der bei der Verbrennung auftretenden Verbindungen verschoben wird, die einen unvollständigeren Umsatz und geringeren Nutzeffekt gibt[1]. Im ganzen hätte man also Interesse daran, bei möglichst niederen Temperaturen und damit großem $\varkappa$ und kleinen Dissoziationsgraden zu arbeiten.

Zur Veranschaulichung geben wir die von RICARDO[2] für einen Spezialfall berechneten Kreisprozeßtemperaturen und Drucke an. Das angesaugte Gemisch hat einen Druck von 0,985 at abs. und eine Temperatur von 398° abs., als Folge der Anwärmung durch die heißen Zylinderwände und der Vermischung mit den heißen Verbrennungsrückständen; bei einem Verdichtungsverhältnis von 5 : 1 erreicht es einen Kompressionsenddruck von 8,65 at abs. bei einer Temperatur von 698° abs.; am Ende der Verbrennung ist $T = 2753°$ abs., $p = 35{,}75$ at abs.; am Ende der Expansion $T = 1948°$ abs. und $p = 5{,}08$ at abs. Bei höherem Kompressionsverhältnis werden Drucke und Temperaturen entsprechend höher, jedoch die Temperatur am Ende der Expansion niedriger. Für die Temperatur des angesaugten Gemisches im Zylinder spielt die Verdampfungswärme des Brennstoffes eine merkliche Rolle; bei Kraftstoffen mit besonders hoher Verdampfungswärme, wie z. B. Alkohol[3] wirkt sich das in einer merklichen Erniedrigung der Gemischtemperatur aus. RICARDO gibt z. B. folgende Werte für die Erniedrigung der Gemischtemperatur infolge Verdampfung des angesaugten Brennstoffes (wir greifen nur einige typische Vertreter heraus):

| Stoff | n-Heptan | Benzol | Cyclohexan | Heptylen | Äthanol | Methanol |
|---|---|---|---|---|---|---|
| Erniedrigung der Gemischtemperatur infolge Verdampfung | 18° | 26° | 21,5° | 23° | 82,7° | 140° |

Diese Erniedrigung der Gemischtemperatur macht sich außer durch die Erhöhung des volumetrischen Wirkungsgrades (die Menge angesaugten Gemisches nimmt zu) auch sonst günstig bemerkbar (vgl. auch S. 524 ff.), nämlich für das Klopfverhalten, das empfindlich von der Temperatur abhängt.

Da die Ausgangstemperatur im allgemeinen nicht erniedrigt werden kann, so kommt für die Herabsetzung der Kreisprozeßtemperatur nur, im Bild des Idealprozesses (Abb. 237), eine Verringerung der zugeführten Wärmemenge $Q_1$ in Frage (von deren *Betrag* ja der Wirkungs*grad* unabhängig ist, während natürlich die tatsächliche Leistung pro Arbeitshub davon abhängt), d. h. im praktischen Motorbetrieb wirkt sich eine Verringerung des Brennstoffgehaltes der angesaugten Luft, also Verwendung magerer Gemische, günstig auf den Wirkungsgrad aus. Auch bei konstanter Temperatur ändert sich $\varkappa$ mit der Zusammensetzung.

[1] Vgl. H. KÜHL: VDI-Forschungsheft Bd. 373 (1935).

[2] RICARDO, H. R.: Schnellaufende Verbrennungsmotoren, 2. Aufl. Deutsch von A. WERNER und P. FRIEDMANN. Berlin: Julius Springer 1932.

[3] Es kommt hier nicht auf die Verdampfungswärme pro Mol, sondern auf die Verdampfungswärme derjenigen Menge, die für die Reaktion mit dem angesaugten Luftvolumen notwendig ist, an: Das sind bei Alkohol sehr viel mehr Mole als bei dem ähnlich siedenden Benzol oder entsprechenden Paraffinen.

Abb. 239 nach RICARDO zeigt den Zusammenhang zwischen thermischem Wirkungsgrad und Gemischzusammensetzung, sowie dem mittleren nutzbaren Kolbendruck (dem die absolute Leistung proportional ist). Tatsächlich nimmt der thermische Wirkungsgrad (Kurve b) nach der Seite des Luftüberschusses mit niederer Verbrennungstemperatur zunächst ziemlich stark zu, einer weiteren Steigerung steht aber die schlechte Zündfähigkeit und geringe Verbrennungsgeschwindigkeit der mageren Gemische entgegen, so daß der Wirkungsgrad dann wieder abfällt. Die absolute Leistung verhält sich umgekehrt, sie hat bei Brennstoffüberschuß ein Maximum. Bei Leuchtgas, bei dem die Zündgrenzen weiter liegen als bei Benzin, steigt der thermische Wirkungsgrad noch bis zu Luftüberschüssen von $\sim 40\%$ an (PYE, zitiert S. 493).

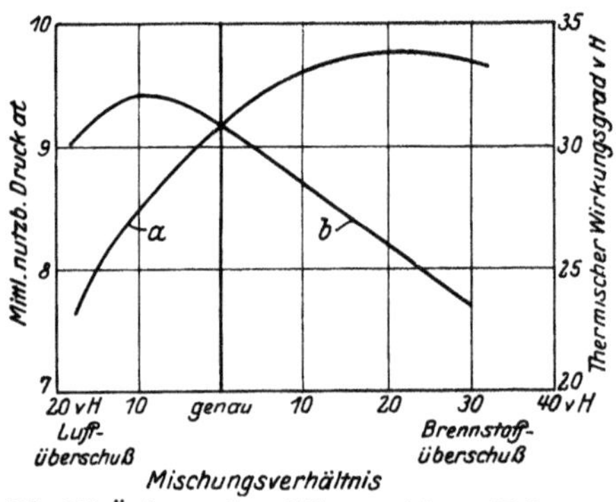


Abb. 239. Änderung des mittleren nutzbaren Kolbendrucks $a$, sowie des thermischen Wirkungsgrades $b$ mit der Gemischzusammensetzung. (Nach RICARDO, zitiert S. 497.)

Bei Verwendung magerer Gemische nähert man sich aber einerseits der unteren Grenze der Zündfähigkeit (vgl. Kap. III), die bei ungleichmäßiger Gemischverteilung auf die verschiedenen Zylinder eines Mehrzylindermotors dann auch leicht unterschritten wird, andererseits wird die Flammengeschwindigkeit sehr klein. Beides setzt dem sonst bei mageren Gemischen erreichbaren günstigeren Wirkungsgrad eine Grenze. Es bestünde daher das bisher noch nicht mit Erfolg angegriffene Problem, die Verbrennung so zu beeinflussen, daß sie auch in mageren Gemischen noch schnell genug verläuft und daß Zündung mit Sicherheit einsetzt. Da man — Ausnahmen wie die Beeinflussung der Verbrennungsgeschwindigkeit von CO durch $H_2$ oder wasserstoffhaltige Substanzen lassen sich für das Verhalten von Kohlenwasserstoffen nicht als Belege heranziehen — im allgemeinen die Verbrennungsgeschwindigkeit durch geringe chemische Zusätze nur wenig beeinflussen kann, so besteht wenig Hoffnung, hier etwa ein einfaches Mittel zur Verbesserung zu finden. Wohl aber wäre es denkbar, wenn man die Treibstoffe doch synthetisch darstellt oder die Naturprodukte nachbehandelt, daß man auf Verbindungen mit möglichst niederer unterer Zündgrenze und möglichst hoher Verbrennungsgeschwindigkeit hinarbeitete. Jedenfalls sei darauf hingewiesen, daß Fragen der Flammengeschwindigkeit (mit der ja auch die Lage der Zündgrenzen zusammenhängt) auch im Hinblick auf den Motorbetrieb von Bedeutung sind (vgl. Kap. III). Auch wirkt sich die Flammengeschwindigkeit auf das Klopfverhalten aus (vgl. S. 514).

## 3. Der Klopfvorgang.

Das wesentlichste Hindernis für eine Verbesserung des Wirkungsgrades durch Heraufsetzen des Kompressionsverhältnisses, oder auch der Leistung durch Überladung liegt in dem Ablauf der Verbrennung unter diesen Bedingungen, nämlich in dem Auftreten des *Klopfens.*

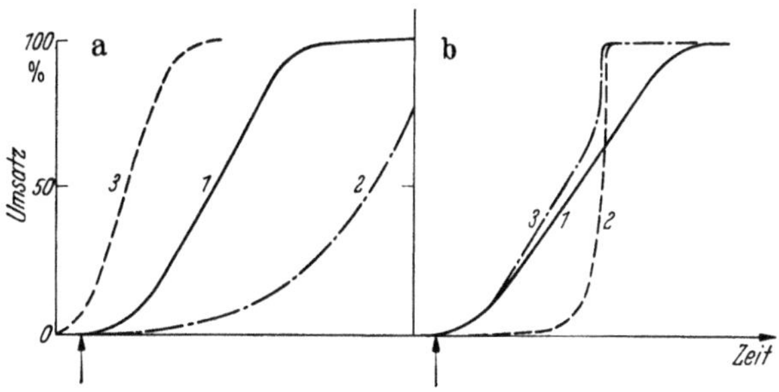


Abb. 240. Zeit-Umsatzkurven für die Verbrennung im Motor. a *1* Kurve für normale Verbrennung; *2* Kurve für spontane Reaktion im unverbrannten Gemisch; *3* desgleichen im Falle von Frühzündung. b *1* entspricht a *1*; *2* Kurve für spontane Reaktion im Unverbrannten bei Klopfen; *3* resultierende Umsatzkurve aus *1* und *2*, bei Klopfen. ↑ = Zündzeitpunkt.

Trägt man den Umsatz im Motor, verursacht durch das normale Fortschreiten der Verbrennung, als Funktion der Zeit auf, so ergibt sich qualitativ das Bild der Abb. 240; ähnlich wie der Umsatz steigt auch der

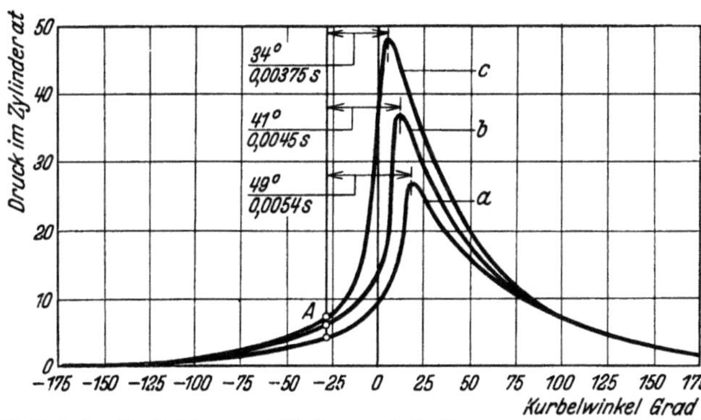


Abb. 241. Einfluß des Verdichtungsverhältnisses auf die Brenngeschwindigkeit. a Verdichtungsverhältnis 4 : 1, mittlerer nutzbarer Kolbendruck 8,4 at. b Verdichtungsverhältnis 5 : 1, mittlerer nutzbarer Kolbendruck 9,6 at. c Verdichtungsverhältnis 6 : 1, mittlerer nutzbarer Kolbendruck 10,3 at. Vorzündung konstant 30° bei *A*, Drehzahl bei 1500 U/min. Genaues Benzin-Luftgemisch.

Druck an (aus dessen Messung man rückwärts auf den Umsatz schließen kann). Die Geschwindigkeit des Druckanstieges hängt von verschiedenen äußeren Faktoren mit ab, wie: Größe und Gestalt des Verbrennungsraumes, Lage der Zündkerze, Wirbelung der Gasmasse usw. (vgl. Ricardo, zitiert S. 497).

Als Beispiel des wirklichen Druckverlaufes im Motor geben wir in Abb. 241 ein Indikatordiagramm nach Pye (zitiert S. 493) wieder.

Wie schon erwähnt, würde bei zu langsamem Druckanstieg der Wirkungsgrad abfallen; wie es scheint, ist es der Praxis immer möglich gewesen, einem zu langsamen Druckanstieg erfolgreich entgegenzuwirken. Ein zu schneller Druckanstieg (je nach Motor- und Betriebsbedingungen von mehr als z. B. etwa 2 bis 3 at je ° Kurbelwinkel nach RICARDO, zitiert S. 497) führt zu rauhem Lauf des Motors und muß ebenfalls vermieden werden; auch das ist durch konstruktive Maßnahmen zu erreichen.

Die ernstlichen Schwierigkeiten, die auftreten, haben einen anderen Grund. Die im Motor angesaugten Gase stehen am Ende der Verdichtung unter einem beträchtlichen Druck und unter recht hoher Temperatur. Nimmt man als Ausgangstemperatur 80° C an[1], so ergeben sich bei $\varkappa = 1{,}35$ und verschiedenen Kompressionsverhältnissen die folgenden Kompressionsdrucke $p_2$ und Temperaturen $T_2$ (Tabelle 105).

Tabelle 105.
$\varkappa = 1{,}35$; $T_1 = 353°$ abs.; $p_1 = 1$ at (abs.).

| | | | | | | | |
|---|---|---|---|---|---|---|---|
| $\varepsilon$ . . . . . . . . . | 4 | 5 | 6 | 7 | 8 | 9 | 10 |
| $T_2$ (° C) . . . . . | 300 | 347 | 387 | 425 | 457 | 490 | 518 |
| $p_2$ (at abs.) . . . | 6,5 | 8,8 | 10,5 | 13,0 | 16,6 | 19,5 | 22,4 |

Aus der Tabelle geht hervor, daß schon bei den niedrigen Kompressionsverhältnissen Endtemperaturen und Drucke erreicht werden, bei denen in dem Kohlenwasserstoff-Luftgemisch eine lebhafte Reaktion ablaufen kann (vgl. Kap. XI), die bei vielen Kohlenwasserstoffen nach ziemlich kurzen Induktionsperioden zur Selbstzündung führen muß.

Die oben angegebenen Temperaturen sind aber nicht die Maximaltemperaturen, die ein Gemisch im Motor annimmt. Nehmen wir ein praktisches Beispiel; mit einem Kompressionsverhältnis $\varepsilon = 7$ wurde z. B. ein Maximaldruck von etwa 40 at erreicht. Der letzte Anteil des Gemisches ist von dem übrigen verbrennenden Teil bis zu diesem Druck komprimiert worden; ohne Wärmeverluste würde man mit $\varkappa = 1{,}35$ dafür eine Temperatur von $\sim 640°$ C berechnen; die tatsächlichen Wärmeverluste wirken zwar in der Richtung einer Verringerung dieser Temperatur; da aber die Ausgangstemperatur mit $\sim 80°$ C sehr niedrig angenommen war, so wird man mit Temperaturen bis zu 600° C für den letzten Anteil der Ladung im Motor rechnen können. Daß bei diesen Temperaturen schon eine lebhafte Reaktion im unverbrannten Gemisch abläuft, geht aus den Angaben in früheren Kapiteln (S. 465ff.) hervor.

[1] Selbst wenn die angesaugten Gase zunächst nur Zimmertemperatur (oder wegen der Brennstoffverdampfung niedrigere Temperaturen) haben, so werden sie doch durch die heißen Zylinderwandungen und die Mischung mit dem im Zylinder befindlichen Rest heißer Verbrennungsgase beträchtlich angewärmt, so daß obige Zahl nicht zu hoch gegriffen ist (vgl. etwa RICARDO, zitiert S. 497).

Wir haben in Abb. 222 und 223, S. 466/467 nach TIZARD und PYE[1] sowie JOST und TEICHMANN (zitiert S. 467) die von diesen bestimmten Induktionszeiten für die Selbstzündung bei verschiedenen Temperaturen wiedergegeben, und zwar u. a. für n-Heptan in Luft. Da die Messungen durch adiabatische Kompression ausgeführt worden sind, so sind sie mit den motorischen Verhältnissen unmittelbar vergleichbar. Wie man sieht, besteht für die Induktionsperiode ein ungefähr exponentieller Zusammenhang mit der Temperatur; wir haben die Meßwerte TIZARD und PYEs etwas nach höheren Temperaturen hin extrapoliert, was, lediglich zur Orientierung, unbedenklich geschehen kann. Die Induktionsperioden für n-Heptan sind schon von etwa 400° C an derartig kurz, daß an einen Motorbetrieb mit Kompressionsverhältnissen von mehr als etwa 3 bis 5 bei diesem Kraftstoff nicht gedacht werden kann[2]. Wir werden sehen, daß die praktischen Klopfwertbestimmungen diese Folgerung bestätigen (vgl. die kritischen Kompressionsverhältnisse, Tabelle 112, S. 546).

Wenn auch die tatsächlich im komprimierten Gemisch erreichten Enddrucke und Temperaturen niedriger sein werden als in Tabelle 105 angegeben, da ein Teil der Wärme an die Zylinderwand abgegeben wird, so werden sie doch im allgemeinen noch so hoch liegen, daß die spontane Reaktion im Gemisch keinesfalls vernachlässigbar bleibt. Führt diese spontane Reaktion zur Selbstzündung, bevor der Zündfunke übergesprungen ist, d. h. im allgemeinen, bevor die Kompression beendet ist, so hat man Frühzündung, die wegen des verfrühten und plötzlichen Druckanstieges beim Motorbetrieb ausgeschlossen sein muß[3]. Schematisch hat man dabei folgendes (Abb. 240); die ausgezogene Linie ergäbe den Umsatz bei Funkenzündung durch die fortschreitende Flamme. Auch bei normalen Betriebsbedingungen (Abb. 240a) hätte man ohne Zündfunken einen nicht vernachlässigbaren spontanen Umsatz, etwa gegeben durch die strichpunktierte Kurve 2[4], der aber so langsam erfolgt, daß er neben der normalen Verbrennung keine Rolle zu spielen braucht. Setzt die spontane Reaktion aber so schnell ein, daß sie schon vor dem

[1] TIZARD u. PYE: Zitiert S. 464.

[2] Inzwischen war es JOST und TEICHMANN (zitiert S. 467; vgl. dazu die ausführlichere Diskussion bei W. JOST: Vortrag auf der Tagung der Deutschen Akademie der Luftfahrtforschung. Berlin März 1939; erscheint in den Schriften der Dtsch. Akad. Luftfahrtforsch. 1939) möglich, für eine Versuchsapparatur das Eintreten des Klopfens aus dem in der gleichen Apparatur bestimmten Selbstzündungsverhalten quantitativ vorauszuberechnen.

[3] Für den praktischen Betrieb dürfte Frühzündung in homogener Phase kaum in Frage kommen, wohl aber Zündung an überhitzten Stellen der Wand, der Zündkerzen usw.

[4] Unter diesen Bedingungen würde der Umsatz nach der gestrichelten Kurve 2 nur zu Ende laufen, wenn der Kolben am Ende des Kompressionshubes festgehalten wäre. Andernfalls kann bei der Expansion und Abkühlung des Gases die im Anfangsstadium begriffene Reaktion evtl. auch wieder abgestoppt werden.

Zündfunken zu rasch fortschreitendem Umsatz führt, gestrichelte Kurve (Abb. 240, a 3) so hat man Frühzündung. Grundsätzlich ist die spontane Reaktion berechenbar, wenn man das Reaktionsvermögen des betrachteten Gemisches in Abhängigkeit von Zusammensetzung, Druck und Temperatur kennt, auf Grund der in Kap. VIII und XI besprochenen Tatsachen und Gesetzmäßigkeiten (vgl. das Beispiel oben S. 501).

Würden (Abb. 240b) die Reaktionen im unverbrannten Gas — bei Fehlen der Funkenzündung — nach der gestrichelten Kurve ablaufen, während die ausgezogene Kurve wieder den Umsatz durch die normale ungestörte Flamme angibt, so würde bei Fehlen einer wechselseitigen Beeinflussung der Gesamtvorgang als Überlagerung beider etwa durch die strichpunktierte Kurve in Abb. 240b dargestellt werden; d. h. auf eine normale Anfangsphase würde ein plötzlich gesteigerter Umsatz gegen den Schluß hin erfolgen. In Wirklichkeit wird die Reaktion im unverbrannten natürlich nicht unabhängig von dem Fortschreiten der Flamme ablaufen, schon deshalb nicht, weil durch das Fortschreiten der Flamme der unverbrannte Rest weiter komprimiert und erhitzt wird, so daß auch in Fällen, in welchen ohne die Flamme ein starker Umsatz nach Abb. 240b nicht beobachtbar wäre, diese Reaktion sich stark bemerkbar machen kann. Ein Umsatz, wie eben beschrieben, gäbe aber ein Indikatordiagramm, wie es z. B. in Abb. 242 zu erkennen ist. Ein solcher, anfangs normal verlaufender, gegen das Ende plötzlich beschleunigter Druckanstieg ist gerade das, was man bei *klopfender* Verbrennung des Motors beobachtet hat.

Maxwell und Wheeler erhielten an einer Versuchsbombe, mit gleichzeitiger Druckregistrierung Aufnahmen, die klopfender Verbrennung entsprechen. Unter derartigen Bedingungen erhält man klopfende Verbrennung nur, wenn das Reaktionsgefäß sehr groß ist, so daß man einerseits geringe Abkühlungsverluste hat, andererseits der letzte Teil des Gemisches hinreichend lange durch die vorher verbrennende Ladung komprimiert wird. Maxwell und Wheeler verwandten ein Explosionsgefäß von 15 cm Durchmesser und 38 cm Länge, das mit einem Glasfenster versehen war. Interessant ist, daß Zusatz von $Pb(Aeth.)_4$ zu der bei 15° C befindlichen Mischung den Verlauf der klopfenden Verbrennung des Pentans kaum beeinflußt, höchstens etwas beschleunigt. Wenn man das Bleitetraäthyl aber vor dem Einführen bei $\sim$300° C sich zersetzen läßt, dann erhält man eine vollständig gleichmäßige, nichtklopfende Verbrennung. Diese Beobachtung steht im Einklang mit sonstigen Erfahrungen (vgl. S. 489). Indikatordiagramme klopfender und normaler Verbrennung eines Motors zeigt Abb. 242 nach Nielsen[1]; die obere Aufnahme zeigt den Druckverlauf

[1] Nielsen: Arch. techn. Messen Bd. 3 (Jan. 1936) S. 173. Vgl. Philippovich: Zitiert S. 493.

bei normaler Verbrennung mit nur geringen Gasschwingungen, die untere den Druckverlauf bei klopfender Verbrennung, der sehr viel steiler ist, von starken Gasschwingungen überlagert, die nochmals gesondert registriert sind[1].

Flammenaufnahmen klopfender Verbrennung am Motor selbst mit gleichzeitiger Druckregistrierung haben RASSWEILER und WITHROW[2] veröffentlicht. Wir bringen in Abb. 243 drei Aufnahmen einer kaum merkbar klopfenden, stark und sehr stark klopfenden Verbrennung. Typisch ist die gegen das Ende plötzlich gesteigerte Flammengeschwindigkeit, der entsprechende plötzliche Druckanstieg im Indikatordiagramm und die im Verbrannten hin- und herlaufenden Stoßwellen, wie wir sie von anderer Stelle her kennen (Kap. IV, S. 137ff.). Die „Frequenz“ der hin- und herlaufenden Stoßwellen stimmt, wie nicht anders zu erwarten, überein mit der Frequenz der piezoelektrisch oder sonst im Indikatordiagramm registrierten Schwingungen. Eine besonders schöne Aufnahme, die dies erkennen läßt, haben RASSWEILER und WITHROW mitgeteilt[2,3]. Man kann versuchen aus den Aufnahmen von RASSWEILER und WITHROW die Geschwindigkeit der klopfenden Verbrennung zu ermitteln; doch ist dies, wegen der Unschärfe der Flammenfront, nur mit beträchtlicher Unsicherheit möglich; auf alle Fälle ist die Geschwindigkeit der klopfenden Verbrennung größenordnungsmäßig größer als die der normalen Flamme, d. h. wohl einige hundert m/s. RASSWEILER und WITHROW geben 800 bis 900 m/s an; dafür Detonationsgeschwin-

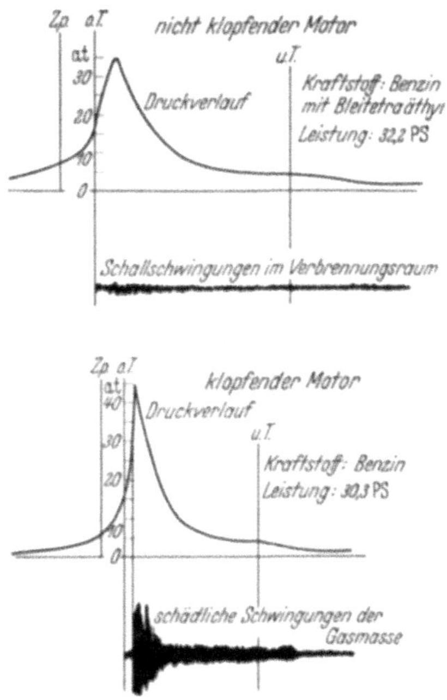


Abb. 242. Indikatordiagramme normaler und klopfender Verbrennung (Abszisse = ° Kurbelwinkel); gleichzeitig sind Gasschwingungen im Verbrennungsraum aufgezeichnet (NIELSEN) (nach v. PHILIPPOVICH, zitiert S. 493) (*Zp. o. T.* und *u. T.* = Zündpunkt, unterer und oberer Totpunkt).

[1] Für Beobachtungen über Gasschwingen und deren Variation mit dem Ort im Verbrennungsraum vgl. insbesondere BOERLAGE, BROEZE, DRIEL u. PELETIER: Engineering Bd. 143 (1937) S. 254, sowie BROEZE, DRIEL u. PELETIER: Vortrag auf der Tagung der Deutschen Akademie der Luftfahrtforschung. Berlin 1939. Zum Grundsätzlichen vgl. ferner den Vortrag von E. SCHMIDT.

[2] RASSWEILER u. WITHROW: Industr. Engng. Chem. Bd. 23 (1931) S. 769; Bd. 24 (1932) S. 528. — Autom. Engr. Bd. 24 (1934) S. 281, 385.

[3] Vgl. Science of Petroleum, Bd. IV, Fig. 4 u. 5b, S. 2915.

digkeit, etwa 2 km/s, anzunehmen, besteht kein zwingender Anlaß. SCHNAUFFER[1] hat für die Geschwindigkeit klopfender Verbrennung etwa 300 m/s gefunden, SERRUYS gibt $\sim$ 500 m/s an, was alles so gut

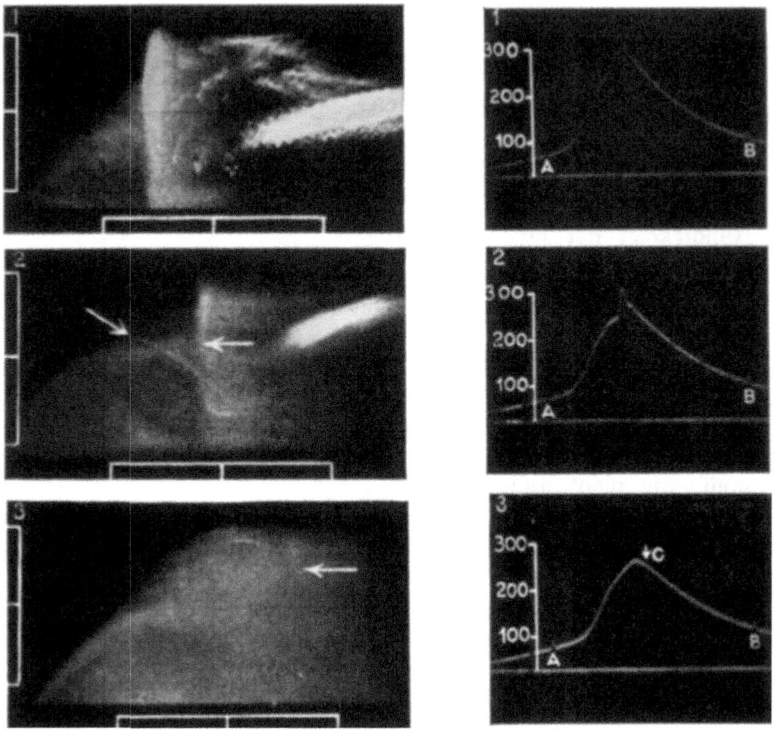


Abb. 243. Flammenaufnahmen durch ein Sichtfenster im Motor (gezündet ist links unten, das Flammenbild ist nach oben, der Film nach links gelaufen). (Nach RASSWEILER u. WITHROW: The Science of Petroleum.) Unten kaum klopfende, Mitte schwach und oben stark klopfende Verbrennung. Rechts zugehörige Druckregistrierungen, welche die Druckspitzen beim Klopfen erkennen lassen. Da das Sichtfenster nicht den ganzen Verbrennungsraum freigibt, so kann Klopfen auf den Aufnahmen auch noch erscheinen, wenn anscheinend die Flamme bereits den ganzen Verbrennungsraum durchlaufen hat (untere Aufnahme).

übereinstimmt, als man z. B. in Anbetracht der Unbestimmtheit der Flammenfront in einer durchwirbelten Gasmasse erwarten kann.

Den analogen Verbrennungsverlauf, in etwas übersichtlicherer Form, kann man auch in einer Laboratoriumsapparatur erreichen (DUCHÊNE)[2];

[1] SCHNAUFFER: S.A.E. J. Bd. 34 (1934) S. 17 sowie zitiert S. 496; vgl. PHILIPPOVICH: Zitiert S. 493.

[2] DUCHÊNE, M. R.: Service technique et industrielle de l'Aeronautique, Bulletin Technique Nr. 54, Paris 1926; diese Arbeit enthält Studien über die Flammengeschwindigkeit bei adiabatischer Kompression ohne Klopfen. — DUCHÊNE, R.: Publ. Sci. et Techn. Minist. de Air Nr. 11. Paris 1932. — C. R. Acad. Sci., Paris Bd. 186 (1928) S. 220. — AUBERT, M. u. R. DUCHÊNE: C. R. Acad. Sci., Paris Bd. 192 (1931) S. 1633.

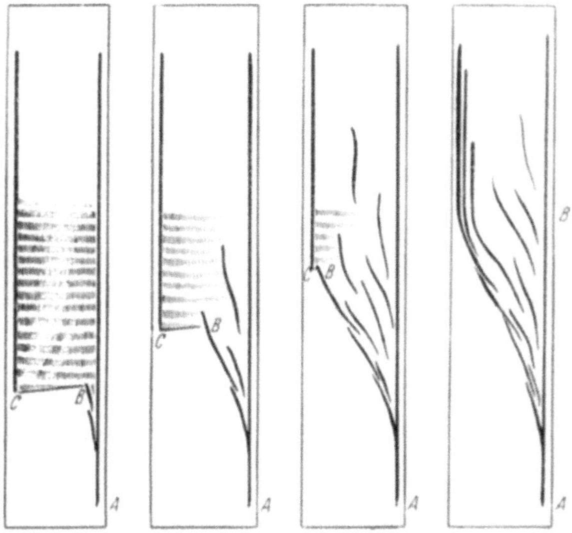


Abb. 244. Schematische Darstellung des von DUCHÊNE (zitiert S. 504) beobachteten Flammenverlaufs bei nichtklopfender (rechts) und zunehmend (nach links) stärker klopfender Verbrennung Zündung bei $A$; Filmbewegung nach unten; horizontale Streifung = Stoßwellen bei geringer Auflösung. (Nach ESTRADÈRE, zitiert S. 457.)

Abb. 245. Versuchsmotor von RASSWEILER und WITHROW (zitiert S. 506), dessen Verbrennungsraum durch eine Quarzplatte verschlossen ist; Ansicht von schräg oben auf den Zylinder; bei *a* Ventile und Zündkerze.

da die Originalaufnahmen sich zur Wiedergabe nicht gut eignen, bringen wir eine schematische Darstellung von ESTRADÈRE[1] (Abb. 244). Zeitlupenaufnahmen an einem Motor selbst, dessen Zylinderkopf mit einer Quarzplatte verschlossen war, haben RASSWEILER und WITHROW[2] gemacht mit einer Bildfrequenz von 5000 pro s; ähnliche Aufnahmen haben auch ROTHROCK und SPENCER[3] erhalten. Abb. 245 zeigt die von

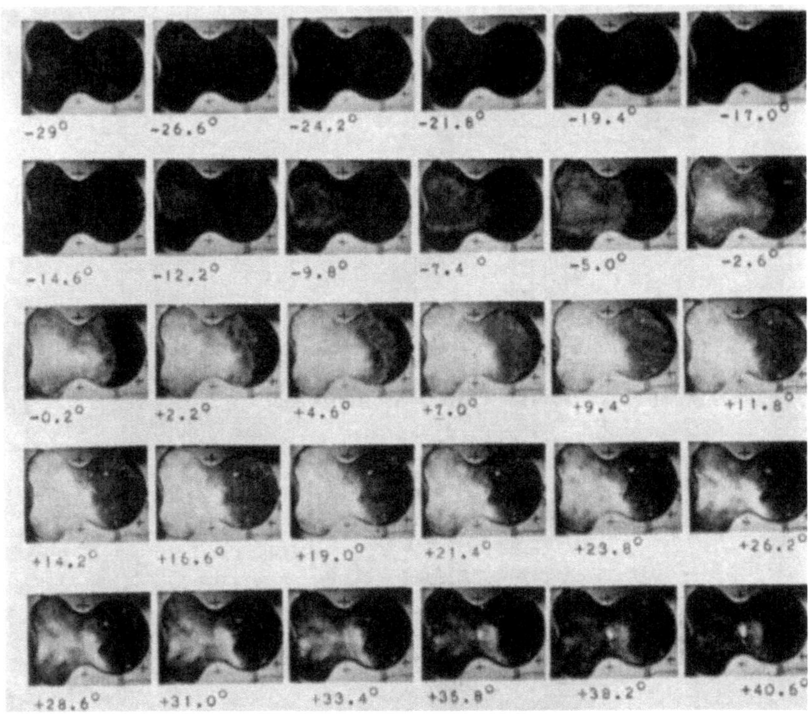


Abb. 246. Zeitlupenaufnahme normaler Verbrennung nach RASSWEILER und WITHROW; stetiges Fortschreiten der Brennzone, die etwa bei + 12° Kurbelwinkel den ganzen Verbrennungsraum durchlaufen hat; Zündung 23° vor oberem Totpunkt. Nachleuchten der verbrannten Gase!

RASSWEILER und WITHROW benutzte Anordnung, welche die volle Entwicklung der Flamme sichtbar macht. Für die Einzelheiten der

[1] ESTRADÈRE, SUZANNE: Zitiert S. 457.

[2] RASSWEILER, L. C. u. G. M. WITHROW: S. A. E. J. Bd. 39 (1936) S. 297. — Industr. Engng. Chem. Bd. 28 (1936) S. 672. Der verwandte Zylinder hatte $2^7/_8$ Zoll Bohrung und $4^3/_4$ Zoll Hub, Kompressionsverhältnis 4,7 : 1. Das Quarzfenster von $5^1/_4 \times 4^3/_4$ Zoll Größe hatte eine Belastung von etwa 2,5 t auf seiner freien Fläche auszuhalten. Wenn der Motor mit 2000 U/min läuft und eine größere Zahl von Aufnahmen pro Verbrennungsperiode (in je 2,4° Kurbelwinkel Abstand) gewonnen werden sollen, so kommen Belichtungszeiten von nur $\sim 10^{-4}$ s in Frage, was eine besonders lichtstarke optische Anordnung erforderte.

[3] ROTHROCK u. SPENCER: NACA Rep. Nr. 622 (1938).

Anordnung und der optischen Methode muß auf das Original verwiesen werden. Damit erhaltene Aufnahmen nichtklopfender und klopfender Verbrennung zeigen wir in den Abb. 246 bis 248. Diese lassen das stetige Vorrücken der zerklüfteten Flammenfront bei normaler Verbrennung (Abb. 246) sowie das nahezu momentane Abreagieren des Restes bei klopfender Verbrennung (Abb. 247 und 248) deutlich erkennen; dabei

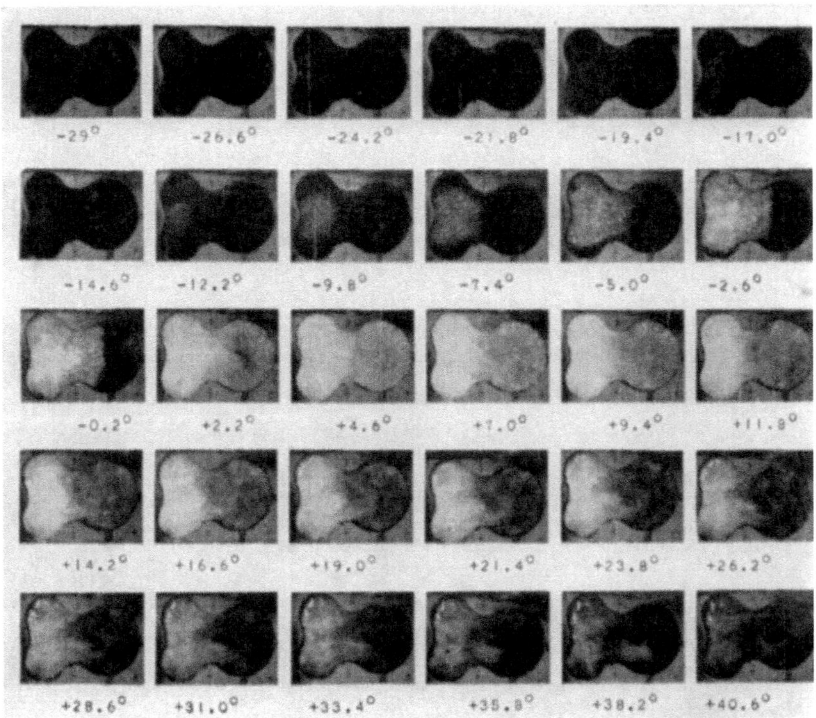


Abb. 247. Aufnahme klopfender Verbrennung (nach RASSWEILER u. WITHROW, zitiert S. 506). Bis — 2,6° Kurbelwinkel Verlauf wie bei normaler Verbrennung; bei — 0,2° tritt, von der Flammenfront entfernt, Zündung im unverbrauchten Gemisch ein, gefolgt von sehr schnellem Abreagieren des Restes; bereits bei + 2,2° ist alles verbrannt.

zeigt die letzte Serie von klopfenden Aufnahmen, daß die Klopfreaktion nicht unbedingt an der Flammenfront einsetzen muß (vgl. dazu die sonstigen Erfahrungen, S. 512; Ähnliches zeigen auch die erwähnten Aufnahmen von DUCHÊNE); daß ferner diese Selbstzündung im unverbrannten Gemisch nicht von heißen Stellen der Wand ausgeht (was natürlich auch vorkommt), folgt daraus, daß in der Serie von 6 Aufnahmen klopfender Verbrennung diese Reaktion immer wieder an anderen Stellen einsetzt. Eine solche Reaktion im Unverbrannten kann — wohl als Folge stärkerer Temperaturunterschiede im Gas — auch so verlaufen, daß wohl an einer Stelle Selbstzündung einsetzt, von dort aus aber eine neue Flamme sich normal ausbreitet (SERRUYS, zitiert S. 521, 524, 526; SOKOLIK und VOINOV, zitiert S. 510; ROTHROCK und SPENCER, zitiert S. 506, BROEZE[1]); das gleiche kann auch von glühenden Stellen der Wand (Zündkerzen) aus geschehen. Man hat dann einen zwar beschleunigten Druckanstieg, aber noch kein Klopfen („Pseudodetonation“ nach SERRUYS). Bei klopfender Verbrennung nimmt der klopfend

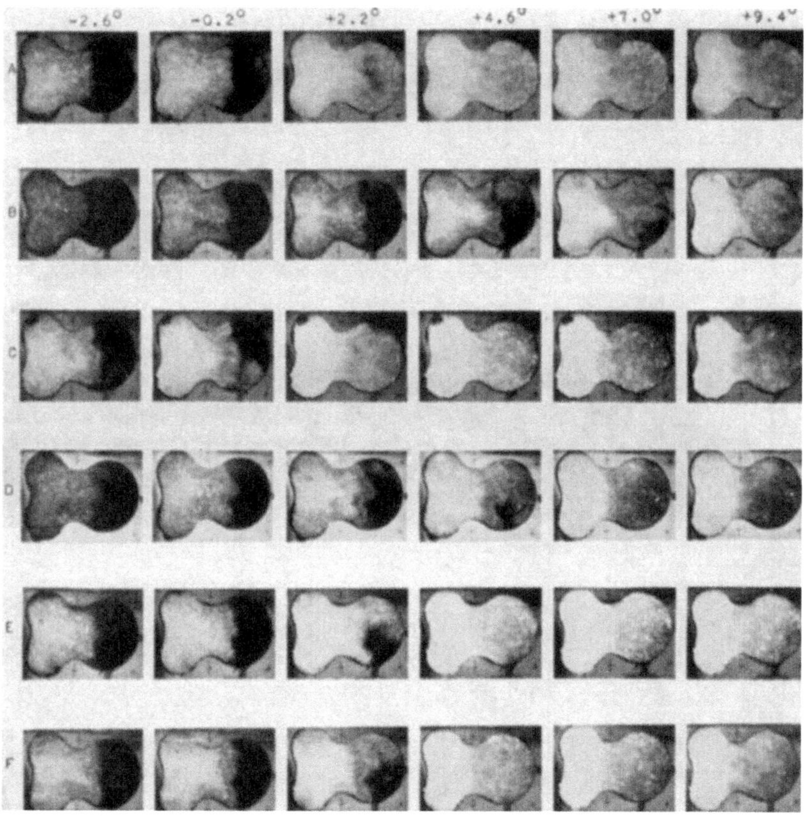


Abb. 248. Sechs Aufnahmen klopfender Verbrennung (A—F) (nach RASSWEILER u. WITHROW, zitiert S. 506), welche erkennen lassen, daß das Klopfen immer wieder an anderen Stellen, teils im Zusammenhang mit der Flammenfront, teils fern von dieser einsetzt, daß es also nicht durch heiße Stellen der Wand verursacht ist.

reagierende Gemischrest unter Umständen nur ein sehr kleines Volumen ein (wegen der Kompression durch die fortschreitende Flamme), weshalb sein Abreagieren unter Umständen nicht direkt zu erkennen ist; das dürfte bei manchen von ROTHROCK und SPENCERs Aufnahmen der

[1] BROEZE, J. J., H. VAN DRIEL u. L. A. PELETIER: Vortrag auf der Tagung der Deutschen Akademie der Luftfahrtforschung, Mai 1939, erscheint in den Schriften der Dtsch. Akad. Luftfahrtforsch. 1939.

Fall sein, wozu noch kommen kann, daß durch die turbulente Gasströmung unverbrannte Partien hinter die Flammenfront geraten und dort erst klopfend abreagieren können (vgl. die S. 142 besprochenen Erscheinungen).

Schließlich wurde bei klopfender Verbrennung wiederholt beobachtet, daß die Intensität der primären normalen Flamme stark zurückging[1] in dem Maße, wie man sich den Bedingungen klopfender Verbrennung näherte (DUCHÊNE, zitiert S. 504; ROTHROCK und SPENCER u. a.). Die Ursache dieser Erscheinung ist bisher nicht recht klar; vielleicht hängt sie mit den Vorreaktionen im Unverbrannten zusammen, wofür die spektroskopischen Befunde von RASSWEILER und WITHROW (S. 542ff.) am Motor angeführt werden könnten. Gleichzeitig damit beobachtet man bei fortschreitender Verbrennung ein stärkeres Wiederaufleuchten der verbrannten Gase, bzw. bei regulärem Klopfen Stoßwellen. Dies Wiederaufleuchten läßt sich ohne weiteres als Folge der Kompression bei Verbrennung der restlichen Ladung verstehen (vgl. S. 147ff.), und es dürfte überflüssig sein, das Ablaufen einer weiteren Reaktion hinter der Flammenfront anzunehmen, wie dies etwa DUCHÊNE und ROTHROCK und SPENCER vorschlagen. Trotzdem sollte man diesen noch nicht in allen Einzelheiten klaren Erscheinungen weitere Aufmerksamkeit schenken.

Die Deutung des Klopfvorganges hat fast mehr Schwierigkeiten gemacht als die Auffindung der wirksamsten Antiklopfmittel durch MIDGLEY und Mitarbeiter[2]. Man hatte bald erkannt, daß das metallische Klopfgeräusch nicht von bewegten Metallteilen herrührte, sondern durch den plötzlichen Druckanstieg in der Gasmasse bedingt war. Schwerer ist aber zu erklären, woher der plötzliche Druckanstieg kommt. Da, im Gegensatz zur normalen Flammenfortpflanzung, die Detonationswelle mit einem plötzlichen, steilen Druckanstieg verbunden ist, lag es nahe, anzunehmen, daß es sich beim Klopfen im Motor um eine Detonation handelt; diese Ansicht wurde z. B. von MIDGLEY[3] vertreten, der sich um die Klopfforschung besondere Verdienste erworben hat. Obwohl die neuere Forschung — mit einer Ausnahme vgl. S. 511 — zu dem Resultat geführt hat, daß das Klopfen im Motor keine wahre Detonation ist, hat sich die Bezeichnung Detonation in der Literatur, besonders in der angelsächsischen, weitgehend eingebürgert zur Bezeichnung des Klopfvorganges; das Wort „Detonation" ist dort also meist als in übertragenem Sinne gebraucht aufzufassen. Was das Klopfen mit einer wahren Detonation gemeinsam hat, ist: Gesteigerte Fortpflanzungsgeschwindigkeit der

---

[1] Unter Umständen auch ihre Geschwindigkeit abnahm.

[2] Vgl. R. E. WILSON: Industr. Engng. Chem. Bd. 29 (1937) S. 239. — MIDGLEY jr., TH.: Industr. Engng. Chem. Bd. 29 (1937) S. 241.

[3] MIDGLEY, TH. u. JANEWAY: S.A.E. J. Bd. 12 (1923) S. 367. Zur Diskussion der Frage vgl. G. G. BROWN u. G. B. WATKINS: Industr. Engng. Chem. Bd. 19 (1927) S. 366.

Verbrennung und damit gesteigerter Druckanstieg gegenüber der gewöhnlichen Verbrennung, dann die Ausbildung von Stoßwellen, die mit Schall- oder Überschallgeschwindigkeit durch die verbrannten Gase hin- und herlaufen; diese sind kenntlich an Vibrationen im Indikatordiagramm und dem damit verbundenen Wiederaufleuchten der verbrannten Gase infolge der Kompression, was gegen Ende der Verbrennung hinter der Flammenfront vielfach auch ohne ausgesprochenes Klopfen beobachtbar ist. Gegen das Vorliegen von Detonation spricht, daß es mit den im Motorbetrieb üblichen Kohlenwasserstoffen niemals gelungen ist, in Mischung mit Luft eine Detonation zu erhalten, ferner daß eine Detonationswelle sich mit genau berechenbarer Geschwindigkeit der Größenordnung 2 km/s fortpflanzen müßte, während die Messungen am Motor Werte etwa zwischen 200 und 900 m/s ergeben haben (vgl. S. 503/504); das sind zwar außerordentlich hohe Geschwindigkeiten, um über eine Zehnerpotenz größer als die der normalen Verbrennung im Motor und ausreichend zur Erklärung aller im Motorbetrieb beobachteten Erscheinungen, aber doch noch weit entfernt von denen einer wahren Detonation. Ferner kann eine stationäre Detonationswelle im allgemeinen nur in einem Rohr konstanten Querschnittes laufen (vgl. Kap. V, S. 185); beim Übertritt aus einem engeren in ein weiteres Rohr erlischt die Detonation, weil, wie leicht einzusehen, der Impuls der Gasmasse im engen Rohr nicht ausreicht, die Detonation im weiten Rohr einzuleiten, während umgekehrt der Übergang von einem weiten zu einem engeren Rohr eine Detonation nicht zu behindern braucht, wenn nur das enge Rohr so weit ist, daß sich überhaupt eine Detonation darin fortzupflanzen vermag[1]. Im Motor dürften darum schon die geometrischen Vorbedingungen für eine wahre Detonation nicht erfüllt sein; andererseits könnte die seit RICARDO bekannte Tatsache, daß die Formgebung des Zylinderkopfes für das Klopfverhalten wesentlich ist, vielleicht dafür sprechen, daß Bedingungen, die das Auftreten steiler Druckwellen begünstigen, für das Klopfen förderlich sind[2].

Auf die einzig abweichenden Beobachtungen, nach denen im Motor wahre Detonation eintreten soll, die von SOKOLIK und VOINOV[3], muß hier noch eingegangen werden. Die Autoren haben (ebenso wie früher WITHROW und BOYD[4]) Flammenaufnahmen an einem Motor mit Sichtfenster gemacht. In einem besonders gebauten, einem Flugmotor entsprechenden Einzylindermotor von 127 · 140 mm, 1,77 l, mit dachförmigem Verbrennungsraum und hängenden Ventilen, mit der Zündkerze an einem Ende, befindet sich oben ein 6 mm breites und 150 mm

[1] Vgl. hierzu unten, S. 560.
[2] Da die Wärmeableitung, Wirbelung und Länge des Flammenwegs eine bedeutende Rolle spielen, so lassen sich hieraus kaum eindeutige Schlüsse ziehen.
[3] SOKOLIK, A. u. A. VOINOV: Techn. Phys. USSR. Bd. 3 (1936) S. 803.
[4] WITHROW u. BOYD: Industr. Engng. Chem. Bd. 23 (1931) S. 539. — RASSWEILER u. WITHROW: Industr. Engng. Chem. Bd. 25 (1933).

langes Fenster aus Pyrexglas, das in einem etwas konischen, hahnartigen drehbaren Metallstück montiert ist. Solange nicht photographiert wird, befindet sich dieser Hahn in einer solchen Stellung, daß das Fenster nicht beschlagen kann. Gegenüber den Messungen von WITHROW und BOYD, sowie den zwar nicht am Motor selbst, aber an adiabatisch wie im Motor komprimierten Gasen ausgeführten Versuchen von DUCHÊNE ist die Anordnung von SOKOLIK und VOINOV insofern verbessert, als mit einem lichtstarken Objektiv 1 : 2 auf einer Trommel mit bis zu 7000 U/min entsprechend einer Lineargeschwindigkeit bis 60 m/s photographiert werden kann. Infolgedessen ist die Auflösung sehr viel besser geworden und eine quantitative Bestimmung der auftretenden Geschwindigkeiten, sofern die Lichtintensitäten ausreichen, sicher möglich.

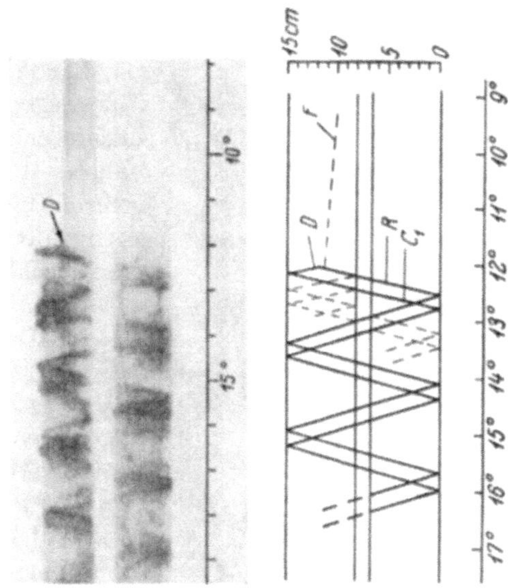

Abb. 249. Aufnahme klopfender Verbrennung mit großer Filmgeschwindigkeit (nach SOKOLIK u. VOINOV, zitiert S. 510); rechts Schema der Aufnahme: Filmbewegung von unten nach oben; °Kurbelwinkel als Zeitskala; Flamme *F* lief von rechts nach links; bei *D* soll nach den Autoren Detonation eingesetzt haben; es folgen dann reflektierte Stoßwellen. Die „Retonationswelle“ *R*, welche im Falle einer Detonation auftreten müßte und welche in dem Schema rechts eingezeichnet ist, ist auf der Aufnahme selbst wohl nicht zu erkennen.

Bei klopfender Verbrennung liefern die Aufnahmen der verschiedenen Autoren übereinstimmend ein Bild wie Abb. 244, S. 505 mit gegen Ende stark gesteigerter Flammengeschwindigkeit, evtl. gefolgt von einer Stoßwelle, die als Zickzacklinie auf dem Bild zu erkennen ist. Die Bestimmung der Absolutgeschwindigkeit im letzten Teil der Verbrennung ist schwierig, einmal wegen der mangelnden Auflösung in den älteren Aufnahmen, dann aber auch, weil gerade in diesem Teil die Intensität der Flamme nicht immer hinreichend ist; in der anschließenden Druckwelle ist sie unter Umständen sehr viel besser und gestattet einwandfreie Bestimmungen der Geschwindigkeit, von der Größenordnung der Schallgeschwindigkeit in den verbrannten Gasen. Falls eine wahre Detonation eingetreten ist, so erhält man, wie auch SOKOLIK und VOINOV das angeben, etwa ein Bild nach Abb. 249, in der die Filmgeschwindigkeit wesentlich größer als bei Abb. 244 anzunehmen ist; das Stück bei *D* entspricht der eigentlichen Detonationswelle, die eine Geschwindigkeit von $\sim 2000$ m/s haben müßte, wie sie auch auf einigen Aufnahmen von S. und V. zu erkennen ist. Auf vielen Aufnahmen ist aber dieses Stück gar nicht zu erkennen, sondern man erhält Aufnahmen wie Abb. 250, wo wohl die primäre Flamme und die nachlaufende Stoßwelle, nicht aber mit Sicherheit das Ende der primären Flamme, das in die Stoßwelle überleitet, zu erkennen ist. ESTRADÈRE (zitiert S. 457) z. B., die Flammenaufnahmen mit der DUCHÊNEschen Apparatur mitteilt, stellt ihre Aufnahmen schematisch durch Abb. 244, S. 505 dar; hier kann es sich wohl keineswegs um eine Detonation handeln, sondern eher um Selbstzündung des unverbrannten Restes; sonst könnte die Flammenfront nicht der primären Flamme entgegen laufen. Abb. 251 hat mit den betrachteten Erscheinungen nichts zu tun, läßt aber sehr schön Selbstzündung im Unverbrannten ohne Klopfen, vielleicht durch eine heiße Stelle der Wand bedingt, erkennen.

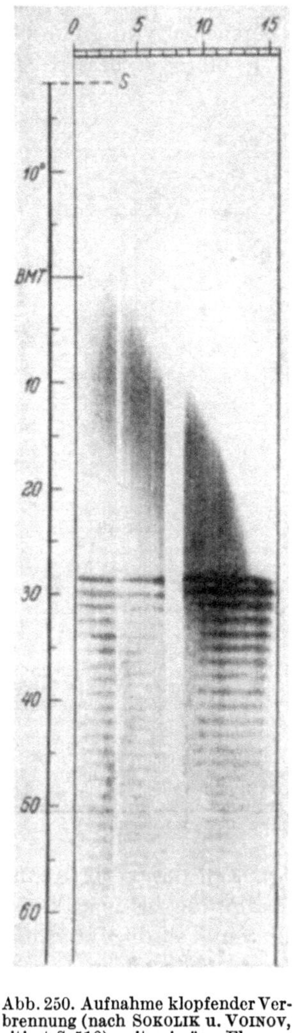

Abb. 250. Aufnahme klopfender Verbrennung (nach SOKOLIK u. VOINOV, zitiert S. 510), mit primärer Flamme (links oben gezündet) und Stoßwellen im Verbrannten.

Unter den von SOKOLIK und VOINOV mitgeteilten Aufnahmen scheinen einige Detonation erkennen zu lassen, die meisten, allerdings mit geringerer Trommelgeschwindigkeit aufgenommen, entsprechen eher dem Typus der Abb. 244 und 250[1]. Die Aufnahmen von ESTRADÈRE und wohl auch die von DUCHÊNE scheinen nur dem Typus Abb. 244 zu entsprechen. Die achlage kann danach also noch nicht als geklärt angesehen werden. Vielleicht wird man die Beobachtungen von SOKOLIK und VOINOV vorläufig als einen selten verwirklichten Grenzfall ansehen dürfen. Die Aufnahmen von RASSWEILER und WITHROW und von DUCHÊNE hatten erkennen lassen, daß die auftretenden Stoßwellen im allgemeinen eine Folge der klopfenden Verbrennung sind[2]. Immerhin zeigen die Diagramme von NIELSEN (zitiert S. 502), daß im Druckdia-

[1] Auf Fehlermöglichkeiten bei den Aufnahmen von SOKOLIK und VOINOV weisen insbesondere BROEZE, DRIEL und PELETIER hin, Vortrag auf der Tagung der Deutschen Akademie der Luftfahrtforschung. Berlin 1939.

[2] Vgl. hierzu auch BROEZE, DRIEL u. PELETIER[1]; W. JOST sowie JOST u. TEICHMANN: Zitiert S. 501, 467.

gramm Schwingungen bereits vor Erreichen des Maximaldruckes nachzuweisen sind[1]; das steht mit obigem nicht im Widerspruch, legt es aber nahe, zu überlegen wie weit primär entstandene Stoßwellen für die Einleitung des Klopfens verantwortlich sein können[2]. Der Verfasser möchte annehmen, daß man normalerweise die Stoßwelle als das Sekundäre ansehen muß, daß man nur in Sonderfällen an ihre Mitwirkung bei der Einleitung des Klopfens wird denken können.

Es sei bemerkt, daß trotz des großen Unterschiedes im Ablauf des Klopfens, falls es sich entweder um eine Detonation oder um Selbstzündung des unverbrannten Gemisches handelt, in beiden Fällen das theoretisch und praktisch interessierende Problem doch sehr viel ähnlicher ist, als man zunächst vermuten möchte. Da in Kohlenwasserstoff-Luftgemischen normalerweise keine Detonation beobachtet wird und da außerdem beim Fortschreiten der Verbrennung in zylindrischen Rohren eine gewisse Anlaufstrecke erforderlich ist, bis in detonationsfähigen Gemischen wirklich Detonation einsetzt, so müßte im Motor im unverbrannten Gemischteil offenbar eine Vorreaktion ablaufen, die zu detonationsfähigen Zwischenprodukten führte.

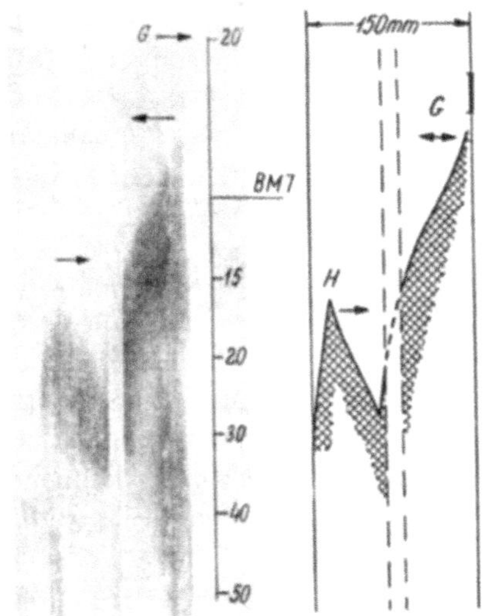


Abb. 251. Aufnahme motorischer Verbrennung von SOKOLIK und VOINOV (zitiert S. 510), welche Selbstzündung im Unverbrannten Gemisch (bei *H* in der schematischen Darstellung rechts) aber ohne Klopfen erkennen läßt.

Nicht mit Sicherheit auszuschließen[3] wäre daher eine Vorreaktion, die unter Umständen niedermolekulare Zwischenprodukte in solchen Konzentrationen liefert, daß Detonation möglich wird; das bliebe aber noch durch besondere Versuche zu beweisen und scheint vorläufig unwahrscheinlich. Das wesentliche am Klopfen jedenfalls ist die Vorreaktion. Besteht aber das Klopfen nicht in einer Detonation, sondern nur in beschleunigtem Abreagieren[4] des Restgases, so muß auch dieses durch die Vorreaktion eingeleitet sein. Daß in beiden Fällen die Fortpflanzungs-

[1] Über das Entstehen von Stoßwellen und Schwingungen. Vgl. auch S. 136ff.

[2] Die Versuche von ROTHROCK und SPENCER [NACA Rep. Nr. 622 (1938)] sprechen gegen eine solche Wirkung.

[3] Vgl. A. SOKOLIK u. K. SHTSHOLKIN: Acta Physicochim. Bd. 7 (1937) S. 581, 589; sowie Kap. V, S. 188.

[4] Bei „idealem Klopfen" müßte sich eine gleichzeitige Selbstzündung des gesamten Restgemisches ergeben; die Zündung wird nicht gleichzeitig einsetzen, wenn Ungleichmäßigkeiten der Zusammensetzung und der Temperatur vorliegen.

geschwindigkeit verschieden ist, spielt insofern keine sehr große Rolle, als es für den Motorbetrieb und die beobachtbaren Druckspitzen nicht mehr sehr viel ausmacht, ob die Geschwindigkeiten der Flammenfortpflanzung, 10- oder 100mal größer sind als bei normaler Verbrennung, sofern sie nur von der Größenordnung der Schallgeschwindigkeit oder größer sind; denn dann kann man die Verbrennung des restlichen Teiles als praktisch unter konstanten Volumen erfolgend (vgl. auch S. 518ff.) ansehen.

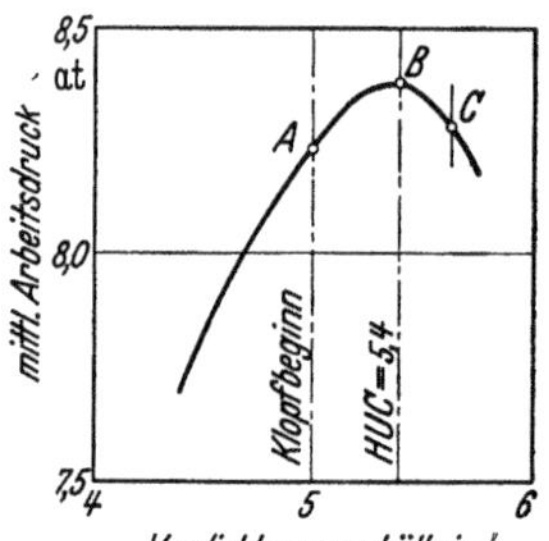

Abb. 252. Mittlerer Arbeitsdruck als Funktion des Verdichtungsverhältnisses, bei der Bestimmung des höchsten nutzbaren Verdichtungsverhältnisses (*HUCR*). (Nach GIESSMANN, zitiert S. 495).

Die Abb. 240, S. 499 legt nun zwei Wege nahe zur Behebung des Klopfens:

1. Verringerung des für die Klopfreaktion verfügbaren Zeit, z. B. durch mäßige Beschleunigung der normalen Verbrennung[1], so daß die Verbrennung bereits beendet ist, ehe der plötzliche Umsatz im Unverbrannten einsetzt;

2. Verlangsamung der Reaktion im Unverbrannten, so daß ebenfalls der Druckanstieg am Ende ausbleibt.

In beiden Richtungen kann man durch geeignete Motorenkonstruktion Erfolge erzielen; in bezug auf die Verlangsamung der Reaktion im Unverbrannten außerdem noch durch chemische Methoden. Wenn uns auch hier nur die letzteren näher beschäftigen sollen, so sei auf die ersteren zumindest hingewiesen.

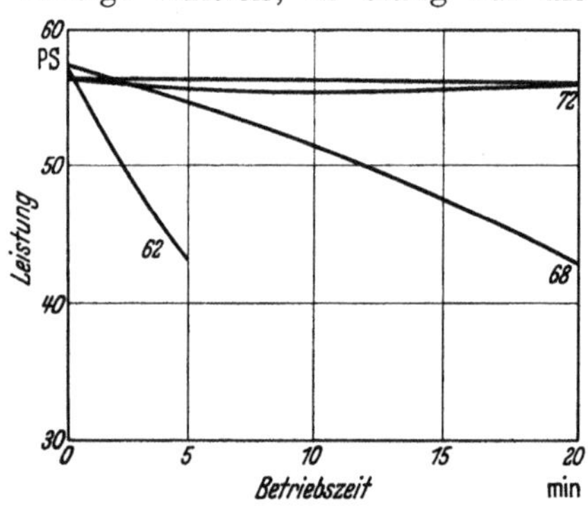

Abb. 253. Abfall der Motorleistung mit der Betriebszeit für hinreichende klopffeste Kraftstoffe (*OZ* 72) und nicht genügend klopffeste Stoffe, *OZ* 62 und 68, PONTREMOLI. (Nach v. PHILIPPOVICH, zitiert S. 493.)

1. Beschleunigung der gewöhnlichen Verbrennung durch

a) Wirbelung, b) Zylinderform, c) Lage der Zündkerze, d) Zylindergröße, Erhöhung der Drehzahl.

2. Verlangsamung der Reaktion im Unverbrannten durch vermehrte Abkühlung, zum Teil als Folge von Wirbelung, ferner durch Zylinderform und Größe und Wandmaterial.

Das Klopfen stört den Motorbetrieb wegen der dabei auftretenden hohen Spitzendrucke, Temperaturen und des gleichzeitigen Leistungsabfalls. Mit einem schwachen Klopfen braucht noch kein Leistungsabfall

[1] Hierin zeigt sich der Einfluß der Flammengeschwindigkeit auf das Klopfen, auf den wir mehrfach hinwiesen.

verbunden zu sein; Abb. 252 nach GIESSMANN zeigt mittleren Arbeitsdruck als Funktion des Kompressionsverhältnisses, wie man ihn bei der Bestimmung des höchsten nutzbaren Verdichtungsverhältnisses zur Klopfwertbestimmung nach RICARDO (vgl. S. 526) erhält; bei leichtem gelegentlichen Klopfen steigt die Leistung mit Erhöhung des Kompressionsverhältnisses noch an, um erst bei stärkerem Klopfen abzufallen; das dabei erreichte „höchste nutzbare Verdichtungsverhältnis" benutzte RICARDO als Maß für die Klopffestigkeit eines Kraftstoffes. Als Beispiel für den Leistungsabfall eines Motors bei Betrieb mit einem Kraftstoff ungeeigneter Klopffestigkeit (als Maß diente die später noch zu besprechende „Octanzahl") entnehmen wir die folgende Abb. 253 der schon erwähnten Zusammenstellung von PHILIPPOVICH (zitiert S. 493). Man sieht daraus: Im ersten Augenblick macht sich ungenügende Klopffestigkeit in der Leistung noch nicht bemerkbar, aber schon nach wenigen min kann ein beträchtlicher Leistungsabfall auftreten, der einen Weiterbetrieb des Motors unmöglich macht. Wahrscheinlich setzt das stärkere Klopfen erst ein in dem Maße, wie der Motor warm wird, da das Klopfen ja in hohem Maße von der Gemischtemperatur abhängen muß. Die mittleren Temperaturen im Verbrennungsraum steigen mit wachsender Verdichtung und beim Klopfen an. Die Auspufftemperaturen fallen mit steigender Verdichtung[1], was günstig für die thermisch besonders stark beanspruchten Auslaßventile ist; das folgt aus dem zu Beginn behandelten thermodynamischen Idealprozeß und ist auch ohne Rechnung unmittelbar verständlich: Wenn bei höherem Kompressionsverhältnis der in nutzbare Arbeit umgewandelte Energieanteil steigt, so muß weniger Energie in dem Arbeitsstoff zurückbleiben, d. h. also, die Auspuffgase müssen kälter werden.

## 4. Phänomenologisches zum Verbrennungs- und Klopfvorgang im Motor.

In den folgenden Abschnitten dieses Kapitels werden wir uns hauptsächlich mit der Natur der Vorgänge befassen, die das Klopfen verursachen, mit der verschiedenen Klopffestigkeit der einzelnen Kohlenwasserstoffe sowie mit den Möglichkeiten einer Beeinflussung des Klopfens. Man kommt aber auch schon zu interessanten Fragestellungen, wenn man einfach den Klopfvorgang als sehr schnelles Abreagieren eines restlichen Teiles der Ladung im Motor vorgibt, und untersucht, zu welchen Auswirkungen das führt.

Wir müssen uns dazu erst die Verhältnisse bei normaler Verbrennung im Motor vergegenwärtigen, unter Berücksichtigung der früher (S. 147ff.)

[1] Auch der Wärmeübergang während der Expansion ist bei klopfendem Betrieb größer, vgl. RASSWEILER u. WITHROW: S.A.E. J. Bd. 36 (1935) S. 125, vgl. dazu die theoretischen Überlegungen von E. SCHMIDT: Vortrag auf der Tagung der Deutschen Akademie der Luftfahrtforschung, erscheint in den Schriften der Dtsch. Akad. Luftfahrtforsch. 1939.

gewonnenen allgemeinen Erkenntnisse. Wir hatten gesehen, daß man bei Verbrennung in einem geschlossenen Gefäß immer eine grundsätzlich ungleichmäßige Temperaturverteilung erhält, auch bei Ausschluß sämtlicher Wärmeleitungseffekte, und zwar derart, daß nach vollendeter Verbrennung an der Stelle, von der die Verbrennung ausging (also an der Zündkerze) die höchste Temperatur herrscht, während der von der Flamme zuletzt überstrichene Teil am kältesten ist; dabei rechnen die Temperaturunterschiede nach Hunderten von Graden. Zur Berechnung unter Motorbedingungen benutzt man am besten ein numerisches Verfahren[1]. Denkt man sich einen zylindrischen Verbrennungsraum in eine Anzahl gleich dicker Schichten eingeteilt, so kann man folgendermaßen vorgehen. Wir setzen voraus, daß die Verbrennungsgeschwindigkeit klein ist gegen die Schallgeschwindigkeit, so daß immer vollständiger Druckausgleich eintritt, eine für die normale Verbrennung erlaubte Annahme; ferner rechnen wir zunächst mit dem Idealfall, daß während der Verbrennung der Kolben im oberen Totpunkt festgehalten, das Gesamtvolumen also konstant sei. Sofern die einzelnen Schichten hinreichend dünn gewählt waren, kann die Verbrennung jeder Schicht als bei nahezu konstantem Druck erfolgend angesehen werden; jede verbrennende Schicht expandiert dann und komprimiert gleichzeitig das unverbrannte sowie das bereits vorher verbrannte Gas, in diesen anderen Schichten Temperaturänderungen verursachend. Bei Kenntnis der Verbrennungswärmen und spezifischen Wärmen läßt sich dann die Temperaturverteilung in jedem Augenblick berechnen; wir haben sie, qualitativ für einen ähnlichen Fall in Kap. IV, Abb. 107 für Beginn, teilweisen und vollständigen Umsatz wiedergegeben; in den unverbrannten Gasen herrscht immer räumlich konstante Temperatur, in den verbrannten Gasen ein Temperaturgefälle von der Zündstelle weg. Die mittlere Temperatur des gesamten Volumens ist nicht identisch mit der Temperatur, die bei gleichmäßiger Temperaturverteilung herrschen würde; sie ist, ebenso wie der Druck, wegen der Temperaturabhängigkeit der spezifischen Wärmen ein klein wenig niedriger als die entsprechenden, für gleichmäßige Verteilung berechneten Größen. Für praktische Zwecke kann aber der meist unter 1 % liegende Unterschied vernachlässigt werden.

Die Berechnung kann mittels geeigneter thermodynamischer Tafeln[2] erfolgen. Als Beispiel wird angegeben[3], daß bei einem Motor mit $\varepsilon = 4{,}4$

---

[1] Vgl. hierzu G. G. Brown: Chem. Rev. Bd. 22 (1938) S. 27, daselbst ausführliche Literaturangaben, ferner G. Damköhler: Jahrbuch 1938 der Deutschen Luftfahrtforschung II, S. 62.

[2] Z. B. Hershey, Eberhard u. Hottel: S.A.E. J. Bd. 39 Nr. 4 (1936) S. 409.

[3] Rassweiler u. Withrow: S.A.E. J. Bd. 36 (1935) S. 125. Über die Messung und Berechnung von Gastemperaturen an einem Otto-Motor vgl. auch M. Donescu: Publ. Sci. et Techn. Minist. de Air. Nr. 69 (1935), mit ausführlichen Literaturangaben. Bemerkenswert ist die Feststellung, daß die Explosionstemperaturen steigen in der Reihenfolge: Hexan, Heptan, Isooctan, Cyclohexan, Benzol; d. i. die Reihenfolge abnehmenden Wasserstoffgehaltes.

und 80% der theoretischen Luft ein Temperaturgefälle von $\sim 350°$ C gemessen wurde, während die Rechnung (für 85% theoretische Luft) $\sim 600°$ ergab. Der Unterschied zwischen Rechnung und Experiment dürfte (neben der Wirkung von Abkühlung und Wirbelung) darauf zurückzuführen sein, daß die Verbrennung nicht bei konstantem Volumen, sondern über einen Bereich von 40° Kurbelwinkel erfolgte.

Für eine Abschätzung der im unverbrannten Gemisch erreichten Temperatur (deren Höhe für das Eintreten des Klopfens von entscheidender Bedeutung ist) mag folgende Angabe von Nutzen sein. Wie schon früher erwähnt (S. 239) bleibt eine Diskrepanz von mindestens $\sim 160°$ C bestehen, um welche die für die verbrannten Gase berechnete Temperatur über der direkt nach der Linienumkehrmethode gemessenen liegt[1]. Dieser Betrag muß durch die Abkühlung während der Verbrennung bewirkt sein, die infolge der Turbulenz um ein Vielfaches größer ist, als man sie für ruhende Gase berechnen würde. Da die unverbrannten Gase sehr viel kälter sind als die verbrannten, so muß der Betrag ihrer Abkühlung ebenfalls kleiner sein als bei den verbrannten Gasen; eine Abkühlung der unverbrannten Gase in der Größenordnung von $\sim 50°$ wird man aber für möglich ansehen müssen. Übrigens wirkt sich auch die Abkühlung der verbrannten Gase auf die in den unverbrannten erreichte Temperatur aus, da dadurch ja der Druck und damit die Kompression der unverbrannten Gase erniedrigt wird. Aus diesem Grunde wirkt sich in einem geschlossenen Gefäß übrigens jede lokale Abkühlung auf das ganze Gasvolumen aus; man darf deshalb z. B. nicht unbedingt folgern, daß in Gebieten, die zu weit von den kalten Wänden entfernt sind, als daß sich die unmittelbare Wärmeleitung auf sie auswirkte, nun wirklich kein Temperaturabfall eingetreten wäre.

An alle diese Effekte ist bei der Beurteilung von Temperaturmessungen mit Thermoelementen, die Mitteltemperaturen über das gesamte Arbeitsspiel geben, zu denken[2]. Das adiabatisch komprimierte Frischgas erreicht ja seine höchste Temperatur an der von der Zündkerze entferntesten Stelle, die zuletzt von der Flamme erreicht wird; umgekehrt nehmen die verbrannten Gase die höchste Temperatur in der Umgebung der Zündstelle an. Mitteltemperaturen lassen darum kaum die für den Einzelfall interessierenden Größen hervortreten.

Brown (zitiert S. 517) hat auch Drucke, Volumina und Temperaturen für den Otto-Kreisprozeß berechnet unter Berücksichtigung der ungleichmäßigen Temperaturverteilung; das im Original wiedergegebene Diagramm läßt, wie zu erwarten, erkennen, daß bei normalem Verbrennungsablauf der Wirkungsgrad hierdurch nicht merklich verringert wird. Ganz anders wird es aber bei klopfender Verbrennung. Hinsichtlich der Natur

---

[1] Hershey A. E.: Chem. Rev. Bd. 21 (1937) S. 431.

[2] Vgl. etwa Boerlage, Broeze, Driel u. Peletier: Engineering Bd. 143 (1937) S. 254.

des Klopfens wird hierbei nur vorausgesetzt, daß die Verbrennung in dem klopfenden Teil der Ladung schneller erfolgt, als ihr eine Volumänderung folgen kann; es bleibt also völlig offen, ob das Klopfen eine wahre Detonation ist, eine praktisch momentane Selbstzündung des Restes der Ladung oder ein dazwischen liegender Vorgang. Zur Abschätzung benutzt BROWN folgende Angaben[1], die es ihm gerechtfertigt erscheinen lassen, das Klopfen als Verbrennung des restlichen Teiles der Ladung unter konstantem Volumen anzusehen. Normale Verbrennung bei 900 U/min, erforderte 37° Kurbelwinkel oder 0,0067 s; klopfende Verbrennung unter den gleichen Bedingungen war in 22° Kurbelwinkel oder 0,0041 s beendigt. Die normale Verbrennung der ersten Hälfte der Ladung beanspruchte in beiden Fällen die gleiche Zeit, etwa 0,0036 s, so daß für die klopfende Verbrennung des Restes etwa 0,0005 s zur Verfügung standen[2]. Aus RASSWEILER und WITHROWs Aufnahmen geht unmittelbar hervor, daß während dieser klopfenden Verbrennung die Lage der verbrannten Gase sich nicht geändert hat, daß also die Verbrennung unter konstantem Volumen erfolgt ist.

Bei Verbrennung des letzten Teiles der Ladung müssen lokal außerordentlich hohe Spitzendrucke auftreten, deren Messung von der zufälligen räumlichen Lage des Druckmeßelementes abhängt. Die Druckunstetigkeit muß sich dann mit Überschallgeschwindigkeit als Stoßwelle ausbreiten, die zwischen den Gefäßwänden vielfach reflektiert wird, also das gewohnte Bild der Schwingungen im Indikatordiagramm liefert[3].

Eine Abschätzung der bei klopfender Verbrennung möglichen Spitzendrucke gewinnt man sehr einfach. Nehmen wir an, bei Ende der Kompression stände das Gemisch unter einem Druck von rund 8 at, der durch die Verbrennung auf etwa 40 at anstiege, so stünde der allerletzte kleine Rest der Ladung vor der Verbrennung bereits unter einem Druck von $\sim$ 40 at. Bei Verbrennung im eigenen Volumen und Druckanstieg auf $\sim$ das 5fache würde darin ein Maximaldruck von 200 at auftreten. Diese Druckspitze tritt aber nur in einem verschwindend kleinen Volumen auf und muß daher bald „zerfließen", so daß sie sich noch nicht weiter schädlich auswirken kann.

---

[1] RASSWEILER u. WITHROW: S.A.E. J. Bd. 39 (1936) S. 297.

[2] Die von BROWN für die klopfende Verbrennung abgeschätzte Zeit dürfte noch wesentlich zu lang sein. Nehmen wir an, die „Klopfzone" erstreckte sich auf etwa 5 cm, so entsprächen 0,0005 s einer Geschwindigkeit von $\sim$ 100 m/s. Wenn aber die Verbrennung ohne Volumänderung erfolgen sollte, so müßte ihre Geschwindigkeit mindestens mit der Schallgeschwindigkeit vergleichbar, also $\sim$ 500 m/s sein; die erforderliche Zeit wäre dann $\sim$ 0,0001 s. Das wäre etwa mit SCHNAUFFERS (zitiert S. 504) und SERRUYS' Beobachtungen vereinbar. SERRUYS (vgl. auch S. 521) gibt in einem Beispiel mit direkter oszillographischer Druckindizierung die Dauer des Druckanstiegs während der klopfenden Verbrennung zu $\sim 3{,}10^{-5}$ s an.

[3] Dabei müssen die an verschiedenen Stellen des Verbrennungsraumes gemessenen Drucke wesentlich von den geometrischen Verhältnissen abhängen.

Bei stärkerem Klopfen ist das momentan verbrennende Volumen größer, dafür der Ausgangsdruck und die erreichten Spitzendrucke etwas kleiner; trotzdem müssen diese sich nun auf den Motorbetrieb sehr schädlich auswirken. Die Maximaldrucke ergeben sich sowohl aus der Theorie wie aus unmittelbaren Messungen.

Brown (zitiert S. 516) hat das Diagramm für den Idealprozeß des Otto-Zyklus berechnet (Abb. 254), und zwar für klopfende Verbrennung unter der Annahme, daß das letzte Drittel der Ladung unter seinem eigenen Volumen verbrennt. Für Einzelheiten der Berechnung muß auf das Original verwiesen werden; wir bringen hier nur so viel, als zum Verständnis des Diagramms nötig ist[1]. Die ausgezogenen Linien in dem Diagramm geben die mittleren Größen für das Gesamtgemisch wieder, auf die es für die Berechnung von Leistung und Wirkungsgrad ankommt. Daneben sind, gestrichelt, eingezeichnet die spezifischen Größen (Volumina und Drucke) a) des ersten Teiles der Ladung, b) des letzten Teiles, der normal verbrennt und c) des „klopfend" verbrennenden Anteils, für den der Maximaldruck etwa 2,65 mal so groß ist, als er bei ruhiger Beendigung der Verbrennung gewesen wäre. Die Kreisprozeßangaben von Brown beziehen sich auf $\varepsilon = 6$; der Spitzendruck bei Klopfen von $^1/_3$ der Ladung wird mit über 70 at berechnet. Dieser hohe lokale Spitzendruck hatte eine *Verringerung* des mittleren nutzbaren Druckes und damit eine Leistungsverminderung zur Folge. Daß dem so ist, sieht man qualitativ ohne weiteres ein. Das Gas aus dem Gebiet überhöhten Druckes muß nach den Gebieten niederen Druckes abströmen, es bilden sich Stoßwellen aus, in welchen notwendig ein Teil der Energie des Gases

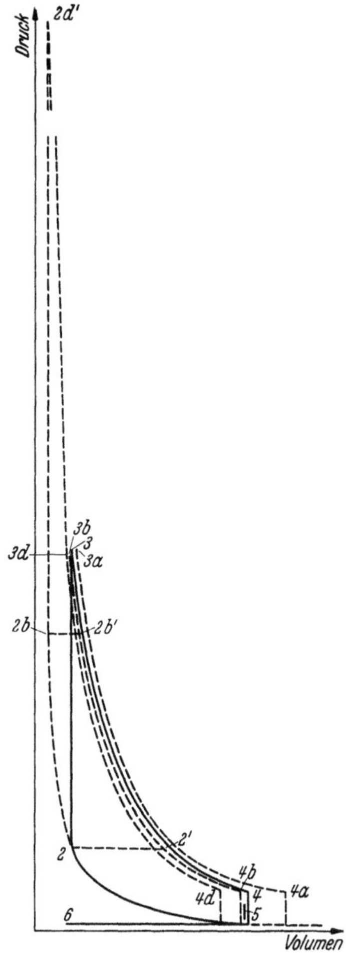


Abb. 254. Diagramm für klopfende Verbrennung (nach Brown, zitiert S. 516); es ist angenommen, daß das letzte Drittel der Ladung im eigenen Volumen verbrennt. *1 2 3 4 5 6*, ausgezogen, mittlere Größen für Gesamtgemisch; gestrichelt spez. Größen für a) ersten Teil der Ladung, b) letzten Teil der normal verbrennenden Ladung und d) des klopfend verbrennenden Restes (kleinstes spez. Volumen und höchster Druck).

[1] Vgl. auch G. Damköhler: Zitiert S. 516.

in Form von kinetischer Energie der gerichteten Bewegung vorhanden ist. Um diesen Anteil muß aber, wegen der Erhaltung der Energie, die Energie der ungeordneten Bewegung und damit der mittlere Druck verringert sein. Falls die Stoßwellen in Richtung der Kolbenbewegung laufen, ist eine genauere Überlegung notwendig.

Einfluß des Klopfens auf Leistung und Wirkungsgrad für $\varepsilon = 6$.

| | Normal | Klopfend |
|---|---|---|
| Leistung (Btu[1]) . . . . . . | 475 | 450 |
| Wirkungsgrad (%) . . . . . | 32,9 | 31,0 |
| Mittlerer effektiver Druck (at) | 12,8 | 12,1 |

Brown berechnet z. B. obige Daten für den normalen und den „klopfenden“ Kreizprozeß. Allein als Folge der angegebenen Effekte

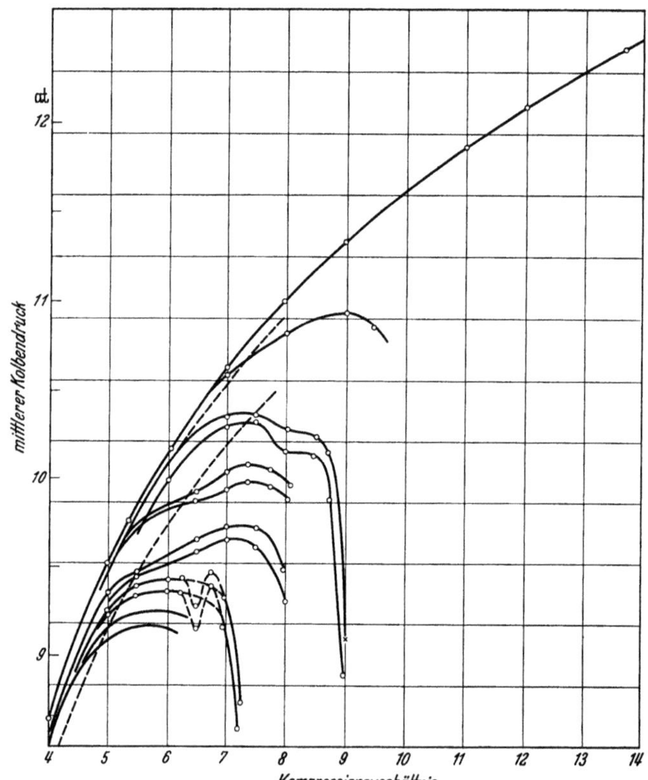


Abb. 255. Änderung der Leistung mit dem Verdichtungsverhältnis für verschiedene Benzine; bei Klopfen fällt die Leistung nach Durchlaufen eines Maximums wieder ab; oberste Kurve für Benzol. (Darstellung nach Brown, zitiert S. 516.)

erhält man also eine Leistungs- (und Wirkungsgrads) Verminderung beim Klopfen von $1/3$ der Ladung umfast 6%.

[1] British thermal units; da es nur auf den Vergleich zwischen normalem und klopfendem Betrieb ankommt, ist eine Umrechnung auf das übliche Maß überflüssig.

Die tatsächlich gemessene Leistungsverringerung (bzw. mittlerer effektiver Kolbendruck) bei zunehmender Verdichtung und eintretendem Klopfen sind in Abb. 255 wiedergegeben[1]. Für den wirklichen Leistungsabfall im Motor wird man allerdings nicht nur die aus dem Idealprozeß berechneten Änderungen der mittleren Drucke heranzuziehen haben, sondern beachten müssen, daß als Folge des Klopfens sich der Zustand des Motors, insbesondere die Temperatur der einzelnen Wandteile, grundlegend ändert, daß als Folge dieser Änderungen der Verbrennungsablauf weiter beeinflußt (verschlechtert) wird, und daß alle diese sekundären Effekte unter Umständen eine viel stärkere Verschlechterung mit sich bringen können als der gesamte primäre Leistungsabfall.

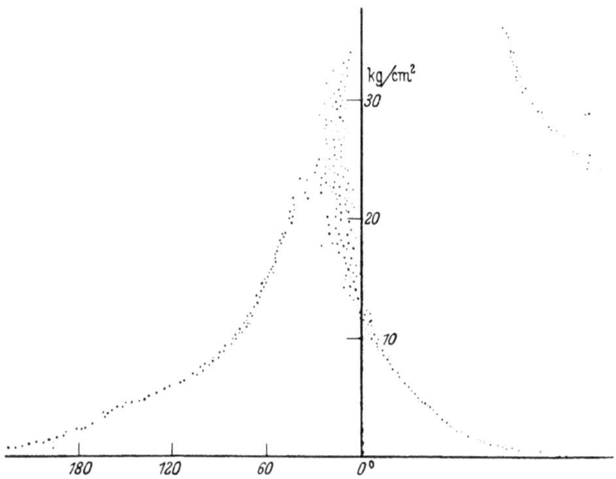


Abb. 256. Farnboro-Diagramm normaler Verbrennung (Zeitachse läuft nach links; 0° = oberer Totpunkt). (Nach SERRUYS: Aircr. Engng 1938.)

Eine Reihe der vorangehenden Folgerungen ist durch unmittelbare Messungen bestätigt[2]. Die hohen Spitzendrucke und darauffolgenden Gasschwingungen (Stoßwellen) sind aus vielen Aufnahmen bekannt und treten auch in SERRUYS' Versuchen sehr klar hervor. In Abb. 256 ist ein mit dem Farnboro-Indikator erhaltenes Diagramm normaler Verbrennung reproduziert, mit einem Maximaldruck von 32 at, während (Abb. 257) bei klopfender Verbrennung Spitzendrucke von bis über 90 at auftreten.

Mehr Feinheiten treten hervor in den Diagrammen, die mit dem SERRUYSschen optischen Indikator erhalten sind. Der Verlauf der Druckregistrierung hängt auch davon ab, an welcher Stelle des Verbrennungsraumes der Indikator angebracht ist.

[1] BROWN, zitiert S. 516, aus G. G. BROWN: Oil & Gas J. Bd. 27 (1929) S. 156.

[2] Für eine systematische Übersicht vgl. A. v. PHILIPPOVICH: Z. Elektrochem. Bd. 42 (1936) S. 472. — SERRUYS, M.: Science Aérienne IV, S. 172ff. — Aircr. Engng Bd. 10 (1938) S. 143.

Als Beispiele leichten und mittelstarken Klopfens lassen wir noch ein Diagramm folgen (Abb. 258), das die außerordentlich starken Druck-

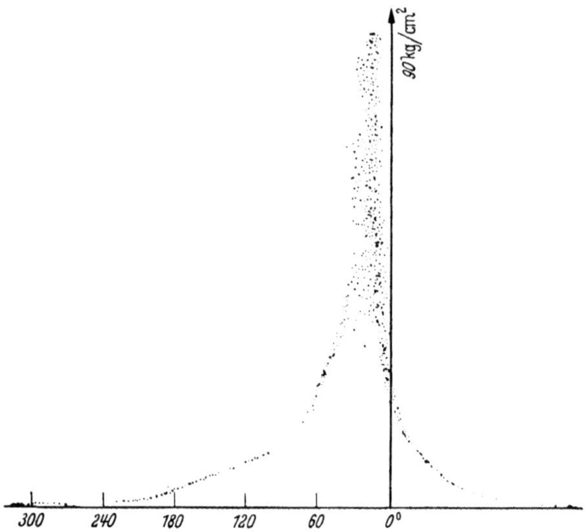


Abb. 257. Farnboro-Diagramm klopfender Verbrennung. (Nach SERRUYS, zitiert S. 521.)

schwankungen beim Klopfen und die folgenden milderen Gasschwingungen sehr schön erkennen läßt. Auf diesem Diagramm sieht man, was

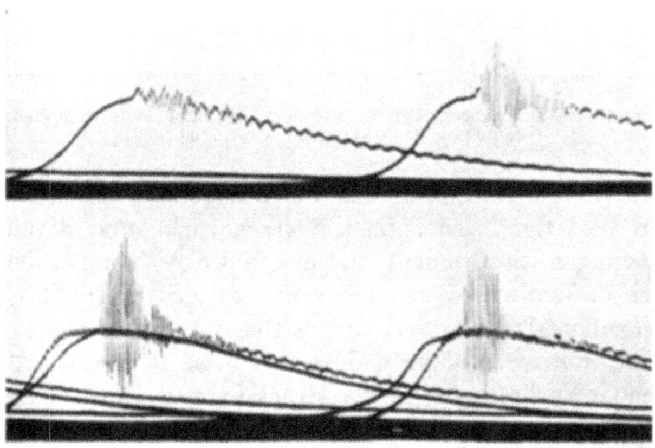

Abb. 258. Indikatorkurven (SERRUYS-Indikator) leichten und mittelstarken Klopfens (Zeitachse verläuft nach rechts), welche die Druckspitzen und Gasschwingungen gut hervortreten lassen. (Nach SERRUYS, zitiert S. 521.)

übrigens häufig beobachtet wird, auch schon leichte Gasschwingungen vor Eintritt des Klopfens, denen man vielfach eine besondere Rolle für das Eintreten des Klopfens zugeschrieben hatte. Besonders nach den

Versuchen von ROTHROCK und SPENCER[1], die keinen Einfluß künstlich erzeugter Stoßwellen auf das Einsetzen des Klopfens fanden, scheint diese Annahme im allgemeinen nicht zutreffend, wenn auch gelegentlich an ein Mitwirken solcher Schwingungen beim Eintreten des Klopfens gedacht werden könnte. Als Ursache der vor dem eigentlichen Klopfen erscheinenden Schwingungen könnte man entweder an eine dem Klopfen ähnliche Verbrennung kleiner Teilvolumina denken, die durch die Gasströmungen in oder hinter die Brennzone geraten[2], oder aber an ein Aufschaukeln von Schwingungen, wie es, ebenfalls im Anschluß an H. SCHULZE (S. 141) besprochen worden ist. Die scheinbare Frequenz der Schwingungen nimmt während der Expansion ab, wie als Folge der Temperaturerniedrigung und Volumvergrößerung zu erwarten. Die Geschwindigkeit der Stoßwellen ergab sich unter SERRUYS' Bedingungen zu $\sim$ 800 m/s. Da Stoßwellen kleiner Amplitude sich mit nur wenig über der des Schalls liegender Geschwindigkeit fortpflanzen, so wäre die Bestimmung der Geschwindigkeit solcher Wellen (die entweder von selbst entstanden oder künstlich erzeugt sein können) auch ein Mittel zu Temperaturmessungen im Motor.

Für die als Folge des Klopfens auftretenden thermischen Beanspruchungen gilt nach SERRUYS:

a) Die überhitzten Stellen sind nicht immer identisch mit denen, die normalerweise am heißesten sind.

b) Die Lage der Stelle maximaler Erhitzung ist von der Lage der Zündkerze abhängig.

Das ist alles nach den vorangehenden theoretischen Erwägungen zu erwarten. Während bei normaler Verbrennung die verbrannten Gase in der Umgebung der Zündstelle am heißesten werden, erreichen sie beim Klopfen primär die höchste Temperatur in dem von der Kerze entferntesten zuletzt verbrennenden Teil. Die von dort ausgehende Stoßwelle hat dann aber auch Erhitzungen an anderen Stellen zur Folge. Insbesondere wird durch die Stoßwelle auch immer wieder eine Neuerhitzung der wandnahen Gaspartien und damit vermehrter Wärmeübergang bewirkt.

Hat man einen Motor unter Bedingungen in der Nähe der Klopfgrenze und verlegt den Zündzeitpunkt vor, so wird Klopfen in zunehmendem Maße einsetzen. Dabei kann die Leistung bei schwachem Klopfen noch ansteigen, bei starkem Klopfen fällt sie immer ab. Gleichzeitig fällt die Temperatur der Auspuffgase, und die Temperatur des Zylinderkopfes steigt, als Folge des schon erwähnten stärkeren Wärmeüberganges (Abb. 259). Wird das Klopfen nicht durch Vorverlegen des Zündzeitpunktes, sondern nur durch Verschlechtern des Betriebsstoffes

[1] ROTHROCK u. SPENCER: N. A. C. A. Rep. Nr. 622 (1938).

[2] Vgl. die an anderer Stelle (S. 142) besprochenen Beobachtungen von H. SCHULZE.

hervorgerufen, so hat es von Anfang an eine Leistungsverringerung im Gefolge (Ricardo). Serruys betont — wir werden auf diese Dinge im Zusammenhang mit unseren späteren reaktionskinetischen Überlegungen über den Klopfvorgang zurückkommen —, daß man zu sauberen Verhältnissen nur kommen kann, wenn man jede Selbstzündung als Folge überhitzter Stellen im Zylinder vermeidet. Ein solches anomales Verhalten zeigt Abb. 260, in welcher Selbstzündung und Klopfen gleichzeitig vorhanden sind. Man kann Klopfen und Selbstzündung für sich oder beides zusammen bei der gleichen Verbrennung haben. Unter Selbstzündung wird hier verstanden, daß an irgendeiner Stelle des unverbrannten Gemisches, fern von der Flammenfront, meist von glühenden Stellen der Wand aus, Zündung einsetzt, die sich nun aber mit normaler Geschwindigkeit ausbreitet, im Gegensatz zum Klopfen, das ein fast momentanes Zünden des gesamten Restgemisches darstellt. Da aber auch bei Selbstzündung in diesem Sinne ein beschleunigter Druckanstieg vorhanden ist, so darf man sich nicht täuschen lassen und das für Klopfen ansehen. Verwechseln der beiden Erscheinungen dürfte unter Umständen Ursache mancher Diskrepanzen sein. Serruys[1] spricht in diesem Sinne von „Detonation“ und „Pseudodetonation“.

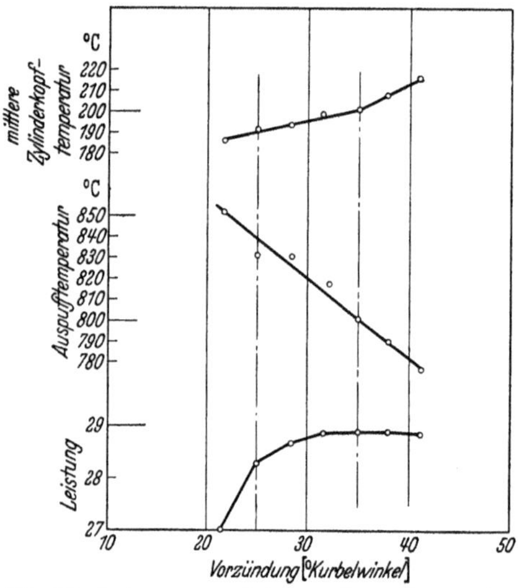


Abb. 259. Änderung von Leistung, Auspufftemperatur und mittlerer Zylinderkopftemperatur mit der Vorzündung (zunehmende Vorzündung entspricht zunehmendem Klopfen). (Nach Serruys, zitiert S. 521.)

Steigerung der Ansaugtemperatur und des Druckes (Überladen) befördert das Klopfen, wir kommen darauf unten (S. 526) zurück. Es sei nur hier schon bemerkt, daß man allgemein (z. B. Serruys, zitiert S. 521; F. A. F. Schmidt[2]) die Zunahme des Klopfens mit zunehmender Überladung als Folge der Änderung der Reaktionsbedingungen mit dem Druck auffaßt. Das ist in dieser Form wohl nur bedingt richtig. Überlädt man den Motor, so wird entsprechend der Überladung mehr Energie umgesetzt, mehr Wärme an die Wandungen abgeführt und der Zustand des Verbrennungsraumes geändert; die Wände müssen heißer werden und damit indirekt auch das unverbrannte Gas. Außerdem bleibt die Wärmeleitfähigkeit unabhängig vom Druck; das verdichtete

[1] Serruys, M.: C. R. Acad. Sci., Paris Bd. 197 (1933) S. 224.
[2] Schmidt, F. A. F.: VDI-Forsch.-Heft 392, 1938.

Gas kühlt sich daher relativ weniger ab als das unverdichtete, was wieder eine Temperaturerhöhung im Gas beim Betrieb mit Überladung zur Folge hat. Ferner geht durch Drucksteigerung die Dissoziation der verbrannten Gase zurück, die Temperatur entsprechend in die Höhe, indirekt auch die der *unverbrannten* Gase. Der beobachtete „Druckeffekt" ist daher in Wirklichkeit überwiegend ein Temperatureffekt.

Das kann man auch aus Versuchsangaben von SERRUYS indirekt schließen. SERRUYS gibt an, daß Auswechseln eines Gußeisenzylinderkopfes gegen einen solchen aus einer Aluminiumlegierung die zu erhaltende Leistung vielfach um etwa 15 bis 20% erhöht, wegen Verringerung der Klopfneigung. Die Ursache davon kann wohl nur die bessere Wärmeleitung des Aluminiumkopfes und die daher rührende niedrigere Wandtemperatur sein. SERRUYS hat dies systematisch geprüft und zu diesem Zwecke zunächst den Gußeisenkopf mit dünnen Überzügen von Aluminium, Kupfer und Chrom versehen, ohne daß dies den Betrieb wesentlich beeinflußt hätte. Es ist also nicht die Natur der Oberfläche, die diesen Einfluß ausübt. Dagegen erwartete SERRUYS, daß Aufrauhen einer genügend gekühlten Wand, zumindest in der Klopfgegend, wegen vermehrter Wärmeableitung günstig wirken müsse. Das bestätigen auch die Versuche; außer den angegebenen Zylinderköpfen wurde noch ein Aluminiumkopf mit geriefter („striated") Oberfläche verwandt. Es war möglich, folgende Belastungen zu erzielen, bis Klopfen einsetzte:

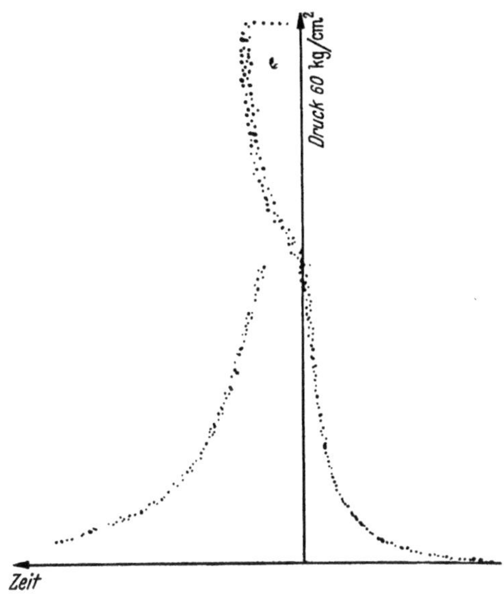

Abb. 260. Anomales Indikatordiagramm bei gleichzeitiger Selbstzündung und Klopfen. (Nach SERRUYS, zitiert S. 521.)

| | |
|---|---|
| Gußeisen-Zylinderkopf . . | 8,415 PS |
| Alpax-Kopf . . . . . . | 9,53 PS |
| Alpax-Kopf, gerieft . . . | 11,925 PS. |

Die Wirkung des gerieften Kopfes kann nur durch vermehrte Wärmeableitung aus dem adiabatisch verdichteten Restgas gedeutet werden. Dies ist ein Beweis dafür, daß, unter Mitwirken der Wirbelung, der Wärmeverlust durch Leitung eine beträchtliche Rolle spielt, obwohl man für ruhende Gase nur eine verhältnismäßig geringe Ableitung berechnen würde[1]. Da nun aber der *relative* Wärmeverlust bei Überladung ungefähr umgekehrt wie der Überladedruck abnehmen muß, so muß bei Überladung das Gemisch unmittelbar vor der Verbrennung merklich wärmer sein (die Effekte mögen in der Größenordnung von 50° C liegen) und das bedingt zum großen Teil die stärkere Klopfneigung. Außerdem setzt Druckerhöhung die Dissoziation herab und damit die Temperaturen herauf.

## 5. Messung des Klopfverhaltens.

Ehe wir auf das Wesen des Klopfens eingehen, scheint es angebracht, erst etwas bei der Frage zu verweilen: wie weist man das Klopfen nach und wie kann man das Klopfverhalten eines Kraftstoffes quantitativ charakterisieren? Der einfachste Indikator für das Klopfen ist das Ohr, sofern man die Unsicherheiten in Kauf zu nehmen gewillt ist, die jede subjektive Beobachtung mit sich bringt.

Die Methode, einen Versuchsmotor mit stetig variablem Kompressionsverhältnis zu bauen und darin für jeden Brennstoff durch Steigerung des Verdichtungsverhältnisses den Zeitpunkt zu bestimmen, in welchem eben Klopfen einsetzt, wurde zuerst von RICARDO benutzt. (Angaben über die RICARDOschen Versuchsmotoren vgl.[2]). Das auf diese Weise bestimmte „Höchste nutzbare Verdichtungsverhältnis" (HUCR)[3] ist nun nicht nur spezifisch für den angewandten Motor (mit anderen Motoren ergibt sich ein anderes Verhältnis), sondern hängt beim gleichen Motor auch noch stark vom Betriebszustand ab; deshalb müssen alle Betriebsbedingungen wie Drehzahl, Kühlwassertemperatur, Gemischvorwärmung, Zündzeitpunkt, Vergasereinstellung genau festgelegt sein. Aber auch dann ist es schwierig, absolute, vom momentanen Zustand des Motors unbeeinflußte Werte zu erhalten. Man ist daher allgemein dazu übergegangen, die Klopffestigkeit eines Kraftstoffes nicht durch eine Bezugsgröße des Motors (Kompressionsverhältnis), sondern durch Vergleich mit einem Gemisch zweier Standard-Kraftstoffe, das unter gleichen Bedingungen im gleichen Motor gleichstarkes Klopfen ergibt, festzulegen. Dadurch schaltet man zufällige Einflüsse des Motors weitgehend aus.

Als Vergleichskraftstoffe sind, nach einem Vorschlag von EDGAR[4] n-Heptan und i-Octan angenommen worden. n-Heptan ist sehr wenig,

[1] Das kann übrigens auch schon aus der beobachteten Wärmeabgabe an das Kühlwasser geschlossen werden. Zum vorangehenden vgl. ferner M. SERRUYS: La combustion Détonante dans les moteurs à explosion. Facteurs et incidences d'ordre physique et mécanique. Publ. Sci. et Techn. du Minist. de l'Air Nr. 103. — Etude experimentale de l'Allumage par Point chaud dans les Moteurs à Explosion. Publ. Sci. et Techn. du Minist. de l'Air Nr. 115.

[2] Vgl. H. R. RICARDO: Zitiert S. 497.

[3] HUCR = Highest Useful Compression Ratio.

[4] EDGAR, G.: Industr. Engng. Chem. Bd. 19 (1927) S. 145.

i-Octan[1] hochklopffest; beide können leicht in reiner Form erhalten werden und haben außerdem ähnliche physikalische Charakteristika, insbesondere nahezu gleiche Siedepunkte (n-Heptan 98,4; i-Octan 99,3°), so daß daher keine Unterschiede im Motorbetrieb kommen können. Die *Octanzahl* eines Treibstoffes ist derjenige Gehalt an iso-Octan (in Volumprozenten) einer n-Heptan-i-Octan-Mischung, die das gleiche Klopfverhalten wie der untersuchte Kraftstoff zeigt, festgestellt unter Standardbedingungen in einem genormten Prüfmotor.

Als Prüfmotor pflegt man allgemein den CFR-Motor des amerikanischen Cooperative Fuel Research Committee zu benutzen, neuerdings auch den IG-Prüfmotor (nähere Angaben vgl. [2]). Der Motor hat ein Hubvolumen von 610 cm³ und sein Verdichtungsverhältnis kann während des Betriebes kontinuierlich von 4 bis 12 variiert werden. Das CFR-Verfahren wird in verschiedenen Formen angewandt, die sich durch die vorgeschriebenen Betriebsbedingungen unterscheiden. Das ursprüngliche *Research*-Verfahren hatte die mildesten Bedingungen, Kühlwassertemperatur 100° C, keine Gemischvorwärmung, 600 U/min; das mit dem Ziel einer besseren Übereinstimmung mit Resultaten des praktischen Motorbetriebes abgeänderte CFR-*Motor*-Verfahren arbeitet mit 900 U/min, der gleichen Kühlwassertemperatur, aber einer Gemischvorwärmung auf 149° C. Es gibt noch andere modifizierte Verfahren, auf die hier nicht eingegangen werden soll. Als Anzeigegerät für das Klopfen dient im CFR-Motor der Sprungstabindikator („bouncing pin"), ein Stab, der auf einer Membran aufsitzt, die durch den Klopfstoß in Schwingungen versetzt wird; die Membran kommuniziert mit dem Verbrennungsraum des Motors, und das ganze ist so justiert, daß es auf den normalen Verbrennungsdruck nicht anspricht. Der Sprungstab schließt zwei am oberen Ende des Indikators befindliche Kontakte, wodurch ein Strom in einem Hitzdrahtsystem fließt; die Temperatur dieses Hitzdrahtes wird mit Thermoelement gemessen und dient als Maß für die Klopfstärke, nicht als absolutes Maß, sondern als relatives Maß zum Einstellen des Vergleichskraftstoffes auf gleiche Klopfstärke. Würde das Klopfverhalten sämtlicher Kraftstoffe sich mit den Betriebsbedingungen in gleicher Weise ändern, so dürfte der Klopfwert eines Kraftstoffes nicht von den vorgegebenen Motorbetriebsbedingungen abhängen. Da er das in Wirklichkeit aber tut, so folgt, daß verschiedene Kraftstoffe sehr verschieden beeinflußt werden können.

---

[1] 2,2,4-Trimethylpentan, 
$$H_3C\cdot\underset{\displaystyle CH_3}{\overset{\displaystyle CH_3}{\overset{|}{\underset{|}{C}}}}-CH_2-\overset{\displaystyle CH_3}{\overset{|}{C}H}-CH_3.$$

[2] Giessmann, W.: Z. VDI Bd. 80 (1936) S. 833. Ferner: J. M. Campbell u. A. Boyd: The Science of Petroleum, Bd. IV, S. 3056ff. — Nash u. Howes: Motor Fuels.

Als Anhalt für die Beziehung zwischen Octanzahl und Kompressionsverhältnis für beginnendes Klopfen, welches uns, da es eine physikalische Kenngröße ist, hier mehr interessiert als die technisch wichtigere Octanzahl, geben wir in Abb. 261 nach CAMPBELL und BOYD die Kompressionsverhältnisse für i-Octan-Heptan-Gemische, wie sie nach der verschärften CFR-Methode gewonnen sind. Die ursprüngliche Research-Methode, auf die sich eine große Zahl der Messungen beziehen, von denen wir später Gebrauch machen müssen, ergibt bei niederer Octanzahl um etwa eine Einheit kleinere Kompressionsverhältnisse.

An sich wäre für die Charakterisierung des Verhaltens der einzelnen Kraftstoffe ein absolutes Maß erwünscht; dem entspricht bis zu einem gewissen Grade das kritische Kompressionsverhältnis; denn es erlaubt (von Abkühlungsverlusten abgesehen) eine Berechnung von Kompressionsdruck und Temperatur, bei denen Klopfen einsetzt, und gestattet damit Beziehungen zu anderweitig bekannten Eigenschaften des Kohlenwasserstoffes aufzustellen. Da es aber natürlich von dem speziellen gewählten Bezugsmotor abhängt, sowie den Betriebsbedingungen (Kühlwassertemperatur und damit Zylindertemperatur, Ansaugtemperatur, Drehzahl, auch Ansaugdruck [äußerer Luftdruck], Wasserdampfgehalt), so sind solche Daten nie ohne weiteres auf einen anderen Motor übertragbar.

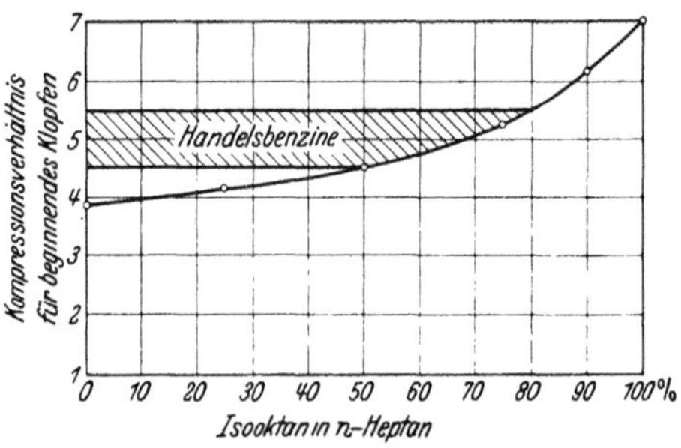

Abb. 261. Kompressionsverhältnis für beginnendes Klopfen für n-Hepton-iso-Octan-Gemische, (CFR. Motor-Methode, nach CAMPBELL u. BOYD, zitiert S. 527.)

Auch die CFR-Motor-Methode stellt kein ideales Verfahren zur Festlegung der Klopfeigenschaften dar; doch ist sie bis zu einem gewissen Grade den Anforderungen der Praxis nach einer Standardisierung der Kraftstoffe gerecht geworden.

Bemerkenswert an der oben (Abb. 261) angegebenen Kurve für die kritischen Kompressionsverhältnisse von Heptan-iso-Octan-Mischungen ist, daß bei kleinen Octanzahlen der Zuwachs an kritischem Kompressionsverhältnis für die Einheit der Octanzahl sehr viel kleiner ist als bei hohen Octanzahlen; gemessen in kritischem Kompressionsverhältnis stellen die Octanzahlen also keine gleichförmige Skala dar und der Gewinn an Klopffestigkeit bei Übergang von der Octanzahl 90 auf 100 ist ein mehrfaches von dem beim Übergang von 0 auf 10. Kritische Kompressionsverhältnisse für einige andere Brennstoffgemische geben ebenfalls CAMPBELL[1] usw. an. Daran fällt besonders auf, daß die Erhöhung des

[1] CAMPBELL, LOVELL u. BOYD: S.A.E. J. Bd. 26 (1930) S. 163.

kritischen Kompressionsverhältnisses von n-Heptan durch einen gewissen, mäßig großen Zusatz eines zweiten, klopffesteren Stoffes nicht immer der Klopffestigkeit dieses Stoffes in reiner Form proportional ist. Z. B. ist danach reiner Alkohol weniger klopffest als Benzol und trotzdem setzen 20% Alkohol das kritische Kompressionsverhältnis stärker herauf als 20% Benzol. Man kann unter der an sich nicht erfüllten Voraussetzung, daß die Mischungsregel gälte, für den zugesetzten Stoff aus der Octanzahl der Mischung eine „Mischoctanzahl" berechnen, die in diesem Falle naturgemäß für Alkohol größer wäre als für Benzol (und für beide $> 100$, wenigstens unter den Bedingungen der Researchmethode). Die Besonderheiten der einzelnen Kraftstoffe in Mischungen werden uns später noch eingehend beschäftigen.

Es ist allgemein bekannt, daß man durch geringfügigen Zusatz gewisser Stoffe, der Antiklopfmittel, das Klopfverhalten der Treibstoffe wesentlich verbessern kann. Diese Tatsache ist von ebenso großer praktischer Wichtigkeit wie von Bedeutung für das theoretische Verständnis der Erscheinungen. Der Einfluß der Antiklopfmittel, deren typischster und wirksamster Vertreter das Bleitetraäthyl ist[1], hängt wesentlich von der Natur des Kraftstoffes ab, dem sie zugesetzt werden, außerdem wächst die Wirkung nicht proportional der zugesetzten Menge, sondern mit wachsendem Zusatz immer weniger; auch das ist von grundsätzlicher Bedeutung. Die als klopfverhütend gebrauchten Metallverbindungen, wie $Pb(Aeth)_4$ und $Fe(CO)_5$, können unerwünschte Nebenwirkungen auf den Motorbetrieb haben, deren man bis zu einem gewissen Grade Herr werden kann; dafür muß auf die Literatur[2] verwiesen werden.

## 6. Untersuchung der dem Klopfen vorangehenden Vorgänge[3].

Dafür, daß wirklich die Vorreaktion der unverbrannten Gase das entscheidende ist, scheinen fast alle Experimente und theoretischen Überlegungen zu sprechen. Am unmittelbarsten zeigen dies Experimente am Motor selbst; es stehen zwei Wege offen, Aufschluß zu erhalten über das, was in dem unverbrannten Gas nach der Kompression geschieht: Man kann durch besonders zu diesem Zweck am Motor angebrachte Ventile zu verschiedenen Zeitpunkten Proben aus dem Zylinder entnehmen und deren Zusammensetzung durch Analyse bestimmen. Der

[1] Vgl. T. Midgley, zitiert S. 492.

[2] Z. B. A. W. Nash-D. A. Howes: The Principles of Motor Fuel Preparation a. Application. London 1935.

[3] Vgl. für das folgende auch: L. A. Peletier, S. G. van Hoogstraaten, J. Smittenberg u. P. L. Kooyman: „Chaleur et Industrie", Januar 1939, sowie die Vorträge von A. Egerton sowie von Broeze, van Driel u. Peletier auf der Tagung der Deutschen Akademie der Luftfahrtforschung. Berlin 1939. Peletier und Mitarbeiter haben durch unmittelbaren Nachweis der den kalten Flammen entsprechenden Vorgänge im Motor den direkten Beweis erbracht, daß es sich bei der langsamen Kohlenwasserstoffverbrennung und der Klopfreaktion um den gleichen chemischen Prozeß handelt.

Vorteil dieser Methode besteht darin, daß grundsätzlich jeder Stoff, der sich gebildet hat, auch nachgewiesen werden kann; der Nachteil ist, daß man nicht mit Sicherheit die Proben noch in dem Zustand auffängt, in welchem sie im Zylinder vorlagen, und daß man bei fortschreitender Flamme schwierig eine Probe entnehmen wird, die ausschließlich aus unverbranntem Gemisch besteht.

Der zweite Weg, Nachweis von Reaktionsprodukten durch ihr Absorptionsspektrum — was durch besondere Sichtfenster auch während des Motorbetriebes möglich ist —, hat den Vorteil, daß kein Eingriff in den Reaktionsablauf stattfindet und daß man das Spektrum in einem Raumteil aufnehmen kann, den die Flamme bestimmt noch nicht erreicht hat, sowie zu einem genau definierten Zeitpunkt. Der Nachteil ist, daß man natürlich nur solche Stoffe nachweisen kann, die in einem bequem zugänglichen Spektralbereich ein charakteristisches Absorptionsspektrum mit hinreichend hoher Extinktion aufweisen. Tatsächlich ist auf diese Weise mit Sicherheit im Motor bisher nur Formaldehyd nachzuweisen gewesen; aber auch dies reicht schon zu gewissen Schlüssen hin.

Von Arbeiten, die sich mit der Analyse von Gasproben aus dem Zylinder befassen, wollen wir besonders die von Egerton, Smith und Ubbelohde[1] besprechen, weil sie die jüngste und experimentell die bei weitem zuverlässigste ist.

Egerton, Smith und Ubbelohde haben eine sehr sorgfältige Untersuchung des Verbrennungsablaufes am Motor selbst durchgeführt. Zu diesem Zwecke wurde ein Delco Klopfprüfmotor von 76 mm Bohrung und 127 mm Hub besonders hergerichtet; auf der der Zündkerze abgewandten Seite des Zylinderkopfes war eine Bohrung mit Gewinde zur Aufnahme des Sprungstabindikators vorgesehen, in einem Abstand von 89 mm von der Zündkerze. Diese Bohrung nahm ein besonders konstruiertes Ventil zur Probeentnahme auf, wie es ähnlich schon Withrow, Lovell und Boyd[2] verwandt hatten. Das Probeventil war wassergekühlt, damit eine weitere Reaktion der entnommenen Gase in ihm ausgeschlossen war; dabei hielt man die Kühlwasser-Austrittstemperatur auf 40° C, um möglichst eine Kondensation von Reaktionsprodukten zu vermeiden. Der Ventilhub betrug nur 0,0025 mm. Für die Einzelheiten der Ventilsteuerung muß auf das Original verwiesen werden. Es wurde pro Umdrehung des Motors nur eine Gasmenge von 0,27 $cm^3$ entnommen. Die Dauer der Ventilöffnung variierte zwischen 10 bis 15° Kurbelwinkel im Frühstadium der Kompression und im späteren Stadium der Expansion bis zu ungefähr 2° Kurbelwinkel im Augenblick des Maximaldruckes, entsprechend einer Öffnungsdauer des Ventils von $\sim {}^1/_{1800}$ s bei 600 U/min. Durch Anwendung derartig kurzer Öffnungs-

[1] Egerton, A., F. Smith u. A. R. Ubbelohde: Phil. Trans. roy. Soc., Lond. Bd. 234, (1935) S. 433—521; daselbst weitere Literatur.

[2] Withrow, Ll., Lovell u. Boyd: Industr. Engng. Chem. Bd. 22 (1930) S. 945.

zeiten des Ventils war es möglich, Proben zu genau definierten Zeitpunkten des Motorprozesses zu entnehmen. Eingehendere Analysen von Gasproben hatten früher nur LOVELL, COLEMAN und BOYD[1] ausgeführt; da aber die Öffnungsdauer des Ventils zu lang war, konnten keine definitiven Schlüsse gezogen werden. WITHROW, LOVELL und BOYD[2] benutzten zwar ein Ventil, das viel kurzzeitiger öffnete, analysierten aber nur den Sauerstoffverbrauch.

Den C- und H-Gehalt des von EGERTON benutzten Benzins bzw. Benzols gibt Tabelle 106 wieder. Es wurde außerdem noch Shell-Benzin Nr. 1 mit 8 cm³-Äthylfluid (Äthylfluid ist eine Mischung von ungefähr 65% $Pb(Aeth)_4$ mit 35% Äthylendibromid; letzteres dient dazu, das Blei in Form von flüchtigem Bleibromid aus dem Motor zu entfernen, damit es nicht in Form von Metall oder Oxyd, besonders an den Auslaßventilen zu Störungen Anlaß gibt) pro Gallone, d. i. 4,4 cm³ $Pb(Aeth)_4$ pro (englische) Gallone oder etwa $1^0/_{00}$ angewandt. Jeder Treibstoff wurde bei 4 verschiedenen Drosselöffnungen, bei konstanter Drehzahl und Zündung untersucht. Mit dem Benzin Nr. 1 ergab sich dabei ein weites Gebiet von Betriebsbedingungen:

Tabelle 106.
Zusammensetzung der von EGERTON untersuchten Treibstoffe.

| | Shell Nr. 1 Gewichts-% | Benzol |
|---|---|---|
| Kohlenstoff . . . | 85,68 | 91,30 |
| Wasserstoff . . . | 14,32 | 8,70 |

| | | |
|---|---|---|
| Drosselöffnung: | 6° | *kein* Klopfen |
| | $7^1/_2$° | *leichtes* gelegentliches Klopfen |
| | 9° | *dauerndes* mäßiges Klopfen |
| | $10^1/_4$° | außerordentlich *heftiges* Klopfen. |

Für jede Drosselöffnung und jeden Brennstoff wurde die Gemischzusammensetzung auf Maximalleistung einreguliert. Die gemessene Leistung ergab sich folgendermaßen (Tabelle 107):

Solange der Motor nicht klopft, sind die Leistungen mit den verschiedenen Kraftstoffen nur wenig verschieden; bei starkem Klopfen tritt bei dem Shellbenzin ohne Blei ein erheblicher Leistungsabfall ein. Es wurden nun jeweils unter gleichen Betriebsbedingungen zu verschiedenen Zeitpunkten Gasproben entnomnen und zunächst auf CO, $CO_2$ und $O_2$ analysiert. Einige Gasproben wurden auch auf $H_2$ analysiert und ergaben zwischen 0,7 und 2,4% Wasserstoff. Für die Analysenwerte selbst muß auf das Original verwiesen werden. Wir bringen hier jedoch einige Daten, die für den Vergleich der einzelnen Kraftstoffe wichtig sind; zunächst die „Neigung der Sauerstoffkurven“, d. i. die prozentuale

[1] LOVELL, COLEMAN u. BOYD: Industr. Engng. Chem. Bd. 19 (1927) S. 373.
[2] WITHROW, LOVELL u. BOYD: Industr. Engng. Chem. Bd. 22 (1930) S. 945.

Abnahme des Sauerstoffgehaltes (bezogen auf das Gesamtgas) pro Grad Kurbelwinkel, also ein Maß für die Geschwindigkeit des Umsatzes (Tabelle 108).

Tabelle 107. Leistung bei verschiedenen Brennstoffen und Drosselstellungen. (Nach EGERTON, SMITH und UBBELOHDE.)

| Drosselöffnung Grade | Shell Nr. 1 Watt | Shell Nr. 1 + Blei Watt | Benzol Watt |
|---|---|---|---|
| 6 | 204 | 205 | 207 |
| $7^1/_2$ | 281 | 286 | 290 |
| 9 | 335 | 340 | 345 |
| $10^1/_4$ | 352 | 399 | 400 |

Tabelle 108. Neigung der Sauerstoffkurven. (Nach EGERTON, vgl. Text.)

| Drosselöffnung | Neigung der Sauerstoffkurve für | | |
|---|---|---|---|
| Grad | Shell | Shell + Blei | Benzol |
| 6 | 0,616 | 0,616 | 0,600 |
| $7^1/_2$ | 0,848 | 0,848 | 0,800 |
| 9 | 1,167 | 1,120 | 1,037 |
| $10^1/_4$ | 1,930 | 1,170 | 1,073 |

Daran fällt auf: Die Neigung ist bei Benzol durchwegs etwas geringer als bei den anderen beiden Gemischen; bei dem reinen Shellbenzin unter Bedingungen starken Klopfens ist sie besonders hoch, wie auch schon WITHROW, LOVELL und BOYD (zitiert S. 530) gefunden hatten, daß bei starkem Klopfen der Sauerstoffgehalt besonders schnell abnahm. Das Verhältnis

$$\frac{\text{Neigung der Sauerstoffkurve für reines Shellbenzin}}{\text{Neigung der Sauerstoffkurve für Shellbenzin + Blei}}$$

ist dafür besonders aufschlußreich:

| Drosselstellung | Obiges Verhältnis |
|---|---|
| 6° (kein Klopfen mit Shell) | 1,00 |
| $7^1/_2$° (leichtes gelegentliches Klopfen) | 1,00 |
| 9° (dauerndes mäßiges Klopfen) | 1,04 |
| $10^1/_4$° (außerordentlich starkes Klopfen) | 1,65 |

EGERTON und Mitarbeiter versuchen daraus angenäherte Werte für die mittlere Flammengeschwindigkeit zu berechnen, die von ungefähr 5,81 m/s bei 6° Drosselstellung bis etwa 10 m/s bei $10^1/_4$° ansteigt, für klopfendes Shellbenzin etwa 10% größer ist als für Shell und Blei oder Benzol, aber jedenfalls in Übereinstimmung mit sonstigen Ergebnissen, sich nicht sehr stark ändert[1].

Interessanter noch als die obigen Ergebnisse sind die Analysen auf Aldehyde und Peroxyde, da sie sich nicht auf Reaktionsendprodukte beziehen, sondern auf Zwischenprodukte, die eher einen Schluß auf den Reaktionsmechanismus zulassen. Um in kurzen Zeiten brauchbare Analysenwerte zu erhalten, mußte man so vorgehen, daß man Tropfen der einzelnen Reagenzien dem Gasstrom unter Standardbedingungen

[1] Vgl. WITHROW u. BOYD: Industr. Engng. Chem. Bd. 23 (1931) S. 539. — SCHNAUFFER: Z. VDI Bd. 75 (1931) S. 455.

aussetzte; als Maß für die Konzentration diente dann die zur Hervorrufung der Reaktion nötige Zeit. Für Einzelheiten der Methode sei auf das Original verwiesen. Zum Nachweis der Aldehyde diente SCHIFFS Reagens, zum Peroxydnachweis eine Lösung von Jodkalium, Schwefelsäure und Stärke in destilliertem Wasser. Die Empfindlichkeit wurde in passender Weise geeicht. Die Schlußfolgerungen, die EGERTON und Mitarbeiter ziehen, sind:

1. Eine gewisse Verbrennung findet in der Klopfzone statt, ehe die Flamme das Probeventil erreicht.

2. Bei dieser Vorverbrennung bilden sich Aldehyde bis zur Konzentration von ungefähr 1 in 150, in dem Moment, in welchem die Flamme das Ventil erreicht.

3. Peroxydartige Substanzen wurden in Konzentration bis 1 in 10000 gebildet; sie schienen zu verschwinden, ehe die Flamme das Ventil erreichte.

4. Die Konzentration dieser „Peroxyde" nimmt mit zunehmendem Klopfen zu.

5. Benzol gab anscheinend keine solchen Peroxyde.

6. $Pb(Aeth)_4$ setzt die Bildung von Aldehyden und Peroxyden herab, ein Zeichen, daß es die Vorreaktion hemmt.

7. Zusatz von Aldehyden (bis 10% Acetaldehyd)[1] setzt die Peroxydkonzentration *nicht* herauf, ebensowenig die Klopftendenz; ebenso verhielt sich Wasserstoff.

Wir sind auf diese Untersuchungen ausführlicher eingegangen, weil sie die Möglichkeiten und Grenzen einer direkten Analyse des Verbrennungsvorganges im Motor zeigen und weil sie methodisch von grundsätzlicher Wichtigkeit sind.

Genauere Untersuchungen über die Natur der auftretenden Peroxyde, wegen deren auf das Original verwiesen werden muß, ergeben folgendes: Die gefundenen Peroxyde bestehen zum größten Teil aus $NO_2$. Die Maxima in den Kurven sind durch zwei Effekte bedingt: Die Gegenwart kleiner Mengen von Schwefelverbindungen, welche $SO_2$ bilden und die Ausscheidung von Jod in den Tröpfchen verhindern, und den Mangel an Sauerstoff in den verbrannten Gasen, so daß dieser nicht mit NO, in welches $NO_2$ in der Flamme zerlegt ist, reagieren kann. Schließlich wird $NO_2$ auch durch die Dämpfe ungesättigter Verbindungen entfernt. $NO_2$ bildet sich schon sehr frühzeitig, wenn die mittleren Gastemperaturen noch recht niedrig sind, so daß möglicherweise die Nähe der heißen Auslaßventile für seine Bildung verantwortlich ist[2]; daneben müssen aber noch spezifische Wirkungen der Reaktionsteilnehmer auf seine

[1] In höheren Konzentrationen (20%) tritt auch eine Verstärkung des Klopfens auf.

[2] Wahrscheinlich handelt es sich um eine katalytische Reaktion, denn Vergolden des Auslaßventils setzte die $NO_2$-Konzentration herab (UBBELOHDE, DRINKWATER und EGERTON, vgl. S. 534).

Entstehung vorhanden sein. Im ganzen scheint die Gegenwart von $NO_2$ für das Klopfen nur von sekundärer Bedeutung zu sein. Organische Nitrite wirken zwar Klopfen befördernd, aber nicht so Stickstoffdioxyd selbst.

Es scheint, daß höhere Aldehyde, sofern sie auftreten, sehr schnell zu Formaldehyd abgebaut werden, in Übereinstimmung mit früheren Versuchen[1]. Die Resultate von EGERTON stehen im wesentlichen im Einklang mit den spektroskopischen Resultaten von RASSWEILER und WITHROW, daß während der Vorreaktion Formaldehyd gebildet wird; allerdings finden RASSWEILER und WITHROW merkliche Formaldehydmengen nur bei klopfender Verbrennung, während EGERTON und Mitarbeiter auch sonst Aldehyde nachweisen, allerdings in geringerer Konzentration. Es bleibt jedenfalls, daß unter den Bedingungen klopfender Verbrennung Formaldehyd in besonders hoher Konzentration auftritt, ohne selbst für das Klopfen verantwortlich zu sein.

Daß Aldehyde als solche nicht für das Klopfen verantwortlich sind, wurde noch einmal besonders geprüft[2] in einer Anordnung, die es erlaubte, den Motor so zu betreiben, daß nur in jedem zweiten Zyklus gezündet wurde; Proben zur Analyse konnten dann sowohl mit als auch ohne Zündung entnommen werden; Formaldehyd und höhere Aldehyde wurden dabei getrennt nachgewiesen. Aldehyde traten auch in dem Arbeitsspiel ohne Zündung auf, allerdings in kleineren Konzentrationen. Die erreichte Konzentration an Aldehyden lag meist zwischen $10^{-3}$ und $10^{-4}$ (Molenbruch, bezogen auf das gesamte Gemisch im Zylinder). Benzol gab besonders wenig Aldehyde, i-Octan nur wenig Formaldehyd, dafür hauptsächlich höhere Aldehyde.

Setzte man einem Benzin 10% Acetaldehyd zu, so verursachte dies noch kein merkliches Klopfen. Da aber bereits 0,05% Acetylperoxyd im Brennstoff Klopfen hervorrufen, so werden mit 10% Acetaldehyd offenbar weniger als 0,05% Acetylperoxyd gebildet. Zum Klopfen müßte der Acetaldehydanteil im Verbrennungsraum also mehr als $4 \cdot 10^{-3}$ betragen. Mit Formaldehyd ließ sich der Motor sogar in reiner Form betreiben (im Gegensatz zu Acetaldehyd), ohne daß überhaupt Klopfen auftrat. Die im Motor gebildeten Aldehyde sind also keineswegs die Ursache des Klopfens und des Auftretens von Peroxyden; es besteht auch kaum eine Beziehung zwischen Aldehydbildung und Klopftendenz eines Kohlenwasserstoffes.

Die vorstehenden Untersuchungen sind von besonderer Wichtigkeit im Hinblick auf die sog. „Peroxydtheorie" des Klopfens. Daß organische Peroxyde für das Klopfen verantwortlich seien, war von verschiedenen

---

[1] EGERTON, A. u. L. M. PIDGEON: Proc. roy. Soc., Lond. A Bd. 142 (1933) S. 26.

[2] UBBELOHDE, A. R., J. W. DRINKWATER u. A. EGERTON: Proc. roy. Soc., Lond. A Bd. 153 (1936) S. 103.

Autoren gefolgert worden, zuerst von CALLENDAR[1] und MOUREU und DUFRAISSE. Der Anlaß dazu war der Nachweis peroxydartiger Substanzen in den Abgasen von Motoren sowie bei Versuchen zur langsamen Oxydation von Treibstoffen. Die Theorie in ihrer ursprünglichen Form, daß leicht zerfallende organische Peroxyde in solchen Konzentrationen gebildet werden, daß ihr explosiver Zerfall das Klopfen verursacht, konnte auf Grund allgemeiner reaktionskinetischer Erfahrungen als äußerst unwahrscheinlich gelten. Aber in der Form, daß peroxydartige Zwischenprodukte im Laufe einer Kettenreaktion auftreten, evtl. zu Kettenverzweigung führen, hat diese Annahme sehr vieles für sich, vgl. das vorangehende Kapitel S. 480ff. Allerdings darf man nach der Arbeit von EGERTON als Beleg dafür nicht mehr direkte Analysenresultate vom Motor selbst anführen. Nun ist das im Grunde auch nicht verwunderlich. Denn es muß bemerkt werden, daß es grundsätzlich sehr unwahrscheinlich ist, daß man aktive Zwischenprodukte einer Reaktion in merklicher Konzentration hinterher noch analytisch nachweisen kann; daß ein Zwischenprodukt hoch aktiv ist, schließt ja eine lange Lebensdauer im allgemeinen aus, wie umgekehrt eine lange Lebensdauer, d. h. Nachweisbarkeit in den Reaktionsendprodukten in größeren Konzentrationen, gerade vermuten läßt, daß diese Verbindung nicht als aktives Zwischenprodukt bei der Reaktion mitgewirkt haben wird.

Daran, daß das Klopfen eine Kettenreaktion ist, die durch gewisse Zusätze stark beschleunigt, wie durch andere Zusätze, die Antiklopfmittel, stark gehemmt werden kann, besteht schon nach den allgemeinen Erfahrungen über den Mechanismus der Kohlenwasserstoff-Verbrennung kein Zweifel. Auch die Erfahrungen am Motor selbst sind kaum anders zu deuten. Zu den ersteren Stoffen gehören organische Nitrite (Amylnitrit), Ozon, Alkylperoxyde[2], die in sehr kleinen Konzentrationen, zum Teil schon unter 1‰[3], Klopfen befördern können, in etwa gleichen Konzentrationen, in denen Antiklopfmittel wie $Pb(Aeth)_4$[4] das Klopfen unterdrücken.

UBBELOHDE und EGERTON[5] unternahmen es, die Wirkungsweise organischer Peroxyde beim Klopfen genauer zu untersuchen. Folgendes

---

[1] CALLENDAR: Engineering Bd. 123 (1927) S. 147, 182, 210. — MOUREU u. DUFRAISSE: C. R. Acad. Sci., Paris Bd. 184 (1927) S. 29. — MOUREU, DUFRAISSE u. CHAUX: Ann. Off. nat. Comb. liquides Bd. 2 (1927) S. 253.

[2] CALLENDAR, H. L.: Engineering Bd. 123 (1927) S. 147, 182, 210. — HOLMES, M.: Nature, Lond. Bd. 133 (1934) S. 179. — BROOKS, D. B.: J. Instr. Petrol. Technologists Bd. 19 (1933) S. 835.

[3] Bezogen auf die Brennstoffmenge.

[4] MIDGLEY, TH.: Industr. Engng. Chem. Bd. 16 (1924) S. 890. — EGERTON, A. C.: Nature, Lond. Bd. 121 (1928) S. 10. — EGERTON, A. C. u. GATES: Nature, Lond. Bd. 119 (1927) S. 427. — TAYLOR, H. S.: Nature, Lond. Bd. 119 (1927) S. 746.

[5] UBBELOHDE, A. R. u. A. C. EGERTON: Phil. Trans. roy. Soc., Lond., Bd. 234 (1935) S. 433.

sind die Typen von Peroxyden[1], mit denen man evtl. zu rechnen hat:

| | |
|---|---|
| R—O—O—H | Alkylhydroperoxyd |
| R—O—O—R | Dialkylperoxyd |
| $CH_2OH$—O—O—$CH_2OH$ | Dihydroxy-Alkylperoxyd |
| R—O—O—$CH_2OH$ | Monohydroxyalkylperoxyd |
| R—O—O—CHOH—R | Dialkylmonohydroxyperoxyd |
| R—CHOH—O—O—CHOH—R | Dialkylhydroxyperoxyd |
| 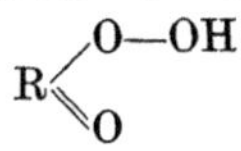 | Acylperoxyd (Persäure) |
| 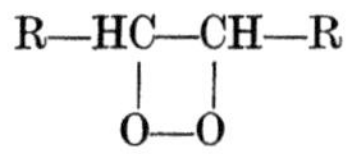 | Alkylidenperoxyd |

Als Vertreter dieser Gruppe wurden die folgenden Stoffe dargestellt: Diäthylperoxyd, Monoäthylwasserstoffsuperoxyd, Hydroxy-Methyl-Acetylperoxyd, Acetyl-Peroxyd, Amylenperoxyd. Die Methoden des analytischen Nachweises dieser Peroxyde wurden sorgfältig untersucht, wofür auf das Original verwiesen werden muß.

Daß organische Peroxyde wirksame „Klopfer" sind, war von den Autoren schon früher gezeigt worden[2]. Wegen der für genauere Messungen notwendigen Mengen dieser Substanzen wurden Versuche der Art ausgeführt, daß bei dem Betrieb des Prüfmotors mit Shellbenzin peroxydische Produkte in Benzinlösung in der Ansaugluft des Motors versprüht wurden.

Die Resultate sind in der folgenden Tabelle 109 enthalten. Diäthylperoxyd scheint ein noch wirksamerer Klopfförderer zu sein als Amyl-

Tabelle 109. Einfluß von in der Ansaugluft zerstäubten Benzin-Peroxydmischungen auf das Klopfverhalten eines Prüfmotors. (Nach UBBELOHDE und EGERTON.)

| Zerstäubte Mischung | Einfluß auf Drehzahl | Einfluß auf das Klopfen |
|---|---|---|
| Benzin allein . . . . . . . . | — 10 | Mildert das Klopfen |
| 30% $(C_2H_5)_2O_2$ in Benzin . . . | — | Intensives Klopfen; brachte den Motor zum Stehen |
| 6% $(C_2H_5)_2O_2$ in Benzin . . . | — 25 | Heftiges Klopfen |
| 3% $(C_2H_5)_2O_2$ in Benzin . . . | — 25 | Starkes Klopfen |
| 1,5% $(C_2H_5)_2O_2$ in Benzin . . | — 15 | Merkliche Zunahme des Klopfens |
| 30% Äthyläther in Benzin . . | — 20 | Gleiche Wirkung wie etwa 2% $(C_2H_2)_2O_2$ |
| 3,4% Amylnitrit in Benzin . . | — 20 | Gleiche Wirkung wie 30% Äthyläther |
| 0,5% Amylnitrit in Benzin . . | — | Keine Wirkung |
| 30% $CH_3CHO$ in Benzin . . . | — 10 | Mildert das Klopfen |

[1] Vgl. dazu A. RIECHE: Alkylperoxyde und Ozonide. Dresden u. Leipzig 1931.
[2] EGERTON, A. u. A. R. UBBELOHDE: Nature, Lond. Bd. 133 (1934) S. 179.

nitrit und ungefähr 2% ist nötig für einen gleichen Effekt, wie ihn 30% Äther geben. Acetaldehyd wurde wiederum unwirksam gefunden. Wenn die gleichen Versuche gemacht wurden, während der Motor mit „Äthyl"benzin[1] lief, so gaben 1,5% $(C_2H_5)_2O_2$ keinen hörbaren Effekt, obwohl die Drehzahl um 10 abfiel. Offensichtlich kompensieren sich der klopffördernde Einfluß des Peroxyds und der klopffeindliche Einfluß des Bleies einigermaßen.

Starkes Perhydrol (m. 30% $H_2O_2$) hatte, wenn in der Ansaugluft versprüht, ebenfalls die Tendenz, Klopfen zu verstärken. Abschätzung ergab, daß der maximale Molenbruch dieses Stoffes in den Motorengasen etwa $6 \cdot 10^{-4}$ betrug.

Damit verglichen gibt Diäthylperoxyd, in 1%iger Lösung versprüht, bereits ausgesprochenes Klopfen, wenn die Molkonzentration nur etwa $1{,}6 \cdot 10^{-5}$ ist; diese Schätzung stimmt mit dem Resultat überein, daß der Motor, wenn mit einem Benzin mit 0,1% Diäthylperoxyd betrieben, bereits eine ausgesprochene Verstärkung des Klopfens ergibt. Das Alkylperoxyd ist daher etwa 40mal wirksamer als $H_2O_2$.

Hieraus folgt, daß es zwecklos ist, mit den üblichen Reagenzien Peroxyde im Motor nachzuweisen zu versuchen, da die zum Klopfen notwendige Peroxydkonzentration meist unter der Empfindlichkeitsschwelle dieser Reagenzien liegt. Die Resultate der folgenden Tabelle lassen die Wirkung der Zusätze auf verschiedene Brennstoffe, reines Cyclohexan und Äthylbenzin (s. o.) erkennen.

Tabelle 110. Einfluß von in der Ansaugluft zerstäubten Lösungen verschiedener Stoffe auf das Klopfverhalten zweier verschiedener Kraftstoffe. (Nach UBBELOHDE und EGERTON.)

| Brennstoff | Zerstäubte Lösung | Drosselstellung | Wirkung auf Drehzahl | Wirkung auf Klopfen |
|---|---|---|---|---|
| Cyclohexan | — | — | — | Kein Klopfen |
| ,, | 3% Diäthylperoxyd | — | — 20 | Lautes Klopfen |
| ,, | 3% Amylnitrit | — | — 15÷20 | Lautes Klopfen (etwas weniger) |
| Äthyl-Benzin | — | 9 | — | Kein Klopfen |
| ,, | 3% Diäthylperoxyd | 9 | — 15÷20 | Gelegentliches sehr leichtes Klopfen |
| ,, | 3% Amylnitrit | 9 | — 15÷20 | Gelegentliches leichtes Klopfen |
| ,, | — | $10^1/_4$ | — 10 | Kein, oder sehr leichtes Klopfen |
| ,, | 3% Diäthylperoxyd | $10^1/_4$ | — 10 | Dauerndes mäßiges Klopfen |
| ,, | 3% Amylnitrit | $10^1/_4$ | — 10 | Dauerndes mäßiges Klopfen (etwas stärker) |

[1] Die angelsächsische Bezeichnung für mit Bleitetraäthyl versetztes Benzin.

Daß das Bleitetraäthyl den Peroxyden entgegenwirkt, ist also sehr deutlich. Acetaldehyd bewirkt kein Klopfen, wie wir schon sahen, wohl aber, wenn es Acetylperoxyd enthält. Butyraldehydperoxyd und Amylenperoxyd scheinen nicht als wirksame „Klopfförderer“ zu wirken.

Die Beeinflußbarkeit des Klopfens von Kraftstoffen durch „Klopfförderer“ ist sehr verschieden, je nach der Natur des Kraftstoffes. Zusatz von 14% Amylnitrit (entsprechend einem Molenbruch von $2 \cdot 10^{-4}$ in den Zylindergasen) rief bei Benzin, Hexan und Amylen lautes Klopfen hervor, Bei Cyclohexan (bei veränderter Drosselstellung) scharfes Klopfen, bei Benzol, Äthanol und Aceton war nur ein geringer oder gar kein Einfluß vorhanden. Die verschiedene Empfindlichkeit deutet vielleicht auf verschiedene Länge der ablaufenden Reaktionsketten hin, vgl. S. 544ff.

Weiterhin wurde unternommen, mit verbesserten Methoden die organischen Peroxyde im Motor neben $NO_2$ nachzuweisen. Es gelang zu zeigen, daß in den unverbrannten Gasen, gerade ehe Klopfen einsetzt, tatsächlich geringe Mengen organischer Peroxyde vorhanden sind, und auch in einer Konzentration, wie sie den zugesetzten Peroxyden beim künstlichen Einleiten des Klopfens entspricht. Damit ist gezeigt, daß einer vernünftigen Peroxydtheorie des Klopfens, in der peroxydartige Substanzen als instabile Zwischenprodukte angenommen werden, keinerlei experimentelle Befunde entgegenstehen, daß vielmehr diese Annahme sehr wahrscheinlich ist.

## 7. Untersuchungen über Klopffeinde.

EGERTON und SMITH[1] haben weiterhin den Einfluß von Klopffeinden untersucht. Es war bereits bekannt,[2] daß unzersetztes $Pb(Aeth)_4$ die Kohlenwasserstoff-Verbrennung nicht hemmt, sondern unter Umständen sogar fördert; wurde das $Pb(Aeth)_4$ aber bei etwa 300° vorher zersetzt oder oxydiert, so hemmte es die Oxydation. Diese Beobachtungen stehen nicht im Widerspruch zu der mit wenigen Ausnahmen beobachteten klopffeindlichen Wirkung des $Pb(Aeth)_4$ im Motor. Denn dort sind ja die Temperaturverhältnisse gegen Ende des Kompressionshubes immer so, daß sich das $Pb(Aeth)_4$ zersetzen kann.

BERL[3] hatte gefunden, daß Metallnebel sowie dem Brennstoff kolloidal zugefügtes Blei die Oxydation hemmen, nicht aber kolloides Bleioxyd. Die Diskrepanz gegen die sonstigen Befunde, wonach Blei gerade in

---

[1] EGERTON, A. u. F. LL. SMITH: Zitiert S. 530, S. 507ff.

[2] MAXWELL, G. B. u. R. V. WHEELER: Industr. Engng. Chem. Bd. 20 (1928) S. 1041; vgl. auch S. 489. — EGERTON, A. C. u. L. M. PIDGEON: J. chem. Soc. 1932, S. 661, 676; vgl. auch LORENTZEN: Z. angew. Chem. Bd. 44 (1931) S. 131.

[3] BERL, E., K. HEISE u. K. WINNACKER: Z. phys. Chem. Abt. A Bd. 139 (1928) S. 453. — BERL, E. u. K. WINNACKER: Z. phys. Chem., Abt. A Bd. 145 (1929) S. 161; Bd. 148 (1930) S. 36, 261.

Gegenwart von Sauerstoff wirksam ist, könnten wohl durch verschiedenen Dispersitätsgrad der angewandten Kolloide zu deuten sein.

EGERTON und GATES [1] hatten früher schon gefunden, daß die Dämpfe von Kalium und Thallium sehr wirksam sind in der Erhöhung des Zündpunktes von Benzin. Diese Untersuchungen wurden jetzt ausgedehnt. Zu diesem Zwecke wurde an Stelle des Probeventils ein zusätzliches Einlaßventil am Motor angebracht, durch das verschiedene Dämpfe, im Stickstoff- oder im Luftstrom dem Motor zugeführt werden konnten. Die Metalle befanden sich dabei in einem heizbaren Metallgefäß, durch welches das Gas durchgesaugt wurde. In diesen Versuchen wurde festgestellt, daß Kalium- und Thalliumdämpfe außerordentlich wirksam sind in der Unterdrückung des Klopfens. Dabei wurde das Kalium dem Motor in einem Stickstoffstrom zugeführt. Das Thallium wurde auch erst im Stickstoffstrom transportiert, dabei aber nur ein geringer Antiklopfeffekt gefunden, der enorm anstieg, als dem Stickstoff 15% Luft zugemischt wurden [2]. In diesem Falle wurde das Thallium sogar 11mal wirksamer als die gleiche Gewichtsmenge Bleitetraäthyl gefunden — Kalium war etwa vierfach wirksamer als die gleiche Gewichtsmenge Blei; da der Dampf in Berührung mit der heißen Luft im Zylinder sicher rapide oxydiert wird, so wurden dadurch die früheren Folgerungen von EGERTON und GATES bestätigt, wonach ein Klopffeind, um wirksam zu sein, sich in einem Zustand beginnender Oxydation befinden muß. Mit metallischem Blei konnte, seines geringen Dampfdruckes wegen, nicht in der gleichen Weise verfahren werden. Selen und Tellur wurden ebenfalls ziemlich wirksam gefunden; Selen etwas mehr in sauerstoffhaltigem Gas als in Stickstoff, Tellur war in beiden gleich wirksam. Natrium, Kadmium, Zink, Jod und Schwefel wurden unwirksam gefunden. Daß Natrium im Gegensatz zu Kalium unwirksam ist, ist besonders auffallend. Eisenkarbonyl war nur wirksam, wenn es als solches in den Motor eingeführt wurde, ließ man es vorher sich zersetzen, so war es unwirksam [3]. Anilin wurde etwa $^1/_{30}$ so wirksam gefunden wie die gleiche Gewichtsmenge $Pb(Aeth)_4$; Äthyljodiddampf etwa $^2/_3$ so wirksam wie die gleiche Gewichtsmenge Anilin. Daß Jod unwirksam ist, ist merkwürdig im Hinblick auf den Befund von MIDGLEY [4], bei dessen grundlegenden Untersuchungen über Antiklopfmittel Jod etwa das erste war, das er fand, aber in Übereinstimmung mit früheren Versuchen von EGERTON und GATES [5].

[1] EGERTON, A. u. GATES: Rep. Aero. Res. Comm. Lond. Nr. 1079 (1926).

[2] Da ja im Motor immer Sauerstoff zur Oxydation der Metalle vorhanden ist, so könnte die Wirkung des Sauerstoffes hier evtl. auch darin bestehen, daß er die Bildung größerer Metalltröpfchen verhindert.

[3] Das könnte wiederum mit dem Verteilungsgrad der Zerfallsprodukte zusammenhängen.

[4] MIDGLEY, T.: Industr. Engng. Chem. Bd. 14 (1922) S. 894.

[5] EGERTON, A. u. GATES: J. Inst. Petrol. Technologic. Bd. 13 (1927) S. 244.

Tabelle 111. Wirksamkeit verschiedener Zusätze als Antiklopfmittel. (Nach EGERTON, vgl. Text.)

| Substanz | Methode | Relative Wirksamkeit auf Gewichtsbasis | Anzahl von Molen brennbarer Mischung auf 1 Mol Klopffeind bei gleicher Antiklopfwirkung wie 1 cm³ $\frac{Pb(Aeth)_4}{Gallone}$ | Bemerkungen |
|---|---|---|---|---|
| Blei oder Bleitetraäthyl | Eingeführt als $Pb(Aeth)_4$ mit Benzin | — | 365000 | — |
| Thallium (680° C) | Metallgefäß | 11mal so wirksam wie Blei | 3950000 | Mit Luft eingeführt |
| Kalium (200—400°) | ,, | 4mal so wirksam wie Blei | 275000 | Mit Stickstoff eingeführt |
| Selen | ,, | 0,067mal so wirksam wie Blei | 74300 | Wenig größerer Effekt in Gegenwart von $O_2$ als ohne |
| Tellur (580°) | ,, | 0,014mal so wirksam wie Blei | 6300 | Weißer Niederschlag ($TeO_2$) |
| Bleitetraäthyl | U-Rohr (an Stelle von Metallgefäß) | $^1/_8$ so wirksam als wenn mit dem Benzin eingeführt | 45600 | Bildet PbO bei 375° C |
| Anilin | Desgl. | 0,019mal so wirksam wie Blei<br>0,031mal so wirksam wie $Pb(Aeth)_4$ | 3170 | — |
| Äthyljodid | ,, | 0,012mal so wirksam wie Blei<br>0,017mal so wirksam wie $Pb(Aeth)_4$ | 3150 | — |

Unwirksam: Na, Cd, Zn, $I_2$ und Sn.

Die Folgerungen aus dieser Arbeit stimmen mit schon früher von EGERTON gezogenen Schlüssen überein: 1. daß das Antiklopfmittel oxydiert werden muß, 2. daß es möglichst molekulardispers vorliegen muß, 3. daß es fähig sein sollte, in mehreren Oxydationsstufen zu existieren. Dem entspricht es, daß man von Blei, Thallium, auch von Kalium ($K_2O_4$ und $K_2O_3$) mehrere noch bei höheren Temperaturen stabile Oxyde kennt, nicht aber bei Natrium.

Wie wir zum Teil schon im vorangehenden Kapitel gesehen haben, bestehen vielfach Parallelen zwischen Zündverhalten und Klopfverhalten von Stoffen, die aber deshalb zu quantitativen Angaben unbrauchbar sind, weil, besonders wenn die Zündpunktsbestimmung so vorgenommen wird, daß man den Brennstoff in ein luftdurchströmtes erhitztes Gefäß eintropfen läßt, die Wandeinflüsse sehr stark sind und außerdem die Druckverhältnisse von denen im Motor gänzlich abweichen[1, 2]. So können sich unter Umständen auch Beobachtungen ergeben, die schon qualitativ im Widerspruch stehen. Z. B. erhöht Diäthylperoxyd den Zündpunkt von Hexan, statt ihn zu erniedrigen; $NO_2$ erniedrigt den Zündpunkt von Kohlenwasserstoffen, ohne einen ausgesprochenen Einfluß auf das Klopfen zu haben. Aldehyde können den Zündpunkt von Kohlenwasserstoffen erniedrigen, ohne das Klopfen erheblich zu beeinflussen. Selen hat eine stärkere Wirkung in der Erhöhung des Zündpunktes von Benzin als $Pb(Aeth)_4$, während es nur einen verhältnismäßig geringen Antiklopfeinfluß ausübt.

A. R. Ubbelohde[3] weist darauf hin, daß klopfinduzierend alle solchen Peroxyde und ähnliche Substanzen wirken (Nitrite), die an einer O—O oder O—N-Bindung in zwei Bruchstücke zerfallen können, während Stoffe, bei denen dies nicht möglich ist, auch kein Klopfen einleiten. Dies wäre wieder eine unmittelbare Bestätigung für die Vorstellung, daß das Klopfen eine im unverbrannten Gemisch ablaufende Kettenreaktion ist. Stoffe vom Typus des Äthylenoxyds sind daher unwirksam.

Wirksamkeit als „Klopfförderer“ (in Konzentration von $\sim 10^{-5}$) und chemische Struktur. (Nach A. R. Ubbelohde.)

| Wirksam | Nicht wirksam |
| --- | --- |
| R—O—O—R | $RCH—CH_2$ / \| \| / O—O (Ring) |
| R—O—OH | |
| HO—OH | RCH—CO / \| \| / O—O (Ring) |
| RC(=O)—O—OH | |
| RCH(OH)·O—OH | $CH_3—NO_2$ |
| RO—NO | $C_6H_5 \cdot NO_2$ |
| $RO—NO_2$ | |

[1] Das gilt zum Teil auch noch für die sehr interessanten und sorgfältigen Messungen von Townend und Mitarbeitern.

[2] Deshalb wird man auch niemals mit einem Zündwertsprüfer, wie etwa nach Jentzsch, Kraftstoffe absolut klassifizieren können, auch wenn die beobachteten Erscheinungen im einzelnen interessant sind und bei vorsichtiger Bewertung von praktischem Nutzen sein können.

[3] Ubbelohde, A. R.: Z. Elektrochem. Bd. 42 (1936) S. 468.

## 8. Spektroskopische Untersuchungen am Motor.

Zur Aufnahme von Absorptionsspektren benutzten RASSWEILER und WITHROW[1] einen Prüfmotor, welcher an der von der Zündkerze fernen Seite zwei gegenüberliegende Quarzfenster hatte, durch die das Licht einer kontinuierlichen Lichtquelle (Wolframbandlampe oder Unterwasserfunke) fiel; es wurde speziell die Klopfzone beobachtet, d. h. an einer Stelle, die von der der Zündkerze fernen Wand nur 0,48 cm ab lag.

Aus den Aufnahmen geht hervor, daß es möglich ist, Formaldehyd zu identifizieren. Es ergibt sich dabei eine Reihe recht interessanter Tatsachen: Wenn der Motor nicht klopft, so ist kein Formaldehyd nachweisbar; dagegen nimmt mit zunehmendem Klopfen die dem Formaldehyd zugeschriebene Absorption zu, dabei ist es einerlei, wodurch man das Klopfen hervorruft: Durch Veränderung der Gemischzusammensetzung (speziell durch Verarmen einer überreichen Mischung) durch Früherstellen der Zündung, durch Vorwärmen des Gemisches, durch Verlangsamung der Tourenzahl; es wird also einmal durch Herstellung eines reaktionsfähigeren Gemisches, dann durch Temperatursteigerung, und in den übrigen Fällen, was fast trivial ist, durch Verlängerung der zur Verfügung stehenden Zeit die Formaldehydbildung und gleichzeitig das Klopfen begünstigt. Man darf daraus keineswegs schließen, daß nun gerade der Formaldehyd die für das Klopfen verantwortliche Verbindung sei; wohl aber folgt daraus mit Sicherheit, daß Klopfen immer nur dann eintritt, wenn eine bestimmte Vorreaktion im komprimierten Gemisch abgelaufen ist, von der möglicherweise der Formaldehyd nur ein Nebenprodukt ist. Dafür spricht, daß es auch Bedingungen geben kann, unter denen Formaldehyd, aber kein Klopfen auftritt.

Bemerkenswert sind weiter die Resultate, die mit Klopfen einleitenden oder unterdrückenden Zusätzen erhalten werden. Verursacht man Klopfen durch Zusatz von Iso-Propylnitrit, so tritt Formaldehyd besonders deutlich auf; unterdrückt man das Klopfen durch Anilinzusatz, so geht die Formaldehydkonzentration zurück. Unterdrückt man aber das Klopfen durch Zusatz von $Pb(Aeth)_4$, so bleiben immer noch merkbare Mengen Formaldehyd nachweisbar.

Im ganzen zeigen diese Versuche, daß das Klopfen aufs engste mit Vorreaktionen zusammenhängt, daß aber die Verhältnisse keineswegs zu einfach gedacht werden dürfen, daß insbesondere der auftretende Formaldehyd wohl ein gutes Reagens für die Vorreaktion sein kann, daß er aber nicht als das entstehende, die Einleitung des Klopfens bewirkende Agens zu betrachten sein wird.

Die gleichen Verfasser haben der Prüfung der Einwirkung von $Pb(Aeth)_4$ auf die Absorption vor der Flammenfront im Motor eine

[1] WITHROW, LL. u. G. M. RASSWEILER: Industr. Engng. Chem. Bd. 25 (1933) S. 923, 1359; Bd. 26 (1934) S. 1256; Bd. 27 (1935) S. 872.

weitere sorgfältige Untersuchung gewidmet[1]. Von den Ergebnissen verdient hervorgehoben zu werden: Wenn Klopfen durch $Pb(Aeth)_4$ unterdrückt wird, so beobachtet man im unverbrannten Gas Absorption von atomarem Blei, nicht aber von Bleioxyd; wenn die daraus von den Verfassern gezogene Schlußfolgerung vielleicht auch nicht ganz zwingend ist (weil die Absorption von Molekeln meist viel schwächer ist als die von Atomen), so klingt sie doch nicht unwahrscheinlich, daß nämlich beim Unterdrücken des Klopfens PbO in Pb übergeht, d. h. oxydierend wirkt; daß $Pb(Aeth)_4$ nicht als solches, sondern erst nach Zerfäll wirksam ist, ist aus den zahlreichen Erfahrungen bekannt[2].

Weiterhin fanden sie, daß, wenn auch die Formaldehydkonzentration durch $Pb(Aeth)_4$ nicht herabgesetzt wird, doch die Absorption unterhalb 3000 Å verringert wird; also wird offenbar die Konzentration einer dort absorbierenden Verbindung herabgesetzt, die vielleicht — im Gegensatz zum Formaldehyd — im Klopfmechanismus unmittelbar eine Rolle spielt[2]. Damit verträgt sich auch der Befund, daß absichtliches Zusetzen von Formaldehyd bis zu Konzentrationen, die eine mit der beim Klopfen beobachteten vergleichbare Absorption geben, kein Klopfen hervorruft und auch keine Zunahme der kontinuierlichen Absorption unterhalb 3000 Å. Diese Feststellung ist im wesentlichen auch im Einklang mit EGERTONs Untersuchungen über die Absorption erhitzter Kohlenwasserstoff-Luft-Mischungen[3], die eine kontinuierliche Absorption in kurzwelligem Ultraviolett, allerdings meist unterhalb 2300 bis $\sim$2500 Å fanden, die organischen Säuren und Peroxyden zukam; deren Bildung unterblieb bei Zugabe von $Pb(Aeth)_4$.

Neben Absorptionsspektren der unverbrannten lassen auch Emissionsspektren der verbrennenden Gase einige Schlüsse zu. Über die dabei allgemein zu beobachtenden Erscheinungen ist in früheren Kapiteln (VII, XI) das Nötige zu finden: In der normalen Flamme von Kohlenwasserstoffen treten besonders die Banden von CH, CC und OH-Radikalen auf. RASSWEILER und WITHROW[4] hatten nun in früheren Versuchen folgendes beobachtet: Die Intensität der CH und $C_2$-Banden in der Klopfzone ist stark geschwächt gegenüber der bei nichtklopfender Verbrennung zu beobachtenden[5]. Unterdrückt man das Klopfen durch $Pb(Aeth)_4$, so werden die CH- und CC-Banden wieder mit normaler Intensität

[1] WITHROW, LL. u. G. M. RASSWEILER: Industr. Engng. Chem. Bd. 27 (1935) S. 872. Vgl. auch Journ. applied Physics Bd. 9 (1938) S. 362.

[2] Vgl. EGERTON u. UBBELOHDE: Zitiert S. 530.

[3] EGERTON u. PIDGEON: Proc. roy. Soc., Lond. A Bd. 142 (1933) S. 26; ferner UBBELOHDE: Zitiert S. 393.

[4] RASSWEILER u. WITHROW: Industr. Engng. Bd. 23 (1931) S. 769; Bd. 24 (1932) S. 528.

[5] Es wäre interessant, zu verfolgen, ob eine Beziehung zwischen dieser Erscheinung und dem öfters beobachteten Intensitätsrückgang in der primären Flamme bei klopfender Verbrennung (vgl. S. 509) besteht.

emittiert. Die von RASSWEILER und WITHROW ursprünglich gegebene Deutung, daß ein vermehrter Verbrauch von $C_2$ und CH etwa nach:

$$C_2 + OH \rightarrow CO + CH; \quad CH + OH \rightarrow CO + H_2$$

für die Abnahme dieser Banden verantwortlich sei, scheint uns nicht sehr wahrscheinlich; einmal weil der Ablauf dieser Reaktionen immer angenommen werden darf, sofern die Radikale überhaupt vorhanden sind, dann weil diese Radikale wahrscheinlich emittieren, wenn sie in energieliefernder Reaktion entstehen, was durch einen darauf erst folgenden Verbrauch der gleichen Radikale nicht mehr zu beeinflussen ist. Man muß wohl eher annehmen, daß die zur Bildung der Radikale führenden Reaktionen bereits beeinflußt werden.

Als Gesamtresultat können wir feststellen: Die Experimente ergeben übereinstimmend, daß Vorreaktionen im unverbrannten Restgas das Klopfen hervorrufen (vgl. insbesondere auch PELETIER und Mitarbeiter, zitiert S. 529). Die genaue Natur dieser Reaktionen ist bis heute nicht mit Sicherheit geklärt, und auch nur versuchsweise Aussagen darüber erfordern die Hinzunahme anderweitiger Erfahrungen, insbesondere des Materials, das über die Kohlenwasserstoff-Verbrennung im vorangehenden Kapitel zusammengetragen ist. In der Tat ist die Gegenüberstellung anderweitig gewonnener Resultate mit den Erfahrungen der Klopfversuche lehrreich.

## 9. Klopfverhalten und chemische Konstitution[1]. Reaktionskinetische Ansätze.

Man kann nun aber auch von einer etwas anderen Fragestellung ausgehen; nach dem oben Gesagten und dem, was wir noch kennenlernen werden, muß jeder Mechanismus, den man für die zum Klopfen führenden Vorgänge im Motor formuliert, wesentlich hypothetische Elemente enthalten, einfach weil von der Vielheit in Frage kommender Reaktionen erst ein kleiner Teil wirklich erforscht ist. Man kann fragen, ist es möglich, nur unter Benutzung der gesichertsten Erfahrungen schon zu nicht selbstverständlichen Beziehungen über den Klopfvorgang zu gelangen. Diesem Problem wollen wir vorerst nachgehen.

Was können wir als gesicherte allgemeine Erfahrungen annehmen?

I. Daß das Klopfen mit einer Vorreaktion des unverbrannten Gemisches zusammenhängt, die bei Steigerung über einen gewissen kritischen Grenzwert für die beobachteten Erscheinungen verantwortlich ist.

II. Daß es sich bei der fraglichen Vorreaktion um eine Kettenreaktion mit häufig wahrscheinlich recht langen Ketten und mit Kettenverzweigung handelt.

---

[1] Zum Treibstoffproblem des Otto-Motors vgl. insbesondere auch die Vorträge von H. BÜTEFISCH, G. B. BONINO, G. NATTA, F. NEUGEBAUER und M. PIER auf der Tagung der Deutschen Akademie der Luftfahrtforschung, Berlin 1939, erscheinen in den Schriften der Dtsch. Akad. Luftfahrtforsch. 1939.

Daß es eine Kettenreaktion sein muß, folgt aus allem, was im vorangehenden Kapitel über Kohlenwasserstoff-Oxydation gesagt ist. Unabhängig davon kann man es aber auch aus den Beobachtungen beim Motorbetrieb folgern: Die Reaktion läßt sich durch sehr kleine Zusätze gewisser Stoffe stark beschleunigen oder auch stark hemmen. Ein starker Einfluß geringer Mengen von Zusätzen (weniger als $1^0/_{00}$ der reagierenden Substanz) setzt immer voraus, daß durch einen Reaktionsakt der zugesetzten Substanz viele Reaktionsschritte der reagierenden Substanz in Mitleidenschaft gezogen werden. Das ist aber nur bei Kettenreaktionen denkbar, wo eine längere Folge von Reaktionsschritten durch einen einzelnen Akt eingeleitet oder abgebrochen werden kann. Die hierher gehörigen Motorerfahrungen sind: Einmal Wirkung der Antiklopfmittel, die nur als kettenabbrechend gedacht werden kann, dann die entgegengesetzte Wirkung der „Klopfförderer", wie Ozon, Nitriten, gewissen Peroxyden usw., allgemein nach EGERTON[1] und Mitarbeitern von gewissen Verbindungen, die leicht unter Abspaltung von Atomen, freien Radikalen oder besonders reaktionsfähigen Verbindungen zerfallen können; daß diese Klopfförderer in ebenso kleinen Konzentrationen wirksam werden können wie die „Klopffeinde" spricht vielleicht am deutlichsten für die Kettennatur der dadurch hervorgerufenen bzw. unterdrückten Reaktionen. Aussagen, welche Verbindungen im einen oder anderen Sinne wirken und nach welchen Gesetzen, erforderten spezielle Annahmen über die Natur der ablaufenden Reaktionen. Man kann hier aber wieder zu einigen recht allgemeinen Feststellungen kommen, wenn man in übersichtlicher Weise das Material über das Klopfverhalten verschiedener Kohlenwasserstoffe und dessen Beeinflussung durch Zusätze zusammenstellt. Untersuchungen über das Klopfverhalten reiner Kohlenwasserstoffe ebenso wie über die Beeinflussung des Klopfens durch Zusätze liegen vor von RICARDO[2] und Mitarbeitern, NASH und HOWES[3] u. a. englischen Forschern, ferner in großer Zahl aus den Laboratorien der General Motors Co.[4], von BOYD und Mitarbeitern; von deutschen Untersuchungen sind die von HOFMANN und Mitarbeitern[5] zu erwähnen.

[1] EGERTON: Zitiert S. 530, 536. — UBBELOHDE, A. R.: Zitiert S. 541.

[2] RICARDO, H. R.: Vgl. Schnellaufende Verbrennungsmotoren. Berlin 1932. — PYE: Brennkraftmaschinen. Übersetzt von Dr.-Ing. F. WETTSTÄDT. Berlin 1933.

[3] Vgl. NASH u. HOWES: Motor Fuels. London 34/35.

[4] CAMPBELL, J. M., W. G. LOVELL u. T. A. BOYD: S.A.E. J. Bd. 26 (1930) S. 163. — Industr. Engng. Chem. Bd. 23 (1931) S. 26, 555; Bd. 25 (1933) S. 1107; Bd. 26 (1934) S. 475, 1105; Bd. 27 (1935) S. 593.

[5] HOFMANN, LANG, BERLIN u. A. W. SCHMIDT: Brennstoffchemie Bd. 13 (1932) S. 161; Bd. 14 (1933) S. 103. — Vgl. auch die Verträge auf der Weltpetroleumkonferenz, World Petroleum Congress, Proc. II (1933); insbesondere die kritische Übersicht über Mischoctanzahlen von F. H. GARNER, E. B. EVANS, C. H. SPRAKE u. W. E. J. BROWN: World Petroleum Congress II (1933) S. 170; ferner die zusammenfassenden Darstellungen von W. G. LOVELL u. J. M. CAMPBELL: The Science of Petroleum, Bd. IV, S. 3004. Oxford 1938; sowie Chem. Rev. Bd. 22 (1938) S. 159.

Tabelle 112. Kritische Kompressionsverhältnisse (K.K.V.) von Paraffinen, Olefinen und Diolefinen, sowie Erhöhung des K.K.V. durch Bleitetraäthylzusatz (absolut und relativ). (Nach BOYD und Mitarbeitern.) Methode (vgl. Text) ist ungefähr der CFR-Research-Methode äquivalent.

| Olefine und Diolefine[3] | K.K.V. | Δ K.K.V. bei Zusatz von 1 $cm^3$ $Pb(Aeth)_4$ pro Gallone (3,8 l) | Δ % | Paraffine | K.K.V. | Δ K.K.W. bei Zusatz von 1 $cm^3$ $Pb(Aeth)_4$ pro Gallone (3,8 l) | Δ % |
|---|---|---|---|---|---|---|---|
| Äthylen | 8,5 | — | — | Methan | > 15 | — | — |
| Propylen | 8,4 | — | — | Äthan | 14,0 | — | — |
| 1-Penten | 5,8 | 0,30 | 5,2 | Propan | 12,0 | — | — |
| 2-Penten | 7,0 | 0,50 | 7,1 | n-Pentan | 3,8 | 0,50 | } 13,1 |
| | | | | n-Pentan | 3,8 | 0,50 | |
| 2-Methyl-2-Buten | 7,0 | 0,70 | 10,0 | i-Pentan | 5,7 | 0,95 | 16,7 |
| *2,3-Dimethylbutadien* | 8,6 | 0,10 | 1,2 | — | — | — | — |
| *2,4-Hexadien* | 6,6 | 0,10 | 1,5 | n-Hexan | 3,3 | 0,20 | } 6,1 |
| *1,5-Hexadien* | 4,8 | 0,25 | 5,2 | n-Hexan | 3,3 | 0,20 | |
| 1-Hexen | 4,6 | — | — | n-Hexan | 3,3 | 0,20 | |
| 2-Hexen | 5,4 | — | — | | | | |
| 1-Hepten | 3,7 | 0,25 | 6,8 | n-Heptan | 2,8 | 0,20 | } 7,1 |
| 3-Hepten | 4,9 | 0,80 | *16,3* | n-Heptan | 2,8 | 0,20 | |
| 3-Äthyl-2-Penten | 6,6 | 0,50 | *7,6* | n-Heptan | 2,8 | 0,20 | |
| 2,2-Dimethyl-4-Penten | 10,0 | — | 8,0 | 3-Äthylpentan | 3,9 | 0,20 | 5,1 |
| 2,4-Dimethyl-2-Penten | 8,8 | — | — | 2,4-Dimethylpentan | 5,0 | 0,80 | 16,0 |
| 2-Methyl-5-Hexen | 4,7 | 0,25 | 5,3 | — | — | — | } 7,1[2] |
| 3-Methyl-5-Hexen | 5,0 | 0,20 | 4,0 | — | — | — | |
| 2,2,3-Trimethyl-3-Buten | 12,6 | — | — | 2,2,3-Trimethylbutan | 13,0 | — | — |
| 1-Octen | 3,4 | 0,15 | 4,4 | n-Octan | 2,6[3] | 0,2[3] | ~8[1] |
| 2,2,4-Trimethyl-3-Penten | 10,0 | 0,35 | 3,5 | 2,2,4-Trimethylpentan | 7,7 | 2,10 | } 27,3 |
| 2,2,4-Trimethyl-4-Penten | 11,3 | 0,25 | 2,2 | 2,2,4-Trimethylpentan | 7,7 | 2,10 | |
| | | | | 2,7-Dimethyloctan | 3,3 | 0,20 | 6,1 |
| | | | | 3,4-Diäthylhexan | 3,9 | 0,30 | 7,7 |
| Relative Erhöhung des kritischen Kompressionsverhältnisses durch Zusatz von 1 $cm^3$ Bleitetraäthyl pro Gallone im Mittel | | | **5,9** | | | | **10,9** |

Die von verschiedenen Beobachtern gewonnenen Resultate sind nicht ohne weiteres untereinander vergleichbar, weil sie weder alle nach der gleichen Methode ausgeführt, noch in gleichen Maßeinheiten ausgedrückt sind. Solange man nur die Resultate des gleichen Autors betrachtet, ist das belanglos; es liegen Versuche vor, die verschiedenen Maßsysteme aufeinander zu beziehen, z. B. Anilinäquivalente auf Mischoctanzahlen[4].

[1] Geschätzt (nach n-Hexan und n-Heptan).
[2] Die Werte von n-Heptan zum Vergleich.
[3] Diolefine in *Kursiv*.
[4] Vgl. NASH u. HOWES: Zit. S. 545; ferner EVANS, SPRAKE, BROWN: Zit. S. 545.

Wir führen Resultate der einzelnen Autoren mit Angaben über die verwandte Methode an. Die ältesten derartigen Messungen stammen von RICARDO[1].

BOYD und Mitarbeiter bestimmten kritische Kompressionsverhältnisse einer großen Zahl reiner Kohlenwasserstoffe, und zwar in einem Einzylindermotor mit variabler Kompression; die kritischen Kompressionsverhältnisse wurden bestimmt für gerade hörbares Klopfen bei Vollast, $n = 600$ Umdrehungen pro min und Siedekühlung (Kühlwasser 100° C; Gemischzusammensetzung und Zündverstellung für Maximalleistung). Die Bedingungen sind ungefähr mit denen der CFR-Research-Methode vergleichbar.

Tabelle 113.
Kritische Kompressionsverhältnisse für Azetylenkohlenwasserstoffe. (Nach BOYD und Mitarbeitern.)

| Kohlenwasserstoff | K.K.V. | Δ K.K.V. (bei Zusatz von 1 $cm^3$ $Pb(Aeth)_4$ pro Gallone | Δ % |
|---|---|---|---|
| Azetylen . . . | 4,6 | — | — |
| 1-Heptin . . . | 4,9 | 0,33- | 6,7 |
| 3-Heptin . . . | 3,4 | 0,10 | 2,9 |
| 2-Octin . . . . | 4,0 | 0,10 | 2,5 |
| | | Mittel: | 4 |

Die voraufgehenden Tabellen lassen eine Reihe von Regelmäßigkeiten erkennen, die weitgehend parallel gehen mit dem, was im vorangehenden Kapitel über die langsame Oxydation der Kohlenwasserstoffe zusammengetragen ist. Wir heben hervor:

a) In der Reihe der n-Paraffine nimmt die Klopffestigkeit mit wachsender Kettenlänge ab.

b) Für Olefine gilt ähnliches; da hier die Lage der Doppelbindung bei Stoffen gleicher C-Atomzahl noch Unterschiede bedingt, so muß man für den Vergleich die Lage der Doppelbindung fixieren; betrachtet man z. B. α-Olefine[2], so wird die bei a) aufgestellte Regel unmittelbar ersichtlich. Bei Azetylenkohlenwasserstoffen reicht das Material nicht aus zur Ableitung einer Regel. Wenn auch bei Paraffinen wie bei Olefinen mit steigender C-Atomzahl die Klopffestigkeit abnimmt, so erfolgt doch diese Abnahme nicht bei beiden gleich schnell; infolgedessen schneiden sich die Kurven für beide, und zwar etwa in der Gegend des Butans. Sieht man von den ersten Gliedern der Reihen ab, wo sowohl Olefine als auch Azetylene weniger klopffest sind als die entsprechenden Paraffine, so gilt, also etwa von Butan aufwärts, somit gerade für die in flüssigen Brennstoffen wichtigen Kohlenwasserstoffe, daß

c) bei gleicher Kettenlänge und Struktur Einführen einer Doppel- oder Dreifachbindung die Klopffestigkeit im allgemeinen erhöht (mit Ausnahme der ersten Glieder).

[1] Vgl. RICARDO, H. R.: Zitiert S. 545.

[2] Verschieben der Doppelbindung nach der Mitte des Moleküls zu wirkt ähnlich wie Verzweigung günstig auf die Klopffestigkeit.

d) Bei Olefinen mit gerader Kette scheint das α-Olefin die geringste Klopffestigkeit aufzuweisen.

e) Sowohl bei Paraffinen als auch bei Olefinen gilt, daß bei gleicher Molekülgröße durch Verzweigung der Kette die Klopffestigkeit erhöht wird; z. B. steigt das kritische Kompressionsverhältnis vom n-Heptan zu dem verzweigtesten, symmetrischsten Heptan, dem 2,2,3-Trimethylbutan von 2,8 auf 13 an. In die Klasse der verzweigten, klopffesten Paraffine gehört auch das als Klopfstandard und neuerdings als klopffestes Fliegerbenzin produzierte i-Octan der Octanzahl 100: 2,2,4-Trimethylpentan.

Auffallend ist die Verbesserung des Klopfverhaltens durch Einfügen von Doppelbindungen, um so mehr, als man ja von der aus der organischen Chemie bekannten besonderen Reaktionsfähigkeit der Olefine zunächst auf das Gegenteil schließen möchte; dieses Verhalten schließt sich aber auch eng dem an, was die Erfahrungen über die Kohlenwasserstoffoxydation ergeben haben (vgl. vorangehendes Kapitel). Noch mehr macht sich die Wirkung der Doppelbindung bemerkbar bei konjugierter Doppelbindung in Diolefinen, vgl. die obige Tabelle.

Tabelle 114. Kritisches Kompressionsverhältnis (K.K.V.) von Naphtenen (gesättigt), sowie absolute und relative Erhöhung durch Bleizusatz. (Nach Boyd und Mitarbeitern, wie in Tabelle 112.)

| Stoff | K.K.V. | ΔK.K.V. bei Bleizusatz | Δ % |
|---|---|---|---|
| Cyclopentan | 10,8 | 2,7 | 25 |
| Äthylcyclopentan | 3,9 | | |
| 1,3-Dimethylcyclopentan | 4,2 | | |
| 1,3-Methyl-Äthylcyclopentan | 3,6 | | |
| n-Amylcyclopentan | 2,8 | | |
| Cyclohexan | 4,5 | 0,65 | 14,4 |
| Methylcyclohexan | 4,6 | 0,30 | 6,5 |
| 1,2-Dimethylcyclohexan | 5,1 | 0,35 | 6,9 |
| 1,3-Dimethylcyclohexan | 4,4 | 0,21 | 4,8 |
| 1,4-Dimethylcyclohexan | 4,3 | | |
| Äthylcyclohexan | 3,8 | | |
| 1,2-Methyläthylcyclohexan | 4,3 | 0,16 | 3,7 |
| 1,3-Methyläthylcyclohexan | 3,8 | 0,12 | 3,2 |
| 1,4-Methyläthylcyclohexan | 3,7 | 0,13 | 3,5 |
| n-Butylcyclohexan | 3,3 | | |
| s-Butylcyclohexan | 3,6 | | |
| 1,2-Methyl-n-Propylcyclohexan | 3,6 | 0,12 | 3,3 |
| 1,3-Methyl-n-Propylcyclohexan | 3,4 | 0,12 | 3,5 |
| 1,4-Methyl-n-Propylcyclohexan | 3,3 | 0,12 | 3,6 |
| 1,4-Methyl-iso-Propylcyclohexan | 4,0 | 0,26 | 6,5 |
| 1,3-Diäthylcyclohexan | 3,2 | | |
| 1,4-Diäthylcyclohexan | 3,3 | | |
| n-Amylcyclohexan | 3,1 | | |
| i-Amylcyclohexan | 3,3 | | |
| tert.-Amylcyclohexan | 4,2 | | |
| 1,2-Methyl-n-Butylcyclohexan | 3,4 | 0,10 | 2,9 |
| 1,3-Methyl-n-Butylcyclohexan | 3,3 | 0,10 | 3,0 |
| 1,4-Methyl-n-Butylcyclohexan | 3,2 | 0,10 | 3,1 |
| 1,2-Methyl-n-Amylcyclohexan | 3,2 | 0,10 | 3,1 |
| Decahydronaphtalin | 3,6 | 0,13 | 3,6 |
| Relative Erhöhung des K.K.V. bei Zusatz von 1 cm³ Bleitetraäthyl pro Gallone, im Mittel: | | | 5,9 |

Der Verwendung ungesättigter Kohlenwasserstoffe, besonders solcher mit konjugierter Doppelbindung steht ihre Polymerisationsfähigkeit und

Oxydierbarkeit in Lösung und Harzbildung, die den Motorbetrieb stört, vielfach im Wege. In der Reihe der Naphthene, d. i. der ringförmigen aliphatischen Verbindungen, wiederholen sich im wesentlichen die besprochenen Gesetzmäßigkeiten, wie aus den Tabellen 114 und 115 hervorgeht.

Tabelle 115. Kritische Kompressionsverhältnisse für Naphthene (ungesättigt). (Nach BOYD und Mitarbeitern, wie Tabelle 112.)

| | K.K.V. | Δ K.K.V. | Δ % |
|---|---|---|---|
| Cyclopentadien . . . | 10,9 | —0,90 | —8,3 |
| Dimethylfulven . . . | 9,2 | —0,13 | —1,4 |
| Inden . . . . . . . | 11,2 | —0,10 | —0,9 |
| Dicyclopentadien . . | 11,0 | —0,30 | —2,7 |
| Cyclopenten . . . . | 7,9 | 0,20 | +2,5 |
| 1,3-Cyclohexadien . . | 5,9 | —0,02 | —0,3 |
| Cyclohexen . . . . . | 4,8 | 0,20 | +4,2 |
| 1 Methylcyclohexen . | 4,8 | | |
| Dipenten . . . . . . | 5,9 | 0,25 | +4,2 |
| Relative Erhöhung des Kritischen Kompressionsverhältnisses bei Zusatz von 1 cm³ $Pb(Aeth)_4$ pro Gallone, im Mittel: | | | **—0,3** |

Kommen wir auf unsere Ausgangsfragestellung zurück, nur unter Verwertung gesicherter Tatsachen Beziehungen über das Klopfverhalten aufzustellen, so werden folgende Schlüsse nahegelegt[1]. Es handelt sich beim Klopfvorgang, wie mehrfach erörtert, um den Ablauf von Kettenreaktionen. Ganz allgemein ist die Geschwindigkeit einer Kettenreaktion (vgl. S. 255ff.) (der die Klopftendenz parallel geht) um so größer:

Tabelle 116. Kritische Kompressionsverhältnisse für Aromaten. (Nach BOYD und Mitarbeitern, vgl. Tabelle 112.)

| Stoff | K.K.V. | Δ K.K.V. | Stoff | K.K.V. | Δ K.K.V. |
|---|---|---|---|---|---|
| Benzol. . . . . . . . | > 15 | | Cymol (1,4-Methyl-i-Propylbenzol) . . . | 11,1 | 1,0 |
| Toluol . . . . . . . | 13,6 | | 1,3-Diäthylbenzol . . | 10,8 | |
| Äthylbenzol . . . . . | 10,5 | 2,0 | 1,4-Diäthylbenzol . . | 9,3 | |
| o-Xylol . . . . . . . | 9,6 | | tert.-Amylbenzol . . | 12,1 | 2,0 |
| m-Xylol . . . . . . . | 13,6 | | Phenylacetylen . . . | 12,4 | —0,80 |
| p-Xylol . . . . . . . | 14,2 | | Phenyläthylen . . . . | 14,0 | |
| n-Propylbenzol . . . . | 10,1 | | Benzylacetylen . . . | 7,4 | 0,12 |
| i-Propylbenzol . . . . | 11,9 | | Methyl-Phenylacetylen | 11,8 | —0,30 |
| Mesitylen . . . . . . | 14,8 | | Phenylbutadien . . . | 9,5 | 0,00 |
| n-Butylbenzol . . . . | 7,7 | | Trimethylphenylallen. | 8,3 | —0,20 |
| sec.-Butylbenzol . . . | 10,1 | | | | |
| tert.-Butylbenzol . . . | 12,5 | | | | |

1. je *größer* die Wahrscheinlichkeit ketteneinleitender Prozesse,
2. je *größer* die Wahrscheinlichkeit kettenverzweigender Prozesse,
3. je *kleiner* die Wahrscheinlichkeit kettenabbrechender Prozesse.

Die oben aufgezählten Erfahrungen über Klopfverhalten verschiedener Kohlenwasserstoffe sowie Verhalten bei langsamer Oxydation lassen

[1] Für diese Diskussion vgl. W. JOST u. L. v. MÜFFLING: Z. Elektrochem. Bd. 45 (1939) S. 93.

Tabelle 117. Octanzahlen von Paraffinen. (Nach EGLOFF[1], CFR-Motor-Methode.)

| Stoff | Octanzahl | Stoff | Octanzahl |
|---|---|---|---|
| Methan | 125+ | 2,3-Dimethylbutan | 95 |
| Äthan | 125+ | n-Hexan | 0 |
| Propan | 125+ | Heptane | |
| Butane | | 2,2-Dimethylpentan | 93 |
| i-Butan | 99 | 2,3-Dimethylpentan | 85 |
| n-Butan | 91 | 2,4-Dimethylpentan | 90 |
| Pentane | | 2-Methylhexan | 64 |
| 2,2-Dimethylpropan | 83 | n-Heptan | 0 |
| i-Pentan | 90 | Octane | |
| n-Pentan | 64 | n-Octan | —28 |
| Hexane | | 2,2,3-Trimethylpentan | 101 |
| 2,2-Dimethylbutan | 95 | 2,2,4-Trimethylpentan | 100 |

Tabelle 118. Octanzahlen von Äthern und Mischoctanzahlen. (Nach EGLOFF[1], CFR-Motor-Methode.)

| Stoff | Octanzahl | Mischoctanwert in 25% Mischung mit 74-Octan-Fliegerbenzin + 1 cm³ Pb(Aeth)₄ pro Gallone |
|---|---|---|
| Diisopropyläther | 101 | 105 |
| Methylisopropyläther | 73 | 90 |
| Methyl-tert.-Butyläther | 111 | 106 |
| Methyl-tert.-Amyläther | 108 | 108 |
| Äthyl-isopropyläther | 75 | 87 |
| Äthyl-sec.-Butyläther | 63 | 73 |
| Äthyl-tert.-Butyläther | 115 | 114 |
| Äthyl-tert.-Amyläther | 112 | 106 |
| iso-Propyl-tert.-Butyläther | 112 | 118 |
| n-Propyl-tert.-Butyläther | 103 | 106 |
| Di-sec.-Butyläther | 95 | — |
| sec.-Butyl-tert.-Butyl-äther | 106 | 105 |
| tert.-Butyl-n-Butyläther | 81 | 92 |
| tert.-Butyl-n-Amyläther | 63 | 80 |

Ketone sind ebenfalls sehr klopffest und zeigen hohe Bleiempfindlichkeit.

Tabelle 119.
Octanzahlen von Alkoholen. (Nach EGLOFF[1, 2] CFR-Motor-Methode.)

| Methanol | Äthanol | n-Butanol | i-Butanol | sec.-Butanol | tert.-Butanol | Amyl | tert.-Amyl |
|---|---|---|---|---|---|---|---|
| 98 | 99,5 | 87,5 | 87,5 | — | 100 + (i-Octan + 3 Bleitetraäthyl pro Gallon) | 77,5 | 100 + (i-Octan + 0,2 Bleitetraäthyl pro Gallon) |

In Mischung mit 70-Octan-Gasolin zeigen die Alkohole auch gute Bleiempfindlichkeit.

[1] EGLOFF, G.: J. Inst. Petrol. Technologists Bd. 23 (1937) S. 645.
[2] Vgl. ferner F. R. BANKS: Some problems of modern High-Duty Aero Engines and their Fuels. J. Inst. Petrol. Technologists Bd. 23 (1937) S. 63.

sich vom Standpunkt der Kettenvorstellung vereinbaren mit der anscheinend entgegengesetzten Erfahrung der organischen Chemie, daß nämlich Paraffine am wenigsten, Olefine am stärksten reaktionsfähig sind, umgekehrt wie beim Klopfen, wenn man folgendes annimmt:

I. Die große Oxydierbarkeit der Paraffine beim Klopfen kommt trotz geringer Reaktionsfähigkeit des Einzelmoleküls (geringer Wahrscheinlichkeit der Ketteneinleitung) dadurch zustande, daß der Kettenabbruch sehr unwahrscheinlich ist, daß also recht lange Reaktionsketten auftreten.

II. Für die relative Klopfbeständigkeit der Olefine mit voraussichtlich nicht geringer Reaktionsfähigkeit des Einzelmoleküls und damit nicht kleiner Wahrscheinlichkeit der Ketteneinleitung muß angenommen werden, daß die kettenabbrechenden Reaktionen große Wahrscheinlichkeit besitzen, daß die Reaktionsketten also relativ nur kurz sind. Das kann man sich ungezwungen etwa so vorstellen, daß eine kettenfortführende Verbindung mit der Doppelbindung des Ausgangsmoleküls abreagiert.

Akzeptiert man die Annahmen I und II als Arbeitshypothesen, so ergibt sich eine Reihe von an der Erfahrung prüfbaren Konsequenzen. Wir fragen, was läßt sich über die Wirkung von Zusätzen und über das Verhalten von Mischungen aussagen. Der Kürze wegen bezeichnen wir als Treibstoffe der Klasse I bzw. II solche, die im Idealfall durch die Aussagen I bzw. II charakterisiert werden; also würden z. B. Paraffine und Naphthene zur Gruppe I gehören mit geringer Wahrscheinlichkeit des Kettenabbruchs, Ungesättigte aller Art (wozu Aromaten, die gesondert zu behandeln wären, nicht ohne weiteres gezählt werden dürfen) gehören zur Klasse II mit großer Wahrscheinlichkeit des Kettenabbruchs.

Ist ferner ein Antiklopfmittel gekennzeichnet als Verbindung mit kettenabbrechenden Eigenschaften (womit wir nicht notwendig verstanden wissen wollen, daß die Verbindung als solche diese Eigenschaften hat, sondern evtl. auch erst ihre Zerfallsprodukte, wie Pb oder Bleioxyde im Fall des $Pb(Aeth.)_4$, Eisen oder Eisenoxyde im Fall des $Fe(CO)_5$) so wird sicher der Zusatz einer solchen Verbindung um so wirksamer sein müssen, je seltener Kettenabbruch ohne ihn erfolgt. D. h. bei einem Paraffin oder gesättigten Naphthen wird man eine stärkere Antiklopfmittelwirkung erwarten als bei der entsprechenden ungesättigten Verbindung. Ein ausgedehntes Material über die Wirkung von Zusätzen liegt nur für $Pb(Aeth)_4$ vor, wieder hauptsächlich aus Arbeiten von Boyd und Mitarbeitern, und bestätigt vollkommen unsere Erwartungen; in den obigen Tabellen sind bereits die Erhöhungen der kritischen Kompressionsverhältnisse bei Zusatz von 1 $cm^3$ Bleitetraäthyl auf die amerikanische Gallone ($\sim$ 3,8 l) mit eingetragen.

Als Mittel der relativen Erhöhung des kritischen Kompressionsverhältnisses ergibt sich (Tabelle 112) für die Olefine 5,9% und für

Azetylene 4%, für die Paraffine dagegen 10,9%; der Unterschied in dem zu erwartenden Sinne ist also ganz ausgeprägt; er zeigt sich auch bei den Einzelstoffen mit nur 2 Ausnahmen[1], was in Anbetracht der immer ins Spiel kommenden konstitutiven Einflüsse nicht weiter verwundert. Die gleiche Regelmäßigkeit gilt im Mittel auch für die absolute Erhöhung des Kompressionsverhältnisses, obwohl hier im einzelnen sehr viel stärkere Abweichungen beobachtbar sind; wir werden aber später sehen, daß die relative Erhöhung als das sinnvollere Maß anzusehen ist.

Das gleiche gilt auch für die Naphthene, Tabelle 114; hier ist die relative Erhöhung des kritischen Kompressionsverhältnisses durch Bleizusatz im Mittel 5,9% bei gesättigten (zufällig der gleiche Wert wie bei den isomeren Olefinen), während für die ein- und mehrfach Ungesättigten sich im Mittel eine Verschlechterung des Klopfverhaltens ergibt, $\Delta$ K.K.V. wird im Mittel —0,3%, und zwar wird $\Delta$ nur bei den mehrfach ungesättigten negativ (Tabelle 115). Der Unterschied zwischen Gesättigten und Ungesättigten ist im Mittel der gleiche wie bei den Paraffinen.

Aromaten (Tabelle 116) zeigen kein einheitliches Verhalten, was nicht verwunderlich ist, da ja die Natur der Substituenten für den Charakter der Verbindung wesentlich mitverantwortlich ist. So kommt bei Aromaten mit aliphatischer Seitenkette, besonders wenn diese verzweigt ist, der aliphatische Charakter heraus, und die Bleiempfindlichkeit ist verhältnismäßig groß, während umgekehrt bei ungesättigten Substituenten die Bleiempfindlichkeit klein wird und der Effekt teilweise negatives Vorzeichen trägt.

Die beobachtete Wirkung von Bleitetraäthyl bestätigt also im wesentlichen die oben auf Grund der Kettenvorstellungen ausgesprochenen Erwartungen. Es zeigen sich dabei noch eine Reihe individueller Eigentümlichkeiten und allgemeinerer Beziehungen, auf die teilweise noch hingewiesen sei.

a) Bei ungesättigten Verbindungen wird die Bleiempfindlichkeit größer bei zunehmender Verzweigung und wenn die Doppelbindung nach der Mitte des Moleküls rückt.

b) Bei Azetylen-Kohlenwasserstoffen wird umgekehrt die Verbesserung des Klopfverhaltens durch Zusatz von Bleitetraäthyl um so geringer, je weiter die Dreifachbindung in die Mitte des Moleküls rückt.

c) Bei Aromaten nimmt die Bleiempfindlichkeit zu, je mehr die Seitenkette klopffesten Paraffinen entspricht.

Abb. 262 nach Boyd und Mitarbeitern läßt das verschiedene Verhalten der einzelnen Gruppen von Kohlenwasserstoffen deutlich hervortreten.

---

[1] Bemerkenswerterweise betreffen diese Ausnahme gerade $\beta$ bzw. $\gamma$-Olefine, die klopffester sind als die $\alpha$-Olefine und offenbar in ihrem Charakter den verzweigten Paraffinen etwas ähneln.

Wie Bleitetraäthyl um so weniger wirkt, je mehr Ketten schon von Anfang an abgebrochen werden, so müßte auch ein erneuter Bleitetraäthyl-Zusatz weniger Wirkung haben, wenn bereits durch einen früheren Zusatz Verbesserung der Klopfeigenschaften erzielt ist; auch das bestätigen die Versuche, z. B. von HEBL und RENDEL[1].

Es gilt im allgemeinen (außer für sehr kleine Zusätze) also keine lineare Beziehung zwischen Bleizusatz und Steigerung der Klopffestig-

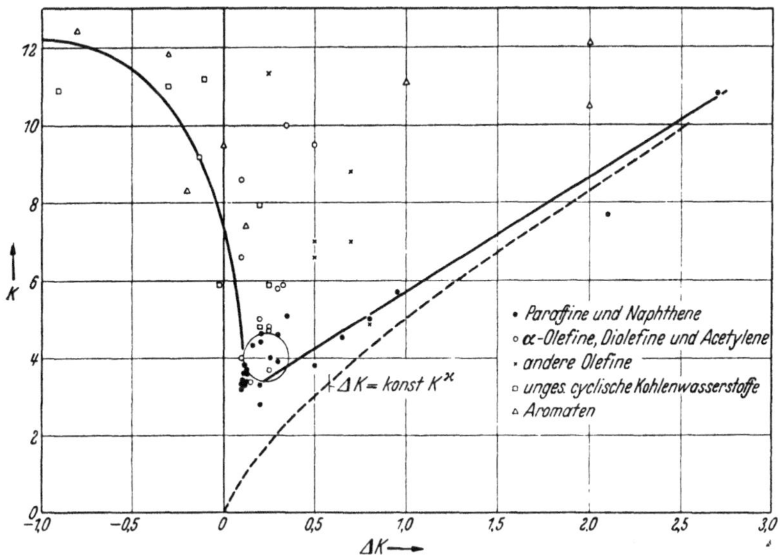


Abb. 262. Kritisches Kompressionsverhältnis $K$, sowie Erhöhung des kritischen Kompressionsverhältnisses bei Zusatz von 1 cm³ Bleitetraäthyl je Gallone $\Delta K$ für verschiedene Kohlenwasserstoffgruppen. (Nach LOVELL, CAMPBELL u. BOYD, zitiert S. 545.)

keit. Die Erfahrungen über Wirkung von Blei in verschiedenen Konzentrationen und über den Unterschied seiner Wirkung bei gesättigten und ungesättigten Kohlenwasserstoffen kann man versuchen, etwa folgendermaßen in einer Aussage zusammenzufassen: Ungesättigte Kohlenwasserstoffe erscheinen deshalb im Mittel klopffester als die entsprechenden gesättigten (Paraffine oder Naphthene), weil die Mehrfachbindung kettenabbrechend, d. h. wie ein Antiklopfmittel wirkt. D. h. roh gesprochen: Ungesättigte benehmen sich so, wie gesättigte, denen bereits Antiklopfmittel zugesetzt war; in beiden Fällen wird erneuter Antiklopfmittelzusatz weniger wirksam sein müssen als bei gesättigten Kohlenwasserstoffen ohne schon vorhandenen Antiklopfmittelzusatz.

Die Aussagen: Ein Kraftstoff ist klopffest, weil in ihm weniger Ketten ablaufen, oder aber er ist klopffest, weil in ihm viel Ketten

[1] HEBL, L. E. u. T. B. RENDEL: J. Inst. Petrol. Technologists Bd. 17 (1931) S. 187.

abgebrochen werden, erlauben Schlüsse auf das voraussichtliche Verhalten dieser Stoffe in Mischungen zu ziehen: Setzt man einem wenig klopffesten Kraftstoff, etwa n-Heptan, einen klopffesteren zu, so wird dessen Wirkung einerseits in einer Verdünnung des wenig klopffesten dann unter Umständen aber auch in einer Beeinflussung von dessen Verbrennungsablauf bestehen; den ersten Einfluß müßte man — ein rationelles Maß vorausgesetzt, als das die Octanzahl nicht von vornherein angenommen werden darf — nach der Mischungsregel berechnen können; der zweite Einfluß kann eine Verbesserung oder Verschlechterung des resultierenden Klopfverhaltens bedingen. Besitzt der zugesetzte Kraftstoff stark kettenabbrechende Wirkung, so wird man erwarten, daß das Gemisch höhere Klopffestigkeit hat, als man aus der Mischungsregel errechnet. Man bezeichnet die Octanzahl, die man dem zugesetzten Stoff zuschreiben müßte, damit die gefundene Octanzahl des Gemisches mit der aus der Mischungsregel berechneten übereinstimmt, als Mischoctanzahl. Wenn die früher entwickelten Vorstellungen über die verschiedenen Gruppen von Treibstoffen richtig sind, so müßten solche der Klasse I (mit geringer Wahrscheinlichkeit des Kettenabbruches und relativ hoher Bleiempfindlichkeit) bei gleicher Klopffestigkeit in reiner Form im allgemeinen niedrigere Mischoctanzahlen haben als solche der Klasse II (mit großer Wahrscheinlichkeit des Kettenabbruches und kleiner Bleiempfindlichkeit). Das ist wiederum eine Folgerung, die im weitesten Umfang von der Erfahrung bestätigt wird.

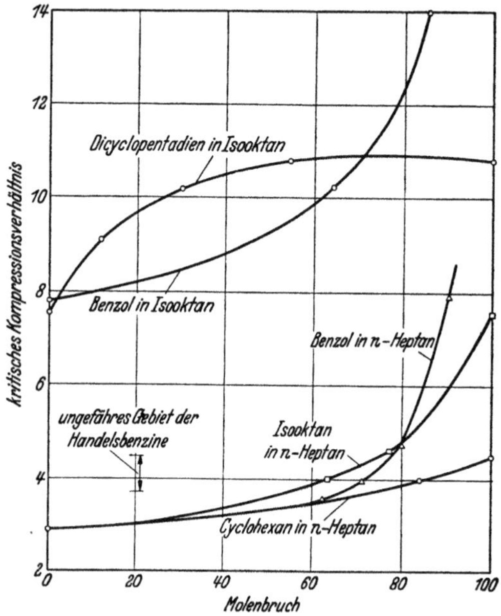


Abb. 263. Kritische Kompressionsverhältnisse verschiedener Gemische (Research-Methode); als Abszisse ist der Molenbruch der klopffesteren Komponenten in der Mischung aufgetragen. Auffallend ist die besonders starke Wirkung kleiner Beimischungen von Dicyclopentadien. (Nach LOVELL, CAMPBELL u. BOYD[1]).

Zunächst zeigt Abb. 263 nach LOVELL, CAMPBELL und BOYD[1] kritische Kompressionsverhältnisse (nach der gleichen Methode wie S. 546 bestimmt, d. h. etwa der CFR-Research-Methode äquivalent) für eine Reihe von Mischungen. Die eine Komponente ist immer entweder

[1] LOVELL, CAMPBELL u. BOYD: Industr. Engng. Chem. Bd. 26 (1934) S. 1105.

n-Heptan oder iso-Octan; als zweite Komponente ist Cyclohexan, i-Octan, Benzol und in einem Falle als typische mehrfach ungesättigte Verbindung das Dicyclopentadien gewählt worden. Während in allen Fällen kleine Zusätze der klopffesteren Verbindung nur eine verhältnismäßig geringe Verbesserung der Eigenschaften des Gemisches bewirken, ist der Einfluß des ungesättigten Dicyclopentadien in kleinen Konzentrationen bereits außerordentlich stark, wie nach obigem zu erwarten. Für das Verhalten der iso-Octan-n-Heptan-Gemische vgl. auch die Verhältnisse bei der langsamen Oxydation (Kap. XI, S. 452 ff.). Die obige Abb. 263, ebenso wie die auf eine andere Methode bezügliche Abb. 261, S. 528 läßt erkennen, daß die Octanzahlskala ein sehr ungleichförmiger Maßstab für die Klopffestigkeit ist; bei niederen Octanzahlen entspricht einer Änderung um eine Einheit eine viel geringere Änderung des kritischen Kompressionsverhältnisses als bei hohen Octanzahlen. Die Ungleichförmigkeit wird zwar etwas geringer, wenn man statt des Kompressionsverhältnisses die bei der Kompression erreichte Endtemperatur heranzieht; denn bei hohen Kompressionsverhältnissen bedeutet Erhöhung des Kompressionsverhältnisses um eine Einheit eine geringere Temperatursteigerung als bei niederem Kompressionsverhältnis; eine Ungleichförmigkeit bleibt aber selbst dann noch erhalten.

Lovell, Campbell und Boyd (zitiert S. 545) haben eine große Anzahl von Stoffen auf ihr Verhalten in Mischungen untersucht; die Meßresultate sind nicht in Octanzahlen ausgedrückt, sondern als „Anilinäquivalente“ angegeben. Und zwar wurde der Brennstoff jeweils in verdünnter Mischung in einem Bezugsbenzin der Octanzahl 55 untersucht und als Anilinäquivalent des Kraftstoffes die Anzahl $^1/_{100}$ Grammole Anilin gerechnet, die pro Liter Bezugsbenzin dieselbe Klopfwertänderung hervorrufen wie ein Mol des Kraftstoffes pro Liter Bezugsbenzin. Da auch Verschlechterung des Klopfverhaltens vorkommt, so wird in diesen Fällen das negative Anilinäquivalent definiert als die entsprechende Anilinmenge, welche das Gemisch in seinem Klopfverhalten dem Bezugskraftstoff wieder gleichwertig macht. An sich ist es möglich mittels empirischer Beziehungen daraus Mischoctanzahlen zu berechnen (die natürlich noch von dem Bezugskraftstoff abhängen).

Da es aber nur auf die relativen Werte ankommt, so erhält man einen willkürfreieren Vergleich, wenn man die Anilinäquivalente unmittelbar benutzt. Diese zeigen (Abb. 264) ganz ausgeprägt folgendes Verhalten: Bei gleicher Klopffestigkeit (gleichem kritischem Kompressionsverhältnis) gilt im Mittel für die Anilinäquivalente, daß sie in der Reihenfolge Paraffin (oder Naphthen) $\rightarrow$ Olefin (ungesättigtes Naphthen) $\rightarrow$ Diolefin (auch ringförmig) stark zunehmen. Das ist wieder gerade das, was nach unseren obigen Überlegungen zu erwarten war. Weiter folgt natürlich, daß in derselben Reihenfolge in welcher bei gleicher Klopffestigkeit in reiner Form die Mischoctanzahl zunimmt, die

Bleiempfindlichkeit abnehmen muß[1]. Denn je höher die Mischoctanzahl, desto stärker kettenabbrechende Eigenschaften hat die Substanz an sich schon, desto weniger wird ihr Verhalten also durch kettenabbrechende Zusätze zu beeinflussen sein. Es ist darum vielleicht nicht verwunderlich, wenn der an sich bekannte ketteneinleitende Einfluß des Bleitetraäthyls[2] sich hier neben seiner kettenabbrechenden Wirkung bemerkbar macht und das Klopfverhalten des Grundstoffes ungünstig beeinflußt.

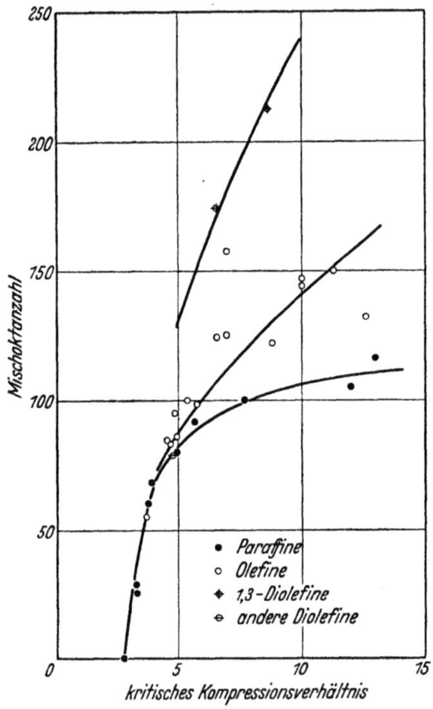


Abb. 264. Anilinäquivalente (als Maß der Mischoctanzahl) gegen kritisches Kompressionsverhältnis aufgetragen für verschiedene Kohlenwasserstoffgruppen. (Nach Versuchen von BOYD u. Mitarbeitern.)

Man kann auch die verschiedenen Einflüsse vom Standpunkt der Kettentheorie der Reaktionsgeschwindigkeit aus quantitativ zu formulieren versuchen[1,3]; dabei kommt man zu Ausdrücken, die für das mittlere Verhalten einer Stoffgruppe gültig sind (weil die Erfassung aller individuellen Eigenschaften die nicht zu vertretende Einführung einer größeren Zahl verfügbarer Konstanten erfordern würde), und die natürlich nur in der Annäherung gelten, mit welcher überhaupt die vereinfachten formalen Ausdrücke der Kettentheorie richtig sind[4]. Die erhaltenen Ausdrücke erlauben eine befriedigende Beschreibung 1. der verschiedenen Beeinflußbarkeit des Klopfverhaltens innerhalb einer Reihe durch Zusatz von $Pb(Aeth)_4$; insbesondere kann man ungezwungen ein Grenzgesetz für das gefundene Verhalten der Paraffine und Naphthene gewinnen (vgl. Abb. 262, gestrichelte Kurve); 2. der relativen Wirksamkeit verschieden großer Bleizusätze und 3. der Möglichkeit verschiedenen, sogar dem Vorzeichen nach verschiedenen Einflusses von $Pb(Aeth)_4$ auf die Kraftstoffe verschiedener Gruppen.

[1] Vgl. hierzu die Darstellung bei JOST und v. MÜFFLING: Zitiert S. 549.

[2] Bleitetraäthyl zerfällt unter Bildung freier Radikale, die beispielsweise den Zerfall von Kohlenwasserstoffen induzieren können.

[3] JOST, v. MÜFFLING, ROHRMANN: Zitiert S. 480.

[4] JOST, W. u. L. v. MÜFFLING: Z. phys. Chem. Abt. A Bd. 183 (1938) S. 43.

Für den Vergleich der Änderung des Klopfverhaltens durch Bleizusatz bei verschieden klopffesten Substanzen überlegt man sich qualitativ folgendes. Wenn der Bleizusatz eine Hemmung der Reaktion bewirkt und man infolgedessen das Kompressionsverhältnis bis zum Einsetzen des Klopfens um einen gewissen Betrag über dasjenige erhöhen kann, welches ohne Bleizusatz bestimmend war, so ist dann durch die Temperaturerhöhung (infolge höherer Kompression, in untergeordnetem Maße auch durch die Druckerhöhung) gerade die Reaktionshemmung wieder kompensiert worden. Betrachtet man Stoffe, in denen gleiche Mengen Blei die gleiche relative Hemmung verursachen, was vielleicht am ehesten innerhalb homologer Reihen zu erwarten ist, so müßte die zur Kompensation dieser Hemmung nötige Erhöhung des Verdichtungsverhältnisses um so größer sein, je größer dieses an sich schon ist; denn je höher das Verdichtungsverhältnis, eine desto geringere Temperaturerhöhung hat eine weitere Steigerung desselben um eine Einheit zur Folge, wie man leicht ausrechnet. Die quantitative Durchführung dieser Überlegung[1] führt innerhalb solcher hypothetischer Stoffgruppen[2] auf die Beziehung zwischen kritischem Kompressionsverhältnis $\varepsilon$ sowie dessen Erhöhung $\Delta\varepsilon$ durch gegebenen Bleizusatz:

$$\Delta\varepsilon \simeq \text{const}\,\varepsilon^{\varkappa},$$

wobei const grundsätzlich aus reaktionskinetischen Daten berechenbar ist. Als Grenzgesetz scheint diese Beziehung z. B. für Paraffine und Naphthene gut erfüllt zu sein (Abb. 262). Es ist an sich möglich, auch das Verhalten anderer Stoffgruppen durch diese Formel angenähert zu erfassen und sie sinngemäß so zu verfeinern, daß sie auch individuellen Eigenschaften Rechnung trägt und z. B. auch die Verschlechterung des Klopfverhaltens mehrfach ungesättigter Verbindungen durch Bleizusatz miterfaßt; dafür muß auf die Originalarbeiten verwiesen werden.

## 10. Über Klopffeinde[3].

Unter den Klopffeinden ist das vor etwa 20 Jahren von Midgley aufgefundene Bleitetraäthyl[4] das wirksamste und wird auch heute noch in großem Umfang angewandt, obwohl Tausende von Verbindungen auf ihre klopffeindliche Wirkung untersucht worden sind. Das von der

---

[1] Vgl. Jost u. Mitarbeiter: Zitiert S. 480, 549.

[2] Vergleichbar sind u. a. nur Stoffe mit etwa gleiche scheinbarer Aktivierungsenergie der Verbrennung.

[3] Vgl. hierzu den Beitrag von G. Calingaert: The Science of Petroleum, Bd. IV, S. 3024ff.; sowie K. C. Bailey: The Retardation of Chemical reactions. London: Arnold 1937. Bailey gibt eine eingehende Diskussion der Beobachtungen über Antiklopfmittel und die verschiedenen im Laufe der Zeit aufgestellten Theorien, die aber sämtlich als überholt gelten müssen, soweit sie die Antiklopfmittelwirkung nicht als Eingreifen in eine Kettenreaktion beschreiben.

[4] Vgl. Zitate S. 492, 509.

I.G. produzierte Eisenkarbonyl ist zwar weniger wirksam als Bleitetraäthyl (auf Mole bezogen), aber seine Wirkung ist von der gleichen Größenordnung. Für die praktische Verwendung kommt es nicht nur auf die Antiklopfwirkung an, sondern auch darauf, daß im Motor keine den Betrieb störenden Produkte (Bleioxyd, Eisenoxyd zurückbleiben); das ist der Grund, weshalb Bleitetraäthyl in Form von Äthylfluid, mit Äthylenbromid gemischt, angewandt wird; es bildet sich dann Bleibromid, welches mit den heißen Verbrennungsgasen flüchtig ist. Doch liegen die hiermit zusammenhängenden Fragen außerhalb des Rahmens dieses Buches.

Wie aus den in diesem und dem vorangehenden Kapitel mitgeteilten Tatsachen eindeutig folgt, sind Klopffeinde solche Verbindungen, welche die Kettenreaktion der Kohlenwasserstoffoxydation in der Gasphase hemmen[1]. Dabei ist z. B. Bleitetraäthyl nur wirksam, wenn es zerfallen ist (vgl. S. 538); der angeführten Deutung widerspricht es darum auch nicht, wenn etwa andere Stoffe bei Zimmertemperatur viel stärker oxydationshemmend wirken als die wirksamen Klopffeinde[2]; das besagt nur, daß die oxydationshemmende Wirkung eines Stoffes sehr von den Versuchsbedingungen, z. B. der Temperatur abhängen kann.

Tabelle 121. Relative klopffeindliche Wirkung (Anilin = 1). (Nach CALINGAERT.)

| | |
|---|---|
| Benzol | 0,085 |
| iso-Octan (2,2,4-Trimethylpentan) | 0,085 |
| Äthanol | 0,104 |
| Xylol | 0,142 |
| Anilin | 1,00 |
| Äthyljodid | 1,09 |
| Titantetrachlorid | 3,2 |
| Zinntetraäthyl | 4,0 |
| Diäthylselenid | 6,9 |
| Diäthyltellurid | 26,6 |
| Nickelkarbonyl | 35 |
| Eisenkarbonyl | 50 |
| Bleitetraäthyl | 118 |

Demnach sind also praktisch alle Verbindungen, welche die langsame Oxydation von Kohlenwasserstoffen in der Gasphase hemmen, auch mehr oder weniger wirksame Klopffeinde. Dazu gehören neben einer Anzahl metallorganischer Verbindungen insbesondere stickstoffhaltige organische Verbindungen; die Wirksamkeit hängt dabei sehr stark von der Struktur ab. Man kann auch — das ist eine reine Frage der Terminologie — solche Verbindungen die eine abnorm hohe Mischoctanzahl haben (wie manche Olefine) zu den Antiklopfmitteln rechnen.

Für die relative Wirksamkeit verschiedener Stoffe (ausgedrückt durch die reziproke Anzahl von Molen, die denselben Antiklopfeffekt hervorrufen wie ein Mol Anilin) geben wir obige Übersicht nach CALINGAERT (zitiert S. 557) hauptsächlich nach LOVELL, CAMPBELL und BOYD sowie MIDGLEY und BOYD.

[1] EGERTON, A. C.: Nature, Lond. Bd. 119 (1927) S. 427; Bd. 121 (1928) S. 10. — TAYLOR, H. S.: Nature, Lond. Bd. 119 (1927) S. 746.

[2] LEWIS, J. ST.: J. chem. Soc. 1930, S. 2241. Vgl. BAILEY: Zitiert S. 557.

Von aromatischen Aminen sind solche von vergleichbarer Wirksamkeit wie das Anilin (= 1), die mindestens noch ein H-Atom am Stickstoff haben. Etwas stärker als Anilin wirken z. B.: Toluidin (1,22), m-Xylidin (1,4), Diphenylamin; weniger wirksam sind dagegen z. B. Dimethylanilin (0,21), Triphenylamin 0,09, sowie aliphatische Amine, Diäthylamin 0,495; Ammoniak wirkt sogar schwach klopffördernd. Neuerdings ist Aminocymol[1] als geeigneter klopffeindlicher Zusatz von gleicher Wirksamkeit wie Anilin beschrieben worden. Daß in den wirksamen Aminoverbindungen noch ein H-Atom am Stickstoff sitzen muß, dürfte darauf hindeuten, daß die Antiklopfwirkung mit einem Angriff an dem Stickstoff (oxydierend oder reduzierend) verbunden ist. Man könnte daran denken, daß die größere Wirksamkeit metallorganischer Verbindungen, verglichen mit Aminoverbindungen, daher rührt, daß diese bei dem Akt des Kettenabbruches vernichtet werden, während die Metalle durch vielfache Oxydation und Reduktion (evtl. nicht bis zum Metall; EGERTON weist darauf hin, daß die wirksamen Metalle sämtlich in zwei Oxydationsstufen vorliegen können) immer wieder in den Reaktionsablauf eingreifen können.

Den Antiklopfmitteln entgegengesetzt wirken die schon erwähnten „Klopfförderer" (S. 534ff.) wie organische Peroxyde, Nitrite, Ozon[2]. Die Existenz dieser Stoffe, die in ebenso kleiner Konzentration Ketten einleiten und Klopfen induzieren können, wie Klopffeinde Ketten abbrechen und Klopfen unterdrücken, läßt die hier entwickelten Vorstellungen in sich völlig abgerundet und geschlossen erscheinen; Zweifel an ihrer Richtigkeit dürften heute nicht mehr bestehen.

Dem Einfluß von Klopffeinden auf das Zündverhalten von Kohlenwasserstoffen sind wir wiederholt begegnet (vgl. u. a. S. 437). Die Heraufsetzung der Zündpunkte durch z. B. Bleitetraäthyl ist sehr verschieden, je nach dem untersuchten Stoff und den angewandten Versuchsbedingungen. Da bei allen Methoden außer der von TIZARD und PYE die Wand einen mehr oder weniger starken Einfluß auf die Resultate ausübt, so werden auch die Beobachtungen in Gegenwart von $Pb(Aeth)_4$ und anderer Stoffe davon nicht unabhängig sein; hierzu kommt noch, daß durch diese Zusätze der Zustand der Wand erheblich verändert wird[3]; die Ergebnisse aller solcher Versuche sind daher nur bedingt auf Motorverhältnisse übertragbar. Eine Erhöhung der Zündpunkte, um zwischen einigen bis gegen 200° C durch Bleitetraäthyl wird aber allgemein beobachtet.

---

[1] ERSHOV u. FEDOTOVA: J. appl. Chem. USSR. Bd. 10 (1937) S. 869. — Petroleum Technology in 1937, herausgeg. von F. H. GARNER: The Institute of Petroleum, S. 229. London 1938.

[2] BROOKS, D. B.: J. Inst. Petrol. Technologists Bd. 19 (1933) S. 835.

[3] Z. B. L. M. PIDGEON u. A. C. EGERTON: J. chem. Soc. 1932, S. 661, 676. — LEWIS, J. ST.: J. chem. Soc. 1930, S. 2241.

Über solche Versuche in Zündprüfern — die nach dem Gesagten sehr vorsichtig zu bewerten sind — vgl. HELMORE[1]; neben Beobachtungen über Erhöhung der Zündtemperatur unter diesen Bedingungen gibt es auch einzelne, die eine schwache Erniedrigung zeigen; wegen der Unübersichtlichkeit der wirksamen Faktoren braucht auch das nicht zu verwundern.

## 11. Schlußbemerkung[2].

Wir möchten nach den besprochenen Versuchen annehmen, daß es zur Deutung des Klopfens genügt, eine im unverbrannten Gemisch in homogener Phase ablaufende Reaktion anzunehmen, ohne entscheidende Mitwirkung von Gasschwingungen[3] oder heterogenen Reaktionen (z. B. an oder in Tröpfchen[4]); ebenso glauben wir nach den vorliegenden Erfahrungen, daß ein Temperaturverlauf der Kohlenwasserstoffoxydation wie unter den Bedingungen von TOWNEND und Mitarbeitern[5] normalerweise unter motorischen Verhältnissen nicht zu erwarten ist. Trotzdem wird man in Sonderfällen die Mitwirkung solcher Faktoren nicht von vornherein ausschließen können und an ihren Einfluß bei der Deutung eventueller Anomalien zu denken haben. Auf die Wirkung von Tröpfchen werden wir im nächsten Kapitel eingehen; dafür, daß Klopfen durch Tröpfchen und dergleichen befördert wird, scheinen keine direkten Versuche vorzuliegen (die von KING beziehen sich auf Selbstzündung bei Atmosphärendruck). In bezug auf die Wirkung von Stoßwellen sind die Prüfungen durch ROTHROCK und SPENCER (zitiert S. 506) negativ ausgefallen; es werden nur indirekte Argumente dafür angeführt: Z. B. nach DUMANOIS[6], daß Klopfen in einem Motor unterbleibt, wenn man dem Verbrennungsraum eine solche Form gibt, daß eine Reihe plötzlicher Erweiterungen des Querschnittes auf dem Weg der Flamme erfolgen. Eine solche Anordnung würde dem Auftreten von Stoßwellen und dem Einsetzen einer wahren Detonation entgegenwirken, weshalb DUMANOIS das Klopfen mit einer solchen identifizieren möchte. Die spezielle Form des Verbrennungsraumes wird aber auch gleichzeitig Flammenweg, Wirbelung und indirekt die Abkühlung beeinflussen, so daß nicht absolut sicher ist, ob die Unterdrückung einer Stoßwelle das Entscheidende war.

---

[1] HELMORE, W.: The Science of Petroleum, Bd. IV, S. 2970ff. 1938.

[2] Im Zusammenhang mit der motorischen Verbrennung möchten wir außer auf die im Text und im Anhang zitierten Darstellungen auf einen Vortrag von BANKS verweisen. J. Inst. Petrol. Technologists Bd. 23 (1937) S. 63.

[3] Vgl. S. 502ff., 512ff.

[4] Vgl. insbesondere H. L. CALLENDAR: Zitiert S. 535. — KING, R. O. u. Mitarbeiter: J. Inst. Petrol. Technologists Bd. 20 (1934) S. 791—820. — KING u. G. MOLE: J. Inst. Petrol. Technologists Bd. 21 (1935) S. 838, 845, 853. — Über den Einfluß von Schmieröl auf das Klopfen vgl. KING u. H. MOSS: Engineering, 11. u. 25. Juli 1930; 2. Jan. 1931. — KING: Engineering, 25. Aug. 1933.

[5] Vgl. S. 468ff.

[6] Vgl. die zusammenfassende Darstellung in The Science of Petroleum, Bd. IV, S. 3054.

Dafür, daß ein Temperaturverlauf, wie ihn TOWNEND und Mitarbeiter beobachten, auch unter motorischen Verhältnissen eine Rolle spielte, könnte man zunächst ältere Versuche von DUMANOIS[1, 2] anführen. Von der Tatsache ausgehend, daß einmal gebildete Peroxyde in der Gegend von 300° C zu zerfallen beginnen, erwartete er, daß Steigerung der Motortemperatur nach anfänglicher Verstärkung des Klopfens zu dessen Verschwinden führen müsse, weil die dafür verantwortlichen Peroxyde dann schon vorher zerfallen seien. Tatsächlich bestätigten seine Versuche diese Erwartung; aber der Motor arbeitete unter diesen Bedingungen dann auch noch ohne Zündung weiter. Die Deutung, die SERRUYS[3] diesen Versuchen gegeben hat, dürfte daher die richtige sein: Unter diesen Bedingungen treten Frühzündungen auf, und deshalb sind die Voraussetzungen für klopfende Reaktion nicht mehr gegeben. LEWIS und v. ELBE[4] versuchten für gewisse Erfahrungen im Motorbetrieb das von TOWNEND beobachtete Zündverhalten verantwortlich zu machen. Systematische Versuche über das Klopfen von Automotoren im tatsächlichen Betrieb[5] ergaben recht komplizierte Zusammenhänge. Da aber im praktischen Betrieb immer eine größere Anzahl von Faktoren gleichzeitig verändert wird, braucht man nicht anzunehmen, daß die Komplikationen eine Eigenschaft des Brennstoffs wiedergeben. Uns erscheint, daß der von LEWIS und v. ELBE erwähnte entscheidende Punkt: Die Schwierigkeit einer Trennung von Brennstoff- und Motorfaktoren hier vorläufig äußerste Vorsicht in der Beurteilung nahelegt.

## Dreizehntes Kapitel.

# Verbrennung im Dieselmotor.

Das Arbeitsverfahren bei der Dieselmaschine unterscheidet sich dadurch von dem beim Ottomotor, daß nur die angesaugte Luft von dem Kolben komprimiert wird und daß dann in die heiße, komprimierte Luft der Brennstoff eingespritzt wird, der sich darin von selbst, ohne Funken, entzündet.

Das Problem der Verbrennung ist im Dieselmotor wesentlich anderer Art als im Ottomotor. Es kommt im Dieselmotor erstens darauf an, daß überhaupt Zündung erfolgt, zweitens daß die weitere Verbrennung

[1] Vgl. S. 560, Fußnote 6.

[2] DUMANOIS, P.: Ann. Off. nat. Comb. liquides Bd. 9 (1934) S. 141. — C. R. Acad. Sci., Paris Bd. 197 (1933) S. 393.

[3] SERRUYS, M.: C. R. Acad. Sci., Paris Bd. 197 (1933) S. 224. Vgl. DUMANOIS: The Science of Petroleum.

[4] LEWIS, B. u. G. v. ELBE: Chem. Rev. Bd. 22 (1938) S. 155. Disk.bem.

[5] BEST, H. W.: Chem. Rev. Bd. 22 (1938) S. 143.

mit geeigneter Geschwindigkeit abläuft. Die Schwierigkeiten, die sich im Betrieb ergeben könnten, sind einmal, wie beim Ottomotor, daß die Zündung und der Druckanstieg zu spät erfolgen und damit Leistung verlorengeht. Wie beim Ottomotor durch Vorzündung, so kann man beim Dieselmotor durch Vorverlegen des Beginns der Einspritzung diesem Nachteil weitgehend begegnen; tatsächlich beginnt man auch wenigstens etwa 10 bis 20° Kurbelwinkel vor dem oberen Totpunkt mit der Strahleinspritzung. Nun ist aber bei einem längeren Zündverzug mit einer dem Zündverzug entsprechenden Vorverlegung des Spritzbeginns nicht alles getan, aus folgendem Grunde: Während des Zündverzuges wird ja weiter Brennstoff in den Brennraum eingespritzt; je länger der Zündverzug, eine um so größere Brennstoffmenge befindet sich im Zündzeitpunkt im Zylinder; je mehr Brennstoff aber vorhanden ist, um so steiler wird der Druckanstieg, wenn nun wirklich Verbrennung einsetzt, und die plötzliche Verbrennung einer zu großen Brennstoffmenge kann zum Klopfen des Dieselmotors führen und ist darum auf alle Fälle zu vermeiden. Das Klopfen im Dieselmotor hat also die entgegengesetzte Ursache wie das im Ottomotor: Im Ottomotor ist zu große Zündwilligkeit des adiabatisch komprimierten Restgemisches Ursache des Klopfens, im Dieselmotor ist ein zu großer Zündverzug, hervorgerufen durch die geringe Zündwilligkeit des Brennstoffes, Ursache des Klopfens. Demgemäß sind auch die Anforderungen an den Brennstoff in beiden Fällen sehr verschieden: Normale Paraffine niederer Octanzahl eignen sich für den Betrieb des Ottomotors sehr schlecht, für den Dieselmotor sehr gut, das umgekehrte gilt für klopffeste aromatische Brennstoffe; Steinkohlenteeröle lassen sich überhaupt nur mit Hilfe besonderer Vorkehrungen im Dieselmotor verbrennen[1].

Wie bei der Bekämpfung des Klopfens im Ottomotor kommen auch für die Förderung der Zündung im Dieselmotor eine Beeinflussung von der konstruktiven Seite und von der Brennstoffseite her in Frage.

## 1. Das Arbeitsverfahren des Dieselmotors.

Für den mit motorischen Verhältnissen weniger vertrauten Leser seien hier einige Bemerkungen eingeschaltet. Als Idealprozeß, den man zum Vergleich für den tatsächlich erzielten Wirkungsgrad zugrunde legt, kann man das „Gleichdruckverfahren“ wählen[2] (Abb. 265), im Gegensatz zu dem Gleichraumverfahren beim Ottomotor, wo man Wärme bei konstantem Volumen zu- und abgeführt dachte. Das bedeutet folgendes: Wir nehmen an bei 1, Abb. 265 befindet sich die angesaugte Luft beim Volumen $v_1$ im Zylinder, durch Kompression im Verhältnis $\varepsilon$ auf das Volumen $v_2$ steigt der Druck von $p_1$ auf $p_2$,

[1] Vgl. z. B. K. Zinner: Z. VDI Bd. 79 (1935) S. 1319.

[2] Vgl. D. R. Pye: Brennkraftmaschinen. Berlin: Julius Springer 1932. — Müller-Pouillet: Lehrbuch der Physik, Bd. III, 1.

und entsprechend die Temperatur an. Im Augenblick maximaler Kompression wird begonnen, Brennstoff einzuspritzen, wobei für den Idealfall angenommen wird, daß der eingespritzte Brennstoff momentan verbrennt; die Zufuhr wird dabei so geregelt, daß während dem der Druck konstant bleibt, bis das Volumen $v_3$ erreicht ist, d. h. im Falle des Idealprozesses mit Luft: Bei der bei konstantem Druck erfolgenden Expansion von 2 ($T_2$) auf 3 ($T_3$) wird die Wärmemenge $Q_1 = c_p \cdot (T_3 - T_2)$ zugeführt; von 3 nach 4 expandiert das Gas adiabatisch unter Arbeitsleistung, bis 4; dann wird dem Gas bei konstantem Druck die Wärmemenge $Q_2 = c_p(T_4 - T_1)$ entzogen, die es wieder in den Ausgangszustand zurückbringt. Der Wirkungsgrad ist dann (vgl. die entsprechenden Betrachtungen in Kap. XII, S. 493):

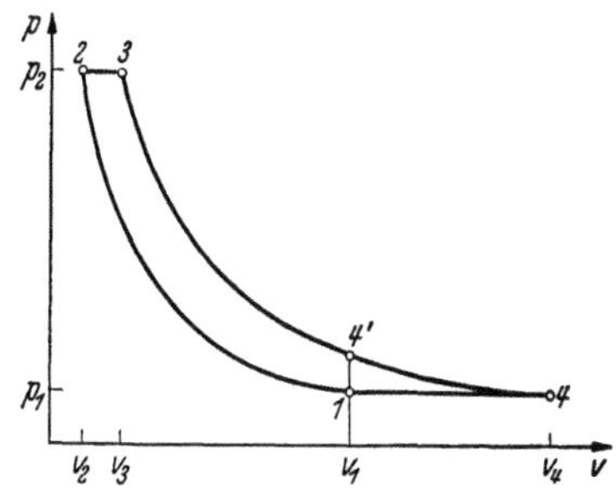

Abb. 265. Idealprozeß des Gleichraumverfahrens.

$$\eta = \frac{Q_1 - Q_2}{Q_1} = 1 - \frac{T_4 - T_1}{T_3 - T_2}. \tag{1}$$

Da wiederum die Temperaturen 1 und 2 bzw. 3 und 4 durch eine Adiabate verknüpft sind:

$$\frac{T_2}{T_1} = \frac{T_3}{T_4} = (\varepsilon)^{\varkappa - 1}, \tag{2}$$

also auch:

$$\frac{T_3 - T_2}{T_4 - T_1} = \varepsilon^{\varkappa - 1}, \tag{3}$$

wird damit

$$\eta = 1 - \frac{1}{\varepsilon^{\varkappa - 1}}, \tag{4}$$

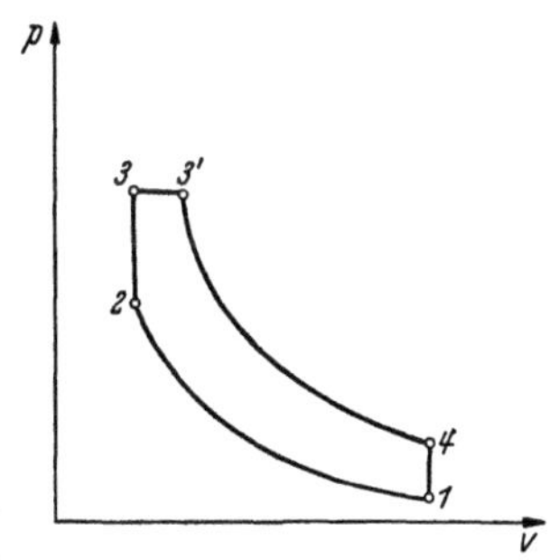

Abb. 266. Idealprozeß des Raumdruckverfahrens.

also derselbe Wert wie für den Gleichraumprozeß. In Wirklichkeit erfolgt aber die Expansion nicht bis zum Volumen $v_4$, sondern bis zum Ausgangsvolumen $v_1$, d. h. bis zum Punkte 4'; um die Fläche 4'41 ist also die Leistung kleiner als berechnet, deren Wert man natürlich angeben kann (vgl. Fußnote 2, letzte Seite). Im tatsächlichen Betrieb leitet man die Verbrennung nicht bei konstantem Druck, sondern unter Bedingungen, die zwischen denen konstanten Volumens und konstanten Druckes liegen; Abb. 266 zeigt das zugrunde gelegte Idealverfahren: Man denkt einen Teil der Wärme bei konstantem Volumen, Drucksteigerung von $p_2$ auf $p_3$, und den restlichen Teil bei konstantem Druck, Volumenexpansion von $v_3$ auf $v_3'$ zugeführt; wenn $\alpha = p_3/p_2$ und $\beta = v_3'/v_3$ gegeben sind, so läßt sich auch für dieses Verfahren der ideale Wirkungsgrad angeben, für den man findet (vgl. die zitierten Darstellungen)

(5) $$\eta = 1 - \left(\frac{1}{\varepsilon}\right)^{\varkappa - 1} \cdot \sigma$$

mit

$$\sigma = \frac{\alpha\, \beta^{\varkappa - 1}}{\alpha - 1 + \varkappa\, \alpha\, (\beta - 1)}\,.$$

Uns interessieren Einzelheiten hier nicht; wesentlich ist nur, daß auch beim Dieselmotor, bis auf einen Korrektionsfaktor, der eine Verringerung des Wirkungsgrades bedeutet, der Ausdruck $1 - (1/\varepsilon)^{\varkappa - 1}$ für den Wirkungsgrad maßgebend ist. Der Nutzeffekt würde also auch zunehmen, wenn die Verbrennung momentan erfolgte, was aber einerseits wegen der endlichen Zünd- und Brenngeschwindigkeit nicht erreichbar, andererseits wegen der dann auftretenden hohen Spitzendrucke bisher technisch nicht durchführbar wäre. Der Vorzug des Dieselverfahrens ist es ja, daß man, da Selbstzündungs- und Klopfgefahr wie beim Vergasermotor nicht vorhanden ist (Klopfen beim Dieselmotor s. u.), mit dem Kompressionsverhältnis sehr viel höher herausgehen kann, ja sogar heraufgehen muß, wenn man die Selbstzündung des eingespritzten Brennstoffes gewährleisten will; demgemäß kommen bei Dieselmotoren Kompressionsverhältnisse bis zu $\sim 1:18$ vor.

## 2. Allgemeines über den Verbrennungsablauf im Dieselmotor, Strahleinspritzung, Verdampfung, Zündung[1].

Abb. 267 zeigt den idealen, I, und tatsächlichen Druckverlauf II bei der Verbrennung im Dieselmotor; die symmetrische untere Kurve würde dem Druckverlauf ohne Brennstoffeinspritzung und Verbrennung entsprechen. Der ideale Kurvenverlauf I würde erhalten werden, wenn mit dem Moment des Einspritzens unmittelbar Zündung einsetzen und der weitere Brennstoff in dem Maße abbrennen würde, wie er eingespritzt wird. Der tatsächliche Verlauf, II, unterscheidet sich davon dadurch, daß Zündung erst nach einer gewissen Verzugszeit $\tau$ einsetzt (1 Abb. 267); dann verbrennt der bereits eingespritzte Brennstoff innerhalb einer sehr kurzen Zeit, 2, und es schließt sich daran das Gebiet 3 an, in welchem die Verbrennung im wesentlichen durch die Einspritzgeschwindigkeit gegeben ist, aber auch nach Ende der Einspritzung, 4, kann noch ein Nachbrennen stattfinden, wenn nämlich die Gemischbildung ungleichmäßig war (überfettete Gebiete) oder Teile der Ladung oder des eingespritzten Brennstoffes stark abgekühlt worden waren.

---

[1] Vgl. hierzu: Ricardo: Zitiert S. 545. — Boerlage u. Broeze: VDI-Forsch.-Heft 1934, S. 366. — J. Inst. Petrol. Technologists Bd. 21 (1935) S. 40. — The Science of Petroleum, Bd. IV, S. 2894. — Chem. Rev. Bd. 22 (1938) S. 61.

Abb. 268 nach ZINNER[1] läßt erkennen, wie sehr, auch nachdem Zündung eingetreten ist, die Verbrennung hinter dem Einspritzen zurückbleiben kann, hauptsächlich infolge mangelnder Gemischbildung.

Ein hoher Wirkungsgrad erfordert Verbrennung möglichst im oberen Totpunkt, wobei aber des Betriebes wegen ein zu rascher Druckanstieg und zu hoher Absolutdruck zu vermeiden ist. Offenbar hängt eine günstige Verbrennung im Dieselmotor nicht nur von den Eigenschaften des Betriebsstoffes ab; denn zu einer vollkommenen Verbrennung gehört vorerst eine vollkommene Mischung des Betriebsstoffes mit Luft (die ja im Dieselmotor im Gegensatz zum Ottomotor nicht von vornherein vorliegt). Dazu ist eine möglichst gute Zerstäubung des eingespritzten Brennstoffes notwendig, aber diese allein reicht noch nicht aus; der zerstäubte Brennstoff muß auch möglichst gleichmäßig über die gesamte Luft verteilt werden, was ohne Mitwirkung von Gasströmungen nicht möglich ist. BOERLAGE spricht von Makro-Mischung (Verteilung auf die gesamte Luft) und Mikromischung (feine Zerstäubung und Verdampfung des Brennstoffes). Diesen Fragen, dem Einspritzvorgang, der Wirbelung der Luft im Verbrennungsraum usw. hat man viele sorgfältige Untersuchungen gewidmet, insbesondere hat man den Einspritzvorgang durch Funkenphotographien verfolgt (z. B. im NÄGELschen

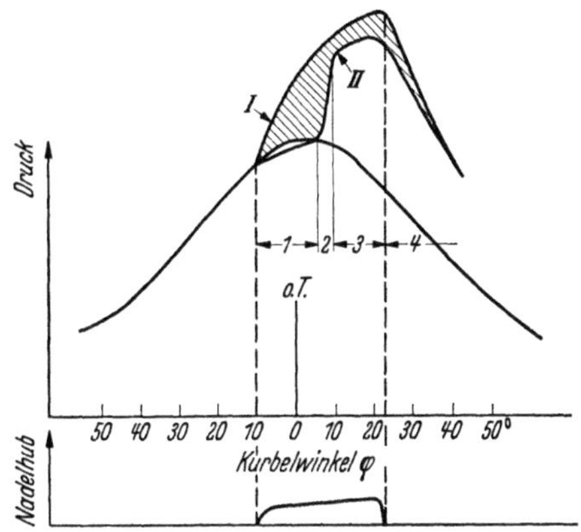


Abb. 267. Idealer, *I*, und tatsächlicher Druckverlauf, *II*, bei der Verbrennung im Dieselmotor. (Nach BOERLAGE und BROEZE.) Beginn des Einspritzens ist bei 10° Kurbelwinkel vor oberem Totpunkt angenommen. *1* Zündverzug, *2* Durchzündung und Verbrennung, *3* Gebiet der gesteuerten Verbrennung, *4* Nachbrennen.

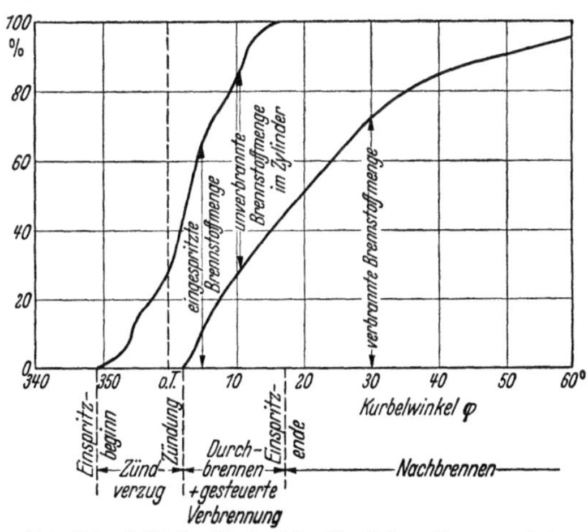


Abb. 268. Zeitlicher Verlauf der Strahleinspritzung und der Verbrennung im Dieselmotor; als Differenz unverbrannte Brennstoffmenge im Zylinder. (Nach ZINNER[1].)

[1] ZINNER, K.: Z. VDI Bd. 82 (1938) S. 9.

Institut[1]), die aber außerhalb des Rahmens dieses Buches fallen. Wenn auch eine Oxydation von Brennstoffen bereits in der flüssigen Phase stattfinden kann[2], so wird doch die lebhafte Oxydation, wie sie für die Verbrennung im Dieselmotor notwendig ist, erst in dem verdampften Brennstoff einsetzen, einfach deshalb, weil die Temperatur des Unverdampften nicht über dessen Siedepunkt ansteigen kann. Dafür, daß die Oxydation nicht in der flüssigen Phase stattfindet, lassen sich noch einige direkte experimentelle Belege anführen[3]: TAUSS und SCHULTE[4] fanden, daß Öldämpfe dieselbe Zündtemperatur aufwiesen wie flüssiges Öl (optimales Mischungsverhältnis vorausgesetzt), während SCHÄFER[5] mit dem JENTZSCH-Zündwertprüfer (der drei miteinander verbundene Kammern enthält, in deren eine der Brennstoff eintropft) Zündung niemals in der Kammer erhielt, in die das flüssige Öl tropft, sondern immer in einer der Hilfskammern. Infolgedessen muß der Verdampfungsvorgang der Tröpfchen eine große Rolle spielen. Günstig für eine schnelle Verdampfung ist offenbar eine möglichst feine Zerstäubung, ein niederer Siedepunkt des Brennstoffes, hohe Lufttemperatur; der Einfluß der Luftdichte läßt sich qualitativ schwer übersehen, weil große Luftdichte, wegen hoher Wärmekapazität, zwar günstig für die Verdampfung ist, gleichzeitig aber die Diffusion von Brennstoffdampf in den Gasraum behindert.

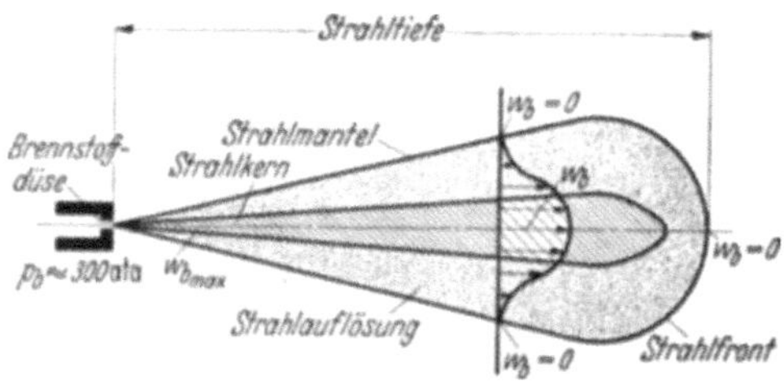


Abb. 269. Auflösung des eingespritzten Brennstoffstrahls, schematisch; $w_b$ Geschwindigkeit der Brennstofftröpfchen, $p_b$ Druck unter dem der flüssige Brennstoff beim Einspritzen steht. (Nach K. NEUMANN.)

Die Auflösung des Brennstoffstrahls zeigt schematisch Abb. 269 nach NEUMANN; die Auflösung des Brennstoffstrahls setzt beim Austritt aus der Düse am Rande ein und schreitet in der Richtung der Achse nach der Mitte hin fort. Da gleichzeitig die Tropfendurchmesser und die Tropfendichte nach der Mitte hin anwachsen, so sind die Randpartien für die Zündung bevorzugt, und zwar die in einem frühen Zeitpunkt zerstäubten Partien, denen die längste Zeit zur Verfügung stand.

[1] Vgl. z. B. O. HOLFELDER: VDI-Forsch.-Heft 1935, S. 374. — Z. VDI Bd. 80 (1936) S. 193. — A. NÄGEL: Vortrag auf der Tagung der Deutschen Akademie der Luftfahrtforschung, Berlin 1939, erscheint in den Schriften der Deutschen Akademie der Luftfahrtforschung.

[2] Vgl. insbesondere CALLENDAR: Engineering Bd. 121 (1926); Bd. 123 (1927). — KING, R. O.: Zitiert S. 560.

[3] BOERLAGE u. BROEZE: The Science of Petroleum, zitiert S. 564.

[4] TAUSS, J. u. F. SCHULTE: Über Zündpunkte und Verbrennungsvorgänge im Dieselmotor. Halle: Wilhelm Knapp 1924.

[5] SCHAEFER: Werft Reed. Hafen, Dez. 1931.

Die Durchmesser der Brennstofftröpfchen im Strahl verteilten sich um einen gewissen Mittelwert, der bei guter Zerstäubung in der Gegend von $10^{-3}$ cm liegt. Zur Verfolgung der Verdampfung der Tröpfchen wären unmittelbare Messungen — an Mehrfach-Funkenphotogrammen — nützlich, wie sie z. B. von F. A. F. SCHMIDT[1] angekündigt sind; unmittelbare Zahlenwerte sind bisher nicht veröffentlicht worden. Für Angaben über die Geschwindigkeit der Tröpfchenverdampfung ist man daher bisher auf Rechnungen angewiesen[2]. Nach WENTZEL sollten die kleineren Tröpfchen in $\sim 5 \cdot 10^{-4}$ s bereits zum größten Teil verdampft sein, so daß, außer für sehr kurze Zündverzüge, der Verdampfungsvorgang keine Rolle spielen könnte. Abgesehen davon, daß grundsätzlich Verdampfung und Oxydation nicht getrennt behandelt werden dürfen (vgl. auch S. 576), ist zu bedenken, daß der Rechnung gewisse Annahmen bzw. Vereinfachungen zugrunde liegen, durch die evtl. Fehler eingeführt sein könnten. Es muß nämlich eine Annahme gemacht werden über die Bewegung von Tropfen relativ zur Luft (ob diese mitgeführt wird oder ob der Tropfen ständig mit neuer Luft in Berührung kommt), und ferner ist zur Rechnung eine mittlere Wärmeleitfähigkeit benutzt worden. Bei einem radialsymmetrischen Problem ist aber nicht einfach der Mittelwert der Wärmeleitfähigkeit über das in Frage kommende Temperaturintervall zu nehmen, sondern ein dem Problem angemessener Mittelwert, zu dem die kälteren Gaspartien in Tropfennähe am stärksten beitragen werden. Es wäre immerhin denkbar, daß aus diesem Grunde die von WENTZEL berechnete Verdampfungszeit zu kurz wäre. Man wird zu einer Entscheidung die Resultate unmittelbarer Beobachtungen abwarten müssen.

Eine widerspruchsfreie Beschreibung der Erscheinung im Motor unter Berücksichtigung der physikalisch-chemischen Erfahrungen ist unschwer möglich. Zündung tritt, wie z. B. aus Strahlaufnahmen von NÄGEL (zit. S. 566) hervorgeht, im allgemeinen erst ein, nachdem der Brennstoff verdampft ist; trotzdem wird aber der Zündvorgang normalerweise nicht unbeeinflußt von der Verdampfung verlaufen, schon wegen der durch die Verdampfung bewirkten lokalen Abkühlung nicht (vgl. S. 575). Aber auch, wenn alles verdampft ist, brauchen noch nicht die gleichen Bedingungen wie bei einer homogenen Gasreaktion vorzuliegen (vgl. S. 574); insbesondere kann evtl. auch nach der Verdampfung noch die Diffusion merklich mit ins Spiel kommen. Nehmen wir an (vgl. die ähnliche Abschätzung S. 47), ein Tröpfchen hätte einen Radius von $10^{-3}$ cm gehabt und der Dampf müsse sich auf eine Kugel von $5 \cdot 10^{-3}$ cm Radius durch Diffusion verteilen. Die dazu nötige

[1] SCHMIDT, F. A. F.: VDI-Forsch.-Heft 1938, S. 392; vgl. ferner Vortrag auf der Tagung der Deutschen Akademie der Luftfahrtforschung, Berlin 1939.

[2] WENTZEL, W.: VDI-Forsch.-Heft 1934, S. 366. — Forsch. Ing.-Wes. Bd. 6 (1935) S. 105. — Z. VDI Bd. 77 (1933) S. 908. — Ansätze dafür auch bei N. FUCHS: Phys. Z. Sowjet. Bd. 6 (1934) S. 224.

Zeit $\tau$ ergibt sich größenordnungsmäßig (vgl. S. 283) zu $\sim \frac{(5 \cdot 10^{-3})^2}{2 \cdot 10^{-2}}$, wenn wir den Diffusionskoeffizienten des Brennstoffs in Luft unter motorischen Verhältnissen zu $\sim 10^{-2}$ cm$^2$ sec$^{-1}$ abschätzen; $\tau$ würde damit $\simeq 10^{-3}$ s sein, also keinesfalls vernachlässigbar. Die Beobachtungstatsache, auf welche unter anderem LINDNER (zit. S. 576) hinweist, daß man im allgemeinen keine Zündverzüge unter $10^{-3}$ sec messen kann, nach SCHWEITZER[1] auch dann nicht, wenn man den Brennstoff in brennende Gemische einspritzt, könnte durchaus damit in Zusammenhang stehen.

Der Zündvorgang im Dieselmotor stellt sich damit als ein kompliziertes Wechselspiel von einer Reihe physikalischer und chemischer Vorgänge dar, die nur in — im praktischen Motorbetrieb vielleicht nie verwirklichten — Grenzfällen zu einfachen Beziehungen führen. Im Grenzfall hoher Temperaturen nämlich[2] darf die chemische Reaktion als praktisch unendlich schnell verlaufend angesehen werden, und nur die wenig temperaturabhängigen physikalischen Prozesse sind dann noch für den Zündverzug bestimmend; damit hängt bestimmt die hier beobachtete geringe Temperaturabhängigkeit der Zündverzüge (vgl. S. 576 ff.) zusammen und vielleicht das Erreichen eines Grenzwertes von $\sim 10^{-3}$ sec (bei wesentlicher Verfeinerung der Strahlzerstäubung müßte es möglich sein, diesen Grenzwert zu unterschreiten). Umgekehrt wird im Grenzfall niederer Temperaturen (der mit Steinkohlenteeröl schon unter normalen Betriebsbedingungen, mit Gasölen und Ceten erst bei sehr niederen Temperaturen erreicht wird) die chemische Reaktion sehr langsam gegenüber den übrigen Vorgängen verlaufen und praktisch allein den Zündverzug bestimmen (vgl. S. 576, 577); demgemäß findet man unter solchen Verhältnissen auch eine sehr starke Temperaturabhängigkeit der Zündverzüge, welche der Temperaturabhängigkeit bei homogenen Gasreaktionen entspricht (vgl. S. 466/467). Im Gebiet mittlerer Temperaturen, wie es dem praktischen Motorbetrieb entsprechen wird, hat man den Gesamtvorgang als eine Koppelung aller der verschiedenen Teilprozesse anzusehen, und man beobachtet entsprechend einen mittleren Temperaturkoeffizienten, der aber wesentlich kleiner ist als der einer homogenen Gasreaktion. Aus diesen Gründen gelingt es auch kaum, bei Zündung flüssig eingespritzter Brennstoffe (auch von Benzinen) die starke Temperaturabhängigkeit des Zündverzugs zu erhalten (LINDNER, zit. S. 576), wie man sie bei Zündung in homogener Gasphase erhält (TIZARD und PYE, zit. S. 464; JOST und TEICHMANN, zit. S. 467).

---

[1] SCHWEITZER, P. H.: Automot. Ind. 1938 S. 848.

[2] Auch im Grenzfall ganz besonders zündwilliger Dieselöle unter normalen Betriebsbedingungen; dafür läßt sich anführen, daß normalerweise bei Ceteazahlen über etwa 70 kein Unterschied in den Zündverzügen mehr gefunden wird.

Wenn man in der angegebenen Weise das Wechselspiel physikalischer *und* chemischer Vorgänge bei der Zündung im Dieselmotor in Betracht zieht, kommt man in zwangloser Weise zu einem Verständnis der beobachteten Erscheinungen. Natürlich schließt es dieser Sachverhalt aus, daß man etwa mit einer einfachen Formel das Gesamtgebiet der Erscheinungen erfaßt.

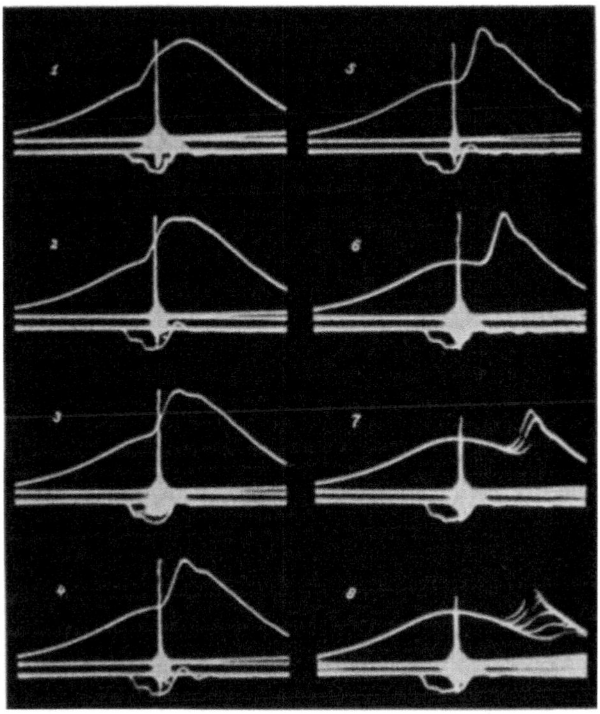


Abb. 270. Druckdiagramme der Verbrennung im Dieselmotor bei zunehmenden Zündverzügen (*1*—*8*). [Nach BOERLAGE und BROEZE: Chem. Rev. Bd. 22 (1938).]

Je länger der Zündverzug, desto ungünstiger wird der Wirkungsgrad; Abb. 270 zeigt nach BOERLAGE und BROEZE eine Reihe von Indikatordiagrammen mit wachsenden Zündverzügen. Mit zunehmendem Zündverzug und Zündung erst nach dem oberen Totpunkt tritt in fortschreitendem Maße ein Druckabfall (infolge der Expansion) vor der Zündung auf. Dieses spezielle Diagramm zeigt, daß bei sehr langen Zündverzügen nicht unbedingt das restliche Gemisch momentan — klopfend — abreagieren muß; hier sind trotz der langen Verzüge die Druckanstiege normal; die Geschwindigkeit des Druckanstieges steigt mit zunehmendem Verzug erst an und fällt dann wieder. Der geringere Druckanstieg bei längeren Verzügen (Kolben bereits in größerem Abstand vom oberen Totpunkt) ist teilweise durch die schnelle Volumausdehnung in dieser Phase bedingt. Abb. 271 läßt den Zylinderdruck und die Geschwindigkeit der Verbrennung für verschiedene Zeitpunkte des Einspritzbeginns als Funktion des Kurbelwinkels erkennen. Es zeigt sich, daß ein Nachbrennen noch beträchtliche Zeit nach Beendigung des Einspritzens stattfindet. ROTHROCK und SELDEN weisen darauf hin, daß damit ein beträchtlicher Leistungsverlust verbunden ist. Auf diese Verhältnisse hat K. NEUMANN früher schon hingewiesen und auch bereits eine reaktionskinetische Behandlung versucht[1] (vgl. S. 578).

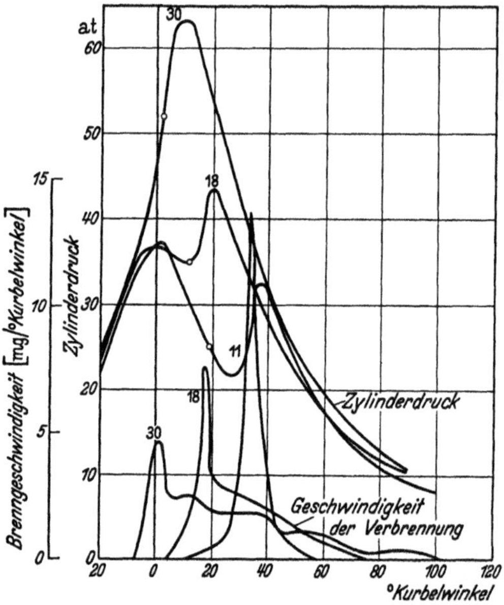


Abb. 271. Einfluß des Einspritzbeginns (in ° Kurbelwinkel vor oberem Totpunkt; bei den einzelnen Kurven eingetragen) auf Druckentwicklung und Verbrennungsgeschwindigkeit; *o* Zeitpunkt des Endes der Strahleinspritzung. (Nach ROTHROCK und SELDEN, zit. S. 580.)

## 3. Praktische Bestimmung der Zündwilligkeit von Diesel-Kraftstoffen.

Auf Einzelheiten in der Methodik der Bestimmung der Zündwilligkeit von Diesel-Kraftstoffen einzugehen, liegt wiederum außerhalb des Rahmens dieses Buches[2]. Die gegebene Methode ist hier die Verwendung eines Prüfmotors, wobei man als Vergleichsskala, um unabhängig von den speziellen Motorbedingungen zu sein, Mischungen von Ceten ($C_{16}H_{32}$, ein sehr zündwilliges normales Olefin) und $\alpha$-Methylnaphthalin (als sehr wenig zündwilligen aromatischen Kraftstoff) gewählt hat. Gegen die Cetenzahlskala bestehen grundsätzlich die gleichen Bedenken wie gegen die Octanzahlskala, wobei hier noch dazukommt, daß der Zündverzug auch noch von dem Verdampfungsvorgang abhängt (vgl. S. 572). Neben Versuchen am Motor selbst sind auch zahlreiche Messungen von Zündverzügen an Bomben ausgeführt worden; wenn

[1] NEUMANN, K.: Forsch. Ing.-Wes. Bd. 5 (1934) S. 173; Bd. 7 (1936) S. 57. Vortrag auf der Tagung der Deutschen Akademie der Luftfahrtforschung, Berlin 1939.

[2] Vgl. etwa den zusammenfassenden Bericht von P. H. SCHWEITZER: Chem. Rev. Bd. 22 (1938) S. 107. — Ferner die Vorträge der VDI-Tagung: Motor- und Kraftstoff, 1938.

auch nicht völlig die motorischen Verhältnisse reproduzierbar sind, so ist es doch hier viel leichter als beim Ottomotor, sinnvolle Versuchsresultate zu erhalten, und für unsere Diskussion werden wir derartige Resultate weitgehend benutzen. Jedenfalls ist es einfacher, in einer Versuchsbombe bei definierten *Temperaturen und Drucken* zu arbeiten als im Motor. Sehr viel bedenklicher sind Messungen mit Zündwertprüfern[1], da hier immer von motorischen Verhältnissen grundsätzlich abweichende Bedingungen verwirklicht sind: Niederer Druck, Wandeinflüsse, sehr lange Induktionszeiten, sofern sie überhaupt meßbar sein sollen usw. Zu quantitativen Beziehungen sind damit gewonnene Resultate daher nicht brauchbar, wenn auch recht interessante Beobachtungen gewonnen werden können und wenn auch, bei vorsichtiger Bewertung, die Ergebnisse von praktischem Nutzen sein können. Es verdient vielleicht hervorgehoben zu werden, daß es grundsätzlich auch nicht möglich ist, den im Zündprüfer gegenüber dem Motor niedrigeren Druck durch höhere relative Sauerstoffkonzentration zu kompensieren.

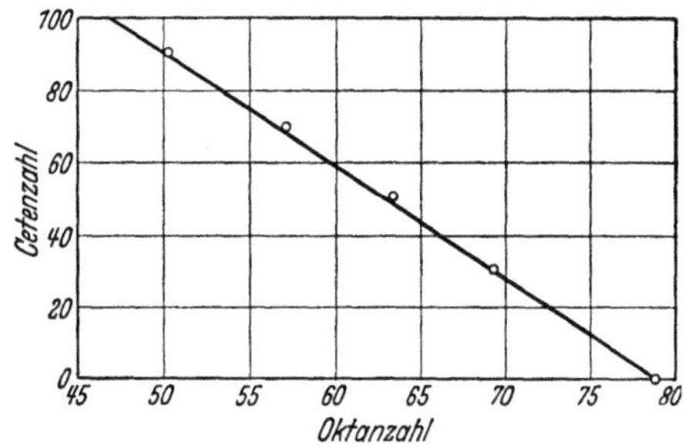

Abb. 272. Cetenzahlen und Octanzahlen verschiedener Kraftstoffe. (Nach DUMANOIS, zitiert S. 560.)

Wenn die Vorstellung richtig ist, daß bei der Zündung im Dieselmotor die gleichen chemischen Reaktionen ablaufen wie beim Klopfen im Ottomotor, so sollte man Beziehungen zwischen Octanzahlen und Cetenzahlen von Kraftstoffen erwarten; diese wurden von BOERLAGE und BROEZE u. a. auch gefunden. Da allgemein ein Stoff um so geeigneter für den Dieselbetrieb ist, je leichter er zündet, damit aber für den Ottomotor ungeeignet ist, so ergibt sich ein antibater Verlauf von Octanzahlen und Cetenzahlen[2]. In Abb. 272 geben wir eine Darstellung nach DUMANOIS[3]; daß die Beziehung zwischen Cetenzahlen und Octanzahlen linear ist, dürfte mehr zufällig sein, schon deshalb, weil für die Dieselverbrennung das verschiedene Siedeverhalten von starkem Einfluß sein kann. Das ausgesprochen gegenläufige Verhalten der beiden Kenngrößen ist aber ganz sicher und sehr charakteristisch.

Da innerhalb homologer Reihen (z. B. der n-Paraffine) Siedepunkt, Geschwindigkeit des thermischen Zerfalls (Crackung), Oxydationsneigung, Klopfneigung, Zündwilligkeit im Dieselmotor sich alle gleichsinnig

[1] Vgl. hierzu W. HELMORE: The Science of Petroleum, Bd. IV (1938) S. 2970. — JENTZSCH, H.: Z. VDI Bd. 68 (1924) S. 1150. — SCHÄFER, D.: Proc. World. Petrol. Congress, Bd. II, S. 218. London 1938.

[2] BOERLAGE, G. D. u. J. J. BROEZE: VDI-Forsch.-Heft 1934, S. 366.

[3] DUMANOIS, P.: The Science of Petroleum, Bd. IV, S. 3054.

ändern, so kann man zwischen jedem Paar dieser Größen Parallelen finden[1]. Vergleicht man nicht Stoffe aus homologen Reihen, so wird natürlich keine völlig parallele Änderung etwa zwischen Siedepunkt und Zündwilligkeit mehr vorhanden sein; man kann aber auch dann wieder zu mehr oder weniger guten näherungsweisen Beziehungen kommen, wenn man die verschiedene Zusammensetzung (bei gleichem Siedeverhalten) durch irgendeine andere physikalische Größe erfaßt, welche besonders empfindlich ist gegenüber einer Änderung des Anteils (schwer zündender) Aromaten; als solche weitere Bestimmungsgrößen hat man Dichten, Brechungsindizes, Anilinpunkte, Parachor (eine Kombination aus Oberflächenspannung und Dichte) herangezogen[2] und damit Dieselindizes oder ähnlich benannte Kenngrößen gebildet, die bei Brennstoffen normaler Zusammensetzung zur Orientierung durchaus geeignet sind. Da man aber Größen, die nicht im unmittelbaren ursächlichen Zusammenhang stehen, miteinander verknüpft hat, können sich gelegentlich auch starke Abweichungen ergeben.

Tabelle 121. Zündverhalten reiner Stoffe.

| Stoff | Formel | Zündverzug in Grad Kurbelwinkel bei Drucken von | | |
|---|---|---|---|---|
| | | 30 | 15 | 10 At. |
| n-Heptan . . | $C_7H_{16}$ | 7,1 | 12,8 | $21{,}2 \cdot 10^{-3}$ |
| Ceten . . . . | $C_{16}H_{32}$ | 6,3 | 10,5 | 18,7 |
| Cetan . . . . | $C_{16}H_{34}$ | 6,0 | 10,2 | 18,3 |
| Tetratriakonduktien. . . | $C_{34}H_{66}$ | 8,4 | 13,6 | 20,3 |

Daß, wie vielfach beobachtet, neben der chemischen Reaktivität auch die leichte Verdampfbarkeit eine Rolle für die Zündwilligkeit von Dieselölen spielt, geht z. B. aus einer Meßreihe von Boerlage und Broeze (zitiert S. 571) hervor (Tabelle 121).

Daß Heptan schwerer zündet als Ceten und Cetan, dürfte eine Folge der geringeren Reaktivität der kürzeren Ketten sein; daß jedoch Tetratriakontadien wieder schwerer als Ceten zündet, scheint auf eine Hemmung der Reaktion durch zu langsame Verdampfung hinzuweisen. Ganz ausgeprägt zeigt sich dieses Verhalten in den Beziehungen zwischen Siedekurve und Cetenzahl, welche Pier[3] für paraffinbasische, gemischtbasische und asphaltbasische Gasöle mitteilt. Bis zu einem mittleren Siedepunkt von $\sim 300°$ C steigt die Cetenzahl mit dem Siedepunkt an; mit noch weiter steigendem Siedepunkt fällt sie dann wieder ab. Bei den niederen Temperaturen überwiegt der Einfluß der mit wachsender

[1] Hinsichtlich der Zerfallsneigung vgl. Boerlage u. Broeze, zitiert S. 571, sowie J. Inst. Petrol. Technologists Bd. 21 (1935) S. 40, sowie W. Jost, L. v. Müffling u. W. Rohrmann: Z. Elektrochem. Bd. 42 (1936) S. 488.

[2] Vgl. P. H. Schweitzer: Zitiert S. 570. — Heinze, R.: Braunkohle Bd. 34 (1935) S. 639. — Marder, M. u. P. Schneider: Autom.-techn. Z. Bd. 40 (1937) u. a.

[3] Pier, M.: Vortrag auf der Tagung der Deutschen Akademie der Luftfahrtforschung, Berlin Mai 1939.

Molekülgröße zunehmenden Reaktionsfähigkeit der Kohlenwasserstoffe; bei höheren Temperaturen wirkt dem die zunehmende schwerere Verdampfbarkeit entgegen.

Daß die Verdampfung von wesentlichem Einfluß sein kann, legt auch die nebenstehende Zusammenstellung von BOERLAGE und BROEZE[1] nahe; angegeben sind die Cetenzahlen der aus verschiedenen Rohölen erhaltenen Gasölfraktionen sowie die Cetenzahlen des höhersiedenden Rückstandes; in vielen Fällen sind die Cetenzahlen dieser Stoffe wesentlich niedriger als die des Gasöls (Tabelle 122).

Tabelle 122. Cetenzahlen von Gasölen und Rückständen verschiedener Rohöle. (Nach BOERLAGE und BROEZE.)

| Rohöl | Cetenzahl | |
|---|---|---|
| | Gasölfraktion | Rückstand |
| A | 60 | 44 |
| B | 58—60 | 44 |
| C | 58—60 | 32 |
| D | 47—49 | 26 |
| E | 24 | 39 |
| F | 30—33 | 24 (gesamtes Rohöl) |
| G | 27 | 15 |

Wie viele Substanzen geeignet sind, Klopfen im Ottomotor zu induzieren, so vermögen sie auch die Zündung im Dieselmotor zu befördern; Angaben darüber sind in der Literatur sehr zahlreich zu finden (es werden meist die gleichen Stoffe, die Klopfen induzieren, angegeben: organische Nitrite, Peroxyde usw.); es fehlen aber Angaben darüber, daß sich solche Zusätze in der Praxis bewährt haben. Wie der Einfluß von Zusätzen auf das Klopfen, je nach der Konstitution des Kraftstoffes, sehr verschieden sein kann, so ist das gleiche bei Dieselölen zu erwarten; es wäre durchaus denkbar, daß etwa die Beeinflußbarkeit schwer zündender Steinkohlenteeröle nicht sehr groß ist (vgl. die Überlegungen über verschiedene Bleiempfindlichkeit der Benzine, Kap. XII, S. 551 ff.). Außerdem ist zu bedenken, daß Zusätze in kleinen Mengen natürlich nur die chemische Reaktion beeinflussen könnten; sollte aber der Verdampfungsvorgang für die Dieselzündung mit ins Gewicht fallen, so ist daran durch Zusätze in kleinen Mengen natürlich gar nichts zu ändern.

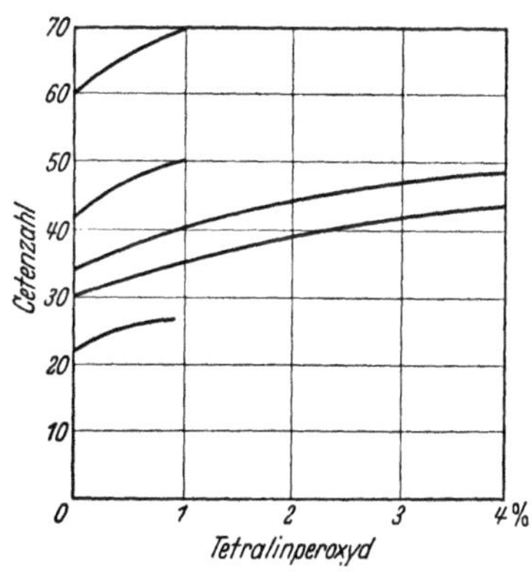


Abb. 273. Wirkung verschieden hoher Zusätze von Tetralinperoxyd auf die Cetenzahlen verschiedener Dieselkraftstoffe. (Nach BOERLAGE und BROEZE[1].)

BOERLAGE und BROEZE[1] teilen einige Zahlen über die Wirkung von Zusätzen mit; Abb. 273 zeigt den Einfluß von Tetralinperoxyd auf die Cetenzahl verschiedener Dieselöle. In gewissem Grade zeigt die Abb. 273 das analoge, was wir für die Bleiwirkung bei Paraffinen gesehen hatten

[1] BOERLAGE u. BROEZE: Science of Petroleum, zitiert S. 564.

(Kap. XII, S. 553 ff.); die Erhöhung der Cetenzahl durch gleichen Zusatz ist um so höher, je höher die Cetenzahl des Öles an sich schon war. Tabelle 123 zeigt eine ähnliche Wirkung, nämlich die der Vorbehandlung mit Ozon; dabei haben sich vermutlich ebenfalls peroxydische Substanzen gebildet.

Tabelle 123. Cetenzahlen verschiedener Dieselöle.
(Nach BOERLAGE und BROEZE.)

| | | | | | | |
|---|---|---|---|---|---|---|
| Vor Ozonbehandlung . . . | 51 | 49 | 44 | 44 | 40 | 40 |
| Nach Ozonbehandlung . . . | 70 | 52 | 70 | 44 | 46 | 40 |

## 4. Reaktionskinetische Behandlung des Zündvorganges im Dieselmotor.

Eine reaktionskinetische Behandlung des Zündvorganges im Dieselmotor bietet aus verschiedenen Gründen Schwierigkeiten. Allein dadurch werden bereits sehr unübersichtliche Verhältnisse geschaffen, daß ein heterogenes System vorliegt, daß im Strahlkern unverdampfter kalter Brennstoff und keine Luft vorhanden ist, während nach außen hin der relative Luftanteil und die Temperatur immer höher werden, der Brennstoff aber zu Anfang immer noch in flüssiger Form vorliegt. Qualitativ ist einzusehen — was auch die Erfahrung bestätigt —, daß in einem bestimmten Gebiet des Strahles Zündung einsetzen wird, nämlich in der Nähe des Strahlrandes, wo die Brennstoffkonzentration noch hoch genug ist, gleichzeitig aber auch genügend Luft vorhanden ist, und die Verhältnisse bezüglich Temperatur und Tröpfchenverdampfung nicht zu ungünstig liegen. Jedenfalls tritt aber Zündung ein in einem Gebiet, von welchem man weder Temperatur noch Brennstoffkonzentration genau kennt. Ferner ist, wenigstens grundsätzlich, eine heterogene Reaktion nicht völlig auszuschließen, wofür auf die früher (S. 560) schon angeführten Versuche, insbesondere von CALLENDAR und von R. O. KING, verwiesen sei. Von Wichtigkeit ist dabei, daß während der Verdampfung in den restlichen Tropfen eine Anreicherung der schwerer siedenden, leichter entzündlichen Bestandteile stattfinden kann. Allerdings möchten wir annehmen, daß unter den Bedingungen normalen Dieselbetriebes die Bedingungen für eine heterogene Reaktion nicht sehr günstig liegen; denn bei Temperaturen von vielleicht 500° C und darüber im Gas wird von der Tropfenoberfläche aus ständig eine sehr lebhafte Verdampfung stattfinden; es werden also gerade die Molekeln, die in der Grenzfläche reagieren könnten fortlaufend daraus entfernt; außerdem muß als Folge dieser Verdampfung die Sauerstoffkonzentration in der Grenzfläche relativ niedrig, vielleicht sogar praktisch null sein (vgl. auch oben, S. 565 ff.). Eine rechnerische Behandlung der Tropfenverdampfung, wie sie verschiedentlich, z. B. von WENTZEL (zitiert S. 567) versucht worden ist, bietet grundsätzliche Schwierigkeiten (s. S. 567).

Mit den gleichen Fragen hängt eine weitere grundsätzliche Schwierigkeit zusammen. Bewegt sich ein Tröpfchen relativ zur umgebenden Luft, bis es völlig verdampft ist, so wird nirgends ein größeres Volumen mit verhältnismäßig hoher Brennstoffkonzentration vorliegen; Gelegenheit zu eigentlicher Zündung ist dann gar nicht vorhanden, obwohl bei den hohen Drucken und Temperaturen im Dieselmotor der Brennstoff auch unter ungünstigen Bedingungen wird abreagieren und evtl. Anlaß geben können zu dem öfters (u. a. von BOERLAGE und BROEZE) beobachteten Druckanstieg vor der eigentlichen Entzündung. In gewissem Umfange bleibt die gleiche Schwierigkeit aber noch bestehen, wenn der Tropfen in ruhender Luft verdampft. Wenn ein Tröpfchen von $10^{-4}$ cm Radius in Luft verdampft, die von Normalbedingungen aus auf das 10fache verdichtet worden ist, so reicht die Brennstoffmenge aus für eine stöchiometrische Mischung in einer Kugel von $3{,}5 \cdot 10^{-3}$ cm Radius; d. i. eine sehr kleine Kugel. Für die Selbstzündung dieser sehr kleinen Kugel gelten dann ganz analoge Überlegungen, wie wir sie etwa bei der Wärmeexplosion und der Funkenzündung (S. 46) angestellt haben; da durch die gedachte Begrenzung dieser Kugel Wärme an die umgebende Luft abgeleitet wird sowie evtl. vorhandene aktive Teilchen dorthin wegdiffundieren, ergibt sich, genau wie in den früheren Beispielen, für ein derartig kleines Volumen eine sehr ungünstige hohe „Entzündungstemperatur", die um Hunderte von Graden höher liegen kann, als man sie für größere Volumina ermittelt. Zur Zündung geeignet ist darum überhaupt nicht ein Gebiet, in welchem ein isolierter kleiner Tropfen verdampft ist[1], sondern nur Gebiete, in denen entweder größere Tropfen oder eine Anzahl kleinerer Tropfen verdampft sind; praktisch also wohl nur ein Gebiet, in welchem in enger Nachbarschaft eine größere Zahl kleiner Tropfen verdampft sind, weil deren Verdampfung schneller erfolgt als die großer Tropfen. Für eine rechnerische Behandlung der Verdampfung ist das ebenfalls von Bedeutung; denn in Bereichen, in welchen viele Tröpfchen gleichzeitig verdampfen, darf man nicht so rechnen, als ob für jedes Tröpfchen ein unendlicher Luftüberschuß vorhanden wäre, insbesondere braucht also die Abkühlung der Luft infolge der Verdampfung in diesem Bereich keinesfalls vernachlässigbar zu sein. Da, wie früher (S. 517) erwähnt, in einem geschlossenen Gefäß jede lokale Abkühlung sich im ganzen Raum bemerkbar macht, könnte für den praktischen Betrieb auch die Abkühlung, sowohl von den Wänden als auch von dem Strahl aus, durchaus ins Gewicht fallen. ROTHROCK und SELDEN (zitiert S. 580) zeigten direkt (an der Druckabnahme von $\sim 5\%$) die Abkühlung als Folge der Brennstoffeinspritzung in Stickstoff (also ohne Oxydationsreaktion). Die Abkühlung durch den eintretenden und verdampfenden Brennstoffstrahl in den Randzonen des Strahls,

[1] Übrigens schon deshalb nicht, weil sich die Verbrennung von dort nicht in der Umgebung ausbreiten könnte, selbst wenn sie einsetzte.

in welchen Zündung einsetzt, ist von LINDNER[1] direkt gemessen worden; sie kann ganz beträchtliche Werte annehmen, $\sim$ 100° C. Daraus ergibt sich unmittelbar, daß ein Übernehmen reaktionskinetischer Beziehungen von homogenen Gasreaktionen auf den Zündvorgang im Dieselmotor keineswegs statthaft ist.

An sich wird Verdampfung und Oxydation des Brennstoffes gleichzeitig verlaufen. Bestimmte reaktionskinetische Aussagen lassen sich von vornherein nur für Grenzfälle machen. Von allen bei der Zündung im Dieselmotor mitwirkenden Faktoren: Strahlzerstäubung, Aufheizung der Tröpfchen, Verdampfung der Tröpfchen und Oxydation des verdampften Brennstoffes zeigt bestimmt die Oxydation die stärkste Temperaturabhängigkeit (scheinbare Aktivierungsenergie etwa 30 bis 50 kcal, vgl. S. 466/467, sowie S. 441 ff.); falls für die Tröpfchenverdampfung der Dampfdruck die entscheidende Größe ist, so ergibt sich bereits eine viel geringere Temperaturabhängigkeit (scheinbare Aktivierungsenergie $\sim$ 10 kcal), während die sonstigen Einflüsse eine noch geringere Abhängigkeit von der Temperatur aufweisen (höchstens einer niederen Potenz der abs. Temperatur entsprechend). Infolgedessen läßt sich mit Sicherheit voraussagen: Die mit dem größten Temperaturkoeffizienten behaftete chemische Reaktion muß bei sehr hohen Temperaturen so schnell verlaufen, daß von ihr der beobachtbare Zündverzug praktisch unabhängig wird, während umgekehrt bei tiefen Temperaturen ihre Geschwindigkeit so langsam ist, daß sie allein zeitbestimmend wird[2]. Das Gebiet, in welchem die chemische Reaktion allein zeitbestimmend ist, dürfte im praktischen Motorbetrieb praktisch nur mit schwer zündenden Steinkohlenteerölen erreicht werden, während es scheint, daß man bei zündwilligen Gasölen leicht das Gebiet erreichen kann, in welchem der Zündverzug praktisch unabhängig von der Reaktionsgeschwindigkeit wird. Das folgt auch aus der öfters angegebenen Feststellung, daß oberhalb einer

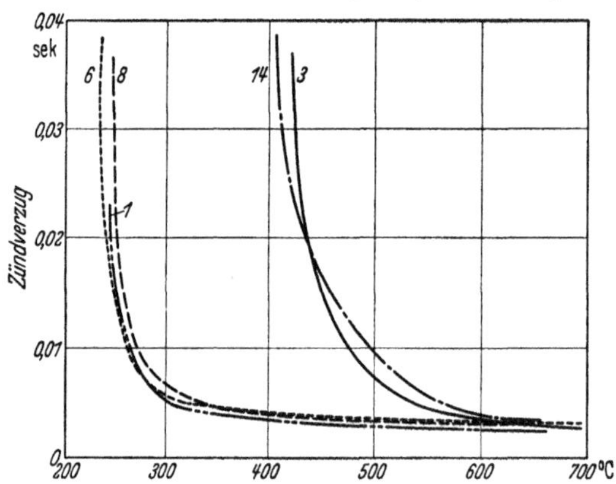

Abb. 274. Zündverzüge bei der Zündung verschiedener Öle in einer Versuchsbombe bei einer Luftdichte von 10 kg/m³. *1* Ceten; *3* α-Methylnaphthalin; *6* Gasöl; *8* Braunkohlenteeröl; *14* Steinkohlenteeröl. (Nach R. MÜLLER.)

---

[1] LINDNER, W.: Vortrag auf der Tagung der Deutschen Akademie der Luftfahrtforschung, Berlin Mai 1939.

[2] Vgl. W. JOST: Vortrag auf der VDI-Tagung „Motor und Kraftstoff", Augsburg, Sept. 1938, erscheint in den Tagungsberichten im VDI-Verlag.

bestimmten Cetenzahl (beispielsweise 55 bis 70) der beobachtete Zündverzug unabhängig von der Cetenzahl wird.

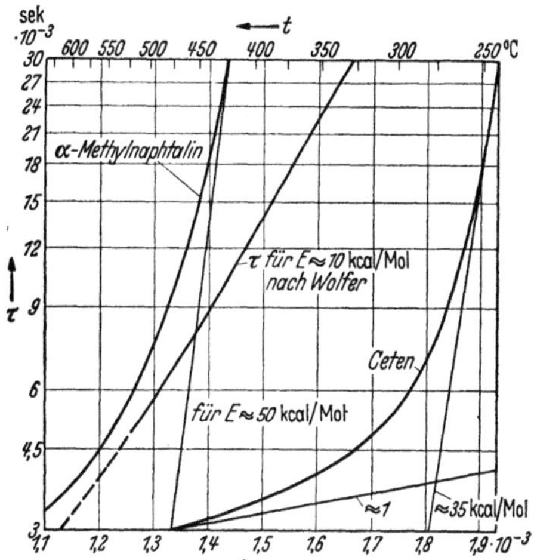


Abb. 275. Logarithmische Darstellung der Versuchsresultate von MÜLLER (log des Zündverzugs, $\tau$, gegen reziproke abs. Temperatur); ferner Versuchsresultate von WOLFER (zitiert S. 578). In der Abbildung sind die scheinbaren Aktivierungsenergien $E$ eingetragen, die sich aus den verschiedenen Kurvenneigungen ergeben.

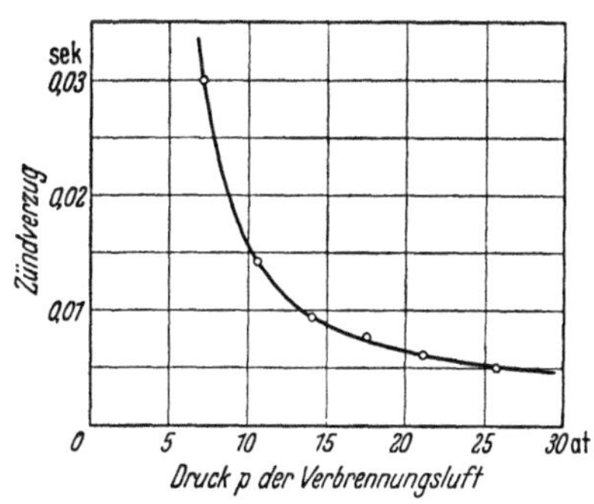


Abb. 276. Abhängigkeit der Zündverzüge eines Dieselöles vom Druck. (Nach WOLFER, zitiert S. 578.)

Die Erfahrungen am Motor und an Versuchsbomben ordnen sich diesen Feststellungen gut ein. In Abb. 274 zeigen wir Versuchsresultate von MÜLLER[1] an Gasöl, Braunkohlenteeröl, Steinkohlenteeröl, sowie reinem Ceten und α-Methylnaphthalin. Für gegebenen Zündverzug liegen die erhaltenen Werte bei tieferen Temperaturen als die anderer Autoren, was mit der verwandten Methode zusammenhängen muß. Aber unabhängig von einer etwa notwendigen Korrektur an den Temperaturen gelten die folgenden Feststellungen: Gasöle und Braunkohlenteeröle fallen in eine Gruppe mit nur wenig abweichenden Zündverzügen, zusammen mit dem Eichkraftstoff Ceten, während Steinkohlenteeröle (wesentlich aromatischer Natur) sich ähnlich dem α-Methylnaphthalin verhalten. Da die Temperaturabhängigkeit für die einzelnen Stoffe verschieden ist, können sich teilweise Überschneidungen ergeben, wie auch sonst beobachtet. Abb. 274 läßt erkennen, daß bei höheren Temperaturen — bei Gasölen und Braunkohlenteerölen ab ~ 400° C — die Temperaturabhängigkeit der Zündverzüge nur noch außerordentlich klein ist, viel kleiner als sie sein müßte, wenn diese durch eine chemische Reaktion bedingt wären. Diese Beobachtung, die allgemein — wenn auch unter Umständen erst bei höheren Temperaturen — gemacht wird, ist wieder so zu deuten, daß bei hinreichend hohen Temperaturen die chemische Reaktion so schnell verläuft, daß sie für die Geschwindigkeit praktisch keine Rolle mehr spielt. Noch klarer geht das aus der Darstellung in Abb. 275 hervor, in welcher, ebenfalls nach den

[1] MÜLLER, R.: Kraftfahrtechnische Forschungsarbeiten Bd. 3 (1936) S. 1.

Versuchen von MÜLLER, die Logarithmen der Zündverzüge von Ceten und α-Methylnaphthalin gegen die reziproke absolute Temperatur aufgetragen sind. Bei niederen Temperaturen erhält man eine Temperaturabhängigkeit, wie sie der chemischer Reaktionen entspricht; man entnimmt aus der Neigung der Kurven Werte der scheinbaren Aktivierungswärmen von ~35 kcal für Ceten und ~50 kcal für α-Methylnaphthalin, wie sie auch etwa sonst für Aliphaten und Aromaten gemessenen Aktivierungsenergien entsprechen (vgl. z. B. S. 467). Als Grenzwert der Aktivierungsenergie für höhere Temperaturen findet man Werte von nur ~1 kcal, das ist so wenig, daß keinesfalls eine chemische Reaktion dafür verantwortlich sein kann.

Mit zunehmendem Druck nimmt der Zündverzug ab, und zwar ein wenig stärker, als mit der umgekehrten 1-ten Potenz des Druckes[1], Abb. 276 zeigt Versuchswerte von WOLFER[1]; die Druckabhängigkeit des Zündverzuges entspricht etwa $1/p^{1,19}$.

## 5. Weitere reaktionskinetische Betrachtungen zum Verbrennungsvorgang im Dieselmotor.

Der ideale Verbrennungsablauf im Dieselmotor würde voraussetzen, daß sowohl der Zündverzug vernachlässigbar wäre als auch die weitere Verbrennung genau in dem Maße erfolgte, wie der Brennstoff eingespritzt wird; jedes Nachhinken der Reaktion gegenüber dem Einspritzen bedeutet einen Verlust an nutzbarem Druck und damit am Wirkungsgrad. Diese Fragen hat besonders K. NEUMANN theoretisch und experimentell behandelt[2]. NEUMANN hat auch umgekehrt aus dem indizierten Druckverlauf eines Dieselmotors bei bekanntem Einspritzgesetz den zeitlichen Verlauf der Reaktionsgeschwindigkeit abgeleitet. Analysieren kann man den Reaktionsverlauf nur, wenn man ein vereinfachtes kinetisches Gesetz zugrunde legt; NEUMANN setzte bimolekulare Reaktion zwischen (homogen verteiltem, gasförmigem) Brennstoff und Luftsauerstoff an. Diese Annahme ist in Wirklichkeit natürlich nicht erfüllt, aber der Vergleich der dafür berechneten Geschwindigkeitskonstanten mit den für eine Gasreaktion zweiter Ordnung zu erwartenden läßt dann Schlüsse auf die Verhältnisse im Motor zu. In der folgenden Abb. 277 zeigen wir die von NEUMANN aus Messungen an einem ausgeführten Motor abgeleiteten Größen. Aus der empirischen Reaktionsgeschwindigkeit sind „Konstanten" für Reaktion II. Ordnung berechnet, diese in der Form Stoßzahl × Boltzmann-Faktor (unter Benutzung der empirischen Temperaturabhängigkeit) geschrieben und die Werte der scheinbaren Stoßzahlen $Z$ und scheinbaren Aktivierungsenergien $E$ sind in Abb. 277

[1] Vgl. F. A. F. SCHMIDT u. H. H. WOLFER: VDI-Forsch.-Heft 1938, Nr. 392.

[2] NEUMANN, K.: Forsch. Ing.-Wes. Bd. 5 (1934) S. 171; Bd. 7 (1936) S. 57. Ferner Vortrag auf der Tagung der Deutschen Akademie der Luftfahrtforschung, Berlin 1939, erscheint in den Schriften der Akademie 1939.

eingetragen. Entsprechend der geringen gefundenen Temperaturabhängigkeit der Reaktionsgeschwindigkeit (1 bis 7% Geschwindigkeitsanstieg für 10° Temperaturerhöhung) liegen die scheinbaren Aktivierungsenergien in einem weiten Bereich sehr niedrig, sind außerdem ebenso wie die „Stoßzahl“, keineswegs konstant. Alles dies ist nur so zu verstehen, daß man es eben nicht mit einer homogenen Gasreaktion zu tun hat. Es zeigt sich hier also wieder dasselbe, was schon beim Zündvorgang eine Rolle spielte: Die Tröpfchenverdampfung und Gemischbildung sind für den Gesamtvorgang keineswegs zu vernachlässigen[1]. Daß die aus dem kinetischen Ansatz berechnete „Stoßzahl“ um bis über 6 Zehnerpotenzen hinter dem gaskinetischen Wert zurückbleibt, ist das gleiche, was sich in WOLFERs und F. A. F. SCHMIDTs Ansätzen für den Zündverzug offenbart; es muß offenbar daher kommen, daß die Tröpfchenverdampfung und der Mischvorgang weitgehend die Geschwindigkeit bestimmen[2]. Wenn man also die Reaktionsgeschwindigkeit (und damit den Wirkungsgrad) vergrößern will, so wird man hauptsächlich auf bessere Mischung hinarbeiten müssen; das ist auch die wesentliche Folgerung, die NEUMANN zieht.

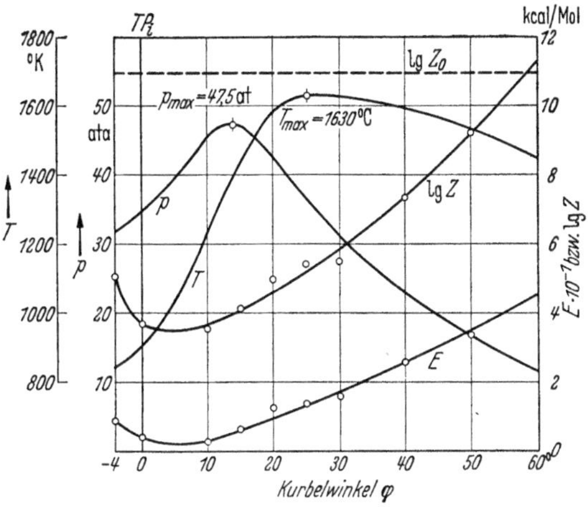


Abb. 277. Kinetische Analyse des Verbrennungsablaufs im Dieselmotor. (Nach K. NEUMANN.) $p$ u. $T$ gemessener Druck und mittlere Temperatur als Funktion des Kurbelwinkels; $E$ und $Z$ daraus abgeleitete scheinbare Aktivierungsenergien und Stoßzahlen der chemischen Reaktion. $Z_0$ wäre die bei völlig verdampftem und durchmischten Brennstoff maßgebliche Stoßzahl.

Daß die Verbrennung im Dieselmotor zum großen Teil unter Bedingungen mangelhafter Mischung vor sich geht, ergibt sich auch aus

[1] Bei der Beurteilung der Ergebnisse von Abb. 277 ist natürlich auch zu berücksichtigen, daß immer nur mit *mittleren* Temperaturen gerechnet werden kann, welche lokal stärker schwanken können; daß Brennstoff und Sauerstoffkonzentration starken örtlichen Schwankungen unterliegen, braucht nicht besonders betont zu werden. Lokale Verbrennungstemperaturen im Dieselmotor wurden inzwischen von K. NEUMANN (Vortrag Akademie der Luftfahrtforschung) gemessen (auf optischem Wege).

[2] Da der Verbrennungsvorgang sicher keine einfache bimolekulare Reaktion ist, brauchte natürlich von Anfang an keine Übereinstimmung mit dem theoretischen Ansatz zu herrschen; aber im Falle einer Gasreaktion mit Kettenverzweigung sollte man Abweichungen gerade im umgekehrten Sinne erwarten: scheinbar zu hohe Stoßzahlen.

spektroskopischen Untersuchungen. Bei der Verbrennung gut durchgemischter Brennstoffe mit Luft erhält man bei nicht zu starkem Brennstoffüberschuß die üblichen Bandenspektren (vgl. Kap. VII); in nicht durchgemischten Gasen erhält man, ebenso wie im Dieselmotor infolge Kohlenstoffabscheidung ein kontinuierliches Temperaturleuchten[1].

In diesem Zusammenhang sei besonders auch auf ROTHROCK und SELDEN[2] verwiesen, insbesondere auch auf Abb. 271, S. 570, welche die in schnellaufenden Dieselmotoren beobachteten langen Nachbrennzeiten erkennen läßt; die Autoren halten die Vermeidung dieses langen Nachbrennens für den wichtigsten Einzelfaktor für den Fortschritt des Dieselmotors. Der zeitbestimmende Faktor ist dabei wohl die Mischung (nicht die Verdampfung, nach ROTHROCK und SELDEN); es sind also hauptsächlich konstruktive Maßnahmen, die zur Verbesserung führen können, nicht solche, die den Verbrennungsvorgang und den Brennstoff betreffen.

Wir möchten überhaupt annehmen, daß der Fortschritt beim Dieselmotor nicht in dem Maße von der Leistung des Brennstoffchemikers abhängen wird wie der des Ottomotors. Das hat seinen tieferen Grund darin, daß die gleichen Faktoren, welche die Leistung erhöhen, insbesondere Steigerung des Verdichtungsverhältnisses, beim Dieselmotor das Verbrennungsverhalten günstig beeinflussen, während sie beim Ottomotor eine ungünstige Wirkung auf das Klopfen haben. Wenn daher beim Ottomotor die Schaffung hochwertiger Brennstoffe entscheidend ist, so scheint es beim Dieselmotor grundsätzlich denkbar, daß alle Probleme rein von der konstruktiven Seite her gelöst werden[3].

---

[1] Vgl. hierzu NEUMANN, zitiert S. 578; sowie G. BECK u. CHR. ERICHSEN: VDI-Forsch.-Heft 1936, S. 377. — KARDE, K.: Diss. Hannover 1936.

[2] ROTHROCK, A. M. u. R. F. SELDEN: Chem. Rev. Bd. 22 (1938).

[3] Beispielsweise ist ja auch die Verbrennung von Steinkohlenteerölen im Dieselmotor durch rein konstruktive Maßnahmen, welche letzten Endes eine Temperaturerhöhung zur Folge haben, möglich (vgl. ZINNER, zitiert S. 562).

# Zusammenfassende Darstellungen des Gebiets.

Da eine vollständige Erfassung der Literatur im Rahmen des vorliegenden Werkes nicht beabsichtigt war, seien im folgenden die zusammenfassenden Darstellungen genannt, aus denen der Leser auf dem behandelten Gebiet oder Teilen desselben weitere Information erhalten kann.

## A. Monographien und Handbücher, Tagungsberichte.


MACHE, H.: Die Physik der Verbrennungserscheinungen. Leipzig 1918.

BONE, W. A. u. D. T. A. TOWNEND: Flame and Combustion in Gases. London 1927.

ENDRES, W.: Der Verbrennungsvorgang im Gas- und Vergasermotor. Berlin 1928.

BONE, W. A., D. M. NEWITT u. D. T. A. TOWNEND: Gaseous Combustion at High Pressures. London 1929.

RIBAUD, G.: Températures des Flammes; Rayonnement des Gaz Incandescents et des Flammes. Paris 1930.

LINDNER, W.: Entzündung und Verbrennung von Gas- und Brennstoffdampfgemischen. Berlin 1931.

PYE, D. R.: Brennkraftmaschinen. Berlin 1931.

RICARDO, H. R.: Schnellaufende Verbrennungsmotoren. Berlin 1932.

ELLIS, O. C. de C.: A History of Fire and Flame, 1932.

PRETTRE, M.: L'inflammation et la Combustion explosive en Milieu gazeux. 2 Teile Paris 1933 u. 1934.

NASH, A. W. u. D. A. HOWES: The Principles of Motor Fuel Preparation and Application, 2 Bde. London 1934—38.

SEMENOFF, N.: Chemical Kinetics and Chain Reactions. Oxford 1935.

PRETTRE, M.: Réactions en Chaînes, 2 Bde. Paris 1936.

ELLIS, O. C. de C. u. W. A. KIRKBY: Flame. London 1936.

Handbuch der Feuer- und Explosionsgefahr. München: Feuerschutzverlag Ph. L. Jung 1936.

SERRUYS, M.: La Combustion détonante dans les Moteurs à Explosion. Publ. Scientif. et Techniques du Ministère de l'Air. 1937, Nr. 103.

SERRUYS, M.: Etude expérimentale de l'Allumage par point chaud dans les Moteurs à Explosion. Publ. Scientif. et Techniques du Ministère de l'Air. 1937, Nr. 115.

ELLIS, C.: The Chemistry of Petroleum Derivatives, Bd. II. New York 1937, mit einer guten Übersicht über Oxydationsvorgänge, mit zahlreichen Literaturangaben.

BAILEY, K. C.: The Retardation of Chemical Reactions. London 1937 (enthält eine zwar nicht kritische, aber sehr ausführliche Zusammenstellung der Arbeiten über die Hemmung chemischer Reaktionen, auch von Oxydationsprozessen in Gas- und flüssiger Phase, sowie Klopfvorgang, mit sehr zahlreichen Literaturangaben).

LEWIS, B. u. G. v. ELBE: Combustion, Flames and Explosions of Gases. Cambridge 1938.

SCHUMACHER, H. J. Chemische Gasreaktionen. Dresden 1938.

The Science of Petroleum, Bd. IV. Oxford 1938, mit den folgenden Beiträgen:
NEWITT, D. M. u. D. T. A. TOWNEND: Combustion Phenomena of Hydrocarbons.
NEWITT, D. M. u. D. T. A. TOWNEND: Combustion Phenomena at High Pressures.
BOERLAGE, G. D. u. J. J. BROEZE: Combustion Research in Compression-ignition Engines.
EGERTON, A. C.: General Statement as to existing Knowledge on Knocking and its Prevention.
BEATTY, H. A. u. G. EDGAR: Theory of Knock in Internal-combustion Engines.
UBBELOHDE, A. R.: Processes of Slow Oxidation leading to Ignition.
PRETTRE, M.: The Susceptibility to Oxidation of Internal-combustion Engine Fuels and their Tendency to Produce Knocking in Engines.
NEWITT, D. M. u. D. T. A. TOWNEND: Ignition in Gases with Special Reference to Knock Problems.
HELMORE, W.: Spontaneous Ignition Temperatures: Determination and Significance.
MAXWELL, G. B. u. R. V. WHEELER: Ignition and Flame Movement.
FRASER, R. P.: Flame Propagation, Particularly with Reference to Vibratory and True Detonation Flames.
LAFFITTE, P. F.: Flames of High-speed Detonation.
LOVELL, W. G. u. J. M. CAMPBELL: Knocking Characteristics and Molecular Structure of Hydrocarbons.
CALINGAERT, G.: Anti-knock Compounds.
GARNER, F. H.: Lead Susceptibility of Gasoline.
MARDLES, E. W. J.: Oxidants and Anti-oxidants in the Petroleum Industry.
DUMANOIS, P.: Researches en Detonation in France.
CAMPBELL, J. M. u. T. A. BOYD: Measurement of the Knocking Characteristics of Automovive Fuels.
STANSFIELD, R.: The Correlation of Road and Laboratory Knock ratings of Motor Fuels.
BEALE, C. O. B.: The Engineering Aspects of Detonation.

Zahlreiche Hinweise bezüglich Verhalten von Kraftstoffen, Oxydation und Klopfen findet man in den vom Institute of Petroleum herausgegebenen „Annual Reviews of Petroleum Technology", Bd. 1—3. 1936—1938.

Für die motorische Verbrennung überhaupt vergleiche eine Anzahl der in der Reihe VDI-Forschungshefte erschienenen Monographien. Berlin: VDI-Verlag. Ferner die Vorträge der Herbsttagung 1938 des VDI in Augsburg.

Für die Verbrennung im Dieselmotor insbesondere die Reihe „Dieselmaschinen" des VDI, Hefte I—VII. Berlin 1924—1938.

Für den neuesten Stand s. insbesondere die Vorträge der Tagung der Deutschen Akademie der Luftfahrtforschung. Berlin Mai 1939, erscheinen in den Schriften der Deutschen Akademie der Luftfahrtforschung.

Für das Gesamtgebiet der Verbrennung in der Gasphase ferner: die Vorträge des amerikanischen „Symposion on Gaseous Combustion". Chem. Ind. Rev. Bd. 21 u. 22 (1937/38), sowie die entsprechenden Vorträge von der Bunsentagung 1936. Z. Elektrochem. Bd. 42 (1936).

Für die hier nicht behandelten Reaktionen von Ionen in Gasen vgl. G. GLOCKLER u. S. C. LIND: The Electrochemistry of Gases and other Dielectrics. London: Chapman u. Hall.

BRÜCKNER, H.: Gastafeln, physikalische, thermodynamische und brenntechnische Eigenschaften der Gase und sonstigen Brennstoffe. München und Berlin: R. Oldenbourg 1937.

## B. Einzelarbeiten.

KONEN, H. u. E. MATHES: Bibliographie der wissenschaftlichen Literatur über Schlagwetter und Kohlenstaubexplosionen, sowie verwandter, die Gefahren des Bergbaus betreffenden Fragen, 1933.

FUHRMANN, E. A. u. H. KÖTTGEN: Darstellung und Temperatur stehender Kohlenstaub- und Kohlenstaub-Gasexplosionen. Z. phys. Chem. Abt. A. Bd. 169 (1934) S. 388.

WITHROW, L. u. G. M. RASSWEILER: Studying Engine Combustion by Physical Means. Journ. applied Physics Bd. 9 (1938) S. 362.

SEEBER, F.: Diss. Breslau 1932. Luftf.-Forschg. Bd. 12 (1936) S. 161; Bd. 16 (1939) S. 18.

WEINHART, H.: Luftf.-Forschg. Bd. 16 (1939) S. 74.

MÜLLER-HILLEBRAND, D.: Explosionsprüfungen schlagwettergeschützter elektrischer Geräte. Elektrizität im Bergbau. Bd. 13 (1938) S. 69.

LEWIS, B. u. G. v. ELBE: Zur Knallgasverbrennung. Journ. Amer. chem. Soc. Bd. 61 (1939) S. 1350.

Die Sammelreferate über Verbrennung von B. LEWIS: Chem. Ind. Rev. Bd. 10 (1932) S. 49, sowie W. JOST: Z. Elektrochem. Bd. 41 (1935) S. 183, 242.

Eingehende Angaben über die ältere Literatur, besonders Kohlenwasserstoffverbrennung findet man bei: M. PRETTRE: Ann. Off. nat. Combustibles liquids Bd. 6 (1932) S. 269, 533; Bd. 7 (1932) S. 699; Bull. soc. chim. Fr. (4) Bd. 51 (1932) S. 1932. — BURKE, S. P., C. F. FRYLING, T. E. W. SCHUMANN: Industr. Engng. Chem. Bd. 24 (1932) S. 804. — WILKEN-JORDEN, T. J.: J. chem. Soc. S. Af. Bd. 32 (1932) S. 248, 283, 322. — CLARK, A. L. u. W. C. THEE: Industr. Engng. Chem. Bd. 17 (1928) S. 1219.

Für motorische Verbrennung, insbesondere Klopfen, vgl. auch die Proceed. World Petroleum Conference, sowie die Reihe: Kraftfahrttechnische Forschungsarbeiten. Berlin: VDI-Verlag.

Für Verbrennungskraftmaschinen vgl. auch das Referat von W. MEISSNER und TH. SCHINNERER in: Die Physik in regelmäßigen Berichten, Bd. 7 (1939) S. 93 (Heft 3, S. 5).

# Namenverzeichnis.

# Sachverzeichnis.

GPSR Compliance

*The European Union's (EU) General Product Safety Regulation (GPSR) is a set of rules that requires consumer products to be safe and our obligations to ensure this.*

*If you have any concerns about our products, you can contact us on ProductSafety@springernature.com*

In case Publisher is established outside the EU, the EU authorized representative is:

Springer Nature Customer Service Center GmbH
Europaplatz 3
69115 Heidelberg, Germany

**Batch number: 10682323**

Printed by Printforce, the Netherlands